내가 뽑은 원픽! 최신 출제경향에 맞춘 최고의 수험서

2026
화재감식평가 기사 산업기사
필기

이론편 + 기출문제편

최신 기출 해설특강 **무료 제공**

유병선·황인호 공저

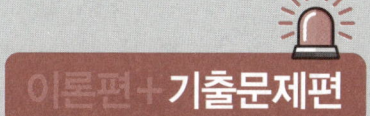

목차 (CONTENTS)

1권 이론편

PART 01_ 화재조사론	11
PART 02_ 화재감식론	139
PART 03_ 증거물 관리 및 법과학	335
PART 04_ 화재조사 보고 및 피해평가	407
PART 05_ 화재조사 관계법규	479

2권 기출문제편

| PART 06_ 화재감식평가 산업기사 기출문제 | 5 |
| PART 07_ 화재감식평가 기사 기출문제 | 165 |

기출문제편

PART 06 화재감식평가 산업기사 기출문제

- 산업기사 기출문제 2015년 … 6
- 산업기사 기출문제 2016년 … 24
- 산업기사 기출문제 2017년 2회 … 43
- 산업기사 기출문제 2017년 4회 … 59
- 산업기사 기출문제 2018년 2회 … 76
- 산업기사 기출문제 2018년 4회 … 92
- 산업기사 기출문제 2019년 2회 … 109
- 산업기사 기출문제 2019년 4회 … 127
- 산업기사 기출문제 2020년 2회 … 145

PART 07 화재감식평가 기사 기출문제

- 기사 기출문제 2019년 2회 … 166
- 기사 기출문제 2019년 4회 … 189
- 기사 기출문제 2020년 2회 … 212
- 기사 기출문제 2020년 4회 … 234
- 기사 기출문제 2021년 1회 … 255
- 기사 기출문제 2021년 2회 … 278
- 기사 기출문제 2021년 4회 … 302
- 기사 기출문제 2022년 1회 … 325
- 기사 기출문제 2022년 2회 … 349
- 기사 기출유형 복원문제 2023년 1회 … 372
- 기사 기출유형 복원문제 2023년 2회 … 393
- 기사 기출유형 복원문제 2024년 1회 … 414
- 기사 기출유형 복원문제 2024년 2회 … 436
- 기사 기출유형 복원문제 2025년 1회 … 457
- 기사 기출유형 복원문제 2025년 3회 … 479

Fire Investigaton &

화재감식평가기사 · 산업기사 필기

화재감식평가 산업기사 기출문제

PART 06

- 산업기사 기출문제 2015년
- 산업기사 기출문제 2016년
- 산업기사 기출문제 2017년 2회
- 산업기사 기출문제 2017년 4회
- 산업기사 기출문제 2018년 2회
- 산업기사 기출문제 2018년 4회
- 산업기사 기출문제 2019년 2회
- 산업기사 기출문제 2019년 4회
- 산업기사 기출문제 2020년 2회

산업기사 기출문제 2015년

제1과목 화재조사론

01 혼합가스의 조성이 메탄(CH_4) 50vol%, 에탄(C_2H_6) 30vol%, 프로판(C_3H_8) 20vol%인 경우 폭발범위 하한값은? (단, 연소범위는 CH_4 : 5~15, C_2H_6 : 3~12.5, C_3H_8 : 2.1~9.5이다.)

① 3.39
② 4.39
③ 5.39
④ 6.39

해설
혼합가스의 폭발범위 계산 "르샤틀리에 법칙(Le Chatelier's Low)"

암기법 백불(100 V L)

$$L = \frac{100}{\frac{V_1}{L_1} + \frac{V_2}{L_2} + \frac{V_3}{L_3} + \cdots} \text{ (vol\%)}$$

$$L = \frac{100}{\frac{50}{5} + \frac{30}{3} + \frac{20}{2.1}} = 3.39$$

L : 혼합가스 폭발한계(%)
L_1, L_2, L_3 : 각 가연성 가스 폭발한계(%)
V_1, V_2, V_3 : 각 가연성 가스의 공기 중 부피(vol%)
메탄(L_1 : 5, V_1 : 50), 에탄(L_2 : 3, V_2 : 30),
프로판(L_3 : 2.1, V_3 : 20)

02 금수성 물질을 제외한 일반가연물의 연소속도와 환경조건에 관한 설명으로 옳지 않은 것은?

① 마른 가연물이 젖은 가연물에 비하여 쉽게 착화된다.
② 고온상태에 있는 것은 저온상태에 있는 것에 비하여 건조하다.
③ 주변의 온도가 높을수록 연소속도가 빠르다.
④ 활성화 에너지가 클수록 연소속도가 빠르다.

해설
활성화 에너지
- 연소(화학반응)를 위한 반응물에 공급해야 하는 최소에너지이다.
- 활성화 에너지가 작을수록 연소속도가 빠르다.

암기법 낮은 산은 높은 산보다 빠르게 등산할 수 있음을 떠올리자!

03 화재플룸(Plume)에 의해 생성될 수 있는 패턴으로 옳은 것은?

① 드롭다운 패턴(Drop Down Pattern)
② V패턴(V Pattern)
③ 포어 패턴(Pour Pattern)
④ 트레일러 패턴(Trailers Pattern)

해설
화재플룸에 의한 화재패턴은 벽에 생성된다.
①, ③, ④는 바닥에서 생성되며, V패턴은 벽면에 생성된다.
① 드롭다운 패턴(Drop Down Pattern) : 대류열, 복사열로 먼 가연물에 착화되어 연소물이 바닥으로 떨어져 생성된 패턴
② V패턴(V Pattern) : 대류열, 복사열, 화재플룸의 영향으로 생성된 패턴
③ 포어 패턴(Pour Pattern) : 주로 바닥에 가연물이 탄 형태의 패턴
④ 트레일러 패턴(Trailers Pattern) : 주로 바닥에 가연물이 탄 형태의 패턴

정답 | 01 ① 02 ④ 03 ②

04 건축물의 실내에서 화재가 발생하여 최초 실내의 온도가 20℃에서 750℃까지 상승하였다면 실내의 공기는 초기에 비해 약 몇 배 정도로 팽창하는가? (단, 화재로 인한 압력의 변화는 없고, 공기는 이상기체 거동을 하는 것으로 가정한다.)

① 3.5배
② 4.0배
③ 4.5배
④ 5.0배

해설
샤를의 법칙(Charles's law)
이상기체의 압력이 일정한 상태에서 V가 기체의 부피, T가 기체의 절대온도라 할 때 다음 식이 성립한다.
$$V \propto T$$
이 법칙은 온도가 올라감에 따라 기체가 어떻게 팽창하는지를 설명한다. 2가지 다른 조건에서 동일한 물질을 비교하기 위해 이 법칙은 다음과 같이 쓸 수 있다.
$$\frac{V_1}{T_1} = \frac{V_2}{T_2}$$
따라서, $\frac{V_1}{(273+20)} = \frac{V_2}{(273+750)}$
$1,025\, V_1 = 293\, V_2$
$3.5\, V_1 = V_2$
∴ 3.5배

05 환기조건에 따른 구획실화재의 특성에 대한 설명으로 옳은 것은?

① 화재공간 내부의 화재거동은 환기상태에 영향을 받지 않는다.
② 화재실 내부 연소에 필요한 공기량이 충분한 상태의 화재는 환기지배형 화재이다.
③ 화재실 내부의 환기량에 비해 가연물의 양이 적을 경우 연료지배형 화재가 된다.
④ 화재실 내부의 가연물의 양에 비해 환기량이 많을 경우 환기지배형 화재가 된다.

해설
① 화재공간 내부의 화재거동은 환기 상태에 많은 영향을 받는다.
② 화재실 내부 연소에 필요한 공기량이 충분한 상태의 화재는 연료지배형 화재다.
④ 화재실 내부의 가연물의 양에 비해 환기량이 많을 경우 연료지배형 화재다.

참고
연료지배형 화재와 환기지배형 화재 비교

암기법 : 적은 것이 화재를 지배한다.

구분	연료지배형 화재	환기지배형 화재
개념	가연물양이 화재지배	산소량이 화재지배
연소 형태	완전연소	불완전연소
장소	개방공간	밀폐공간
화재 양상	확산연소	훈소
발생 단계	구획화재 시 플래시오버 이전(성장기)	구획화재 시 플래시오버 이후(최성기)
중요 인자	화재성장속도 $(Q=\alpha t^2)$	환기인자 $(Q=A\sqrt{H_0})$

06 그림과 같이 유리창에 나타난 균열흔의 대한 설명으로 가장 옳은 것은?

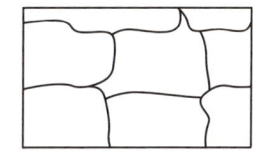

① 폭발 시에 주로 나타난다.
② 기계적 충격으로 형성된 균열흔이다.
③ 유리 파단면이 조개껍질 모양의 선을 나타낸다.
④ 열이 가해지지 않은 부분과 온도차에 의해 금이 간다.

해설
화재 열 영향으로 온도차와 열팽창에 의해 불규칙 완만한 곡선 형태의 금이 간다.
① 폭발 시 유리파손 형태는 평행선에 가까운 모습으로 균열이 간다.
② 기계적 충격에 의한 유리파손은 방사형 파손형태와 횡으로 잇는 동심원 파손이 발생한다.
③ 충격에 의한 유리 파단면은 리플마크가 나타난다.

정답 | 04 ① 05 ③ 06 ④

폭발에 의한 유리파손 형태

외부 충격에 의한 균열흔

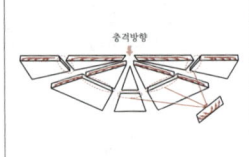
충격에 의한 유리 파단면 측면 무늬

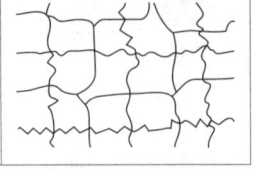
화재열에 의한 불규칙한 균열흔

07 물질의 상태에 의한 분류 중 기상폭발에 해당하는 것이 아닌 것은?

① 분무폭발
② 수증기폭발
③ 가스폭발
④ 분진폭발

🏛 **해설**
물질 상태에 의한 폭발 분류
- 기상폭발 : 분무폭발, 가스폭발, 분진폭발, 증기운폭발, 분해폭발 등
- 응상폭발 : 수증기폭발, 증기폭발, 전선폭발, 고체폭발, 감압폭발 등

08 화재현장 감식에 있어서 조사자의 자세로 옳지 않은 것은?

① 선입관을 배제하는 자세
② 과학적이고 주관적인 자세
③ 사물의 현상과 관찰을 통한 분석 자세
④ 증거물 취급 및 화재현장 복원에 유의하는 자세

🏛 **해설**
조사자는 주관적 자세를 배제하고 객관적인 자세가 필요하다.

09 열기둥에 대한 설명으로 옳지 않은 것은?

① 열기둥의 하부에는 화염부, 상부에는 고온가스부가 존재한다.
② 열기둥의 하부에서 대기의 흐름은 주변의 대기가 열기둥을 향해 모여든다.
③ 열기둥의 상부에서 대기의 흐름은 열기둥으로부터 주변으로 확산된다.
④ 전체적인 열기둥의 형상은 가운데가 볼록하고, 위 아래가 오목한 마름모 형태이다.

🏛 **해설**
고온가스층에 의해 생성된 패턴 또는 모래시계 패턴이라고도 한다. 화염구역과 고온가스 영역의 가운데는 오목한 형태이다.

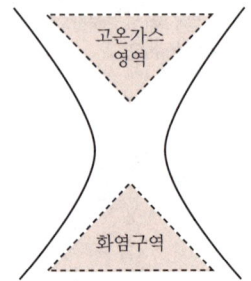

10 다음 중 25℃에서 공기 중의 폭발상한계가 가장 높은 물질은?

① 메탄
② 에탄
③ 프로판
④ 부탄

🏛 **해설**
가연성 증기의 연소범위

기체 또는 증기	연소범위(vol%)
메탄	5~15
에탄	3~12.5
프로판	2.1~9.5
부탄	1.8~8.4

정답 | 07 ② 08 ② 09 ④ 10 ①

11 저융점 금속의 합금화에 의한 용융의 설명으로 옳지 않은 것은?

① 두 금속의 합금은 두 금속이 가지는 고유한 융점보다 더욱 낮은 온도에서 용융될 수 있다.
② 저융점 금속의 합금에 의해 용융된 형태는 일반적으로 중력 방향으로 침식되는 형태를 나타낸다.
③ 외형적으로 녹은 부위와 녹지 않은 부위의 경계가 식별되어 전기적으로 용융된 형태와 혼동될 수 있다.
④ 구리선에 부착된 알루미늄의 용융물은 그 흔적이 황색으로 남겨진다.

🛢 해설
구리선에 부착된 알루미늄의 용융물은 은색으로 남겨진다.

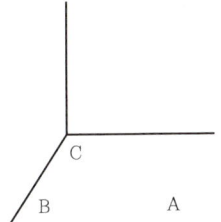
침식에 의한 은색
(알루미늄 합금)

12 「화재조사 및 보고규정」상 목적에 대한 (　)에 들어갈 내용으로 옳은 것은?

이 규정은 「소방의 화재조사에 관한 법률」 및 같은 법 시행령, 시행규칙에 따라 화재조사의 (ㄱ) 및 (ㄴ)에 필요한 사항을 정하는 것을 목적으로 한다.

	ㄱ	ㄴ
①	위임된 사항	시행
②	집행과 보고	사무처리
③	집행과 보고	피해조사
④	위임된 사항	과학적·전문적인 조사

🛢 해설
「화재조사 및 보고규정」의 목적(제1조)
이 규정은 「소방의 화재조사에 관한 법률」 및 동법 시행령, 시행규칙에 따라 화재조사의 집행과 보고 및 사무처리에 필요한 사항을 정하는 것을 목적으로 한다.

13 동일한 양과 형태의 가연물을 같은 조건으로 실내에서 연소시켰을 때 불꽃의 높이가 가장 높은 지점은? (단, A는 중앙, B는 벽면, C는 구석이다.)

① A(중앙)　　② B(벽면)
③ C(구석)　　④ 위치와 관계없이 일정

🛢 해설
불꽃 높이는 C(구석)>B(벽면)>A(중앙) 순이다. 동일 가연물에 같은 조건의 연소라면 불꽃 높이는 산소와 접하는 가연물 표면적에 영향을 받는다. A 가연물은 장애물이 없어 산소와 접하는 표면적이 넓어 불꽃 높이가 낮다. 그러나 B는 1개의 벽면, C는 2개의 벽면이 표면적을 막아 산소와 만나는 표면적이 좁아져 산소와 결합을 위해 불꽃 높이가 상대적으로 높아진다.

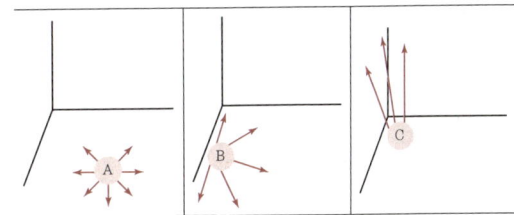

14 화재 시 철근콘크리트에서 박리현상이 발생하는 원인으로 가장 거리가 먼 것은 어느 것인가?

① 인화성 물질의 사용
② 콘크리트 내부의 기포 팽창
③ 콘크리트 내부 철골의 열팽창 차이
④ 콘크리트 내부 수분의 기화에 의한 팽창

🛢 해설
인화성 물질 자체만으로 철근콘크리트는 부식이나 박리현상이 발생하지 않는다. 다만, 염화물이나 화학물질은 자체만으로 콘크리트 표면에 부식을 일으킬 수 있다.

정답 | 11 ④　12 ②　13 ③　14 ①

15 고급 파라핀계 탄화수소, 고급 알코올, 나프탈렌의 주된 연소형태는?

① 분해연소　　② 증발연소
③ 액적연소　　④ 표면연소

📖 해설
증발연소 : 파라핀(양초), 황(S), 나프탈렌($C_{10}H_8$) 등
① 분해연소 : 목재, 석탄, 종이, 섬유, 플라스틱, 합성수지, 고무류 등
③ 액적연소 : 경유, 등유, 테라핀유, 벙커C유 등
④ 표면연소 : 목탄, 코크스, 금속(분·박·리본 포함) 등

16 메탄의 연소반응에 대한 설명으로 옳지 않은 것은?

① 이 반응의 화학열을 연소열이라 한다.
② 불완전연소 시 화염은 완전연소 화염에 비하여 어둡다.
③ 메탄 1몰이 완전연소 반응하기 위해서는 산소 1몰이 필요하다.
④ 메탄 1몰이 완전연소하면 이산화탄소 1몰이 생성된다.

📖 해설
메탄가스의 완전 연소식에서 메탄 1몰이 2몰의 산소가 필요하다.
$CH_4 + 2O_2 \rightarrow CO_2 + 2H_2O + 212.80kcal$
① 이 화학반응의 212.80kcal를 연소열이라고 한다.
② 완전연소 불꽃은 휘백색이나, 불완전연소 불꽃은 담암적색으로 어둡다.
④ 메탄 1몰이 완전연소하면 이산화탄소 1몰이 생성된다.

17 내화건축물의 화재 진행 과정을 옳게 나열한 것은?

① 점화 → 최성기 → 성장기 → 감쇠기 → 소화
② 점화 → 성장기 → 최성기 → 감쇠기 → 소화
③ 점화 → 감쇠기 → 성장기 → 최성기 → 소화
④ 점화 → 감쇠기 → 최성기 → 성장기 → 소화

📖 해설

내화건축물 화재 진행 단계

18 방화의 가능성이 있는 현장의 특징으로 옳은 것은?

① 화재가 건물 전체로 서서히 확대되는 현상
② 화재로 인해 유리 창문이 깨진 현상
③ 경보설비의 스위치가 차단된 현상
④ 한 지점에서 발화되어 확대 현상

📖 해설
경보설비의 스위치가 차단된 현상은 인위적인 흔적에 해당한다.
①, ②, ④는 일반적인 화재의 특징이다.

19 화재조사의 범위 중 재산피해조사에 해당하는 것은?

① 소방시설 작동 등의 상황조사
② 소방활동 중 발생한 부상자 조사
③ 피난상의 장애요인에 관한 피해조사
④ 열에 의한 탄화, 용융, 파손 등의 피해조사

📖 해설
재산피해조사는 소실피해, 수손피해, 기타피해로 나뉜다.

참고
1. 화재피해조사

인명피해		화재로 인한 사망자 및 부상자
		화재진압 중 발생한 사망자 및 부상자
재산피해	소실피해	열에 의한 탄화, 용융, 파손 등의 피해
	수손피해	소화활동으로 발생한 수손피해 등
	기타피해	연기, 물품반출, 화재 중 발생한 폭발 등에 의한 피해 등

2. 화재원인조사

발화원인 조사	발화지점, 발화열원, 발화요인, 최초착화물 및 발화 관련기기 등
발견, 통보 및 초기소화 상황 조사	발견경위, 통보 및 초기소화 등 일련의 행동과정
연소상황 조사	화재의 연소경로 및 연소확대물, 연소확대사유 등
피난상황 조사	피난경로, 피난 상의 장애요인 등
소방·방화 시설 등 조사	소방·방화시설의 활용 또는 작동 등의 상황

20 화재현장에서 수거한 증거물에 부착된 오염물질을 효과적으로 제거하기 위한 장비는?

① 초음파세척기 ② 버니어캘리퍼스
③ 정밀저울 ④ 라텍스 장갑

해설
초음파세척기는 화재분석실 구성 장비로 증거물 세척에 사용한다.
② 버니어캘리퍼스 : 기록용 기기로 증거물 두께나 지름을 측정한다.
③ 정밀저울 : 기록용 기기로 증거물 무게를 측정한다.
④ 라텍스 장갑 : 안전 장비로 감식 시 신체 보호용으로 사용한다.

제2과목 화재감식론

21 화재원인을 규명하기 위한 과학적 방법의 절차로 옳은 것은?

① 필요성 인식 → 문제 정의 → 자료 수집 → 자료 분석 → 가설 수립 → 가설 검증 → 원인 판정
② 문제 정의 → 필요성 인식 → 자료 수집 → 자료 분석 → 가설 수립 → 가설 검증 → 원인 판정
③ 자료 수집 → 문제 정의 → 자료 분석 → 가설 수립 → 가설 검증 → 필요성 인식 → 원인 판정
④ 필요성 인식 → 가설 수립 → 문제 정의 → 자료 수집 → 자료 분석 → 가설 검증 → 원인 판정

해설
과학적 화재조사방법(출처 : NFPA 921)

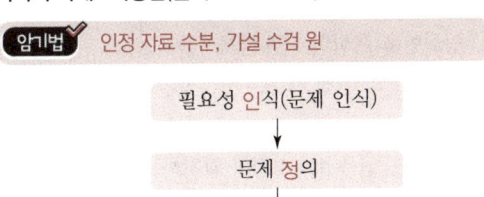

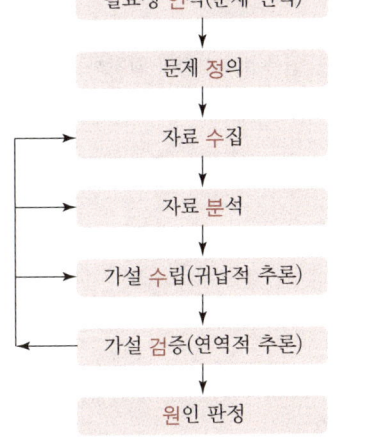

22 담뱃불의 흡연 시 중심온도와 가장 가까운 것은?

① 800~850℃ ② 600~650℃
③ 400~450℃ ④ 200~250℃

해설
담뱃불 온도(Baker, X선 측정 실험 결과)
• 흡입 시 적열 끝부분 온도 : 850~900℃
• 흡입 멈출 때 중심부 온도 : 775℃
• 말단부분 재의 온도 : 300℃
• 연소선단 온도 : 560~600℃

23 선박의 거주실 배치도에 표현되지 않는 곳은?

① 펌프실 ② 선실구역
③ 하역조종실 ④ 항해통신설비구역

해설
선박의 펌프실은 기관실로 구분된다. 선박의 거주실은 항해 설비가 있는 선교(bridge), 승무원의 주거 공간(accommodation) 등으로 선실구역, 하역조종실, 항해통신설비구역이 포함된다.

정답 | 20 ① 21 ① 22 ① 23 ①

24 발화원인 판정 시 주의할 사항으로 옳지 않은 것은?

① 입회인을 포함한 화재관계자들과 함께 판정한다.
② 발화원인의 판정 자료는 소손상황에 근거를 두어야 한다.
③ 진술된 증언은 소손상황과 일치하는 것이어야 한다.
④ 발화원인에 대한 판정은 증거나 사실에 부합되어야 한다.

🔍 **해설**
화재관계자들의 진술과 의견은 원인 판정의 일부분이며, 발화원인 판정은 과학적 근거에 따라 화재조사기관에서 최종 판정한다.

25 GC-MS를 이용한 분석에 대한 설명으로 옳지 않은 것은?

① 화재현장에서 수집한 잔해에 존재 가능한 유류를 분석하는 방법이다.
② 여러 가지 성분이 혼합되어 있는 시료를 분석 및 확인하는 방법이다.
③ 운반가스를 사용해 분리관을 통해 각 성분을 검출하므로 정성분석만 가능한 분석방법이다.
④ 분석결과를 기록계에 저장하므로 분석결과가 객관적으로 보존된다.

🔍 **해설**
GC-MS는 유기화합물에 대한 정성(定性) 및 정량(定量)분석에 이용한다.

26 발화원인조사에 대한 설명으로 옳지 않은 것은?

① 가능한 발화지역의 모든 발열장치 및 기기들을 확인한다.
② 발화지역의 발열장치 및 기기들의 최근 작동상태에 대한 정보를 거주자 또는 소유자로부터 얻어야 한다.
③ 발화열원이 화재로 인해 소실되었을 경우에는 최초 작동상태 등에 대한 정보를 확인하는 것은 무의미하다.
④ 열을 발생시키는 것에는 히터, 내연기관 등이 있다.

🔍 **해설**
발화열원이 화재로 인해 소실되었을 경우에는 최초 작동상태 등에 대한 정보는 중요하다.

27 일반적인 지형 중 산불 발생 위험이 가장 낮은 곳은?

① 계곡부
② 산록 하단부
③ 구릉지나 평지
④ 남쪽사면이나 남서사면

🔍 **해설**
계곡부는 물이 흐르는 골짜기 둘레 부분으로 위험성이 낮다.
② 산불발생 빈도는 산록 하단>산록 상단>산복 하부>산복 상부>상정 하부 순이다.
③ 평지에서 발생한 산불은 구릉지나 능선을 따라 대형화 경향이 있다.
④ 우리나라 산불 초기는 남쪽사면이나 남서사면에서 진행하는 경우가 많다.

28 물질과 자연발화의 상관관계로 옳은 것은?

① 건성유-산화열
② 활성탄-분해열
③ 셀룰로이드-발효열
④ 퇴비-흡착열

🔍 **해설**
식물유 중 건성유(아마인유, 들깨기름, 오동유, 대두유 등)는 산화열이 축적되어 발화한다.

반응 원인에 따른 자연발화 물질

반응 원인	발화 물질
분해열	니트로셀룰로우스, 셀룰로이드, 니트로글리세린 등
산화열	불포화유(건성유, 반건성유 등)가 포함된 천·휴지, 석탄
흡착열	활성탄, 환원니켈
중합열	액화시안화수소, 초산비닐, 아크릴로니트릴, 이소프렌 등
발효열	건초, 퇴비

29 같은 저항값을 갖는 2개의 저항을 직렬로 접속할 때 16Ω이었다면 이 두 저항을 병렬로 접속하면 몇 Ω인가?

① 2
② 4
③ 8
④ 32

정답 | 24 ① 25 ③ 26 ③ 27 ① 28 ① 29 ②

🛢 **해설**
직렬로 접속해서 16Ω이었다면 1개의 저항값은 8Ω이다.
8Ω 2개를 병렬접속하면 $\frac{8 \times 8}{8+8} = 4$이다.

30 전기화재조사에 있어 통전입증에 대한 설명으로 옳지 않은 것은?
① 1회로 계통에 2개소 이상에서 전기용흔이 식별된 경우 일반적으로 부하측에서 먼저 단락되었다고 볼 수 있다.
② 통전입증은 전원측에서 부하측으로 진행하는 것이 원칙이다.
③ 통전되어 있는 배선이 열에 의해 절연피복이 탄화된 후 단락되어 생성되는 용융흔을 2차 용융흔이라 한다.
④ 화재 시 콘센트에 플러그가 꽂혀 있었는지의 확인은 절연물의 용융상태와 그을음의 부착상태를 조사하여 확인할 수 있다.

🛢 **해설**
통전입증은 부하측에서 전원측으로 진행한다. 부하의 기기 스위치, 중간 스위치 확인, 플러그의 칼날, 콘센트의 칼날받이를 판별하여 통전입증한다.

31 산불이 빠르게 확대되는 주요 산림 형태는?
① 초본형 ② 관목형
③ 벌목재형 ④ 교목부산물형

🛢 **해설**
초본(풀)은 나무보다 연소가 빨라 지표를 따라 빠르게 확산한다.
② 관목 : 키가 작고 밑동 가지가 많은 나무
③ 벌목재 : 나무를 베어 놓은 목재
④ 교목부산물 : 8m가 넘는 나무 부산물

32 무염연소의 특징으로 옳은 것은?
① 가연물 내부를 향해 깊게 타들어 가는 연소현상이 나타난다.
② 비교적 산소체적이 높은 환경에서 전파되기 때문에 완전연소 형태를 나타낸다.
③ 대부분의 무염물질은 무기물이며, 소훼물에 깊게 탄화된다.
④ 유염연소에 비하여 급속한 연소현상이다.

🛢 **해설**
무염연소는 불완전연소 형태를 띠며 유염연소에 비하여 장시간 천천히 연소하고 소훼물에 깊게 탄화된다.

33 일산화탄소의 성질로 옳지 않은 것은?
① 증기비중이 공기보다 작다.
② 무색, 무미, 무취의 기체로 독성이 강하다.
③ 금속과 반응하여 금속카보닐을 생성한다.
④ 산화성이 강하며 폭발성과 연소성이 있다.

🛢 **해설**
일산화탄소는 환원성이 강한 물질이다.

34 가스사고 종류에 대한 설명으로 옳지 않은 것은?
① 누설사고는 고의 또는 과실로 가스가 누설된 사고이다.
② 폭발사고는 고의 또는 과실로 누설된 가스가 점화원에 의하여 폭발한 사고이다.
③ 화재 이후 폭발사고는 일반화재 등에 의하여 2차적으로 가스시설 등이 폭발한 사고이다.
④ 질식사고는 누설된 가스 또는 가스의 화학반응 등에 의해 생성물에 중독 또는 중독사한 사고이다.

🛢 **해설**
④는 중독사고에 대한 설명이며, 질식사고는 누출된 가스 또는 가스의 화학반응 등에 의한 생성물에 질식 또는 질식사한 사고이다.

정답 | 30 ② 31 ① 32 ① 33 ④ 34 ④

35 다음 중 차량화재 특성에 대한 설명으로 옳은 것은?

① 화재하중이 낮은 연료지배형 화재
② 화재하중이 높은 연료지배형 화재
③ 화재하중이 낮은 환기지배형 화재
④ 화재하중이 높은 환기지배형 화재

🗒 해설
차량화재는 연료, 오일, 시트 등 화재하중이 높지만, 연료가 공기보다는 적다. 따라서 화재하중이 높은 연료지배형 화재 특성이 있다.

36 산성에서 붉은색을 띠는 지시약이 아닌 것은?

① 티몰블루(Thymol Blue)
② 페놀프탈레인(Phenolphthalein)
③ 메틸레드(Methyl Red)
④ 메틸오렌지(Methyl Orange)

🗒 해설
페놀프탈레인(Phenolphthalein)은 염기성(pH 9~13) 사이에서는 붉은색을 띤다.
① 티몰블루(Thymol Blue) : 산성(pH 1~2)에서 붉은색을 띤다.
③ 메틸레드(Methyl Red) : 산성(pH 4.4~6.2)에서 붉은색을 띤다.
④ 메틸오렌지(Methyl Orange) : 산성(pH 3.1 이하)에서 붉은색을 띤다.

37 유리가 충격에 파손된 경우 나타나는 특이점으로 옳은 것은?

① 파단면에 무늬가 없다.
② 파단면에 패각상 무늬가 형성되어 있다.
③ 길고 구불구불한 불규칙형태로 파손된다.
④ 방사형 형태의 파손은 일어나지 않는다.

🗒 해설
충격에 의한 유리파손은 방사형 파손형태와 횡으로 잇는 동심원 파손이 발생한다.
① 화재에 의한 유리 파손 시 보통 파단면에 무늬가 없다.
③ 폭발 시 유리파손 형태는 평행선에 가까운 모습으로 균열이 간다.
④ 충격 파손 시 방사형 형태의 파손이 일어난다.

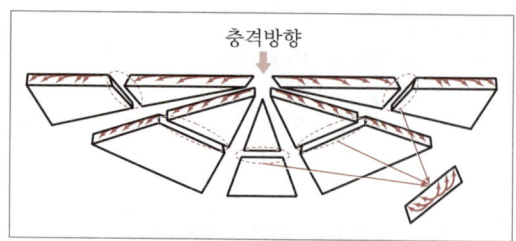
충격에 의한 유리 파단면 측면 무늬

외부 충격에 의한 균열흔

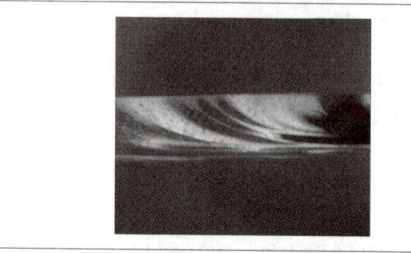
외부 충격에 의한 균열흔

38 선박 건현갑판(Freeboard Deck)의 설명으로 옳지 않은 것은?

① 외기(外氣) 및 해수에 노출된 최상층의 전통 갑판이다.
② 노출부의 모든 구멍에는 상설(尙設) 폐쇄장치가 설치되어 있다.
③ 전통갑판으로부터 상부에 있는 선측의 모든 구멍에는 상설 수밀(水密) 폐쇄장치가 설치되어 있다.
④ 건현 지정의 기준이 되는 갑판이다.

🗒 해설
전통갑판으로부터 하부의 선측에 있는 모든 개구에는 상설 수밀 폐쇄장치가 설치되어 있다.

정답 | 35 ② 36 ② 37 ② 38 ③

39 LPG 차량의 구성품이 아닌 것은?

① 카뷰레터
② 베이퍼라이저
③ 가스차단밸브
④ 액체·기체 솔레노이드밸브

🛢 해설

카뷰레터(carburetor)는 가솔린 차량의 엔진 구성품 중 하나로 공기와 가솔린을 적절한 비율로 혼합하는 기화기(氣化器)이다.
② 베이퍼라이저 : 액체 LPG연료를 감압, 증발 등 기체 상태로 변환하는 장치
③ 가스차단밸브 : 급감속 시 솔레노이드 밸브가 작동되어 진공이 만들어지면 가스 입구를 막아 연료공급을 차단하는 역할
④ 액체·기체 솔레노이드밸브 : 액체 및 기체연료를 공급 및 차단하는 역할

40 염기성이 가장 강한 것은?

① 0.01몰 − HCl
② [OH] = 10^{-2}
③ $H^+ = 10^{-5}$
④ pH = 3

🛢 해설

염기성은 수용액 상태에서 수산화 이온(OH^-)의 보유 여부와 농도에 의해 결정한다.
① HCl은 수용액에서 분해 시 수소 이온(H^+)으로 분해되므로 산성이다.
③ $H^+ = 10^{-5}$는 산성이다.
④ pH = 3은 산성이다.

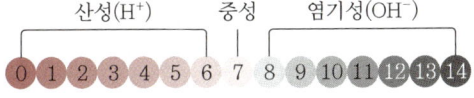

제3과목 증거물관리 및 법과학

41 증거물의 수집방법 및 용기의 결정사항으로 가장 거리가 먼 것은?

① 산화성
② 파손성
③ 경제성
④ 휘발성

🛢 해설

제4조 제2항, 관련 증거물의 수집방법 및 용기의 결정사항 「화재증거물수집관리규칙」[별표 1]
• 정상적인 내부압력을 견딜 수 있어야 한다.
• 녹슨 것은 폐기해야 한다.
• 코르크 마개의 휘발성 액체를 사용하지 않는다.
• 휘발성 물질은 그에 맞는 용기를 선정해야 한다.

42 증거물 채취와 관련된 내용으로 옳지 않은 것은?

① 적법한 절차에 의하여 채취하여야 한다.
② 증거물 채취목록을 작성한다.
③ 실험실에서 분석에 필요할 것으로 예상되는 양 이상으로 채취한다.
④ 용기에 시료를 완전히 채워서 담는다.

🛢 해설

액체시료를 채울 때에는 검사 또는 검증과정에서 시료 채취를 용이하게 하기 위하여 금속캔 용적의 2/3 이상을 채워서는 안 된다.

43 디지털카메라의 설명으로 옳은 것은?

① 현상에서 인화까지 작업시간이 길다.
② 컴퓨터 등 다른 매체와 호환이 어렵다.
③ 저장이 편리하지만 오랜 시간 보존하기 어렵다.
④ 스캐너 없이 컴퓨터에 이미지를 입력할 수 있다.

🛢 해설

디지털카메라는 현상 및 인화 작업시간이 짧고 매체별 호환성이 우수하며 보관 및 저장이 용이하다.

44 충격에 의한 유리파손의 특징을 옳게 짝지은 것은?

ㄱ. 파단면에는 커브형태 곡선이 연속해서 만들어진다.
ㄴ. 거미줄과 같은 방사형태의 파손과 동심원형태의 파손이 일어난다.
ㄷ. 길고 구불구불한 불규칙한 형태의 금이 가면서 깨진다.
ㄹ. 표면에는 리플마크가 쉽게 식별된다.

① ㄱ, ㄴ, ㄷ
② ㄱ, ㄴ, ㄹ
③ ㄱ, ㄷ, ㄹ
④ ㄴ, ㄷ, ㄹ

정답 | 39 ① 40 ② 41 ③ 42 ④ 43 ④ 44 ②

해설
충격에 의한 파손흔은 길고 구불구불한 형태가 아닌 동심원 형태의 크랙이 관찰된다.

45 화재현장 보존 또는 화재증거물 처리에 대한 설명으로 옳은 것은?

① 증거물을 물로 씻는 작업은 발화지점에서 실시한다.
② 현장의 기구 등의 이동은 기록이 이루어지기 전에 할 수 있다.
③ 조사자는 현장에서 전기제품, 설비의 스위치를 함부로 작동시키지 말아야 한다.
④ 진압대원이 진압과정 중 증거물을 훼손했을 경우 조사자는 추후의 증거물에 대한 관리 책임이 없다.

해설
화재현장에 있는 물건 등을 이동, 변경 및 훼손해선 안 된다. 또한, 누전으로 인한 조사자 감전 또는 2차 화재 및 폭발 우려 등이 있으므로 전기관련 제품을 작동은 금한다.

> **참고**
> **제8조 제3항 화재현장 보존 등 「화재조사법」**
> 화재현장 보존조치를 하거나 통제구역을 설정한 경우 누구든지 소방관서장 또는 경찰서장의 허가 없이 화재현장에 있는 물건 등을 이동시키거나 변경 · 훼손하여서는 아니 된다.

46 가스폭발, 유증기폭발에서 발생하는 충격파에 의한 유리창의 파손형태는?

① 평행선형태
② 곡선형태
③ 삼각형
④ 원형형태

해설
충격과 폭발 충격파에 의한 유리 파손흔 비교

구분	일반 충격 유리 파손흔	폭발 충격파 유리 파손흔
파괴 기점	한 곳	압력파에 의한 유리창 전면
파단 형태	단독적 파손 형태, 방사상 형태	평행선 형태

47 화재 현장 촬영 시 주요 촬영 대상에 대한 설명으로 옳지 않은 것은?

① 소방용 설비들의 사용 및 작동 상황
② 발화원으로 추정된 감식 및 감정대상물
③ 화재현장에 도착한 소방차들의 배치상황
④ 화재로 인한 사망자의 위치

해설
화재현장 이외의 불필요한 것을 촬영하지 않도록 한다.

48 물리적 증거물의 발송에 대한 설명으로 옳지 않은 것은?

① 증거물이 원형을 보존하도록 한다.
② 화재조사관의 이름, 증거물의 상세목록 등이 기록된 실험실 검사 및 테스트를 위한 문서를 동봉한다.
③ 신뢰성이 높은 우편서비스로 보내도록 한다.
④ 수집된 증거물이 다수일 경우 하나의 용기에 담아서 발송한다.

해설
다른 증거물과 분리해서 개별 포장한다. 인화성물질의 경우 특히 엄수한다.

49 석유류 화재로 추정되는 화재현장으로부터 수집된 시료를 기기분석을 통하여 판별하는 절차가 옳은 것은?

① 수거 → 정제 → 여과 → 침지 → 적외선 흡수 스펙트럼 분석 → 가스 크로마토그래피법
② 수거 → 여과 → 침지 → 정제 → 적외선 흡수 스펙트럼 분석 → 가스 크로마토그래피법
③ 수거 → 침지 → 여과 → 정제 → 적외선 흡수 스펙트럼 분석 → 가스 크로마토그래피법
④ 수거 → 침지 → 정제 → 여과 → 적외선 흡수 스펙트럼 분석 → 가스 크로마토그래피법

해설
인화성 액체 등의 정확한 성분 분석을 하는 과정을 가스 크로마토그래피법이라 한다.

정답 | 45 ③ 46 ① 47 ③ 48 ④ 49 ③

기기분석(GC, IR) 판별 절차

암기법 습침 여정 적가

감식물 습득(수거) → 침지 → 여과 → 정제 → 적외선 흡수 스펙트럼 분석 → 가스 크로마토그래피법

50 화재조사서류에 대한 설명으로 옳지 않은 것은?

① 화재조사서류는 부분소실화재 이외의 화재는 작성하지 않는다.
② 화재조사서류 작성을 통해 소방행정에 필요한 정보자료를 얻을 수 있다.
③ 화재조사서류는 화재조사의 결과를 기록하는 문서이다.
④ 화재조사서류는 사법기관에 증거자료로 활용될 수 있다.

해설
화재조사서류는 모든 소실 화재를 포함한다.

참고
제16조 건축·구조물의 소실정도 「화재조사 및 보고규정」
1. 전소 : 건물의 70% 이상(입체면적에 대한 비율)이 소실되었거나 또는 그 미만이라도 잔존부분을 보수하여도 재사용이 불가능한 것
2. 반소 : 건물의 30% 이상 70% 미만이 소실된 것
3. 부분소 : 제1호, 제2호에 해당하지 아니하는 것

51 화재현장에서 관계인의 진술 및 증거확보 요령으로 옳지 않은 것은?

① 사건·사고의 증거자료는 증거로서의 가치가 확보되어야 한다.
② 화재패턴은 가연물의 배치와 관계없이 관계인의 진술과 일치하게 나타난다.
③ 화재감식에서 수거된 물증이 증거능력을 가지기 위해서는 확보, 수집단계부터 사건종료까지 보관관리가 적절하여야 한다.
④ 수집이나 보관이 잘못되어 중요한 단서가 유실되거나 변질되면 법적 증거로서의 가치를 잃게 될 수 있다.

해설
관계지의 진술 중에는 발화원인의 판정 등의 결과와 모순되는 경우가 있다.

52 발화지점에 물리적 증거물이 없더라도 방화를 의심할 수 있는 정황증거로 옳은 것은?

① 발화 관련기구나 시설 등이 없어 발화원을 특정할 수 없는 경우
② 스팀파이프와 목재가 맞닿아 있는 곳에서 가연물이 대량 연소한 경우
③ 음식물찌꺼기인 건성유를 담아 놓은 비닐봉지가 연소한 경우
④ 아파트 베란다에 놓아둔 페트병 뒤편의 가연물이 연소한 경우

해설
① 발화하지 않아야 했을 화재로 인식된 상황 하에 고의로 발생된 화재
② 목재의 저온 착화
③ 건성유(Drying Oil, 실온에서 굳혀지는 기름)는 자체 산화열의 축열로 자연발화
④ 볼록렌즈나 오목거울 또는 이와 유사한 역할을 하는 물체에 입사되면 에너지가 좁은 범위에 집중되어 가연물 표면의 온도를 높이는 수렴 화재

방화의 정의

구분	정의
사전적 정의	일부러 불을 붙여 화재를 일으키는 것, 불을 지름, 지른 불
형법상 정의	고의로 화재를 일으켜 가옥이나 기타의 물건을 연소시키는 행위
NFPA 921 CODE (화재 및 폭발원인조사 가이드) 정의	발화하지 않아야 했을 화재로 인식된 상황하에 고의로 발생된 화재

53 일반적으로 철이 용융되는 온도에 가장 가까운 것은?

① 600℃ ② 800℃
③ 1,500℃ ④ 1,900℃

해설

암기법 천 황은구금, 천오백 니스철

• 약 1,000℃ 용융점 : 황동, 은, 구리, 금
• 약 1,500℃ 용융점 : 니켈, 스테인리스, 철

정답 | 50 ① 51 ② 52 ① 53 ③

각 물질별 용융점

금속명칭	용융점(℃)	금속명칭	용융점(℃)
수은	39	금	1,063
주석	232	구리	1,083
납	327	니켈	1,455
아연	420	스테인리스	1,520
마그네슘	650	철	1,530
알루미늄	660	티탄	1,800
은	960	몰리브덴	2,620
황동	900~1,000	텅스텐	3,400

54 증거물이 오염될 수 있는 원인으로 가장 거리가 먼 것은?

① 탄화된 물체와의 이질적 혼합
② 수집과정에서 조사자의 부주의
③ 수집용기의 1회 사용 후 폐기
④ 수집용기의 개봉조치

🛢 **해설**
수집용기는 1회 사용 후 폐기하여 증거물 오염을 방지한다.

55 사건들을 각 순서에 맞게 배열하고, 시간의 흐름에 맞게 배열하는 작업으로 증거의 시간적 역할을 통해 구분하고 재구성하는 방법은?

① 타임라인   ② 마인드 매핑
③ PERT 차트   ④ 간트차트

🛢 **해설**
• 마인드 매핑 : 각 증거물이 주는 정보를 연관되는 것들끼리 연결해놓는 것
• PERT 차트 : The Program Evaluation and Review Technique, 증거들의 조합으로 이루어진 이벤트들을 타임라인 위에 나열한 것

56 화재현장 보존 책임에 대한 설명으로 옳은 것은?

① 진압대원은 화재현장 보존과 무관하다.
② 화재현장 보존에 대한 책임은 전적으로 화재조사관에게 있다.
③ 경찰기관에서만 화재현장을 보존하고 조사기관을 총괄·통제할 수 있다.
④ 화재조사관은 증거물이 오염되지 않도록 안전조치를 하여야 한다.

🛢 **해설**
화재현장의 증거물 등의 보존을 위해 통제구역을 설정하는 조치를 실시한다.

57 화재조사자가 작성해야 하는 서류가 아닌 것은?

① 재산피해 신고서
② 화재발생종합 보고서
③ 방화·방화 의심 조사서
④ 소방방화시설활용 조사서

🛢 **해설**
재산피해 신고서는 피해건물의 관계인(소유자, 점유자, 관리자)이 작성한다.

58 화재조사를 위한 사진촬영에 대한 설명으로 옳지 않은 것은?

① 피사체를 확대하여 촬영할 경우 주변의 가구, 기둥 등을 넣어서 촬영한다.
② 필요할 경우에는 원 또는 화살표 등의 표식을 넣어 촬영한다.
③ 피사체 이외의 물건은 절대 들어가면 안 된다.
④ 피사체의 크기를 명확하게 하고자 할 경우에는 눈금자 또는 동전 등을 옆에 놓고 촬영하여도 무방하다.

🛢 **해설**
피사체는 그 위치와 주변에 관련된 여러 가지 상황이 나타날 수 있도록 원거리, 중거리, 단거리에서 촬영한다.

정답 | 54 ③ 55 ① 56 ④ 57 ① 58 ③

59 액체형태의 연소촉진제(Accelerant)의 일반적인 특징으로 가장 거리가 먼 것은?

① 일반적으로 발열량이 크다.
② 보통 물보다 가볍다.
③ 다공성 물질에 흡수될 수 있다.
④ 대부분 수용성이다.

해설
물에 잘 녹지 않는 비수용성 인화성 액체의 경우 주수소화가 어렵고 급격한 연소확대현상을 보인다.

60 가장 고온의 연소 시 발생되는 목재의 탄화 형태는?

① 완소흔　　② 강소흔
③ 열소흔　　④ 주염흔

해설
노출온도 조건에 따른 목재의 균열흔

암기법 완강열 친구일 → 완소흔 강소흔 열소흔 7 9 1

구분	노출온도(℃)	탄화형태
완소흔	700~800	갈라진 틈의 폭이 넓지 않고, 골이 얕으며, 부푼 모양이 삼각형 또는 사각형의 형태
강소흔	900	나무가 갈라져서 파인 골의 깊이가 깊은 편이며, 골의 테두리 모양은 각이 없는 반원형
열소흔	1,100	홈의 깊이가 가장 깊고, 홈의 폭이 넓으며, 부푼 형태는 구형에 가깝도록 볼록

제4과목 화재조사 관계법규 및 피해평가

61 화재현황조사서의 화재원인 검토에 해당되는 항목이 아닌 것은? (단, 임야 화재, 기타 화재, 피해액이 없는 화재 이외의 화재이다.)

① 방화 가능성　　② 기름누출
③ 기계적 요인　　④ 전기적 요인

해설
화재원인 검토는 발화 요인을 조사하는 과정으로 크게 전기적, 기계적, 화학적 요인으로 구분할 수 있다.

62 운행 중인 항공기에서 발생한 화재를 조사할 책임이 있는 사람은?

① 항공기 주소지를 관할하는 소방서장
② 항공기 소유자를 관할하는 소방서장
③ 소화활동을 행한 장소를 관할하는 소방서장
④ 가장 먼저 도착한 소방대를 관할하는 소방서장

해설
화재조사는 발화지점이 속한 관할 소방서장에 책임이 있다. 다만, 발화지점 확인이 어려운 경우에는 화재피해금액이 큰 관할구역 소방서장에 책임이 있다.

63 화재현장조사서의 도면 작성 시 유의사항이 아닌 것은?

① 도면은 북을 위쪽으로 작성한다.
② 정확한 축척으로 작성한다.
③ 제도기호 등 표준화된 기호를 사용한다.
④ 표제는 발화건물 평면도, 발화지점 평면도와 같은 표현을 사용한다.

해설
도면의 표제는 발화건물 평면도, 발화지점 평면도와 같은 표현은 삼가하고, "A건물 평면도", "주방 평면도" 등으로 표현하는 등 객관적 정보 전달하는 것에 유의한다.

정답 | 59 ④　60 ③　61 ②　62 ③　63 ④

64 다음 중 화재조사의 구분이 다른 것은?

① 재산피해조사
② 발화원인조사
③ 연소상황조사
④ 소방시설 등 활용조사서

해설
①은 화재피해조사, ②~④는 화재원인조사이다.

65 「화재조사 및 보고규정」상 용어 정의로 옳은 것은?

① 최종잔가율은 화재 당시에 피해물의 재구입비에 대한 현재가의 비율을 말한다.
② 잔가율은 피해물의 경제적 내용연수가 끝난 경우 잔존하는 가치의 재구입비에 대한 비율을 말한다.
③ 손해율은 피해물의 종류, 손상 상태 및 정도에 따라 피해액을 적정화시키는 일정한 비율을 말한다.
④ 구입비는 화재 당시의 피해물과 같거나 비슷한 것을 재건축(설계감리비를 제외한다) 또는 재취득하는 데 필요한 금액을 말한다.

해설
「화재조사 및 보고규정」 용어 정의

용어	정의
재구입비	화재 당시의 피해물과 같거나 비슷한 것을 재건축(설계 감리비를 포함한다) 또는 재취득하는 데 필요한 금액
내용연수	고정자산을 경제적으로 사용할 수 있는 연수
손해율	피해물의 종류, 손상 상태 및 정도에 따라 피해 금액을 적정화시키는 일정한 비율
잔가율	화재 당시에 피해물의 재구입비에 대한 현재가의 비율
최종잔가율	**암기법** 최종 잔가재 피해물의 내용연수가 다한 경우 잔존하는 가치의 재구입비에 대한 비율

66 질문기록서 작성과 관련된 기재사항으로 틀린 것은?

① 질문기록서를 작성하는 화재조사관의 소속, 계급, 성명을 기재한다.
② 답변자의 인적사항 및 화재발생대상과의 관계를 기재한다.
③ 임야 화재의 경우도 질문기록서를 반드시 작성하여야 한다.
④ 질문일시 및 장소를 기재한다.

해설
기타화재 중 쓰레기, 모닥불, 가로등, 전봇대화재 및 임야화재의 경우 질문기록서 작성을 생략할 수 있다.

질문기록서상 작성 생략이 가능한 기타 화재의 종류

암기법 쓰모가 전임

- **쓰**레기 화재
- **모**닥불 화재
- **가**로등 화재
- **전**봇대 화재
- **임**야 화재

67 「소방의 화재조사에 관한 법령」에 따른 화재조사 전담부서에 갖추어야 할 장비와 시설 구분에서 감식용 기기가 아닌 것은?

① 누설전류계
② 가스(유증)검지기
③ 멀티테스터기
④ 적외선거리 측정기

해설
화재조사 전담부서에 갖추어야 할 장비와 시설 「소방의 화재조사에 관한 법률 시행규칙」[별표]

구분	기자재명 및 시설규모
감식기기 (16종)	절연저항계, 멀티테스터기, 클램프미터, 정전기 측정장치, 누설전류계, 검전기, 복합가스측정기, 가스(유증)검지기, 확대경, 산업용실체현미경, 적외선열상카메라, 접지저항계, 휴대용디지털현미경, 디지털탄화심도계, 슈미트해머(콘크리트 반발 경도 측정기구), 내시경현미경

정답 | 64 ① 65 ③ 66 ③ 67 ④

- 대다수의 감식기기의 특징은 전기적 점화원 측정 기기로 구성되어 있다.
- 그 외 감식기기는 발화원을 추정하거나 가연물을 측정 확인하는 기기이다.
- 기록용 기기는 주로 화재 현장의 물리적 구조, 상태를 나타내는데 사용되는 기기로 구성한다.

68 「화재로 인한 재해보상과 보험가입에 관한 법률」에 대한 설명으로 옳지 않은 것은?

① 특수건물 소유자는 그 건물의 화재로 인하여 다른 사람이 사망하였을 때 과실이 없는 경우에는 그 손해를 배상할 책임이 없다.
② 특수건물 소유자는 그 건물의 화재로 인한 손해배상책임을 이행하기 위하여 그 건물에 대하여 손해보험회사가 운영하는 특약부화재보험에 가입하여야 한다.
③ 특수건물 소유자는 그 건물의 종업원에 대하여 산업재해보상보험에 가입하고 있을 때에는 그 종업원에 대한 화재로 인한 손해배상책임을 담보하는 보험에 가입하지 아니할 수 있다.
④ 특수건물 소유자는 특약부화재보험에 부가하여 풍재(風災), 수재(水災) 또는 건물의 무너짐 등으로 인한 손해를 담보하는 보험에 가입할 수 있다.

📖 **해설**
특수건물의 소유자는 그 특수건물의 화재로 인하여 다른 사람이 사망하거나 부상을 입었을 때 또는 다른 사람의 재물에 손해가 발생한 때에는 과실이 없는 경우에도 기준에 따른 보험금액의 범위에서 그 손해를 배상할 책임이 있다.

69 아파트 거실에서 화재가 발생하여 바닥면적 30m² 벽 1면이 20m²가 소실된 경우 소실면적은?

① 20m² ② 30m²
③ 34m² ④ 50m²

📖 **해설**
건물의 소실면적 산정은 소실 바닥면적으로 산정한다. 그러므로 벽면을 제외한 30m²가 소실면적에 해당한다.

70 화재현황조사서 작성방법으로 옳지 않은 것은?

① 출동시간 : 신고를 접수한 뒤 소방차가 차고를 나간 시간을 입력하되 접수시간보다 빠르게 할 수 없다.
② 초진시간 : 지휘관이 판단하기에 화재가 충분히 진압되어 더 이상의 연소확대나 화재로 인한 추가 인명피해, 재산손실이 없을 것으로 판단되는 시점의 시간을 입력한다.
③ 완진시간 : 화재가 완전히 진압되어 더 이상의 화염·불씨 또는 연소 중인 물질로부터 나오는 연기가 없는 상태의 시간을 입력한다.
④ 발생일시 : 실제로 화재가 발생한 연, 월, 일, 시, 분, 초 단위로 입력하고, 발생일시가 정확하지 않을 경우 추정시간을 기재한다. 발생일시는 화재신고시간과 차이가 날 수 없다.

📖 **해설**
화재현황조사서는 발생일시 등의 수치를 정확히 기재한다. 또한, 화재가 발생한 시간과 신고되는 시간은 차이가 발생한다.

71 화재피해액 산정기준에서 대상물의 전부손해 시 피해액을 시중 매매가격으로 산정하지 않는 것은?

① 골동품 ② 애완동물
③ 관상수 ④ 자동차

📖 **해설**
전부손해 여부에 따른 화재피해금액 산정기준 비교

🔖 **암기법** 차동식 매 수 치료

- **차**량, **동**물, **식**물
  - 전부손해의 경우 : 시중**매매**가격
  - 전부손해가 아닌 경우(부분 소손) : **수**리비 및 **치료**비

🔖 **암기법** 해(회)골 공포(보) 감정 복구

- **회**화(그림), **골**동품, 미술**공**예품, 귀금속 및 **보**석류
  - 전부손해의 경우 : **감정**가격
  - 전부손해가 아닌 경우(부분 소손) : 원상**복구**에 소요되는 비용

정답 | 68 ① 69 ② 70 ④ 71 ①

72 화재피해액 산정방식 중 잘못 연결된 것은?

① 동물 및 식물의 피해액 = 시중 매매가격
② 재고자산 피해액 = 회계장부상의 구입가격 × 손해율
③ 귀중품의 피해액 = 감정서의 감정가격
④ 자동차 피해액(부분소손) = 수리비 × 감가공제

해설
자동차 피해액(부분소손) = 수리비

73 화재 사후조사에 대한 화재발생종합보고서 작성 요령 중 옳은 것은?

① 소방대가 출동하지 아니한 화재장소의 화재증명원 발급요청이 있는 경우 화재 조사관이 판단하여 사후조사를 실시한 후 보고서를 작성한다.
② 사후조사는 발화장소 및 발화지점 등 현장이 보존되어 있는 경우 조사를 할 수 있고 이 경우 화재발생종합보고서를 작성한다.
③ 사후조사의 경우에 화재현장출동보고서를 반드시 작성하여야 한다.
④ 사후조사의 경우 화재발생종합보고서는 별도의 서식에 의해 작성한다.

해설
화재증명원의 발급 등 규정
- 소방관서장은 화재피해자로부터 소방대가 출동하지 아니한 (미신고) 화재장소의 화재증명원 발급신청이 있는 경우 조사관이 사후조사를 실시하게 할 수 있다.
- 민원인이 제출한 사후조사 의뢰서의 내용에 따라 발화장소 및 발화지점의 현장이 보존되어 있는 경우에만 조사한다.
- 화재현장출동보고서 작성은 생략할 수 있다.
- 화재증명원 발급 시 인명피해 및 재산피해 내역을 기재한다. 다만, 조사가 진행 중인 경우에는 "조사 중"으로 기재한다.
- 재산피해내역 중 피해금액은 기재하지 아니하며 피해물건만 종류별로 구분하여 기재한다. 다만, 민원인의 요구가 있는 경우에는 피해금액을 기재하여 발급할 수 있다.

74 「화재조사 및 보고규정」상 ( )의 용어로 옳은 것은?

"(ㄱ)"란 고정자산을 경제적으로 사용할 수 있는 연수를 말한다.
"(ㄴ)"란 화재 당시의 피해물과 같거나 비슷한 것을 재건축(설계 감리비를 포함한다) 또는 재취득하는 데 필요한 금액을 말한다.

	ㄱ	ㄴ
①	내용연수	재조달가액
②	경제연수	재조달가액
③	사용연수	재구입비
④	잔존연수	재구입비

해설
「화재조사 및 보고규정」 용어 정의

용어	정의
재구입비	화재 당시의 피해물과 같거나 비슷한 것을 재건축(설계 감리비를 포함한다) 또는 재취득하는데 필요한 금액
내용연수	고정자산을 경제적으로 사용할 수 있는 연수
손해율	피해물의 종류, 손상 상태 및 정도에 따라 피해금액을 적정화시키는 일정한 비율
잔가율	화재 당시에 피해물의 재구입비에 대한 현재가의 비율
최종잔가율	**암기법** 최종 잔가재 피해물의 내용연수가 다한 경우 잔존하는 가치의 재구입비에 대한 비율

75 자동차·철도차량 화재유형별 조사서의 형식란에 기입사항이 아닌 것은?

① 제조회사   ② 연식
③ 차량명   ④ 배기량

해설
자동차·철도차량 화재유형별 조사서의 형식란 기입사항 4가지

 제연번명

1. 제조회사
2. 연식
3. 차량번호
4. 차량명

정답 | 72 ④ 73 ② 74 ③ 75 ④

76 발화지점 판정에 대한 설명으로 옳지 않은 것은?

① 현장조사상황에서의 순번을 기재할 것
② 인용사실은 조사서 등에 기재되어 있을 것
③ 판정은 주관적인 고찰에 의할 것
④ 현장조사상황 등의 항목별로 각각 판단된 발화지점을 기재하여 둘 것

📖 해설
제3조 화재조사의 개시 및 원칙 「화재조사 및 보고규정」
조사는 물적 증거를 바탕으로 과학적인 방법을 통해 합리적인 사실의 규명을 원칙으로 한다.

77 질문기록서를 생략할 수 있는 경우가 아닌 것은?

① 쓰레기 화재   ② 가로등 화재
③ 전봇대 화재   ④ 구조물 화재

📖 해설
기타화재 중 쓰레기, 모닥불, 가로등, 전봇대 화재 및 임야 화재의 경우 질문기록서 작성을 생략할 수 있다.

질문기록서상 작성 생략이 가능한 기타 화재의 종류

암기법 쓰모가 전임

- 쓰레기 화재
- 모닥불 화재
- 가로등 화재
- 전봇대 화재
- 임야 화재

78 구축물의 피해액 산정에 있어서 최초건축비에 경과연수별 물가상승률을 곱하여 재건축비를 구한 후 사용손모 및 경과연수에 대응한 감가공제하는 방식은?

① 간이평가방식
② 회계장부에 의한 피해액의 산정방식
③ 수리비에 의한 방식
④ 원시건축비에 의한 방식

📖 해설
구축물의 화재피해금액 산정기준 공식 3가지

산정 방식 구분	산정기준
회계장부에 의한 피해액의 산정방식	소실단위의 회계장부상 구축물가액×손해율
원시건축비에 의한 방식	소실단위의 원시건축비×물가상승률×[1−(0.8×경과연수/내용연수)]×손해율
구축물가액 또는 원시건축비의 가액이 확인되지 않는 경우	단위(m, m², m³)당 표준 단가×소실단위×[1−(0.8×경과연수/내용연수)]×손해율

79 화재현장조사서 작성 시 유의사항 중 옳지 않은 것은?

① 발화지점 및 화재원인 판정은 객관적인 증거자료(사진, 기타서류 등)를 첨부할 수 있다.
② 관계자 진술은 주관적인 것이므로 기재하지 않는다.
③ 필요한 경우 감식·감정결과통지서, 전기배선도, 연구자료, 재현실험결과, 참고문헌 등 참고자료를 첨부할 수 있다.
④ 필요한 경우 예상되는 상황 및 관련 조치 사항 등도 기록할 수 있다.

📖 해설
화재조사자는 객관적 입장에서 관계자 진술을 전부 기록한다.

80 화재피해액 산정에 있어서 건물화재로 볼 수 없는 것은?

① 신축 중인 방화구조건물에 지붕을 기와 등으로 다 이은 이후의 것에서 발생한 화재
② 신축 중인 내화건물에 슬래브의 콘크리트를 부어 넣은 시점 이후의 것에서 발생한 화재
③ 해체 중의 건물에서 벽, 바닥 등의 주요구조부의 해체가 시작된 시점에서 발생한 화재
④ 오래된 선박을 개조해서 일정한 장소에 고정하고 점포 등으로 이용하고 있는 것이 소손된 화재

📖 해설
화재피해액 산정 매뉴얼에서의 건물 정의
건물이란 토지에 정착하는 공작물 중 <u>지붕과 기둥 또는 지붕과 벽이 있는 것으로서 주거, 작업, 집회, 영업, 오락, 저장 등의 용도</u>를 위하여 인공적으로 축조된 건조물을 말한다.

정답 | 76 ③   77 ④   78 ④   79 ②   80 ③

산업기사 기출문제 2016년

제1과목 화재조사론

01 다음 중 응상폭발에 해당하지 않는 것은?

① 분해폭발 ② 수증기폭발
③ 증기폭발 ④ 전선폭발

해설
분해폭발은 기상폭발에 해당한다.

참고

폭발의 분류
- 물질의 상태에 따른 폭발분류

구분	종류
응상폭발 (고체, 액체)	증기폭발, 보일러폭발, 전선폭발
기상폭발 (기체)	가스폭발, 분해폭발, 분무폭발, 분진폭발

- 물질의 화학적 변화 여부에 따른 폭발분류

구분	종류
화학적 폭발	산화폭발, 분해폭발, 중합폭발, 촉매폭발
물리적 폭발	증기폭발, BLEVE

02 연소속도에 대한 설명으로 틀린 것은?

① 연소속도는 온도와 압력이 높을수록 빨라진다.
② 건물 밀집 지역에서 강풍 시 연소속도는 목조가 내화조보다 빠르다.
③ 연소속도는 일반적으로 대상물의 형태, 기상상태, 화재 규모 및 경과시간 등에 따라 다르다.
④ 연소속도는 화재로 인한 연소생성물 중 이산화탄소와 질소 등의 농도가 높아지면 빨라진다.

해설
불연성 물질인 이산화탄소(CO_2), 질소(N_2) 등의 농도가 높아져서 가연물에 산소가 공급되는 것을 방해 또는 억제함으로써 연소속도는 느려진다.

03 발화 개소 판정 시 통전입증에 대한 방법 중 거리가 먼 것은?

① 현장 조사는 부하측에서 전원측으로 순차적으로 확인한다.
② 분전반의 차단기 상태를 확인한다.
③ 전열기를 비롯한 각종 전기기구의 전원측 상태를 확인한다.
④ 플러그 및 콘센트 등 접속기구와 배선 상태를 확인한다.

해설
전열기를 비롯한 각종 전기기구의 부하측 상태를 확인한다. 부하측에서 통전입증이 되면 전원측은 당연히 통전된 것이기 때문에 부하측 상태 확인이 중요하다.

04 인화성 액체의 연소점, 인화점, 발화점의 온도 순서로 옳은 것은?

① 발화점 > 연소점 > 인화점
② 연소점 > 인화점 > 발화점
③ 인화점 > 발화점 > 연소점
④ 인화점 > 연소점 > 발화점

해설
인화성 액체의 온도는 인화점<연소점<발화점 순이다.

정답 | 01 ① 02 ④ 03 ③ 04 ①

> **참고**
>
> **인화점, 연소점, 발화점 정의**
> - 인화점 : 인화성 증기의 농도가 점화원에 의해 착화될 수 있는 최저온도
> - 연소점 : 연소 상태가 계속될 수 있는 온도로 연소 상태가 5초 이상 지속되는 가장 낮은 온도로 일반적으로 연소점은 대략 10℃ 정도 높은 온도
> - 발화점 : 외부의 직접적인 점화원 없이 가열된 열의 축적으로 발화가 되고 연소 되는 최저온도
>
>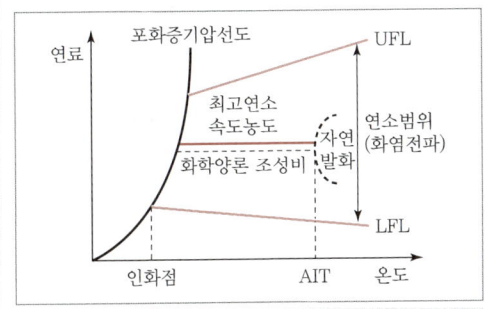
>
> **인화점, 연소점, 발화점, 연소범위의 정의**
>
> ∴ 인화점 < 연소점 < 발화점

05 「소방의 화재조사에 관한 법률 시행령」에 따른 국가화재정보시스템 운영에 관한 사항에서 수집·관리해야 하는 내용으로 옳지 않은 것은?

① 관계인의 보험가입 정보 등에 관한 사항
② 소방시설 등의 설치·관리 및 작동 여부에 관한 사항
③ 복구활동에 관한 사항
④ 화재예방 관계 법령 등의 이행 및 위반 등에 관한 사항

해설
제14조 국가화재정보시스템의 운영 「소방의 화재조사에 관한 법률 시행령」
1. 화재원인
2. 화재피해상황
3. 대응활동에 관한 사항
4. 소방시설 등의 설치·관리 및 작동 여부에 관한 사항
5. 화재발생건축물과 구조물, 화재유형별 화재위험성 등에 관한 사항
6. 화재예방 관계 법령 등의 이행 및 위반 등에 관한 사항
7. 관계인의 보험가입 정보 등에 관한 사항
8. 그 밖에 화재예방과 소방활동에 활용할 수 있는 정보

06 「소방의 화재조사에 관한 법률」상 화재조사 전담부서에서 갖추어야 할 장비와 시설 구분에 해당하지 않는 것은?

① 기록용 기기
② 추가권장장비
③ 조명기기
④ 안전장비

해설
전담부서의 장비와 시설 「소방의 화재조사에 관한 법률 시행규칙」 [별표]
발굴용구(8종), 기록용 기기(13종), 감식기기(16종), 감정용기기(21종), 조명기기(5종), 안전장비(8종), 증거 수집 장비(6종), 화재조사 차량(2종), 보조장비(6종), 화재조사 분석실, 화재조사 분석실 구성장비(10종)

07 구획실 화재현장에서 단일 환기구가 있는 구획실 내부로의 공기 흐름에 관한 설명으로 옳은 것은? (단, A는 개구부 면적, H는 개구부 높이이다.)

① 공기흐름은 AH에 비례한다.
② 공기흐름은 $A\sqrt{H}$에 비례한다.
③ 공기흐름은 $\sqrt{AH}$에 비례한다.
④ 공기흐름은 $(AH)^2$에 비례한다.

해설
개구부 공기흐름은 환기 계수($A\sqrt{H}$)에 비례한다.

08 플래시오버에 영향을 미치는 요인이 아닌 것은?

① 열원의 종류
② 내장 재료의 종류
③ 화원의 크기
④ 실의 개구율

해설
플래시오버는 성장기와 최성기의 과도적 시기 현상으로 열원의 종류와 무관하다.

플래시오버(Flash Over) 발생에 영향을 미치는 요인
- 내장 재료의 종류
- 화원의 크기
- 실의 개구율
- 기타(가연물의 화재하중과 발열량)

정답 | 05 ③ 06 ② 07 ② 08 ①

09 목재의 수열에 의한 상태 및 형상 변화에 대한 설명 중 틀린 것은?

① 100℃ 미만의 경우 틈새에 들어 있는 수분이 서서히 증발하여 건조된다.
② 160℃ 정도에서 분해가스가 갈색이 되며, 휘발성의 에스테르가 나오기 시작한다.
③ 260℃에서는 분해가 급격하며 다량의 가스가 발생한다.
④ 300~350℃에서는 다른 화원이 없어도 타기 시작한다.

해설
420~470℃에서는 화원이 없어도 타기 시작한다(목재 발화온도).

온도에 따른 목재의 상태 · 형상

온도(℃)	상태 · 형상
100 미만	틈새에 들어 있는 수분이 서서히 증발하여 건조된다.
100	100℃인 채로 수분 증발이 계속된다.
160	• 분해가스가 갈색이 되며, 휘발성의 에스테르가 나오기 시작한다(낡은 판자나 마디 등은 화원(火源)이 있으면 착화되는 상태). • 목재의 표면이 갈색으로 눈다.
220	표면이 흑갈색이 되며 거스러미 등은 조그만 불씨에도 착화된다.
260	• 목재의 인화온도이다. • 급격하게 분해되며 다량의 가스가 발생한다. • 다른 화원(火源)이 있으면 확실하게 착화된다.
300~350	탄화가 완료된다.
420~470	• 목재의 발화온도이다. • 다른 화원(火源)이 없어도 타기 시작한다.

10 연기가 유동하는 부력에 대한 설명으로 옳은 것은?

① 화재에 의한 온도는 연기 밀도를 감소시켜 부력이 발생한다.
② 화염으로부터 연기가 이동할 때 온도는 높아진다.
③ 구획된 부분에서 부력은 천장에 닿자마자 사라진다.
④ 부력효과는 화염으로부터 거리가 증가할수록 증가한다.

해설
② 화염으로부터 연기가 이동하여 멀어지면 온도는 낮아진다.
③ 구획된 부분에서 부력은 천장에 닿아도 사라지지 않고, 연기가 천장을 따라 수평으로 이동한다.
④ 부력효과는 화염으로부터 거리가 멀어질수록 온도가 낮아져 감소한다.

11 연소범위에 영향을 미치는 요소에 대한 설명으로 틀린 것은?

① 온도가 높아질수록 연소범위는 넓어진다.
② 압력이 높아지면 하한값은 크게 변하지 않으나 상한값은 높아진다.
③ 고온 · 고압의 경우 연소범위는 넓어진다.
④ 혼합기를 이루는 공기의 산소농도가 높을수록 연소범위는 좁아진다.

해설
혼합기를 이루는 공기의 산소농도가 높을수록 연소범위는 넓어진다.

12 수소 10%, 메탄 50%, 에탄 40%의 부피비로 혼합된 혼합기체가 있다. 이 혼합기체의 공기 중 폭발하한계는 몇 vol%인가? (단, 폭발범위는 수소 4~75vol%, 메탄 5~15vol%, 에탄 3.0~12.4vol%이다.)

① 2.87 ② 3.87
③ 4.87 ④ 5.87

해설
혼합가스의 폭발범위 계산 "르샤틀리에 법칙(Le Chatelier's Low)"

$$L = \frac{100}{\frac{V_1}{L_1} + \frac{V_2}{L_2} + \frac{V_3}{L_3} + \cdots}$$

L : 혼합가스 폭발한계(%)
L_1, L_2, L_3 : 각 가연성 가스 폭발한계(%)
V_1, V_2, V_3 : 각 가연성 가스의 공기 중 부피(vol%)

$$\therefore L = \frac{100}{\left(\frac{10}{4} + \frac{50}{5} + \frac{40}{3}\right)} = 3.87$$

정답 | 09 ④ 10 ① 11 ④ 12 ②

13 블레비(BLEVE) 현상의 발생 메커니즘 순서로 옳은 것은?

① 액온상승 → 연성파괴 → 액격현상 → 취성파괴
② 액온상승 → 액격현상 → 취성파괴 → 연성파괴
③ 액온상승 → 취성파괴 → 액격현상 → 연성파괴
④ 액온상승 → 연성파괴 → 취성파괴 → 액격현상

📖 해설

블레비(BLEVE ; Boiling Liquid Expanding Vapour Explosion)는 액화가스 주위에서 화재 발생 시 탱크강판 부분 가열되어 탱크가 파열되고, 액화가스가 급격히 팽창 분출하여 폭발하는 현상이다.

블레비(BLEVE) 발생 메커니즘
화재 → 액온상승 및 압력증가 → 연성파괴 → 액격현상 → 취성파괴 → 내용물의 폭발적 분출

14 다음 그림은 연소가 종료된 상황이다. 화재가 진행된 방향은?

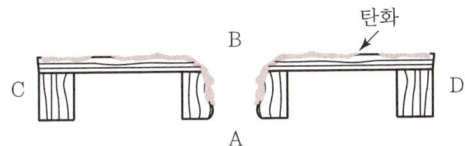

① A → B   ② B → A
③ C → A, B   ④ D → A, B

📖 해설
연소강도를 비교하면 C와 D는 전혀 탄화되지 않아 배제할 수 있고, B는 연소강도가 강하고, A는 연소강도가 B에 비해 약하다. 따라서 B → A 방향으로 연소 방향성이 있다.

① A → B

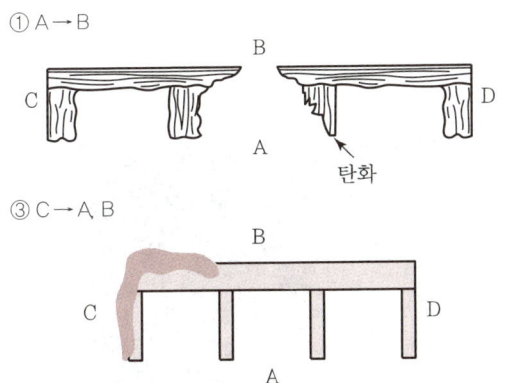

③ C → A, B

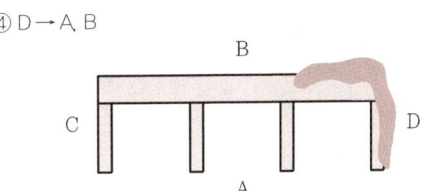

④ D → A, B

15 연소생성물 중 일산화탄소는 인체 내 헤모글로빈과 결합하여 산소의 운반기능을 약화시켜 질식하게 하는 가스이다. 1~3분 내로 사망시킬 수 있는 공기 중 일산화탄소의 농도는 몇 %인가?

① 0.02%   ② 0.64%
③ 0.32%   ④ 1.28%

📖 해설
일산화탄소의 공기 중 농도에 따른 중독증상

공기 중의 농도		경과시간(분)	중독증상
%	ppm		
0.02	200	120~180	가벼운 두통 증상
0.04	400	60~120	통증·구토증세가 나타남
0.08	800	40	구토·현기증·경련이 일어나고 24시간이면 실신
0.16	1,600	20	두통·현기증·구토 등이 일어나고 2시간이면 사망
0.32	3,200	5~10	두통·현기증이 일어나고 30분이면 사망
0.64	6,400	1~2	두통·현기증이 심하게 일어나고 15~30분이면 사망
1.28	12,800	1~3	1~3분 내 사망

16 상온, 상압에서 프로판(C_3H_8) 1kg을 완전연소시키기 위하여 공기는 약 몇 kg이 필요한가? (단, 공기 중 산소농도의 질량비는 23.15wt%이다.)

① 3.64   ② 7.28
③ 15.7   ④ 17.3

📖 해설
프로판(C_3H_8) 완전연소반응

$C_3H_8 + 5O_2 \rightarrow 3CO_2 + 4H_2O$

• 프로판 1몰은 5몰의 산소와 완전연소반응을 한다.
• 프로판 1kg을 완전연소반응을 위해 비례식을 세운다.

정답 | 13 ① 14 ② 15 ④ 16 ③

- 프로판 1몰×44(12×3+1×8)g : 산소 5몰×(16×2)g
  = 1kg : $x$kg
- 44 : 160 = 1 : x
- x = 3.67 ∴ 산소량은 3.67kg
- 공기량 = $\frac{3.636}{0.2315}$ = 15.70kg

17 자연발화의 발생 조건에 대한 설명으로 틀린 것은?

① 고온건조한 환경에서 자연발화를 촉진한다.
② 적층상태로 쌓아두면 자연발화를 촉진한다.
③ 열전도율이 좋지 않은 물질이 자연발화를 촉진한다.
④ 발열량이 큰 물질이 자연발화를 촉진한다.

해설
수분의 촉매작용으로 자연발화는 촉진된다. 따라서 고온건조한 환경은 자연발화가 어렵다.

> **참고**
>
> **자연발화의 발생조건**
> - 열의 축적에 영향을 주는 인자 : 적층상태로 쌓아둘수록, 열전도율이 작을수록, 공기유동이 없을수록 열 축적이 용이하다.
> - 열의 발생속도에 영향을 주는 인자 : 수분이 촉매작용으로 반응속도가 빠르며, 발열량이 클수록 자연발화를 촉진한다.

18 구획실 화재의 화재성장에 대한 설명으로 틀린 것은?

① 플래시오버가 발생하기 위해서는 노출된 가연물이 복사 발화를 일으킬 수 있을 정도로 충분히 높은 온도의 고온가스층이 형성되어야 한다.
② 구획실의 천장높이나 부피는 플래시오버 발생에 영향을 미치지 않는다.
③ 구획실에서 동일한 크기의 화재가 발생한 경우 화재플룸(Fire Plume)의 위치는 고온층의 절대온도에 영향을 미친다.
④ 연소 중인 가연물이 벽에서 떨어진 경우 사방에서 공기가 화재플룸(Fire Plume)으로 자유롭게 유입된다.

해설
플래시오버는 구획실의 천장높이, 환기조건 등에 영향을 받는다.

플래시오버(Flash Over) 발생에 영향을 미치는 요인
- 내장 재료의 종류
- 화원의 크기
- 실의 개구율
- 기타(가연물의 화재하중과 발열량)

19 가스버너에서 일어나는 역화(Flash Back)의 원인이 아닌 것은?

① 버너가 과열되었을 때
② 혼합기체의 양이 너무 적을 때
③ 부식 등으로 노즐의 구멍이 커졌을 때
④ 가스의 공급속도가 연소속도보다 클 때

해설
가스의 공급속도가 연소속도보다 클 때는 리프팅(Lifting) 현상이 발생한다.
- 리프팅 : 가스의 공급속도 > 연소속도
- 역화 : 가스의 연소속도 > 공급속도
① 큰 냄비를 장시간 사용 시 버너가 과열되고, 가스의 온도가 올라 연소속도가 빨라져 역화가 발생한다.
② 혼합기체의 양이 너무 적으면 연소속도가 공급속도보다 커져 역화가 발생한다.
③ 부식 등으로 노즐의 구멍이 크면 혼합가스 공급속도가 연소속도보다 커져 역화가 발생한다.

20 유류에 의해 만들어진 패턴이 아닌 것은?

① 포어패턴 ② 스플래시패턴
③ 도넛패턴 ④ 버터플라이패턴

해설
버터플라이패턴은 주식 차트 패턴에서 나온다.

포어패턴

정답 | 17 ① 18 ② 19 ④ 20 ④

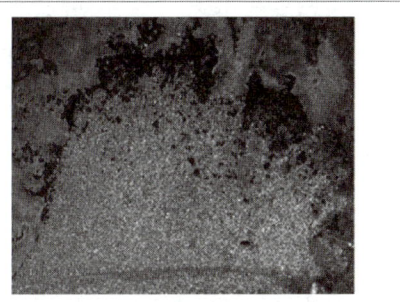

스플래시패턴

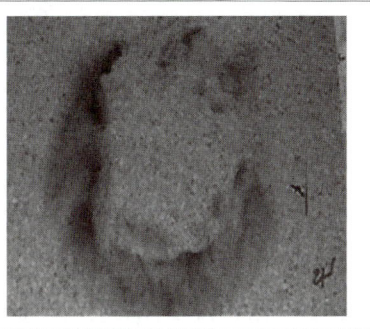

도넛패턴

제2과목 화재감식론

21 주차 공간에서 차량화재 발생 시 발화원인 판단에 관한 설명으로 틀린 것은?

① 창유리의 비산 상태로 화재가 차량 내부에서 일어났는지, 외부에서 일어났는지 판단할 수 있다.
② 엔진실 등 내부에서 발화된 경우 발화부에는 국부적인 철제부분의 변형형태가 남는다.
③ 파손된 유리창의 파단면에 충격파에 의한 리플마크가 있고 안쪽 부분이 그을려져 있으면 발화 전 인위적인 파손으로 볼 수 있다.
④ 전기적 발열에 의한 경우 고정부분에서의 절연피복 손상으로 단락 발화하는 경우가 많다.

🔎 **해설**
파손된 유리창의 '파단면에 충격파에 의한 리플마크가 있다'는 것은 외부 물리적 충격을 의미하며, '안쪽 부분 그을음'은 발화 이후의 충격을 의미한다.

22 산불 발생 시 산불에 약한 임상의 종류는?

① 이령림　　　② 택벌림
③ 혼효림　　　④ 일제동령림

🔎 **해설**
일제동령림은 조림사업 등으로 나이가 거의 같은 동종나무로 이뤄진 숲으로 화재에 취약하다.
① 이령림 : 나이 차이가 많은 나무로 이루어진 삼림.
② 택벌림 : 나무를 골라 베어 지속적으로 관리하는 산림
③ 혼효림 : 여러 종류의 나무로 이루어진 산림

23 급경사면에서의 상향사면 연소속도는 하향사면보다 몇 배 정도 빠르게 진행되는가?

① 4배　　　② 8배
③ 12배　　　④ 16배

🔎 **해설**

암기법 ✓ 급상 16배

급경사면에서의 상향사면 연소속도는 하향사면보다 16배 빠르다.

24 가스설비 정압기의 구성품이 아닌 것은?

① 다이어프램　　② 스프링
③ 스톱링　　　　④ 메인밸브

🔎 **해설**
정압기 구성품은 다이어프램, 스프링, 메인밸브로 구성된다.

25 담뱃불 발화 메커니즘 순서로 옳은 것은?

① 유염연소 → 열 축적 → 발화온도 도달 → 무염발화
② 무염연소 → 열 축적 → 발화온도 도달 → 유염발화
③ 열 축적 → 무염연소 → 발화온도 도달 → 무염발화
④ 열 축적 → 무염연소 → 발화온도 도달 → 유염발화

🔎 **해설**
담뱃불의 무염연소가 유염발화를 하려면 중간단계에 열축적되어 발화온도에 도달해야만 유염발화할 수 있다. 따라서, 무염연소 → 열 축적 → 발화온도 도달 → 유염발화 순의 메커니즘을 형성하게 된다.

정답 | 21 ③　22 ④　23 ④　24 ③　25 ②

26 pH = 3인 용액의 수소이온농도는 pH = 6인 용액의 수소이온농도의 몇 배인가?

① 3
② 100
③ 300
④ 1,000

해설

pH 값은 수소이온농도를 음의 로그로 표현하는 지표이다. 따라서 pH 3 = 10^{-3}인 수소이온농도는 pH 6 = 10^{-6}인 수소이온농도의 $\frac{10^{-3}}{10^{-6}}$ = 1,000배이다.

27 트래킹 현상의 진행 과정을 순서대로 옳게 나열한 것은?

ㄱ. 도전로의 분단과 미소발광 방전이 발생
ㄴ. 절연재료 표면의 오염 등에 의한 도전로 형성
ㄷ. 방전에 의한 표면의 탄화

① ㄱ → ㄴ → ㄷ
② ㄱ → ㄷ → ㄴ
③ ㄴ → ㄱ → ㄷ
④ ㄱ → ㄷ → ㄴ

해설

트래킹 3단계 진행과정 핵심용어는 도전로, 방전, 탄화이다.

페놀수지의 트래킹 현상

전기가 통하는 길(도전로)을 만들고, 그 길을 통해 방전되면 검게 탄화되면서 화재가 발생하는데 이것이 트래킹 현상이다.

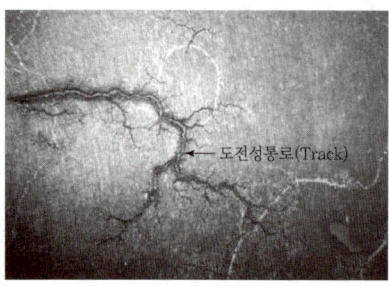

← 도전성통로(Track)

참고

트래킹 현상 진행과정

암기법 도전 방 탄

- 1단계 : 절연재료 표면의 오염 등에 의한 **도전**로 형성
- 2단계 : 도전로의 분단과 미소발광 **방전**이 발생
- 3단계 : 방전에 의한 표면의 **탄화**

28 방화원인의 동기유형 구분에 있어서 보험 사기성 방화에 대한 집중 조사 사항으로 가장 거리가 먼 것은?

① 보험 가입 전후 재정 상황이 악화되어 기업을 청산해야 할 형편에 있었는지 여부를 조사한다.
② 재고나 유행이 지난 구식·구형의 의류, 기계, 물건이 다량으로 있었는지 여부를 조사한다.
③ 건물, 시설물의 법규 위반이나 개·보수가 난감한 상태에 있었는지 여부를 조사한다.
④ 여러 가지 인간관계의 갈등 등으로 상대에 대한 원한을 품고 있었는지 여부를 조사한다.

해설

①, ②, ③과 같이 보험 사기성 방화는 보험금 취득의 경제적 이득이 목적이다. 그러나 ④는 원한에 의한 방화가 목적이다.

29 탄화수소 유도체의 물질명과 시성식이 잘못 연결된 것은?

① 알데하이드(Aldehyde) : R-CHO
② 에테르(Ether) : R-COOH
③ 에스테르(Ester) : R-COO-R′
④ 케톤(Ketone) : R-CO-R′

해설

에테르는 유기화합물의 한 종류로 시성식은 R-O-R′이다.

30 방화현장의 일반적인 특징으로 틀린 것은?

① 단독범행이 많고 검거에 어려움이 있다.
② 주로 인적이 드문 야간에 많이 발생하며 조기 발견에 어려움이 있다.
③ 남성에 비해 여성에 의해 실행되는 빈도가 상대적으로 높다.
④ 인화성 물질, 신문지, 라이터 등의 가연물을 방화 매개체로 사용하는 경우가 있다.

해설

대검찰청 범죄분석 통계에 따르면 방화범의 약 80%가 남성이었다.

정답 | 26 ④ 27 ③ 28 ④ 29 ② 30 ③

31 가스용기와 안전장치의 연결이 옳은 것은?

① LPG 용기(액화가스용기) : 스프링식 안전밸브
② 아세틸렌 용기 : 파열판식 안전밸브
③ 압축가스 용기(산소) : 가용합금식 안전밸브
④ 압축가스 용기(수소) : 스프링식과 파열판식의 2중 안전밸브

해설
② 아세틸렌 용기 : 가용합금식 안전밸브
③ 압축가스 용기(산소) : 파열판식 안전밸브
④ 압축가스 용기(수소) : 파열판식 안전밸브

참고

가스용기 안전밸브의 종류

암기법 L 스프, 압파, 염아산 가용, 초저온 스파2

- LPG 용기 : 스프링식 안전밸브
- 산소, 수소, 질소, 아르곤 등의 압축가스 용기 : 파열판식 안전밸브
- 염소, 아세틸렌, 산화에틸렌 용기 : 가용전(가용합금식) 안전밸브
- 초저온 용기 : 스프링식과 파열판식의 2중 안전밸브

32 전기화재 발생원인 중 다음에서 설명하는 것은?

전압코드 등이 눌림이나 꺾임이 반복되어 소선이 10% 이상 단선되고, 단선된 소선이 서로 접촉하여 아크와 열을 발생하여 화재에 이르는 것

① 트래킹   ② 반단선
③ 접촉불량   ④ 과전류

해설
반단선
소선이 10% 이상 단선되면 저항치가 커져서 국부적으로 발열량이 증가하거나 스파크가 발생하여 전선의 피복 등 주위의 가연물이 타기 시작한다.

← 반단선 상태
← 제조불량에 의한 단선

33 다음 중 항공기 보조동력장치의 소화용기(Container) 내용물이 과도한 열로 인하여 외부로 배출되었을 때 나타나는 현상은?

① 온도방출지시기의 Red Disk가 이탈한다.
② 온도방출지시기의 Yellow Disk가 이탈한다.
③ 배출밸브가 열린다.
④ 조종실에 경고등이 들어온다.

해설
온도방출지시기는 소화용기 내부에 설치되어 있으며, 일정한 온도 이상으로 상승하면 Red Disk가 이탈한다. 이 디스크가 이탈하거나 변색되면, 소화용기가 활성화되어 비상상황임을 인지하여야 한다.

34 발화온도가 낮은 것에서 높은 순서로 옳게 나열된 것은?

① 셀룰로이드 < 명주 < 나무(목재)
② 나무(목재) < 셀룰로이드 < 명주
③ 나무(목재) < 명주 < 셀룰로이드
④ 셀룰로이드 < 나무(목재) < 명주

해설
셀룰로이드(180℃) < 나무(490℃) < 명주(650℃)

35 화학물질에 관한 화재조사요령으로 옳은 것은?

① 나트륨은 출화 부위에 남아있는 물이 산성을 띠는지 조사한다.
② 니트로셀룰로오스는 저장용기의 파손, 부식 등의 보관상태를 조사하여 알코올의 증발 여부를 판단한다.
③ 알칼리금속은 연소 시 나트륨은 보라색, 칼륨은 황색, 리튬은 녹색불꽃이 생성되므로 화재 초기 목격자의 진술을 확보한다.
④ 모노실란은 연소 후 백색분말의 수산화나트륨 생성 여부로 판단한다.

해설
니트로셀룰로오스는 화약의 주원료로 알코올로 처리하여 안정화되어 있다. 니트로셀룰로오스 보관 용기 등에 화재가 발생하였다면 알코올이 증발되었을 가능성이 있다.

정답 | 31 ① 32 ② 33 ① 34 ④ 35 ②

② 나트륨은 물과 반응하여 수산화나트륨(NaOH)을 생성하는데 강염기이다.
③ 나트륨은 노란색, 칼륨은 보라색, 리튬은 무색이다.
④ 모노실란은 완전연소 시 이산화실란, 불완전연소 시 수산화실란이 생성된다.

36 선박의 화재예방을 위해 검사하는 항목이 아닌 것은?

① 배터리 단자의 단락 여부
② 연료유탱크의 누유 여부
③ 계선 및 양묘설비의 작동 여부
④ 전선의 절연저항 측정

해설
선박의 계선 및 양묘설비는 항구에 정박 시 사용되는 장비와 시설로 작동 여부와 화재는 관련성이 적다.
- 계선(Mooring Lines) : 선박을 항구에 고정시키는 로프 또는 케이블
- 양묘설비(Bollards) : 선박의 계선을 고정하는 항구의 고정 장치

37 가솔린자동차의 엔진에 대한 설명으로 옳은 것은?

① 연료의 공급방식은 카뷰레터방식과 분사방식으로 나뉜다.
② 실린더의 냉각방식은 공랭식과 수냉식으로 나뉜다.
③ 실린더의 배열방식은 수직대향형, V형, 직렬형이 있다.
④ 작동방법은 2사이클 엔진, 3사이클 엔진, 4사이클 엔진으로 나뉜다.

해설
가솔린자동차 연료공급방식은 카뷰레터방식과 분사방식이 있고, 요즘은 분사방식(Injection)이 주로 사용된다.
② 일반적인 가솔린자동차의 실린더 냉각방식은 수냉식을 사용한다.
③ 실린더의 배열방식은 직렬형, V형, 역 T형이다.
④ 작동방법은 2사이클 엔진, 4사이클 엔진으로 나뉜다.

38 가연물의 착화성에 대한 설명으로 틀린 것은?

① 종이, 섬유류보다는 기체상태의 가연성 증기가 착화하기 쉽다.
② 초기 가연물이 전기배선인 경우 전선피복에 착화할 수 있다.
③ 전선의 단락 시 발생하는 열은 목재, 플라스틱 등 단면적이 큰 물질을 착화시키기 어렵다.
④ 플라스틱은 일반적으로 저온상태에서도 작은 점화원에 의해 쉽게 착화된다.

해설
플라스틱은 저온상태에서는 착화가 어렵지만 일단 착화하면 진압이 어렵다.
① 종이, 섬유류는 열분해 후 가연성 증기가 착화하는 것이다.
② 전선피복은 난연성이지만 고온의 전기배선에 착화 가능하다.
③ 전선의 단락 아크는 철을 녹이는 최소 1,600~3,000℃의 온도이나 순간 온도로 목재, 플라스틱을 착화시키는 것은 어렵다.

39 차량화재 가연물 중 발화성 액체에 대한 설명으로 옳은 것은?

① 차량에 사용되는 발화성 액체에는 가솔린, 메탄올, 폴리카보네이트 등이 있다.
② 차량에 사용되는 발화성 액체는 방화행위로 인해 발화원과 접촉할 수는 있지만, 차량 시스템의 충돌로는 접촉이 어렵다.
③ 액체연료가 분무상으로 분출될 경우 인화점은 착화의 중요한 요인으로 작용한다.
④ 온도가 높은 외부 표면에 착화되려면 인화점보다 최소 200℃ 이상 높아야 한다.

해설
고온 표면 착화는 발화점과 관련이 있다. 가솔린은 인화점이 -42.8℃, 발화점 280℃이고, 디젤은 인화점이 52~95.6℃, 발화점이 256℃로 두 발화성 액체 모두 발화점이 인화점보다 최소 200℃ 이상 높다.
① 차량에 발화성 액체는 연료인 가솔린과 디젤이 있고, 오일류에는 브레이크 오일, 엔진오일 등이 있다.
② 교통사고 시 누유된 발화성 액체(연료, 오일)는 고온의 배기관이나 스파크 불티로 점화될 수 있다.
③ 액체연료가 분무상으로 분출될 경우 차량의 엔진계통이나 배기관 등에 닿아 발화될 수 있다.

정답 | 36 ③ 37 ① 38 ④ 39 ④

40 유염연소에 해당하는 것으로만 나열한 것은?

① 모닥불, 성냥불
② 담뱃불, 모기향
③ 용접불티, 모닥불
④ 성냥불, 용접불티

해설
모닥불, 성냥불은 유염연소 열원이고, 담뱃불, 용접불티, 모기향은 대표적인 무염연소 열원이다.

제3과목 증거물관리 및 법과학

41 화재로 인한 시체에 대한 설명으로 틀린 것은?

① 인체는 70% 이상이 수분으로 이루어져 있어 화재 시 연소되지 않는다.
② 화재로 인해 사망한 시체에서는 시반이 발견된다.
③ 손바닥에 과다한 그을음이 부착된 것은 화재 시 생존해 있었음을 나타내는 것이다.
④ 시체의 호흡기 계통에서 그을음이 발견되는 것은 화재 시 생존해 있었다는 것이다.

해설
인간의 사체 또한 열을 계속해서 받게 되면 탄화가 진행된다.

참고

인간 사체 탄화 소요 시간

구분	연소온도 (℃)	탄화소요시간 (시)	비고
성인	1,000	1.5~2	단, 의복에 의해 연소 촉진되는 경우를 유의할 것
신생아	500	2	

42 화재현장사진 및 비디오촬영 시 유의사항으로 틀린 것은?

① 화재조사요원은 규모가 작은 화재는 사진촬영 등을 생략할 수 있다.
② 최초 도착하였을 때의 원상태를 그대로 촬영하여야 한다.
③ 소재와 상태가 명백히 나타나도록 하고 필요에 따라 구분이 용이하게 번호표 등을 넣어 촬영한다.
④ 연소확대 경로 및 증거물 기록에 대한 번호표와 화살표를 표시한 후에 촬영하여야 한다.

해설
화재조사관은 화재발생 사실을 인지하는 즉시 화재조사를 개시하여야 하며 규모와 무관하다.

43 유류가 흡수된 증거물 수집 시 화학흡착제법의 대상으로 적절한 것은?

① 모래
② 흙
③ 비닐장판
④ 콘크리트

해설
화학흡착제법
액체 연소 촉진제가 콘크리트바닥과 같은 다공성 물질에 갇혀 있는 경우 화학적으로 채취하는 방법이다. 다음의 재료들을 이용해 증거물을 수집한다.
- 베이킹파우더가 들어 있지 않은 밀가루를 붙여 채취한다.
- 석회를 표면에 발라 채취한다.
- 규조토를 20~30분 동안 표면에 발라 채취한다.

44 화면의 중심부를 70% 정도 변두리쪽은 30% 비중으로 측광하여 평균을 내는 측광 방식은?

① 평균 측광
② 중앙부중점 측광
③ 스팟 측광
④ 다분할 측광

해설
측광방식
"측광"은 빛의 양을 계측한다는 뜻이다. 사진촬영 중 측광방식은 촬영 대상 피사체의 밝고 어두움의 양을 측정하는 방법을 말한다.

정답 | 40 ① 41 ① 42 ① 43 ④ 44 ②

측광방식의 분류

구분	정의	적용 측광 범위
평가(다분할, 멀티) 측광	화면 전체를 4~64 또는 그 이상 부분으로 나누어 측광하는 방식	전체 화면 평균값
중앙부중점 측광	화면의 중심부를 70% 정도 변두리쪽은 30% 비중으로 측광하여 평균을 내는 측광 방식	중앙부 (평균값+α가산값)
부분측광	무조건 중앙부만 측광해서 노출을 결정하는 방식	중앙부 8~9.5%
스팟(Spot)측광	• 피사체가 어두울 경우 아주 작은 범위(중앙부의 2.5~4%)를 측광하는 방식 • 역광 및 접사촬영에 주로 사용	중앙부 2.5~4%

45 석고벽 표면이 지속적인 열에 의해 회백색으로 변하는 현상은?

① 연화 ② 하소
③ 탈색 ④ 발포

해설

하소현상
- 어떤 물질을 공기 중에서 태워 휘발 성분을 없애고 재로 만드는 현상
- 석고보드 하소는 일반적으로 약 800℃ 정도 열에 의해 나타나는 현상
- 석고벽 표면이 지속적인 열에 의해 회백색으로 변하는 현상

46 연소생성물 중 알데하이드형태의 화합물인 맹독성 물질은?

① 시안화수소 ② 포스겐
③ 염화수소   ④ 아크롤레인

해설
①~④ 화합물 전부 독성 물질이지만 알데하이드기의 분자식 구조를 가진 화합물은 아크롤레인이다.

아크롤레인(CH_2CHCHO)
- 알데하이드기의 R-CHO 분자식의 한 종류
- 주로 석유제품이 연소할 때 생성되는 독성 화합물

47 화재조사자가 작성하는 서식이 아닌 것은?

① 방화·방화의심 조사서
② 소방방화시설활용 조사서
③ 화재사후조사 의뢰서
④ 화재·구조·구급상황 보고서

해설
③은 화재현장관계인 등이 소방서장에게 화재조사를 의뢰하는 제출 서식이다.

48 촉진제에 의한 방화현장의 천장에서 관찰되는 화재패턴 증거는?

① V 패턴   ② U 패턴
③ 모래시계 패턴 ④ 원형 패턴

해설
방화는 그 목적달성을 위해 연소촉진제를 사용하는 특징을 가진다. 연소촉진제가 가연물인 경우 화재확산속도, 화염의 높이가 급격히 증가하면서 천장에 원형의 패턴을 보일 수 있다.

49 액체촉진제가 콘크리트 바닥과 같은 다공성 물질에 갇혀 있는 경우 채취방법으로 틀린 것은?

① 물을 부어 액체촉진제를 떠오르게 하여 채취한다.
② 베이킹파우더가 들어 있지 않은 밀가루를 붙여 채취한다.
③ 석회를 표면에 발라 채취한다.
④ 규조토를 20~30분 동안 표면에 발라 채취한다.

해설
물을 붓는 경우 액체촉진제의 농도가 과하게 희석되거나 훼손되는 등 증거수집이 어려워질 수 있다.

화학흡착제법
- 액체 연소 촉진제가 콘크리트 바닥과 같은 다공성 물질에 갇혀 있는 경우 화학적으로 채취하는 방법이다.
- 다음의 재료들을 이용해 증거물을 수집한다.
  - 베이킹파우더가 들어 있지 않은 밀가루를 붙여 채취한다.
  - 석회를 표면에 발라 채취한다.
  - 규조토를 20~30분 동안 표면에 발라 채취한다.

정답 | 45 ② 46 ④ 47 ③ 48 ④ 49 ①

50 화재폭발사건을 시간의 순서에 따라 그래픽 또는 서술식으로 묘사하는 조사방법은?

① PERT　　　② 타임라인
③ 시스템분석　④ 컴퓨터모델링

해설
화재와 폭발 모두 시간 순서대로 나열하여 묘사하는 방법은 타임라인방식이다.

증거물 분석 및 재구성 방법 구분

구분	정의
마인드 매핑	각 증거물이 주는 정보를 연관되는 것들끼리 연결해놓는 것
타임라인	사건들을 각 순서에 맞게 배열하고, 시간의 흐름에 맞게 배열하는 작업으로 증거의 시간적 역할을 통해 구분하고 재구성하는 방법
PERT 차트	The Program Evaluation and Review Technique. 증거들의 조합으로 이루어진 이벤트들을 타임라인 위에 나열한 것

51 열에 의한 유리창 파손의 원인은?

① 내부충격　② 외부충격
③ 내부응력　④ 내부파괴력

해설
①, ②, ④의 충격, 파괴력은 모두 인위적 외력을 의미한다. 열에 의한 유리창 파손의 주된 원인은 열팽창에 의해 유리 내부 단면에 응력이 가해지기 때문이다.

52 물질의 열팽창 및 변형에 대한 설명으로 옳은 것은?

① 금속은 열팽창계수가 작을수록 변형이 일어나기 쉽다.
② 금속의 변형은 해당 물질이 용융점 이상으로 가열된 것을 의미한다.
③ 직각으로 세워져 있는 금속은 화염과 접촉한 방향으로 휜다.
④ 열팽창은 석회 벽면에서도 발생한다.

해설
① 금속은 열팽창계수가 클수록 온도에 비례하여 변형이 일어나기 쉽다.
② 금속의 변형은 해당 물질이 용융 되어가는 과정을 나타낸다.
③ 직각으로 세워져 있는 금속은 열팽창에 의해 화염과 접촉한 반대방향으로 휜다.

53 금속원소를 분석하는 방법으로 옳은 것은?

① 가스 크로마토그래피　② 적외선분광광도계
③ 엑스레이형광분석　　 ④ 질량분석법

해설
엑스레이형광 분석법
- X-선 형광분석기(XRF ; X-Ray Fluorescence Spectrometer)라고도 한다.
- 물질의 원소 조성을 측정하기 위한 신속한 비파괴적 분석방법이다.
- 분석 원리 FLOW
  - 연속 X-ray로 분석 시료 (모든 종류의 고체류, 분말류, 용액류 및 대기중 부유물 등)를 여기(excitation)
  - 시료 구성 원소들에서 발생한 원소 특유의 파장을 갖는 X-ray를 측정
  - 측정되어 나온 원소별 특성 파장을 이용하여 시료를 구성하는 원소 규명(정성분석)
  - 원소 파장 위치에서 강도를 측정함으로서 원소함량을 정확하게 (정량분석)분석

54 방화로 인하여 나타나는 물적 증거물의 연소 형태에 대한 설명으로 틀린 것은?

① 연소시간에 비하여 연소면적이 넓다.
② 연소시간과 면적에 비해 탄화심도가 깊다.
③ 대부분 불규칙한 연소형태로 연소방향의 식별이 어렵다.
④ 방화도구가 물증으로 현장에 남는 경우가 많다.

해설
방화의 경우, 연소촉진제인 인화성 액체를 주된 가연물로 사용하기 때문에 Pool fire 형태로 관찰할 수 있다.

참고
Pool fire 패턴 특징
- 연소시간에 비하여 연소면적이 넓다.
- 인화성 액체 표면에서의 화염은 부력에 의해 상부로 이동하기 때문에 하부로의 탄화심도는 얕다.

정답 | 50 ② 51 ③ 52 ④ 53 ③ 54 ②

55 전신적 생활반응에서 나타나는 현상은?

① 출혈과 응혈 ② 국소적 빈혈
③ 수포 ④ 선홍색 시반

해설
선홍색 시반은 일산화탄소 헤모글로빈에 의해 신체 전반이 선홍색으로 혈액침하가 발생할 경우 나타나는 현상이다.

> **참고**
> **생활반응**
> - 시신에서 발견되는 상해, 기타 흔적이 생전 또는 사후에 발생했는지 여부를 확인하는 법의학적 용어를 말한다.
> - 쉽게 말해 살아있을 때 생길 수 있는 반응을 말한다.
> - 화재사의 생활반응 종류
>   - 선홍색 시반
>   - 그을음의 흡입 흔적
>   - 화상
>   - 혈중 일산화탄소 농도

56 일산화탄소 질식사에 대한 설명으로 옳은 것은?

① 일산화탄소에 의한 질식사보다 이산화탄소에 의한 질식사가 많다.
② 일산화탄소는 혈액 속 헤모글로빈과 결합하여 메타글로빈이라 불리는 복잡한 형태를 갖는다.
③ 일산화탄소는 조직으로 남은 산소를 전달하는 것을 방해한다.
④ 일산화탄소는 신체세포에서 기초에너지 생산과정을 방해하지 않는다.

해설
일산화탄소는 체내에 산소를 공급하는 적혈구의 헤모글로빈과 결합하여 산소의 결합을 막으므로 결국 질식에 이르게 된다.

57 「화재증거물수집관리규칙」상 입수한 증거물을 포장하고 상세정보를 작성할 때 기록하는 것이 아닌 것은?

① 수집장소 ② 수집자
③ 봉인자 ④ 이송자

해설
증거물 서식에 이송자 기재란은 없다.

증거물 서식 작성내용

> **암기법** 일장자내봉

- 일시
- 장소
- 수집자
- 내용
- 봉인자

58 목재의 탄화 시 형성되는 균열의 크기를 결정하는 가장 큰 요인은?

① 온도 ② 산소량
③ 목재의 형태 ④ 목재의 크기

해설
목재 가연물에 화재 강도(온도)가 높게 가해질수록 균열은 깊고 넓게 관찰된다.

59 물리적 증거물 수집·유지·보존방법으로 틀린 것은?

① 증거물을 수집할 때에는 휘발성이 낮은 것에서 높은 순서로 진행해야 한다.
② 증거물의 소손 또는 소실 정도가 심하여 증거물의 일부분 또는 전체가 유실될 우려가 있는 경우에는 증거물을 밀봉하여야 한다.
③ 증거물이 파손될 우려가 있는 경우에는 충격금지 및 취급방법에 대한 주의사항을 증거물의 포장 외측에 적절하게 표기하여야 한다.
④ 증거물 수집과정에서는 증거물의 수집자, 수집일자, 상황 등에 대하여 기록을 남겨야 한다.

해설
휘발성이 높은 물질일수록 시간이 지나면 증거 수집 작업이 어려워진다. 증거물을 수집할 때에는 휘발성이 높은 것에서 낮은 순서로 진행해야 한다.

정답 | 55 ④ 56 ③ 57 ④ 58 ① 59 ①

60 화재현장을 목격한 관계자에게 질문을 하고자 할 경우 옳은 것은?

① 관계자에게 질문을 할 경우에는 이해관계가 있는 제3자가 참석하여야 한다.
② 관계자가 최초에 연소하였다고 진술한 부분이 바로 발화지점이다.
③ 정확한 화재원인을 파악하기 위해서는 유도질문도 인정된다.
④ 관계자에 대한 질문은 발화건물 및 화재 발생의 원인 등을 추정하는 데 필요한 정보로 활용한다.

해설
화재현장 목격자에게 유도질문을 하여서는 안 된다.

제4과목 화재조사 관계법규 및 피해평가

61 화재현장조사서 작성 시 도면작성요령으로 가장 거리가 먼 것은?

① 인접건물을 중심으로 한 건물배치도
② 증거물건의 위치 등 발화지점의 평면도
③ 실배치를 중심으로 소손건물의 각층 평면도
④ 수용물의 개요를 중심으로 소손건물의 각 층 평면도

해설
화재조사 대상의 건물을 중심으로 건물배치도를 작성한다.

62 「소방의 화재조사에 관한 법률」상 화재조사 시 출입·조사 등에서 규정한 권한이 아닌 것은?

① 질문권   ② 압류권
③ 출입조사권   ④ 자료제출명령권

해설
압류할 권한은 없다.

63 화재피해액 산정 시 소손 정도에 따른 손해율 적용에서 전부손해(손해율 100%)로 볼 수 있는 것은?

① 공동주택의 주요 구조체는 재사용이 가능하나 기타 부분의 재사용이 불가능한 경우
② 부대설비의 손해 정도가 다소 심한 경우
③ 전동공구가 50% 이상 소손되고, 그을음 및 수침 오염 정도가 심한 경우
④ 가재도구가 오염, 수침손을 입은 경우

해설
100% 손해율에 해당되는 경우

대상	100% 손해율 기준
건물	주요 구조체의 재사용이 불가능한 경우
부대설비·영업시설	불에 타거나 변형되고 그을음과 수침 정도가 심한 경우
기계장치	Frame 및 주요부품이 소손되고 굴곡·변형되어 수리가 불가능한 경우
공구·기구	50% 이상 소손되고, 그을음 및 수침 오염 정도가 심한 경우
집기비품·가재도구	50% 이상 소손되고, 수침오염 정도가 심한 경우

64 화재피해조사서 작성 시 유의사항으로 옳은 것은?

① 2주 이상 입원치료를 필요로 하는 부상은 중상으로 기재한다.
② 화재현장에서 부상을 당한 후 72시간 이내에 사망한 경우에는 당해 화재로 인한 사망으로 본다.
③ 화재현장에서 부상을 당했으나 입원치료를 필요로 하지 않는 경우 부상으로 기재하지 않는다.
④ 4주 이하의 입원치료를 필요로 하는 부상은 경상으로 기재한다.

해설
제13조, 제14조 사상자 및 부상자 분류「화재조사 및 보고규정」

분류		정의
사상자		화재현장에서 사망한 사람과 부상을 당한 사람
화재사 판정 기준		화재현장에서 부상을 당한 후 72시간 이내에 사망한 경우
부상자 (의사진단 기초)	중상	3주 이상의 입원치료를 필요로 하는 부상
	경상	• 중상 이외의 부상입원치료를 필요로 하지 않는 것도 포함) • 병원치료가 불필요한 단순 연기 흡입자는 제외

정답 | 60 ③ 61 ① 62 ② 63 ③ 64 ②

65 화재발생종합보고서 작성 시 질문기록서 작성을 생략할 수 있는 화재가 아닌 것은?

① 전봇대 화재   ② 자동차 화재
③ 가로등 화재   ④ 임야 화재

📖 해설
자동차 화재 시에는 화재발생종합보고서를 작성해야 한다.

질문기록서상 작성 생략이 가능한 기타 화재의 종류

> 암기법 ✓ **쓰모가 전임**

- **쓰**레기 화재
- **모**닥불 화재
- **가**로등 화재
- **전**봇대 화재
- **임**야 화재

66 건물의 동수 산정기준으로 틀린 것은?

① 주요구조부가 하나로 연결되어 있는 것은 같은 동으로 본다. 다만, 건널복도 등으로 2 이상의 동이 연결되어 있는 것은 그 부분을 절반으로 분리하여 각 동으로 본다.
② 건물의 외벽을 이용하여 실을 만들어 헛간, 목욕탕, 작업실, 사무실 및 기타 건물 용도로 사용하고 있는 것은 주건물과 같은 동으로 본다.
③ 목조 또는 내화조 건물의 경우 격벽으로 방화구획이 되어 있는 경우도 다른 동으로 본다.
④ 독립된 건물과 건물 사이에 차광막, 비막이 등의 덮개를 설치하고 그 밑을 통로 등으로 사용하는 경우는 다른 동으로 한다.

📖 해설
목조 또는 내화조 건물의 경우 격벽으로 방화구획이 되어 있는 경우도 1개 동으로 본다.

67 「화재조사 및 보고규정」상 조사 및 피해액 산정에 대한 설명으로 옳은 것은?

① 화재조사관은 현장활동과 동시에 조사활동을 개시하여야 한다.
② 건물 등 자산에 대한 내용연수는 화재조사관이 정한다.
③ 건물 등 자산에 대한 최종잔가율은 건물, 부대설비, 구축물, 가재도구는 30%로 하며 그 이외의 자산은 20%로 정한다.
④ 화재피해액은 화재 당시의 피해물과 동일한 구조, 용도, 질, 규모를 재건축 또는 재구입하는 데 소요되는 가액에서 사용 손모 및 경과연수에 따른 감가공제를 하고 현재가액을 산정하는 실질적·구체적 방식에 따른다.

📖 해설
① 화재조사관은 화재발생 사실을 인지하는 즉시 화재조사를 시작해야 한다.
→ 법률 중 화재조사의 개시 및 원칙에 대한 내용에 해당한다.
② 건물 등 자산에 대한 내용연수는 매뉴얼에서 정한 바에 따른다.
③ 건물 등 자산에 대한 최종잔가율은 건물, 부대설비, 구축물, 가재도구는 20%로 하며 그 이외의 자산은 10%로 정한다.

68 화재건수 결정에 대한 설명으로 틀린 것은?

① 동일범이 아닌 각기 다른 사람에 의한 방화는 동일 대상물에서 발생했더라도 각각 별건의 화재로 보아 각각 보고서를 작성한다.
② 관할구역이 2개소 이상 걸쳐 발생한 화재는 별건의 화재로 보아 해당 관할구역에서 각각 보고서를 작성한다.
③ 동일 소방대상물의 발화점이 2개소 이상 있는 지진, 낙뢰 등 자연현상에 의한 다발 화재는 1건의 화재로 보아 보고서를 1건만 작성한다.
④ 동일 소방대상물의 발화점이 2개소 이상 있는 누전점이 동일한 누전에 의한 화재는 1건의 화재로 보아 보고서를 1건만 작성한다.

📖 해설
발화지점이 한 곳인 화재현장이 둘 이상의 관할구역에 걸친 화재는 발화지점이 속한 소방서에서 1건의 화재로 산정한다.

정답 | 65 ② 66 ③ 67 ④ 68 ②

69 「화재조사 및 보고규정」에 따른 조사보고에 관한 기준으로 틀린 것은?

① 종합상황실장이 상급 종합상황실에 지체 없이 보고해야 하는 화재의 경우 화재 인지로부터 30일 이내에 보고해야 한다.
② 조사 보고일을 연장한 경우 그 사유가 해소된 날부터 10일 이내에 소방관서장에게 조사결과를 보고해야 한다.
③ 일반화재의 경우 화재 인지로부터 10일 이내에 보고해야 한다.
④ 규정된 조사기간을 초과하여 조사가 필요한 경우 그 사유를 사전보고 후 필요한 기간만큼 조사 보고일을 연장할 수 있다.

해설
중대한 화재에 해당되지 않는 화재는 화재발생일로부터 15일 이내에 보고해야 한다.

조사 서류 작성 및 보고 기한

보고 기한	대상 화재
30일 이내	중대한 화재예 사망자가 5인 이상 발생하거나 사상자가 10인 이상 발생한 화재 등)
15일 이내	위에 해당되지 않는 화재

참고

조사 보고일 연장 가능한 경우

암기법 추수감

- **추**가 화재현장조사 등이 필요한 경우
- **수**사기관의 범죄수사가 진행 중인 경우
- 화재**감**정기관 등에 감정을 의뢰한 경우

70 화재피해액의 산정 대상 중 산정기준이 다른 대상은?

① 동물　　② 식물
③ 차량　　④ 임야의 입목

해설
각각 주된 산정 요소는 동물, 식물, 차량은 시중 매매가격이며, 임야의 입목은 잔존가격에 의한다.

화재피해금액 산정기준

산정대상	화재피해금액 산정기준
차량, 동물, 식물	• 전부손해의 경우 : 시중매매가격 • 전부손해가 아닌 경우 : 수리비 및 치료비
임야의 입목	• 소실 전의 입목가격 : 소실한 입목의 잔존가격 • 피해산정이 곤란할 경우 : 소실면적 등 피해 규모만 산정 가능

71 재건축 또는 재취득에 소요되는 비용에서 사용기간의 감가수정액을 공제하는 방법으로 피해액을 산정하는 방식은?

① 수익환원법　　② 단성식평가법
③ 복성식평가법　　④ 피해사례분석법

해설
손해·피해액 산정 방법은 복성식평가법, 매매사례비교법, 수익환원법이 있다.

암기법 복매수 재차장

복성식평가법	• 사고로 인한 피해액을 산정하는 방법 • 재건축 또는 재취득하는 데 소요되는 비용에서 사용기간의 감가수정액을 공제하는 방법으로 부분의 물적 피해액 산정에 널리 사용
매매사례비교법	• 당해 피해물의 시중매매사례가 충분하여 유사매매 사례를 비교하여 산정하는 방법으로서 차량, 예술품, 귀중품, 귀금속 등의 피해액 산정에 사용
수익환원법	• 피해물로 인해 장래에 얻을 수익액에서 당해 수익을 얻기 위해 지출되는 제반 비용을 공제하는 방법에 의하는 방법 • 유실수 등에 있어 수확기간에 있는 경우에 사용 • 단, 유실수의 육성기간에 있는 경우에는 복성식평가법을 사용

정답 | 69 ③　70 ④　71 ③

72 화재현장조사서의 화재발생 개요에 해당하지 않는 것은?

① 화재원인 ② 장소
③ 대상물 구조 ④ 인명피해

해설
화재원인은 화재원인 검토 항목에 작성한다.

화재발생의 개요 항목

> **암기법** 일장구 인재

- 일시
- 장소
- 대상물 **구조**
- 인명 및 **재**산피해 수치

---

73 화재의 소실 정도에 의한 분류 중 선박의 60%가 소실되고 잔존부분을 보수하여도 재사용이 불가능한 것을 무엇으로 분류하는가?

① 전소 ③ 부분소
② 반소 ④ 즉소

해설
현재는 경미한 화재를 "즉소화재(재산피해 50만 원 이하)"로 하여 별도로 통계 관리하던 것을 폐지하였다.

> **참고**
>
> **제16조 건축·구조물의 소실정도「화재조사 및 보고규정」**
>
> > **암기법** 전반부 출석해
>
> 1. **전**소 : 건물의 **70**% 이상(입체면적에 대한 비율)이 소실되었거나 또는 그 미만이라도 잔존부분을 보수하여도 재사용이 불가능한 것
> 2. **반**소 : 건물의 **30**% 이상 **70**% 미만이 소실된 것
> 3. **부분소** : 제1호, 제2호에 **해**당하지 아니하는 것

---

74 「화재조사 및 보고규정」에 따른 용어의 정의로 옳은 것은?

① "최종잔가율"이란 피해물의 내용 연수가 다한 경우 잔존하는 가치의 재구입비에 대한 비율을 말한다.
② "손해율"이란 화재 당시에 피해물의 재구입비에 대한 현재가의 비율을 말한다.
③ "잔가율"이란 피해물의 종류, 손상 상태 및 정도에 따라 피해금액을 적정화시키는 일정한 비율을 말한다.
④ "재조달가액"이란 화재 당시의 피해물과 같거나 같은 것을 재건축(설계 감리비를 포함한다) 또는 재취득하는 데 필요한 금액을 말한다.

해설
② "손해율"이란 피해물의 종류, 손상 상태 및 정도에 따라 피해금액을 적정화시키는 일정한 비율을 말한다.
③ "잔가율"이란 화재 당시에 피해물의 재구입비에 대한 현재가의 비율을 말한다.
④ "재조달가액"은 보험에서 사용되는 용어로「화재조사 및 보고규정」의 용어에 해당하지 않는다.

> **참고**
>
> **「화재조사 및 보고규정」용어 정의**
>
> | 용어 | 정의 |
> | --- | --- |
> | 재구입비 | 화재 당시의 피해물과 같거나 비슷한 것을 재건축(설계 감리비를 포함한다) 또는 재취득하는데 필요한 금액 |
> | 내용연수 | 고정자산을 경제적으로 사용할 수 있는 연수 |
> | 손해율 | 피해물의 종류, 손상 상태 및 정도에 따라 피해금액을 적정화시키는 일정한 비율 |
> | 잔가율 | 화재 당시에 피해물의 재구입비에 대한 현재가의 비율 |
> | 최종잔가율 | **암기법** 최종 잔가재
피해물의 내용연수가 다한 경우 **잔**존하는 **가**치의 **재**구입비에 대한 비율 |

정답 | 72 ① 73 ① 74 ①

75 화재피해액 산정에 있어서 항공기 및 선박 등의 현재시가를 정하는 방법은?

① 구입 시 가격
② 재구입 가격
③ 구입 시 가격에서 사용기간 감가액을 뺀 가격
④ 재구입 가격에서 사용기간 감가액을 뺀 가격

해설
항공기 및 선박 피해액 = 구입 시 가격 - 사용기간 감가액

참고
현재의 시가를 정하는 방법 「화재피해액 산정 매뉴얼」

현재 시가 산정 방법	적용 대상
1. 구입 시의 가격	재고자산, 즉 원재료, 부재료, 제품, 반제품, 저장품, 부산물 등
2. 구입 시의 가격에서 사용기간 감가액을 뺀 가격	항공기 및 선박 등
3. 재구입 가격	상품 등
4. 재구입 가격에서 사용기간 감가액을 뺀 가격	건물, 구축물, 영업시설, 기계장치, 공구·기구, 차량 및 운반구, 집기비품, 가재도구 등

76 다음은 「소방의 화재조사에 관한 법률」에 따른 내용이다. ( )에 알맞은 것은?

소방청장은 화재조사 결과, 화재원인, 피해 상황 등에 관한 화재정보를 종합적으로 수집·관리하여 화재예방과 소방활동에 활용할 수 있는 ( )을 구축·운영하여야 한다.

① 시·도 화재정보시스템
② 화재조사결과보고시스템
③ 국가화재출동시스템
④ 국가화재정보시스템

해설
본 법령에 명시되고 시행되는 시스템은 국가화재정보시스템이다.

참고
국가화재정보시스템의 구축·운영 기준 「소방의 화재조사에 관한 법률」
① 소방청장은 화재조사 결과, 화재원인, 피해상황 등에 관한 화재정보를 종합적으로 수집·관리하여 화재예방과 소방활동에 활용할 수 있는 국가화재정보시스템을 구축·운영하여야 한다.
② 제1항에 따른 화재정보의 수집·관리 및 활용 등에 필요한 사항은 대통령령으로 정한다

77 피해액 산정 대상의 주택 종류·상태, 거주인원, 면적, 단위당 가격별 기준액에 가중치를 고려하여 피해액을 산정할 수 있는 것은?

① 건물
② 부대설비
③ 영업시설
④ 가재도구

해설
가재도구의 화재 피해액 산정기준
(주택 종류별·상태별 기준액×가중치)+(주택면적별 기준액×가중치)+(거주인원별 기준액×가중치)+[주택가격(m²당)별 기준액×가중치]

78 「화재조사 및 보고규정」에서 화재발생일로부터 30일 이내에 보고해야 하는 화재에 해당하지 않는 것은?

① 사무실 화재
② 관공서 화재
③ 문화재 화재
④ 지하철 화재

해설
사무실 화재는 해당되지 않는다.

참고
30일 이내 조사 서류 작성·보고 기한 대상중 "라"항목

암기법 문학관 정지

- 문화재
- 학교
- 관공서
- 정부미 도정공장
- 지하철 또는 지하구

정답 | 75 ③ 76 ④ 77 ④ 78 ①

79 산정 대상별 화재피해액 산정기준으로 옳은 것은?

① 잔존물 제거 : 화재피해금액×10%
② 영업시설 : m²당 표준단가×소실면적×[1-(0.8×경과연수/내용연수)]×손해율
③ 건물 : 신축단가(m²당)×소실면적×[1-(0.9×경과연수/내용연수)]×손해율
④ 부대설비 : 건물신축단가×소실면적×설비종류별 재설비 비율×[1-(0.9×경과연수/내용연수)]×손해율

해설

암기법 팔건(0.8, 건물) 영구(0.9)영업

산정기준 중 0.8의 요율은 건물, 0.9는 영업시설에 적용한다.
② 영업시설 : m²당 표준단가×소실면적×[1-(0.9×경과연수/내용연수)]×손해율
→ 영업시설 산출요율은 0.8이 아닌 0.9이다.
③ 건물 : 신축단가(m²당)×소실면적×[1-(0.8×경과연수/내용연수)]×손해율
→ 건물 산출요율은 0.9가 아닌 0.8이다.
④ 부대설비 : 건물신축단가×소실면적×설비종류별 재설비 비율×[1-(0.8×경과연수/내용연수)]×손해율
→ 부대설비 산출요율은 0.9가 아닌 0.8이다.

80 「소방의 화재조사에 관한 법률」상 화재 감정결과의 통보 등에 관한 사항으로 옳지 않은 것은?

① 화재감정기관의 장은 감정 결과를 통보할 때 감정을 의뢰받았던 증거물 등 감정 대상물을 반환해야 한다.
② 화재감정기관의 장은 감정이 완료되면 감정 결과를 감정을 의뢰한 소방관서장에게 지체없이 통보해야 한다.
③ 화재감정기관의 장은 행정안전부령으로 정하는 기간 동안 감정 결과 및 감정 관련 자료(데이터 파일을 포함한다)를 보존해야 한다.
④ 지정이 취소된 화재감정기관은 지정이 취소된 날부터 10일 이내에 화재감정기관 지정서를 반환해야 한다.

해설
화재감정기관의 장은 소방청장이 정하는 기간 동안 감정 결과 및 감정 관련 자료(데이터 파일을 포함한다)를 보존해야 한다.

정답 | 79 ① 80 ③

산업기사 기출문제 2017년 2회

제1과목 화재조사론

01 유류탱크화재에서 발생하는 현상으로 옳지 않은 것은?

① 보일오버 ② 슬롭오버
③ 프로스오버 ④ 플래시오버

해설
플래시오버는 구획실 내 모든 물체가 동시 발화하여 화염이 확산하는 현상으로 유류탱크 화재와는 상관이 없다.

참고
유류화재의 현상
- 보일오버(Boil Over)
- 슬롭오버(Slop Over)
- 프로스오버(Froth Over)

02 연소에 대한 설명으로 옳은 것은?

① 불완전연소보다 완전연소 시 화염온도가 높다.
② 불완전연소일 때 연기의 색은 무색이다.
③ 화염의 색은 공기유입량과 상관관계가 없다.
④ 일산화탄소로 인하여 연기의 색은 검은색이다.

해설
완전연소는 연료와 산소가 완전히 반응하여 더 많은 화학 에너지가 활용되고, 이는 불완전연소보다 더 많은 열을 생성한다.
② 불완전연소일 때 연기의 색은 가연물에 따라 다르나 일반적으로 검은색이나 회색이다.
③ 화염의 색은 공기유입량이 충분하면 대체로 밝고, 충분하지 않으면 어두운 색상을 보인다.
④ 일산화탄소는 무색·무취의 기체이고, 연기가 검은 이유는 불완전연소 된 탄소성분 미립자가 검은색이나 회색이기 때문이다.

참고
완전연소와 불완전연소
- 완전연소 : 가연성 물질이 산소공급이 충분하여 미반응 없이 모두 연소하는 상태
- 불완전연소 : 산소가 부족하거나 연료가 제대로 혼합되지 않아 화학반응이 완전하지 않아 CO, 그을음, 알데하이드, 카본 등 미 연소물이 생기는 것과 같은 상태

03 화재 시 가연물의 연소생성물에 대한 설명으로 틀린 것은?

① 수소와 탄소만 함유된 탄화수소계 연료가 완전연소하면 이산화탄소와 물이 생성된다.
② 연소생성물은 기체 상태로만 존재한다.
③ 실크, 양모와 같이 질소를 함유하고 있는 물질이 연소하면 시안화수소가 생성된다.
④ 연소 시 공기가 부족하면 그을음과 일산화탄소 발생이 증가한다.

해설
연소생성물은 CO, CO_2와 같은 기체뿐 아니라 물(액체), 재(고체) 등도 생성된다.
예 메탄과 같은 탄화수소계 연료는 완전연소하면 이산화탄소와 물(액체)이 생성된다.
$CH_4 + 2O_2 \rightarrow CO_2 + 2H_2O + 212.80 kcal$

정답 | 01 ④ 02 ① 03 ②

04 연소의 4요소에 대한 설명으로 틀린 것은?

① 단열압축, 마찰, 충격은 기계적 점화원에 해당된다.
② 연쇄반응이 일어나기 위해서는 활성기(Radical)가 생성되어야 한다.
③ 제1류 위험물과 제6류 위험물은 가연물의 연소 시 산소공급원 역할을 한다.
④ 가연물은 대부분 활성화 에너지와 열전도도가 큰 물질이다.

📖 **해설**
가연물은 활성화 에너지와 열전도도가 작은 물질일수록 연소가 잘된다.

> **참고**
> **가연물의 구비조건**
> - 활성화 에너지가 작을 것
> - 열전도도가 작을 것
> - 산화가 쉽고, 결합 시 발열량이 클 것
> - 표면적이 클 것
> - 조연성 가스와 친화력이 강할 것
> - 연쇄반응을 일으키는 물질일 것

05 목재 온도가 420~470℃일 때 탄화형상으로 옳은 것은?

① 목재가열 개시, 수분량 증발
② 갈색에서 흑갈색으로 변화
③ 목재의 급격한 분해 시작
④ 발화 및 탄화종료

📖 **해설**
420~470℃일 때 탄화가 종료되고 발화하는 온도이다.

> **참고**
> **온도에 따른 목재의 상태·형상**
>
> | 온도(℃) | 상태·형상 |
> | --- | --- |
> | 100 미만 | 틈새 수분이 서서히 증발·건조 |
> | 100 | 수분 증발 계속 |
> | 220 | • 표면이 흑갈색
• 거스러미 등은 불씨에 착화 |
> | 260 | • 목재 인화온도
• 급격한 분해와 다량 가스 발생 |
> | 300~350 | 탄화 완료 |
> | 420~470 | 목재 발화온도 |

06 화재관계자에게 질문 시 유의할 사항이 아닌 것은?

① 개인의 사생활이 존중될 수 있도록 배려하고 임의 진술 확보에 주력한다.
② 질문 시 선입관을 배제하고 유도질문을 삼간다.
③ 관계자에 대한 질문 시 화재와 이해관계가 있는 제3자와 격리조치한 후 진술을 얻도록 한다.
④ 현장의 연소상황과 일치되지 않는 목격자 진술은 배제한다.

📖 **해설**
때론 현장의 연소상황과 일치되지 않는 목격자 진술이 화재 원인의 실마리가 될 때가 있다. 또한, 방화범 검거, 실화자 자백 등 추후 결과가 달라질 수도 있다.

07 플래시오버(Flash Over)현상에 대한 설명으로 옳은 것은?

① 발생하기 전 가연성 기체의 온도는 인화점 이상이다.
② 발생하기 전 실내의 산소농도는 연소에 필요한 농도 이하이다.
③ 항상 충격파가 수반된다.
④ 발생원인은 천장부 열기층의 온도 상승이다.

📖 **해설**
천장부 열기층의 온도가 약 600℃에 도달하면 약 20kw/m²의 열방출로 플래시오버가 발생한다. 따라서 발생원인은 열기층의 온도 상승이다.
① 발생하기 전 가연성 기체의 온도는 자연점화온도 이상이다.
② 발생하기 전은 연료지배형 화재로 산소농도는 풍부하다.
③ 플래시오버는 폭발의 종류가 아니다. 따라서 충격파가 수반되지 않는다.

08 화재현장 발굴 시 유의사항에 대한 설명 중 적절하지 않은 것은?

① 원인규명을 위해 현장에 임장한 화재조사관이 조사 도중에 원인을 훼손하거나 제거시킬 수 있다는 점을 염두에 두어야 한다.
② 연소가 다른 곳보다 심하면 발화부라고 확정해도 무방하다.
③ 바닥에 고정시켜 놓거나 정착시켜 놓았던 물건과 가구 등은 가급적 이동과 조작을 금한다.

정답 | 04 ④ 05 ④ 06 ④ 07 ④ 08 ②

④ 불에 타지 않는 불연재의 물건 등은 열을 받아서 수열 변색된 상태로 살피고 이것을 단서로 소손상황을 더듬어 가는 데 참조한다.

📝 **해설**
연소가 심하다 해서 발화부라고 확정해서는 안 된다. 가연물이 많은 곳, 산소 유입이 잘되는 곳, 소방대가 방수가 늦게 이뤄진 곳은 심하게 연소할 수 있다.

09 화재조사관의 안전장비에 대한 설명으로 틀린 것은?

① 호흡기 보호 : 방진마스크
② 피부 보호 : 보호용 작업복
③ 신체상해 방호 : 안전화
④ 눈의 방호 : 안전고리

📝 **해설**
눈의 방호장비는 보안경이고, 안전고리는 추락 방지 신체 보호 장비이다.

10 불타고 있는 물체가 떨어지거나 무너지면서 화재가 확산되는 현상은?

① 박리(Spalling)
② 하소(Calcination)
③ 백화현상(Clean Burn)
④ 드롭다운(Drop Down)

📝 **해설**
물체가 떨어지거나 무너지면서 화재가 확산되는 현상을 드롭다운(Drop Down)이라고 한다. 드롭다운(Drop Down)으로 발화부를 혼돈할 수 있어 유의해야 한다.
① 박리(Spalling) : 탄화되어 벗겨져 나가는 것으로 목재 연소 강도 비교에 많이 활용된다.
② 하소(Calcination) : 어떤 물질을 고온으로 가열하여 그 물질 속에 들어 있는 수분이나 휘발성분을 없애는 것이다.
③ 백화현상(Clean Burn) : 강하고 긴 시간의 열을 받을 때 그 부분이 흰색을 띠는 현상이다.

11 그림의 각 위치에서 불꽃 높이가 높은 순서로 옳은 것은? (단, A : 중앙, B : 벽면, C : 구석이다.)

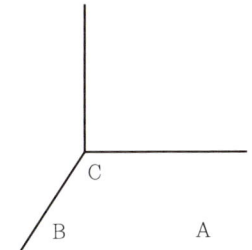

① A>B>C
② A>C>B
③ C>A>B
④ C>B>A

📝 **해설**
불꽃 높이는 C(구석)>B(벽면)>A(중앙) 순이다.
동일 가연물에 같은 조건의 연소라면 불꽃 높이는 산소와 접하는 가연물 표면적에 영향을 받는다. A 가연물은 장애물이 없어 산소와 접하는 표면적이 넓어 주로 표면적 주변에서 연소하므로 불꽃 높이가 낮다. 그러나 B는 1개의 벽면, C는 2개의 벽면이 표면적을 막아 산소와 만나는 표면적이 좁아져 산소와 결합을 위해 불꽃 높이가 상대적으로 높아진다.

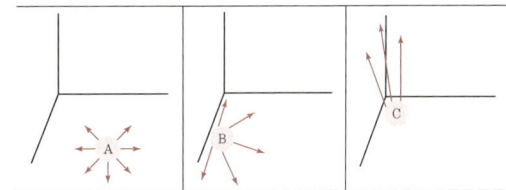

12 화재조사현장의 안전관리 수칙을 설명한 것 중 옳은 것은?

① 야간에 발생한 화재는 야간에 즉시 조사한다.
② 확인되지 않은 오염물질을 손으로 직접 만져보거나 냄새도 맡을 수 있다.
③ 필요한 경우에 따라서 화재가 진압되지 않은 상황에서도 현장에 입회하여 조사한다.
④ 바닥에 물이 고여 있는 경우 배수를 실시한 다음 진입하는 방안이 강구되어야 한다.

📝 **해설**
화재현장조사는 주간에 실시하는 것을 원칙으로 하며, 어떠한 사유에서도 화재조사관의 안전보다 우선하는 사항은 없다.

정답 | 09 ④ 10 ④ 11 ④ 12 ④

13 화학적 폭발의 예방대책으로 적합하지 않은 것은?

① 불활성 가스 치환
② 혼합가스의 조성 관리
③ 열에 민감한 물질의 생성 저지
④ 반응속도의 계측관리

해설
'반응속도의 계측관리'는 화학 반응의 진행 속도를 측정하고 관리하는 것으로, 화학 반응의 속도에 관련된 정보를 얻어내는 것이지 직접적으로 폭발을 예방하는 방법은 아니다.

14 방화현장조사 중 정황적 증거가 아닌 것은?

① 연소된 인화성 액체 용기가 부적절한 장소에서 발견되었다.
② 동일한 장소에 수차례 화재가 발생하였다.
③ 화재의 발생으로 경제적인 이득이 생겼다.
④ 수상한 행동을 하는 자가 있다.

해설
인화성 액체가 부적절한 장소에 있었다면, 방화의 직접적인 증거가 될 수 있다.

15 자연발화를 일으키는 열원과 가연물의 연결이 틀린 것은?

① 흡착열 : 활성탄, 목탄
② 산화열 : 건초, 환원니켈
③ 분해열 : 질화면, 셀룰로이드류
④ 중합열 : 액화시안화수소, 이소프렌

해설
환원니켈은 니켈산화물로부터 환원하여 생성된 니켈로 촉매로 활용된다.

참고

반응 원인에 따른 발화 물질

반응 원인	발화 물질
분해열	니트로셀룰로오스, 셀룰로이드, 니트로글리세린 등
산화열	불포화유(건성유, 반건성유 등)가 포함된 천·휴지, 석탄
흡착열	활성탄, 환원니켈
중합열	액화시안화수소, 초산비닐, 아크릴로니트릴, 이소프렌 등
발효열	건초, 퇴비

16 화재가 발생하기 전 구조를 재현해서 화재원인을 규명하려는 절차는?

① 탐문   ② 현장 관찰
③ 발굴   ④ 복원

해설
복원은 화재가 발생하기 전의 상황을 파악하고, 화재 원인 추론을 위한 중요단계이다.

17 물리적 폭발이 발생할 때 동반하는 현상이 아닌 것은?

① 급격한 압력변화   ② 화염
③ 액체의 급격한 기화   ④ 폭음

해설
화염은 화학적 폭발이 발생할 때 발생하는 현상으로 물리적 폭발 시에는 화염이 동반하지 않는다.

18 「소방의 화재조사에 관한 법률 시행규칙」상 화재감정기관의 지정 신청 및 지정서 발급에 관한 사항으로 옳지 않은 것은?

① 신청인이 사업자등록증의 확인에 동의하지 않는 경우에는 그 원본을 첨부하도록 해야 한다.
② 소방청장은 화재감정기관을 지정한 경우에는 그 사실을 소방본부 인터넷 홈페이지에 게재해야 한다.
③ 화재감정기관 지정서를 발급한 소방청장은 화재감정기관 지정대장에 그 사실을 기록하고 이를 보관·관리해야 한다.
④ 소방청장은 법인 등기사항증명서와 사업자등록증은 행정정보의 공동이용을 통하여 확인해야 한다.

해설
신청인이 사업자등록증의 확인에 동의하지 않는 경우에는 그 원본이 아닌 사본 첨부이다.

정답 | 13 ④ 14 ① 15 ② 16 ④ 17 ② 18 ①

19 메탄 80vol%, 에탄 15vol%, 프로판 5vol.%인 혼합가스의 연소하한계(LFL)는 몇 vol%인가? (단, 연소하한계는 메탄 5.0vol%, 에탄 3.0vol%, 프로판 2.1vol%이다.)

① 2.28
② 3.28
③ 4.28
④ 5.28

해설

혼합가스의 폭발 범위 계산 "르샤틀리에 법칙(Le Chatelier's Low)"

암기법 백불(100 V L)

$$L = \frac{100}{\frac{V_1}{L_1} + \frac{V_2}{L_2} + \frac{V_3}{L_3} + \cdots}$$

$$\therefore L = \frac{100}{\left(\frac{80}{5} + \frac{15}{3} + \frac{5}{2.1}\right)} = 4.28$$

L : 혼합가스 폭발한계(%)
L_1, L_2, L_3 : 각 가연성 가스 폭발한계(%)
V_1, V_2, V_3 : 각 가연성 가스의 공기 중 부피(vol%)
메탄(L_1 : 5, V_1 : 80), 에탄(L_2 : 3, V_2 : 15),
프로판(L_3 : 2.1, V_3 : 5)

20 에탄(C_2H_6) 4몰(mol)이 완전연소 할 때 소모되는 산소량은 몇 몰(mol)인가?

① 7
② 14
③ 21
④ 28

해설

에탄 완전연소 반응식

$C_2H_6 + 3.5O_2 \rightarrow 2CO_2 + 3H_2O$
$4C_2H_6 + 14O_2 \rightarrow 8CO_2 + 12H_2O$

에탄 1몰 연소 시 산소 3.5몰과 반응하므로 에탄 4몰 연소 시에는 산소 14몰이 필요하다.

제2과목 화재감식론

21 자동차의 기본구조 중 다음에 대한 설명으로 옳은 것은?

> 압축천연가스와 공기의 혼합가스를 점화플러그로 연소시켜 동력을 발생하는 기관

① 디젤 기관
② LPG 기관
③ CNG 기관
④ 하이브리드 기관

해설

압축천연가스(CNG ; Compressed Natural Gas)를 사용하는 자동차기관은 CNG 기관이다.

22 선박용 기관을 회전속도로 구분하는 방법은?

① 고속기관, 중속기관, 저속기관
② 2행정기관, 4행정기관
③ 터빈기관, 디젤기관, 가솔린기관
④ 과부하출력, 연속최대출력, 상용출력

해설

회전속도로 구분하는 것이니, 고속, 중속, 저속 기관이다.

23 의도적 지연 착화의 설명으로 틀린 것은?

① 촛불을 사용하여 양초가 다 타고난 다음 가연물에 접촉하도록 한다.
② 전기발열체에 가연물을 올려놓아 위험으로부터 도피할 시간을 획득하거나 전기 실화 화재로 위장한다.
③ 시계나 타이머를 이용하여 원하는 시간에 작동시킬 수 있다.
④ 점화 시 유증기에 의해 화상을 입는 경우가 많다.

해설

지연 착화는 실화를 위장하거나 방화범 도피시간을 갖기 위함이다. 유증기는 점화되자마자 발생하여 방화범이 바로 화상을 입어 치료를 받는 중에 바로 검거되는 경우가 많다.
① 촛불은 길이와 두께에 따라 보통 4시간에서 60시간 이상까지도 지연 착화 가능하다.
② 전기발열체에 가연물을 올려놓아 지연 착화하여 실화 위장과 방화범 도피시간을 획득할 수 있다.
③ 시계나 타이머를 이용하여 원하는 시간에 작동시켜 지연 착화하여 도피시간을 획득할 수 있다.

정답 | 19 ③ 20 ② 21 ③ 22 ① 23 ④

24 자동차 구조 중 표면이 고온이 될 수 없는 곳은?

① 배기 매니폴더 ② 촉매컨버터
③ 머플러 ④ 카브레터

해설
카브레터는 열이 많이 발생하지 않는 흡기통로에 위치하며, 휘발유와 공기를 혼합하여 실린더로 공급한다. 반면 배기 매니폴더, 촉매컨버터, 머플러는 배기계통으로 고온표면이다. 연료와 오일류가 유출되어 배기계통에 닿으면 화재가 발생할 수 있다.

25 다음 중 내열성이 가장 우수한 플라스틱은?

① 멜라민수지 ② 폴리스티렌
③ 폴리에틸렌 ④ 질산셀룰로오스

해설
열경화성수지와 열가소성수지 중 내열성이 우수한 플라스틱은 열경화성수지이다.

참고

고분자물질의 발화온도와 인화온도

물질명	인화온도 (℃)	발화온도 (℃)	비고
멜라민수지	457~500	623~645	열경화성수지
폴리스티렌	345~360	488~496	열가소성수지
폴리에틸렌	341	349	열가소성수지
질산셀룰로오스	141	141	

26 선박의 구조를 형성하는 격벽(Bulkhead)의 역할이 아닌 것은?

① 선박의 중량감소 ② 화재 확산 방지
③ 화물의 분할 적재 ④ 침수 확산 방지

해설
격벽(Bulkhead)은 선체 내부를 구획하여 분리하는 벽이다. 벽이 늘어나면 선박의 중량은 증가한다.

27 발열장치, 기기 및 설비 확인에 관한 내용 중 틀린 것은?

① 고장 난 장치, 기기의 경우 작동이 되지 않았을 것이므로 조사대상에서 제외한다.
② 화재조사자는 발화지역 내 발화를 일으켰을 수 있는 모든 열 발생장치, 기기에 대하여 확인하여야 한다.
③ 평소 기기를 사용했던 사용자에게 기기에 대한 정보(오작동 등)를 수집한다.
④ 히터, 가스(전기)레인지, 스토브뿐만 아니라 전기설비, 콘센트 등도 확인할 필요가 있다.

해설
고장 난 장치, 기기가 오히려 화재의 원인이 될 수 있으므로 제외해서는 안 된다.

28 산불의 연소 작용에 영향을 주는 바람에 대한 설명으로 틀린 것은?

① 바람은 연료의 수분을 증발, 건조시킨다.
② 일반적인 바람의 이동방향은 저기압에서 고기압 쪽으로 분다.
③ 바람은 낮에는 계곡부에서 산정으로 밤에는 산정에서 계곡부로 분다.
④ 바람은 산소량을 증가시켜 연소를 강렬하게 한다.

해설
일반적으로 바람은 고기압에서 저기압으로 기상풍이 분다.

참고

화재거동에 영향을 주는 바람 종류
- 기상풍 : 대기의 압력차에 의해 고기압에서 저기압 방향으로 부는 바람
- 계곡풍 : 낮에 계곡부에서 산정방향으로 부는 바람
- 산바람 : 산정에서 계곡부 방향으로 부는 바람
- 화재풍 : 화재에 의해 발생하는 바람(상승하는 화염에 의해 공기를 동반하면서 발생)

정답 | 24 ④ 25 ① 26 ① 27 ① 28 ②

29 다음 중 낮은 열에너지원에 의해서도 발화 가능성이 가장 큰 가연물은?

① 섬유　　　② 가연성 기체
③ 목재　　　④ 카펫

🛢 해설
기체>액체>고체 순으로 낮은 열 에너지원으로 발화 가능하다. 섬유, 목재, 카펫은 고체이며, 가연성 가스는 기체이다. 그러므로 가연성 가스가 정답이다.

30 담뱃불 화재현장의 주요 감식사항으로 적합하지 않은 것은?

① 담뱃불에 의해 착화될 수 있는 가연물을 밝혀 둔다.
② 흡연행위가 있었다는 것을 확인한다.
③ 초기 연소의 특징이 유염연소에서 시작하므로 중심에서 외부로 감식한다.
④ 흡연행위와 착화발염까지 경과시간이 착화물과의 관계(가연성, 위치, 상태)의 타당성을 입증한다.

🛢 해설
담뱃불은 대표적인 무염연소의 발화열원이며, 무염연소 → 열축적 → 발화온도 도달 → 유염발화 순으로 발화한다. 담뱃불 열원은 증거를 남기지 않을 가능성이 크다. 따라서 착화될 수 있는 가연물(황마, 화장지, 휴지, 골판지 상자, 톱밥, 먼지 등)을 밝히고, CCTV 영상으로 흡연행위 확인, 경과시간과 착화물과의 관계 타당성 등 종합적으로 입증해야 한다.

31 유체의 흐름을 한 방향으로만 수송할 때 사용하는 것으로 역류 시는 자동적으로 폐쇄되는 밸브는?

① 볼밸브　　　② 글로브밸브
③ 체크밸브　　④ 게이트밸브

🛢 해설
체크밸브는 유체가 역류 시 자동 폐쇄하는 밸브이다. 볼밸브, 글로브밸브, 게이트밸브는 유체의 흐름을 조절하거나 차단하지만, 역류 차단 기능은 없다.

32 제6류 위험물의 일반적 성질에 대한 설명으로 틀린 것은?

① 과염소산을 제외하고 강산성 물질이며, 수용액도 강산작용을 나타낸다.
② 대표적인 성질은 산화성 액체이며, 모두 무기화합물이며 물보다 무겁고 물에 녹기 쉽다.
③ 자신들은 모두 불연성 물질이다.
④ 과산화수소를 제외하고 분해하여 유독성 가스를 발생하며 부식성이 강하여 피부를 침투한다.

🛢 해설
제6류 위험물은 과산화수소를 제외하고 강산성 물질이다.

> **참고**
> **제6류 위험물 일반적 성질**
> • 대표적 성질은 산화성 액체이다.
> • 과산화수소를 제외하고 강산성 물질이다.
> • 모두 산소를 함유하고 있으며 물보다 무겁다.
> • 자신은 불연성 물질이지만 산화성이 커서 다른 물질의 연소를 돕는 지연성 물질이다.
> • 증기는 유독하며 피부와 접촉 시 점막을 부식시킨다.

33 수관화가 바람을 타고 번져갈 때 연소의 형태로 옳은 것은?

① O형　　　② D형
③ V형　　　④ Z형

🛢 해설
수관화는 경사면 위쪽으로 확산 시 V형 패턴을 생성한다.

수관화 산불의 V 형태

34 가연물에 가해지는 에너지에 대한 물질의 반응을 설명하는 열관성의 요소에 해당되지 않는 것은?

① 열전도도　② 밀도
③ 점도　　　④ 열용량

해설
열관성(Thermal inertia)은 주위 온도가 변할 때 열적 상태를 계속 유지하려는 성질로 $k\rho c$로 표현한다[열전도도(k), 밀도(ρ), 열용량(c)].
- 열관성이 낮은 물질은 열의 축적이 용이하여 가열될 때 급격히 상승한다.
- 열관성이 큰 물질은 쉽게 연소되지 않고, 열에 견디는 저항성이 크다.

35 메탄가스가 0℃에서 체적이 300ml이고 압력이 1기압으로 일정하다면, 100℃에서 체적은 몇 ml인가?

① 100.2　② 219.6
③ 409.8　④ 22,400

해설
샤를의 법칙(Charles's Law)
압력이 일정할 때 기체 체적(V)은 절대온도(T)에 비례한다.
$\dfrac{V_1}{T_1} = \dfrac{V_2}{T_2}$ ($V_1 = 300ml$, $T_1 = 0℃ = 273K$,
$T_2 = 100℃ = 373K$)
$\dfrac{300ml}{273K} = \dfrac{V_2}{373K}$
$\therefore V_2 = \dfrac{300ml \times 373K}{273K} = 409.8ml$

36 다음 중 성냥이 맹렬히 연소할 때 두약부의 최고 온도는?

① 700℃　② 600℃
③ 500℃　④ 400℃

해설
성냥의 맹렬히 연소할 때 두약부의 최고온도는 700℃이다.

37 냉·온수기 출화 원인의 사례로 틀린 것은?

① 복사열에 의한 출화
② 모터기동장치에서 출화
③ 서모스탯 부품의 출화
④ 압축기에서 출화

해설
신청인이 사업자등록증의 확인에 동의하지 않는 경우에는 원본이 아닌 사본 첨부이다.

> **참고**
> **냉·온수기 발화원인 조사**
> - 모터기동장치 스위치 결함 및 단락 여부
> - 서모스탯 이상발열(트래킹) 여부(기동 접점부에 발열흔 및 용융흔)
> - 압축기 등 각 모터류 내부코일 층간단락 여부
> - 압축기 기동릴레이 경년열화에 의한 트래킹 여부

38 주기가 1/10,000초(100μsec)인 교류파형의 제5차 고조파 주파수는 얼마인가?

① 2,000Hz　② 10kHz
③ 50kHz　　④ 100kHz

해설
주파수가 가장 낮은 것이 기본파이고, 기본파의 정수배 주파수를 고조파라 한다.

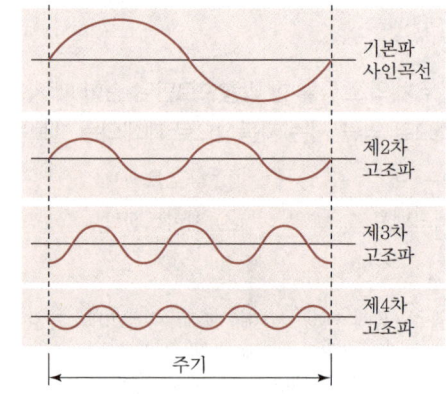

제5차 고조파의 주파수는 기본 주파수의 5배이다.
$f = \dfrac{1}{T} \times 5$
$f = \dfrac{1}{\frac{1}{10,000}} \times 5 = 50,000Hz$

39 황린에 대한 설명으로 틀린 것은?

① 고체상의 물질이다.
② 공기 중에서는 발화의 위험이 크므로 물속에 저장한다.
③ 발화점이 낮아 자연발화의 위험이 크다.
④ 화학적으로 활성이 적고 독성이 없으며, 어두운 곳에서 푸른 인광을 발한다.

해설
황린은 제3류 자연발화성물질로 발화점(50℃)이 낮아 물속에 저장하는 고체상의 물질이다. 살충제 원료로 사용되고, 어두운 곳에서는 청백인광을 발한다.

40 방화로 의심되는 특징으로 틀린 것은?

① 발화점이 2개소 이상 발견된 경우
② 발화시설 및 기구, 조건이 없는 곳에서 발화한 경우
③ 화재가 동일 장소에서 재발화한 경우
④ 화재장소 또는 주위에 타 범죄가 발생한 사실이 있는 경우

해설
화재가 동일 장소에서 재발화(Re-ignition)는 진압된 화재가 남은 불씨나 열에 의해 동일장소에서 발화하는 것이고, 재차화재(Second Fire in Structure)는 초기 화재와는 별개의 화재로 연쇄방화를 의심하고 재발화와 구분해서 조사해야 한다.

제3과목 증거물관리 및 법과학

41 가스레인지 화재 증거물 수집방법으로 적절하지 않은 것은?

① 초기연소 상태를 변형시키지 않고 수집한다.
② 현장에서 스위치를 조작하지 않는다.
③ 표면의 그을음은 그대로 보존시켜 수집한다.
④ 중간밸브는 별도 증거물로 수집하지 않는다.

해설
중간밸브는 일반 콕, 퓨즈 콕으로 구분하고 있다. 가스누출현상이 거의 발생하지 않으나, 시트링의 손상에 의해 손잡이로 누출되는 사례가 있어 수집한다.

42 증거물의 전달 및 관리에 대한 설명으로 옳은 것은?

① 증거물을 양도할 때는 문서 없이도 가능하다.
② 두 종류 이상의 물질은 동일한 용기에 담아 전달한다.
③ 증거물 관리에 필요한 인원은 최소한으로 지정한다.
④ 증거물 보관장소는 타인의 접근을 제한하지 않는다.

해설
① 증거물 수집관련 사항을 기재하여 양도한다.
② 2종 이상의 물질은 별도의 용기에 격리하여 전달한다.
④ 증거물 보관장소는 화재조사와 관계없는 자의 접근은 엄격히 통제되어야 한다.

43 질소성분을 가지고 있는 합성수지, 동물의 털, 인조견 등의 섬유가 불완전연소할 때 발생하며, 0.3% 농도에서 즉시 사망할 수 있는 맹독성 가스는?

① 포스겐　　　　② 일산화탄소
③ 이산화탄소　　④ 시안화수소

해설
①~④의 분자식 중 질소(N)성분이 있는 것이면서 미량의 농도로 즉사가 가능한 것은 ④ 시안화수소이다.
① 포스겐 COCl$_2$
② 일산화탄소 CO
③ 이산화탄소 CO$_2$
④ 시안화수소 HCN

44 화재조사현장 촬영 시 유의사항으로 틀린 것은?

① 화재조사현장 사진은 수정하기가 불가능하므로 촬영에 심혈을 기울인다.
② 화재조사현장 사진은 현장조사자의 의도를 이해하여 촬영한다.
③ 주변 인물, 발굴용 기구 등을 중점적으로 촬영하여야 한다.
④ 중요한 증거 물건은 표지, 백묵 등으로 명확하게 표시한다.

해설
화재와 연관성이 크다고 판단되는 증거물, 피해물품 등은 면밀히 관찰 후 자세히 촬영한다.

정답 | 39 ④　40 ③　41 ④　42 ③　43 ④　44 ③

45 목재의 탄화흔 식별에 대한 설명으로 옳은 것은?

① 탄화면이 거친 상태일수록 연소는 약하다.
② 홈의 폭이 넓을수록 연소는 약하다.
③ 홈의 깊이가 깊을수록 강한 연소에 의한 것으로 볼 수 있다.
④ 발화부와 가까울수록 균열이 작고 균열 사이의 골이 깊지 않다.

🛢 해설
목재의 탄화흔 식별방법
목재의 탄화흔은 발화부의 연소강도가 높을수록 그 탄화면은 거칠고 균열 사이의 폭이 넓고 깊게 관찰된다.
① 탄화면이 거친 상태일수록 연소강도는 높다.
② 홈의 폭이 넓게 될수록 연소강도는 높다.
④ 발화부와 가까울수록 균열이 크고 균열 사이의 골이 깊다.

46 다음의 물리적 증거물 분석방법에 대한 설명으로 옳은 것은?

> 금속, 세라믹류 또는 흙과 같은 휘발성이 아닌 물질에 있는 개별 원소들을 구분한다.

① 원자흡광분석 ② 가스 크로마토그래피
③ 적외선 분광광도계 ④ 엑스레이 형광분석

🛢 해설
① 원자흡광분석 : 시료 원자의 광원 파장을 흡수하는 방법으로 금속·반금속·비금속원소 분석
② 가스 크로마토그래피 : 인화성 액체 등의 온도별 탄화수소 판별 및 함량 분석
③ 적외선 분광광도계 : 기체, 액체, 고체 등 유기물에 IR 빔을 이용하여 스펙트럼으로 분석
④ 엑스레이 형광분석 : 여기 상태의 전자가 방출하는 빛을 측정하여 유기물 및 무기물에서의 특정 원소를 정성·정량 분석

47 액체증거물 수집에 대한 설명으로 틀린 것은?

① 액체 탄화수소물의 밀봉을 위해서 반드시 고무로 만들어진 링이나 용기 혹은 고무마개를 지니고 있는 병을 사용하여야 한다.
② 적은 양의 액체는 피펫 혹은 깨끗한 흡수 섬유, 거즈 혹은 탈지면에 흡수시키고 적절한 밀폐용기에 그것을 밀봉할 수 있다.
③ 의심스러운 가연성 액체가 콘크리트에서 발견되다면, 습식 브러시로 쓸어내거나 흡수성 재질을 펼쳐 흡수시킨다.
④ 흡수제는 별도의 캔에 밀봉되어 보관되어야 한다.

🛢 해설
증거물 시료용기의 마개 관련 규정
- 코르크 마개, 고무(클로로프렌 고무는 제외), 마분지, 합성 코르크 마개 또는 플라스틱 물질(PTFE는 제외)은 시료와 직접 접촉되어서는 안 된다.
- 만일 이런 물질들을 시료 용기의 밀폐에 사용할 때에는 알루미늄이나 주석 호일로 감싸야 한다.
- 양철 용기는 돌려막는 스크루 뚜껑만 아니라 밀어 막는 금속 마개를 갖추어야 한다.
- 유리 마개는 병의 목 부분에 공기가 새지 않도록 단단히 막아야 한다.

> **참고**
> **증거물 시료용기 마개의 시료 직접 접촉 금지 규정**
> 암기법 코골(고)지마 하(합)품(플라스틱) 안되
>
> **코**르크 마개, **고**무(클로로프렌 고무는 제외), **마**분지, **합**성 코르크 마개 또는 **플**라스틱 물질(PTFE는 제외)은 시료와 직접 접촉되어서는 **안 된**다.

48 유리가 거미줄 형태의 파단면을 형성하면서 파괴되는 이유는 무엇인가?

① 유리에 물리적인 충격이 가해져 충격지점은 가해진 힘으로 인해 밖으로 밀려나지만, 다른 부분은 고정되어 있기 때문이다.
② 화재로 인한 열이 유리에 전달되면서 열을 받은 부분이 팽창했기 때문이다.
③ 폭발에 의해 상승된 압력이 유리의 가장자리에 충격을 주었기 때문이다.
④ 유리의 모든 면에 물리적인 충격이 골고루 작용했기 때문이다.

🛢 해설
② 화열로 인한 유리파손은 길고 구불구불한 불규칙한 형태의 크랙을 관찰할 수 있다.
③, ④ 폭발에 의한 충격파는 유리 전면에 균일한 충격을 가하여 평행선 크랙을 관찰할 수 있다.

정답 | 45 ③ 46 ① 47 ① 48 ①

49 액체 또는 고체 물질의 잔류물 증거 이동과정에서 발생할 위험성이 있는 것은?

① 표본오염   ② 분해오염
③ 비교오염   ④ 교차오염

🛢 해설
2종 이상의 증거물을 함께 포장할 경우, 이동과정에서 증거물 간 상호오염, 교차오염될 수 있다.

50 연소생성가스의 허용농도로 옳은 것은?

① 아크롤레인－0.01ppm
② 포스겐 － 0.1ppm
③ 이산화황－10ppm
④ 이산화탄소－500ppm

🛢 해설
① 아크롤레인－0.1ppm
③ 이산화황－5ppm
④ 이산화탄소－5,000ppm

51 소사자의 외부소견 중 열작용에 의한 사후 변화가 아닌 것은?

① 장갑 및 양말상 탈락
② 피부의 균열 및 파열
③ 권투하는 자세
④ 그을음의 흡입 흔적

🛢 해설
그을음의 흡입 흔적은 화재 당시 생존했음을 나타내는 소사자의 내부소견 중의 하나다.

52 물적 증거의 인화점 테스트 장치 중 점성이 낮고 인화점이 93℃ 이하인 액체의 인화점을 측정할 수 있는 것은?

① 태그 밀폐식 테스터
② 클리블랜드 개방식 테스터
③ 펜스키－마르텐스 밀폐식 테스터
④ 세타플래시 밀폐식 테스터

🛢 해설
태그 밀폐식의 인화점 측정방법을 적용한다.

53 화재폭발 피해자의 둔상을 유발하는 폭발효과는?

① 지진효과   ② 파편효과
③ 압력파효과 ④ 열적효과

🛢 해설
폭발 파편에 의한 충격으로 둔상이 발생할 수 있다.

54 법의학적 물리적 증거물의 종류가 아닌 것은?

① 발화기기 내 단락흔
② 머리카락 및 섬유, 신발자국
③ 피, 타액과 같은 체액
④ 손가락 및 손바닥 지문

🛢 해설
단락흔은 통전 중이었음을 나타내는 화재원인을 분석하는 증거물이다.

55 사진촬영 시 증거물의 크기를 명확하게 할 필요가 있을 때 사용되는 표식으로 옳은 것은?

① 번호표   ② 눈금자
③ 통제선   ④ 스트로브

🛢 해설
눈금자와 함께 촬영하면 증거물 크기를 사진에서 명확하게 확인할 수 있다.

56 화재증거물 수집 시의 원칙으로 적절하지 않은 것은?

① 전기제품일 경우에는 전원측 배선에 대한 검사내용을 명기 또는 함께 수거할 것
② 전선의 경우에는 부하측보다는 전원측 부분에 대한 설명에 중점을 둘 것
③ 증거물을 수집(선정)한 이유에 대한 설명을 포함할 것
④ 인화성 물질이 포함되어 있으면 반드시 밀봉할 것

정답 | 49 ④ 50 ② 51 ④ 52 ① 53 ② 54 ① 55 ② 56 ②

🛎 **해설**

감식할 전기기기를 발화원으로 판정하기 위해서는 대부분의 경우 그 기기가 출화 당시 사용상태 또는 통전되어 있었던 것을 증명해야 한다. 그러므로 부하측이 통전 중이면 전원측도 당연히 통전 중이므로 부하측에 중점을 둬야 한다.

> **참고**
>
> **통전입증**
> 전기기계 · 기구에서 발화 유무 감식은 우선 당해 기기의 통전을 입증하는 것부터 시작한다. 감식할 전기기기를 발화원으로 판정하기 위해서는 대부분 그 기기가 출화 당시 사용하던 상태나 통전되어 있었던 것을 증명해야 한다. 통전상태이기 위해서는 플러그가 콘센트에 접속되어 있고 중간스위치나 전원스위치가 "ON"이 되어 있어야 한다.

57 화재조사서류를 작성할 때의 유의사항이다. 옳지 않은 것은?

① 각 양식의 작성 목적을 이해하여 작성한다.
② 오자나 탈자는 서류의 가치와 신뢰를 떨어뜨리므로 주의하여 작성한다.
③ 전문용어는 별개로 하되 원칙적으로 간결하고 명료한 문장을 사용하여 작성한다.
④ 사진은 참고자료로 활용하므로 사진은 제외하고 작성한다.

🛎 **해설**

화재현장 사진은 보고서 내용 이해도를 높이고 화재현장의 결정적인 증거물이 되므로 조사서류에 첨부한다.

58 화재조사서류 서식 중 질문기록서에 기재되어야 하는 사항이 아닌 것은?

① 쓰레기, 모닥불, 가로등과 같은 화재의 경우 질문기록서 작성을 생략할 수 있다.
② 출입문 상태 및 소방대 건물 진입방법을 기재한다.
③ 화재대상과의 관계를 기재한다.
④ 화재를 어떻게 해서 알게 되었는지를 기재한다.

🛎 **해설**

②는 화재현장출동보고서 기재항목이다.

59 화상의 심도 결정요인이 아닌 것은?

① 열의 강도
② 노출기간
③ 피부의 예민도
④ 영양상태

🛎 **해설**

화상심도 결정요인
- 열의 강도
- 열 노출시간
- 피부의 예민도

60 카메라의 종류 중 화질이 뛰어나지만, 필름을 이용하므로 즉시 인화 및 검색이 어려운 것은?

① 일안 반사식(SLR)
② 콤팩트 디지털카메라
③ 디지털 일안 반사식(DSLR)
④ 미러리스 카메라

🛎 **해설**

다음과 같이 필름을 사용하는 카메라를 SLR식 카메라라 한다.
- SLR : 필름카메라(일안반사식 카메라, Single – lens reflex camera)
- DSLR : 디지털카메라[디지털 일안 반사식 사진기(一眼反射式寫眞機, Digital Single Lens Reflex]

제4과목 화재조사 관계법규 및 피해평가

61 치외법권지역에 대한 화재조사보고서 작성에 대한 설명으로 가장 옳은 것은?

① 화재현장출동보고서, 질문기록서, 화재 발생 종합보고서를 반드시 작성하여야 한다.
② 화재현황조사서만 작성한다.
③ 치외법권지역은 조사권을 행사할 수 없으므로 보고서를 작성하지 않아도 된다.
④ 치외법권지역에서 조사권을 행사할 수 없는 경우는 조사 가능한 내용만 조사하여 해당 서류를 작성한다.

🛎 **해설**

제22조 조사 보고 「화재조사 및 보고규정」
치외법권지역 등 조사권을 행사할 수 없는 경우는 조사 가능한 내용만 조사하여 각 호의 조사 서식 중 해당 서류를 작성 · 보고한다.

정답 | 57 ④ 58 ② 59 ④ 60 ① 61 ④

62 「화재조사 및 보고규정」에 따른 용어 정의에 관한 설명으로 옳은 것은?

① 발화요인은 발화열원에 의하여 발화로 이어진 연소현상에 영향을 준 인적·물적·자연적인 요인이다.
② 발화지점은 화재가 발생한 부위를 말한다.
③ 소실피해는 소화활동으로 발생한 물적 피해이다.
④ 잔가율이란 피해물의 최초 구입비에 대한 현재가의 비율을 말한다.

📖 **해설**
② 발화지점 : 열원과 가연물이 상호작용하여 화재가 시작된 지점을 말한다.
③ 소실피해 : 열에 의한 탄화, 용융, 파손 등의 피해
→ 현재는 법령에서 삭제된 조항
④ 잔가율 : 화재 당시에 피해물의 재구입비에 대한 현재가의 비율을 말한다.

63 공구·기구, 집기비품, 가재도구를 일괄하여 피해액을 산정할 경우 재구입비의 몇 %를 피해액으로 하는가?

① 10   ② 30
③ 50   ④ 80

📖 **해설**
공구 및 기구·집기비품·가재도구를 일괄하여 재구입비를 산정하는 경우
• 개별 품목의 경과 연수에 의한 잔가율이 50%를 초과하더라도 50%로 수정 가능
• 중고구입기계장치 및 집기비품으로 그 제작연도를 알 수 없는 경우에는 그 상태에 따라 신품가액의 30% 내지 50%를 잔가율 산정

64 「화재조사 및 보고규정」상 "조사"의 정의로 옳은 것은?

① 화재원인의 판정을 위하여 전문적인 지식, 기술 및 경험을 활용하여 주로 시각에 의한 종합적인 판단으로 구체적인 사실관계를 명확하게 규명하는 것
② 화재원인을 규명하고 화재로 인한 피해를 산정하기 위하여 자료의 수집, 관계자 등에 대한 질문, 현장확인, 감식, 감정 및 실험 등을 하는 일련의 행동
③ 화재와 관계되는 물건의 형상, 구조, 재질, 성분, 성질 등 이와 관련된 모든 현상에 대하여 과학적 방법에 의한 필요한 실험을 행하고 그 결과를 근거로 화재원인을 밝히는 것
④ 사람의 의도에 반하거나 고의에 의해 발생하는 연소현상으로서 소화시설 등을 사용하여 소화할 필요가 있거나 또는 화학적인 폭발현상

📖 **해설**
법령 개정을 통해 ② 「화재조사 및 보고규정」상 "조사"의 정의가 삭제되었다.
「소방의 화재조사에 관한 법률」상 "화재조사"의 정의는 다음과 같다.
"화재조사"란 소방청장, 소방본부장 또는 소방서장이 화재원인, 피해상황, 대응활동 등을 파악하기 위하여 자료의 수집, 관계인 등에 대한 질문, 현장확인, 감식, 감정 및 실험 등을 하는 일련의 행위를 말한다.

65 건물의 내용연수를 경과하여 현재 사용 중에 있는 화재피해 건물의 잔가율(%)은?

① 10   ② 20
③ 30   ④ 40

📖 **해설**
화재 등으로 인한 피해액 산정 최종잔가율
• 건물, 부대설비, 구축물, 가재도구 : 20%
• 그 이외의 자산 : 10%

66 화재현장조사서의 발화지점 판정 시 연소확대경로 파악을 위한 화재패턴 분석에 관한 설명으로 옳은 것은?

① 원형패턴에서 소실부분의 경사면이 관찰된다.
② 트레일러패턴은 정상연소 패턴이다.
③ 전도열은 열그림자를 형성하지 않는다.
④ 모래시계패턴은 V패턴과 U패턴의 결합이다.

📖 **해설**
열그림자 패턴
화원에서 발생하는 대류열, 복사열이 장애물에 의해 차단되면서 발생되는 패턴이다.

정답 | 62 ① 63 ③ 64 ② 65 ② 66 ③

67 화재현장조사서 작성 시 화재원인 검토와 관련된 내용 중 필수 검토항목이 아닌 것은?

① 전기적 요인 ② 화학적 요인
③ 방화가능성 ④ 발화지점 및 연소확대

해설
화재원인 검토(화재현장조사서, 「화재조사 및 보고규정」 별지4)

암기법 방귀(기) 전가 연인

- **방**화 가능성(연소상황, 원인추적 등에 관한 사진, 설명)
- **전**기적 요인
- **기**계적 요인
- **가**스누출
- **연**소확대 사유
- **인**적 부주의 등

68 화재피해액 산정에서 최종잔가율 10%를 적용하는 것은?

① 부대설비 ② 가재도구
③ 구축물   ④ 비품

해설
화재 등으로 인한 피해액 산정 최종잔가율
- 건물, 부대설비, 구축물, 가재도구 : 20%
- 그 이외의 자산 : 10%

69 「소방의 화재조사에 관한 법률」상 필요한 경우 교육훈련을 다른 소방관서나 화재조사 관련 전문기관에 위탁하여 실시할 수 있는 주체가 아닌 자는?

① 시·도지사 ② 소방본부장
③ 소방서장   ④ 소방청장

해설
소방관서장(소방청장, 소방본부장 또는 소방서장을 포함)은 필요한 경우 교육훈련을 다른 소방관서나 화재조사 관련 전문기관에 위탁하여 실시할 수 있다.

70 「소방의 화재조사에 관한 법률」상 화재조사를 하기 위하여 관계인에게 자료 제출을 요구하였으나, 자료 제출을 하지 아니한 경우 과태료를 부과·징수할 수 없는 자는?

① 시·도지사 ② 소방청장
③ 소방본부장 ④ 소방서장

해설
화재조사 중 위반행위 과태료(「소방의 화재조사에 관한 법률」)에 따른 과태료를 부과·징수하는 자는 소방관서장이다.

71 중고구입기계장치로 제작년도를 알 수 없는 경우에 잔가율의 범위는?

① 신품가액의 20% 내지 30%
② 신품가액의 20% 내지 50%
③ 신품가액의 30% 내지 50%
④ 신품가액의 40% 내지 60%

해설
공구 및 기구·집기비품·가재도구를 일괄하여 재구입비를 산정하는 경우
- 개별 품목의 경과연수에 의한 잔가율이 50%를 초과하더라도 50%로 수정 가능
- 중고구입기계장치 및 집기비품으로서 그 제작연도를 알 수 없는 경우에는 그 상태에 따라 신품가액의 30% 내지 50%를 잔가율 산정

72 「소방의 화재조사에 관한 법률」에 따른 화재조사의 주체가 아닌 것은?

① 소방청장   ② 시·도지사
③ 소방본부장 ④ 소방서장

해설
제2조 화재조사 정의 「소방의 화재조사에 관한 법률」
"화재조사"란 소방청장, 소방본부장 또는 소방서장이 화재원인, 피해상황, 대응활동 등을 파악하기 위하여 자료의 수집, 관계인 등에 대한 질문, 현장 확인, 감식, 감정 및 실험 등을 하는 일련의 행위를 말한다.

정답 | 67 ④ 68 ④ 69 ① 70 ① 71 ③ 72 ②

73 화재조사자가 직접 작성하는 서류가 아닌 것은?

① 화재현장출동보고서　② 화재현장조사서
③ 질문기록서　　　　　④ 화재피해조사서

🛢 해설
①은 선착대 선임자 작성분이다.

화재출동대원 협조(「화재조사 및 보고규정」)
• 화재현장에 출동하는 소방대원은 조사에 도움이 되는 사항을 확인하고, 화재현장에서도 소방활동 중에 파악한 정보를 조사관에게 알려주어야 한다.
• 화재현장의 선착대 선임자는 철수 후 지체 없이 국가화재정보시스템에 화재현장출동보고서를 작성·입력해야 한다.

---

74 난로의 과열로 화재가 발생하여 바닥 $12m^2$, 1면의 벽 $8m^2$가 오염되거나 그을리는 피해가 발생하였다. 소실면적은 몇 m^2인가?

① 5　　　　　② 10
③ 12　　　　④ 20

🛢 해설
규정에 의해 소실면적은 바닥만 해당된다.

소실면적 산정(「화재조사 및 보고규정」)
건물(수손 및 기타 파손 포함)의 소실면적 산정은 소실 바닥면적으로 산정한다.

---

75 화재현장조사서의 도면작성 시 이용 가능한 현장기록 기법에 관한 설명으로 옳은 것은?

① 벡터다이어그램은 화살표를 이용하여 최소손상구역에서 최대 손상구역을 가리키는 것이다.
② 화재손상평가는 최대손상구역으로부터 최소손상구역으로의 체계적인 분석과정이다.
③ 탄화등심도는 발화구역 내의 탄화부분에 대한 강도패턴과 경계선을 표시한다.
④ 벡터다이어그램은 발화실의 평면도에 탄화심도의 측정치를 기록하고 그 깊이를 선으로 연결한 것이다.

🛢 해설
탄화등심도
화재현장의 연소강도별 탄화심도가 동등한 부분을 연결하여 마치 지도처럼 묘사한 것을 탄화등심도이라 한다. 이를 통해 발화부로부터 화재 확산 경로를 예측한다.

---

76 화재피해액 산정 시 특수한 경우의 피해액 산정 우선 적용사항으로 옳은 것은?

① 중고집기비품의 시장거래가격이 신품가격보다 높을 경우 시장거래가격을 재구입비로 하여 피해액을 산정한다.
② 건물에 있어 문화재와 철거건물 및 모델하우스의 경우 별도의 피해액 산정기준에 의한다.
③ 중고구입기계장치의 제작년도를 알 수 없는 경우 시장거래가격의 90%를 재구입비로 하여 피해액을 산정한다.
④ 재고자산의 상품 중 견본품, 전시품, 진열품에 대해서는 구입가의 90%를 피해액으로 한다.

🛢 해설
건물에 있어 문화재의 경우 감정가를 현재가로 보며 모델하우스 등의 경우 최종잔가율은 20%이며, 내용연수 및 경과연수는 연 단위까지 피해액으로 산정한다.

---

77 증거물 시료용기에 대한 설명 중 옳은 것은?

① 양철 캔은 기름에 견딜 수 있는 디스크를 가진 스크루 마개 또는 누르는 금속마개로 밀폐될 수 있으며, 이러한 마개는 한 번 사용한 후에는 폐기되어야 한다.
② 세척방법은 병의 상태나 이전의 내용물, 시료의 특성 및 시험하고자 하는 방법에 따라 달라지지 않는다.
③ 주석 도금 캔(CAN)은 사용 후 재사용이 가능하다.
④ 코르크 마개는 고체에 사용하여서는 안 된다. 만일 제품이 빛에 민감하다면 옅은 색깔의 시료병을 사용한다.

🛢 해설
② 세척방법은 병의 상태나 이전의 내용물, 시료의 특성 및 시험하고자 하는 방법에 따라 달라진다.
③ 주석 도금 캔(CAN)은 1회 사용 후 반드시 폐기한다.
④ 코르크 마개는 휘발성 액체에 사용하여서는 안 된다. 만일 제품이 빛에 민감하다면 짙은 색깔의 시료병을 사용한다.

정답 | 73 ①　74 ③　75 ③　76 ②　77 ①

78 화재피해액 산정기준에서 전부손해의 경우 감정 가격으로 하며, 전부손해가 아닌 경우에는 원상복구에 소요되는 비용으로 산정되는 대상은?

① 차량
② 식물
③ 회화
④ 가재도구

🛢 해설
전부손해의 경우 감정가격으로 산정하는 대상은 회화(그림), 골동품, 미술공예품, 귀금속 및 보석류다.

79 「화재조사 및 보고규정」상 관계인의 진술에 관한 내용 중 틀린 것은?

① 획득한 진술이 소문 등에 의한 사항인 경우 그 사실을 간접 경험한 관계인 등의 진술을 얻도록 해야 한다.
② 관계자 등에 대한 질문사항은 관계 서식의 질문기록서에 작성하여 그 증거를 확보한다.
③ 관계인 등에게 질문을 할 때에는 희망하는 진술내용을 얻기 위하여 상대방에게 암시하는 등의 방법으로 유도해서는 아니 된다.
④ 질문을 할 때에는 시기, 장소 등을 고려하여 진술을 하는 사람으로부터 임의진술을 얻도록 하여야 한다.

🛢 해설
소문에 따른 사실을 직접 경험한 관계인의 진술을 얻어야 한다.

80 화재피해로 인한 건물 소손 정도에 따른 손해율 중 지붕, 외벽 등 외부마감재 등이 소실된 경우의 손해율은 몇 %인가?

① 5~10
② 15
③ 20
④ 30

🛢 해설
지붕, 외벽 등 외부마감재 등이 소실된 경우 손해율은 20%로 본다.

정답 | 78 ③ 79 ① 80 ③

산업기사 기출문제 2017년 4회

제1과목 화재조사론

01 화재현장에서 열에 의한 전구의 변형에 대한 설명으로 옳은 것은?

① 화염이 전달되는 방향의 구면에서 변형이 먼저 발생한다.
② 벌브가 개방된 이후에 다른 방향에서 화염이 전달되었을 때에도 함몰이나 돌출되는 변형이 발생한다.
③ 전선에 매달린 전구는 화재 당시의 방향을 신뢰할 수 있으므로 방향지표로 사용할 수 있다.
④ 백열전등에서 보이는 화재패턴으로 수은 등과 같은 대형전구에서는 변형이 발생하지 않는다.

📖 **해설**
화염이 전달되는 방향의 구면에서 변형이 먼저 발생하고, "blowout(펑크)" 방향이 보통 먼저 말랑말랑해지기 때문에 불길이 다가오는 방향을 가리킨다.

← 화염이동방향
Blowout →

② 벌브가 개방된 이후 "blowout" 이후에는 다른 방향에서 화염이 전달되어도 함몰과 돌출되는 변형은 발생하지 않고, 전체가 파손할 수는 있다.
③ 전선에 매달린 전선은 천장의 고온가스로도 수열을 받을 수 있으므로 전체 상황을 고려해서 판단해야 한다.
④ 대형전구도 화염이동방향에 따른 변형이 발생한다.

02 자연발화의 원인으로 볼 수 없는 것은?

① 환원열   ② 분해열
③ 흡착열   ④ 발효열

📖 **해설**
반응 원인에 따른 자연발화 물질

반응 원인	발화 물질
분해열	니트로셀룰로우스, 셀룰로이드, 니트로글리세린 등
산화열	불포화유(건성유, 반건성유 등)가 포함된 천·휴지, 석탄
흡착열	활성탄, 환원니켈
중합열	액화시안화수소, 초산비닐, 아크릴로니트릴, 이소프렌 등
발효열	건초, 퇴비

03 다음 중 연소하한계가 가장 낮은 것은?

① CH_4(메탄)   ② C_3H_8(프로판)
③ C_4H_{10}(부탄)   ④ H_2(수소)

📖 **해설**
가연성 증기의 연소범위

기체 또는 증기	연소범위 (vol%)	기체 또는 증기	연소범위 (vol%)
메탄	5.0~15	에틸렌	3.0~33.5
에탄	3.0~12.5	휘발유	1.4~7.6
프로판	2.1~9.5	아세톤	2~13
부탄	1.4~8.3	암모니아	15.7~27.4
수소	4.1~75	메틸알코올	7~37
일산화탄소	12.5~75	에틸알코올	3.5~20
아세틸렌	2.5~82	시안화수소	12.8~27

정답 | 01 ① 02 ① 03 ③

04 화재현장 보존의 중요성에 대한 설명으로 틀린 것은?

① 조사 대상인 화재현장은 현장조사가 개시될 때까지 화재진압 또는 진화 후의 현장과 거의 같은 상황으로 보존되어야 한다.
② 현장조사를 하기 전에 현장의 보존 상태를 반드시 확인하고 변화가 없을 때 본격적인 현장조사를 실시한다.
③ 화재현장은 감식 및 발굴 작업에 따라 훼손되어 전의 상태로 복구가 어렵다.
④ 소방 활동 중 증거물의 위치이동 여부의 확인 없이 신속히 조사한다.

해설
소방 활동 중 증거물 위치이동이 많다. 따라서 진압 대원에게 진압 당시 위치 이동사항을 확인하면 감식 활동에 많은 도움이 된다.

05 다음 금속 중 용융점이 가장 낮은 것은?
① 알루미늄   ② 납
③ 구리   ④ 스테인리스

해설
각 물질별 용융점

금속명칭	용융점(℃)	금속명칭	용융점(℃)
수은	39	금	1,063
주석	232	구리	1,083
납	327	니켈	1,455
아연	420	스테인리스	1,520
마그네슘	650	철	1,530
알루미늄	660	티탄	1,800
은	960	몰리브덴	2,620
황동	900~1,000	텅스텐	3,400

06 소방대상물의 내부(가로 10m, 세로 10m, 높이 3m)에 가연물의 발열량 9,000kcal/kg, 무게 3,000kg, 단위발열량 4,500kcal/kg일 때 화재하중은 몇 kg/m² 인가?
① 50   ② 60
③ 70   ④ 80

해설
화재하중(Fire Load)
단위 바닥면적에 대한 등가목재중량

$$Q = \frac{\sum GH_1}{HA} = \frac{\sum Q_1}{4,500A} = \frac{9,000 \times 3,000}{4,500 \times 10 \times 10} = 60$$

- Q : 화재하중
- G : 여러 가지 가연물의 양(kg)
- H_1 : 그 가연물의 단위중량당의 발열량(kcal/kg)
- H : 목재의 단위중량당 발열량으로 4,500kcal/kg
- A : 화재구획의 바닥면적(m²)
- $\sum Q_1$: 화재구획 내의 가연물의 전발열량(kcal)

07 폭발의 발생 및 성장 원인으로 틀린 것은?
① 폭굉 한계 내의 가스가 어느 정도 다량으로 존재할 때
② 존재된 잔여가스에 방전이나 화염, 충격 등 점화원이 작용할 때
③ 폭발범위 내에 불활성 가스가 존재할 때
④ 폭발 충격으로 인한 파이프 파열로 2차적 폭발이 일어날 때

해설
불활성 기체(CO_2, N_2, Ar 등)는 오히려 산소공급을 차단하여 소화제로 활용되는 가스다.

08 목재류가 연소할 때 나무표면의 박리현상은 화염 또는 소화수에 의해 형성되는데, 이 중 소화수에 의한 현상으로 옳은 것은?
① 박리현상의 형성부분이 많고 깊게 형성된다.
② 박리면적이 비교적 작고 표면이 거칠다.
③ 박리부분이 여기저기 산재되어 있는 특징을 가진다.
④ 비교적 평탄하고 윤기가 나며 그 면적이 넓다.

해설
타고 있는 나무에 소화수를 뿌리면 평탄하고 윤기가 나고 면적이 넓다.

참고
연소열과 소화수에 의한 탄화물 박리상태 차이점

차이 항목	연소박리 (燃燒剝離)	소화수박리 (消火水剝離)
박리면적	소	대
표면의 거칠기	대	소
박리의 분포	산재	집중적
박리면	거칠다	평탄하고 윤기 난다

정답 | 04 ④ 05 ② 06 ② 07 ③ 08 ④

09 기화열이 원인이 되어 생성되는 유류화재의 패턴은?

① 포어패턴
② 레인보우패턴
③ 틈새연소패턴
④ 도넛패턴

📖 **해설**

도넛패턴
도넛패턴은 가연성 액체가 웅덩이처럼 고여 있을 경우 발생하는데, 주변부나 얕은 곳에서는 화염이 바닥이나 바닥재를 탄화시키는 반면에 깊은 중심부는 액체가 증발하면서 증발잠열에 의해 웅덩이 중심부를 냉각시키는 현상 때문이다.

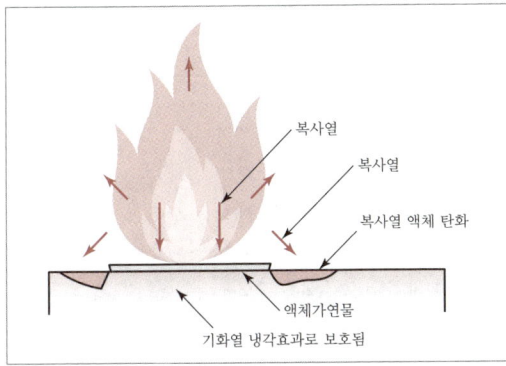
도넛패턴(원리)

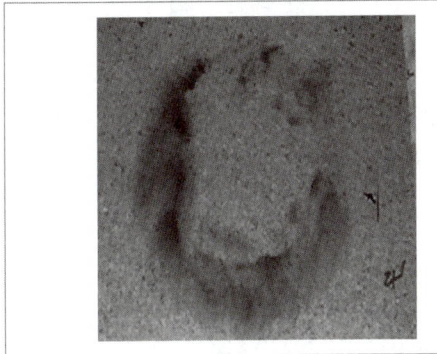
도넛패턴

10 폭발에 대한 설명으로 틀린 것은?

① 분무폭발은 기상폭발의 한 종류이다.
② 감압폭발은 응상폭발의 한 종류이다.
③ 전선이 고상에서 급격히 액상을 거쳐 기상으로 전이할 때 발생되는 폭발은 전선폭발이다.
④ 고온의 용융금속이 물속에서 급속 냉각될 때 폭발은 과열액체 증기폭발이다.

📖 **해설**
수증기폭발은 고온의 용융금속이 물에 유입되는 경우 물이 급격히 증발되고 밀폐로 인한 고압이 발생되어 폭발하는 현상이다.

참고

물질 상태에 의한 폭발 분류
- 기상폭발 : 분무폭발, 가스폭발, 분진폭발, 증기운폭발, 분해폭발 등
- 응상폭발 : 수증기폭발, 증기폭발, 전선폭발, 고체폭발, 감압폭발 등

11 목재의 연소상황에 대한 다음 그림을 참고하여 화재가 진행된 방향으로 옳은 것은?

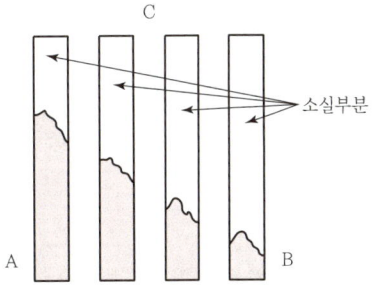

① A → B
② B → A
③ C → A
④ C → B

📖 **해설**
목재는 연소가 계속되면 타서 가늘어지고 박리되어 소실된다. 따라서 소실이 많이 된 부분에서 소실이 적은 부분으로 연소 방향을 판단할 수 있다.

참고

목재의 연소방향성

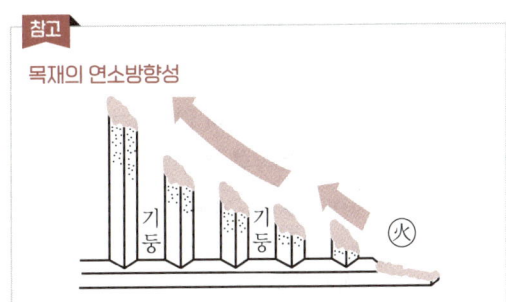

정답 | 09 ④ 10 ④ 11 ②

12 건축물 화재 시 플래시오버(Flash Over) 발생에 영향을 미치는 요인이 아닌 것은?

① 개구부의 크기　② 내장재료
③ 화원의 크기　　④ 건물의 높이

해설
플래시오버(Flash Over) 발생에 영향을 미치는 요인
- 내장재료의 종류
- 화원의 크기
- 실의 개구율(개구부 크기)
- 기타(가연물의 화재하중과 발열량)

13 폭열(Spalling)의 발생 원인이 아닌 것은?

① 흡수율이 큰 골재의 사용
② 내화성이 약한 골재의 사용
③ 콘크리트 내부 함수율이 낮을 때
④ 콘크리트의 치밀한 조직으로 화재 시 수증기 배출이 안 될 때

해설
콘크리트 내부 함수율(수분이 들어 있는 비율)이 높아야 수분이 팽창하면서 폭열이 발생한다.

참고
폭열 현상
콘크리트에 포함되어 있는 수분이 화재 시 발생하는 급격한 온도 변화와 열로 인하여 내부에 갇혀있던 수분이 외부로 빠져나가지 못하고 팽창 한계점에 도달. 이후 폭발하여 표면의 콘크리트가 탈락되거나 박리되는 현상이다.

14 화염이 버너의 상부를 떠나 연소하는 현상인 리프팅(Lifting)에 대한 설명으로 틀린 것은?

① 가스압력이 높아 분출속도가 빠를 때
② 공기조절기가 닫혀 1차 공기 흡입량이 없을 때
③ 연소실 내 급배기 불량으로 2차 공기가 급격히 감소할 때
④ 가스 방출구가 막혀 분출속도가 빠를 때

해설
공기조절기가 닫혀 1차 공기 흡입량이 없을 때는 불이 꺼지는 원인이 된다.

참고
리프팅(Lifting)의 원인
- 버너의 가스분출구가 먼지 등이 끼어 염공이 작아질 경우
- 가스의 공급압력이 높거나 관창의 구경이 큰 경우
- 연소가스의 배출 불충분으로 2차 공기 중의 산소가 부족한 경우
- 공기조절 장치를 너무 많이 열어 가스의 공급량이 많게 될 경우

15 아세트알데하이드 완전연소반응식의 양론계수로 옳은 것은?

반응식 : $aCH_3CHO + bO_2 \rightarrow cCO_2 + dH_2O$

① a : 2, b : 4, c : 4, d : 4
② a : 2, b : 5, c : 4, d : 4
③ a : 2, b : 3, c : 2, d : 2
④ a : 1, b : 2, c : 2, d : 2

해설
반응식 : $aCH_3CHO + bO_2 \rightarrow cCO_2 + dH_2O$
$2CH_3CHO + 5O_2 \rightarrow 4CO_2 + 4H_2O$

16 연소 시 열분해에 의해서 탄화수소가 발생할 수 없는 물질은?

① 나무　　　　② 종이
③ 백탄　　　　④ 열경화성 플라스틱

해설
백탄은 이미 탄화수소가 휘발된 참숯이다.

17 철 구조물의 만곡에 대한 설명으로 옳은 것은?

① 하중이 없는 상태에서 화염을 받은 부분의 열팽창률이 높아져 열을 받은 방향으로 휘어진다.
② 철골의 만곡은 발화부에서만 볼 수 있는 특징으로, 조사범위를 축소시켜 준다.
③ 만곡 및 도괴는 설치각도, 가연물 적치 상태 등에 따라 변형될 수 있다.
④ 철골의 만곡은 지붕 등 하중에 의한 영향은 거의 없고 열에 노출된 강도에 따라 형성된다.

정답 | 12 ④　13 ③　14 ②　15 ②　16 ③　17 ③

해설
금속의 만곡 정도는 수열 정도와 비례하나, 설치각도, 화재하중 등에 따라 변형될 수 있다.
① 철 구조물은 열을 받은 반대 방향으로 휘어진다.
② 철골의 만곡은 발화부뿐만 아니라 철골에 열이 받는 곳에서도 발생한다.
④ 철골의 만곡은 지붕 등 하중에 의한 많이 영향을 받는다.

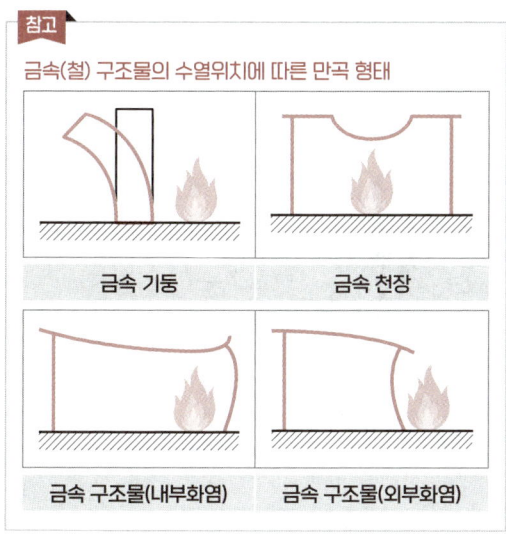

금속(철) 구조물의 수열위치에 따른 만곡 형태

18 화재 시 발생되는 연기에 대한 설명으로 틀린 것은?

① 연소 시의 발생가스로서 산소공급이 부족할 때 적은 양이 발생한다.
② 가연물 연소 시 발생하는 열분해 생성물이다.
③ 불완전연소에 의해 많이 발생한다.
④ 화재 시 발생되어 시야장애 및 질식을 유발할 수 있다.

해설
연기는 고체, 액체 미립자 및 재료가 열분해 혹은 연소할 때 생기는 복잡한 혼합물로 산소가 부족하여 불완전연소 시 많은 양이 발생한다.

19 목재의 탄화심도를 측정 시 유의사항으로 옳은 것은?

① 요철(凹凸) 부위 중 요(凹) 부위를 게이지로 측정한다.
② 게이지로 측정된 깊이 외에 이미 소실된 부위의 깊이를 더하여 비교해야 한다.
③ 게이지를 사용할 때 깊이 측정될 수 있도록 되도록 강력한 힘으로 눌러 삽입한다.
④ 깊이 측정될 수 있도록 끝이 뾰족한 게이지를 사용한다.

해설
탄화심도 측정방법
- 동일 포인트를 동일한 입력으로 여러 번 측정하여 평균치를 구함
- 계침을 삽입할 때는 요철(凹凸) 부위 중 철(凸)각을 택함
- 중심부까지 탄화된 것은 원형이 남아 있더라도 완전 연소된 것으로 간주함
- 동일 소재, 동일 높이, 높일 위치마다 측정

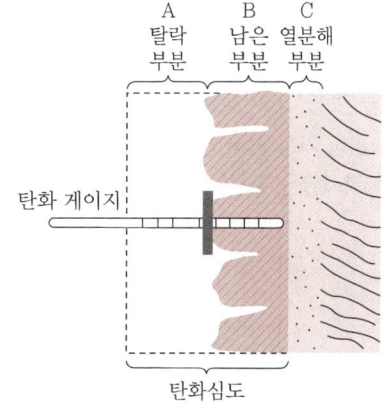

20 「소방의 화재조사에 관한 법률」에 따른 화재조사의 실시 시점으로 옳은 것은?

① 소화활동과 동시에 실시
② 화재발생 사실을 알게 된 때 실시
③ 화재발생과 동시에 실시
④ 화재진압 후에 실시

해설
제5조 제1항 화재조사의 실시 「소방의 화재조사에 관한 법률」
소방관서장은 화재발생 사실을 알게 된 때에는 지체 없이 화재조사를 하여야 한다.

정답 | 18 ① 19 ② 20 ②

제2과목 화재감식론

21 스트립 기법이라고도 하며, 조사해야 할 지역이 크고 개방된 공간의 경우 효과적인 산불 조사기법은?

① 루프 기법 ② 좁은 길 기법
③ 나선법   ④ 격자 기법

🍺 해설

넓은 지역을 조사하는 것은 좁은 길 기법과 격자 기법이 유사하나, 개방된 공간에서의 산불 조사기법은 좁은 길 기법이다.
① 루프 기법 : 작은 지역을 중심에서부터 나선형으로 바깥쪽으로 확장하며 조사하는 방법
② 좁은 길 기법(스트립 기법) : 크고 개방된 공간의 지역을 좁은 띠 모양의 구역(스트립)으로 나누어 체계적으로 조사하는 방법
③ 나선법 : 작은 지역을 중심으로 나선형 경로를 따라 바깥쪽으로 확장하며 조사하는 기법
④ 격자 기법 : 넓은 지역을 격자 형태로 나누어 빠짐없이 조사할 수 있는 체계적으로 조사하는 방법

22 밀폐된 공간에서 아래 그림처럼 실내 중간에서 화재가 발생하였다. 현재 8시를 가리키고 있다면 시계가 열을 받아 가장 먼저 변형이 되는 위치로 옳은 것은? (단, 복사열은 무시한다.)

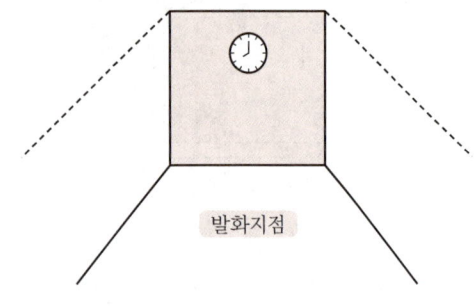

① 12시 방향 ② 9시 방향
③ 6시 방향   ④ 3시 방향

🍺 해설

실내 중간에 화재는 천장제트 흐름(Ceiling jet flow)으로 천장면에 가장 근접한 12시 방향부터 탄화되어 변형된다.

> **참고**
>
> **천장제트 흐름(Ceiling jet flow)**
> 고온의 연소생성물은 부력에 의해 천장면 아래에 얇은 층을 형성하는 비교적 빠른 속도의 가스 흐름이 발생한다.

23 임야화재 가연물의 수직적 위치에 따른 분류가 아닌 것은?

① 지중가연물 ② 지표가연물
③ 공중가연물 ④ 지상가연물

🍺 해설

지상가연물은 지중가연물과 지표가연물을 포괄하는 용어이고, 임야화재 가연물의 수직적 위치 분류는 지중가연물, 지표가연물, 공중(수관)가연물로 분류한다.

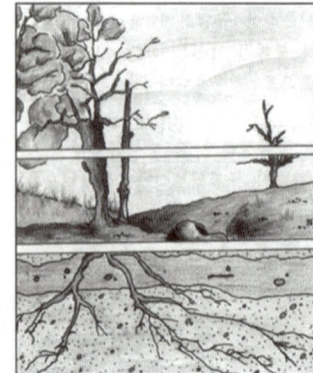

24 외부 화염에 의한 전선 피복 소손흔에 대한 설명으로 틀린 것은?

① 저전압에서 사용되고 있는 절연 전선은 보통 230~280℃부터 급격한 분해가 일어나며 400℃ 정도에서 인화한다.
② 절연 전선은 발화하기 전에 탄화하여 스폰지상으로 팽창하여 연소 시 짙은 연기가 발생한다.
③ 화염이 직접 노출된 전선의 외부 피복에서는 내부로 탄화가 진행된 것을 식별하기 어려운 경우가 많다.
④ 외부 화염에 노출되어 불에 탄 부분과 타지 않은 부분의 경계선이 명확하다.

🍺 해설

화염이 직접 노출된 전선의 외부 피복에서는 내부로 탄화가 진행된 것을 관찰할 수 있다.

정답 | 21 ② 22 ① 23 ④ 24 ③

25 발화원의 생성, 이동 및 가열에 대한 설명으로 틀린 것은?

① 모든 가연물은 발화원으로부터 이동된 에너지에 대해 동일한 반응을 보인다.
② 발화과정은 크게 발화원의 생성, 이동 및 가열로 정리될 수 있다.
③ 유력한 발화원은 가연물을 발화 온도에 다다르게 할 만큼 에너지 수준이 충분히 높을 것으로 추정해 볼 수 있다.
④ 발화원의 열에너지는 전도, 대류, 복사 등의 방법을 통해 가연물로 이동되어 진다.

해설
가연물마다 용융점, 발화점 등이 달라 동일 발화원이라도 일부 가연물은 낮은 온도에서 쉽게 발화되지만, 다른 가연물은 발화하지 않을 수 있다.

26 석유류의 화재로 추정되는 화재현장으로부터 수집된 시료를 기기분석(GC, IR)으로 판별하는 절차로 옳은 것은?

> ㉠ 감식물 습득
> ㉡ 여과
> ㉢ 침지
> ㉣ 정제
> ㉤ 가스 크로마토그래피법
> ㉥ 적외선 흡수 스펙트럼 분석

① ㉠ → ㉡ → ㉢ → ㉣ → ㉤ → ㉥
② ㉠ → ㉡ → ㉣ → ㉢ → ㉥ → ㉤
③ ㉠ → ㉢ → ㉡ → ㉣ → ㉥ → ㉤
④ ㉠ → ㉢ → ㉡ → ㉣ → ㉥ → ㉤

해설
기기분석(GC, IR) 판별 절차

> **암기법** 습침 여정 적가

감식물 습득 → 침지 → 여과 → 정제 → 적외선 흡수 스펙트럼 분석 → 가스 크로마토그래피법

27 전기히터로 물을 끓일 때 600W로 10분이 걸린다면 이때의 전력량은 몇 kWh인가?

① 1   ② 6
③ 0.6   ④ 0.1

해설
사용전력량(Wh) = 소비전력(W) × 사용시간(h)
$P = 600W \times \dfrac{10분}{60분} = 100Wh \times 10^{-3} = 0.1kWh$

28 그라인더 불티에 의한 화재의 설명으로 틀린 것은?

① 종이 등 셀룰로오즈 가연물에 착화가 용이하다.
② 상황에 따라서 장시간 잠복이 가능하다.
③ 용접 작업 시 발생하는 불티보다 크기 때문에 발견이 쉽다.
④ 그라인더 불티 화재의 판정을 위해 비산범위 내 출화인지 확인이 필요하다.

해설
용접 작업이 금속을 가열하여 용융시키기 때문에 단순히 금속을 갈아내는 그라인더보다 불티가 더 크다. 무엇보다 용접 불티, 그라인더 불티 모두 발견이 쉽지 않다.

29 디에틸에테르($C_2H_5OC_2H_5$)에 관한 설명으로 틀린 것은?

① 인화점과 발화점이 높아 화재위험성이 작다.
② 저장 시 직사광선을 피하고 소량은 갈색병에 저장한다.
③ 무색투명한 유동성의 액체로 마취작용이 있다.
④ 공기 중에 장기간 저장 시 산화되어 불안정한 폭발성의 과산화물을 만든다.

해설
인화점과 발화점이 낮아 화재위험성이 크다.

특수인화물 디에틸에테르($C_2H_5OC_2H_5$)

인화점(℃)	발화점(℃)	끓는점(℃)	연소범위(%)
-45	160	34.6	1.9~48

- 무색투명한 유동성의 액체로서 휘발성이 매우 높고 마취성을 가진다.
- 직사일광에 의해 분해하여 과산화물을 생성하므로 용기는 갈색병을 사용하고 밀전(마개를 꼭 막아)하여 냉암소에 저장한다.
- 공기 중 장시간 방치하면 산화되어 폭발성의 불안정한 과산화물을 생성한다.

정답 | 25 ① 26 ④ 27 ④ 28 ③ 29 ①

30 의도적으로 한 장소에서 다른 장소로 연소를 확산시키기 위한 장치나 도구로서 인화성 액체와 고체 가연물이 사용된 연소흔적은 무엇이라 하는가?

① 트레일러 패턴
② 고스트 마크
③ 스프래쉬 패턴
④ 포어 패턴

해설
트레일러 패턴(Trailer Pattern)
의도적으로 불을 지르기 위해 인화성 액체나 두루마리 화장지, 신문지, 옷 등을 트레일러처럼 길게 이어 붙여 한 장소에서 다른 장소로 연소 확산시키기 위한 연소흔적이다.

31 선박외관의 구성요소가 아닌 것은?

① 선체 건조
② 갑판
③ 저장소 및 화물창
④ 외관부속품

해설
저장소 및 화물창은 선박의 화물을 보관·운반을 위한 공간으로 선박 내부의 구성요소이다.

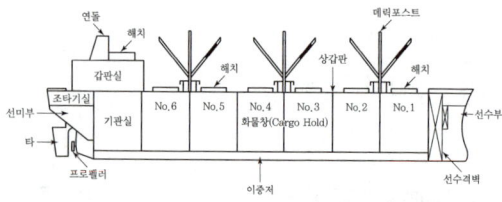

32 차량화재의 특수성을 설명한 것으로 옳은 것은?

① 화재하중이 높은 환기지배형 화재
② 화재하중이 높은 연료지배형 화재
③ 화재하중이 낮은 환기지배형 화재
④ 화재하중이 낮은 연료지배형 화재

해설
차량화재는 연료, 오일, 시트 등 화재하중이 높지만, 연료가 공기보다는 적다. 따라서 화재하중이 높은 연료지배형 화재 특성이 있다.

33 가연성가스의 폭발범위에 관한 설명으로 틀린 것은?

① 일반적으로 가스압력이 높을수록 발화온도는 낮아지고, 폭발범위는 넓어진다.
② 가연성가스라는 폭발하한계가 10% 이하인 것과 폭발하한과 상한의 차이가 20% 이상인 것을 말한다.
③ 일반적으로 가스압력이 높을수록 발화온도는 낮아지고, 폭발범위는 좁아진다.
④ 일반적으로 가스의 압력이 낮아지면 폭발범위가 좁아진다.

해설
일반적으로 가스압력이 높을수록 발화온도는 낮아지고, 폭발범위는 넓어진다.

34 선박의 추진기가 아닌 것은?

① 물분사 추진(water jet propulsion)
② 상반회전 프로펠러(counter-rotating propeller)
③ 포드 프로펠러(pod propeller)
④ 수중익(hydrofoil)

해설
선박의 추진기는 물을 이용해 추진력을 발생시키는 장치로, 물분사 추진, 상반회전 프로펠러, 포드 프로펠러가 해당된다. 반면, 수중익은 물의 저항을 줄여 속도를 높이는 구조물로, 추진기가 아니다.

35 부탄가스의 내용적 3.6L 용기에 몇 kg을 충전할 수 있는가? (단, 충전상수는 2.05이다.)

① 0.57
② 1.76
③ 5.65
④ 7.38

해설
$$G = \frac{V}{C} = \frac{3.6}{2.05} = 1.76$$

- G : 충전용량
- V : 용기 내용적
- C : 충전상수

정답 | 30 ① 31 ③ 32 ② 33 ③ 34 ④ 35 ②

36 발화원인 판정에 관한 설명 중 틀린 것은?

① 화재의 원인을 판정하기 위해서는 화재를 일으킨 물질, 주변 상황, 인적요인을 확인하여야 한다.
② 발화지점을 명확히 지정하지 못하고 다른 잠재적 발화지점을 배제할 수 없을 때는 발화원에 대해 추정해서는 안 된다.
③ 어떠한 경우라도 물리적 증거물이 있어야만 화재원인에 관한 판정을 할 수 있다.
④ 현장 감식 결과 발화원으로 추정되는 물질이 발견되었을 때는 과학적으로 설명할 수 있어야 한다.

해설
미소화원과 같은 열원은 물리적 증거물이 없는 경우가 많아 최초 가연물의 착화가능성과 정황증거로 원인을 판정할 수 있고, 방화의 경우도 물리적 증거물과 정황증거를 종합해서 화재원인을 판정한다.

37 성냥 용기의 측약에 사용되는 발화제 물질은?

① 초산비닐에멀젼   ② 황화안티몬
③ 적린   ④ 염소산칼륨

해설
적린은 높은 발화 온도와 강한 연소력을 가지고 있어, 성냥을 켜는 데 적합한 물질이다.

38 다음 화학반응 중 결합반응이 아닌 것은?

① 두 원소가 하나의 화합물로 되는 결합
② 한 원소와 한 화합물이 새로운 화합물을 만드는 결합
③ 두 화합물이 새로운 화합물을 만드는 결합
④ 화합물의 한 원소가 다른 원소에 의해 대치되는 반응

해설
①, ②, ③은 결합반응으로 두 개 이상의 원소 또는 화합물이 결합하여 새로운 화합물을 생성하고, ④는 치환 반응으로 화합물 내의 원소가 다른 원소로 대체되는 반응이다.

39 자동차 냉각장치의 기능에 대한 설명으로 틀린 것은?

① 워터재킷은 엔진에서 발생한 열을 식히기 위해서 실린더 블록이나 실린더 헤드에 있는 냉각수의 통로이다.
② 워터펌프는 냉각수를 순환시키는 펌프로 V벨트에 연결되어 구동된다.
③ 서모스탯은 차량의 주행에 의해 들어오는 공기에 의해 냉각수를 냉각시키기 위한 장치이다.
④ 팬은 라디에이터를 지나는 공기의 흐름을 빨리하여 라디에이터의 냉각을 증대하는 작용을 한다.

해설
서모스탯은 공기에 의해 냉각수를 냉각시키는 장치가 아니라 냉각수 온도 변화에 따라 자동적으로 개폐하여 라디에이터로 흐르는 유량을 조절함으로써 냉각수의 적정온도를 유지하는 역할을 한다.

참고

자동차 냉각장치

- 워터재킷 : 엔진 블록과 헤드 내부에 냉각액이 지나가는 통로
- 워터펌프 : 냉각수를 순환
- 서모스탯 : 냉각수의 온도를 제어
- 라디에이터 팬 : 라디에이터 냉각을 증대시키는 작용

정답 | 36 ③ 37 ③ 38 ④ 39 ③

40 화재현장에서 방화의 일반적인 특징이 아닌 것은?

① 2개 이상의 발화개소가 식별된 경우
② 연소 촉진제(휘발유, 시너)의 사용 흔적이 발견된 경우
③ 침입 흔적이 있는 경우
④ 발열 기구가 발견된 경우

해설
발열 기구는 방화현장 외에도 일반적인 화재현장에서도 발견된다.

> **참고**
> **방화현장의 특징**
> - 2개 이상의 독립된 발화개소가 식별된 경우
> - 인화성 액체 가연물 용기가 발견된 경우, 또는 사용 흔적이 있는 경우
> - 침입흔적이 있는 경우
> - 연소 확산을 위한 흔적이 발견된 경우
> - 발화장치가 발견된 경우
> - 화재현장에서 다른 범죄의 증거가 발견되는 경우
> - 발화부에서 발화하였다고 발화 열원이 발견되지 않는 경우
> - 특이한 인위적인 흔적이 발견된 경우
> - 연쇄적으로 화재가 발생한 경우
> - 화재 발생 전후의 상황이나 관계자의 환경이 의심스러운 경우

제3과목 증거물관리 및 법과학

41 「화재증거물수집관리규칙」에서 규정하고 있는 증거물 시료용기가 아닌 것은?

① 유리병   ② 양철 캔
③ 주석도금 캔   ④ 폴리에틸렌 플라스틱병

해설
규정된 시료용기는 ①~③의 3가지다.

증거물 시료용기 3가지

> **암기법** 양주유

- 양철캔
- 주석도금캔
- 유리병

42 화상사의 사체소견으로 틀린 것은?

① 각 장기에서 빈혈상을 보인다.
② 피부표면에 1도에서 4도의 화상이 보인다.
③ 내부 장기는 열로 인해 부풀어 오른다.
④ 사망이 지연되면 실질장기의 혼탁종창이 나타난다.

해설
화상사 시체소견에서 내부 장기 부피변화는 볼 수 없다.

43 액체촉진제와 고체촉진제용 수집용기에 대한 설명으로 틀린 것은?

① 미사용 청정 금속 캔 사용을 권장하며, 증기 수집을 위한 공간을 허용하기 위해 캔은 2/3 이상 채워서는 안 된다.
② 유리병 뚜껑에는 접착제 성분 라이너나 고무씰이 있는 것을 사용하여 기밀유지토록 한다.
③ 특수하게 제작된 백을 수집용으로 사용할 수 있다.
④ 플라스틱 백은 방화도구나 고체 가속제의 잔유물을 포장하는 데 사용되지만, 침투성이 있어 증거물이 소모되거나 오염될 수 있다.

해설
접착제, 고무씰은 촉진제와의 접촉으로 증거물이 용해되거나 오염될 수 있다.

44 증거물의 물리적 손상 없이 내부구조를 파악하는 유용한 분석장비는?

① 비디오카메라   ② 비파괴촬영기
③ 디지털카메라   ④ 광학카메라

해설
비파괴촬영기란 적외선, X-ray 등을 이용하여 증거물의 손상 없이 내부 형상을 촬영하는 기기를 통칭한다.

정답 | 40 ④ 41 ④ 42 ③ 43 ② 44 ②

45 화재현장에서의 물적 증거물에 관한 설명으로 틀린 것은?

① 화재현장의 환경에 따라 물증은 변하지 않는다.
② 화재원인의 추론에 따라 화재책임이 관련된다.
③ 특정 사실이나 결과에 대하여 입증 또는 반증을 가능하게 한다.
④ 발화지점, 발화기기, 최초착화물, 화재이동 경로를 통하여 화재원인을 추론한다.

🗒 해설
화재현장의 연소 조건 및 구조적 환경에 따라 물증은 영향을 받는다.

46 시반에 관한 설명으로 옳은 것은?

① 시반은 사망시간을 나타내는 지표로 사용된다.
② 시반은 시신의 사망 전 이동 여부를 나타낸다.
③ 시반은 3~4시간 후에 더 이상 진행되지 않는다.
④ 시반은 우리 몸의 가장 높은 신체 부위에 발생한다.

🗒 해설
시반은 사후 1~2시간에 옅은 자줏빛 반점으로 시작하여 15~24시간이 경과하면서 짙은 자주빛으로 나타난다.
② 시반은 사망 이후 나타나는 현상이다.
③ 시반은 24시간이 경과하면서 짙은 자줏빛을 띠게 된다.
④ 시반은 몸의 가장 낮은 신체 부위에 발생한다.

47 가스 크로마토그래피의 주요 구성요소가 아닌 것은?

① 프리즘   ② 분리 칼럼
③ 고압가스 실린더   ④ 검출기와 기록기

🗒 해설
프리즘은 적외선 분광광도계의 구성요소이다.

48 지문의 구성요소(성분) 중 화재(열)에 견디는 능력이 가장 강한 것은?

① 물   ② 소금
③ 피부 기름   ④ 단백질

🗒 해설
지문 분비물은 98.5%가 수분이며 나머지 1.5%가 지방산과 아미노산, 나트륨 등 유기·무기물질로 구성되어 있다. 이 중 소금(나트륨)성분이 화열 환경에 잔존되기 용이하다.

49 물적 증거 형태의 세부내용에 대한 설명으로 옳은 것은?

① 전문증거는 자신이 직접 인지한 사실이 아니라 다른 사람이 말한 것에 대한 증거로 다른 사람의 신뢰성에 의존하는 증거이다.
② 확증증거는 개인의 지식 또는 관찰에 의하지 않은 추론에 의한 증거이다.
③ 정황증거는 다른 증거물을 강화하거나 확증하는 증거이다.
④ 오염증거는 의심되지만 다른 증거에 의해 사실로 간주되는 증거이다.

🗒 해설
직접체험한 사람의 진술이 서면이나 타인의 진술이라는 매개를 통하여 법원에 전달되는 경우가 전문증거다.

50 화상 중 열탕화상에 대한 설명으로 옳은 것은?

① 열탕화상은 대부분 뜨거운 액체와 화염에 의한 조직손상을 말한다.
② 과열된 기름에 의한 것 외에는 건열화상처럼 타거나 탄화되며, 체모가 그슬려 있다.
③ 감염은 동반될 수 없고 화상이 광범위하여도 쇼크는 오지 않는다.
④ 피부화상이 온몸에 일정하게 퍼져 있는 경우를 제외하고는 건열화상과 비슷하다.

🗒 해설
• 열탕화상 : 뜨거운 액체를 피부에 쏟아 화상을 입은 것으로 신체의 넓은 면적에 깊은 화상이 특징이다.
• 건열화상 : 주로 화재와 폭발에 의한 화염에 의해 발생하는 화상이다.

정답 | 45 ① 46 ① 47 ① 48 ② 49 ① 50 ④

51 연소가스 중 고농도의 이것은 눈에 접촉되면 점막을 심하게 자극하여 결막부종 및 각막혼탁을 초래하고 시력장애의 후유증을 남기는 경우가 있으며, 흡입하면 폐수종을 일으키거나 호흡정지를 일으키는 경우도 있다. 주로 냉동시설의 냉매로 많이 쓰이고 있으므로 냉동창고 화재 시 누출 가능성이 큰 가스는?

① 아황산가스(SO_2)
② 시안화수소(HCN)
③ 암모니아(NH_3)
④ 포스겐($COCL_2$)

해설

암모니아(NH_3)의 특징
- 허용농도 : 25ppm
- 위험성 : 연소가스 중 고농도의 이것은 눈에 접촉되면 점막을 심하게 자극하여 결막부종 및 각막혼탁을 초래하고 시력장애의 후유증을 남기는 경우가 있으며, 흡입하면 폐수종을 일으키거나 호흡정지를 일으키는 경우도 있다.
- 용도 : 주로 냉동시설의 냉매로 많이 쓰이고 있으므로 냉동창고 화재 시 누출 가능성이 큰 가스다.

52 물적 증거의 테스트 방법 중 금속, 세라믹류 또는 흙과 같은 휘발성이 아닌 물질에 있는 개별 원소들을 구분하는 방법은?

① 가스 크로마토그래피(GC)
② 원자흡광분석(AA)
③ 적외선분광도계(IR)
④ 엑스레이 형광분석(X-ray Fluorescence)

해설
원자흡광분석(AA)은 시료 원자의 광원 파장을 흡수하는 방법으로 금속·반금속·비금속원소, 세라믹류 또는 흙과 같은 휘발성이 아닌 물질에 있는 개별 원소들을 구분한다.

53 국소적 생활반응에 해당하는 것은?

① 출혈 및 응혈
② 속발성 염증
③ 색전증
④ 외래물질의 분포

해설
국소적 생활반응이란 생전에 신체 내외부로부터 가해진 신체 일부분에서 관찰되는 반응이다. ②~④는 전신적 생활반응이다.

생활반응의 구분

국소적 생활반응	전신적 생활반응
• 출혈 및 응혈 • 창구의 개대 및 창연의 외번 • 치유기전 • 화상 • 국소적 빈혈 • 압박성 울혈 • 흡인과 연하	• 전신적 빈혈 • 속발성 염증 • 색전증 • 외래물질의 분포 및 배설

54 생체의 생활반응과 비교한 사체의 반응에 관한 설명으로 틀린 것은?

① 생체의 혈액은 외부의 힘에 의해 혈관이 파괴되면 용솟음치듯 내뿜으며 출혈하지만, 사체는 파괴된 혈관 부근에서 혈액이 흘러나오는 정도로 끝난다.
② 생체가 둔기에 맞으면 피부가 파괴되지 않아도 피부 아래의 모세혈관이 파괴되면서 피부조직 안으로 출혈해서 피가 굳는 응혈현상이 생기는 것에 반해, 사체는 응혈현상이 없다.
③ 생체가 열기를 받으면 물집이 생기나 사체는 물집이 잠시 생겼다 사라지면서 충혈되고 빨간 부스럼이 생긴다.
④ 살아있던 사람이 익사하거나 불에 타 죽는 경우 입에서 하얗고 빽빽한 점액성의 거품이 부풀어 오르고, 죽은 사람을 물에 넣거나 태울 때에는 이러한 증상이 나타나지 않는다.

해설
생체는 열기에 대한 생활반응으로 수포, 홍반 등이 관찰되지만, 사망 이후에는 열기에 노출되어도 그러한 반응이 관찰되지 않는다.

55 화재사와 관련된 신체의 소실에 대한 설명으로 옳은 것은?

① 화염에 휩싸인 방에서 사체는 가연물에 일부가 될 수 없다.
② 동물성 지방은 30J/kg 정도의 연소열을 갖고 있다.
③ 뼈는 골수와 조직을 공급하지 못하므로 가연물의 양을 감소시킨다.
④ 두개골은 열을 받게 되면 골절되거나 분해된다.

정답 | 51 ③ 52 ② 53 ① 54 ③ 55 ④

🛢 해설
두부에 강한 열이 지속적으로 작용하면 탄화 및 두개골 골절이 발생하고, 그 하방에 연소혈종이 관찰될 수 있다.

56 사진촬영을 위해 현장 전체를 파악할 수 있는 선정 위치로 옳은 것은?

① 발화가 개시된 건물 정면
② 발화지점 내부
③ 발화지역 주변의 높은 곳
④ 화염이 강하게 출화한 곳

🛢 해설
현장의 외경촬영
- 건물의 경우 화재건물과 인접 건물, 도로와의 관계가 나타날 수 있도록 높은 곳에서 촬영한다.
- 인접 건물로 화재가 확산되었을 경우, 확산경로가 나타날 수 있도록 촬영한다.
- 건물의 4방향이 나타날 수 있도록 곳곳에서 촬영한다.
- 건물의 창문이나 출입문 등 개구부 및 지붕으로 보이는 그을음, 백화연소흔적, 도괴된 형태 등 화재패턴에 대하여 촬영한다.
- 내부로 들어가기 전 창문이나 출입문이 강제로 개방된 흔적이 있는지 검사 후 그 내용을 촬영한다.

57 화상의 위험도 결정요소가 아닌 것은?

① 깊이와 범위   ② 피부의 깊이
③ 합병된 외상   ④ 화열의 강도

🛢 해설
화상의 위험도는 그 깊이, 범위와 그에 수반되는 합병증으로 판단한다.

58 강화유리가 폭발로 깨졌을 때 나타나는 형태로 옳은 것은?

① 곡선모양   ② 입방체모양
③ 원형모양   ④ 격자모양

🛢 해설
강화유리는 화재나 폭발로 인하여 수많은 입방체모양의 크랙과 파편이 생성될 수 있다.

59 둔체가 피부를 눌렀을 때 유두진피의 모세혈관이 터져 미세한 점출혈이 형성된 형태는?

① 피하출혈   ② 줄 모양 출혈
③ 피내출혈   ④ 피외출혈

🛢 해설
피내출혈 또는 내출혈이라고도 한다.

60 액체 및 고체 증거물의 수집 시 고려해야 할 사항으로 옳은 것은?

① 탄화수소계 물질은 물보다 비중이 높아 물에 가라앉는다.
② 대부분의 액체 위험물은 용매작용을 한다.
③ 금속 캔에는 3/4 이상 채우지 않는다.
④ 아세톤이나 알코올은 물과 쉽게 섞이지 않는다.

🛢 해설
① 탄화수소계 물질은 대부분 물보다 비중이 낮아 물 위로 부유한다.
③ 금속 캔에는 2/3 이상 채우지 않는다.
④ 아세톤은 물과 쉽게 섞인다.

제4과목 | 화재조사 관계법규 및 피해평가

61 정당한 사유 없이 화재조사 관계 공무원의 출입 또는 조사를 거부·방해 또는 기피한 자에 대한 벌칙으로 옳은 것은?

① 100만 원 이하의 벌금
② 200만 원 이하의 벌금
③ 300만 원 이하의 벌금
④ 400만 원 이하의 벌금

🛢 해설
「소방의 화재조사에 관한 법률」에 따른 300만 원 이하의 벌금·벌칙 항목 4가지

암기법 물 출 업비 증

1. 허가 없이 화재현장에 있는 물건 등을 이동시키거나 변경·훼손한 사람
2. 화재조사관의 출입 또는 조사를 거부·방해 또는 기피한 사람

정답 | 56 ③ 57 ④ 58 ② 59 ③ 60 ② 61 ③

3. 관계인의 정당한 업무를 방해하거나 화재조사를 수행하면서 알게 된 비밀을 다른 용도로 사용하거나 다른 사람에게 누설한 사람
4. 정당한 사유 없이 증거물 수집을 거부·방해 또는 기피한 사람

62 공구·기구의 손해 정도가 보통인 경우의 손해율은?

① 10%　　② 30%
③ 50%　　④ 80%

해설
공구·기구의 소손 정도에 따른 손해율 「화재피해액 산정 매뉴얼」

암기법 공기 오다보수 빼고상식

화재로 인한 피해정도	손해율(%)
50% 이상 소손되고 그을음 및 수침오염 정도가 심한 경우	100
손해정도가 다소 심한 경우	50
손해정도가 보통인 경우	30
오염·수침손의 경우	10

63 화재현장조사서 작성 시 유의사항으로 틀린 것은?

① 보험가입현황 기재
② 신고 및 초기조치 기재(필요시 시간대별 조치사항 및 녹취록 작성)
③ 화재발생 이후 상황만 정확히 기재
④ 필요시 인명구조 활동내역 작성

해설
화재현장조사서 작성 시 화재발생전의 상황도 기재한다.

64 화재발생종합보고서 작성 시 건물의 동수 산정 기준으로 틀린 것은?

① 주요구조부가 하나로 연결되어 있는 것은 같은 동으로 한다. 다만, 건널 복도 등으로 2 이상의 동에 연결되어 있는 것은 그 부분을 절반으로 분리하여 각 동으로 한다.
② 구조와 관계없이 지붕 및 실이 하나로 연결되어 있는 것은 같은 동으로 본다.
③ 목조 또는 내화조 건물의 경우 격벽으로 방화구획이 되어 있는 경우는 다른 동으로 한다.
④ 독립된 건물과 건물 사이에 차광막, 비막이 등의 덮개를 설치하고 그 밑을 통로 등으로 사용하는 경우는 다른 동으로 한다.

해설
목조 또는 내화조 건물의 경우 격벽으로 방화구획이 되어 있는 경우도 같은 동으로 한다.

65 소방활동구역의 설정 및 현장보존에 대한 기준 중 틀린 것은?

① 소방활동구역의 설정은 필요한 최대의 범위로 한다.
② 소방활동구역의 관리는 수사기관과 상호 협조하여야 한다.
③ 소방활동구역의 표시는 로프 등으로 범위를 한정하고 경고판을 부착하며 출입을 통제하는 등 현장보존에 최대한 노력하여야 한다.
④ 소방본부장 또는 소방서장은 소화활동 시 현장물건 등의 이동 또는 파괴를 최소화하여 원활한 화재조사활동이 이루어질 수 있도록 현장보존에 노력하여야 한다.

해설
소방활동구역은 필요한 만큼의 최소 범위로 설정한다.

66 모든 화재에 공통적으로 작성하여야 하는 서식으로 옳은 것은?

① 화재현장조사서, 질문기록서
② 화재현황조사서, 재산피해신고서
③ 화재현황조사서, 인명피해신고서
④ 화재현장조사서, 화재현황조사서

해설
① 질문기록서는 작성 생략이 가능한 화재가 있다.
②, ③ 재산·인명피해신고서는 해당 피해가 발생하였을 때 작성한다.

정답 | 62 ② 63 ③ 64 ③ 65 ① 66 ④

67 화재현장출동보고서 작성 시 기재항목이 아닌 것은?

① 화재건물 현황
② 화재현장 도착 시 발견사항
③ 소방대 이외의 강제적인 진입흔적
④ 출입문 상태 및 소방대 건물 진입방법

해설
화재건물 현황은 화재현장조사서에 해당하는 항목이다.

68 「화재조사 및 보고규정」상 용어의 정의 중 틀린 것은?

① 내용연수란 고정자산을 경제적으로 사용할 수 있는 연수를 말한다.
② 재구입비란 화재 당시의 피해물과 같거나 비슷한 것을 재건축(설계 감리비를 포함한다) 또는 재취득하는 데 필요한 금액을 말한다.
③ 잔가율이란 화재 당시에 피해물의 재구입비에 대한 현재가의 비율을 말한다.
④ 손해율이란 피해물의 경제적 내용연수가 다한 경우 잔존하는 가치의 재구입비에 대한 비율을 말한다.

해설
손해율이란 피해물의 종류, 손상 상태 및 정도에 따라 피해금액을 적정화시키는 일정한 비율을 말한다.

69 화재현장조사서 작성 시 도면작성에 관한 사항 중 옳은 것은?

① 도면의 표제는 이해를 쉽게 하기 위해 발화건물 평면도, 발화지점 평면도 등으로 한다.
② 도면의 위치는 소방대의 부서 위치를 중심으로 발화건물을 상방향에 두는 방법으로 방향을 잡는다.
③ 거리측정은 기둥의 중심에서 다른 기둥의 중심까지로 기준점을 둔다.
④ 도면에 사용하는 기호는 제도기호 등 표준화된 기호를 사용하고 문자 삽입은 피한다.

해설
화재현장조사서 도면작성방법
- 도면상에서 방위상 북을 위쪽으로 하고, 표준화된 기호를 사용한다.
- 도면의 표제는 "A건물 평면도", "주방 평면도" 등 객관적으로 표현한다.
- 도면작성에 있어서는 방의 배치와 출입구, 개구부의 상황을 위주로 한다.
- 거리측정은 기둥의 중심에서 다른 기둥의 중심까지로 기준점을 통일한다.
- 도면(평면도, 입체도)은 측정치를 기준으로 하여 축척에 맞춰서 작성한다.

70 화재조사를 하는 관계 공무원이 화재조사를 수행하면서 알게 된 비밀을 다른 사람에게 누설한 자에 대한 벌칙기준으로 옳은 것은?

① 1,000만 원 이하의 벌금
② 500만 원 이하의 벌금
③ 300만 원 이하의 벌금
④ 200만 원 이하의 벌금

해설
「소방의 화재조사에 관한 법률」에 따른 300만 원 이하의 벌금·벌칙 항목 4가지

암기법 물 출 업비 증

1. 허가 없이 화재현장에 있는 물건 등을 이동시키거나 변경·훼손한 사람
2. 화재조사관의 출입 또는 조사를 거부·방해 또는 기피한 사람
3. 관계인의 정당한 업무를 방해하거나 화재조사를 수행하면서 알게 된 비밀을 다른 용도로 사용하거나 다른 사람에게 누설한 사람
4. 정당한 사유 없이 증거물 수집을 거부·방해 또는 기피한 사람

71 화재현황조사서 작성 시 화재원인의 기재 항목이 아닌 것은?

① 연소확대사유   ② 발화열원
③ 발화요인   ④ 최초착화물

정답 | 67 ① 68 ④ 69 ③ 70 ③ 71 ①

해설
화재원인의 기재 항목(화재현황조사서 「화재조사 및 보고규정」)

암기법 열요착개

- 발화열원
- 발화요인
- 최초착화물
- 발화개요

72 화재피해의 조사 및 피해액 산정순서로 옳은 것은?

① 기본현황조사 → 피해정도조사 → 화재현장조사 → 재구입비 산정 → 피해액 산정
② 화재현장조사 → 피해정도조사 → 기본현황조사 → 재구입비 산정 → 피해액 산정
③ 기본현황조사 → 피해정도조사 → 재구입비 산정 → 피해액 산정 → 화재현장조사
④ 화재현장조사 → 기본현황조사 → 피해정도조사 → 재구입비 산정 → 피해액 산정

해설
화재피해 조사 및 피해액 산정 순서 「화재피해액 산정 매뉴얼」

암기법 화기피재액

화재현장조사 → 기본현황조사 → 피해정도조사 → 재구입비 산정 → 피해액 산정의 순서로 산정한다.

73 「화재피해액 산정기준」에서의 화재피해액 산정 대상이 아닌 것은?

① 애완동물 ② 영업이익
③ 원재료   ④ 식물

해설
「화재피해액 산정기준」에서의 화재로 인한 피해액 산정 대상은 경제적 가치가 있는 재산 등의 직접적 손실에 국한한다.

74 질문기록서의 작성 등에 대한 설명으로 틀린 것은?

① 질문기록서가 증거로서 가치를 가지기 위해서는 진술이 임의로 행해진 것이어야 한다.
② 미성년자에 대한 질문은 객관성 유지를 위하여 친권자 등의 입회를 배제하여야 한다.
③ 녹취를 종료하는 경우, 녹취내용에 오류가 없는지 확인시킨 후 서명을 받는다.
④ 질문의 권한은 「소방법」상 소방서장에게 있다.

해설
미성년자에 대한 질문은 객관성 유지를 위하여 친권자 등의 입회를 배제할 수 없다.

75 5년 후 철거예정인 노숙자 쉼터에서 화재가 발생하여 150m^2가 소실된 경우, 이 철거건물의 피해액은? (단, 이 건물은 철골조이며, m^2당 재건축비는 730천 원이고, 내용연수는 50년이다.)

① 30,660천 원   ② 33,726천 원
③ 31,660천 원   ④ 34,726천 원

해설
건물 피해산정 = 신축단가(m^2당)×소실면적×[1−(0.8×경과연수/내용연수)]×손해율
= 730천 원×150×[1−(0.8×45/50)]
= 30,660천 원

76 소방시설등 활용조사서 작성 시 기재 항목이 아닌 것은?

① 초기소화활동
② 동원인력
③ 방화셔터 작동 여부
④ 가스누설경보기 경보 여부

해설
동원인력은 화재현장조사서의 기재 항목이다.

정답 | 72 ④ 73 ② 74 ② 75 ① 76 ②

77 「화재조사 및 보고규정」상 건물의 화재피해 범위가 건물의 바닥 15m², 한쪽 벽 5m²가 소실된 경우의 소실면적은 몇 m²인가?

① 20 ② 16
③ 15 ④ 5

해설
소실면적 산정(「화재조사 및 보고규정」)
건물(수손 및 기타 파손 포함)의 소실면적 산정은 소실 바닥면적으로 산정한다.

78 화재피해액 산정 시 건물에 포함하여 피해액을 산정하는 것은?

① 건물의 소화설비 ② 건물의 가스설비
③ 건물의 승강기설비 ④ 건물에 부착된 간판

해설
「화재피해액 산정 매뉴얼」에서 건물의 범위는 부착물(간판, 네온사인, 안테나, 선전탑, 차양 및 이와 비슷한 것)을 포함한다.

79 화재조사 결과보고를 30일 이내 보고해야 할 화재가 아닌 것은?

① 시장화재
② 지하구화재
③ 이재민이 100명 이상 발생한 화재
④ 소방활동구역에서 발생한 화재

해설
소방활동구역의 화재는 보고대상에 해당되지 않는다.

> **참고**
> 제22조 조사 보고 「화재조사 및 보고규정」
> ② 조사의 최종 결과보고는 다음 각 호에 따른다.
>   1. 「소방기본법 시행규칙」 제3조 제2항 제1호에 해당하는 화재 : 별지 제1호서식 내지 제11호서식까지 작성하여 화재 발생일로부터 30일 이내에 보고해야 한다.
> ④ 제3항에 따라 조사 보고일을 연장한 경우 그 사유가 해소된 날부터 10일 이내에 소방관서장에게 조사결과를 보고해야 한다.

80 「소방의 화재조사에 관한 법률」상 용어의 정의 중 틀린 것은?

① "소방대상물"이란 건축물, 차량, 선박(선박으로 운항 중인 선박 포함), 선박 건조 구조물, 산림, 그 밖의 인공구조물 또는 물건
② "화재조사"란 소방청장, 소방본부장 또는 소방서장이 화재원인, 피해상황, 대응 활동 등을 파악하기 위하여 자료의 수집, 관계인 등에 대한 질문, 현장확인, 감식, 감정 및 실험 등을 하는 일련의 행위를 말한다.
③ "화재조사관"이란 화재조사에 전문성을 인정받아 화재조사를 수행하는 소방공무원을 말한다.
④ "관계인 등"이란 화재가 발생한 소방대상물의 소유자·관리자 또는 점유자를 말한다.

해설
①은 소방기본법 법률의 내용이다.
"소방대상물"이란 건축물, 차량, 선박(기선, 범선 및 부선으로서 항구에 매어둔 선박만 해당한다), 선박 건조 구조물, 산림, 그 밖의 인공 구조물 또는 물건을 말한다.

정답 | 77 ③ 78 ④ 79 ④ 80 ①

산업기사 기출문제 2018년 2회

제1과목 화재조사론

01 사람의 체내에 있는 헤모글로빈의 일산화탄소 친화력은 산소에 비해 몇 배인가?

① 40~50배　　② 140~150배
③ 240~250배　④ 340~350배

해설
일산화탄소는 적혈구의 헤모글로빈(Hb)을 만나면 일산화탄소 헤모글로빈(HbCO)을 형성하고, 산소에 비해 200~250배로 친화력이 크다.

02 가연물의 연소속도에 관한 내용으로 옳은 것은?

① 가연물의 열전도율이 작으면 연소속도가 크다.
② 가연물의 밀도가 크면 연소속도가 크다.
③ 가연물의 비열이 작으면 연소속도가 크다.
④ 화염온도가 낮으면 연소속도가 크다.

해설
비열은 물질 1g의 온도를 1℃ 올리는 데 필요한 열량으로 비열이 작으면 연소속도가 크다. 물의 비열은 크기 때문에 연소속도가 느려 대표적인 소화제로 사용된다.
① 열전도율이 높은 물질이 열전달을 촉진하여 연소속도를 높일 수 있다.
② 저밀도의 물질(폴리우레탄 포말)은 비슷한 구성의 고밀도 물질(면)보다 연소속도가 크다.
④ 화염온도가 높아야 연소속도가 크다. 버너 온도가 높아야 음식물 조리가 빠르다.

03 건축물의 화재성상에 대한 설명으로 틀린 것은?

① 목조건축물은 공기의 유통이 좋아 내화건축물에 비하여 빠르게 플래시오버에 도달한다.
② 내화건축물의 화재진행은 초기 → 성장기 → 최성기 → 감쇠기의 순서로 진행한다.
③ 목조건축물은 최성기를 지나면 급속히 타버리고 공기의 유통이 좋으므로 내화건축물에 비하여 장시간 고온을 유지한다.
④ 내화건축물은 견고하여 공기의 유통조건이 거의 일정하고 최고온도는 목조건축물보다 낮다.

해설
목조건축물은 고온 단기형이고, 내화건축물은 저온 장기형 화재성상 특징이 있다.

04 출화개소 판단 시 유의사항으로 틀린 것은?

① 출입구의 방향과 창문, 환기구 등 개구부는 변동 요인이 많으므로 제외한다.
② 발화지점과 연소 확산된 경계구역을 구분한다.
③ 건물 내·외부 연소상태를 비교 판단하여 화염의 이동경로를 파악한다.
④ 붕괴되거나 도괴된 경우 해당 원인을 확인한다.

해설
진압대원이 진입하여 소화수 방출 방향. 개구부의 환기에 의한 패턴 등 출화개소 판단에 개구부는 중요한 역할을 하므로 반드시 조사한다.

정답 | 01 ③　02 ③　03 ③　04 ①

05 화재조사의 특징에 대한 설명으로 틀린 것은?

① 화재조사에 관한 질문조사는 가급적 여유를 가지고 안정된 후에 천천히 실시한다.
② 화재조사에 도움을 줄 수 있는 고급정보들은 주로 현장에서 얻어진다.
③ 화재조사는 강제성을 지닌다.
④ 화재조사는 프리즘식으로 진행된다.

📖 **해설**
화재조사 초기 관계인은 사실 그대로를 진술하는 경향이 높으나, 시간이 지나면서 자신의 이익을 위해 거짓 진술로 변경할 수 있다. 가급적 화재 초기 녹취 또는 진술서로 물적 증거를 확보하고 신속하게 진술을 확보해야 한다.

06 유리의 파괴특성에 대한 설명으로 옳은 것은?

① 크래이즈드 글라스(Crazed Glass)는 한쪽 면이 급격하게 가열되었을 때 만들어진다.
② 열에 의한 파괴는 방사형으로 파괴된다.
③ 폭발에 의한 파괴는 단면에서 월러라인이 관찰되지 않는다.
④ 방사형 파괴선의 파단면에서 월러라인을 관찰하면 충격 방향을 알 수 있다.

📖 **해설**
충격에 의한 유리창 파괴 : 충격지점을 중심으로 방사형으로 파괴되고 파단면의 월러라인을 관찰하면 충격 방향을 알 수 있다.
① 크래이즈드 글라스(Crazed Glass) : 화재열을 받은 고온의 유리는 방수 과정에서 급격히 냉각되어 수축하다가 잔금이 발생하는 현상이다.
② 열에 의한 파괴 : 조개껍질모양으로 박리되고 고온일수록 많고 깊다.
③ 폭발에 의한 파괴 : 충격파로 파괴된 유리는 월러라인이 관찰될 수 있고, 평행선 모양의 파편 형태로 파괴된다.

07 화재성장률은 일반적으로 t^2 화재성장곡선으로 표현하는데 건축물의 종류에 따른 화재성장 정도에 대한 설명으로 틀린 것은?

① 호텔 객실 : Fast
② 상점 : Fast
③ 창고 : Ultrafast
④ 사무실 : Medium

📖 **해설**
t^2 화재의 분류(NFPA)는 1MW에 도달하는 데 걸리는 시간으로 4가지 화재성장모드(Slow, Medium, Fast, Ultrafast)로 분류한다.

참고

건축공간의 형태에 따른 화재성장 정도

건축물의 종류	화재성장률
주택	Medium
사무실	Medium
호텔 객실	Medium
상점	Fast
창고	Ultrafast

08 연소 시 열 방출율이 가장 낮은 것은?

① 촛불
② 담뱃불
③ 소파
④ 종이가 담긴 휴지통

📖 **해설**
담뱃불은 약 5W이고, 촛불은 약 50W이며, 소파와 종이가 담긴 휴지통은 종류와 가연물의 양이 다르지만 100~1,000W 이상이다.

09 연소범위에 영향을 미치는 요인에 대한 설명으로 틀린 것은?

① 온도가 높아질수록 폭발범위는 넓어진다.
② 압력이 높아지면 하한값이 크게 변하지 않으나 상한값은 높아진다.
③ 고온 저압의 경우 폭발범위는 더욱 넓어진다.
④ 혼합기를 이루는 공기의 산소농도가 높을수록 연소범위는 넓어진다.

📖 **해설**
고온 저압의 경우 폭발범위는 좁아진다.

참고

폭발(연소)범위에 영향을 미치는 인자
- 온도 : 온도가 높아질수록 폭발범위는 넓어진다.
- 압력 : 압력이 높아지면 하한값이 크게 변하지 않으나 상한값은 높아진다.
- 산소 농도 : 산소농도가 높을수록 연소범위는 넓어진다.
- 불화성기체 : 질소나 수증기 등의 불활성 기체가 존재하면 연소범위는 좁아진다.

정답 | 05 ① 06 ④ 07 ① 08 ② 09 ③

10 화재 플룸(Fire Plume)에 대한 설명으로 틀린 것은?

① 화재 시 발생한 고온가스와 주변의 차가운 기체와의 밀도차에 의해 발생한다.
② 대부분의 화재 플룸은 화원에서 발생한 열과 주변 공기에 의해 매우 불안정한 형태의 난류유동을 형성한다.
③ 화재 플룸 내의 고온가스가 상승함에 따라 주변의 공기가 화염부로 들어오게 되는데 이를 공기유입이라 한다.
④ 화재 플룸에 주위 공기가 유입되면 화재 플룸 내부 온도가 상승한다.

해설
화재 플룸은 고온가스와 주변의 차가운 기체와의 밀도차에 의해 발생되며, 주변 공기가 유입되어 난류유동한다. 화염 가장자리에서는 주위 공기가 유입되면서 급격히 냉각되어 와동이 형성된다.

11 화재조사자의 복장에 대한 설명으로 틀린 것은?

① 낙하물, 빠짐, 돌출물 등에 의한 사고방지를 고려해야 한다.
② 기상조건에 따라 우의 또는 방한복 등을 구비하여야 한다.
③ 화재조사의 독립성을 위해 관계자나 제3자가 화재조사자임을 알 수 없도록 간편 복장을 준비한다.
④ 사고방지를 위해 헬멧, 안전화, 절연장화 등을 준비해야 한다.

해설
복장은 화재조사자임을 알 수 있도록 하고, 안전을 보장할 수 있는 복장이어야 한다.

12 화재현장에서 전선 등에 생긴 용융흔을 찾는 목적으로 옳은 것은?

① 대부분의 발화원인이 소실되어 발화원인으로 추정하기 위함
② 발화부위를 일정 범위로 축소할 수 있는 과학적인 증거로 삼을 수 있기 때문
③ 가연물이 소실되어 불연재인 전선의 잔유물만 남아 있기 때문
④ 전기화재의 원인으로 추정한 후 신속히 종결하기 위함

해설
전선의 용융흔으로 아크조사를 하면 연소의 방향을 알 수 있어 발화부를 축소하는 과학적 증거로 활용할 수 있다. 주의점은 용융흔이 있다고 해서 발화원인이라고 단정할 수 없다.

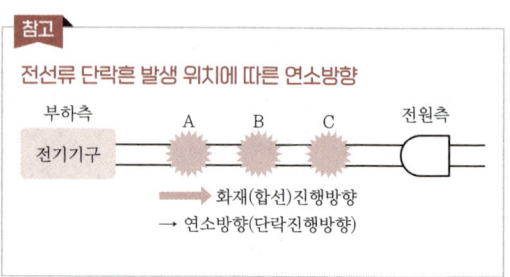

13 다음 물질 중 위험도가 가장 높은 것은?

① 메탄 ② 프로판
③ 벤젠 ④ 일산화탄소

해설
연소범위가 넓을수록, 연소하한계가 낮을수록 폭발의 위험성이 높다.

위험도

$$H(\text{위험도}) = \frac{U(\text{연소상한계}) - L(\text{연소하한계})}{L(\text{연소하한계})}$$

① 메탄 : 연소범위 = 5.0~15%, 위험도(H) = 2
② 프로판 : 연소범위 = 2.1~9.5%, 위험도(H) = 3.52
③ 벤젠 : 연소범위 = 1.4~7.1%, 위험도(H) = 4.1
④ 일산화탄소 : 연소범위 = 12.5~75%, 위험도(H) = 5

14 통전 중 단락에 의해 형성된 전선 용융흔의 특징에 대한 설명으로 틀린 것은?

① 화재의 원인이 되는 단락흔이다.
② 구슬 모양이다.
③ 눈물 모양으로 처져 광택이 없다.
④ 2차 용융흔은 화재의 열로 전기기기 코드 등이 연소되어 형성된다.

정답 | 10 ④ 11 ③ 12 ② 13 ④ 14 ③

해설
광택없는 눈물 모양 전선 용융흔은 열흔이다. 열흔은 통전 중이 아닐 때 발생한다.

> **참고**
>
> **용융(단락)흔과 열흔**
> - 1차 용융(단락)흔 : 화재의 직접 원인이 된 단락흔
> - 2차 용융(단락)흔 : 화재로 전선 피복이 연소되고, 이로 인하여 단락되어 나타난 용융흔
> - 열흔 : 단순히 화재로 인한 용융흔(전압이 인가되지 않은 상태)

15 건축물의 실내에서 화재가 발생하여 초기 실내의 온도가 20℃에서 750℃까지 상승하였다면 실내의 공기는 초기에 비해 약 몇 배 정도로 팽창하였는가? (단, 화재로 인한 압력의 변화는 없고 공기는 이상기체 거동을 하는 것으로 가정한다.)

① 약 3.5배 ② 약 4.0배
③ 약 4.5배 ④ 약 5.0배

해설
이상기체상태방정식을 적용하여 압력은 일정하므로 부피와 온도 관계로 풀이한다.

이상기체상태방정식
$$PV = nRT$$
$$V_2 = V_1 \times \frac{T_2}{T_1} = V_1 \times \frac{1023}{293}$$
$$V_2 = 3.49 V_1$$

16 다음 중 화염의 색에 따른 온도가 가장 높은 것은?

① 암적색 ② 황적색
③ 휘적색 ④ 백적색

해설
온도별 화염의 색

담암적색	암적색	적색	휘적색	황적색	백적색	휘백색
520℃	700℃	850℃	950℃	1,100℃	1,300℃	1,500℃

17 폭발 성립 조건으로 틀린 것은?

① 가연성가스, 증기 및 분진이 공기 또는 산소와 접촉, 혼합되어 있을 때
② 혼합되어 있는 가스 및 분진이 구획되고 있는 실이나 용기와 같은 공간에 존재하고 있을 때
③ 혼합된 물질에 발화온도 이상의 온도 또는 최소 점화에너지가 존재할 때
④ 가연성가스, 증기 등이 공기 또는 산소와 혼합되어 연소범위 이상에 있을 때

해설
혼합가스는 폭발 연소범위에서만 폭발이 가능하다.

18 목재의 탄화심도에 영향을 미치는 인자가 아닌 것은?

① 착화온도 ② 가열속도와 가열시간
③ 목재의 밀도 ④ 산소농도

해설
목재 인화온도(260℃), 발화온도(420~470℃)는 타기 시작하는 온도이지 탄화심도는 영향이 없다.

> **참고**
>
> **목재의 탄화심도에 영향을 미치는 인자**
> - 가열속도와 가열시간
> - 산소농도
> - 목재의 밀도
> - 목재의 종류
> - 목재 수분함유량

19 그을음에 대한 설명으로 옳은 것은?

① 거친 표면보다는 매끄러운 표면에 잘 부착된다.
② 벽면에 부착된 그을음은 화염에 직접 노출되었을 때 연소하여 사라진다.
③ 접촉된 물체 사이에 그을음이 있다면 물체는 화재 이전부터 접촉되었다고 볼 수 있다.
④ 대기의 온도보다 뜨거운 물체 위에 그을음은 쉽게 부착된다.

정답 | 15 ① 16 ④ 17 ④ 18 ① 19 ②

📖 **해설**
콘크리트 벽면 수열정도에 따른 형상변화는 그을음 부착(450℃ 회색 그을음, 650℃ 검은 그을음) 후 그을음이 연소하여 하얗게(850℃ 그을음 연소)되는 백화흔이 관찰된다.

20 「화재조사 및 보고규정」상 조사 보고에 관한 내용으로 옳은 것은?

① 치외법권지역 등 조사권을 행사할 수 없는 경우는 조사 가능한 내용만 조사하여 조사서류 일체를 작성·보고한다.
② 소방관서장은 조사결과 서류를 국가화재정보시스템에 입력·관리해야 하며 50년간 보존해야 한다.
③ 조사관이 조사를 시작한 때에는 소방관서장에게 지체 없이 화재발생보고서를 작성·보고해야 한다.
④ 재산피해액이 50억 원 이상 발생한 화재 : 보고규정에 따른 보고서류(별지 제1호 서식 내지 제11호 서식)까지 작성하여 화재 발생일로부터 30일 이내에 보고해야 한다.

📖 **해설**
제22조 조사 보고「화재조사 및 보고규정」
① 조사서류 일체 → 제21조 각 호의 조사 서식 중 해당 서류
② 50년간 → 영구보존방법
③ 화재발생보고서 → 화재·구조·구급상황보고서

제2과목 화재감식론

21 발화원인 판정과 관련된 화재조사관의 의견에 대한 설명으로 틀린 것은?

① 화재나 폭발에 대한 가설로부터 의견을 개진할 때에 화재조사관은 이러한 의견에 대한 확실함의 수준에 대한 기준을 세워야 한다.
② 화재조사관은 수집된 데이터와 분석을 통해 얻어진 가설을 가지고 검증작업을 통해 화재원인 판별을 한다.
③ 최종의견은 해당 의견을 도출하는 데 사용된 데이터의 질과 연관성이 있다고 볼 수 있다.
④ 조사에서 수집된 데이터 및 분석을 통해 얻어진 가설은 다른 사람으로부터 검증받을 필요는 없다.

📖 **해설**
자료수집·분석을 통해 수립한 가설은 반드시 다른 사람의 연구결과 또는 실험 등의 근거로 검증해야 한다.

22 트래킹 현상에 대한 설명으로 틀린 것은?
① 절연체 표면의 오염 등에 의한 탄화도전로가 형성된다.
② 탄화도전로에 미소방전이 발생한다.
③ 방전에 의해 절연체 표면이 탄화된다.
④ 무기절연재료에서 주로 발생한다.

📖 **해설**
무기절연물은 도전성물질의 생성이 적은 반면, 유기절연물은 탄화하여 도전성물질이 생기기 쉽다.

> **참고**
> **트래킹 현상 진행과정**
> [암기법] 도전 방 탄
> • 1단계 : 절연재료 표면의 오염 등에 의한 **도전**로 형성
> • 2단계 : 도전로의 분단과 미소발광 **방전**이 발생
> • 3단계 : 방전에 의한 표면의 **탄화**

23 산불의 연소부위에 따른 분류가 아닌 것은?
① 지표화   ② 비산화
③ 수관화   ④ 지중화

📖 **해설**
산불은 연소상태 및 연소부위에 따라 지표화, 수간화, 수관화, 지중화로 분류한다. 비산화는 확산 형태에 따른 분류다.

> **참고**
> **산불 분류**
> • 연소상태 및 연소부위에 따른 분류 : 지표화, 수간화, 수관화, 지중화
> • 확산 형태에 따른 분류 : 지표화, 수간화, 수관화, 지중화, 비산화

정답 | 20 ④ 21 ④ 22 ④ 23 ②

24 차량화재 이후의 차량 견인 시 주의사항 중 틀린 것은?

① 증거물 분실을 예방하기 위해 차량을 현장에서 옮기기 전에 잘 보호하도록 한다.
② 화재조사관은 사고 이후의 손상 특징을 확인하고 기록해야 한다.
③ 화재차량의 견인이나 이동 시 외부손상이 가중되지 않는 방법을 선택한다.
④ 화재차량 견인 후 증거물 제거를 위해 주변을 깨끗이 청소한다.

해설
화재차량 견인 후에도 바닥의 증거물은 사진촬영·발굴한다. 다만, 주변 청소는 화재조사자의 역할이 아니다.

25 유염화원에 해당되는 것은?

① 담뱃불　② 아궁이 재
③ 라이터 불　④ 향불

해설
유염화원이란 라이터 불과 같이 불꽃이 있는 화원이다.

26 발화원에 관한 설명으로 틀린 것은?

① 반드시 발화원의 물리적 증거가 있어야만 화재원인을 판별할 수 있는 것은 아니다.
② 발화원은 눈에 띄는 형태로 있을 수도 있고 어떤 경우에는 많이 훼손된 경우도 있다.
③ 발화원은 발화지점 내에서 발견되어야만 증거로서 인정받을 수 있다.
④ 발화원은 충분한 온도와 에너지를 가지고 있을 것이며 가연물과 오랫동안 접촉하고 있었을 것으로 추측해 볼 수 있다.

해설
불장난·방화 등에 사용된 라이터가 발화지점 내에 없다고 인정받지 못 받는 것도 아니며, 진압과정 중에 발화원이 옮겨질 수도 있다.

27 방화의 동기 중 극단주의에 해당하는 것은?

① 이익 추구　② 보복
③ 범죄은폐　④ 테러

해설
극단주의는 이념이나 성향이 한 극단으로 치우친 상태를 의미하는 것으로 테러가 이에 해당된다. 극단주의 테러는 특정 이념과 목적을 달성하기 위한 수단으로 사용된다.

28 다음 중 자동차에 사용되는 오일(oil)이나 용액 중에 인화점이 가장 낮은 것은?

① 프로필렌글리콜　② 브레이크 오일
③ 트렌스미션 오일　④ 기어 오일

해설
자동차 오일(oil) 인화점
① 프로필렌글리콜 : 104℃
② 브레이크 오일 : 125℃
③ 트렌스미션 오일 : 228~230℃
④ 기어 오일 : 230℃

29 가스누출에 의한 화학적 폭발화재 사고의 조사 시 고려하여야 할 요소가 아닌 것은?

① 발화점　② 증기압
③ 폭발범위　④ 점화원

해설
증기압은 화학적 폭발이 아닌 물리적 폭발과 관련이 있다.

> **참고**
> **화학적 폭발의 성립조건**
> • 공기(산소공급원)
> • 폭발범위 내 가연성가스
> • 점화원

정답 | 24 ④　25 ③　26 ③　27 ④　28 ①　29 ②

30 화학물질 화재의 결과 분석기법 중 화재에 영향을 주는 가장 중요한 요소에 집중하여 분석하는 방법은?

① 연역법　　　　② 귀납법
③ 형태학적 접근법　④ 추상적인 접근법

🍺 해설

가장 중요한 요소의 형태를 집중하여 분석하기 위해서는 형태학적 접근법으로 분석한다.
① 연역법 : 일반적인 원리나 법칙에서 출발하여 특정한 결론을 이끌어내는 방법
② 귀납법 : 개별적인 사례나 관찰된 데이터를 바탕으로 일반적인 결론을 도출하는 방법
③ 형태학적 접근법 : 시스템의 구조와 형태를 분석하여 문제를 해결하는 방법
④ 추상적인 접근법 : 구체적인 사실보다는 개념적이고 이론적인 측면에서 접근하는 방법

31 메탄의 중량은 16g, 물의 중량은 18g, 공기의 중량은 29g일 때 메탄의 비중은?

① 16　　　　② 0.06
③ 0.55　　　④ 1.81

🍺 해설

메탄(CH_4)은 16g이고 공기의 무게는 29g이다.

$$\frac{가스의\ 무게}{공기의\ 무게} \rightarrow \frac{16g}{29g} = 0.55$$

32 다음의 화재발생요소 중 물적 요소로 볼 수 없는 것은?

① 발화원　　　② 가연물
③ 인간 거동　 ④ 산화제

🍺 해설

화재발생 물적 요소는 가연물, 산화제, 발화원이다. 인간 거동은 인적 요소에 해당된다.

33 60Hz, 20H 코일의 유도성 리액턴스는 약 몇 Ω 인가?

① 5,540　　　② 6,540
③ 7,540　　　④ 8,540

🍺 해설

유도성 리액턴스는 주파수와 코일의 인덕턴스에 따라 결정된다.

유도성 리액턴스

$X_L = 2\pi fL$

f : 주파수(Hz)
L : 코일의 인덕턴스(H)

∴ $X_L = 2\pi \times 60 \times 20 = 7,540Ω$

34 조사자가 방화라고 판정하기 위한 일반적 조건에 해당하지 않는 것은?

① 이상연소나 흔적이 발견된 경우
② 발화부위가 여러 곳인 경우
③ 전기장치가 발견된 경우
④ 다른 발화원인이 완전히 배제되었을 경우

🍺 해설

전기장치는 방화현장이 아닌 곳에서도 얼마든지 발견된다.

> **참고**
>
> **방화현장의 특징**
> - 인화성 액체 가연물 용기가 발견된 경우, 또는 사용 흔적이 있는 경우
> - 연소 확산을 위한 흔적이 발견된 경우
> - 2개 이상의 독립된 발화개소가 식별된 경우
> - 발화장치가 발견된 경우
> - 침입흔적이 있는 경우
> - 화재현장에서 다른 범죄의 증거가 발견되는 경우
> - 발화부에서 발화하였다고 발화 열원이 발견되지 않는 경우
> - 특이한 인위적인 흔적이 발견된 경우
> - 연쇄적으로 화재가 발생한 경우
> - 화재 발생 전후의 상황이나 관계자의 환경이 의심스러운 경우

35 화학물질 폭발현장에서 최초 현장평가 시 조사자가 실시하는 사항으로 틀린 것은?

① 분화구가 형성되었는지 아닌지를 결정하여야 한다.
② 관련된 폭발의 종류를 식별하여야 한다.
③ 폭발 전·후의 화재손상 정도를 식별하여야 한다.
④ 어떤 종류의 연료가 폭발현장에서 이용되었는가를 식별하여야 한다.

🗒 해설
폭발 전·후 화재손상 정도 조사는 중간 또는 최종 조사 시 실시한다.

36 항공기에 고정용 소화장치가 필요한 구역이 아닌 곳은?

① 객실　　　② 동력장치
③ 보조 동력장치　　　④ 연료과열기

🗒 해설
객실은 화재 위험성이 상대적으로 낮으나, 동력장치, 보조 동력장치, 연료과열기는 화재위험이 높아 고정용 소화장치가 필요하다.

37 성냥의 발화 위험에 대한 설명으로 틀린 것은?

① 타다 남은 성냥개비에 의한 발화 위험
② 마찰에 의한 발화 위험
③ 가열에 의한 발화 위험
④ 자연발화

🗒 해설
성냥은 자연발화의 위험은 없다.

38 다음 중 연소범위가 가장 넓은 것은?

① 프로판　　　② 부탄
③ 아세틸렌　　　④ 메탄

🗒 해설
가연성 증기의 연소범위

기체 또는 증기	연소범위(vol%)
메탄	5~15
에탄	3~12.5
프로판	2.1~9.5
부탄	1.8~8.4
아세틸렌	2.5~82

39 산불이 빠르게 확대되는 주요 산림 형태는?

① 초본형　　　② 관목형
③ 벌목재형　　　④ 교목부산물형

🗒 해설
초본형은 풀 등 지표에 있는 식물로 이뤄진 형태로 나무보다 연소가 빠르다.
② 관목형 : 키가 작고 밑동 가지가 많은 나무
③ 벌목재형 : 나무를 베어 놓은 목재
④ 교목부산물형 : 8m가 넘는 나무 부산물

40 선박의 거주실 배치도에 표현되지 않는 곳은?

① 펌프실　　　② 선실 구역
③ 하역 조종실　　　④ 항해통신설비 구역

🗒 해설
선박의 펌프실은 기관실로 구분된다.
선박의 거주실은 항해 설비가 있는 선교(bridge), 승무원의 주거 공간(accommodation) 등으로 선실구역, 하역조종실, 항해통신설비구역이 포함된다.

정답 | 35 ③　36 ①　37 ④　38 ③　39 ①　40 ①

제3과목　증거물관리 및 법과학

41 좁은 실내에서 많은 물건을 촬영할 때 유용한 렌즈로 옳은 것은?

① 광각렌즈　　② 표준렌즈
③ 망원렌즈　　④ 줌렌즈

해설
광각렌즈의 특징
- 표준렌즈보다 초점거리가 짧고, 화각이 넓은 특징을 가지고 있다.
- 좁은 방에서 많은 물건을 1매로 촬영할 때 용이하다.

광각렌즈, 표준렌즈와 망원렌즈의 초점거리와 화각 비교

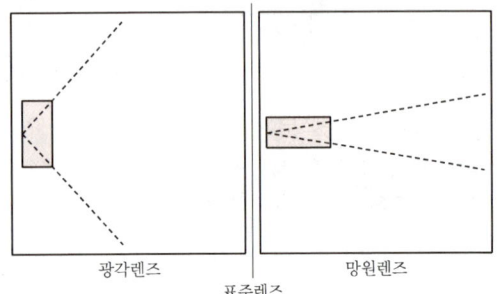

광각렌즈　　　　　　　　　망원렌즈
　　　　　　표준렌즈
18mm / 24mm / 28mm　50mm　80mm / 120mm / 200mm

42 화재현장 및 물적 증거 보존을 위한 고려사항 중 틀린 것은?

① 화재현장 보존은 관계자의 피해를 최소화하도록 하여야 한다.
② 화재현장 출입통제 해제는 화재조사관이 임의로 결정할 수 있다.
③ 증거물 수집 및 저장, 이동 시 방법이 적합하지 못할 때 물리적 증거물이 오염될 수 있다.
④ 화재현장에서 부적절한 보존으로 물리적 증거물이 오염되면 증거물로서의 가치가 떨어진다.

해설
화재현장 출입통제 해제는 소방관서장의 권한이다.

43 「화재증거물수집관리규칙」에 규정된 증거물 시료용기에 대한 설명 중 틀린 것은?

① 유리병은 유리 또는 폴리테트라플루오로에틸렌(PTFE)으로 된 마개를 가지고 있어야 한다.
② 양철 캔(CAN)과 달리 주석 도금 캔(CAN)은 세척하여 재사용할 수 있다.
③ 양철 캔(CAN)은 프레스를 한 이음매 또는 외부 표면에 용매로 송진 용제를 사용하여 납땜을 한 이음매가 있어야 한다.
④ 양철용기는 돌려막는 스크루 뚜껑만 아니라 밀어 막는 금속마개를 갖추어야 한다.

해설
본 규정에 따라 주석 도금캔(CAN)은 1회 사용 후 반드시 폐기한다.

44 연소로 인한 산소가 소비되어 산소농도 저하에 따른 인체에 미치는 영향에 대한 설명으로 옳은 것은?

① 저체온 상태 및 청색증이 나타나는 산소농도는 12~16%이다.
② 경련, 의식불명이 나타나는 산소농도는 9~14%이다.
③ 혼수상태, 호흡부진, 호흡정지가 나타나는 산소농도는 9~14%이다.
④ 맥박 및 호흡수 증가, 세밀한 근력이용 작업이 불가한 상태의 산소농도는 12~16%이다.

해설
① 산소농도 12~16%에서 맥박과 호흡률 증가, 협동 운동 장애, 행동의 부조화, 판단력 약화
② 산소농도는 9~14%에서 정신력 쇠약, 실신, 구토, 의식소실, 창백해진 얼굴
③ 혼수상태, 호흡부진, 호흡정지가 나타나는 산소농도는 4~6%이다.

45 가장 고온의 연소 시 발생되는 목재의 탄화 형태는?

① 완소흔　　② 강소흔
③ 열소흔　　④ 주염흔

해설
완소흔, 강소흔, 열소흔의 순으로 노출온도가 크다.

정답 | 41 ①　42 ②　43 ②　44 ④　45 ③

참고

노출온도 조건에 따른 목재의 균열흔

암기법 완강열 친구일 → 완소흔 강소흔 열소흔 7 9 1

구분	노출온도(℃)	탄화형태
완소흔	700~800	갈라진 틈의 폭이 넓지 않고, 골이 얕으며, 부푼 모양이 삼각형 또는 사각형의 형태
강소흔	900	나무가 갈라져서 파인 골의 깊이가 깊은 편이며, 골의 테두리 모양이 각이 없는 반원형
열소흔	1,100	홈의 깊이가 가장 깊고, 홈의 폭이 넓으며, 부푼 형태는 구형에 가깝도록 볼록

46 석유제품 촉진제에 대하여 화재잔해 표본에서 추출한 발화성 액체 잔여물에 대한 성분을 분석할 수 있는 시험방법은?

① TEM(Transmission Electron Microscope)
② SEM(Scanning Electron Microscope)
③ GFT(Gas Flammable Test)
④ GC(Gas Chromatography)

해설
① 투과전자현미경 또는 투과전자현미경법(TEM) : 매우 얇은 시료에 전자빔을 투과시켜 이미지를 형성하는 현미경 또는 해당 기술
② 주사전자현미경법(GFT) : 전자 빔을 주사하여 시료 표면을 관찰하는 기술
③ 인화성 가스 테스트(GC) : 연소범위 여부 확인하는 방법

47 액체 및 고체 증거물의 수집 시 고려해야 할 사항으로 옳은 것은?

① 탄화수소계 물질은 물보다 비중이 높아 물에 가라앉는다.
② 금속 캔에는 3/4 이상 채우지 않는다.
③ 대부분의 액체 위험물은 용매작용을 한다.
④ 아세톤이나 알코올은 물과 쉽게 섞이지 않는다.

해설
① 탄화수소계 물질은 대부분 물보다 비중이 낮아 물 위로 부유한다.
② 금속 캔에는 2/3 이상 채우지 않는다.
④ 아세톤은 물과 쉽게 섞인다.

48 다음의 화재증거물 중 적외선 분광분석법을 사용하여 분석하는 것이 적절한 것은?

① 유기화합물(혼합물질)
② 유기화합물(단일물질)
③ 무기화합물
④ 금속

해설
적외선 분광분석법은 기체, 액체, 고체 등 유기물에 IR 빔을 이용하여 스펙트럼으로 분석하는 방법이다.

49 살아있는 사람이 상처를 입으면 그 상처 부위에 동맥혈이 증가하여 충혈되고 빨간 부스럼이 생기는 생활반응은?

① 창상개구 ② 발적종창
③ 미세포말 ④ 화상수포

해설
① 창상개구 : 피부가 찢기거나 떨어져 나가거나 구멍이 나면서 일어나는 상해
③ 미세포말 : 미세한 포말(froth)로 구성된 백색의 포말괴가 비강 및 구강에서 마치 버섯모양으로 유출되는 현상
④ 화상수포 : 생존 시 열기에 대한 생활반응으로 수포, 홍반 등이 관찰

50 사진 촬영을 위해 현장 전체를 파악할 수 있는 선정 위치로 옳은 것은?

① 발화가 개시된 건물 정면
② 발화지역 주변 높은 곳
③ 발화지점 내부
④ 화염이 강하게 출화한 곳

정답 | 46 ④ 47 ③ 48 ② 49 ② 50 ②

해설
현장의 외경촬영
- 건물의 경우 화재건물과 인접 건물, 도로와의 관계가 나타날 수 있도록 높은 곳에서 촬영한다.
- 인접 건물로 화재가 확산되었을 경우, 확산경로가 나타날 수 있도록 촬영한다.
- 건물의 4방향이 나타날 수 있도록 곳곳에서 촬영한다.
- 건물의 창문이나 출입문 등 개구부 및 지붕으로 보이는 그을음, 백화연소흔적, 도괴된 형태 등 화재패턴에 대하여 촬영한다.
- 내부로 들어가기 전 창문이나 출입문이 강제로 개방된 흔적이 있는지 검사 후 그 내용을 촬영한다.

51 열에 의한 유리창의 파손 시 파단선에 나타나는 형태는?

① 평행선 형태 ② 곡선 형태
③ 삼각 형태   ④ 톱니 형태

해설
화열이 유리창에 가해지면 수열 부분에서부터의 열팽창에 의해 불규칙한 곡선 형태의 균열 파단선이 생성된다.

52 가연성 재질의 창문인 경우 개방 여부의 확인 방법은?

① 연소 흔적   ② 오염 정도
③ 부식상태   ④ 유리창 파손 정도

해설
가연성 재질의 창문은 연소흔으로 개방 여부를 판단한다.

53 특이한 냄새가 나는 무색액체로 물에는 녹지 않지만, 에테르 등 유기용매와 임의의 비율로 혼합하는 물질로 메틸벤젠이라고 불리며 방화촉진제로 사용이 가능한 물질은?

① 메틸알콜   ② 경유
③ 아세톤   ④ 톨루엔

해설
톨루엔은 방향족 화합물로서 벤젠고리에 메틸기가 있어 메틸벤젠이라 한다.

톨루엔의 구조

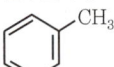

54 인화성 액체촉진제의 특성으로 옳은 것은?

① 가솔린의 증기비중은 공기보다 가볍다.
② 다공성 물질 안에 흡수되면 존속 가능성이 높다.
③ 가솔린이 물과 접촉하면 쉽게 혼합된다.
④ 알코올은 물과 접촉하면 물 위로 뜬다.

해설
가솔린은 탄소가 많아 공기보다 무겁다.

55 「화재증거물수집관리규칙」상 증거물 시료 용기가 갖추어야 할 공통사항으로 틀린 것은?

① 장비와 용기를 포함한 모든 장치는 원래의 목적과 채취할 시료에 적합하여야 한다.
② 시료의 저장과 이동에 사용되는 용기로 적당한 마개를 가지고 있어야 한다.
③ 취급할 제품에 의한 용매의 작용에 투과성이 있고 내성을 갖는 재질로 되어 있어야 한다.
④ 정상적인 내부 압력에 견딜 수 있고 시료채취에 필요한 충분한 강도를 가져야 한다.

해설
시료 용기는 취급할 제품에 의한 용매의 작용에 투과성이 없고 내성을 갖는 재질로 되어 있어야 한다.

56 화재조사서류에 대한 설명으로 틀린 것은?

① 화재조사서류는 부분 소실 화재 이외의 화재는 작성하지 않는다.
② 화재조사서류 작성을 통해 소방행정에 필요한 정보자료를 얻을 수 있다.
③ 화재조사서류는 화재조사의 결과를 기록 하는 문서이다.
④ 화재조사서류는 사법기관에 증거자료로 활용될 수 있다.

해설
화재조사서류는 모든 소실 화재 시 작성한다.

정답 | 51 ② 52 ① 53 ④ 54 ① 55 ③ 56 ①

57 화상의 깊이에 따른 대표 증상의 연결이 옳은 것은?

① 1도 화상 – 홍반
② 2도 화상 – 괴사
③ 3도 화상 – 수포
④ 4도 화상 – 가피

📖 해설
화상 깊이에 따른 증상별 특징

암기법 일싸 홍수괴탄

화상 단계	증상
1도	홍반
2도	수포
3도	괴사, 가피
4도	탄화

58 성인의 중증도 분류 중 중증에 대한 설명으로 틀린 것은?

① 흡인 화상이나 골절을 동반한 화상
② 손, 발, 회음부, 얼굴 화상
③ 체표면적 10% 이상의 3도 화상인 모든 환자
④ 체표면적 10% 미만의 2도 화상인 10세 미만, 50세 이후의 환자

📖 해설
④는 경증에 해당한다.

59 영아의 외음부가 화재로 손상되었다. 9의 법칙 기준에 따른 화상의 범위로 맞는 것은?

① 1%   ② 3%
③ 5%   ④ 9%

📖 해설
9의 법칙(화상 넓이 확인 방법)
신체 각 부분이 차지하는 체표면적을 9의 배수로 구분하여 화상 면적을 쉽게 계산하는 방법이다. 손바닥 면적을 전체 신체 표면적의 1%로 본다.

9의 법칙에 의한 성인 체표면적(단위 : %)

구분	머리	좌우측 팔 각각	앞뒤측 몸통 각각	성기 (외음부)	좌우측 다리 각각
성인	9	9	18	1	18
소아·영아	18	9	18	1	13.5

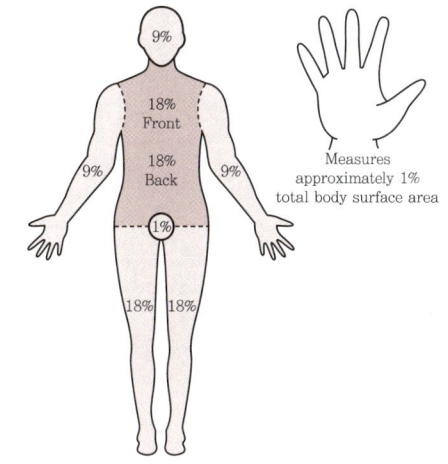

60 타임라인에서 절대적 시간에 해당되는 것은?

① 어림잡은 시계의 시각
② 목격자에 의해서 발견된 시간
③ 알려진 화재거동을 통해 얻은 공학적 분석
④ 목격된 지속시간

📖 해설
어떠한 이벤트가 일어난 시점이 확인되었을 경우 이를 절대적 시간이라 한다.

타임라인 절대적 시간의 예
- 목격자가 화재를 발견한 시간
- 목격자의 신고 시간
- 소방대 도착시간부터 완전 진화 시간
- CCTV, 소방시설중 수신기등 기기에 기록된 시간

정답 | 57 ① 58 ④ 59 ① 60 ②

제4과목　화재조사 관계법규 및 피해평가

61 화재조사서류의 서식 중 화재유형별조사서 서식 구분으로 틀린 것은?

① 화재유형별조사서(자동차 · 항공기 화재)
② 화재유형별조사서(건축 · 구조물 화재)
③ 화재유형별조사서(임야 화재)
④ 화재유형별조사서(위험물 · 가스제조소 등 화재)

해설
자동차와 철도차량이다.

> **참고**
>
> 화재유형별조사서 서식
>
> **암기법** 건자위 선임
>
> 1. 건축 · 구조물 화재
> 2. 자동차 · 철도차량
> 3. 위험물 · 가스제조소 등 화재
> 4. 선박 · 항공기 화재
> 5. 임야 화재

62 「화재조사 및 보고규정」상 종합상황실장이 상급 종합상황실에 지체 없이 보고해야 하는 화재의 조사결과는 화재 발생일로부터 며칠 이내에 보고하여야 하는가?

① 30　　② 15
③ 10　　④ 7

해설
중대한 화재는 30일 이내, 그 외의 화재는 15일 이내에 보고한다.

63 질문기록서 작성 시 유의사항 중 옳은 것은?

① 질문실시 시기는 화재발생 직전에 실시한다.
② 원하는 답을 얻기 위하여 유도심문을 한다.
③ 질문기록서의 녹취사항이 증거로서 존재 가치를 가지기 위해서는 관계자의 진술이 강제로 행하는 것이어야 한다.
④ 녹취를 종료하는 경우에는 진술자에게 읽게 하여 진술내용과 녹취사항에 오류가 없는가를 확인시키고 잘못됨이 없음을 인정한다면 서명을 시킨다.

해설
① 질문 실시 시기는 가급적 화재 발생 직후 조기에 행한다.
② 유도심문은 삼가고 임의 진술을 확보한다.
③ 관계자의 진술이 자발적인 협조 외에 강제로 행할 수 없다.

64 건물 피해액 산정기준으로 틀린 것은?

① 소실면적의 재건축비는 소실면적에 신축 단가를 곱한 금액으로 한다.
② 건물 등의 피해액 산정에는 폐기물 처리 비용도 포함된다.
③ 지붕, 외벽 등 외부마감재 등이 소실된 경우의 손해율은 20%로 한다.
④ 건물의 내용연수 산정은 한국감정원의 건물 신축단가표에 의한 내용연수를 따른다.

해설
화재피해액 산정에 있어 해당 건물의 용도, 구조 및 마감재 등을 기준하여 작성된 대한손해보험협회의 「보험가액 및 손해액의 평가기준」을 참고로 작성된 건물신축단가표의 내용연수에 따라 기재한다.

65 「소방의 화재조사에 관한 법률」상 화재합동조사단의 단원의 자격으로 틀린 것은?

① 화재조사관
② 학교 또는 이에 준하는 교육기관에서 화재조사, 소방 또는 안전관리 등 관련 분야 조교수 이상의 직에 3년 이상 재직한 사람
③ 국가기술자격의 직무분야 중 안전관리 분야에서 산업기사 이상의 자격을 취득한 사람
④ 화재조사 업무에 관한 경력이 1년 이상인 소방공무원

해설
④ 화재조사 업무에 관한 경력이 3년 이상인 소방공무원

정답 | 61 ① 62 ① 63 ④ 64 ④ 65 ④

66 발화지점의 판정 순서로 옳은 것은?

> ㉠ 현장관찰 · 확인상황
> ㉡ 화재현장 출동 시의 확인 · 조사상황
> ㉢ 발견상황
> ㉣ 결론

① ㉠ → ㉡ → ㉢ → ㉣
② ㉡ → ㉠ → ㉢ → ㉣
③ ㉢ → ㉡ → ㉠ → ㉣
④ ㉢ → ㉠ → ㉡ → ㉣

해설
현장관찰 · 확인상황 → 화재현장 출동 시의 확인 · 조사상황 → 발견상황 → 결론

67 「화재조사 및 보고규정」상 종합상황실장이 상급 종합상황실에 지체 없이 보고해야 하는 화재의 기준으로 틀린 것은?

① 이재민 50명 이상 발생 화재
② 사상자 10명 이상 발생 화재
③ 사망 5명 이상 발생 화재
④ 재산피해 50억 원 이상 추정되는 화재

해설
① 이재민이 100인 이상 발생한 화재

68 화재현장조사서에서 화재발생 개요의 기재사항이 아닌 것은?

① 일시 및 장소
② 대상물구조
③ 재산피해
④ 소방시설 및 위험물 현황

해설
④는 화재건물 현황에 기재한다.

69 건조한 지 15년이 경과한 일반주택의 잔가율은 몇 %인가? (단, 일반주택의 내용연수는 50년이다.)

① 55
② 60
③ 73
④ 76

해설
- 잔가율 : 화재 당시에 피해물의 재구입비에 대한 현재가의 비율
- 건물 화재피해금액 산정기준
  - 신축단가(m^2당)×소실면적×[1−(0.8×경과연수/내용연수)]×손해율
  - 위의 산정기준에서 문제의 주어진 조건만을 대입하면, [1−(0.8×15/50)]×100=76%

70 「화재조사 및 보고규정」상 화재피해 건물의 동수 산정방법으로 옳은 것은?

① 주요구조부가 하나로 연결되어 있는 것과 건널 복도 등으로 2 이상의 동에 연결되어 있는 것은 같은 동으로 한다.
② 독립된 건물과 건물 사이에 차광막, 비막이 등의 덮개를 설치하고 그 밑을 통로 등으로 사용하는 경우는 다른 동으로 한다.
③ 건물의 외벽을 이용하여 실을 만들어 헛간, 목욕탕, 작업실, 사무실 및 기타 건물 용도로 사용하고 있는 것은 주건물과 다른 동으로 본다.
④ 목조 또는 내화조 건물의 경우 격벽으로 방화구획이 되어 있는 경우 다른 동으로 한다.

해설
① 주요구조부가 하나로 연결되어 있는 것과 건널 복도 등으로 2 이상의 동에 연결되어 있는 것은 다른 동으로 한다.
③ 건물의 외벽을 이용하여 실을 만들어 헛간 목욕탕 작업실 사무실 및 기타 건물 용도로 사용하고 있는 것은 주 건물과 같은 동으로 본다.
④ 목조 또는 내화조 건물의 경우 격벽으로 방화구획이 되어 있는 경우 같은 동으로 한다.

정답 | 66 ① 67 ① 68 ④ 69 ④ 70 ②

71 방화·방화의심 조사서 작성 시 기재항목이 아닌 것은?

① 방화도구　　② 방화동기
③ 초기소화활동　　④ 도착 시 초기상황

해설
③ 초기소화활동은 소방시설 등 활용조사서 작성 시 기재항목이다.

72 「소방의 화재조사에 관한 법률 시행규칙」상 전담부서에 갖추어야 할 화재조사 분석실 규모로 옳은 것은?

① 30제곱미터(m^2) 이상
② 40제곱미터(m^2) 이상
③ 20제곱미터(m^2) 이상
④ 50제곱미터(m^2) 이상

해설
[별표] 화재조사 분석실 요건 「소방의 화재조사에 관한 법률 시행규칙」
화재조사 분석실의 구성장비를 유효하게 보존·사용할 수 있고, 환기 시설 및 수도·배관시설이 있는 30제곱미터(m^2) 이상의 실(室)

73 화재현장출동보고서의 기재사항이 아닌 것은?

① 현장 도착 시 발견사항
② 관계자의 입회와 진술
③ 도착하여 처음 실행한 일의 지점 및 유형
④ 출입문 상태 및 소방대 건물 진입방법

해설
② 관계자의 입회와 진술은 화재현장조사서의 기재사항이다.

74 화재피해액 산정대상에 대한 설명으로 옳지 못한 것은?

① 칸막이, 대문, 담, 곳간 및 이와 비슷한 것은 건물의 부속물로 보아 건물에 포함하여 피해액을 산정한다.
② 간판, 네온사인, 안테나, 선전탑, 차양 및 이와 비슷한 것은 건물의 부착물로 보아 건물에 포함하여 피해액을 산정한다.
③ 건물의 전기설비, 통신설비, 소화설비, 급배수위생설비는 건물과 분리하여 별도로 피해액을 산정한다.
④ 건물의 가스설비, 냉방, 난방, 통풍 또는 보일러설비는 건물에 포함하여 피해액을 산정한다.

해설
건물의 화재피해액 산정범위「화재피해액 산정 매뉴얼」
- 독립된 건물 : 건물의 외벽, 기둥, 보, 지붕(지붕틀 포함)의 어느 부분 하나라도 다른 건물과 이어지지 않고 모두 독립된 건물
- 부속물 : 건물에 부속된 칸막이, 대문, 담, 곳간 및 이와 비슷한 것
- 부착물 : 간판, 네온사인, 안테나, 선전탑, 차양 및 이와 비슷한 것

75 화재조사의 대상 및 절차 등에 필요한 사항은 무엇으로 정하는가?

① 행정안전부령　　② 대통령령
③ 국토교통부령　　④ 시·도의 조례

해설
제5조 화재조사의 실시「소방의 화재조사에 관한 법률」
화재조사의 대상 및 절차 등에 필요한 사항은 대통령령으로 정한다.

76 화재현장 조사서 화재현장 활동상황의 기재 사항이 아닌 것은?

① 신고 및 초기조치　　② 화재조사 활동
③ 화재진압 활동　　④ 인명구조 활동

해설
화재현장 조사서의 화재현장 활동상황 기재사항 3가지
- 신고 및 초기조치(필요시 시간대별 조치사항 및 녹취록 작성)
- 화재진압 활동(필요시 화재진압작전도 작성)
- 인명구조 활동(필요시 인명구조 활동내역 작성)

정답 | 71 ③　72 ①　73 ②　74 ④　75 ②　76 ②

77 「소방의 화재조사에 관한 법률」상 정당한 사유 없이 화재의 원인과 피해 상황을 조사 하기 위한 관계 공무원의 출입 또는 조사를 거부·방해 또는 기피한 자에 대한 벌칙 기준으로 옳은 것은?

① 500만 원 이하의 벌금
② 300만 원 이하의 벌금
③ 200만 원 이하의 벌금
④ 100만 원 이하의 벌금

해설
「소방의 화재조사에 관한 법률」의 300만 원 이하의 벌금 벌칙 항목 4가지

암기법 물 출 업비 증

- 허가 없이 화재현장에 있는 물건 등을 이동시키거나 변경·훼손한 사람
- 정당한 사유 없이 화재조사관의 출입 또는 조사를 거부·방해 또는 기피한 사람
- 관계인의 정당한 업무를 방해하거나 화재조사를 수행하면서 알게 된 비밀을 다른 용도로 사용하거나 다른 사람에게 누설한 사람
- 정당한 사유 없이 증거물 수집을 거부·방해 또는 기피한 사람

78 「화재조사 및 보고규정」상 화재조사 서류의 작성자가 다른 것은?

① 화재발생종합보고서　② 재산피해신고서
③ 화재현장출동보고서　④ 질문기록서

해설
③은 화재현장의 선착대 선임자가 작성한다.

화재출동대원 협조「화재조사 및 보고규정」
- 화재현장에 출동하는 소방대원은 조사에 도움이 되는 사항을 확인하고, 화재현장에서도 소방활동 중에 파악한 정보를 조사관에게 알려주어야 한다.
- 화재현장의 선착대 선임자는 철수 후 지체 없이 국가화재정보시스템에 화재현장출동보고서를 작성·입력해야 한다.

79 화재현장조사서 작성과 관련하여 도면 작성 요령에 관한 설명으로 틀린 것은?

① 거리측정은 기둥의 중심에서 다른 기둥의 중심까지로 기준점을 통일한다.
② 도면작성에 있어서는 방의 배치와 출입구, 개구부의 상황을 위주로 한다.
③ 도면(평면도, 입체도)은 측정치를 기준으로 하여 실측에 맞춰서 작성한다.
④ 완성된 도면을 보면 1층의 계단과 2층의 계단의 위치가 어긋나 버려있는 것이 있기 때문에 주의를 요한다.

해설
도면(평면도, 입체도)은 측정치를 기준으로 하여 축척에 맞춰서 작성한다.

80 「화재증거물수집관리규칙」에 따른 현장 수거(채취)물 목록의 기재사항이 아닌 것은?

① 수거(채취)장소　② 감정기관
③ 화재조사번호　　④ 최종결과

해설
화재조사번호는 기재사항에 해당되지 않는다.

정답 | 77 ② 78 ③ 79 ③ 80 ③

산업기사 기출문제 2018년 4회

제1과목 화재조사론

01 다음 그림의 연소패턴으로 화재진행 방향을 옳게 설명한 것은?

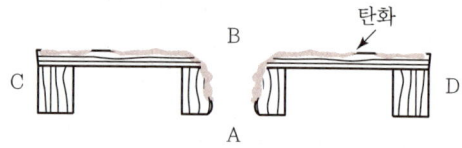

① A → B
② B → A
③ C → A, B
④ D → A, B

해설
연소강도를 비교해 보면 C, D는 연소하지 않아 배제할 수 있다. B는 연소강도가 강하고, A는 B에 비해 연소강도가 약하다. 따라서 화재진행 방향은 B → A이다.
② B → A

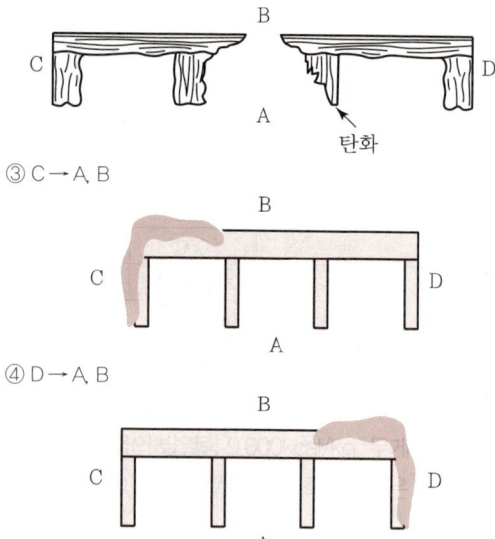

02 25℃에서 에탄의 위험도로 옳은 것은? (단, 에탄의 연소범위는 3.0~12.4vol%이다.)
① 3.1   ② 4.1
③ 5.1   ④ 6.1

해설
위험도

$H(\text{위험도}) = \dfrac{U(\text{연소상한계}) - L(\text{연소하한계})}{L(\text{연소하한계})}$

$= \dfrac{12.4 - 3}{3} = 3.1$

03 누전화재의 발생에 대한 설명 중 다음 괄호 안에 알맞은 것은?

> 누전현상이 원인이 되어 발생하는 화재는 전류가 누설된 (㉠), (㉡) 그리고 그 두 사이에 발화점이 형성되었을 때 발생하게 된다.

① ㉠ 누전점, ㉡ 접지점
② ㉠ 단락점, ㉡ 지락점
③ ㉠ 지락점, ㉡ 접지점
④ ㉠ 누전점, ㉡ 단락점

해설
누전의 3요소 : 누전점, 접지점, 발화점

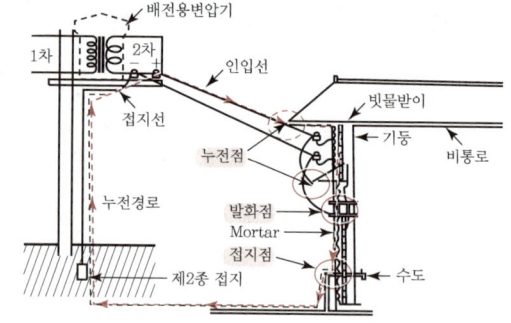

정답 | 01 ② 02 ① 03 ①

04 산화제에 대한 설명으로 틀린 것은?

① 수소와 화합하기 쉬운 물질이다.
② 전자를 받기 쉬운 물질이다.
③ 자신에 산화되기 쉬운 물질이다.
④ 산소를 발생하는 물질이다.

해설
산화제 자신은 쉽게 환원되면서 다른 물질을 산화시키는 성질이 강한 물질이다.

> **참고**
> 산화제 조건
> - 산소를 내기 쉬운 물질
> - 수소와 화합하기 쉬운 물질
> - 전자를 얻기 쉬운 물질
> - 전기음성도가 큰 비금속 단체

05 화재조사자의 개인 안전장비로 틀린 것은?

① 공기호흡기　② 장갑
③ 안전화　　　④ 멀티테스터

해설
멀티테스터는 감식기기 16종 중 하나이다.

06 훈소(Smoldering)에 대한 설명으로 틀린 것은?

① 심부 화재에서 산소농도가 부족할 때 나타나는 소극적인 연소형태이다.
② 대표적인 훈소 화재의 가연물은 담배, 모기향이 있다.
③ 훈소 화재는 고체가연물 중 용융, 증발과정을 거쳐 연소하는 형태이다.
④ 훈소 화재는 유염연소에 비하여 일산화탄소 등 불완전연소 생성물이 많이 발생한다.

해설
고체가연물 중 용융, 증발과정을 거쳐 연소하는 형태는 증발연소로 고체의 불꽃연소에 해당한다.

07 목재의 탄화심도에 영향을 미치는 인자가 아닌 것은?

① 가열속도와 가열시간
② 목재의 밀도
③ 착화온도
④ 산소농도

해설
목재 인화온도(260℃), 발화온도(420~470℃)는 타기 시작하는 온도이지 탄화심도는 영향이 없다.

> **참고**
> 목재의 탄화심도에 영향을 미치는 인자
> - 가열속도와 가열시간
> - 산소농도
> - 목재의 밀도
> - 목재의 종류
> - 목재 수분함유량

08 출입문이 닫힌 상태에서 (A)방에서 화재가 발생했을 때 연기가 (B)방으로 확대되는 그림으로 옳은 것은?

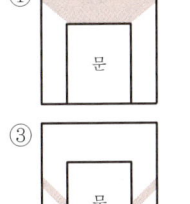
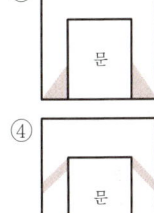

해설
문이 닫혀있을 때 문틈으로 연기가 빠져나오는데, 뜨거운 연기는 주로 부력으로 천장을 타고 흐른다. 따라서 ①과 같이 문 상부 틈으로 연기가 분출하는 형태를 보인다.

정답 | 04 ③　05 ④　06 ③　07 ③　08 ①

09 다음 물질 중 열전도율이 가장 높은 것은?

① 유리 ② 구리
③ 목재 ④ 철

해설
열전도율은 은>구리(동)>금>알루미늄 순이다. 열전도율이 높고, 값이 저렴한 구리를 전선으로 사용하는 이유다.

> **참고**
> 물질에 대한 열전도율
>
> | 물질 | 열전도율(W/m.k) | 물질 | 열전도율(W/m.k) |
> |---|---|---|---|
> | 유리 | 1.1 | 은 | 429 |
> | 목재 | 0.04~0.4 | 구리(동) | 380 |
> | 철 | 80 | 금 | 318 |
> | 스테인리스 | 12.11~45 | 알루미늄 | 220 |

10 화재현장에서 수거한 증거물에 부착된 오염물질을 효과적으로 제거하기 위한 장비는?

① 버니어캘리퍼스 ② 정밀저울
③ 초음파세척기 ④ 라텍스장갑

해설
초음파세척기는 화재분석실 구성 장비로 증거물 세척에 사용한다.
① 버니어캘리퍼스 : 기록용 기기로 증거물 두께나 지름을 측정한다.
② 정밀저울 : 기록용 기기로 증거물 무게를 측정한다.
④ 라텍스장갑 : 안전장비로 감식 시 신체 보호용으로 사용한다.

11 분진폭발에 대한 설명으로 틀린 것은?

① 가연성 고체의 작은 분말이 공기 중에 부유할 때 에너지가 주어지면 폭발한다.
② 가스폭발에 비하여 불완전연소를 일으키기 쉬우며 일산화탄소가 다량 발생할 수 있다.
③ 분진폭발은 최초 부분적인 폭발에 의해 2차, 3차 폭발이 진행됨에 따라 피해가 크다.
④ 분진이란 가연성 고체로서 고체입자의 직경이 일반적으로 1mm 이상 1,000mm 이하인 것을 말한다.

해설
분진이란 미분(미세한 분말) 200mesh(76μm) 이하이다. 0.1cm~100cm는 미분이 아니라 바위 정도 크기이다.

> **참고**
> **분진폭발**
> - 정의 : 가연성고체의 미분[200mesh(76μm) 이하]이 일정 농도 이상 공기와 같은 조연성 가스 등에 분산되어 있을 때 발화원에 의해 착화되어 일어나는 현상이다.
> - 분진의 발화폭발 조건
>   - 가연성 : 금속, 플라스틱, 밀가루, 설탕, 전분, 석탄 등
>   - 미분상태 : 200mesh(76μm) 이하
>   - 지연성 가스(공기) 중에서의 교반과 운동
>   - 점화원의 존재

12 인화성 액체에 관한 설명으로 틀린 것은?

① 특수인화물은 1기압에서 인화점이 -20℃ 미만인 것
② 제1석유류는 1기압에서 인화점이 21℃ 미만인 것
③ 제3석유류는 1기압에서 인화점이 70℃ 이상 200℃ 미만인 것
④ 동식물유류는 1기압에서 인화점이 250℃ 미만인 것

해설
특수인화물은 1기압에서 인화점이 -20℃ 미만이 아니고 -20℃ 이하다.

> **참고**
> 「위험물안전관리법 시행령」 [별표 1]
> 특수인화물이라 함은 이황화탄소, 디에틸에테르, 그 밖에 1기압에서 발화점이 100℃ 이하 또는 인화점이 -20℃ 이하고 비점이 40℃ 이하인 것을 말한다.

13 「소방의 화재조사에 관한 법령」상 화재조사 전담부서에 갖추어야 할 장비 및 시설 중 감정용 기기에 해당하지 않는 것은?

① 적외선 분광광도계
② 접점저항계
③ 주사전자현미경
④ 슈미트해머(콘크리트 반발 경도측정기)

정답 | 09 ② 10 ③ 11 ④ 12 ① 13 ④

해설 슈미트해머(콘크리트 반발 경도측정기)는 감식기기다.

참고

화재조사 전담부서 감식기기 「소방의 화재조사에 관한 법률 시행규칙」 [별표]

구분	기자재명 및 시설규모
감식기기 (16종)	절연저항계, 멀티테스터기, 클램프미터, 정전기측정장치, 누설전류계, 검전기, 복합가스측정기, 가스(유증)검지기, 확대경, 산업용실체현미경, 적외선열상카메라, 접지저항계, 휴대용디지털현미경, 디지털탄화심도계, 슈미트해머, 내시경현미경
감정용 기기 (21종)	가스 크로마토그래피, 고속카메라세트, 화재시뮬레이션시스템, X선 촬영기, 금속현미경, 시편절단기, 시편성형기, 시편연마기, 접점저항계, 직류전압전류계, 교류전압전류계, 오실로스코프, 주사전자현미경, 인화점측정기, 발화점측정기, 미량융점측정기, 온도기록계, 폭발압력측정기세트, 전압조정기, 적외선 분광광도계, 전기단락흔실험장치

14 「소방기본법」에 따른 소방활동 구역을 출입 할 수 있는 자로 틀린 것은?

① 의사·간호사, 그 밖의 구조·구급업무의 종사자
② 소방활동구역 안의 소방대상물 소유자
③ 보도업무에 종사하는 기자
④ 화재발견 초기 목격자

해설
「소방기본법」에 화재발견 초기 목격자는 해당 없다.

참고

「소방기본법」 제23조 및 「소방기본법 시행령」 제8조(소방활동구역의 출입자)

• 소방활동구역 안에 있는 소방대상물의 소유자·관리자 또는 점유자
• 전기·가스·수도·통신·교통의 업무에 종사하는 사람으로서 원활한 소방활동을 위하여 필요한 사람
• 의사·간호사 그 밖의 구조·구급업무에 종사하는 사람
• 취재인력 등 보도업무에 종사하는 사람
• 수사업무에 종사하는 사람
• 그 밖에 소방대장이 소방활동을 위하여 출입을 허가한 사람

15 화재조사의 진행순서로서 옳은 것은?

① 현장관찰 → 관계자 질문 → 발굴 → 감정
② 관계자 질문 → 감정 → 발굴 → 현장관찰
③ 관계자 질문 → 현장관찰 → 감정 → 발굴
④ 감정 → 현장관찰 → 발굴 → 관계자 질문

해설
현장에 도착하면 제일 먼저 현장관찰하고, 관계자를 만나 질문한다. 화재진압이 완료되면 발굴 후 증거물을 감정기관에 보내 감정한다.

화재조사 진행순서

암기법 현관 발 감 원인

현장관찰 → 관계자질문 → 발굴 → 감정 → 발화원인 판정

16 화재조사 전담부서에 갖추어야 할 화재조사 장비와 시설로 옳은 것은?

① 발굴용구 – 공구세트, 전동드릴, 전동드라이버, 정밀저울
② 기록용 기기 – 디지털카메라(DSLR) 세트, 적외선거리측정기, 드론
③ 감식기기 – 확대경, 검전기, 공구세트
④ 안전장비 – 안전화, 안전장갑, 노트북 컴퓨터

해설
기록용 기기는 측정, 촬영하는 장비다.
① 정밀저울 – 기록용 기기
③ 공구세트 – 발굴용구
④ 노트북컴퓨터 – 보조장비, 안전장갑 – 보호용 장갑으로 변경

참고

화재조사 전담부서 감식기기 「소방의 화재조사에 관한 법률 시행규칙」 [별표]

구분	기자재명 및 시설규모
발굴용구 (8종)	공구세트, 전동 드릴, 전동 그라인더(절삭·연마기), 전동 드라이버, 이동용 진공청소기, 휴대용 열풍기, 에어컴프레서(공기압축기), 전동 절단기
기록용 기기 (13종)	디지털카메라(DSLR)세트, 비디오카메라세트, TV, 적외선거리측정기, 디지털온도·습도측정시스템, 디지털풍향풍속기록계, 정밀저울, 버니어캘리퍼스, 웨어러블캠, 3D스캐너, 3D카메라(AR), 3D캐드시스템, 드론

정답 | 14 ④ 15 ① 16 ②

감식기기 (16종)	절연저항계, 멀티테스터기, 클램프미터, 정전기측정장치, 누설전류계, 검전기, 복합가스측정기, 가스(유증)검지기, 확대경, 산업용실체현미경, 적외선열상카메라, 접지저항계, 휴대용디지털현미경, 디지털탄화심도계, 슈미트해머, 내시경현미경
안전장비 (8종)	보호용 작업복, 보호용 장갑, 안전화, 안전모, 마스크(방진마스크, 방독마스크), 보안경, 안전고리, 화재조사 조끼

17 구획화재 중 환기지배형 화재의 화재특성을 결정하는 인자로 옳은 것은?

① 화재실의 크기
② 화재실 내의 가연물의 양
③ 화원의 크기
④ 개구부의 크기와 형상

해설
환기지배형 화재는 환기(산소)량이 적어 산소 유입이 화재 진행을 결정한다. 따라서 산소가 유입되는 개구부의 크기·형상·위치 등이 화재를 지배한다.

18 방화조사 시 현장에서 발견된 물리적 특징이 아닌 것은?

① 침입 흔적이 발견된 경우
② 고액의 보험을 많이 든 경우
③ 촉진제 사용 흔적이 발견된 경우
④ 2개소 이상 독립된 발화부가 발견

해설
물리적 증거는 직접적인 물리적 흔적이나 증거물에 근거하지만, 고액의 보험을 많이 든 경우는 정황적 증거에 해당한다.

19 건물 내부 단위발열량이 9,000kcal/kg인 가연물 2,000kg이 있을 때 화재하중은 몇 kg/m²인가? (단, 건물 내부는 가로 5m, 세로 4m, 높이 3m이다.)

① 100   ② 200
③ 300   ④ 400

해설
주의할 점은 건물 내부 바닥면적은 가로와 세로만 곱한다.

화재하중(Fire Load)

단위 바닥면적에 대한 등가목재중량

$$Q = \frac{\sum GH_1}{HA} = \frac{\sum Q_1}{4,500A} = \frac{9,000 \times 2,000}{4,500 \times 5 \times 4} = 200$$

- Q : 화재하중
- G : 여러 가지 가연물의 양(kg)
- H_1 : 그 가연물의 단위중량당의 발열량(kcal/kg)
- H : 목재의 단위중량당 발열량으로 4,500kcal/kg
- A : 화재구획의 바닥면적(m²)
- $\sum Q_1$: 화재구획 내의 가연물의 전발열량(kcal)

20 「화재조사 및 보고규정」상에 따른 건축·구조물 화재의 소실정도의 기준 중 틀린 것은?

① 건물의 전소란 70% 이상이 소실되었거나 또는 그 미만이라도 잔존부분을 보수하여도 재사용이 불가능한 것
② 건물의 반소란 50% 미만이 소실된 것
③ 건물의 부분소란 전소, 반소화재에 해당되지 아니하는 것
④ 자동차의 전소란 70% 이상이 소실되었거나 또는 그 미만이라도 잔존부분을 보수하여도 재사용이 불가능한 것

해설
건물의 반소란 30% 이상 70% 미만이 소실된 것이다.

> **참고**
>
> **제16조 건축·구조물의 소실정도 「화재조사 및 보고규정」**
>
> **암기법** 전반부 출석해
>
> 1. **전**소 : 건물의 **70%** 이상(입체면적에 대한 비율)이 소실되었거나 또는 그 미만이라도 잔존부분을 보수하여도 재사용이 불가능한 것
> 2. **반**소 : 건물의 **30%** 이상 **70%** 미만이 소실된 것
> 3. **부**분소 : 제1호, 제2호에 **해**당하지 아니하는 것
>   자동차·철도차량·선박·항공기 등의 소실정도는 건축·구조물 규정을 준용한다.

정답 | 17 ④   18 ②   19 ②   20 ②

제2과목 화재감식론

21 발화원에 대한 설명 중 틀린 것은?

① 발화에너지원은 대체로 발화지점 근처에 있다.
② 발화원은 경우에 따라서 변경, 파괴되거나 이동될 수 있다.
③ 발화원은 충분한 온도와 에너지를 갖고 있고 발화온도에 도달할 만큼 가연물과 충분히 오랫동안 접촉한다.
④ 발화원의 잔해가 없다면 발화지점을 추정할 수 없다.

해설
무염화원, 자연발화, 돋보기 효과, 낙뢰, 라이터 불 등 발화원은 현장에서 잔해가 없을 가능성이 높다. 또한, 발화지점에 진압대에 의해 이동되었을 가능성 등 여러 가지 상황이 있을 수 있다. 그럼에도 여러 가지 정황 증거 등을 통해 발화지점을 추정할 수 있다.

22 열관성에 대한 설명 중 옳은 것은?

① 저밀도 물질은 열관성이 높다.
② 금속은 열관성이 높다.
③ 열관성이 높은 물질일수록 착화가 용이하다.
④ 열관성이 높을수록 표면온도는 상승한다.

해설
열관성은 밀도, 열전도율과 비례한다. 고밀도 금속은 열전도율이 높아 열관성이 높다.
① 저밀도 물질은 열관성이 낮다.
③ 열관성이 높은 물질일수록 열전도율이 높아 열축적이 어려워 착화가 어렵다.
④ 열관성이 높을수록 표면온도를 유지하려는 경향이 크다.

> **참고**
> **열관성(Thermal Inertia)**
> 주위온도가 변하더라도 현재의 온도를 유지하려는 성질이다. 그러므로 열축적이 잘 일어나지 않아 열관성이 높을수록 점화가 어렵다.
> 열관성 = $k\rho c$ (k : 열전도율, ρ : 밀도, c : 열용량)
> • 고밀도 물질(철, 구리 등 금속)은 밀도가 높고 열전도율이 높아 열관성도 높다.
> • 저밀도 물질(목재)은 밀도가 낮고 열전도율이 낮아 열관성이 낮다.

23 선박의 연돌(Funnel)에 대한 설명으로 옳은 것은?

① 유조선의 경우 기름유출 방지를 목적으로 한다.
② 기관구역을 전후방의 화물구역 및 거주구역으로 분리시킨다.
③ 주로 기관구역 상부에 배치되며 선미부에 위치한다.
④ 등, 기적 및 레이더 등을 설치한다.

해설
선박의 연돌(Funnel)은 엔진이나 보일러에서 발생한 연기와 배기가스를 배출하는 구조물(굴뚝)이다. 연돌은 주로 기관구역에서 발생한 배기가스를 배출하기 위해 기관구역 상부에 배치되며, 작업 구역이나 승무원에게 영향을 미치지 않도록 선미부(뒷부분)에 위치하는 경우가 많다.

24 인가전압이 100V인 회로에 40Ω, 60Ω의 저항이 병렬로 연결되어 있을 때 40Ω에서 소비되는 전력은 몇 W인가?

① 250 ② 350
③ 450 ④ 550

해설
소비전력 $P(W) = VI = I^2R = \dfrac{V^2}{R}$

$P_1(W) = \dfrac{100^2}{40} = 250$

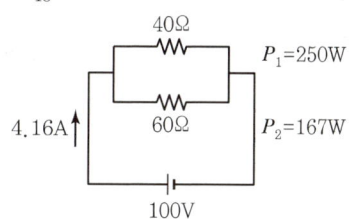

25 상태에 따른 가스의 분류에 해당하지 않는 것은?

① 압축가스 ② 용해가스
③ 액화가스 ④ 분해가스

해설
고압가스의 상태에 따라 압축가스, 용해가스, 액화가스로 분류한다.

정답 | 21 ④ 22 ② 23 ③ 24 ① 25 ④

> **참고**
> **고압가스의 분류**

고압가스의 분류		고압가스의 종류
상태	압축가스	산소, 수소, 질소, 아르곤, 메탄 등
	액화가스	액화석유가스(LPG), 암모니아, 이산화탄소, 액화산소, 액화질소 등
	용해가스	아세틸렌
연소성	가연성 가스	수소, 암모니아, 액화석유가스, 아세틸렌 등
	조연성 가스	산소, 공기, 염소 등
	불연성 가스	질소, 이산화탄소, 아르곤, 헬륨 등
독성	독성 가스	염소, 일산화탄소, 아황산가스, 암모니아, 산화에틸렌, 포스겐 등

26 작동 중인 발전설비에서 발생한 화재의 분류는?

① A급 화재 ② B급 화재
③ C급 화재 ④ D급 화재

📖 **해설**
발전설비는 전기설비로 C급 전기화재이다.

> **참고**
> **화재의 분류**

급수	분류	가연물 종류
A급	일반가연물	목재, 고무, 종이, 플라스틱 등
B급	유류 및 가스	가연성 액체(휘발유, 페인트, 타르 등)
C급	전기	전선, 발전기, 기타 전기설비 등
D급	금속	가연성 금속과 가연성 금속의 합금

27 용접 화재 시 조사요령으로 틀린 것은?

① 용적 입자는 상당히 작고 눈에 쉽게 띄지 않기 때문에 자석 등을 활용하여 수집하고 연소가 이루어진 장소 주변으로 비산된 범위를 확인한다.
② 출화장소 부근에서 용적 입자가 발견된다면 다른 요인의 출화가능성을 배제시킨다.
③ 타고 남은 고무호스의 탄화형태를 판단하여 호스의 균열에 의해 가스가 새어 나와 출화한 것인지 아니면 용단 불꽃이 호스에 착화되어 가스가 누설된 것인지를 판단한다.
④ 출화장소 부근에서 용접작업 등이 행해지고 있었던 경우 작업위치와 출화장소의 위치관계를 파악하고 출화장소로부터 불꽃 등이 비산할 가능성을 검토한다.

📖 **해설**
용접 입자가 발견됐다고 해서 용접부주의 화재라고 속단해서는 안 된다. 다른 발화요인을 충분히 검토하고 배제해야 한다. 실제 용접 입자가 발견된 곳에서 담배꽁초 등 다른 요인으로 화재가 발생한 사례도 있다.

28 초기 가연물로 적합하지 않은 것은?

① 전선의 피복
② 석고보드
③ 전기히터와 근접해 있는 의류
④ 과열된 커피메이커의 덮개

📖 **해설**
석고보드는 불연재로 가연물이 아니다. 반면, 전선 피복, 의류, 덮개(플라스틱)는 가연성 물질이다. 난연재와 방염재 물품도 착화된다. 단지 초기 착화 가능성을 낮추고 지연시킬 뿐이다.

29 220V 60Hz 전원 회로에 100Ω의 저항과 60μF의 커패시터가 직렬로 연결될 때 회로에 흐르는 전류는 약 몇 A인가? (단, 소수점 둘째 자리에서 반올림하여 첫째 자리까지만 쓴다.)

① 2.0 ② 3.0
③ 4.0 ④ 5.0

📖 **해설**
직렬로 연결된 저항과 커패시터 회로의 전류는 옴의 법칙으로 계산한다.

$I = \dfrac{V}{Z}$

- $X_C = \dfrac{1}{2\pi f C} = \dfrac{1}{2\pi \times 60 \times 60 \times 10^{-6}} = 44.2[\Omega]$
- $R = 100[\Omega]$
- $Z = \sqrt{R^2 + X_C^2} = \sqrt{100^2 + 44.2^2} = 109.33[\Omega]$

$\therefore I = \dfrac{V}{Z} = \dfrac{220}{109.33} = 2.01[A]$

정답 | 26 ③ 27 ② 28 ② 29 ①

30 다음 반응식은 어떤 종류의 화학반응인가?

$$Zn + CuO \rightarrow ZnO + Cu$$

① 치환반응 ② 분해반응
③ 중화반응 ④ 복분해반응

해설
치환반응은 한 원소가 다른 원소를 치환하여 새로운 화합물을 생성하는 반응이다.
① 치환반응 : $A + BC \rightarrow AC + B$
② 분해반응 : $AB \rightarrow A + B$
③ 중화반응 : 산과 염기가 반응하여 물과 염을 생성하는 반응
④ 복분해반응 : $AB + CD \rightarrow AD + CB$

31 방화에 대한 설명으로 틀린 것은?
① 방화란 고의로 화재를 일으켜 가옥이나 기타의 물건을 연소시키는 행위를 말한다.
② 통계에 의하면 방화는 다수의 인원에 의해 함께 이루어지는 경우가 많고 범행수법이 야간에 은밀한 곳에서 행해지는 경우가 많아 발각이 어렵다.
③ 화재진압을 위한 소화활동으로 물건의 이동과 파괴 등으로 방화 증거수집이 쉽지 않다.
④ 동기에는 보험사기, 불만, 원한, 범죄은폐, 경제적 이익 등이 있다.

해설
통계에 의하면 방화범은 단독범행이 많고 범행수법이 야간에 은밀한 곳에서 행해지는 경우가 많아 발각이 어렵다.

32 고압가스의 연소성에 따른 분류 중 성질이 다른 것은?
① 수소 ② 암모니아
③ 염소 ④ 아세틸렌

해설
가연성 가스는 스스로 연소가 가능한 물질이며, 조연성 가스는 산소를 제공하여 연소를 돕는 역할을 한다. 염소는 조연성 가스이고, 수소, 암모니아, 아세틸렌은 가연성 가스다.

참고

고압가스의 분류

고압가스의 분류		고압가스의 종류
상태	압축가스	산소, 수소, 질소, 아르곤, 메탄 등
	액화가스	액화석유가스(LPG), 암모니아, 이산화탄소, 액화산소, 액화질소 등
	용해가스	아세틸렌
연소성	가연성 가스	수소, 암모니아, 액화석유가스, 아세틸렌 등
	조연성 가스	산소, 공기, 염소 등
	불연성 가스	질소, 이산화탄소, 아르곤, 헬륨 등
독성	독성 가스	염소, 일산화탄소, 아황산가스, 암모니아, 산화에틸렌, 포스겐 등

33 물질의 상태에 대한 설명으로 옳은 것은?
① 압축성과 팽창성이 가장 작은 것은 기체이다.
② 구조가 가장 무질서한 것은 고체이다.
③ 고체에서 액체 상태를 거치지 않고 기체로 상변화 하는 물질도 있다.
④ 분자 간의 거리가 가장 먼 것은 고체이다.

해설
나프탈렌·유황 등은 열에 의해 고체에서 기체로 증발하여 증발연소한다.
① 기체는 압축성과 팽창성이 가장 크다.
② 구조가 가장 무질서한 상태는 기체이며, 고체는 분자 배열이 규칙적이다.
④ 분자 간의 거리가 가장 먼 것은 기체이다.

34 물질의 열분해에 관한 설명으로 틀린 것은?
① 휘발유를 열분해하여 등유, 경유를 제조한다.
② 나무를 열분해하면 목초액, 타르, 숯 등을 얻을 수 있다.
③ 석탄을 열분해하면 코크스(Cokes)를 얻을 수 있다.
④ 나프타(Naphtha)를 열분해하여 석유화학 공업의 중요한 원료를 얻는다.

해설
원유의 분별증류를 통해 휘발유, 등유, 경유는 생산한다.

정답 | 30 ① 31 ② 32 ③ 33 ③ 34 ①

35 방화를 의심할 수 있는 물리적 증거에 해당하지 않는 것은?

① 연소시간에 비해 피해 범위가 넓은 경우
② 깨진 유리창 등 외부인의 침입 흔적이 있는 경우
③ 화재 발생 전 심한 다툼이 있었다는 주변인 진술이 있는 경우
④ 2개소 이상 발화지점이 확인된 경우

해설
물리적 증거는 화재현장에서 직접 확인할 수 있는 손상, 흔적, 물체 등을 의미하며, 정황 증거는 사람의 진술이나 상황 분석을 통해 방화 가능성을 추론하는 간접적인 증거이다.

36 산불의 강도가 낮을 것으로 예측되는 연료의 조건은?

① 가연물의 습도가 낮다.
② 많은 양의 죽은 연료가 경사지에 연속적으로 존재한다.
③ 다수의 사다리 연료가 존재한다.
④ 저휘발성 기름을 포함한 연료가 많다.

해설
연료의 휘발성이 낮은 경우 연료가 쉽게 불이 붙지 않아 산불의 강도가 낮아진다.
① 가연물의 습도가 낮은 경우 : 습도가 낮으면 연료가 건조해서 강도가 높아진다.
② 많은 양의 죽은 연료가 경사지에 연속적으로 존재하면 연소 강도가 높아진다.
③ 다수의 사다리 연료가 존재하는 경우 : 사다리 연료는 지표면의 불이 수목 상부로 확산하는 통로 역할을 하므로 산불의 강도가 높아진다.

37 다음 자동차 구조에 대한 내용 중 틀린 것은?

① 가솔린 안에는 수분과 먼지가 포함되어 있어 그대로 연료를 보내면 인젝터 내의 통로가 막히기 때문에 연료필터가 필요하다.
② 연료펌프는 인젝터에 연료를 보내는 작용을 한다.
③ 알터네이터(Alternator)는 주행 중 각종 전장품에 전력을 공급하고 여분의 전력은 배터리에 충전한다.
④ 레귤레이터(Regulator)는 알터네이터(Alternator)에서 발생한 전압을 일정한 전압 약 2.5V로 조정하는 역할을 한다.

해설
레귤레이터는 알터네이터에서 발생한 전압을 조정하는데 2.5V가 아닌 12V로 조정한다.

참고
충전장치
- 차량 배터리의 축전량에는 한계가 있어 엔진동력의 일부를 사용하여 발전기를 돌려줌으로써 배터리를 충전시켜 주행 중 전력을 공급해 주고 있다.

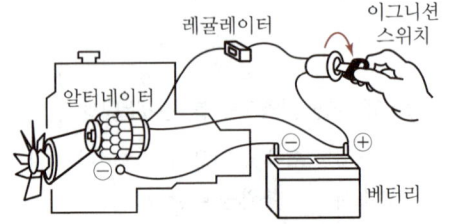

- 크랭크샤프트의 회전은 V 벨트에 의해 알터네이터라고 불리는 교류발전기를 돌려준다.
- 여기서 발생된 전기는 레귤레이터(제어장치)에 제한되어 각 전기장치와 배터리에 공급된다.

38 양초로 인한 화재 시 현장 감식요령으로 적합하지 않은 것은?

① 사용자의 가족에 관한 사항
② 양초의 발견위치 및 상태에 관한 상황
③ 촛대의 종류, 재질, 형상에 관한 사항
④ 발화개소 부근의 가연물의 상황

해설
물리적 증거는 화재현장에서 직접 확인할 수 있는 손상, 흔적, 물체 등을 의미하며, 정황 증거는 사람의 진술이나 상황 분석을 통해 방화 가능성을 추론하는 간접적인 증거이다.

39 산불의 연소 확대에 영향을 미치는 기상 요인이 아닌 것은?

① 지역의 강풍 ② 찬 전선의 접근
③ 푄 바람 ④ 높은 상대습도

정답 | 35 ③ 36 ④ 37 ④ 38 ① 39 ④

해설

높은 상대습도는 대기 중의 수증기 함유량이 많아 연소를 저하시킬 수 있다.
① 강풍은 산불은 물론이고 대부분 화재의 연소 확대에 미치는 영향이 크다.
② 찬 전선의 접근은 강풍이 발생할 수 있어 연소 확대에 영향을 미친다.
③ 푄 바람은 산을 넘어 불어 내리는 돌풍적인 건조한 열풍으로 연소 확대에 영향을 미친다.

40 차량 방화에 대한 특별 고려사항에 해당하지 않는 것은?

① 다른 범죄 후 증거물을 은폐하기 위한 경우
② 도난 신고 된 차량에서 화재가 발생한 경우
③ 촉매 컨버터 과열로 차량 화재가 발생한 경우
④ 보험금 편취 등을 위한 경우

해설

촉매 컨버터 과열로 차량 화재는 운전자의 가혹운전(과 레이싱), 점화플러그, 배기개통 과열 등 차량 결함 가능성이 있다. 이는 방화보다는 실화·기기 결함의 화재가능성이 더 높다.

제3과목 증거물관리 및 법과학

41 화재현장에서의 물적 증거물에 관한 설명으로 틀린 것은?

① 화재현장의 환경에 따라 물증은 변하지 않는다.
② 화재원인의 추론에 따라 화재책임이 관련된다.
③ 특정 사실이나 결과에 대하여 입증 또는 반증을 가능하게 한다.
④ 발화지점, 발화기기, 최초 착화물, 화재이동 경로를 통하여 화재원인을 추론한다.

해설

화재현장의 연소 조건 및 구조적 환경에 따라 물증은 영향을 받는다.

42 증거의 시간적 역할에 대한 설명으로 틀린 것은?

① 깨져 바닥에 쏟아진 유리창의 내측에 그을음이 부착되어 있지 않다면 화재 이전 창문이 먼저 깨졌다는 것을 의미한다.
② 화재현장에서 발견된 소사체에서 생활반응이 발견된다면 피해자는 화재 이전 사망한 상태였다는 것을 알 수 있다.
③ 화재와 폭발이 일어난 현장에서 멀리까지 비산된 유리창의 파편에 그을음이 부착되어 있다면 화재가 먼저 일어나 이로 인해 폭발이 발생한 것으로 볼 수 있다.
④ 타이어 흔적 위 족적이 찍혀 있다면 이러한 증거는 차량이 지나간 후에 누군가 걸어갔다는 것을 증명해주는 역할을 한다.

해설

화재현장에서 발견된 소사체에서 생활반응이 발견된다면, 피해자는 화재 이전 생존 상태였다는 것을 알 수 있다.

> **참고**
>
> **생활반응**
> • 시신에서 발견되는 상해, 기타 흔적이 생전 또는 사후에 발생했는지 여부를 확인하는 법의학적 용어를 말한다.
> • 쉽게 말해 살아있을 때 생길 수 있는 반응을 말한다.

43 전신적 생활반응에 해당하는 것은?

① 출혈
② 수포
③ 속발성 염증
④ 창구의 개대

해설

①, ②, ④는 국소적 생활반응에 해당한다.

44 특이한 냄새가 나는 무색액체로 물에는 녹지 않지만, 에테르 등 유기용매와 임의의 비율로 혼합하는 물질로 메틸벤젠이라고 불리며 방화촉진제로 사용이 가능한 물질은?

① 메틸알콜
② 경유
③ 아세톤
④ 톨루엔

정답 | 40 ③ 41 ① 42 ② 43 ③ 44 ④

해설
톨루엔은 방향족 화합물로서 벤젠고리에 메틸기가 있어 메틸벤젠이라 한다.

> **참고**
> **톨루엔의 구조**
>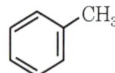

45 석유제품, 유지류, 나무, 종이 등이 탈 때 생성될 수 있으며 연소생성물 중 허용농도는 0.1ppm인 맹독성 가스는?

① 시안화수소 ② 포스겐
③ 염화수소   ④ 아크롤레인

해설
아크롤레인(CH_2CHCHO)
- 알데하이드기의 R–CHO 분자식의 한 종류
- 석유제품, 유지류, 나무, 종이 등이 탈 때 생성될 수 있으며 연소생성물 중 허용농도는 0.1ppm인 맹독성 가스

46 액체 및 고체 증거물의 수집 시 고려하여야 할 사항으로 옳은 것은?

① 탄화수소계 물질은 물보다 비중이 높아 물에 가라앉는다.
② 대부분의 액체 위험물은 용매작용을 한다.
③ 금속 캔에는 3/4 이상 채우지 않는다.
④ 아세톤이나 알코올은 물과 쉽게 섞이지 않는다.

해설
① 탄화수소계 물질은 대부분 물보다 비중이 낮아 물 위로 부유한다.
③ 금속 캔에는 증기 공간 확보를 위해 2/3 이상 채우지 않도록 한다.
④ 아세톤은 물과 쉽게 섞인다.

47 강화유리가 폭발로 깨졌을 때 나타나는 형태로 옳은 것은?

① 곡선모양   ② 입방체모양
③ 원형모양   ④ 격자모양

해설
강화유리는 화재나 폭발로 인하여 수많은 입방체모양의 크랙과 파편이 생성될 수 있다.

> **참고**
> **강화유리**
> - 고온의 열처리를 한 뒤에 급속히 냉각한 유리이다.
> - 고강도, 우수한 내열성으로 안전성이 요구되는 부분에 주로 사용된다.

48 물적 증거의 테스트 장치 중 연료 기름, 윤활유, 테스트 상황에서 표면 판막을 형성하는 경향이 있는 고체 및 액체의 부유고형물(Suspended Solids) 및 기타 액체의 인화점을 측정할 수 있는 것은?

① 태그 밀폐식 테스터
② 클리브랜드 개방식 테스터
③ 펜스키–마텐스 밀폐식 테스터
④ 세타플래시 밀폐식 테스터

해설
연료유, 윤활유를 측정할 수 있는 것은 펜스키–마텐스 밀폐식 테스터이다.

49 디지털카메라의 고유기능으로 받아들인 빛을 증폭하여 감도를 높이거나 낮춰주는 기능은?

① 화이트밸런스   ② 줌 기능
③ EV 쉬프트   ④ ISO

해설
ISO 감도
- 디지털카메라의 이미지 센서 혹은 필름 카메라의 필름이 빛에 민감한 정도를 말한다.
- ISO 감도가 낮을 경우 노이즈도 적고, 높을 경우 어두움과 흔들리는 환경에 뛰어나다.
- 사진의 노출을 결정하는 조리개, 셔터 속도만으로 충분한 빛을 확보하기 어려울 때 기동성을 높이기 위해 주로 조정한다.

정답 | 45 ④ 46 ② 47 ② 48 ③ 49 ④

50 사람의 인체가 열에 노출되었을 때 연소반응 순서로 옳은 것은?

① 지방 → 피부 → 뼈 → 근육
② 지방 → 피부 → 근육 → 뼈
③ 피부 → 지방 → 뼈 → 근육
④ 피부 → 지방 → 근육 → 뼈

🔍 **해설**
화열에 우선 접촉되는 신체 구성부분부터 연소된다.

51 시반에 관한 설명으로 옳은 것은?

① 시반은 사망시간을 나타내는 지표로 사용된다.
② 시반은 시신의 사망 전 이동 여부를 나타낸다.
③ 시반은 3~4시간 후에 더 이상 진행되지 않는다.
④ 시반은 우리 몸의 가장 높은 신체 부위에 발생한다.

🔍 **해설**
시반으로 사망시간을 추정할 수 있다.

> **참고**
> **시반**
> • 시반은 사후 1~2시간에 옅은 자줏빛 반점으로 시작하여 15~24시간이 경과하면서 짙은 자줏빛으로 나타난다.
> • 시반은 사망 이후 나타나는 현상이다.
> • 시반은 24시간이 경과하면서 짙은 자줏빛을 띠게 된다.
> • 시반은 몸의 가장 낮은 신체 부위에 발생한다.

52 증거물 시료용기에 대한 설명으로 옳은 것은?

① 유리병의 코르크 마개는 휘발성 액체수집에 사용이 가능하다.
② 내유성의 내부판이 부착된 플라스틱 재질의 스크루 마개는 유리병의 마개로 사용이 가능하다.
③ 주석 도금 캔(can)은 상태에 따라 재사용이 가능하다.
④ 캔이 녹슨 경우, 적절히 세척하여 사용한다.

🔍 **해설**
① 코르크 마개는 휘발성 액체에 사용하여서는 안 된다. 만일 제품이 빛에 민감하다면 짙은 색깔의 시료병을 사용한다.
③ 주석 도금 캔(CAN)은 1회 사용 후 반드시 폐기한다.
④ 캔은 사용 직전에 검사하여야 하고 새거나 녹슨 경우 폐기한다.

53 화재증거물 중 적외선분광분석법을 사용하여 분석하는 것이 적절한 것은?

① 금속
② 무기화합물
③ 유기화합물(혼합물질)
④ 유기화합물(단일물질)

🔍 **해설**
적외선 분광분석법은 기체, 액체, 고체 등 유기물에 IR 빔을 이용하여 스펙트럼으로 분석하는 방법이다.

54 사진촬영을 위해 현장 전체를 파악할 수 있는 선정 위치로 옳은 것은?

① 발화가 개시된 건물 정면
② 발화지점 내부
③ 발화지역 주변 높은 곳
④ 화염이 강하게 출화한 곳

🔍 **해설**
현장의 외경촬영
• 건물의 경우 화재건물과 인접 건물, 도로와의 관계가 나타날 수 있도록 높은 곳에서 촬영한다.
• 인접 건물로 화재가 확산되었을 경우, 확산경로가 나타날 수 있도록 촬영한다.
• 건물의 4방향이 나타날 수 있도록 곳곳에서 촬영한다.
• 건물의 창문이나 출입문 등 개구부 및 지붕으로 보이는 그을음, 백화연소흔적, 도괴된 형태 등 화재패턴에 대하여 촬영한다.
• 내부로 들어가기 전 창문이나 출입문이 강제로 개방된 흔적이 있는지 검사 후 그 내용을 촬영한다.

55 건강한 성인이 기절, 급격한 심장박동, 실신, 일부 심신이 약한 자가 사망하는 혈중 일산화탄소 최저 농도의 범위는?

① 5~10%
② 10~20%
③ 40~50%
④ 80~90%

정답 | 50 ④ 51 ① 52 ② 53 ④ 54 ③ 55 ③

해설
혈중 COHb 수치에 따른 증상 「질병관리청」

구분	COHb수치 [%]	증상
경증	30 미만	경미한 두통, 현기증, 피로, 졸음, 권태감, 흉통, 메스꺼움 및 구토
중증도	30~40	심한 두통, 현기증, 피로, 졸음, 권태감, 흉통, 메스꺼움 및 구토, 혼란, 빠른 심박수
중증	40 이상	진홍색 피부, 혼수, 저혈압, 모세혈관 혈액순환 불량, 무의식, 실신, 발작, 경련, 심폐 기능 부전, 혼수 및 심정지, 사망

56 화상의 깊이에 따른 화상의 분류로 옳은 것은?

① 1도 화상 – 홍반성
② 2도 화상 – 탄화성
③ 3도 화상 – 수포성
④ 4도 화상 – 괴사성

해설
화상 깊이에 따른 증상별 특징

암기법 일싸 홍수괴탄

화상 단계	증상
1도	홍반
2도	수포
3도	괴사, 가피
4도	탄화

57 좁은 실내에서 많은 물건을 촬영할 때 유용한 렌즈로 옳은 것은?

① 광각렌즈
② 표준렌즈
③ 망원렌즈
④ 줌렌즈

해설
광각렌즈의 특징
- 표준렌즈보다 초점거리가 짧고, 화각이 넓은 특징을 가지고 있다.
- 좁은 실내에서 많은 물건을 1매로 촬영할 때 용이하다.

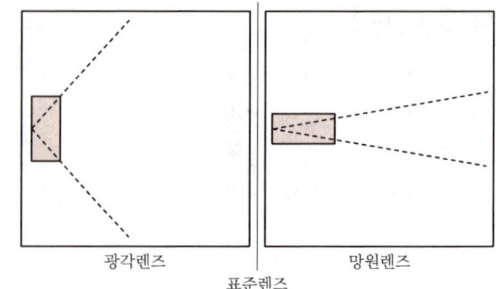

광각렌즈, 표준렌즈와 망원렌즈의 초점거리와 화각 비교

광각렌즈 18mm / 24mm / 28mm
표준렌즈 50mm
망원렌즈 80mm / 120mm / 200mm

58 유리창문의 파괴가 내부 또는 외부 충격에 의하여 발생하였는지를 파악할 수 있는 표식은?

① 고스트마크
② 디렉션마크
③ 리플마크
④ 스플래쉬마크

해설
유리 표면에 충격이 가해지는 경우 유리 파단면에 리플마크가 형성된다.

59 렌즈와 카메라 내부에서 생긴 빛의 반사로 인하여 실물에 없는 이미지가 생기는 현상은?

① 플레어
② 플리커
③ 셔터
④ 조리개

해설
렌즈 플레어
렌즈에 들어오는 일반 광원 사이에 밝은 광원(예 태양, 형광등)이 한 지점으로 강하게 들어와 렌즈 내부, 표면, 경통 등에 반사되어 영상에 안개, 다각형 또는 반원, 원 형태의 잔상을 남기는 현상이다.

렌즈 플레어 현상

정답 | 56 ① 57 ① 58 ③ 59 ①

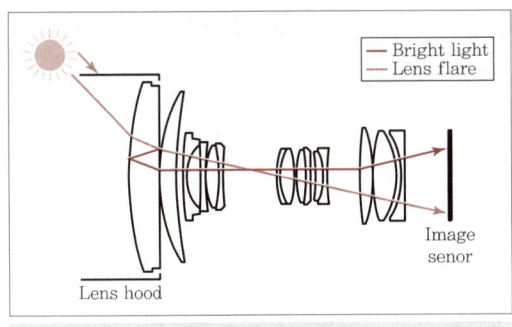

렌즈 플레어의 발생원리

60 화재현장 증거물의 비교 표본에 관한 설명으로 틀린 것은?

① 비교 표본의 수집의 주된 목적은 증거물로 남겨 놓기 위한 것이다.
② 비교 표본은 같은 유형으로 오염되지 않은 것이다.
③ 비교 표본은 원래의 표본과 같은 방식으로 포장하여 비교 표본으로 표시한다.
④ 가급적 발화기기로 추정되는 장치와 동일한 것을 수집한다.

해설
비교 표본의 수집의 주된 목적은 증거물과 상대적 비교를 하기 위한 것이다.

제4과목 화재조사 관계법규 및 피해평가

61 화재피해액 산정대상 중 건물에 포함하여 피해액을 산정하는 것은?

① 통신설비 ② 냉방설비
③ 칸막이   ④ 보일러

해설
건물의 화재피해액 산정범위「화재피해액 산정 매뉴얼」
• 독립된 건물 : 건물의 외벽, 기둥, 보, 지붕(지붕틀 포함)의 어느 부분 하나라도 다른 건물과 이어지지 않고 모두 독립된 건물
• 부속물 : 건물에 부속된 칸막이, 대문, 담, 곳간 및 이와 비슷한 것
• 부착물 : 간판, 네온사인, 안테나, 선전탑, 차양 및 이와 비슷한 것

62 「화재조사 및 보고규정」에 따른 건물의 동수 산정기준 중 틀린 것은?

① 목조 건물의 경우 격벽으로 방화구획이 되어 있는 경우 같은 동으로 본다.
② 구조와 관계없이 지붕 및 실이 하나로 연결되어 있는 것은 같은 동으로 본다.
③ 건물의 외벽을 이용하여 실을 만들어 목욕탕으로 사용하고 있는 것은 주건물과 같은 동으로 본다.
④ 독립된 건물과 건물 사이에 차광막의 덮개를 설치하고 그 밑을 통로로 사용하는 경우 같은 동으로 본다.

해설
독립된 건물과 건물 사이에 차광막, 비막이 등의 덮개를 설치하고 그 밑을 통로 등으로 사용하는 경우는 다른 동으로 본다.

작업장과 작업장 사이에 조명유리 등으로 비막이를 설치하여 지붕과 지붕이 연결되어 있는 경우 예시

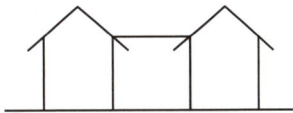

63 「화재조사 및 보고규정」에 따른 자동차 · 철도차량 화재유형별 조사서의 형식란에 기재 사항이 아닌 것은?

① 제조회사 ② 연식
③ 차량명   ④ 배기량

해설
자동차 · 철도차량 화재유형별 조사서의 형식란 기입사항 4가지

암기법 제연번명

1. 제조회사
2. 연식
3. 차량번호
4. 차량명

정답 | 60 ① 61 ③ 62 ④ 63 ④

64 화재현장조사서의 도면 작성 시 유의사항이 아닌 것은?

① 도면은 원칙적으로 북을 위쪽으로 작성한다.
② 정확한 축척으로 작성한다.
③ 제도기호 등 표준화된 기호를 사용하는 것을 기본으로 한다.
④ 표제는 발화건물 평면도, 발화지점 평면도와 같은 표현하는 것을 기본으로 한다.

해설
도면의 표제는 "A건물 평면도", "주방 평면도" 등 객관적으로 표현한다.

65 「화재조사 및 보고규정」에 따른 화재현장출동보고서의 기재 사항이 아닌 것은?

① 출동대원 및 응답자
② 특이한 냄새의 유무
③ 화재의 연소 확대 상황
④ 소화활동설비 사용 여부

해설
소화활동설비 사용 여부 등은 소방시설 등 활용조사서의 기재 사항이다.

66 「소방기본법 시행규칙」상 종합상황실장이 상급 종합상황실에 지체 없이 보고해야 하는 화재의 기준으로 틀린 것은?

① 외국공관 및 그 사택
② 특수사고, 방화 등 화재원인이 특이하다고 인정되는 화재
③ 철도, 항공기, 발전소 및 변전소의 화재
④ 항구에 매어둔 총 톤수가 500톤 이상인 선박

해설
항구에 매어둔 총 톤수가 1천 톤 이상인 선박의 화재가 해당된다.

67 화재피해액의 산정대상 중 산정기준이 다른 대상은?

① 동물   ② 식물
③ 차량   ④ 임야의 입목

해설
①~③은 시중매매가격, ④는 잔존가격을 산정기준으로 한다.

참고

차량, 동물, 식물과 임야의 입목 화재피해액 비교

차량, 동물, 식물	• 전부손해의 경우 : 시중매매가격 • 전부손해가 아닌 경우 : 수리비 및 치료비
임야의 입목	• 소실 전의 입목가격 : 소실한 입목의 잔존가격 • 피해산정이 곤란할 경우 : 소실면적 등 피해 규모만 산정 가능

68 「소방의 화재조사에 관한 법률」상 전담부서에 배치된 화재조사관은 몇 년마다 의무 보수교육을 실시하여야 하는가?

① 1년   ② 2년
③ 3년   ④ 4년

해설
제5조 제2항 화재조사에 관한 교육훈련 「소방의 화재조사에 관한 법률 시행규칙」
전담부서에 배치된 화재조사관은 의무 보수교육을 2년마다 받아야 한다. 다만, 전담부서에 배치된 후 처음 받는 의무 보수교육은 배치 후 1년 이내에 받아야 한다

69 「화재조사 및 보고규정」에 따른 화재현장출동보고서의 기재항목에 대한 설명 중 틀린 것은?

① 현장도착 시 발견사항은 연기와 화염을 본 위치와 발생장소 등 전체적인 현장상황을 서술식으로 기재한다.
② 출입문 상태 및 소방대 건물 진입방법은 기재하지 아니한다.
③ 화재장소에서 사용된 자체설비, 소방장비, 도착 시 작동 중이던 소방설비를 기재한다.
④ 출동로상의 진입도로, 교통상황, 정체사유 등을 기재한다.

정답 | 64 ④   65 ④   66 ④   67 ④   68 ②   69 ②

🏛 **해설**
출입문 상태 및 소방대 건물 진입방법을 기재한다.

70 화재원인조사의 조사범위에 해당하지 않는 것은?
① 열에 의한 탄화, 용융, 파손 등의 피해
② 화재의 연소경로 및 확대원인 등의 상황
③ 화재의 발견·통보 및 초기소화 등 일련의 과정
④ 소방시설의 사용 또는 작동 등의 상황

🏛 **해설**
①은 화재피해조사 중 재산피해조사에 해당한다.

71 화재피해액이 특수한 경우의 피해액 산정 시 우선 적용사항으로 틀린 것은?
① 모델하우스의 경우 별도의 피해액 산정기준에 의한다.
② 건물에 있어 문화재의 경우 별도의 피해액 산정기준에 의한다.
③ 재고자산의 상품 중 진열품에 대해서는 현재가의 피해액으로 산정한다.
④ 중고기계장치의 시장거래가격이 신품가액에서 감가수정을 한 금액보다 낮을 경우 중고기계장치의 시장거래가격을 재구입비로 하여 피해액을 산정한다.

🏛 **해설**
재고자산의 상품 중 견본품, 전시품, 진열품에 대해서는 구입가의 50~80%를 피해액으로 한다.

72 「화재조사 및 보고규정」에 따른 화재건수의 결정기준 중 틀린 것은?
① 동일범이 아닌 각기 다른 사람에 의한 방화, 불장난이 동일 대상물에서 발화하였다면 1건의 화재로 한다.
② 누전점이 동일한 누전에 의한 화재는 동일 소방대상물의 발화점이 2개소 이상 있더라도 1건의 화재로 한다.
③ 지진, 낙뢰 등 자연현상에 의한 다발화재는 동일 소방대상물의 발화점이 2개소 이상 있더라도 1건의 화재로 한다.

④ 발화지점이 한 곳인 화재현장이 둘 이상의 관할구역에 걸친 화재는 발화지점이 속한 소방서에서 1건의 화재로 산정한다.

🏛 **해설**
동일범이 아닌 각기 다른 사람에 의한 방화, 불장난의 경우 동일 대상물에서 발화했더라도 각각 별건의 화재로 한다.

73 「화재조사 및 보고규정」에 따른 건물, 부대설비의 최종잔가율은 몇 %인가?
① 10   ② 20
③ 30   ④ 50

🏛 **해설**
건물 등 자산에 대한 최종잔가율은 건물·부대설비·구축물·가재도구는 20%로 하며, 그 이외의 자산은 10%로 정한다.

74 「화재조사 및 보고규정」에 따른 소방시설 등 활용조사서의 분류 중 틀린 것은?
① 경보설비 – 자동화재탐지설비
② 소화활동설비 – 스프링클러설비
③ 피난설비 – 비상조명등
④ 방화설비 – 방화셔터

🏛 **해설**
소화활동설비 : 제연설비, 연결송수관설비, 연결살수설비, 무선통신보조설비, 연소방지설비

75 「화재조사 및 보고규정」에 따른 화재발생 종합보고서의 보존 기간으로 옳은 것은?
① 영구보존   ② 10년
③ 5년   ④ 3년

🏛 **해설**
소방본부장 및 소방서장은 조사결과 서류를 국가화재정보시스템에 입력·관리해야 하며 영구보존방법에 따라 보존해야 한다.

정답 | 70 ① 71 ③ 72 ① 73 ② 74 ② 75 ①

76 「화재조사 및 보고규정」에 따른 화재조사에 필요한 서식이 아닌 것은?

① 화재현장조사서 ② 화재현황조사서
③ 범죄사실확인서 ④ 질문기록서

해설
범죄사실 등은 문제의 규정에 해당되지 않는다.

77 화재피해건물의 내용연수가 50년이고 경과 연수가 25년이라면 이 건물의 잔가율은 몇 %인가?

① 40 ② 50
③ 60 ④ 70

해설
- 잔가율 : 화재 당시에 피해물의 재구입비에 대한 현재가의 비율
- 건물 화재피해금액 산정기준
  - 신축단가(m²당)×소실면적×[1−(0.8×경과연수/내용연수)]×손해율
  - 위의 산정기준에서 문제의 주어진 조건만을 대입하면 [1−(0.8×25/50)]×100=60%

78 벽걸이용 난방기구의 과열로 화재가 발생하여 바닥 4m², 천장 3m², 1면의 벽 3m²에 소실피해가 발생한 경우의 소실면적은 몇 m²인가?

① 2 ② 4
③ 6 ④ 10

해설
소실면적 산정 「화재조사 및 보고규정」
건물(수손 및 기타 파손 포함)의 소실면적 산정은 소실 바닥면적으로 산정한다.

79 「소방의 화재조사에 관한 법률」에 따른 화재현장 보존조치를 하거나 통제구역을 설정한 경우 소방관서장 또는 경찰서장의 허가 없이 화재현장에 있는 물건 등을 이동시키거나 변경·훼손한 사람은 최대 몇 만 원 이하의 벌금을 과하는가?

① 300 ② 200
③ 100 ④ 20

해설
「소방의 화재조사에 관한 법률」의 300만 원 이하의 벌금 벌칙 항목 4가지

암기법 물 출 업비 증

1. 허가 없이 화재현장에 있는 <u>물</u>건 등을 이동시키거나 변경·<u>훼손</u>한 사람
2. 정당한 사유 없이 화재조사관의 <u>출</u>입 또는 조사를 거부·방해 또는 기피한 사람
3. 관계인의 정당한 <u>업</u>무를 방해하거나 화재조사를 수행하면서 알게 된 <u>비</u>밀을 다른 용도로 사용하거나 다른 사람에게 누설한 사람
4. 정당한 사유 없이 <u>증</u>거물 수집을 거부·방해 또는 기피한 사람

80 「화재조사 및 보고규정」에 따른 화재유형별 화재조사서의 종류에 해당하지 않는 것은?

① 구조물 ② 항공기
③ 위험물 ④ 동물

해설
화재유형별조사서 서식

암기법 건자위 선임

1. <u>건</u>축·구조물 화재
2. <u>자</u>동차·철도차량
3. <u>위</u>험물·가스제조소 등 화재
4. <u>선</u>박·항공기 화재
5. <u>임</u>야 화재

정답 | 76 ③ 77 ③ 78 ② 79 ① 80 ④

산업기사 기출문제 2019년 2회

제1과목 | 화재조사론

01 화염확산에 대한 설명으로 옳지 않은 것은?

① 화염확산은 화재의 부력이나 대기상의 바람으로 인한 유동의 영향을 받는다.
② 화염확산은 일반적으로 화염의 방향 및 연료의 특성에 영향을 받는다.
③ 고체의 화염확산속도는 표면장력효과로 인하여 전반적으로 액체의 화염확산속도보다 크다.
④ 다공성 고체물질은 다공성이 아닌 물질에 비하여 화염확산속도가 빠르다.

해설
고체는 열전달로 표면 연소가 발생하므로 화염확산속도가 느리며, 액체는 증기로 기화되어 더 빠르게 연소된다.

02 다음 중 화재의 분류와 가연물이 옳게 연결된 것은?

① A급 화재 : 휘발유
② B급 화재 : 목재
③ C급 화재 : 유성페인트
④ D급 화재 : 금속분말

해설
금속분말은 D급 화재로 분류된다.
① 휘발유 : B급 화재
② 목재 : A급 화재
③ 유성페인트 : B급 화재

> **참고**
> **화재의 분류**
>
> | 급수 | 분류 | 가연물 종류 |
> |---|---|---|
> | A급 | 일반가연물 | 목재, 고무, 종이, 플라스틱 등 |
> | B급 | 유류 및 가스 | 가연성 액체(휘발유, 페인트, 타르 등) |
> | C급 | 전기 | 전선, 발전기, 기타 전기설비 등 |
> | D급 | 금속 | 가연성 금속과 가연성 금속의 합금 |

03 화재의 소실 정도를 나타내는 용어와 설명이 옳게 짝지어진 것은?

① 전소 : 건물의 입체면적 60% 이상 소실되었거나, 잔존부분을 보수하여 재사용이 가능한 것
② 반소 : 건물의 입체면적 50% 이상 70% 미만이 소실된 것
③ 부분소 : 전소, 반소 화재에 해당하지 아니하는 것
④ 즉소 : 건물의 입체면적 30% 이상 소실된 것

해설
제16조 건축·구조물의 소실정도 「화재조사 및 보고규정」

암기법 전반부 출석해

1. **전소** : 건물의 70% 이상(입체면적에 대한 비율)이 소실되었거나 또는 그 미만이라도 잔존부분을 보수하여도 재사용이 불가능한 것
2. **반소** : 건물의 30% 이상 70% 미만이 소실된 것
3. **부분소** : 제1호, 제2호에 해당하지 아니하는 것
   자동차·철도차량·선박·항공기 등의 소실정도는 건축·구조물 규정을 준용한다.

정답 | 01 ③ 02 ④ 03 ③

04 다음의 화재에 대한 설명 중 옳은 것은?

① 최성기단계의 화재는 연료지배형이다.
② 플래쉬오버 단계는 환기지배형 연소에서 연료지배형 연소로 전환되는 단계이다.
③ 감쇠기단계의 화재는 연료지배형 연소이다.
④ 가연물 양과 환기량은 열방출률과 무관하다.

해설
감쇠기단계의 화재는 최성기 시기 창문, 벽 등이 파괴되어 환기량은 많아지지만, 연료가 대부분 소진된 시기로 연료지배형 화재이다.

> **참고**
> **화재성상단계별 화재형태**
> - 발화기 : 연료지배형 화재
> - 성장기 : 연료지배형 화재
> - 플래시오버 : 연료지배형 화재에서 환기지배형 화재로 전환
> - 최성기 : 환기지배형 화재
> - 감쇠(쇠퇴)기 : 연료지배형 화재

05 「소방의 화재조사에 관한 법령」상 화재조사의 책임을 가진 사람은?

① 경찰서장　② 보험사
③ 소방서장　④ 최초 발견자

해설
화재조사법률상 화재조사의 책임은 소방청장, 소방본부장, 소방서장에게 있다.

> **참고**
> **화재조사의 실시(「소방의 화재조사에 관한 법률」 제5조)**
> 소방청장, 소방본부장 또는 소방서장은 화재발생 사실을 알게 된 때에는 지체 없이 화재조사를 하여야 한다.

06 화재현장에서 고휘발성 증거물의 수집 시 고려해야 할 사항이 아닌 것은?

① 과학성　② 임의성
③ 신속성　④ 현장성

해설
고휘발성 증거물은 시간이 흐르면 증발하여 수집할 수 없으므로 현장에서 신속하게 과학적 방법으로 수집한다.

07 염화비닐 단량체가 폴리염화비닐로 변화되는 반응과정에서 발생할 수 있는 폭발 현상은?

① 산화폭발　② 분진폭발
③ 중합폭발　④ 전선폭발

해설
중합폭발은 중합해서 발생하는 반응열로 인해 폭발하는 것으로 초산비닐, 염화비닐 등의 원료인 모노머가 폭발적으로 중합되면 압력이 급상승되어 폭발한다.

08 화재조사의 분류 중 화재피해조사에 해당하는 것은?

① 화재의 발견, 통보 및 조기 소화 등의 상황조사
② 대피경로, 대피상의 장애요인 등의 상황조사
③ 소방시설의 사용 또는 작동상황 등의 상황조사
④ 소화활동 중 사용된 물로 인한 파손 상황조사

해설
소화활동 중 사용된 물로 인한 파손은 재산피해에 해당한다.
① 화재원인 조사 중 발견, 통보 및 초기 소화상황 조사
② 화재원인 조사 중 피난상황 조사
③ 화재원인 조사 중 소방·방화시설 등 조사

> **참고**
>
> **화재피해조사**
>
> | 인명피해 | | 화재로 인한 사망자 및 부상자 |
> |---|---|---|
> | | | 화재진압 중 발생한 사망자 및 부상자 |
> | 재산피해 | 소실피해 | 열에 의한 탄화, 용융, 파손 등의 피해 |
> | | 수손피해 | 소화활동으로 발생한 수손피해 등 |
> | | 기타피해 | 연기, 물품반출, 화재 중 발생한 폭발 등에 의한 피해 등 |
>
> **화재원인조사**
>
> | 발화원인 조사 | 발화지점, 발화열원, 발화요인, 최초착화물 및 발화관련기기 등 |
> |---|---|
> | 발견, 통보 및 초기소화상황 조사 | 발견경위, 통보 및 초기소화 등 일련의 행동과정 |
> | 연소상황 조사 | 화재의 연소경로 및 연소확대물, 연소확대사유 등 |
> | 피난상황 조사 | 피난경로, 피난 상의 장애요인 등 |
> | 소방·방화시설 등 조사 | 소방·방화시설의 활용 또는 작동 등의 상황 |

정답 | 04 ③　05 ③　06 ②　07 ③　08 ④

09 다음 중 화학적 작용에 의한 소화방법에 해당하는 것은?

① 질식소화 ② 냉각소화
③ 제거소화 ④ 억제소화

🏛 해설
억제소화는 화학적 연쇄반응을 억제하거나 방해하여 화재를 진압하는 방법이다.
① 질식소화 : 산소공급을 차단하여 불을 끄는 방법이다.
② 냉각소화 : 화재의 온도를 낮춰 불을 끄는 방법이다.
③ 제거소화 : 가연물을 제거하여 불을 끄는 방법이다.

10 다음 중 가연성 액체의 일반적인 연소형태와 거리가 먼 것은?

① 포어 패턴(Pour pattern)
② 스플래쉬 패턴(Splash pattern)
③ 트레일러 패턴(Trailer pattern)
④ 도넛 패턴(Doughnut pattern)

🏛 해설
가연성 액체에 의한 화재패턴은 포어 패턴, 스플래쉬 패턴, 고스트 마크, 도넛 패턴, 틈새연소 패턴이다.

> **참고**
> 트레일러 패턴(Trailer Pattern)
> 의도적으로 불을 지르기 위해 발화성 액체뿐만 아니라 두루마리 화장지, 신문지, 옷 등을 트레일러처럼 길게 이어 붙여 한 장소에서 다른 장소로 연소 확산시키기 위한 방화 연소흔적이다.

11 물질의 상변화에너지에 대한 설명으로 옳은 것은?

① 증발열 : 기체가 액체로 변화할 때 외부로부터 흡수하는 열량
② 잠열 : 물질이 상변화 없이 온도만 변할 때 흡수 또는 발생하는 열
③ 응고열 : 액체가 응고점에서 동일 온도의 고체로 변화할 때 방출하는 열량
④ 현열 : 물질이 온도·압력의 변화 없이 상변화만 일어날 때 흡수 또는 발생하는 열

🏛 해설
응고열은 액체가 고체로 변화할 때 방출되는 열량이다.
① 증발열 : 액체가 기체로 변화할 때 외부로부터 흡수하는 열량
② 잠열 : 물질의 상변화 시 온도가 변하지 않으면서 흡수 또는 발생하는 열
④ 현열 : 물질의 온도 변화 시 흡수 또는 방출되는 열

12 다음의 타임라인(Time Line)을 구성하기 위한 이벤트기록 중 하드타임(Hard Time)과 가장 거리가 먼 것은?

① 무인경비설비가 화재를 감지한 시각
② 소방서에 화재가 신고된 시각
③ 화재가 시작된 시각
④ 화재의 진압이 종료된 시각

🏛 해설
하드타임(Hard Time)은 화재 상황의 발생 또는 종료 시점을 정확하게 기록하는 시간 개념이다. ①은 무인경비시스템 로그기록, ②, ④는 긴급구조시스템 로그 기록을 통해 정확하게 기록되어있으나, ③은 CCTV, 목격자 진술 등을 종합적으로 검토하여 결정한다.

13 「소방의 화재조사에 관한 법률」상 화재의 원인과 피해조사를 위하여 설치하는 화재조사전담부서를 설치·운영할 수 없는 곳은?

① 경찰서 ② 소방청
③ 시·도의 소방본부 ④ 소방서

🏛 해설
「소방의 화재조사에 관한 법률」에 근거한 기관을 묻고 있어 경찰서는 이에 해당하지 않는다.

> **참고**
> 「소방의 화재조사에 관한 법률」 제6조 제1항
> 소방청장, 소방본부장 또는 소방서장은 전문성에 기반하는 화재조사를 위하여 화재조사전담부서를 설치·운영하여야 한다.

정답 | 09 ④ 10 ③ 11 ③ 12 ③ 13 ①

14 구획실 화재현상에 대한 설명 중 옳지 않은 것은?

① 롤오버(rollover)는 화염이 천장층에 확산되어 있는 상태를 말한다.
② 롤오버는 플래쉬오버 후에 발생한다.
③ 플래임오버(flameover)가 항상 플래쉬오버를 일으키는 것은 아니다.
④ 구획실 내부로 유입되는 공기가 충분하지 않으면 연료지배형 화재에서 환기지배형 화재로 전이된다.

🛢 해설
롤오버는 플래쉬오버 이전에 발생한다.

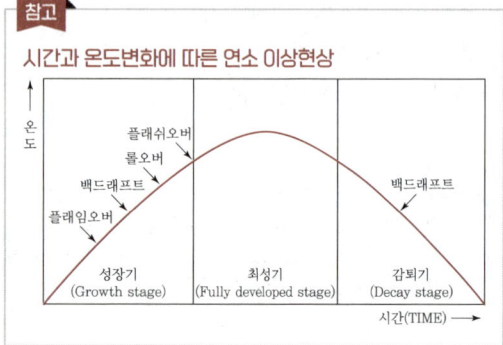

15 다음 중 출화개소 판단 시의 유의사항으로 틀린 것은?

① 발화지점과 연소확산된 경계구역을 구분한다.
② 건물 내·외부 연소상태를 비교 판단하여 화염의 이동경로를 파악한다.
③ 출입구의 방향과 창문, 환기구 등 개구부는 변동요인이 많으므로 제외한다.
④ 붕괴되거나 도괴된 경우, 해당 취약요인을 확인한다.

🛢 해설
진압대원이 진입하여 소화수 방출 방향, 개구부의 환기에 의한 패턴 등 출화개소 판단에 출입문은 중요한 역할을 하므로 반드시 조사한다.

16 다음 중 저항이 7Ω인 전선에 5A의 전류가 1분 동안 흐른 경우, 전선에서 발생하는 발열량(줄열)으로 옳은 것은?

① $H = I \times R \times t = 5 \times 7 \times 60 = 2,100J$
② $H = I^2 \times R \times t = 5^2 \times 7 \times 60 = 10,500J$
③ $H = I^2 \times R^2 \times t = 5^2 \times 7^2 \times 60 = 73,500J$
④ $H = I \times R^2 \times t^2 = 5 \times 7^2 \times 60^2 = 88,2000J$

🛢 해설
줄의 법칙(Joule's Law)
줄열(H)은 전류의 제곱에 비례하여 증가하며, 전류와 저항, 시간 간의 관계로 계산된다.
$H = I^2 \times R \times t$

17 연소 진행과정 추적과 관련하여 화재원인 판정 절차 순서를 나열한 것 중 옳은 것은?

① 발화층, 발화실의 판정 → 발화원, 발화원인의 판정 → 발화개소의 판정 → 발화건물의 판정
② 발화층, 발화실의 판정 → 발화원, 발화원인의 판정 → 발화건물의 판정 → 발화개소의 판정
③ 발화건물의 판정 → 발화층, 발화실의 판정 → 발화개소의 판정 → 발화원, 발화원인의 판정
④ 발화건물의 판정 → 발화원, 발화원인의 판정 → 발화층, 발화실의 판정 → 발화개소의 판정

🛢 해설
화재원인 판정 절차 순서
- 건물 → 층, 실 → 발화개소 → 발화원인
- 큰 것에서 작은 것으로 좁혀나가다가 발화개소(발화지점)를 판정하면 그 지점에서 발화원인을 발굴하여 판정한다.

> **참고**
> **발화원인 판정을 위한 조사요령**
> 발화건물 → 발화실의 판정 → 발화범위의 한정 → 한정된 발화범위의 발굴·복원 → 발화개소의 판정 → 발화원의 판정 → 발화원인의 판정

정답 | 14 ② 15 ③ 16 ② 17 ③

18 화재사건 관계자 진술방법에 관한 설명으로 틀린 것은?

① 관계자의 인권을 고려하여 유도심문을 하여야 한다.
② 관계자의 기억이 희박해지기 이전에 최대한 빨리 질문하는 것이 좋다.
③ 「화재조사법」상 질문을 행하는 주체는 소방청장·소방본부장·소방서장이다.
④ 피질문자의 심리가 충분히 안정된 상태에서 진술할 수 있는 장소를 선택하는 것이 좋다.

해설
관계자의 인권은 고려하되 유도심문은 삼가고 임의진술을 확보한다.

19 화재현장에서 열, 연기 또는 화염 흐름의 방향을 표시하는 것으로써, 화재현장도에 사용되는 화살표는 무엇인가?

① 열관성
② 타임라인
③ 열방출율
④ 열 및 화염 벡터

해설
열, 연기 등에 의한 연소강도를 파악하고 연소 강도가 강한 곳에서 약한 곳으로 열 및 화염 벡터를 표시하면, 발화지점 판정 시 유용하다.

20 메탄 75vol.%, 에탄 15vol.%, 프로판 10vol.%가 섞여있는 혼합가스의 공기 중 연소하한계는? (단, 메탄, 에탄, 프로판의 연소하한계는 각각 5.0vol.%, 3.0vo%, 2.1vol.%이다.)

① 약 2vol.%
② 약 4vol.%
③ 약 6vol.%
④ 약 8vol.%

해설
혼합가스의 폭발 범위 계산 "르샤틀리에 법칙(Le Chatelier's Low)"

암기법 백불(100 V L)

$$L = \frac{100}{\frac{V_1}{L_1} + \frac{V_2}{L_2} + \frac{V_3}{L_3} + \cdots} (\text{Vol}\%)$$

$$L = \frac{100}{\frac{75}{5} + \frac{15}{3} + \frac{10}{2.1}} = 4.03$$

L : 혼합가스 폭발한계(%)
L_1, L_2, L_3 : 각 가연성 가스 폭발한계(%)
V_1, V_2, V_3 : 각 가연성 가스의 공기 중 부피(vol%)
메탄(L_1 : 5, V_1 : 75),
에탄(L_2 : 3, V_2 : 15),
프로판(L_3 : 2.1, V_3 : 10)

제2과목 화재감식론

21 다음 중 가열에 의해 연화되면서 가소성을 갖는 합성수지에 해당하지 않는 것은?

① 폴리염화비닐
② 에폭시수지
③ 폴리스틸렌
④ 폴리에틸렌

해설
에폭시수지는 열경화성수지이다.
- 열가소성수지 : 폴리염화비닐(PVC), 폴리스티렌(PS), 폴리에틸렌(PE), 폴리프로필렌(PP) 등
- 열경화성수지 : 에폭시수지, 폴리에스터, 폴리우레탄, 페놀수지, 멜라민 수지 등

22 LPG 차량의 구성품 중, LPG 용기의 밸브 색상이 옳게 연결된 것은?

① LPG 충전밸브 : 황색
② 체크밸브 : 적색
③ 액체 송출밸브 : 적색
④ 기체 송출밸브 : 청색

해설
① LPG 충전밸브 : 녹색
② 체크밸브 : 기준 색상 없음
③ 액체 송출밸브 : 적색
④ 기체 송출밸브 : 황색

정답 | 18 ① 19 ④ 20 ② 21 ② 22 ③

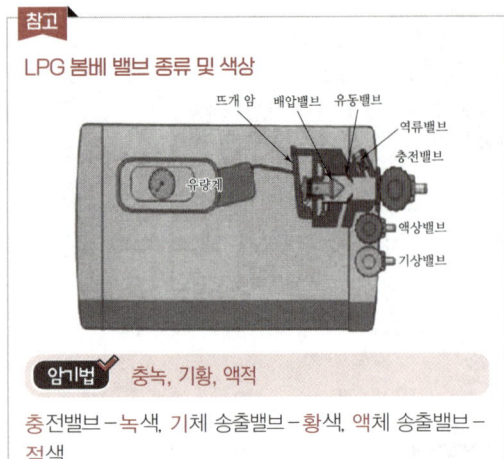

참고

LPG 봄베 밸브 종류 및 색상

암기법 충녹, 기황, 액적

충전밸브 – 녹색, 기체 송출밸브 – 황색, 액체 송출밸브 – 적색

23 면적 100m², 높이 2m인 내화조(환기율은 0.4회/h) 내부에 도시가스관에서 누설된 가스가 축적될 때, 얼마만큼의 누설량부터 폭발하한계에 도달하겠는가? (단, 도시가스의 폭발하한계는 5.6Vol.%이다.)

① 11.2m³   ② 15.68m³
③ 112m³   ④ 156.8m³

해설
도시가스 누설량의 폭발하한계는 내부 체적(V)에 5.6Vol.% 가스가 누설되어야 한다. 이때 내부체적(100m²×2m)은 환기 배출가스량(체적)을 고려해줘야 한다.
환기 배출가스량(m³/h) = 200m³ × 0.4 = 80m³
∴ LEL = V(내부체적 + 환기 배출가스량) × 5.6Vol.%
= (200m³ + 80m³) × 0.056
= 15.68m³

24 정전기의 방전 원리 중 액체가 파이프 등의 수송관을 흐를 때, 정전기가 발생하는 현상은?

① 마찰대전   ② 박리대전
③ 유동대전   ④ 분출대전

해설
유동대전은 파이프 등의 수송관 중을 액체가 흐를 때 정전기를 발생하는 현상이다.
① 마찰대전 : 물체가 접촉했을 때 마찰에 의해 전하분리가 생겨 정전기가 발생하는 현상
② 박리대전 : 밀착된 물체가 박리 했을 때 전하분리가 일어나 정전기가 발생하는 현상
④ 분출대전 : 분체, 액체, 기체가 단면적이 작은 개구부에서 분출할 때 마찰이 일어나 정전기가 발생하는 현상

25 과전류에 의한 전선의 변화에 관한 설명으로 틀린 것은?

① 통전전류가 클수록 짧은 시간에 용단된다.
② 용융된 부분과 용융되지 않은 부분의 경계가 명확하다.
③ 회로 전체 배선에 과열된 흔적이 관찰된다.
④ 용융되지 않은 전선의 표면은 산화작용에 의해 변색 산화되어 구부리면 표면의 일부가 박리되어 떨어진다.

해설
회로 전체 배선에 과열되어 용융된 부분과 용융되지 않은 부분의 경계선이 명확하지 않은 경우가 많다.

26 「고압가스 안전관리법령」상 고압가스에 속하지 않는 것은?

① 상용의 온도에서 압력이 1메가파스칼 미만이 되는 압축가스로서 실제로 그 압력이 1메가파스칼 미만이 되는 것
② 섭씨 15도의 온도에서 압력이 0파스칼을 초과하는 아세틸렌가스
③ 상용의 온도에서 압력이 0.2메가파스칼 이상이 되는 액화가스로서 실제로 그 압력이 0.2메가파스칼 이상이 되는 것
④ 섭씨 35도의 온도에서 압력이 0파스칼을 초과하는 액화가스 중 액화시안화수소, 액화브롬화메탄 및 액화산화에틸렌가스

해설
1메가파스칼 미만이 아닌 1메가파스칼 이상의 압축가스여야 한다.

참고

고압가스의 종류 및 범위 「고압가스 안전관리법 시행령」 제2조

① 상온에서 압력이 1MPa 초과되는 압축가스로서 실제로 그 압력이 1MPa 초과되는 것
② 15℃에서 압력이 0Pa을 초과하는 아세틸렌가스
③ 상온에서 압력이 0.2MPa 이상되는 액화가스로서 실제 압력이 0.2MPa 이상되는 것
④ 35℃의 온도에서 압력이 0Pa 초과하는 액화가스 중 액화시안화수소, 액화브롬화메탄 및 액화산화에틸렌가스

정답 | 23 ② 24 ③ 25 ② 26 ①

27 차량 화재의 발화원 중, 기계적 스파크에 대한 설명으로 틀린 것은?

① 차량이 주행하고 있거나 움직이고 있을 때, 금속 대 금속 간의 접촉(강철 또는 마그네슘) 불꽃을 생성시킬 수 있다.
② 차량이 주행하고 있거나 움직이고 있을 때, 금속 대 포장도로 간의 접촉은 가스 증기 또는 분무상태의 액체와 함께 불꽃을 생성시킬 수 있다.
③ 알루미늄 대 도로 표면의 스파크의 경우, 알루미늄의 녹는점이 높아 대부분의 물질에서 발화되기 용이하다.
④ 금속 간 접촉은 구동 폴리(drive pulley), 구동축 또는 베어링 같은 곳에서 발생할 수 있다.

🔲 해설
알루미늄은 녹는점이 낮아 범퍼나 엔진 내부에 녹고 바닥에 떨어지면서 연소물과 함께 응고되어 연소물 하단에 남아있을 수 있다.

28 다음 중 동소체가 아닌 것은?

① 산소와 오존　　② 흑연과 다이아몬드
③ 황린과 오황화린　④ 단사황과 사방황

🔲 해설
동소체란 같은 원소로 되어 있으나 성질과 모양이 다른 단체를 말한다. 황린(P_4), 오황화린($2P_2S_5$)은 같은 원소로 구성되지 않았다.
① 산소(O_2), 오존(O_3)
② 흑연과(C), 다이아몬드(C)
④ 단사황(S), 사방황(S)

29 다음 중 우발적 원인에 의한 방화에 속하지 않는 것은?

① 부부싸움 중 시너를 뿌리고 방화
② 우울증에 시달리던 자가 자살방화
③ 약물 중독에 의한 환각 등에 의한 방화
④ 보험금 편취 목적으로 방화

🔲 해설
우발적 방화는 감정적 폭발, 정신적 혼란 등으로 인해 즉흥적으로 발생하는 반면, 계획적 방화는 명확한 목적을 가지고 사전에 준비된 행위다. 보험금 편취 목적 방화는 계획적인 방화에 속한다.

30 실화를 위장한 방화에 대한 설명으로 틀린 것은?

① 방화자가 이득 등을 취하기 위하여, 화재조사자가 화재원인조사에 있어서 실화로 잘못된 판단을 하도록 위장하려는 의도가 있다.
② 보험금을 사취하기 위한 방화에 있어서 발화장소 주변에 모기향, 촛불, 발열기구, 노후가전제품 등을 이용하여 착화시킨 후 실화로 위장하려는 경향이 있다.
③ 화재조사의 현장조사 시, 방화자는 실화가능성을 쉽게 인정하려는 경향이 있으며 필요 이상으로 자세하게 설명하려는 경향을 보인다.
④ 방화자는 방화증거물 및 현장을 잘 보존하여 화재조사자에게 협조하려는 태도를 보인다.

🔲 해설
방화자는 화재조사자에게 협조하려는 태도를 보이지 않고 은폐 및 훼손하려고 한다.

31 발화원에 대한 검토 시 주의사항으로 옳지 않은 것은?

① 발화에 이른 경과를 논리적으로 고찰한다.
② 관계자와 함께 화재현장에 있는 물건의 가치와 발화가능성에 대해 협의한다.
③ 화재원인이 거의 특정된 시점에서 재차 발화개소에서 주위로 타서 번져간 상황이 타당성이 있는지 검토한다.
④ 감식, 감정하는 물건의 위치를 계측한 후 채취한다.

🔲 해설
관계자 진술은 발화가능성 검토 대상 중 하나이지, 관계인과 협의해야 할 사항은 아니다.

정답 | 27 ③　28 ③　29 ④　30 ④　31 ②

32 다음 물질 중, 위험도가 가장 큰 것은?

물질명	연소범위(vol.%)	
	하한계	상한계
이황화탄소	1.2	44
메틸알코올	7.3	36
아세트알데히드	4.1	57
가솔린	1.4	7.6

① 이황화탄소 ② 메틸알코올
③ 아세트알데히드 ④ 가솔린

해설
위험도는 연소범위가 넓을수록 하한계가 낮을수록 높다.
$$H(위험도) = \frac{U(연소상한계) - L(연소하한계)}{L(연소하한계)}$$
① 이황화탄소 : $H = \frac{44 - 1.2}{1.2} = 35.67$
② 메틸알코올 : $H = \frac{36 - 7.3}{7.3} = 3.93$
③ 아세트알데히트 : $H = \frac{57 - 4.1}{4.1} = 12.9$
④ 가솔린 : $H = \frac{7.6 - 1.4}{1.4} = 4.43$

33 다음 중 인화점이 가장 낮은 물질은?

① 톨루엔 ② 메틸알코올
③ 등유 ④ 크레오소트유

해설
액체 가연물질의 인화점

액체 가연물질	인화점(℃)
톨루엔	4.5
메틸알코올	11
등유	30~60
크레오소트유	74

34 담배의 궐련지(Cigarette paper) 착화온도는 섭씨온도 몇 ℃인가?

① 250℃ 전후 ② 300℃ 전후
③ 350℃ 전후 ④ 400℃ 전후

해설
담배 1개비는 평균 0.72g 정도이고, 궐련지는 대부분 마섬유 100%지만 예외적으로 펄프를 섞은 것도 있다. 궐련지는 탄산칼슘이 첨가되어 있어 높은 통기성을 가지고 있다. 또한, 착화온도 및 착화시간은 400℃ 전후에서 수초에 착화한다.

35 양초를 구성하는 주요 성분이 아닌 것은?

① 파라핀 ② 경화납
③ 스테아린산 ④ 펜타크롤페놀

해설
펜타크롤페놀은 살충제 및 살균제로 사용되는 유기염소화합물이다. 독성이 있어 현재는 사용 제한된 물질이다.
① 파라핀 : 일반적인 양초 성분이다.
② 경화납 : 파라핀 왁스와 스테아린 왁스를 혼합하여 만든 왁스이다.
③ 스테아린산 : 양초의 지속 시간과 연소 성능을 향상시키기 위해 사용된다.

36 다음 중 산불의 초기 연소현상에 대한 설명으로 옳은 것은?

① 강풍 또는 급경사지에서는 원형으로 연소
② 소능선이 있는 경사면에서는 산 정상을 향하여 빠르게 연소
③ 무풍 평탄지에서는 발화점을 중심으로 부채꼴 모양으로 연소
④ 풍량이 일정하지 않거나 경사면에서는 풍향과 평행으로 연소

해설
경사면이 급해지면 바람과 대기열에 의해 산불은 산 정상을 향해 빠르게 진행한다.

> **참고**
> **급경사지와 타 경사지와의 속도비**
> • 급경사지는 보통 경사지보다 2배 빠름
> • 급경사지는 완경사지보다 4배 빠름
> • 급경사지는 평지보다 8배 빠름

정답 | 32 ① 33 ① 34 ④ 35 ④ 36 ②

37 배선기구 접속 및 접속부의 과열 원인이 아닌 것은?

① 접점 표면에 먼지 등 이물질 부착
② 허용량 이하의 전압, 전류 사용
③ 접촉면적 감소
④ 미세한 개폐동작이 반복하는 채터링 현상

해설
허용량 이상의 전압, 전류를 사용할 때 과열의 원인이 된다.
① 이물질 부착 부위에 접촉저항이 증가하여 과열된다.
③ 접촉면적 감소하면 접촉저항이 증가하여 과열된다.
④ 채터링 현상은 미세한 개폐동작이 반복되는 것으로 접점의 마모와 과열의 원인이 된다.

38 항공기 화재발생 시 전기적 또는 케이블기구에 의해 기능을 차단하는 시스템 중 관계없는 장치는?

① 물 차단   ② 오일 차단
③ 유압 차단   ④ 연료 차단

해설
항공기 화재 시 오일, 유압유, 연료는 가연물이 될 수 있지만, 물은 소화수로 활용할 수 있어 차단할 이유는 없다.

39 가정용 가스레인지에 사용하는 액화석유가스 용기의 내용적이 125L인 경우, 최대 충전량은 몇 kg인가? (단, 가스정수는 프로판 2.35이다.)

① 53.19   ② 60.97
③ 256.25   ④ 293.75

해설
$G = \dfrac{V}{C} = \dfrac{125}{2.35} = 53.19(kg)$
G : 충전용량(kg)
V : 용기 내용적(L)
C : 충전상수

40 다음 중 성심리학적 방화범의 분류에 해당하지 않는 것은?

① 구강기 방화범   ② 항문기 방화범
③ 비강기 방화범   ④ 남근기 방화범

해설
비강기 방화범은 방화범 분류에 해당하지 않는다.

> **참고**
> **성심리학적 방화범 분류**
> • 구강기 방화범
> • 항문기 방화범
> • 남근기 방화범
> • 잠복기 방화범
> • 외음부기 방화범

제3과목 증거물관리 및 법과학

41 화재현장 기록용 디지털카메라에 대한 설명으로 옳지 않은 것은?

① 촬영 후에 즉시 현장에서 확인이 가능하다.
② 다른 매체와 폭넓게 호환이 가능하다.
③ 저장이 편리하고 장기간 보존할 수 있다.
④ 촬영 대상의 온도를 확인할 수 있다.

해설
적외선열화상카메라에 관한 설명이다.

> **참고**
> **적외선열화상카메라**
> • 비접촉식으로 대상물체의 온도 분포도를 보여주는 장비
> • 적외선(Infrared Detector)으로부터 감지되는 주파수 반응을 전기적 신호로 만든 후 이를 화상 시스템으로 나타내어 주는 장비

42 다음 중 화재폭발 사고를 시간의 순서에 따라 그래픽 또는 서술식으로 묘사하는 조사방법으로 적합한 것은?

① PERT   ② 타임라인
③ 시스템분석   ④ 컴퓨터모델링

정답 | 37 ② 38 ① 39 ① 40 ③ 41 ④ 42 ②

🔦 **해설**

증거물 분석 및 재구성 방법 구분

구분	정의
마인드 매핑	각 증거물이 주는 정보를 연관되는 것들끼리 연결해놓는 것
타임라인	사건들을 각 순서에 맞게 배열하고, 시간의 흐름에 맞게 배열하는 작업으로 증거의 시간적 역할을 통해 구분하고 재구성하는 방법
PERT 차트	The Program Evaluation and Review Technique, 증거들의 조합으로 이루어진 이벤트들을 타임라인 위에 나열한 것

43 다음의 전기적 용융흔적에 대한 설명 중 옳은 것은?

① 구형이며 광택이 없고 모재부와 용융부의 경계면이 형성되지 않는다.
② 외부염에 의한 단락흔은 구리의 초기결정 이외의 금속결정으로 변형되지 않는다.
③ 용융되지 않은 전선의 표면은 변색되어 있으며 구부리면 표면의 일부가 박리되어 떨어지는 경우가 많다.
④ 성분분석결과 전기적 단락흔은 다량의 탄소가 검출된다.

🔦 **해설**

용흔(溶痕)
• 정의 : 전기배선이나 금속부분에 생기는 녹은 흔적
• 종류 및 외관 특징

종류	정의	외관 특징
1차 용흔	화재가 발생하기 전에 생긴 용흔 또는 화재의 원인, 절연재료가 어떤 원인으로 파손된 후 단락되어 생기는 용흔	용융부의 조직은 치밀하여 동 또는 금속체 본연의 광택을 띠고 있는 것이 보통
2차 용흔	화재가 발생된 후에 화재의 열에 의해 절연피복이 소실된 후 동선이 연화된 상태에서 단락된 흔적	동(銅) 본연의 광택이 없고 동이 녹아서 망울이 된 상태로 아래로 늘어지는 양상

44 다음 중 관계자 질문을 통해 정보를 수집하고자 할 때의 유의사항으로 옳은 것은?

① 임의진술을 확보한다.
② 선입관 없이 유도심문을 한다.
③ 미성년자의 진술도 그대로 인용한다.
④ 개인의 사생활 노출은 감수하도록 한다.

🔦 **해설**

관계인 등에게 질문을 할 때에는 시기, 장소 등을 고려하여 진술하는 사람으로부터 임의진술을 얻도록 해야 하며 진술의 자유 또는 신체의 자유를 침해하여 임의성을 의심할 만한 방법을 취해서는 아니 된다.

> **참고**
>
> **제23조 질문「화재조사 및 보고규정」**
> 1. 관계인 등에게 질문을 할 때에는 시기, 장소 등을 고려하여 진술하는 사람으로부터 임의진술을 얻도록 해야 하며 진술의 자유 또는 신체의 자유를 침해하여 임의성을 의심할 만한 방법을 취해서는 아니 된다.
> 2. 관계인 등에게 질문을 할 때에는 희망하는 진술내용을 얻기 위하여 상대방에게 암시하는 등의 방법으로 유도해서는 아니 된다.
> 3. 획득한 진술이 소문 등에 의한 사항인 경우 그 사실을 직접 경험한 관계인 등의 진술을 얻도록 해야 한다.
> 4. 관계인 등에 대한 질문사항은 질문기록서에 작성하여 그 증거를 확보한다.

45 다음의 화재현장에 잔류된 유리형태 조사에 대한 설명으로 옳지 않은 것은?

① 열에 의해 파괴된 유리의 표면에 나타난 파괴선은 길고 구불구불한 불규칙형태를 보이는 경우가 많다.
② 열에 의해 파손된 유리의 파단면은 매끄러운 상태를 보인다.
③ 조사할 때는 최소한의 조각을 수거하여 파괴기점을 파악한다.
④ 폭발에 의하여 파손된 유리의 파단형태는 방사형태보다는 평행선에 가까운 모습을 보인다.

🔦 **해설**

조사할 때는 최대한의 조각을 수거하여 파괴기점을 파악한다.

정답 | 43 ③ 44 ① 45 ③

46 「화재조사 및 보고규정」상의 화재현장보존을 위한 소방활동구역의 설정에 대한 설명으로 적합하지 않은 것은?

① 소방서장은 현장조사를 위하여 필요하다고 인정될 때에는 소방활동구역을 설정할 수 있다.
② 소방활동구역의 설정은 필요한 최대의 범위로 한다.
③ 소방활동구역 관리는 수사기관과 상호협조하여야 한다.
④ 소방활동구역 표시는 로프 등으로 범위를 한정하고 경고판을 부착한다.

해설
소방활동구역의 설정은 필요한 최소 범위로 한다.

47 무색·무취·무미의 환원성이 강한 가스로 인체 내의 헤모글로빈과 결합하여 산소의 운반기능을 약화시키는 연소생성가스로 옳은 것은?

① 일산화탄소   ② 이산화탄소
③ 암모니아   ④ 아황산가스

해설
일산화탄소는 체내에 산소를 공급하는 적혈구의 헤모글로빈과 결합하여 산소의 결합을 막으므로 결국 질식에 이르게 된다.

48 다음 중 화재현장을 효과적으로 촬영하기 위한 렌즈에 대한 설명으로 옳지 않은 것은?

① 줌렌즈는 물고기 눈처럼 둥글게 튀어 나와서 피시아이(Fish Eye)라고 불린다.
② 좁은 공간에서 넓은 화각을 원할 때는 광각렌즈를 사용한다.
③ 망원렌즈는 멀리 있는 피사체 촬영 시 편리하다.
④ 표준렌즈는 50도 안팎의 화각으로 원근감, 화상의 크기 등이 육안에 가장 가깝다.

해설
어안렌즈(Fish-eye Lens)라고 한다.

49 다음 중 표피 및 진피까지 손상되며 수포가 형성되는 화상으로 옳은 것은?

① 1도 화상   ② 2도 화상
③ 3도 화상   ④ 4도 화상

해설
화상 깊이에 따른 증상별 특징

암기법 일싸 홍수괴탄

화상 단계	증상
1도	홍반
2도	수포
3도	괴사, 가피
4도	탄화

50 다음 중 9의 법칙에 대한 설명으로 옳은 것은?

① 20세 남성의 대퇴부 전면 손상은 9%×2이다.
② 영아의 양팔 손상은 18%이다.
③ 어린이의 외음부 손상은 2%이다.
④ 성인의 두부 손상은 18%이다.

해설
9의 법칙에 의한 성인 및 영아 체표면적(단위 : %)

구분	머리	좌·우측 팔 각각	앞·뒤측 몸통 각각	성기(외음부)	좌·우측 다리 각각
성인	9	9	18	1	18
소아·영아	18	9	18	1	13.5

51 화재사에서는 화재에 대한 생활반응과 사후 계속적인 열의 작용에 의한 사후변화가 섞여 있다. 다음 중 외부소견의 생활반응으로 옳은 것은?

① 시반은 일산화탄소헤모글로빈(COHb)의 형성으로 선홍색을 띤다.
② 장갑상 및 양말상 탈락으로 벗겨질 때가 있다.
③ 피부균열 및 파열되어 절창 또는 열창과 유사한 소견을 보인다.
④ 투사형 자세로 근육이 응고되어 수축되는 소위 열경직 현상을 보인다.

정답 | 46 ② 47 ① 48 ① 49 ② 50 ② 51 ①

📖 **해설**

화재사의 생활반응 종류
- 선홍색 시반
- 그을음의 흡입 흔적
- 화상
- 혈중 일산화탄소 농도

52 다음 중 증거물 수집과정에서 오염을 막기 위한 방법과 가장 관련이 적은 것은?

① 면장갑 대신 일회용 비닐장갑을 이용한다.
② 빗자루, 부삽 등 증거수집도구는 오염이 되지 않도록 조치한 후에 사용한다.
③ 정확한 증거물의 수집을 위하여 무수(無水)성 또는 기타 형태의 클리너를 사용한다.
④ 증거물 수집용기의 금속 뚜껑을 수집 도구로 활용한다.

📖 **해설**
클리너 사용 시 증거물이 오염될 수 있다.

53 다음 중 「화재증거물수집관리규칙」상 증거물의 정의로 옳은 것은?

① 화재와 관련 있는 가연물 및 개연성이 있는 모든 개체를 말한다.
② 화재와 관련 있는 물건 및 필연성이 있는 모든 개체를 말한다.
③ 화재와 관련 있는 가연물 및 필연성이 있는 모든 개체를 말한다.
④ 화재와 관련 있는 물건 및 개연성이 있는 모든 개체를 말한다.

📖 **해설**

제2조 정의 「화재증거물수집관리규칙」
1. "증거물"이란 화재와 관련 있는 물건 및 개연성이 있는 모든 개체를 말한다.
2. "증거물 수집"이란 화재증거물을 획득하고 해당 물건을 분석하여 사건과 관련된 화재증거를 추출하는 과정을 말한다.
3. "현장기록"이란 화재조사현장과 관련된 사람, 물건, 기타 주변 상황, 증거물 등을 촬영한 사진, 영상물 및 녹음자료, 현장에서 작성된 정보 등을 말한다.
4. "현장사진"이란 화재조사현장과 관련된 사람, 물건, 기타 상황, 증거물 등을 촬영한 사진을 말한다.
5. "현장비디오"란 화재현장에서 화재조사현장과 관련된 사람, 물건, 그 밖의 주변 상황, 증거물을 촬영하거나 조사의 과정을 촬영한 것을 말한다.

54 「화재조사 및 보고규정」상에 건축·구조물, 자동차·철도차량, 임야, 선박·항공기 화재 등 각기 다른 성격의 화재에 대하여 각각의 서식에 따라 작성하도록 규정된 화재조사 서류로 적합한 것은?

① 화재유형별조사서
② 화재감식·감정보고서
③ 방화·방화의심조사서
④ 질문기록서

📖 **해설**

화재유형별조사서 서식

> 암기법 건자위 선임

1. 건축·구조물 화재
2. 자동차·철도차량
3. 위험물·가스제조소 등 화재
4. 선박·항공기 화재
5. 임야 화재

55 다음 중 각 금속의 용융점이 높은 것부터 낮은 것의 순서로 적절하게 연결된 것은?

① 크롬 → 텅스텐 → 아연 → 마그네슘 → 주석
② 텅스텐 → 크롬 → 주석 → 마그네슘 → 아연
③ 텅스텐 → 크롬 → 마그네슘 → 아연 → 주석
④ 크롬 → 텅스텐 → 주석 → 아연 → 마그네슘

📖 **해설**
텅스텐 3,400℃ → 크롬 1,907℃ → 마그네슘 650℃ → 아연 420℃ → 주석 232℃

정답 | 52 ③ 53 ④ 54 ① 55 ③

56 다음 중 유류 화재로 추정되는 현장에서 수거된 증거물에 대한 분석절차로 적합한 것은?

① 수거 → 정제 → 여과 → 침지 → 적외선 흡수 스펙트럼 분석 → 가스 크로마토그래피법
② 수거 → 여과 → 침지 → 정제 → 적외선 흡수 스펙트럼 분석 → 가스 크로마토그래피법
③ 수거 → 침지 → 여과 → 정제 → 적외선 흡수 스펙트럼 분석 → 가스 크로마토그래피법
④ 수거 → 침지 → 정제 → 여과 → 적외선 흡수 스펙트럼 분석 → 가스 크로마토그래피법

해설
인화성 액체 등의 정확한 성분 분석을 하는 과정을 가스 크로마토그래피법이라 한다.

유류 화재현장 증거물 분석절차

암기법 습침 여정 적가

감식물 습득(수거) → 침지 → 여과 → 정제 → 적외선 흡수 스펙트럼 분석 → 가스 크로마토그래피법

57 다음의 「화재증거물수집관리규칙」상 화재현장 사진 및 비디오 촬영 시 유의사항 중 적합하지 않은 것은?

① 화재조사요원은 규모가 작은 화재는 사진 촬영 등을 생략할 수 있다.
② 최초 도착하였을 때의 원상태를 그대로 촬영하여야 한다.
③ 소재와 상태가 명백히 나타나도록 하고 필요에 따라 구분이 용이하게 번호표 등을 넣어 촬영한다.
④ 연소 확대 경로 및 증거물 기록에 대한 번호표와 화살표를 표시한 후에 촬영하여야 한다.

해설
화재조사요원은 규모에 상관없이 사진 촬영 등을 하여야 한다.

58 다음 중 화재진압 시 화재현장 보존을 위한 진압대원의 주의사항으로 옳지 않은 것은?

① 최초 발화지역으로 판단되는 경우, 수압을 강하게 하여 직사직수로 신속하게 진압한다.
② 세척작업, 벽의 파괴 등을 위한 소방호스 사용은 최초 발화 추정지역에서 충분히 떨어진 곳에서 하도록 한다.
③ 화재패턴이 남아 있을 가능성이 있어 조사가 필요한 바닥면의 경우, 소방호스 및 물의 사용을 자제하여야 한다.
④ 고인물이 있는 바닥이 샐 때에는 새는 구멍을 찾아서 증거물 및 화재패턴이 소실 되지 않도록 한다.

해설
최초 발화지역으로 판단되는 경우, 수압을 조절하고 분무주수로 진압한다.

59 다음 중 증거물의 수집용기 및 포장에 적합하지 않는 것은?

① 비닐봉지   ② 금속캔
③ 유리병   ④ 알루미늄 호일

해설
알루미늄 호일은 사용되지 않는다.

60 화재현장 주요 사진촬영 대상에 대한 설명으로 틀린 것은?

① 발굴 전의 발화지점 부근
② 소손현장의 전경
③ 관계자 진술에 언급된 지점
④ 연소경로

해설
관계자 진술에 언급된 지점은 주요 사진촬영 대상 이외에 별도 참고 대상이 될 수 있다.

정답 | 56 ③ 57 ① 58 ① 59 ④ 60 ③

제4과목 화재조사 관계법규 및 피해평가

61 다음 중 화재조사서류 작성상의 유의사항으로 옳지 않은 것은?

① 간결·명료하게 알기 쉬운 문장으로 작성
② 오자·탈자 등이 없는 문서로 작성
③ 기재항목이 빠지지 않도록 필요한 서류를 첨부
④ 차량과 선박 화재의 조사서류는 동일 양식으로 작성

해설
차량과 선박 화재의 조사서류는 별도 양식으로 작성해야 한다.

62 다음 중 질문기록서 작성과 관련된 기재사항으로 옳지 않은 것은?

① 질문기록서를 작성하는 화재조사관의 소속, 계급, 성명을 기재한다.
② 답변자의 인적사항 및 화재발생 대상과의 관계를 기재한다.
③ 임야화재의 경우도 질문기록서를 반드시 작성하여야 한다.
④ 질문, 일시 및 장소를 기재한다.

해설
질문기록서상 작성 생략이 가능한 기타 화재의 종류

암기법 쓰모가 전임

- 쓰레기 화재
- 모닥불 화재
- 가로등 화재
- 전봇대 화재
- 임야 화재

63 다음 중 「화재조사 및 보고규정」상 화재현황조사서의 첨부서류로 적합하지 않은 것은?

① 화재 유형별 조사서
② 화재피해조사서
③ 화재현장조사서
④ 질문기록서

해설
「화재조사 및 보고규정」상 화재현황조사서의 첨부서류 중에 질문기록서는 필수 첨부서류로 해당되지 않는다.

참고
「화재조사 및 보고규정」상 화재현황조사서의 첨부서류

암기법 유인재 방소현

- 화재유형별 조사서
- 화재조사서(인명피해, 재산피해)
- 방화·방화의심 조사서
- 소방방화시설 활용 조사서
- 화재현장 조사서

64 다음 중 화재가 발생한 건축물에 대하여 소방기관이 화재조사를 위해 해당 건축물에 출입·조사하는 권한 및 벌칙과 관련된 사항으로 옳지 않은 것은?

① 건축물의 관계인에게 보고 또는 자료 제출을 요구할 수 있다.
② 관계 공무원은 화재조사에 대한 권한을 표시하는 증표를 관계인에게 제시하여야 한다.
③ 화재조사 공무원은 관계인의 정당한 업무를 방해할 수 있으나, 화재조사에서 알게 된 비밀을 누설해서는 아니 된다.
④ 관계인이 관계 공무원의 출입 또는 조사를 정당한 사유 없이 거부하거나 방해할 경우에는 300만 원 이하의 벌금에 처한다.

해설
「소방의 화재조사에 관한 법률」에 따른 300만 원 이하의 벌금·벌칙 항목 4가지

암기법 물 출 업비 증

1. 허가 없이 화재현장에 있는 물건 등을 이동시키거나 변경·훼손한 사람
2. 화재조사관의 출입 또는 조사를 거부·방해 또는 기피한 사람
3. 관계인의 정당한 업무를 방해하거나 화재조사를 수행하면서 알게 된 비밀을 다른 용도로 사용하거나 다른 사람에게 누설한 사람
4. 정당한 사유 없이 증거물 수집을 거부·방해 또는 기피한 사람

정답 | 61 ④ 62 ③ 63 ④ 64 ③

65 다음 중 「화재조사 및 보고규정」에서 정하고 있는 용어 정의에 대한 내용으로 옳지 않은 것은?

① 감식이란 화재원인의 판정을 위하여 전문적인 지식, 기술 및 경험을 활용하여 주로 시각에 의한 종합적인 판단으로 사실관계를 명확하게 규명하는 것을 말한다.
② 발화지점이란 발화의 최초원인이 된 불꽃 또는 열을 말한다.
③ 발화요인이란 발화열원에 의하여 발화로 이어진 연소현상에 영향을 준 인적·물적·자연적인 요인을 말한다.
④ 내용연수란 고정자산을 경제적으로 사용할 수 있는 연수를 말한다.

해설
"발화열원"이란 발화의 최초원인이 된 불꽃 또는 열을 말한다.

66 「화재조사 및 보고규정」에 따른 최종잔가율의 정의로 옳은 것은?

① 고정자산을 경제적으로 사용할 수 있는 연수
② 피해물의 종류, 손상 상태 및 정도에 따라 피해액을 적정화시키는 일정한 비율
③ 화재 당시에 피해물의 재구입비에 대한 현재가의 비율
④ 피해물의 경제적 내용연수가 다한 경우 잔존하는 가치의 재구입비에 대한 비율

해설
「화재조사 및 보고규정」에 따른 피해액 관련 용어 정의

용어	정의
재구입비	화재 당시의 피해물과 같거나 비슷한 것을 재건축(설계 감리비를 포함한다) 또는 재취득하는데 필요한 금액
내용연수	고정자산을 경제적으로 사용할 수 있는 연수
손해율	피해물의 종류, 손상 상태 및 정도에 따라 피해금액을 적정화시키는 일정한 비율
잔가율	화재 당시에 피해물의 재구입비에 대한 현재가의 비율
최종잔가율	**암기법** 최종 잔가재 피해물의 내용연수가 나한 경우 잔존하는 가치의 재구입비에 대한 비율

67 다음은 「소방의 화재조사에 관한 법률」상 화재조사관 시험에 관한 내용이다. 빈칸에 알맞은 것은?

> 소방청장이 영 제5조 제1항 제1호의 화재조사에 관한 시험(이하 "자격시험"이라 한다)을 실시하는 경우에는 시험의 과목·일시·장소 및 응시 자격·절차 등을 시험 실시 ( ) 전까지 소방청의 인터넷 홈페이지에 공고해야 한다.

① 30일 ② 20일
③ 10일 ④ 5일

해설
「소방의 화재조사에 관한 법률 시행규칙」 제4조(화재조사에 관한 시험) 제1항의 내용이다.

68 다음 중 「소방의 화재조사에 관한 법률」에 관한 내용 중 옳은 것은?

① 전담부서에는 화재조사를 위한 감식·감정 장비 등 대통령령으로 정하는 장비와 시설을 갖추어 두어야 한다.
② 소방관서장은 화재조사전담부서에 화재 조사관을 3명 이상 배치해야 한다.
③ 화재조사결과보고는 소방본부장이 정하는 화재발생종합보고서에 따른다.
④ 소방관서장은 화재조사를 하는 경우 「산림보호법」 제42조에 따른 산불 조사 등 다른 법률에 따른 화재 관련 조사가 원활히 수행될 수 있도록 협조해야 한다.

해설
① 전담부서에는 화재조사를 위한 감식·감정 장비 등 <u>행정안전부령</u>으로 정하는 장비와 시설을 갖추어 두어야 한다.
② 소방관서장은 화재조사전담부서에 화재조사관을 <u>2명</u> 이상 배치해야 한다.
③ 화재조사결과보고는 <u>소방청장</u>이 정하는 화재발생종합보고서에 따른다.

정답 | 65 ② 66 ④ 67 ① 68 ④

69 다음 중 「화재조사 및 보고규정」상 화재조사 서류의 보존기간으로 옳은 것은?

① 3년　　　　② 5년
③ 반영구　　　④ 영구

해설
소방본부장 및 소방서장은 조사결과 서류를 국가화재정보시스템에 입력·관리해야 하며 영구보존방법에 따라 보존해야 한다.

70 다음 중 질문기록서를 생략할 수 있는 경우가 아닌 것은?

① 쓰레기 화재　　② 가로등 화재
③ 전봇대 화재　　④ 구조물 화재

해설
질문기록서상 작성 생략이 가능한 기타 화재의 종류

암기법 쓰모가 전임

- **쓰**레기 화재
- **모**닥불 화재
- **가**로등 화재
- **전**봇대 화재
- **임**야 화재

71 다음의 화재조사와 관련된 설명 중 옳은 것은?

① 소방관서장은 전문성에 기반하는 화재조사를 위하여 화재조사전담부서를 설치·운영하여야 한다.
② 소방본부장은 대형화재가 발생하면 조사 본부를 설치·운영할 수 있다. 이 경우 소방서 조사요원은 소방본부 조사업무를 지원하여야 한다.
③ 동일범이 아닌 각기 다른 사람에 의한 방화, 불장난은 동일 대상물에서 발화하는 경우 1개의 화재로 본다.
④ 발화열원에 의해 불이 붙고 이 물질을 통해 제어하기 힘든 화세로 발전한 가연물을 발화물이라 한다.

해설
② 소방관서장은 사상자가 많거나 사회적 이목을 끄는 화재 등 대통령령으로 정하는 대형화재 등이 발생한 경우 종합적이고 정밀한 화재조사를 위하여 유관기관 및 관계 전문가를 포함한 화재합동조사단을 구성·운영할 수 있다.
③ 동일범이 아닌 각기 다른 사람에 의한 방화는 동일 대상물에서 발생했더라도 각각 별건의 화재로 보아 각각 보고서를 작성한다.
④ 최초착화물이란 발화열원에 의해 불이 붙은 최초의 가연물을 말한다.

72 다음의 화재현장조사서 도면 작성에 관한 내용 중 옳은 것은?

① A건물 평면도·주방 평면도와 같은 표현은 삼가고 발화건물 평면도·발화지점 평면도 등으로 표현한다.
② 조사자가 구체적인 기술을 하지 않고 도면을 주체로 구성한 현장조사서도 적절한 조사서로 볼 수 있다.
③ 도면의 방위표시는 원칙적으로 지도와 같은 형태도 북을 위쪽으로 작성하고 축적은 통상적으로 0평으로 기재한다.
④ 제도기호 등의 표준화된 기호로 작성하는 것이 기본이며 필요에 따라서는 문자도 삽입하여 도면을 작성한다.

해설
① 발화건물 평면도, 발화지점 평면도와 같은 표현은 삼가고, "A건물 평면도", "주방 평면도" 등으로 표현한다.
② 화재현장조사서는 구체적 기술, 상세한 도면 작성 등을 기재한다.
③ 축척을 무시하고 단순히 0평의 방이라고 기재한 도면은 자료로서의 가치성이 적으므로 현장조사에 기초하여 정확한 축척으로 작성하여야 한다.

73 다음 중 화재 당시에 피해물의 재구입비에 대한 현재가의 비율을 의미하는 용어로 옳은 것은?

① 손해율　　　② 보정율
③ 잔가율　　　④ 최종잔가율

해설
「화재조사 및 보고규정」에 따른 피해액 관련 용어 정의

용어	정의
재구입비	화재당시의 피해물과 같거나 비슷한 것을 재건축(설계감리비를 포함한다) 또는 재취득하는 데 필요한 금액
내용연수	고정자산을 경제적으로 사용할 수 있는 연수
손해율	피해물의 종류, 손상 상태 및 정도에 따라 피해금액을 적정화시키는 일정한 비율
잔가율	화재 당시에 피해물의 재구입비에 대한 현재가의 비율
최종잔가율	피해물의 내용연수가 다한 경우 잔존하는 가치의 재구입비에 대한 비율

정답 | 69 ④　70 ④　71 ①　72 ④　73 ③

74 치장벽돌조 슬래브지붕 2층 건물의 1층 점포 벽면 모서리에 설치된 선풍기에서 발생한 화재로 발화층은 바닥 24m², 천장 10m², 2면의 벽 6m²가 그을리거나 소실되는 피해가 발생했고 2층은 1면의 벽 3m², 천장 2m²가 그을리거나 오염되었다. 이때 소실면적(m²)은 얼마인가?

① 9
② 10
③ 24
④ 25

해설
규정에 의해 소실면적은 바닥만 해당된다.

소실면적 산정(「화재조사 및 보고규정」)
건물(수손 및 기타 파손 포함)의 소실면적 산정은 소실 바닥면적으로 산정한다.

75 화재조사서류 작성 시 유의사항에 대한 설명 중 옳지 않은 것은?

① 화재조사서류는 요점을 파악하기 어려운 문장의 사용을 피해야 한다.
② 각 양식상 필요한 기재항목이 기재되지 않은 서류는 서류로서의 기본적인 요인이 미비한 것이므로 주의하여야 한다.
③ 조사서류에는 각각의 작성 목적이 있으므로 문장표현이나 각 조사서의 작성자 등을 어떻게 해서든 일치시켜야 한다.
④ 과학용어 · 학술용어 등 말을 바꿀 수 없는 전문영어는 별개로 하되 평이하고 쉬운 문장으로 작성한다.

해설
각각의 조사서류에 따라 작성자 주체에 차이가 있다.

76 다음의 화재현장조사서 작성요령 중 옳지 않은 것은?

① 대규모 건물화재 등에서 현장조사를 분담하여 실시한 경우에는 분담자 각자가 분담한 장소의 현장조사서를 작성한다.
② 작성자는 현장조사를 직접 행한 자로 한정하고 다른 사람이 대신하여 작성하는 것은 인정되지 않는다.
③ 발화원인으로 추정된 화원에 대하여 긍정해야 할 사실만 객관적으로 기록하고 화원으로서 부정해야 할 사실은 기재하지 않는다.
④ 화재조사서는 발화건물의 판정 등과 관련하여 평이한 표현으로 계통적 순서에 입각하여 간결하게 기재하여야 한다.

해설
발화원인으로 추정되는 화원에 대하여 모든 사실을 객관적으로 기재한다.

77 집기비품의 피해액 산정에 관한 설명 중 옳은 것은?

① 간이 평가방식은 m²당 표준단가×소실 면적×[1−(0.8×경과연수/내용연수)]×손해율이다.
② 실질적 · 구체적 방식은 집기비품의 개별성이 인정되어야 하는 때에 적용한다.
③ 집기비품의 수침오염 정도가 심한 경우 손해율은 50%이다.
④ 실질적 · 구체적 방식은 재구입비×[1−(0.9×내용연수/경과연수)]×손해율이다.

해설
① 간이 평가방식은 m²당 표준단가×소실 면적×[1−(0.9×경과연수/내용연수)]×손해율이다.
③ 집기비품의 50% 이상 소손되거나, 수침오염 정도가 심한 경우 손해율은 100%이다.
④ 실질적 · 구체적 방식은 재구입비×[1−(0.9×경과연수/내용연수)]×손해율이다.

78 「화재조사 및 보고규정」상 방화 · 방화의심 조사서 작성 시 기재항목으로 적합하지 않은 것은?

① 방화도구
② 방화의심 사유
③ 도착 시 초기상황
④ 방화자의 인상착의 및 직업

해설
기재항목에는 방화의심 구분, 방화동기, 방화도구, 방화의심 사유, 도착 시 초기상황, 방화연료 및 용기, 방화자, 참고사항이 있다.

정답 | 74 ③ 75 ③ 76 ③ 77 ② 78 ④

79 다음의 화재현장조사서 도면작성 방법 중 옳은 것은?

① 방 배치가 복잡한 건물에 있어서는 건물의 사방에 각각의 기준점을 정하고 중앙 기둥 등으로 좁히면서 측정하면 비교적 이해하기 쉽다.
② 입체도는 축척에 맞춰 작성해야 하므로, 너무 작거나 얇은 것이라도 정확한 축적을 기재한다.
③ 도면작성에 있어서는 건물 계단과 발화 추정지점, 연소 확대경로 위주로 한다.
④ 거리측정은 기둥의 중심에서 다른 기둥의 중심까지로 기준점을 통일한다.

해설
화재현장조사서 도면 작성 방법
- 도면상에서 방위상 북을 위쪽으로 하고, 표준화된 기호를 사용한다.
- 도면의 표제는 "A건물 평면도", "주방 평면도" 등 객관적으로 표현한다.
- 도면작성에 있어서는 방의 배치와 출입구, 개구부의 상황을 위주로 한다.
- 거리측정은 기둥의 중심에서 다른 기둥의 중심까지로 기준점을 통일한다.
- 도면(평면도, 입체도)은 측정치를 기준으로 하여 축척에 맞춰서 작성한다.

80 「화재조사 및 보고규정」상의 화재 사후조사에 관한 내용 중 옳은 것은?

① 소방대가 출동하지 아니한 화재장소의 화재증명원 발급요청이 있는 경우에도 즉시 발급할 수 있다.
② 사후조사는 발화장소 및 발화지점 등 현장이 보존되어 있는 경우에만 조사할 수 있다.
③ 사후조사의 경우에도 화재현장출동보고서를 반드시 작성하여야 한다.
④ 화재증명원의 발급 시 재산피해 및 인명 피해에 대하여 기재하지 않는다.

해설
① 소방관서장은 화재피해자로부터 소방대가 출동하지 아니한 (미신고) 화재장소의 화재증명원 발급신청이 있는 경우 조사관이 사후조사를 실시하게 할 수 있다.
③ 화재현장출동보고서 작성은 생략할 수 있다.
④ 화재증명원 발급 시 인명피해 및 재산피해 내역을 기재한다. 다만, 조사가 진행 중인 경우에는 "조사 중"으로 기재한다.

정답 | 79 ④ 80 ②

산업기사 기출문제 2019년 4회

제1과목 화재조사론

01 다음 탄화수소기체의 공기 중 연소특성에 대한 설명으로 틀린 것은?

메탄(CH_4), 에탄(C_2H_6), 프로판(C_3H_8), 부탄(C_4H_{10})

① 이론공연비는 메탄, 에탄, 프로판, 부탄 순으로 감소한다.
② 연소 시 이산화탄소의 생성률은 메탄, 에탄, 프로판, 부탄 순으로 증가한다.
③ 연소 시 일산화탄소의 생성률은 메탄, 에탄, 프로판, 부탄 순으로 증가한다.
④ 연소 시 그을음의 생성률은 메탄, 에탄, 프로판, 부탄 순으로 증가한다.

해설
연소 시 이산화탄소의 생성률은 에탄, 프로판, 부탄은 동일하다.
① 이론공연비(s)는 단위질량 연료를 완전연소에 필요한 공기량이다.

$$s = \left(\frac{A}{F}\right)_{st} = \frac{m_{air}}{m_{fuel}}$$

이론공연비는 질량비율과 반비례 관계로 메탄, 에탄, 프로판, 부탄 순으로 감소한다.
③, ④ 일산화탄소와 그을음 생성률은 질량비율이 높을수록 증가한다.

참고

탄화수소기체별 연소가스의 생성률

탄화수소기체	이산화탄소	일산화탄소	그을음
메탄(CH_4)	2.72	–	–
에탄(C_2H_6)	2.85	0.001	0.013
프로판(C_3H_8)	2.85	0.005	0.024
부탄(C_4H_{10})	2.85	0.007	0.029

02 화재현장에서 연소 방향성을 판단하는 방법 중 부재 소손정도의 강약 판정을 하는 방법으로 틀린 것은?

① 복수의 동종 부재를 비교하여 판단한다.
② 비교하는 대상 부재의 재질은 동일하여야 한다.
③ 동종 부재의 두께 등 형상이 같은 조건이어야 한다.
④ 소손 상황의 관찰 및 조사는 한 방향에서 행하도록 유의한다.

해설
연소 방향성을 정확히 판단하려면 소손 부재를 다양한 방향에서 관찰해야 한다. 한 방향에서만 관찰하면 연소 강약과 패턴의 전체적 이해가 어려울 수 있다.

03 소손정도 강약의 판정을 근거로 하여 출화개소를 판정하는 방법으로 틀린 것은?

① 창 등의 개구부에 가까운 개소는 소손이 강하게 되므로 출화개소로 오인될 수 있다.
② 화재현장에서 소손정도가 가장 강한 부분이 항상 출화개소이다.
③ 상대적으로 화재하중이 큰 개소는 국부적으로 소손이 강하게 되기 쉬우므로 출화개소 판정에 감안할 필요가 있다.
④ 소손 정도가 약한 부분에서 강한 부분으로 순차적으로 찾아가서 출화개소를 판정한다.

해설
출화개소에 가까운 쪽의 소손정도가 약한 경우도 많아 연소방향 판정 시 유의해야 한다.

정답 | 01 ② 02 ④ 03 ②

> **참고**
> **연소방향 판정 시 고려사항**
> - 창문 등 개구부에 가까운 개소는 공기의 공급량이 많으므로 강한 소손을 나타낸다.
> - 화재하중의 높은 다량의 가연물이 있으면 발화개소에서 떨어져 있어도 그 개소는 강한 소손을 나타낸다.
> - 소방대 소화수의 방수개시가 늦은 부분은 연소시간이 길어지므로 강한 소손을 나타낸다.

04 가연성 가스를 공기 중에 유출시켰을 때 가연성 가스와 지연성 가스의 접촉면에서 일어나는 연소형태는?

① 혼합연소　　② 확산연소
③ 증발연소　　④ 분해연소

해설
확산연소는 가연성 가스를 확산시켜 산소와 접촉면에서 일어나는 기체의 일반적 연소형태이다.
① 혼합연소 : 연소 전 연소 가능한 혼합가스를 만들어 연소하는 형태이다.
③ 증발연소 : 고체·액체 가연물질이 "증발" 후 액면에서 가연성 증기가 연소하는 형태이다.
④ 분해연소 : 고체·액체 가연물질이 "열분해" 후 분해가스가 연소하는 형태이다.

05 「소방의 화재조사에 관한 법률」에 따른 화재조사 전담부서에서 갖추어야 할 장비의 구분과 기자재명의 연결로 옳지 않은 것은?

① 조명기기 – 이동용 발전기, 휴대용 랜턴
② 발굴용구 – 전동드릴, 전동 그라인더
③ 안전장비 – 보호용 작업복, 화재조사 조끼
④ 감식용 기기 – 디지털카메라(DSLR) 세트, 고속카메라 세트

해설
디지털카메라(DSLR) 세트는 기록용 기기, 고속카메라 세트는 감정용 기기다.

> **참고**
> 「소방의 화재조사에 관한 법률 시행규칙」 [별표]
>
> | 구분 | 기자재명 및 시설 규모 |
> |---|---|
> | 조명기기
(5종) | 이동용 발전기, 이동용 조명기, 휴대용 랜턴, 헤드랜턴, 전원공급장치(500A 이상) |
> | 발굴용구
(8종) | 공구세트, 전동 드릴, 전동 그라인더(절삭·연마기), 전동 드라이버, 이동용 진공청소기, 휴대용 열풍기, 에어컴프레서(공기압축기), 전동 절단기 |
> | 안전장비
(8종) | 보호용 작업복, 보호용 장갑, 안전화, 안전모(무전송수신기 내장), 마스크(방진마스크, 방독마스크), 보안경, 안전고리, 화재조사 조끼 |
> | 감식기기
(16종) | 절연저항계, 멀티테스터기, 클램프미터, 정전기측정장치, 누설전류계, 검전기, 복합가스측정기, 가스(유증)검지기, 확대경, 산업용실체현미경, 적외선열상카메라, 접지저항계, 휴대용디지털현미경, 디지털탄화심도계, 슈미트해머(콘크리트 반발 경도 측정기구), 내시경현미경 |

06 개구부를 통해 화재가 확산되는 요소로 틀린 것은?

① 탄화　　② 복사열
③ 불티　　④ 불꽃 접촉

해설
탄화는 유기물이 열에 의해 변형되는 과정으로, 화재 확산과 상관이 없다.
② 복사열 : 열에너지가 파동을 통해 전파되는 현상으로, 개구부를 통해 화재가 확산하는 주요 원인 중 하나이다.
③ 불티 : 불티는 비산하여 개구부를 통해 이동하여 다른 부분에 화재를 일으킬 수 있다.
④ 불꽃 접촉 : 개구부를 통해 분출되는 불꽃은 주변 가연물에 접촉하여 확산한다.

07 「화재조사 및 보고규정」상 내용연수에 관한 정의는?

① 고정자산을 최대한 사용할 수 있는 연수
② 유동자산을 최대한 사용할 수 있는 연수
③ 고정자산을 경제적으로 사용할 수 있는 연수
④ 유동자산을 경제적으로 사용할 수 있는 연수

해설
제2조 제13항 정의 「화재조사 및 보고규정」
"내용연수"란 고정자산을 경제적으로 사용할 수 있는 연수를 말한다.

정답 | 04 ②　05 ④　06 ①　07 ③

08 「소방의 화재조사에 관한 법률」에 따른 소방관서장이 설치·운영하는 화재조사 전담부서의 업무를 모두 고른 것은?

> ㉠ 화재조사의 실시 및 조사결과 분석·관리
> ㉡ 화재조사 관련 기술개발과 화재조사관의 역량증진
> ㉢ 화재조사에 필요한 시설·장비의 관리·운영
> ㉣ 그 밖의 화재조사에 관하여 필요한 업무

① ㉠, ㉡, ㉢, ㉣ ② ㉠, ㉡, ㉣
③ ㉠, ㉢, ㉣ ④ ㉠, ㉡, ㉢

해설
「소방의 화재조사에 관한 법률」 제6조 제2항에 의거 ㉠, ㉡, ㉢, ㉣ 모두 해당한다.

참고
제6조 화재조사전담부서의 설치·운영 등 「소방의 화재조사에 관한 법률」
제2항 전담부서는 다음 각 호의 업무를 수행한다.
1. 화재조사의 실시 및 조사결과 분석·관리
2. 화재조사 관련 기술개발과 화재조사관의 역량증진
3. 화재조사에 필요한 시설·장비의 관리·운영
4. 그 밖의 화재조사에 관하여 필요한 업무

09 상온·상압에서 프로판(C_3H_8) 1kg을 완전연소시키기 데 필요한 공기는 몇 kg인가? (단, 공기 중 산소농도는 23wt%이다.)

① 3.64 ② 7.28
③ 15.80 ④ 17.30

해설
프로판(C_3H_8) 완전연소반응
$C_3H_8 + 5O_2 \rightarrow 3CO_2 + 4H_2O$
프로판 1몰은 5몰의 산소와 완전연소반응을 한다.
프로판 1kg을 완전연소반응을 위해 비례식을 세운다.
프로판 1몰×44g : 산소 5몰×32g = 1kg : $x$kg
$44 : 160 = 1 : x$
$x = 3.636$ ∴ 산소량은 3.636kg
공기량 $= \dfrac{3.636}{0.23} = 15.80$kg

10 난류화염으로부터 20℃의 벽으로 전달되는 대류 열유속(kW/m²)은?

> 대류열전달계수(h)는 5W/m²·℃이고 시간 평균 최대 화염온도는 800℃이다.

① 0.39 ② 3.9
③ 39 ④ 3,900

해설
대류열유속은 고체 표면의 온도와 유체 온도 사이의 온도차에 비례한다.

대류열유속($\dot{q}_w''$)
$\dot{q}_w'' = h \times \Delta T$
h : 대류열전달계수(5W/m²·℃)
△T : 화염 온도와 벽 온도 간의 차이
$\dot{q}_w'' = 5W/m² \cdot ℃ \times (800℃ - 20℃)$
$= 3,900 W/m²$
$= 3.9 kW/m²$

11 화재에 대한 설명으로 틀린 것은?

① 일반 화재(A급 화재)는 백색으로 표시하며 화재 후 일반적으로 재가 남는다.
② 유류 화재(B급 화재)는 황색으로 표시하며 화재 후 일반적으로 재가 남지 않는다.
③ 금속 화재는 가연성 금속의 화재로 금속이 분말이나 박판의 형태보다는 덩어리 형태로 존재할 때 화재위험성이 더 커진다.
④ 화재의 소실 정도에 따라 분류하는 반소 화재는 전체의 30% 이상 70% 미만이 소실된 것으로 재수리하여 사용할 수 있는 정도의 화재를 말한다.

해설
금속이 분말이나 박판의 형태로 존재할 때 더 위험하다. 덩어리 형태보다는 분말이나 박판 형태가 표면적이 커서 화재 위험성이 높다.

정답 | 08 ① 09 ③ 10 ② 11 ③

12 BLEVE의 발생과정과 관련이 없는 것은?

① 공동현상　　② 액격현상
③ 연성파괴　　④ 취성파괴

🛢 해설

블레비(BLEVE ; Boiling Liquid Expanding Vapour Explosion)
- 액화가스 주위에서 화재 발생 시 탱크강판 부분이 가열되어 탱크가 파열되고, 액화가스가 급격히 팽창 분출하여 폭발하는 현상이다.
- 발생 메커니즘 : 화재 → 액온상승 및 압력증가 → 연성파괴 → 액격현상 → 취성파괴 → 내용물의 폭발적 분출

13 공기가 절연파괴되는 전압은 몇 kV/cm인가?

① 10　　② 20
③ 30　　④ 40

🛢 해설

공기의 절연 파괴 전압, 즉 공기의 파괴 전기장은 일반적으로 1cm당 약 30kV로 알려져 있다. 이는 공기가 절연체로서 견딜 수 있는 최대 전기장 강도이다.

14 복사열은 절대온도 4제곱에 비례한다는 법칙은?

① 푸리에 법칙　　② 보일 샤를 법칙
③ 키르히호프 법칙　　④ 스테판 볼츠만 법칙

🛢 해설

스테판 – 볼츠만 법칙(Stefan – Boltzman Law)
- 모든 파장에 의해 방사되는 총에너지는 절대온도의 4제곱에 비례한다.
- $Q = \varepsilon \sigma T^4$

15 화재현장의 발굴 및 복원 요령으로 옳은 것은?

① 정해진 발굴 범위의 중심부에서부터 외곽을 향하여 발굴을 진행한다.
② 바닥에 고정시켜 놓거나 정착시켜 놓았던 물건과 가구 등도 완벽히 제거한다.
③ 관계인(관리자, 종업원, 작업책임자 등)을 발굴 현장에 입회시키는 것을 원칙으로 한다.
④ 발굴할 때에는 손으로 직접하거나 붓 또는 호미 등 섬세한 장비보다는 삽이나 곡괭이 등 투박한 장비를 사용해야 한다.

🛢 해설

복원 시 관계인의 정보는 매우 중요하다. 관계인의 안전조치 후 입회하여 최대한 정확하게 복원한다.
① 실 단위의 넓은 범위에서 범위를 좁혀 한정적인 지점으로 발굴을 진행한다.
② 주변 물건과 가구 등도 탄화 · 그을음 형태를 통해 연소방향성을 알 수 있어 함께 복원한다.
④ 섬세한 장비를 우선 사용하여 증거물이 훼손되지 않도록 하고, 삽이나 곡괭이 등은 증거물 상태에 따라 부득이한 경우만 사용한다.

16 보일러의 안전장치가 아닌 것은?

① 기수분리기　　② 화염검출기
③ 압력조절기　　④ 고저수위조절장치

🛢 해설

기수분리기는 보일러 내부에서 증기와 물을 분리해 주는 장치로, 보일러 시스템의 효율을 높여주는 장치이다.
② 화염검출기 : 보일러에서 불이 정상적으로 작동하는지 확인하고, 화염이 사라지면 경보를 울리거나 연료공급을 차단하는 등의 역할을 하는 안전장치이다.
③ 압력조절기 : 압력조절기는 보일러 내부의 압력을 적정 수준으로 유지하는 장치로, 보일러의 안전장치이다.
④ 고저수위조절장치 : 보일러 내부의 수위를 감지하여 수위가 너무 낮거나 높아지면 경보를 울리거나 보일러 작동을 중단하는 장치이다.

17 화재조사 범위 중 재산피해의 조사범위에 해당하는 것은?

① 소방시설 작동 등의 상황조사
② 소방활동 중 발생한 부상자 조사
③ 피난상의 장애요인에 관한 피해조사
④ 열에 의한 탄화 용융, 파손 등의 피해조사

🛢 해설

열에 의한 탄화 용융. 파손 등의 피해조사는 소실피해 조사사항이다.
① 화재원인조사 – 소방 · 방화시설 등 조사
② 화재피해조사 – 인명피해
③ 화재원인조사 – 피난상황조사

정답 | 12 ① 13 ③ 14 ④ 15 ③ 16 ① 17 ④

18 「소방의 화재조사에 관한 법령」상 정당한 사유 없이 소방관서장은 화재조사를 위하여 필요한 증거물 수집을 거부·방해 또는 기피할 때 받는 처벌은?

① 100만 원 이하의 벌금
② 200만 원 이하의 벌금
③ 300만 원 이하의 벌금
④ 500만 원 이하의 벌금

해설
소방의 화재조사에 관한 법률에서 벌금은 300만 원 이하뿐이다.

> **참고**
> 제21조 벌칙(300만 원 이하의 벌금)「소방의 화재조사에 관한 법률」
> 1. 허가 없이 화재현장에 있는 물건 등을 이동시키거나 변경·훼손한 사람
> 2. 화재조사관의 출입 또는 조사를 거부·방해 또는 기피한 사람
> 3. 관계인의 정당한 업무를 방해하거나 화재조사를 수행하면서 알게 된 비밀을 다른 용도로 사용하거나 다른 사람에게 누설한 사람
> 4. 정당한 사유 없이 증거물 수집을 거부·방해 또는 기피한 사람

19 화재플럼(Fire Plume)에 관한 설명 중 틀린 것은?

① 화염부와 고온가스부로 이루어져 있다.
② 화재기둥이 주위의 공기온도로 인하여 냉각된다면 화재기둥은 상승을 멈추게 된다.
③ 화재기둥의 온도는 주위 공기온도보다 상대적으로 높기 때문에 가스를 상승시키는 힘이 된다.
④ 화재기둥의 부력은 밀도 차이에 의해 유체를 상승시키는 힘이 되고 밀도는 가스의 온도에 비례한다.

해설
밀도와 온도는 반비례 관계이다. 가스의 온도가 높아지면 밀도가 낮아지고, 온도가 낮아지면 밀도가 높아진다.

20 건축물의 내부에서 발생한 화재의 초기상황이다. 아래 그림에 원형의 벽시계가 열에 의한 영향을 가장 먼저 받는 곳은? (단, 복사열은 무시한다.)

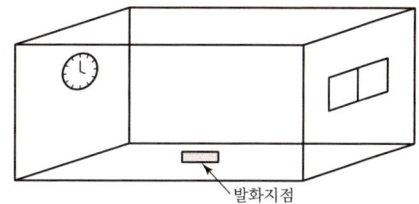

① 3시 방향   ② 6시 방향
③ 9시 방향   ④ 12시 방향

해설
실내 중간에 화재는 천장제트 흐름(Ceiling jet flow)으로 천장면에 가장 근접한 12시 방향부터 탄화되어 변형된다.

> **참고**
> 구획화재에서 화재유동 형성과정
>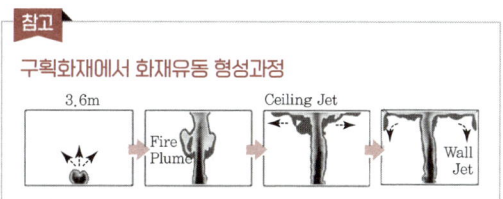

제2과목 화재감식론

21 산소, 공기 등과 같이 가연성 물질과 혼합되었을 때 폭발이나 연소가 일어날 수 있도록 도움을 주는 가스는?

① 독성 가스   ③ 불연성 가스
② 가연성 가스   ④ 조연성 가스

해설
조연성 가스는 산소와 같이 다른 가연성 물질의 연소를 지원하는 역할을 한다.

정답 | 18 ③ 19 ④ 20 ④ 21 ④

> [참고]
> **고압가스의 분류**
>
> | 고압가스의 분류 | | 고압가스의 종류 |
> |---|---|---|
> | 상태 | 압축 가스 | 산소, 수소, 질소, 아르곤, 메탄 등 |
> | | 액화 가스 | 액화석유가스(LPG), 암모니아, 이산화탄소, 액화산소, 액화질소 등 |
> | | 용해 가스 | 아세틸렌 |
> | 연소성 | 가연성 가스 | 수소, 암모니아, 액화석유가스, 아세틸렌 등 |
> | | 조연성 가스 | 산소, 공기, 염소 등 |
> | | 불연성 가스 | 질소, 이산화탄소, 아르곤, 헬륨 등 |
> | 독성 | 독성 가스 | 염소, 일산화탄소, 아황산가스, 암모니아, 산화에틸렌, 포스겐 등 |

> [참고]
> **성냥구조**
>
>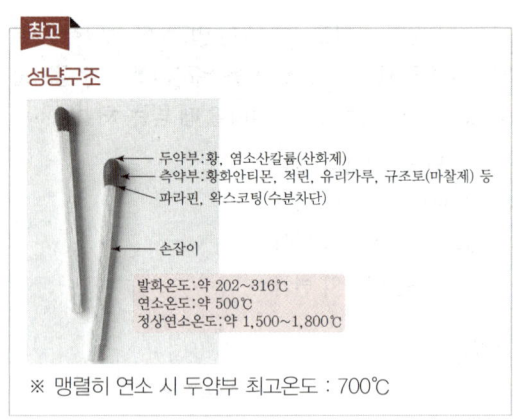
>
> - 두약부: 황, 염소산칼륨(산화제)
> - 측약부: 황화안티몬, 적린, 유리가루, 규조토(마찰제) 등
> - 파라핀, 왁스코팅(수분차단)
> - 손잡이
>
> 발화온도: 약 202~316℃
> 연소온도: 약 500℃
> 정상연소온도: 약 1,500~1,800℃
>
> ※ 맹렬히 연소 시 두약부 최고온도: 700℃

22 유체의 흐름을 한 방향으로만 수송할 때 사용하는 것으로 역류 시에는 자동적으로 폐쇄되는 밸브는?

① 볼 밸브
② 게이트 밸브
③ 체크 밸브
④ 글로브 밸브

해설
체크 밸브는 유체의 흐름을 방해하지 않도록 설계한 역류 방지 밸브다.
① 볼 밸브 : 볼이 회전하여 유체의 흐름을 제어하거나 차단한다.
② 게이트 밸브 : 대규모 플랜트나 큰 배관의 유체 흐름을 차단 또는 열어준다.
④ 글로브 밸브 : S자형 유체의 흐름을 조절하는 데 사용된다.

23 성냥에 대한 설명으로 틀린 것은?

① 성냥개비에는 파라핀이 포함되어 있다.
② 성냥 두약부는 환원제를 주성분으로 한다.
③ 성냥 측약의 성분은 적린, 황화안티몬 등이다.
④ 정상 연소하는 성냥의 연소온도는 일반적으로 1,500 ~1,800℃이다.

해설
성냥 두약부는 머리 부분으로 황과 염소산칼륨이 포함되어 있다. 황은 발화시키기 쉬운 물질이며, 염소산칼륨은 산화제로 작용하여 성냥을 점화하는 데 도움을 준다.

24 차량 부품 소손 상황으로부터의 차량화재 발화지점 판정 요령으로 틀린 것은?

① 프런트 서스펜션 서포트는 엔진룸 내에 좌우 1개소씩 설치되어 좌우의 프런트 서스펜션 서포트의 소손정도를 비교하여 연소방향을 판정할 수 있다.
② 보닛의 경우 연료 및 오일 등의 연소에 의한 확대를 고려하면서 보닛의 표면과 안쪽 면을 비교하면 양면 모두 같은 위치에 소손에 의한 변색이 강하게 확인되는 개소가 출화개소와 먼 경우가 많다.
③ 실린더 헤드커버는 엔진룸 중심의 실린더 블록 상부에 설치되어 비교적 화재의 초기 단계에 화염과 열의 영향을 받기 쉬우며 표면의 소손·용융상황으로 화재의 방향성을 판정하는 경우에 활용할 수 있다.
④ 서지탱크, 강제 에어필터(기화기 차량의 경우)는 엔진룸 중심 상부에 설치되어 있으므로 화재의 초기 단계에 화염과 열의 영향을 받기 쉬우며 소손·용융상황으로부터 화재의 방향성을 판정하는 경우에 활용할 수 있다.

해설
보닛의 소손 및 변색 상황만으로도 출화개소를 추정할 수 있다. 변색이 강할수록 출화개소와 가깝다. 엔진룸만 보면 발화지점이 구분이 잘 안 되지만, 보닛을 보면 오히려 발화지점이 선명하게 보일 수 있다.

정답 | 22 ③　23 ②　24 ②

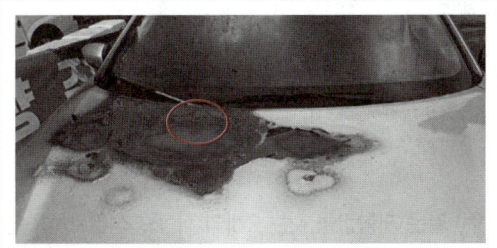

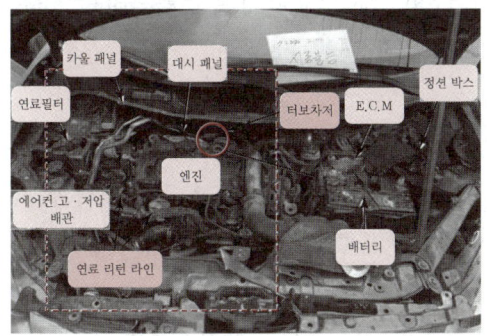

발화지점(터보차저) 부근 변색

27 다음의 설명에 해당하는 현상은?

절연물 표면의 소규모 불꽃 방전이 반복되면 도전성 물질이 생긴다. 이에 따라 불꽃방전의 원인을 제공한 전해질이 소멸하여도 불꽃 방전은 지속되어 다른 극의 전극 간에는 도전성의 통로가 형성되는 현상이다.

① 트래킹　　　　② 반단선
③ 은이동　　　　④ 아산화동 증식 발열

해설
트래킹은 절연재료 표면 오염으로 도전로가 형성되고 방전 후 탄화되는 현상이다.
② 반단선 : 여러 개의 소선이 10% 이상 끊어졌거나 전체가 완전히 단선된 후에 일부가 접촉상태로 남아 있는 상태이다.
③ 은이동 : 은으로 된 이극도체 간 절연물에 직류전압이 인가되었을 때, 절연물 표면에 수분이 부착하면 은의 양이온이 절연물 표면을 음극 측으로 이동하여 전류가 흘러 발열한다.
④ 아산화동 증식 발열 : 접속기구의 체결 불량, 조임장치의 느슨함에 의해 스파크 등 고온을 받아 동의 일부가 산화로 아산화동(Cu_2O)이 되어 그 부분이 이상 발열한다.

25 유염연소에 해당하는 것으로만 나열한 것은?

① 모닥불, 성냥불　　② 용접불티, 모닥불
③ 담뱃불, 모기향　　④ 성냥불, 용접불티

해설
모닥불, 성냥불은 유염연소 열원이고, 담뱃불, 용접불티, 모기향은 대표적인 무염연소 열원이다.

26 가연물의 분자 내에 산소가 존재하여 외부의 산소공급이 없어도 연소가 가능한 고체의 연소형태는?

① 증발연소　　　　② 분해연소
③ 표면연소　　　　④ 자기연소

해설
자기연소는 가연물의 분자 내에 산소를 함유하고 있어 공기 중의 산소 없이 연소하는 형태이다.
① 증발연소 : 고체·액체 가연물질이 "증발" 후 액면에서 가연성 증기가 연소하는 형태이다.
② 분해연소 : 고체·액체 가연물질이 "열분해" 후 분해가스가 연소하는 형태이다.
③ 표면연소 : 고체 가연물질이 열분해나 증발 없이 표면에서 급격히 연소하는 형태이다.

28 방화로 판정할 수 있는 근거로 틀린 것은?

① 화재현장에서 다른 범죄의 증거가 발견되었다.
② 지리적으로 인접한 곳에서 연쇄적으로 화재가 발생하였다.
③ 평소 화기를 취급하는 장소에서 화재가 발생한 경우가 있다.
④ 일반적으로 발화개소가 2개 이상이며 트레일러 패턴이 관찰되었다.

해설
평소 화기 취급 장소는 방화 외에도 다른 발화요인의 실화 가능성이 더 높다.

참고
방화현장의 특징
- 2개 이상의 독립된 발화개소가 식별된 경우
- 인화성 액체 가연물 용기가 발견된 경우, 또는 사용 흔적이 있는 경우
- 침입흔적이 있는 경우
- 연소 확산을 위한 흔적이 발견된 경우
- 발화장치가 발견된 경우
- 화재현장에서 다른 범죄의 증거가 발견되는 경우
- 발화부에서 발화하였다고 발화 열원이 발견되지 않는 경우

정답 | 25 ① 　26 ④ 　27 ① 　28 ③

- 특이한 인위적인 흔적이 발견된 경우
- 연쇄적으로 화재가 발생한 경우
- 화재 발생 전후의 상황이나 관계자의 환경이 의심스러운 경우

29 가스 크로마토그래피 분석방법에 대한 내용으로 틀린 것은?

① 경량·소형으로 휴대가 편리하다.
② 여러 가지 성분이 혼합되어 있는 시료를 분석하는 데 쓰인다.
③ 가스 상태로 분석을 행하기 때문에 조작도 간단하고 시간도 빠르다.
④ 각 성분을 검출하여 그 양을 전기적인 신호로 기록계에 저장 및 기록한다.

해설
가스 크로마토그래피는 실험실에 고정하여 사용하는 장비로 혼자 들고 다닐 수 있는 무게가 아니다.

30 트라이에틸알루미늄[$(C_2H_5)_3Al$]이 물과 폭발적으로 반응할 때 생성되는 가연성 기체는?

① 메탄
② 에틸렌
③ 에탄
④ 아세틸렌

해설
트라이에틸알루미늄[TEA, $(C_2H_5)_3Al$]은 물과 반응하여 에탄가스(C_2H_6, 연소범위 3~12.4%)를 발생하고 발열·폭발한다.
$(C_2H_5)_3Al + 3H_2O \rightarrow Al(OH)_3 + 3C_2H_6 \uparrow$

31 전기배선에서 절연열화로 추정되는 화재가 발생되었다면 이 경우 최초 가연물로 가능성이 가장 큰 것은?

① 공기
② 먼지
③ 절연피복
④ 전기배선과 3cm 인접한 종이

해설
절연열화는 절연 피복이 손상되어 발생하는 경우가 많다. 이때 발생하는 아크나 과열로 인해 염화비닐이나 고무 등으로 구성된 절연피복이 최초 가연물로 가능성이 높다.

32 같은 저항값을 갖는 2개의 저항을 직렬로 접속할 때 그 값이 16Ω이었다면 이 두 저항을 병렬로 접속하면 몇 Ω인가?

① 2
② 4
③ 8
④ 32

해설
$R_{직렬} = R_1 + R_2 = 16\Omega, (R_1 = R_2)$
$\therefore R_1 = R_2 = 8[\Omega]$
$R_{병렬} = \dfrac{R_1 R_2}{R_1 + R_2} = \dfrac{8 \times 8}{8+8} = 4[\Omega]$

33 수관화가 바람을 타고 번져갈 때 연소의 형태로 옳은 것은?

① V형
② O형
③ D형
④ Z형

해설
수관화는 경사면 위쪽으로 확산 시 V형 패턴을 생성한다.

수관화 산불의 V 형태

34 산불의 연소작용에 영향을 주는 바람에 대한 설명으로 틀린 것은?

① 바람은 연료의 수분을 증발, 건조시킨다.
② 바람은 산소량을 증가시켜 연소를 강렬하게 한다.
③ 일반적인 바람의 이동방향은 저기압에서 고기압 쪽으로 분다.
④ 바람은 낮에는 계곡부에서 산정으로, 밤에는 산정에서 계곡부로 분다.

해설
일반적으로 바람은 고기압에서 저기압 쪽으로 공기가 이동하면서 형성된다.

35 차량 화재의 발화원 중 전기적 발화원에 속하는 것을 모두 고른 것은?

┌─────────────────────────────────┐
│ ㉠ 배선 과부하   │
│ ㉡ 전기적 단락과 아크 발생   │
│ ㉢ 부서진 전구의 필라멘트   │
│ ㉣ 차량에 사용되고 있는 외부 전원   │
└─────────────────────────────────┘

① ㉠, ㉡
② ㉠, ㉢, ㉣
③ ㉡, ㉣
④ ㉠, ㉡, ㉢, ㉣

해설
필라멘트도 저항의 일종으로 전기적 발화원에 속하며, 차량에 연결하여 사용되고 있는 외부 전원도 차량화재의 전기적 발화원에 속한다.

36 주차 공간에서 차량 화재 발생 시 발화원인판정에 관한 설명으로 틀린 것은?

① 전기적 발열에 의한 경우 절연피복 손상으로 단락 발화하는 경우가 많다.
② 창유리의 비산상태로 화재가 차량 내부에서 일어났는지 외부에서 일어났는지 판단할 수 있다.
③ 엔진실 등 내부에서 발화된 경우 발화부에는 국부적인 철제부분의 변형형태가 남는다.
④ 파손된 유리창의 파단면에 충격파에 의한 리플마크가 있고 안쪽부분이 그을려 있으면 발화 전 인위적인 파손으로 볼 수 있다.

해설
유리창 안쪽 그을음은 차량 내부에서 화재 발생을 의미하고, 파단면에 충격파 리플마크는 소방관이 화재진압을 위해 발화 후 파손으로 유추할 수 있다.
① 자동차는 진동·충격 등으로 절연피복 손상의 단락 발화하는 경우가 많다.
② 창유리의 내부비산은 외부에서 내부로, 외부비산은 내부에서 외부로 방향성을 판단한다.
③ 대표적으로 보닛에 변형형태가 남고, 국부적으로 철제부분 변형 확인으로 발화부를 판단할 수 있다.

37 항공기의 부위별 화재 위험에 관한 설명으로 틀린 것은?

① 동체 : 착륙기어 등의 문제로 동체가 활주로에 닿으면 강력한 마찰열로 불꽃이 발생할 수 있으나 화재로 연결될 가능성은 작다.
② 날개 : 부력 역할을 하는 기본 기능 외에도 연료통과 엔진이 탑재되어 화재의 위험성이 높은 편에 속한다.
③ 엔진 : 연소 계통의 온도가 높고 연료가 작용하므로 화재의 위험성이 높은 편에 속한다.
④ 연료통 : 날개 내부에 탑재되어 있으므로 비상착륙이 예상될 때는 최대한 연료를 보존하여 날개의 질량을 유지한다.

해설
비상착륙 시 연료를 보존하여 날개의 질량을 유지하는 것이 아니라, 화재 위험을 줄이기 위해 연료를 소비하거나 버려야 한다.

38 발열장치, 기기 및 설비 확인에 관한 내용 중 틀린 것은?

① 평소 기기를 사용했던 사용자에게 기기에 대한 정보(오작동 등)를 수집한다.
② 고장 난 장치, 기기의 경우 작동이 되지 않았을 것이므로 조사대상에서 제외된다.
③ 히터, 가스(전기)레인지, 스토브뿐만 아니라 전기설비, 콘센트 등도 확인할 필요가 있다.
④ 발화지역 내 발화를 일으켰을 수 있는 모든 열 발생장치, 기기에 관하여 확인해야 한다.

정답 | 34 ③ 35 ④ 36 ④ 37 ④ 38 ②

🔍 **해설**

기기 및 설비에서 화재는 통상 비정상 작동에 의해 화재가 발생한다. 따라서 고장 난 장치, 기기가 비정상적으로 작동 시 화재가 발생할 수 있으므로 반드시 확인한다.

39 다음 중 염기성이 가장 강한 것은?

① pH=3
② $[OH^-]=10^{-2}$
③ 0.01M-HCl
④ $[H^+]=10^{-5}$

🔍 **해설**

$[OH^-]=10^{-2}$는 pH가 12이므로 염기성이고 나머지는 산성이다.

pH 계산식 : $pH = -\log[H^+]$

① pH=3 → $[H^+]=10^{-3}$/pH= $-\log 10^{-3}$ =3(산성)
② $[OH^-]=10^{-2}$ → $[H^+]=10^{-12}$/pH= $-\log 10^{-12}$ =12(염기성)
③ 0.01M-HCl → $[H^+]=10^{-2}$/pH= $-\log 10^{-2}$ =2(산성)
④ $[H^+]=10^{-5}$/pH= $-\log 10^{-5}$ =5(산성)

40 항공기용 소화기 카트리지(Cartridge)에 대한 설명으로 옳은 것은?

① 카트리지의 사용기간은 약 5년이다.
② 사용기간은 보통 미리 정해진 온도 제한 이상에서 년(Year)의 용어로 권고한다.
③ 사용기간은 보통 미리 정해진 온도 제한 이내에서 달(Month)의 용어로 권고한다.
④ 사용기간은 보통 카트리지의 전면에 있는 제작사의 부품번호와 제품보증서를 조합하여 알 수 있다.

🔍 **해설**

항공기용 소화기 카트리지는 소화약제 방출 시 필요한 압축가스를 저장하고 방출하기 위해 사용하는 작은 용기이다. 카트리지는 사용기간은 약 5년으로 관리한다.

제3과목 증거물관리 및 법과학

41 「화재증거물수집관리규칙」상 증거물 수집 및 이송에 대한 설명으로 틀린 것은?

① 증거서류를 수집할 때에는 원본 영치를 원칙으로 하며 사본을 수집할 경우 원본과 대조한 다음 원본대조필을 하여야 한다.
② 증거물이 파손될 우려가 있는 경우에 충격금지 및 취급방법에 대한 주의사항을 증거물의 포장 외측에 적절하게 표기하여야 한다
③ 입수한 증거물을 이송할 때에는 상세 정보를 해당 서식에 따라 작성하고 보호상자를 사용하여 개별 포장함을 원칙으로 한다.
④ 증거물 수집과정에서는 증거물의 수집자, 수집일자, 상황 등에 대하여 기록을 남겨야 하며 기록은 반드시 일반용 표지 또는 태그를 사용하는 것을 원칙으로 한다.

🔍 **해설**

증거물 수집과정에서는 증거물의 수집자, 수집 일자, 상황 등에 대하여 기록을 남겨야 하며 기록은 가능한 법과학자용 표지 또는 태그를 사용하는 것을 원칙으로 한다.

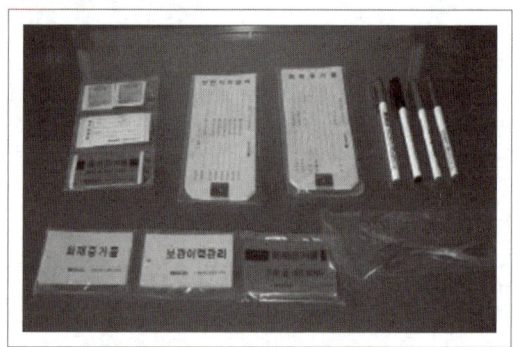

현장에 사용하는 태그 종류 및 형태

42 유리의 연소형태를 설명한 것 중 옳은 것은?

① 화재 열로 생긴 균열은 방사형 형태를 띤다.
② 급격하게 열과 접촉하면 잔금이 발생하며 변색된다.
③ 유리에 그을음의 부착은 인화성 촉진제 사용의 명확한 증거이다.
④ 유리창의 파괴가 항상 화재로 인한 압력에 의해서 발생하는 것은 아니다.

🗑 해설
① 표면 충격에 의한 균열은 방사형 형태를 띤다.
② 급랭하여 잔금이 발생할 수 있다.
③ 유리에 그을음의 부착 원인을 인화성 촉진제로 단정 지을 수 없다.

43 액체촉진제의 특성으로 틀린 것은?

① 액체촉진제는 액체, 기체의 상으로 발견될 수 있다.
② 액체촉진제는 다공성 물질 안에 갇혔을 때 지속성이 매우 높다.
③ 대부분의 액체촉진제는 물과 접촉했을 때 물 아래로 가라앉는다.
④ 액체촉진제는 구조부, 내부마감재, 기타 화재 잔해물에 쉽게 흡수된다.

🗑 해설
액체 연소촉진제(Accelerant)의 일반적 특징
• 발열량이 크다.
• 보통 물보다 비중이 낮아 가볍다.
• 다공성 물질에 흡수가 용이하여 지속성 · 잔류성을 가진다.
• 물에 잘 녹지 않는 비수용성이 다수다(수용성 알코올 제외).
• 액상 또는 기상으로 발견할 수 있다.

44 「화재증거물수집관리규칙」상 증거물에 대한 유의사항으로 틀린 것은?

① 명확한 증거물 수집을 위해서는 화재피해자의 추가 피해도 감수해야 한다.
② 화재증거물은 기술적, 절차적인 수단을 통해 진정성, 무결성이 보존되어야 한다.
③ 화재증거물을 획득할 때에는 증거물이 훼손되지 않도록 적절한 장비를 사용하여야 한다.
④ 최종적으로 법정에 제출되는 화재증거물의 원본성이 보장되어야 한다.

🗑 해설
화재조사에 필요한 증거 수집은 화재피해자의 피해를 최소화하도록 하여야 한다.

45 「화재증거물수집관리규칙」상 현장수거(채취)물 목록의 기입사항이 아닌 것은?

① 감정기관   ② 발견자
③ 최종결과   ④ 수거(채취)물

🗑 해설
현장수거에 있어 발견자는 기재항목에 없다.

46 국소적 생활반응이 아닌 것은?

① 응혈   ② 피하출혈
③ 수포   ④ 전신적 빈혈

🗑 해설
전신적 빈혈은 전신적 생활반응에 해당한다.

47 화재현장을 촬영하는 경우 짧은 거리에서 넓은 범위를 찍을 때나 동시에 많은 물건을 사진 1매에 넣을 필요가 있을 때 표준렌즈 대신에 사용할 수 있는 렌즈는?

① 줌렌즈   ② 광각렌즈
③ 망원렌즈   ④ 접사렌즈

🗑 해설
광각렌즈의 특징
• 표준렌즈보다 초점거리가 짧고, 화각이 넓은 특징을 가지고 있다.
• 좁은 실내에서 많은 물건을 1매로 촬영할 때 용이하다.

광각렌즈, 표준렌즈와 망원렌즈의 초점거리와 화각 비교

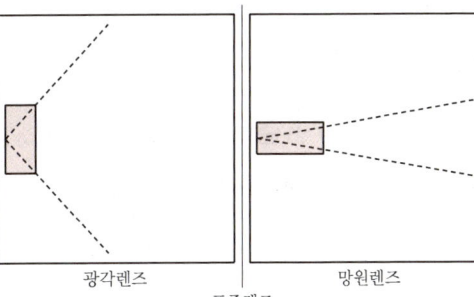

정답 | 42 ④ 43 ③ 44 ① 45 ② 46 ④ 47 ②

48 대부분의 화재에서 중요한 사인이며 특히 주택에서 대형화재가 발생한 경우 희생자의 주요 혹은 단독적인 사인이 되는 것은?

① 출혈성 쇼크　② 일산화탄소 중독
③ 열에 의한 손상　④ 불소에 의한 독성

해설
다음 통계와 같이 연기·유독가스에 의한 사망이 가장 많으므로 연기 내에 포함된 일산화탄소 중독이 주요 사인이 된다.
- 2013~2022년간 화재로 인한 인명피해 사망 유형은 연기·유독가스를 흡입하고 화상까지 입은 경우가 40%로 가장 많았고, 연기·유독가스 흡입이 25%, 화상 9% 순이였다.
- 부상은 화상이 46%로 가장 많았고, 연기·유독가스 흡입 31%, 연기와 유독가스를 흡입하고 화상까지 입은 경우가 7% 순으로 발생하였다.

49 법의학적 물리적 증거물의 종류가 아닌 것은?

① 발화기기 내 단락흔
② 피, 타액과 같은 체액
③ 손가락 및 손바닥 지문
④ 머리카락, 섬유 및 신발 자국

해설
법의학적 물리적 증거물은 생물학적 증거(DNA 또는 혈액), 미량 증거(섬유 또는 머리카락), 물리적 증거(무기 또는 지문) 등이 포함된다.

50 화재현장의 증거물을 연구소나 감정기관으로 보내기 위하여 화재조사관이 인편송부나 탁송절차를 거치는데 현행 탁송규정상 우편 취급이 부적절하다고 인정되는 물건은?

① 배선용 차단기　② 전자제품
③ 온도조절장치　④ 인화성 물질

해설
「우편법」 제17조(우편금지물품, 우편물의 용적·중량 및 포장 등) 제1항에 의거하여 우편금지물품을 정하여 고시하고 있다.

제17조(우편금지물품, 우편물의 용적·중량 및 포장 등) 「우편법」
① 과학기술정보통신부장관은 건전한 사회질서를 해치거나 우편물의 안전한 송달을 해치는 물건(음란물, 폭발물, 총기·도검, 마약류 및 독극물 등으로서 우편으로 취급하는 것이 부적절하다고 인정되는 물건을 말하며, 이하 "우편금지물품"이라 한다)을 정하여 고시하여야 한다.

> **참고**
> 제2조 관련 우편금지물품 중 화재조사 관련 대표 물질 「우편금지물품의 내용에 관한 고시」
> 1. 폭발성 물질
> 2. 발화성 물질
> 3. 가연성 물질
> 4. 인화성 물질
> 5. 유독성 물질
> 6. 강산류 및 강산화성 물질

51 화재현장을 목격한 관계자에게 질문할 때의 유의사항으로 옳은 것은?

① 정확한 화재원인을 파악하기 위해서는 유도질문도 인정된다.
② 관계자가 최초에 연소하였다고 진술한 부분이 바로 발화지점이다.
③ 관계자에게 질문할 경우는 이해관계가 있는 제3자가 참석하여야 한다.
④ 관계자에 대한 질문은 발화건물 및 화재 발생의 원인 등을 추정하는 데 필요한 정보로 활용한다.

해설
① 관계인 등에게 질문을 할 때에는 희망하는 진술내용을 얻기 위하여 상대방에게 암시하는 등의 방법으로 유도해서는 아니 된다.
② 질문기록서에 따라 화재 목격 현상을 객관적으로 진술받는다.
③ 관계인 등에게 질문을 할 때는 시기, 장소 등을 고려하여 진술하는 사람으로부터 임의진술을 얻도록 해야 하며 진술의 자유 또는 신체의 자유를 침해하여 임의성을 의심할 만한 방법을 취해서는 아니 된다.

52 화상의 위험도에 대한 설명 중 옳은 것은?

① 주요 장기의 질환 유무와 화상의 위험도는 관련이 없다.
② 노인의 경우 회복은 지연되지만, 합병증이 일어날 가능성은 낮다.
③ 상부 기도화상이나 흉부화상은 호흡장애를 초래할 가능성이 높다.
④ 어른은 같은 정도의 화상 범위라도 어린이보다 더 위험하다.

정답 | 48 ② 49 ① 50 ④ 51 ④ 52 ③

📖 **해설**

기도 화상 또는 흡입 화상(Inhalation injury)
- 가열된 가스, 증기, 뜨거운 액체 혹은 유독한 불완전 산화물의 흡인으로 정의된다.
- 폐기능 부전 및 호흡기감염으로 이어져 호흡장애를 초래한다.

53 화재조사 현장 촬영 시 유의사항으로 틀린 것은?

① 주변 인물, 발굴용 기구 등을 중점적으로 촬영하여야 한다.
② 중요한 증거 물건은 표지, 백묵 등으로 명확하게 표시한다.
③ 화재조사현장 사진은 현장조사자의 의도를 이해하여 촬영한다.
④ 화재조사현장 사진은 수정하기가 불가능하므로 이를 감안하여 촬영한다.

📖 **해설**
화재와 연관성이 크다고 판단되는 증거물, 피해물품 등은 면밀히 관찰 후 자세히 촬영한다.

54 발화지점에 물리적 증거물이 없더라도 방화를 의심할 수 있는 정황증거로 옳은 것은?

① 발화관련 기구나 시설 등이 없어 발화원을 특정할 수 없는 경우
② 아파트 베란다에 놓아둔 페트병 뒤편의 가연물이 연소한 경우
③ 음식물 찌꺼기인 건성유를 담아 놓은 비닐봉지가 연소한 경우
④ 스팀파이프와 목재가 맞닿아 있는 곳에서 가연물이 대량 연소한 경우

📖 **해설**
방화의 정의

구분	정의
사전적 정의	일부러 불을 붙여 화재를 일으키는 것, 불을 지름, 지른 불
형법상 정의	고의로 화재를 일으켜 가옥이나 기타의 물건을 연소시키는 행위
NFPA 921 CODE (화재 및 폭발원인조사 가이드) 정의	발화하지 않아야 했을 화재로 인식된 상황하에 고의로 발생된 화재

55 일산화탄소가 혈액 속의 헤모글로빈과 결합할 때 생성되는 물질로 옳은 것은?

① 일산화질소
② 산화헤모글로빈
③ 카르복시헤모글로빈
④ 이산화탄소헤모글로빈

📖 **해설**
일산화탄소(CO) + 헤모글로빈(Hb) = 카복시헤모글로빈(COHb)

일산화탄소 중독
- 일산화탄소는 헤모글로빈과 결합하는 능력이 산소보다 약 200배 이상 높아서 헤모글로빈이 산소 대신 일산화탄소와 더 많이 결합하여 세포에 산소를 공급할 수 없어 일산화탄소 중독에 이른다.
- 체내 산소공급을 막아 산소를 필요로 하는 장기(특히 뇌, 심장, 근육 등)가 심각하게 손상되어 사망할 수 있다.

56 화재현장에서 발견된 물리적 증거에 대한 설명으로 틀린 것은?

① 견고하게 고정된 전구의 변형상태를 통하여 화염의 진행방향을 알 수 있다.
② 폭발에 의하여 유리가 파손된 경우 균열이 평행선에 가까운 모습을 보인다.
③ 깨져 바닥에 쏟아진 유리창의 내측에 그을음이 부착되어 있지 않다면 화재발생 이후 창문이 깨졌다는 것을 의미한다.
④ 화재와 폭발이 일어난 현장에서 멀리까지 비산된 유리창의 파편에 그을음이 부착되어 있다면 화재가 먼저 일어나 이로 인해 폭발이 발생한 것으로 볼 수 있다.

📖 **해설**
깨져 바닥에 쏟아진 유리창의 내측에 그을음이 부착되어 있지 않다면 화재발생 이전에 창문이 깨졌다는 것을 의미한다.

57 「화재조사 및 보고규정」상 소방공무원이 작성하는 서식이 아닌 것은?

① 화재 사후조사 의뢰서
② 방화·방화 의심 조사서
③ 소방시설 등 활용 조사서
④ 화재·구조·구급상황 보고서

📖 **해설**
화재 사후조사 의뢰서는 해당되지 않는다.

정답 | 53 ① 54 ① 55 ③ 56 ③ 57 ①

58 「화재증거물수집관리규칙」상 증거물 시료용기 중 주석 도금캔의 사용 횟수로 옳은 것은?

① 1회
② 5회
③ 파손될 때까지
④ 적절히 세척할 경우 제한

📖 해설
주석 도금캔(CAN)은 1회 사용 후 반드시 폐기한다.

59 콘크리트, 시멘트 바닥에 비닐타일 등이 접착제로 부착되어 있을 때 그 위로 석유류의 액체 가연물이 쏟아져 화재 시 타일 등 바닥재의 틈새 모양으로 변색되고 박리되기도 하는 흔적은?

① 포어 패턴
② 드롭다운 패턴
③ 고스트 마크
④ 스플래시 패턴

📖 해설
고스트 마크(Ghost Mark)
- 발생조건 : 콘크리트, 시멘트 바닥에 비닐타일 등이 접착제로 부착되어 있을 때 그 위로 석유류의 액체 가연물이 쏟아지면서 화재 발생
- 발생원인 : 열과 솔벤트 성분이 타일의 가장자리 부분에서부터 타일을 박리시키고, 이때 액체가연물은 타일 사이로 스며들며 부분적으로 접착제를 용해하면서 격렬한 연소 진행
- 패턴발생 : 타일 아래의 바닥에는 타일 등 바닥재의 틈새모양으로 변색이 되고 종종 박리되면서 바닥에서 고스트마크 패턴이 발생

60 화재현장을 사진으로 기록하고자 할 때의 설명으로 틀린 것은?

① 현장사진은 충분한 자료 확보를 위하여 풍부하게 촬영한다.
② 출입구의 폐쇄 여부나 창문의 개방상태까지는 촬영하지 않는다.
③ 필름을 사용하여 촬영할 경우 2개 이상의 화재조사 내용이 중첩되지 않도록 적절한 관리가 필요하다.
④ 아날로그 카메라를 사용할 경우 필름의 제약이 있으므로 선정한 피사체가 필요 이상 중복되지 않도록 한다.

📖 해설
내부로 들어가기 전 창문이나 출입문이 강제로 개방된 흔적이 있는지 검사 후 그 내용을 촬영한다.

제4과목 화재조사 관계법규 및 피해평가

61 「화재조사 및 보고규정」에 따른 용어의 정의로 옳은 것은?

① "발화"란 열원에 의하여 가연물질에 순간적으로 불이 붙는 현상을 말한다.
② "발화열원"이란 발화의 최초 원인이 된 불꽃 또는 열을 말한다.
③ "발화지점"이란 화재가 발생한 지점을 말한다.
④ "발화장소"란 열원과 가연물이 상호작용하여 화재가 시작된 장소를 말한다.

📖 해설
① "발화"란 열원에 의하여 가연물질에 지속적으로 불이 붙는 현상을 말한다.
③ "발화지점"이란 열원과 가연물이 상호작용하여 화재가 시작된 지점을 말한다
④ "발화장소"란 화재가 발생한 장소를 말한다.

62 발화지점 판정에 대한 설명으로 틀린 것은?

① 판정은 주관적인 고찰에 의할 것
② 현장조사 상황에서의 순번을 기재할 것
③ 인용사실은 조사서 등에 기재되어 있을 것
④ 현장조사상황 등의 항목별로 각각 판단된 발화지점을 기재하여 둘 것

📖 해설
발화지점 판정은 객관적인 고찰에 의해야 한다.

정답 | 58 ① 59 ③ 60 ② 61 ② 62 ①

63 화재현장 보존조치를 하거나 통제구역을 설정한 경우 소방관서장 또는 경찰서장의 허가 없이 화재현장에 있는 물건 등을 이동시키거나 변경·훼손한 사람이 받을 수 있는 처벌은?

① 50만 원 이하의 과태료
② 100만 원 이하의 과태료
③ 200만 원 이하의 벌금
④ 300만 원 이하의 벌금

해설
「소방의 화재조사에 관한 법률」에 따른 300만 원 이하의 벌금·벌칙 항목 4가지

암기법 물 출 업비 증

1. 허가 없이 화재현장에 있는 물건 등을 이동시키거나 변경·훼손한 사람
2. 화재조사관의 출입 또는 조사를 거부·방해 또는 기피한 사람
3. 관계인의 정당한 업무를 방해하거나 화재조사를 수행하면서 알게 된 비밀을 다른 용도로 사용하거나 다른 사람에게 누설한 사람
4. 정당한 사유 없이 증거물 수집을 거부·방해 또는 기피한 사람

64 주택에 전기적 요인으로 화재가 발생하여 바닥 $6m^2$와 한쪽 벽 $4m^2$이 소실되었다. 이 경우 화재피해조사서(재산피해) 작성 시 소실면적은?

① $1.6m^2$
② $4m^2$
③ $6m^2$
④ $8m^2$

해설
소실면적 산정(「화재조사 및 보고규정」)
건물(수손 및 기타 파손 포함)의 소실면적 산정은 소실 바닥면적으로 산정한다.

65 「화재피해액 산정기준」상 전부손해의 경우 시중매매가격에 의한 산정방법이 적용되지 않는 것은?

① 식물의 전부손해
② 동물의 전부손해
③ 차량의 전부손해
④ 보석류의 전부손해

해설
보석류의 전부손해는 감정가격을 기준한다.

전부손해 여부에 따른 화재피해금액 산정기준 비교

암기법 차동식 매 수 치료

• 차량, 동물, 식물
 – 전부손해의 경우 : 시중매매가격
 – 전부손해가 아닌 경우(부분 소손) : 수리비 및 치료비

암기법 해(회)골 공포(보) 감정 복구

• 회화(그림), 골동품, 미술공예품, 귀금속 및 보석류
 – 전부손해의 경우 : 감정가격
 – 전부손해가 아닌 경우(부분 소손) : 원상복구에 소요되는 비용

66 「소방기본법 시행규칙」상 종합상황실장이 상급 종합상황실에 지체 없이 보고해야 할 화재에 해당하지 않는 것은?

① 관공서 화재
② 문화재 화재
③ 공동주택 화재
④ 지하철 화재

해설
공동주택 화재는 보고대상기 해당되지 않는다.

참고
30일 이내 조사 서류 작성·보고 기한 대상 중 "라"항목

암기법 문학관 정지

• 문화재
• 학교
• 관공서
• 정부미 도정공장
• 지하철 또는 지하구

정답 | 63 ④ 64 ③ 65 ④ 66 ③

67 화재현장조사서의 도면 작성 시 이용 가능한 현장기록 기법에 관한 설명으로 옳은 것은?

① 탄화등심도는 발화구역 내의 탄화부분에 대한 강도 패턴과 경계선을 표시한다.
② 화재손상평가는 최대손상구역으로부터 최소손상구역으로의 체계적인 분석과정이다.
③ 벡터다이어그램은 화살표를 이용하여 최소손상구역에서 최대 손상구역을 가리키는 것이다.
④ 벡터다이어그램은 발화실의 평면도에 탄화심도의 측정치를 기록하고 그 깊이를 선으로 연결한 것이다.

해설
탄화등심도
- 화재현장의 연소강도별 탄화심도가 동등한 부분을 연결하여 마치 지도처럼 묘사한 것이다.
- 탄화등심도를 통해 발화부로부터 화재 확산경로를 예측한다.

68 화재조사자가 직접 작성하는 서류가 아닌 것은?

① 질문기록서 ② 화재현장조사서
③ 화재피해조사서 ④ 화재현장출동보고서

해설
화재현장출동보고서는 선착대 선임자가 작성한다.

화재출동대원 협조 「화재조사 및 보고규정」
- 화재현장에 출동하는 소방대원은 조사에 도움이 되는 사항을 확인하고, 화재현장에서도 소방활동 중에 파악한 정보를 조사관에게 알려주어야 한다.
- 화재현장의 선착대 선임자는 철수 후 지체 없이 국가화재정보시스템에 화재현장출동보고서를 작성·입력해야 한다.

69 「화재조사 및 보고규정」상 화재합동조사단을 운영 및 종료에서 소방본부장이 구성하여 운영하는 원칙은?

① 사상자가 20명 이상이거나 2개 시·군·구 이상에 발생한 화재
② 사망자가 5명 이상이거나 사상자가 10명 이상 또는 재산피해액이 100억 원 이상 발생한 화재
③ 사상자가 30명 이상이거나 2개 시·도 이상에 걸쳐 발생한 화재(임야 화재는 제외한다)
④ 재산피해가 200억 원 이상인 화재

해설
제20조 화재합동조사단 운영 및 종료 「화재조사 및 보고규정」
- 소방관서장 화재합동조사단을 구성·운영 원칙

암기법 청본서 325 둘둘 10백

1. 소방<u>청</u>장 : 사상자가 <u>30</u>명 이상이거나 <u>2</u>개 시·도 이상에 걸쳐 발생한 화재(임야 화재는 제외)
2. 소방<u>본</u>부장 : 사상자가 <u>20</u>명 이상이거나 <u>2</u>개 시·군·구 이상에 발생한 화재
3. 소방<u>서</u>장 : 사망자가 <u>5</u>명 이상이거나 사상자가 <u>10</u>명 이상 또는 재산피해액이 <u>100</u>억 원 이상 발생한 화재

70 치외법권지역에 대한 화재조사 보고서 작성에 대한 설명으로 옳은 것은?

① 화재현황조사서만 작성한다.
② 화재현장출동보고서, 질문기록서, 화재 발생 종합 보고서를 반드시 작성하여야 한다.
③ 치외법권지역은 조사권을 행사할 수 없으므로 보고서를 작성하지 않아도 된다.
④ 치외법권지역에서 조사권을 행사할 수 없는 경우는 조사 가능한 내용만 조사하여 해당 서류를 작성한다.

해설
제49조 제2항 조사서류 작성 「화재조사 및 보고규정」
치외법권지역 등 조사권을 행사할 수 없는 경우는 조사 가능한 내용만 조사하여 별지 제3호 내지 [별지 제3-12호] 서식 중 해당서류를 작성한다.

71 「화재조사 및 보고규정」상 건물의 동수 산정에 대한 내용으로 틀린 것은?

① 주요구조부가 하나로 연결되어 있는 것은 1동으로 한다.
② 내화조 건물의 경우 격벽으로 방화구획이 되어 있는 경우는 다른 동으로 한다.
③ 건물의 외벽을 이용하여 실을 만들어 사무실로 사용하고 있는 것은 주건물과 같은 동으로 본다.
④ 독립된 건물과 건물 사이에 차광막 등의 덮개를 설치하고 그 밑을 통로 등으로 사용하는 경우는 다른 동으로 한다.

정답 | 67 ① 68 ④ 69 ① 70 ④ 71 ②

📖 **해설**

내화조 건물의 경우 격벽으로 방화구획이 되어 있는 경우는 같은 동으로 본다.

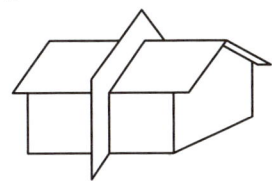

72 다음 중 화재현황조사서에 기입해야 할 항목이 아닌 것은?

① 기상상황
② 소방시설 현황
③ 피해 및 인명구조
④ 화재발생 장소 및 유형

📖 **해설**

소방시설 현황은 소방시설 등 활용조사서에 기재한다.

73 화재조사서류의 의의에 대한 설명으로 틀린 것은?

① 소방기관이 전문적이고 공평한 입장에서 작성하는 것이다.
② 화재조사서류는 공문서로서 정보공개대상으로 사용된다.
③ 사법기관 등의 유효한 증거자료로서의 측면을 가지고 있지 않다.
④ 축적된 조사 데이터는 분석·유형화하여 시민에 대한 예방지도나 소방관계법령 등의 소방행정 제시의 기초자료로 활용된다.

📖 **해설**

사법기관 등의 유효한 증거자료로 활용될 수 있다.

74 화재의 소실 정도에 대한 설명으로 틀린 것은?

① 반소는 건물의 30% 이상 70% 미만이 소실된 것을 말한다.
② 부분소는 전소, 반소화재에 해당되지 아니하는 것을 말한다.
③ 자동차, 철도차량, 선박 및 항공기 등의 소실 정도는 건물과 별개의 기준을 따른다.
④ 전소는 건물의 70% 이상이 소실되었거나 또는 그 미만이라도 잔존부분을 보수하여도 재사용이 불가능한 것을 말한다.

📖 **해설**

제30조 건축·구조물의 소실정도「화재조사 및 보고규정」

🔖 **암기법** 전반부 출석해

1. **전소** : 건물의 70% 이상(입체면적에 대한 비율)이 소실되었거나 또는 그 미만이라도 잔존부분을 보수하여도 재사용이 불가능한 것
2. **반소** : 건물의 30% 이상 70% 미만이 소실된 것
3. **부분소** : 제1호, 제2호에 해당하지 아니하는 것

75 화재조사서류 작성 시 유의사항으로 틀린 것은?

① 필요한 서류가 첨부되어야 한다.
② 오자, 탈자 등이 없는 문서를 사용한다.
③ 원칙적으로 평이하고 알기 쉬운 문장으로 작성한다.
④ 화재유형별 조사서류는 유형과 관계없이 통일된 양식에 기재하여야 한다.

📖 **해설**

화재유형에 따라 화재유형별 조사서 서식을 선택하여 작성한다.

> **참고**
>
> **화재유형별조사서 서식**
>
> 🔖 **암기법** 건자위 선임
>
> 1. 건축·구조물 화재
> 2. 자동차·철도차량
> 3. 위험물·가스제조소 등 화재
> 4. 선박·항공기 화재
> 5. 임야 화재

정답 | 72 ② 73 ③ 74 ③ 75 ④

76 화재조사의 종류 및 조사범위에서 화재피해 조사범위에 해당하는 것은?

① 소방활동 중 발생한 사망자 및 부상자 조사
② 피난경로, 피난상의 장애요인 등의 피난 상황 조사
③ 화재의 발견·통보 및 초기소화 등의 상황조사
④ 화재의 연소경로 및 확대요인 등의 연소 상황 조사

해설
②, ③, ④는 화재원인조사에 해당된다.

77 화재건수 결정에 대한 설명으로 옳은 것은?

① 지진, 낙뢰 등 자연현상에 의한 다발화재는 2건의 화재로 한다.
② 발화점이 2개소 이상 있는 동일 누전점에 의한 화재는 2건의 화재로 한다.
③ 1건의 화재란 1개의 발화점으로부터 확대된 것으로 발화부터 진화까지를 말한다.
④ 동일범이 아닌 각기 다른 사람에 의한 방화, 불장난은 동일 대상물에서 발화하면 1건의 화재로 한다.

해설
제10조 화재건수 결정 판단 기준「화재조사 및 보고규정」

화재 조건 및 상황		판단
동일대상물 내에 동일범이 아닌 각기 다른 사람에 의한 방화, 불장난		각각 별건의 화재로 판단
동일 대상물내 발화점이 2개소 이상 다음의 화재 • 누전점이 동일한 누전에 의한 화재 • 지진, 낙뢰 등 자연현상에 의한 다발화재		1건의 화재로 판단
둘 이상의 관할구역에 걸친 화재	발화지점이 한 곳인 경우	발화지점이 속한 소방서에서 1건
	발화지점 확인이 어려운 경우	화재피해금액이 큰 관할구역 소방서에서 1건

78 모델하우스 또는 가설건축물 등 일정기간 존치하는 건물에 있어서는 실제 존치할 기간을 내용연수로 하여 피해액을 산정한다. 이 경우 존치기간 종료일 현재의 최종잔가율은 얼마로 계산하는가?

① 20% ② 25%
③ 30% ④ 35%

해설
특수한 경우 중 모델하우스 등에 대한 피해액 산정「화재피해액 산정 매뉴얼」
모델하우스 또는 가설건물 등 일정기간 존치하는 건물에 있어서는 실제 존치할 기간을 내용연수로 하여 피해액을 산정한다. 이 경우 존치기간 종료일 현재의 최종잔가율은 20%이며, 내용연수 및 경과연수는 연 단위까지 산정한다.

79 「화재조사 및 보고규정」상 질문기록서의 질문내용에 포함되지 않는 것은? (단, 기타 참고사항은 제외한다.)

① 무엇을 하고 있을 때
② 어떻게 해서 알게 되었는가?
③ 그때 현상은 어떠했는가?
④ 왜 그렇게 했는가?

해설
④는 질문항목에 없다.

80 「화재증거물수집관리규칙」상의 용어 정의로 옳은 것은?

① 증거물이란 화재와 관련 있는 물건 및 개연성이 있는 모든 개체를 말한다.
② 현장기록이란 화재현장에서 증거물 수집에서부터 폐기까지 증거물 원본성 보장을 위한 증거물 관리 및 이송과 관련된 과정을 말한다.
③ 증거물 수집이란 화재조사현장과 관련된 사람, 물건, 기타 주변상황 증거물 등을 촬영한 사진, 영상물 및 녹음자료, 현장에서 작성된 정보 등을 말한다.
④ 현장사진이란 화재현장에서 화재조사 현장과 관련된 사람, 물건, 그 밖의 주변 상황 증거물을 촬영하거나 조사의 과정을 촬영한 것을 말한다.

해설
② "현장기록"이란 화재조사현장과 관련된 사람, 물건, 기타 주변상황, 증거물 등을 촬영한 사진, 영상물 및 녹음자료, 현장에서 작성된 정보 등을 말한다.
③ "증거물 수집"이란 화재증거물을 획득하고 해당 물건을 분석하여 사건과 관련된 화재증거를 추출하는 과정을 말한다.
④ "현장사진"이란 화재조사현장과 관련된 사람, 물건, 기타 상황, 증거물 등을 촬영한 사진을 말한다.

정답 | 76 ① 77 ③ 78 ① 79 ④ 80 ①

산업기사 기출문제 2020년 2회

제1과목 화재조사론

01 가연물의 연소 형태에 대한 설명으로 옳지 않은 것은?

① 숯은 표면연소를 한다.
② 목재는 증발연소를 한다.
③ 액체의 연소 형태로는 증발연소와 분해연소 등이 있다.
④ 표면연소는 라디칼이 발생하는 연쇄반응은 일어나지 않는다.

해설
목재는 분해연소를 한다.

참고

연소의 기본형태

기체연소	• 확산연소 : LPG – 공기, 수소-산소 • 예혼합연소 : 가솔린 엔진의 연소, 가스레인지, 난방용 보일러
액체연소	• 증발연소 : 에테르, 이황화탄소, 알코올류, 아세톤, 석유류 등 • 분해연소 : 중유, 벙커C유
고체연소	• 표면연소 : 숯, 목탄, 코크스, 금속(분·박·리본 포함) 등 • 증발연소 : 황, 나프탈렌, 파라핀(양초) 등 • 분해연소 : 목재, 석탄, 종이, 섬유, 플라스틱, 합성수지, 고무류 등 • 자기연소 : 니트로셀룰로오스(NC), 트리니트로톨루엔(TNT), 니트로글리세린(NG), 트리니트로페놀(TNP) 등

02 다음 중 액체의 물리적 성질과 가장 관련이 적은 것은?

① 증발   ② 비점
③ 비중   ④ 승화

해설
승화는 고체가 액체 상태를 거치지 않고 바로 기체로 상 변화하는 것으로 액체의 물리적 성질과 관계가 없다.
① 증발 : 액체가 기체로 변화하는 과정이다.
② 비점 : 액체의 증기압이 대기압과 같아지는 온도로 액체에서 기체로 변하는 온도이다.
③ 비중 : 액체의 비중은 단위 체적 당 무게로 액체의 물리적 성질과 관계가 있다.

03 화재 후, 금속의 표면에 나타나는 산화 현상에 대한 설명으로 틀린 것은?

① 화재 이후 산화의 정도는 주변 습도와 노출 시간에 좌우된다.
② 스테인리스 스틸이 심하게 산화되면 흐린 회색을 띠게 된다.
③ 온도가 높을수록, 노출 시간이 짧을수록 산화의 효과가 많이 나타난다.
④ 구리는 열에 노출되면 어두운 적색이나 흑색 산화물을 만든다.

해설
금속 산화 현상은 고온과 함께 노출 시간이 길어질수록 산화의 효과가 크다.
① 수분은 금속표면에 응축되어 산소확산 촉진, 부식경로를 형성하여 산화가 심해진다.
② 스테인리스 스틸이 1,000℃의 열을 받으면 회색으로 변색된다.
④ 구리는 열에 노출되면 적색의 산화제1구리와 흑색의 산화제2구리가 생성된다.

정답 | 01 ②   02 ④   03 ③

04 「소방의 화재조사에 관한 법령」에 따른 화재조사 전담부서에서 갖추어야 할 감식 기기가 아닌 것은?

① 절연저항계
② 멀티테스터기
③ 디지털온도 · 습도측정시스템
④ 복합가스측정기

📖 **해설**
디지털온도 · 습도측정시스템은 기록용 기기이다.

> **참고**
> 화재조사의 전담부서 감식기기 「소방의 화재조사에 관한 법칙」 [별표]
>
> | 구분 | 기자재명 및 시설 규모 |
> |---|---|
> | 기록용 기기
(13종) | 디지털카메라(DSLR)세트, 비디오카메라세트, TV, 적외선거리측정기, 디지털온도 · 습도측정시스템, 디지털풍향풍속기록계, 정밀저울, 버니어캘리퍼스, 웨어러블캠, 3D스캐너, 3D카메라(AR), 3D캐드시스템, 드론 |
> | 감식기기
(16종) | 절연저항계, 멀티테스터기, 클램프미터, 정전기측정장치, 누설전류계, 검전기, 복합가스측정기, 가스(유종)검지기, 확대경, 산업용실체현미경, 적외선열상카메라, 접지저항계, 휴대용디지털현미경, 디지털탄화심도계, 슈미트해머, 내시경현미경 |

05 습도에 대한 설명으로 옳은 것은?

① 공기 중의 습도는 연소속도에 영향을 미치지 않는다.
② 정전기는 습한 환경에서 축적이 잘 되는 경향이 있다.
③ 절대습도는 대기 중에 포함된 수증기의 양을 퍼센트(%)로 표기한다.
④ 가연물의 수분함량은 가연물 주변 공기의 습도와 상관관계가 있다.

📖 **해설**
가연물의 수분함량은 공기 중의 습도가 높을수록 가연물이 수분을 흡수하여 수분함량이 증가할 수 있다.
① 공기 중의 습도가 높으면 연소속도가 느려진다.
② 정전기는 건조한 환경에서 더 쉽게 축적되며, 습도가 높을 때는 정전기가 쉽게 방전되어 축적이 잘되지 않는다.
③ 절대습도는 대기 $1m^3$ 중에 포함된 수증기의 양(g)으로 g/m^3 단위를 사용한다.

06 화재조사 범위와 관련된 내용 중 화재원인 조사 내용으로 틀린 것은?

① 발화원인 조사 : 발화지점, 발화열원, 발화요인, 최초착화물 및 발화관련기기 등
② 소실피해 조사 : 열에 의한 탄화, 용융, 파손 등의 조사
③ 피난상황 조사 : 피난경로, 피난상의 장애요인 등
④ 소방 · 방화시설 등 조사 : 소방 · 방화시설의 활용 또는 작동 등의 상황

📖 **해설**
소실피해 조사는 화재조사 범위(화재피해조사, 화재원인조사) 중 화재피해조사로 분류된다.

> **참고**
> 화재조사 범위
> 1. 화재피해조사
>
> | 인명피해 | | 화재로 인한 사망자 및 부상자 |
> |---|---|---|
> | | | 화재진압 중 발생한 사망자 및 부상자 |
> | 재산피해 | 소실피해 | 열에 의한 탄화, 용융, 파손 등의 피해 |
> | | 수손피해 | 소화활동으로 발생한 수손피해 등 |
> | | 기타피해 | 연기, 물품반출, 화재 중 발생한 폭발 등에 의한 피해 등 |
>
> 2. 화재원인조사
>
> | 발화원인 조사 | 발화지점, 발화열원, 발화요인, 최초착화물 및 발화관련기기 등 |
> |---|---|
> | 발견, 통보 및 초기소화상황 조사 | 발견경위, 통보 및 초기소화 등 일련의 행동과정 |
> | 연소상황 조사 | 화재의 연소경로 및 연소확대물, 연소확대사유 등 |
> | 피난상황 조사 | 피난경로, 피난 상의 장애요인 등 |
> | 소방 · 방화시설 등 조사 | 소방 · 방화시설의 활용 또는 작동 등의 상황 |

07 화재조사 시 최초발견자를 통해 얻을 수 있는 정보로 옳지 않은 것은?

① 화재패턴의 종류
② 불의 위치
③ 연기의 색과 냄새
④ 발견시각

📖 **해설**
화재패턴의 종류는 전문지식을 가지고 화재현장의 조사와 분석을 통해 분석할 수 있는 정보로 최초발견자를 통해 얻기는 힘들다.

정답 | 04 ③ 05 ④ 06 ② 07 ①

08 탄화칼슘의 자연발화 방지 대책으로 틀린 것은?

① 열 축적이 어려운 장소에 저장
② 온도가 낮은 곳에 저장
③ 습도가 높은 곳에 저장
④ 불활성가스를 주입하여 산소를 차단

해설
탄화칼슘(CaC_2)은 물과 반응하여 아세틸렌가스가 방출되고, 반응열에 의해 아세틸렌가스가 착화 폭발할 수 있다. 따라서 습도가 높은 곳에 저장해서는 안 된다.
$CaC_2 + 2H_2O \rightarrow Ca(OH)_2 + C_2H_2 \uparrow + 27.8 kcal/mol$

09 다음의 그림은 목재의 연소가 종료된 상황이다. 화재가 진행된 방향으로 옳은 것은?

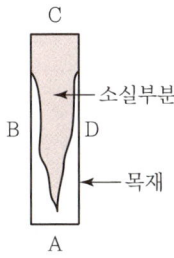

① A → C
② B → D
③ C → A
④ D → B

해설
벽면이나 수직으로 세워진 목재의 경우 화재플럼은 화염, 연기 등이 위로 갈수록 넓어지는 전형적인 V 패턴의 연소형태가 나타난다.

목재 수직면의 연소방향성

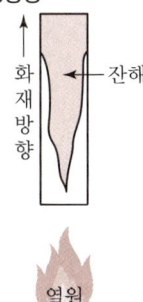

10 프로판(C_3H_8) 1몰(mol)의 완전연소 반응식에 대한 설명으로 옳은 것은?

① 이산화탄소 4몰(mol)이 생성되었다.
② 산소 6몰(mol)이 소모되었다.
③ 일산화탄소 3몰(mol)이 생성되었다.
④ 물 4몰(mol)이 생성되었다.

해설
프로판 1몰은 5몰의 산소와 반응하여 3몰의 이산화탄소와 4몰의 물이 생성된다.

프로판(C_3H_8) 완전연소반응
$C_3H_8 + 5O_2 \rightarrow 3CO_2 + 4H_2O$
① 이산화탄소 3몰(mol)이 생성되었다.
② 산소 5몰(mol)이 소모되었다.
③ 일산화탄소는 불완전연소 시 발생한다.

11 화재현장에서 구리배선의 1차흔에 대한 설명으로 옳은 것은?

① 화재를 발생시킨 합선의 흔적을 말한다.
② 외부 화염의 온도가 구리의 융점을 초과하였을 때 발생한다.
③ 외부 화염에 의해 배선피복의 절연이 파괴되어 발생한 합선 흔적을 말한다.
④ 1차흔과 2차흔은 명백히 구분할 수 있다.

해설
화재를 발생시킨 합선의 흔적이 1차흔이다.
② 열흔 : 외부 화염의 온도가 구리의 융점을 초과하였을 때 발생한다.
③ 2차흔 : 외부 화염에 의해 배선 피복의 절연이 파괴되어 발생한 합선 흔적을 말한다.
④ 1차흔과 2차흔은 구분이 어려워 전체적인 화재 상황 분석을 통해 비교해야 한다.

참고

단락흔과 열흔의 특징

	통전	정의	외관의 특징
1차 단락흔	있음	화재의 원인이 된 단락흔	구슬 모양으로 광택이 있다. ※ 단락흔은 연소열로 가열되면 이 특징이 없어지는 경우가 있다.
2차 단락흔		화재의 열로 전선피복 등이 타서 2차적으로 생긴 단락흔	
열흔	없음	연소열로 용융한 것	눈물모양으로 처져있고 광택이 없다.

정답 | 08 ③ 09 ① 10 ④ 11 ①

12 다음의 화재 시 발생하는 연소가스 중 독성이 가장 큰 것은?

① 일산화탄소 ② 포스겐
③ 이산화탄소 ④ 염화수소

해설
포스겐의 허용농도(TWA)는 0.1ppm으로 독성이 가장 크다.

참고

화재현장에서 발생하는 유독가스

종류	발생 조건	허용농도(TWA)
일산화탄소(CO)	불완전연소	50ppm
이산화탄소(CO_2)	완전연소	5,000ppm
아황산가스(SO_2)	중질유, 고무, 황화합물 등의 연소	5ppm
염화수소(HCl)	플라스틱, PVC 연소	5ppm
시안화수소(HCN)	우레탄, 나일론, 폴리에틸렌, 고무, 모직물 등의 연소	10ppm
암모니아(NH_3)	열경화성수지, 나일론 등의 연소	25ppm
포스겐($COCl_2$)	프레온 가스와 불꽃의 접촉	0.1ppm

13 다음 그림을 참고하여 연소의 상승성에 대한 일반적인 설명으로 틀린 것은? (단, 목조건축물에 해당한다.)

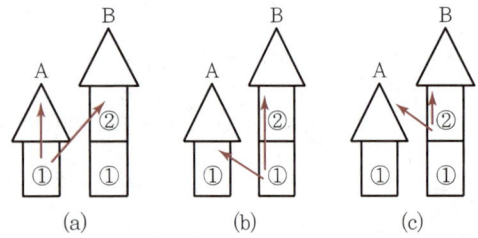

① 그림(a) 단층 가옥 A에서 출화된 경우, 2층 가옥 B ②층으로 연소 확대된다.
② 그림(b) 가옥 B의 ①에서 출화된 경우, B가옥 ②층과 함께 개구부를 통해 A가옥으로 확대된다.
③ 그림(c) B가옥 ②에서 발화 시, B가옥 ①층 연소 후 A가옥으로 확대된다.
④ 그림(c) B가옥 ②에서 발화 시, A가옥 ①로 확대 연소 후 B가옥 ①로 확대된다.

해설
목조건축물의 화재플럼은 화염, 연기 등이 위로 갈수록 넓어지는 전형적인 V 패턴의 연소 형태가 나타난다. 따라서 그림(c) B가옥 ②에서 발화하면 A가옥 ①로 확대 가능성이 작다. 단, B가옥 ②에서 화염이 하부로 떨어져 B가옥 ①로 확대되면, B가옥 ① → A가옥 ①로 확대 가능성은 있다.

참고

수직면의 연소

화재플럼 확대 비율은 상 20, 좌·우 1, 하 0.3이다. 그래서 화염, 연기 등이 위로 갈수록 넓어지는 전형적인 연소형태로 화재진행 방향에 따라 V 패턴의 형태가 나타난다.

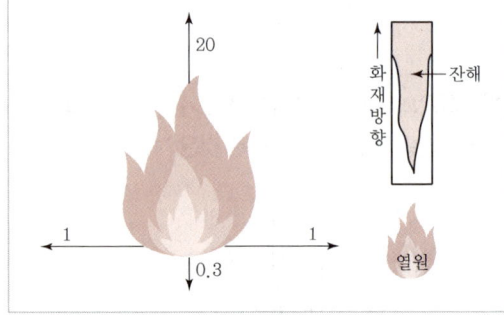

14 다음 중 증기비중이 가장 작은 기체는?

① 이산화탄소 ② 메탄
③ 에탄 ④ 아세틸렌

해설
분자량이 적을수록 증기비중이 작아 공기보다 가볍다.
① 이산화탄소(CO_2) = 44/29 = 1.52
② 메탄(CH_4) = 16/29 = 0.55
③ 에탄(C_2H_6) = 30/29 = 1.03
④ 아세틸렌(C_2H_2) = 26/29 = 0.90

참고

증기비중 정의 및 계산법

- 정의 : 물질의 분자량을 공기의 분자량으로 나눈 값으로 보통 1 이상이면 공기보다 무겁고 1 미만이면 공기보다 가볍다.
- 계산법 : 증기비중 = $\dfrac{\text{분자량}}{29}$ (29 : 공기의 평균 분자량)

정답 | 12 ② 13 ④ 14 ②

15 연기 및 연소가스에 대한 설명으로 틀린 것은?

① 황화수소는 황성분을 함유한 물질이 불완전연소될 때 발생하는 가스로 달걀 썩는 냄새가 나는 독성이 강한 물질이다.
② 빛의 투과량으로부터 계산하는 감광계수는 연기의 절대농도를 나타내는 방법의 하나로 시야 상태를 고려한 농도 표현법이다.
③ 염화수소는 폴리염화비닐, 염화아크릴 등의 연소 시 발생되는 자극성이 강한 맹독성 기체이다.
④ 감광계수 1.0은 거의 앞이 보이지 않을 정도의 연기농도를 말하며, 이때 가시거리는 1~2m이다.

🛆 **해설**
감광계수는 연기의 절대 농도가 아닌, 연기농도로 인한 빛의 감쇠 정도를 나타내는 지표이다.

16 다음 중 구획실 화재의 최성기 단계에 대한 설명으로 옳지 않은 것은?

① 최성기의 연소는 실내로 유입되는 외부 공기의 양에 의해 지배된다.
② 이때의 열방출률은 개구부의 위치 및 크기에 좌우된다.
③ 창문 등 개구부로 미연소 가스가 배출되어 외부에서 연소하는 현상이 발생한다.
④ 플래시오버 단계가 경과된 상황이다.

🛆 **해설**
미연소 가스가 배출되어 외부 연소하는 현상은 백드래프트이다. 백드래프트는 성장기, 쇠퇴기에 발생하는 특수현상이다.

17 다음 중 화재현장 복원 요령으로 가장 옳은 것은?

① 형체가 소실되어 배치가 불가능한 것은 끈이나 로프 또는 대용품을 사용하되, 대용품이라는 것이 인식되도록 한다.
② 현장 복원 시, 현장식별이 가능하지 않은 것도 복원한다.
③ 주로 예측에 의존하여 복원한다.
④ 관계인은 복원 현장에 입회시키지 않는다.

🛆 **해설**
형체가 소실된 물품은 화재 초기 연소된 가연물일 가능성이 높다. 대용품임을 표시하고 복원한다.
② 현장식별이 가능하지 않은 것은 대용품을 사용하고 대용품인 것을 인식하도록 한다.
③, ④ 예측보다는 관계인과 복원 현장에 입회하여 정확한 정보를 바탕으로 복원해야 한다.

18 실화죄에 관한 설명 중 틀린 것은?

① 다가구 주택의 담벼락에서 쓰레기를 태우다 집 전체로 확산된 경우 실화의 죄가 적용됨
② 친구 집에서 담배를 재떨이에 두고 끈 것을 확인하지 않아 화재로 이어진 경우 실화의 죄가 적용됨
③ 타인 소유 일반건조물에서 과실로 화재가 발생한 경우 실화의 죄가 적용됨
④ 자기 소유 일반건조물에서 과실로 화재가 발생한 경우 실화의 죄가 적용되지 않음

🛆 **해설**
자기 소유의 건조물에서 화재가 발생했더라도 그로 인해 타인에게 피해가 발생하면 실화죄를 적용할 수 있다.

19 분진폭발에 영향을 주는 인자가 아닌 것은?

① 입자의 화학조성
② 입자크기
③ 온도 및 압력
④ 입자의 생체유해성

🛆 **해설**
입자의 생체유해성은 분진폭발에 영향을 주지 않는다.

> **참고**
> **분진폭발에 영향을 주는 인자**
> • 분진의 화학적 성질과 조성
> • 입도와 입도분포
> • 입자의 형성과 표면의 상태
> • 수분
> • 온도 및 압력

정답 | 15 ② 16 ③ 17 ① 18 ④ 19 ④

20 다음 중 가연성 물질로 옳은 것은?

① He(헬륨) ② CO₂(이산화탄소)
③ CO(일산화탄소) ④ SO₃(삼산화황)

📖 **해설**
CO(일산화탄소)는 가연성 가스이다.
① He(헬륨) : 불활성 가스
② CO₂(이산화탄소) : 불연성 가스
④ SO₃(삼산화황) : 불연성 가스

제2과목 화재감식론

21 「고압가스 안전관리법령」상 가연성 가스 및 독성 가스 용기의 도색과 종류의 연결로 틀린 것은?

① 주황색 – 수소
② 녹색 – 액화암모니아
③ 황색 – 아세틸렌
④ 밝은 회색 – 액화석유가스

📖 **해설**
액화암모니아 가스용기 색상은 백색이다.

> **참고**
>
> **가스용기의 색상**
>
> | 가스 종류 | 색상 | 가스 종류 | 색상 |
> |---|---|---|---|
> | 아세틸렌 | 황색 | LPG | 회색 |
> | 수소 | 주황색 | 탄산가스 | 청색 |
> | (액화)암모니아 | 백색 | 산소 | 녹색 |
> | (액화)염소 | 갈색 | 그 밖의 가스 | 회색 |

22 반단선에 의한 화재에 대한 설명으로 틀린 것은?

① 소선의 10% 이상 단선된 것을 반단선이라 한다.
② 단선된 소선의 접촉으로 열이 발생하고 피복이 탄화한다.
③ 반단선에 의한 전선 용융흔은 전원측에서만 생성된다.
④ 반단선은 눌리거나 꺾이는 등 강한 외력이 걸리기 쉬운 부분에서 발생하기 쉽다.

📖 **해설**
반단선에 의한 전선 용융흔은 전원측뿐 아니라 부하측에서도 생성된다.

> **참고**
>
> **반단선 정의**
> 소선, 전압코드 등이 눌림이나 꺾임이 반복되어 소선이 10% 이상 단선되면 저항이 커져서 국부적으로 발열량이 증가하거나 스파크가 발생하여 전선의 피복 등 주위의 가연물이 타기 시작한다.
>
>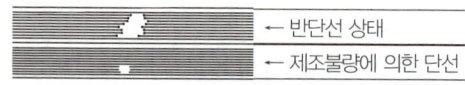
> ← 반단선 상태
> ← 제조불량에 의한 단선
>
> **반단선으로 인한 발화 과정**
> 소선이 10% 이상 끊어졌거나 전체가 완전히 단선된 후에 일부가 접촉상태로 남아 통전을 하면 끊어짐과 이어짐이 반복 → 전류통로의 감소와 국부적인 저항치 증가 → 줄열에 의한 발열량이 증가 → 전선의 피복 및 주변 가연물 발열·발화

23 다음 중 산화와 환원에 관한 설명으로 옳은 것은?

① 전자를 얻는 현상을 산화라 한다.
② 산화수가 감소하는 현상을 환원이라 한다.
③ 산화제는 다른 물질을 환원시키고 자신은 산화되는 물질이다.
④ 수소를 잃는 현상을 환원이라 한다.

📖 **해설**
산화수가 감소하는 현상은 환원이다.
① 전자를 얻는 현상은 환원이다.
③ 환원제는 다른 물질을 환원시키고 자신은 산화되는 물질이다.
④ 수소를 잃는 현상은 산화다.

> **참고**
>
> **산화와 환원**
>
> - 산화제 : 자신은 환원되고 다른 물질을 산화시키는 물질
> - 환원제 : 자신은 산화되고 다른 물질을 환원시키는 물질

정답 | 20 ③ 21 ② 22 ③ 23 ②

24 열가소성수지로 옳은 것은?

① 페놀수지 ② 우레아수지
③ 멜라민수지 ④ 아크릴수지

해설
아크릴수지는 열가소성수지이다.
- 열가소성수지 : 폴리염화비닐(PVC), 폴리스티렌(PS), 폴리에틸렌(PE), 폴리프로필렌(PP), 아크릴수지 등
- 열경화성수지 : 에폭시수지, 폴리에스터, 폴리우레탄, 페놀수지, 멜라민수지, 우레아수지 등

25 다음의 임야화재 연소단계에 따른 분류 중 가장 흔히 일어나는 연소단계는?

① 지표화 ② 수간화
③ 수관화 ④ 비산화

해설
지표화는 표면의 낙엽, 지피물 등이 연소하는 현상으로 임야화재 초기 단계 가장 흔히 발생되며 지표화가 수관화와 수간화를 일으킨다.
② 수간화 : 지표에서 나무의 줄기(수간)로 불이 옮겨붙는 단계
③ 수관화 : 불이 나무의 잎과 가지로 옮겨붙어 나무의 수관 전체가 타는 단계
④ 비산화 : 불씨가 바람에 날려 멀리 떨어진 곳에 새로운 화재를 일으키는 단계

26 항공기 객실 내에서 연기로 인한 이온밀도 변화를 감지하는 방식의 연기감지기로 옳은 것은?

① Light Reflection Type
② Flame Type
③ Carbon Monoxide Type
④ Ionization Type

해설
항공기 객실 내 연기감지기는 이온화(Ionization), 광전(Photoelectric) 방식이 있다. 이 중 이온밀도 변화를 감지하는 방식은 이온화(Ionization) 타입의 연기감지기이다.

27 터빈엔진(turbine engine) 항공기에 적용된 화재감지 방법에 속하지 않는 것은?

① 조종사에 의한 관찰
② 화염감지기(flame detector)
③ 연기감지기(smoke detector)
④ 승객(passenger)에 의한 관찰

해설
터빈엔진 항공기 화재감지 방법은 승무원, 승객에 의한 탐지, 열과 연기를 감지한다. 화재감지기는 터빈엔진 내부의 정상 연소 화염과 구별이 어려워 오작동할 가능성이 높다.

28 전기용접 및 가스 절단 불티에 의한 화재감식 요령으로 불티 입자를 채취하기 위해서 유의하여야 할 사항 중 틀린 것은?

① 금속입자는 형상이 파괴되기 쉽고 녹의 발생도 빠르게 진행되므로 조기에 채취할 필요가 있다.
② 채취할 때 잔류물의 여과나 자석을 이용하여 행하며 채취 위치의 측정이나 사진 촬영을 한 후에 불똥의 입자를 선별한다.
③ 불똥입자는 직경 0.1~0.2mm 정도의 것이 많으며, 그 온도는 약 660~980℃로 모든 가연물을 착화시킬 수 있는 축열 조건을 갖는다.
④ 불똥입자는 작은 구슬 모양으로 굴러가기 쉽고, 비좁은 틈새로도 들어가므로 전혀 생각하지 못한 곳에서 채취되는 경우가 있다.

해설
용접불티 크기는 직경 0.2~3mm 정도이고, 온도는 약 1,600~3,000℃다. 용접불티는 무염연소 열원으로 모든 가연물을 점화시킬 수는 없고 축열 조건을 형성할 수 있는 가연물에 점화한다.

29 다음 중 액화석유가스 용기의 충전량 계산식으로 옳은 것은? (단, W : 저장능력(kg), V : 용기의 내용적(L), C : 가스종류별 충전 정수이다.)

① $W = V/C$ ② $W = V \times C$
③ $W = C/V$ ④ $W = (C \times V)/C$

정답 | 24 ④ 25 ① 26 ④ 27 ② 28 ③ 29 ①

해설
액화석유가스 용기의 충전량 계산식은 다음과 같다.
$$W = \frac{V}{C}$$
W : 저장능력(kg)
V : 용기의 내용적(L)
C : 가스의 충전정수(액화프로판 2.35, 액화부탄 2.05, 액화암모니아 1.86)

30 열관성에 대한 설명으로 옳은 것은?

① 열관성을 열전도도, 밀도, 점도의 곱으로 정의한다.
② 폴리우레탄 폼은 열관성이 높은 재료이다.
③ 고온의 열원에 노출되었을 때, 열관성이 낮은 물질의 표면온도는 열관성이 높은 물질보다 빠르게 상승한다.
④ 고온의 에너지원에 노출되면 두꺼운 재료가 얇은 재료보다 빠르게 가열된다.

해설
열관성이 낮으면 열전도가 늦어 그 지점에 표면온도가 높지만, 열관성이 높으면 열전도가 빨라 그 지점에 표면온도가 낮다.
① 열관성을 열전도도, 밀도, 비열의 곱으로 정의한다($I = k\rho c$).
② 폴리우레탄 폼은 열관성이 낮은 재료로 열을 잘 차단하고 열을 천천히 전달한다.
④ 두꺼운 재료가 얇은 재료보다 열이 천천히 전달된다. 두꺼운 재료는 열을 더 많이 흡수하고 분산시킬 수 있다.

31 다음의 발화원인 판정요령과 관련된 설명 중 틀린 것은?

① 추정되는 발화원과 가까웠던 가연물이 불에 타면서 진행된 경로에 대하여 무리한 추론이 없어야 한다.
② 형체가 남아 있지 않은 발화원은 발화원인의 추정에서 배제한다.
③ 과거의 화재사례나 경험 측면에서 볼 때 발화가능성에 현저한 모순이 없어야 한다.
④ 발화점으로 추정되는 지점의 소손상황에는 모순이 없어야 한다.

해설
발화원은 대부분 형체가 남아 있지 않다. 발화원이 남아 있지 않더라도 CCTV 영상, 관계자 진술 등 발화원을 증명할 수 있는 다른 물적 증거 및 정황증거로 발화원인을 판정한다.

32 자동차에서 발생하는 현상 중 역화의 원인이 아닌 것은?

① 윤활계통을 구성하는 오일펌프, 오일필터 등의 결함
② 연료 분배성이 좋지 않을 경우
③ 점화플러그의 성능 저하
④ 혼합가스의 혼합비가 희박한 경우

해설
윤활계통의 문제는 엔진의 마찰이나 마모로 엔진 부품 손상이나 과열될 수 있으나 역화와 연관성이 없다.
② 연료 분배성이 좋지 않을 경우
③ 점화플러그의 성능 저하
④ 혼합가스의 혼합비가 희박한 경우

> **참고**
> **역화의 원인**
> • 연료 분배 불균형
> • 점화플러그 성능 저하
> • 혼합가스의 혼합비 문제
> • 점화 코드의 성능 저하
> • 디젤 엔진의 경우에는 역회전에 의해 역화

33 다음 중 폭발범위가 6vol.%~13.2vol.%인 가스의 위험도로 옳은 것은?

① 0.45 ② 0.55
③ 1.2   ④ 2.2

해설
$$H(위험도) = \frac{U(연소상한계) - L(연소하한계)}{L(연소하한계)}$$
$$= \frac{13.2 - 6}{6} = 1.2$$

정답 | 30 ③ 31 ② 32 ① 33 ③

34 지연점화에 의한 방화 특징에 대한 설명으로 틀린 것은?

① 방화행위자가 도주 시간을 얻기 위한 수단으로 사용되기도 한다.
② 방화행위자가 실화를 위장할 수단으로 촛불을 이용하기도 한다.
③ 방화행위자가 라이터불이나 성냥불 등을 이용하여 방화 대상물에 착화시킨다.
④ 건물주 자신이 방화할 때는 출입문이나 방문의 잠금장치가 잠긴 경우가 많다.

🖉 해설
라이터불이나 성냥불은 바로 점화하는 열원으로 지연점화와 관련이 적다.

35 다음의 방화동기 중 범죄은폐를 위한 방화에 해당하지 않는 것은?

① 살인 은폐
② 강도 은폐
③ 사기, 횡령 등을 증거인멸
④ 사회불안 조성

🖉 해설
범죄은폐를 위한 방화로 살인 은폐, 강도 은폐, 사기, 횡령, 배임 등을 인멸하기 위하여 차량, 사체, 증거물이 있는 사무실 또는 증거가 되는 서류, 장부 등에 방화하는 범죄의 전형이다.

36 그림에서 a - b 간의 전압은 얼마인가?

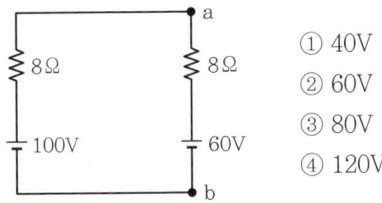

① 40V
② 60V
③ 80V
④ 120V

🖉 해설
직렬회로 저항은 $8\Omega + 8\Omega = 16\Omega$,
전체 전압은 $100V + 60V = 160V$
직렬회로 전류 $I = V/R = 160V/16\Omega = 10A$
∴ a-b 간 전압 $V = IR = 8\Omega \times 10A = 80V$

> 참고
> **직렬연결과 병렬연결 비교**

구분	직렬연결	병렬연결
연결방법		
저항	$R = R_1 + R_2 + \cdots$	$\dfrac{1}{R} = \dfrac{1}{R_1} + \dfrac{1}{R_2} + \cdots$
전압	$V = V_1 + V_2 + \cdots$	$V = V_1 = V_2$
전류	$I = I_1 = I_2 = \cdots$	$I = I_1 + I_2 = \cdots$

37 다음 중 산불화재 시 굴뚝현상이 나타나기 쉬운 지세로 가장 적절한 것은?

① 좁은 협곡
② 넓은 협곡
③ 상자형 협곡
④ 능선

🖉 해설
상자형 협곡은 사방이 높고 비교적 좁은 통로로 둘러싸인 V자 형태의 지형으로 굴뚝과 유사한 형태이다.

38 차량화재 시, 금속은 수열온도에 따라 변색된다. 다음 중 낮은 온도에서부터 높은 온도로 옳게 나열된 것은?

① 황색 → 청색 → 분홍색 → 백색
② 청색 → 황색 → 분홍색 → 백색
③ 분홍색 → 황색 → 청색 → 백색
④ 황색 → 분홍색 → 청색 → 백색

해설
금속은 수열온도에 따라 변색 차이가 있어 발화부 판정 시 참고한다.

참고

금속표면 수열 온도에 따른 변색 특징

수열 온도(℃)	변색
230	황색
320	청색
870	분홍색
1,200	백색

39 화재현장 유리의 흔적에 대한 해석으로 옳은 것은?

① 열에 의해 파괴된 유리의 단면에는 무늬(리플마크)가 없다.
② 바닥에 쏟아진 유리파편 아래에도 그을음이 있는 것은 화재 발생 이전에 유리가 깨졌다는 증거로 볼 수 있다.
③ 방사형 파괴선 및 동심원 파괴선은 열에 의해 파손된 유리에서 주로 발견된다.
④ 유리표면에 잔금에 의한 복잡한 형태의 흔적은 충격에 의해 파손된 유리에서 주로 발생한다.

해설
열에 의한 파손은 리플마크가 없고, 잔금, 매끄러운 곡선 형태가 나타난다.
② 화재 발생 이전이 아닌 이후에 유리가 깨졌다는 증거이다.
③ 방사형 파괴선 및 동심원 파괴선은 충격에 의한 파손 형태이다.
④ 충격이 아닌 열에 의한 파손 형태이다.

40 다음 중 성냥의 두약 부위에 사용되는 산화제로 옳은 것은?

① 염소산칼륨   ② 유리분
③ 아교   ④ 송진

해설
성냥 두약부는 머리 부분으로 황과 염소산칼륨이 포함되어 있다. 황은 발화시키기 쉬운 물질이며, 염소산칼륨은 산화제로 작용하여 성냥을 점화하는 데 도움을 준다.

참고

성냥구조

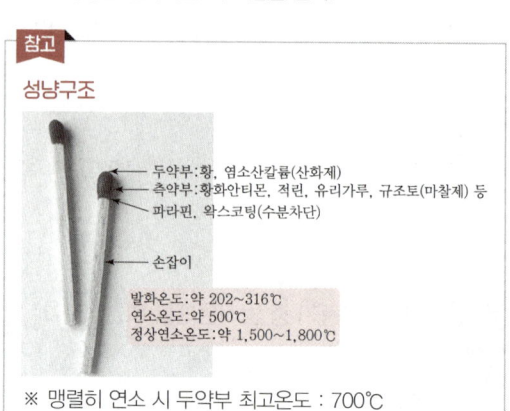

- 두약부 : 황, 염소산칼륨(산화제)
- 측약부 : 황화안티몬, 적린, 유리가루, 규조토(마찰제) 등
- 파라핀, 왁스코팅(수분차단)
- 손잡이

발화온도 : 약 202~316℃
연소온도 : 약 500℃
정상연소온도 : 약 1,500~1,800℃

※ 맹렬히 연소 시 두약부 최고온도 : 700℃

제3과목 증거물관리 및 법과학

41 화재조사장비 중 물질과 적외선간의 에너지교환 현상을 이용한 분석 장치는?

① 질량분광계(MS)
② 원자 흡광분석(AA)
③ 적외선 분광측정기(IR)
④ 가스 크로마토그래피(GC)

해설
적외선 분광광도계(IR)는 기체, 액체, 고체 등 유기물에 IR 빔을 조사하는 에너지교환 현상을 이용하여 스펙트럼으로 분석하는 장치이다.
① 질량분광계(MS) : 시료를 이온화하여 분자 질량, 분자량, 분자구조를 분석하는 장치
② 원자흡광분석(AA) : 시료 원자의 광원 파장을 흡수하는 방법으로 금속·반금속·비금속원소, 세라믹류 또는 흙과 같은 휘발성이 아닌 물질에 있는 개별 원소들을 구분함
④ 가스 크로마토그래피(GC) : 인화성 액체 등의 온도별 탄화수소 판별 및 함량 분석

정답 | 38 ① 39 ① 40 ① 41 ③

42 「화재증거물수집관리규칙」상 증거물수집 절차에 대한 사항으로 틀린 것은?

① 현장 수거(채취)물은 그 목록을 작성하여야 한다.
② 인화성 액체 성분의 증거물은 밀봉하여야 한다.
③ 증거물은 휘발성이 높은 것에서 낮은 것의 순으로 수집한다.
④ 충격금지 등의 표시를 포장 내측에 표기한다.

🍺 해설
증거물이 파손될 우려가 있는 경우 충격금지 및 취급방법에 대한 주의사항을 증거물의 포장 외측에 적절하게 표기하여야 한다.

43 화재조사 시 보고규정상 화재조사서류의 보존기간은?

① 3년   ② 5년
③ 영구보존   ④ 10년

🍺 해설
소방본부장 및 소방서장은 조사결과 서류를 국가화재정보시스템에 입력·관리해야 하며 영구보존방법에 따라 보존해야 한다.

44 「화재증거물수집관리규칙」에서 규정하고 있는 증거물 시료용기가 아닌 것은?

① 유리병
② 양철 캔
③ 주석도금 캔
④ 폴리에틸렌 플라스틱병

🍺 해설
증거물 시료용기 3가지

【암기법】 양주유

• 양철캔
• 주석도금캔
• 유리병

45 일산화탄소 중독에 의해 사망한 경우 시반의 색깔로 맞는 것은?

① 암적색   ② 선홍색
③ 담황색   ④ 담자색

🍺 해설
선홍색 시반
일산탄소 헤모글로빈(COHb)의 신체 전반에 선홍색으로 혈액침하가 발생할 경우 나타나는 현상이다.

46 사진촬영 시 증거물의 크기를 명확하게 할 필요가 있을 때 사용되는 표식으로 맞는 것은?

① 눈금자   ② 번호표
③ 통제선   ④ 스트로보

🍺 해설
피사체의 크기를 명확하게 하고자 할 경우에는 눈금자 또는 동전 등을 옆에 놓고 촬영하여도 무방하다.

47 증거물이 오염될 수 있는 원인으로 틀린 것은?

① 수집용기의 밀봉조치 미흡
② 수집용기의 1회 사용 후 폐기
③ 탄화된 물체와의 이질적 혼합
④ 수집과정에서 조사자의 부주의

🍺 해설
증거물이 오염될 수 있는 원인
• 탄화된 물체와의 이질적 혼합
• 수집과정에서 조사자의 부주의
• 수집용기의 재사용
• 수집용기의 밀봉조치 미흡

48 "9의 법칙"에 따른 신체 주요부위의 면적(성인 기준) 비율에 대한 설명으로 맞는 것은?

① 각 팔 : 9%   ② 머리 : 18%
③ 생식기 : 3%   ④ 각 다리 뒷면 : 18%

🍺 해설
9의 법칙(화상 넓이 확인 방법)은 신체 각 부분이 차지하는 체표 면적을 9의 배수로 구분하여 화상면적을 쉽게 계산하는 방법이다. 손바닥 면적을 전체 신체 표면적의 1%로 본다.

정답 | 42 ④ 43 ③ 44 ④ 45 ② 46 ① 47 ② 48 ①

9의 법칙에 의한 성인 및 영아 체표면적(단위 : %)

구분	머리	좌우측 팔 각각	앞뒤측 몸통 각각	성기 (외음부)	좌우측 다리 각각
성인	9	9	18	1	18
소아·영아	18	9	18	1	13.5

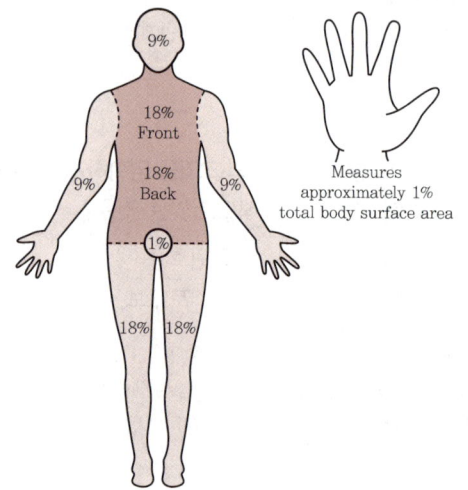

49 화재로 인한 사망자의 생활반응 특징 중 틀린 것은?

① 사망자 피부의 수포는 생활반응으로 볼 수 있다.
② 기도 내 그을음 관찰은 화재 시 생존해 있었음을 알 수 있다.
③ 혈중 카복시헤모글로빈(COHb) 농도가 40% 이상일 경우 급격히 사망에 이른다.
④ 보통의 중년의 남성이 사망에 이르는 혈중 이산화탄소의 농도는 50~70%이다.

📖 해설
혈중 카복시헤모글로빈(COHb) 농도가 40% 이상일 경우 2시간 이내에 사망한다.

50 [보기]는 아연도금 철판에 관한 설명으로 ㉠~㉢에 해당하는 용어가 맞는 것은?

[보기]
아연도금 철판은 열을 받으면 코팅부분과 페인트가 먼저 떨어져 나가고 철판은 하얗게 변하는 (㉠)을 거쳐 철의 산화반응에 따라 산화철로 변하면서 (㉡)이 되고 이후 더 많은 열과 산화반응에 의해 (㉢)으로 변하게 된다.

① ㉠ : 백화현상, ㉡ : 적자색, ㉢ : 음청색
② ㉠ : 나화현상, ㉡ : 음청색, ㉢ : 파란색
③ ㉠ : 백화현상, ㉡ : 검정색, ㉢ : 적자색
④ ㉠ : 변색반응, ㉡ : 검정색, ㉢ : 적자색

📖 해설
직접적으로 화염과 접하거나 강력한 복사열에 노출되면 대부분 연소되어 비가연성 표면(예 벽면, 금속 등)이 노출되고 이때 관찰되는 것을 백화현상, 백화연소흔이라고 한다. 이후 산소와의 화합반응이 추가적으로 이루어지면서 온도에 따라 적자색, 음청색을 띠게 된다.

51 방화에서 나타나는 물적 증거의 설명으로 틀린 것은?

① 연소된 시간에 비해 연소면적이 넓다.
② 연소시간에 비해 탄화심도가 깊지 않다.
③ 방화도구가 물증으로 현장에 남는 경우가 많다.
④ 인화성 액체 사용 시 벽면에 삼각형 형태의 패턴보다 역삼각형 형태의 패턴을 띤다.

📖 해설
인화성 액체 사용 시 벽면에 삼각형 패턴을 띤다.

정답 | 49 ③ 50 ① 51 ④

52 화재현장에서 압력에 의한 유리 파손형태의 설명으로 틀린 것은?

① 각 파괴기점을 중심으로 평행선 모양의 파괴형태가 나타난다.
② 각 파괴기점을 중심으로 방사상 파손형태가 나타난다.
③ 백 드래프트와 같은 급격한 확산연소로 인해서 형성된다.
④ 파손형태는 사각 창문 모서리 부분을 중심으로 4개의 기점이 존재하게 된다.

해설

충격과 폭발 충격파에 의한 유리 파손흔 비교

구분	일반 충격 유리 파손흔	폭발 충격파 유리 파손흔
파괴 기점	한 곳	압력파에 의한 유리창 전면
파단 형태	단독적 파손 형태, 방사상 형태	평행선 형태

53 「화재증거물수집관리규칙」상 입수한 증거물을 이송할 때에 기록해야 할 내용이 아닌 것은?

① 수집자 ② 수집일시
③ 화재조사번호 ④ 증거물 시료용기 종류

해설
시료 용기 종류는 기재되지 않는다.

증거물 서식 작성내용

암기법 일장자내봉

• 일시 / • 장소 / • 수집자 / • 내용 / • 봉인자

54 화재현장 촬영 시 주요 촬영대상에 대한 설명으로 틀린 것은?

① 화재로 인한 사망자의 위치
② 소방용 설비들의 사용 및 작동상황
③ 발화원으로 추정된 감식 및 감정대상물
④ 화재현장에 도착한 소방차들의 배치상황

해설
화재현장 주요 촬영대상
• 소방용 설비들의 사용 및 작동상황
• 발화원으로 추정된 감식 및 감정대상물
• 화재로 인한 사망자의 위치

55 화재현장 보존을 위한 조치로 틀린 것은?

① 화재현장에 허가받지 않은 사람의 출입을 제한하여야 한다.
② 화재현장 보존은 소방대 도착과 함께 시작하는 것이 좋다.
③ 화재진압대원은 증거를 불필요하게 훼손하지 않도록 주의하여야 한다.
④ 화재진압 시 화재조사의 편의를 위해 기구 등 부피가 큰 물건들을 한쪽으로 치워주는 것이 좋다.

해설
제8조 화재현장 보존 등 「소방의 화재조사에 관한 법률」
화재현장 보존조치를 하거나 통제구역을 설정한 경우 누구든지 소방관서장 또는 경찰서장의 허가 없이 화재현장에 있는 물건 등을 이동시키거나 변경·훼손하여서는 아니 된다.

56 물리적 증거물로부터 도출할 수 있는 결론으로 맞는 것은?

① 물질의 질량손실을 통하여 화재의 시간과 강도를 추정할 수 있다.
② 콘크리트 폭열이 있다는 것은 바로 아래가 발화지점임을 증명한다.
③ 동일한 대기에 노출되어 있었다면 오래된 건조목이 최근의 건조목보다 더 잘 탄다.
④ 탄화물에 반짝이는 기포(alligator char)가 존재한다는 것은 액체 촉진제가 사용되었음을 증명한다.

해설
가연물의 질량 크기에 따라 연소의 크기와 지속시간을 추정할 수 있다.

정답 | 52 ② 53 ④ 54 ④ 55 ④ 56 ①

57 「화재증거물수집관리규칙」상 현장사진 및 비디오촬영 시 유의사항으로 틀린 것은?

① 최초 현장도착 시 원상태를 그대로 촬영한다.
② 현장사진 및 비디오 촬영 시 소실이 심한 부분을 중심으로 촬영한다.
③ 화재와 연관성이 크다고 판단되는 증거물, 피해물품 등은 면밀히 관찰 후 자세히 촬영한다.
④ 현장사진 및 비디오 촬영할 때는 연소확대 경로 및 증거물 기록에 대한 번호표와 화살표를 표시 후에 촬영하여야 한다.

해설
최초 도착하였을 때의 원상태를 그대로 촬영하고, 화재조사의 진행순서에 따라 촬영한다.

58 전기설비 및 구성 부품의 수집에 관한 설명으로 틀린 것은?

① 화재조사관은 전기설비 등을 수집할 때에는 전원이 차단되었는지 꼭 확인하여야 한다.
② 화재현장에서 전기설비 및 구성부품을 증거물로 수집하기 전 상황이 기록되어야 한다.
③ 전선 및 피복은 화재원인과 큰 연관성이 없고 수집에 장애가 많아 수집하지 않는 경우가 많다.
④ 전기설비의 경우 스위치, 콘센트, 배전반 등은 화재원인의 중요한 단서가 될 수 있으므로 꼭 확인하고 특이사항 발견 시 반드시 수집하도록 한다.

해설
전기기구나 배선·전선 등은 케이블타이나 테이프로 가지런히 묶어 수집한다.

59 화상사의 사망기전으로 가장 거리가 먼 것은?

① 합병증   ② 기계적 폐색
③ 속발성 쇼크   ④ 원발성 쇼크

해설
기계적 폐색이란 어떠한 원인으로 물리적인 공간 점유로 장내강 속 장내용물의 통과장애가 발생하는 형태를 말한다.

60 화재조사 시 질문 및 녹음에 대한 설명 중 틀린 것은?

① 질문은 질문기록서에 기록하고 녹음할 수 있어야 한다.
② 모든 녹음은 관련 법령에 적합하게 수집하여야 한다.
③ 질문기록에 진술자의 서명날인 없이 법적증거로 채택된다.
④ 질문을 기록하는 다른 방법으로 비디오촬영을 선택할 수 있다.

해설
서명날인된 질문기록은 법적증거로서 유용하다.

제4과목 화재조사 관계법규 및 피해평가

61 특수건물 소유자의 손해배상책임과 보험가입 의무 설명으로 틀린 것은? (단, 「화재로 인한 재해보상과 보험가입에 관한 법률」을 적용한다.)

① 특수건물 소유자는 그 건물의 화재로 인하여 다른 사람이 사망하였을 때에는 과실이 없는 경우에는 그 손해를 배상할 책임이 없다.
② 특수건물 소유자는 그 건물의 화재로 인한 손해배상책임을 이행하기 위하여 그 건물에 대하여 손해보험회사가 운영하는 신체손해배상특약부화재보험에 가입하여야 한다.
③ 특수건물 소유자는 그 건물의 종업원에 대하여 산업재해보상보험에 가입하고 있을 때에는 그 종업원에 대한 화재로 인한 손해배상책임을 담보하는 보험에 가입하지 아니할 수 있다.
④ 특수건물 소유자는 특약부화재보험에 부가하여 풍재(風災) 등으로 인한 손해를 담보하는 보험에 가입할 수 있다.

해설
제4조 특수건물 소유자의 손해배상책임 「화재로 인한 재해보상과 보험가입에 관한 법률」
특수건물의 소유자는 그 특수건물의 화재로 인하여 다른 사람이 사망하거나 부상을 입었을 때 또는 다른 사람의 재물에 손해가 발생한 때에는 과실이 없는 경우에도 기준에 따른 보험금액의 범위에서 그 손해를 배상할 책임이 있다.

정답 | 57 ② 58 ③ 59 ② 60 ③ 61 ①

62 다음의 화재피해액 산정기준에 적합한 산정대상은? (단, 「화재조사 및 보고규정」을 적용한다.)

> 전부손해의 경우 감정가격으로 하며, 전부손해가 아닌 경우 원상복구에 소요되는 비용으로 한다.

① 차량　　② 식물
③ 회화　　④ 가재도구

해설

전부손해 여부에 따른 화재피해액 산정기준 비교

암기법 차동식 매 수 치료

- **차**량, **동**물, **식**물
  - 전부손해의 경우 : 시중**매**매가격
  - 전부손해가 아닌 경우(부분 소손) : **수**리비 및 **치료**비

암기법 해(회)골 공포(보) 감정 복구

- **회**화(그림), **골**품, 미술**공**예품, 귀금속 및 **보**석류
  - 전부손해의 경우 : **감정**가격
  - 전부손해가 아닌 경우(부분 소손) : 원상**복구**에 소요되는 비용

---

63 화재피해액 산정 시 소손 정도에 따른 손해율 적용에서 전부손해(손해율 100%)로 볼 수 있는 것은?

① 공동주택의 주요구조체는 재사용 가능하나 기타 부분의 재사용이 불가능한 경우
② 부대설비의 손해 정도가 다소 심한 경우
③ 공구·기구가 50% 이상 소손되고 그을음 및 수침오염 정도가 심한 경우
④ 가재도구가 오염, 수침손을 입은 경우

해설

산정대상별 손해율 100%로 볼 수 있는 화재피해 정도 비교

산정대상	손해율 100%로 볼 수 있는 화재로 인한 피해 정도
건물	주요구조체의 재사용이 불가능한 경우
부대설비	주요구조체의 재사용이 거의 불가능하게 된 경우
공구·기구	50% 이상 소손되고 그을음 및 수침오염 정도가 심한 경우
집기비품	50% 이상 소손되거나, 수침오염 정도가 심한 경우
가재도구	50% 이상 소손 되고 수침오염 정도가 심한 경우

---

64 세대주, 건물의 소실면적 및 화재피해액의 산정에 관한 설명이 옳은 것은? (단, 「화재조사 및 보고규정」을 적용한다.)

① 소실면적의 산정은 소실 연면적을 기준으로 한다.
② 화재피해 범위가 건물의 6면 중 2면 이하인 경우에는 6면 중의 피해면적의 합에 5분의 1을 더한 값을 소실면적으로 한다.
③ 건물 등 자산에 대한 잔가율은 건물·부대설비·가재도구는 20%로 하며, 그 이외의 자산은 10%로 정한다.
④ 세대수의 산정은 하나의 가구를 구성하여 살고 있는 독신자로서 자신의 주거에 사용되는 건물에 대하여 재산권을 행사할 수 있는 사람을 1세대로 한다.

해설

①, ② 건물(수손 및 기타 파손 포함)의 소실면적 산정은 소실 바닥면적으로 산정한다.
③ 건물 등 자산에 대한 최종잔가율은 건물·부대설비·가재도구는 20%로 하며, 그 이외의 자산은 10%로 정한다.

---

65 다음 빈칸의 직책은? (단, 「화재조사 및 보고규정」을 적용한다.)

> 「소방의 화재조사에 관한 법률」(이하 "법" 이라 한다) 제5조 제1항에 따라 (　　)은 화재발생 사실을 인지하는 즉시 화재조사 (이하 "조사"라 한다)를 시작해야 한다.

① 소방관서장　　② 경찰서장
③ 지역자치단체의 장　　④ 화재조사관

해설

제3조 화재조사의 개시 및 원칙 「화재조사 및 보고규정」
「소방의 화재조사에 관한 법률」(이하 "법"이라 한다) 제5조 제1항에 따라 화재조사관(이하 "조사관"이라 한다)은 화재발생 사실을 인지하는 즉시 화재조사(이하 "조사"라 한다)를 시작해야 한다

66 건물의 동수산정에 있어서 동일동(1동)으로 간주하지 않는 것은? (단, 「화재조사 및 보고규정」을 적용한다.)

① 주요구조부가 하나로 연결되어 있는 경우
② 건물의 외벽을 이용하여 실을 만들어 작업실 용도로 사용하고 있는 경우
③ 구조에 관계없이 지붕 및 실이 하나로 연결되어 있는 경우
④ 독립된 건물과 건물 사이에 차광막 덮개를 설치하고, 그 밑을 통로로 사용하는 경우

해설
독립된 건물과 건물 사이에 차광막 덮개를 설치하고, 그 밑을 통로로 사용하는 경우는 다른 동으로 본다.

참고
작업장과 작업장 사이에 조명유리 등으로 비막이를 설치하여 지붕과 지붕이 연결되어 있는 경우 별개의 동 예시

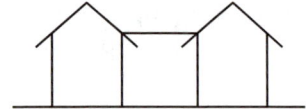

67 화재피해액 산정에 있어서 재고자산의 현재시가를 정하는 방법으로 옳은 것은?

① 구입 시의 가격
② 재구입 가격
③ 구입 시의 가격에서 사용기간 감가액을 뺀 가격
④ 재구입 가격에서 사용기간 감가액을 뺀 가격

해설
현재의 시가를 정하는 방법 「화재피해액 산정 매뉴얼」

현재 시가 산정 방법	적용 대상
구입 시의 가격	재고자산, 즉 원재료, 부재료, 제품, 반제품, 저장품, 부산물 등
구입 시의 가격에서 사용기간 감가액을 뺀 가격	항공기 및 선박 등
재구입 가격	상품 등
재구입 가격에서 사용기간 감가액을 뺀 가격	건물, 구축물, 영업시설, 기계장치, 공구·기구, 차량 및 운반구, 집기비품, 가재도구 등

68 화재현장출동보고서의 기재항목에 해당되지 않는 것은? (단, 「화재조사 및 보고규정」을 적용한다.)

① 화재건물 현황
② 현장도착 시 발견사항
③ 소방대 이외의 강제적인 진입 흔적
④ 출입문 상태 및 소방대 건물 진입방법

해설
화재건물 현황은 화재현장조사서에 해당하는 항목이다.

69 화재피해액 산정 시 건물에 포함하여 피해액을 산정하는 것은?

① 건물의 소화설비   ② 건물의 가스 설비
③ 건물의 승강기 설비   ④ 건물에 부착된 간판

해설
건물의 화재피해액 포함 산정범위 「화재피해액 산정 매뉴얼」
- 독립된 건물 : 건물의 외벽, 기둥, 보, 지붕(지붕틀 포함)의 어느 부분 하나라도 다른 건물과 이어지지 않고 모두 독립된 건물
- 부속물 : 건물에 부속된 칸막이, 대문, 담, 곳간 및 이와 비슷한 것
- 부착물 : <u>간판</u>, 네온사인, 안테나, 선전탑, 차양 및 이와 비슷한 것

70 「소방기본법령」상 종합상황실의 실장이 행하는 업무가 아닌 것은?

① 재난상황의 전파 및 보고
② 소방활동장비 및 설비의 점검
③ 재난상황의 발생의 신고접수
④ 재난상황의 수습에 필요한 정보수집 및 제공

해설
제3조 종합상황실 실장의 업무 및 기록·관리 「소방기본법 시행규칙」
1. 화재, 재난·재해 그 밖에 구조·구급이 필요한 상황(이하 "재난상황")의 발생의 신고접수
2. 접수된 재난상황을 검토하여 가까운 소방서에 인력 및 장비의 동원을 요청하는 등의 사고수습
3. 하급 소방기관에 대한 출동지령 또는 동급 이상의 소방기관 및 유관기관에 대한 지원요청
4. 재난상황의 전파 및 보고
5. 재난상황이 발생한 현장에 대한 지휘 및 피해현황의 파악
6. 재난상황의 수습에 필요한 정보수집 및 제공

정답 | 66 ④ 67 ① 68 ① 69 ④ 70 ②

71 화재현장 조사서의 화재발생 개요에 해당하지 않는 것은? (단, 「화재조사 및 보고규정」을 적용한다.)

① 화재원인 ② 장소
③ 대상물구조 ④ 인명피해

해설
화재발생의 개요항목에는 일시, 장소, 구조, 인명 및 재산피해 수치를 기재한다. 화재원인은 화재원인 검토 항목에 작성한다.

참고
화재발생의 개요 항목
암기법 일장구 인재
- 일시
- 장소
- 대상물 구조
- 인명 및 재산피해 수치

72 질문기록서 작성을 생략할 수 있는 화재에 해당하지 않는 것은? (단, 사후조사는 제외하며, 「화재조사 및 보고규정」을 적용한다.)

① 전봇대 화재 ② 자동차 화재
③ 가로등 화재 ④ 임야 화재

해설
질문기록서상 작성 생략이 가능한 기타 화재의 종류
암기법 쓰모가 전임
- 쓰레기 화재
- 모닥불 화재
- 가로등 화재
- 전봇대 화재
- 임야 화재

73 화재조사의 집행과 보고 및 사무 처리와 관련한 용어의 정의로 틀린 것은? (단, 「화재조사 및 보고규정」을 적용한다.)

① "재구입비"란 화재 당시의 피해물과 같거나 비슷한 것을 재건축 또는 재취득하는데 필요한 금액
② "잔가율"이란 화재 당시에 피해물의 재구입비에 대한 현재가의 비율
③ "내용연수"란 피해물의 종류, 손상 상태 및 정도에 따라 피해액을 적정화시키는 일정한 비율
④ "최종잔가율"이란 피해물의 경제적 내용연수가 다한 경우 잔존하는 가치의 재구입비에 대한 비율

해설
「화재조사 및 보고규정」의 피해액 관련 용어 정의

용어	정의
재구입비	화재 당시의 피해물과 같거나 비슷한 것을 재건축(설계 감리비를 포함한다) 또는 재취득하는데 필요한 금액
내용연수	고정자산을 경제적으로 사용할 수 있는 연수
손해율	피해물의 종류, 손상 상태 및 정도에 따라 피해금액을 적정화시키는 일정한 비율
잔가율	화재 당시에 피해물의 재구입비에 대한 현재가의 비율
최종잔가율	피해물의 내용연수가 다한 경우 잔존하는 가치의 재구입비에 대한 비율

74 화재건수 결정에 대한 설명으로 틀린 것은? (단, 「화재조사 및 보고규정」을 적용한다.)

① 동일범이 아닌 각기 다른 사람에 의한 방화는 동일 대상물에서 발화했더라도 각각 별건의 화재로 한다.
② 동일 소방대상물에서 누전점이 동일한 누전에 의한 발화점이 2개소 이상인 화재는 2건의 화재로 한다.
③ 화재범위가 2개소 이상의 관할구역에 걸친 화재에 대해서는 발화 소방대상물의 소재지를 관할하는 소방서에서 1건의 화재로 한다.
④ 동일 소방대상물에서 지진에 의한 다발화재로 발화점이 2개소 있는 화재는 1건의 화재로 한다.

해설
동일 소방대상물에서 누전점이 동일한 누전에 의한 발화점이 2개소 이상인 화재는 1건의 화재로 판단한다.

정답 | 71 ① 72 ② 73 ③ 74 ②

75 「소방기본법」상 소방본부 종합상황실 실장이 소방청장에게 긴급상황을 보고하여야 할 화재에 해당하지 않은 경우는?

① 시장화재
② 지하구의 화재
③ 이재민이 50인 이상 발생한 화재
④ 재산피해가 50억 원 이상 발생한 화재

해설
이재민이 100인 이상 발생한 화재일 때 긴급상황으로 즉시 보고하여야 한다.

76 화재유형별 조사서에 포함되지 않는 것은? (단, 「화재조사 및 보고규정」을 적용한다.)

① 건축·구조물 화재
② 자동차·철도차량
③ 위험물·가스제조소 등 화재
④ 문화재·사적 화재

해설
화재유형별조사서 서식

암기법 건자위 선임

1. **건**축·구조물 화재
2. **자**동차·철도차량
3. **위**험물·가스제조소 등 화재
4. **선**박·항공기 화재
5. **임**야 화재

77 화재원인분석 및 결론도출의 절차로 옳은 것은?

① 필요성 인식 → 문제 정의 → 자료 수집 → 가설 개발 → 자료 분석 → 가설 검증 → 결론(최종가설선택)
② 문제 정의 → 필요성인식 → 자료 수집 → 자료 분석 → 가설 개발 → 가설 검증 → 결론(최종가설선택)
③ 필요성 인식 → 문제 정의 → 자료 수집 → 자료 분석 → 가설 개발 → 가설 검증 → 결론(최종가설선택)
④ 문제 정의 → 필요성 인식 → 자료 수집 → 가설 개발 → 자료 분석 → 가설 검증 → 결론(최종가설선택)

해설
과학적 화재조사방법 「NFPA 921」에서 화재원인분석 및 결론도출은 필요성 인식 → 문제 정의 → 자료 수집 → 자료 분석 → 가설 개발 → 가설 검증 → 결론(최종가설선택)의 절차를 거친다.

78 「화재조사 및 보고규정」상 조사보고에 관한 설명으로 틀린 것은?

① 종합상황실장이 상급 종합상황실에 지체 없이 보고해야 할 화재의 경우 화재 인지로부터 30일 이내
② 치외법권지역 등 조사권을 행사할 수 없는 경우는 조사 가능한 내용만 조사하여 제21조 각 호의 조사서식 중 해당 서류를 작성·보고
③ 일반화재의 경우 화재 인지로부터 7일 이내
④ 규정된 조사기간을 초과하여 조사가 필요한 경우 그 사유를 사전보고 후 추가 조사 가능

해설
중대한 화재에 해당되지 않는 화재는 화재발생일로부터 15일 이내에 보고해야 한다.

79 방화·방화의심 조사서 작성에 대한 설명 중 틀린 것은? (단, 「화재조사 및 보고규정」을 적용한다.)

① 방화동기, 방화도구, 방화의심 사유 등이 항목으로 구성되어 있다.
② 출동대가 화재현장에 도착했을 당시의 현장정보는 1가지로만 체크한다.
③ 인적사항은 방화·방화 의심자의 성명, 연령, 성별, 주소 등을 기재한다.
④ 도착 시 초기상황 중 화재상황은 화재 초기, 성장기, 최성기, 말기로 구분된다.

해설
②는 화재현장출동보고서의 내용에 해당된다.

80 경과연수 10년, 내용연수 30년인 영업시설의 잔가율은?

① 0.5
② 0.6
③ 0.7
④ 0.8

해설

영업시설의 화재피해금액 산정기준「화재조사 및 보고규정」[별표 2]
- m^2당 표준단가×소실면적×[1−(0.9×경과연수/내용연수)]×손해율
- 「화재조사 및 보고규정」용어 정의
  - "잔가율"이란 화재 당시에 피해물의 재구입비에 대한 현재가의 비율을 말한다.
  - 규정 및 조건 적용

∴ 잔가율 = 1−(0.9×경과연수/내용연수)
　　　　 = 1−(0.9×10/30) = 0.7

정답 | 80 ③

Fire Investigaton &

화재감식평가기사 · 산업기사 필기

07 PART

화재감식평가 기출문제 기사

- 기사 기출문제 2019년 2회
- 기사 기출문제 2019년 4회
- 기사 기출문제 2020년 2회
- 기사 기출문제 2020년 4회
- 기사 기출문제 2021년 1회
- 기사 기출문제 2021년 2회
- 기사 기출문제 2021년 4회
- 기사 기출문제 2022년 1회
- 기사 기출문제 2022년 2회
- 기사 기출유형 복원문제 2023년 1회
- 기사 기출유형 복원문제 2023년 2회
- 기사 기출유형 복원문제 2024년 1회
- 기사 기출유형 복원문제 2024년 2회
- 기사 기출유형 복원문제 2025년 1회
- 기사 기출유형 복원문제 2025년 3회

기사 기출문제 2019년 2회

제1과목 화재조사론

01 다음에서 설명하는 용어로 적합한 것은?

> 화재가 진행되고 있는 동안 석고벽 표면에서 발생하는 물리·화학적 변화

① 박리(Spalling)
② 중합(Polymerization)
③ 탄화(Carbonization)
④ 하소(Calcination)

해설
석고 벽면 등이 약 800℃의 화재 열에 의해 탈수되어 수축 및 균열이 발생하고, 회화되는 현상을 하소(Calcination)라 한다.
① 박리(Spalling) : 고온 환경에서 물질의 표면이 탄화되어 벗겨져 나가는 현상
② 중합(Polymerization) : 단위체 또는 모노머(monomer)가 화학반응을 통해 2개 이상 결합하여 분자량이 큰 화합물을 생성하는 반응
③ 탄화(Carbonization) : 유기물이 고온에서 열분해하여 탄소를 주성분으로 하는 잔여물이 형성되는 과정

02 벽의 두께 0.05m, 벽 양면의 온도는 각각 40℃와 20℃일 때 폴리우레탄 폼 벽체를 관통하는 단위 면적당 열 유동률은? (단, 열전도율 k = 0.034W/m이다.)

① $0.136 W/m^2$
② $1.36 W/m^2$
③ $13.6 W/m^2$
④ $136 W/m^2$

해설
0.05m 두께의 벽에 전도열이 전달되는 열유속을 계산하는 문제이다.
• 열유속 : 단위면적당 열유동율(kW/m²)

$$\dot{q}'' = k \frac{T_2 - T_1}{L}$$
$$= \frac{0.034 W/m \cdot K \times (40-20)K}{0.05 m}$$
$$= 13.6 W/m^2$$

03 화재 시 연기의 이동속도 및 특성에 대한 설명으로 옳지 않은 것은?

① 연기 층의 두께는 연소가 진행됨에 따라 달라진다.
② 화재실에서 분출된 연기는 공기보다 가벼워 통로의 상부를 따라 유동한다.
③ 연기는 발화층으로부터 위층으로 확산된다.
④ 일반적으로 연기의 이동속도는 수평이동 속도가 수직이동 속도보다 빠르다.

해설
연기 이동속도는 수평방향(0.5~1m/s) 보다 수직방향(2~3m/s) 속도가 더 빠르다.

04 다음 중 산화반응에 대한 설명으로 옳은 것은?

① 산소와 분리되는 반응
② 수소와 결합하는 반응
③ 산화수가 감소하는 반응
④ 전자수가 감소하는 반응

해설
① 환원 ② 환원
③ 환원 ④ 산화

정답 | 01 ④ 02 ③ 03 ④ 04 ④

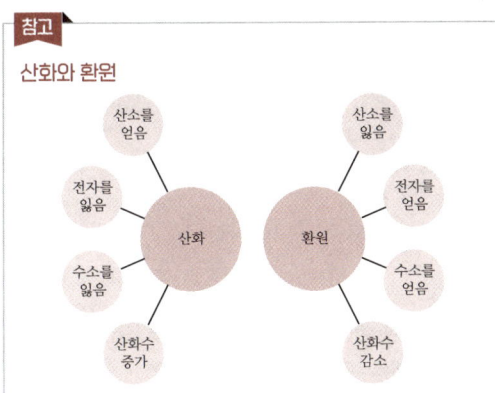

참고 산화와 환원

- 산화제 : 자신은 환원되고 다른 물질을 산화시키는 물질
- 환원제 : 자신은 산화되고 다른 물질을 환원시키는 물질

05 「화재조사 및 보고규정」상 화재조사관의 책무로 옳지 않은 것은?

① 조사에 필요한 전문적 지식과 기술의 습득에 노력한다.
② 조사업무를 능률적이고 효율적으로 수행해야 한다.
③ 직무를 이용하여 관계인 등의 민사분쟁에 개입해서는 아니 된다.
④ 대형화재 시 화재합동조사단을 구성하여 운영한다.

해설
소방관서장은 대형화재 시 화재합동조사단을 구성하여 운영한다.

참고 제4조 화재조사관의 책무 「화재조사 및 보고규정」
1. 조사관은 조사에 필요한 전문적 지식과 기술의 습득에 노력하여 조사업무를 능률적이고 효율적으로 수행해야 한다.
2. 조사관은 그 직무를 이용하여 관계인 등의 민사분쟁에 개입해서는 아니 된다.

06 가연성 기체 중 위험성의 척도인 위험도가 가장 큰 것은?

① 메탄   ② 에탄
③ 프로판   ④ 아세틸렌

해설
연소범위가 넓을수록, 연소하한계가 낮을수록 폭발의 위험성이 높다.

위험도

$$H(\text{위험도}) = \frac{U(\text{연소상한계}) - L(\text{연소하한계})}{L(\text{연소하한계})}$$

① 메탄 : 연소범위 = 5.0~15%, 위험도(H) = 2
② 에탄 : 연소범위 = 3.0~12.4%, 위험도(H) = 3.1
③ 프로판 : 연소범위 = 2.1~9.5%, 위험도(H) = 3.52
④ 아세틸렌 : 연소범위 = 2.5~82%, 위험도(H) = 31.8

07 「소방의 화재조사에 관한 법령」상 화재조사를 위한 권리와 의무에 대한 설명으로 옳지 않은 것은?

① 범죄수사와 관련된 증거물인 경우 수사기관의 장과 협의하여 수집할 수 있다.
② 관계인을 임의 동행하여 조사할 수 있다.
③ 수사기관이 압수한 증거물에 대하여 조사할 수 있다.
④ 수사기관에 체포된 피의자에 대하여 조사할 수 있다.

해설
소방관서장은 관계인을 임의 동행하여 조사할 수 없다.

참고 제11조 화재 증거물 수집 등 「소방의 화재조사에 관한 법률」
1. 소방관서장은 화재조사를 위하여 필요한 경우 증거물을 수집하여 검사·시험·분석 등을 할 수 있다. 다만, 범죄수사와 관련된 증거물인 경우에는 수사기관의 장과 협의하여 수집할 수 있다.
2. 소방관서장은 수사기관의 장이 방화 또는 실화의 혐의가 있어서 이미 피의자를 체포하였거나 증거물을 압수하였을 때에 화재조사를 위하여 필요한 경우에는 범죄수사에 지장을 주지 아니하는 범위에서 그 피의자 또는 압수된 증거물에 대한 조사를 할 수 있다.

08 다음 중 현장관찰 요령으로 옳지 않은 것은?

① 소손상황을 관찰할 때는 연소가 강한 곳으로부터 약한 방향으로 점차 이동하며 관찰한다.
② 소실, 연소, 붕괴한 부분에 대해서는 복원적인 관점에서 관찰한다.
③ 현장에 남아 있는 물건의 일체는 관찰 대상의 것이므로 주의 깊게 관찰한다.
④ 최후까지 연소된 부분 및 연소확대 경로를 유념해서 관찰한다.

정답 | 05 ④   06 ④   07 ②   08 ①

해설
연소가 약한 곳에서 강한 곳으로 이동하며 관찰해야 한다. 발화부가 아닌 곳을 배제하며 점점 발화부로 좁혀가면서 관찰해야 오류를 줄일 수 있다.

> **참고**
> **현장관찰 요령**
> - 주변 → 중심부 관찰
> - 높은 곳에서 전체 관찰
> - 탄화가 약한 쪽 → 강한 쪽 관찰
> - 도괴의 방향성
> - 국부적으로 강한 탄화(연소)된 곳 관찰
> - 탄화물의 변색, 박리, 용융
> - 특이한 냄새
> - 건물구조를 고려하여 불꽃 흐름을 추적, 관찰

09 화재조사에 대한 조사관의 유의사항으로 옳지 않은 것은?

① 과학적인 근거에 의한 조사에 중점을 두고 질문조사는 보조적인 방법으로 실시한다.
② 사건을 조사할 때는 팀을 구성하여 활동하는 것이 좋다.
③ 지득한 비밀을 누설해서는 안 된다.
④ 조사관은 선입견을 피하고 현장에 관한 과도한 정보를 수집하면 안 된다.

해설
조사관은 최대한 많은 정보를 파악해서 분석해야 한다. 적은 정보는 선입견이 생겨 결과에 오류가 발생할 수 있다.

10 다음 중 분진폭발의 위험성이 없는 것은?

① 티타늄 분말   ② 알루미늄 분말
③ 아스피린 분말   ④ 시멘트 분말

해설
시멘트 분말은 무기물로, 가연성이 없으며 분진폭발의 위험이 없다.
①, ② 금속 분말은 가연성으로 분진폭발 위험성이 매우 높다.
③ 아스피린 분말은 밀가루와 같이 분진폭발의 위험성이 있다.

> **참고**
> **분진의 발화폭발 조건**
> - 가연성 : 금속, 플라스틱, 밀가루, 설탕, 전분, 석탄 등
> - 미분상태 : 200mesh(76μm) 이하
> - 지연성 가스(공기) 중에서의 교반과 운동
> - 점화원의 존재

11 각 구성 성분 가스의 폭발한계를 알면 혼합가스의 폭발한계를 구할 수 있는 법칙은?

① 보일의 법칙   ② 샤를의 법칙
③ 아보가드로 법칙 ④ 르샤틀리에 법칙

해설
혼합가스의 폭발범위 계산은 "르샤틀리에 법칙(Le Chatelier's Low)"이다.

$$L = \frac{100}{\frac{V_1}{L_1} + \frac{V_2}{L_2} + \frac{V_3}{L_3} + \cdots} \quad (\text{Vol}\%)$$

L : 혼합가스 폭발한계(%)
L_1, L_2, L_3 : 각 가연성 가스 폭발한계(%)
V_1, V_2, V_3 : 각 가연성 가스의 공기 중 부피(vol%)

12 다음 중 분진폭발(Dust Explosion)에 대한 설명으로 옳지 않은 것은?

① 공기 중을 부유하고 있거나 퇴적된 상태인 분진의 폭발을 의미한다.
② 가스폭발이나 화약폭발과는 달리 착화에 필요한 에너지가 작다.
③ 분진의 입경은 폭발의 최소착화에너지 및 화염전면의 이동속도에 영향을 미친다.
④ 1차 폭발 후 부유된 가연성분진이 연소하면서 2차적 폭발이 일어날 수 있다.

해설
분진폭발은 고체 형태의 분진 입자가 산소와의 접촉 면적이 제한적이기 때문에, 가스폭발이나 화약폭발에 비해 착화에너지가 더 크다. 반면, 가스폭발은 산소와의 혼합이 훨씬 용이하므로 착화 에너지가 낮다.

정답 | 09 ④ 10 ④ 11 ④ 12 ②

13 「소방의 화재조사에 관한 법령」상 화재조사를 실시할 수 있는 자격으로 옳지 않은 것은?

① 소방청장이 실시하는 화재조사에 관한 시험에 합격한 소방공무원
② 국가기술자격의 직무분야 중 화재감식평가 분야의 기사 취득한 소방공무원
③ 국가기술자격의 직무분야 중 화재감식평가 분야의 산업기사 취득한 소방공무원
④ 화재조사관련 기관에서 8주 이상 화재조사에 관한 전문교육을 이수한 소방공무원

해설
8주 이상 전문교육 이수자는 법령 개정 후 자격 기준에서 삭제되어 화재조사 자격사항이 아니다.

> **참고**
> 제5조 화재조사관의 자격기준 등 「소방의 화재조사에 관한 법률 시행령」
> 1. 소방청장이 실시하는 화재조사에 관한 시험에 합격한 소방공무원
> 2. 「국가기술자격법」에 따른 국가기술자격의 직무분야 중 화재감식평가 분야의 기사 또는 산업기사 자격을 취득한 소방공무원

14 다음의 구획실 화재에 대한 설명 중 옳은 것은?

① 대부분 노출된 가연물 표면에 착화되어 가연물이 소진될 때까지 최고의 열방출을 보이는 것은 최성기이다.
② 유염착화에 이르기에는 온도가 낮거나 산소가 부족한 상황에서 연소가 소극적으로 지속되는 것을 롤오버(Rollover)라고 한다.
③ 최성기에는 실내에 있는 산소를 거의 소비시키고 외부로부터 유입된 공기의 영향을 받는 연료지배형 화재의 양상이 나타난다.
④ 일반적으로 화염 전파 속도는 수평방향이 수직방향에 비하여 약 20배 정도 빠르다.

해설
플래시오버 이후 최성기는 최고의 열방출 시기다.
② 유염착화에 이르기에는 온도가 낮거나 산소가 부족한 상황에서 연소가 소극적으로 지속되는 것을 무염(훈소) 화재라고 한다.
③ 외부의 유입 공기의 영향을 받는 것은 환기지배형 화재다.
④ 화염 전파 속도는 수직방향이 수평방향에 비하여 약 20배 정도 빠르다.

15 「소방의 화재조사에 관한 법령」상 화재원인 및 피해조사의 권한이 없는 자는?

① 소방청장   ② 소방본부장
③ 소방서장   ④ 소방진압대장

해설
소방관서장(소방청장, 소방본부장, 소방서장)은 화재조사 권한이 있다.

> **참고**
> 제5조 화재조사의 실시 「소방의 화재조사에 관한 법률」
> 소방청장, 소방본부장 또는 소방서장(이하 "소방관서장"이라 한다)은 화재발생 사실을 알게 된 때에는 지체 없이 화재조사를 하여야 한다. 이 경우 수사기관의 범죄수사에 지장을 주어서는 아니 된다.

16 다음 중 연소생성물에 대한 설명으로 옳지 않은 것은?

① 일반화재 시, 플래시오버 후에 산소가 부족한 조건이 되면 발생하는 연기는 검은색을 띤다.
② 일산화탄소는 연료지배형 화재보다 환기지배형 화재에서 많이 발생한다.
③ 연기는 액체와 기체로 구성되며 고체는 포함되지 않는다.
④ 폴리우레탄은 화재 시 시안화수소와 질소산화물 등의 유독성 기체를 발생시킨다.

해설
연기는 기체, 액체 미립자, 고체 미립자로 구성된다.
①, ② 플래시오버 이후 환기지배형 화재는 산소가 부족하여 불완전 연소로 인해 검은 연기와 일산화탄소가 많이 발생한다.
④ 폴리우레탄의 주성분인 아이소시아네이트는 질소를 포함하고 있어서 연소 시 시안화수소(HCN)와 질소산화물(NOx) 등의 유독성 가스를 발생시킨다.

17 연소가 용이한 가연물의 조건으로 적합하지 않은 것은?

① 산소와의 접촉 가능한 면적이 클 것
② 발열량이 클 것
③ 활성화 에너지가 클 것
④ 열전도율이 작을 것

> **해설**
> 활성화 에너지가 큰 물질은 연소 시 더 많은 에너지가 필요하여 연소가 어렵다.

> **참고**
> **가연물의 구비조건**
> • 산소와 친화력이 클 것
> • 발열량과 비표면적이 클 것
> • 연쇄반응을 일으킬 수 있을 것
> • 열전도도가 작을 것
> • 활성화 에너지가 작을 것

18 화재현장에서 열에 의하여 소손된 전구의 감식 방법으로 옳은 것은?

① 내부가 진공상태인 전구는 연화된 부분이 부풀어 오르거나 외부로 터져 나가는 형태로 변한다.
② 내부가 불활성 가스로 충전된 전구는 일부가 연화되기 시작하면 외부의 압력 때문에 내부로 함몰되는 형태로 변한다.
③ 전선에 매달려있는 전구의 경우, 화재 당시의 방향을 신뢰할 수 없으므로 화재진행방향의 지표로써 사용하는 것을 피해야 한다.
④ 전구 필라멘트의 산화 여부 및 전구 내벽에 부착된 필라멘트 증기 등으로 화재 당시 전구의 꺼짐과 켜짐은 확인할 수 없다.

> **해설**
> 전선이 천장이나 벽에서 이탈되어 본래 위치가 아닐 수 있다. 현장복원 시 정확한 위치를 파악하지 못하였다면 섣불리 지표로 사용해서는 안 된다.
> ①, ② 설명이 서로 바뀌었다. 진공상태 전구는 내부로 함몰 형태, 불활성 가스 전구는 외부로 터져 나가는 형태. 현대 대부분 전구는 불활성 가스(아르곤, 질소)로 충전된 전구이다.
> ④ 전구 필라멘트의 산화 여부 및 전구 내벽에 부착된 필라멘트 증기 등으로 On/Off를 확인할 수 있다.

19 과학적인 화재조사 방법의 순서로 옳은 것은?

① 문제의 인식 → 문제의 정의 → 데이터 수집 → 데이터 분석 → 가설 수립 → 가설 검증 → 화재원인 결정
② 문제의 인식 → 문제의 정의 → 데이터 분석 → 데이터 수집 → 가설 수립 → 가설 검증 → 화재원인 결정
③ 문제의 인식 → 데이터 수집 → 문제의 정의 → 데이터 분석 → 가설 수립 → 가설 검증 → 화재원인 결정
④ 문제의 인식 → 문제의 정의 → 가설 수립 → 데이터 수집 → 데이터 분석 → 가설 검증 → 화재원인 결정

> **해설**
> **과학적 화재조사 순서**
>
> **암기법** 인정 데이터 수분 가설 수검 결정
>
> 문제의 인식 → 문제의 정의 → 데이터 수집 → 데이터 분석 → 가설 수립 → 가설 검증 → 화재원인 결정

20 다음 중 요오드가가 145 이상인 오일류에 안료와 전색제 등을 혼합한 착색도료를 일컫는 용어로 옳은 것은?

① 락카   ② 페인트
③ 에나멜   ④ 플라이머

> **해설**
> 페인트는 아마인유, 대두유, 오동유 등의 건성유를 90~100℃에서 5~10시간 공기를 불어 넣으면서 가열하여 색과 점도를 준 것으로 요오드가 145 이상인 보일유에 안료와 전색제 등을 혼합한 착색도료이다.
> ① 락카는 표면을 보호하기 위한 코팅제이다.
> ③ 에나멜은 착색도료보다 표면 광택 용도로 사용된다.
> ④ 플라이머는 도료의 부착력을 향상시킨다.

정답 | 17 ③ 18 ③ 19 ① 20 ②

제2과목 화재감식론

21 선박의 전문용어에 대한 설명으로 옳지 않은 것은?

① 고물보(Transom) : 선미가 네모난 보트의 선미 단면
② 도레이드 환기(Dorade vent) : 갑판 아래로 공기를 흡입하는 배플이 설치되어 물이 들어오지 못하도록 하는 갑판 상자 환기
③ 방현재(Fender) : 구획실, 선체 또는 그러한 부분을 덮는 영구적 덮개
④ 해치(Hatch) : 보트의 갑판에 있는 방수커버로 덮인 출입구

해설
방현재는 선박이 부두에 정박하거나 다른 선박과 접촉할 때 충격을 완화하기 위해 사용하는 보호 장치이다.

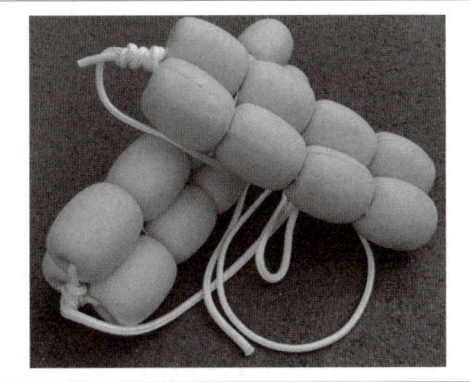

방현재

22 다음 중 산불의 직접진화 전술이 아닌 것은?

① 일렬 진화   ② 협력 진화
③ 맞불 진화   ④ 측면 진화

해설
일렬, 협력, 측면 진화 전술은 산불의 직접진화 전술이다. 맞불 진화는 불과 떨어진 지점에서 가연물을 제거하여 방화선 구축하는 간접진화 전술이다.

참고

산불진화 방법
• 직접진화방법 : 물을 이용하여 열을 빼앗는 방법, 소화약제로서 열을 빼앗거나 산소를 차단하는 방법, 흙으로 불씨를 덮어서 산소를 차단하는 방법
• 간접진화방법 : 연료를 차단하는 방법으로 주로 방화선을 구축하는 방법

23 우리나라의 경우 산불이 가장 많이 발생하는 시간대로 옳은 것은?

① 09~11시   ② 14~16시
③ 17~19시   ④ 21~23시

해설
산림청 통계에 따르면 산불은 시기별 3월, 4월, 발생 시간은 14~16시 시간대에 집중되어 있다. 이 낮 시간대에 기온이 가장 높고, 습도가 낮으며, 바람이 강해지는 시간대로 산불 발생에 좋은 조건의 시간대이다.

24 정전용량 40[uF]인 대전 된 도체의 정전에너지가 80[J]일 때, 도체에 가해진 대전 전위는 몇 [V]인가?

① 1,000   ② 2,000
③ 3,000   ④ 4,000

해설
정전에너지 구하는 공식에서 대전전위[V]를 구하는 문제이다. 정전용량이 주어지면 정전에너지 구하는 공식으로 답을 구한다.

정전에너지 구하는 공식

$E = \frac{1}{2}CV^2$

E : 정전에너지(J)
C : 정전용량(F)
V : 전위차(V)

$80[J] = \frac{1}{2} \times 40 \times 10^{-6}[F] \times V^2$

$V = \sqrt{\dfrac{80}{\frac{1}{2} \times 40 \times 10^{-6}}} = 2,000[V]$

정답 | 21 ③ 22 ③ 23 ② 24 ②

25 폭발현장에서 수집한 배경정보를 바탕으로 폭발 전·후 사고 경위를 표로 만든 후 인과관계이론과 일치 여부를 추론하여 최적 이론을 설정하는 분석은?

① 손상패턴 분석 ② 구조물 분석
③ 열효과 상관분석 ④ 타임라인 분석

🔍 **해설**
타임라인 분석은 사건의 전개 과정을 시간순으로 파악하여 인과관계를 추론하고, 사고의 원인을 분석한다.
① 손상패턴 분석 : 손상된 구조물, 물체 형태, 규모 등을 관찰하고 분석
② 구조물 분석 : 손상된 구조물 설계, 재료, 공정 분석
③ 열효과 상관분석 : 열전달, 폭발 원인 등 열적 효과 고려한 분석

26 다음 중 차량의 시동 점화 시 전류 흐름 순서를 바르게 나열한 것은?

① 점화스위치 → 배터리 → 시동모터 → 점화코일 → 배전기 → 고압케이블 → 스파크 플러그
② 점화스위치 → 시동모터 → 배터리 → 점화코일 → 배전기 → 고압케이블 → 스파크 플러그
③ 점화스위치 → 배터리 → 시동모터 → 배전기 → 점화코일 → 고압케이블 → 스파크 플러그
④ 점화스위치 → 시동모터 → 배터리 → 점화코일 → 배터리 → 고압케이블 → 스파크 플러그

🔍 **해설**
차량의 점화 시 전류 흐름 순서

암기법 점 빼(배) 시오, 점 빼(배)고 스파크

점화스위치 → 배터리 → 시동모터 → 점화코일 → 배전기 → 고압케이블 → 스파크 플러그

27 항공기 화재에서 가연성 금속 화재의 분류(class)로 옳은 것은?

① Class A ② Class B
③ Class C ④ Class D

🔍 **해설**

암기법 일A - 유B - 전C - 금D

① Class A : 일반 화재
② Class B : 유류 화재
③ Class C : 전기 화재
④ Class D : 금속 화재

28 20℃의 프로판가스의 증기압을 압력계로 측정하였더니 7.4kgf/cm²이었다. 이 압력을 절대압력으로 환산하면 약 몇 kPa인가?

① 627 ② 727
③ 827 ④ 927

🔍 **해설**
절대압력(kPa) = 게이지 압력 + 대기압
- 게이지 압력(7.4kgf/cm²)을 절대압력(kPa)로 변환
  1kgf/cm²는 98.0665kPa이므로
  게이지압력 = 7.4kgf/cm² × 98.0665kPa = 725.69kPa
- 대기압(1atm)을 절대압력(kPa)로 변환
  1atm = 101.325kPa
∴ 절대압력(kPa) = 725.69 + 101.33 = 827.02

29 탄화칼슘이 물과 반응할 때 생성되는 가연성 기체는?

① C_2H_4 ② C_3H_8
③ C_2H_2 ④ CH_4

🔍 **해설**
탄화칼슘과 물이 반응하여 아세틸렌가스가 발생하고 반응열에 의해 아세틸렌가스가 착화 후 폭발한다.

탄화칼슘과 물의 반응식
$CaC_2 + 2H_2O \rightarrow Ca(OH)_2 + C_2H_2 \uparrow$

30 화재의 진행과정 중 독립된 발화로 오인할 수 있는 연소형태를 생성시킬 수 있는 불씨 이동의 요인으로 옳지 않은 것은?

① 소락물에 의한 경우
② 대류에 의한 불티의 이동
③ 독립된 장소에 착화하는 행위
④ 압력에 의한 경우

정답 | 25 ④ 26 ① 27 ④ 28 ③ 29 ③ 30 ③

🛎 **해설**
독립된 장소에 착화하는 것은 오인이 아닌 방화화재 형태이다.
① 소락물에 의한 드롭다운 패턴은 독립패턴으로 오인할 수 있다.
② 불티의 이동은 여러 개의 독립패턴을 만든다.
④ 백드래프트, 연기폭발 등 폭발 압력에 의해 파괴된 지점에 독립패턴이 나타난다.

31 다음 중 각 용어에 대한 설명으로 옳지 않은 것은?

① 실화 : 부주의, 우발적 사고 등으로 인하여 발생한 화재
② 조사 : 화재원인을 규명하고 화재로 인한 피해를 산정하기 위한 자료의 수집, 관계자 등에 대한 질문 등 일련의 행동
③ 방화 : 주거에 사용되거나 현존하는 건조물 기타 일정한 물건에 고의로 불을 지르는 범죄행위
④ 화재 : 사람의 의도에 따라 우연에 의해 발생하는 연소현상

🛎 **해설**
제2조 화재의 정의 「소방의 화재조사에 관한 법률」
1. 사람의 의도에 반하거나 고의 또는 과실에 의하여 발생하는 연소현상
2. 소화할 필요가 있는 현상
3. 사람의 의도에 반하여 발생하거나 확대된 화학적 폭발현상

32 다음 중 담뱃불에 대한 설명으로 옳지 않은 것은?

① 산소농도 16% 이하에서도 연소가 진행되며, 수직상태보다 수평상태에서 빨리 연소된다.
② 중심부 온도는 약 700~800℃이다.
③ 무염화원으로 분류되며, 이동이 가능한 점화원이다.
④ 담뱃불은 풍속 1.5m/sec일 때 최적상태로 연소한다.

🛎 **해설**
산소농도가 16% 이하에서는 연소하지 않고, 수평상태보다 수직상태가 빨리 연소된다.

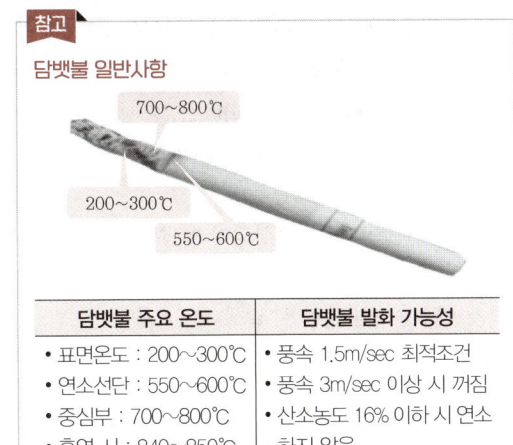

참고
담뱃불 일반사항

담뱃불 주요 온도	담뱃불 발화 가능성
• 표면온도 : 200~300℃ • 연소선단 : 550~600℃ • 중심부 : 700~800℃ • 흡연 시 : 840~850℃	• 풍속 1.5m/sec 최적조건 • 풍속 3m/sec 이상 시 꺼짐 • 산소농도 16% 이하 시 연소하지 않음 • 담배 1개비 수평 13~14분, 수직 11~12분 연소

33 다음 중 구형의 밸브 몸통을 갖고 있으며 유체의 입구와 출구 중심선이 일직선상에 있고 밸브를 통과하는 유체의 흐름이 S자 모양으로 되어 있는 밸브의 명칭으로 옳은 것은?

① 볼 밸브   ② 게이트 밸브
③ 체크 밸브   ④ 글로브 밸브

🛎 **해설**
글로브 밸브는 S자형 유체의 흐름을 조절하는 데 사용된다.
① 볼 밸브 : 볼이 회전하여 유체의 흐름을 제어하거나 차단한다.
② 게이트 밸브 : 대규모 플랜트나 큰 배관의 유체 흐름을 차단 또는 열어준다.
③ 체크밸브 : 유체의 흐름을 방해하지 않도록 설계한 역류 방지 밸브다.

34 LPG 자동차에서 기화기(Vaporizer)의 구성부품에 해당하지 않는 것은?

① 에어 엘리먼트   ② 압력 조정 스크루
③ 진공 다이어프램   ④ 솔레노이드 밸브

🛎 **해설**
기화기는 액체 상태의 LPG를 기체로 변환한 뒤, 엔진에 적합한 압력으로 공급하는 장치다. 한편, 에어 엘리먼트는 엔진의 공기 흡입 시스템에 포함된 에어필터로, 기화기의 구성부품이 아니다.
② 압력 조정 스크루 : LPG 압력 조정
③ 진공 다이어프램 : LPG 흐름 제어
④ 솔레노이드 밸브 : 전기 신호로 LPG 흐름 제어

정답 | 31 ④ 32 ① 33 ④ 34 ①

35 화재현장에서 발생하는 소음으로서 목격자들이 폭발로 오인할 수 있는 것이 아닌 것은?

① 화재 시 콘크리트 폭렬에 의한 소음
② 화재 열기에 의한 스프레이 캔, 방향제 캔 등의 파열 소음
③ 화재 시 전선피복이 손상되며 발생하는 전기적 합선의 소음
④ 개방된 용기의 변형 시 발생하는 소음

해설
개방된 용기는 내·외부 압력이 동일하여 급격한 압력 변화가 없으므로, 폭발음과 같은 큰 소음이 발생하지 않는다. 대신, 금속의 열팽창이나 수축으로 약한 소음이 발생할 수 있으며, 이는 폭발로 오인되기 어렵다.

36 방화를 의심할 수 있는 경우와 가장 거리가 먼 것은?

① 외부 침입흔적이 발견되는 경우
② 다른 범죄의 증거가 발견되는 경우
③ 1개의 발화부만 존재하는 경우
④ 액체가연물의 연소흔적이 관찰되는 경우

해설
2개 이상의 독립된 발화개소가 식별된 경우 방화로 의심한다.

> **참고**
> **방화현장의 특징**
> • 2개 이상의 독립된 발화개소가 식별된 경우
> • 인화성 액체 가연물 용기가 발견된 경우, 또는 사용 흔적이 있는 경우
> • 침입흔적이 있는 경우
> • 연소 확산을 위한 흔적이 발견된 경우
> • 발화장치가 발견된 경우
> • 화재현장에서 다른 범죄의 증거가 발견되는 경우
> • 발화부에서 발화하였다고 발화 열원이 발견되지 않는 경우
> • 특이한 인위적인 흔적이 발견된 경우
> • 연쇄적으로 화재가 발생한 경우
> • 화재 발생 전후의 상황이나 관계자의 환경이 의심스러운 경우

37 다음 중 파라핀계 탄화수소에 대한 설명으로 옳지 않은 것은?

① 상온, 상압에서 메탄, 에탄, 프로판, 부탄은 기체 상태로 존재한다.
② 펜탄은 이성질체가 3개이다.
③ 탄소-탄소 간의 결합은 단일공유결합이다.
④ 탄소 수가 증가함에 따라 비점이 낮아진다.

해설
탄소 수가 증가함에 따라 분자의 크기와 분자 간 인력이 증가하기 때문에, 비점(끓는점)은 높아진다.

38 다음 중 층류화염에 해당하는 것은?

① 모닥불의 불꽃
② 양초의 불꽃
③ 화재현장 개구부로 솟는 불꽃
④ 20kg LPG 용기에서 분출되고 있는 가스의 불꽃

해설
층류화염은 안정적이고 규칙적인 형태의 불꽃으로 양초불꽃이 대표적이다.

> **참고**
> **층류화염과 난류화염**
> • 층류화염 : 유체가 층을 이루며 안정적으로 흐를 때 발생하는 규칙적인 형태의 불꽃
> • 난류화염 : 가연성 가스와 산소의 혼합이 고르지 않아 흔들리고 불규칙인 형태의 불꽃

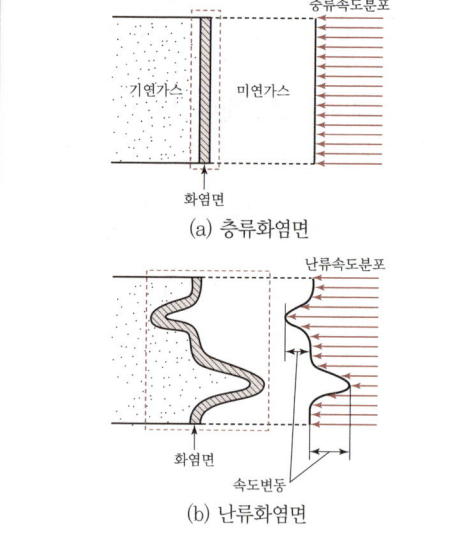

(a) 층류화염면

(b) 난류화염면

39 다음 중 화재조사에 있어 화재현장에 대한 관찰 사항으로 옳지 않은 것은?

① 현장의 보험가입 여부
② 현장의 위치 및 주변 상황
③ 현장의 연소 진행형태
④ 현장의 소손상황

🔖 해설
보험가입 여부는 화재현장보다는 관계인에게 자료제출을 요구하여 접수한다.

40 침과 평판전극 사이에서 잘 발생하며, 전압의 상승으로 코로나의 발광부가 전극 간을 이어서 발광이 일어나는 방전형식으로 옳은 것은?

① 글로우코로나
② 브러쉬코로나
③ 스트리머코로나
④ 임펄스코로나

🔖 해설
① 글로우코로나 : 침 부분에 보라색 광점 형태로 발광
② 브러쉬코로나 : 침 부분에 브러쉬 형태로 발광
③ 스트리머코로나 : 침과 평판전극 사이를 이은 형태로 발광
④ 임펄스코로나 : 고전압 임펄스(펄스) 조건에서 발생하며, 순간적 방전 현상

> **참고**
> **코로나방전현상**
> 절연체에 고전압을 인가하면 침과 평판전극계와 같이 불평등한 전계에서는 침 끝부분의 고전계부분에 집중되어 지속 방전이 발생하는데 이를 코로나방전이라고 한다. 코로나 발광부가 전극 간을 이어서 발광하는 현상은 스트리머코로나 방전형식이다.

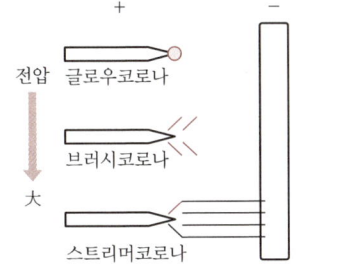

제3과목 증거물관리 및 법과학

41 화재현장 지문감식(지문현출) 사례로 가장 거리가 먼 것은?

① 그을음이 고스란히 내려앉은 물체의 표면
② 방화범이 매개물로 사용한 생활정보지의 연소 잔해
③ 지문을 감추기 위해 사용한 라텍스 장갑의 외측
④ 방화에 사용하고 주변에 버린 휘발유 용기의 표면

🔖 해설
지문을 감추기 위해 사용한 라텍스 장갑의 내측에서 지문이 감식될 수 있다.

42 「화재조사 및 보고규정」에 따라 화재현장을 보존하기 위한 방법으로 옳지 않은 것은?

① 소방활동구역의 관리는 수사기관과 상호협조하여야 한다.
② 소방활동구역은 로프 등으로 범위를 한정하고 경고판을 부착한다.
③ 소방활동구역으로 설정하여 출입을 통제한다.
④ 소방활동구역을 설정할 경우 범위는 최대한 넓게 설정하여야 한다.

🔖 해설
소방활동구역은 필요한 만큼의 최소 범위로 설정한다.

43 NFPA 921의 타임라인(Time Line)을 작성할 때 구성요소로 옳지 않은 것은?

① 실제시간(Hard Time)
② 추정시간(Soft Time)
③ 상대시간(Relative Time)
④ 수지분석시간(Fault Tree Time)

🔖 해설
수지분석시간은 결함수분석법이라고도 하며, 타임라인 작성 시 활용되는 요소가 아닌 확률적으로 정성적·정량적 안전성을 평가·진단하는 방법 중 하나이다.

정답 | 39 ① 40 ③ 41 ③ 42 ④ 43 ④

44 다음 중 자·타살 및 사고사의 감별법에 대한 설명으로 옳지 않은 것은?

① 진짜 손상의 가능성에 대해서는 항상 염두에 두어야 하는데 다수의 타살 현장이 화재에 의해서 숨겨지기 때문이다.
② 가짜 손상의 경우 깊은 조직에서 출혈을 관찰할 수 없으며, 위치는 대개의 경우 암시적이다.
③ 열에 의해 고도로 손상된 부위에서도 심부조직을 검사하여 판독이 가능하다.
④ 열이 가해진 피부는 고도로 수축되고 균열되는 경우를 종종 보게 된다.

📖 해설
열에 의해 고도로 손상된 부위는 심부조직 검사 판독이 대부분 불가능하다.

45 화재현장에서 관계자에 대한 질문 및 녹음에 관한 설명으로 옳지 않은 것은?

① 피질문자를 배려하여 충분히 안정된 상태에서 진술할 수 있는 장소를 선택한다.
② 화재현장에서 질문할 경우에는 이해관계인들을 모두 참석시킨 후에 진행해야 한다.
③ 피질문자의 이해관계에 의하여 허위진술을 하는 경우가 있음을 염두에 둔다.
④ 녹음된 진술내용은 진술조서에 첨부하여 입증자료로 사용할 수 있다.

📖 해설
임의진술 확보를 위해 이해관계자들을 서로 분리하여 질문을 진행한다.

> **참고**
> **제7조 관계인 등 진술「화재조사 및 보고규정」**
> 관계인 등에게 질문을 할 때에는 시기, 장소 등을 고려하여 진술하는 사람으로부터 <u>임의진술</u>을 얻도록 해야 하며 진술의 자유 또는 신체의 자유를 침해하여 임의성을 의심할 만한 방법을 취해서는 아니 된다.

46 화재증거물 사진 촬영 시 피사계의 심도를 깊게 하기 위한 방법으로 가장 옳은 것은?

① 렌즈의 조리개를 좁힌다.
② 렌즈의 조리개를 넓힌다.
③ 카메라의 셔터 스피드를 길게 한다.
④ 카메라의 셔터 스피드를 짧게 한다.

📖 해설
- 카메라 렌즈의 조리개 : 렌즈를 통해 들어오는 빛의 양, 노출도를 조절하는 역할
- 피사계의 심도 : 촬영 피사체가 허용 수준의 선명도를 보이는 카메라와의 거리 범위 또는 초점이 맞는 범위. 초점거리라고도 할 수 있음

카메라 렌즈의 조리개와 피사계의 심도의 관계

조리개(노출도)	심도(초점거리)
크다(넓다)	얕다(짧다)
작다(좁다)	깊다(멀다)

47 다음의 유류 중 자연발화 가능성이 가장 높은 것은?

① 엔진유 ② 대두유
③ 기어유 ④ 스핀들유

📖 해설
요오드가가 클수록 산화되기 쉽고 자연발화의 위험성이 크다. 대두유는 요오드가가 130 이상이므로 상대적으로 자연발화 가능성이 가장 높다고 볼 수 있다.

48 「화재증거물수집관리규칙」에 따라 화재조사기관이 화재현장의 CCTV 영상물에 나타나는 사람의 이미지를 제공할 수 있는 기관으로 옳지 않은 것은?

① 경찰서 ② 고등검찰
③ 대법원 ④ 보험회사

📖 해설
①~③은 관련 관공서이며, ④는 민간기관이다.

정답 | 44 ③ 45 ② 46 ① 47 ② 48 ④

49 연소범위(폭발범위)에 영향을 미치는 요인에 대한 설명으로 가장 거리가 먼 것은?

① 압력이 높아지면 하한값은 크게 변하지 않으나 상한값은 높아진다.
② 온도가 높아질수록 연소범위는 좁아진다.
③ 고온·고압의 경우 연소범위는 더욱 넓어진다.
④ 혼합기를 이루는 공기의 산소농도가 높을수록 연소범위가 넓어진다.

해설
연소범위는 산소, 온도 및 압력의 변화에 비례한다.

50 사망자 부검을 위해 사용하는 장비로 가장 거리가 먼 것은?

① X선 촬영기
② 컴퓨터 단층 촬영기(CT)
③ 적외선 분광광도계
④ 자기공명영상장비(MRI)

해설
③은 기체, 액체 등의 유기물을 분석하는 장비이다.

적외선 분광광도계(IR)
기체, 액체, 고체 등 유기물에 IR 빔을 조사하는 에너지교환 현상을 이용하여 스펙트럼으로 분석

51 화재현장 보존을 위한 소방대원의 역할 및 주의사항에 대한 설명으로 옳지 않은 것은?

① 잔화 정리하는 동안 남아있는 증거물이 훼손될 수 있으므로 주의하여야 한다.
② 화재현장에 있는 설비, 기구 또는 시설의 손잡이를 돌리거나 작동 스위치를 켜는 것을 자제하여야 한다.
③ 화재현장에서 휘발유나 경유로 작동되는 도구 및 설비를 사용하는 것은 자제하는 것이 좋다.
④ 화재현장에 대한 접근은 화재조사관만으로 한정한다.

해설
화재조사관 이외에 소방 및 구조활동 요원의 출입이 가능하다.

52 화상의 손상범위를 결정짓는 인자로 옳지 않은 것은?

① 가해진 온도
② 열의 노출기간
③ 피부의 구성
④ 열을 배출하는 체표면의 능력

해설
화상심도 결정요인
열의 강도, 열 노출시간, 피부의 예민도, 체표면의 열배출 능력

53 「화재증거물수집관리규칙」상의 증거물 수집용기에 대한 설명 중 옳지 않은 것은?

① 용기는 취급할 제품에 의한 용매의 작용에 투과성이 없어야 한다.
② 주석 도금캔 내부에 녹이 있는 것은 사용하지 말아야 한다.
③ 주석 도금캔은 세척하여 여러 번 사용할 수 있다.
④ 양철 용기는 돌려막는 스크루 뚜껑만 아니라 밀어 막는 금속마개를 갖추어야 한다.

해설
주석 도금캔(CAN)은 1회 사용 후 반드시 폐기한다.

54 「화재증거물수집관리규칙」상의 증거물 시료용기로 적합하지 않은 것은?

① 주석 도금 캔(CAN)
② 유리병
③ 아크릴 병
④ 양철 캔(CAN)

해설
증거물 시료용기 3가지
- 양철 캔
- 주석도금 캔
- 유리병

55 화재현장에서 역광 촬영을 하고자 한다. 다음 중 카메라 측광방식으로 가장 적합한 것은?

① 스팟측광 ② 중앙부 중점 측광
③ 평균측광 ④ 다분할 측광

🛢 해설
피사체의 작은 지점 즉, Spot를 측광하는 방식을 말한다.

56 화재현장의 사진촬영방법으로 가장 옳은 것은?

① 어두운 실내 촬영 시 스트로보나 플래시를 사용한다.
② 군중 또는 인물사진 등의 사진은 절대로 촬영하지 않는다.
③ 발화지점과 인접한 영역에 있는 방이라도 손상이 없으면 촬영하지 않는다.
④ 증거로서 가치가 있는 물건은 현장보다는 연구실로 가지고 가서 촬영한다.

🛢 해설
어두운 곳이나 태양에 의한 직사광선을 받지 않도록 스트로보를 이용하여 촬영한다.

57 액체 촉진제의 물리적 특성에 대한 설명 중 옳은 것은?

① 액체 촉진제는 액체 상태로만 발견될 수 있다.
② 액체 촉진제는 대부분의 내부 마감재 및 기타 화재 잔해에 쉽게 흡수된다.
③ 일반적으로, 액체 촉진제는 물과 접촉했을 때 물 아래로 가라앉는다.
④ 액체 촉진제가 다공성 물질에 흡수되었을 때는 잔존 가능성이 매우 낮다.

🛢 해설
액체 연소촉진제(Accelerant) 일반적 특징
- 발열량이 크다.
- 보통 물보다 비중이 낮아 가볍다.
- 다공성 물질에 흡수가 용이하여 지속성·잔류성을 가진다.
- 물에 잘 녹지 않는 비수용성이 다수이다(수용성 알코올 제외).
- 액상 또는 기상으로 발견할 수 있다.

58 GC-MS 분석에서 탄소수 4개(C4)에서 7개(C7)가 검출된 경우 추정할 수 있는 성분으로 가장 옳은 것은?

① 휘발유 ② 경유
③ 등유   ④ 중유

🛢 해설
휘발유(나프타)는 비점이 낮고 탄소수가 적다.

59 화재로 인하여 사망에 이른 사체에 관한 설명으로 가장 거리가 먼 것은?

① 일산화탄소가 헤모글로빈과 결합함으로써 체내 산소의 공급이 차단되어 사망한다.
② 일산화탄소를 흡입으로 인하여 사망하면 암적색의 시반이 나타난다.
③ 기도, 폐 등의 호흡기에서 발견되는 그을음은 화재 당시 생존해 있었음을 나타내는 증거가 될 수 있다.
④ 일산화탄소를 흡입한 것으로 화재 당시 생존해 있었음에 대한 증거가 될 수 있다.

🛢 해설
선홍색 시반
일산화탄소 헤모글로빈(COHb)에 의해 신체 전반이 선홍색으로 혈액침하가 발생할 경우 나타나는 현상이다.

일산화탄소 중독
- 일산화탄소는 헤모글로빈과 결합하는 능력이 산소보다 약 200배 이상 높아서 헤모글로빈이 산소 대신 일산화탄소와 더 많이 결합하여 세포에 산소를 공급할 수 없어 일산화탄소 중독에 이른다.
- 체내 산소공급을 막아 산소를 필요로 하는 장기(특히 뇌, 심장, 근육 등)가 심각하게 손상되어 사망할 수 있다.

60 화재로 사망한 사체에 대한 설명으로 옳지 않은 것은?

① 사망 이후에는 혈액이 모세혈관의 표면장력에 의해 몸의 위쪽으로 모인다.
② 표피와 함께 진피까지 침범되는 화상을 2도 화상이라고 한다.
③ 원발성 쇼크로 급격히 사망한 경우 전형적인 화재자의 소견을 보이지 않을 수도 있다.

정답 | 55 ① 56 ① 57 ② 58 ① 59 ② 60 ①

④ 손바닥이나 발바닥에서 보이는 과도한 그을음은 화재당시 피해자가 활동한 것을 의미한다.

해설

시반
- 시반은 사후 1~2시간에 옅은 자줏빛 반점으로 시작하여 15~24시간이 경과하면서 짙은 자줏빛으로 나타난다.
- 시반은 사망 이후 나타나는 현상이다.
- 시반은 24시간이 경과하면서 짙은 자줏빛을 띠게 된다.
- 시반은 중력에 의해 몸의 가장 낮은 신체 부위에 발생한다.

제4과목 화재조사 보고 및 피해평가

61 「화재조사 및 보고규정」에 따른 화재현장조사서 작성 시 화재건물 현황의 기재사항이 아닌 것은?

① 건축물 현황
② 보험가입 현황
③ 소방시설 및 위험물 현황
④ 화재발생 후 상황

해설

화재건물 현황 기재사항 4가지
- 건축물 현황
- 보험가입 현황
- 소방시설 및 위험물 현황
- 화재발생 전 상황

62 화재조사 구분에 따른 화재원인조사의 범위에 해당하는 것은?

① 화재진압 중 발생한 사망자 및 부상자
② 열에 의한 탄화, 용융, 파손
③ 피난경로, 피난상의 장애요인
④ 화재로 인한 사망자 및 부상자

해설

①, ②, ④는 화재피해조사의 범위에 해당한다.

63 「화재조사 및 보고규정」에 따른 화재건수의 결정에 대한 내용으로 틀린 것은?

① 1건의 화재란 1건의 발화지점에서 확대된 것으로 발화부터 진화까지를 말한다.
② 접지점이 동일한 누전에 의한 화재는 동일 소방대상물의 발화점이 2개소 이상 있더라도 1건의 화재로 한다.
③ 지진, 낙뢰 등 자연현상에 의한 다발화재는 동일 소방대상물의 발화점이 2개소 이상 있더라도 1건의 화재로 한다.
④ 발화지점이 2개소 이상의 관할구역에 걸친 화재에 대해서는 발화 소방대상물의 소재지를 관할하는 소방서에서 1건의 화재로 한다.

해설

누전점이 동일한 누전에 의한 화재는 동일 소방대상물의 발화점이 2개소 이상 있더라도 1건의 화재로 한다.

64 화재피해로 인한 기계장치의 소손정도에 따른 손해율 기준 중 옳지 않은 것은?

① 프레임 및 주요부품이 소손되고 굴곡변형으로 수리가 불가능한 경우 : 100%
② 프레임 및 주요부품 수리하여 재사용 가능하나 소손정도가 심한 경우 : 50~60%
③ 화염의 영향으로 부품(주요부품이 아닌 일반부품)의 교체가 필요하고, 그을음 및 수침으로 인한 오염의 정도가 심하여 전반적으로 Overhaul이 필요한 경우 : 30~40%
④ 화염의 영향으로 다소 적게 받았으나 그을음 및 수침오염 정도가 심하여 일부 부품교체와 분해조립이 필요한 경우 : 5~10%

해설

화염의 영향으로 다소 적게 받았으나 그을음 및 수침오염 정도가 심하여 일부 부품교체와 분해조립이 필요한 경우 : 10~20%

정답 | 61 ④ 62 ③ 63 ② 64 ④

65 화재피해액 산정에 있어서 공구·기구의 소손정도에 따른 손해율이 10%에 해당하는 것은?

① 손해정도가 보통인 경우
② 손해정도가 다소 심한 경우
③ 오염·수침손의 경우
④ 50% 이상 소손되고 그을음 및 수침오염 정도가 심한 경우

🗒 해설
공구·기구의 소손 정도에 따른 손해율 「화재피해액 산정 매뉴얼」

암기법 공기 오다보수 빼고상식

화재로 인한 피해정도	손해율(%)
50% 이상 소손되고 그을음 및 수침오염 정도가 심한 경우	100
손해정도가 다소 심한 경우	50
손해정도가 보통인 경우	30
오염·수침손의 경우	10

66 항공기 및 선박의 현재시가를 정하는 방법으로 옳은 것은?

① 구입 시의 가격
② 구입 시의 가격에서 사용기간 감가액을 뺀 가격
③ 재구입 가격
④ 재구입 가격에서 사용기간 감가액을 뺀 가격

🗒 해설
현재시가를 정하는 방법 「화재피해액 산정 매뉴얼」

현재 시가 산정 방법	적용 대상
① 구입 시의 가격	재고자산 즉 원재료, 부재료, 제품, 반제품, 저장품, 부산물 등
② 구입 시의 가격에서 사용기간 감가액을 뺀 가격	항공기 및 선박 등
③ 재구입 가격	상품 등
④ 재구입 가격에서 사용기간 감가액을 뺀 가격	건물, 구축물, 영업시설, 기계장치, 공구·기구, 차량 및 운반구, 집기비품, 가재도구 등

67 모델하우스 또는 가설건물 등 일정기간 존치하는 건물에 있어서는 실제 존치할 기간을 내용연수로 하여 피해액을 산정한다. 이 경우 존치기간 종료일 현재의 최종잔가율은?

① 10%   ② 20%
③ 30%   ④ 40%

🗒 해설
특수한 경우 중 모델하우스 등에 대한 피해액 산정 「화재피해액 산정 매뉴얼」

모델하우스 또는 가설건물 등 일정기간 존치하는 건물에 있어서는 실제 존치할 기간을 내용연수로 하여 피해액을 산정한다. 이 경우 존치기간 종료일 현재의 최종잔가율은 20%이며, 내용연수 및 경과연수는 연 단위까지 산정한다.

68 「화재조사 및 보고규정」에 따라 방화·방화의심 조사서를 작성 시 기재사항이 아닌 것은?

① 방화도구   ② 방화피해사항
③ 방화자 인적사항   ④ 도착 시 초기상황

🗒 해설
방화피해사항은 기재사항에 해당되지 않는다.

참고
[별지 제8호서식] 방화·방화의심 조사서 주요 기재사항 「화재조사 및 보고규정」

암기법 동도사도 용자

• 방화동기
• 방화도구
• 방화의심 사유
• 도착 시 초기상황
• 방화연료 및 용기
• 방화자

69 화재 당시에 피해물의 재구입비에 대한 현재가의 비율로, 화재 당시 피해물에 잔존하는 경제적 가치의 정도를 나타내는 용어로 옳은 것은?

① 잔가율   ② 손해율
③ 감가상각   ④ 경년감가율

해설
「화재조사 및 보고규정」의 피해액 관련 용어 정의

용어	정의
재구입비	화재 당시의 피해물과 같거나 비슷한 것을 재건축(설계 감리비를 포함한다) 또는 재취득하는데 필요한 금액
내용연수	고정자산을 경제적으로 사용할 수 있는 연수
손해율	피해물의 종류, 손상 상태 및 정도에 따라 피해금액을 적정화시키는 일정한 비율
잔가율	화재 당시에 피해물의 재구입비에 대한 현재가의 비율
최종잔가율	**암기법** 최종 잔가재 피해물의 내용연수가 다한 경우 잔존하는 가치의 재구입비에 대한 비율

70 치장벽돌조 슬래브지붕 2층 건물의 2층에서 발화되어 바닥면적 20m²가 전소되었고, 인근 시멘트벽돌조 슬래브지붕 3층 건물 3층에 비화로 인하여 바닥 2m²와 벽면 1면의 3m²가 그을린 경우의 소실면적은 몇 m²인가?

① 25
② 22
③ 20
④ 9

해설
소실면적 산정은 바닥면적만을 합산한다.

소실면적 산정(「화재조사 및 보고규정」)
건물(수손 및 기타 파손 포함)의 소실면적 산정은 소실 바닥면적으로 산정한다.

71 「화재조사 및 보고규정」상 화재유형별 조사서 서식 중 철도차량 발화지점에 해당되지 않는 것은?

① 객실(좌석)
② 바퀴
③ 화장실
④ 엔진룸

해설
엔진룸은 자동차·농업·건설·군용차량 발화지점에 해당한다.

[별지 제6-2호서식] 화재유형별조사서(자동차·철도차량화재) 「화재조사 및 보고규정」 발화지점 비교

자동차·농업·건설·군용차량	
□ 앞 좌 석	□ 뒷 자 석
□ 엔 진 룸	□ 트 렁 크
□ 바 퀴	□ 적 재 함
□ 연료탱크	□ 기 타
철도차량	
□ 객 실(좌석)	□ 기 관 실
□ 바 퀴	□ 연료탱크
□ 화 물 실	□ 화 장 실
□ 객차연결통로	□ 기 타

72 「화재조사 및 보고규정」상 화재현황조사서의 첨부서류가 아닌 것은?

① 화재현장출동보고서
② 화재유형별조사서
③ 화재피해조사서
④ 방화·방화의심 조사서

해설
「화재조사 및 보고규정」상 화재현황조사서의 첨부서류 항목

12 첨부서류
① 화재유형별조사서
   □ 1.1 건축·구조물 화재   □ 1.2 자동차철도차량 화재
   □ 1.3 위험물·가스제조소 등 화재
   □ 1.4 선박·항공기 화재   □ 1.5 임야화재
   □ 1.6 기타화재(첨부없음)
② 화재조사서
   □ 2.1 인명피해   □ 2.2 재산피해
③ □ 방화·방화의심 조사서
④ □ 소방방화시설 활용 조사서
⑤ □ 화재현장 조사서

참고
화재현황조사서의 첨부서류 항목「화재조사 및 보고규정」
암기법 유인재 방소현

- 화재유형별 조사서
- 화재조사서(인명피해, 재산피해)
- 방화·방화의심 조사서
- 소방방화시설 활용 조사서
- 화재현장 조사서

정답 | 70 ② 71 ④ 72 ①

73 「화재조사 및 보고규정」에 따른 화재증명원 발급에 대한 설명 중 옳은 것은?

① 화재증명원 발급 시 재산피해내역을 금액으로 기재한다.
② 이해당사자가 아닌 자가 화재증명원의 발급을 신청하면 화재증명원을 발급하여서는 아니 된다.
③ 사후조사를 할 경우 발화장소 및 발화지점의 현장이 보존되어 있지 않아도 일단 조사를 한다.
④ 소방대가 출동하지 아니한 화재장소에 화재증명원 발급요청이 있는 경우 사후조사를 할 수 있다.

🍺 해설
① 화재증명원 발급 시 인명피해 및 재산피해 내역을 기재한다. 다만, 조사가 진행 중인 경우에는 "조사 중"으로 기재한다.
③ 민원인이 제출한 사후조사 의뢰서의 내용에 따라 <u>발화장소 및 발화지점의 현장이 보존되어 있는 경우에만 조사한다.</u>

74 다음 화재조사서류 중 작성 주체가 다른 것은?

① 재산피해 신고서
② 화재현황조사서
③ 소방방화시설활용 조사서
④ 질문 기록서

🍺 해설
재산피해 신고서는 관계인 등이 작성한다.
②, ③, ④는 화재조사자가 작성한다.

75 「화재조사 및 보고규정」에 따른 관할구역 내에서 발생한 화재에 대하여 작성해야 하는 서류로 옳지 않은 것은?

① 화재발생종합 보고서
② 질문 기록서
③ 화재현장출동 보고서
④ 범죄사실 보고서

🍺 해설
범죄사실 관련 보고서 등은 경찰 관련 법령에 의거한다.

76 화재로 인한 기계장치의 피해액 산정기준에 해당하지 않는 것은?

① 감정평가서에 의한 피해액 산정
② 간이평가방식
③ 실질적·구체적 방식
④ 수리비에 의한 방식

🍺 해설
기계장치 피해액 산정기준 「화재피해액 산정 매뉴얼」
• 실질적·구체적 방식
• 감정평가서에 의한 피해액 산정 방식
• 회계장부에 의한 피해액 산정 방식
• 수리비에 의한 방식

77 「화재조사 및 보고규정」에 따른 조사결과 보고에 대한 기준 중 다음 괄호 안에 알맞은 것은?

> 감정기관에 감정의뢰 시 감정결과서를 받은 날로부터 ( )일 이내에 조사결과를 보고하고 기록·유지하여야 한다.

① 7   ② 10
③ 15   ④ 20

🍺 해설
감정기관 등에 의뢰한 경우, 그 사유가 해소된 날로부터 10일을 연장할 수 있다.

78 다음 중 「화재조사 및 보고규정」에 따른 화재현장출동보고서의 기재사항으로 옳은 것을 모두 고른 것은?

> ㉠ 화재현장 활동상황
> ㉡ 현장도착 시 발견상황
> ㉢ 피해 및 인명구조
> ㉣ 화재장소에서 사용된 장비
> ㉤ 예상되는 사항 및 조치
> ㉥ 소방대 이외의 강제적인 진입 흔적

① ㉠, ㉢, ㉤   ② ㉡, ㉢, ㉣
③ ㉢, ㉣, ㉤   ④ ㉡, ㉣, ㉥

정답 | 73 ④ 74 ① 75 ④ 76 ② 77 ② 78 ④

해설
[별지 제2호서식] 화재현장출동보고서 기재항목 「화재조사 및 보고규정」

암기법 출발 일출 강장로 기사

- **출**동대원 및 응답자
- 현장도착 시 **발**견사항
- 도착하여 처음 실행한 **일**의 지점 및 유형
- **출**입문 상태 및 소방대 건물 진입방법
- 소방대 이외의 **강**제적인 진입 흔적
- 화재**장**소에서 사용된 장비
- 출동**로**상의 발견사항
- **기**타 화재와 관련된 사항
- 화재**사**진 및 동영상

---

79 아파트 502호에서 화재가 최초 발생하여 602호와 702호에 연소 확대되었다. 화재현장에 출동한 화재조사관은 502호, 602호, 702호에 발생한 재산피해를 조사하여 피해액을 산정하였다. 하지만 며칠 뒤 아파트와 인접한 단독주택 소유자가 아파트 화재로 인해 주택 외벽과 창문 등에 피해를 입었다며 소방기관의 피해조사내용에 이의를 제기하였다. 이때 해당 단독주택 소유자가 소방기관에 제출하여야 하는 서류는?

① 화재피해 조사서　② 화재증명원
③ 재산피해 신고서　④ 화재증명원 신청서

해설
재산소실에 따라 소유자가 작성·제출하는 서류는 재산피해 신고서다.

---

80 화재로 인한 건물, 부대설비, 기계장치 등의 잔존물 내지 유해물 또는 폐기물을 제거하거나 처리하는 비용은 화재피해액의 몇 % 범위 내에서 인정된 금액으로 산정하는가?

① 5%　② 10%
③ 20%　④ 15%

해설
잔존물 제거비의 산정기준 「화재피해액 산정 매뉴얼」
화재로 인한 건물, 부대설비, 영업시설, 기계장치, 공구·기구, 집기비품, 가재도구 등의 잔존물 내지 유해물 또는 폐기물을 제거하거나 처리하는 비용은 화재피해액의 10% 범위 내에서 인정된 금액으로 산정한다.

잔존물 제거비 = 화재피해액 × 10%

제5과목　화재조사관계법규

81 「형법」상, 과실로 인하여 사람이 주거로 사용하거나 사람이 현존하는 건조물, 기차, 전차 또는 지하채굴시설을 소훼한 자에 대한 벌금기준으로 옳은 것은?

① 1,500만 원 이하의 벌금
② 2,500만 원 이하의 벌금
③ 3,500만 원 이하의 벌금
④ 4,500만 원 이하의 벌금

해설
해설 : 실화 「형법」

대상	처벌
• 과실로 현주·공용건조물방화에 기재한 물건 또는 타인 소유인 일반건조물방화에 기재한 물건을 불태운 자 • 과실로 자기 소유인 일반건조물·일반물건 방화에 기재한 물건을 불태워 공공의 위험을 발생하게 한 자도 제1항의 형에 처한다. **예** 과실로 인하여 사람이 주거로 사용하거나 사람이 현존하는 건조물, 기차, 전차 또는 광갱을 소훼한 자	1천500만 원 이하의 벌금

---

82 「화재조사 및 보고규정」에 따른 조사의 원칙에 대한 설명으로 틀린 것은?

① 화재조사관은 화재발생 사실을 인지하는 즉시 화재조사를 시작해야 한다.
② 소방관서장은 조사관을 근무 교대조별로 2인 이상 배치하고, 장비·시설을 기준 이상으로 확보하여 조사업무를 수행하도록 하여야 한다.
③ 조사는 물적 증거를 바탕으로 과학적인 방법을 통해 합리적인 사실의 규명을 원칙으로 한다.
④ 경찰관의 수사자료를 근거로 조사함을 원칙으로 한다.

정답 | 79 ③　80 ②　81 ①　82 ④

💡 **해설**

화재조사의 개시 및 원칙「화재조사 및 보고규정」
① 화재조사관은 화재발생 사실을 인지하는 즉시 화재조사를 시작해야 한다.
② 소방관서장은 조사관을 근무 교대조별로 2인 이상 배치하고, 장비·시설을 기준 이상으로 확보하여 조사업무를 수행하도록 하여야 한다.
③ 조사는 물적 증거를 바탕으로 과학적인 방법을 통해 합리적인 사실의 규명을 원칙으로 한다.

참고

소방용수시설 또는 비상소화장치의 사용금지 등「소방기본법」
1. 정당한 사유 없이 소방용수시설 또는 비상소화장치를 사용하는 행위
2. 정당한 사유 없이 손상·파괴, 철거 또는 그 밖의 방법으로 소방용수시설 또는 비상소화장치의 효용을 해치는 행위
3. 소방용수시설 또는 비상소화장치의 정당한 사용을 방해하는 행위

83 과도한 문어발식 콘센트 사용으로 인하여 발생한 전기화재로 인하여, 구입한 지 5년 된 세탁기가 소손되었다. 이 소손에 대하여 「제조물 책임법령」상 손해배상책임에 관한 설명으로 옳은 것은?

① 세탁기 설계상 결함으로 손해배상책임은 세탁기 설계자가 부담한다.
② 세탁기 개발 과정상의 결함으로 손해배상책임은 제품 개발자가 부담한다.
③ 세탁기 소유자의 사용상 문제로 손해배상책임은 발생하지 않는다.
④ 세탁기 제조상 결함으로 손해배상책임은 세탁기 제조사가 부담한다.

💡 **해설**
과도한 문어발식 콘센트 사용으로 콘센트 허용전류 이상을 사용하였다면 사용자 부주의 요인으로 세탁기 제조사의 제조물책임은 발생하지 않는다.

85 「소방의 화재조사에 관한 법령」상 소방관서장이 화재조사를 실시하는 경우 조사하여야 할 사항이 아닌 것은?

① 화재로 인한 인명·재산피해상황
② 소방시설 등의 설치·관리 및 작동 여부에 관한 사항
③ 안전조사의 실시 결과에 관한 사항
④ 소화활동으로 발생한 영업 손실 피해

💡 **해설**
소화활동으로 발생한 영업 손실 피해사항은 조사하지 않는다.

참고

화재조사의 실시「소방의 화재조사에 관한 법률」
1. 화재원인에 관한 사항
2. 화재로 인한 인명·재산피해상황
3. 대응활동에 관한 사항
4. 소방시설 등의 설치·관리 및 작동 여부에 관한 사항
5. 화재발생건축물과 구조물, 화재유형별 화재위험성 등에 관한 사항
6. 그 밖에 대통령령으로 정하는 사항(화재안전조사의 실시 결과에 관한 사항)

84 「소방기본법령」상 소방용수시설의 사용금지 행위로 옳지 않은 것은?

① 소방용수시설을 점검, 정비, 보수하기 위하여 사용하는 행위
② 정당한 사유없이 소방용수시설을 사용하는 행위
③ 정당한 사유없이 손상·파괴, 철거 또는 그 밖의 방법으로 소방용수시설의 효용을 해치는 행위
④ 소방용수시설의 정당한 사용을 방해하는 행위

💡 **해설**
소방용수시설을 점검, 정비, 보수 목적은 사용할 수 있다.

정답 | 83 ③ 84 ① 85 ④

86 「소방의 화재조사에 관한 법령」에 따른 화재의 조사에 대한 기준 중 틀린 것은?

① 소방서장은 화재의 원인 및 피해 등에 대한 조사를 하여야 한다.
② 화재조사를 하는 관계 공무원이 화재조사를 수행하면서 알게 된 비밀을 누설한 경우 과태료에 처한다.
③ 소방서장은 화재조사에 필요한 경우 관계인에 대하여 자료제출을 명할 수 있다.
④ 화재조사를 하는 소방공무원이 관계인의 정당한 업무를 방해한 경우 벌금에 처한다.

해설
비밀 누설은 과태료가 아닌 300만 원 이하 벌금에 처한다.

참고
300만 원 이하의 벌금 벌칙 항목 4가지 「소방의 화재조사에 관한 법률」

암기법 물 출 업비 증

1. 허가 없이 화재현장에 있는 물건 등을 이동시키거나 변경·훼손한 사람
2. 정당한 사유 없이 화재조사관의 출입 또는 조사를 거부·방해 또는 기피한 사람
3. 관계인의 정당한 업무를 방해하거나 화재조사를 수행하면서 알게 된 비밀을 다른 용도로 사용하거나 다른 사람에게 누설한 사람
4. 정당한 사유 없이 증거물 수집을 거부·방해 또는 기피한 사람

87 「화재조사 및 보고규정」에 따른 화재원인을 밝히기 위한 감식의 정의로 옳은 것은?

① 과학적 방법에 의한 실험의 결과로 화재원인을 밝히는 것
② 조사관의 경험을 통해 화재원인을 유추하는 것
③ 관계자들의 회의를 통하여 화재원인을 결정하는 것
④ 주로 시각에 의한 종합적인 판단으로 화재의 사실관계를 명확하게 규명하는 것

해설
용어의 정의 「화재조사 및 보고규정」
"감식"이란 화재원인의 판정을 위하여 전문적인 지식, 기술 및 경험을 활용하여 주로 시각에 의한 종합적인 판단으로 구체적인 사실관계를 명확하게 규명하는 것을 말한다.

① 감정에 대한 설명이다.
② 조사관의 경험을 통해 화재원인을 주로 시각에 의한 종합적인 판단한다.
③ 관계자들의 회의는 화재원인 판단 시 참고자료로 활용한다.

88 「화재로 인한 재해보상과 보험가입에 관한 법령」상 부상등급 1급의 보험금액으로 옳은 것은?

① 1,000만 원 ② 3,000만 원
③ 5,000만 원 ④ 1억 원

해설
「화재로 인한 재해보상과 보험가입에 관한 법률 시행령」 부상등급 1급의 보험금액은 3,000만 원이다.

89 보일러, 고압가스 기타 폭발성 있는 물건을 파열시켜 사람의 생명, 신체 또는 재산에 대하여 위험을 발생시키는 범죄명은?

① 폭발성물건파열죄 ② 현주건조물방화죄
③ 가스방류죄 ④ 폭발물사용죄

해설
폭발성물건파열 「형법」
보일러, 고압가스 기타 폭발성이 있는 물건을 파열시켜 사람의 생명, 신체 또는 재산에 대하여 위험을 발생시킨 자는 1년 이상의 유기징역에 처한다.

90 「화재로 인한 재해보상과 보험가입에 관한 법령」상 부상등급 3급에 해당하는 부상으로 옳은 것은?

① 상박골 분쇄성 골절
② 화상·좌창·괴사상처 등으로 연부조직의 손상이 심한 부상(몸 표면의 9퍼센트 이상의 부상을 말한다)
③ 상박 골경부 골절
④ 척추체 분쇄성 골절

해설
상박골 경부 골절은 3급이다.
① 상박골 분쇄성 골절 : 2급
② 화상·좌창·괴사상처 등으로 연부조직의 손상이 심한 부상 : 1급
④ 척추체 분쇄성 골절 : 1급

정답 | 86 ② 87 ④ 88 ② 89 ① 90 ③

91 「소방의 화재조사에 관한 법령」상 정당한 사유 없이 화재조사를 실시하는 관계 공무원의 출입 또는 조사를 거부·방해 또는 기피한 자에 대한 벌칙기준으로 옳은 것은?

① 100만 원 이하의 벌금
② 200만 원 이하의 벌금
③ 300만 원 이하의 벌금
④ 500만 원 이하의 벌금

해설
「소방의 화재조사에 관한 법률」상 벌금은 300만 원 이하의 벌금뿐이다.

참고

300만 원 이하의 벌금 벌칙 항목 4가지 「소방의 화재조사에 관한 법률」

암기법 물 출 업비 증

1. 허가 없이 화재현장에 있는 **물**건 등을 이동시키거나 변경·훼손한 사람
2. 정당한 사유 없이 화재조사관의 **출**입 또는 조사를 거부·방해 또는 기피한 사람
3. 관계인의 정당한 **업**무를 방해하거나 화재조사를 수행하면서 알게 된 **비**밀을 다른 용도로 사용하거나 다른 사람에게 누설한 사람
4. 정당한 사유 없이 **증**거물 수집을 거부·방해 또는 기피한 사람

92 「화재조사 및 보고규정」에서 정의하는, 발화열원에 의하여 불이 붙고 이 물질을 통해 제어하기 힘든 화세로 발전한 가연물을 무엇이라 하는가?

① 발화지점
② 최초착화물
③ 발화요인
④ 연소확대물

해설
최초착화물은 발화열원에 의해 불이 붙은 최초의 가연물이다.

정의 「화재조사 및 보고규정」
① 발화지점: 열원과 가연물이 상호작용하여 화재가 시작된 지점
③ 발화요인: 발화열원에 의하여 발화로 이어진 연소현상에 영향을 준 인적·물적·자연적인 요인
④ 연소확대물: 연소가 확대되는 데 있어 결정적 영향을 미친 가연물

93 「실화책임에 관한 법률」에 대한 설명으로 옳은 것은?

① 실화자에게 중대한 과실이 있을 때 한하여 적용한다.
② 배상의무자 및 피해자의 경제상태를 고려하여 배상액을 경감할 수 있다.
③ 경과실이 있을 때에는 손해배상을 면책한다.
④ 피해자보다 실화자의 보호를 우선시한다.

해설
① 실화자에게 중대한 과실이 없는 경우에 적용한다.
③ 경과실이 있을 때에는 손해배상을 면책이 아닌 경감할 수 있다.
④ 실화자보다 피해자의 보호를 우선시한다.

94 「민법」에서 규정하고 있는 불법행위에 의한 손해배상청구권이 성립하기 위한 조건으로 옳지 않은 것은?

① 행위자의 고의·과실
② 행위자의 책임능력
③ 행위자의 경제능력
④ 행위자의 긴급피난 여부

해설
「민법」 불법행위에 의한 손해배상청구권 성립 요건에 경제 능력에 관한 사항은 없다.

참고

불법행위 및 배상책임 주요내용 「민법」
1. 고의 또는 과실로 인한 위법행위
2. 타인의 신체, 자유 또는 명예, 기타 정신상 고통의 손해
3. 타인의 생명을 해한 자
4. 미성년자, 심신상실자의 경우 책임능력이 없어 배제
5. 감독자, 사용자 등의 책임
6. 정당방위, 긴급피난은 배상책임에서 배제

95 「실화책임에 관한 법률」상 손해배상액 경감의 고려사항으로 옳지 않은 것은?

① 화재의 원인과 규모
② 소화수에 의한 수손 피해의 정도
③ 배상의무자 및 피해자의 경제상태
④ 피해 확대를 방지하기 위한 실화자의 노력

정답 | 91 ③ 92 ② 93 ② 94 ③ 95 ②

해설
손해배상액 경감의 고려 시 소화수에 의한 수손 피해의 정도는 해당하지 않는다.

> **참고**
> **손해배상액의 경감「실화책임에 관한 법률」**
> 1. 화재의 원인과 규모
> 2. 피해의 대상과 정도
> 3. 연소 및 피해 확대의 원인
> 4. 피해 확대를 방지하기 위한 실화자의 노력
> 5. 배상의무자 및 피해자의 경제상태
> 6. 그 밖에 손해배상액을 결정할 때 고려할 사정

96 「화재조사 및 보고규정」에 따른 조사 보고에 관한 사항 중 옳지 않은 것은?

① 조사관이 조사를 시작한 때에는 소방관서장에게 지체 없이 화재·구조·구급상황보고서를 작성·보고해야 한다.
② 이재민이 100인 이상 발생한 화재조사의 최종 결과 보고는 화재 발생일로부터 30일 이내 보고한다.
③ 치외법권지역 등 조사권을 행사할 수 없는 경우는 조사 가능한 내용만 조사한다.
④ 조사의 최종 결과 서류는 출력하여 문서보관함에 영구보존방법에 따라 보존해야 한다.

해설
조사의 최종 결과 서류는 출력하지 않고, 국가화재정보시스템에 입력·관리해야 하며 영구보존방법에 따라 보존해야 한다.

97 「제조물 책임법」에 따른 소멸시효 등의 기준 중 다음 빈칸 안에 알맞은 것은?

> 손해배상의 청구권은 제조업자가 손해를 발생시킨 제조물을 공급한 날부터 (　　)년 이내에 행사하여야 한다. 다만, 신체에 누적되어 사람의 건강을 해치는 물질에 의하여 발생한 손해 또는 일정한 잠복기간이 지난 후에 증상이 나타나는 손해에 대하여는 그 손해가 발생한 날부터 기산한다.

① 3　　② 5
③ 7　　④ 10

해설
지문의 내용은 「제조물 책임법」 제7조 소멸시효 등 제2항으로 제조물 공급일로부터 10년 이내 행사해야 한다.

> **암기법** 모알 3년, 제공 10년

① 청구권 소멸시효	손해배상의 청구권은 피해자 또는 그 법정대리인이 다음 사항을 모두 알게 된 날부터 3년간 행사하지 아니하면 시효의 완성으로 소멸한다. • 손해 • 손해배상책임을 지는 자
② 청구권 행사기간	손해배상의 청구권은 제조업자가 손해를 발생시킨 제조물을 공급한 날부터 10년 이내에 행사하여야 한다. 다만, 신체에 누적되어 사람의 건강을 해치는 물질에 의하여 발생한 손해 또는 일정한 잠복기간(潛伏期間)이 지난 후에 증상이 나타나는 손해에 대하여는 그 손해가 발생한 날부터 기산(起算)한다.

98 다음 중 「소방기본법령」상 소방용수시설이 아닌 것은?

① 저수조　　② 급수탑
③ 소화전　　④ 고가수조

해설
제10조 소방용수시설의 설치 및 관리 등 「소방기본법」
소화전·급수탑·저수조(이하 "소방용수시설"이라 한다)

99 「화재로 인한 재해보상과 보험가입에 관한 법령」상의 특수건물로 옳은 것은?

① 학원으로 사용하는 부분의 바닥면적 합계가 1,000제곱미터 이상인 건물
② 바닥면적 합계가 1,500제곱미터 이상인 병원
③ 관광숙박업으로 사용하는 부분의 바닥면적합계가 2,000제곱미터 이상인 숙박업소
④ 「식품위생법령」상 단란주점으로 사용하는 부분의 바닥면적 합계가 2,000제곱미터 이상인 단란주점

정답 | 96 ④　97 ④　98 ④　99 ④

📖 **해설**
제2조 특수건물 「화재로 인한 재해보상과 보험가입에 관한 법률 시행령」
① 학원 : 바닥면적의 합계가 2,000제곱미터 이상인 건물
② 병원급 의료기관 : 연면적 합계가 3,000제곱미터 이상인 병원
③ 숙박업소 : 연면적 합계가 3,000제곱미터 이상인 병원

100 불을 놓아 공용 또는 공익에 공하는 건조물, 기차, 전차, 자동차, 선박, 항공기 또는 지하채굴시설을 소훼한 자에 대한 죄명은?
① 현주건조물 등에의 방화죄
② 일반물건 등에의 방화죄
③ 일반건조물 등에의 방화죄
④ 공용건조물 등에의 방화죄

📖 **해설**
공용 또는 공익에 공하는 장소에 방화는 단어 그대로 공용건조물 등에의 방화죄(「형법」제165조)이다. 단어 그대로 풀어서 해석하면 답을 찾을 수 있다.
① 현주건조물 등에의 방화죄(「형법」제164조) : 사람이 주거로 현존하는 장소에 방화
② 일반물건 등에의 방화죄(「형법」제167조) : 공용건조물, 현주건조물, 일반건조물 외의 물건에 방화
③ 일반건조물 등에의 방화죄(「형법」제166조) : 공용건조물, 현주건조물 외의 장소에 방화

정답 | 100 ④

기사 기출문제 2019년 4회

제1과목 화재조사론

01 화재조사 기자재 중 안전장비에 포함되지 않는 것은?

① 휴대용 랜턴
② 안전고리
③ 안전화
④ 보호용 장갑

해설
휴대용 랜턴은 조명기기(5종)에 속한다.

> **참고**
> 전담부서의 장비와 시설 「소방의 화재조사에 관한 법률 시행규칙」 [별표]
>
> | 구분 | 기자재명 및 시설 규모 |
> |---|---|
> | 안전장비
(8종) | 보호용 작업복, 보호용 장갑, 안전화, 안전모(무전송수신기 내장), 마스크(방진마스크, 방독마스크), 보안경, 안전고리, 화재조사 조끼 |
> | 조명기기
(5종) | 이동용 발전기, 이동용 조명기, 휴대용 랜턴, 헤드랜턴, 전원공급장치(500A 이상) |

02 화재현장 금속기둥에서 보이는 만곡현상을 관찰하여 화염의 방향을 판단할 때 먼저 검사해야 할 사항이 아닌 것은?

① 비교하는 기둥들이 유사한 하중을 받는 것인지를 검사한다.
② 비교하는 기둥들의 설치각도가 직각을 이루고 있는지를 검사한다.
③ 비교하는 기둥들이 같은 재질과 두께로 만들어진 것인지를 검사한다.
④ 화재현장의 하중을 받는 구조물들은 화염을 먼저 받게 되는 면의 반대 방향으로 기울어지는 만곡을 검사한다.

해설
금속기둥의 만곡현상은 주로 재질, 하중, 화염 방향, 두께 등의 조건에 의해 발생하며, 기둥의 설치각도는 만곡현상과 직접적인 연관이 없으므로 이를 검사하는 것은 부적절하다.

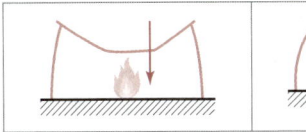
내부 중앙에 화염

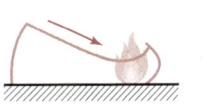
내부 벽 부근 화염

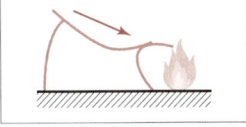
외부 벽 부근 화염

03 화염의 확산에 대한 설명으로 틀린 것은?

① 순방향 확산은 전방의 연료를 화염이 직접 접촉하기 때문에 따르게 일어난다.
② 경사트렌치 내에서의 하향 확산과 같은 급속한 확산 효과를 트렌치 효과라 한다.
③ 역방향 확산은 화염이 전방의 연료를 가열하는 데 제한적으로 느리게 일어난다.
④ 경사면 화재확산은 화염 윗부분의 가연성 표면에 대한 예열, 전도, 대류, 복사에 의한 복합적인 효과가 일어난다.

해설
경사트렌치 내에서의 상향 확산과 같은 급속한 확산 효과를 트렌치 효과라 한다.

정답 | 01 ① 02 ④ 03 ②

04 분해연소를 하는 가연물은?

① 숯 ② 목재
③ 코크스 ④ 파라핀

🔍 **해설**
① 숯 : 표면연소
② 목재 : 분해연소
③ 코크스 : 표면연소
④ 파라핀 : 증발연소

05 연소현상에 대한 설명으로 옳은 것은?

① 철에 녹이 스는 것은 연소반응의 일종이다.
② 종이가 누렇게 변색되는 것은 연소반응이다.
③ 연소는 빛과 열을 수반하는 급격한 산화반응이다.
④ 니크롬선을 사용한 전열기에 전기가 인가되었을 때 니크롬선이 빛과 열을 내는 것은 연소반응이다.

🔍 **해설**
연소는 가연물이 산소와 반응하여 빛과 열을 방출하는 급격한 산화반응이다.

06 메탄 40vol%, 에탄 30vol%, 프로판 30vol%의 조성으로 혼합되어 있는 기체의 공기 중 폭발한계는 약 몇 vol%인가?

물질	폭발범위(vol%)
메탄	5~15
에탄	3~12.4
프로판	2.1~9.5

① 2.5 ② 3.1
③ 4.3 ④ 5.7

🔍 **해설**
혼합가스의 폭발범위 계산 "르샤틀리에 법칙(Le Chatelier's Low)"

$$L = \frac{100}{\frac{V_1}{L_1} + \frac{V_2}{L_2} + \frac{V_3}{L_3} + \cdots}$$

L : 혼합가스 폭발한계(%)
L_1, L_2, L_3 : 각 가연성 가스 폭발한계(%)
V_1, V_2, V_3 : 각 가연성 가스의 공기 중 부피(vol%)

$$\therefore L = \frac{100}{\left(\frac{40}{5} + \frac{30}{3} + \frac{30}{2.1}\right)} = 3.1(\text{vol}\%)$$

07 흡입 시 기도의 알칼리성 조직을 중화시켜 기도의 부종 또는 경련으로 사망에 이르게 하는 연소생성물은?

① 불화수소(HF) ② 일산화탄소(CO)
③ 염화수소(HCl) ④ 시안화수소(HCN)

🔍 **해설**
염화수소(HCl)는 염소가 함유된 수지류가 탈 때 생성되며 눈과 호흡기에 영향을 준다.
① 불화수소(HF) : 불소수지가 연소할 때 발생되며 모래나 유리를 부식시키는 성질이 있다.
② 일산화탄소(CO) : 폐에 흡입된 CO가 헤모글로빈과 결합하여 산소결핍으로 질식한다.
④ 시안화수소(HCN) : 질소성분의 합성수지, 동물의 털, 인조견 등의 섬유가 불완전 연소할 때 발생하는 맹독성 가스로 청산가스라 한다.

08 방화죄가 성립하지 않은 것은?

① 사람이 현존하는 집에 불을 놓아 재산피해 발생
② 공용으로 사용되는 차량에 불을 놓아 사망사고 발생
③ 자기 소유의 차량에 불을 놓아 주변으로 화재를 확대시킴
④ 쓰레기 소각 중 불티에 의한 화재가 발생하여 재산피해 발생

🔍 **해설**
방화란 자신의 소유를 포함한 주거지, 건물, 구조물, 기타 자산 등에 의도적으로 불을 지르는 범죄행위다. 의도적으로 불을 놓은 ①, ②, ③은 방화지만, ④은 실수에 의한 실화다.

09 액체연료의 기상(氣象) 화염 확산에 대한 일반적인 속도는?

① 1~2cm/s ② 10~20cm/s
③ 1~2m/s ④ 10~20m/s

🔍 **해설**
액체연료의 기상(氣象) 화염 확산에 대한 일반적인 속도는 1~2m/s이다.

정답 | 04 ② 05 ③ 06 ② 07 ③ 08 ④ 09 ③

10 물질의 융점으로 옳은 것은?

① 납 : 327℃
② 구리 : 1,540℃
③ 파라핀 : 660℃
④ 알루미늄 : 54℃

📖 **해설**
① 납 : 327℃
② 구리 : 1,083℃
③ 파라핀 : 54℃
④ 알루미늄 : 660℃

> **참고**
> 물질별 용융점
>
> | 금속 명칭 | 용융점(℃) | 금속 명칭 | 용융점(℃) |
> |---|---|---|---|
> | 수은 | 39 | 금 | 1,063 |
> | 주석 | 232 | 구리 | 1,083 |
> | 납 | 327 | 니켈 | 1,455 |
> | 아연 | 420 | 스테인리스 | 1,520 |
> | 마그네슘 | 650 | 철 | 1,530 |
> | 알루미늄 | 660 | 티탄 | 1,800 |
> | 은 | 960 | 몰리브덴 | 2,620 |
> | 황동 | 900~1,000 | 텅스텐 | 3,400 |

11 발화부 주변의 일반적인 연소현상에 대한 설명으로 틀린 것은?

① 발화부를 향해 소락되거나 도괴된다.
② 발화부와 가까울수록 탄화심도가 깊다.
③ 목재표면에 발생하는 균열은 발화부와 가까울수록 골이 넓고 굵어진다.
④ 발화부는 비교적 밝은색을 띠며 발화부와 멀어질수록 어두운 빛을 나타낸다.

📖 **해설**
목재 표면에 발생하는 균열은 발화부와 가까울수록 골이 넓고 깊어진다. '굵어진다'는 표현은 부적절하다.

12 메탄가스가 밀폐공간에서 완전연소되어 폭발할 경우에 대한 설명으로 틀린 것은?

① 압력이 증가한다.
② 에너지가 생성된다.
③ 충격파가 초음속인 폭연이다.
④ 반응물과 생성물의 몰수가 같다.

📖 **해설**
폭연은 화염 전파 속도가 음속 미만이며, 초음속 충격파는 폭굉에서 발생한다.

13 가연물의 가연성이 높아지는 조건이 아닌 것은?

① 발열량이 클 것
② 열전도율이 클 것
③ 산소와의 친화력이 클 것
④ 활성화 에너지가 적을 것

📖 **해설**
열전도율이 낮으면 열 축적이 쉬워져 가연성이 높아진다.

> **참고**
> **가연물의 구비조건**
> - 활성화 에너지가 작을 것
> - 열전도도가 작을 것
> - 산화가 쉽고, 결합 시 발열량이 클 것
> - 표면적이 클 것
> - 조연성(산소) 가스와 친화력이 강할 것
> - 연쇄반응을 일으키는 물질일 것

14 수직면과 수평면 모두에서 나타나는 3차원 화재 패턴은?

① V 패턴
② Pour 패턴
③ U 패턴
④ 잘린 원추 패턴

📖 **해설**
V 패턴, U 패턴은 수직 벽면에, Pour 패턴은 바닥에 나타난다. 잘린 원추패턴은 수직 벽, 수평(천장, 바닥)면 양쪽에서 보여주는 3차원의 화재형태이다.

정답 | 10 ① 11 ③ 12 ③ 13 ② 14 ④

> **참고**
>
> **잘린 원추 패턴과 V, U 패턴 차이점**

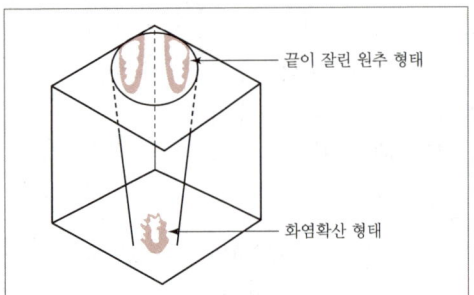

잘린 원추 패턴

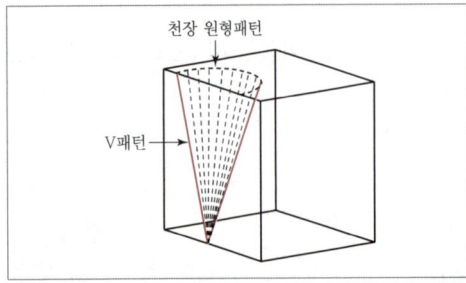

V 패턴

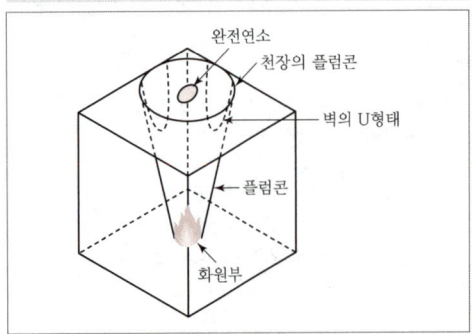

U 패턴

잘린 원추패턴이 벽면에는 V 패턴과 U 패턴도 형성되기 때문에 혼동될 수 있다. 두 패턴과 차이점은 잘린 원추 패턴은 수직 벽면뿐 아니라 수평(천장, 바닥)에 패턴으로 플럼의 방향성을 알 수 있는 3차원 화재형태이지만, V 패턴과 U 패턴은 수평면의 형태로는 방향성을 분석할 수 없고 수직벽면 형태만 관찰되는 2차원 패턴이다.

15 화재조사 시 관계자에 관한 질문 요령으로 틀린 것은?

① 일문일답 형식으로 계통적 순서에 따라 질문하고 청취한다.
② 관계자의 진술내용을 신속하게 기록하며, 상황에 따라서는 녹음(녹취)도 필요하다.
③ 허위진술을 방지하기 위해 질문을 시작할 때 상대방의 성명, 연령, 주소 등을 청취하고 기재한다.
④ 발화원인과 관계가 있는 것 같은 사항의 질문에 대해서는 상대방에게 예비지식을 주면서 질문한다.

해설
원하는 내용을 얻기 위한 암시 등 유도 금지하고 관계자의 진술에 임의성을 가져야 한다. 상대방에게 예비지식을 주고 질문하면 유도한 대답이 나온다.

16 「화재의 예방 및 안전관리에 관한 법령」상 보일러 등의 위치, 구조 및 관리와 화재예방을 위하여 불의 사용에 있어서 지켜야 하는 사항을 위반한 것에 해당하는 것은?

① 실내 보일러가 콘크리트바닥 위에 설치됨
② 보일러와 벽, 천장 사이의 거리는 0.3미터를 유지하여 설치됨
③ 등유 탱크가 보일러 본체로부터 수평거리 1.2미터의 거리에 설치됨
④ 가스보일러가 설치된 장소에는 가스누설경보기가 설치됨

해설
보일러 본체와 벽·천장 사이의 거리는 0.6미터 이상이어야 한다.

> **참고**
>
> **보일러 등의 설비 또는 기구 등의 위치·구조 및 관리와 화재예방을 위하여 불을 사용할 때 지켜야 하는 사항「화재의 예방 및 안전관리에 관한 법률 시행령」[별표 1]**
>
> • 보일러 본체와 벽·천장 사이의 거리는 <u>0.6미터 이상</u>이어야 한다.
> • 보일러를 실내에 설치하는 경우에는 콘크리트바닥 또는 금속 외의 불연재료로 된 바닥 위에 설치해야 한다.
> • 연료탱크는 보일러 본체로부터 수평거리 1미터 이상의 간격을 두어 설치할 것
> • 보일러가 설치된 장소에는 가스누설경보기를 설치할 것

17 「화재조사 및 보고규정」상 화재인명 피해조사에 대한 사상자 분류기준으로 옳은 것은?

① 경상자는 입원치료를 필요로 하지 않은 부상자도 포함
② 화재로 인하여 5일 이내 사망한 자를 당해 사망자로 포함
③ 중상자는 전치 10주 이상의 입원치료를 필요로 하는 부상자
④ 경상자는 전치 10주 이하의 입원치료를 필요로 하는 부상자

해설
경상자는 입원치료를 필요로 하지 않은 부상자도 포함한다.
② 화재로 인하여 72시간 이내 사망한 자를 당해 사망자로 포함
③ 중상자는 전치 3주 이상의 입원치료를 필요로 하는 부상자
④ 경상자는 중상 이외의 부상자

참고

제13조, 제14조 사상자 및 부상자 분류「화재조사 및 보고규정」

제13조 사상자는 화재현장에서 사망한 사람과 부상당한 사람을 말한다. 다만, 화재현장에서 부상을 당한 후 72시간 이내에 사망한 경우에는 당해 화재로 인한 사망으로 본다.

제14조 부상의 정도는 의사의 진단을 기초로 하여 다음 각 호와 같이 분류한다.
1. 중상 : 3주 이상의 입원치료를 필요로 하는 부상을 말한다.
2. 경상 : 중상 이외의 부상(입원치료를 필요로 하지 않는 것도 포함한다)을 말한다. 다만, 병원 치료를 필요로 하지 않고 단순하게 연기를 흡입한 사람은 제외한다.

18 가연물의 최소착화에너지에 영향을 미치는 요인에 대한 설명으로 옳은 것은?

① 압력이 높을수록 최소착화에너지는 높아진다.
② 온도가 높을수록 최소착화에너지는 낮아진다.
③ 가연물의 종류와 관계없이 최소착화에너지는 일정하다.
④ 혼합된 공기의 산소농도와 관계없이 최소착화에너지는 일정하다.

해설
압력, 온도, 산소의 농도가 높을수록 연소반응이 쉽게 일어나므로 최소착화에너지는 낮아진다. 또한, 가연물의 종류, 농도에 따라 최소착화에너지는 다르다.

19 액체가연물에 의해 발생하는 화재패턴에 관한 설명으로 틀린 것은?

① 연소 시 증발잠열에 의해 도넛패턴이 발생한다.
② 레인보우 이펙트가 관찰된다면 액체가연물을 사용한 고의적 착화로 판단한다.
③ 고스트 마크는 플래시오버와 같은 강력한 화재열기 속에서도 발생할 수 있으므로 주의를 요한다.
④ 포어패턴은 액체가연물이 바닥에 뿌려진 경우 뿌려진 부분과 뿌려지지 않은 부분의 탄화 경계 흔적을 말한다.

해설
레인보우 이펙트는 액체가연물이 연소하면서 다양한 색의 불꽃이 나타나는 현상이다. 그러나 레인보우 이펙트가 있다고 해서 반드시 고의적 착화로 판단하지 말고, 그곳에 액체 가연물이 있었다는 증거자료로 활용한다.

20 「소방의 화재조사에 관한 법령」상 전담부서에서 갖추어야 할 화재조사 장비 및 시설 중 보조장비가 아닌 것은?

① 노트북컴퓨터
② 전선 릴
③ 이동용 에어컴프레서
④ 화재조사 전용차량

해설
화재조사 전용차량은 화재조사 차량(2종)으로 분류된다.

참고

전담부서의 장비와 시설「소방의 화재조사에 관한 법률 시행규칙」[별표]

구분	기자재명 및 시설 규모
보조장비 (6종)	노트북컴퓨터, 전선 릴, 이동용 에어컴프레서, 접이식 사다리, 화재조사 전용 의복(활동복, 방한복), 화재조사용 가방
화재조사 차량 (2종)	화재조사 전용차량, 화재조사 첨단 분석 차량

정답 | 17 ① 18 ② 19 ② 20 ④

제2과목 화재감식론

21 자동차 화재조사를 위해 수집해야 할 자료로 가장 거리가 먼 것은?

① 구입 및 개조 후 부착한 장치의 유무 및 자료
② 자동차 검사 시 정기점검 정비 기록부
③ 자동차 차량검사증 및 차량상품명
④ 피해자의 운전경력증명서

해설
피해자의 운전경력증명서는 의미가 없다.
① 개조한 장치에서 화재 발생 가능성이 높아 파악한다.
② 최근 정비한 곳에서 화재 연관성을 찾을 수 있으므로 정기점검 정비 기록부를 확인한다.
③ 자동차 기본 정보는 차량등록증 또는 차대번호를 확인해야 한다.

22 다음 표에 있는 가스를 위험도가 큰 것부터 순서대로 나열한 것으로 옳은 것은?

종류	폭발하한계(vol%)	폭발상한계(vol%)
수소	4.0	75.0
산화에틸렌	3.0	80.0
이황화탄소	1.25	44.0
아세틸렌	2.5	81.0

① 아세틸렌 > 산화에틸렌 > 이황화탄소 > 수소
② 아세틸렌 > 산화에틸렌 > 수소 > 이황화탄소
③ 이황화탄소 > 아세틸렌 > 수소 > 산화에틸렌
④ 이황화탄소 > 아세틸렌 > 산화에틸렌 > 수소

해설
이황화탄소(34.2) > 아세틸렌(31.52) > 산화에틸렌(25.67) > 수소(17.75)

참고
위험도
$$H(\text{위험도}) = \frac{U(\text{연소상한계}) - L(\text{연소하한계})}{L(\text{연소하한계})}$$

- 수소 : $\frac{75-4}{4} = 17.75$
- 산화에틸렌 : $\frac{80-3}{3} = 25.67$
- 이황화탄소 : $\frac{44-1.25}{1.25} = 34.2$
- 아세틸렌 : $\frac{81-2.5}{2.5} = 31.52$

23 방화가 의심되는 특징으로 옳지 않은 것은?

① 여러 곳에서 독립적인 발화 흔적
② 화재현장의 타 범죄 발생증거 및 연소촉진물의 존재
③ 귀중품 반출 및 동일건물에서의 재차화재
④ 화재발생 시 관계인 부재

해설
실화 현장도 관계인이 잠깐 자리를 비운 사이에 화재가 발생하는 경우도 많다.

참고
방화현장의 특징
- 2개 이상의 독립된 발화개소가 식별된 경우
- 인화성 액체 가연물 용기가 발견된 경우, 또는 사용 흔적이 있는 경우
- 침입흔적이 있는 경우
- 연소 확산을 위한 흔적이 발견된 경우
- 발화장치가 발견된 경우
- 화재현장에서 다른 범죄의 증거가 발견되는 경우
- 발화부에서 발화하였다고 발화 열원이 발견되지 않는 경우
- 특이한 인위적인 흔적이 발견된 경우
- 연쇄적으로 화재가 발생한 경우
- 화재 발생 전후의 상황이나 관계자의 환경이 의심스러운 경우

정답 | 21 ④ 22 ④ 23 ④

24 다음 중 연소범위가 가장 넓은 것은?

① 에틸렌 ② 암모니아
③ 메탄   ④ 프로판

해설
① 에틸렌 : 3~33.5vol%
② 암모니아 : 15~28vol%
③ 메탄 : 5~15vol%
④ 프로판 : 2.1~9.5vol%

25 자연발화가 발생하기 용이한 조건으로 옳지 않은 것은?

① 주변 온도가 높을수록 자연발화가 용이하다.
② 충분한 산소 공급을 위해 더미를 바닥에 넓게 깔아 놓은 형태일 때 자연발화가 용이하다.
③ 지속적인 온도 상승이 발화에 이를 때까지 충분한 반응물질이 있어야 한다.
④ 식물성 기름은 다공성 물질에 흡착되었을 경우 자연발화가 용이하다.

해설
더미를 바닥에 넓게 깔아 놓으면 열 축적이 되지 않아 자연발화가 어렵다.

> **참고**
>
> **자연발화의 발생조건**
> - 표면적이 넓을 것
> - 발열량이 클 것
> - 열전도율이 작을 것
> - 주위 온도가 높을 것
>
> **자연발화의 방지대책**
> - 통풍 구조를 양호하게 하여 공기유통을 잘 시킬 것
> - 저장실 주위의 온도를 낮출 것
> - 습도 상승을 피할 것
> - 열이 축적되지 않는 구조로 적재할 것

26 화재현장 보존이 중요시되는 이유가 아닌 것은?

① 화재의 발화지점을 판정하는데 주요한 증거가 되기 때문이다.
② 원활한 피해복구를 위해 보존해야 한다.
③ 화재현장 훼손은 물증의 증거적 가치를 손상시키기 때문이다.
④ 화재의 원인과 책임 소재를 판정하기 위한 증거가 되기 때문이다.

해설
증거물을 보존해야 정확한 발화지점, 화재원인을 판정할 수 있다. 피해복구는 현장을 정리하는 개념으로 증거물 수집이 완료된 이후 단계이다.

27 메탄 4g을 완전연소시키면 이산화탄소 몇 mol이 생성되는가?

① 2   ② 1
③ 0.5   ④ 0.25

해설
메탄(CH_4) 완전연소반응
$CH_4 + 2O_2 \rightarrow CO_2 + 2H_2O$
- 메탄 1몰이 완전연소하면 1몰의 이산화탄소가 1:1 비율로 생성된다.
- 메탄 1몰은 16g이므로 4g은 0.25몰이다.
∴ 메탄 0.25몰이 완전연소하면 이산화탄소와 1:1 비율이므로 0.25몰이 생성된다.

28 다음 중 화재 열기로 인하여 탄화균열이 발생하는 물질은?

① 금속재 ② 목재
③ 석재   ④ 유리

해설
탄화균열이 발생하는 것은 목재다. 목재 탄화, 균열, 박리, 소실 상태를 관찰하면 연소방향성을 확인할 수 있다.
① 금속재 : 변색 → 변형 → 용융
② 목재 : 변색 → 눌음 → 탄화·균열 → 박리 → 소실
③ 석재 : 그을음 부착 → 백화 → 박리 → 폭열
④ 유리 : 그을음 부착 → 박리 → 소실

정답 | 24 ① 25 ② 26 ② 27 ④ 28 ②

29 가스계량기의 측정원리에 의한 분류 중 산업용으로 사용되는 추측식 가스계량기로 옳은 것은?

① 터빈형
② 드럼(drum)형
③ 회전식(루트식)
④ 막식(다이어프램식)

해설
터빈형 계량기는 가스가 통과하는 중심축의 임펠러가 회전하여 그 회전속도에 의하여 유량을 측정하는 계량기로 대형빌딩, 산업체, APT 중앙난방 등 500m³/h 이상에서 주로 사용한다.
② 드럼(drum)형 : 주로 실험실에서 가스 부피 측정 시 사용
③ 회전식(루트식) : 실측식 계량기로 실린더 내부의 2개의 회전자가 서로 맞물려 돌아가면서 유량을 측정하는 계량기로 대형식당, 빌딩 등 65~455m³/h에서 주로 사용한다.
④ 막식(다이어프램식) : 실측식 계량기로 계량막의 왕복운동에 의해 측정되며 가정용, 영업용으로 사용한다.

30 선박화재의 현장기록에 대한 설명으로 틀린 것은?

① 선박화재의 현장기록에 대한 요건은 일반적으로 구조물과 차량에 대한 것과 거의 모든 부분에서 다른 특수성을 갖는다.
② 선박화재의 현장기록은 가능한 한 선박이 현장의 제 위치에 있을 때 조사되어야 한다.
③ 화재가 발생한 선박이 현 위치에서 손상되었는지, 화재 이후 위치가 바뀌었는지 확인하여야 한다.
④ 선박화재의 현장기록은 폐기물처리장, 수리시설, 정박지, 소형 선박수리소 등에서 일부를 기록해야 하는 경우가 있다.

해설
선박화재의 특수성이 있어 화재 양상은 다를 수는 있겠지만, 현장기록은 다른 화재와 유사하다.

31 다음 중 담뱃불에 의해 착화가 가능한 물질은?

① 유리(glass)
② 폴리에틸렌
③ 톱밥
④ 아크릴

해설
톱밥은 담뱃불에 의해 착화 가능한 물질이다.
① 유리(glass) : 불연성 물질로 착화되지 않는다.
② 폴리에틸렌, ④ 아크릴 : 다공성 탄소질의 숯을 형성하여 공기유입을 차단한다.

참고
훈소 가능 물질
1. 헐겁거나 부드러운 황마·면 등의 섬유
2. 화장지, 주방용 휴지 등 부드러운 종이
3. 골판지 상자
4. 톱밥, 대팻밥
5. 먼지(다양한 형태 식물, 동물, 미생물과 무기물 부스러기의 집합체, 또는 진공청소기 쓰레기)

32 전기저항을 R, 전류를 I, 통전시간을 t라고 했을 때 전류에 의한 발생열의 계산식은?

① IRt
② $\dfrac{Rt}{I}$
③ I^2Rt
④ $\dfrac{Rt}{I^2}$

해설
줄의 법칙
저항 R[Ω]에 전류 I[A]가 t[sec] 동안 흘렀다면 이 저항에서 소비되는 에너지는 전부 열에너지로 바뀐다.
$H = I^2Rt[J]$

33 우리나라 임야화재의 발생 건수가 가장 많은 계절은?

① 봄
② 여름
③ 가을
④ 겨울

해설
우리나라는 논·밭두렁을 태우는 건조한 봄(3월, 4월)에 임야화재가 가장 자주 발생한다.

34 화재조사 시 나타날 수 있는 나트륨의 연소 특징으로 옳은 것은?

① 화재 초기의 불꽃색은 보라색이다.
② 출화 부근에 남아 있는 물을 리트머스 시험지로 조사하면 산성을 나타낼 가능성이 크다.
③ 나트륨이 연소되고 남은 표면에는 끈적끈적한 흰색의 수산화나트륨이 남아 있을 수 있다.
④ 물을 강하게 분해하여 다량의 아세틸렌을 발생시켜 공기와 접촉하여 폭발적으로 연소한다.

정답 | 29 ① 30 ① 31 ③ 32 ③ 33 ① 34 ③

해설
타고 남은 것은 표면이 끈적한 백색의 수산화나트륨이 부착되어 있다.
① 화재 초기의 불꽃색은 황색이다.
② 나트륨과 물의 반응 시 생성되는 수산화나트륨은 강알카리성이다.
④ 물에 닿으면 수소를 발생하고 반응열에 의해 착화, 폭발하는 수가 있다.
$Na + H_2O \rightarrow NaOH + 1/2H_2 \uparrow + 44.1 kcal/mol$

35 내연기관 자동차의 구동방식에 의한 분류에 속하지 않는 것은?

① AW CAR ② FR CAR
③ RR CAR ④ AR CAR

해설
내연기관 자동차 구동방식은 FF, FR, RR, AW CAR이 있다.

참고
내연기관 자동차 구동방식

- FF CAR(FRONT ENGINE FRONT DRIVE CAR) : 엔진은 차량 앞에 장착되고 전륜이 구동되는 방식
- FR CAR(FRONT ENGINE REAR DRIVE CAR) : 엔진은 차량 앞에 장착되고 후륜이 구동되는 방식
- RR CAR(REAR ENGINE REAR DRIVE CAR) : 엔진이 차량 뒤에 배치되고 후륜이 구동되는 방식
- AW CAR(ALL WHEEL DRIVE CAR) : 전륜과 후륜이 모두 구동되는 방식

36 성냥의 연소현상에 대한 설명으로 틀린 것은?

① 성냥의 발화구조는 성냥개비의 두약 부분과 용기의 측약 부분이 서로 마찰 시 먼저 측약 부분의 적린이 발화하고 그 발화에너지에 의해 두약 부분이 폭발적으로 연소하는 구조이다.
② 성냥의 연소온도는 불꽃의 상태에 따라 다르지만 발화한 시점에서 500℃, 정상연소 불꽃에서 1,500~1,800℃이며, 치화상태(맹렬한 연소상태)에서 최고온도는 두약 부분이 700℃이다.
③ 성냥의 발화온도는 일반적으로 100~200℃이며, 제조사별로 크게 차이가 없어 일정하다.
④ 일반적으로 성냥 1개비의 연소시간은 수직상 방향에서 평균 43초, 대각선상 방향에서 35초 정도가 소요되는 것으로 알려져 있다.

해설
성냥의 발화온도는 약 202~316℃다.

참고
성냥구조

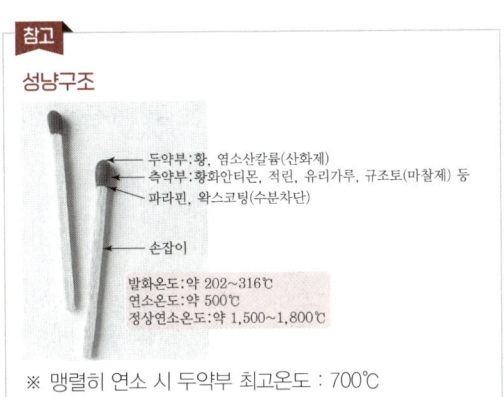

※ 맹렬히 연소 시 두약부 최고온도 : 700℃

37 선박용 기자재의 특성으로 옳지 않은 것은?

① 내진성, 내식성
② 유지보수 용이성
③ 가연성
④ 선체운동에 대한 충분한 적응성

해설
선박용 기자재는 화재 안전성을 위해 가연성이 낮아야 한다.
① 내진성, 내식성 : 해수의 충격과 부식성 환경에 강한 기자재를 사용해야 한다.
② 유지보수 용이성 : 항해 중이라도 유지보수를 할 수 있는 용이성을 갖춰야 한다.
④ 선박은 파도와 같은 외부요인으로부터 선체운동에 대한 충분한 적응성이 있어야 한다.

정답 | 35 ④ 36 ③ 37 ③

38 방화의 동기별 유형에서 방화로 분류되지 않는 것은?

① 피로로 인한 과실
② 범죄 전·후 증거인멸
③ 보험사기 등 경제적 이득
④ 정신질환

해설
피로로 인한 과실은 실화다.

> **참고**
> 방화 동기별 유형
> - 경제적 이익을 위한 방화
> - 보험 사기성 방화
> - 범죄은폐를 위한 방화
> - 범죄 수단을 목적으로 하는 방화
> - 선동적 목적을 달성하기 위한 방화
> - 보복방화
> - 방화광, 마약, 알코올 중독자 등 정신이상자

39 다음 수종 중 내화력이 가장 강한 수종은?

① 소나무
② 아까시나무
③ 벚나무
④ 동백나무

해설
내화성수종은 수목의 지엽이나 줄기가 직접 화염에 닿지 않으면 연소하지 않거나 잘 연소하지 않는 수종으로 동백나무, 은행나무, 참나무 등이 있다.
- 내화력이 약한 수종 : 소나무, 아까시나무, 벚나무, 녹나무, 삼나무, 벚나무, 능수버들 등

40 전기다리미에 200V의 전압을 가했더니 3A의 전류가 흘렀다. 이때 전기다리미가 소비하는 전력은 몇 W인가?

① 150
② 300
③ 400
④ 600

해설
$P = VI$
P : 전력[W]
V : 전압[V]
I : 전류[A]
∴ $P = 200 \times 3 = 600$[W]

제3과목 증거물관리 및 법과학

41 화재현장의 증거물에 대한 사진 촬영 방법으로 옳지 않은 것은?

① 발견 당시의 모습 그대로 촬영해야 한다.
② 현장에서 수거의 절차가 명확하도록 촬영해야 한다.
③ 사진의 원본성이 유지되어야 한다.
④ 필요시 촬영하기 좋은 위치로 이동시켜 촬영한다.

해설
제8조 제3항 화재현장 보존 등「소방의 화재조사에 관한 법률」
화재현장 보존조치를 하거나 통제구역을 설정한 경우 누구든지 소방관서장 또는 경찰서장의 허가 없이 화재현장에 있는 물건 등을 이동시키거나 변경·훼손하여서는 아니 된다.

42 「화재조사 및 보고규정」상 질문기록서에 기입할 내용으로 틀린 것은?

① 화재발생 일시 및 장소
② 질문일시 및 질문장소
③ 답변자의 주민등록번호(외국인의 경우, 외국인등록번호)
④ 화재번호

해설
답변자의 기재사항은 주소, 전화번호, 직업, 성명 총 4가지이다.

> **참고**
> 질문기록서의 답변자 기재항목
> **암기법** 성주 전직
> - 성명
> - 주소
> - 전화번호
> - 직업

43 「화재조사 및 보고규정」상 화재조사서류에 대한 설명으로 옳지 않은 것은?

① 화재조사서류 작성 시 소실정도는 전소, 반소, 부분소, 즉소로 구분한다.
② 화재조사서류 작성은 화재에 필요한 정보자료를 얻고자 하는 데 있다.
③ 화재조사서류는 화재조사의 결과를 기록하는 문서이다.
④ 화재조사서류는 민·형사상 유력한 증거자료로 활용될 수 있다.

해설
소실정도는 전소, 반소, 부분소로 구분한다.
경미한 화재를 "즉소화재(재산피해 50만 원 이하)"로 하여 별도로 통계 관리하던 것을 폐지하였다.

참고
제16조 건축·구조물의 소실정도 「화재조사 및 보고규정」
암기법 전반부 출석해
1. 전소 : 건물의 70% 이상(입체면적에 대한 비율)이 소실되었거나 또는 그 미만이라도 잔존부분을 보수하여도 재사용이 불가능한 것
2. 반소 : 건물의 30% 이상 70% 미만이 소실된 것
3. 부분소 : 제1호, 제2호에 해당하지 아니하는 것

44 타임라인과 마인드매핑에 대한 설명으로 옳지 않은 것은?

① 상대적시간은 추정을 근거로 한다.
② 타임라인은 증거와 정보의 조합이고, 마인드매핑은 사건이 일어난 시간의 재구성이다.
③ 타임라인의 정확성은 가설의 신뢰도를 높여 준다.
④ 마인드매핑은 수집된 정보를 바탕으로 객관적 사실을 조합하는 과정이다.

해설
마인드매핑은 증거와 정보의 조합이고, 타임라인은 사건이 일어난 시간의 재구성이다.

45 다음 중 목재 탄화물에 관한 설명으로 거리가 먼 것은?

① 탄화심도는 종종 화재의 지속시간을 측정하는 데 사용된다.
② 탄화심도는 탄화 블리스터(blister)의 중앙에서 측정된다.
③ 탄화속도는 목재가 열원을 향하는 방향에 영향을 받지 않는다.
④ 엘리게이터(alligator)는 목재 탄화패턴의 하나다.

해설
목재의 연소·탄화속도는 열원의 방향으로부터 영향을 받는다.

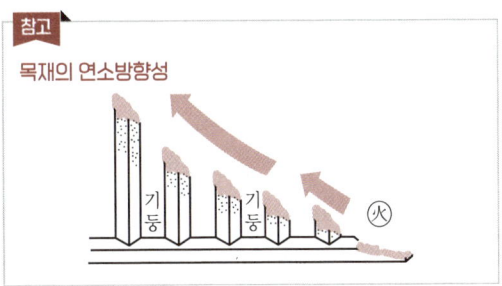

46 화재현장 촬영 시의 유의사항으로 옳지 않은 것은?

① 각 방위별로 출화의 방향성에 착안하여 구조물의 형태를 확인하여 촬영한다.
② 발화건물과 인접 도로 및 주변 건물과 경계선을 파악하여 촬영한다.
③ 높은 곳에서 전체적으로 연소 확대 상황을 관찰하면서 촬영한다.
④ 너무 많은 사진 자료는 혼란을 야기하므로 사진 촬영은 발화대상물에만 초점을 맞추어 촬영한다.

해설
발화대상물 이외 부분도 촬영하여야 발화부 및 발화지점을 배제하는 근거로 활용할 수 있다.

정답 | 43 ① 44 ② 45 ③ 46 ④

47 화재현장 증거물의 오염을 야기하는 행위에 대한 설명으로 틀린 것은?

① 수집과정에서 조사자의 잘못된 취급
② 현장통제 미흡으로 야기되는 불특정인의 현장출입
③ 연소되거나 탄화된 물체와의 이질적 혼합
④ 촉진제 확인을 위한 밀봉조치로 환기 불량

해설
증거물이 오염될 수 있는 원인
- 탄화된 물체와의 이질적 혼합
- 수집과정에서 조사자의 부주의
- 수집용기의 재사용
- 수집용기의 밀봉조치 미흡

48 화재현장에서 증거물을 수집하는 방법으로 옳은 것은?

① 고체 촉진제 증거물을 수집할 경우 유리병은 적당하지 않다.
② 유사한 액체증거물을 수집할 경우 하나의 용기를 사용한다.
③ 휘발성 증거물을 수집할 경우 일반 비닐봉지(폴리에틸렌)를 사용한다.
④ 액체증거물을 보관하는 경우 용기를 완전히 밀봉해야 한다.

해설
휘발성이 있는 유류 증거물 등은 수집과 동시에 밀폐된 용기에 담아 밀봉하여야 하며, 가능하면 증발을 줄이기 위해 차가운 곳에 보관해야 한다.

49 사후에 혈액이 중력의 작용으로 몸의 저부에 있는 모세혈관 내로 침강하여 외 표피층에 착색이 되어 나타나는 현상은?

① 매(煤)   ② 시반(屍斑)
③ 부종(浮腫)   ④ 울혈(鬱血)

해설
시반
- 사후에 혈액이 중력의 작용으로 몸의 저부에 있는 모세혈관 내로 침강하여 외 표피층에 착색이 되어 나타나는 현상이다.
- 시반은 사후 1~2시간에 옅은 자줏빛 반점으로 시작하여 15~24시간이 경과하면서 짙은 자줏빛으로 나타난다.
- 시반은 사망 이후 나타나는 현상이다.
- 시반은 24시간이 경과하면서 짙은 자줏빛을 띠게 된다.
- 시반은 중력에 의해 몸의 가장 낮은 신체 부위에 발생한다.

50 화상에 대한 설명으로 틀린 것은?

① 화염에 의한 손상은 화상으로 볼 수 있으나 복사열에 의한 손상은 화상으로 볼 수 없다.
② 넓은 의미로 볼 때 고열이 피부에 작용하여 일어나는 국소적 및 전신적 장애를 화상이라 한다.
③ 뜨거운 기체나 액체에 의한 손상을 탕상이라고 하며, 이 또한 화상으로 볼 수 있다.
④ 화상이나 탕상으로 인한 사망을 일반적으로 화상사라고 한다.

해설
화상의 정의「질병관리청」
불, 뜨거운 물이나 액체, 화학 물질, 전기 등에 의해 피부 및 연부 조직(물렁 조직)이 손상된 상태를 의미한다.

51 화상성 쇼크라고도 하며 화상을 입고 나서 상당시간 경과한 후에 증상이 발현되어 2~3일 후에 사망하게 되는 경우를 지칭하는 용어로 옳은 것은?

① 속발성 쇼크   ② 자극성 쇼크
③ 원발성 쇼크   ④ 저체액성 쇼크

해설
화상사의 사망기전
- 원발성 쇼크 : 광범위하게 발생하는 고열의 격렬한 자극에 의하여 반사적으로 심정지를 초래하는 경우
- 속발성 쇼크 : 화상성 쇼크라고도 하며 화상을 입고 나서 상당시간 경과한 후에 증상이 발현되어 2~3일 후에 사망하게 되는 경우
- 합병증 : 피부 침범 면적이 넓은 2도 이상의 화상에서는 체액 손실로 인해 저혈압, 간기능 이상, 콩팥 기능 이상, 쇼크 등 합병증이 동반할 수 있으며, 이차 감염으로 인한 패혈증 등으로 진행하여 심한 경우 사망

정답 | 47 ④ 48 ④ 49 ② 50 ① 51 ①

52 「화재증거물수집관리규칙」상의 증거물 수집 시 주의사항에 대한 설명으로 옳지 않은 것은?

① 증거물의 소손 또는 소실 정도가 심하여 증거물의 일부분 또는 전체가 유실될 우려가 있는 경우는 증거물을 밀봉하여야 한다.
② 증거물을 수집할 때는 휘발성이 높은 것에서 낮은 순서로 진행해야 한다.
③ 증거물의 수집 장비는 증거물의 종류 및 형태에 따라 적절한 구조의 것이어야 한다.
④ 증거물이 파손될 우려가 있는 경우에는 충격금지 및 취급방법에 대한 주의사항을 증거물의 포장 내측에 적절하게 표기하여야 한다.

📖 **해설**
증거물이 파손될 우려가 있는 경우 충격금지 및 취급방법에 대한 주의사항을 증거물의 포장 외측에 적절하게 표기하여야 한다.

53 다음 중 화상의 위험도에 대한 설명으로 옳지 않은 것은?

① 어린이는 같은 정도의 범위라도 어른보다 더 위험하다.
② 국소적인 화상의 경우가 화상면적이 넓은 경우보다 더 치명적이다.
③ 노인은 회복이 지연되거나 합병증이 일어나기 쉽다.
④ 주요 장기에 질환이 있는 경우 정상인보다 위험하다.

📖 **해설**
신체의 화상 체표면적에 따라 중증도를 구분한다.

54 인화성 액체(촉진제)에 대한 설명으로 옳지 않은 것은?

① 화재현장에서 인화성 액체가 발견되었다면, 방화 외의 다른 가능성을 배제한다.
② 탐지견은 인화성 액체를 감지하는 데 도움을 줄 수 있다.
③ 인화성 액체의 확인을 위해 대조시료를 채취한다.
④ 일반적으로 가솔린, 등유, 경유, 시너 등이 촉진제로 사용된다.

📖 **해설**
화재현장에서 인화성 액체가 발견되더라도, 방화 외의 다른 발화요인 가능성을 배제하지 않는다.

55 일반적으로 건강한 성인의 경우 혈액 내 일산화탄소 포화도의 생리학적 영향으로 옳지 않은 것은?

① 10~20% : 약한 두통, 피부혈관의 팽창
② 20~30% : 극심한 두통, 과도한 맥박
③ 30~40% : 어지럼, 의식장애, 구토
④ 40~50% : 호흡정지, 사망

📖 **해설**
혈중 일산화탄소 헤모글로빈(COHb) 수치에 따른 증상 「질병관리청」, COHb수치[%]가 40 이상의 경우 진홍색 피부, 혼수, 저혈압, 모세혈관 혈액순환 불량, 무의식, 실신, 발작, 경련, 심폐기능 부전, 혼수 및 심정지, 사망의 증상이 나타난다.

56 화재현장 증거물의 수집 기본원칙에 대한 설명으로 틀린 것은?

① 맨손으로 만지지 말고 일회용 장갑을 착용하여 오염을 최소화한다.
② 증거물에 부착된 오염물질을 강제로 털어내거나 떼어 내려고 하지 않도록 한다.
③ 증거물 수집은 가능한 한 빨리 수거하도록 한다.
④ 다른 곳에서 발견된 동일한 물질은 같은 용기에 넣어 수거한다.

📖 **해설**
다른 곳에서 발견된 동일한 물질은 별도의 용기에 넣어 수거한다.

57 사진촬영 시 노출 및 초점에 대한 설명으로 옳지 않은 것은?

① 화재현장은 기본적으로 자연적 광량이 충분하여 초점을 맞추기가 쉽다.
② 화재가 발생한 구조물에 대하여 노출설정이 잘못되면 현장설명이 달라질 수도 있다.
③ 조리개의 값을 높일 경우 피사 심도를 낮게 촬영할 수 있다.
④ 조리개의 값을 낮출수록 밝은 사진을 촬영할 수 있다.

정답 | 52 ④ 53 ② 54 ① 55 ④ 56 ④ 57 ①

해설
화재현장은 기본적으로 자연적 광량이 불충분하여 초점을 맞추기가 어렵다.

58 「화재증거물수집관리규칙」상 증거물의 포장, 보관, 이동에 대한 설명으로 옳지 않은 것은?

① 증거물의 포장은 보호상자를 사용하여 포괄 포장함을 원칙으로 한다.
② 수집일시, 증거물번호, 수집장소 등 일련의 정보를 기재하여 부착한다.
③ 증거물 보관·이동시 증거 관리가 변경되었을 때는 기타 사항을 기재한다.
④ 증거물의 보관은 전용실 또는 전용함에 보관해야 한다.

해설
증거물의 포장은 보호상자를 사용하여 증거물별로 각각 포장함을 원칙으로 한다.

59 화재현장 촬영 시 주의사항으로 가장 거리가 먼 것은?

① 발화지점뿐만 아니라 전체 화재현장을 촬영한다.
② 연소가 약한 곳에서 강한 곳으로 이동하며 촬영한다.
③ 화재건물의 4방향에서 촬영한다.
④ 화재건물 내부에서 외부로 이동하며 촬영한다.

해설
촬영 이동 경로는 화재건물 외부에서 내부로, 연소강도가 약한 곳에서 강한 곳 순으로 한다.

60 화재현장 사진촬영 요령에 대한 설명으로 옳지 않은 것은?

① 소손현장의 전경을 촬영한다.
② 발굴 전의 발화지점 부근을 촬영한다.
③ 관계자의 진술 내용에 맞추어 중점적으로 촬영한다.
④ 복원 후의 상황을 촬영한다.

해설
관계자의 진술 내용과 관련하여 추가 촬영할 수 있다.

제4과목 화재조사 보고 및 피해평가

61 「화재조사 및 보고규정」상 재구입비에 대한 설명으로 옳은 것은?

① 화재 당시의 피해물과 같거나 비슷한 것을 재건축(설계감리비 포함) 또는 재취득하는 데 필요한 금액
② 피해물의 종류, 손상 상태 및 정도에 따라 피해액을 적정화시키기 위한 보정 금액
③ 피해물의 경제적 내용연수가 다한 경우와 동일한 가치 물품의 재구입비
④ 화재 당시에 피해물의 재구입비에 대한 현재가의 비율로 환산한 금액

해설
「화재조사 및 보고규정」의 피해액 관련 용어 정의

용어	정의
재구입비	화재 당시의 피해물과 같거나 비슷한 것을 재건축(설계 감리비를 포함한다) 또는 재취득하는 데 필요한 금액
내용연수	고정자산을 경제적으로 사용할 수 있는 연수
손해율	피해물의 종류, 손상 상태 및 정도에 따라 피해금액을 적정화시키는 일정한 비율
잔가율	화재 당시에 피해물의 재구입비에 대한 현재가의 비율
최종잔가율	피해물의 내용연수가 다한 경우 잔존하는 가치의 재구입비에 대한 비율

62 화재피해 대상 건물의 경과연수를 산정할 때, 재건축비의 50% 미만의 비용으로 개·보수한 이력이 있는 건축물의 경과연수 산정기준으로 옳은 것은?

① 최초 건축년도를 기준으로 경과연수를 산정한다.
② 개·보수한 시점을 기준으로 경과연수를 산정한다.
③ 최초 건축년도를 기준으로 한 경과연수와 개·보수한 때를 기준으로 한 경과연수를 합산 평균하여 경과연수를 산정한다.
④ 최초 건축비용과 개·보수 당시 소요비용을 각각 산정하여 합산한다.

정답 | 58 ① 59 ④ 60 ③ 61 ① 62 ①

해설
건물의 경과연수 「화재피해액 산정 매뉴얼」, 개수 또는 보수한 경우 경과연수

암기법 50살부터 최초저축해서, 80세에 보수를 합산 평균 했는데, 이상하게 보수가 작다.

재설치비의 50% 미만 개·보수한 경우	최초 설치연도를 기준으로 경과연수를 산정
재설치비의 50~80% 개·보수한 경우	최초 설치연도를 기준으로 한 경과연수와 개·보수한 때를 기준으로 한 경과연수를 합산하고 평균하여 경과연수를 산정
재설치비의 80% 이상 개·보수한 경우	개·보수한 때를 기준으로 하여 경과연수를 산정

63 「화재조사 및 보고규정」상 화재현장에 출동한 소방대원 중 119안전센터 등의 선임자가 작성·입력하는 보고서는?

① 질문기록서
② 화재피해 조사서
③ 화재현장 조사서
④ 화재현장출동 보고서

해설
제5조 화재출동대원 협조 「화재조사 및 보고규정」
- 화재현장에 출동하는 소방대원은 조사에 도움이 되는 사항을 확인하고, 화재현장에서도 소방활동 중에 파악한 정보를 조사관에게 알려주어야 한다.
- 화재현장의 선착대 선임자는 철수 후 지체 없이 국가화재정보시스템에 화재현장출동보고서를 작성·입력해야 한다.

64 「화재조사 및 보고규정」상 긴급상황보고에 해당하는 화재조사 결과의 보고기한으로 옳은 것은? (단, 화재의 정확한 조사를 위하여 조사기간이 필요한 때는 제외한다.)

① 화재 인지로부터 15일 이내
② 화재 인지로부터 30일 이내
③ 화재 인지로부터 50일 이내
④ 화재 인지로부터 60일 이내

해설
중대한 화재에 해당되는 경우 긴급상황보고에 해당하며, 중대한 화재의 경우 30일, 그 외의 화재는 15일 이내에 화재조사 결과를 보고한다.

65 「화재조사 및 보고규정」상 화재현황조사서의 발화열원의 분류 항목에 포함되는 것은?

① 부주의
② 전기적 요인
③ 가스누출(폭발)
④ 폭발물, 폭죽

해설
화재현황조사서의 발화 열원 항목 「화재조사 및 보고규정」

암기법 작담마 폭불화자

- **작**동기기
- **담**뱃불, 라이터불
- **마**찰, 전도, 복사
- **폭**발물, 폭죽
- **불**꽃, 불티
- **화**학적 발화열
- **자**연적 발화열
- 기타
- 미상

66 화재로 인한 부대설비의 피해액을 산정하는 공식은?

① 건물신축단가×소실면적×설비종류별 재설비비율×[1−(0.8×경과연수/내용연수)]×손해율
② 건물신축단가×소실면적×설비종류별 재설비비율×[1−(0.8×내용연수/경과연수)]×손해율
③ 건물신축단가×소실면적×설비종류별 재설비비율×[1−(0.9×경과연수/내용연수)]×손해율
④ 건물신축단가×소실면적×설비종류별 재설비비율×[1−(0.9×내용연수/경과연수)]×손해율

해설
[별표 2] 화재피해금액 산정기준요약표 중 건축, 부대설비 「화재조사 및 보고규정」

산정대상	화재피해금액 산정기준
건물	**암기법** 신소 일마쩜팔 경내손 **신**축단가(㎡당)×**소**실면적×[**1** − (**0.8**×**경**과연수/**내**용연수)]×**손**해율
부대설비	**암기법** 신소설 일마쩜팔 경내손 건물**신**축단가×**소**실면적×**설**비종류별 재설비 비율×[**1** − (**0.8**×**경**과연수/**내**용연수)]×**손**해율

정답 | 63 ④ 64 ② 65 ④ 66 ①

67 화재피해액 산정방법으로 틀린 것은?

① 잔존물 제거 : 화재피해액×20%
② 재고자산 : 회계장부상 현재가액×손해율
③ 구축물 : 회계장부상 구축물가액×손해율
④ 기타 : 피해당시의 현재가를 재구입비로 하여 피해액을 산정

해설
화재피해금액 산정기준 「화재조사 및 보고규정」 [별표 2]
잔존물 제거 : 화재피해액×10%

68 「화재조사 및 보고규정」상 용어의 정의로 틀린 것은?

① 발화지점 : 열원과 가연물이 상호작용하여 화재가 시작된 지점
② 연소확대물 : 연소가 확대되는 데 있어 결정적 영향을 미친 가연물
③ 화재현장 : 화재가 발생하여 소방대 및 관계자 등에 의해 소화활동이 행하여지고 있는 장소
④ 감식 : 화재와 관계되는 모든 현상에 대하여 필요한 실험을 행하고 그 결과를 근거로 화재원인을 밝히는 자료를 얻는 것

해설
제2조 정의 「화재조사 및 보고규정」
1. "감식"이란 화재원인의 판정을 위하여 전문적인 지식, 기술 및 경험을 활용하여 주로 시각에 의한 종합적인 판단으로 구체적인 사실관계를 명확하게 규명하는 것을 말한다.
2. "감정"이란 화재와 관계되는 물건의 형상, 구조, 재질, 성분, 성질 등 이와 관련된 모든 현상에 대하여 과학적 방법에 의한 필요한 실험을 행하고 그 결과를 근거로 화재원인을 밝히는 자료를 얻는 것을 말한다.

69 화재유형별조사서(임야화재)의 작성에 대한 설명으로 틀린 것은?

① 논밭 두렁의 화재는 들불에 속한다.
② 묘지에서 발생한 화재는 들불에 속한다.
③ 피해사항 중 산림피해면적은 헥타르(ha)로 기재한다.
④ 산불화재 시 소유 주체에 따라 국유림, 공유림, 사유림으로 구분한다.

해설
피해사항 중 산림피해면적은 m²로 기재한다.

70 다음은 어느 주택 화재현장의 도면을 그린 것이다. 도면에 표시된 Ⓐ~Ⓓ에 대한 각각의 설명에 근거하여 발화지점으로 추정할 수 있는 곳은?

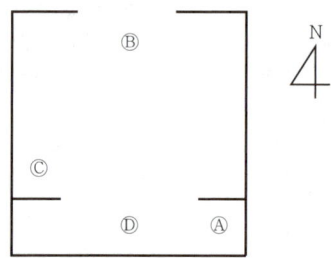

① Ⓐ 바닥에 의류 연소 잔해물이 보이며, 이 연소 잔해물로부터 벽면으로 연소진행 패턴이 관찰된다. 그리고 벽면 상부에 못이 박혀 있으며, 못에서 의류 연소 잔해물이 일부 보인다. 천장은 목재 합판으로 되어 있으며 합판이 소실되었으나, 바닥의 의류연소진행 패턴과는 연결되지 않는다.
② Ⓑ 창문이 위치하며 창문의 유리창은 깨져 바닥에서 다수 발견된다. 창문의 방범창살은 위쪽만 수평 형태로 용융된 형태가 관찰된다. 천장재(합판)는 창문과 인접하여 소실이 매우 심하다. 바닥과 인접한 벽면에서는 그을음이 식별되지 않는다.
③ Ⓒ 바닥에서 용융 소실된 전기히터가 발견되며, 바닥으로부터 천장면까지 V패턴이 관찰된다.
④ Ⓓ 천장면이 많이 소훼되었으며, 바닥에서는 천장재 연소 잔해물만 다수 발견된다.

해설
Ⓒ를 발화지점으로 추정할 수 있으며, 그 외 지점은 연소확대에 의한 피해로 볼 수 있다.

정답 | 67 ① 68 ④ 69 ③ 70 ③

71 「화재조사 및 보고규정」상 화재현장 조사서의 발화요인 분류에 해당하지 않는 것은?

① 전기적 요인 ② 기계적 요인
③ 부주의 ④ 담뱃불

해설
화재현황조사서의 발화열원과 발화요인 항목 비교 「화재조사 및 보고규정」

발화열원	암기법 **작담마 폭불화자**
	• 작동기기 • 담뱃불, 라이터불 • 마찰, 전도, 복사 • 폭발물, 폭죽 • 불꽃, 불티 • 화학적 발화열 • 자연적 발화열 • 기타 • 미상

발화요인	암기법 **전기가 화제교부 자방기**
	• 전기적 요인 • 기계적 요인 • 가스누출(폭발) • 화학적 요인 • 제품결함 • 교통사고 • 부주의 • 자연적 요인 • 방화 • 기타 • 미상

72 잔가율 및 현재가를 구하는 공식으로 틀린 것은?

① 현재가 = 재구입비 - 잔가율
② 잔가율 = 100% - 감가수정율
③ 잔가율 = (재구입비 - 감가수정액)/재구입비
④ 잔가율 = 1 - (1 - 최종잔가율) × (경과연수/내용연수)

해설
현재가(시가) = 재구입비 × 잔가율

• 현재가(시가) 「화재피해액 산정 매뉴얼」

$$현재가(시가) = 재구입비 - 감가수정액 = 재구입비 × 잔가율$$

• 잔가율 「화재피해액 산정 매뉴얼」

$$현재가(시가) = 재구입비 × 잔가율$$
$$잔가율 = \frac{재구입비 - 감가수정액}{재구입비}$$
$$= 100\% - 감가수정율$$
$$= 1 - (1 - 최종잔가율) × \frac{경과연수}{내용연수}$$

73 건물의 소손 정도에 따른 손해율 산정 시 천장, 벽, 바닥 등의 내부마감재 등이 소실된 경우의 손해율은 얼마인가? (단, 공장, 창고는 제외한다.)

① 20% ② 40%
③ 60% ④ 80%

해설
① 20% : 지붕, 외벽 등의 외부마감재 등이 소실된 경우
③ 60% : 주요구조체는 재사용 가능하나 기타 부분의 재사용이 불가능한 경우(일반주택, 사무실, 점포)
④ 90, 100% : 주요구조체의 재사용이 불가능한 경우

74 「화재조사 및 보고규정」상 소방서장이 화재조사 서류(사진 포함)를 문서로 기록하고 전자기록 등의 보존방법에 따라 보존하여야 하는 기간은?

① 2년 ② 5년
③ 10년 ④ 영구보존

해설
제22조 조사보고 「화재조사 및 보고규정」
소방본부장 및 소방서장은 제2항에 따른 조사결과 서류를 국가화재정보시스템에 입력·관리해야 하며 영구보존방법에 따라 보존해야 한다.

75 화재로 인한 간이평가방식의 피해액 산정에 있어 건물과 별도로 내부영업시설에 대하여 피해액을 산정해야 하는 경우, 자동차 및 트레일러 제조업종 영업시설 자산의 내용연수는?

① 3년 ② 6년
③ 9년 ④ 12년

해설
업종별 자산의 내용연수(영업시설, 차량 및 운반구) 「화재피해액 산정 매뉴얼」
자동차 및 트레일러 제조업(자동차엔진 및 자동차제조업, 자동차차체 및 트레일러 제조업) : 9년

정답 | 71 ④ 72 ① 73 ② 74 ④ 75 ③

76 치외법권지역 등 조사권을 행사할 수 없는 경우의 조사서류 작성에 대한 설명으로 옳은 것은?

① 화재현장출동보고서만 작성한다.
② 화재현장출동보고서, 질문기록서, 화재발생 종합보고서를 모두 작성한다.
③ 치외법권지역은 조사권을 행사할 수 없으므로 보고서를 작성하지 않아도 된다.
④ 조사 가능한 내용만 조사하여 화재발생 종합보고서 내지 화재현장조사서 중 해당서류를 작성한다.

🛢 해설
제22조 조사 보고 「화재조사 및 보고규정」
치외법권지역 등 조사권을 행사할 수 없는 경우는 조사 가능한 내용만 조사하여 제21조 각 호의 조사 서식 중 해당 서류를 작성·보고한다.

77 스프링클러 설비의 m²당 설치단가가 10,000원이다. 1층 500m², 2층 400m², 3층 100m²에 설치된 설비가 소실된 경우 재설비 금액은?

① 1,000,000원 ② 10,000,000원
③ 15,000,000원 ④ 20,000,000원

🛢 해설
「화재피해액 산정 매뉴얼」에 따라 부대설비의 재설비비는 부대설비 단위당 표준단가에 피해단위를 곱한 금액으로 한다.
재설비비(원) = (500 + 400 + 100) × 10,000 = 10,000,000(원)

78 화재현황조사서 기재사항이 아닌 것은?

① 발화열원 ② 방화동기
③ 발화관련 기기 ④ 화재발생 장소 및 유형

🛢 해설
방화동기는 방화·방화의심조사서 기재항목이다.

79 화재현장출동보고서 작성 시 기재사항이 아닌 것은?

① 동원인력
② 현장도착 시 발견사항
③ 소방대 이외의 강제적인 진입 흔적
④ 도착하여 처음 실행한 일의 지점 및 유형

🛢 해설
동원인력은 화재현황조사서 기재항목이다.

80 건축·구조물 화재의 화재유형별 조사서 작성에 대한 설명으로 옳은 것은?

① 연소 확대범위는 발화층으로 한정한다.
② 특정소방대상물의 분류 중 교정시설은 제외한다.
③ 장소의 시설용도 분류 중 단독주택은 제외한다.
④ 건물상태는 사용중, 철거중, 공가, 공사중으로 나눈다.

🛢 해설
① 연소 확대범위는 발화지점, 발화층등을 포함한다.
② 특정소방대상물의 분류중 교정시설이 포함된다.
③ 장소의 시설용도 분류에 단독주택이 포함된다.

제5과목 화재조사관계법규

81 화재에 의한 재산피해로 볼 수 없는 것은?

① 가구가 열로 탄화되었다.
② 옷감이 소화용수로 젖어 사용하지 못한다.
③ 온수 배관이 폭발되어 텔레비전이 파손되었다.
④ 도자기가 반출되던 중 표면이 파손되었다.

🛢 해설
온수 배관 폭발은 물리적 폭발이므로 화재에 해당하지 않는다. 따라서, 화재에 의한 재산피해로 볼 수 없다.

82 「화재조사 및 보고규정」에 따른 건물의 동수 산정기준 중 옳지 않은 것은?

① 구조와 관계없이 지붕 및 실이 하나로 연결된 것은 같은 동으로 본다.
② 목조 또는 내화조 건물의 경우 격벽으로 방화구획이 되어 있는 경우는 다른 동으로 한다.
③ 독립된 건물과 건물 사이에 차광막, 비막이 등의 덮개를 설치하고 그 밑을 통로 등으로 사용하는 경우는 다른 동으로 한다.

④ 내화조 건물의 옥상에 목조 또는 방화구조 건물이 별도 설치되어 있는 경우는 다른 동으로 한다. 다만, 이들 건물이 기능상 하나인 경우는 같은 동으로 한다.

해설
목조 또는 내화조 건물의 경우 격벽으로 방화구획이 되어 있는 경우는 같은 동으로 본다.

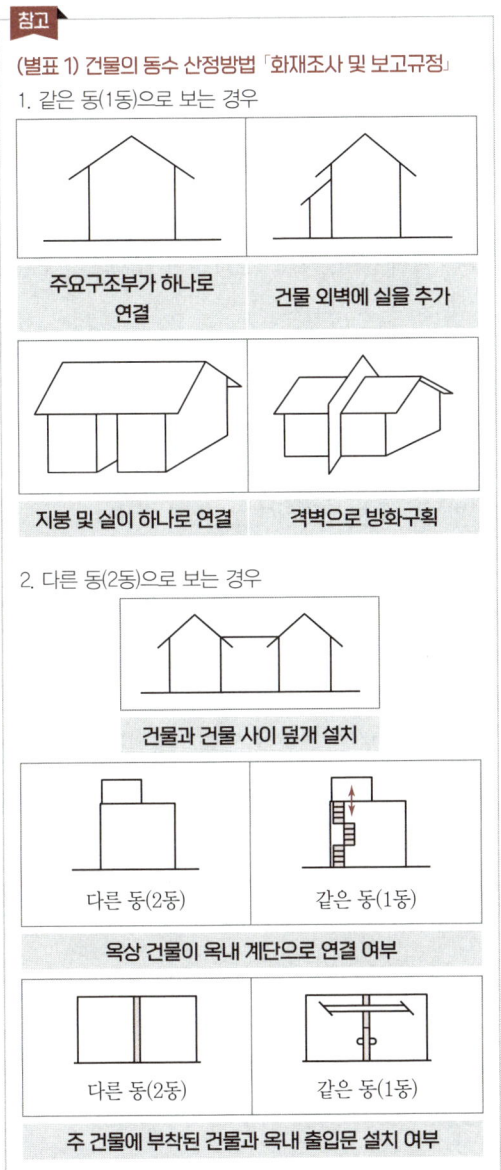

참고
(별표 1) 건물의 동수 산정방법 「화재조사 및 보고규정」
1. 같은 동(1동)으로 보는 경우
   - 주요구조부가 하나로 연결
   - 건물 외벽에 실을 추가
   - 지붕 및 실이 하나로 연결
   - 격벽으로 방화구획
2. 다른 동(2동)으로 보는 경우
   - 건물과 건물 사이 덮개 설치
   - 옥상 건물이 옥내 계단으로 연결 여부 (다른 동(2동) / 같은 동(1동))
   - 주 건물에 부착된 건물과 옥내 출입문 설치 여부 (다른 동(2동) / 같은 동(1동))

83 「제조물 책임법」에서 규정하는 손해배상책임을 지는 자의 배상책임 면책 기준 중 옳지 않은 것은?

① 제조업자가 해당 제조물을 공급하지 아니하였다는 사실을 입증한 경우
② 제조업자가 해당 제조물을 공급한 당시의 과학 · 기술수준으로는 결함의 존재를 발견할 수 없었다는 사실을 입증한 경우
③ 제조물 결함이 제조업자가 해당 제조물의 결함이 발생할 당시의 법령이 정하는 기준을 준수함으로써 발생한 사실을 입증한 경우
④ 원재료나 부품의 경우에는 그 원재료나 부품을 사용한 제조물 제조업자의 설계 또는 제작에 관한 지시로 인하여 결함이 발생하였다는 사실을 입증한 경우

해설
제조물의 "결함이 발생 당시 법령"이 아니라 제조물을 "공급 당시 법령"이 기준이다.

참고
제4조 면책사유 「제조물 책임법」
암기법 공과법원

1. 제조업자가 해당 제조물을 공급하지 아니하였다는 사실
2. 제조업자가 해당 제조물을 공급한 당시의 과학 · 기술수준으로는 결함의 존재를 발견할 수 없었다는 사실
3. 제조물의 결함이 제조업자가 해당 제조물을 공급한 당시의 법령에서 정하는 기준을 준수함으로써 발생하였다는 사실
4. 원재료나 부품의 경우에는 그 원재료나 부품을 사용한 제조물 제조업자의 설계 또는 제작에 관한 지시로 인하여 결함이 발생하였다는 사실

84 「화재로 인한 재해보상과 보험가입에 관한 법률」에서 외국인 등의 소유 건물에 대한 특례에 해당하는 건물로 옳지 않은 것은?

① 대한민국에 주둔하는 외국 군대가 소유하는 건물
② 대한민국에 파견된 외국의 대사 · 공사가 소유하는 건물
③ 군사용 건물과 외국인 소유 건물로서 행정안전부장관령으로 정하는 건물
④ 대한민국에 파견된 국제연합의 기관 및 그 직원(외국인만 해당한다)이 소유하는 건물

정답 | 83 ③ 84 ③

해설
특례에 해당하는 건물은 군사용 건물과 외국인 소유 건물로서 행정안전부장관령이 아닌 대통령령으로 정하는 건물이다.

> **참고**
> **제6조 외국인 등의 소유 건물에 대한 특례 「화재로 인한 재해보상과 보험가입에 관한 법률」**
> 1. 대한민국에 파견된 외국의 대사·공사 또는 그 밖에 이에 준하는 사절이 소유하는 건물
> 2. 대한민국에 파견된 국제연합의 기관 및 그 직원(외국인만 해당한다)이 소유하는 건물
> 3. 대한민국에 주둔하는 외국 군대가 소유하는 건물
> 4. 군사용 건물과 외국인 소유 건물로서 대통령령으로 정하는 건물

85 「실화책임에 관한 법률」의 적용범위에 대하여 올바르게 기술한 것은?

① 실화로 인하여 화재가 발생한 경우 화재건물 부분에 대한 손해배상 청구에 한하여 적용한다.
② 실화로 인하여 화재가 발생한 경우 간접적 피해를 제외한 직접적 피해 부분에 대한 손해배상 청구에 한하여 적용한다.
③ 실화로 인하여 화재가 발생한 경우 연소로 인한 부분에 대한 손해배상청구에 한하여 적용한다.
④ 실화로 인하여 화재가 발생한 경우 화재피해 부분에 대한 손해배상청구에 한하여 적용한다.

해설
제2조 적용범위 「실화책임에 관한 법률」
실화로 인하여 화재가 발생한 경우 연소로 인한 부분에 대한 손해배상청구에 한하여 적용한다.

86 「제조물 책임법」상 용어의 정의에서 ( ) 안에 적합한 단어는?

> "( )상의 결함"이란 제조업자가 합리적인 설명·지시·경고 또는 그 밖의 ( )을(를) 하였더라면 해당 제조물에 의하여 발생할 수 있는 피해나 위험을 줄이거나 피할 수 있었음에도 이를 하지 아니한 경우

① 표지   ② 제조
③ 설계   ④ 표시

해설
「제조물 책임법」에서 결함은 표시, 설계, 제조상 결함이다.

> **암기법** 시계 조

② 제조 : 제조상·가공사의 주의의무
③ 설계 : 합리적인 대체 설계
④ 표시 : 설명·지시·경고

> **참고**
> **제2조 정의 「제조물 책임법」**
> "표시상의 결함"이란 제조업자가 합리적인 설명·지시·경고 또는 그 밖의 표시를 하였더라면 해당 제조물에 의하여 발생할 수 있는 피해나 위험을 줄이거나 피할 수 있었음에도 이를 하지 아니한 경우를 말한다.

87 「화재로 인한 재해보상과 보험가입에 관한 법률」의 내용으로 옳지 않은 것은?

① 한국화재보험협회는 사단법인으로 한다.
② 특수건물의 소유자는 특약부화재보험 계약을 2년마다 갱신하여야 한다.
③ 특수건물의 소유자는 손해배상책임에 관해서는 이 법에서 규정한 것 외에는 민법에 따른다.
④ 소방청장은 협회의 업무 중 화재예방 및 소화시설에 대한 안전점검 업무에 관하여 감독상 필요한 명령을 할 수 있다.

해설
특수건물의 소유자는 특약부화재보험 계약을 2년이 아닌 매년 갱신하여야 한다.

88 「화재조사 및 보고규정」에 따른 화재의 유형에 대한 구분으로 옳지 않은 것은?

① 건축·구조물 화재
② 위험물·가스제조소 등 화재
③ 산림 화재
④ 기타 화재

정답 | 85 ③ 86 ④ 87 ② 88 ③

해설
화재유형별조사서 서식

> **암기법** 건자위 선임

1. 건축 · 구조물 화재
2. 자동차 · 철도차량
3. 위험물 · 가스제조소 등 화재
4. 선박 · 항공기 화재
5. 임야 화재

89 「화재조사 및 보고규정」에 따른 화재의 범위가 둘 이상 관할구역에 걸친 화재의 경우 화재건수 결정 기준으로 옳은 것은?

① 선착대가 소속된 소방서에서 1건의 화재로 한다.
② 2개의 소방서에서 각각 1건의 화재로 한다.
③ 발화지점이 속한 소방서에서 1건의 화재로 산정한다.
④ 화재피해범위가 가장 넓은 소방서에서 1건의 화재로 한다.

해설
제10조 화재건수 결정 판단 기준 「화재조사 및 보고규정」

화재 조건 및 상황		판단
둘 이상의 관할구역에 걸친 화재	발화지점이 한 곳인 경우	발화지점이 속한 소방서에서 1건
	발화지점 확인이 어려운 경우	화재피해금액이 큰 관할구역 소방서에서 1건

90 「소방의 화재조사에 관한 법령」상 화재조사에 관한 교육훈련에 관한 설명 중 괄호에 들어갈 숫자로 맞는 것은?

> 전담부서에 배치된 화재조사관은 의무 보수교육을 (   )마다 받아야 한다. 다만, 전담부서에 배치된 후 처음 받는 의무 보수교육은 배치 후 (   ) 이내에 받아야 한다.

① 3년, 2년
② 2년, 1년
③ 1년, 6개월
④ 2년, 6개월

해설
보수교육은 최초 1년, 그 후 2년마다 받는다.

> **참고**
> 제5조 화재조사에 관한 교육훈련 「소방의 화재조사에 관한 법률 시행규칙」
> 전담부서에 배치된 화재조사관은 의무 보수교육을 2년마다 받아야 한다. 다만, 전담부서에 배치된 후 처음 받는 의무 보수교육은 배치 후 1년 이내에 받아야 한다.

91 「소방의 화재조사에 관한 법령」에 따른 소방관서장이 화재조사 결과 방화 또는 실화의 혐의가 있다고 인정하는 때 지체 없이 그 사실을 알려야 할 대상은?

① 시 · 도지사
② 관할 구청장
③ 소방청장
④ 경찰서장

해설
방 · 실화 등 범죄 혐의 발견 시 경찰서장에게 알린다.

> **참고**
> 제12조 소방공무원과 경찰공무원의 협력 등 「소방의 화재조사에 관한 법률」
> 소방관서장은 방화 또는 실화의 혐의가 있다고 인정되면 지체 없이 경찰서장에게 그 사실을 알리고 필요한 증거를 수집 · 보존하는 등 그 범죄수사에 협력하여야 한다.

92 「국가배상법」상 국가공무원의 위법행위로 인하여 제3자에게 발생한 손해를 국가가 배상한 후 해당 공무원에게 행사하는 구상권에 관한 설명으로 옳은 것은?

① 해당 공무원에게 고의 또는 중대한 과실이 있는 경우에 구상권을 행사할 수 있다.
② 해당 공무원에게 고의 또는 중대한 과실이 있는 경우라도 인적피해가 없으면 구상권을 행사할 수 없다.
③ 해당 공무원에게 고의 또는 중대한 과실이 없어도 금전적 손실이 발생하면 구상권을 행사할 수 있다.
④ 해당 공무원에게 고의 또는 중대한 과실이 있으면 피해자 및 그 대리인은 그 공무원에게 구상권을 행사할 수 있다.

해설
「국가배상법」 제2조(배상책임) 제2항에 의거 공무원에게 고의 또는 중대한 과실이 있으면 그 공무원에게 구상할 수 있다.

정답 | 89 ③ 90 ② 91 ④ 92 ①

93 「범죄수사규칙」상 수사의 기본원칙으로 옳지 않은 것은?

① 임의수사 원칙
② 공개수사 원칙
③ 공범자의 분리수사 원칙
④ 피의자의 불구속 수사 원칙

해설
공개수사는 수사의 기본원칙이 아니다.

94 다음 문장의 괄호 안에 들어갈 숫자로 옳은 것은?

「소방기본법령」상 특수인화물 중 가연성 고체류에 해당하는 것은 고체로써 인화점이 섭씨 100도 이상 200도 미만이고 연소열량이 1그램당 ( )킬로칼로리 이상이어야 한다.

① 8   ② 18
③ 28   ④ 80

해설
특수가연물의 정의 「화재의 예방 및 안전관리에 관한 법률 시행령」 [별표 2]
가연성 고체류라 함은 고체로서 다음의 것을 말한다.
가. 인화점이 섭씨 40도 이상 100도 미만인 것
나. 인화점이 섭씨 100도 이상 200도 미만이고 연소열량이 1그램당 8킬로칼로리 이상인 것
다. 인화점이 섭씨 200도 이상이고 연소열량이 1그램당 8킬로칼로리 이상인 것으로서 녹는점이 100도 미만인 것
라. 1기압과 섭씨 20도 초과 40도 이하에서 액상인 것으로서 인화점이 섭씨 70도 이상 섭씨 200도 미만이거나 나목 또는 다목에 해당하는 것

95 「형법」상의 진화방해에 명시된 "진화용의 시설 또는 물건"에 대한 설명 중 옳은 것은?

① 처음부터 소방용으로 제작되지 않아도 된다.
② 진화용 시설 또는 물건은 누구의 소유이건 그 소유관계를 불문한다.
③ 일반통신시설은 진화용 시설 또는 물건에 포함된다.
④ 소방자동차는 진화용 시설 또는 물건에 속하지 않는다.

해설
진화방해는 화재 시라는 행위 상황에 해당하므로 소방용으로 제작된 소방자동차, 시설, 물건 등이며, 일반통신시설은 해당되지 않는다. 또한, 진화용 시설 또는 물건은 소유관계 불문하고 진화방해를 하여서는 안 된다.

96 「화재조사 및 보고규정」에 따른 건축·구조물 화재의 소실정도 분류에 대한 설명 중 괄호 안에 적합한 것은?

"반소"란 건물의 (㉠)% 이상 (㉡)% 미만이 소실된 것

① ㉠ 10, ㉡ 50   ② ㉠ 20, ㉡ 60
③ ㉠ 30, ㉡ 70   ④ ㉠ 40, ㉡ 80

해설
제16조 건축·구조물의 소실정도 「화재조사 및 보고규정」

암기법 전반부 출석해

1. **전**소 : 건물의 **70**% 이상(입체면적에 대한 비율)이 소실되었거나 또는 그 미만이라도 잔존부분을 보수하여도 재사용이 불가능한 것
2. **반**소 : 건물의 **30**% 이상 **70**% 미만이 소실된 것
3. **부**분소 : 제1호, 제2호에 해당하지 아니하는 것

97 「소방의 화재조사에 관한 법률」에 따른 다음 내용에서 ( )에 들어갈 내용으로 옳은 것은?

소방관서장은 사상자가 많거나 사회적 이목을 끄는 화재 등 대통령령으로 정하는 대형 화재 등이 발생한 경우 종합적이고 정밀한 화재조사를 위하여 유관기관 및 관계 전문가를 포함한 ( )을/를 구성·운영할 수 있다.

① 화재합동조사단   ② 화재조사 전담부서
③ 대형화재조사본부   ④ 화재특별조사단

해설
제7조 화재합동조사단의 구성·운영 「소방의 화재조사에 관한 법률」
소방관서장은 사상자가 많거나 사회적 이목을 끄는 화재 등 대통령령으로 정하는 대형화재 등이 발생한 경우 종합적이고 정밀한 화재조사를 위하여 유관기관 및 관계 전문가를 포함한 화재합동조사단을 구성·운영할 수 있다.

정답 | 93 ② 94 ① 95 ② 96 ③ 97 ①

98 「화재조사 및 보고규정」에서 사용하는 용어의 정의 중 옳은 것은?

① "발화열원"이란 발화의 최초원인이 된 불꽃 또는 열을 말한다.
② "조사관"이란 화재조사업무를 관리하는 소방공무원을 말한다.
③ "발화요인"이란 발화에 관련한 불꽃 또는 열을 발생시킨 기기 또는 장치나 제품을 말한다.
④ "연소확대물"이란 연소가 확대되는 데 있어 결정적 영향을 미친 가연물을 말한다.

📖 **해설**
제2조 정의 「소방의 화재조사에 관한 법률」
① "발화열원"이란 화재가 발생한 부위를 말한다.
② "조사관"이란 화재조사의 전문성을 인정받아 화재조사를 수행하는 소방공무원이다.
③ "발화요인"이란 발화열원에 의하여 발화로 이어진 연소현상에 영향을 준 인적·물적·자연적인 요인이다.

> **참고**
> 제8조 보험금액 「화재로 인한 재해보상과 보험가입에 관한 법률」
>
> **암기법** 사부재 오삼천 1억
>
> | 구분 | | 보험금액 산정기준 |
> |---|---|---|
> | 화재보험 | | 특수건물의 시가(時價)에 해당하는 금액 |
> | 손해배상책임을 담보하는 보험 | 사망의 경우 | 피해자 1명마다 5천만 원 이상으로서 대통령령으로 정하는 금액 |
> | | 부상의 경우 | 피해자 1명마다 사망자에 대한 보험금액의 범위에서 대통령령(3천만~50만 원)으로 정하는 금액 |
> | | 재물에 대한 손해가 발생한 경우 | 화재 1건마다 1억 원 이상으로서 국민의 안전 및 특수건물의 화재위험성 등을 고려하여 대통령령으로 정하는 금액 |

99 「화재로 인한 재해보상과 보험가입에 관한 법률」에서 특수건물 소유자가 가입하는 보험금액으로 옳지 않은 것은?

① 화재보험의 경우 특수건물의 시가(時價)에 해당하는 금액
② 손해배상책임을 담보하는 보험 중 사망의 경우 피해자 1명마다 1억 원 이상으로서 대통령령으로 정하는 금액
③ 손해배상책임을 담보하는 보험 중 부상의 경우 피해자 1명마다 사망자에 대한 보험금액의 범위에서 대통령령으로 정하는 금액
④ 손해배상책임을 담보하는 보험 중 재물에 대한 손해가 발생한 경우 화재 1건마다 1억 원 이상으로서 국민의 안전 및 특수건물의 화재위험성 등을 고려하여 대통령령으로 정하는 금액

📖 **해설**
사망의 경우 피해자 1명마다 5천만 원 이상으로서 대통령령으로 정하는 금액이다.

100 「화재로 인한 재해보상과 보험가입에 관한 법률」상 특수건물 화재 발생 시 소유자의 손해배상책임의 한계로 옳은 것은?

① 배상은 과실이 있는 경우에만 해당한다.
② 그 건물의 화재로 인하여 다른 사람이 사망하거나 부상을 입었을 때에는 과실이 없는 경우에도 그 손해를 배상할 책임이 있다.
③ 특약부화재보험에 부가하여 화재 이외에 풍재·수재 또는 건물의 무너짐 등으로 인한 손해를 담보하는 보험에 가입할 수 없다.
④ 특수건물 소유자의 손해배상책임에 관하여는 화재로 인한 재해보상과 보험가입에 관한 법률에 규정하는 것 이외에는 상법에 따른다.

📖 **해설**
① 특수건물 소유자는 과실이 없는 경우에도 손해를 배상할 책임이 있다.
③ 화재 이외에 풍재·수재 또는 건물의 무너짐 등으로 인한 손해를 담보하는 보험에 가입할 수 있다.
④ 상법이 아니고 민법을 따른다.

정답 | 98 ④ 99 ② 100 ②

기사 기출문제 2020년 2회

제1과목 화재조사론

01 다음 중 A급 화재에서 발생할 수 있는 위험 현상으로 옳은 것은?

① 보일오버(boil over)
② 슬롭오버(slop over)
③ 플래임오버(flame over)
④ 프로스오버(froth over)

해설
플래임오버는 가연성 가스가 축적된 환경에서 발생할 수 있는 현상으로, A급 화재에서 발생할 수 있다. 그러나 ①, ②, ④는 위험물화재 특수현상으로 B급 화재에서만 발생한다.

참고

위험물 화재의 특수현상
- 보일오버 : 탱크표면에 화재로 원유와 물이 함께 저장탱크 밖으로 흘러넘쳐 화재가 확대되는 현상
- 슬롭오버 : 가연성 액체 화재에서 소화수가 기름층과 만나 유류가 넘쳐흐르는 현상
- 프로스오버 : 점성을 가진 뜨거운 유류표면 아랫부분에서 물이 비등할 경우 비등하는 물에 의해 탱크 내 유류가 넘치는 현상
- 오일오버 : 위험물 저장탱크 내용적이 50% 이하일 때 증기압력으로 유류를 분출하면서 탱크가 파열되는 현상

02 가솔린의 연소범위(vol%)가 1.4~7.6일 때 위험도로 옳은 것은? (단, 소수 둘째 자리에서 반올림한다.)

① 0.8
② 1.2
③ 4.4
④ 6.4

해설
위험도

$$H(위험도) = \frac{U(연소상한계) - L(연소하한계)}{L(연소하한계)}$$

$$= \frac{7.6 - 1.4}{1.4} = 4.4$$

03 화재현장의 관찰 방법으로 틀린 것은?

① 소실 붕괴된 부분에서는 복원적인 관점에서 관찰한다.
② 발화원인이 될 수 있는 가연물에 유의하여 조사한다.
③ 건물 구조재 수용품 등의 소실 상황을 통하여 연소의 방향을 고려한다.
④ 소손 및 탄화 정도가 강한 부분에서 약한 부분으로 이동하며 관찰한다.

해설
발화지점이 아닐 가능성이 높은 연소가 약한 부분을 배제하면서, 발화지점일 가능성이 높은 연소가 강한 쪽으로 이동하며 관찰한다.

참고

화재현장 관찰 방법
- 바깥의 주변부터 중심부로 관찰
- 높은 곳에서 전체를 관찰
- 탄화가 약한 쪽부터 강한 쪽으로 관찰
- 도괴의 방향성
- 국부적인 강한 탄화(연소) 지점 관찰
- 탄화물의 변색, 박리, 용융 관찰
- 유류 등 특이한 냄새
- 건물구조를 고려하여 불꽃 흐름을 추적, 관찰

정답 | 01 ③ 02 ③ 03 ④

04 다음 중 화재현장 출입금지구역의 범위를 확대하여야 할 이유로 옳지 않은 것은?

① 진화 후에 행방불명자를 확인한 경우
② 구조물 등이 광범위하게 소손되어 바닥에 연소 낙하물이나 퇴적물이 많이 쌓인 경우
③ 건물 전체가 소손된 상황으로 연소 진행방향이 확인되지 않을 때
④ 발화지점 부근의 목격상황에 대한 진술이 제각기 달라 발화지점이 불명확할 때

📖 해설
행방불명자를 확인했다면 출입금지구역 범위 축소를 검토한다.

05 「소방의 화재조사에 관한 법령」상 화재조사 전담부서에서 갖추어야 할 장비 중 발굴용구로 옳지 않은 것은?

① 전동 그라인더
② 슈미트해머
③ 공구세트
④ 이동용 진공청소기

📖 해설
슈미트해머는 감식기기(16종)에 속한다.

> **참고**
> 전담부서의 장비와 시설 「소방의 화재조사에 관한 법률 시행규칙」[별표]
>
> | 구분 | 기자재명 및 시설 규모 |
> |---|---|
> | 발굴용구 (8종) | 공구세트, 전동 드릴, 전동 그라인더(절삭·연마기), 전동 드라이버, 이동용 진공청소기, 휴대용 열풍기, 에어컴프레서, 전동 절단기 |
> | 감식기기 (16종) | 절연저항계, 멀티테스터기, 클램프미터, 정전기측정장치, 누설전류계, 검전기, 복합가스측정기, 가스(유증)검지기, 확대경, 산업용실체현미경, 적외선영상카메라, 접지저항계, 휴대용 디지털현미경, 디지털탄화심도계, 슈미트해머, 내시경현미경 |

06 다음 중 가연성 물질에 해당하는 것은?

① 아르곤
② 산화알루미늄
③ 일산화탄소
④ 헬륨

📖 해설
일산화탄소(CO)는 산소와 반응하기 때문에 가연물이 될 수 있다.
① 아르곤 : 불연성 가스
② 산화알루미늄 : 산화반응이 완료된 물질
③ 일산화탄소
④ 헬륨 : 불연성 가스

> **참고**
> 가연물이 될 수 없는 조건
> - 0족 불활성 기체(예 He, Ne, Ar, Kr, Xe, Rn 등)
> - 산화반응이 완료된 물질(예 H_2O, CO_2, Al_2O_3, SiO_2 등)
> - 흡열 반응 물질(예 NO, NO_2, NO_3 등)
> - 자체가 연소하지 않는 물질(예 돌, 흙 등)

07 「화재조사 및 보고규정」상 건물의 동수 산정방법에 관한 설명 중 옳은 것은?

① 목조 또는 내화조 건물이 격벽으로 방화구획되어 있는 경우 2개의 동으로 본다.
② 구조에 관계없이 지붕 및 실이 하나로 연결되어 있는 것은 2개의 동으로 본다.
③ 건물의 외벽을 이용하여 실을 만들어 헛간, 작업실 및 사무실 등의 용도로 사용하고 있는 것은 주건물과 1동으로 본다.
④ 독립된 건물과 건물 사이에 차광막, 비막이 등의 덮개를 설치하고 그 밑을 통로 등으로 사용하는 경우는 동일동으로 본다.

📖 해설
건물의 동수 산정「화재조사 및 보고규정」[별표 1] 참조
① 목조 또는 내화조 건물의 경우 격벽으로 방화구획이 되어 있는 경우도 같은 동으로 본다.
② 구조에 관계없이 지붕 및 실이 하나로 연결되어 있는 것은 같은 동으로 본다.
④ 독립된 건물과 건물 사이에 차광막, 비막이 등의 덮개를 설치하고 그 밑을 통로 등으로 사용하는 경우는 다른 동으로 본다.

정답 | 04 ① 05 ② 06 ③ 07 ③

08 다음 중 폭발 위력의 지표로 사용될 수 있는 자료로 옳지 않은 것은?

① 파편의 비행거리
② 무너진 벽의 종류와 구조
③ 폭발 시점
④ 폭심부의 크기 및 깊이

🔍 **해설**
폭발 시점은 폭발 위력의 지표와 상관관계가 없다.
① 파편의 비행거리 : 파편의 비행거리가 더 멀리 나갈수록 폭발의 강도가 더 크다.
② 무너진 벽의 종류와 구조 : 강도가 높은 벽이 무너질수록 폭발의 강도가 더 크다.
④ 폭심부가 더 크고 깊으면 폭발의 위력도 그에 비례하여 더 크다.

09 이산화탄소 소화약제의 주된 소화효과로 옳은 것은?

① 냉각효과　　② 질식효과
③ 부촉매효과　④ 억제효과

🔍 **해설**
이산화탄소 소화약제는 일차적으로 산소농도를 10% 이하로 낮추어 질소 소화하며, 부가적으로 이산화탄소 단열 팽창에 의한 냉각소화 효과가 있다.

10 다음 중 화재현장에서 확보해야 하는 화재현장 관계자의 특징으로 가장 거리가 먼 것은?

① 화상을 입었거나 의류가 타버린 자
② 의류가 물에 젖어 있거나 오손되어 있는 자
③ 현장 부근에 말쑥한 정장 차림의 구경하고 있는 자
④ 가재도구를 집어 들고 있거나 물건을 반출하고 있는 자

🔍 **해설**
현장 부근에 정장 차림의 구경하고 있는 자는 화재와 직접적인 관련이 없을 가능성이 높다.

11 다음 중 발굴이 끝난 후의 화재 전 상황으로 복원하는 요령으로 옳지 않은 것은?

① 형체가 소실되어 배치 불가능한 것은 대용품을 사용하되, 대용품이라는 것이 인식되도록 한다.
② 관계인을 입회시켜 복원상황을 확인시킨다.
③ 잔존물이 파손되지 않도록 잦은 위치이동은 하지 않는다.
④ 불명확한 것은 예측을 통하여 복원한다.

🔍 **해설**
불명확한 것은 예측보다는 관계인을 현장에 입회시켜 정확하게 복원해야 한다.

12 「소방의 화재조사에 관한 법령」상 "화재조사전담부서의 설치·운영 등"의 조항에 전담부서가 수행하는 업무 내용으로 옳지 않은 것은?

① 화재조사자의 포상
② 화재조사의 실시 및 조사결과 분석·관리
③ 화재조사 관련 기술개발과 화재조사관의 역량증진
④ 그 밖의 화재조사에 관하여 필요한 업무

🔍 **해설**
제6조 제2항 화재조사 전담부서의 설치·운영 등 「소방의 화재조사에 관한 법률」
1. 화재조사의 실시 및 조사결과 분석·관리
2. 화재조사 관련 기술개발과 화재조사관의 역량증진
3. 화재조사에 필요한 시설·장비의 관리·운영
4. 그 밖의 화재조사에 관하여 필요한 업무

13 다음 중 화재플룸(Fire Plume)에 의해 수직 벽면에 생성되는 패턴으로 옳지 않은 것은?

① V 패턴　　　② 모래시계 패턴
③ 도넛형태 패턴　④ U 패턴

🔍 **해설**
도넛 패턴은 유류가 증발잠열에 중심부를 냉각시켜 발생하는 패턴으로 바닥에 형성된다.

정답 | 08 ③　09 ②　10 ③　11 ④　12 ①　13 ③

14 다음의 건물 구획실 화재에 대한 설명 중 옳은 것은?

① 일반적으로 최성기의 구획실 화재 온도는 500~600℃까지 도달한다.
② 연기의 이동은 소화작용에서 발생하는 부력에 의존한다.
③ 환기지배형 화재에서는 CO와 연기의 발생량이 많아진다.
④ 대부분의 구획실과 건물은 최성기에서 연료지배형이 된다.

해설
① 최성기의 구획실 화재 온도는 1,000℃ 이상에 도달한다.
② 연기의 이동은 화재 열에서 발생하는 부력에 의존한다.
④ 구획실 최성기는 환기지배형이 된다.

15 화재 시 발생하는 박리 현상(spalling)의 원인에 대한 설명으로 옳은 것은?

① 콘크리트에 포함된 수분의 증발 및 팽창
② 철근 또는 철망 및 주변 콘크리트 간의 불균일한 수축
③ 콘크리트 혼합물과 골재 간의 균일한 팽창
④ 화재에 노출된 표면과 슬래브 내장재 간의 균일한 팽창

해설
박리 현상은 콘크리트가 고온에 노출될 때 표면이 벗겨지거나 부서지는 현상으로 수분 증발 및 팽창하여 발생한다.

16 다음의 구획실 화재 성장단계에 대한 설명 중 옳은 것은?

① 초기 → 플래시오버 → 쇠퇴기 → 최성기 → 자유연소 순으로 진행된다.
② 자유연소단계는 환기지배형 연소이며 복사열에 의해 확산한다.
③ 플래시오버 현상은 최성기 전에 주로 발생한다.
④ 최성기는 연료지배형 연소단계이며, 접염방식으로 확산한다.

해설
플래시오버 현상 이후 최성기로 전환된다.
① 초기 → 성장기(자유연소) → 플래시오버 → 최성기 → 쇠퇴기
② 자유연소단계는 연료지배형 화재이다.
④ 최성기는 환기지배형 연소단계이며, 주로 복사열에 의해 화재가 확산된다.

17 다음 중 환기지배형 화재에 대한 설명으로 옳은 것은?

① 대부분 화재 초기에 발생한다.
② 연료공급에 좌우된다.
③ 환기량이 크다.
④ 불완전연소에 가깝다.

해설
환기지배형 화재는 환기(산소)량이 적어 산소 유입이 화재 진행을 결정한다. 따라서 불완전연소에 가깝다.

18 목재 균열흔의 종류로 옳지 않은 것은?

① 고소흔
② 열소흔
③ 완소흔
④ 강소흔

해설

참고

노출온도 조건에 따른 목재의 균열흔

암기법 완강열 친구일 → 완소흔 강소흔 열소흔 7 9 1

구분	노출온도(℃)	탄화형태
완소흔	700~800	갈라진 틈의 폭이 넓지 않고, 골이 얕으며, 부푼 모양이 삼각형 또는 사각형의 형태
강소흔	900	나무가 갈라져서 파인 골의 깊이가 깊은 편이며, 골의 테두리 모양은 각이 없는 반원형
열소흔	1,100	홈의 깊이가 가장 깊고, 홈의 폭이 넓으며, 부푼 형태는 구형에 가깝도록 볼록

정답 | 14 ③ 15 ① 16 ③ 17 ④ 18 ①

19 전도 열전달 형태와 관계되는 법칙으로 적합한 것은?

① 푸리에(Fourier)의 법칙
② 플랭크(Planck)의 법칙
③ 뉴튼(Newton)의 법칙
④ 피크(Fick)의 법칙

해설

푸리에(Fourier)의 법칙
- 전도에 의한 단위시간당의 열전달량은 온도차와 면적에 비례하고 두께, 거리에 반비례한다.
- $\dot{q} = kA \dfrac{T_2 - T_1}{L}$

20 다음 중 화재조사자가 유의해야 할 사항으로 옳은 것은?

① 관계자 또는 목격자의 진술에 근거하여 주관적 방법으로 접근한다.
② 정확한 화재조사를 위해서는 개인의 권리를 침해할 수도 있다.
③ 조사결과에 대한 보안 유지와 언론보도에 신중해야 한다.
④ 타 조사기관 상호 간에는 비밀을 유지하여야 한다.

해설

조사 중에는 보안 유지와 언론보도에 신중해야 하고, 최종 조사결과는 정보공개 등의 공적 방법으로 관계인에게 공개한다.
① 화재조사는 객관적 방법으로 접근한다.
② 화재조사자는 개인의 권리를 침해하지 않는다.
④ 경찰, 관계기관 등 타 조사기관과 협조하여 화재조사를 한다.

제2과목 화재감식론

21 가스사고 형태별 분류에 해당하지 않는 것은?

① 폭발
② 질식
③ 중독
④ 재질 불량

해설

재질 불량은 가스 사고의 원인으로 사고 형태로 분류하지 않는다.
- 가스사고 형태별 분류 : 폭발, 질식, 중독(산소결핍), 누설, 파열

22 발화요인 분류 중 화학적 요인에 해당되지 않는 것은?

① 역화
② 혼촉발화
③ 자연발화
④ 금수성 물질이 물과 접촉

해설

국가화재분류 코드에서 역화는 발화요인에 포함되어 있지 않다.
- 화학적 요인 : 혼촉발화, 자연발화, 금수성 물질의 물과 접촉, 화학적 폭발, 화학적 발화(유증기 확산), 기타

23 전선의 소선 일부가 끊어져 발생하는 국부적인 저항치 증가 현상으로 나타나는 전기화재 현상에 해당하는 것은?

① 트래킹
② 아산화동
③ 반단선
④ 그래파이트

해설

반단선은 여러 개의 소선이 10% 이상 끊어졌거나 전체가 완전히 단선된 후에 일부가 접촉상태로 남아 있는 상태로 국부적인 저항치 증가로 화재가 발생한다.
① 트래킹 : 절연재료 표면 오염으로 도전로가 형성되고 방전 후 탄화되는 현상이다.
② 아산화동 증식 발열 : 접속기구의 체결 불량, 조임장치의 느슨함에 의해 스파크 등 고온을 받아 동의 일부가 산화로 아산화동(Cu_2O)이 되어 그 부분이 이상 발열한다.
④ 그래파이트: 목재와 같은 유기질 절연체가 흑연화되면서 도전로가 형성되어 출화한다.

24 방화에 사용되는 촉진제로 거리가 먼 것은?

① 아세톤
② 시너
③ 톨루엔
④ 수산화나트륨

해설

수산화나트륨은 세제나 세정제 과정에서 pH 조절제로 사용된다. ① 아세톤, ② 시너, ③ 톨루엔은 제4류 위험물로 방화촉진제로 사용할 수 있다.

정답 | 19 ① 20 ③ 21 ④ 22 ① 23 ③ 24 ④

25 플라스틱의 일반적인 연소 특성으로 틀린 것은?

① 폴리염화비닐은 연소하면 염화수소 가스가 발생한다.
② 열가소성 플라스틱에는 아미노수지, 페놀수지, 에폭시수지 등이 있다.
③ 플라스틱은 일반적으로 저분자 물질과 달리 온도에 따른 상변화가 명확하지 않다.
④ 열경화성 플라스틱은 화염에 노출되면 표면이 고체 숯과 같이 되는 경향 때문에 내부로의 연소 확대가 지연된다.

해설
열가소성수지는 폴리염화비닐(PVC), 폴리스티렌(PS), 폴리에틸렌(PE), 폴리프로필렌(PP) 등이 있고, 아미노수지, 페놀수지, 에폭시수지는 열경화성 플라스틱에 한다.

26 상대습도별 산불 발생위험도에 대한 설명으로 틀린 것은?

① 상대습도가 60% 이상이면 산불이 매우 발생하기 쉽다.
② 상대습도가 40~50%면 산불이 발생하기 쉽고 연소 진행이 빠르다.
③ 상대습도가 50~60%면 산불이 발생할 수 있으나 연소 진행이 느리다.
④ 상대습도가 40% 이하면 산불 발생 시 진화가 곤란할 정도로 연소 진행이 빠르다.

해설
상대습도 60% 이상이면 거의 발생하지 않는다.

참고

상대습도별 산불발생 위험도

상대습도	산불발생 위험도
60% 이상	산불이 거의 발생하지 않는다.
50~60%	산불이 발생하나 연소 진행이 더디다.
40~50%	산불이 발생하기 쉽고 연소 진행이 빠르다.
40% 미만	산불이 매우 발생하기 쉽고 진화가 곤란하다.

27 유연탄의 자연발화 위험성에 대한 설명으로 틀린 것은?

① 주변온도가 높을수록 산화반응이 촉진된다.
② 괴상은 분말상보다 자연발화를 일으키기 쉽다.
③ 채탄 직후의 석탄은 자연발화의 위험이 크다.
④ 자연발화는 저탄장 등에 대량으로 쌓아둔 곳에서 일어나기 쉽다.

해설
분말상 유연탄(연기가 나고 휘발성이 많은 연탄)은 표면적이 넓고 산소와의 접촉이 쉬워 괴상보다 자연발화 위험성이 높다.

28 나무, 천, 종이 및 가구와 같은 가연성 물질의 화재 분류(class)는?

① Class A ② Class B
③ Class C ④ Class D

해설
나무, 천, 종이, 가구는 일반화재로 A급 화재다.

참고

화재의 분류

암기법 일A - 유B - 전C - 금D

- 일반화재 - A급
- 유류·가스화재 - B급
- 전기화재 - C급
- 금속화재 - D급

29 물질의 상태에 대한 설명으로 옳은 것은?

① 물의 증발잠열은 80cal/g이다.
② 분자는 액체상태일 때 가장 자유롭게 운동할 수 있다.
③ 온도 변화없이 상태 변화를 위해 필요한 열을 잠열이라 한다.
④ 액체상태에서 열을 흡수하여 에너지가 증가하면 고체상태가 된다.

해설
① 물의 증발잠열은 539cal/g이다.
② 분자는 기체 상태일 때 가장 자유롭게 운동할 수 있다.
④ 액체상태에서 열을 흡수하여 기체상태가 된다.

정답 | 25 ② 26 ① 27 ② 28 ① 29 ③

30 항공기의 열전대 화재경고장치(thermocouple fire warning system) 중 배선시스템의 구성요소가 아닌 것은?

① 감지 회로(detector circuit)
② 알람 회로(alarm circuit)
③ 단락 회로(short circuit)
④ 시험 회로(test circuit)

해설
열전대 화재경고장치 배선방식
- 감지 회로(detector circuit)
- 알람 회로(alarm circuit)
- 시험 회로(test circuit)

31 차량 충전장치와 시동장치에 대한 설명으로 틀린 것은?

① 충전장치는 교류발전기(alternator), 레귤레이터(regulator)로 구성되며, 시동장치에는 스타터가 있다.
② 정류기 내에 있는 다이오드가 과전류 등으로 인해 그 기능을 잃은 경우, 다이오드가 소실되는 경우가 있다.
③ 챠콜 캐니스터의 보디(body)는 금속재가 많은 점에서 2차적으로 착화하여도 연소되지 않으므로 관찰이 용이하다.
④ 배터리 단자는 납 또는 납 합금으로 되어있어 화재열로 용이하게 녹아버리므로, 화재감식 시 배터리 배선 터미널부의 용융 등도 확인한다.

해설
챠콜 캐니스터는 차량의 배출가스 제어시스템의 일부로 보디(body)는 플라스틱이나 고무 재질로 연소되어 관찰하기 어렵다.

32 임황(林況)과 산불과의 관계에 대한 설명으로 옳은 것은?

① 활엽수는 침엽수보다 산불위험성이 높다.
② 동령림은 이령림보다 산불위험성이 높다.
③ 혼효림은 단순림보다 산불위험성이 높다.
④ 수종별로 비교하면 음수는 양수보다 산불위험성이 높다.

해설
한 종류의 나무로만 이루어진 숲이 산불위험성이 크다.
① 침엽수가 인화성물질을 함유하고 있어 산불위험성이 높다.
③ 혼효림은 단순림보다 산불위험성이 낮다.
④ 양수(햇빛을 많이 필요로 하는 나무)가 음수(그늘에서도 잘 자라는 나무)보다 더 건조한 환경을 만들기 쉬워 산불위험성이 높다.

> **참고**
> 산림 용어
> - 활엽수림 : 활엽수(평평하고 넓은 잎이 달린 나무)로 이뤄진 산림
> - 침엽수림 : 침엽수(잎이 바늘 모양으로 된 나무)로 이뤄진 산림
> - 동령림 : 수령이 거의 같은 임목으로 구성된 산림
> - 이령림 : 나이 차이가 많은 나무로 이루어진 산림
> - 혼효림 : 여러 종류의 나무로 이루어진 산림
> - 단순림 : 한 종류의 나무로 이루어진 산림

33 다음 표에 있는 가스를 위험도가 큰 것부터 순서대로 나열한 것으로 옳은 것은?

종류	폭발하한계[vol%]	폭발상한계[vol%]
수소	4.0	75.0
산화에틸렌	3.0	80.0
이황화탄소	1.25	44.0
아세틸렌	2.5	81.0

① 아세틸렌 > 산화에틸렌 > 이황화탄소 > 수소
② 아세틸렌 > 산화에틸렌 > 수소 > 이황화탄소
③ 이황화탄소 > 아세틸렌 > 수소 > 산화에틸렌
④ 이황화탄소 > 아세틸렌 > 산화에틸렌 > 수소

해설
이황화탄소(34.2) > 아세틸렌(31.52) > 산화에틸렌(25.67) > 수소(17.75)

$$H(\text{위험도}) = \frac{U(\text{연소상한계}) - L(\text{연소하한계})}{L(\text{연소하한계})}$$

- 수소 : $\frac{75-4}{4} = 17.75$
- 산화에틸렌 : $\frac{80-3}{3} = 25.67$
- 이황화탄소 : $\frac{44-1.25}{1.25} = 34.2$
- 아세틸렌 : $\frac{81-2.5}{2.5} = 31.52$

정답 | 30 ③ 31 ③ 32 ② 33 ④

34 유류성분 감정기구인 가스 크로마토그래피 분석의 장점으로 틀린 것은?

① 물질이 유사한 여러 성분의 혼합계 분리에 매우 유효하다.
② 현장조사 시 휴대 및 가스 포집이 간편하며 성분판별이 가능하다.
③ 가스 상태로 분석하기 때문에 조작도 간단하고 시간도 빠르다.
④ 각 성분을 검출하여 그 양을 전기적인 신호로 기록계에 저장하고 도형적으로 기록함으로써 분석결과가 객관적이다.

해설
가스 크로마토그래피는 실험실에 고정하여 사용하는 장비로 혼자 들고 다닐 수 있는 무게가 아니다.

35 미소화원과 유염화원의 특징으로 옳은 것은?

① 유염화원이 무염화원보다 에너지량(열량)이 적다.
② 유염화원은 무염화원보다 연소 확대에 필요한 시간이 짧다.
③ 유염화원은 가연물과 접촉 시 바로 착화할 가능성이 무염화원보다 적다.
④ 무염화원의 연소흔적은 깊이 탄 것은 보이지 않으며 연소범위가 넓은 경향을 보인다.

해설
① 유염화원이 무염화원보다 에너지량(열량)이 크다.
③ 유염화원은 불꽃이 있어 가연물과 접촉 시 바로 착화한다.
④ 무염화원은 깊게 타고 연소범위는 좁다.

36 방화의 주요 동기가 아닌 것은?

① 실수   ② 복수심
③ 경제적 이익   ④ 범죄은폐

해설
실수는 방화가 아닌 실화로 분류된다.

참고
방화동기의 유형
• 경제적 이익을 위한 방화
• 보험 사기성 방화
• 범죄은폐를 위한 방화
• 범죄 수단을 목적으로 하는 방화
• 선동적 목적을 달성하기 위한 방화
• 보복 방화(복수)
• 기타 유형(정신이상자 등)

37 다음 중 담뱃불 접촉에 의한 물질의 착화 가능성이 가장 낮은 것은?

① 톱밥류   ② 마른 건초류
③ 구겨진 신문지류   ④ 가솔린 증기

해설
가솔린 착화점은 280~300℃이고 담뱃불 표면온도는 200~300℃로 이론상 점화할 수 있지만, 재와 탄산가스가 공기로 둘러싸여 실제 점화시키지는 못한다.

참고
훈소 가능 물질
• 헐겁거나 부드러운 황마·면 등의 섬유
• 화장지, 주방용 휴지 등 부드러운 종이
• 골판지 상자
• 톱밥, 대팻밥
• 먼지(다양한 형태 식물, 동물, 미생물과 무기물 부스러기의 집합체, 또는 진공청소기 쓰레기)

38 그림과 같은 3상 부하회로에 있어서 부하전류가 20A일 때 부하의 선간전압 V_{LL}은 얼마인가?

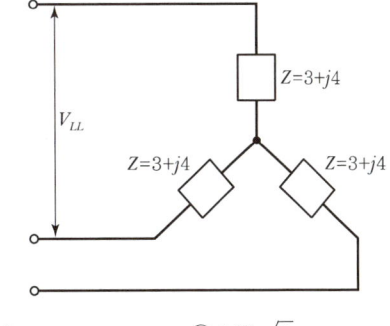

① 100   ② $100\sqrt{2}$
③ $100\sqrt{3}$ ④ 200

정답 | 34 ②   35 ②   36 ①   37 ④   38 ③

해설
- Y결선 선간전압(V_{LL}) = $\sqrt{3}$ × 상전압
- 상전압 = 부하전류 × 1상 임피던스
  $= 20 \times \sqrt{3^2 + 4^2} = 100$
- ∴ Y결선 선간전압(V_{LL}) = $\sqrt{3} \times 100 = 100\sqrt{3}$

39 차량 배터리의 내부에서 화원이 될 가능성이 있는 원인에 속하지 않는 것은?

① 외부 단자의 이완
② 과충전에 의한 과열
③ 과충전에 의한 용단 스파크 불꽃
④ 배터리 전해액 부족에 의한 내부 쇼트

해설
배터리 외부 단자가 이완되면 접촉 부위에서 접촉 불량으로 화재가 발생할 수 있다. 그러나 그 부위는 배터리 외부 표면이지 내부의 화원은 아니다.

40 방화행위의 입증 요소로 틀린 것은?

① 방화 재료의 입수 경위가 밝혀져야 한다.
② 방화를 한 장소 및 소훼물이 있어야 한다.
③ 방화의 수단과 방법이 실현 가능하여야 한다.
④ 방화의 수단이 가능한지 추상적으로 검토되어야 한다.

해설
방화의 수단이 가능한지 실증적으로 검토되어야 한다.

> **참고**
> **방화행위의 입증 요소**
> - 방화 재료의 입수 경위가 밝혀져야 한다.
> - 방화를 한 장소 및 소훼물이 있어야 한다.
> - 방화의 수단과 방법이 실현 가능하여야 한다.
> - 방화의 수단이 가능한지 실증적으로 검토되어야 한다.

제3과목 증거물관리 및 법과학

41 관계자에게 질문할 경우 유의해야 하는 사항으로 틀린 것은?

① 질문자는 자기신분을 밝힌다.
② 피질문자에 대한 선입견을 배제한다.
③ 관계자에는 초기소화자, 피난자, 출동한 소방관도 포함된다.
④ 실체적 진실을 밝히기 위해서는 어느 정도의 유도질문이나 상대방의 감정을 도발하는 질문기법도 필요하다.

해설
제7조 관계인 등 진술 「화재조사 및 보고규정」
관계인 등에게 질문을 할 때에는 희망하는 진술내용을 얻기 위하여 상대방에게 암시하는 등의 방법으로 유도해서는 아니 된다.

42 비디오카메라에 대한 설명으로 틀린 것은?

① 목격자, 소유자 거주인, 혐의자와의 면담에서 사용할 수 있다.
② 비디오카메라의 장점은 보는 각도를 점차 이동하며 화재현장을 나타내는 것이다.
③ 주밍-인(zooming-in)이나 과장확대기법을 적극적으로 사용한다.
④ 가장 큰 장점으로 점진적으로 시각의 움직임에 의해 화재현장을 보여주는 능력이 있다.

해설
피사체의 크기 대조를 위해 주변 사물 대비 과장확대기법(zooming-in) 등은 지양한다.

43 연소범위에 영향을 미치는 요인에 대한 설명으로 틀린 것은?

① 온도가 높아질수록 연소범위는 좁아진다.
② 고온·고압의 경우 연소범위는 더욱 넓어진다.
③ 압력이 높아지면 하한값은 크게 변하지 않으나 상한값은 높아진다.
④ 혼합기를 이루는 공기의 산소농도가 높을수록 연소범위는 넓어진다.

정답 | 39 ① 40 ④ 41 ④ 42 ③ 43 ①

해설
온도, 압력 및 산소농도에 비례하여 연소가 가능한 범위는 확대된다.

44 가스 크로마토그래피(GC) 분석을 위한 용매추출법 중 잔류물을 추출하기 위한 용액으로 틀린 것은?

① 크실렌
② n-펜탄
③ 이황화탄소
④ n-헥산

해설
용매추출은 서로 섞이지 않는 두 상(phase) 간에 화합물이 한 상(phase)에서 다른 상으로 이동하는 현상을 이용하는 공정이다. 초기에는 분석화학 분야에서 용매추출의 간편성, 신속성 및 넓은 적용성 때문에 많이 사용되었으며, 분액 깔때기와 같은 간단한 도구로 수 분 내에 추출실험을 완료할 수 있다는 장점이 있다. 용매추출법에는 n-펜탄, 이황화탄소, n-헥산 등을 이용한다.

45 화재사 또는 흡연과 관련된 CO-Hb의 농도에 관한 설명으로 맞는 것은?

① 일반적으로 비흡연자의 CO-Hb 농도는 0.01%이다.
② 40% 이상의 CO-Hb 농도는 CO 자체만으로 사망할 수 있는 수치이다.
③ 일반적으로 하루 두갑 이상 흡연하는 사람의 CO-Hb 농도는 3~8%이다.
④ 40% 이하의 CO-Hb 농도는 산소 부족, 심정지 또는 열화상으로 사망할 수 있다.

해설
혈중 일산화탄소 헤모글로빈(COHb) 수치에 따른 증상「질병관리청」
40% 이상의 CO-Hb 농도는 진홍색 피부, 혼수, 저혈압, 모세혈관 혈액순환 불량, 무의식, 실신 발작, 경련, 심폐 기능 부전, 혼수 및 심정지, 사망의 증상이 나타난다.

46 냉온수기 자동온도 조절장치에서 절연체의 오염에 의한 트래킹 화재가 발생한 경우 수거하여야 할 증거물로 맞는 것은?

① 응축기
② 시즈히터
③ 압축기
④ 서모스탯

해설
냉온수기 자동온도 조절장치에서 바이메탈 서모스탯의 내측 가동접점 부분과 고정접점 단자 사이에서 발생된 트래킹에 의한 전기적인 발열 및 용융 등으로 인한 발화가 빈번히 관찰된다.

47 화재현장 사진촬영에 대한 설명으로 틀린 것은?

① 현장사진은 자료 확보를 위하여 충분하게 촬영한다.
② 연소 및 탄화된 형태를 조사자 시각에서 객관화하여 촬영한다.
③ 발화건물 내부 촬영 시 소실된 부분을 국부적으로 촬영한다.
④ 불필요한 피사체(인물 등) 촬영 금지, 접사 촬영 시 배경막 설치 후 촬영한다.

해설
사진을 통해 내부의 구조, 각 벽면 및 천정, 바닥이 모두 나타날 수 있도록 촬영한다.

48 화재증거물 사진의 촬영 및 유의사항에 관한 설명으로 틀린 것은?

① 화재증거물은 오물을 제거하고 나서 찍는다.
② 접사로 촬영하는 경우 셔터스피드를 이용해 피사계 심도를 조절한다.
③ 접사 촬영이 필요할 경우 매크로렌즈(접사용) 및 링 스트로보 등을 활용한다.
④ 피사계 심도는 어느 정해진 시간 동안에 초점이 맞는 가장 멀리 있는 사물과 가장 가까이 있는 사물의 거리이다.

해설
피사계 심도의 조절은 카메라 조리개(노출도), 렌즈 초점거리 및 카메라와 피사체와의 거리를 활용한다.

정답 | 44 ① 45 ② 46 ④ 47 ③ 48 ②

49 물리적 증거물의 감정 및 시험에 대한 설명으로 틀린 것은?

① 발화지점, 화재 특정 원인, 화재 확산에 기여한 요인 판별
② 물리적 증거물의 화학조성을 확인하기 위한 감정 및 시험
③ 물리적 증거물의 작동이나 오작동 또는 고장을 판단하기 위하여 설계가 충분한지 여부를 판별
④ 실험실이나 다른 시험기관이 수행할 수 있는 특정 실험방법 및 제한사항과 관계없이 공정성을 위해 화재조사관 단독으로 감정 및 시험 실시

해설
물리적 증거물의 감정 및 시험은 공정성을 갖기 위해서는 지정된 화재감정기관 등에 감정을 의뢰해야 한다.

50 화상의 위험도에 큰 영향을 미치는 인자는?

① 심도(沈度)   ② 온도(溫度)
③ 질병(疾病)   ④ 범위(範圍)

해설
신체의 화상 체표면적에 따라 중증도를 구분한다.

51 화재증거물의 수송으로 권장할 만한 가장 적절한 방법은?

① 직접운반   ② 제3자 전달
③ 우편배송   ④ 화물로의 배송

해설
화재증거물의 수송으로 권장할 만한 가장 적절한 방법은 직접운반이다.

52 전기기기 또는 구성품에 대한 증거물 수집방법으로 틀린 것은?

① 전기적 증거물이 발견된 상태를 가능한 한 그대로 보존해야 한다.
② 제품 내 전기적 특이점이 발견된다면 해당 부분만 수거하는 것이 효과적이다.
③ 일부 남은 전선 피복을 검사 할 수 있도록 가능한 전선을 길게 수집해야 한다.
④ 전기기기를 전체적으로 제거하는 것이 불가능한 경우 제자리에 안전하게 놓는 것이 좋다.

해설
제품 내 전기적 특이점이 발견된다면 상태 그대로 보존해 수거한다.

53 「화재증거물수집관리규칙」에 포함되는 내용이 아닌 것은?

① 증거물의 포장
② 증거물 감정 절차
③ 증거물의 상황기록
④ 초상권 및 개인정보 보호

해설
증거물 감정 절차는 포함되지 않는다. 현재 「화재증거물수집관리규칙」 제13조의 개정에 따라 ④의 '초상권'은 삭제되고 '개인정보 보호'만 명시되어 있다.

54 「화재증거물수집관리규칙」상 현장사진 및 비디오 촬영 시 유의사항에 대한 설명으로 틀린 것은?

① 최초 도착하였을 때의 원상태를 그대로 촬영하고 진압 순서에 따라 촬영
② 현장사진 및 비디오 촬영할 때에는 연소확대 경로 및 증거물 기록에 대한 번호표와 화살표를 표시 후에 촬영
③ 증거물을 촬영할 때에는 그 소재와 상태가 명백히 나타나도록 하며, 필요에 따라 구분이 용이하게 번호표 등을 넣어 촬영
④ 화재현장의 특정한 증거물 등을 촬영함에 있어서는 그 길이, 폭 등을 명백히 하기 위하여 측정용 자 또는 대조 도구를 사용하여 촬영

정답 | 49 ④ 50 ④ 51 ① 52 ② 53 ② 54 ①

🛢 **해설**
최초 도착하였을 때의 원상태를 그대로 촬영하고, 화재조사의 진행순서에 따라 촬영한다.

55 열에 의한 재성형이 불가능한 합성 고분자 화합물의 종류로 맞는 것은?

① 테프론
② 폴리에틸렌
③ 멜라민수지
④ 폴리아크릴로니트릴

🛢 **해설**
열에 의한 재성형이 불가능한 합성 고분자 화합물은 열경화성 수지로서 멜라민 수지가 이에 해당한다.

56 화재현장에서 수집된 증거물의 오염에 관한 설명으로 맞는 것은?

① 물리적 증거물 대부분의 오염은 운반하는 과정에서 발생한다.
② 증거물 보관용기는 오염지역에서 떨어진 곳에 보관하여야 한다.
③ 증거물의 오염방지를 위하여 화재조사관의 맨손으로 직접 수집하는 것이 원칙이다.
④ 증거물 용기는 개봉상태로 유지하며, 실험실에서 조사를 마친 후 봉인되어야 한다.

🛢 **해설**
① 물리적 증거물 대부분의 오염은 수집하는 과정에서 발생한다.
③ 증거물의 오염방지를 위하여 화재조사관은 장갑을 착용하여 핀셋을 이용해 수집한다.
④ 증거물 용기는 밀봉상태로 유지하며, 실험실에서 조사를 마친 후 봉인되어야 한다.

57 증거물 수집용기 중 유리병의 장점이 아닌 것은?

① 휘발성 액체의 증발을 방지한다.
② 내부의 증거물 확인이 용이하다.
③ 장기 저장 시 증거물의 악화를 줄여 준다.
④ 크기가 다양하여 많은 양을 저장할 수 있다.

🛢 **해설**
증거물 보관용기의 종류 및 장·단점 중 유리병의 장·단점
「화재조사 기자재 사용 매뉴얼, 인천소방본부」

구분	장점	단점
유리병	• 쉽게 구할 수 있고 가격이 저렴하다. • 용기를 열지 않아도 내용물을 볼 수 있다. • 휘발성 액체의 증발을 막을 수 있다. • 장기간 저장 시 증거물의 악화를 줄일 수 있다.	• 깨지기 쉽다. • 용기의 크기 제한으로 대량저장이 어렵다. • 마개는 접착제나 고무 패킹은 없도록 하고 2/3 이상 채우지 않도록 한다.

58 일반적인 방화 현장에서 나타나는 패턴이 아닌 것은?

① U형 패턴
② 독립연소 패턴
③ 포어(pour) 패턴
④ 트레일러(trailer) 패턴

🛢 **해설**
U형 패턴은 구획실 내벽에 플룸이 맞닿아 발생하는 흔적으로 방화의 원인으로 단정하기 어렵다.

59 화재현장의 증거물 시료 채취 시 유의사항으로 아닌 것은?

① 가급적 증거물 전체를 수집 또는 채취
② 동일한 물질이 있었을 때는 채취하지 않고 내용만 기술
③ 감정의뢰서에 증거물을 수집, 채취한 경과와 사건 개요를 기술
④ 채취된 증거물의 물질이 상이할 때에는 서로 섞이지 않도록 분리하여 채취, 보관

🛢 **해설**
다른 곳에서 발견된 동일한 물질은 별도의 용기에 넣어 수거한다.

정답 | 55 ③ 56 ② 57 ④ 58 ① 59 ②

60 화재 당시 살아있었음을 나타내는 생활반응으로 맞는 것은?

① 시반이 없다.
② 머리가 그을렸다.
③ 기도에 매연이 부착되었다.
④ 피부가 진피까지 탄화되었다.

해설
기도에 그을음의 흡입 흔적이 있는 경우 생활반응으로 판단할 수 있다.

> **참고**
> 화재사의 생활반응 종류
> • 선홍색 시반
> • 그을음(매(煤))의 흡입 흔적
> • 화상
> • 혈중 일산화탄소 농도

제4과목 화재조사 보고 및 피해평가

61 다음은 주택화재 현장에 출동한 화재조사관이 조사한 내용이다. 해당 화재조사관이 국가화재정보시스템 유형별 조사서 중 시설용도 항목에 입력한 사항으로 맞는 것은?

> 1개 동의 주택으로 쓰이는 바닥면적의 합계가 680m², 건물 층수는 4층이며, 주택 내 여러 세대가 독립적인 주거생활이 가능한 주택에서 화재가 발생하였다. 화재조사결과 2층 201호 주방에서 음식조리 중 화재가 발생하였으며, 인명피해는 없으며, 주방 가스레인지 및 싱크대 등이 소실 되었다.

① 시설용도 : 주거시설-단독주택-다세대주택
② 시설용도 : 주거시설-공동주택-연립주택
③ 시설용도 : 주거시설-기타주택-다세대주택
④ 시설용도 : 주거시설-도시형주택-연립주택

해설
관련 법령에 따라 공동주택 중에서도 연립주택에 해당한다.

62 건물의 일부를 개수 또는 보수한 경우에 있어서의 경과연수의 산정기준 적용에 관한 설명으로 틀린 것은?

① 재설치비의 50% 미만 개·보수한 경우 : 최초 설치연도 기준
② 재설치비의 50% 이상 개·보수한 경우 : 최초 설치연도 기준
③ 재설치비의 80% 이상 개·보수한 경우 : 개·보수한 때를 기준으로 하여 경과연수를 산정
④ 재설치비의 50~80%을 각각 개·보수한 경우 : 최초 설치연도를 기준으로 한 경과연수와 개·보수한 때를 기준으로 한 경과연수를 합산하고 평균하여 경과연수를 산정

해설
건물의 경과연수「화재피해액 산정 매뉴얼」, 개수 또는 보수한 경우 경과연수

> **암기법** 50살부터 최초저축해서, 80세에 보수를 합산 평균 했는데, 이상하게 보수가 작다.

재설치비의 50% 미만 개·보수한 경우	최초 설치연도를 기준으로 경과연수를 산정
재설치비의 50~80% 개·보수한 경우	최초 설치연도를 기준으로 한 경과연수와 개·보수한 때를 기준으로 한 경과연수를 합산하고 평균하여 경과연수를 산정
재설치비의 80% 이상 개·보수한 경우	개·보수한 때를 기준으로 하여 경과연수를 산정

63 재고자산의 상품 중 견본품, 전시품, 진열품에 대한 화재피해액 산정 시 우선 적용사항으로 맞는 것은?

① 시장거래가격으로 산정한다.
② 구입가의 50%로 일괄 산정한다.
③ 구입가의 50~80%를 피해액으로 한다.
④ 구입가에 감가수정한 가격으로 산정한다.

해설
특수한 경우의 피해액 산정 우선 적용사항「화재피해액 산정 매뉴얼」에 따라 구입가의 50~80%를 피해액으로 한다.

정답 | 60 ③ 61 ② 62 ② 63 ③

64 「화재조사 및 보고규정」상 화재건수를 결정할 때 1건의 화재 결정으로 틀린 것은?

① 동일대상물에서 발화점이 2개소이며, 누전점이 동일한 화재
② 동일대상물에서 발화점이 3개소로서 낙뢰에 의한 다발화재
③ 동일대상물에서 발화점이 4개소로서 지진에 의한 다발화재
④ 각기 다른 사람에 의한 방화나 불장난으로 동일 대상물에서 발화한 화재

해설
동일대상물 내에 동일범이 아닌 각기 다른 사람에 의한 방화, 불장난의 경우 각각 별건의 화재로 판단한다.

참고

제10조 화재건수 결정 판단 기준「화재조사 및 보고규정」

화재 조건 및 상황		판단
동일대상물 내에 동일범이 아닌 각기 다른 사람에 의한 방화, 불장난		각각 별건의 화재로 판단
동일 대상물 내 발화점이 2개소 이상 다음의 화재 • 누전점이 동일한 누전에 의한 화재 • 지진, 낙뢰 등 자연현상에 의한 다발화재		1건의 화재로 판단
둘 이상의 관할 구역에 걸친 화재	발화지점이 한 곳인 경우	발화지점이 속한 소방서에서 1건
	발화지점 확인이 어려운 경우	화재피해금액이 큰 관할구역 소방서에서 1건

65 재고자산의 화재피해액 산정에 관한 사항으로 맞는 것은?

① 판매 및 일반관리비의 미실현 이익 내지 미실현 비용을 포함한다.
② 재고자산 중 반제품은 구입 후 사용하지 않고 보관 중인 소모품을 의미한다.
③ 재고자산은 구입비용 자체가 피해액이 되므로 감가공제는 하지 않는다.
④ 재고자산의 구입비에는 운반비 등 구입경비와 판매비용은 포함하지 않는다.

해설
① 판매 및 일반관리비의 미실현 이익 내지 미실현 비용은 포함하지 않는다.
② 재고자산 중 반제품은 자가제조한 중간제품을 말한다.
④ 재고자산의 구입비에는 운반비 등 구입경비를 포함한다.

66 화재발생종합보고서 작성 시 질문기록서 작성을 생략할 수 있는 대상으로 맞는 것은?

① 선박 화재   ② 자동차 화재
③ 건축·구조물 화재   ④ 전봇대 화재

해설
질문기록서상 작성 생략이 가능한 기타 화재의 종류

암기법 쓰모가 전임

• 쓰레기 화재   • 모닥불 화재
• 가로등 화재   • 전봇대 화재
• 임야 화재

67 「화재조사 및 보고규정」상 화재피해액 산정기준으로 틀린 것은?

① 차량은 전부손해의 경우 시중매매가격으로 한다.
② 임야의 입목은 전부손해의 경우 감정가격으로 한다.
③ 미술공예품은 전부손해의 경우 감정가격으로 한다.
④ 기타피해 물품은 피해당시의 현재가를 재구입비로 하여 피해액을 산정한다.

해설
화재피해금액 산정기준요약표 일부「화재조사 및 보고규정」[별표 2]

산정대상	화재피해금액 산정기준
차량, 동물, 식물	• 전부손해의 경우 : 시중매매가격 • 전부손해가 아닌 경우 : 수리비 및 치료비
회화(그림), 골동품, 미술공예품, 귀금속 및 보석류	• 전부손해의 경우 : 감정가격 • 전부손해가 아닌 경우 : 원상복구에 소요되는 비용
임야의 입목	• 소실 전의 입목가격 − 소실한 입목의 잔존가격 • 피해산정이 곤란할 경우 : 소실면적 등 피해 규모만 산정 가능
기타	• 피해당시 현재가를 재구입비로 하여 피해금액 산정

정답 | 64 ④   65 ③   66 ④   67 ②

68 화재현황조사서에 명시된 발화요인으로 맞는 것은?

① 불꽃, 불티
② 작동기기
③ 담뱃불, 라이터불
④ 교통사고

🔲 해설

화재현황조사서의 발화열원과 발화요인 항목 비교 「화재조사 및 보고규정」

	암기법 ✓ 작담마 폭불화자
발화열원	• 작동기기 • 담뱃불, 라이터불 • 마찰, 전도, 복사 • 폭발물, 폭죽 • 불꽃, 불티 • 화학적 발화열 • 자연적 발화열 • 기타 • 미상
	암기법 ✓ 전기가 화제교부 자방기
발화요인	• 전기적 요인 • 기계적 요인 • 가스누출(폭발) • 화학적 요인 • 제품결함 • 교통사고 • 부주의 • 자연적 요인 • 방화 • 기타 • 미상

69 화재범위가 2 이상의 관할구역에 걸친 화재에 대한 설명으로 맞는 것은?

① 출동하여 진압한 소방서에서 1건의 화재로 한다.
② 관할 소방서장과 출동한 소방서장과 협의하여 정한다.
③ 발화 소방대상물의 소재지를 관할하는 소방서에서 1건의 화재로 한다.
④ 발화 소방대상물의 소재지를 관할하는 소방서와 출동한 소방서에서 각각 1건의 화재로 한다.

🔲 해설

화재범위가 2 이상의 관할구역에 걸친 화재에 있어 발화 소방대상물의 소재지를 관할하는 소방서에서 1건의 화재로 한다.

70 화재 현장조사서에 첨부할 도면의 작성에 대한 설명으로 틀린 것은?

① 도면작성에 있어서는 방의 배치와 출입구, 개구부의 상황을 위주로 한다.
② 거리측정은 기둥의 중심에서 다른 기둥의 중심까지로 기준점을 통일한다.
③ 도면(평면도, 입체도)은 측정치를 기준으로 하여 축척에 맞춰서 작성한다.
④ 화재조사관은 화재현장에 대한 이해도를 높이기 위해 화재의 유형과 규모와 관계없이 3차원 형식의 도면을 반드시 작성하여야 한다.

🔲 해설

반드시 3차원의 모델링으로 구현할 필요는 없다.

71 화재조사서류 중 화재발생종합보고서의 보존기간으로 맞는 것은?

① 5년
② 10년
③ 영구
④ 준영구

🔲 해설

제22조 제6항 조사 보고 「화재조사 및 보고규정」
소방본부장 및 소방서장은 조사결과 서류를 국가화재정보시스템에 입력·관리해야 하며 영구보존방법에 따라 보존해야 한다.

72 화재피해액 산정에 있어 상당부분 교체 내지 수리가 필요한 경우의 손해율로 맞는 것은?

① 20%
② 40%
③ 60%
④ 80%

🔲 해설

'상당부분 교체 내지 수리'는 영업시설의 손해율 중에 60%로 적용된다.

정답 | 68 ④ 69 ③ 70 ④ 71 ③ 72 ③

73 화재현장조사서 작성 시 유의사항 중 틀린 것은?

① 관계자 진술은 주관적인 것이므로 기재하지 않는다.
② 필요한 경우 예상되는 사항 및 관련 조치사항 등도 기록할 수 있다.
③ 발화지점 및 화재원인 판정은 객관적인 증거자료(사진, 기타서류 등)를 첨부할 수 있다.
④ 필요한 경우 감식·감정 결과통지서, 전기배선도, 연구자료, 재현실험 결과, 참고문헌 등 참고자료를 첨부할 수 있다.

해설
화재조사자는 객관적 입장에서 관계자 진술을 전부 기록한다.

74 지은지 10년된 아파트에서 화재가 발생하여 100㎡가 소실되었다. 화재피해액은 약 얼마인가? (단, 내용연수 50년, 신축단가 670천 원/㎡, 손해율 40%이다.)

① 21,862천 원   ② 22,512천 원
③ 26,661천 원   ④ 28,891천 원

해설
건물 화재피해액
= 신축단가(㎡당)×소실면적×[1 − (0.8×경과연수/내용연수)]×손해율
= 670천 원/㎡ × 100㎡ × [1 − (0.8×10/50)] × 0.4
= 22,512천 원

참고
화재피해금액 산정기준요약표 중 건축, 부대설비 「화재조사 및 보고규정」 [별표 2]

산정대상	화재피해금액 산정기준
건물	**암기법** 신소 일마쩜팔 경내손 신축단가(㎡당)×소실면적×[1 − (0.8×경과연수/내용연수)]×손해율
부대설비	**암기법** 신소설 일마쩜팔 경내손 건물신축단가×소실면적×설비종류별 재설비 비율×[1 − (0.8×경과연수/내용연수)]×손해율

75 화재발생종합보고서에서 화재 발생 시 모든 경우에 작성되어야 할 조사서는?

① 화재현황조사서
② 화재유형별조사서
③ 방화·방화의심조사서
④ 화재피해(인명·재산)조사서

해설
화재현황조사서, 화재현장조사서는 화재 발생 시 모든 경우에 작성된다.

76 화재피해액 산정에 관한 설명으로 맞는 것은?

① 최종잔가율은 건물, 부대설비, 가재도구의 경우 20%, 기타의 경우 10%로 한다.
② 화재피해액을 산정하기 위한 피해면적은 화재피해를 입은 건물의 바닥면적을 말한다.
③ 화재로 인한 건물의 피해액은 화재피해 대상 건물과 동일한 구조, 용도, 질, 규모의 건물 재건축비에서 손해율을 곱한 금액이 된다.
④ 간이평가방식에 의한 부대설비의 피해액 산정에 있어 전등 및 전열설비 등 기본적 전기설비만 설치되어 있어도 별도로 부대시설 피해액을 산정한다.

해설
①~③은 제18조 화재피해금액 산정 「화재조사 및 보고규정」의 내용이며, ④는 「화재피해액 산정 매뉴얼」의 부대설비의 피해액 산정, 간이평가방식의 내용 일부다.
① 건물 등 자산에 대한 최종잔가율은 건물·부대설비·구축물·가재도구는 20%하며, 그 이외의 자산은 10%로 정한다.
② 건물(수손 및 기타 파손 포함)의 소실면적 산정은 소실 바닥면적으로 산정한다.
③ 화재피해금액은 화재 당시의 피해물과 동일한 구조, 용도, 질, 규모를 재건축 또는 재구입하는 데 소요되는 가액에서 경과연수 등에 따른 감가공제를 하고 현재가액을 산정하는 실질적·구체적 방식에 따른다.
④ 전등 및 전열설비 등 기본적 전기설비만 되어 있는 경우에는 해당 기본 전기설비는 건물신축단가표의 표준단가에 포함되어 있으므로, 간이평가방식에 의한 산정에서는 별도로 부대 영업시설 피해액을 산정하지 아니한다.

정답 | 73 ① 74 ② 75 ① 76 ①

77 화재로 인한 재산피해의 범위가 아닌 것은?

① 연기에 의한 그을음 피해
② 화재로 인한 영업손실의 피해
③ 소화활동으로 발생한 수손피해
④ 열에 의한 탄화, 용융, 파손 피해

🔍 해설
화재로 인한 영업손실의 피해는 조사범위에 해당하지 않는다.

78 화재피해액 산정 시 중고로 구입한 기계장치 및 집기비품으로서 그 제작년도를 알 수 없을 경우 그 상태에 따라 신품가액 대비 잔가율로 정할 수 있는 비율은?

① 30% 내지 50%   ② 30% 내지 60%
③ 20% 내지 50%   ④ 20% 내지 60%

🔍 해설
화재피해금액 산정기준요약표「화재조사 및 보고규정」[별표 2]의 적용요령에 의거, 중고구입기계장치 및 집기비품으로서 그 제작연도를 알 수 없는 경우에는 그 상태에 따라 신품가액의 30% 내지 50%를 잔가율로 정할 수 있다.

79 화재현장출동보고서의 기재항목이 아닌 것은?

① 발화지점 판정
② 출동대원 및 응답자
③ 현장도착 시 발견사항
④ 도착하여 처음 실행한 일의 지점 및 유형

🔍 해설
발화지점 판정은 화재현장조사서에 기재항목이 있다.

> **참고**
> 화재현장출동보고서 기재항목「화재조사 및 보고규정」[별지 제2호 서식]
>
> **암기법** 출발 일출 강장로 기사
>
> - 출동대원 및 응답자
> - 현장도착 시 발견사항
> - 도착하여 처음 실행한 일의 지점 및 유형
> - 출입문 상태 및 소방대 건물 진입방법
> - 소방대 이외의 강제적인 진입 흔적
> - 화재장소에서 사용된 장비
> - 출동로상의 발견사항
> - 기타 화재와 관련된 사항
> - 화재사진 및 동영상

80 화재현장조사서 작성 시 화재원인 검토와 관련된 내용 중 필수 검토항목이 아닌 것은?

① 방화 가능성   ② 전기적 요인
③ 인적 부주의   ④ 관련 조치사항

🔍 해설
화재현장조사서의 화재원인 검토 항목

암기법 토끼가 전방 연인

- 기계적 요인
- 가스누출
- 전기적 요인
- 방화 가능성(연소상황, 원인추적 등에 관한 사진, 설명)
- 연소확대 사유
- 인적 부주의 등

제5과목 화재조사관계법규

81 화재조사관의 자격 기준으로 옳지 않은 것은?

① 소방청장이 실시하는 화재조사에 관한 시험에 합격한 소방공무원
② 화재감식평가 분야의 기사 자격을 취득한 소방공무원
③ 화재감식평가 분야의 산업기사 자격을 취득한 소방공무원
④ 화재조사관 8주 교육 수료 후 건축·위험물·전기·안전관리 분야 산업기사 이상 자격을 취득한 소방공무원

🔍 해설
소방청장이 실시하는 화재조사관, 화재감식평가 분야의 기사·산업기사 자격을 취득하는 소방공무원만 자격 기준으로 변경되었다.

> **참고**
> 제5조 화재조사관의 자격기준 등「소방의 화재조사에 관한 법률 시행령」
> 1. 소방청장이 실시하는 화재조사에 관한 시험에 합격한 소방공무원
> 2. 화재감식평가 분야의 기사 또는 산업기사 자격을 취득한 소방공무원

82 「화재조사 및 보고규정」상 화재합동조사단을 구성하여 운영하는 사항 중 옳지 않은 것은?

① 소방관서장은 단장 1명과 단원 4명 이상을 화재합동조사단원으로 임명할 수 있다.
② 화재합동조사단원은 화재현장 지휘자 및 조사관, 출동 소방대원과 협력하여 정보를 수집할 수 있다.
③ 소방서장은 2개 시·군·구 이상에 발생한 화재 시 응원협정에 따라 화재합동조사단을 구성할 수 있다.
④ 소방관서장은 화재합동조사단의 조사가 완료되었거나, 계속 유지할 필요가 없는 경우 업무를 종료하고 해산시킬 수 있다.

해설
소방본부장은 사상자가 20명 이상이거나 2개 시·군·구 이상에 발생한 화재 시 화재합동조사단을 운영할 수 있다.

소방관서장 화재합동조사단 구성·운영 원칙

암기법 청본서 325 둘둘 10백

주체	화재규모	사망 [명]	사상 [명]	2개 시	재산 피해 [억 원]
소방 청장	사상자가 30명 이상이거나 2개 시·도 이상에 걸쳐 발생한 화재 (임야화재는 제외)		30	○	
소방 본부장	사상자가 20명 이상이거나 2개 시·군·구 이상에 발생한 화재		20	○	
소방 서장	사망자가 5명 이상이거나 사상자가 10명 이상 또는 재산피해액이 100억 원 이상 발생한 화재	5	10		100

83 「화재조사 및 보고규정」상 조사에 필요한 서식의 종류가 아닌 것은?

① 화재·구조·구급상황보고서
② 화재현장출동보고서
③ 화재발생종합보고서
④ 화재감식종합보고서

해설
화재감식종합보고서는 화재조사서류 서식에 없다.

84 화재로 인한 손해의 배상의무자가 법원에 손해 배상액의 경감을 청구할 수 있는 경우로 옳은 것은?

① 고의에 의한 화재인 경우
② 중대한 과실로 인한 실화인 경우
③ 경미한 과실로 인한 실화인 경우
④ 악의적인 방화로 인한 화재인 경우

해설
고의, 중대한 과실, 방화로 인한 화재는 배상액을 경감 청구할 수 없다.

참고
제765조 배상액의 경감청구 「민법」
배상의무자는 그 손해가 고의 또는 중대한 과실에 의한 것이 아니고 그 배상으로 인하여 배상자의 생계에 중대한 영향을 미치게 될 경우에는 법원에 그 배상액의 경감을 청구할 수 있다.

85 「화재조사 및 보고규정」에서 규정하는 화재유형이 아닌 것은?

① 건축·구조물 화재
② 위험물·가스제조소 등 화재
③ 공원 화재
④ 선박·항공기화재

해설
화재유형별조사서 서식

암기법 건자위 선임

1. **건**축·구조물 화재
2. **자**동차·철도차량
3. **위**험물·가스제조소 등 화재
4. **선**박·항공기 화재
5. **임**야화재

정답 | 82 ③ 83 ④ 84 ③ 85 ③

86 「제조물 책임법」에 따르면 손해배상의 청구권은 제조업자가 손해를 발생시킨 제조물을 공급한 날부터 몇 년 이내에 행사하여야 하는가? (단, 원칙적인 경우에 한한다.)

① 3년 ② 5년
③ 10년 ④ 15년

해설
「제조물 책임법」제7조 소멸시효 등 제2항으로 제조물 공급일로부터 10년 이내 행사해야 한다.

87 「화재로 인한 재해보상과 보험가입에 관한 법률」의 설명으로 틀린 것은?

① 보험금 청구권 중 손해배상책임을 담보하는 보험의 청구권은 압류할 수 없다.
② "손해보험회사"란 손해배상법에 따른 화재보험업의 허가를 받은 자를 말한다.
③ 대한민국에 주둔하는 외국군대가 소유하는 건물은 특수건물소유자의 손해배상책임에 적용되지 않는다.
④ 손해보험회사는 대통령령으로 정하는 바에 따라 협회의 설립과 운영에 필요한 비용을 출연하여야 한다.

해설
손해보험회사란 손해배상법이 아닌 「보험업법」에 따른 화재보험업의 허가를 받은 자를 말한다.

88 「형법」에서 규정하고 있는 진화방해죄에 대한 벌칙 기준 중 다음 ( ) 안에 알맞은 것은?

> 화재에 있어서 진화용의 시설 또는 물건을 은닉 또는 손괴하거나 기타 방법으로 진화를 방해한 자는 (   )년 이하의 징역에 처한다.

① 10 ② 7
③ 5   ④ 1

해설
「형법」제169조 진화방해에 의거 10년 이하의 징역에 처한다.

89 「제조물 책임법」상 제조업자에 해당하는 자로 옳지 않은 것은?

① 제조물의 제조·가공을 업으로 하는 자
② 제조물의 유통을 업으로 하는 자
③ 제조물의 수입을 업으로 하는 자
④ 제조물에 성명·상호·상표 등을 사용하여 자신을 제조업자로 오인하게 할 수 있는 표시를 한 자

해설
제조물의 유통을 업으로 하는 자는 유통업자다.

참고
제2조 정의 「제조물 책임법」
암기법 제가수표

제조업자
1. 제조물의 제조·가공 또는 수입을 업으로 하는 자
2. 제조물에 성명·상호·상표 등을 사용하여 자신을 제조업자로 오인하게 할 수 있는 표시를 한 자

90 미성년자가 타인에게 손해를 가한 경우에 그 행위의 책임을 변식할 지능이 없는 때에는 배상의 책임이 없다. 이 경우 「민법」상 미성년자임을 판단하는 연령과 그 산정방법으로 옳은 것은?

① 14세 미만, 출생일 산입
② 18세 미만, 출생일 불산입
③ 19세 미만, 출생일 산입
④ 20세 미만, 출생일 불산입

해설
제4조 성년, 제158조 나이의 계산과 표시「민법」
사람은 19세로 성년에 이르고, 나이는 출생일을 산입하여 만 나이로 계산한다.

정답 | 86 ③ 87 ② 88 ① 89 ② 90 ③

91 「소방의 화재조사에 관한 법률」상 화재조사를 하는 경우 조사사항으로 옳지 않은 것은?

① 화재원인에 관한 사항
② 화재의 연소경로
③ 대응활동에 관한 사항
④ 소방시설 등의 설치·관리 및 작동 여부에 관한 사항

해설

참고
제5조 화재조사의 실시 「소방의 화재조사에 관한 법률」
1. 화재원인에 관한 사항
2. 화재로 인한 인명·재산피해상황
3. 대응활동에 관한 사항
4. 소방시설 등의 설치·관리 및 작동 여부에 관한 사항
5. 화재발생건축물과 구조물, 화재유형별 화재위험성 등에 관한 사항
6. 그 밖에 대통령령으로 정하는 사항(화재안전조사의 실시 결과에 관한 사항)

92 「화재로 인한 재해보상과 보험가입에 관한 법률」상 특약부화재보험에 가입하지 않은 특수건물 소유자의 벌칙으로 옳은 것은?

① 200만 원 이하의 벌금
② 300만 원 이하의 벌금
③ 400만 원 이하의 벌금
④ 500만 원 이하의 벌금

해설
특약부화재보험에 가입하지 아니한 자는 500만 원 이하의 벌금에 처한다.

93 「실화책임에 관한 법률」상 배상의무자가 법원에 손해배상액의 경감을 청구할 경우 법원이 손해배상액의 경감을 고려하는 사정이 아닌 것은?

① 화재의 원인과 규모
② 피해의 대상과 정도
③ 연소 및 피해 확대의 원인
④ 화재피해자의 직업

해설
화재피해자의 직업은 고려하지 않는다.

참고
제3조 손해배상액의 경감 「실화책임에 관한 법률」
암기법 화피 연방 배그
1. 화재의 원인과 규모
2. 피해의 대상과 정도
3. 연소 및 피해 확대의 원인
4. 피해 확대를 방지하기 위한 실화자의 노력
5. 배상의무자 및 피해자의 경제상태
6. 그 밖에 손해배상액을 결정할 때 고려할 사정

94 화재현장에서의 증거물이 법정에 제출되는 경우, 증거로서의 가치를 상실하지 않도록 준수해야 하는 적법한 절차에 관한 사항으로 옳은 것은?

① 관련 법규 및 지침에 규정된 일반적인 원칙과 절차를 준수한다.
② 화재조사에 필요한 증거 수집은 화재피해자의 피해를 최대화하도록 하여야 한다.
③ 화재의 증거물을 획득할 때는 어떠한 장비도 사용해서는 아니 된다.
④ 최종적으로 법정에 제출되는 화재증거물은 증거의 훼손 방지를 위하여 항상 사본을 제출한다.

해설
② 증거 수집은 화재피해자의 피해를 최소화한다.
③ 화재증거물 수집 시 오염, 훼손, 변형되지 않도록 적절한 도구를 사용한다.
④ 법정 제출 화재증거물은 원본을 제출한다.

정답 | 91 ② 92 ④ 93 ④ 94 ①

95 「화재보험법령」상 손해보험회사가 운영하는 특약부화재보험에 가입하여야 하는 특수건물의 기준으로 옳은 것은?

① 노래연습장업으로 사용하는 부분의 바닥면적 합계가 1,000m² 이상인 건물
② 학원으로 사용하는 부분의 바닥면적 합계가 1,000m² 이상인 건물
③ 병원급 의료기관으로 사용하는 건물로서 연면적 합계가 2,000m² 이상인 건물
④ 관광숙박업으로 사용하는 건물로서 연면적 합계가 3,000m² 이상인 건물

📖 해설
제2조 특수건물 「화재로 인한 재해보상과 보험가입에 관한 법률 시행령」

면적	대상
바닥면적 2,000m² 이상	학원, 게임제공업, 인터넷컴퓨터게임시설제공업, 노래연습장업, 휴게음식점영업, 일반음식점영업, 단란주점영업, 유흥주점영업, 공유주방 운영업, 목욕장업, 영화상영관
바닥면적 3,000m² 이상	숙박업, 대규모점포, 도시철도의 역사 및 역시설
연면적 3,000m² 이상	병원급 의료기관, 관광숙박업, 공연장, 방송사업목적 건물, 농수산물도매시장 및 민영농수산물도매, 학교, 공장
면적 기준 없음	공동주택으로서 16층 이상의 아파트 및 부속건물, 11층 이상인 건물, 실내사격장

96 「소방기본법」상 화재, 재난·재해, 그 밖의 위급한 상황이 발생한 현장에 소방활동구역을 정하여 소방활동에 필요한 사람으로서 대통령령으로 정하는 사람 외에는 그 구역에 출입하는 것을 제한할 수 있는 자는?

① 시·도지사
② 행정안전부장관
③ 시장·군수
④ 소방대장

📖 해설
제23조 소방활동구역의 설정 「소방기본법」상 소방대장은 소방현장에서 지휘관으로 소방활동구역 출입 제한은 소방 현장에서 행위이므로 소방대장이 제한할 수 있다.

97 승객이 있는 기차에 불을 놓은 경우에 해당되는 죄는 무엇인가?

① 현주건조물 등에의 방화
② 공용건조물 등에의 방화
③ 일반건조물 등에의 방화
④ 일반물건 등에의 방화

📖 해설
① 현주건조물 등에의 방화죄(「형법」제164조) : 사람이 주거로 현존하는 장소에 방화
② 공용건조물 등에의 방화죄(「형법」제165조) : 공용 또는 공익에 공하는 장소에 방화
③ 일반건조물 등에의 방화죄(「형법」제166조) : 공용건조물, 현주건조물 외의 장소에 방화
④ 일반물건 등에의 방화죄(「형법」제167조) : 공용건조물, 현주건조물, 일반건조물 외의 물건에 방화

98 「화재조사 및 보고규정」상 건축·구조물화재의 소실정도의 분류 중 다음 ( ) 안에 알맞은 것은?

"반소"란 건물의 (㉠)% 이상 (㉡)% 미만이 소실된 것

① ㉠ 20, ㉡ 50
② ㉠ 20, ㉡ 70
③ ㉠ 30, ㉡ 50
④ ㉠ 30, ㉡ 70

📖 해설
반소란 건물의 30% 이상 70% 미만이 소실된 것이다.

참고
제16조 건축·구조물의 소실정도 「화재조사 및 보고규정」
암기법 전반부 출석해

1. 전소 : 건물의 70% 이상(입체면적에 대한 비율)이 소실되었거나 또는 그 미만이라도 잔존부분을 보수하여도 재사용이 불가능한 것
2. 반소 : 건물의 30% 이상 70% 미만이 소실된 것
3. 부분소 : 제1호, 제2호에 해당하지 아니하는 것

정답 | 95 ④ 96 ④ 97 ① 98 ④

99 화재조사관이 화재원인 및 피해조사활동을 개시하는 시점으로 옳은 것은?

① 화재발생 사실을 알게 된 때 지체 없이
② 현장에 소방차량이 도착함과 동시
③ 화재가 진압되고 지체 없이
④ 관할 경찰서의 조사 허가 시 지체 없이

🖊 해설
제5조 화재조사의 실시「소방의 화재조사에 관한 법률」에 의거 화재발생 사실을 알게 된 때에는 지체 없이 화재조사를 실시한다.

100 소방서장 등은 불이 번지는 것을 막기 위하여 필요할 때에는 불이 번질 우려가 있는 소방대상물을 일시적으로 사용하거나 그 사용의 제한 또는 소방활동에 필요한 처분을 할 수 있다. 다음 중 이러한 처분을 방해한 자에 대한 벌칙으로 옳은 것은?

① 3년 이하 징역 또는 3천만 원 이하의 벌금
② 5년 이하 징역 또는 5천만 원 이하의 벌금
③ 1년 이하 징역 또는 500만 원 이하의 벌금
④ 300만 원 이하의 벌금

🖊 해설
제52조 벌칙「소방기본법」에 의거 강제처분을 방해한 자는 3년 이하이 징역 또는 3천만 원 이하의 벌금에 처한다.

참고

강제처분 방해 및 거부자 벌칙 정리

사용 · 제한 · 처분 대상 구분	강제처분 방해 및 거부자 벌칙
사람 구출, 화재확산방지 위한 소방대상물 및 토지	3년 이하의 징역 또는 3천만 원 이하의 벌금
사람 구출, 화재확산방지 위한 긴급 인정 소방대상물 및 토지 외	300만 원 이하의 벌금
긴급 출동시 소방차 통행 위한 방해 차량 및 물건	

정답 | 99 ① 100 ①

기사 기출문제 2020년 4회

제1과목 화재조사론

01 다음은 화재조사의 과학적인 방법론이다. 순서에 맞게 배열한 것은?

① 문제 인식 → 문제 정의 → 가설 설정 → 자료 수집 → 자료 분석 → 가설 검증 → 최종 가설선택
② 문제 정의 → 문제 인식 → 자료 수집 → 자료 분석 → 가설 설정 → 가설 검증 → 최종 가설선택
③ 문제 정의 → 문제 인식 → 자료 수집 → 자료 분석 → 가설 검증 → 가설 설정 → 최종 가설선택
④ 문제 인식 → 문제 정의 → 자료 수집 → 자료 분석 → 가설 설정 → 가설 검증 → 최종 가설선택

해설
과학적 화재조사 방법론 순서
문제 인식 → 문제 정의 → 자료 수집 → 자료 분석 → 가설 설정 → 가설 검증 → 최종 가설선택

02 화재와 연소에 대한 설명으로 옳지 않은 것은?

① 화재란 사람의 의도에 반하거나 고의에 의해 발생하는 연소현상으로서 소화시설 등을 사용하여 소화할 필요가 있는 것을 말한다.
② 연소란 가연성 물질이 산소와 결합하여 열과 빛을 내며 급속히 산화되어 형질이 변경되는 화학반응을 말한다.
③ 연기란 연소 및 열분해에 의한 생성물로서 공기 중에 부유하고 육안으로 보이는 기체의 집단을 말한다.
④ 연기 입자의 크기는 연소조건에 따라 차이는 있지만, 무염연소의 경우에는 약 $1\mu m$, 유염연소의 경우에는 약 $1~5\mu m$의 것이 대부분을 차지한다.

해설
연기는 0.01~10μm 입자크기를 가지며 연소생성물 중에 고체나 액체의 미립자가 들어 있어 눈으로 볼 수 있는 상태이다.

03 발화지점으로 추정되는 위치에서 발화원, 발화물질 등 연소된 물건을 현장발굴하는 방법에 대한 설명으로 옳지 않은 것은?

① 발굴은 가능한 삽과 같은 것을 사용한다.
② 발굴한 물건 중 복원할 필요가 있는 것은 번호 또는 표식을 부착해 정리해 둔다.
③ 발굴은 위에서 아래로 실시한다.
④ 발굴한 연소된 물건은 가능한 그 위치를 옮기지 않는다. 불가피하게 이동하는 경우에는 복원 가능한 조치를 한다.

해설
삽은 발화지점이 아닌 잔해물을 제거하는 과정에서 사용되며, 발화지점에서의 세밀한 발굴에는 적합하지 않다.

> **참고**
> **발화지점 발굴 요령**
> - 삽을 사용하지 않는다.
> - 발굴은 위에서 아래로 실시한다.
> - 발굴된 물건은 위치를 변경시키지 않는다.
> - 불가피하게 이동할 때는 복원 가능한 조치를 한다.
> - 복원할 필요가 있는 것은 번호 또는 표식을 부착해 정리한다.
> - 숯 종류는 별도로 보관한다.

정답 | 01 ④ 02 ③ 03 ①

04 연소에 따른 금속의 산화작용으로 옳지 않은 것은?

① 온도가 높을수록, 노출 시간이 짧을수록 산화의 효과가 많이 나타난다.
② 철이나 강철이 화재에서 산화되었을 때, 처음에는 푸르스름하고 흐린 회색이 된다.
③ 스테인리스 스틸이 심하게 산화되면 흐린 회색을 띠게 된다.
④ 구리는 열에 노출되면 어두운 적색이나 흑색 산화물을 만든다.

해설
금속 산화 현상은 고온과 함께 노출 시간이 길어질수록 산화의 효과가 크다.
② 철 표면이 산화되면 푸르스름한 회색의 일산화철(FeO)이 형성되고, 온도가 더 높게 유지되면 더 산화되어 붉은색이나 갈색의 산화철(Fe_2O_3)이 형성된다.
③ 스테인리스 스틸이 1,000℃의 열을 받으면 회색으로 변색된다.
④ 구리는 열에 노출되면 적색의 산화제1구리와 흑색의 산화제2구리가 생성된다.

05 소방대(선착대)의 연소상황 조사 내용에 포함되지 않는 것은?

① 소화활동 중의 특이한 연소상황(색, 냄새 등)
② 주수위치 및 주수효과의 상황
③ 피해소방대상물의 소손면적, 동수, 이재 세대의 상황
④ 사상자 및 사상된 장소의 상황

해설
피해소방대상물의 소손면적, 동수, 이재 세대의 상황은 화재조사관이 실시하는 피해조사에 해당한다.

06 화재조사 전 준비의 내용으로 가장 거리가 먼 것은?

① 조사관은 사고의 날짜, 요일 및 시간을 정확하게 판단해야 한다.
② 사고가 발생한 뒤 흐른 시간은 조사 계획에 영향을 줄 수 있다.
③ 사건의 사실 및 환경은 현장조사 후 확인하여야 한다.
④ 사고와 조사 사이에 시간이 많이 지연될 경우 기존 문서와 정보를 검토하는 것이 더 중요하다.

해설
화재조사 전 사고 사실 및 환경을 인지해야 위험환경을 회피하고, 정확한 조사를 할 수 있다.
① 발생 시각을 명확히 알아야 화재조사 시 사고 흐름의 전후를 파악할 수 있다.
② 관계자의 진술도 바뀔 수 있고, 증거물도 이동하거나 훼손될 수 있다.
④ 시간이 지연될수록 현장정보가 부족하여 더 많은 문서와 정보를 검토해야 한다.

07 화학적 폭발에 대한 설명 중 옳은 것은?

① 산소농도가 낮을수록 폭발 위력이 크다.
② 압력이 높을수록 폭발의 위력이 적다.
③ 입자가 작을수록 폭발의 위력이 적다.
④ 혼합비율이 화학양론비에 가까울수록 위력이 크다.

해설
화학양론비는 연료와 산화제가 완벽하게 반응할 수 있는 비율로 화학양론비에 가까울수록 위력이 크다.
① 산소농도가 높을수록 폭발 위력이 크다.
② 높은 압력은 반응속도를 증가시켜 폭발 위력이 크다.
③ 입자가 작을수록 표면적이 증가하여 폭발의 위력이 크다.

08 일반 주택화재의 발화지점을 판정할 때 활용되는 정보로 가장 거리가 먼 것은?

① 화재패턴
② 산소농도
③ 목격자 진술
④ 전기합선 지점 분석

해설
산소농도는 화재 진행 과정에서 중요한 요소지만, 발화지점 판정과는 거리가 멀다.

09 화재가 나타내는 V패턴의 설명으로 옳지 않은 것은?

① 불꽃과 대류 또는 복사열에 의해서 생성된다.
② 연소가 진행될 때 수직으로 된 벽면에 나타난다.
③ 패턴이 나타내는 각도가 넓으면 연소의 속도가 느리다.
④ 발화지점이 아닌 곳에서도 생성될 수 있다.

정답 | 04 ① 05 ③ 06 ③ 07 ④ 08 ② 09 ③

해설

V패턴 각도가 화재의 성장속도나 열방출률을 나타내는 것이 아니다. V각이 넓고 좁음으로 연소속도를 평가하긴 어렵다. V패턴 각도는 열방출률, 가연물의 양과 형태, 환기효과 등을 종합 고려해야 한다.

10 유류 화재 발생 시 포소화약제를 유류표면에 발포하면 재착화가 일어나지 않으나 분말소화약제에 비해 소화시간이 긴 단점을 가지고 있다. 이와 같은 단점을 보완하기 위하여 분말소화약제와 함께 사용이 가능한 포소화약제로 가장 적절한 것은?

① 수성막포소화약제
② 단백포소화약제
③ 알코올형포소화약제
④ 합성계면활성제포소화약제

해설

포소화약제와 분말소화약제를 혼용하면 단점이 보완되어 효율적인 소화가 가능하다. 그러나 수성막포소화약제만 분말소화약제와 혼용이 적합하다.

약제 종류	장점	단점
수성막포소화약제	• 수성막으로 유류표면 차단 질식효과 • 물로 유류표면 냉각효과	• 소화 완료까지 장시간 소요
분말소화약제	• 단시간에 소화 가능	• 전체 유류표면 덮지 못함 • 냉각효과 부족하여 재발화 가능성 있음

11 여러 동의 인접한 건물이 소손되어 있는 화재현장에서 발화건물 판정을 위한 일반적인 조사요령에 관한 설명으로 옳지 않은 것은?

① 화재현장 전체의 연소방향은 가급적 낮은 쪽에서 높은 쪽을 바라보며 파악한다.
② 각 건물의 연소방향은 타다 멈춘 부분 또는 연속강약이 명확한 부분부터 파악한다.
③ 타서 허물어진 부분을 보고 연소방향을 추정할 수 있다.
④ 복수의 건물이 소손되어 있으면 인접동 간격, 외벽구조, 개구부 상황 등으로부터 연소상황을 파악한다.

해설

화재현장보다 높은 곳에서 내려보면 화재현장 전체의 연소방향을 확인할 수 있다. 특히 열화상 드론으로 화재현장을 보면 더 명확히 볼 수 있다.

12 물질의 연소와 관련이 있는 열관성(Thermal inertia)을 식으로 옳은 것은? (단, k는 열전도, ρ는 밀도, c는 열용량이다.)

① $c/k\rho$
② kc/ρ
③ $\rho c/k$
④ $k\rho c$

해설

열관성(Thermal inertia)은 주위 온도가 변할 때 열적 상태를 계속 유지하려는 성질로 $k\rho c$로 표현한다[열전도도(k), 밀도(ρ), 열용량(c)].

13 V패턴의 각도에 영향을 미치지 않는 것은?

① 열방출률
② 가연물의 형태
③ 환기 효과
④ 벽면의 열전도성

해설

수직 벽 표면(종이벽지, 단열재 등)의 연소성은 영향을 미치지만, 벽면의 열전도성은 V패턴의 각도와 직접적인 관련이 없다.

> **참고**
>
> **V패턴의 각도 결정요소**
> • 열방출률
> • 가연물의 형태
> • 환기 효과
> • 수직표면의 발화성과 연소성
> • 천장, 선반, 테이블 상판 등 장애물 존재

정답 | 10 ① 11 ① 12 ④ 13 ④

14 화재패턴 중 붕괴된 침대 스프링에 대한 설명으로 옳은 것은?

① 스프링의 붕괴된 부위와 붕괴되지 않은 부위를 비교하여 화염의 방향을 추정할 때 붕괴된 부위 방향을 화재의 진행방향으로 판단할 수 있다.
② 화재 이전부터 침대 위에 무거운 것이 올려져 있다면 화염의 방향과 상관없이 붕괴될 수 있으며, 소락물에 의한 영향은 없다.
③ 무거운 것이 올려져 있지 않다면 스프링은 붕괴되지 않는다.
④ 화재 이후에도 붕괴되지 않고 남아있는 스프링은 붕괴된 스프링과 같이 탄성을 잃어버린다.

해설
화염에 의해 스프링은 붕괴된다. 따라서 붕괴된 부위 방향은 화재의 진행방향으로 판단할 수 있다.
② 소락물의 영향을 고려하지 않으면 연소 방향성 판단에 오류가 발생한다.
③ 스프링은 무거운 물질 외에도 화재의 고온, 소락물 영향으로 붕괴될 수 있다.
④ 붕괴되지 않은 스프링은 열에 덜 노출되어 원래의 탄성을 유지할 수 있다.

15 소방기관이 화재조사를 수행하는 근본적인 목적으로 옳은 것은?

① 유사화재의 재발 방지와 피해 경감을 위한 자료로 활용
② 출화원인 규명으로 사법처리 근거 자료로 활용
③ 인적, 물적 피해사항 조사를 통한 통계자료로 활용
④ 법률관계에 수반된 증거보전 자료로 활용

해설
화재조사의 목적
- 유사화재의 방지와 피해 경감을 위한 자료로 활용
- 출화원인을 규명하고 예방행정의 자료로 활용
- 예방 및 진압대책의 자료로 활용
- 인명구조 및 안전대책의 자료로 활용
- 널리 소방정보를 수집하고 소방정책의 자료로 활용

16 화염 충돌에 의한 화재확산에 대한 설명으로 옳지 않은 것은?

① 구획공간에서 연료가 있는 위치에 따라 화염의 길이가 달라진다.
② 구획공간에서 연료의 위치가 벽과 구석(corner)에 있을 때 화염의 길이는 구석이 더 길다.
③ 화염의 높이가 천장보다 클 때는 화염이 천장을 따라 확장된다.
④ 천장에 의해서 화염이 잘려질 때 화염의 전체 길이는 자유 화염높이보다 작아진다.

해설
천장에 의해 화염이 잘려지면 화염이 천장을 따라 수평으로 확산되어 전체 길이는 오히려 길어진다.

17 탄화알루미늄이 상온에서 물과 반응할 경우 생성되는 가연성 기체는?

① 수소　　② 아세틸렌
③ 메탄　　④ 프로판

해설
탄화알루미늄(Al_4C_3)이 상온에서 물과 반응할 경우 메탄(CH_4)을 생성한다.
$Al_4C_3 + 12H_2O \rightarrow 4Al(OH)_3 + 3CH_4$

18 공기의 비중을 1이라 했을 때 다음 중 비중이 가장 큰 가스는?

① 수소　　② 부탄
③ 프로판　　④ 메탄

해설
증기분자량이 크면 증기비중도 크다. 따라서 증기분자량이 가장 큰 부탄이 증기비중도 크다.

증기비중 = $\dfrac{증기분자량}{공기평균분자량(29)}$

① 수소(H_2) : $\dfrac{2}{29} = 0.07$

② 부탄(C_4H_{10}) : $\dfrac{58}{29} = 2$

③ 프로판(C_3H_8) : $\dfrac{44}{29} = 1.52$

④ 메탄(CH_4) : $\dfrac{16}{29} = 0.55$

19 구획실 화재에서 플래시오버를 일으키는 화재의 최소 크기와 환기구 높이의 관계에 대한 설명으로 옳은 것은?

① 화재의 최소 크기는 환기구 높이의 제곱근에 비례한다.
② 화재의 최소 크기는 환기구 높이의 제곱에 비례한다.
③ 화재의 최소 크기는 환기구 높이의 세제곱근에 비례한다.
④ 화재의 최소 크기는 환기구 높이의 세제곱에 비례한다.

해설
플래시오버를 일으키는 화재 최소 크기($\dot{Q}_{F.O}$)는 $\sqrt{H}$에 비례한다.

Babrauskas 공식(플래시오버 예측 모델)
$\dot{Q}_{F.O} = 750 A_v \sqrt{H}$
$\dot{Q}_{F.O}$: 플래시오버 시 열방출률(KW)
A_v : 개구부(vent) 유효면적
H : 개구부 높이

20 화재조사의 책임과 권한에 대한 설명으로 옳은 것은?

① 소방서장과 보험회사는 화재조사에 필요한 사항에 대하여 협력하면 안 된다.
② 소방서장은 화재의 원인 및 피해 등에 대한 조사를 소화활동 후에 실시하여야 한다.
③ 범죄 우려가 있는 화재현장의 출입·보존 및 통제는 경찰공무원이 전적인 책임이 있다.
④ 소방서장은 방화 또는 실화 혐의가 있다고 인정되면 지체없이 경찰서장에게 알리고 증거물을 보존한다.

해설
「소방의 화재조사에 관한 법률」에 따른 화재조사의 책임 및 권한
① 제13조 관계기관 등의 협조 : 서로 협력하여야 한다.
② 제5조 화재조사의 실시 : 지체없이 화재조사를 하여야 한다.
③, ④ 제12조 소방공무원과 경찰공무원의 협력 등 : 화재현장은 소방과 경찰이 서로 협력하여 조사한다.

제2과목 화재감식론

21 무염화원이 아닌 것은?

① 담뱃불   ② 그라인더 불티
③ 모기향   ④ 촛불

해설
촛불, 모닥불, 성냥불은 유염연소 열원이고, 담뱃불, 그라인더 불티, 용접 불티, 모기향은 대표적인 무염연소 열원이다.

22 다음 중 염소(Cl) 성분을 포함하고 있는 가스는?

① 암모니아   ② 아세틸렌
③ 포스겐   ④ 시안화수소

해설
염소(Cl) 성분을 포함한 가스는 포스겐($COCl_2$)이다.
① 암모니아(NH_3)
② 아세틸렌(C_2H_2)
③ 포스겐($COCl_2$)
④ 시안화수소(HCN)

23 계획적인 방화로 분류되지 않는 것은?

① 정신이상에 의한 방화
② 이익목적에 의한 방화
③ 정치적 목적에 의한 방화
④ 원한에 의한 방화

해설
정신이상과 원한에 의한 방화는 우발적인 방화에 해당된다. 그러나 원한은 앞뒤를 가리지 않고 불을 지르는 경우도 있지만, 은밀한 계획을 세워 방화하는 경우도 있다.

> **참고**
> **방화의 분류**
> • 이익목적에 의한 방화
> • 정치적 목적에 의한 방화
> • 우발적인 방화(정신이상 등, 불만 발산, 원한)

정답 | 19 ① 20 ④ 21 ④ 22 ③ 23 ①

24 선박에서 인접하는 구획 사이를 2개의 분리된 격벽이나 갑판으로 격리시키는 구역을 무엇이라 하는가?

① A급 구획
② B급 구획
③ 코퍼댐(cofferdam)
④ 제연벽

해설
코퍼댐은 일반적으로 선박의 화물구역이나 기계실 등에서 화재나 침수 방지, 위험물 격리 등의 목적으로 사용된다.

25 산화에틸렌 90%와 메탄 10%가 혼합되어 있는 경우 폭발하한계로 옳은 것은? (단, 메탄의 연소범위는 5~15vol.%, 산화에틸렌의 연소범위는 3~80vol.%이다.)

① 1.79vol.%
② 3.13vol.%
③ 32vol.%
④ 55.81vol.%

해설
혼합가스의 폭발범위 계산 "르샤틀리에 법칙(Le Chatelier's Low)"

암기법 백불(100 V L)

$$L = \frac{100}{\frac{V_1}{L_1} + \frac{V_2}{L_2}} \text{ (vol.\%)}$$

$$L = \frac{100}{\frac{90}{3} + \frac{10}{5}} = 3.13 \text{ (vol.\%)}$$

L : 혼합가스 폭발한계(%)
L_1, L_2 : 각 가연성 가스 폭발한계(%)
V_1, V_2 : 각 가연성 가스의 공기 중 부피(vol.%)
산화에틸렌(L_1 : 3, V_1 : 90), 메탄(L_2 : 5, V_2 : 10)

26 임의의 도선에 흐르는 전류에 의한 자계의 세기 단위로 옳은 것은?

① [V · T/cm²]
② [V · T/M]
③ [A · T/cm²]
④ [A · T/m]

해설
전류에 의한 자계의 세기(H)는 1m당 작용하는 기자력(AT)의 세기다. 단위는 [A · T/m]이다.

27 다음 폭발 중 기상폭발에 해당하는 것이 아닌 것은?

① 가스폭발
② 분진폭발
③ 분무폭발
④ 수증기폭발

해설
수증기폭발은 응상폭발이다.

참고

물질 상태에 의한 폭발 분류
- 기상폭발 : 분무폭발, 가스폭발, 분진폭발, 증기운폭발, 분해폭발 등
- 응상폭발 : 수증기폭발, 증기폭발, 전선폭발, 고체폭발, 감압폭발 등

28 방화의 직접적 단서가 될 수 없는 것은?

① 도화선
② 색다른 촉진제
③ 비정상적인 연료하중
④ 출입문의 잠김 상태

해설
출입문 개방 또는 폐쇄는 다른 상황과 비교 · 분석하여 판단해야 할 간접적 단서로 활용한다.

29 다음 중 자연발화성 물질의 자연발화를 촉진시키는 데 영향을 주지 않는 것은?

① 표면적이 넓고 발열량이 클 것
② 열전도율이 클 것
③ 주위온도가 높을 것
④ 반응성이 클 것

해설
열전도율이 낮을수록 열 축적이 용이하여 자연발화를 촉진한다.

정답 | 24 ③ 25 ② 26 ④ 27 ④ 28 ④ 29 ②

30 산불진화 시 열 스트레스 손상으로 가장 거리가 먼 것은?

① 열경련　　　② 탈수 피로
③ 열 발작　　　④ 혼수상태

해설
열 스트레스 손상은 열경련, 탈수 피로, 열 발작이 발생한다.

31 성냥 나무개비에 침투시켜 연소 후 탄화시키는 약제는?

① 곰팡이 방지제　② 표백제
③ 염색제　　　　④ 인풀제

해설
인풀제는 인산, 물, 정전 방지 용액(섬유 유연제)을 혼합한 화합물로 성냥개비 머리에서 탄화가 잘 이루어지도록 침투시켜 사용하는 약제이다.

32 pH=3인 수용액의 [H$^+$]는 pH=5인 수용액의 [H$^+$]의 몇 배인가?

① 0.01　　　② 10
③ 100　　　④ 1,000

해설
pH 농도 계산식 : pH = $-\log[H^+]$
[H$^+$]로 정리 : [H$^+$] = 10^{-pH}
pH=3 대입 : [H$^+$] = 10^{-3}
pH=5 대입 : [H$^+$] = 10^{-5}
∴ $\dfrac{10^{-3}}{10^{-5}} = 100$

33 임야화재 시 수관화의 특징으로 옳은 것은?

① 중심부의 화염온도는 2,500℃이다.
② 주변의 연기온도는 1,500℃이다.
③ 바람이 강할 때 연소속도는 7km/h이다.
④ 임야화재 연소 중에 수십 m의 상승기류가 발생한다.

해설
수관화는 매우 강력한 열을 방출하여 수십 m의 상승기류를 발생시킨다.
① 중심부의 화염온도는 800~1,200℃이다.
② 주변의 연기온도는 200~500℃이다.
③ 바람이 강할 때 연소속도는 평균 4~6km/h이고, 조건에 따라 7km/h 이상으로 증가할 수 있다.

34 LPG 차량엔진의 구성부품 중 봄베에 부착된 충전밸브, 기체 송출밸브 및 액체 송출밸브의 색상을 순서대로 바르게 나열한 것은?

① 녹색, 적색, 황색　② 녹색, 황색, 적색
③ 황색, 녹색, 적색　④ 황색, 적색, 녹색

해설
LPG 봄베는 충전밸브(녹색), 기체 송출밸브(황색), 액체 송출밸브(적색)로 구성되어 있다.

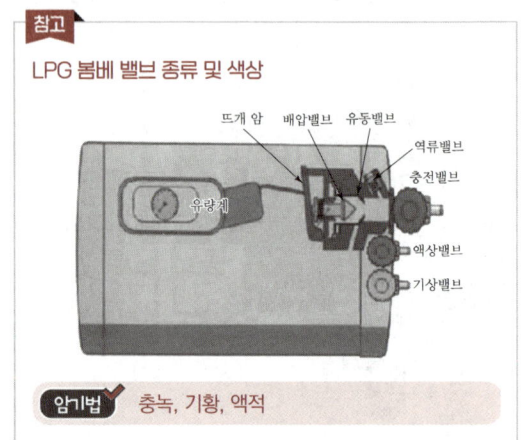

참고: LPG 봄베 밸브 종류 및 색상
암기법: 충녹, 기황, 액적

35 차량용 LPG 기화기(Vaporizer)의 설명 중 옳은 것은?

① 1차 감압실은 봄베로부터 전달된 액체 LPG를 0.8 kg/cm^{2}로 감압 및 기화하여 2차 감압실로 보낸다.
② 고정 조정 스크루는 공회전 상태에서 스크루를 돌려 공회전 상태의 CO 또는 HC의 농도를 조절한다.
③ 1차 압력조정 스크루는 1차 감압실의 LPG 압력을 0.8kg/cm^{2}로 저장하기 위한 스크루이다.
④ 저속차단 솔레노이드밸브는 LPG가 액체상태에서 기체로 될 때 주위로부터 기화열을 흡수하여 동결시키는 현상을 방지하기 위한 장치이다.

정답 | 30 ④　31 ④　32 ③　33 ④　34 ②　35 ②

해설
①, ③ 1차 감압실 LPG 압력은 0.3kg/cm²이다.
④ 저속차단 솔레노이드밸브는 전기적으로 솔레노이드 밸브를 열어주어 시동 및 내리막 주행 시 연료량을 추가 공급해 시동 꺼짐을 방지한다.

36 방화의 특징으로 옳지 않은 것은?
① 2개 이상의 독립된 발화개소가 식별된 경우
② 덕트나 배관용 파이프홀을 통해 다른 층이나 다른 방실로 화재가 확산되는 경우
③ 용도별로는 주택 및 차량에 대한 방화가 많음
④ 휘발유, 시너 등을 사용하는 경우가 많아 화재확산이 매우 빠름

해설
덕트나 배관용 파이프홀에서 화재가 발생하면 다른 층, 다른 방실로 연결되어 있어 여러 곳으로 확산되지만, 방화화재로 볼 수 없다.

37 전기화재 발생과정에 대한 설명 중 옳지 않은 것은?
① 코드의 접촉불량 시 접촉저항의 증가로 줄열에 의한 화재 발생
② 고압 변압기의 충전부에서 누설 방전으로 절연이 파괴되어 화재 발생
③ 코일의 층간 단락으로 저항이 증가하여 전류가 감소되며 화재 발생
④ 물 없는 전기온수기를 통전 방치하여 주변 가연물에서 화재 발생

해설
코일의 층간 단락은 일부 층의 절연파괴로 직접 연결되면서 전체적인 저항이 감소한다. 저항이 감소하면 과전류가 흘러 출화한다.

38 차량이 충돌 또는 추돌하는 경우, 누출된 연료 및 오일의 점화로 인해 화재로 이어져 인명사고가 발생하는 경우가 있다. 동 경우, 발화원인으로 작용할 수 없는 것은?
① 차량 파손에 동반된 전선의 단락에 의한 전기적 발열
② 차량 파손에 동반된 고온의 충격 마찰열
③ 차량 파손에 동반된 엔진 표면 및 배기계통의 고온 열면
④ 차량의 파손에 동반된 냉각수의 분출

해설
냉각수는 차량 엔진의 온도를 낮추는 역할을 하는 것으로 발화원인이 될 수 없다.

39 항공기에서 이상적인 화재감지장치(fire detection system)의 특징이 아닌 것은?
① 화재가 계속되는 동안 계속 지시해야 한다.
② 화재가 다시 발생하는 경우 다시 정확히 지시해야 한다.
③ 조종실에서 감지기장치를 시험 시 소요되는 전력은 많아야 한다.
④ 취급에서 노출에 견딜 수 있도록 견고해야 한다.

해설
조종실에서 감지기장치를 시험 시 소요되는 전력은 적어야 한다.

40 방화의 일반적인 판단 요소로 가장 거리가 먼 것은?
① 국부적인 발화 흔적
② 무단침입과 흔적
③ 범죄 흔적
④ 특이한 인위적 흔적

해설
국부적 발화 흔적은 방화와 상관이 없다. 2개 이상의 독립된 발화개소가 식별된 경우를 방화로 판단한다.

정답 | 36 ② 37 ③ 38 ④ 39 ③ 40 ①

> **참고**
>
> **방화현장의 특징**
> - 2개 이상의 독립된 발화개소가 식별된 경우
> - 인화성 액체 가연물 용기가 발견된 경우, 또는 사용 흔적이 있는 경우
> - 침입흔적이 있는 경우
> - 연소 확산을 위한 흔적이 발견된 경우
> - 발화장치가 발견된 경우
> - 화재현장에서 다른 범죄의 증거가 발견되는 경우
> - 발화부에서 발화하였다고 발화 열원이 발견되지 않는 경우
> - 특이한 인위적인 흔적이 발견된 경우
> - 연쇄적으로 화재가 발생한 경우
> - 화재 발생 전후의 상황이나 관계자의 환경이 의심스러운 경우

제3과목 증거물관리 및 법과학

41 화재사의 사인과 그 내용이 올바르게 연결된 것은?

① 화상사 : 화재에 따른 현상에 의해 신경을 자극해서 정신 또는 신체가 충격을 받아 사망한 것
② 질식사 : 화재 시 발생한 일산화탄소 등 유독가스가 혈액의 산소공급을 막아 조직의 산소결핍으로 사망한 것
③ 소사 : 화재로 인하여 화염 등 고열이 피부에 작용하여 화상을 입은 후 그 상황에서 2차적인 조건에 의해 사망한 것
④ 쇼크사 : 화재로 인한 화상과 더불어 화염에 의해 불에 타서 사망하거나 일산화탄소에 의한 유독가스 중독과 산소결핍에 의한 질식 등이 합병되어 사망한 것

해설
① 화상사 : 화재 속에서 화염에 의해 화상을 입은 후 그 상황에서 2차적인 조건에 의해 사망한 것
③ 소사 : 화염에 의해 불에 타서 사망하거나 그와 동시에 연소 중에 만들어지는 일산화탄소·매연 등 가스와의 양면(兩面) 작용으로 인해 사망한 것
④ 쇼크사 : 화재에 따른 현상에 의해 신경을 자극해서 정신 또는 신체가 충격을 받아 사망한 것

42 화재로 사망한 사람의 생활반응으로 틀린 것은?

① 일산화탄소의 중독으로 사망한 경우 암적색 시반이 나타난다.
② 분신자살자는 혈중 일산화탄소 농도가 전혀 나오지 않는 경우도 있다.
③ 흡연자의 경우, 평소에도 비흡연자보다 높은 수준의 일산화탄소 농도가 나타난다.
④ 사망에 이르는 혈중 일산화탄소의 농도는 10~80%까지 개인마다 차이가 있다.

해설
일산화탄소의 중독으로 사망한 경우 선홍색 시반이 나타난다.

43 화재현장에서의 현장임장 및 증거물 수집활동의 법적 근거가 아닌 것은?

① 「형사소송법」 제218조 영장에 의하지 아니한 압수
② 「형사소송법」 제216조 영장에 의하지 아니한 강제처분
③ 「형사소송법」 제308조 제2항 위법수집증거 배제원칙
④ 「범죄수사규칙」 제8장 제2절, 제4장 제2절, 제142조, 제143조 범죄현장과 증거보존, 유류물 등의 압수

해설
위법수집증거의 배제원칙은 적법한 절차에 따라 증거를 수집해야 한다는 내용이다.

44 증거물 오염이 가중되는 시기로 맞는 것은?

① 보관할 때
② 이송할 때
③ 수집할 때
④ 발견했을 때

해설
증거물이 오염될 수 있는 원인
- 탄화된 물체와의 이질적 혼합
- 수집과정에서 조사자의 부주의
- 수집용기의 재사용
- 수집용기의 밀봉조치 미흡

정답 | 41 ② 42 ① 43 ③ 44 ③

45 화재현장에서 화재조사자의 의무가 아닌 것은?

① 화재원인과 피해조사를 위한 출입 검사 의무
② 화재원인과 피해조사 시 경찰공무원과의 협력 의무
③ 증거물과 피의자에 대한 조사를 수행함에 있어 경찰의 수사를 방해하지 않아야 할 의무
④ 방화, 실화 등 범죄의 혐의가 있는 경우 관할 경찰서장에게 알리고 필요한 증거를 수집 보존할 의무

해설
출입·검사가 아닌 출입·조사 등을 할 수 있다.

제9조 출입·조사 등 「소방의 화재조사에 관한 법률」
소방관서장은 화재조사를 위하여 필요한 경우에 관계인에게 보고 또는 자료 제출을 명하거나 화재조사관으로 하여금 해당 장소에 출입하여 화재조사를 하게 하거나 관계인 등에게 질문하게 할 수 있다.

46 인화점 측정을 위한 장비가 아닌 것은?

① Pensky-Martens
② Tag Closed Cup
③ Cleveland Open Cup
④ Scanning Electron Microscope

해설
Scanning Electron Microscope는 주사전자현미경으로써 고체상태에서 작은 크기의 미세 조직과 형상을 관찰할 때 널리 쓰이는 현미경이다.

47 훈소가 가능한 물질에 해당하는 것은?

① 종이   ② 스티로폼
③ 나일론 섬유   ④ 플라스틱

해설
②~④는 고분자 화합물질로서 연소과정에서 고체에서 액체, 기체상태로 변화하므로 훈소가 불가하다.

48 화재로 발생한 열에 의해 유리창이 파손되는 원인에 대한 설명으로 맞는 것은?

① 열을 받는 유리가 녹으면서 깨진다.
② 유리면의 온도차에 의한 응력으로 깨진다.
③ 유리를 구성하는 규소의 열분해에 의해 깨진다.
④ 화재가 발생한 실내의 높아진 압력에 의해 깨진다.

해설
열에 의해 유리는 수열면과 비수열면(유리의 중앙과 모서리, 화재실 내측면과 외측) 사이의 온도차에 의해 발생하는 응력으로 파열된다.

49 아파트의 주방에서 가스폭발로 20대 여성이 둔상을 입었다. 둔상은 폭발효과에 의한 부상의 4가지 유형 중 어느 것인가?

① 열효과에 의한 부상
② 지진효과에 의한 부상
③ 파편효과에 의한 부상
④ 압력파효과에 의한 부상

해설
둔상은 무딘손상으로써 뭉툭한 물체와의 충돌로 인하여 인체가 손상되는 상처를 말한다. 폭발의 효과 중 파편과의 충돌로 인하여 발생할 수 있다.

폭발의 효과
- 압력
- 충격파
- 열효과
- 파열, 파괴 및 파편

50 화재조사를 위한 사진촬영의 중요성에 해당하지 않는 것은?

① 사실의 묘사성   ② 진술의 신뢰성
③ 기억의 환기성   ④ 증거의 조작성

해설
사진촬영은 조작되지 않은 객관적 사실을 묘사하기 위함이다.

정답 | 45 ① 46 ④ 47 ① 48 ② 49 ③ 50 ④

51 플라스틱 증거물에 관한 설명으로 맞는 것은?

① 열가소성 물질은 용해되고 흘러서 화재 확대의 원인이 된다.
② 폴리우레탄 같은 열가소성 물질은 탄화물질을 형성하지 않는다.
③ 탄화수소계의 기본적인 고체 가연물인 플라스틱의 약 90%는 열경화성이다.
④ PVC와 같은 열경화성 물질은 가열되면 용융, 변형, 그리고 드롭다운 패턴이 형성된다.

해설
② 보통의 폴리우레탄은 열경화성 물질로 탄화물질을 형성한다.
③ 탄화수소계의 기본적인 고체 가연물인 플라스틱의 대부분은 열가소성이다.
④ PVC와 같은 열가소성 물질은 가열되면 용융, 변형, 그리고 드롭다운 패턴이 형성된다.

52 카메라 촬영에 있어 피사계심도 조절 방법으로 틀린 것은?

① 피사계심도를 얕게 하는 방법으로 렌즈구경을 개방한다.
② 피사계심도를 깊게 하는 방법으로 촬영거리를 가깝게 한다.
③ 피사계심도를 얕게 하는 방법으로 초점거리가 더 긴 렌즈를 사용한다.
④ 피사계심도를 깊게 하는 방법으로 초점거리가 더 짧은 렌즈를 사용한다.

해설
피사계심도를 깊게 하는 방법으로 촬영거리를 멀게 한다.

카메라 렌즈의 조리개와 피사계의 심도의 관계

조리개(노출도)	심도(초점거리)
크다(넓다)	얕다(짧다)
작다(좁다)	깊다(멀다)

53 화재와 관련된 사망자 분석으로 틀린 것은?

① 피는 열의 영향으로 귀, 코, 입에서 스며 나올 수 있다.
② 화재로 인한 희생자는 모두 사망시간을 측정해야 한다.
③ 화재로 인한 희생자는 모두 일산화탄소 포화상태를 측정해야 한다.
④ 사체 외부에서 발견된 피는 사망하기 전에 신체적 외상을 입었다는 것을 나타낸다.

해설
화재로 인한 희생자는 필요한 경우, 사망시간을 추정할 수 있다.

54 화재현장의 사진촬영 기법에 대한 설명으로 틀린 것은?

① 발화지점을 중심으로 연소 확산된 상황을 촬영
② 화재대상물과 주위의 위치관계를 알 수 있도록 촬영
③ 가능한 소실된 현장을 국소적으로만 자세하게 촬영
④ 외부 촬영 시 먼 곳에서 화재대상물 전면을 담아낼 수 있는 위치에서 촬영

해설
발화대상물 이외 부분도 촬영하여야 발화부 및 발화지점을 배제하는 근거로 활용할 수 있다.

55 가연성 액체 증거 보관용기의 설명으로 틀린 것은?

① 가연성 액체 증거를 온전하게 보존해야 한다.
② 가연성 액체 증거의 오염과 변화를 예방해야 한다.
③ 가연성 액체 증거의 기화를 막기 위해 밀봉이 되어서는 안 된다.
④ 가연성 액체 증거의 물리적 상태, 특징, 파괴성, 휘발성을 고려하여 선택한다.

해설
가연성 액체 증거의 기화를 막기 위해 밀봉하여야 한다.

정답 | 51 ① 52 ② 53 ② 54 ③ 55 ③

56 화재조사에서 전기설비 및 구성부품의 증거물 수집 시 유의사항으로 맞는 것은?

① 전체 전기기기나 전기 제품을 있는 그대로 수집해야 한다.
② 전선의 한쪽 끝에는 태그를 붙여 회로 장치 등의 내용을 표시한다.
③ 전선 피복의 검사가 용이하도록 가능한 전선을 짧게 수집해야 한다.
④ 증거물이 발견되면 다른 구성부품과의 혼란 방지를 위해 신속히 이동시킨다.

🔍 **해설**
증거물의 온전한 보존을 위해 전기기기, 전기 제품을 있는 그대로 수집해야 한다.

57 가스 크로마토그래피법을 통해 분리된 각 원소들에 대한 상세한 분석을 수행하는 장비로 맞는 것은?

① Mass Spectrometer
② Tag Closed Tester
③ X-ray Fluorescence
④ Infrared Spectrophotometer

🔍 **해설**
① 질량분광계(MS) : 시료를 이온화하여 분자 질량, 분자량, 분자구조를 분석하는 장치
② 태그 밀폐식 인화점 측정기 : 점성이 낮고 인화점이 93℃ 이하인 액체의 인화점을 측정하는 장치
③ 엑스레이 형광분석(XRF) : 여기 상태의 전자가 방출하는 빛을 측정하여 유기물 및 무기물에서의 특정 원소를 정성·정량 분석하는 장치
④ 적외선 분광광도계(IR) : 기체, 액체, 고체 등 유기물에 IR 빔을 조사하는 에너지교환 현상을 이용하여 스펙트럼으로 분석하는 장치

58 액체 연소촉진제의 물리적 증거수집 시 고려사항으로 틀린 것은?

① 흡수성 물질(밀가루 등)은 실험실로 옮겨서 추출하는 것이 좋다.
② 액체 연소촉진제는 다공성 물질 안에 갇혔을 때 다공성 물질 안에 존재할 가능성이 높으므로 주의 깊게 확인한다.
③ 액체 연소촉진제는 대부분 구조부, 내부 마감재 및 기타 화재 잔해에 쉽게 흡수됨으로 물질 내부에 흡수되었는지 확인한다.
④ 모든 액체 연소촉진제는 물보다 가벼워 물과 접촉 시 그 위에 뜨므로 기름띠를 확인하는 것만으로도 액체 연소촉진제가 있었는지를 알아낼 수 있다.

🔍 **해설**
액체 연소촉진제는 대부분 물보다 비중이 낮아 기름띠로 이를 확인할 수 있으나, 물에 잘 녹는 수용성 알코올의 경우 예외이다.

59 타임라인에서 상대적 시간에 포함되는 것은?

① 완전소화시간
② 목격된 지속시간
③ 신고가 접수된 시간
④ 알람의 설정과 작동시간

🔍 **해설**
타임라인(Time Line) 작성 구성요소
- 실제시간(Hard Time), 절대적시간 : 신고가 접수된 시간, 알람의 설정과 작동시간, 완전소화시간
- 상대적시간(Relative Time) : 목격된 지속시간
- 추정시간(Soft Time)

60 화재현장에서 질문 내용의 녹음 방법으로 맞는 것은?

① 진술 거부 시 유도심문을 한다.
② 질문은 길게 하고 간결한 답변을 요구한다.
③ 사전에 녹음사실을 알리고 임의적 진술을 확보한다.
④ 관계자 외 심리적 상태를 고려하여 화재로부터 2~3일 후 면담을 한다.

🔍 **해설**
제7조 관계인등 진술 「화재조사 및 보고규정」
관계인등에게 질문을 할 때에는 시기, 장소 등을 고려하여 진술하는 사람으로부터 **임의진술**을 얻도록 해야 하며 진술의 자유 또는 신체의 자유를 침해하여 임의성을 의심할 만한 방법을 취해서는 아니 된다.

정답 | 56 ① 57 ① 58 ④ 59 ② 60 ③

제4과목 화재조사 보고 및 피해평가

61 피해물의 경제적 내용연수가 다한 경우 잔존하는 가치의 재구입비에 대한 비율을 무엇이라 하는가?

① 잔가율
② 손해율
③ 최종잔가율
④ 보정률

해설

「화재조사 및 보고규정」의 피해액 관련 용어 정의

용어	정의
재구입비	화재 당시의 피해물과 같거나 비슷한 것을 재건축(설계 감리비를 포함한다) 또는 재취득하는데 필요한 금액
내용연수	고정자산을 경제적으로 사용할 수 있는 연수
손해율	피해물의 종류, 손상 상태 및 정도에 따라 피해금액을 적정화시키는 일정한 비율
잔가율	화재 당시에 피해물의 재구입비에 대한 현재가의 비율
최종잔가율	**암기법** 최종 잔가재 피해물의 내용연수가 다한 경우 잔존하는 가치의 재구입비에 대한 비율

62 화재피해조사서(인명) 작성 시 기재사항이 아닌 것은?

① 사상부위
② 사상시 위치·행동
③ 사상 전 상태
④ 사상자 가족 인적사항

해설

사상자 가족 인적사항은 해당되지 않는다.

참고

화재피해조사서(인명피해) 기재사항

암기법 자정 위원 전부 취약

- 사상자
- 사상정도
- 사상시 위치·행동
- 사상원인
- 사상전 상태
- 사상부위 및 외상
- 사상재(취약) 정보

63 「화재조사 및 보고규정」상 사후조사에 대한 설명으로 맞는 것은?

① 사후조사는 발화장소 및 발화지점의 현장이 보존되어 있는 경우에만 조사를 한다.
② 사후조사의 경우에도 화재현장출동보고서를 반드시 작성하여야 한다.
③ 사후조사의 경우 화재발생종합보고서는 「화재조사 및 보고규정」별지 제3호 서식이 아닌 별도의 서식에 의해 작성한다.
④ 소방대가 출동하지 아니한 화재장소의 화재증명원 발급요청이 있는 경우, 조사관이 판단하여 사후조사를 실시한 후 보고서를 작성한다.

해설

제23조 화재증명원의 발급 「화재조사 및 보고규정」
소방관서장은 화재피해자로부터 소방대가 출동하지 아니한 화재장소의 화재증명원 발급신청이 있는 경우 조사관으로 하여금 사후조사를 실시하게 할 수 있다. 이 경우 민원인이 제출한 사후조사 의뢰서의 내용에 따라 발화장소 및 발화지점의 현장이 보존되어 있는 경우에만 조사를 하며, 화재현장출동보고서 작성은 생략할 수 있다.

64 「화재조사 및 보고규정」상 화재조사 활동의 개시시점으로 맞는 것은?

① 화재사실 인지와 동시
② 화재현장 도착과 동시
③ 화재진화 활동과 동시
④ 화재진화 작업종료와 동시

해설

제3조 화재조사의 개시 및 원칙 「화재조사 및 보고규정」
화재조사관은 화재발생 사실을 인지하는 즉시 화재조사를 시작해야 한다.

65 공구 및 기구의 소손정도에 따른 손해율로 틀린 것은?

① 오염·수침손의 경우 : 10%
② 손해정도가 보통인 경우 : 20%
③ 손해정도가 다소 심한 경우 : 50%
④ 50% 이상 소손되고 그을음 및 수침오염 정도가 심한 경우 : 100%

정답 | 61 ③ 62 ④ 63 ① 64 ① 65 ②

해설
공구·기구의 소손 정도에 따른 손해율 「화재피해액 산정 매뉴얼」

암기법 공기 오다보수 빼고상식

화재로 인한 피해정도	손해율(%)
50% 이상 소손되고 그을음 및 수침오염 정도가 심한 경우	100
손해정도가 다소 심한 경우	50
손해정도가 보통인 경우	30
오염·수침손의 경우	10

66 「화재조사 및 보고규정」상 화재현장출동 보고서의 작성을 생략할 수 있는 경우는?

① 항구에 메어 둔 선박에서 화재가 발생하여 조사하는 경우
② 건축물이 아닌 야외 공터의 쓰레기 화재에 대해 조사한 경우
③ 소방대가 화재현장에 출동하였고, 재산피해가 경미한 경우
④ 소방대가 출동하지 않은 화재현장에 대해 민원인이 사후조사를 의뢰하였고, 현장이 보존되어 사후조사를 실시한 경우

해설
제23조 화재증명원의 발급 「화재조사 및 보고규정」
소방관서장은 화재피해자로부터 소방대가 출동하지 아니한 화재장소의 화재증명원 발급신청이 있는 경우 조사관으로 하여금 사후 조사를 실시하게 할 수 있다. 이 경우 민원인이 제출한 사후조사 의뢰서의 내용에 따라 발화장소 및 발화지점의 현장이 보존되어 있는 경우에만 조사를 하며, 화재현장출동보고서 작성은 생략할 수 있다.

참고

화재조사 실시대상

암기법 건차선산인그

- 건축물
- 차량
- 선박, 선박 건조 구조물
- 산림
- 인공 구조물 또는 물건
- 그 밖에 소방관서장이 화재조사가 필요하다고 인정하는 화재

67 화재현장조사서 작성 시 발화원인 판정의 방법으로 틀린 것은?

① 재현실험의 데이터나 각종 문헌 등을 인용한다.
② 제조물 관련 화재의 경우, 경험에 기초하여 주관적 증명이 가능하도록 한다.
③ 난해한 전문용어나 어려운 이론을 열거하는 것은 피하고 논리적 표현을 사용한다.
④ 질문조사서 등의 서류로부터 사실인용과 합리적·과학적인 논리전개가 중심이 된다.

해설
발화원인 판정은 물리적 증거물에 기초하여 객관적 증명이 가능하도록 한다.

68 모델하우스 또는 가설건물 등 일정기간 존치하는 건물에 있어서는 실제 존치할 기간을 내용연수로 하여 피해액을 산정한다. 이 경우 존치기간 종료일 현재의 최종잔가율은 얼마인가?

① 10% ② 20%
③ 30% ④ 40%

해설
특수한 경우 중 모델하우스 등에 대한 피해액 산정 「화재피해액 산정 매뉴얼」
모델하우스 또는 가설건물 등 일정기간 존치하는 건물에 있어서는 실제 존치할 기간을 내용연수로 하여 피해액을 산정한다. 이 경우 존치기간 종료일 현재의 최종잔가율은 20%이며, 내용연수 및 경과연수는 연 단위까지 산정한다.

69 화재원인 분류에서 화학적 요인에 해당하지 않는 것은?

① 자연발화 ② 혼촉발화
③ 물리적 폭발 ④ 금수성물질과 물의 접촉

해설
물리적 폭발은 온도, 압력 및 상변화 등의 물리적 요인에 해당한다.

정답 | 66 ④ 67 ② 68 ② 69 ③

70 화재피해조사 중 재산피해 유형에 관한 설명으로 틀린 것은?

① 수손피해 : 소화활동으로 발생한 수손피해 등
② 소실피해 : 열에 의한 탄화, 용융, 파손 등의 피해
③ 영업피해 : 화재발생으로 영업을 하지 못해 발생한 영업손실
④ 기타피해 : 연기, 물품반출, 화재 중 발생한 폭발 등에 의한 피해 등

해설
영업피해는 화재피해조사에 해당하지 않는다.

71 화재조사서류 작성상의 유의사항으로 틀린 것은?

① 필요한 서류가 첨부되어야 한다.
② 원칙적으로 평이하고 알기 쉬운 문장으로 작성토록 노력한다.
③ 오자, 탈자 등이 없도록 글자 하나라도 가볍게 보아서는 안 된다.
④ 화재유형별 조사서는 화재의 유형과 관계없이 동일 양식에 기재하여야 한다.

해설
화재는 그 유형별로 서식에 작성하여야 한다.

72 화재피해액을 산정할 때 손해율의 적용할 때 손해율을 구분하는 기준은?

① 내용연수 ② 경년감가율
③ 최종잔가율 ④ 화재로 인한 피해정도

해설
손해율이란 화재로 인한 피해물의 종류, 손상 상태 및 정도에 따라 피해금액을 적정화시키는 일정한 비율을 말한다.

73 내용연수가 30년이고 경과연수가 15년인 건물의 잔가율은 얼마인가?

① 30% ② 40%
③ 50% ④ 60%

해설
잔가율 = 1 − [(1 − 0.2) × (15/30)] = 0.6

잔가율 계산법 「화재피해액 산정 매뉴얼」
• 현재가(시가) = 재구입비 × 잔가율
• 잔가율 = $\dfrac{\text{재구입비} - \text{감가수정액}}{\text{재구입비}}$
  = 100% − 감가수정율
  = 1 − (1 − 최종잔가율) × $\dfrac{\text{경과연수}}{\text{내용연수}}$

74 다음 중 작성자가 다른 화재조사 서류는?

① 질문기록서 ② 화재현장조사서
③ 화재피해조사서 ④ 화재현장출동보고서

해설
①~③은 화재조사관, ④는 선착대 선임자가 작성한다.

75 예술품 및 귀중품의 피해액 산정을 위한 기준으로 맞는 것은? (단, 그 가치를 손상하지 아니하고 원상태의 복원이 가능한 경우는 제외한다.)

① 시중매매가격 ② 감정서의 감정가액
③ 수리비에 의한 방식 ④ 회계장부상의 구입가액

해설
전부손해 여부에 따른 화재피해금액 산정기준 비교

암기법 차동식 매 수 치료

• 차량, 동물, 식물
  − 전부손해의 경우 : 시중매매가격
  − 전부손해가 아닌 경우(부분 소손) : 수리비 및 치료비

암기법 해(회)골 공포(보) 감정 복구

• 회화(그림), 골동품, 미술공예품, 귀금속 및 보석류
  − 전부손해의 경우 : 감정가격
  − 전부손해가 아닌 경우(부분 소손) : 원상복구에 소요되는 비용

정답 | 70 ③ 71 ④ 72 ④ 73 ④ 74 ④ 75 ②

76 화재 등으로 인한 피해액 산정에 있어 최종잔가율 20% 적용이 아닌 것은?

① 건물 ② 부대설비
③ 비품 ④ 가재도구

🔲 해설
제18조 화재피해금액 산정 「화재조사 및 보고규정」
건물 등 자산에 대한 최종잔가율은 건물·부대설비·구축물·가재도구는 20%로 하며, 그 이외의 자산은 10%로 정한다.

77 「화재조사 및 보고규정」에서 소실정도를 구분할 때 전소에 대한 설명으로 틀린 것은?

① 반소 보다 소실비율이 높다.
② 일반적으로 건물의 경우 70% 이상 소실된 것을 의미한다.
③ 소실비율은 소실된 건물의 바닥면적을 기준으로 한다.
④ 소실정도가 70% 미만인 경우에 잔존부분을 보수하여도 재사용이 불가능한 것은 전소에 해당한다.

🔲 해설
소실비율은 입체면적을 기준으로 한다.

> **참고**
> 제16조 건축·구조물의 소실정도 「화재조사 및 보고규정」
> **암기법** 전반부 출석해
> 1. 전소 : 건물의 70% 이상(입체면적에 대한 비율)이 소실되었거나 또는 그 미만이라도 잔존부분을 보수하여도 재사용이 불가능한 것
> 2. 반소 : 건물의 30% 이상 70% 미만이 소실된 것
> 3. 부분소 : 제1호, 제2호에 해당하지 아니하는 것

78 영업시설의 피해액 산정 시에 개·보수한 때를 기준으로 경과연수를 산정하는 것은 재 설치비의 몇 % 이상 개·보수한 경우인가?

① 50 ② 60
③ 70 ④ 80

🔲 해설
부대설비, 구축물, 영업시설의 일부를 개수 또는 보수한 경우에 있어서는 경과연수 기준은 건물과 동일하다.

건물의 경과연수 「화재피해액 산정 매뉴얼」, 개수 또는 보수한 경우 경과연수

암기법 50살부터 최초저축해서, 80세에 보수를 합산 평균 했는데, 이상하게 보수가 작다.

재설치비의 50% 미만 개·보수한 경우	**최초** 설치연도를 기준으로 경과연수를 산정
재설치비의 50~80% 개·보수한 경우	최초 설치연도를 기준으로 한 경과연수와 개·보수한 때를 기준으로 한 경과연수를 **합산**하고 **평균**하여 경과연수를 산정
재설치비의 80% 이상 개·보수한 경우	개·보수한 때를 기준으로 하여 경과연수를 산정

79 화재현황조사서의 기재사항이 아닌 것은?

① 건물상태 ② 화재발생장소
③ 화재원인 ④ 발화관련기기

🔲 해설
화재현황조사서에 건물상태 기재항목은 없다.

80 철거건물에 대한 피해액 산정 시의 최종잔가율로 맞는 것은?

① 5% ② 10%
③ 15% ④ 20%

🔲 해설
제18조 화재피해금액 산정 「화재조사 및 보고규정」
건물 등 자산에 대한 최종잔가율은 건물·부대설비·구축물·가재도구는 20%로 하며, 그 이외의 자산은 10%로 정한다.

정답 | 76 ③ 77 ③ 78 ④ 79 ① 80 ④

제5과목 화재조사관계법규

81 「화재로 인한 재해보상과 보험가입에 관한 법령」상 특수건물에 대하여 손해보험회사가 운영하는 특약부화재보험에 가입하지 아니한 자의 벌칙 기준으로 옳은 것은?

① 100만 원 이하의 벌금
② 300만 원 이하의 벌금
③ 500만 원 이하의 벌금
④ 700만 원 이하의 벌금

해설
제23조 벌칙 「화재로 인한 재해보상과 보험가입에 관한 법률」에 의거 특약부화재보험에 가입하지 아니한 자는 500만 원 이하의 벌금에 처한다.

82 「소방의 화재조사에 관한 법령」상 화재조사를 하기 위한 관계 공무원의 출입 또는 조사를 거부·방해 또는 기피하는 자에 대한 벌칙 기준으로 옳은 것은?

① 100만 원 이하의 벌금
② 200만 원 이하의 벌금
③ 300만 원 이하의 벌금
④ 500만 원 이하의 벌금

해설
「소방의 화재조사에 관한 법률」상 벌금은 300만 원 이하의 벌금이다.

참고

제21조 벌칙(300만 원 이하 벌금) 「소방의 화재조사에 관한 법률」

암기법 물 출 업비 증

1. 허가 없이 화재현장에 있는 물건 등을 이동시키거나 변경·훼손한 사람
2. 정당한 사유 없이 화재조사관의 출입 또는 조사를 거부·방해 또는 기피한 사람
3. 관계인의 정당한 업무를 방해하거나 화재조사를 수행하면서 알게 된 비밀을 다른 용도로 사용하거나 다른 사람에게 누설한 사람
4. 정당한 사유 없이 증거물 수집을 거부·방해 또는 기피한 사람

83 「화재조사 및 보고규정」에 따른 사상자의 기준 중 다음 ( ) 안에 알맞은 것은?

> 사상자는 화재현장에서 사망한 사람과 부상당한 사람을 말한다. 단, 화재현장에서 부상을 당한 후 ( )시간 이내에 사망한 경우에는 당해 화재로 인한 사망으로 본다.

① 72　　② 48
③ 36　　④ 24

해설
사망자 기준은 72시간 이내, 중상은 3주 이상의 입원치료가 기준이다.

참고

제13조, 제14조 사상자 및 부상자 분류 「화재조사 및 보고규정」

분류		정의
사상자		화재현장에서 사망한 사람과 부상을 당한 사람
화재사 판정 기준		화재현장에서 부상을 당한 후 72시간 이내에 사망한 경우
부상자 (의사진단기초)	중상	3주 이상의 입원치료를 필요로 하는 부상
	경상	• 중상 이외의 부상(입원치료를 필요로 하지 않는 것도 포함) • 병원치료가 불필요한 단순 연기 흡입자는 제외

84 소방관서장은 방화 또는 실화의 혐의가 있어서 수사기관이 이미 피의자를 체포하였거나 증거물을 압수하였을 때에 화재조사를 위하여 피의자 또는 압수된 증거물에 대한 조사를 하는 경우에 대한 설명으로 옳은 것은?

① 필요할 때는 언제나 조사할 수 있으며 수사기관은 항상 화재조사에 협조하여야 한다.
② 수사기관의 수사가 종료된 후부터 조사를 실시할 수 있다.
③ 수사에 지장을 주지 아니하는 범위에서 조사를 할 수 있으며 수사기관은 신속한 화재조사를 위하여 특별한 사유가 없으면 조사에 협조하여야 한다.

정답 | 81 ③　82 ③　83 ①　84 ③

④ 원칙적으로 조사할 수 없으나, 인명피해 등 사회적 문제가 야기된 경우에는 조사할 수 있다.

해설
제11조 화재조사 증거물 수집 등 「소방의 화재조사에 관한 법률」에 의거 수사에 지장을 주지 않는 범위에서 수사기관의 협조 하에 조사할 수 있다.

85 「화재로 인한 재해보상과 보험가입에 관한 법률」에 따르면 특수건물의 소유권이 변경된 경우 소유권을 취득한 날부터 며칠 이내에 특약부화재보험에 가입하여야 하는가?

① 즉시
② 10일
③ 20일
④ 30일

해설
제5조 보험가입의 의무 「화재로 인한 재해보상과 보험가입에 관한 법률」에 의거 30일 이내 특약부화재보험에 가입해야 한다.

86 「화재조사 및 보고규정」상 화재의 소실정도가 반소인 기준으로 옳은 것은?

① 건물의 30% 이상 70% 미만이 소실된 것
② 건물의 40% 이상 60% 미만이 소실된 것
③ 건물의 50% 이상 70% 미만이 소실된 것
④ 건물의 50% 이상 80% 미만이 소실된 것

해설
반소란 건물의 30% 이상 70% 미만이 소실된 것이다.

> **참고**
> 제16조 건축·구조물의 소실정도 「화재조사 및 보고규정」
> **암기법** 전반부 출석해
> 1. 전소 : 건물의 70% 이상(입체면적에 대한 비율)이 소실되었거나 또는 그 미만이라도 잔존부분을 보수하여도 재사용이 불가능한 것
> 2. 반소 : 건물의 30% 이상 70% 미만이 소실된 것
> 3. 부분소 : 제1호, 제2호에 해당하지 아니하는 것

87 「민법」상 다음 ( ) 안에 알맞은 용어는?

> 공작물의 설치 또는 보존의 하자로 인하여 타인에게 손해를 가한 때에는 공작물(㉮)가 손해를 배상할 책임이 있다. 그러나 (㉮)가 손해의 방지에 필요한 주의를 해태하지 아니한 때에는 그 (㉯)가 손해를 배상할 책임이 있다.

① ㉮ 소유자, ㉯ 중개자
② ㉮ 점유자, ㉯ 소유자
③ ㉮ 소유자, ㉯ 설계자
④ ㉮ 점유자, ㉯ 건축자

해설
제758조 공작물 등의 점유자, 소유자의 책임 「민법」
공작물의 설치 또는 보존의 하자로 인하여 타인에게 손해를 가한 때에는 공작물 점유자가 손해를 배상할 책임이 있다. 그러나 점유자가 손해의 방지에 필요한 주의를 해태하지 아니한 때에는 그 소유자가 손해를 배상할 책임이 있다.

88 「제조물 책임법」상 제조업자의 손해배상 면책 규정으로 옳지 않은 것은?

① 제조업자가 해당 제조물을 공급하지 아니하였다는 사실을 입증한 경우
② 제조물의 결함이 제조업자의 제조물 공급 당시 법령기준을 준수함에 따라 발생하였다는 사실을 입증한 경우
③ 제조물을 공급한 당시의 과학·기술 수준으로는 결함의 존재를 발견할 수 없었다는 사실을 입증한 경우
④ 제조업자가 결함 있는 제조물을 공급한 후 3년이 경과한 경우

해설
제7조 소멸시효 등 「제조물 책임법」
제2항으로 손해를 발생시킨 제조물 공급일로부터 10년 이내 행사해야 한다.

정답 | 85 ④ 86 ① 87 ② 88 ④

> **참고**
>
> 제7조 소멸의 시효 등 「제조물 책임법」
>
> **암기법** 모알 3년, 제공 10년
>
> **제1항** 손해배상의 청구권은 피해자 또는 그 법정대리인이 손해와 손해배상책임을 지는 자를 모두 알게 된 날부터 3년간 행사하지 아니하면 시효의 완성으로 소멸한다.
>
> **제2항** 손해배상의 청구권은 제조업자가 손해를 발생시킨 제조물을 공급한 날부터 10년 이내에 행사하여야 한다.

89 「화재로 인한 재해보상과 보험가입에 관한 법령」에 따라 특약부화재보험을 가입하여야 하는 특수건물 중 아파트는 기본적으로 몇 층 이상이어야 하는가?

① 7층
② 11층
③ 16층
④ 층수와 관계없이 모든 아파트

해설
공동주택으로서 16층 이상의 아파트 및 부속건축물이다.

90 「제조물 책임법」상 제조상의 결함에 해당되는 것은?

① 제조업자가 합리적인 대체 설계를 채용하였더라면 피해나 위험을 줄이거나 피할 수 있었음에도 대체 설계를 채용하지 아니하여 해당 제조물이 안전하지 못하게 된 경우를 말한다.
② 제조업자가 제조물에 대하여 제조상·가공상의 주의의무를 이행하였는지에 관계없이 제조물이 원래 의도한 설계와 다르게 제조·가공됨으로써 안전하지 못하게 된 경우를 말한다.
③ 제조업자가 합리적인 설명·지시·경고 또는 그 밖의 표시를 하였더라면 해당 제조물에 의하여 발생할 수 있는 피해나 위험을 줄이거나 피할 수 있었음에도 이를 하지 아니한 경우를 말한다.
④ 제조업자가 물류·유통과정에서 발생할 수 있는 위험을 인지하지 못하여 제조물의 파손을 초래한 경우를 말한다.

해설
「제조물 책임법」상 결함은 제조상, 설계상, 표시상 결함을 말한다.
① 설계상 결함
② 제조상 결함
③ 표시상 결함
④ 해당 없음

91 「형법」상 업무상과실 또는 중대한 과실로 인하여 실화의 죄를 범한 자에 대한 벌칙 기준으로 옳은 것은?

① 2년 이하의 금고 또는 700만 원 이하의 벌금
② 3년 이하의 금고 또는 2,000만 원 이하의 벌금
③ 5년 이하의 금고 또는 1,500만 원 이하의 벌금
④ 7년 이하의 금고 또는 2,000만 원 이하의 벌금

해설
제171조 업무상실화, 중실화 「형법」
실화의 죄를 범한 자는 3년 이하의 금고 또는 2천만 원 이하의 벌금에 처한다.

92 「화재로 인한 재해보상과 보험가입에 관한 법령」상 특약부화재보험의 설명으로 옳은 것은?

① 장애가 남은 것이란 정상기능의 5분의 2 이상을 상실한 경우를 말한다.
② 제대로 못쓰게 된 것이란 정상기능의 5분의 4 이상을 상실한 경우를 말한다.
③ 뚜렷한 장애가 남은 것이란 정상기능의 5분의 3 이상을 상실한 경우를 말한다.
④ 항상 보호 또는 수시 보호를 받아야 하는 기간은 의사가 판정하는 노동능력 상실기간을 기준으로 하여 타당한 기간으로 정한다.

해설
후유장애의 기능상실 구분

암기법 장사 뚜렷한 절반 제대로 성사

구분	기능상실 정도
제대로 못쓰게 된 것	정상기능의 4분의 3 이상을 상실한 경우
뚜렷한 장애가 남은 것	정상기능의 2분의 1 이상을 상실한 경우
장애가 남은 것	정상기능의 4분의 1 이상을 상실한 경우

정답 | 89 ③ 90 ② 91 ② 92 ④

93 「소방의 화재조사에 관한 법령」상 소방청장이 실시하는 화재조사에 관한 시험의 응시자격에 대한 내용이다. 다음 (   ) 안에 알맞은 것은?

> ㉠ 화재조사관 양성을 위한 전문교육을 이수한 사람
> ㉡ 소방청장이 인정하는 외국의 화재조사 관련 기관에서 (   )주 이상 화재조사에 관한 전문교육을 이수한 사람

① 15   ② 12
③ 10   ④ 8

해설
화재조사에 관한 시험 응시자격은 8주 이상 화재조사에 관한 전문교육 이수자이다.

94 「화재조사 및 보고규정」상 용어의 정의 중 옳은 것은?

① 발화열원이란 화재가 발생한 부위를 말한다.
② 화재조사관이란 화재조사업무를 위탁한 보험회사 직원을 말한다.
③ 발화요인이란 발화에 관련된 불꽃 또는 열을 발생시킨 기기 또는 장치나 제품을 말한다.
④ 연소확대물이란 연소가 확대되는 데 있어 결정적 영향을 미친 가연물을 말한다.

해설
① 발화열원이란 발화의 최초원인이 된 불꽃 또는 열을 말한다.
② 화재조사관이란 화재조사에 전문성을 인정받아 화재조사를 수행하는 소방공무원이다.
③ 발화요인이란 발화열원에 의하여 발화로 이어진 연소현상에 영향을 준 인적·물적·자연적인 요인이다.

95 「민법」에서 규정하는 불법행위에 대한 설명으로 틀린 것은?

① 과실로 인한 위법행위로 타인에게 손해를 가한 자는 그 손해를 배상할 책임이 있다.
② 타인의 신체, 자유 또는 명예를 해하거나 기타 정신상 고통을 가한 자는 재산 이외의 손해에 대하여도 배상할 책임이 있다.
③ 심신상실 중에 타인에게 손해를 가한 자는 배상의 책임이 있다.
④ 태아는 손해배상의 청구권에 관하여는 이미 출생한 것으로 본다.

해설
심신상실 중에 타인에게 손해를 가한 자는 배상의 책임이 없다.
① 「민법」 제750조 불법행위의 내용
② 「민법」 제751조 재산 이외의 손해의 배상
③ 「민법」 제754조 심신상실자의 책임능력
④ 「민법」 제762조 손해배상청구권에 있어서 태아의 지위

96 「소방기본법」에 의한 화재, 재난·재해 그 밖의 위급한 상황이 발생한 현장에서 그 현장에 있는 사람으로 하여금 사람을 구출하는 일 또는 불을 끄거나 불이 번지지 아니하도록 하는 일을 방해한 자에 대한 벌칙은?

① 5년 이하의 징역 또는 3천만 원 이하의 벌금
② 5년 이하의 징역 또는 5천만 원 이하의 벌금
③ 3년 이하의 징역 또는 1천500만 원 이하의 벌금
④ 3년 이하의 징역 또는 1천만 원 이하의 벌금

해설
제50조 벌칙 「소방기본법」 5년 이하의 징역 또는 5천만 원 이하의 벌금에 해당하는 행위

구분	행위
출동 소방대 방해	다음 각 목의 어느 하나에 해당하는 행위를 한 사람 가. 위력(威力)을 사용하여 출동한 소방대의 화재진압·인명구조 또는 구급활동을 방해하는 행위 나. 소방대가 화재진압·인명구조 또는 구급활동을 위하여 현장에 출동하거나 현장에 출입하는 것을 고의로 방해하는 행위 다. 출동한 소방대원에게 폭행 또는 협박을 행사하여 화재진압·인명구조 또는 구급활동을 방해하는 행위 라. 출동한 소방대의 소방장비를 파손하거나 그 효용을 해하여 화재진압·인명구조 또는 구급활동을 방해하는 행위
소방차 방해	소방자동차의 출동을 방해한 사람
업무 방해	사람을 구출하는 일 또는 불을 끄거나 불이 번지지 아니하도록 하는 일을 방해한 사람
소방용수 사용 방해	정당한 사유 없이 소방용수시설 또는 비상소화장치를 사용하거나 소방용수시설 또는 비상소화장치의 효용을 해치거나 그 정당한 사용을 방해한 사람

정답 | 93 ④ 94 ④ 95 ③ 96 ②

97 공용건조물 등에의 방화죄 대상물이 아닌 것은?

① 건조물 ② 자동차
③ 임야   ④ 지하채굴시설

> **해설**
> **제165조 공용건조물 등 방화 「형법」**
>
> **[암기법]** 건기에 전자산업은 순(선)항하지
>
> 불을 놓아 공용으로 사용하거나 공익을 위해 사용하는 <u>건조물</u>, <u>기차</u>, <u>전차</u>, <u>자동차</u>, <u>선박</u>, <u>항공기</u>, <u>지하채굴시설</u>을 불태운 자는 무기 또는 3년 이상의 징역에 처한다.

98 「화재증거물수집관리규칙」에 따른 증거물 시료 용기의 기준 중 옳은 것은?

① 주석 도금캔(CAN)은 2회 사용 후 반드시 폐기한다.
② 양철 용기는 돌려막는 스크루 뚜껑만 아니라 밀어 막는 금속 마개를 갖추어야 한다.
③ 코르크 마개, 클로로프렌 고무, 마분지, 합성 코르크 마개 또는 플라스틱 물질(PTFE 포함)은 시료와 직접 접촉되어서는 안 된다.
④ 유리병의 코르크 마개는 휘발성 액체에 사용하여야 한다. 만일 제품이 빛에 민감하다면 짙은 색깔의 시료병을 사용한다.

> **해설**
> **증거물 시료용기 기준**
> ① 주석 도금캔(CAN)은 1회 사용 후 반드시 폐기한다.
> ② 양철 용기는 돌려막는 스크루 뚜껑만 아니라 밀어 막는 금속 마개를 갖추어야 한다.
> ③ 코르크 마개, 고무(클로로프렌 고무는 제외), 마분지, 합성 코르크 마개 또는 플라스틱 물질(PTFE는 제외)은 시료와 직접 접촉되어서는 안 된다.
> ④ 유리병의 코르크 마개는 휘발성 액체에 사용하여서는 안 된다. 만일 제품이 빛에 민감하다면 짙은 색깔의 시료병을 사용한다.

99 「화재조사 및 보고규정」상 다음에서 설명하는 용어는?

> 피해물의 종류, 손상 상태 및 정도에 따라 피해액을 적정화시키는 일정한 비율을 말한다.

① 최초잔가율 ② 최종잔가율
③ 잔가율   ④ 손해율

> **해설**
> ① 최초잔가율이라는 용어는 없다.
> ② 최종잔가율 : 피해물의 내용연수가 다한 경우 잔존하는 가치의 재구입비에 대한 비율
> ③ 잔가율 : 화재 당시에 피해물의 재구입비에 대한 현재가의 비율
> ④ 손해율 : 피해물의 종류, 손상 상태 및 정도에 따라 피해금액을 적정화시키는 일정한 비율

100 「제조물 책임법」에 따른 손해배상의 청구권은 제조업자가 손해를 발생시킨 제조물을 공급한 날부터 몇 년 이내에 행사하여야 하는가?

① 3   ② 5
③ 7   ④ 10

> **해설**
> 「제조물 책임법」 제7조 소멸시효 등 제2항으로 손해를 발생시킨 제조물 공급일로부터 10년 이내 행사해야 한다.

정답 | 97 ③ 98 ② 99 ④ 100 ④

기사 기출문제 2021년 1회

제1과목 화재조사론

01 정전기의 발생을 예방하기 위한 방법으로 틀린 것은?

① 접지시설을 한다.
② 공기를 이온화시킨다.
③ 공기 중의 상대습도를 70% 이상으로 한다.
④ 대전을 방지하기 위하여 비전도성 물질을 사용한다.

해설
비전도성 물질은 정전기를 잘 축적시키므로 대전을 방지하기 위해서는 오히려 전도성 물질을 사용한다.

참고
정전기 방지대책
- 정전기의 발생이 우려되는 장소에 접지시설을 한다.
- 실내의 공기를 이온화하여 정전기의 발생을 예방한다.
- 정전기는 습도가 낮거나 압력이 높을 때 많이 발생하므로 상대습도를 70% 이상으로 한다.
- 전기의 저항이 큰 물질은 대전이 용이하므로 전도체 물질을 사용한다.

02 증기운 형성 물질 중 비점 이상의 온도지만 가압하여 액화된 물질로 열전달 및 확산이 증발을 제한하는 특징을 갖는 물질은?

① 벤젠
② 액화암모니아
③ 액화천연가스
④ 액화석유가스

해설
증기운폭발의 물질 분류 중 벤젠과 헥산에 대한 설명이다.

참고
증기운폭발의 물질 분류

분류	물질	특성	증발 형태
I	액화천연가스 (LNG)	• 임계온도<주위온도 • 대기압에서 저온으로 액화	열전달이 증발 제한
II	액화석유가스 (LPG), 액화암모니아, 액화염소	• 임계온도>주위온도 • 비점<주위온도 • 상온에서 가압하여 액화	순간증발
III	벤젠, 헥산	• 임계압력 > 주위압력 • 비점<주위온도 • 비점온도의 온도지만 가압하여 액화	열전달 및 확산이 증발 제한
IV	액화사이클로헥산	• 주위온도보다 높은 온도에 있는 물질 • 가압하여 액화	내부에너지로 순간 증발

03 플래시오버에 대한 설명으로 가장 거리가 먼 것은?

① 환기 지배 연소로 전환된다.
② 열방출률 곡선이 급격히 상승한다.
③ 주요 열전달 방식은 대류로 전환된다.
④ 플래시오버 단계는 해당 화재실의 화염이 최성기로 성장하게 되는 화재의 단계를 의미한다.

해설
플래시오버의 주요 열전달 방식은 복사열이다.

정답 | 01 ④ 02 ① 03 ③

04 「화재조사 및 보고규정」상 화재증명원 발급에 대한 설명 중 틀린 것은?

① 재산피해내역 중 피해금액은 기재하지 아니한다.
② 민원인의 요구가 있는 경우에는 피해금액을 기재하여 발급할 수 있다.
③ 화재증명원 발급 시 인명피해 및 재산피해 내역을 기재한다.
④ 화재조사가 진행 중인 경우에는 완료 후 발급 가능함을 안내한다.

해설
화재조사가 진행 중인 경우에는 "조사 중"으로 기재하여 발급한다.

제23조 화재증명원의 발급 「화재조사 및 보고규정」
제3항 화재증명원 발급 시 인명피해 및 재산피해 내역을 기재한다. 다만, 조사가 진행 중인 경우에는 "조사 중"으로 기재한다.
제4항 재산피해내역 중 피해금액은 기재하지 아니하며 피해물건만 종류별로 구분하여 기재한다. 다만, 민원인의 요구가 있는 경우에는 피해금액을 기재하여 발급할 수 있다.

05 연소박리와 소화수박리에 대한 설명 중 틀린 것은?

① 박리의 분포는 연소박리가 집중되어 있고, 소화수박리는 산재되어 있다.
② 표면의 거칠기는 연소박리가 크고, 소화수박리는 작다.
③ 박리면적은 연소박리가 작고, 소화수박리는 크다.
④ 박리면은 연소박리가 거칠고, 소화수박리는 평탄하며 윤기가 난다.

해설
박리의 분포는 연소박리가 산재되어 있고, 소화수 박리는 집중되어 있다.

참고

연소열과 소화수에 의한 탄화물 박리상태의 차이점

차이 항목	연소박리	소화수박리
박리면적	소	대
표면의 거칠기	대	소
박리의 분포	산재	집중적
박리면	거침	평탄하며 윤기가 남

06 방화의 식별에서 일반적인 방화의 가능성이 있는 경우로 가장 거리가 먼 것은?

① 화재가 건물의 구조, 가연물 등에 비해 급격히 확산된 경우
② 최초 발화지점에서 유류 등 연료물질을 사용한 흔적이 있는 경우
③ 연소기구를 중심으로 연소 확대가 진행된 흔적이 있는 경우
④ 출입문, 창 등에 강제로 진입한 흔적이 있는 경우

해설
연소기구를 중심으로 연소 확대가 진행된 흔적은 실화에 더 가깝고, 일반적인 방화현장의 특징은 아니다.

07 「소방의 화재조사에 관한 법령」상 화재조사전담부서에서 갖추어야 할 장비 및 시설 중 화재조사 분석실은 몇 m² 이상의 실을 보유하여야 하는가?

① 10m² 이상　② 20m² 이상
③ 30m² 이상　④ 40m² 이상

해설
전담부서의 장비와 시설 「소방의 화재조사에 관한 법률 시행규칙」[별표]

암기법 분석(3)실

화재조사 분석실의 구성장비를 유효하게 보존·사용할 수 있고, 환기 시설 및 수도·배관시설이 있는 30m² 이상의 실

08 화재현장의 파괴된 유리 분석에 대한 설명으로 옳은 것은?

① 열에 의해 깨진 유리의 단면에는 리플마크가 관찰된다.
② 열에 의해 깨진 유리의 표면을 관찰하면 월러라인을 식별할 수 있다.
③ 열에 의해 깨진 유리는 방사형 파손흔적이 관찰된다.
④ 유리 단면을 관찰하면 열 또는 충격에 의한 원인을 구분할 수 있다.

해설
열에 의해 깨진 유리는 불규칙하게 금이 가지만, 충격에 의해 깨진 유리는 방사상, 동심원, 월러라인 형태로 파손된다.

정답 | 04 ④　05 ①　06 ③　07 ③　08 ④

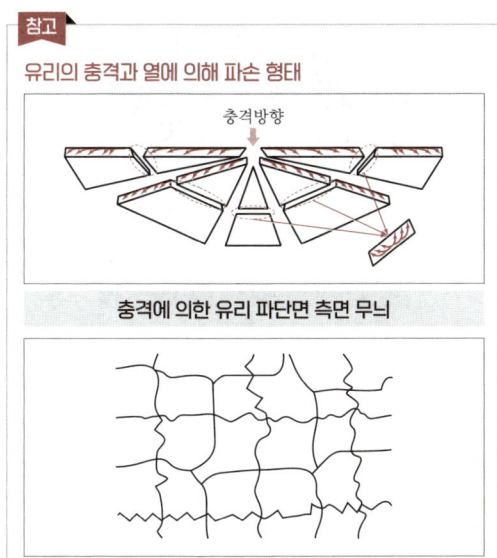

참고
유리의 충격과 열에 의해 파손 형태

충격에 의한 유리 파단면 측면 무늬

화재열에 의한 불규칙한 균열흔

09 수류탄 폭발에 대한 분류로 옳은 것은?

① 화학적 폭발 – 집중 폭발
② 화학적 폭발 – 확산 폭발
③ 물리적 폭발 – 확산 폭발
④ 물리적 폭발 – 집중 폭발

해설
수류탄이 폭발 시 내부에 집중되어 있던 폭약의 화학적 에너지가 매우 짧은 시간 내에 폭발하며 충격파로 큰 피해를 준다.

10 화염의 색이 백적색일 때 불꽃의 온도는?

① 약 350℃
② 약 800℃
③ 약 1,300℃
④ 약 1,500℃

해설
온도별 화염의 색

담암적색	암적색	적색	휘적색	황적색	백적색	휘백색
520℃	700℃	850℃	950℃	1,100℃	1,300℃	1,500℃

11 공기 중에서 폭발범위가 가장 넓은 물질은?

① 수소
② 메탄
③ 아세틸렌
④ 암모니아

해설
아세틸렌은 폭발범위가 매우 넓다.
① 수소 : 4.1~7.5
② 메탄 : 5~15
③ 아세틸렌 : 2.5~82
④ 암모니아 : 15~28

12 구획된 건축물 내 화재 발생 시 나타나는 화재패턴에 대한 설명으로 옳은 것은?

① 금속재의 만곡부는 지상을 향해 휘거나 뒤틀린 형태를 나타낸다.
② 열을 많이 받은 부분일수록 박리현상이 발생할 가능성이 낮다.
③ 벽지에 나타나는 연소형태를 통하여 화염의 이동경로를 추정하는 것은 불가능하다.
④ 천장 내부에서 착화된 경우 화재의 발견이 늦기 때문에 천장 바깥쪽보다 안쪽의 소실정도가 약하게 나타난다.

해설
② 열을 많이 받을수록 박리현상이 심해진다.
③ 벽지는 연기만으로도 탄화되고, 그을음이 묻어 화염의 이동경로 파악에 많이 사용된다.
④ 천장 내부에서 착화된 경우 늦게 발견되더라도 안쪽의 소실정도가 강하다.

13 연기에 대한 설명으로 틀린 것은?

① 고층건물에서 연기를 이동시키는 주요 추진력은 굴뚝효과이다.
② 건물 내에서 연기의 수평방향 확산속도는 약 0.5 m/s이다.
③ 알코올이 연소될 경우에 연기의 색은 진한 검은색을 띤다.
④ 연기는 공기 중에 부유하고 있는 고체 또는 액체의 미립자다.

📖 해설
알코올은 대부분 완전연소하여 연기가 발생하지 않지만, 간혹 불완전연소 시 옅은 흰색의 연기가 발생한다.

14 물과 접촉 시 가연성 기체를 발생하지 않고 발열반응으로 인하여 주변의 가연물을 발화시키는 물질은?

① 칼륨
② 산화칼슘
③ 인화알루미늄
④ 탄화칼슘

📖 해설
생석회(산화칼슘)는 물과 반응으로 발열반응하여 화재가 발생할 수 있다.
$CaO + H_2O \rightarrow Ca(OH)_2 + 15.2kcal/mol$
① 칼륨 : $2K + 2H_2O \rightarrow 2KOH + H_2$(수소 가스)
③ 인화알루미늄 : $AlP + 3H_2O \rightarrow Al(OH)_3 + PH_3$(인화수소 가스)
④ 탄화칼슘 : $CaC_2 + 2H_2O \rightarrow Ca(OH)_2 + C_2H_2$(아세틸렌가스)

15 연소흔적의 주요 생성 원인 중 증발연소로 인하여 나타나는 액체 가연물의 흔적으로 옳은 것은?

① 포어 패턴(pour pattern)
② 도넛 패턴(doughnut pattern)
③ 스플래시 패턴(splash pattern)
④ 레인보우 이펙트(rainbow effect)

📖 해설
도넛 패턴
도넛 패턴은 가연성 액체가 웅덩이처럼 고여 있을 경우 발생하는데, 주변부나 얕은 곳에서는 화염이 바닥이나 바닥재를 탄화시키는 반면에 깊은 중심부는 액체가 증발하면서 증발잠열에 의해 웅덩이 중심부를 냉각시키는 현상 때문이다.

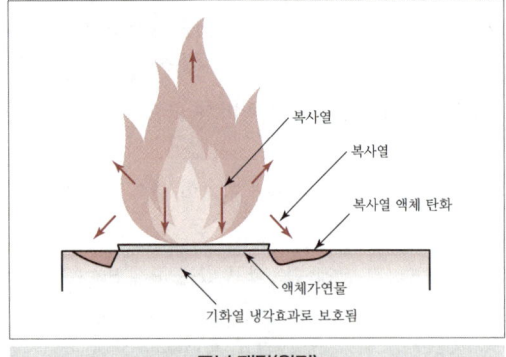
도넛 패턴(원리)

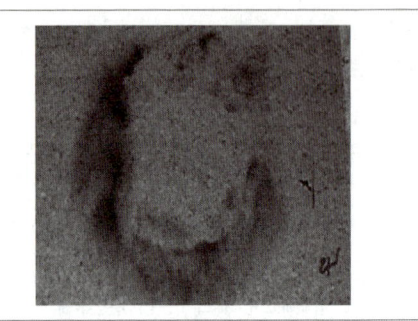
도넛 패턴

16 드래프트 효과를 저해하는 요인이 아닌 것은?

① 통 내에 그을음이 많이 쌓여 단면적이 감소되는 경우
② 균열이나 파손된 곳으로 외부의 찬 공기가 들어오는 경우
③ 연통의 수직거리가 수평거리의 1.5배 이상인 경우
④ 굴곡이 적거나 구부러지지 않아 통기저항이 적은 경우

📖 해설
드래프트 효과(통기력)는 온도 차이에 따라 공기가 움직이는 현상으로 굴곡이 적거나 통기저항이 적은 경우, 공기의 흐름이 원활해지므로 드래프트 효과가 저해되지 않고 오히려 향상된다.

17 「소방의 화재조사에 관한 법령」상 화재조사의 시작 시점에 해당하는 것은?

① 화재진압 후 실시
② 화재발생과 동시에 실시
③ 화재발생 사실을 알게 된 때
④ 화재발생 징후 포착과 동시에 실시

📖 해설
제5조 제1항 화재조사의 실시 「소방의 화재조사에 관한 법률」
소방청장, 소방본부장 또는 소방서장(이하 "소방관 서장"이라 한다)은 화재발생 사실을 알게 된 때에는 지체 없이 화재조사를 하여야 한다.

18 12mm의 합판이 25kW/m²의 열유속을 받고 있을 때 점화시간(초)은? (단, 표면 열손실이 없는 이상적인 경우라 가정하고, 실온 : 20℃, 합판의 물성치는 점화온도 : 250℃, 열전도도 : 0.15×10⁻³kW/m·K, 밀도 : 640kg/m³, 비열 : 2.9kJ/kg·K이다.)

① 약 15 ② 약 19
③ 약 23 ④ 약 30

해설

두꺼운 재료의 착화시간(t_{ig})(>2mm)

$$t_{ig} = C(k\rho c)\left[\frac{T_{ig}-T_\infty}{\dot{q}''}\right]^2$$

$$= \frac{\pi}{4}(0.15\times10^{-3})\times 640 \times 2.9 \times \left[\frac{523-293}{25}\right]^2$$

$$= 18.49[s]$$

참고

고체연료의 발화시간
- 얇은 재료의 착화시간(<2mm)

$$t_{ig} = \rho c d\frac{T_{ig}-T_\infty}{\dot{q}''}$$

- 두꺼운 재료의 착화시간(>2mm)

$$t_{ig} = C(k\rho c)\left[\frac{T_{ig}-T_\infty}{\dot{q}''}\right]^2$$

t_{ig} : 재료의 착화시간[s]
k : 열전도도[kW/m·k]
C : π/4(열손실 없는 이상적인 경우)
ρ : 밀도[kg/m³]
c : 비열[kj/kg·k]
l : 재료의 두께[mm]
T_{ig} : 점화온도[K]
T_∞ : 초기온도(실온)[K]
$\dot{q}''$: 열유속[kW/m²]

19 화재현장에서 수집된 각 증거물이 주는 정보를 연관되는 것끼리 연결해 놓은 것으로 전체적인 그림을 그리는 과정은?

① PERT 차트
② 타임라인(Time line)
③ Hopkinson의 상승근법
④ 마인드 맵핑(Mind mapping)

해설

증거물 분석 및 재구성 방법 구분

구분	정의
마인드 매핑	각 증거물이 주는 정보를 연관되는 것들끼리 연결해놓는 것
타임라인	사건들을 시간의 흐름에 맞게 배열하는 작업한 것
PERT 차트	증거들의 조합으로 이루어진 이벤트들을 타임라인 위에 나열한 것
Hopkinson의 상승근법	충격과정에서 동적응력변화를 설명한 것 (예 자동차 충돌 시뮬레이션)

20 「소방의 화재조사에 관한 법령」에 따른 화재조사 전담부서에서 갖추어야 할 감식기기가 아닌 것은?

① 절연저항계
② 산업용실체현미경
③ 멀티테스터기
④ 디지털온도·습도측정시스템

해설

디지털온도·습도측정시스템은 기록용 기기다.

참고

전담부서의 장비와 시설 「소방의 화재조사에 관한 법률 시행규칙」[별표]

구분	기자재명 및 시설 규모
기록용 기기 (13종)	디지털카메라(DSLR)세트, 비디오카메라세트, TV, 적외선거리측정기, <u>디지털온도·습도측정시스템</u>, 디지털풍향풍속기록계, 정밀저울, 버니어캘리퍼스, 웨어러블캠, 3D스캐너, 3D카메라(AR), 3D캐드시스템, 드론
감식기기 (16종)	<u>절연저항계</u>, <u>멀티테스터기</u>, 클램프미터, 정전기측정장치, 누설전류계, 검전기, 복합가스측정기, 가스(유증)검지기, 확대경, <u>산업용실체현미경</u>, 적외선열상카메라, 접지저항계, 휴대용디지털현미경, 디지털탄화심도계, 슈미트해머, 내시경현미경

제2과목 화재감식론

21 차량 화재조사 중 화재조사자의 안전 및 조사가 용이한 장소가 아닌 것은?

① 화재가 발생한 고속도로의 갓길
② 소유자의 주차장 및 조사 가능한 주차장
③ 화재차량의 소유자가 최근 차량검사 및 수리를 맡긴 자동차정비공장
④ 화재차량의 소유자가 신차(중고차)로 구입한 자동차판매영업소

해설
고속도로의 갓길은 항상 위험하다. 화재장소 후방에서 안전조치가 되어있더라도 초기 조사만 하고 차량을 이동하여 본격 조사한다.

22 항공기 소화기 장치의 일상정비에 포함된 항목이 아닌 것은?

① 전선의 교체
② 배출관의 누출시험
③ 소화기 용기의 검사와 보급
④ 카트리지의 장·탈장과 재장착

해설
항공기 소화기 장치는 기계장치로 전선의 교체와는 관계없다.

23 무염화원의 한 종류인 점화원으로 담뱃불에 대한 설명으로 틀린 것은?

① 대표적인 무염화원이다.
② 이동이 가능한 점화원이다.
③ 담배 완제품은 자연발화가 가능하다.
④ 흡연자는 화인을 제공할 수 있는 개연성이 있다.

해설
담배 완제품은 라이터 불, 성냥 등 외부 점화원이 있어야 불이 붙는다. 자연발화는 불가능하다.

24 선박 화재의 직접적인 발화원으로 가장 거리가 먼 것은?

① 아크
② 접지
③ 정전기
④ 전기 과열

해설
접지는 과전류, 과전압 상태에서 사람과 장비의 안전을 위한 장치이다. 때로는 접지의 손상 등으로 비정상 작동 시 화재가 발생하는 사례도 있지만, 직접적인 발화원은 아니다.

25 콘센트에 물기, 기름때 등과 같은 오염물질이 유입되어 전기화재의 점화원으로서 발생할 수 있는 현상으로 옳은 것은?

① 트래킹
② 과부하
③ 반단선
④ 접촉불량

해설
오염에 의한 도전로가 형성되어 방전 및 탄화되어 화재가 발생하는 것은 트래킹 현상이다.

트래킹 현상 진행 과정

> 암기법   도전 방탄

- 1단계 : 절연재료 표면의 오염 등에 의한 **도전**로 형성
- 2단계 : 도전로의 분단과 미소발광 **방전**이 발생
- 3단계 : 방전에 의한 표면의 **탄화**

26 LPG(액화석유가스)의 기본 성질로서 옳은 것은?

① 기화 및 액화가 어렵다.
② 액화하면 부피가 커진다.
③ 연소 시 다량의 공기가 필요하다.
④ 증기는 공기보다 가볍고 물보다 무겁다.

해설
액화석유가스(LPG) 기본 성질
① 기화 및 액화가 쉽다.
② 액화하면 부피가 작아진다.
③ 연소 시 다량의 공기가 필요하다.
④ 증기는 공기보다 무겁고 물보다 가볍다.

정답 | 21 ① 22 ① 23 ③ 24 ② 25 ① 26 ③

27 임야화재에 큰 영향을 미치는 주요 3요소가 아닌 것은?

① 지형 ② 연료
③ 기후 ④ 점화원

📝 해설
점화원은 연소의 3요소이고, 연료, 기후, 지형은 확산의 3요소이다.

> **참고**
> 임야화재 확산의 3요소
> [암기법] 확산 연기지
> - 연료 : 탈 수 있는 물질의 공급
> - 기상 : 바람, 습도, 온도, 강수 등
> - 지형 : 고도, 경사, 경사향, 지세 등

28 미소화원에 의한 출화 증명에 해당하지 않는 것은?

① 무염화원과 구분
② 가연물 종류의 확인
③ 훈소의 지속과 발염
④ 정확한 출화개소의 판단

📝 해설
미소화원은 일반적으로 무염화원으로, 무염화원과의 구분은 의미가 없다. 오히려 유염화염과 구분해야 한다.

> **참고**
> 미소화원의 출화증명
> - 정확한 출화개소의 판단
> - 흡연행위 유무 확인
> - 가연물 종류의 확인(훈소 가능물질인지 확인)
> - 훈소의 지속과 발염(축열 및 풍속조건 확인)
> - 유염화원과 구분(다른 발화요인의 배제)

29 차량화재 발화지점 판정의 유의사항으로 틀린 것은?

① 차체 강판의 소손에 의한 변색의 차이를 자세히 관찰하여 출화개소를 판정하되 회색이 암청색보다 높은 온도에서 소손된 경우이다.
② 타이어로 출화개소를 추정하는 경우 앞, 뒷바퀴 타이어 4개의 소손상태를 비교하여 타이어 중 가장 소손이 심한 개소가 출화개소에 가까운 경우가 많다.
③ 연료, 오일 등에 대한 연소 확대를 고려하여 판정했을 때 차량 하부에서 상부로 소손이 연결되어 연소 확대된 부분이 출화개소에 가까운 경우가 많다.
④ 차량 하부의 소손이 여러 곳에서 국부적으로 일어나 있을 경우, 각각 소손부에서 상부로 타 올라감을 조사할 필요가 있다.

📝 해설
차체 강판의 표면도료가 타서 그을음 부착 시 회색보다 암청색이 높은 수열을 받은 것으로 본다. 화재 시점마다 열 영향에 따른 변색이 다를 수 있으나 ②, ③, ④의 설명이 옳아 ①이 상대적으로 틀린 것으로 해석된다.
② 타이어의 소손상태 비교는 연소방향성을 확인할 수 있고, 소손이 가장 심한 타이어가 출화개소에 가깝다.
③ 연료, 오일 등이 누유 경로에 따라 연소방향성을 확인할 수 있다. 차량 하부로 누유는 상부 소손으로 연결되는데 그 주변이 출화개소에 가깝다.
④ 각각 소손부에서 상부로 올라감을 조사하여 연소강도, 연소방향성을 분석하면 출화개소를 확인할 수 있다.

30 프로판(C_3H_8)의 연소상한계는 9.5vol%이고, 하한계는 2.1vol%인 경우, 연소에 필요한 최소산소농도(MOC)의 값(vol%)은?

① 8.1 ② 10.5
③ 15.1 ④ 20.5

📝 해설
연소에 필요한 최소산소량(MOC)

$$MOC = 연소하한 \times \frac{산소몰수}{연료몰수}(vol\%)$$

$$= 2.1 \times \frac{5}{1} = 10.5(vol\%)$$

> **참고**
> 프로판(C_3H_8) 완전연소반응
> $C_3H_8 + 5O_2 \rightarrow 3CO_2 + 4H_2O$

31 방화판정을 위한 10대 요건에 포함되지 않는 것은?

① 귀중품 반출 등
② 수선 중의 화재
③ 휴일 또는 주말 화재
④ 화재로 인한 건물의 손상

해설
화재로 인한 건물의 손상은 모든 화재에서 발생한다. 그러나 화재 이전에 건물의 손상되었을 경우는 방화를 의심해야 한다.

참고
방화판정을 위한 10대 요건
1. 여러 곳에서 발화
2. 연소촉진물질의 존재
3. 화재현장에 타 범죄 발생증거
4. 화재발생 위치
5. 사고화재원인 부존재
6. 귀중품 반출 등
7. 수선 중의 화재
8. 화재 이전에 건물의 손상
9. 동일건물에서의 재차 화재
10. 휴일 또는 주말화재

32 발화부 판단 방법으로 옳은 것은?

① 아크매핑
② 비파괴검사
③ 감정물 분해검사
④ 가스 크로마토그래피

해설
발화부 판단은 관계인 진술, 아크매핑, 화재패턴 분석, 감지기 작동 로그, 보안시스템 로그, CCTV 영상 분석을 통해 판단한다.
②, ③, ④는 증거물 감정 장비다.

33 생후 첫 성장기에 부모의 사랑을 받지 못해 무의식 속에서 모성이 주는 따뜻함과 안정감을 애타게 원하는 본능에서 불을 통해 만족하는 방화범은?

① 남근기 방화범
② 구강기 방화범
③ 잠복기 방화범
④ 항문기 방화범

해설
구강기 방화범은 생애 첫 성장기(생후 18개월 동안) 모성애를 받지 못한 경험으로 불을 통해 안전감을 받는다.

참고
성심리학적 방화범의 분류
• 구강기 방화범 : 생후 18개월 동안 모성애를 받지 못한 경험으로 불을 통해 안전감을 받음
• 항문기 방화범 : 생후 18개월에서 3살 시기에 부모(특히 아버지)의 애정이 결핍으로 특정인 소유물 또는 동물에 방화함
• 남근기 방화범 : 불을 보며 발기하고 성적충동으로 불을 지르나 후회하고 자책함
• 잠복기 방화범 : 후회할 줄 모르고, 직접적인 동기도 불분명하며 별다른 감정이 없음
• 외음부기 방화범 : 방화범 중 가장 발달된 성격의 소유자로 불을 내는 것은 화재진압활동과 직접적인 관련이 있음

34 다음 보기가 설명하는 현상은?

철제 구조물의 경우, 발열량이 가장 많은 부분에서 화염에 의한 열적인 팽창 및 자중에 의한 변형으로 휨 현상이 발생하며, 동 현상은 초기의 화염 방향이나 위치를 추적하기 유용하다.

① 만곡
② 박리
③ 변색
④ 탄화심도

해설
② 박리 : 복합 재료나 코팅된 표면에서 층간 결합이 약해지거나 분리되는 현상
③ 변색 : 물체의 표면 색상이 화학적, 물리적 변화로 인해 원래 색상에서 다른 색으로 변하는 현상
④ 탄화심도 : 가연성 재료가 화재로 인해 탄화(그을려서 숯처럼 변하는 현상)된 깊이를 측정한 것

35 최초 발화 물질에 대한 설명 중 틀린 것은?

① 표면적 대 질량 비율이 높은 가연물에는 먼지, 섬유 및 종이 등이 있다.
② 최초 발화 물질의 표면적 대 질량 비율이 높은 경우에는 열원의 강도와 지속성 특징이 덜 중요하다.
③ 동일한 발화온도라도 가연물의 표면적 대 질량 비율이 높을수록 해당 열원은 가연물을 인화시키기 위해 생성 에너지가 작아진다.
④ 표면적 대 질량 비율이 극도로 높은 경우, 기체와 증기는 높은 열에너지원에 의해서만 발화될 수 있다.

정답 | 31 ④ 32 ① 33 ② 34 ① 35 ④

🔍 **해설**
기체와 증기는 보통 더 낮은 에너지로 발화된다.
① 먼지, 섬유, 종이 등은 표면적이 크고 질량이 작아서 쉽게 발화한다.
② 표면적 대 질량 비율이 높은 물질은 쉽게 발화하기 때문에 열원의 강도와 지속성이 덜 중요하다.
③ 표면적이 넓으면 더 많은 표면적이 열원에 노출되기 때문에 적은 에너지로 인화할 수 있다.

36 인화성 촉진제인 휘발유의 위험도로 옳은 것은? (단, 휘발유의 연소범위는 1.4vol.%~7.6vol.%이다.)

① 0.82 ② 4.43
③ 6.20 ④ 6.43

🔍 **해설**
위험도

$$H(위험도) = \frac{U(연소상한계) - L(연소하한계)}{L(연소하한계)}$$

$$= \frac{7.6 - 1.4}{1.4} = 4.43$$

37 화학물질의 혼합발화와 관련하여 감식요령으로 틀린 것은?

① 물질의 성질, 취급의 상황, 장소의 환경조건에 대하여 조사한다.
② 혼합 물질의 재현실험은 실시하지만, 단독 물질의 발화 여부 실험은 하지 않는다.
③ 혼합발화에 의한 화재는 혼합한 물질 자체가 연소하므로 증거가 소실되는 경우가 있다.
④ 화재가 난 곳에서 존재하는 물질에 대하여 성분, 성질, 형상, 양을 관계자의 진술과 문헌·자료 등을 기초로 조사한다.

🔍 **해설**
단독 물질의 발화 여부를 실험하는 것은 혼합발화 조건을 정확히 평가하기 위해 필수적이다.

38 강한 강도의 산불이 예상되는 연료 조건 중 가장 거리가 먼 것은?

① 다수의 사다리 연료가 존재할 때
② 비정상적으로 낮은 연료습도가 형성될 때
③ 고휘발성 기름을 포함한 연료상이 존재할 때
④ 많은 양의 가는 죽은 연료가 계곡부에 존재할 때

🔍 **해설**
많은 양의 가는 죽은 연료는 계곡부의 습기를 흡수하여 산불을 억제하거나 차단할 수 있다.
① 사다리 연료란 지표면의 나뭇잎이나 잔가지에서 수관이나 관목으로 불이 쉽게 옮겨붙도록 사다리와 같은 구실을 하는 연료로 강한 산불이 예상된다.
② 낮은 연료습도는 연료가 매우 건조한 상태로 강한 산불이 예상된다.
③ 고휘발성 기름을 포함한 연료상은 강한 산불이 예상된다.

39 최소발화에너지와 압력과의 관계를 설명한 것으로 옳은 것은?

① 발화에너지는 압력과 관계없다.
② 압력이 클수록 최소발화에너지는 증가한다.
③ 압력이 클수록 최소발화에너지는 감소한다.
④ 압력과 관계없이 최소발화에너지는 일정하다.

🔍 **해설**
압력이 증가하면 가스 분자 밀도가 높아져 분자 간 평균 자유행로가 짧아지고, 충돌 빈도가 증가하여 에너지 전달 효율이 향상된다. 이로 인해 점화에 필요한 최소발화에너지가 감소한다.

40 저항 $R=30\Omega$, 커패시터 $C=400\mu F$, 인덕터 $L=40mH$인 값을 갖는 $R-L-C$ 직렬회로에서 공진주파수는?

① 39.8Hz ② 50.8Hz
③ 60.8Hz ④ 120.8Hz

🔍 **해설**
공진주파수

$$f_0 = \frac{1}{2\pi\sqrt{LC}}$$

$$= \frac{1}{2\pi\sqrt{40\times10^{-3}\times400\times10^{-6}}} = 39.8[Hz]$$

f_0 : 공진주파수[Hz], L : 인덕턴스[H], C : 정전용량[F]

정답 | 36 ② 37 ② 38 ④ 39 ③ 40 ①

제3과목　증거물관리 및 법과학

41 물리적 증거물 수집방법 결정요인에 대한 설명으로 가장 거리가 먼 것은?

① 휘발성 : 액체 및 기체 증거물은 쉽게 증발될 수 있으므로 물리적 증거물이 증발되는 정도를 고려하여 증거물 수집방법을 결정한다.
② 파손성 : 물리적 증거물이 부서지거나, 손상되거나 변하는 정도 등 증거물의 파손성을 고려하여 증거물 수집방법을 결정한다.
③ 물리적 상태 : 물리적 증거물의 상태가 고체, 액체, 또는 기체인지 물리적 상태를 반드시 확인하여 증거물 수집방법을 결정한다.
④ 물리적 특성 : 물리적 증거물의 위치, 가격, 사용가능 여부 등 물리적 특성을 조사관이 파악하여 증거물 수집방법을 결정한다.

해설
물리적 증거물의 위치, 탄화 및 용융의 변형 정도, 상변화, 열에 의한 구조물의 영향 등 물리적 특성을 파악하여 증거물 수집방법을 결정한다.

42 타임라인(Time Line)의 설명으로 틀린 것은?

① 타임라인은 화재사건의 관계를 보여준다.
② 타임라인은 화재사건에 관련된 것을 시간적인 순서로 나타낸 것이다.
③ 타임라인은 실제시간이 없이 추정시간으로 구성되기 때문에 정확성이 결여된다.
④ 타임라인은 화재사건이 일어나기 이전, 동안, 이후로 구성될 수 있다.

해설
타임라인은 신고가 접수된 시간, 알람의 설정과 작동(화재발생) 시간, 완전소화시간 등의 실제시간(Hard Time, 절대적 시간)이 포함된다.

43 전기 과부하 증거물에서 나타나는 현상 또는 형태로 옳은 것은?

① 헤일로(halo)　② 포인터 및 화살
③ 슬리빙(sleeving)　④ 엘리게이터(alligator)

해설
슬리빙은 과부하로 인한 줄열 상승으로 인해 전선, 케이블 피복이 용융되어 도선이 노출되는 현상을 말한다.

44 화재현장 증거물 형태에 따른 수집방법으로 옳은 것은?

① 알코올은 물과 접촉했을 때 물 위에 뜬다.
② 액체촉진제는 비다공성 물질에서 채집하기가 용이하다.
③ 액체 증거물은 살균한 솜이나 거즈패드로도 수집할 수 있다.
④ 액체촉진제는 내부 마감재 및 화재 잔해에 쉽게 흡수되지 않는다.

해설
① 알코올은 수용성으로써 물에 녹는다.
② 액체촉진제는 다공성 물질에 흡수 채집이 용이하다.
④ 액체촉진제는 내부 마감재 및 화재 잔해에 쉽게 흡수된다.

45 용융점이 높은 것에서 낮은 순서로 옳게 나열된 것은?

① 스테인리스 → 텅스텐 → 동 → 아연 → 마그네슘
② 스테인리스 → 텅스텐 → 아연 → 마그네슘 → 동
③ 텅스텐 → 스테인리스 → 마그네슘 → 동 → 아연
④ 텅스텐 → 스테인리스 → 동 → 마그네슘 → 아연

해설
각 물질별 용융점

금속명칭	용융점(℃)	금속명칭	용융점(℃)
수은	39	금	1,063
주석	232	구리	1,083
납	327	니켈	1,455
아연	420	스테인리스	1,520
마그네슘	650	철	1,530
알루미늄	660	티탄	1,800
은	960	몰리브덴	2,620
황동	900~1,000	텅스텐	3,400

정답 | 41 ④　42 ③　43 ③　44 ③　45 ④

46 「형사소송법」에 따른 체계상 사진이나 비디오 등 영상물에 대한 법적 증명력을 부여하는 권한을 가진 자로 옳은 것은?

① 검사 ② 법관
③ 변호사 ④ 피해자

해설
제308조 자유심증주의 「형사소송법」
증거의 증명력은 법관의 자유판단에 의한다.

47 화재현장 물적 증거물 보존에 대한 설명 중 틀린 것은?

① 화재현장 전체를 물적 증거로 생각해야 하고 보호·보존되어야 한다.
② 화재현장에서 물적 증거물의 보존책임은 전적으로 화재조사자에게 있다.
③ 보존상태를 게을리하면 물적 증거물은 파손, 오염, 분실되거나 불필요하게 되는 경우가 발생하기도 한다.
④ 현장지휘관 또는 화재조사자는 불필요하고 인가되지 않은 사람의 침입에 대한 보안을 철저히 하여 화재현장 출입을 제한할 필요가 있다.

해설
화재현장에서 물적 증거물의 보존책임은 화재조사관, 화재 출동 대원 등이 모두 포함된다. 따라서 소화 활동 중에 발생할 수 있는 증거물 파괴에 주의하여야 한다.

48 피사계 심도를 깊게 하기 위한 방법으로 옳은 것은?

① 조리개를 넓힌다.
② 조리개를 좁힌다.
③ 셔터 스피드를 길게 한다.
④ 셔터 스피드를 짧게 한다.

해설
카메라 렌즈의 조리개와 피사계의 심도의 관계

조리개(노출도)	심도(초점거리)
크다(넓다)	얕다(짧다)
작다(좁다)	깊다(멀다)

49 화재현장에서 전기 관련 물적 증거물 수집방법에 대한 설명 중 틀린 것은?

① 전기제품의 경우, 중요 부품 위주로 수집한다.
② 전선은 가급적 남아 있는 피복까지 검사할 수 있도록 길게 수집하도록 한다.
③ 전기제품에 대한 분해조사 또는 수집과 이송은 증거물의 발견 당시 상태를 유지하도록 최선을 다해야 한다.
④ 전기설비나 구성부품의 수집 전에 전원의 차단 여부를 확인해야 하며 증거물이 발견된 상태 그대로 보존하여야 한다.

해설
전기제품의 경우, 중요 부품, 전원 케이블 및 연료 공급 배관 등 구성품들을 포함한다.

50 화재 증거물 수집 용기 중 유리병에 대한 설명 중 틀린 것은?

① 가격이 저렴하고 쉽게 구할 수 있는 장점이 있다.
② 액체와 고체 촉진제를 장기간 보관할 수 없는 단점이 있다.
③ 유리병은 액체와 고체 촉진제 증거물을 수집하는 데 이용된다.
④ 많은 양의 촉진제 증거물을 수집할 때는 고무로 봉인하지 않는 것이 중요하다.

해설
유리병은 액체와 고체 촉진제를 장기간 보관할 수 있다.

51 3도 화상에 대한 설명으로 옳은 것은?

① 피하지방을 포함한 피부 전층이 침범되는 화상으로, 외견상 건조하고 회백색을 띠며 수포가 발생하지 않는다.
② 표피에만 국한되어 나타나고, 모세혈관의 충혈로 인해 종창과 더불어 홍반만 관찰된다.
③ 표피와 함께 진피까지 침범되는 화상으로, 수포가 발생하고 같이 발생하는 홍반은 사후 혈액침하가 일어나도 사라지지 않는다.
④ 피부 및 그 아래의 조직이 탄화되는 것으로 뜨거운 액체에 의한 탕상에서는 보지 못한다.

정답 | 46 ② 47 ② 48 ② 49 ① 50 ② 51 ①

🔍 **해설**
화상 깊이에 따른 증상별 특징

암기법 ✓ 일싸 홍수괴탄

화상 단계	증상
1도	홍반
2도	수포
3도	괴사, 가피
4도	탄화

52 현장사진 촬영의 필요성에 대한 설명 중 틀린 것은?

① 기록과 사진, 영상 모두 한계가 있으므로 문제가 해결될 때까지 현장을 보존하는 것이 가장 중요하다.
② 사진을 보는 사람이 실제적인 감각으로 느끼게 함으로 그때의 상황을 충분히 전달할 수 있는 것이 중요하다.
③ 현장조사 시 실수로 빠트렸거나 수집이 불가능했던 많은 정보와 사실들을 사진을 통해 얻을 수 있다.
④ 화재현장의 소손상황, 감식·감정의 대상이 되는 관계물건 등의 상황을 정확하게 기록하는 수단으로서 사진과 영상이 중요하다.

🔍 **해설**
화재현장을 사진, 영상 등으로 상세히 기록하면 지속적으로 기억의 환기가 가능하므로 장기간 현장 보존이 불필요해진다.

53 「화재증거물수집관리규칙」상 현장 사진 및 비디오 촬영 시 유의사항으로 틀린 것은?

① 화재상황을 추정할 수 있는 대상물의 형상은 면밀히 관찰 후 자세히 촬영할 필요 없다.
② 현장사진 및 비디오 촬영할 때에는 연소확대 경로 및 증거물 기록에 대한 번호표와 화살표를 표시 후에 촬영한다.
③ 증거물을 촬영할 때는 그 소재와 상태가 명백히 나타나도록 하며, 필요에 따라 구분이 용이하게 번호표 등을 넣어 촬영한다.
④ 화재현장의 특정한 증거물 등을 촬영함에 있어서는 그 길이, 폭 등을 명백히하기 위하여 측정용 자 또는 대조도구를 사용하여 촬영한다.

🔍 **해설**
제9조 제4항 촬영 시 유의사항「화재증거물수집관리규칙」
화재상황을 추정할 수 있는 다음 각목의 대상물의 형상은 면밀히 관찰 후 자세히 촬영한다.
가. 사람, 물건, 장소에 부착되어 있는 연소흔적 및 혈흔
나. 화재와 연관성이 크다고 판단되는 증거물, 피해물품, 유류

54 물리적 증거물의 수송 및 보관에 관한 내용 중 틀린 것은?

① 휘발성 증거물을 다룰 때 극한 온도의 영향으로부터 보호되어야 한다.
② 휘발성 증거물을 보관할 때에는 냉장보관하는 것이 좋다.
③ 증거물 보관실은 따뜻하고 햇빛이 잘 드는 곳이 좋다.
④ 물리적 증거물의 운반은 화재조사관이 직접 운반하는 것이 원칙이다.

🔍 **해설**
증거물 보관실은 서늘하고 통풍이 원활하며 햇빛에 증거물이 변형되지 않는 곳이 좋다.

55 외부에서 열이 가해지면 열에 의한 손상의 범위를 결정하는 사항으로 가장 거리가 먼 것은?

① 가연물의 양
② 가해진 온도
③ 열이 가해진 시간
④ 과다한 열을 배출하는 체표면의 능력

🔍 **해설**
화상심도 결정요인
열의 강도, 열 노출시간, 피부의 예민도, 체표면의 열배출 능력

56 유류 증거물의 인화점 시험방법으로서 주로 인화점이 93℃ 이하인 시료를 측정하는 데 사용되는 것으로 옳은 것은?

① 태그 밀폐식
② 원자흡광분석
③ 클리브랜드 개방식
④ 펜스키 마텐스 밀폐식

정답 | 52 ① 53 ① 54 ③ 55 ① 56 ①

🔍 **해설**
③ 클리브랜드 개방식: 인화점이 80℃ 이상인 시료. 다만 원유 및 연료유는 제외
④ 펜스키 마텐스 밀폐식: 밀폐식 인화점의 측정이 필요한 시료 및 태그 밀폐식 인화점 시험방법을 적용할 수 없는 시료

57 일산화탄소 중독으로 사망한 시체 소견으로 가장 거리가 먼 것은?
① 선홍색 시반이 나타난다.
② 손톱의 경우 청자색을 띤다.
③ 질식사의 일반적 소견이 나타난다.
④ 유동성 혈액, 조직의 울혈이 나타난다.

🔍 **해설**
일산화탄소 헤모글로빈(COHb)에 의해 신체 전반이 선홍색으로 혈액침하가 발생하는 것을 선홍색 시반이라 한다.

58 화재감식을 위한 사진 촬영 시 유의사항 중 틀린 것은?
① 작은 물건을 촬영할 때에는 표식을 사용한다.
② 촬영하는 목적을 충분히 이해하고 나서 촬영한다.
③ 화재감식 현장에서 사용한 장비가 사진에 나오도록 촬영한다.
④ 좁은 방에서 많은 물건을 사진 1매로 찍고자 할 때에는 일반적으로 광각렌즈를 사용한다.

🔍 **해설**
제9조 제3항 촬영 시 유의사항 「화재증거물수집관리규칙」
화재현장의 특정한 증거물 등을 촬영함에 있어서는 그 길이, 폭 등을 명백히 하기 위하여 측정용 자 또는 대조도구를 사용하여 촬영한다.

59 증거의 시간적 역할에 대한 설명으로 옳은 것은?
① 깨져 바닥에 쏟아진 유리창의 아랫면에 그을음이 부착되어 있지 않다면 화재 이후 창문이 깨졌다는 것을 의미한다.
② 화재현장에서 발견된 소사체에서 생활반응이 발견된다면 피해자는 화재 이전 사망한 상태였다는 것을 알 수 있다.
③ 화재와 폭발이 일어난 현장에서 멀리까지 비산된 유리창의 파편에 그을음이 부착되어 있다면 화재가 먼저 일어나 이로 인해 폭발이 발생한 것으로 볼 수 있다.
④ 타이어 흔적 위로 족적이 찍혀 있다면 이러한 증거는 차량이 지나가기 전에 누군가 걸어갔다는 것을 증명해 주는 역할을 한다.

🔍 **해설**
① 깨져 바닥에 쏟아진 유리창의 윗면에 그을음이 부착되어 있다면 화재 이후 창문이 깨졌다는 것을 의미한다.
② 화재현장에서 발견된 소사체에서 생활반응이 발견된다면 피해자는 화재 이후 사망한 상태였다는 것을 알 수 있다.
④ 타이어 흔적 위로 족적이 찍혀 있다면 이러한 증거는 차량이 지나간 후에 누군가 걸어갔다는 것을 증명해 주는 역할을 한다.

60 증거수집 과정에서 오염이 발생할 수 있는 요인에 대한 설명 중 가장 거리가 먼 것은?
① 대부분 증거물의 오염은 수집 중에 야기된다.
② 증거물 수집 시 새로운 장갑을 항상 사용하여야 한다.
③ 증거물의 오염은 액체 및 고체 촉진제 수집 시 더욱 확실시된다.
④ 수집 중 오염을 줄이기 위해 증거물 보관 용기의 뚜껑 등을 수집기구로 사용하여서는 안 된다.

🔍 **해설**
수집 중 오염을 줄이기 위해 증거물 보관 용기의 뚜껑 등을 수집기구로 사용할 수 있다.

제4과목 화재조사 보고 및 피해평가

61 「화재조사 및 보고규정」상 화재현황조사서에 기입해야 할 항목 중 틀린 것은?
① 기상상황
② 소방시설 현황
③ 피해 및 인명구조
④ 화재발생 일시 및 장소

🔔 **해설**

소방시설 현황은 소방시설 등 활용조사서의 기입항목이다.

화재현황조사서의 기입항목 「화재조사 및 보고규정」
- 소방관서
- 화재발생 및 출동
- 화재발생장소 및 유형
- 화재원인
- 발화관련 기기
- 연소확대
- 피해 및 인명구조
- 관계자
- 동원인력
- 보험가입
- 기상상황
- 첨부서류
- 작성자

62 「화재조사 및 보고규정」상 피해산정 대상들 중 최종잔가율이 10%인 것은?

① 침대
② 전기설비
③ 절삭공구
④ 옥내소화전

🔔 **해설**

①은 가재도구이고 ②, ④는 부대설비로서 최종잔가율은 20%이나, ③은 공구 및 기구로서 10%에 해당한다.

제18조 3항 화재피해금액 산정 「화재조사 및 보고규정」
건물 등 자산에 대한 최종잔가율은 건물·부대설비·구축물·가재도구는 20%로 하며, 그 이외의 자산은 10%로 정한다.

63 「화재조사 및 보고규정」상 화재피해 건물의 동수 산정 중 틀린 것은?

① 주요구조부가 하나로 연결되어 있는 것과 건널 복도 등으로 2 이상의 동에 연결되어 있는 것은 1동으로 한다.
② 독립된 건물과 건물 사이에 차광막, 비막이 등의 덮개를 설치하고 그 밑을 통로 등으로 사용하는 경우는 다른 동으로 한다.
③ 건물의 외벽을 이용하여 실을 만들어 헛간, 목욕탕, 작업실, 사무실 및 기타 건물 용도로 사용하고 있는 것은 주건물과 같은 동으로 본다.
④ 목조 또는 내화조 건물의 경우 격벽으로 방화구획이 되어 있는 경우 같은 동으로 한다.

🔔 **해설**

주요구조부가 하나로 연결되어 있는 것은 같은 동으로 한다. 다만 건널 복도 등으로 2 이상의 동에 연결되어 있는 것은 그 부분을 절반으로 분리하여 각 동으로 본다.

64 「화재조사 및 보고규정」상 화재유형별 조사서 작성 대상 화재가 아닌 것은?

① 임야 화재
② 기타 화재
③ 건축·구조물 화재
④ 위험물·가스제조소 화재

🔔 **해설**

화재유형별조사서 서식

> 암기법 건자위 선임

1. **건**축·구조물 화재
2. **자**동차·철도차량
3. **위**험물·가스제조소 등 화재
4. **선**박·항공기 화재
5. **임**야 화재

65 「화재조사 및 보고규정」상 화재의 소실정도에 대한 설명으로 옳은 것은?

① 국소란 건물의 50% 이상 70% 미만이 소실된 것을 말한다.
② 부분소란 전소, 반소화재에 해당되지 아니하는 것을 말한다.
③ 건축·구조물화재의 소실정도는 전소, 반소, 부분소, 즉소 4종류로 구분한다.
④ 전소란 건물의 70% 이상(바닥면적에 대한 비율을 말한다.)이 소실되었거나 또는 그 미만이라도 잔존부분을 보수하여도 재사용이 불가능한 것을 말한다.

🔔 **해설**

제16조 건축·구조물의 소실정도 「화재조사 및 보고규정」

> 암기법 전반부 출석해

1. **전소** : 건물의 70% 이상(입체적에 대한 비율)이 소실되었거나 또는 그 미만이라도 잔존부분을 보수하여도 재사용이 불가능한 것
2. **반소** : 건물의 30% 이상 70% 미만이 소실된 것
3. **부분소** : 제1호, 제2호에 해당하지 아니하는 것

정답 | 62 ③ 63 ① 64 ② 65 ②

66 난로의 과열로 인해 화재가 발생하여 바닥 5m² 와 한쪽 벽 3m²만 소실되었을 경우, 화재피해조사서 (재산피해) 작성 시 소실면적은?

① 5m² ② 2m²
③ 4m² ④ 8m²

해설
소실면적 산정「화재조사 및 보고규정」
건물(수손 및 기타 파손 포함)의 소실면적 산정은 소실 바닥면적으로 산정한다.

67 화재 당시 피해물에 잔존하는 경제적 가치의 정도로써 비율로 표시되는 잔가율의 산정식으로 틀린 것은?

① 90% - 감가수정율
② 현재가(시가)/재구입비
③ (재구입비-감가수정액)/재구입비
④ 1-(1-최종잔가율)×경과연수/내용연수

해설
잔가율「화재피해액 산정 매뉴얼」
- 현재가(시가) = 재구입비 × 잔가율
- 잔가율 = $\frac{재구입비 - 감가수정액}{재구입비}$
  = 100% - 감가수정율
  = 1 - (1 - 최종잔가율) × $\frac{경과연수}{내용연수}$

68 「화재조사 및 보고규정」상 화재현장조사서 작성항목 중 화재건물 현황 작성내용으로 명시되지 않은 것은?

① 보험가입 현황
② 화재발생 전 상황
③ 화재진압 활동 현황
④ 소방시설 및 위험물 현황

해설
화재현장조사서의 화재건물 현황 작성항목「화재조사 및 보고규정」

암기법 건보소화

- 건축물 현황
- 보험가입 현황
- 소방시설 및 위험물 현황
- 화재발생 전 상황

69 「화재조사 및 보고규정」상 사상자 및 부상정도에 관한 설명으로 틀린 것은?

① 병원치료를 필요로 하지 않고 단순하게 연기를 흡입한 사람은 경상에서 제외한다.
② 3주 이상 입원치료를 필요로 하는 부상은 중상으로 기재한다.
③ 화재현장에서 부상을 당한 후 입원치료를 필요로 하지 않는 경우 부상으로 기재하지 않는다.
④ 화재현장에서 부상을 당한 후 정확히 72시간 이내에 사망하였다면 이는 사망으로 보고서에 기재하여야 한다.

해설
제13조, 제14조 사상자 및 부상자 분류「화재조사 및 보고규정」

분류		정의
사상자		화재현장에서 사망한 사람과 부상을 당한 사람
화재사 판정 기준		화재현장에서 부상을 당한 후 72시간 이내에 사망한 경우
부상자 (의사진단기초)	중상	3주 이상의 입원치료를 필요로 하는 부상
	경상	• 중상 이외의 부상(입원치료를 필요로 하지 않는 것도 포함) • 병원치료가 불필요한 단순 연기 흡입자는 제외

70 동물 및 식물의 피해액 산정방법으로 틀린 것은?

① 정원은 구축물로 분류한다.
② 시중매매가격을 화재로 인한 피해액으로 한다.
③ 동물 및 식물의 종류에 따라 구입가격의 50~80%를 피해액으로 한다.
④ 화분은 가재도구 또는 영업용 집기비품으로 분류한다.

정답 | 66 ① 67 ① 68 ③ 69 ③ 70 ③

해설
동물 및 식물의 화재피해액 산정대상「화재피해액 산정 매뉴얼」
가축(가금류 포함), 애완동물, 관상수, 조경수, 가로수 등이 된다. 다만, 화분은 가재도구 또는 영업용 집기비품으로 분류하고, 정원은 구축물로 분류한다.

71 「화재조사 및 보고규정」상 화재피해 조사 및 피해액 산정순서로 옳은 것은?

① 화재현장 조사 → 피해정도 조사 → 기본현황 조사 → 재구입비 산정 → 피해액 산정
② 화재현장 조사 → 기본현황 조사 → 피해정도 조사 → 재구입비 산정 → 피해액 산정
③ 기본현황 조사 → 피해정도 조사 → 화재현장조사 → 재구입비 산정 → 피해액 산정
④ 기본현황 조사 → 피해정도 조사 → 재구입비 산정 → 피해액 산정 → 화재현장조사

해설
화재피해 조사 및 피해액 산정 순서「화재피해액 산정 매뉴얼」
화재현장 조사 → 기본현황 조사 → 피해정도 조사 → 재구입비 산정 → 피해액 산정의 순으로 한다.

72 화재피해액 산정기준에서의 화재피해액 산정대상으로 옳은 것은?

① 특허권 ② 인적손해
③ 영업이익 ④ 애완동물

해설
화재조사에서의 화재피해액 산정대상에서 ①, ③의 간접손해는 포함되지 않는다. ②는 인명피해 조사서에 사상자와 부상정도를 기재한다.

73 「화재조사 및 보고규정」상 정당한 사유가 있는 경우에는 소방관서장에게 사전보고를 한 후 필요한 기간만큼 조사 보고일을 연장할 수 있는 경우로 틀린 것은?

① 화재감식 필요가 있는 경우
② 화재감정기관 등에 감정을 의뢰한 경우
③ 추가 화재현장조사 등이 필요한 경우
④ 수사기관의 범죄수사가 진행 중인 경우

해설
조사 보고일 연장 가능한 경우

암기법 추수감

- **추**가 화재현장조사 등이 필요한 경우
- **수**사기관의 범죄수사가 진행 중인 경우
- 화재**감**정기관 등에 감정을 의뢰한 경우

74 화재현장에 출동한 119안전센터 등의 선임자에 의해 화재현장 상황에 대하여 기술한 것으로 초기 화재상황 파악에 귀중한 자료가 되는 보고서로 옳은 것은?

① 질문기록서 ② 화재피해조사서
③ 화재현장조사서 ④ 화재현장출동보고서

해설
①~③은 화재조사관이 기술하는 서류에 해당한다.

75 피해물로 인해 장래에 얻을 수익액에서 당해 수익을 얻기 위해 지출되는 제반 비용을 공제하는 방법에 의하는 손해액 산정방법으로 옳은 것은?

① 정액법 ② 수익환원법
③ 복성식 평가법 ④ 매매사례비교법

해설
손해·피해액 산정방법 원칙

암기법 복매수 재차장

복성식평가법	• 사고로 인한 피해액을 산정하는 방법 • 재건축 또는 재취득하는 데 소요되는 비용에서 사용기간의 감가수정액을 공제하는 방법으로 부분의 물적 피해액 산정에 널리 사용
매매사례비교법	• 당해 피해물의 시중매매사례가 충분하여 유사매매 사례를 비교하여 산정하는 방법으로서 차량, 예술품, 귀중품, 귀금속 등의 피해액 산정에 사용
수익환원법	• 피해물로 인해 장래에 얻을 수익액에서 당해 수익을 얻기 위해 지출되는 제반 비용을 공제하는 방법에 의하는 방법 • 유실수 등에 있어 수확기간에 있는 경우에 사용 • 단, 유실수의 육성기간에 있는 경우에는 복성식평가법을 사용

정답 | 71 ② 72 ④ 73 ① 74 ④ 75 ②

76 화재피해조사의 범위에 명시되지 않은 것은?

① 영업상의 손실
② 연기에 의한 피해
③ 소화활동으로 발생한 수손피해
④ 열에 의한 탄화, 용융, 파손 등에 피해

해설
영업상의 손실은 화재피해 조사 범위에 포함되지 않는다.

77 내용연수에 대한 설명으로 가장 거리가 먼 것은?

① 내용연수란 고정자산 등을 사용할 수 있는 기간을 말한다.
② 내용연수는 물리적 내용연수와 경제적 내용연수로 구분된다.
③ 화재피해액 산정에 있어서 보통 경제적 내용연수를 적용하게 된다.
④ 경제적 내용연수에 비해 물리적 내용연수가 더 짧은 것이 보통이다.

해설
내용연수란 고정자산을 경제적으로 사용할 수 있는 연수를 말한다.

내용연수의 구분

물리적 내용연수	경제적 내용연수
• 고정자산을 정상적인 방법으로 관리했을 경우 기술적으로 이용 가능할 것으로 예측되는 기간	• 고정자산의 사용가치 및 교환가치 등을 고려한 경제적 이용 가능한 기간 • 물리적 내용연수에 비해 경제적 내용연수가 더 짧은 것이 보통

78 「화재조사 및 보고규정」상 질문기록서 작성을 생략할 수 있는 화재로 옳은 것은?

① 임야 화재
② 건축·구조물 화재
③ 자동차·철도차량 화재
④ 위험물·가스제조소 등 화재

해설
질문기록서상 작성 생략이 가능한 기타 화재의 종류

암기법 쓰모가 전임

• **쓰**레기 화재
• **모**닥불 화재
• **가**로등 화재
• **전**봇대 화재
• **임**야 화재

79 항공기, 선박, 철도차량, 특수작업용차량, 시중매매가격이 확인되지 아니하는 자동차에 대한 피해에 산정기준 중 틀린 것은?

① 수리가 가능한 경우에는 수리비를 피해액으로 한다.
② 감정평가서가 없는 경우 회계장부상의 현재가액에 손해율을 곱한 금액을 화재로 인한 피해액으로 한다.
③ 감정평가서가 있는 경우 감정평가서상의 현재가액에 손해율을 곱한 금액을 화재로 인한 피해액으로 한다.
④ 감정평가서와 회계장부 모두 없는 경우에는 제조회사, 판매회사, 조합 또는 협회 등에 조회하여 구입가격 또는 시중거래가격을 확인하여 피해액을 산정한다.

해설
수리가 가능한 경우에는 수리비에 감가공제를 한 금액을 피해액으로 한다.

80 「화재조사 및 보고규정」상 화재조사에 필요한 서류의 서식이 아닌 것은?

① 화재현황조사서
② 화재현장조사서
③ 화재유형별 조사서
④ 건축용도별 조사서

해설
화재현황조사서의 첨부서류 항목「화재조사 및 보고규정」

암기법 유인재 방소현

• 화재**유**형별 조사서
• 화재조사서(**인**명피해, **재**산피해)
• **방**화·방화의심 조사서
• **소**방방화시설 활용 조사서
• 화재**현**장 조사서

정답 | 76 ① 77 ④ 78 ① 79 ① 80 ④

제5과목 화재조사관계법규

81 「경범죄 처벌법」상의 처벌 대상이 아닌 경우는?

① 정당한 사유 없이 소방용수시설을 사용한 사람
② 있지 아니한 범죄나 재해 사실을 공무원에게 거짓으로 신고한 사람
③ 충분한 주의를 하지 아니하고 휘발유 그 밖에 불이 옮아 붙기 쉬운 물건 가까이에서 불씨를 사용한 사람
④ 지진 등으로 인한 화재가 발생하였을 때 현장에 있으면서도 정당한 이유 없이 공무원이 도움을 요청하여도 도움을 주지 아니한 사람

해설
②, ③, ④는「경범죄 처벌법」의 경범죄의 종류지만, ①은「소방기본법」위반죄로 5년 이하의 징역 또는 5천만 원 이하의 벌금에 해당한다.

82 「소방기본법령」상 소방자동차가 화재진압 및 구조·구급활동을 위하여 출동하는 때 소방자동차의 출동을 방해한 사람에 대한 벌칙기준으로 옳은 것은?

① 5년 이하의 징역 또는 3,000만 원 이하의 벌금
② 5년 이하의 징역 또는 5,000만 원 이하의 벌금
③ 3년 이하의 징역 또는 1,500만 원 이하의 벌금
④ 3년 이하의 징역 또는 1,000만 원 이하의 벌금

해설
제50조 벌칙「소방기본법」5년 이하의 징역 또는 5천만 원 이하의 벌금에 해당하는 행위

구분	행위
출동 소방대 방해	다음 각 목의 어느 하나에 해당하는 행위를 한 사람 가. 위력(威力)을 사용하여 출동한 소방대의 화재진압·인명구조 또는 구급활동을 방해하는 행위 나. 소방대가 화재진압·인명구조 또는 구급활동을 위하여 현장에 출동하거나 현장에 출입하는 것을 고의로 방해하는 행위 다. 출동한 소방대원에게 폭행 또는 협박을 행사하여 화재진압·인명구조 또는 구급활동을 방해하는 행위 라. 출동한 소방대의 소방장비를 파손하거나 그 효용을 해하여 화재진압·인명구조 또는 구급활동을 방해하는 행위
소방차 방해	소방자동차의 출동을 방해한 사람
업무 방해	사람을 구출하는 일 또는 불을 끄거나 불이 번지지 아니하도록 하는 일을 방해한 사람
소방용수 사용 방해	정당한 사유 없이 소방용수시설 또는 비상소화장치를 사용하거나 소방용수시설 또는 비상소화장치의 효용을 해치거나 그 정당한 사용을 방해한 사람

83 「형법」상 화재에 있어서 진화용의 시설 또는 물건을 은닉 또는 손괴하거나 기타 방법으로 진화를 방해한 자는 몇 년 이하의 징역에 처하는가?

① 3   ② 5
③ 7   ④ 10

해설
제169조 진화방해「형법」
화재에 있어서 진화용의 시설 또는 물건을 은닉 또는 손괴하거나 기타 방법으로 진화를 방해한 자는 10년 이하의 징역에 처한다.

84 「형법」상 현주건조물 등에의 방화에 관한 설명이다. 다음 ( ) 안에 알맞은 것은?

불을 놓아 사람이 주거로 사용하거나 사람이 현존하는 건조물, 기차, 전차, 자동차, 선박, 항공기 또는 지하채굴시설을 소훼한 죄를 범하여 사람을 상해에 이르게 한 때에는 무기 또는 ( )년 이상의 징역에 처한다.

① 2   ② 3
③ 5   ④ 7

해설
제164조 현주건조물 등 방화「형법」

암기법 현주건조물 불3, 상5, 사7

1. 현주건조물을 불태운 자는 무기 또는 3년 이상의 징역
2. 현주건조물을 불태워 사람을 상해에 입힌 자는 무기 또는 5년 이상의 징역
3. 현주건조물을 불태워 사람을 사망에 이르게 한 자는 무기 또는 7년 이상의 징역

정답 | 81 ① 82 ② 83 ④ 84 ③

85 「화재로 인한 재해보상과 보험가입에 관한 법령」상 화재로 인한 부상 발생 시 보험금액과 상해부위의 연결이 틀린 것은?

① 1천만 원 – 슬개 인대 파열
② 1,200만 원 – 손목 손배뼈 골절
③ 1,500만 원 – 위팔뼈목 골절
④ 3천만 원 – 척추체 분쇄성 골절

📖 **해설**

부상등급 및 보험금액 요약

부상등급	보험금액	부상내용
1급	3천만 원	• 척추체 분쇄성 골절 • 화상·좌창·괴사상처 등으로 연부조직의 손상이 심한 부상(몸 표면의 9퍼센트 이상의 부상을 말한다)
2급	1,500만 원	위팔뼈 분쇄성 골절
3급	1,200만 원	• 위팔뼈목 골절 • 손목 손배뼈 골절
4급	1천만 원	• 슬개 인대 파열
5급	900만 원	• 발뒤꿈치뼈 골절
14급	50만 원	• 3일 이하의 입원이 필요한 부상

86 「화재조사 및 보고규정」상 화재증명원 발급에 대한 설명 중 옳은 것은?

① 통합전자민원창구로 화재증명원을 신청하면 방문하여 발급받도록 한다.
② 화재증명원 발급 시 재산피해 및 인명피해에 대해 조사 중인 경우에는 발급할 수 없다.
③ 화재증명원 발급 시 재산피해내역은 금액과 피해물건을 함께 기재한다.
④ 화재피해자로부터 소방대가 출동하지 아니한 화재장소의 화재증명원 발급요청이 있는 경우 조사관으로 하여금 사후 조사를 실시하게 할 수 있다.

📖 **해설**

화재증명원의 발급

구분	내용
신청	소방관서장은 화재증명원을 발급받으려는 자가 발급신청을 하면 화재증명원을 발급해야 한다. 이 경우 통합전자민원창구로 신청하면 전자민원문서로 발급해야 한다.
사후조사	소방관서장은 화재피해자로부터 소방대가 출동하지 아니한 화재장소의 화재증명원 발급신청이 있는 경우 조사관으로 하여금 사후 조사를 실시하게 할 수 있다. 이 경우 민원인이 제출한 사후조사 의뢰서의 내용에 따라 발화장소 및 발화지점의 현장이 보존되어 있는 경우에만 조사를 하며, 화재현장출동보고서 작성은 생략할 수 있다.
기재사항	화재증명원 발급 시 인명피해 및 재산피해 내역을 기재한다. 다만, 조사가 진행 중인 경우에는 "조사 중"으로 기재한다.
피해금액	재산피해내역 중 피해금액은 기재하지 아니하며 피해물건만 종류별로 구분하여 기재한다. 다만, 민원인의 요구가 있는 경우에는 피해금액을 기재하여 발급할 수 있다.
관할여부	화재증명원 발급신청을 받은 소방관서장은 발화장소 관할 지역과 관계없이 발화장소 관할 소방서로부터 화재사실을 확인받아 화재증명원을 발급할 수 있다.

참고

제23조 화재증명원의 발급 「화재조사 및 보고규정」
1. 화재증명원을 발급받으려는 자가 발급신청을 하면 화재증명원을 발급해야 한다. 이 경우 통합전자민원창구로 신청하면 전자민원문서로 발급해야 한다.
2. 화재피해자로부터 소방대가 출동하지 아니한 화재장소의 화재증명원 발급신청이 있는 경우 조사관으로 하여금 사후 조사를 실시하게 할 수 있다.
3. 화재증명원 발급 시 인명피해 및 재산피해 내역을 기재한다. 다만, 조사가 진행 중인 경우에는 "조사 중"으로 기재한다.
4. 재산피해내역 중 피해금액은 기재하지 아니하며 피해물건만 종류별로 구분하여 기재한다. 다만, 민원인의 요구가 있는 경우에는 피해금액을 기재하여 발급할 수 있다.
5. 발화장소 관할 지역과 관계없이 발화장소 관할 소방서로부터 화재사실을 확인받아 화재증명원을 발급할 수 있다.

87 실화의 특수성을 고려하여 실화자에게 중대한 과실이 없는 경우 그 손해배상액의 경감에 관한 「민법」 제765조의 특례를 정함을 목적으로 하는 법률은?

① 「소방기본법」
② 「실화책임에 관한 법률」
③ 「화재예방, 소방시설 설치·유지 및 안전관리에 관한 법률」
④ 「화재로 인한 재해보상과 보험가입에 관한 법률」

📖 **해설**

「실화책임에 관한 법률」의 목적이다.

정답 | 85 ③　86 ④　87 ②

88 「민법」상 불법행위에 관한 설명으로 틀린 것은?

① 타인의 생명을 해한 자는 피해자의 직계존속에 대해서는 재산상의 손해 없는 경우에는 손해배상의 책임이 없다.
② 고인 또는 과실로 인한 위법행위로 타인에게 손해를 가한 자는 그 손해를 배상할 책임이 있다.
③ 미성년자가 타인에게 손해를 가한 경우에는 그 행위의 책임을 변식할 지능이 없는 때에는 배상의 책임이 없다.
④ 타인의 신체, 자유 또는 명예를 해하거나 기타 정신상 고통을 가한 자는 재산 이외의 손해에 대하여도 배상할 책임이 있다.

🍺 해설
제752조 생명침해로 인한 위자료 「민법」
타인의 생명을 해한 자는 피해자의 직계존속, 직계비속 및 배우자에 대하여는 재산상의 손해없는 경우에도 손해배상의 책임이 있다.

89 「화재로 인한 재해보상과 보험가입에 관한 법령」상 보험가입의 의무에 관한 설명으로 틀린 것은?

① 특수건물의 소유자는 특약부화재보험에 관한 계약을 매년 갱신하여야 한다.
② 특수건물의 소유자는 특약부화재보험에 부가하여 건물의 무너짐 등으로 인한 손해를 담보하는 보험에 가입할 수 있다.
③ 특수건물의 소유자는 특수건물의 소유권이 변경된 경우 그 소유권을 취득한 날부터 10일 이내에 특약부화재보험에 가입하여야 한다.
④ 금융위원회는 보험가입 의무자가 그 보험에 가입하지 아니한 경우에는 관계 행정기관에 가입 의무자에 대한 인·허가의 취소 등 필요한 조치를 할 것을 요청할 수 있다.

🍺 해설
특수건물 소유자는 건축물의 사용승인, 소유권 취득일로부터 30일 이내 특약부화재보험에 가입해야 한다.

90 「화재증거물수집관리규칙」상 증거물 수집관리 등에 관한 설명으로 틀린 것은?

① 화재증거물의 포장은 보호상자를 사용하며 개별 포장은 지양한다.
② 화재증거물은 기술적, 절차적인 수단을 통해 진정성, 무결성이 보존되어야 한다.
③ 최종적으로 법정에 제출되는 화재증거물의 원본성이 보장되어야 한다.
④ 화재조사요원 등은 화재발생 시 신속히 현장에 가서 화재조사에 필요한 현장사진 및 비디오 촬영을 반드시 하여야 한다.

🍺 해설
제5조 증거물의 포장 「화재증거물수집관리규칙」
증거물의 포장은 보호상자를 사용하여 개별 포장함을 원칙으로 한다.

91 「화재로 인한 재해보상 보험가입에 관한 법령」상 유통산업발전법에 의한 대규모점포는 사용하는 부분의 바닥면적 합계가 몇 제곱미터 이상인 경우 특수건물에 해당하는가?

① 1천 ② 2천
③ 2천5백 ④ 3천

🍺 해설
대규모점포는 바닥면적 3,000m² 이상이다.

참고

제2조 특수건물 「화재로 인한 재해보상과 보험가입에 관한 법률 시행령」

면적	대상
바닥면적 2,000m² 이상	학원, 게임제공업, 인터넷컴퓨터게임시설제공업, 노래연습장업, 휴게음식점영업, 일반음식점영업, 단란주점영업, 유흥주점영업, 공유주방 운영업, 목욕장업, 영화상영관
바닥면적 3,000m² 이상	숙박업, 대규모점포, 도시철도의 역사 및 역 시설
연면적 3,000m² 이상	병원급 의료기관, 관광숙박업, 공연장, 방송사업목적 건물, 농수산물도매시장 및 민영농수산물도매, 학교, 공장
면적 기준 없음	공동주택으로서 16층 이상의 아파트 및 부속건물, 11층 이상인 건물, 실내사격장

정답 | 88 ① 89 ③ 90 ① 91 ④

92 「화재로 인한 재해보상과 보험가입에 관한 법령」상 한국화재보험협회의 업무를 모두 고른 것은?

> ㉠ 화재예방 및 소화시설에 대한 안전점검
> ㉡ 화재보험에 있어서의 소화설비에 따른 보험요율의 할인등급에 대한 사정
> ㉢ 화재예방과 소화시설에 관한 자료의 조사·연구 및 계몽
> ㉣ 행정기관이나 그 밖의 관계기관 화재예방에 관한 건의

① ㉠, ㉡
② ㉡, ㉢, ㉣
③ ㉠, ㉢, ㉣
④ ㉠, ㉡, ㉢, ㉣

해설
㉠~㉣ 모두 한국화재보험협회 업무에 해당한다.

참고
제15조 한국화재보험협회 업무「화재로 인한 재해보상과 보험가입에 관한 법률」
1. 화재예방 및 소방시설에 대한 안전점검
2. 화재보험에 있어서의 소화설비에 따른 보험요율의 할인등급에 대한 사정
3. 화재예방과 소방시설에 관한 자료의 조사·연구 및 계몽
4. 행정기관이나 그 밖의 관계기관의 화재예방에 관한 건의
5. 그 밖에 금융위원회의 인가를 받은 업무

93 「화재조사 및 보고규정」상 '최종잔가율'의 용어 정의로 옳은 것은?

① 고정자산을 경제적으로 사용할 수 있는 일정 비율
② 화재 당시에 피해물의 재구입비에 대한 현재가의 비율
③ 피해물의 경제적 내용연수가 다한 경우 잔존하는 가치의 재구입비에 대한 비율
④ 피해물의 손상상태 및 정도에 따라 피해액을 최종적으로 적정화시키는 비율

해설
① 내용연수
② 잔가율
④ 손해율

94 「소방기본법령」상 다음 ( ) 안에 들어갈 내용으로 옳은 것은?

> 화재 또는 구조·구급이 필요한 상황을 거짓으로 알린 사람에게는 ( )만 원 이하의 과태료를 부과한다.

① 100
② 200
③ 300
④ 500

해설
제19조 과태료 부과기준「소방기본법 시행령」[별표 3]

행위	처벌
• 화재 또는 구조·구급이 필요한 상황을 거짓으로 알린 사람 • 정당한 사유 없이 화재, 재난·재해, 그 밖의 위급한 상황을 소방본부, 소방서 또는 관계 행정기관에 알리지 아니한 관계인	500만 원 이하의 과태료
• 소방자동차의 출동에 지장을 준 자 • 소방활동구역을 출입한 사람 • 한국소방안전원 또는 이와 유사한 명칭을 사용한 자	200만 원 이하의 과태료
전용구역에 차를 주차하거나 전용구역에의 진입을 가로막는 등의 방해행위를 한 자 ※ 과태료 부과·징수 주체: 시·도지사, 소방본부장 또는 소방서장	100만 원 이하의 과태료 대상

95 「형사소송법」상 검사 또는 사법경찰관이 피의자를 신문하기 전 고지사항으로 틀린 것은?

① 일체의 진술을 하지 아니하거나 개개의 질문에 대하여 진술하지 아니할 수 있다는 것
② 진술을 하지 아니하더라도 불이익을 받지 아니한다는 것
③ 신문을 받을 때는 변호인을 참여하게 하는 등 변호인의 조력을 받을 수 있다는 것
④ 진술을 거부할 권리를 포기하고 행한 진술을 법정에서 유죄의 증거로 사용될 수 없다는 것

해설
제244조의3 진술거부권 등의 고지「형사소송법」
1. 일체의 진술을 하지 아니하거나 개개의 질문에 대하여 진술을 하지 아니할 수 있다는 것
2. 진술을 하지 아니하더라도 불이익을 받지 아니한다는 것
3. 진술을 거부할 권리를 포기하고 행한 진술은 법정에서 유죄의 증거로 사용될 수 있다는 것
4. 신문을 받을 때에는 변호인을 참여하게 하는 등 변호인의 조력을 받을 수 있다는 것

정답 | 92 ④ 93 ③ 94 ④ 95 ④

96 「실화책임에 관한 법률」상 손해배상액 경감의 고려사항으로 옳지 않은 것은?

① 화재의 원인과 규모
② 소화수에 의한 수손 피해의 정도
③ 배상의무자 및 피해자의 경제상태
④ 피해 확대를 방지하기 위한 실화자의 노력

해설
소화수에 의한 수손 피해의 정도는 해당 없다.

> **참고**
> 제3조 손해배상액의 경감 「실화책임에 관한 법률」
> **암기법** 화피 연방 배그
> 1. 화재의 원인과 규모
> 2. 피해의 대상과 정도
> 3. 연소 및 피해 확대의 원인
> 4. 피해 확대를 방지하기 위한 실화자의 노력
> 5. 배상의무자 및 피해자의 경제상태
> 6. 그 밖에 손해배상액을 결정할 때 고려할 사정

97 「화재조사 및 보고규정」상 화재조사 활동 중 소방본부장 또는 소방서장이 소방청장에게 긴급상황을 보고하여야 할 화재로 틀린 것은?

① 정부미 도정공장 화재
② 발전소 및 변전소의 화재
③ 이재민 150명 발생된 화재
④ 재산피해 30억 원 추정되는 화재

해설
재산피해 50억 원 추정되는 화재이다.

98 「소방의 화재조사에 관한 법령」상 용어의 정리 중 '관계인등'에 대한 설명 중 옳은 것을 모두 고른 것은?

> ㉠ 화재현장을 발견하고 신고한 사람
> ㉡ 화재현장을 목격한 사람
> ㉢ 소화활동을 행하거나 인명구조활동에 관계된 사람
> ㉣ 화재를 발생시키거나 화재발생과 관계된 사람

① ㉠, ㉡
② ㉠, ㉡, ㉢
③ ㉠, ㉢, ㉣
④ ㉠, ㉡, ㉢, ㉣

해설
제2조 정의 「소방의 화재조사에 관한 법률」
암기법 (운동할 때) 발목활발 (하게 움직여)

"관계인등"이란 화재가 발생한 소방대상물의 소유자·관리자·점유자(이하 "관계인") 및 다음 각 목의 사람을 말한다.
1. 화재현장을 발견하고 신고한 사람
2. 화재현장을 목격한 사람
3. 소화활동을 행하거나 인명구조활동(유도대피 포함)에 관계된 사람
4. 화재를 발생시키거나 화재발생과 관계된 사람

99 「소방기본법령」상 손실보상심의위원회(이하 '보상위원회'라 한다)에 관한 설명으로 틀린 것은?

① 위촉되는 위원의 임기는 3년으로 하며, 연임할 수 없다.
② 보상위원회의 사무를 처리하기 위하여 보상위원회에 간사 1명을 둔다.
③ 보상위원회는 위원장 1명을 포함하여 5명 이상 7명 이하의 위원으로 구성한다.
④ 고등교육법에 따른 학교에서 행정학을 가르치는 부교수 이상으로 5년 이상 재직한 사람은 보상위원회 위원이 될 수 있다.

해설
위촉되는 위원의 임기는 2년으로 한다.

100 「형법」상 시청을 방화한 경우, 방화 시 민원인들이 시청 내에 있었다면 어떤 범죄가 성립하는가?

① 일반물건 등에의 방화죄
② 공용건조물 등에의 방화죄
③ 현주건조물 등에의 방화죄
④ 일반건조물 등에의 방화죄

해설
현주건조물 등에의 방화죄는 사람이 주거로 사용하거나 사람이 현존하는 대상에 불을 지르는 범죄이다.

정답 | 96 ② 97 ④ 98 ④ 99 ① 100 ③

> **참고**
>
> **제165조 공용건조물 등에의 방화죄 「형법」 참조**
> - 현주건조물 등에의 방화죄 : 사람이 주거로 현존하는 장소에 방화
> - 공용건조물 등에의 방화죄 : 공용 또는 공익에 공하는 장소에 방화
> - 일반건조물 등에의 방화죄 : 공용건조물, 현주건조물 외의 장소에 방화
> - 일반물건 등에의 방화죄 : 공용건조물, 현주건조물, 일반건조물 외의 물건에 방화

기사 기출문제 2021년 2회

제1과목 화재조사론

01 화재가 발생한 후 현장에 놓여 있던 가정용 LPG 용기가 가열되어 폭발이 발생하였을 때, 이 폭발의 원인으로 옳은 것은?

① 확산 폭발
② 물리적 폭발
③ 응상 폭발
④ 화학적 폭발

해설
액화가스(LPG) 저장용기가 화재로 가열되어 내부 압력이 급격히 상승하고, 용기가 파열되는 현상은 BLEVE 현상으로 물리적 폭발이다.

02 「화재조사 및 보고규정」상 화재 발생일로부터 30일 이내에 보고해야 하는 화재가 아닌 것은?

① 이재민 100명 이상 발생 화재
② 외국공관 및 그 사택의 화재
③ 관공서, 학교, 문화재, 지하철 등 공공건물 및 시설의 화재
④ 관광호텔, 지하상가, 시장, 백화점 등의 화재

해설
제22조 조사보고 「화재조사 및 보고규정」
「소방기본법 시행규칙」 제3조 제2항 제1호에 해당하는 화재는 화재 발생일로부터 30일 이내 보고해야 한다.

참고
제3조 제2항 제1호 「소방기본법 시행규칙」
1. 사망자가 5인 이상 발생하거나 사상자가 10인 이상 발생한 화재
2. 이재민이 100인 이상 발생한 화재
3. 재산피해액이 50억 원 이상 발생한 화재
4. 관공서 · 학교 · 정부미도정공장 · 문화재 · 지하철 또는 지하구의 화재
5. 관광호텔, 층수가 11층 이상인 건축물, 지하상가, 시장, 백화점, 지정수량의 3천 배 이상의 위험물의 제조소 · 저장소 · 취급소, 층수가 5층 이상이거나 객실이 30실 이상인 숙박시설, 층수가 5층 이상이거나 병상이 30개 이상인 종합병원 · 정신병원 · 한방병원 · 요양소, 연면적 1만5천 제곱미터 이상인 공장 또는 화재경계지구에서 발생한 화재
6. 철도차량, 항구에 매어둔 총 톤수가 1천 톤 이상인 선박, 항공기, 발전소 또는 변전소에서 발생한 화재
7. 가스 및 화약류의 폭발에 의한 화재
8. 다중이용업소의 화재

03 다음은 과학적인 조사방법론에서 어떤 단계에 대한 설명인가?

> 수집된 경험적 데이터의 전부가 조사자의 지식, 교육 및 경험에 비추어 세밀하게 조사하는 과정이며, 주관적이나 추리적인 자료는 분석에 포함될 수 없고 단지 관찰과 실험에 의해 확실히 입증될 수 있는 사실만을 포함하는 단계

① 문제 정의
② 가설 검정
③ 가설 정립
④ 데이터 분석

해설
'주관적이나 추리적인 자료는 분석에 포함될 수 없고' 문구를 통해 데이터 분석에 대한 설명임을 알 수 있다. 데이터 분석은 수집된 데이터를 조사자의 지식으로 객관적 · 합리적으로 분석하는 단계이다.

정답 | 01 ② 02 ② 03 ④

> **참고**
>
> **과학적인 화재조사방법**
> 1. 필요성 인식(문제 인식) : 화재 발생의 원인과 문제점을 인식하는 단계
> 2. 문제 정의 : 어떤 방식으로 그 원인 및 문제를 해결할 수 있는지 결정
> 3. 데이터(자료) 수집 : 화재원인과 관련된 문제정의에 대한 해답을 찾을 수 있는 현장정보를 수집
> 4. 데이터(자료) 분석 : 수집된 데이터는 조사자의 객관적이고 합리적인 지식을 바탕으로 분석하는 단계
> 5. 가설 개발(귀납적 추론) : 분석된 데이터를 바탕으로 귀납적 추론을 통해 여러 가설을 수립
> 6. 가설 검증(연역적 추론) : 사실 규명과 과학적 원리에 부합될 때까지 연역적 추론 형식으로 검증
> 7. 최종 가설 선택 : 과학적 방법으로 합리적이고 타당성을 갖춘 가설을 최종 선택

04 고체 위의 화염확산에 대한 설명 중 틀린 것은?

① 고체에서의 화염확산 속도는 연료의 두께와 관련이 없다.
② 얇은 연료 위의 순방향 화염은 상향 화염확산으로 일어난다.
③ 같은 물질일수록 두께가 얇은 연료가 화염확산 속도가 빠르다.
④ 크기가 같은 목재와 폴리우레탄폼에 대한 화염확산 속도는 폴리우레탄폼이 빠르다.

해설
고체에서의 화염확산 속도는 표면의 온도, 재료의 물성, 재료의 두께 등이 영향을 미친다.

05 목재 표면의 균열흔 중 홈이 반월형의 모양으로 높아지며, 특히 대규모 건물화재에서 볼 수 있는 것은?

① 강소흔   ② 약소흔
③ 열소흔   ④ 완소흔

해설
노출온도 조건에 따른 탄화형태

암기법 완강열 칠구일

구분	노출온도(℃)	탄화형태
완소흔	700~800	갈라진 틈의 폭이 넓지 않고, 골이 얕으며, 거북등처럼 부푼 모양이 삼각형 또는 사각형의 형태
강소흔	900	나무가 갈라져서 파인 골의 깊이가 깊은 편이며, 골의 테두리 모양은 각이 없는 만두모양과 같은 형태
열소흔	1,100	홈의 깊이가 가장 깊고, 홈의 폭이 넓으며, 반월형처럼 부풀어 구형에 가깝도록 볼록한 형태

06 「화재조사 및 보고규정」상 소방활동구역의 설정 및 현장보존에 대한 설명 중 틀린 것은?

① 소방활동구역의 관리는 수사기관과 상호 협조해야 한다.
② 소방활동구역의 표시는 로프 등으로 범위를 한정하고 경고판을 부착한다.
③ 소방활동구역의 설정은 최대한의 범위로 한다.
④ 소방서장 등은 소화활동 시 현장물건 등의 이동 또는 파괴를 최소화하여 원활한 화재조사활동이 이루어질 수 있도록 현장보존에 노력해야 한다.

해설
소방활동구역의 설정은 최소한의 범위로 한다. 제40조 소방활동구역의 설정 및 현장보존 「화재조사 및 보고규정」은 2023.3.8. 개정으로 삭제되었다.

07 「소방의 화재조사에 관한 법령」상 화재조사를 하는 관계공무원이 관계인의 정당한 업무를 방해하거나 화재조사를 수행하면서 알게 된 비밀을 다른 사람에게 누설하였을 때의 벌칙기준으로 옳은 것은?

① 100만 원 이하의 벌금
② 150만 원 이하의 벌금
③ 200만 원 이하의 벌금
④ 300만 원 이하의 벌금

해설
「소방의 화재조사에 관한 법령」상 벌금은 300만 원 이하이다.

정답 | 04 ① 05 ③ 06 ③ 07 ④

> **참고**
>
> **제21조 300만 원 이하 벌금 「소방의 화재조사에 관한 법률」**
> 1. 허가 없이 화재현장에 있는 물건 등을 이동시키거나 변경·훼손한 사람
> 2. 정당한 사유 없이 화재조사관의 출입 또는 조사를 거부·방해 또는 기피한 사람
> 3. 관계인의 정당한 업무를 방해하거나 화재조사를 수행하면서 알게 된 비밀을 다른 용도로 사용하거나 다른 사람에게 누설한 사람
> 4. 정당한 사유 없이 증거물 수집을 거부·방해 또는 기피한 사람

08 자동화재탐지설비 및 시각경보장치의 화재안전기준상 감지기를 설치하지 아니하는 장소로 명시되지 않은 것은?

① 복도
② 헛간
③ 목욕실
④ 프레스공장

해설
복도(30m 미만은 제외)는 설치 대상이다.

> **참고**
>
> **2.4.5 자동화재탐지설비 및 시각경보장치의 화재안전기술기준(NFTC 203)**
> 다음의 장소에는 감지기를 설치하지 않을 수 있다.
> 천장 또는 반자의 높이가 20m 이상인 장소, 헛간, 부식성가스 체류 장소, 목욕실, 욕조, 샤워시설이 있는 화장실, 파이프덕트, 주방, 프레스공장, 주조공장 등

09 V자 화재패턴에 대한 설명으로 옳은 것은?

① V자 패턴의 각은 환기에 영향을 받는다.
② V자 패턴의 각은 열방출률에 영향을 받지 않는다.
③ V자 패턴의 각은 가연물의 형상에 영향을 받지 않는다.
④ V자 각이 큰 것은 화재의 성장속도가 느렸다는 증거이며 V각이 작은 경우는 화재의 성장속도가 빨랐다는 증거이다.

해설
V 패턴은 환기량이 많을수록, 가연물의 열방출률이 높을수록 각은 좁고 뚜렷한 V자 패턴을 형성한다.

③ 가연물의 배치나 형태에 따라 불길의 확산 경로와 속도가 달라져 V패턴 각도 변화를 준다.
④ V자 각은 화재의 성장속도 한가지로 결정되는 것이 아니라, 가연물 양과 형상, 열방출률, 환기 조건에 영향을 받아 V 각이 결정된다.

10 연소범위가 25~81vol%인 아세틸렌의 위험도로 옳은 것은?

① 0.27
② 12.7
③ 31.4
④ 38.8

해설
위험도

$$H(\text{위험도}) = \frac{U(\text{연소상한계}) - L(\text{연소하한계})}{L(\text{연소하한계})}$$

$$= \frac{81 - 2.5}{2.5} = 31.4$$

11 분진폭발을 가스폭발과 비교할 때 분진폭발의 특징으로 옳은 것은?

① 연소시간이 짧다.
② 불완전연소를 일으키기 어렵다.
③ 연소속도가 빠르다.
④ 최소발화에너지가 크다.

해설
가스폭발이 더 쉽게 폭발하지만, 분진폭발은 2차, 3차까지 폭발하므로 파괴력과 에너지는 분진폭발이 더 크다.
① 연소시간이 길다.
② 불완전연소를 일으키기 쉽다.
③ 연소속도가 느리다.

12 목재의 탄화심도 측정 시 유의사항 중 틀린 것은?

① 측정기구는 목재와 직각으로 삽입하여 측정한다.
② 게이지로 측정된 깊이 외에 소실된 부분의 깊이를 더하여 비교하여야 한다.
③ 탄화된 요철 부위 중 철(凸) 부위를 택하여 측정한다.
④ 탄화되지 않은 곳까지 삽입될 수 있으므로 송곳과 같은 날카로운 측정기구를 사용한다.

정답 | 08 ① 09 ① 10 ③ 11 ④ 12 ④

해설
탄화되지 않은 곳까지 삽입되지 않도록 끝이 평평하거나 뭉툭한 측정기구를 사용한다.

> **참고**
>
> **목재 탄화심도 측정**
> 1. 탄화된 요철(凹凸) 부위 중, 철(凸) 부위를 택하여 측정한다.
> 2. 게이지로 측정된 깊이 외에 이미 소실된 부위의 깊이를 더하여 비교하여야 한다.
> 3. 탄화되지 않은 곳까지 삽입될 수 있으므로 송곳과 같은 날카로운 측정기구는 사용하지 않는다.
> 4. 측정기구는 목재와 직각으로 삽입하여 측정한다.
> 5. A지점, B지점의 측정 시 동일한 압력으로 측정하여야 한다.
> 6. 수회 측정하여 평균값을 사용, 측정오차를 줄인다.

13 프로판 50vol%, 메탄 30vol%, 수소 20vol%의 조성으로 혼합된 가연성연료가 공기 중에 존재한다고 할 때 이 연료가스의 연소하한계(LFL)는? (단, 프로판의 LFL은 2.1vol%, 메탄의 LFL은 5vol%, 수소의 LFL은 4vol%이다.)

① 약 2.27vol% ② 약 2.87vol%
③ 약 3.97vol% ④ 약 4.07vol%

해설
혼합가스의 폭발범위 계산 "르샤틀리에 법칙(Le Chatelier's Law)"

$$L = \frac{100}{\frac{V_1}{L_1} + \frac{V_2}{L_2} + \frac{V_3}{L_3} + \cdots}$$

L : 혼합가스 폭발한계(%)
L_1, L_2, L_3 : 각 가연성 가스 폭발한계(%)
V_1, V_2, V_3 : 각 가연성 가스의 공기 중 부피(vol%)

$$\therefore L = \frac{100}{\left(\frac{50}{2.1} + \frac{30}{5} + \frac{20}{4}\right)} = 2.87(\text{vol}\%)$$

14 열전달에 대한 설명 중 틀린 것은?

① 열전달 방식 중 가장 빠른 것은 복사이다.
② 유체의 가장 높은 곳에 열원이 있다면 대류는 발생하지 않는다.
③ 유체인 원유를 보관하는 탱크에서 보일오버(Boil over)현상의 주요 열전달 메커니즘은 대류에 의한 것이다.
④ 천장부 열기층을 살펴보면 구획실 화재에서 고온부와 저온부의 순환이 일어나지 않는다는 것을 알 수 있다.

해설
보일오버는 원유 저장 탱크표면에 화재가 발생하여 전도열로 원유와 물이 저장탱크 밖으로 흘러넘치는 현상이다.

15 화재현장 조사를 할 때 유의해야 할 사항 중 틀린 것은?

① 보도기관 등 대외발표를 신중하게 할 것
② 화재현장 출입 시 신분을 명확히 밝힐 것
③ 화재조사 시 피해자 또는 관계자를 정중하게 대할 것
④ 화재관계자의 민사상 다툼에 대해 직무와 관련하여 적극적으로 개입할 것

해설
민사분쟁은 절대 개입해서는 안 된다. 따라서, 민사재판은 증인 출석도 거부할 수 있다.

> **참고**
>
> **제4조 제2항 화재조사관의 책무「화재조사 및 보고규정」**
> 조사관은 그 직무를 이용하여 관계인등의 민사분쟁에 개입해서는 아니 된다.

16 화재현장에서 화재감식요원의 마음가짐과 가장 거리가 먼 것은?

① 선입견을 가지고 현장 사물을 관찰한다.
② 현장에 대해서는 항상 겸손하게 생각한다.
③ 불필요한 전문용어의 사용으로 자신의 의견을 과대포장하는 행위를 하지 말아야 한다.
④ 감식결과는 누구에게 유리하거나 불리함을 고려하지 않고, 과학적이고 논리적인 근거에 의해서 말해야 한다.

해설
선입견을 버리고, 객관적인 사실을 확인해야 한다.

정답 | 13 ② 14 ③ 15 ④ 16 ①

17 비가연성 재료로 구획된 방의 각 위치에 동일한 방법으로 동일한 가연물에 착화하여 동일한 시간이 경과된 후의 모습을 관찰하였을 때의 설명으로 옳은 것은?

① 화염의 길이는 모두 동일하다.
② 한 개의 벽과 접한 화염의 길이가 가장 길다.
③ 벽과 접하지 않은 방 중앙 화염의 길이가 가장 길다.
④ 두 개의 벽이 만나는 코너와 접한 화염의 길이가 가장 길다.

해설
동일 조건이라면 두 개의 벽이 만나는 코너와 접한 화염의 길이가 가장 길다.

18 연소 현상 중 완전연소에 대한 설명으로 옳은 것은?

① 산소의 공급이 불충분한 상태에서의 연소현상이다.
② 연소 시 다량의 가연성 가스의 공급이 완전연소의 원인이 된다.
③ 탄화수소가 완전연소하면 이산화탄소와 수증기가 생성된다.
④ 환기가 제대로 되지 않은 상태에서의 실내에 가스기구를 사용하는 경우에 발생한다.

해설
탄화수소가 완전연소하면 이산화탄소와 수증기가 생성된다.
① 산소의 공급이 불충분하면 불완전연소를 한다.
② 완전연소의 원인은 충분한 산소공급이다.
④ 환기가 제대로 되지 않으면 불완전연소가 발생한다.

19 가연물별 분류에 따른 화재와 색상이 옳은 것은?

① 금속화재 – 무색   ② 유류화재 – 백색
③ 일반화재 – 황색   ④ 전기화재 – 빨간색

해설
일반화재 : 백색, 유류화재 : 황색, 전기화재 : 청색, 금속화재 무색이다.

암기법 백황청무
- 일반화재(A급) : 백색
- 유류화재(B급) : 황색
- 전기화재(C급) : 청색
- 금속화재(D급) : 무색

20 액체가연물이 연소되면서 발생되는 열에 의해 가열되어 주변으로 튀거나, 액체를 뿌릴 때 바닥 면에 액체 방울이 튄 것처럼 연소하는 패턴으로 옳은 것은?

① 포어 패턴(pour pattern)
② 고스트 마크(ghost mark)
③ 도넛 패턴(doughnut pattern)
④ 스플래쉬 패턴(splash pattern)

해설
스플래쉬(splash)는 '끼얹다', '튀기다' 의미로 액체가연물 방울이 튄 후 연소한 패턴을 스플래쉬 패턴이라 한다.

포어 패턴

고스트 마크

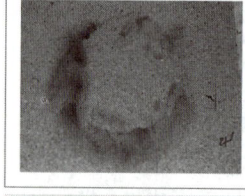
도넛 패턴

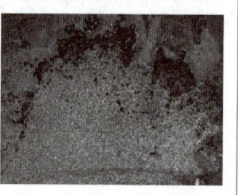
스플래시 패턴

제2과목 화재감식론

21 혼합해도 폭발 또는 발화 위험과 가장 거리가 먼 것은?

① 아세틸렌 + 아세톤
② 염소산칼륨 + 유황
③ 과산화나트륨 + 알루미늄분
④ 금속나트륨 + 에틸알콜

해설
아세톤은 가연성 가스인 아세틸렌을 쉽게 용해하여 안정화하는 특성이 있어 보관 용매로 사용된다.

22 방화의 일반적인 특징으로 틀린 것은?

① 피해 범위가 대체로 넓다.
② 동기로는 원한이나 보복 등 정신적인 요인에 기인하는 경우가 많다.
③ 우발적이기보다는 계획적으로 발생하는 경우가 많다.
④ 재산보다는 인명을 대상으로 하는 경우가 많다.

해설
계획적이기보다는 우발적으로 발생되는 경우가 많다.

> **참고**
> 방화의 일반적인 특징
> 1. 단독범행이 많고, 주로 야간(21시~03시)에 많이 발생한다.
> 2. 인화성 물질, 라이터, 신문지 등의 가연물을 방화매개체로 사용한다.
> 3. 피해 범위가 넓고 주로 인명을 대상이 많다.
> 4. 음주 후 실행하는 경우가 많고, 난폭성을 보인다.
> 5. 동기로는 원한이나 보복 등 정신적인 요인에 기인하는 경우가 많다.
> 6. 계획적이기보다는 우발적으로 발생되는 경우가 많다.
> 7. 여성보다 남성에 의해 실행되는 빈도가 상대적으로 높다.
> 8. 주택 및 차량에서 주로 발생한다.

23 화재나 폭발에 대한 가설로부터 의견을 개진할 때 조사관이 세우는 확신 수준으로서 '상당히 근거 있음(Probable)'은 가설이 진실일 가능성이 얼마 이상인 경우에 해당하는가?

① 20% 이상 ② 30% 이상
③ 40% 이상 ④ 50% 이상

해설
상당히 근거 있음(Probable)은 가설이 50% 이상의 확률이다.

> **참고**
> 18.6 가설의 확신수준 「NFPA 921」
> "상당히 근거 있음(Probable)"이라는 용어는 가설이 50% 이상의 확률로 진실일 가능성을 나타낸다.

> **참고**
> 국내 화재조사서 작성 시 용어
> • 사료(思料) : 어떠하다고 생각하여 헤아림(50% 이하일 때)
> • 추정(推定) : 미루어 생각하여 결정함(50% 이상일 때)
> • 판단(判斷) : 일정한 논리나 기준에 따라 사물의 가치와 관계를 결정함(100% 확신일 때)

24 표준상태 0℃, 1기압에서 메탄(CH_4) 3.2kg을 이상기체상태방정식으로 계산하면 부피는? (단, 기체상수(R) : 0.082L · atm/mol · K, 탄소 원자량 : 12, 수소 원자량 : 1로 계산한다.)

① 223.8L   ② 447.7L
③ 2,238.6L ④ 4,477.2L

해설
이상기체상태방정식
$PV = nRT$
$PV = \dfrac{W}{M}RT$
$V = \dfrac{3,200}{16} \times 0.082 \times 273 = 4,477.2 \ell$

25 방화로 의심할 수 있는 경우가 아닌 것은?

① 출입문이 잠겨있는 경우
② 촉진제의 용기가 발견된 경우
③ 외부 침입 흔적이 발견된 경우
④ 다른 범죄의 증거가 발견된 경우

해설
출입문이 잠겨있다고 해서 방화라고 판단할 수 없다.

26 산불의 강도를 가중시키는 지형으로 틀린 것은?

① 평지
② 굴뚝 지형
③ 가파른 경사
④ 연료 온도를 증가시키는 사면

해설
평지는 지면의 기복이 적어 바람의 영향을 덜 받고 가연물 분포가 균일하여 쉽게 확산되지 않는다.

27 자동차 본체의 주요장치에 포함되지 않는 것은?

① 연료장치   ② 점화장치
③ 윤활장치   ④ 방향지시장치

해설
자동차 본체의 주요장치
연료장치, 점화장치, 윤활장치, 냉각장치, 배기장치

정답 | 22 ③ 23 ④ 24 ④ 25 ① 26 ① 27 ④

28 산불화재 확산에 영향을 미치는 요인으로 가장 거리가 먼 것은?

① 풍속 ② 수종
③ 점화원 ④ 경사도

해설
점화원은 산불의 3요소이다.

> **참고**
> 산불 확산에 영향을 미치는 요인(확산의 3요소)
> **암기법** 확산 연기지
>
> • 연료 : 수종
> • 기상 : 바람(풍속), 습도, 온도, 강수 등
> • 지형 : 고도, 경사, 경사향, 지세 등

29 석유류의 연소 특성에 대한 설명 중 틀린 것은?

① 휘발성이 낮은 중질유는 미세한 크기로 미립화하여 분무연소한다.
② 휘발유, 등유는 증기비중이 공기보다 크기 때문에 증발한 증기는 낮은 곳에 체류한다.
③ 원유탱크의 화재가 장시간 지속되면 고온층이 형성되어 유류화재의 위험한 현상들이 나타날 수 있다.
④ 대부분의 석유류가 포함된 제4류 위험물은 인화점이 높고, 연소하한계가 높아서 화재위험성이 크다.

해설
석유류가 포함된 제4류 위험물은 인화점이 낮고, 연소하한계가 낮아서 화재위험성이 크다.

30 담뱃불의 착화가능성에 대한 설명으로 옳은 것은?

① 가솔린의 착화점은 430~550℃로서 담뱃불의 표면에서 발생되는 열로 착화가 용이하다.
② 도시가스는 탄화수소의 혼합물로 조성되어 있으며, 주성분인 수소의 착화점이 585℃로서 담뱃불의 표면에서 발생되는 열로 인해 착화가 용이하다.
③ 면제품(방석, 이불, 의류 등)은 무염착화 후 무염연소를 계속하며 가연물이나, 조연재, 공기 유입 등의 연소조건이 갖추어지면 유염연소로 이어진다.
④ 발포스티로폼은 담뱃불이 접촉되면 쉽게 용융되어 착화가 용이하다.

해설
면제품(방석, 이불, 의류 등)은 담뱃불로 무염연소 후 유염연소로 이어질 수 있는 가연물이다.
① 담뱃불 표면은 탄산가스층과 불꽃의 미세한 이동과 냉각상태 등으로 가솔린의 발화점에 달할 수 없다.
② 도시가스는 주성분이 수소가 아닌 부탄이다.
④ 발포스티로폼은 담뱃불이 접촉되면 쉽게 용융되지만, 착화는 어렵다.

31 가스 연소 현상에서 역화(Flash Back)의 원인으로 가장 거리가 먼 것은?

① 가스 압력이 낮은 경우
② 노즐구경이 너무 큰 경우
③ 코크가 충분히 열리지 않은 경우
④ 부식으로 인하여 염공이 커진 경우

해설
역화(Flash Back)는 가스의 연소속도가 가스유출속도보다 빠르거나, 가스의 유출속도가 느릴 때 발생한다.

> **참고**
> 역화(Flash Back)의 원인
> • 부식으로 인하여 염공이 커진 경우
> • 노즐구경이 너무 적은 경우
> • 노즐구경이나 코크의 구멍에 먼지가 묻은 경우
> • 코크가 충분히 열리지 않은 경우
> • 가스 압력이 낮을 경우
> • 가스레인지 위에 큰 냄비 등을 올려놓고 장시간 사용하는 경우

32 자동차 화재의 특성에 대한 설명으로 옳은 것은?

① 차량 화재의 조사는 특별한 전문지식이 없어도 화재조사가 가능하다.
② 차량 화재는 대체로 전소가 되지 않기 때문에 발화지점 및 발화원인이 조사 용이하다.
③ 차량 화재는 연료, 시트 등 화재비중이 낮고, 외기와 밀폐된 상태인 환기 지배형의 화재특성을 보인다.
④ 개방된 공간에 존치되는 환경적인 특수성으로 인해 사회적인 불만을 가진 사람 등이 불특정한 방법으로 방화를 할 수 있다.

정답 | 28 ③ 29 ④ 30 ③ 31 ② 32 ④

🔍 **해설**
① 차량의 구조와 시스템을 이해해야만 화재조사가 가능하다.
② 차량 화재는 대체로 전소 화재가 많다.
③ 차량 화재는 화재하중이 높고, 연료 지배형의 화재 특성을 보인다.

33 분진폭발을 일으킬 가능성이 없는 것은?

① 목분
② 산화규소 분말
③ 마그네슘 분말
④ 폴리에틸렌 분말

🔍 **해설**
산화규소(SiO_2)는 더 이상 산소와 화학반응을 일으킬 수 없는 물질로 그 분말 또한 분진폭발의 가능성은 없다.

34 세탁기 화재 시 확인해야 할 조사요점으로 가장 거리가 먼 것은?

① 배수모터의 이상 유무
② 마그네트론의 발열 여부
③ 세탁기 내부 배선의 단락 여부
④ 기동용 콘덴서의 절연열화 상태

🔍 **해설**
마그네트론은 전자레인지에서 사용하는 부품으로, 세탁기와는 관련이 없다.

35 선박의 구획 및 일반배치에 대한 설명 중 틀린 것은?

① 선수부, 화물창, 기관실, 선미부로 크게 구분된다.
② 코퍼댐(cofferdam)을 두어 기관실 및 선수구역을 안전구역에서 제외한다.
③ 원유 운반선, 액화가스 운반선에서는 화물창 전후방에 코퍼댐(cofferdam)을 둔다.
④ 구획은 수밀격벽으로 막혀 물이 드나들 수 없는 하나의 독립된 공간을 뜻한다.

🔍 **해설**
코퍼댐(cofferdam)은 기관실 및 선수구역을 화물창으로부터 보호하기 위해 설비되는 완충공간으로, 기관실 및 선수구역을 안전구역에서 제외하는 것이 아니라 오히려 보호하여 안전하게 구획하는 역할을 한다.

36 항공기 화재방지계통(fire protection system)에서 "Fixed"의 정의에 대한 설명 중 틀린 것은?

① 물 소화기를 계통 내에 영구적으로 장착하는 것을 말한다.
② 휴대용 소화기를 계통 내에 영구적으로 장착하는 것을 말한다.
③ 할론(halon) 소화기를 계통 내에 영구적으로 장착하는 것을 말한다.
④ 외부 소방시설을 연결하는 장치를 계통 내에 영구적으로 장착하는 것을 말한다.

🔍 **해설**
"Fixed"는 항공기 특정 구역에 고정 설치된 화재 탐지 및 소화 시스템을 의미한다. 외부 소방시설 연결장치는 해당 없다.

37 석유류를 사용한 방화현장에서 수거한 증거물로부터 화재원인 물질을 밝혀내기 위해 사용하는 가장 일반적인 분석기기로 옳은 것은?

① 원소분석기
② 질량분석기
③ 이온교환수지
④ 가스 크로마토그래피

🔍 **해설**
가스 크로마토그래피는 석유류처럼 여러 화합물로 구성된 혼합물을 분석하는 데 적합하고, 미량의 잔여물 검출 분석에도 유용하다.

38 어떤 도체의 단면을 0.5초 간에 0.032C의 전하가 이동했을 때, 흐르는 전류(I)의 크기는?

① 16mA
② 32mA
③ 64mA
④ 128mA

🔍 **해설**
전류(I)는 단위 시간당 흐르는 전하의 양이다.
$$I = \frac{Q}{t} \text{ (A)}$$
$$I = \frac{0.032}{0.5} = 0.064\,A = 64\,mA$$

정답 | 33 ② 34 ② 35 ② 36 ④ 37 ④ 38 ③

39 정전기 대전현상에 대한 설명 중 옳은 것은?

① 분출대전이란 분체, 액체, 기체가 단면적이 작은 개구부에서 분출 시 대전되는 현상
② 충돌대전이란 물체가 마찰을 일으킬 때 대전되는 현상
③ 마찰대전이란 상호 밀착된 물체가 분리될 때 대전되는 현상
④ 유도대전이란 액체류가 배관 내부 이송할 때 대전되는 현상

📖 해설
② 충돌대전 : 물체가 마찰이 아닌 충돌할 때 대전되는 현상
③ 마찰대전 : 물체가 접촉했을 때 마찰에 의해 대전되는 현상
④ 유도대전 : 전기장을 가진 물체가 다른 물체에 가까이 갔을 때 대전되는 현상

40 발화원인 판정 시 발화가능성이 있는 시설이나 기구에 대한 주의사항 중 틀린 것은?

① 사전 지식이 없는 복잡한 기기나 장치에 대해서는 조사관이 직접 검사한다.
② 가능성에 대해서는 하나씩 짚어가며 검사를 해야 하고, 배제해 나가는 것을 원칙으로 한다.
③ 탄화된 증거물들은 쉽게 부서지며 잊어버리기 쉬우므로 손을 대기 전에 사진 등으로 체증을 먼저 해야 한다.
④ 발화하였다고 의심되는 기기나 장치가 이동이 가능한 경우에는 복잡한 현장에서 보다 안정적인 실험실로 옮겨 조심스럽게 분해하는 것을 권장한다.

📖 해설
조사관이 사전 지식 없는 복잡한 기기를 감식 중 증거물을 훼손할 수 있으므로 전문가 입회하에 합동감식한다.

제3과목 증거물관리 및 법과학

41 피사계 심도(Depth of field)에 대한 설명으로 틀린 것은?

① 피사계 심도가 깊어지면 상세하게 보는데 걸리는 시간이 단축된다.
② 초점거리가 주어진 렌즈에서는 f-stop이 클수록 피사계 심도가 깊어질 것이다.
③ 피사계 심도는 촬영하는 사물까지의 거리, 렌즈 구경 및 사용하는 렌즈의 초점거리에 따라 달라진다.
④ 피사계 심도는 어느 정해진 시간 동안에 초점이 맞는 가장 멀리 있는 사물과 가장 가까이 있는 사물의 거리이다.

📖 해설
피사계 심도가 깊어지면 상세하게 보는데 걸리는 시간이 길어진다.

42 화재조사현장 사진촬영의 필요성과 가장 거리가 먼 것은?

① 현장조사 시 실수로 빠트린 정보와 사실들을 얻을 수 있다.
② 사진을 보는 사람이 실제적인 감각으로 느끼게 할 수 있다.
③ 촬영한 사진은 글로 자세한 설명을 해야만 알 수 있다.
④ 사진을 통해 화재현장의 소손상황, 감식·감정 대상의 물건 등을 정확하게 기록할 수 있다.

📖 해설
화재조사현장의 상세하게 촬영된 사진은 글보다도 있는 사실을 세부적으로 묘사한다.

화재조사를 위한 사진촬영의 중요성
- 사실의 묘사성
- 진술, 증거의 신뢰성
- 기억의 환기성
- 전달의 신속성

43 화재현장 사진 촬영 시 유의사항으로 틀린 것은?

① 화재현장 사진은 화재조사자의 의도를 이해하여 촬영한다.
② 중요한 증거 물건은 표지, 번호표 등으로 명확하게 표시한다.
③ 주변 인물, 발굴용 기구 등을 중점적으로 촬영하여야 한다.
④ 화재현장 사진은 수정하기가 불가능하므로 촬영에 심혈을 기울인다.

해설
화재와 연관성이 크다고 판단되는 증거물, 피해물품 등은 면밀히 관찰 후 자세히 촬영한다.

44 화재로 인한 사망에 대한 설명으로 옳은 것은?

① 폐부종과 염증은 자극적인 가스에 노출되었음을 나타내는 증거이다.
② 시간이 지날수록 사후강직은 심해지고 관절과 근육은 뻣뻣해진다.
③ 화재현장의 희생자는 주로 이산화탄소 때문에 사망한다.
④ 사망 후 근육조직의 화학적인 변화로 굳는 것을 시반이라고 한다.

해설
② Nysten법칙에 따라 사후경직은 계절별로 차이가 있으나 약 12~24시간 정도에 최고조에 이르며 이후 완해된다.
③ 화재현장의 희생자는 주로 일산화탄소 중독에 의해 사망한다.
④ 사후에 혈액이 중력의 작용으로 몸의 저부에 있는 모세혈관 내로 침강하여 외 표피층에 착색이 되어 나타나는 현상을 시반이라고 한다.

45 열에 의해 생성된 유리의 파손 형태에 대한 설명으로 옳은 것은?

① 깨진 유리의 단면에 리플마크가 형성된다.
② 길고 구불구불한 불규칙 형태의 금을 형성한다.
③ 직선으로 구성된 거미줄 모양의 선을 형성한다.
④ 날카로운 예각으로 구성된 삼각형의 금을 형성한다.

해설
화재열로 인한 유리 파손
• 유리 표면이 길고 구불구불한 불규칙한 곡선형태로서 파괴가 된다.
• 유리의 측면에는 리플마크가 형성이 되지 않는다.

충격에 의한 유리파손의 특징
• 파단면에는 커브형태 곡선이 연속해서 만들어진다.
• 거미줄과 같은 방사형태의 파손과 동심원 형태의 파손이 일어난다.
• 표면에는 리플마크가 쉽게 식별된다.

46 화재현장에서 사체가 완전 탄화된 채 발견되었을 경우 신원확인 조사방법 중 가장 신뢰할 수 있는 것은?

① DNA 검사
② 소지품 검사
③ 지문감식
④ X-ray 검사

해설
완전 탄화 또는 백골화 시체의 경우 신원확인이 매우 어려우나 치아를 비롯한 악안면 부위는 보존성, 내구성이 높고, 개인식별에 응용될 수 있는 특징이 크므로 이를 X-ray 검사를 통해 신원을 규명할 수 있다.

47 증거물의 수집에 관한 고려사항으로 가장 옳은 것은?

① 고체 표본을 수집할 때 용기에 가득 채운다.
② 등유와 같은 탄화수소계 액체 위험물은 물과 쉽게 혼합된다.
③ 경우와 같이 흔히 사용되는 화재 촉진제 증기는 공기보다 더 가볍다.
④ 화재 촉진제로 사용되는 휘발유와 같은 인화성 액체는 상온에서 자연발화하지 않는다.

해설
① 고체 표본을 수집할 때 용기의 2/3 이상을 채워서는 안 된다.
② 등유와 같은 탄화수소계 액체 위험물은 비수용성으로서 물과 혼합되지 않는다.
③ 경우와 같이 흔히 사용되는 화재 촉진제 증기는 탄소량이 커서 공기보다 더 무겁다.

정답 | 43 ③ 44 ① 45 ② 46 ④ 47 ④

48 화재관련자들로부터의 정보수집에 대한 방법으로 틀린 것은?

① 목격자로부터 목격경위, 목격위치, 목격상황에 대하여 청취하여야 한다.
② 소방관계자로부터 출동 당시의 화세 및 확산경로에 대한 정보를 수집하여야 한다.
③ 부상을 입은 피해자에게는 정보를 수집하지 않는다.
④ 관리자로부터 건물의 구조, 발화범위 내의 물건, 화기시설 등에 대하여 질문하여야 한다.

해설
사상자로부터 사상 시 위치·행동, 원인 등의 정보를 수집하여야 한다.

49 열가소성 도체 절연체가 도체의 열로 인해 연화되고 늘어나는 현상으로 옳은 것은?

① 헤일로(halo)
② 포인터 및 화살
③ 슬리빙(sleeving)
④ 엘리게이터(alligator)

해설
슬리빙(sleeving)은 과부하로 인한 줄열 상승으로 인해 전선, 케이블 피복이 용융되어 도선이 노출되는 현상을 말한다.

50 증거물의 역할에 따른 분류 중 다음 증거물의 역할로 옳은 것은?

> 바닥에 깨진 유리창 바닥면에 그을음 부착이 없다.

① 시간적 증거
② 접촉 증거
③ 방향적 증거
④ 행위적 증거

해설
바닥의 유리창 파편 바닥면으로 그을음이 없는 경우, 화재 발생 이전에 인위적으로 유리창이 파손되었음을 시간적으로 추정할 수 있다.

51 「화재조사 및 보고규정」상 질문기록서에 기재되어야 하는 사항 중 틀린 것은?

① 화재대상과의 관계를 기재한다.
② 어떻게 해서 알게 되었는지를 기재한다.
③ 화재번호 및 화재발생 일시, 장소를 기재한다.
④ 출입문 상태 및 소방대 건물 진입방법을 기재한다.

해설
출입문 상태 및 소방대 건물 진입방법은 현장출동보고서에 기재할 사항이다.

52 증거물 수집에 관한 사항 중 ( )에 알맞은 내용은?

> 액체 또는 고체 증거물의 수집을 위해 300mL 용량의 금속 캔 사용 시 증거물은 최대 ( )mL 이상 채워져서는 안 된다.

① 100
② 150
③ 200
④ 300

해설
액체시료를 채울 때는 검사 또는 검증과정에서 시료 채취를 용이하게 하기 위하여 금속캔 용적의 2/3 이상을 채워서는 안 된다.

53 액체촉진제의 특성 중 틀린 것은?

① 모든 액체촉진제는 물과 접촉 시 물 위에 뜬다.
② 액체 표본 채취 시 살균한 거즈패드를 사용할 수 있다.
③ 액체촉진제는 다공성 물질 안에 갇혔을 때 지속성이 매우 높다.
④ 액체촉진제는 구조부, 내부마감재, 기타 화재 잔해에 쉽게 흡수된다.

해설
액체 연소촉진제는 대부분 물보다 비중이 낮아 기름띠로 이를 확인할 수 있으나, 물에 잘 녹는 수용성 알코올의 경우 예외이다.

정답 | 48 ③ 49 ③ 50 ① 51 ④ 52 ③ 53 ①

54 [보기]에서 화재진압 및 구조 과정에서 현장보존을 위한 주의사항을 모두 고른 것은?

[보기]
㉠ 사망이 확인된 사체는 화재진압을 위해 위치를 옮긴다.
㉡ 잔불정리 시에 필요 이상으로 물건을 옮기거나 쓰러뜨리지 않도록 한다.
㉢ 조기진화를 위해 수압을 최고로 높여 진화한다.
㉣ 부득이하게 파괴되거나 변경되었을 때는 그 내용을 기록해 추후에라도 화재조사관에게 전달하여야 한다.

① ㉠, ㉢
② ㉡, ㉢
③ ㉠, ㉣
④ ㉡, ㉣

🔍 **해설**
㉠ 사망이 확인된 사체는 현장보존을 위해 그 위치를 변경하여서는 안 된다.
㉢ 화재진압과정에서 수압은 증거물 파손 예방을 고려하여 조절한다.

55 「화재증거물수집관리규칙」상 증거물 시료용기 중 유리병으로 휘발성 액체를 수집할 경우 마개로 사용할 수 없는 것은?

① 유리 마개
② 코르크 마개
③ 금속 스크루 마개
④ 폴리테트라플루오로에틸렌(PTEE) 마개

🔍 **해설**
코르크 마개를 휘발성 액체 수집용기에 사용하지 않는다.

증거물 시료용기 「화재증거물수집관리규칙」 [별표1] 중 유리병

구분	용기 내용
유리병	• 유리병은 유리 또는 폴리테트라플루오로에틸렌(PTFE)로 된 마개나 내유성의 내부판이 부착된 플라스틱이나 금속의 스크루 마개를 가지고 있어야 한다 • 코르크 마개는 휘발성 액체에 사용하여서는 안 된다. 만일 제품이 빛에 민감하다면 짙은 색깔의 시료병을 사용한다. • 세척방법은 병의 상태나 이전의 내용물, 시료의 특성 및 시험하고자 하는 방법에 따라 달라진다.

56 전신적 생활반응에 해당하는 것은?

① 피하출혈
② 속발성 염증
③ 압박성 울혈
④ 흡인 및 연하

🔍 **해설**
생활반응의 구분

국소적 생활반응	전신적 생활반응
• 출혈 및 응혈 • 창구의 개대 및 창연의 외번 • 치유기전 • 화상 • 국소적 빈혈 • 압박성 울혈 • 흡인과 연하	• 전신적 빈혈 • 속발성 염증 • 색전증 • 외래물질의 분포 및 배설

57 증거 수집과정에서 오염에 대한 설명으로 틀린 것은?

① 액체 및 고체 촉진제는 화재조사관의 장갑에 흡수될 수도 있다.
② 물리적 증거물에 대한 대부분의 오염은 수집하는 과정에서 발생한다.
③ 액체나 고체 촉진제 증거물 수집 시 일회용 비닐장갑을 착용해야 한다.
④ 증거물의 오염을 막기 위해 증거 보관 용기 자체를 수집도구로 사용해서는 안 된다.

🔍 **해설**
증거물의 오염을 최소화하기 위해 증거 보관용기와 그 마개를 이용해 수집할 수 있다.

58 화재발생 전·후에 이루어진 사람의 행동이나 기계적인 작동 상황 등을 시간의 흐름 순으로 전개하여 사건을 분석하는 기법은?

① 검증
② 타임라인
③ PERT 차트
④ 마인드 매핑(Mind mapping)

🔍 **해설**
타임라인은 화재사건에 관련된 것을 시간적인 순서로 나타낸 것이다.

정답 | 54 ④ 55 ② 56 ② 57 ④ 58 ②

59 화재현장의 증거를 보호하기 위한 방법으로 가장 거리가 먼 것은?

① 관계지역을 폴리스라인 테이프로 격리한다.
② 해당지역의 정밀조사를 위하여 방수포로 덮어 놓는다.
③ 직접 분사 기구의 사용은 증거 손상의 우려가 있으므로 금지해야 한다.
④ 추가 조사가 필요한 지역에 증거를 나타내는 숫자표시나 경고표지를 사용할 수 있다.

🖎 해설
직접 분사 기구의 사용은 증거 손상의 우려가 거의 없다.

60 「화재증거물수집관리규칙」상 화재증거물 수집에 관한 내용으로 명시되지 않은 것은?

① 증거서류를 수집함에 있어서 보조적으로 원본을 영치한다.
② 증거물 수집 목적이 인화성 액체 성분 분석인 경우에는 인화성 액체 성분의 증발을 막기 위한 조치를 하여야 한다.
③ 증거물의 소손 또는 소실 정도가 심하여 증거물의 일부분 또는 전체가 유실될 우려가 있는 경우는 증거물을 밀봉하여야 한다.
④ 증거물이 파손될 우려가 있는 경우에 충격금지 및 취급방법에 대한 주의사항을 증거물의 포장 외측에 적절하게 표기하여야 한다.

🖎 해설
증거서류를 수집함에 있어서 원본 영치를 원칙으로 하고, 사본을 수집할 경우 원본과 대조한 다음 원본대조필하여야 한다.

제4과목 화재조사 보고 및 피해평가

61 가재도구 화재피해액 산정기준의 간이평가방식 중 주택종류별 가중치는?

① 10% ② 20%
③ 30% ④ 40%

🖎 해설
[별지 제7-2호서식] 화재피해조사서(재산피해) 「화재조사 및 보고규정」

6 가재도구 간이평가 피해산정

[(주택종류별・상태별 기준액×가중치)+(주택면적별 기준액×가중치)+(거주인원별 기준액×가중치)+(주택가격(m^2당)별 기준액×가중치)]×손해율

암기법 가재는 종멸인가 일상 의식

구분	주택종류		주택면적		거주인원		주택가격(m^2당)		손해율(%)	피해액(천원)
	기준액(천원)	가중치	기준액(천원)	가중치	기준액(천원)	가중치	기준액(천원)	가중치		
가재도구		10%		30%		20%		40%		

※ 산출과정을 서술

62 「화재조사 및 보고규정」상 화재현황조사서의 첨부서류로 명시되지 않은 것은?

① 화재현장조사서
② 화재유형별조사서
③ 화재현장출동보고서
④ 소방방화시설 활용 조사서

🖎 해설
화재현황조사서의 첨부서류 항목 「화재조사 및 보고규정」

암기법 유인재 방소현

- 화재유형별조사서
- 화재조사서(인명피해, 재산피해)
- 방화・방화의심 조사서
- 소방방화시설 활용 조사서
- 화재현장조사서

정답 | 59 ③ 60 ① 61 ① 62 ③

63 화재피해액 산정에 있어서 건물화재피해 설명으로 옳은 것은?

① 기와 등으로 지붕을 잇기 직전의 방화구조건물에서 발생한 화재
② 슬래브의 콘크리트를 부어 넣은 시점 이후의 내화건물에서 발생한 화재
③ 오래된 차량을 개조해서 이동용 점포 등으로 이용하고 있는 것이 소손된 화재
④ 해체 중의 건물에서 벽, 바닥 등의 주체구조부의 해체가 시작된 시점에서 발생한 화재

🗒 **해설**
화재피해액 산정 매뉴얼에서의 건물 정의
건물이란 토지에 정착하는 공작물 중 <u>지붕과 기둥 또는 지붕과 벽이 있는 것으로서, 주거, 작업, 집회, 영업, 오락, 저장 등의 용도를 위하여 인공적으로 축조된 건조물</u>을 말한다.
구체적으로 목조 및 방화구조건물에 대해서는 지붕을 기와 등으로 다 이은 시점 이후의 것, 준내화 및 내화건물에 대해서는 슬래브의 콘크리트를 부어 넣은 시점 이후의 것은 건물이지만, 해체 중의 건물에 대해서는 벽, 바닥 등의 주체구조부의 해체가 시작된 시점에서부터는 건물로 취급하지 않는다.

64 「화재조사 및 보고규정」상 화재피해액 산정기준 중 틀린 것은?

① 건물 : 신축단가×소실면적×[1−(0.8×경과연수/내용연수)]×손해율
② 철거건물 : 재건축비×[1−(0.8×잔여내용연수/내용연수)]×손해율
③ 집기부품 : 회계장부상 현재가액×손해율
④ 공구·기구 : 회계장부상 현재가액×손해율

🗒 **해설**
특수한 경우의 피해액 산정 우선 적용사항 「화재피해액 산정 매뉴얼」, 철거건물의 피해액

철거건물의 피해액 = 재건축비 × $\left[0.2 + \left(0.8 \times \dfrac{\text{잔여내용연수}}{\text{내용연수}}\right)\right]$

65 고층건물 37층 중 4층에서 화재가 최초 발생하여 상층부로 연소 확대한 다음의 사례에서 건물 최초 발화층에서 옥상층으로의 연소확대 경로를 파악할 때 고려해야 할 사항으로 옳은 것은?

> • 해안가에 위치한 고층건물 37층 중 4층 피트층에서 화재가 최초 발생하여 외벽에 설치된 알루미늄 복합패널로 된 외장재가 소실되면서 순식간에 37층까지 연소 확대되었다.
> • 4층과 37층 사이 중간층 내부에서는 스프링클러가 작동하여 피해가 크게 발생하지는 않았다. 그리고 화재 당시 바다로부터 건물 방향으로 강풍이 불었다.

① 화재당시 건물 관계자 및 목격자의 진술과 4층 피트층에서 최초 화재가 발생한 지점만 발굴 및 복원한다.
② 외장재는 알루미늄 금속으로 이루어져 있고, 알루미늄은 녹는점이 상온에서 약 660℃이므로 외장재는 연소확대 대상으로 고려하지 않는다.
③ 4층 내부에서 건물 외벽으로의 연소 진행 경로를 추적하고, 건물 외장재를 통한 연소확대 여부를 알아보기 위해 알루미늄 복합패널 외장재의 시공방법과 화재재현실험을 실시한다.
④ 피트층에서 옥상층으로 연소 확대될 정도로 발열량이 높은 가연물을 피트층에서 찾아보고, 해당 가연물이 발견되지 않으면 외장재는 금속이므로 건물 외벽의 연소패턴과 화재 당시 건물에 부는 강풍만을 고려하여 연소확대 경로를 추정한다.

🗒 **해설**
① 화재당시 건물 관계자 및 목격자의 진술과 4층 피트층에서 최초 화재가 발생한 지점에서부터 연소확대 경로를 따라 발굴 및 복원한다.
② 외장재는 알루미늄 금속으로 이루어져 있고, 알루미늄은 녹는점이 상온에서 약 660℃이므로 외장재는 연소확대 대상으로 고려한다.
④ 피트층에서 옥상층으로 연소 확대될 정도로 발열량이 높은 가연물을 피트층에서 찾아보고, 해당 가연물이 발견되지 않으면 외장재는 알루미늄 복합패널이므로 건물 외벽의 연소패턴과 화재 당시 건물에 부는 강풍도 고려하여 연소확대 경로를 추정한다.

정답 | 63 ② 64 ② 65 ③

66 「화재조사 및 보고규정」상 소방시설 등 활용조사서의 작성항목으로 명시되지 않은 것은?

① 경보설비 ② 전기설비
③ 소화시설 ④ 피난설비

🏺 **해설**

소방시설 등 활용조사서의 작성항목

암기법 ✓ 소경피소소 초방

- 소화시설
- 경보설비
- 피난설비
- 소화용수설비
- 소화활동설비
- 초기소화활동
- 방화설비

67 「화재조사 및 보고규정」상 화재현장출동보고서의 보존기간으로 옳은 것은?

① 3년 ② 5년
③ 10년 ④ 영구보존

🏺 **해설**

제22조 제6항 조사 보고「화재조사 및 보고규정」
소방본부장 및 소방서장은 조사결과 서류를 국가화재정보시스템에 입력·관리해야 하며 영구보존방법에 따라 보존해야 한다.

68 「화재조사 및 보고규정」상 화재원인조사 내용으로 틀린 것은?

① 피난상황조사 ② 연소상황조사
③ 화재진압상황조사 ④ 소방시설 등 조사

🏺 **해설**

화재진압상황조사는 화재원인조사범위에 없다.

69 「화재조사 및 보고규정」상 화재피해조사서[인명]에서 사성정도를 사망, 중상, 경상으로 분류하여 작성할 때 중상의 정의로 옳은 것은?

① 입원치료를 필요로 하지 않은 부상
② 1주 이상의 입원치료를 필요로 하는 부상
③ 2주 이상의 입원치료를 필요로 하는 부상
④ 3주 이상의 입원치료를 필요로 하는 부상

🏺 **해설**

제13조, 제14조 사상자 및 부상자 분류「화재조사 및 보고규정」

분류		정의
사상자		화재현장에서 사망한 사람과 부상을 당한 사람
화재사 판정 기준		화재현장에서 부상을 당한 후 72시간 이내에 사망한 경우
부상자 (의사진단기초)	중상	3주 이상의 입원치료를 필요로 하는 부상
	경상	• 중상 이외의 부상(입원치료를 필요로 하지 않는 것도 포함) • 병원치료가 불필요한 단순 연기 흡입자는 제외

70 「화재조사 및 보고규정」상 나이트클럽의 조명시설에서 화재 발생 시 다음의 조건을 참고하여 영업시설의 피해액을 계산한 것으로 옳은 것은?

- m^2당 표준단가 : 100천 원
- 경과연수 : 3년
- 내용연수 : 6년
- 피해정도 : 전체 $500m^2$ 중 $40m^2$ 소실(손해율 40%)
- 잔존물 제거비용은 무시한다.

① 880천 원 ② 920천 원
③ 960천 원 ④ 1,020천 원

🏺 **해설**

[별표 2] 화재피해금액 산정기준「화재조사 및 보고규정」에 따라 영업시설의 화재피해금액 = m^2당 표준단가 × 소실면적 × [1 − (0.9 × 경과연수/내용연수)] × 손해율
= 100 × 40 × [1 − (0.9 × 3/6)] × 0.4 = 880천 원

71 화재피해액산정 매뉴얼에 따른 손해율 30%에 해당하는 피해 정도는?

① 오염·수침손의 경우
② 손해정도가 보통인 경우
③ 손해정도가 다소 심한 경우
④ 50% 이상 소손되거나, 수침오염 정도가 심한 경우

정답 | 66 ② 67 ④ 68 ③ 69 ④ 70 ① 71 ②

해설

공구·기구의 소손 정도에 따른 손해율 「화재피해액 산정 매뉴얼」

암기법 공기 오다보수 빼고상식

화재로 인한 피해정도	손해율(%)
50% 이상 소손되고 그을음 및 수침오염 정도가 심한 경우	100
손해정도가 다소 심한 경우	50
손해정도가 보통인 경우	30
오염·수침손의 경우	10

---

72 [다음]의 현장에 출동한 화재조사관이 화재조사 및 화재증거물 분석 결과를 토대로 국가화재정보시스템에서 방화·방화의심 조사서를 작성하는 과정에서 [보기]의 항목 중 방화도구(연료), 방화의심 항목을 선택한 것으로 옳은 것은?

[다음]

단독주택 2층 중 2층에서 화재가 발생하였다. 이 화재로 2층 및 옥상으로 연결된 계단실의 내부 마감재 등이 전소되고, 1명이 사망 및 2명이 부상을 입었다. 화재조사결과 화재발생 전 주택 2층 거실에서 아들(사망자, 45세)과 어머니(부상자, 72세) 사이에 재산상속 문제로 싸움이 있었으며, 아들이 현관문 밖에 미리 준비해 놓은 시너를 가져와 거실에서 본인의 몸에 붓고 라이터로 불을 붙여 아들이 그 자리에서 사망하고, 어머니와 며느리(여, 43세)는 대피하는 과정에서 화상을 입고 2층에서 추락하여 심각한 부상을 입었다.

[보기]

- 방화도구(연료)(※1개만 선택)
  ㉮ 인화성 액체
  ㉯ 일반가연물
- 방화의심 사유(※해당 항목 모두 선택)
  ⓐ 유류사용 흔적
  ⓑ 2지점 이상의 발화지점
  ⓒ 연소현상 특이(급격연소)

① 방화도구(연료) : ㉮, 방화의심 : ⓐ, ⓒ
② 방화도구(연료) : ㉮, 방화의심 : ⓐ, ⓑ
③ 방화도구(연료) : ㉯, 방화의심 : ⓐ, ⓒ
④ 방화도구(연료) : ㉯, 방화의심 : ⓐ, ⓑ

해설

방화도구는 시너로써 인화성 액체로 분류하고, 방화의심 사유는 유류사용 흔적과 급격한 연소라 할 수 있다.

---

73 「화재조사 및 보고규정」상 치외법권지역 화재조사 보고서 작성에 대한 설명으로 옳은 것은?

① 조사 가능한 내용만 조사하여 화재현황조사서만 작성한다.
② 치외법권지역은 조사권을 행사할 수 없으므로 보고서를 작성하지 않아도 된다.
③ 화재현장출동보고서, 질문기록서, 화재발생종합보고서를 반드시 작성하여야 한다.
④ 치외법권지역은 조사권을 행사할 수 없는 경우는 조사 가능한 내용만 조사하여 해당 보고서를 작성한다.

해설

제22조 제5항 조사 보고 「화재조사 및 보고규정」
치외법권지역 등 조사권을 행사할 수 없는 경우는 조사 가능한 내용만 조사하여 조사 서식 중 해당 서류를 작성·보고한다.

---

74 「화재조사 및 보고규정」상 화재현황조사서의 작성에 대한 설명으로 틀린 것은?

① 부동산은 재산피해 금액을 천 원 단위로 기재한다.
② 재산피해는 부동산과 동산으로 구분하여 기재한다.
③ 인명구조는 구조와 유도대피로 구분하여 기재한다.
④ 건축물의 소실정도는 전소, 반소 2종류로 구분한다.

해설

제16조 건축·구조물의 소실정도 「화재조사 및 보고규정」

암기법 전반부 출석해

1. 전소 : 건물의 70% 이상(입체면적에 대한 비율)이 소실되었거나 또는 그 미만이라도 잔존부분을 보수하여도 재사용이 불가능한 것
2. 반소 : 건물의 30% 이상 70% 미만이 소실된 것
3. 부분소 : 제1호, 제2호에 해당하지 아니하는 것

정답 | 72 ① 73 ④ 74 ④

75 화재피해액 산정에 있어서 피해액을 산정하는 방법에 관한 설명으로 옳은 것은?

① 유실수 등에 있어 수확기간에 있는 경우에는 매매사례비교법으로 산정한다.
② 차량, 예술품, 귀중품, 귀금속 등의 피해액산정에는 복성식평가법을 사용한다.
③ 유실수의 육성기간에 있는 경우에는 복성식평가법을 사용한다.
④ 사고로 인한 피해액을 산정하는 방법으로 수익환원법을 사용한다.

📖 해설
손해·피해액 산정방법 원칙「화재피해액 산정 매뉴얼」

암기법 복매수 재차장

복성식평가법	• 사고로 인한 피해액을 산정하는 방법 • 재건축 또는 재취득하는 데 소요되는 비용에서 사용기간의 감가수정액을 공제하는 방법으로 부분의 물적 피해액 산정에 널리 사용
매매사례비교법	• 당해 피해물의 시중매매사례가 충분하여 유사매매 사례를 비교하여 산정하는 방법으로서 차량, 예술품, 귀중품, 귀금속 등의 피해액 산정에 사용
수익환원법	• 피해물로 인해 장래에 얻을 수익액에서 당해 수익을 얻기 위해 지출되는 제반 비용을 공제하는 방법에 의하는 방법 • 유실수 등에 있어 수확기간에 있는 경우에 사용 • 단, 유실수의 육성기간에 있는 경우에는 복성식평가법을 사용

76 화재 당시에 피해물의 재구입비에 대한 현재가에 비율을 구하는 식으로 틀린 것은?

① 100% − 감가수정율
② (현재시가 − 감가수정액)/경과연수
③ (재구입비 − 감가수정액)/재구입비
④ 1 − (1 − 최종잔가율) × 경과연수/내용연수

📖 해설
화재 당시에 피해물의 재구입비에 대한 현재가에 비율은 잔가율이다.

잔가율 계산법「화재피해액 산정 매뉴얼」
• 현재가(시가) = 재구입비 × 잔가율

• 잔가율 = $\dfrac{재구입비 - 감가수정액}{재구입비}$

  $= 100\% - 감가수정율$

  $= 1 - (1 - 최종잔가율) \times \dfrac{경과연수}{내용연수}$

77「화재조사 및 보고규정」상 화재 건수의 결정 및 관할구역에 관한 사항으로 명시되지 않은 것은?

① 화재범위가 2 이상의 관할구역에 걸친 화재에 대해서는 발화 소방대상물의 소재지를 관할하는 소방서에서 2건의 화재로 한다.
② 동일범이 아닌 각기 다른 사람에 의한 방화, 불장난은 동일 대상물에서 발화했더라도 각각 별건의 화재로 한다.
③ 동일 소방대상물의 발화점이 2개소 이상 있는 누전점이 동일한 누전에 의한 화재는 1건의 화재로 한다.
④ 동일 소방대상물의 발화점이 2개소 이상 있는 지진, 낙뢰 등 자연현상에 의한 다발화재는 1건의 화재로 한다.

📖 해설
제10조 화재건수 결정 판단 기준「화재조사 및 보고규정」

화재 조건 및 상황		판단
동일 대상물 내에 동일범이 아닌 각기 다른 사람에 의한 방화, 불장난		각각 별건의 화재로 판단
동일 대상물 내 발화점이 2개소 이상 다음의 화재 • 누전점이 동일한 누전에 의한 화재 • 지진, 낙뢰 등 자연현상에 의한 다발화재		1건의 화재로 판단
둘 이상의 관할구역에 걸친 화재	발화지점이 한 곳인 경우	발화지점이 속한 소방서에서 1건
	발화지점 확인이 어려운 경우	화재피해금액이 큰 관할구역 소방서에서 1건

정답 | 75 ③ 76 ② 77 ①

78 「화재조사 및 보고규정」상 피해물의 종류, 손상 상태 및 정도에 따라 피해액을 적정화시키는 일정한 비율을 의미하는 용어로 옳은 것은?

① 손해율 ② 최종손해율
③ 잔가율 ④ 최종잔가율

📖 해설
「화재조사 및 보고규정」의 피해액 관련 용어 정의

용어	정의
재구입비	화재 당시의 피해물과 같거나 비슷한 것을 재건축(설계 감리비를 포함한다) 또는 재취득하는데 필요한 금액
내용연수	고정자산을 경제적으로 사용할 수 있는 연수
손해율	피해물의 종류, 손상 상태 및 정도에 따라 피해금액을 적정화시키는 일정한 비율
잔가율	화재 당시에 피해물의 재구입비에 대한 현재가의 비율
최종잔가율	피해물의 내용연수가 다한 경우 잔존하는 가치의 재구입비에 대한 비율

암기법 ✅ 최종 잔가재

79 부동산의 재산피해신고서에 포함되는 항목으로 명시되지 않은 것은?

① 피해년월일   ② 건축물의 용도
③ 수선·개축한 부분   ④ 선박의 소실부위

📖 해설
선박의 소실부위는 부동산의 재산피해신고서 항목에 없다.

80 「화재조사 및 보고규정」상 화재로 인한 전부손해의 경우 시중매매가격으로 산정할 수 있는 대상이 아닌 것은?

① 동물   ② 식물
③ 자동차   ④ 골동품

📖 해설
전부손해 여부에 따른 화재피해금액 산정기준 비교

암기법 ✅ 차동식 매 수 치료

• 차량, 동물, 식물
 – 전부손해의 경우 : 시중매매가격
 – 전부손해가 아닌 경우(부분 소손) : 수리비 및 치료비

암기법 ✅ 해(회)골 공포(보) 감정 복구

• 회화(그림), 골동품, 미술공예품, 귀금속 및 보석류
 – 전부손해의 경우 : 감정가격
 – 전부손해가 아닌 경우(부분 소손) : 원상복구에 소요되는 비용

제5과목 화재조사관계법규

81 「화재로 인한 재해보상과 보험가입에 관한 법률」상 손해보험회사가 한국화재보험협회의 설립 허가를 받으려는 경우 금융위원회에 제출하여야 하는 서류로 틀린 것은?

① 정관   ② 사업방법서
③ 임원의 명단   ④ 창립총회 의사록

📖 해설
제9조 설립허가 신청 「화재로 인한 재해보상과 보험가입에 관한 법률 시행령」
설립 허가를 받으려는 경우 제출 서류

암기법 ✅ 정사 의사

1. 정관
2. 사업방법서
3. 창립총회 의사록

82 「형법」상 실화에 관한 처벌로 ( )에 알맞은 내용은?

> 과실로 인하여 현주건조물 등에의 방화에 기재된 물건을 소훼하는 자는 ( ) 이하의 벌금에 처한다.

① 300만 원   ② 500만 원
③ 1,000만 원   ④ 1,500만 원

📖 해설
과실로 방화에 기재한 물건을 불태운 자는 1천500만 원 이하의 벌금에 처한다.

정답 | 78 ① 79 ④ 80 ④ 81 ③ 82 ④

> **참고**
>
> 제170조 실화 「형법」
> 과실로 현주건조물 등 방화 또는 공용건조물 등 방화에 기재한 물건 또는 타인 소유인 일반건조물 등 방화에 기재한 물건을 불태운 자는 1천500만 원 이하의 벌금에 처한다.

83 「소방의 화재조사에 관한 법령」상 화재조사관 양성을 위한 전문교육의 내용으로 옳지 않은 것은?

① 화재조사 이론과 실습
② 주요·특이 화재조사, 감식·감정에 관한 사항
③ 화재조사 관련 정책 및 법령에 관한 사항
④ 화재조사관이 전문능력의 배양을 위해 필요하다고 인정하는 사항

해설
소방청장이 화재조사 관련 전문능력의 배양을 위해 필요하다고 인정하는 사항이다.

> **참고**
>
> 제5조 화재조사에 관한 교육훈련 「소방의 화재조사에 관한 법률 시행규칙」
> 1. 화재조사 이론과 실습
> 2. 화재조사 시설 및 장비의 사용에 관한 사항
> 3. 주요·특이 화재조사, 감식·감정에 관한 사항
> 4. 화재조사 관련 정책 및 법령에 관한 사항
> 5. 그 밖에 소방청장이 화재조사 관련 전문능력의 배양을 위해 필요하다고 인정하는 사항

84 「민법」상 타인의 생명을 해한 자의 손해배상 책임 대상으로 명시되지 않은 것은?

① 피해자의 형제 ② 피해자의 배우자
③ 피해자의 직계존속 ④ 피해자의 직계비속

해설
제752조 생명침해로 인한 위자료 「민법」
암기법 직계 존 비 배

타인의 생명을 해한 자는 피해자의 직계존속, 직계비속 및 배우자에 대하여는 재산상의 손해없는 경우에도 손해배상의 책임이 있다.

85 「화재로 인한 재해보상과 보험가입에 관한 법률」상 다음의 경우 특수건물의 소유자가 가입하여야 하는 보험의 보험금액 기준 중 (　　)에 알맞은 내용은?

> 두 눈이 실명된 사람으로 후유장애 1급의 피해자 발생 시 (　　) 범위에서 피해자에게 발생한 손해액

① 9,000만 원 ② 1억 2,000만 원
③ 1억 3,500만 원 ④ 1억 5,000만 원

해설
후유장애 등급 및 보험금액 종류

후유장애 등급	보험금액(만 원)
1	1억 5,000
2	1억 3,500
3	1억 2,000
4	1억 500
5	9,000

86 「화재조사 및 보고규정」상에 따른 건축·구조물 화재의 소실정도의 기준 중 틀린 것은?

① 건물의 전소란 70% 이상이 소실되었거나 또는 그 미만이라도 잔존부분을 보수하여도 재사용이 불가능한 것
② 건물의 반소란 50% 미만이 소실된 것
③ 건물의 부분소란 전소, 반소화재에 해당되지 아니하는 것
④ 자동차의 전소란 70% 이상이 소실되었거나 또는 그 미만이라도 잔존부분을 보수하여도 재사용이 불가능한 것

해설
건물의 반소란 30% 이상 70% 미만이 소실된 것이다.

> **참고**
>
> 제16조 건축·구조물의 소실정도 「화재조사 및 보고규정」
> **암기법** 전반부 출석해
> 1. 전소 : 건물의 70% 이상(입체면적에 대한 비율)이 소실되었거나 또는 그 미만이라도 잔존부분을 보수하여도 재사용이 불가능한 것
> 2. 반소 : 건물의 30% 이상 70% 미만이 소실된 것
> 3. 부분소 : 제1호, 제2호에 해당하지 아니하는 것

정답 | 83 ④ 84 ① 85 ④ 86 ②

87 「제조물 책임법」에 대한 내용으로 틀린 것은?

① 동일한 손해에 대하여 배상할 책임이 있는 자가 2인 이상인 경우에는 연대하여 그 손해를 배상할 책임이 있다.
② 「제조물 책임법」에 따른 손해배상책임을 배제하거나 제한하는 특약은 유효한 것이 원칙이다.
③ 제조물의 결함으로 인한 손해배상책임에 관하여 「제조물 책임법」에 규정된 것을 제외하고는 민법에 따른다.
④ 일반적으로 손해배상의 청구권은 제조업자가 손해를 발생시킨 제조물을 공급한 날부터 10년 이내에 행사하여야 한다.

📖 **해설**
제6조 면책특약의 제한 「제조물 책임법」
손해배상책임을 배제하거나 제한하는 특약은 무효로 한다.

88 「화재조사 및 보고규정」상 다음 [보기]에서 사망자 수와 중상자의 수를 합한 값으로 옳은 것은?

[보기]
㉠ 화재현장 사망 2명
㉡ 화재현장에서 부상을 당한 후 52시간 이내에 사망 1명
㉢ 2주 이내의 입원을 필요로 하는 부상 2명
㉣ 3주 이상의 입원을 필요로 하는 부상 3명
㉤ 입원치료를 필요로 하지 않는 부상 5명

① 4 ② 5
③ 6 ④ 7

📖 **해설**
㉠ 사망 2명 + ㉡ 사망 1명 + ㉣ 3명 부상 = 6명
㉢과 ㉤은 경상자로 제외한다.

참고
제13조, 제14조 사상자 및 부상자 분류「화재조사 및 보고규정」

분류		정의
사상자		화재현장에서 사망한 사람과 부상을 당한 사람
화재사		화재현장에서 부상을 당한 후 72시간 이내에 사망한 경우
부상자 (의사진단기초)	중상	3주 이상의 입원치료를 필요로 하는 부상
	경상	• 중상 이외의 부상(입원치료를 필요로 하지 않는 것도 포함) • 병원치료가 불필요한 단순 연기 흡입자는 제외

89 「소방의 화재조사에 관한 법령」상 화재조사관의 자격 기준으로 옳지 않은 것은?

① 소방청장이 실시하는 화재조사에 관한 시험에 합격한 소방공무원
② 화재감식평가 분야의 기사 자격을 취득한 소방공무원
③ 화재감식평가 분야의 산업기사 자격을 취득한 소방공무원
④ 화재조사관 8주 교육 수료 후 건축·위험물·전기·안전관리 분야 산업기사 이상 자격을 취득한 소방공무원

📖 **해설**
소방청장이 실시하는 화재조사관, 화재감식평가 분야의 기사·산업기사 자격을 취득하는 소방공무원으로 자격 기준으로 변경되었다.

90 「실화책임에 관한 법률」상 실화가 중대한 과실로 인한 것이 아닌 경우 그로 인한 손해배생의무자가 법원에 손해배상액 경감 청구 시 고려사항으로 명시되지 않은 것은? (단, 그 밖에 손해배상액을 결정할 때 고려사항은 제외한다.)

① 화재의 규모
② 피해 확대의 원인
③ 실화자의 전과 사실
④ 배상의무자의 경제상태

정답 | 87 ② 88 ③ 89 ④ 90 ③

해설
실화자의 전과 사실은 손해배상액 경감 청구의 고려사항이 아니다.

> **참고**
> 제3조 손해배상액의 경감 「실화책임에 관한 법률」
>
> **암기법** 화피 연방 배그
>
> 1. 화재의 원인과 규모
> 2. 피해의 대상과 정도
> 3. 연소 및 피해 확대의 원인
> 4. 피해 확대를 방지하기 위한 실화자의 노력
> 5. 배상의무자 및 피해자의 경제상태
> 6. 그 밖에 손해배상액을 결정할 때 고려할 사정

91 「화재조사 및 보고규정」상 다음에서 설명하는 용어는?

> 화재원인의 판정을 위하여 전문적인 지식, 기술 및 경험을 활용하여 주로 시각에 의한 종합적인 판단으로 구체적인 사실관계를 명확하게 규명하는 것

① 감식   ② 감정
③ 분석   ④ 조사

해설
① 감식 : 시각에 의한 종합적인 판단
② 감정 : 과학적 방법에 의한 실험, 그 근거로 화재원인을 밝히는 자료를 얻는 것
③ 분석 : 용어의 정의에 해당 없음
④ 조사 : 개정에 따른 용어 삭제됨

92 「화재로 인한 재해보상과 보험가입에 관한 법률」상 명시된 한국화재보험협회의 업무를 모두 고른 것은?

> [보기]
> ㉠ 소방안전관리자에 대한 교육
> ㉡ 화재예방과 소화시설에 관한 자료의 조사·연구 및 계몽
> ㉢ 화재보험에 있어서의 소화설비에 따른 보험요율의 할인등급에 대한 사정
> ㉣ 화재예방 및 소화시설에 대한 안전점검

① ㉠, ㉡, ㉢   ② ㉠, ㉡, ㉣
③ ㉠, ㉢, ㉣   ④ ㉡, ㉢, ㉣

해설
소방안전관리자에 대한 교육은 한국소방안전원에서 실시한다.

제15조 한국화재보험협회 업무 「화재로 인한 재해보상과 보험가입에 관한 법률」
1. 화재예방 및 소방시설에 대한 안전점검
2. 화재보험에 있어서의 소화설비에 따른 보험요율의 할인등급에 대한 사정
3. 화재예방과 소방시설에 관한 자료의 조사·연구 및 계몽
4. 행정기관이나 그 밖의 관계 기관에 화재예방에 관한 건의
5. 그 밖에 금융위원회의 인가를 받은 업무

93 「소방기본법령」상 시·도지사로부터 소방활동의 비용을 지급 받을 수 있는 경우로 옳은 것은?

① 화재 또는 구조·구급 현장에서 물건을 가져간 사람
② 소방대장을 도와서 화재현장에서 불을 끄는 일을 한 사람
③ 소방대상물에 화재, 재산·재해, 그 밖의 위급한 상황이 발생한 경우 그 관계인
④ 고의 또는 과실로 화재 또는 구조·구급 활동이 필요한 상황을 발생시킨 사람

해설
소방활동 종사 명령 「소방기본법」

구분	내용	
종사명령	소방본부장, 소방서장 또는 소방대장은 화재, 재난·재해, 그 밖의 위급한 상황이 발생한 현장에서 소방활동을 위하여 필요할 때에는 그 관할구역에 사는 사람 또는 그 현장에 있는 사람으로 하여금 사람을 구출하는 일 또는 불을 끄거나 불이 번지지 아니하도록 하는 일을 하게 할 수 있다. 이 경우 소방본부장, 소방서장 또는 소방대장은 소방활동에 필요한 보호장구를 지급하는 등 안전을 위한 조치를 하여야 한다.	
종사자 비용지급	소방활동에 종사한 사람은 시·도지사로부터 소방활동의 비용을 지급받을 수 있다.	
	지급 받을 수 없는 경우	다만, 다음 각 호의 어느 하나에 해당하는 사람의 경우에는 그러하지 아니하다. 1. 소방대상물에 화재, 재난·재해, 그 밖의 위급한 상황이 발생한 경우 그 관계인 2. 고의 또는 과실로 화재 또는 구조·구급 활동이 필요한 상황을 발생시킨 사람 3. 화재 또는 구조·구급 현장에서 물건을 가져간 사람

정답 | 91 ①　92 ④　93 ②

94 「화재조사 및 보고규정」상 건물의 동수 산정기준으로 틀린 것은?

① 건널 복도 등으로 2 이상의 동에 연결된 것은 그 부분을 절반으로 분리하여 각 동으로 본다.
② 건물의 외벽을 이용하여 실을 만들어 작업실 용도로 사용하고 있는 것은 주건물과 다른 동으로 본다.
③ 구조와 관계없이 지붕 및 실이 하나로 연결된 것은 같은 동으로 본다.
④ 목조 건물의 경우 격벽으로 방화구획이 되어 있는 경우 같은 동으로 한다.

🔍 **해설**
건물의 외벽을 이용하여 실을 만들어 작업실 용도로 사용하고 있는 것은 주건물과 같은 동으로 본다.

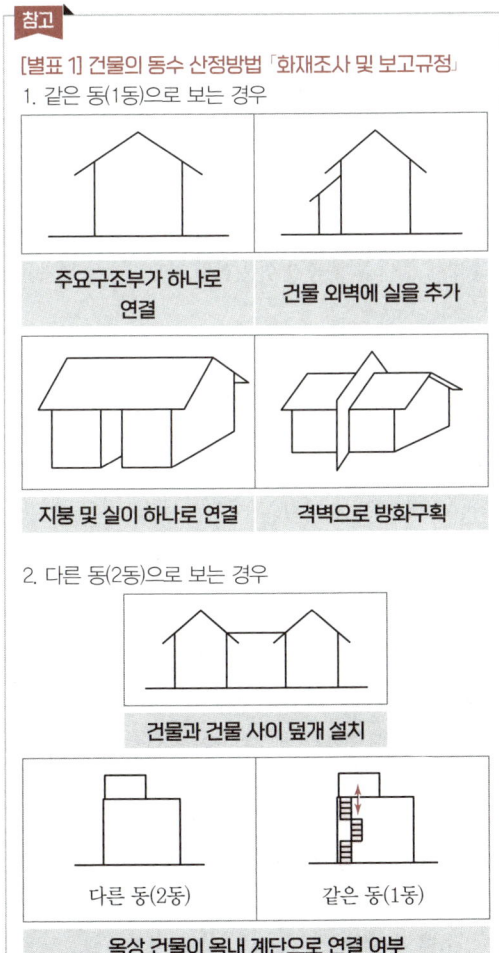

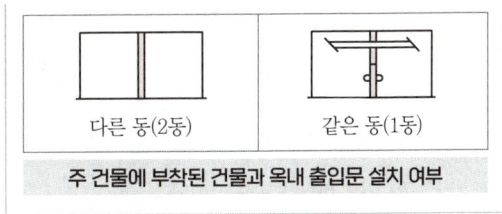

95 사법경찰관이 피의자를 심문하기 전에 알려주어야 하는 사항과 가장 거리가 먼 것은?

① 일체의 진술을 하지 아니할 수 있다는 것
② 신문을 받을 때 변호인의 조력을 받을 수 있다는 것
③ 진술을 하지 않은 경우에 불이익을 받을 수 있다는 것
④ 진술을 거부할 권리를 포기하고 행한 진술은 법정에서 유죄의 증거로 사용될 수 있다는 것

🔍 **해설**
제244조의3 제1항 제2호 진술거부권 등의 고지 「형사소송법」
진술을 하지 아니하더라도 불이익을 받지 아니한다는 것

96 「화재로 인한 재해보상과 보험가입에 관한 법률」상 특수건물의 특약부화재보험에 가입하지 아니한 자의 벌칙 기준으로 옳은 것은? (단, 산업재해보상보험 가입 대상이 아니다.)

① 300만 원 이하의 벌금
② 500만 원 이하의 벌금
③ 700만 원 이하의 벌금
④ 1,000만 원 이하의 벌금

🔍 **해설**
제23조 벌칙 「화재로 인한 재해보상과 보험가입에 관한 법률」

암기법  특특 500만원

특수건물의 특약부화재보험에 가입하지 아니한 자는 500만 원 이하의 벌금에 처한다.

정답 | 94 ② 95 ③ 96 ②

97 「소방의 화재조사에 관한 법령」상 소방서장이 화재조사를 하기 위하여 관계인에게 보고 또는 자료제출을 명했을 때 이를 위반하여 보고 또는 제출을 하지 아니한 자에 대한 과태료 기준으로 옳은 것은?

① 200만 원 이하의 과태료
② 300만 원 이하의 과태료
③ 500만 원 이하의 과태료
④ 1,000만 원 이하의 과태료

해설
화재조사 중 위반행위 과태료 「소방의 화재조사에 관한 법률 시행령」[별표]

위반행위	과태료 금액 (만 원)			부과·징수권자	
	1회	2회	3회	소방관서장	경찰서장
허가 없이 화재현장 통제구역에 출입한 사람				○	
방화 또는 실화의 혐의로 수사의 대상이 된 경우 경찰서장이 설정한 통제구역을 허가 없이 출입한 사람					○
화재조사를 위한 보고 또는 자료 제출을 하지 아니하거나 거짓으로 보고 또는 자료를 제출한 사람	100	150	200	○	
화재조사에 정당한 사유 없이 출석을 거부하거나 질문에 대하여 거짓으로 진술한 사람				○	

98 「제조물 책임법」상 손해배상책임을 지는 자가 손해배상책임을 면하기 위하여 입증하여야 할 사항으로 명시되지 않은 것은?

① 제조업자가 해당 제조물을 공급하지 아니하였다는 사실
② 제조업자가 해당 제조물을 공급한 당시의 과학·기술 수준으로는 결함의 존재를 발견할 수 없었다는 사실
③ 제조물의 결함이 제조업자가 해당 제조물을 제조한 당시의 법령에서 정하는 기준을 준수함으로써 발생하였다는 사실
④ 원재료나 부품의 경우에는 그 원재료나 부품을 사용한 제조물 제조업자의 설계 또는 제작에 관한 지시로 인하여 결함이 발생하였다는 사실

해설
해당 제조물을 제조한 당시의 법령이 아니라 공급한 당시의 법령이다.

참고
제4조 면책사유 「제조물 책임법」
암기법 공과법원

1. 제조업자가 해당 제조물을 **공**급하지 아니하였다는 사실
2. 제조업자가 해당 제조물을 공급한 당시의 **과**학·기술 수준으로는 결함의 존재를 발견할 수 없었다는 사실
3. 제조물의 결함이 제조업자가 해당 제조물을 공급한 당시의 **법**령에서 정하는 기준을 준수함으로써 발생하였다는 사실
4. 원재료나 부품의 경우에는 그 **원**재료나 부품을 사용한 제조물 제조업자의 설계 또는 제작에 관한 지시로 인하여 결함이 발생하였다는 사실

99 「경범죄 처벌법령」상 범칙행위의 범위와 범칙금액에 관한 사항 중 다음 범칙행위에 대한 범칙금액은?

> 충분한 주의를 하지 않고 건조물, 수풀, 그 밖에 불붙기 쉬운 물건 가까이에서 불을 피우거나 휘발유 또는 그 밖에 불이 옮아 붙기 쉬운 물건 가까이에서 불씨를 사용한 경우

① 2만 원　② 3만 원
③ 5만 원　④ 8만 원

해설
제2조 위험한 불씨 사용 「경범죄 처벌법 시행령」[별표]에 따른 벌칙금은 8만 원이다.

100 「화재조사 및 보고규정」의 용어 정의에 관한 설명으로 옳은 것은?

① 발화요인은 발화열원에 의하여 발화로 이어진 연소현상에 영향을 준 인적·물적·자연적인 요인이다.
② 발화지점은 화재가 발생한 부위를 말한다.
③ 소실피해는 소화활동으로 발생한 물적 피해이다.
④ 잔가율이란 피해물의 최초 구입비에 대한 현재가의 비율을 말한다.

정답 | 97 ① 98 ③ 99 ④ 100 ①

해설
② 발화지점 : 열원과 가연물이 상호작용하여 화재가 시작된 지점을 말한다.
③ 소실피해 : 열에 의한 탄화, 용융, 파손 등의 피해 → 현재는 법령에서 삭제된 조항
④ 잔가율 : 화재 당시에 피해물의 재구입비에 대한 현재가의 비율을 말한다.

기사 기출문제 2021년 4회

제1과목 화재조사론

01 「소방의 화재조사에 관한 법령」상 화재합동조사단이 화재조사를 완료하면 보고 해야 할 결과 사항 중 틀린 것은?

① 화재합동조사단 운영 개요
② 화재조사 개요
③ 현행 제도의 문제점 및 개선 방안
④ 화재합동조사단의 수행 경비 및 수당 등 예산 사항

해설
제7조 제5항 화재합동조사단 구성·운영 「소방의 화재조사에 관한 법률 시행령」
1. 화재합동조사단 운영 개요
2. 화재조사 개요
3. 화재원인 조사 등의 조사사항(법 제5조 제2항)
4. 다수의 인명피해가 발생한 경우 그 원인
5. 현행 제도의 문제점 및 개선 방안
6. 그 밖에 소방관서장이 필요하다고 인정하는 사항

02 화재조사자의 자세로 틀린 것은?

① 과학적이고 주관적인 조사를 해야 한다.
② 특이한 화재현상에 대하여는 관계지식을 최대한 활용하여야 한다.
③ 소방기본법에 따라 부여된 권리와 의무를 초과해서는 안 된다.
④ 직무를 이용하여 개인의 민사관계에 관여해서는 안 된다.

해설
과학적이고 객관적인 조사를 해야 한다.

03 복사체에서 절대온도의 차이가 두 배 높아지면 해당 물질로부터 복사에 의한 열전달률은 몇 배가 되는가?

① 2
② 4
③ 16
④ 32

해설
스테판-볼츠만 법칙(Stefan-Boltzman Law)
- 모든 파장에 의해 방사되는 총에너지는 절대온도의 4제곱에 비례한다. 따라서 16배이다.
- $Q = \varepsilon \sigma T^4$

04 「소방의 화재조사에 관한 법령」상 화재조사에 관한 설명으로 틀린 것은?

① 소방관서장은 화재발생 사실을 알게 된 때에는 지체 없이 화재조사를 하여야 한다.
② 소방공무원과 경찰공무원은 화재조사를 할 때에 서로 협력하여야 한다.
③ 화재조사를 하는 관계 공무원은 권한을 표시하는 증표를 지니고 이를 관계인에게 보여주어야 한다.
④ 화재조사를 하는 관계 공무원은 화재조사를 수행하면서 알게 된 비밀에 대해 인터뷰해도 된다.

해설
화재조사를 수행하면서 알게 된 비밀을 다른 용도로 사용하거나 다른 사람에게 누설하면 안 된다.

정답 | 01 ④ 02 ① 03 ③ 04 ④

05 비등액체팽창증기폭발(BLEVE)에 대한 설명으로 틀린 것은?

① 인화성 액체에서만 일어날 수 있는 현상이다.
② 저장용기의 크기와 관계없이 일어날 수 있는 현상이다.
③ 가압상태에서 비점 이상 온도의 액체를 저장하는 용기와 관련된 폭발이다.
④ 저장용기 내에 존재하는 물질의 상호이상반응에 의해서도 발생이 가능한 현상이다.

해설
블레비(BLEVE ; Boiling Liquid Expanding Vapour Explosion)는 액화가스 주위에서 화재 발생 시 탱크강판 부분 가열되어 탱크가 파열되고, 액화가스가 급격히 팽창 분출하여 폭발하는 현상이다.

06 조사인원 중 전문 인력에 관한 설명으로 틀린 것은?

① 기계공학자는 전문 인력으로 부적합하다.
② 특이화재의 경우 전문 인력의 도움을 받을 수 있다.
③ 전문 인력을 데려오면 이해관계의 출동을 피해야 한다.
④ 어떤 부분에 대한 훈련을 받았거나 받지 않았다는 사실이 특정 전문가의 자격에 영향을 끼친다는 뜻은 아니다.

해설
기계공학자, 전기공학자, 자동차공학자, 화학공학자 등은 전문 인력으로 적합하다.

07 폭발 위력의 지표로 사용될 수 있는 자료와 거리가 가장 먼 것은?

① 폭심부의 깊이
② 파편의 비행거리
③ 깨진 유리창의 단면
④ 무너진 벽의 종류와 구조

해설
깨진 유리창의 단면은 폭발 위력을 직접적으로 평가하는 자료로 사용되기 어렵다. 대신, 유리창의 단면은 화재열, 폭발, 혹은 물리적 충격 등 파손의 원인을 추정하는 데 도움을 줄 수 있다. 반면에, 폭심부의 깊이, 파편의 비행거리, 무너진 벽의 종류와 구조는 폭발로 인한 에너지 방출량이나 위력을 파악하는 데 직접적으로 유용한 지표이다.

08 유류화재와 관련된 용어의 설명으로 틀린 것은?

① 인화점은 외부로부터 에너지를 받아서 착화 가능한 최저온도
② 발화점은 외부로부터 점화에너지 공급 없이 주변의 열에 의해 물질 스스로 착화되는 최저온도
③ 증기밀도는 공기의 분자량을 가연성 물질의 분자량으로 나눈 값
④ 연소점은 화염이 꺼지지 않고 지속되는 최저온도

해설
증기밀도는 가연성 물질의 분자량을 공기의 분자량으로 나눈 값이다.

09 MEK(메틸에틸케톤)으로 인한 화재 분류로 옳은 것은?

① A급 화재
② B급 화재
③ C급 화재
④ D급 화재

해설
MEK(메틸에틸케톤)은 제4류 위험물 제1석유류에 해당하므로 B급 화재다.

10 화재조사관의 현장 안전관리에 관한 내용으로 틀린 것은?

① 조사관은 활동 시에 화재진압 인력과 협력해야 한다.
② 조사관은 화재현장 지휘관에게 알리지 않고 건물 내 다른 곳으로 이동해서는 안 된다.
③ 화재가 진압된 건물에서 조사를 수행할 때 불이 다시 날 수 있다는 것을 염두에 두어야 한다.
④ 화재가 완전히 진압되기 전에 조사관은 지휘관의 허가를 받지 않아도 건물에 들어가 조사를 할 수 있다.

해설
조사관은 화재현장에서 단독 행동을 해서는 안 되며, 지휘관의 지휘를 받아 조사한다.

정답 | 05 ① 06 ① 07 ③ 08 ③ 09 ② 10 ④

11 「화재조사 및 보고규정」상 화재현황조사서에 관한 사항 중 틀린 것은?

① 연소확대물, 연소확대 사유를 기록한다.
② 온도, 습도와 같은 기상 상황은 기록하지 않는다.
③ 발화열원, 발화요인, 최초착화물 등 화재원인을 기록한다.
④ 동원인력 사항을 기록할 때 잔불 감시 인력에 대한 사항을 기록한다.

🖊 **해설**
「화재조사 및 보고규정」 별지 제4호 화재현황조사서 11번 칸에 기상상황(날씨, 온도, 습도, 풍향, 풍속, 기상특보)을 기록한다.

12 「화재증거물수집관리규칙」상 증거물의 포장·보관·이동에 관한 설명으로 옳은 것은?

① 증거물의 포장은 보호상자를 사용하여 일괄 포장함을 원칙으로 한다.
② 화재 증거물은 관계인의 승낙과 관계없이 폐기할 수 있다.
③ 증거물은 화재증거 수집 목적달성 후 관계인에게 반환하지 않고 3년간 보관하여야 한다.
④ 증거물의 반환 또는 폐기까지 화재조사자 또는 이와 동일한 자격 및 권한을 가진 자의 책임하에 행해져야 한다.

🖊 **해설**
① 증거물의 포장은 보호상자를 사용하여 개별 포장함을 원칙으로 한다.
② 화재증거물은 관계인의 승낙이 있을 때는 폐기할 수 있다.
③ 증거물은 화재증거 수집의 목적달성 후에는 관계인에게 반환하여야 한다.

13 증거물 수집 용기와 시료의 적응성을 연결한 것으로 틀린 것은?

① 비닐 백 : 액체 ② 종이상자 : 고체
③ 금속캔 : 고체, 액체 ④ 유리병 : 고체, 액체

🖊 **해설**
비닐 백은 액체 시료 보관에 부적합하다. 통상 고체 증거물 수집 시 사용한다.

14 「화재조사 및 보고규정」상 조사보고에 대한 설명으로 틀린 것은?

① 조사결과 서류를 국가화재정보시스템에 입력·관리하며 영구보존한다.
② 정당한 사유가 있는 경우에는 소방관서장에게 사전보고를 한 후 10일 이내 연장할 수 있다.
③ 외법권지역 등 조사권을 행사할 수 없는 경우는 조사 가능한 내용만 조사한다.
④ 조사관이 조사를 시작한 때에는 소방관서장에게 지체 없이 화재·구조·구급상황보고서를 작성·보고해야 한다.

🖊 **해설**
필요한 기간만큼 조사보고일을 연장할 수 있다. 조사보고일을 연장한 경우 그 사유가 해소된 날부터 10일 이내에 결과를 보고한다.

15 대표적으로 숯, 코크스 등이 연소되는 현상으로 산소와 접하게 되는 물질의 연소로 화염이 없이 표면에서 나타나는 연소의 형태는?

① 분해연소 ② 표면연소
③ 확산연소 ④ 혼합연소

🖊 **해설**
숯과 코크스는 표면에서 산소와 직접 반응하며 연소하므로, 이는 표면연소의 대표적인 사례이다.
① 분해연소 : 고체·액체 가연물질이 "열분해" 후 분해가스가 연소하는 형태
③ 확산연소 : 가연성 가스와 지연성 가스의 접촉면에서 일어나는 연소하는 형태
④ 혼합연소 : 연소 전 연소 가능한 혼합가스를 만들어 연소하는 형태

16 백드래프트(Back Draft) 현상에 관한 설명으로 옳은 것은?

① 주로 감쇠기 단계에 발생한다.
② 연소속도가 빠르기 때문에 압력파를 생성하지만, 충격파는 생성하지 않는다.
③ 현상 발생 전 구획실 내 대기는 산소가 충분한 상태이다.
④ 발생 전 구획실 내 가연성 증기의 온도는 인화점 이상이다.

정답 | 11 ② 12 ④ 13 ① 14 ② 15 ② 16 ④

📖 **해설**
① 주로 성장기와 쇠퇴기에 발생한다.
② 충격파를 생성한다.
③ 산소가 부족한 밀폐된 구획실에 외부공기(산소) 유입 시 발생한다.

17 가연성기체 중 위험성의 척도인 위험도가 가장 큰 것은?

① 메탄
② 에탄
③ 프로판
④ 아세틸렌

📖 **해설**
연소범위가 넓을수록, 연소하한계가 낮을수록 폭발의 위험성이 높다.
위험도
$$H(위험도) = \frac{U(연소상한계) - L(연소하한계)}{L(연소하한계)}$$

① 메탄 : 연소범위 = 5.0~15%, 위험도(H) = 2
② 에탄 : 연소범위 = 3.0~12.4%, 위험도(H) = 3.1
③ 프로판 : 연소범위 = 2.1~9.5%, 위험도(H) = 3.52
④ 아세틸렌 : 연소범위 = 2.5~82%, 위험도(H) = 31.8

18 폭발현상에 관한 설명으로 틀린 것은?

① 기체나 액체의 팽창, 상변화 등의 물리적 현상이 압력발생의 원인이 되어 발생하는 폭발을 물리적 폭발이라 한다.
② 물질의 분해, 연소 등으로 압력이 상승하는 것이 원인이 되어 발생하는 폭발을 화학적 폭발이라 한다.
③ 알루미늄 분진이 공기 중에 부유된 상태에서 일어나는 폭발은 화학적 폭발에 해당한다.
④ 폭연은 화염전파속도가 미반응 매질 속에서 음속보다 큰 속도로 이동하는 폭발현상이다.

📖 **해설**
폭연은 화염전파속도가 음속보다 느린 속도로 이동하는 폭발현상이고, 음속보다 빠른 속도로 이동하는 폭발현상은 폭굉이다.

19 탄화심도 측정방법으로 옳은 것은?

① 뾰족한 기구보다 끝이 뭉툭한 것이 좋다.
② 탄화심도 측정 시 갈라진 틈 안을 측정한다.
③ 비교 측정 시 다른 측정기구를 사용하는 것이 좋다.
④ 각각의 측정 도구를 집어넣을 때 압력을 조금씩 다르게 하는 것이 중요하다.

📖 **해설**
탄화되지 않은 곳까지 삽입되지 않도록 끝이 평평하거나 뭉툭한 측정기구를 사용한다.
② 탄화심도 측정 시 탄화된 요철 부위 중 철(凸) 부위를 택하여 측정한다.
③ 비교 측정 시 동일 측정기구를 사용하는 것이 좋다.
④ 동일소재, 동일 높이, 높일 위치마다 동일 압력으로 동일하게 측정한다.

20 유리의 파단면 분석에 관한 설명으로 옳은 것은?

① 강화유리의 자발파괴(Spontaneous Breakage)형태는 쌍을 이루는 8각형의 파편이 발견된다.
② 충격에 의한 파괴유리의 충격방향을 확인하기 위해서는 동심원파단면의 월러라인(Wallner Line)을 확인하는 것이 효과적이다.
③ 재료가 여러 번의 외력에 의하여 순차적으로 분리되었을 때는 동반하여 발생하는 분리선을 관찰하며 외력의 작용 순서를 알 수 있다.
④ 폭발로 인한 압력에 의해 많은 파편이 폭발의 중심부로부터 멀리 비산되는데, 화재 이후 폭발이 발생하였다면, 멀리 비산된 파편에 그을음이 부착될 수 없다.

📖 **해설**
① 강화유리의 자발파괴는 제조상 결함의 일종으로 황화니켈이 균열을 만들어 자연적으로 파괴되는 현상이다. 충격파손과 달리 6각형 모양의 유리 파편이 발견된다.
② 동심원파단면의 리플마크를 확인한다.
④ 화재 이후 폭발이 발생하였다면, 멀리 비산된 파편에 그을음이 부착된다.

제2과목 화재감식론

21 「선박방화구조기준」상 용어의 설명으로 틀린 것은?

① 주수직구역격벽이란 선체, 선루 및 갑판실을 주수직구역으로 구분하는 격벽을 말한다.
② 주수평구역이란 선체, 선루 및 갑판실이 A급 구획의 갑판으로 구분된 구역으로서 해당 구역의 높이가 10미터를 초과하지 아니하는 구역을 말한다.
③ 방화댐퍼란 통풍용 덕트에 설치된 장치로서, 평상시에는 덕트 내의 공기가 흐를 수 있도록 열려있다가 화재 시에는 연기 및 고온의 가스 전파를 차단하기 위하여 덕트 내의 공기의 흐름을 막을 수 있도록 폐쇄하는 장치이다.
④ 기관구역이란 특정기관구역과 추진기관, 보일러, 내연기관, 주요전기설비, 냉동기, 감요(減搖)장치, 송풍기 및 공기조화기기가 있는 장소, 급유장소 그 밖에 이와 유사한 장소와 이들 장소에 이르는 트렁크를 말한다.

해설
방화댐퍼는 화재 시 화재의 확산을 차단하기 위한 덕트 내 폐쇄장치이다.

참고
제2조 정의 「선박방화구조기준」 제25호
방화댐퍼란 통풍용 덕트에 설치된 장치로서, 평상시에는 덕트 내에 공기가 흐를 수 있도록 열려 있다가 화재 시에는 <u>화재의 확산을 차단하기</u> 위하여 덕트 내의 공기의 흐름을 막을 수 있도록 폐쇄하는 장치이다.

22 유류를 이용한 자살 방화 현장의 특징 중 틀린 것은?

① 유류를 사용한 용기가 존재한다.
② 연소면적이 좁고 탄화심도가 깊다.
③ 우발적이기보다는 계획적으로 실행한다.
④ 급격한 연소확대로 연소의 방향성 식별이 어렵다.

해설
유류는 유증기가 확산 연소하는 것으로 연소면적이 넓고 탄화심도가 낮다.

23 담뱃불 화재현장의 주요 감식사항이 아닌 것은?

① 발화에 충분한 축열조건
② 발화지점을 넓게 탄화된 흔적
③ 흡연행위가 있었다는 것을 증명
④ 담뱃불에 의해 착화될 수 있는 가연물

해설
발화지점은 탄화심도가 깊고, 국부적으로 패인 형태가 관찰된다.

참고
담뱃불 주요 감식사항
- 흡연행위의 유무
- 흡연시간, 흡연 장소, 담배 종류, 점화용구
- 착화할 수 있는 가연물의 존재와 재질
- 일상적인 담배꽁초의 처리방법
- 발화에 충분한 축열조건
- 기상상태 확인(습도, 바람 등)

24 다음 발화원인 중 미소화원이 아닌 것은?

① 담뱃불   ② 용접불티
③ 절삭불티 ④ 가스레인지 불꽃

해설
가스레인지 불꽃은 유염화원에 해당한다. 미소화원은 불꽃이 없는 불씨로 아주 작은 화원이다. ①~③은 미소화원에 해당한다.

25 자동차 점화장치의 전류 흐름 순서로 옳은 것은?

① 점화스위치 → 점화코일 → 배터리 → 시동모터 → 배전기 → 고압케이블 → 스파크 플러그
② 점화스위치 → 배터리 → 시동모터 → 점화코일 → 배전기 → 고압케이블 → 스파크 플러그
③ 점화스위치 → 시동모터 → 점화코일 → 배터리 → 배전기 → 고압케이블 → 스파크 플러그
④ 점화스위치 → 고압케이블 → 배전기 → 시동모터 → 점화코일 → 배터리 → 스파크 플러그

정답 | 21 ③ 22 ② 23 ② 24 ④ 25 ②

해설
가솔린 차량의 전류 흐름 순서

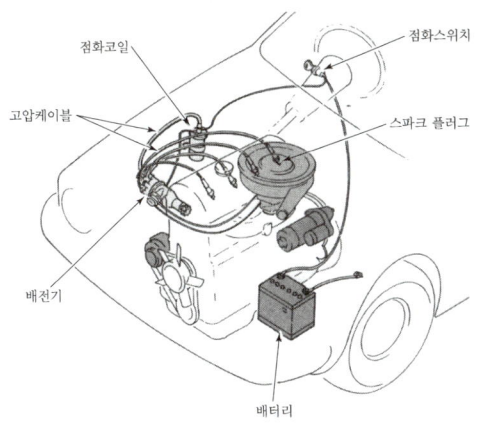

점화 시 전류 흐름 순서

> 암기법 점 배(배) 시오, 점 배(배)고 스파크

점화스위치 → 배터리 → 시동모터 → 점화코일 → 배전기 → 고압케이블 → 스파크 플러그

26 일반적으로 산소, 수소, 질소, 아르곤 등의 압축가스 용기의 안전장치에 적합한 밸브는?

① 파열판식 안전밸브
② 스프링식 안전밸브
③ 가용전(가용합금식) 안전밸브
④ 스프링식과 파열판식의 2중 안전밸브

해설
압축가스 용기의 안전장치에 적합한 밸브는 파열판식 안전밸브가 적합하다.

> **참고**
>
> **가스용기 안전밸브의 종류**
>
> 암기법 L 스프, 압파, 염아산 가용, 초저온 스파2
>
> - LPG 용기 : 스프링식 안전밸브
> - 산소, 수소, 질소, 아르곤 등의 압축가스 용기 : 파열판식 안전밸브
> - 염소, 아세틸렌, 산화에틸렌 용기 : 가용전(가용합금식) 안전밸브
> - 초저온 용기 : 스프링식과 파열판식의 2중 안전밸브

27 사람이 버린 담배꽁초에 의해 화재가 발생하였을 때 추정되는 선행 발화원은?

① 휴지 ② 담배꽁초
③ 쓰레기통 ④ 사람의 부주의 행위

해설
담배꽁초 자체는 화재의 직접적인 발화원이 될 수 있으나, 선행 발화원은 담배를 제대로 끄지 않고 가연물 위에 버린 행위로, 이는 사람의 부주의 행위로 간주된다.

28 절연저항계의 설명으로 옳은 것은?

① 발전기식 절연저항계는 전자식에 비해 소형 경량이고 조작도 간단하며 기계적 접점이 없으므로 고장이 적은 특징이 있다.
② 절연저항계에서 절연 측정은 전기기기나 전로의 사용을 멈추고 단전상태에서 하며, 활선 상태에서는 전로의 절연저항을 측정할 수 없다.
③ 절연저항계의 측정전압은 10V, 25V, 50V, 100V, 500V, 1,000V 등 다양한 범위를 가지며, 고저항의 측정 범위는 500KΩ~2×10^{16}Ω까지 직독할 수 있다.
④ 절연저항계는 전기기기나 배선공사의 안정성을 확보하기 위해서 이들의 교류절연저항을 측정하는 계측기로서, 보통 메거라고 한다.

해설
가답안은 ③이고, ②는 활선 상태에서 절연저항을 측정할 수 있는 제품도 있어 중복 답안 처리한 문제이다.
① 발전기식 절연저항계는 전자식에 비해 더 크고 무겁고, 기계적 접점이 존재할 가능성이 높다.
② 절연저항계는 제품마다 활선 상태에서 절연저항을 측정할 수 있는 제품도 있고 불가능한 제품도 있다.
④ 절연저항계는 교류가 아닌 직류절연저항을 측정하는 계측기로서, 보통 메거라고 한다.

정답 | 26 ① 27 ④ 28 ③

29 일반화재와 구별되어야 하는 차량화재의 특수성에 대한 설명 중 틀린 것은?

① 차량은 동력기계계통, 전기전자계통, 연료공급계통, 배기계통 등 기구의 복잡성이 있다.
② 연료, 시트 등 화재하중이 낮고, 외기에 개방된 상태인 환기 지배형 화재의 특성을 보인다.
③ 다양한 부착물 및 이의 변·개조가 용이하므로, 이러한 구조적 특수성에 의한 화재위험성에 노출되어 있다고 볼 수 있다.
④ 차량은 개방된 공간에 존치되는 특수성에 의해 사회적 불만이나 주차불만을 가진 자가 불특정한 방법으로 방화할 개연성이 높다고 볼 수 있다.

📖 **해설**
차량화재는 연료, 오일, 시트 등 화재하중이 높지만, 연료가 공기보다는 적다. 따라서 화재하중이 높은 연료지배형 화재 특성이 있다.

30 그림과 같이 시간에 따른 전하의 이동에 있어서 구간별 전류는 얼마인가?

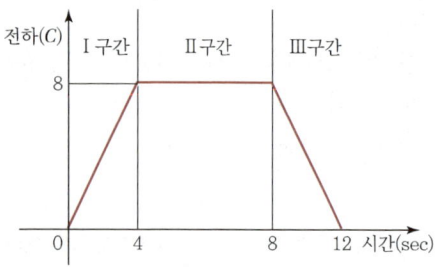

① Ⅰ구간 : 8A, Ⅱ구간 : 0A, Ⅲ구간 : -1A
② Ⅰ구간 : 8A, Ⅱ구간 : 8A, Ⅲ구간 : -2A
③ Ⅰ구간 : 2A, Ⅱ구간 : 0A, Ⅲ구간 : -2A
④ Ⅰ구간 : 2A, Ⅱ구간 : 8A, Ⅲ구간 : -1A

📖 **해설**
전류(I)는 전하(Q)의 시간(t)에 대한 변화율이다.
$I = \dfrac{dQ}{dt}$

- Ⅰ구간 : $I = \dfrac{8C - 0C}{4s - 0s} = 2A$
- Ⅱ구간 : $I = \dfrac{8C - 8C}{4s - 4s} = 0A$
- Ⅲ구간 : $I = \dfrac{0C - 8C}{12s - 8s} = -2A$

31 「고압가스 안전관리법령」상 가스 종류에 따른 용기 외면 도색이 바르게 연결된 것은?

① 수소 - 백색
② 아세틸렌 - 갈색
③ 액화석유가스 - 회색
④ 액화암모니아 - 주황색

📖 **해설**
액화석유가스(LPG) 용기는 회색이다.

참고
가스용기의 색상

가스 종류	색상	가스 종류	색상
아세틸렌	황색	LPG	회색
수소	주황색	탄산가스	청색
(액화)암모니아	백색	산소	녹색
(액화)염소	갈색	그 밖의 가스	회색

32 열전도성, 밀도 및 비열의 곱으로 정의되며 물질에 가해지는 에너지에 대한 물질의 반응을 설명하는 데 사용되는 용어는?

① 발화성
② 열관성
③ 유동성
④ 전열성

📖 **해설**
열관성(Thermal inertia)은 주위 온도가 변할 때 열적 상태를 계속 유지하려는 성질로 $k\rho c$로 표현한다[열전도도(k), 밀도(ρ), 열용량(c)].

33 화학결합에 대한 설명으로 틀린 것은?

① 전자쌍이 균등하게 공유되어 있지 않은 공유결합을 비극성 공유결합이라고 한다.
② 이온 결합은 두 이온 사이의 거리가 짧고, 두 이온의 전하량이 클수록 결합력이 강하다.
③ 수소 분자처럼 두 원자가 한 쌍 또는 그 이상의 전자쌍을 공유함으로써 형성되는 결합을 공유결합이라고 한다.

정답 | 29 ② 30 ③ 31 ③ 32 ② 33 ①

④ 이온화합물의 물리적 형태는 반대로 하전된 이온이 규칙적으로 배열된 결정성으로서 화합물의 양이온과 음이온의 전하량 합은 0이다.

🛢 해설
전자쌍이 균등하게 공유되지 않는 공유결합은 극성 공유결합이다. 비극성 공유결합은 전자쌍이 균등하게 공유되는 경우를 말한다.

34 탄화된 목재에서 공통으로 나타나는 탄화흔과 균열흔의 특성으로 틀린 것은?

① 무염연소는 목재의 표면에 따라 광범위하게 전파된다.
② 불에 오래도록 강하게 탈수록 탄화의 깊이는 길다.
③ 탄화모양을 형성하고 있는 패인 골이 깊을수록 소손이 강하다.
④ 탄화모양을 형성하고 있는 패인 골의 폭이 넓을수록 소손이 강하다.

🛢 해설
목재는 발화부 주변에서 강한 열을 받아 더 깊게 갈라지고, 발화부와 멀어질수록 열의 강도가 약하므로 균열은 깊지 않다.

35 항공기 보조동력장치(APU)의 소화용기(container) 내용물이 과도한 열로 인하여 외부로 배출 시 나타나는 지시는?

① 배출밸브(discharge valve)가 열린다.
② 조종실에 경고등이 들어온다.
③ 온도방출지시기(thermal discharge indicator)의 Yellow Disk가 없다.
④ 온도방출지시기(thermal discharge indicator)의 Red Disk가 없다.

🛢 해설
온도방출지시기는 소화용기 내부에 설치되어 있으며, 일정한 온도 이상으로 상승하면 Red Disk가 이탈한다. 이 디스크가 이탈하거나 변색되면, 소화용기가 활성화되어 비상상황임을 인지하여야 한다.

36 임야화재에서 화염진행 방향에 따른 분류가 아닌 것은?

① 수직화재   ② 전진화재
③ 후진화재   ④ 횡진화재

🛢 해설
화염진행 방향에 따른 임야화재 분류에는 전진산불, 후진산불, 횡진산불이 있다.

37 「위험물안전관리법령」상 제1류 산화성 고체에 명시되지 않은 것은?

① 질산염류   ② 염소산염류
③ 과염소산염류   ④ 질산에스테르류

🛢 해설
질산에스테르류는 제5류 자기반응성물질이다.

38 pH 12인 수산화나트륨 수용액 50ml를 중화시키기 위하여 농도를 알 수 없는 염산 10ml를 사용하였다면 이 염산의 농도는?

① 0.01N   ② 0.02N
③ 0.05N   ④ 0.1N

🛢 해설
염산의 농도=몰수/부피(10ml)로 구한다. 염산의 몰수는 수산화나트륨과 중화반응을 하므로 1:1이다. 그래서 수산화나트륨의 몰수를 구하면 염산의 농도를 구할 수 있다.
$[OH^-] = 10^{-2} \times 50ml = 0.0005mol$
$[H^+]$도 1:1 반응하므로 0.0005mol 필요
염산의 농도=0.0005mol/0.01L=0.05N

39 임야화재에 영향을 주는 3대 중요 요소가 아닌 것은?

① 기후   ② 지형
③ 가연물   ④ 점화원

🛢 해설
점화원은 연소의 3요소이고, 지형, 연료(가연물), 기후는 확산의 3요소이다.

정답 | 34 ① 35 ④ 36 ① 37 ④ 38 ③ 39 ④

> **참고**
>
> 임야화재 확산의 3요소
> - 연료(가연물) : 탈 수 있는 물질의 공급
> - 지형 : 고도, 경사, 경사향, 지세 등
> - 기후 : 바람, 습도, 온도, 강수 등

40 방화의 행위방법 중 직접착화에 의해 발생한 화재의 특이점으로 옳은 것은?

① 인화물질을 이용한 경우 그 용기를 화재장소에서 먼 곳에 감춘다.
② 착화행위 직후 화염이 확대되고 대부분 한 곳에 집중적으로 착화시킨다.
③ 비교적 착화가 용이한 부분에 착화시키므로 훈소 또는 회화 현상이 많이 식별된다.
④ 방화범의 의류에 촉진제가 부착되는 경우가 있다.

해설
방화범이 직접착화하면 의류에 촉진제가 부착되거나 모발, 의류 등에 탄화흔적이 있을 수 있다.
① 인화물질을 이용한 경우 그 용기는 발화지점 부근에 있을 수 있다.
② 착화행위 직후 가연물이 쉽게 타지 않아 여러 곳에 착화를 시켜 여러 군데 독립 발화 패턴이 관찰된다.
③ 직접착화는 훈소보다는 급격한 화재패턴이 관찰된다.

제3과목 | 증거물관리 및 법과학

41 「화재증거물수집관리규칙」상 증거물 시료용기 중 양철 캔(CAN)에 관한 설명으로 틀린 것은?

① 양철 캔과 그 마개는 청결하고 건조해야 한다.
② 사용하기 전에 캔의 상태를 조사해야 하며 누설이나 녹이 발견될 때에는 사용할 수 없다.
③ 양철 캔은 기름에 견딜 수 있는 디스크를 가진 스크루 마개 또는 누르는 금속마개로 밀폐될 수 있으며, 이러한 마개는 재사용이 가능하다.
④ 양철 캔은 적합한 양철판으로 만들어야 하며, 프레스를 한 이음매 또는 외부 표면에 용매로 송진 용제를 사용하여 납땜을 한 이음매가 있어야 한다.

해설
증거물 시료용기 「화재증거물수집관리규칙」 [별표1] 중 양철 캔

구분	용기 내용
양철 캔 (CAN)	– 양철 캔은 적합한 양철판으로 만들어야 하며, 프레스를 한 이음매 또는 외부 표면에 용매로 송진 용제를 사용하여 납땜을 한 이음매가 있어야 한다. – 양철 캔은 기름에 견딜 수 있는 디스크를 가진 스크루 마개 또는 누르는 금속마개로 밀폐될 수 있으며, 이러한 마개는 한번 사용한 후에는 폐기되어야 한다. – 양철 캔과 그 마개는 청결하고 건조해야 한다. – 사용하기 전에 캔의 상태를 조사해야 하며 누설이나 녹이 발견될 때에는 사용할 수 없다.

42 가솔린(Gasoline)을 GC-MS로 분석할 경우 검출되는 성분이 아닌 것은?

① 톨루엔 ② 크실렌
③ 알킬벤젠 ④ 멜라민

해설
벤젠, 톨루엔, 크실렌은 휘발유에 혼합되거나 용매로써 사용되는 대표적 물질이며, 이들 화학성분은 석유화학공업 중에 BTX 공업의 머리글자에 해당된다.

43 화재현장 및 물리적 증거물의 보존에 대한 책임이 있는 자가 아닌 것은?

① 소방관 ② 화재조사관
③ 경찰관 ④ 제조사 직원

해설
증거물의 보존에 대한 책임에 있어 제조사 직원은 무관하다.

44 화재조사관이 관계자 진술을 확보하고자 할 때 유의사항으로 틀린 것은?

① 인터뷰하는 동안 입수한 정보의 질을 평가해야 한다.
② 인터뷰의 목적은 유용하고 정확한 정보를 수집하기 위함이다.
③ 인터뷰는 화재가 완전히 진압된 뒤 천천히 진행한다.
④ 증인은 사고에 대한 직접적인 목격자가 아니라도 화재에 대한 정보를 제공할 수 있다.

정답 | 40 ④ 41 ③ 42 ④ 43 ④ 44 ③

해설
인터뷰는 화재가 완전히 진압된 뒤 신속히 진행한다.

45 피부화상을 조직손상 깊이에 따라 분류할 때, 2도 화상에 대한 설명으로 옳은 것은?

① 국부적인 화상으로 표피와 함께 진피까지 손상된 화상을 말하며 열에 의한 손상이 많다.
② 모세혈관의 충혈로 인하여 종창과 더불어 홍반만 보이기 때문에 홍반성 화상이라고 한다.
③ 부스럼 딱지 또는 생체 내의 피부조직이나 세포가 죽는 응고성 괴사에 빠지므로 괴사성 화상이라고도 한다.
④ 화열에 의한 국부적인 피부충혈과 부어오르는 발적 현상은 살아있는 사람에게 나타나고 사체에는 화열을 작용시켜도 이와 같은 현상은 나타나지 않는다.

해설
화상 깊이에 따른 증상별 특징

암기법 일싸 홍수괴탄

화상 단계	증상
1도	홍반
2도	수포
3도	괴사, 가피
4도	탄화

46 화재사의 생활반응으로 틀린 것은?

① 화상
② 안구의 점상 출혈
③ 선홍색 시반 출현
④ 그을음의 흡입 흔적

해설
화재사의 생활반응 종류
• 선홍색 시반
• 그을음[매(煤)]의 흡입 흔적
• 화상
• 혈중 일산화탄소 농도

47 콘크리트 바닥과 같은 다공성 물질에 흡수된 액체 촉진제 증거물을 수집할 때 흡수성 물질을 콘크리트 표면에 바르고 유지시키는 시간으로 옳은 것은?

① 1~2시간
② 3~5분
③ 5~10분
④ 20~30분

해설
화학흡착제법
• 액체 연소 촉진제가 콘크리트 바닥과 같은 다공성 물질에 갇혀 있는 경우 화학적으로 채취하는 방법이다.
• 다음의 재료들을 이용해 증거물을 수집한다.
 - 베이킹파우더가 들어 있지 않은 밀가루를 붙여 채취한다.
 - 석회를 표면에 발라 채취한다.
 - 규조토를 20~30분 동안 표면에 발라 채취한다.

48 화재현장 사진 촬영에 대한 설명으로 틀린 것은?

① 가능하다면 진행되고 있는 화재를 촬영한다.
② 건물은 가능한 여러 각도와 외부 각도에서 많은 사진을 찍어야 한다.
③ 현재 현장의 위치를 확실히 하기 위해 외부 사진을 촬영해 두어야 한다.
④ 군중 속의 사람을 촬영하는 것은 인권침해의 우려가 있어 촬영해서는 안 된다.

해설
방화자가 존재할 수 있으므로 군중 속의 사람을 촬영할 수 있다.

참고
Chapter22 Incendiary Fires(방화성 화재) 22.4.9.3.3 「NFPA 921 CODE」
방화자는 일반적으로 화재가 발생하는 동안 현장에 머물러 있으며 화재에 대응하는 위치에 참가하거나, 화재와 진압 활동을 지켜본다.

49 가솔린과 같은 휘발성 액체를 장기간 보관하는 경우 가장 적절한 보관 용기는?

① 유리병
② 금속 캔
③ 특수 증거물 봉지
④ 일반 비닐 증거물 봉지

정답 | 45 ① 46 ② 47 ④ 48 ④ 49 ①

해설

유리병은 휘발성 액체의 증발을 예방하는 장점이 있다.

증거물 보관용기의 장·단점「화재조사 기자재 사용 매뉴얼, 인천소방본부」중 유리병 장·단점

구분	장점	단점
유리병	• 쉽게 구할 수 있고 가격이 저렴하다. • 용기를 열지 않아도 내용물을 볼 수 있다. • 휘발성액체의 증발을 막을 수 있다. • 장기간 저장 시 증거물의 악화를 줄일 수 있다.	• 깨지기 쉽다. • 용기의 크기 제한으로 대량저장이 어렵다. • 마개는 접착제나 고무패킹은 없도록 하고 2/3 이상 채우지 않도록 한다.

50 콘크리트와 같은 표면에 뿌려진 인화성액체 잔류물 수거 시 사용하는 물질과 거리가 가장 먼 것은?

① 석회
② 규조토
③ 밀가루
④ 베이킹파우더

해설

화학흡착제법은 밀가루, 석회, 규조토를 이용한다.

51 냉온수기의 자동온도 조절장치에서 절연체의 오염에 의한 트래킹 화재가 발생한 경우 수거해야 할 증거물로 옳은 것은?

① 응축기(Condenser)
② 압축기(Compressor)
③ 서모스탯(Thermostat)
④ 과부하 계전기(Overload relay)

해설

냉온수기 자동온도 조절장치에서 바이메탈 서모스탯의 내측 가동접점 부분과 고정접점 단자 사이에서 발생된 트래킹에 의한 전기적인 발열 및 용융 등으로 인한 발화가 빈번히 관찰된다.

52 가연성 액체가 살포된 수평재에서 발견되는 패턴이 아닌 것은?

① V 패턴
② 포어 패턴
③ 스플래시 패턴
④ 도넛 패턴

해설

V 패턴은 일반적으로 구획실 화재현장 벽면에서 관찰되는 패턴이다.

일반적인 방화 현장에서 나타나는 패턴
• 독립연소 패턴
• 포어(pour) 패턴
• 트레일러(trailer) 패턴
• 스플래시(splash) 패턴
• 도넛(doughnut) 패턴

53 「화재증거물수집관리규칙」상 명시된 현장사진 및 비디오촬영에 관한 내용으로 옳은 것은?

① 최초 도착하였을 때 원상태를 그대로 촬영한다.
② 화재조사 진행순서와 상관없이 신속히 촬영한다.
③ 증거물을 촬영할 때는 구분이 용이하도록 반드시 번호표 등을 넣어 촬영한다.
④ 연소확대 경로 기록 시 번호표와 화살표는 생략한다.

해설

최초 도착하였을 때의 원상태를 그대로 촬영하고, 화재조사의 진행순서에 따라 촬영해야 한다.

54 디지털카메라의 고유 기능으로 받아들인 빛을 증폭하여 감도를 높이거나 낮춰주는 기능은?

① 줌 기능
② EV 쉬프트
③ ISO 조절기능
④ 화이트 밸런스

해설

① 줌 기능 : 디지털 줌에서는 디지털 시그널 과정에 의해 CCD에 보여지는 디지털 이미지를 확대하는 기능
② EV 쉬프트 : 셔터스피드와 조리개 값을 조합하여 촬영 시 빛의 양을 수치화한 EV를 조절하는 기능
④ 화이트 밸런스 : 촬영 환경의 조명 색이 미치는 영향을 보정하여 흰색 물체를 하얗게 보이도록 하는 기능

정답 | 50 ④　51 ③　52 ①　53 ①　54 ③

55 「화재증거물수집관리규칙」상 촬영한 사진으로 증거물과 서류를 작성할 때 현장 및 감정사진 작성방법에 관한 설명으로 틀린 것은?

① 화재발생 일시를 기재한다.
② 사진 촬영한 방위를 표기한다.
③ 화재현장 증거물 및 감정사진을 첨부하고 하단에 제목과 설명을 기재한다.
④ 형사사건 및 재판상 증거자료로 활용될 수 있으므로 주의를 기울여 촬영한다.

해설
사진을 촬영한 일시를 기재한다.

56 0.3%의 농도에서 즉시 사망할 수 있으며 질소성분을 가지고 있는 합성수지, 동물의 털, 인조견 등의 섬유가 불완전연소 시 발생하는 맹독성 가스로 옳은 것은?

① 암모니아
② 포스겐
③ 염화수소
④ 시안화수소

해설
① 암모니아 : 허용농도는 25ppm이며 눈에 접촉되면 점막을 심하게 자극하여 결막부종 및 각막혼탁을 초래하고 시력장애의 후유증을 남기는 경우가 있으며, 흡입하면 폐수종을 일으키거나 호흡정지를 일으키는 경우도 있다. 주로 냉동시설의 냉매로 많이 쓰이고 있으므로 냉동창고 화재 시 누출 가능성이 큰 가스이다.
② 포스겐 : PVC 등 염소성분의 용제가 포함된 화재 시 발생하며 맹독성이다.
③ 염화수소 : 염화비닐 등 염소함유 수지류 연소 시 발생하고 금속에 대한 강한 부식성으로 건물 철골이 손상될 수 있다. 호흡기에 장애를 준다.

57 「화재증거물수집관리규칙」상 수집한 증거물을 이송할 때 포장하고 기록·부착하여야 하는 상세정보가 아닌 것은?

① 수집장소 및 수집자
② 소유자 및 관리자 성명
③ 증거물 내용 및 봉인자
④ 수집일시 및 증거물 번호

해설
소유자 및 관리자 성명은 상세정보 항목에 없다.

58 화재현장에서 수집된 증거의 해석으로 틀린 것은?

① 화재현장에서 발견된 소사체에서 생활반응이 있을 경우 피해자는 화재 이전 사망한 상태였다는 것을 알 수 있다.
② 깨져 바닥에 쏟아진 유리창의 내측에 그을음이 부착되어 있지 않다면 화재발생 이전에 창문이 먼저 깨졌다는 것을 의미한다.
③ 화재현장 내부의 전기배선 끝단이 합리적인 이유 없이 절단된 경우 현장조사를 방해하기 위한 행위로 추정해볼 수 있다.
④ 타이어 흔적 위로 족적이 찍혀 있다면 이러한 증거는 차량이 지나간 후에 누군가 걸어갔다는 것을 증명해주는 역할을 한다.

해설
화재현장에서 발견된 소사체에서 생활반응이 있을 경우 피해자는 화재 당시 생존한 상태였다는 것을 알 수 있다.

59 화재현장에 있는 벽면이나 철판 등에 발생하는 백화현상에 대한 설명으로 옳은 것은?

① 한번 부착된 그을음은 없어지지 않는다.
② 그을음이 부착되었다가 열에 의해 연소한 흔적이다.
③ 열에 의해 가열되었다가 급속히 냉각된 흔적이다.
④ 훈소로 발생한 가연성 증기가 응축하면서 부착된 흔적이다.

해설
직접적으로 화염과 접하거나 강력한 복사열에 노출되게 되면 대부분 연소되어 비가연성 표면(예 벽면, 금속 등)이 노출되어 관찰되는 것을 백화현상, 백화연소흔이라고 한다.

정답 | 55 ① 56 ④ 57 ② 58 ① 59 ②

60 화재증거물 보관에 대한 설명으로 옳은 것은?

① 증거물은 밝은 곳에 보관한다.
② 휘발성 물질은 냉장보관한다.
③ 냉동 보관된 물질은 물리적 테스트에 도움을 준다.
④ 수분이 포함된 금속물질은 견고하게 밀폐시켜 산화를 방지한다.

해설
휘발성 증거물을 보관할 때에는 냉장보관하는 것이 좋다.

제4과목 화재조사 보고 및 피해평가

61 「화재조사 및 보고규정」상 화재피해액 산정대상이 전부손해인 경우 시중매매가격을 화재로 인한 피해액으로 산정하지 않는 것은?

① 차량
② 동물
③ 식물
④ 골동품

해설
전전부손해 여부에 따른 화재피해금액 산정기준 비교

암기법 차동식 매 수 치료

- **차**량, **동**물, **식**물
  - 전부손해의 경우 : 시중**매**매가격
  - 전부손해가 아닌 경우(부분 소손) : **수**리비 및 **치료**비

암기법 해(회)골 공포(보) 감정 복구

- **회**화(그림), **골동**품, 미술**공**예품, 귀금속 및 **보**석류
  - 전부손해의 경우 : **감정가격**
  - 전부손해가 아닌 경우(부분 소손) : 원상**복구**에 소요되는 비용

62 「화재조사 및 보고규정」상 질문기록서의 작성을 생략할 수 있는 화재는?

① 전봇대 화재
② 건축·구조물 화재
③ 선박·항공기 화재
④ 자동차·철도차량 화재

해설
질문기록서상 작성 생략이 가능한 기타 화재의 종류

암기법 쓰모가 전임

- **쓰**레기 화재
- **모**닥불 화재
- **가**로등 화재
- **전**봇대 화재
- **임**야 화재

63 화재현장출동보고서의 작성자에 대한 설명으로 틀린 것은?

① 보고서의 작성자는 화재현장에 출동한 소방공무원으로 한정한다.
② 원칙적으로 일반대원보다 선착대의 대장을 작성자로 한다.
③ 구조대원 또는 구급대원은 작성자가 될 수 없다.
④ 화재현장에 출동한 소방대원이 실제로 관찰·확인한 연소상황이나 정보를 직접 기재한다.

해설
원칙적으로 선착대 선임자가 작성하여야 하나 자세한 상황 작성을 위해 구조대원 등도 작성 가능하다.

64 「화재조사 및 보고규정」상 조사활동 중 소방본부장 또는 소방서장이 소방청장에게 긴급상황을 보고하여야 할 화재가 아닌 것은?

① 정부미 도정공장의 화재
② 발전소 및 변전소의 화재
③ 이재민 100명 이상 발생한 화재
④ 재산피해가 30억 원으로 추정되는 화재

해설
재산피해가 50억 원으로 추정되는 화재

정답 | 60 ② 61 ④ 62 ① 63 ③ 64 ④

65 화재피해액 산정 시 유의사항으로 틀린 것은?

① 모델하우스에 대한 최종잔가율은 20%이다.
② 문화재로 지정되었거나 보존가치가 높은 건물의 경우 전문가의 감정에 의한 가격을 현재가로 한다.
③ 집기비품, 가재도구를 일괄하여 피해액을 산정할 경우 재구입비의 60%를 피해액으로 한다.
④ 중고구입기계장치 및 집기비품의 제작년도를 알 수 없는 경우 신품가액의 30~50%를 재구입비로 하여 피해액을 산정한다.

🔔 해설
공구 및 기구·집기비품·가재도구를 일괄하여 재구입비를 산정하는 경우 개별 품목의 경과연수에 의한 잔가율이 50%를 초과하더라도 50%로 수정할 수 있다.

66 화재현장조사보고서 작성에 필요한 도면 작성방법으로 틀린 것은?

① 도면작성에 있어서 방의 배치와 출입구, 개구부의 상황을 위주로 한다.
② 거리측정은 기둥의 하단에서 다른 기둥의 상단까지로 기준점을 통일한다.
③ 도면(평면도, 입체도)은 측정치를 기준으로 하여 축척에 맞춰서 작성한다.
④ 방 배치가 복잡한 건물은 기준으로 한 점을 정하고 그 점을 기준으로 사방으로 넓히면서 측정하면 비교적 이해하기 쉽다.

🔔 해설
거리측정은 기둥의 중심부에서 다른 기둥의 중심까지로 기준점을 통일한다.

67 주택화재로 사용 중이던 냉장고가 수침손을 입었으나 성능에 별다른 지장이 없는 경우 적용하는 손해율(%)은?

① 5   ② 10
③ 15   ④ 20

🔔 해설
가재도구의 소손 정도에 따른 손해율 「화재피해액 산정 매뉴얼」

화재로 인한 피해정도	손해율(%)
50% 이상 소손 되고 수침오염 정도가 심한 경우	100
손해 정도가 다소 심한 경우	50
손해 정도가 보통인 경우	30
오염·수침손의 경우	10

68 「화재조사 및 보고규정」상 관할구역 내에서 발생한 화재에 대하여 작성하여야 하는 서류가 아닌 것은?

① 질문기록서   ② 범죄사실보고서
③ 화재발생종합보고서   ④ 화재현장출동보고서

🔔 해설
범죄사실보고서는 경찰 수사기관에서의 작성 서류이다.

69 [보기]의 화재로 발생한 소실면적은?

[보기]
전기장판 과열로 화재가 발생하여 소화기로 즉시 진화하였으나 바닥 $10m^2$, 1면의 벽 $5m^2$가 소실되었다.

① 3   ② 5
③ 10   ④ 15

🔔 해설
소실면적 산정 「화재조사 및 보고규정」
건물(수손 및 기타 파손 포함)의 소실면적 산정은 소실 바닥면적으로 산정한다.

70 「화재조사 및 보고규정」상 화재 당시에 피해물의 재구입비에 대한 현재가의 비율을 뜻하는 용어는?

① 잔가율   ② 손해율
③ 감가상각   ④ 경년감가율

정답 | 65 ③ 66 ② 67 ② 68 ② 69 ③ 70 ①

해설
「화재조사 및 보고규정」의 피해액 관련 용어 정의

용어	정의
재구입비	화재 당시의 피해물과 같거나 비슷한 것을 재건축(설계 감리비를 포함한다) 또는 재취득하는 데 필요한 금액
내용연수	고정자산을 경제적으로 사용할 수 있는 연수
손해율	피해물의 종류, 손상 상태 및 정도에 따라 피해금액을 적정화시키는 일정한 비율
잔가율	화재 당시에 피해물의 재구입비에 대한 현재가의 비율
최종잔가율	피해물의 내용연수가 다한 경우 잔존하는 가치의 재구입비에 대한 비율

해설
제13조, 제14조 사상자 및 부상자 분류「화재조사 및 보고규정」

분류		정의
사상자		화재현장에서 사망한 사람과 부상을 당한 사람
화재사 판정 기준		화재현장에서 부상을 당한 후 72시간 이내에 사망한 경우
부상자 (의사진단기초)	중상	3주 이상의 입원치료를 필요로 하는 부상
	경상	• 중상 이외의 부상(입원치료를 필요로 하지 않는 것도 포함) • 병원치료가 불필요한 단순 연기 흡입자는 제외

71 「화재조사 및 보고규정」상 위험물 가스·제조소 등 화재의 화재유형별 조사서 내용 중 위험물제조소 등에 포함되지 않는 것은?

① 옥외저장소
② 주유취급소
③ 이동탱크저장소
④ 액화석유가스제조시설

해설
「위험물안전관리법」에서 "제조소 등"이라 함은 제조소·저장소 및 취급소를 말한다.

72 「화재피해액 산정기준」에서의 화재피해액 산정 대상으로 옳은 것은?

> • 사상자는 화재현장에서 사망한 사람과 부상당한 사람을 말한다. 단, 화재현장에서 부상을 당한 후 (㉠)시간 이내에 사망한 경우에는 당해 화재로 인한 사망으로 본다.
> • 중상의 경우 (㉡)주 이상의 입원치료를 필요로 하는 부상을 말한다.

① ㉠ 48, ㉡ 3
② ㉠ 48, ㉡ 4
③ ㉠ 72, ㉡ 3
④ ㉠ 72, ㉡ 4

73 예술품 및 귀중품의 화재피해액 산정기준으로 틀린 것은?

① 감가공제를 하지 아니한다.
② 복수의 전문가 감정을 받거나 감정서 등의 금액을 피해액으로 인정한다.
③ 공인감정기관에서 인정하는 금액을 화재로 인한 피해액으로 산정한다.
④ 예술품 및 귀중품에 대한 그 가치를 손상하지 아니하고 원상태의 복원이 가능한 경우에는 피해액을 인정하지 아니한다.

해설
예술품 및 귀중품의 피해액 산정기준「화재피해액 산정 매뉴얼」
• 예술품 및 귀중품에 대해서는 공인감정기관에서 인정하는 금액을 화재로 인한 피해액으로 산정한다. 그러므로 복수의 전문가(전문점, 학자, 감정인 등)의 감정을 받거나 감정서 등의 금액을 피해액으로 인정하며, 감가공제는 하지 아니한다.
• 예술품 및 귀중품에 대해 그 가치를 손상하지 아니하고 원상태의 복원이 가능한 경우에는 원상회복에 소요되는 비용을 화재로 인한 피해액으로 한다.

> 예술품 및 귀중품의 피해액 = 감정서의 감정가액
> = 전문가의 감정가액

정답 | 71 ④ 72 ③ 73 ④

74 「화재조사 및 보고규정」상 방화·방화의심 조사서 작성 시 기재항목이 아닌 것은? (단, 참고사항은 제외한다.)

① 방화동기
② 방화도구
③ 처벌법규
④ 도착 시 초기상황

해설

방화·방화의심 조사서 주요 기재사항

암기법 동도사도 용자

- 방화동기
- 방화도구
- 방화의심 사유
- 도착 시 초기상황
- 방화연료 및 용기
- 방화자

75 「화재조사 및 보고규정」상 화재조사 결과 보고에 관한 사항으로 ( )에 알맞은 내용은?

종합상황실장이 상급 종합상황실에 지체 없이 보고해야 하는 화재는 화재발생 종합보고서 내지 화재현장조사서 중 해당 서식과 질문기록서, 화재현장출동보고서 서식을 작성하고, 화재 인지로부터 (㉠)일 이내에 본부장에게 보고하고 기록·유지하여야 한다.
추가 화재현장조사 등이 필요한 경우로 기한을 연장한 경우 그 사유가 해소된 날로부터 (㉡)일 이내에 조사결과를 보고하고 기록·유지하여야 한다.

① ㉠ 15, ㉡ 30
② ㉠ 15, ㉡ 50
③ ㉠ 30, ㉡ 10
④ ㉠ 30, ㉡ 30

해설

제22조 조사 보고 「화재조사 및 보고규정」
② 조사의 최종 결과보고는 다음 각 호에 따른다.
  1. 「소방기본법 시행규칙」 제3조 제2항 제1호에 해당하는 화재 : 별지 제1호서식 내지 제11호서식까지 작성하여 화재 발생일로부터 30일 이내에 보고해야 한다.
④ 제3항에 따라 조사 보고일을 연장한 경우 그 사유가 해소된 날부터 10일 이내에 소방관서장에게 조사결과를 보고해야 한다.

76 내용연수가 40년인 일반 공장에서 준공 후 15년이 지나서 화재가 발생하였을 때 잔가율(%)은?

① 20
② 30
③ 50
④ 70

해설

잔가율 = 1 − (1 − 최종잔가율) × 경과연수/내용연수
     = 1 − (1 − 최종잔가율) × 15/40
     = 1 − (1 − 0.2) × 15/40 = 0.7

참고

제18조 제3항 화재피해금액 산정 「화재조사 및 보고규정」
건물 등 자산에 대한 최종잔가율은 건물·부대설비·구축물·가재도구는 20%로 하며, 그 이외의 자산은 10%로 정한다.

참고

잔가율 계산법 「화재피해액 산정 매뉴얼」
- 현재가(시가) = 재구입비 × 잔가율
- 잔가율 = $\frac{재구입비 - 감가수정액}{재구입비}$
      = 100% − 감가수정율
      = 1 − (1 − 최종잔가율) × $\frac{경과연수}{내용연수}$

77 철거건물에 대한 화재피해액을 산정하는 계산식은?

① 재건축비 × [0.1 + (0.8 × 잔여내용연수/내용연수)]
② 재건축비 × [0.1 + (0.9 × 잔여내용연수/내용연수)]
③ 재건축비 × [0.2 + (0.8 × 잔여내용연수/내용연수)]
④ 재건축비 × [0.2 + (0.9 × 잔여내용연수/내용연수)] × 손해율

해설

특수한 경우의 피해액 산정 우선 적용사항 「화재피해액 산정 매뉴얼」, 철거건물의 피해액

철거건물의 피해액 = 재건축비 × [0.2 + (0.8 × $\frac{잔여내용연수}{내용연수}$)]

정답 | 74 ③ 75 ③ 76 ④ 77 ③

78 화재현장조사서 작성에 대한 설명으로 틀린 것은?

① 입회인의 설명내용과 조사원의 관찰·확인 사실은 구분하지 않고 작성한다.
② 현장조사서에는 주관적 판단이나 조사자가 의도하는 결론으로 유도하지 않는다.
③ 작성자는 현장조사를 직접 행한 자로 한정하고 다른 사람이 대신하여 작성하는 것은 인정되지 않는다.
④ 현장조사서의 기재는 조사자의 의사나 판단이 개입되지 않도록 현장상황이나 소손물건 등을 객관적으로 가능한 있는 그대로 표현하는 것이 좋다.

📖 **해설**
입회인의 설명내용과 조사원의 관찰·확인 사실은 별도로 구분하여 작성한다.

79 「화재조사 및 보고규정」상 화재피해액 산정기준으로 틀린 것은?

① 재고자산의 산정기준은 「회계장부상 현재가액×손해율」의 공식에 의한다.
② 영업시설의 산정기준은 「화재피해액×10%」의 공식에 의한다.
③ 기계장치 및 선박·항공기 산정기준은 「감정평가서 또는 회계장부상 현재가액×손해율」의 공식에 의한다.
④ 부대설비의 산정기준은 「건물신축단가×소실면적×설비종류별 재설비 비율×[1−(0.8×경과연수/내용연수)]×손해율」의 공식에 의한다.

📖 **해설**
영업시설의 화재피해액=m²당 표준단가×소실면적×[1−(0.9×경과연수/내용연수)]×손해율

80 「화재조사 및 보고규정」상 명시된 화재현황조사서의 기상상황에 해당하지 않는 것은?

① 온도　　　② 기상특보
③ 기압　　　④ 풍향 및 풍속

📖 **해설**
[별지 제4호 서식] 화재현황조사서 「화재조사 및 보고규정」 기상상황 기재항목
- 날씨
- 온도
- 습도
- 풍향
- 풍속
- 기상특보

제5과목　화재조사관계법규

81 「화재로 인한 재해보상과 보험가입에 관한 법령」상 한국화재보험협회의 업무에 명시되지 않은 것은? (단, 그 밖에 금융위원회의 인가를 받은 업무는 제외한다.)

① 화재예방 및 소화시설에 대한 안전점검
② 소방기술정보를 보급하여 화재예방 도모
③ 화재예방과 소화시설에 관한 자료의 조사·연구 및 계몽
④ 화재보험에 있어서의 소화설비(消火設備)에 따른 보험요율의 할인등급에 대한 사정(査定)

📖 **해설**
소방기술정보를 보급하여 화재예방 도모는 한국소방안전협회 업무이다.

> **참고**
> 제15조 한국화재보험협회 업무 「화재로 인한 재해보상과 보험가입에 관한 법률」
> 1. 화재예방 및 소방시설에 대한 안전점검
> 2. 화재보험에 있어서의 소화설비에 따른 보험요율의 할인등급에 대한 사정
> 3. 화재예방과 소방시설에 관한 자료의 조사·연구 및 계몽
> 4. 행정기관이나 그 밖의 관계기관에 화재예방에 관한 건의
> 5. 그 밖에 금융위원회의 인가를 받은 업무

정답 | 78 ① 　79 ② 　80 ③ 　81 ②

82 「화재로 인한 재해보상과 보험가입에 관한 법령」상 특약부화재보험에 가입하지 아니한 특수건물의 소유자에게 주어지는 벌칙은?

① 500만 원 이하의 벌금
② 1,000만 원 이하의 벌금
③ 1,500만 원 이하의 벌금
④ 1년 이하의 징역 또는 1천만 원 이하의 벌금

🛢 해설
제23조 벌칙 「화재로 인한 재해보상과 보험가입에 관한 법률」

암기법 특특 500만 원

특수건물의 특약부화재보험에 가입하지 아니한 자는 500만 원 이하의 벌금에 처한다.

참고
제2조 특수건물 「화재로 인한 재해보상과 보험가입에 관한 법률 시행령」

면적	대상
바닥면적 2,000m² 이상	학원, 게임제공업, 인터넷컴퓨터게임시설제공업, 노래연습장업, 휴게음식점영업, 일반음식점영업, 단란주점영업, 유흥주점영업, 공유주방 운영업, 목욕장업, 영화상영관
바닥면적 3,000m² 이상	숙박업, 대규모점포, 도시철도의 역사 및 역 시설
연면적 3,000m² 이상	병원급 의료기관, 관광숙박업, 공연장, 방송사업목적 건물, 농수산물도매시장 및 민영농수산물도매, 학교, 공장
면적 기준 없음	공동주택으로서 16층 이상의 아파트 및 부속건물, 11층 이상인 건물, 실내사격장

83 「화재로 인한 재해보상과 보험가입에 관한 법령」상 특수건물의 기준으로 옳은 것은?

① 「음악산업진흥에 관한 법률」에 따른 노래연습장업으로 사용하는 부분의 바닥면적 합계가 1천m² 이상인 건물
② 「관광진흥법」에 따른 관광숙박업으로 사용하는 건물로서 연면적의 합계가 3천m² 이상인 건물
③ 「학원의 설립·운영 및 과외교습에 관한 법률」에 따른 학원으로 사용하는 부분의 바닥면적 합계가 1천m² 이상인 건물
④ 「의료법」에 따른 병원급 의료기관으로 사용하는 건물로서 연면적의 합계가 2천m² 이상인 건물

🛢 해설
① 노래연습장업 : 바닥면적 2천m² 이상인 건물
③ 학원 : 바닥면적 2천m² 이상인 건물
④ 병원급 의료기관 : 연면적 3천m² 이상인 건

84 「화재증거물수집관리규칙」상 증거물에 대한 조치로 틀린 것은?

① 증거물 수집 목적이 인화성 액체 성분분석인 경우에는 인화성 액체 성분의 증발을 막기 위한 조치를 행하여야 한다.
② 증거물의 보관은 전용실 또는 전용함 등 변형이나 파손될 우려가 없는 장소에 보관한다.
③ 증거물은 화재증거 수집의 목적 달성 후 관계인의 승낙이 있을 때는 폐기할 수 있다.
④ 발화원인의 판정에 관계가 있는 개체에 대해서는 증거물과 이격되어 있거나 연소되지 않은 상황이라면 기록을 남기지 않을 수 있다.

🛢 해설
제3조 증거물의 상황기록 「화재증거물수집관리규칙」
발화원인의 판정에 관계가 있는 개체 또는 부분에 대해서는 증거물과 이격되어 있거나 연소되지 않은 상황이라도 기록을 남겨야 한다.

정답 | 82 ① 83 ② 84 ④

85 「국가배상법령」상의 내용으로 틀린 것은?

① 외국인이 피해자인 경우에는 해당 국가와 상호 보증이 있을 때에만 적용한다.
② 생명·신체의 침해로 인한 국가배상을 받을 권리는 양도할 수 있다.
③ 손해배상의 소송은 배상심의회에 배상 신청을 하지 아니하고도 제기할 수 있다.
④ 국가나 지방자치단체는 공무원이 직무를 집행하면서 고의 또는 과실로 법령을 위반하여 타인에게 손해를 입힌 경우에 그 손해를 배상하는 것이 원칙이다.

해설
제4조 양도 등 금지 「국가배상법」
생명·신체의 침해로 인한 국가배상을 받을 권리는 양도하거나 압류하지 못한다.

86 「화재증거물수집관리규칙」상 증거물 보관·이동 시 책임자가 전 과정에 대하여 입증할 수 있도록 작성하여야 하는 사항으로 명시되지 않은 것은?

① 증거물 운반일자, 운반자
② 증거물 발신일자, 발신자
③ 증거물 수신일자, 수신자
④ 증거물 최초상태, 개봉일자, 개봉자

해설
증거물 운반일자, 운반자는 작성사항이 아니다.

> **참고**
> 제6조 증거물 보관·이동 「화재증거물수집관리규칙」
> **증거물의 보관 및 이동 책임자 작성사항**
> 1. 증거물 최초상태, 개봉일자, 개봉자
> 2. 증거물 발신일자, 발신자
> 3. 증거물 수신일자, 수신자
> 4. 증거 관리가 변경되었을 때 기타사항 기재

87 「화재조사 및 보고규정」상 최종잔가율의 정의로 옳은 것은?

① 피해물의 내용연수에 대한 사용연수의 비율
② 화재 당시에 피해물의 재구입비에 대한 현재가의 비율
③ 피해물의 종류, 손상 상태 및 정도에 따라 피해액을 적정화시키는 일정한 비율
④ 피해물의 경제적 내용연수가 다한 경우 잔존하는 가치의 재구입비에 대한 비율

해설
① 정의가 없음
② 잔가율 정의
③ 손해율 정의
④ 최종잔가율 정의

88 「경범죄 처벌법」상 범칙행위를 한 사람으로서 범칙자에 해당하는 사람은?

① 나이가 18세 이상인 사람
② 피해자가 있는 행위를 한 사람
③ 범칙 행위를 상습적으로 하는 사람
④ 죄를 지은 동기나 수단 및 결과를 헤아려 볼 때 구류처분을 하는 것이 적절하다고 인정되는 사람

해설
18세 미만인 사람은 범칙자에서 제외하므로 18세 이상인 사람은 범칙자에 해당한다.

> **참고**
> 제6조 정의 「경범죄 처벌법」
> **범칙자 제외자**
> 1. 범칙 행위를 상습적으로 하는 사람
> 2. 죄를 지은 동기나 수단 및 결과를 헤아려 볼 때 구류처분을 하는 것이 적절하다고 인정되는 사람
> 3. 피해자가 있는 행위를 한 사람
> 4. 18세 미만인 사람

정답 | 85 ② 86 ① 87 ④ 88 ①

89 「경범죄 처벌법」상 즉결심판 대상자에게 발부하는 즉결심판 출석통지서에 기재하는 사항이 아닌 것은?

① 위반 내용 및 적용 법조문
② 즉결심판 대상자의 인적사항
③ 즉결심판을 위한 출석의 일시 및 장소
④ 지방법원, 지원 또는 시·군 법원의 판사 이름

해설
즉결심판 출석통지서에 판사 이름은 기재하지 않는다.

> **참고**
> [별지 제7호서식] 즉결심판 출석통지서 「경범죄 처벌법 시행규칙」
> 1. 출석의 일시 및 장소
> 2. 출석 대상자의 인적사항
> 3. 위반 내용 및 적용 법조문

90 「제조물 책임법」의 제정 목적이 아닌 것은?

① 제조업자의 이익증진
② 피해자의 보호를 도모
③ 국민생활의 안전 향상
④ 국민경제의 건전한 발전

해설
제1조 목적 「제조물 책임법」
제조물의 결함으로 발생한 손해에 대한 제조업자 등의 손해배상책임을 규정하여
1. 피해자의 보호를 도모
2. 국민생활의 안전 향상
3. 국민경제의 건전한 발전에 이바지함을 목적으로 한다.

91 「실화책임에 관한 법률」상 손해배상액 경감 청구가 있을 경우 고려사항으로 명시되지 않은 것은? (단, 그 밖에 손해배상액을 결정할 때 고려할 사항은 제외한다.)

① 화재의 원인과 규모
② 소화수에 의한 수손 피해의 정도
③ 배상의무자 및 피해자의 경제상태
④ 피해 확대를 방지하기 위한 실화자의 노력

해설
소화수에 의한 수손 피해의 정도는 해당 없다.

> **참고**
> 제3조 손해배상액의 경감 「실화책임에 관한 법률」
> **암기법** 화피 연방 배그
> 1. **화**재의 원인과 규모
> 2. **피**해의 대상과 정도
> 3. **연**소 및 피해 확대의 원인
> 4. 피해 확대를 **방**지하기 위한 실화자의 노력
> 5. **배**상의무자 및 피해자의 경제상태
> 6. **그** 밖에 손해배상액을 결정할 때 고려할 사정

92 「제조물 책임법」상 명시된 소멸시효에 관한 내용으로 ( )에 알맞은 내용은?

> 손해배상의 청구권은 피해자 또는 그 법정대리인이 손해와 손해배상책임을 지는 자를 모두 알게 된 날부터 ( )년 간 행사하지 아니하면 시효의 완성으로 소멸한다.

① 1 ② 2
③ 3 ④ 5

해설
제7조 소멸시효 등 「제조물 책임법」의 내용으로 시멸시효는 제1항과 제2항의 내용을 구분하여 기억해야 한다. 손해가 발생한 시점에서 3년 이내 행사해야 하고, 그 제품이 공급일로부터 10년 이내 제품이어야 손해배상을 청구할 수 있다.

> **참고**
> 제7조 소멸의 시효 등 「제조물 책임법」
> **암기법** 모알 3년, 제공 10년
> 제1항 손해배상의 청구권은 피해자 또는 그 법정대리인이 손해와 손해배상책임을 지는 자를 모두 알게 된 날부터 3년간 행사하지 아니하면 시효의 완성으로 소멸한다.
> 제2항 손해배상의 청구권은 제조업자가 손해를 발생시킨 제조물을 공급한 날부터 10년 이내에 행사하여야 한다.

정답 | 89 ④ 90 ① 91 ② 92 ③

93 「화재조사 및 보고규정」상 다음의 설명에 해당하는 용어는?

> 화재와 관계되는 물건의 형상, 구조, 재질, 성분, 성질 등 이와 관련된 모든 현상에 대하여 과학적 방법에 의한 필요한 실험을 행하고 그 결과를 근거로 화재원인을 밝히는 자료를 얻는 것

① 조사
② 감식
③ 감정
④ 수사

해설
과학적 방법에 의한 실험으로 화재원인을 판정하는 것은 감정에 해당한다.
① 조사 : 화재원인을 규명하고 화재로 인한 피해를 산정
② 감식 : 주로 시각에 의한 종합적인 판단
④ 수사 : 범인을 확보하고 증거를 수집·보존

94 「민법」상 불법행위로 인한 배상의 책임 기준으로 틀린 것은?

① 공동불법행위의 책임과 관련하여 교사자나 방조자는 공동행위자로 본다.
② 과실로 인한 심신상실을 초래한 경우 타인에게 손해를 가한 자는 배상의 책임이 없다.
③ 미성년자가 타인에게 손해를 가한 경우에 그 행위의 책임을 변식할 지능이 없는 때에는 배상의 책임이 없다.
④ 타인의 생명을 해한 자는 피해자의 직계존속, 직계비속 및 배우자에 대하여는 재산상의 손해 없는 경우에도 손해배상의 책임이 있다.

해설
제754조 심신상실자의 책임능력 「민법」
심신상실 중에 타인에게 손해를 가한 자는 배상의 책임이 없으나 고의 또는 과실로 인하여 심신상실을 초래한 때에는 배상책임이 있다.

95 「형법」상 현주건조물 등에의 방화로 사람을 사망에 이르게 한 경우의 벌칙은?

① 2년 이상의 징역
② 3년 이상의 징역
③ 무기 또는 5년 이상의 징역
④ 사형, 무기 또는 7년 이상의 징역

해설
제164조 현주건조물 등 방화 「형법」

암기법 현주건조물 불3, 상5, 사7

1. 현주건조물을 **불**태운 자는 무기 또는 **3**년 이상의 징역
2. 현주건조물을 불태워 사람에게 **상**해를 입힌 자는 무기 또는 **5**년 이상의 징역
3. 현주건조물을 불태워 사람을 사망에 이르게 한 자는 무기 또는 **7**년 이상의 징역

96 「소방의 화재조사에 관한 법률」상 화재조사의 실시 사항으로 옳지 않은 것은?

① 화재원인조사
② 인명·재산피해상황 조사
③ 소방시설 등의 설치·관리 및 작동 여부 조사
④ 화재현장의 범죄수사

해설
범죄수사는 화재조사의 권한이 아니다.

참고
제5조 화재조사의 실시 「소방의 화재조사에 관한 법률」
1. 화재원인에 관한 사항
2. 화재로 인한 인명·재산 피해상황
3. 대응활동에 관한 사항
4. 소방시설 등의 설치·관리 및 작동 여부에 관한 사항
5. 화재발생건축물과 구조물, 화재유형별 화재위험성 등에 관한 사항
6. 그 밖에 대통령령으로 정하는 사항

정답 | 93 ③ 94 ② 95 ④ 96 ④

97 「소방의 화재조사에 관한 법령」상 화재의 조사에 관한 사항으로 틀린 것은?

① 소방공무원과 경찰공무원은 화재조사를 할 때에 서로 협력하여야 한다.
② 화재조사 결과 실화 혐의가 있다고 인정하면 소방청장에게 보고하여 경찰부서에 통보할지를 결정한다.
③ 수사기관에서 실화의 혐의로 압수한 증거물이 화재조사를 위하여 필요한 경우, 수사에 지장을 주지 않는 범위에서 압수된 증거물을 조사할 수 있다.
④ 수사기관에 방화 혐의로 체포된 피의자가 화재조사를 위하여 필요한 경우, 수사에 지장을 주지 않는 범위에서 피의자를 조사할 수 있다.

해설
실화 혐의가 있다고 인정하면 지체 없이 경찰서장에게 그 사실을 알려야 한다. 상급 기관에 보고하지 않고, 소방관서장이 판단 후 결정한다.

98 「소방의 화재조사에 관한 법령」상 명시된 화재조사를 하는 관계공무원이 관계인의 정당한 업무를 방해하거나 화재조사를 수행하면서 알게 된 비밀을 다른 사람에게 누설한 자의 경우의 벌칙 기준은?

① 300만 원 이하의 벌금
② 500만 원 이하의 벌금
③ 700만 원 이하의 벌금
④ 1천만 원 이하의 벌금

해설
「소방의 화재조사에 관한 법률」에서 벌금은 300만 원 이하뿐이다.

참고
제21조 300만 원 이하 벌금 「소방의 화재조사에 관한 법률」

암기법 물 출 업비 증

1. 허가 없이 화재현장에 있는 물건 등을 이동시키거나 변경·훼손한 사람
2. 화재조사관의 출입 또는 조사를 거부·방해 또는 기피한 사람
3. 관계인의 정당한 업무를 방해하거나 화재조사를 수행하면서 알게 된 비밀을 다른 용도로 사용하거나 다른 사람에게 누설한 사람
4. 정당한 사유 없이 증거물 수집을 거부·방해 또는 기피한 사람

99 「소방기본법령」상 소방자동차 전용구역에 관한 설명으로 틀린 것은?

① 전용구역 방해행위를 한 자는 300만 원 이하의 과태료에 처한다.
② 소방자동차 전용구역 노면표지 도료의 색채는 황색을 기본으로 한다.
③ 소방자동차 전용구역에 물건 등을 쌓는 등의 방해행위를 하여서는 아니 된다.
④ 세대수가 100세대 이상인 아파트의 건축주는 소방자동차 전용구역을 설치하여야 한다.

해설

암기법 전용 백(100)과

전용구역 방해행위를 한 자는 100만 원 이하의 과태료에 처한다.

100 「제조물 책임법령」상 손해배상책임을 지는 자가 손해배상책임을 면(免)할 수 있는 사항을 모두 고른 것은?

㉠ 제조업자가 해당 제조물을 공급하지 아니하였다는 사실을 입증한 경우
㉡ 제조업자가 해당 제조물을 공급한 당시의 과학·기술 수준으로는 결함의 존재를 발견할 수 있었던 사실을 입증한 경우
㉢ 제조물의 결함이 제조업자가 해당 제조물을 공급한 당시의 법령에서 정하는 기준을 준수함으로써 발생하였다는 사실을 입증한 경우
㉣ 원재료나 부품의 경우에는 그 원재료나 부품을 사용한 제조물 제조업자의 설계 또는 제작에 관한 지시로 인하여 결함이 발생하였다는 사실을 입증한 경우

① ㉠, ㉡, ㉢
② ㉠, ㉡, ㉣
③ ㉠, ㉢, ㉣
④ ㉡, ㉢, ㉣

해설
㉡ 결함의 존재를 발견할 수 없었다는 사실을 입증한 경우이다.

정답 | 97 ② 98 ① 99 ① 100 ③

> **참고**
>
> **제4조 면책사유 「제조물 책임법」**
>
> 공과법원
>
> 1. 제조업자가 해당 제조물을 공급하지 아니하였다는 사실
> 2. 제조업자가 해당 제조물을 공급한 당시의 과학·기술 수준으로는 결함의 존재를 발견할 수 없었다는 사실
> 3. 제조물의 결함이 제조업자가 해당 제조물을 공급한 당시의 법령에서 정하는 기준을 준수함으로써 발생하였다는 사실
> 4. 원재료나 부품의 경우에는 그 원재료나 부품을 사용한 제조물 제조업자의 설계 또는 제작에 관한 지시로 인하여 결함이 발생하였다는 사실

기사 기출문제 2022년 1회

제1과목　화재조사론

01 「화재조사 및 보고규정」상 화재합동조사단 운영 사항에 대한 설명 중 틀린 것은?

① 사망자가 5명 이상 발생한 화재에 대하여 화재합동조사단을 구성하여 운영할 수 있다.
② 단원은 화재조사 업무에 관한 경력이 1년 이상인 소방공무원으로 임명할 수 있다.
③ 화재현장 지휘자 및 조사관, 소방대원과 협력하여 조사 정보를 수집할 수 있다.
④ 소방관서장은 조사가 완료되어 계속 유지할 필요가 없는 경우 해산시킬 수 있다.

해설
단원은 화재조사 업무에 관한 경력이 1년 이상이 아닌 3년 이상인 소방공무원으로 임명할 수 있다.

02 화재조사 시 조사관이 분석한 데이터를 토대로 화재확산, 발화점의 규명, 화재 원인 등에 대한 가설을 만들어 내는 과정은?

① 주관적 추론　② 연역적 추론
③ 귀납적 추론　④ 객관적 추론

해설
화재현장에서 수집한 데이터(예 CCTV, 인터뷰, 사진 등) 분석을 토대로 가설을 만들어 내는 것을 가설수립이라 한다. 가설수립은 다수의 분석 데이터로부터 일반적인 사항을 도출해 내는 귀납적 추론을 사용한다.

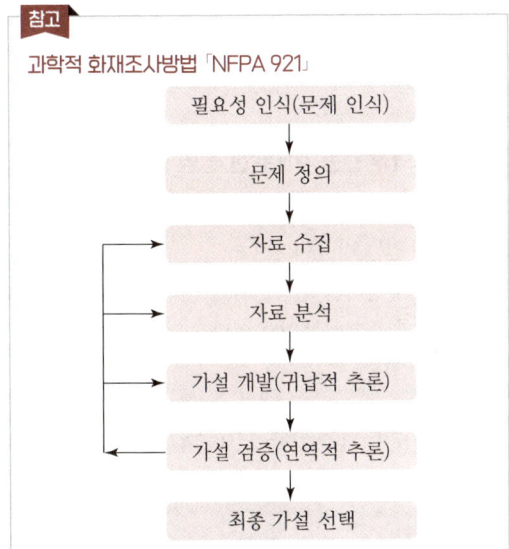

참고
과학적 화재조사방법 「NFPA 921」

필요성 인식(문제 인식) → 문제 정의 → 자료 수집 → 자료 분석 → 가설 개발(귀납적 추론) → 가설 검증(연역적 추론) → 최종 가설 선택

03 폴리우레탄폼 벽체를 관통하는 단위면적당 열유동률은 약 몇 W/m²인가? (단, 폴리우레탄폼의 열전도율은 0.034W/m·K이며, 벽의 두께는 0.05m, 벽 양면의 온도는 각각 50℃와 20℃이다.)

① 15.3　② 20.4
③ 24.5　④ 28.9

해설
0.05m 두께의 벽에 전도열이 전달되는 열유속을 계산하는 문제이다.
- 열유속 : 단위면적당 열유동률(kW/m²)

$$\dot{q}'' = k\frac{T_1 - T_2}{L}$$
$$= \frac{0.034\,\text{W/m}\cdot\text{K} \times [(273+50)-(273+20)]\text{K}}{0.05\,\text{m}}$$
$$= 20.4\,\text{W/m}^2$$

정답 | 01 ②　02 ③　03 ②

04 화재 플럼(Fire Plume)에 의해 수직벽면에 생성되는 패턴이 아닌 것은?

① V 패턴
② U 패턴
③ 모래시계 패턴
④ 레인보우 이펙트 패턴(Rainbow Effect Pattern)

해설
레인보우 이펙트 패턴(Rainbow Effect Pattern)은 유류 등이 소화수 표면에 무지개 색상을 띄는 것으로 수평 바닥에 생성되는 패턴이다.

05 물질의 환원반응에 관한 설명 중 틀린 것은?

① 산소를 잃는 반응이다.
② 전자를 얻는 반응이다.
③ 수소와 결합하는 반응이다.
④ 산화수가 증가하는 반응이다.

해설
환원반응은 산화수가 감소하는 반응이다.

참고
산화와 환원

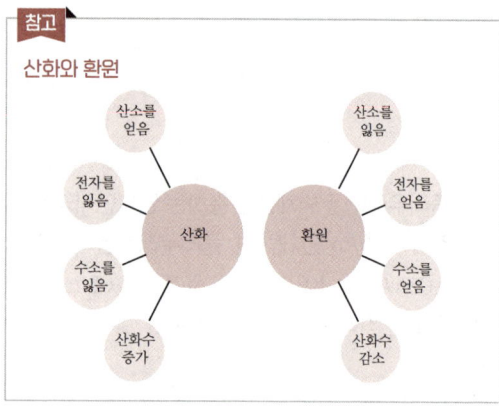

06 화재현장에서 조사자의 자세로 틀린 것은?

① 개인의 민사관계에 적극 관여하여야 한다.
② 부당하게 개인의 권리를 침해하고 자유를 제한하지 않도록 한다.
③ 기술적으로 타당성에 입각하여 조사하여야 한다.
④ 화재조사는 물적 증거를 객체로 하여 과학적 방법으로 합리적으로 사실을 규명하여야 한다.

해설
화재조사관은 절대 민사관계에 개입해서는 안 된다.

참고
제4조 화재조사관의 책무 「화재조사 및 보고규정」
1. 조사관은 조사에 필요한 전문적 지식과 기술의 습득에 노력하여 조사업무를 능률적이고 효율적으로 수행해야 한다.
2. 조사관은 그 직무를 이용하여 관계인 등의 민사분쟁에 개입해서는 아니 된다.

07 「소방의 화재조사에 관한 법령」상 화재조사의 책임과 권한에 관한 사항으로 옳은 것은?

① 소방관서장은 화재조사를 위하여 관계인에게 자료 제출을 명할 수 없다.
② 소방관서장은 수사기관이 방화(放火)의 혐의가 있어서 이미 피의자를 체포하였을 때 그 피의자에 대하여 조사할 수 없다.
③ 화재조사를 하는 관계 공무원은 화재조사를 수행하면서 알게 된 비밀을 언론에 알려야 한다.
④ 소방관서장은 화재조사 결과 방화 또는 실화의 혐의가 있다고 인정하면 지체 없이 관할 경찰서장에게 그 사실을 알려야 한다.

해설
화재조사 결과 방·실화 혐의 시 관할 경찰서장에게 그 사실을 알린다(제12조).
① 소방관서장은 관계인에게 자료 제출을 명할 수 있다(제9조).
② 소방관서장은 수사기관이 피의자를 체포하였을 때에 그 피의자를 조사할 수 있다(제11조).
③ 화재조사관은 비밀을 언론 포함 다른 사람에게 누설해서는 안 된다(제9조).

08 가정용 LPG 보일러 배관에서 LPG가 누출되어 폭발이 발생하였다. 발화원인으로서 화재의 4요소 중 가장 집중해서 조사하여야 하는 것은?

① 점화원
② 가연물
③ 산소농도
④ 자립연쇄반응

해설
점화원이 답이라고 생각할 수도 있겠으나, LPG와 같은 가스폭발의 경우 가연물인 가스 누출 원인을 우선적으로 조사하는 것이 폭발 사고의 본질을 파악하는 데 가장 중요한 단계이다.

정답 | 04 ④ 05 ④ 06 ① 07 ④ 08 ②

09 구획실 화재 현상에 관한 설명 중 틀린 것은?

① 플레임오버나 롤오버는 플래시오버에 선행하는 것이 일반적이다.
② 플레임오버나 롤오버 이후에는 반드시 플래시오버가 일어난다.
③ 화재가 성장하면서 복사열이 화재를 지배하게 한다.
④ 환기지배형화재의 경우에는 고온 가스층에 미연소 열분해물과 일산화탄소의 수치가 증가한다.

해설
플레임오버나 롤오버가 플래시오버 전조증상이지만, 반드시 플래시오버가 일어나지는 않는다.

10 목재의 탄화모양과 형상에 대한 설명 중 틀린 것은?

① 탄화된 골은 폭이 좁고 얕다.
② 표면은 요철부가 많고 거칠어진다.
③ 표면이 박리와 회화(恢化)를 반복한다.
④ 연소가 계속되면 타서 가늘게 되고 박리되어 소실되어 간다.

해설
탄화모양을 형성하고 있는 홈의 폭이 넓고, 깊을수록 연소가 강하다.

11 발화부 주변의 일반적인 연소현상에 대한 설명 중 틀린 것은?

① 발화부를 향해 소락(燒落)되거나 도괴된다.
② 발화부와 가까울수록 탄화심도가 깊다.
③ 목재표면에 발생하는 균열은 발화부와 가까울수록 골이 넓고 굵어진다.
④ 발화부는 비교적 밝은색을 띠며 발화부와 멀어질수록 어두운 빛을 나타낸다.

해설
목재 표면에 발생하는 균열은 발화부와 가까울수록 골이 넓고 깊어진다. '굵어진다'는 표현은 부적절하다.

12 얇은 고체 가연물에서 정방향 화염확산에 관한 설명 중 틀린 것은?

① 얇은 고체가연물에서의 정방향 화염 확산은 위로 퍼지는 화염 확산에서 발생한다.
② 커튼 위로 화염이 퍼지거나 종이 위로 화염이 퍼지는 것이 대표적인 예이다.
③ 화염확산 속도가 역방향 화염 확산보다 느리기 때문에 가연물이 활발하게 타는 지역이 매우 짧다.
④ 얇은 고체가연물은 빨리 발화되지만 빨리 연소되기 때문에 가연물 두께에 따른 화염 확산속도의 변화 추이를 만드는 것이 불가능하다.

해설
화염확산 속도는 정방향 화염이 더 빠르다. 정방향이 활발하게 타는 지역이 길다.

13 「소방의 화재조사에 관한 법령」상 화재조사전담부서에서 갖추어야 할 감식기기를 모두 고른 것은?

| ㄱ. 디지털탄화심도계 | ㄴ. 내시경현미경 |
| ㄷ. 비디오카메라세트 | ㄹ. 휴대용디지털현미경 |

① ㄱ, ㄴ, ㄷ
② ㄱ, ㄴ, ㄹ
③ ㄱ, ㄷ, ㄹ
④ ㄴ, ㄷ, ㄹ

해설
비디오카메라세트는 기록용 기기다.

참고
전담부서의 장비와 시설 「소방의 화재조사에 관한 법률 시행규칙」[별표]

구분	기자재명 및 시설규모
감식기기 (16종)	절연저항계, 멀티테스터기, 클램프미터, 정전기측정장치, 누설전류계, 검전기, 복합가스측정기, 가스(유종)검지기, 확대경, 산업용실체현미경, 적외선열상카메라, 접지저항계, 휴대용디지털현미경, 디지털탄화심도계, 슈미트해머, 내시경현미경
기록용 기기 (13종)	디지털카메라(DSLR)세트, 비디오카메라세트, TV, 적외선거리측정기, 디지털온도·습도측정시스템, 디지털풍향풍속기록계, 정밀저울, 버니어캘리퍼스, 웨어러블캠, 3D스캐너, 3D카메라(AR), 3D캐드시스템, 드론

정답 | 09 ② 10 ① 11 ③ 12 ③ 13 ②

14 가연물의 최소착화에너지에 영향을 미치는 요인에 대한 설명으로 옳은 것은?

① 압력이 높을수록 최소착화에너지는 높아진다.
② 온도가 높을수록 최소착화에너지는 낮아진다.
③ 가연물의 종류와 관계없이 최소착화에너지는 일정하다.
④ 혼합된 공기의 산소농도와 관계없이 최소착화에너지는 일정하다.

해설
압력이 높을수록, 온도가 높을수록, 산소의 농도가 높을수록 연소반응이 쉽게 일어나므로 최소착화에너지는 낮아진다. 또한, 가연물의 종류, 농도에 따라 최소착화에너지는 달라진다.

15 금속의 용융점이 낮은 것에서 높은 것 순으로 옳게 나열된 것은?

| ㉠ 구리 | ㉡ 납 |
| ㉢ 알루미늄 | ㉣ 철 |

① ㉡ → ㉢ → ㉠ → ㉣
② ㉡ → ㉢ → ㉣ → ㉠
③ ㉢ → ㉡ → ㉠ → ㉣
④ ㉢ → ㉡ → ㉣ → ㉠

해설
납(327℃) → 알루미늄(660℃) → 구리(1,083℃) → 철(1,530℃)

참고
금속별 용융온도

금속명칭	용융점(℃)	금속명칭	용융점(℃)
수은	39	금	1,063
주석	232	구리	1,083
납	327	니켈	1,455
아연	420	스테인리스	1,520
마그네슘	650	철	1,530
알루미늄	660	티탄	1,800
은	960	몰리브덴	2,620
황동	900~1,000	텅스텐	3,400

16 화재현장에서 발견된 유리의 파괴선에 관한 설명 중 틀린 것은?

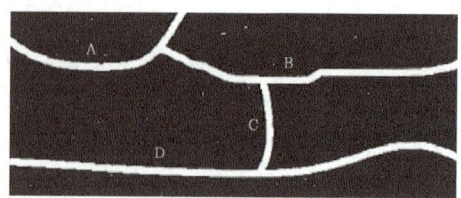

① A는 B보다 선행되었다.
② B는 C보다 선행되었다.
③ C는 D보다 선행되었다.
④ D와 B의 선후관계는 알 수 없다.

해설
유리 파손 시, 나중에 생긴 균열이 먼저 생긴 균열과 만나면 그 균열에서 멈춘다. 이를 바탕으로 유리의 파괴선을 분석한다.
① B선이 A선에 도달하여 멈췄으므로 A는 B보다 선행되었다.
② C선이 B선에 도달하여 멈췄으므로 B는 C보다 선행되었다.
③ C선이 D선에 도달하여 멈췄으므로 D는 C보다 선행되었다.
④ D선과 B선은 만나지 않아 D와 B의 선후관계는 알 수 없다.

17 메탄의 연소범위로 옳은 것은?

① 4.0~75vol%   ② 5.0~15vol%
③ 2.1~9.5vol% ④ 6.7~36vol%

해설
메탄의 연소범위는 5.0~15vol%다.

18 인화성 액체 가연물의 연소에 의한 화재패턴이 아닌 것은?

① 제트패턴(Z Pattern)
② 포어패턴(Pour Pattern)
③ 도넛패턴(Doughnut Pattern)
④ 고스트마크패턴(Ghost Mark Pattern)

해설
인화성 액체의 화재패턴에 제트패턴(Z Pattern)은 없다. 인화성 액체에 의한 화재패턴은 포어패턴, 스플래쉬패턴, 도넛패턴, 고스트마크패턴, 틈새연소패턴이 있다.

정답 | 14 ② 15 ① 16 ③ 17 ② 18 ①

19 「소방의 화재조사에 관한 법령」상 화재조사의 실시 사항을 모두 고른 것은?

> ㄱ. 소화활동 중 사용된 물로 인한 피해
> ㄴ. 대응활동에 관한 사항
> ㄷ. 소방시설 등의 설치·관리 및 작동 여부에 관한 사항
> ㄹ. 화재발생건축물과 구조물, 화재유형별 화재위험성 등에 관한 사항

① ㄱ, ㄴ, ㄷ ② ㄱ, ㄴ, ㄹ
③ ㄱ, ㄷ, ㄹ ④ ㄴ, ㄷ, ㄹ

🛢 해설
제5조 화재조사의 실시 「소방의 화재조사에 관한 법률」
1. 화재원인에 관한 사항
2. 화재로 인한 인명·재산피해상황
3. 대응활동에 관한 사항
4. 소방시설 등의 설치·관리 및 작동 여부에 관한 사항
5. 화재발생건축물과 구조물, 화재유형별 화재위험성 등에 관한 사항
6. 그 밖에 대통령령으로 정하는 사항

20 BLEVE 현상에 대한 설명으로 옳은 것은?

① 압력유, 윤활유 등 유기물이 공기 중에 분무된 상태에서 폭발하는 현상
② 저장탱크에서 유출된 대량의 가연성 가스가 대기 중에 떠다니다가 점화원과 접촉 시 폭발하는 현상
③ 혼합가스가 폭발범위에서 점화될 때 음속보다 빠른 연소속도로 이동하며 충격파를 수반하는 현상
④ 가스저장탱크 주변화재 시 저장탱크가 가열되어 탱크 내의 액화가스가 급격히 증발 팽창하여 탱크가 폭발하는 현상

🛢 해설
① 미스트 폭발
② 증기운 폭발
③ 폭굉
④ BLEVE 현상

제2과목 화재감식론

21 차량의 점화장치의 전류 흐름 순서를 바르게 나열한 것은?

① 점화스위치 → 배터리 → 시동모터 → 점화코일 → 배전기 → 고압케이블 → 스파크 플러그
② 점화스위치 → 시동모터 → 배터리 → 점화코일 → 배전기 → 고압케이블 → 스파크 플러그
③ 점화스위치 → 배터리 → 시동모터 → 배전기 → 점화코일 → 고압케이블 → 스파크 플러그
④ 점화스위치 → 시동모터 → 점화코일 → 배터리 → 배전기 → 고압케이블 → 스파크 플러그

🛢 해설
점화 시 전류 흐름 순서

[암기법] 점 빼(배) 시오, 점 빼(배)고 스파크

점화스위치 → 배터리 → 시동모터 → 점화코일 → 배전기 → 고압케이블 → 스파크 플러그

참고
가솔린 차량의 전류 흐름 순서

정답 | 19 ④ 20 ④ 21 ①

22 항공기 객실 내에서의 연기로 인한 이온밀도에 변화를 감지하는 연기감지기(Smoke detector)는?

① 열감지기
② 불꽃감지기
③ 이온화감지기
④ 광전식감지기

해설
항공기 객실 내 연기감지기는 이온화(Ionization), 광전(Photoelectric) 방식이 있다. 이 중 이온밀도 변화를 감지하는 방식은 이온화(Ionization) 타입의 연기감지기다.

23 「화재조사 및 보고규정」상 발화원인 판정에서 서술되는 용어의 정의 중 틀린 것은?

① 발화란 열원에 의하여 가연물질에 지속적으로 불이 붙는 현상을 말한다.
② 발화열원이란 발화의 최초원인이 된 불꽃 또는 열을 말한다.
③ 발화요인이란 발화열원에 의하여 발화로 이어진 연소현상에 영향을 준 물적요인만을 말한다.
④ 최초착화물이란 발화열원에 의해 불이 붙고 이 물질을 통해 제어하기 힘든 화세로 발전한 가연물을 말한다.

해설
발화요인이란 발화열원에 의하여 발화로 이어진 연소현상에 영향을 준 인적·물적·자연적인 요인을 말한다.

24 화재현장에 노출된 금속의 표면에 화재열에 의하여 나타나는 현상이 아닌 것은?

① 변색
② 분해
③ 만곡
④ 용융

해설
금속표면의 변색, 만곡, 용융을 통해 연소강도와 연소방향성을 파악한다.

25 임야화재 중 수관화에 관한 설명으로 틀린 것은?

① 땅속에 있는 연료가 타는 것을 말한다.
② 중심부 화염의 온도가 1,175℃ 정도이다.
③ 바람을 타고 바람이 부는 방향으로 V자형으로 퍼진다.
④ 빨리 확산되고 짧은 기간에 심각한 피해를 발생시킨다.

해설
땅속에 있는 연료가 타는 것은 지중화다.

> **참고**
> **산불의 확산 형태에 따른 분류**
> • 지표화 : 표면에 건조한 낙엽과 초본류 등이 연소하는 형태
> • 수간화 : 나무 줄기가 연소하는 형태
> • 수관화 : 나무의 수관(상단 부분)에서 연소하는 형태로 화세가 강하고 큰 피해를 줌
> • 지중화 : 땅속에 있는 유기물이나 이탄층이 연소하는 형태
> • 비산화 : 강풍이나 돌풍에 의해 불이 옮겨져 발생하는 형태

26 담뱃불로 인하여 화재가 발생한 현장의 주요 감식요령 중 틀린 것은?

① 발화에 충분한 축열조건 입증
② 착화지점이 얕게 타들어간 흔적 입증
③ 착화, 발염에 이르기까지의 경과시간과 착화물과의 관계의 타당성 입증
④ 담뱃불에 의해 착화될 수 있는 가연물의 존재 여부 입증

해설
담뱃불은 일정시간 훈소 후 유염연소로 전화되므로 착화지점은 깊게 타들어간다.

27 용기 내용적이 5m³이고, 35℃에서 최고 충전압력이 4MPa인 압축가스용기의 최대저장능력(m³)은?

① 105
② 100
③ 205
④ 200

해설
$Q = (10P+1)V_1 = (10 \times 4 + 1) \times 5 = 205 m^3$

정답 | 22 ③ 23 ③ 24 ② 25 ① 26 ② 27 ③

> **참고**
>
> 저장능력 산정기준 「고압가스 안전관리법 시행규칙」 [별표1]
> 압축가스용기는 다음의 계산식에 따라 산정한다.
> Q = (10P + 1)V₁
> Q : 저장능력(단위: m³)
> P : 35℃에서의 최고충전 압력(단위: MPa)
> V₁ : 내용적(단위: m³)

28 화학적 폭발 이후에 화재로 진행되는 경우, 가연물과 공기의 혼합비율이 화재에 미치는 영향에 관한 설명으로 옳은 것은?

① 연소상한계에 가까울수록 폭발 후 화재로 발전될 가능성이 높다.
② 연소하한계에 가까울수록 폭발 후 화재로 발전될 가능성이 높다.
③ 연소한계 범위 내에서는 혼합비율에 관계없이 화재로 발전 가능성은 모두 같다.
④ 연소범위 내에서 화학양론비에 가까울수록 화재로 발전될 가능성이 높다.

🛢 **해설**
화학적 폭발 후 외부 공기 유입으로 인해 가연물의 농도가 변할 가능성을 고려할 때, 연소상한계에 가까운 혼합비율이 화재로 발전할 가능성이 가장 높다. ④와 혼동할 수 있으나 화학적 폭발 이후에 화재로 진행된다는 조건을 고려해야 한다.

29 저항 1Ω과 유도리액턴스 1Ω의 직렬회로에 교류전압 $u(t) = 100\sqrt{2}\sin(wt)\,V$를 인가하였을 때 이 회로에 흐르는 전류 $i(t)$는 몇 A인가?

① $i(t) = 100\sin\left(wt + \dfrac{\pi}{4}\right)$
② $i(t) = 100\sin\left(wt - \dfrac{\pi}{4}\right)$
③ $i(t) = 100\sqrt{2}\sin\left(wt + \dfrac{\pi}{4}\right)$
④ $i(t) = 100\sqrt{2}\sin\left(wt - \dfrac{\pi}{4}\right)$

🛢 **해설**
$$i(t) = \frac{u(t)}{Z} = \frac{100\sqrt{2}\sin(wt)}{\sqrt{R^2 + X_L^2}}$$
$$i(t) = \frac{100\sqrt{2}\sin(wt)}{\sqrt{1^2 + 1^2}} = 100\sin(wt)$$

RL회로에서 전류 $i(t)$와 교류전압 $u(t)$는 $\dfrac{\pi}{4}$의 위상 차이가 있다.

$$\therefore i(t) = 100\sin\left(wt - \dfrac{\pi}{4}\right)$$

30 화재현장에서 발생하는 소음으로서 목격자들이 폭발로 오인할 수 있는 경우가 아닌 것은?

① 화재 시 콘크리트 폭렬에 의한 소음
② 개방된 용기의 변형 시 발생하는 소음
③ 화재 열기에 의한 스프레이 캔, 방향제 캔 등의 파열 소음
④ 화재 시 전선피복이 손상되면서 발생하는 전기적 합선의 소음

🛢 **해설**
개방된 용기는 내·외부 압력이 동일하여 급격한 압력 변화가 없으므로, 폭발음과 같은 큰 소음이 발생하지 않는다.

31 전기적 발화원인 중 근본적인 원인이 국부적 저항 증가인 것은?

① 누전   ② 과전류
③ 합선   ④ 불완전접촉

🛢 **해설**
불완전접촉은 접점이나 연결부위가 제대로 접촉되지 않아 저항이 증가하는 현상이다.
① 누전 : 전기회로에서 전류가 정상적인 경로를 벗어나 다른 경로로 흐르는 현상
② 과전류 : 전기회로에 정격 전류보다 높은 전류가 흐르는 현상(전류량 증가)
③ 합선 : 전기회로에 서로 다른 전위의 도체들이 직접 접촉하여 큰 전류가 흐르는 현상(두 지점 간 저항은 0에 가까움)

정답 | 28 ① 29 ② 30 ② 31 ④

32 유염화원에 관한 사항 중 틀린 것은?

① 미소화원에 비하여 훨씬 에너지양이 많다.
② 라이터 불, 성냥불, 촛불과 같이 화염이 있는 화염이다.
③ 오랜 시간 동안 연소가 진행되고 깊게 탄 연소 흔적을 보이며 표면적으로 연소가 확대되는 경우는 드물다.
④ 무염화원에 대한 소화되기 전까지 불이 붙어있거나 보통 소화되기 전까지 화염을 발하여 연소를 계속하고 있는 화원의 총칭이다.

🔖 해설
유염화원은 짧은 시간에 화염과 복사열로 연소가 빠르게 확산되며, 표면과 내부를 동시에 연소시키는 특징을 가진다.

33 그림과 같은 초기 임야화재의 확산형태에 관한 설명으로 옳은 것은? (단, 그림 안의 X는 최초발화지점을 나타낸다.)

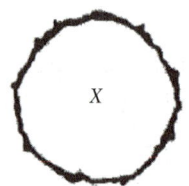

① 평지에서 무풍 상태일 때의 모습이다.
② 경사로에서 매우 강한 바람이 불 때의 모습이다.
③ 양쪽으로 경사가 있는 계곡에서 발생한 화재의 모습이다.
④ 다양한 방향과 풍속의 바람이 불어올 때의 모습이다.

🔖 해설
최초발화지점에서 원형으로 균등하게 확산된 것은 바람, 경사 등 외부 조건이 없는 평지의 무풍 상태일 때이다.

34 「고압가스안전관리법령」상 가연성 가스 종류에 따른 용기의 도색 구분으로 옳은 것은?

① LPG – 백색
② 수소 – 주황색
③ 아세틸렌 – 녹색
④ 액화암모니아 – 회색

🔖 해설
가스용기의 색상

가스 종류	색상	가스 종류	색상
아세틸렌	황색	LPG	회색
수소	주황색	탄산가스	청색
(액화)암모니아	백색	산소	녹색
(액화)염소	갈색	그 밖의 가스	회색

35 산화에틸렌 90vol%와 메탄 10vol%가 혼합되어 있는 경우 폭발하한계 값(vol%)은?

① 3.13   ② 15.79
③ 32.50 ④ 55.81

🔖 해설
산화에틸렌 폭발범위 3~80vol%, 메탄 폭발범위 5~15vol%

혼합가스의 폭발범위 계산 "르샤틀리에 법칙(Le Chatelier's Low)"

> 암기법 백불(100 V L)

$$L = \frac{100}{\frac{V_1}{L_1} + \frac{V_2}{L_2} + \frac{V_3}{L_3} + \cdots} \text{(Vol\%)}$$

$$L = \frac{100}{\frac{90}{3} + \frac{10}{5}} = 3.13 \text{(vol\%)}$$

L : 혼합가스 폭발한계(%)
L_1, L_2, L_3 : 각 가연성 가스 폭발한계(%)
V_1, V_2, V_3 : 각 가연성 가스의 공기 중 부피(vol%)

정답 | 32 ③ 33 ① 34 ② 35 ①

36 「화재조사 및 보고규정」상 항공기 화재의 소실정도에 관한 내용 중 틀린 것은?

① 항공기의 50%가 소실된 경우 반소로 본다.
② 항공기의 70% 이상 소실된 경우 전소로 본다.
③ 항공기의 소실정도는 전소와 반소로만 구분한다.
④ 항공기의 60%가 소실되었으나 잔존부분을 보수하여도 재사용이 불가능한 것은 전소로 본다.

해설
항공기 소실정도는 건축·구조물과 같이 전소, 반소, 부분소로 구분한다.

> **참고**
> 제16조 건축·구조물의 소실정도 「화재조사 및 보고규정」
> **암기법** 전반부 출석해
> 1. 전소 : 건물의 70% 이상(입체면적에 대한 비율)이 소실되었거나 또는 그 미만이라도 잔존부분을 보수하여도 재사용이 불가능한 것
> 2. 반소 : 건물의 30% 이상 70% 미만이 소실된 것
> 3. 부분소 : 제1호, 제2호에 해당하지 아니하는 것
> 자동차·철도차량·선박·항공기 등의 소실정도는 건축·구조물 규정을 준용한다.

37 다음 흔적 중 전기기기 내부의 통전 입증이 가능한 증거가 아닌 것은?

① 전류 퓨즈의 용단
② 기판의 전체적인 탄화
③ 내부 배선의 합선 흔적
④ 내부 단자의 부분적 용융 흔적

해설
기판은 통전 여부와 상관없이 전체적으로 탄화할 수 있어, 통전 입증할 수 없다.

38 차량화재 조사 시 유의사항으로 옳은 것은?

① 화재차량을 위주로만 세밀하게 조사한다.
② 차량 조사를 위해 차량을 함부로 이동시킨다.
③ 명확한 원인 조사를 위해 주변을 깨끗하게 정리 및 청소한다.
④ 차량 주변의 수거 가능한 모든 증거물을 모아두고, 작은 것도 소홀히 취급해서는 안 된다.

해설
차량 주변의 쓰레기, 물건 등에서 화재가 발생하여 차량으로 연소 확대 시 차량에서 화재가 발생한 것으로 오인할 수 있다. 차량 주변도 배제하지 말고 자세히 관찰해야 한다.

39 방화범을 정신분석적 측면에서 분류할 때 다음 방화범의 유형은?

> 후회할 줄 모르고 경험이나 처벌로부터 배우지 못한 특징을 가지고 주의 집중의 시간이 짧고 과격하며, 파괴적인 행동으로 짜증이 나는 상황이나 자기 비하를 느낄 때 화풀이로 방화를 해서 관심을 끌거나 도움을 요청하는 심리가 숨어 있다. 또한 무차별적으로 방화하고, 결과에 대해 아무런 생각을 하지 않기 때문에 방화범 중 가장 무서운 부류에 속한다.

① 잠복기 방화범
② 구강기 방화범
③ 항문기 방화범
④ 외음부기 방화범

해설
① 잠복기 방화범 : 후회할 줄 모르고 경험이나 처벌로부터 배우지 못한 특징과 쾌감과 호기심으로 방화한다.
② 구강기 방화범 : 생후 18개월 동안 모성애를 받지 못해 모성의 따뜻함과 안전감을 얻기 위해 모성과 관계있는 대상에 방화한다.
③ 항문기 방화범 : 생후 18개월에서 3살 시기 부모(부성애)의 애정결핍으로 충동성과 격정성에 대한 반응으로 방화한다.
④ 외음부기 방화범 : 소방관의 소방활동과 지원에 흥분감을 느끼고, 불을 보고 성적충동을 느끼며 방화한다.

정답 | 36 ③ 37 ② 38 ④ 39 ①

40 방화형태의 이론에서 연쇄방화의 주요 조사 착안점 중 틀린 것은?

① 행적 조사
② 연고감(緣故感) 조사
③ 피해액 조사
④ 지리감(地理感) 조사

🛢 해설
연쇄방화 현장조사 사항은 연고감, 지리감, 행위자의 행적 조사, 방화행위자, 알리바이를 조사한다. 피해액 조사는 모든 화재에서 조사하는 사항으로 연쇄방화의 착안점은 아니다.

제3과목 증거물관리 및 법과학

41 「화재증거물수집관리규칙」상 화재현장 사진 및 비디오 촬영 시 유의사항 중 틀린 것은?

① 증거물을 촬영할 때는 그 소재와 상태가 명백히 나타나도록 하며 구분이 용이하도록 반드시 번호표 등을 넣어 촬영한다.
② 화재와 연관성이 크다고 판단되는 증거물, 피해물품, 유류 등의 대상물은 형상을 면밀히 관찰 후 자세히 촬영한다.
③ 현장사진 및 비디오 촬영과 현장기록물 확보 시에는 연소확대 경로 및 증거물 기록에 대한 번호표와 화살표 등을 활용하여 작성한다.
④ 화재현장의 특정한 증거물 등을 촬영할 때 그 길이, 폭 등을 명백히 하기 위하여 측정용 자 또는 대조도구를 사용하여 촬영한다.

🛢 해설
증거물을 촬영할 때는 그 소재와 상태가 명백히 나타나도록 하며, 필요에 따라 구분이 용이하게 번호표 등을 넣어 촬영한다.

42 냉온수기의 자동온도 조절장치에서 절연체의 오염에 의한 트래킹 화재가 발생한 경우 감정해야 할 증거물로 옳은 것은?

① 응축기
② 압축기
③ 서모스탯
④ 과부하 계전기

🛢 해설
냉온수기 자동온도 조절장치의 서모스탯
냉온수기 자동온도 조절장치에서 바이메탈 서모스탯의 내측 가동접점 부분과 고정접점 단자 사이에서 발생된 트래킹에 의한 전기적인 발열 및 용융 등으로 인한 발화가 빈번히 관찰된다.

43 화재조사를 위한 질문 및 녹음에 관한 설명으로 옳은 것은?

① 경험이 많은 화재조사자의 직감에 의존하여 질문을 한다.
② 허위진술과 같은 불가피한 상황은 어느 정도 인정하고 받아들여야 한다.
③ 녹취가 필요한 경우 피질문자의 동의가 필요하다.
④ 청소년을 대상으로 하는 질문을 가급적이면 편안하고 조용한 장소에서 1대 1로 진행한다.

🛢 해설
① 질문기록서에 따라 질문한다.
② 피질문자의 이해관계에 의하여 허위진술을 하는 경우가 있음을 염두에 둔다.
④ 피질문자가 18세 미만의 청소년, 정신장애자 등에 대한 질문을 하는 경우는 친권자 등을 반드시 입회시켜야 하며 진술자는 물론 입회자에게도 서명을 받도록 한다.

44 「화재증거물수집관리규칙」상 입수한 증거물 이송을 위해 포장한 후 부착하여야 할 상세정보가 아닌 것은?

① 봉인자
② 수집일시
③ 증거물 번호
④ 증거물 포장용기 종류

🛢 해설
증거물 포장용기 종류는 기재항목에 없다.

45 화재로 인해 사망한 시체에서 볼 수 있는 특징과 거리가 가장 먼 것은?

① 구강 개방
② 피부의 파열
③ 권투선수자세
④ 손과 발의 피부 장갑상 탈락

🛢 해설
화재사 사후의 변화에서 구강 개방은 관련이 적다.

정답 | 40 ③ 41 ① 42 ③ 43 ③ 44 ④ 45 ①

46 화재현장 촬영 시 사용되는 카메라의 기능 중 노출 측정이 어렵거나 측정치가 정확하지 않을 때 노출을 여러 단계로 두는 것은?

① 닷징(Dodging) ② 마젠타(Magenta)
③ 비네팅(Vignetting) ④ 브라케팅(Bracketing)

해설
사진 촬영 용어
- 닷징(dodging) : 인화 시 사진의 일부가 너무 어두워 어두운 부분을 부분적으로 밝게 만들고 싶을 때 확대기의 빛을 선택적으로 막는 기법
- 버닝(Burning In) : 닷징과 반대로, 주 노출이 끝난 뒤 추가적인 노출이 필요한 특별한 부분에 빛을 더해 주는 것
- 비네팅(vignette, vignetting) : 사진 및 광학에서 화상의 중심부에 비해 주변부로 갈수록 화상의 명도 또는 채도가 감소하는 현상
- 브라케팅(bracketing) : 노출에 대한 약간의 오차를 두고 촬영하는 방법

47 액체나 고체 촉진제의 증거물을 수집할 때 잘못된 방법은?

① 일회용 비닐장갑을 끼고 수집한다.
② 보관용기 자체를 수집도구로 사용한다.
③ 각 증거물에 대해 항상 새 장갑이나 새 봉지를 사용한다.
④ 증거물을 수집할 때 증거물 수집 및 조사 기구를 휘발성 용매가 들어있는 클리너를 사용하여 수시로 닦아야 한다.

해설
정확한 증거물의 수집을 위하여 무수(無水)성 또는 기타 형태의 클리너를 사용한다.

48 인공증거물(Artifact Evidence)에 해당하는 것을 모두 고른 것은?

| ㄱ. 발화원
| ㄴ. 화재의 발화에 관련된 물품
| ㄷ. 표면에 화재패턴이 남아있는 물품
| ㄹ. 화재확산에 관련된 부속물의 잔재

① ㄱ, ㄴ, ㄷ ② ㄱ, ㄷ, ㄹ
③ ㄴ, ㄷ, ㄹ ④ ㄱ, ㄴ, ㄷ, ㄹ

해설
Chapter16 물적 증거 「NFPA 921 CODE」에서 인공증거물(Artifact Evidence)
16.3.3 인위적인 가공물(artifact) 증거
인위적인 가공물은 최초 발화물질, 발화원 또는 기타 품목 또는 화재 점화, 전개나 전이와 관련된 어떤 방식의 구성 요소(component)에 잔류하여 나타날 수 있다. 인위적인 가공물은 화재형태가 나타나는 품목이 될 수도 있는데 이러한 경우에는 인위적 가공물을 품목 그 자체가 아닌 화재형태를 함유하고 있는 그 형태 그대로 보존해야 한다.

49 「화재증거물수집관리규칙」상 증거물의 보관·이동에 관한 사항 중 틀린 것은?

① 증거물은 화재증거 수집의 목적달성 후에는 5년간 소방서장이 보관하여야 한다.
② 증거물의 보관 및 이동은 장소 및 방법, 책임자 등이 지정된 상태에서 행해져야 한다.
③ 증거물의 보관은 전용실 또는 전용함 등 변형이나 파손될 우려가 없는 장소에 보관해야 한다.
④ 증거물은 수집단계부터 검사 및 감정이 완료되어 반환 또는 폐기되는 전 과정에 있어서 화재조사자 또는 이와 동일한 자격 및 권한을 가진 자의 책임하에 행해져야 한다.

해설
제6조 제6항 증거물 보관·이동 「화재증거물수집관리규칙」
증거물은 화재증거 수집의 목적달성 후에는 관계인에게 반환하여야 한다. 다만 관계인의 승낙이 있을 때에는 폐기할 수 있다.

50 전신적 생활반응이 아닌 것은?

① 색전증 ② 피하출혈
③ 속발성염증 ④ 전신적 빈혈

해설
생활반응의 구분

국소적 생활반응	전신적 생활반응
• 출혈 및 응혈 • 창구의 개대 및 창연의 외번 • 치유기전 • 화상 • 국소적 빈혈 • 압박성 울혈 • 흡인과 연하	• 전신적 빈혈 • 속발성 염증 • 색전증 • 외래물질의 분포 및 배설

정답 | 46 ④ 47 ④ 48 ④ 49 ① 50 ②

51 화재현장의 촬영에 관한 설명 중 틀린 것은?

① 작은 물건을 촬영할 때에는 표식을 사용한다.
② 어두운 곳에서는 스트로보(Strobo)를 이용하여 촬영한다.
③ 좁은 방에서는 광각렌즈보다 표준렌즈를 사용한다.
④ 촬영의 목적을 분명하게 이해한 뒤 촬영에 임한다.

해설
좁은 방에서 많은 물건을 사진 1매로 찍고자 할 때에는 일반적으로 광각렌즈를 사용한다.

52 화재현장에서 증거물 수집 시 증거물의 상태와 수집용기의 연결이 잘못된 것은?

① 비닐팩-액체   ② 종이상자-고체
③ 유리병-고체, 액체   ④ 금속캔-고체, 액체

해설
고체 증거물을 수집할 때는 비닐팩을 이용한다.

53 방화가 의심되는 화재현장의 물적 증거로 거리가 가장 먼 것은?

① 촉진제 용기
② 반단선 코드
③ 타이머가 부착된 점화장치
④ 인위적인 가스밸브의 절단흔적

해설
코드가 반단선되는 형태는 사용 부주의에 의한 실화로 볼 수 있다.

반단선
- 여러 개의 소선으로 구성된 전선이나 코드의 심선이 10% 이상 끊어졌거나 전체가 완전히 단선된 후에 일부가 접촉상태로 남아 있는 상태이다.
- 반단선은 코드와 플러그의 접속·접촉부 부근 등의 꺾어지고 구부리거나 끌어당기는 등 비교적 강한 외력이 걸리기 쉬운 개소에서 발생하기 쉽다.

54 「화재증거물수집관리규칙」상 증거물 시료용기에 관한 설명 중 틀린 것은?

① 주석 도금 캔은 재사용이 용이하다.
② 주석 도금 캔은 사용직전에 검사하여야 하고 새거나 녹슨 경우 폐기한다.
③ 양철 캔은 프레스를 한 이음매 또는 외부표면에 용매로 송진 용제를 사용하여 납땜을 한 이음매가 있어야 한다.
④ 양철 캔은 기름에 견딜 수 있는 디스크를 가진 스크루 마개 또는 누르는 금속마개로 밀폐될 수 있으며, 이러한 마개는 한번 사용한 후에는 폐기되어야 한다.

해설
주석 도금 캔(CAN)은 1회 사용 후 반드시 폐기한다.

증거물 시료용기「화재증거물수집관리규칙」[별표1] 중 일부

구분	용기 내용
주석 도금 캔 (CAN)	- 캔은 사용직전에 검사하여야 하고 새거나 녹슨 경우 폐기한다. - 주석 도금캔(CAN)은 1회 사용 후 반드시 폐기한다.
양철 캔 (CAN)	- 양철 캔은 적합한 양철판으로 만들어야 하며, 프레스를 한 이음매 또는 외부 표면에 용매로 송진 용제를 사용하여 납땜한 이음매가 있어야 한다. - 양철 캔은 기름에 견딜 수 있는 디스크를 가진 스크루 마개 또는 누르는 금속마개로 밀폐될 수 있으며, 이러한 마개는 한번 사용한 후에는 폐기되어야 한다. - 양철 캔과 그 마개는 청결하고 건조해야 한다. - 사용하기 전에 캔의 상태를 조사해야 하며 누설이나 녹이 발견될 때에는 사용할 수 없다.

55 화재 진압 작업 시 증거물 보존을 위한 주의사항 중 틀린 것은?

① 소방 호스의 사용은 물리적 증거를 옮기거나 손상시킬 수 있으니 주의한다.
② 동력절단기 사용을 위한 연료주입은 화재현장 안에서 실시한다.
③ 잔불을 정리하거나 복원 작업을 할 때 증거를 불필요하게 훼손하지 않도록 한다.
④ 화재 패턴이 남아 있을 가능성이 있어 화재조사관이 바닥을 살펴봐야 하는 경우 소화 시 화재 패턴에 최소한의 영향만 주도록 한다.

정답 | 51 ③ 52 ① 53 ② 54 ① 55 ②

🔍 **해설**
동력절단기 사용을 위한 연료주입은 화재현장 진입 전 외부에서 실시한다.

56 사후강직에 대한 설명으로 옳은 것은?

① 사후강직은 형성 이후 계속 변화가 없다.
② 사후강직은 주변 온도에 영향을 받지 않는다.
③ 사후강직은 사망 후 혈액이 침하되는 현상이다.
④ 사망 직전의 급격한 근육활동은 사후강직의 시작을 빠르게 한다.

🔍 **해설**
① 사후강직은 형성 이후 계속 변화가 있다.
② 사후강직은 주변 온도에 영향을 받는다.
③ 시반은 사망 후 혈액이 침하되는 현상이다.

57 개별적인 화재증거물들을 연관성 있는 정보끼리 연결하고 분석 및 재구성하여 지도를 그리듯 화재원인을 추론하는 과정은?

① 타임라인
② 마인드 맵
③ 브레인스토밍
④ PERT 차트

🔍 **해설**
증거물 분석 및 재구성 방법 구분

구분	정의
마인드 매핑	• 각 증거물이 주는 정보를 연관되는 것들끼리 연결해놓는 것 • 개별적인 화재증거물들을 연관성 있는 정보끼리 연결하고 분석 및 재구성하여 지도를 그리듯 화재원인을 추론하는 과정
타임라인	• 사건들을 각 순서에 맞게 배열하고, 시간의 흐름에 맞게 배열하는 작업으로 증거의 시간적 역할을 통해 구분하고 재구성하는 방법
PERT 차트	• The Program Evaluation and Review Technique, 증거들의 조합으로 이루어진 이벤트들을 타임라인 위에 나열한 것

브레인스토밍(Brainstorming)
집단적 창의적 발상 기법으로 집단에 소속된 인원들이 자발적으로 자연스럽게 제시된 아이디어 목록을 통해서 특정 문제에 대한 해답을 찾고자 노력하는 학습 도구이자 회의 기법

58 「화재증거물수집관리규칙」상 증거물 수집에 관한 사항 중 틀린 것은?

① 현장 수거(채취)물은 그 목록을 작성하여야 한다.
② 증거물 수집 목적이 인화성 액체 성분 분석인 경우에는 인화성 액체 성분의 증발을 막기 위한 조치를 행하여야 한다.
③ 증거물이 파손될 우려가 있는 경우에 취급방법에 대한 주의사항을 증거물에 직접 표기하여야 한다.
④ 증거물 수집 과정에서는 증거물의 수집자, 수집 일자, 상황 등에 대하여 기록을 남겨야 하며, 기록은 가능한 법과학자용 표지 또는 태그를 사용하는 것을 원칙으로 한다.

🔍 **해설**
제4조 증거물의 수집「화재증거물수집관리규칙」
증거물이 파손될 우려가 있는 경우 충격금지 및 취급방법에 대한 주의사항을 증거물의 포장 외측에 적절하게 표기하여야 한다.

59 화재현장에서 채취한 증거물 분석 시 사용하는 가스 크로마토그래피(GC)에 관한 사항 중 틀린 것은?

① 물질이 유사한 여러 성분의 혼합계 분리에 매우 유효하다.
② 화재현장에서 유류의 존재를 입증하기 위해 사용되는 분석방식이다.
③ 가스 상태로 분석을 행하기 때문에 조작이 어렵고 많은 시간이 소요된다.
④ 각 성분을 검출하여 그 양을 전기적인 신호로 기록계에 저장하여 분석결과가 객관적으로 보존된다.

🔍 **해설**
시료를 기화시켜 기체상태로 분석하여 그 성분에 대해 정성·정량분석이 가능하다.

정답 | 56 ④ 57 ② 58 ③ 59 ③

60 화재현장에서 발견되는 증거물 중 유리에 대한 설명 중 틀린 것은?

① 파손형태에 따라 열에 의한 파손, 충격에 의한 파손, 폭발에 의한 파손 등을 구별할 수가 있다.
② 유리가 동심원 모양으로 파손된 경우 충격지점에 가까울수록 파편이 크고 멀수록 파편이 작다.
③ 방사형 파단면의 리플마크를 관찰하면 내측의 충격에 의해 깨진 것인지 외측 충격에 의해 깨진 것인지 구분할 수 있다.
④ 유리는 충격부위에서부터 주변으로 순차적인 동심원 형태의 파단이 되며 동심원 순서에 따라 안팎으로 번갈아 가며 장력을 받아 파손된다.

해설
유리가 동심원 모양으로 파손된 경우 충격지점에 가까울수록 파편이 조밀하고 멀수록 파편이 크다.

제4과목 화재조사 보고 및 피해평가

61 화재피해액 산정 시 가재도구의 소손 정도에 따른 손해율로 ( )에 알맞은 기준은?

화재로 인한 피해정도	손해율(%)
손해 정도가 보통인 경우	(ㄱ)
50% 이상 소손되거나, 수침오염 정도가 심한 경우	(ㄴ)

① ㄱ : 10, ㄴ : 50
② ㄱ : 10, ㄴ : 100
③ ㄱ : 30, ㄴ : 50
④ ㄱ : 30, ㄴ : 100

해설
가재도구의 소손 정도에 따른 손해율 「화재피해액 산정 매뉴얼」

화재로 인한 피해정도	손해율(%)
50% 이상 소손 되고 수침오염 정도가 심한 경우	100
손해 정도가 다소 심한 경우	50
손해 정도가 보통인 경우	30
오염 · 수침손의 경우	10

---

62 「화재조사 및 보고규정」상 변전소에서 발생한 화재의 조사 결과 보고 기한으로 ( )에 알맞은 기준은?

- 화재 발생일로부터 (ㄱ)일 이내
- 정당한 사유가 있는 경우에는 소방관서장에게 사전 보고를 한 후 (ㄴ)일 만큼 조사 보고일을 연장할 수 있다.

① ㄱ : 15, ㄴ : 50
② ㄱ : 15, ㄴ : 60
③ ㄱ : 30, ㄴ : 필요한 기간
④ ㄱ : 30, ㄴ : 60

해설
제22조 조사 보고 「화재조사 및 보고규정」 일부
② 조사의 최종 결과보고는 다음 각 호에 따른다.
1. 「소방기본법 시행규칙」 제3조 제2항 제1호에 해당하는 화재 : 별지 제1호서식 내지 제11호서식까지 작성하여 화재 발생일로부터 30일 이내에 보고해야 한다.
③ 제2항에도 불구하고 다음 각 호의 정당한 사유가 있는 경우에는 소방관서장에게 사전 보고를 한 후 필요한 기간만큼 조사 보고일을 연장할 수 있다.

---

63 「화재조사 및 보고규정」상 화재현장조사서 작성 시 화재원인 검토 항목이 아닌 것은? (단, 임야화재, 기타화재, 피해액이 없는 화재는 제외한다.)

① 조사결과   ② 방화가능성
③ 인적 부주의   ④ 전기적 요인

해설
화재현장조사서의 화재원인 검토 항목

암기법 토끼가 전방 연인

- 기계적 요인
- 가스누출
- 전기적 요인
- 방화 가능성(연소상황, 원인추적 등에 관한 사진, 설명)
- 연소확대 사유
- 인적 부주의 등

정답 | 60 ② 61 ④ 62 ③ 63 ①

64 건물에 포함하여 화재피해액을 산정하는 것은?

① 칸막이
② 구축물
③ 영업시설
④ 부대설비

해설
건물의 화재피해액 포함 산정범위 「화재피해액 산정 매뉴얼」
- 독립된 건물 : 건물의 외벽, 기둥, 보, 지붕(지붕틀 포함)의 어느 부분 하나라도 다른 건물과 이어지지 않고 모두 독립된 건물
- 부속물 : 건물에 부속된 칸막이, 대문, 담, 곳간 및 이와 비슷한 것
- 부착물 : 간판, 네온사인, 안테나, 선전탑, 차양 및 이와 비슷한 것

65 「화재조사 및 보고규정」상 회화(그림), 골동품의 화재피해산정기준으로 옳은 것은?

① 전부손해의 경우 감정가격으로 한다.
② 전부손해의 경우 시중 매매가격으로 한다.
③ 전부손해가 아닌 경우 감정가격으로 한다.
④ 전부손해가 아닌 경우 시중 매매가격으로 한다.

해설
전부손해 여부에 따른 화재피해금액 산정기준 비교

암기법 차동식 매 수 치료

- **차**량, **동**물, **식**물
  - 전부손해의 경우 : 시중**매매**가격
  - 전부손해가 아닌 경우(부분 소손) : **수**리비 및 **치료**비

암기법 해(회)골 공포(보) 감정 복구

- **회**화(그림), **골**동품, 미술**공**예품, 귀금속 및 **보**석류
  - 전부손해의 경우 : **감정가격**
  - 전부손해가 아닌 경우(부분 소손) : 원상**복구**에 소요되는 비용

66 「화재조사 및 보고규정」상 사상자에 관한 사항으로 ( )에 알맞은 기준은?

사상자는 화재현장에서 사망한 사람과 부상당한 사람을 말한다. 단, 화재현장에서 부상을 당한 후 ( )시간 이내에 사망한 경우에는 당해 화재로 인한 사망으로 본다.

① 24시간
② 48시간
③ 72시간
④ 96시간

해설
제13조, 제14조 사상자 및 부상자 분류 「화재조사 및 보고규정」

분류		정의
사상자		화재현장에서 사망한 사람과 부상을 당한 사람
화재사 판정 기준		화재현장에서 부상을 당한 후 72시간 이내에 사망한 경우
부상자 (의사진단기초)	중상	3주 이상의 입원치료를 필요로 하는 부상
	경상	• 중상 이외의 부상(입원치료를 필요로 하지 않는 것도 포함) • 병원치료가 불필요한 단순 연기 흡입자는 제외

67 「화재조사 및 보고규정」상 질문기록서를 생략할 수 있는 화재를 모두 고른 것은?

ㄱ. 선박 화재
ㄴ. 전봇대 화재
ㄷ. 가로등에서 발생한 화재
ㄹ. 쓰레기에서 발생한 화재

① ㄱ, ㄴ, ㄷ
② ㄱ, ㄴ, ㄹ
③ ㄱ, ㄷ, ㄹ
④ ㄴ, ㄷ, ㄹ

해설
질문기록서상 작성 생략이 가능한 기타 화재의 종류

암기법 쓰모가 전임

- **쓰**레기 화재
- **모**닥불 화재
- **가**로등 화재
- **전**봇대 화재
- **임**야 화재

68 「화재조사 및 보고규정」상 위험물·가스 제조소등 화재의 화재유형별 조사서 작성 시 위험물제조소 항목이 아닌 것은?

① 주유 취급소
② 지하탱크 저장소
③ 이동탱크 저장소
④ 액화산소를 소비하는 시설

해설
액화산소를 소비하는 시설은 가스 제조소등에 해당된다.

정답 | 64 ① 65 ① 66 ③ 67 ④ 68 ④

69 「화재조사 및 보고규정」상 화재현황조사서에 명시된 연소확대물이 아닌 것은? (단, 기타사항은 제외한다.)

① 가구
② 전기, 전자
③ 간판, 차양막
④ 목조건물의 밀집

해설
목조건물의 밀집은 연소확대 사유에 해당된다.

70 「화재조사 및 보고규정」상 민원인이 화재증명원 발급 신청을 할 때 소방서장이 발급하는 화재증명원의 기재 사항이 아닌 것은?

① 피해내역
② 화재발생개요
③ 화재피해대상
④ 화재현장출동기록

해설
화재현장출동기록은 기재사항이 아니다.

71 「화재조사 및 보고규정」상 화재현황조사서의 발화열원의 분류 항목에 포함되는 것은?

① 부주의
② 전기적 요인
③ 폭발물, 폭죽
④ 가스누출(폭발)

해설
화재현황조사서의 발화열원과 발화요인 항목 비교 「화재조사 및 보고규정」

	암기법 작담마 폭불화자	
발화열원	• 작동기기 • 마찰, 전도, 복사 • 불꽃, 불티 • 자연적 발화열 • 미상	• 담뱃불, 라이터불 • 폭발물, 폭죽 • 화학적 발화열 • 기타

	암기법 전기가 화제교부 자방기	
발화요인	• 전기적 요인 • 가스누출(폭발) • 제품결함 • 부주의 • 방화 • 미상	• 기계적 요인 • 화학적 요인 • 교통사고 • 자연적 요인 • 기타

72 화재현장조사서 작성에 관한 설명 중 옳은 것은?

① 작성자는 현장조사를 직접 행한 자에 한정하지 않고 능력있는 조사관이 작성하는 것이 인정된다.
② 현장조사는 법률행위적 행정조사로서 권한을 가진 상대방의 승낙을 득하고 회임하는 임의조사이다.
③ 대규모 건물화재 등에서 현장조사를 분담하여 실시한 경우 대표자가 취합하여 현장조사서를 작성한다.
④ 현장조사서에는 주관적 판단이나 조사자가 의도하는 결론으로 유도하여 기재할 수 있다.

해설
① 작성자는 현장조사를 직접 행한 자로 한정한다.
③ 대규모 건물화재 등에서 현장조사를 분담하여 실시한 경우 분담한 자들 각각이 해당 개별 장소의 현장조사서를 작성한다.
④ 현장조사서에는 객관적 사실을 기재하는 것이다.

73 당해 피해물의 시중매매사례가 충분하여 유사매매 사례를 비교하여 산정하는 방법으로서 예술품, 귀금속의 피해액산정에 사용되는 방법은?

① 수익환원법
② 비교평가법
③ 복성식평가법
④ 매매사례비교법

해설
손해 · 피해액 산정방법 원칙 「화재피해액 산정 매뉴얼」

암기법 복매수 재차장

복성식평가법	• 사고로 인한 피해액을 산정하는 방법 • 재건축 또는 재취득하는 데 소요되는 비용에서 사용기간의 감가수정액을 공제하는 방법으로 부분의 물적 피해액 산정에 널리 사용
매매사례비교법	• 당해 피해물의 시중매매사례가 충분하여 유사매매 사례를 비교하여 산정하는 방법으로서 차량, 예술품, 귀중품, 귀금속 등의 피해액 산정에 사용
수익환원법	• 피해물로 인해 장래에 얻을 수익액에서 당해 수익을 얻기 위해 지출되는 제반 비용을 공제하는 방법에 의하는 방법 • 유실수 등에 있어 수확기간에 있는 경우에 사용 • 단, 유실수의 육성기간에 있는 경우에는 복성식평가법을 사용

정답 | 69 ④ 70 ④ 71 ③ 72 ② 73 ④

74 특수한 경우의 화재 피해액 산정 시 우선 적용사항으로 옳은 것은?

① 공구·기구, 집기비품, 가재도구를 일괄하여 피해액을 산정할 경우 재구입비의 30%를 피해액으로 한다.
② 중고집기비품의 시장거래가격이 신품가격보다 높을 경우 신품가격을 재구입비로 하여 피해액을 산정한다.
③ 중고구입기계장치의 제작년도를 알 수 없는 경우 신품가액의 60%를 재구입비로 하여 피해액을 산정한다.
④ 중고집기비품의 시장거래가격이 신품가액에서 감가수정을 한 금액보다 높을 경우 중고기계장치의 시장거래가격을 재구입비로 하여 피해액을 산정한다.

해설
① 공구·기구, 집기비품, 가재도구를 일괄하여 피해액을 산정할 경우 재구입비의 50%를 피해액으로 한다.
③ 중고구입기계장치의 제작년도를 알 수 없는 경우 신품가액의 30~50%를 재구입비로 하여 피해액을 산정한다.
④ 중고집기비품의 시장거래가격이 신품가액에서 감가수정을 한 금액보다 낮을 경우 중고기계장치의 시장거래가격을 재구입비로 하여 피해액을 산정한다.

75 「화재조사 및 보고규정」상 화재현장출동보고서에 관한 내용 중 틀린 것은?

① 화재장소에서 사용된 장비에 대해 작성한다.
② 출입문 상태 및 소방대 건물 진입방법에 대해 작성한다.
③ 반드시 진압작전도 및 발견사항 상세도를 기입한다.
④ 현장 도착 시 발견사항으로 연기와 화염을 본 위치와 발생장소 등 전체적인 현장사항을 서술식으로 기재한다.

해설
필요시 진압작전도 및 발견사항 상세도를 기입한다.

76 「화재조사 및 보고규정」상 명시된 용어의 정의 중 틀린 것은?

① 재구입비는 화재 당시의 피해물과 같거나 비슷한 것을 구입하는 데 필요한 금액에 감가상각을 반영한 것을 말한다.
② 최초착화물이란 발화열원에 의해 불이 붙고 이 물질을 통해 제어하기 힘든 화세로 발전한 가연물을 말한다.
③ 감식이란 화재원인의 판정을 위하여 전문적인 지식, 기술 및 경험을 활용하여 주로 시각에 의한 종합적인 판단으로 구체적인 사실관계를 명확하게 규명하는 것을 말한다.
④ 감정이란 화재와 관계되는 물건의 형상, 구조, 재질, 성분, 성질 등 이와 관련된 모든 현상에 대하여 과학적 방법에 의한 필요한 실험을 행하고 그 결과를 근거로 화재원인을 밝히는 자료를 얻는 것을 말한다.

해설
「화재조사 및 보고규정」의 피해액 관련 용어 정의

용어	정의
재구입비	화재 당시의 피해물과 같거나 비슷한 것을 재건축(설계 감리비를 포함한다) 또는 재취득하는 데 필요한 금액
내용연수	고정자산을 경제적으로 사용할 수 있는 연수
손해율	피해물의 종류, 손상 상태 및 정도에 따라 피해금액을 적정화시키는 일정한 비율
잔가율	화재 당시에 피해물의 재구입비에 대한 현재가의 비율
최종잔가율	피해물의 내용연수가 다한 경우 잔존하는 가치의 재구입비에 대한 비율

암기법: 최종 잔가재

77 화재가 발생한 건물의 화재피해액은?

- 손해율 : 80%
- 소실면적 : 100m²
- 경과연수 : 20년
- 내용연수 : 40년
- 건물 신축단가 : 100만 원

① 10,000천 원
② 30,000천 원
③ 50,000천 원
④ 48,000천 원

정답 | 74 ② 75 ③ 76 ① 77 ④

해설
건물 화재피해액
= 신축단가(m²당)×소실면적×[1 − (0.8×경과연수/내용연수)]×손해율
= 1,000,000×100m²×[1 − (0.8×20/40)]×0.8
= 48,000천 원

78 「화재조사 및 보고규정」상 전부손해의 경우 동물, 식물의 피해액 산정기준은?

① 시중매매가격 ② 수리비 및 치료비
③ 전문가의 감정가격 ④ 감정서의 감정가액

해설
전부손해 여부에 따른 화재피해금액 산정기준 비교

암기법 차동식 매 수 치료

- **차**량, **동**물, **식**물
  - 전부손해의 경우 : **시중매매가격**
  - 전부손해가 아닌 경우(부분 소손) : **수리비** 및 **치료비**

암기법 해(회)골 공포(보) 감정 복구

- **회**화(그림), **골**동품, 미술**공**예품, 귀금속 및 **보**석류
  - 전부손해의 경우 : **감정가격**
  - 전부손해가 아닌 경우(부분 소손) : 원상**복구**에 소요되는 비용

79 「화재조사 및 보고규정」상 소방서장이 관할구역 내에서 발생한 화재에 대하여 작성하여야 할 화재조사 서류가 아닌 것은?

① 질문기록서 ② 재산회계 보고서
③ 화재현장출동보고서 ④ 화재발생종합보고서

해설
재산회계 보고서는 작성사항에 해당되지 않는다.

80 화재피해조사의 재산피해 범위가 아닌 것은?

① 화재진압 중 발생한 부상자
② 소화활동으로 발생한 수손피해
③ 화재중 발생한 폭발 등에 의한 피해
④ 열에 의한 탄화, 용융, 파손 등의 피해

해설
화재진압 중 발생한 부상자는 인명피해조사 범위에 해당된다.

제5과목 화재조사관계법규

81 「화재조사 및 보고규정」상 화재현장조사서 등의 서식을 작성하여 30일 이내에 보고해야 할 화재에 대한 설명 중 틀린 것은?

① 가스 및 화약류의 폭발에 의한 화재
② 사망 3명이거나 재산피해액이 50억 원 이상으로 추정되는 화재
③ 이재민이 150인 이상 발생한 화재
④ 다중이용업소의 화재

해설
제22조 조사 보고 「화재조사 및 보고규정」상 30일 내 보고는 「소방기본법 시행규칙」 제3조 제2항 제1호에 해당하는 화재이다.

> **참고**
> 제3조 제2항 제1호 30일 내 보고 「소방기본법 시행규칙」에 해당하는 화재
> 1. 사망자 5인 이상, 사상자 10인 이상, 이재민 100인 이상, 재산피해액 50억 원 이상 화재
> 2. 관공서·학교·정부미 도정공장·문화재·지하철 또는 지하구의 화재
> 3. 관광호텔, 11층 이상인 건축물, 지하상가, 시장, 백화점, 지정수량의 3천배 이상의 위험물의 제조소·저장소·취급소, 층수가 5층 이상이거나 객실이 30실 이상인 숙박시설, 층수가 5층 이상이거나 병상이 30개 이상인 종합병원·정신병원·한방병원·요양소, 연면적 1만5천 제곱미터 이상인 공장 또는 화재경계지구에서 발생한 화재
> 4. 철도차량, 항구에 매어둔 총톤수가 1천 톤 이상인 선박, 항공기, 발전소 또는 변전소에서 발생한 화재
> 5. 가스 및 화약류의 폭발에 의한 화재
> 6. 다중이용업소의 화재

82 「제조물 책임법」상 소멸시효에 관한 사항으로 ( )에 알맞은 기준은?

> 손해배상의 청구권은 피해자 또는 그 법정대리인이 손해 및 손해배상책임을 지는 자에 관한 사항을 모두 알게 된 날부터 ( )년간 행사하지 아니하면 시효의 완성을 소멸한다.

① 3 ② 5
③ 7 ④ 15

정답 | 78 ① 79 ② 80 ① 81 ② 82 ①

해설
제7조 소멸시효 등 「제조물 책임법」의 내용으로 시멸시효는 3년간이다. 손해배상의 청구권은 제조업자가 손해를 발생시킨 제조물 공급일부터 10년 이내와 구분해서 기억해야 한다.

83 「화재로 인한 재해보상과 보험가입에 관한 법률」상 특수건물의 범위에 해당하지 않는 것은?

① 「사격 및 사격장 안전관리에 관한 법률」에 따른 실내사격장으로 사용하는 건물
② 「관광진흥법」에 따른 관광숙박업으로 사용하는 건물로서 연면적의 합계가 2천 제곱미터 이상인 건물
③ 「식품위생법 시행령」에 따른 일반음식점영업으로 사용하는 부분의 바닥면적 합계가 2천 제곱미터 이상인 건물
④ 「영화 및 비디오물의 진흥에 관한 법률」에 따른 영화상영관으로 사용하는 부분의 바닥면적 합계가 2천 제곱미터 이상인 건물

해설
관광숙박업은 연면적 3천 제곱미터 이상이다.
① 실내사격장 : 면적 기준없음
③ 일반음식점 : 바닥면적 2천 제곱미터 이상
④ 영화상영관 : 바닥면적 2천 제곱미터 이상

참고

제2조 특수건물 「화재로 인한 재해보상과 보험가입에 관한 법률 시행령」

면적	대상
바닥면적 2,000㎡ 이상	학원, 게임제공업, 인터넷컴퓨터게임시설제공업, 노래연습장업, 휴게음식점영업, 일반음식점영업, 단란주점영업, 유흥주점영업, 공유주방 운영업, 목욕장업, 영화상영관
바닥면적 3,000㎡ 이상	숙박업, 대규모점포, 도시철도의 역사 및 역 시설
연면적 3,000㎡ 이상	병원급 의료기관, 관광숙박업, 공연장, 방송사업목적 건물, 농수산물도매시장 및 민영농수산물도매, 학교, 공장
면적 기준 없음	공동주택으로서 16층 이상의 아파트 및 부속건물, 11층 이상인 건물, 실내사격장

84 「화재로 인한 재해보상과 보험가입에 관한 법률」상 특수건물의 소유자가 손해보험회사가 운영하는 특약부화재보험에 가입하지 않았을 때 벌칙 기준은?

① 200만 원 이하의 벌금
② 300만 원 이하의 벌금
③ 500만 원 이하의 벌금
④ 1,000만 원 이하의 벌금

해설
제23조 벌칙 「화재로 인한 재해보상과 보험가입에 관한 법률」

암기법 특특 500만 원

특수건물의 특약부화재보험에 가입하지 아니한 자는 500만 원 이하의 벌금에 처한다.

85 「형법」상 방화와 실화의 죄 중 현주건조물 등 방화로 분류되지 않는 것은?

① 사람이 현존하는 자동차에 대한 방화
② 건조물 등 내부에 사람이 현존하는 대상물에 대한 방화
③ 우사 측면에 접해 있으며 사람이 주거로 사용하고 있는 가옥에 대한 방화
④ 사람이 일상생활의 장소로 사용하지 않고 내부에 사람이 없는 컨테이너에 대한 방화

해설
현주건조물 등에의 방화죄는 사람이 주거로 사용하거나 사람이 현존하는 대상에 불을 지르는 범죄이다.

86 「소방기본법령」상 소방활동에 필요한 사람 외의 사람이 소방 활동 구역을 출입하였을 때 부과되는 과태료 기준은?

① 100만 원 이하의 과태료
② 300만 원 이하의 과태료
③ 200만 원 이하의 과태료
④ 500만 원 이하의 과태료

해설
「소방기본법」 제56조 제2항의 제4호에 의거 소방활동에 필요한 사람 외의 사람이 소방활동구역을 출입한 자는 200만 원 이하의 과태료를 부과한다.

정답 | 83 ② 84 ③ 85 ④ 86 ③

참고

제19조 과태료 부과기준 「소방기본법 시행령」 [별표 3]

행위	처벌
• 화재 또는 구조·구급이 필요한 상황을 거짓으로 알린 사람 • 정당한 사유 없이 화재, 재난·재해, 그 밖의 위급한 상황을 소방본부, 소방서 또는 관계 행정기관에 알리지 아니한 관계인	500만 원 이하의 과태료
• 소방활동구역을 출입한 사람 • 한국소방안전원 또는 이와 유사한 명칭을 사용한 자 • 소방자동차의 출동에 지장을 준 자 **암기법** 활명차 200만 원	200만 원 이하의 과태료
전용구역에 차를 주차하거나 전용구역에의 진입을 가로막는 등의 방해행위를 한 자	100만 원 이하의 과태료 대상
※ 과태료 부과·징수 주체: 시·도지사, 소방본부장 또는 소방서장	

87 「화재의 예방 및 안전관리에 관한 법률」상 다음의 명령에 따르지 않거나 방해한 경우 벌금 기준은?

> 소방관서장은 화재 발생 위험이 크거나 소화 활동에 지장을 줄 수 있다고 인정되는 행위나 물건에 대하여 행위 당사자나 그 물건의 소유자, 관리자 또는 점유자에게 다음 각 호의 명령을 할 수 있다.

① 100만 원 이하의 벌금
② 200만 원 이하의 벌금
③ 300만 원 이하의 벌금
④ 500만 원 이하의 벌금

해설
화재의 예방 및 안전관리에 관한 법률의 벌칙

조사거부, 미이행, 미선임, 법령 미조치 등에 대한 벌칙	처벌
1. 화재안전조사를 정당한 사유 없이 거부·방해 또는 기피한 자 2. 화재의 예방조치 명령을 정당한 사유 없이 따르지 아니하거나 방해한 자 3. 소방안전관리자, 총괄소방안전관리자 또는 소방안전관리보조자를 선임하지 아니한 자	300만 원 이하의 벌금

4. 소방시설·피난시설·방화시설 및 방화구획 등이 법령에 위반된 것을 발견하였음에도 필요한 조치를 할 것을 요구하지 아니한 소방안전관리자
5. 화재예방 조치요구를 한 소방안전관리자에게 불이익한 처우를 한 관계인
6. 화재예방안전진단 업무를 수행하면서 알게 된 비밀을 이 법에서 정한 목적 외의 용도로 사용하거나 다른 사람 또는 기관에 제공하거나 누설한 자

88 「소방의 화재조사에 관한 법령」상 화재의 조사에 관한 사항 중 틀린 것은?

① 소방관서장은 화재가 발생하였을 때는 화재발생 사실을 알게 된 때에는 지체 없이 화재조사를 하여야 한다.
② 화재조사를 하는 관계 공무원은 그 권한을 표시하는 증표를 지니고 이를 관계인에게 보여주어야 한다.
③ 화재조사를 하는 관계 공무원은 관계인의 정당한 업무를 방해하거나 화재조사를 수행하면서 알게 된 비밀을 다른 사람에게 누설하여서는 아니 된다.
④ 소방관서장은 방화 또는 실화의 혐의가 있다고 인정되면 지체 없이 경찰서장에게 그 사실을 알린 후에는 범죄 수사 단계에는 관여 불가원칙이 있다.

해설
제12조 소방공무원과 경찰공무원의 협력 등 「소방의 화재조사에 관한 법령」
소방관서장은 방화 또는 실화의 혐의가 있다고 인정되면 지체 없이 경찰서장에게 그 사실을 알리고 필요한 증거를 수집·보존하는 등 그 범죄수사에 협력하여야 한다.

89 「화재로 인한 재해보상과 보험가입에 관한 법령」상 특수건물의 소유자가 가입하여야 하는 보험의 보험금액 충족 기준으로 ( )에 알맞은 내용은?

> 재물에 대한 손해가 발생한 경우 : 사고 1건마다 ( ) 원의 범위에서 피해자에게 발생한 손해액

① 2천만　　② 5천만
③ 1억　　　④ 10억

정답 | 87 ③　88 ④　89 ④

해설

암기법 사부재 오삼천 1억

구분		보험금액 산정기준
화재보험		특수건물의 시가(時價)에 해당하는 금액
손해배상 책임을 담보하는 보험	사망의 경우	피해자 1명마다 5천만 원 이상으로서 대통령령으로 정하는 금액
	부상의 경우	피해자 1명마다 사망자에 대한 보험금액의 범위에서 대통령령(3천만~50만 원)으로 정하는 금액
	재물에 대한 손해가 발생한 경우	화재 1건마다 1억 원 이상으로서 국민의 안전 및 특수건물의 화재위험성 등을 고려하여 대통령령으로 정하는 금액

90 「소방의 화재조사에 관한 법률」상 화재현장과 그 인근 지역을 통제구역에 관한 사항 중 틀린 것은?

① 방화(放火) 또는 실화(失火)의 혐의로 수사의 대상이 된 경우에는 경찰서장이 통제구역을 설정한다.
② 통제구역을 설정한 경우 누구든지 소방관서장 또는 경찰서장의 허가 없이 화재현장에 있는 물건 등을 이동시키거나 변경·훼손해서는 안 된다.
③ 누구든지 소방관서장 또는 경찰서장의 허가 없이 통제구역에 출입하여서는 아니 된다.
④ 인명구조 등 긴급한 사유가 있는 경우에도 소방관서장 또는 경찰서장의 허가를 득한 후 출입해야 한다.

해설
제8조 화재현장 보존 등 「소방의 화재조사에 관한 법률」

구분		내용
통제구역 설정	소방관서장 주체	소방관서장은 화재조사를 위하여 필요한 범위에서 화재현장 보존조치를 하거나 화재현장과 그 인근 지역을 통제구역으로 설정할 수 있다.
	경찰·해양경찰서장 주체	다만, 방화(放火) 또는 실화(失火)의 혐의로 수사의 대상이 된 경우에는 관할 경찰·해양경찰서장이 통제구역을 설정한다.
출입금지		누구든지 소방관서장 또는 경찰서장의 허가 없이 통제구역에 출입하여서는 아니 된다.
훼손금지	원칙	화재현장 보존조치를 하거나 통제구역을 설정한 경우 누구든지 소방관서장 또는 경찰서장의 허가 없이 화재현장에 있는 물건 등을 이동시키거나 변경·훼손하여서는 아니 된다.
	예외	다만, 공공의 이익에 중대한 영향을 미친다고 판단되거나 인명구조 등 긴급한 사유가 있는 경우에는 그러하지 아니하다.

91 「민법」상 다음의 경우 사용자 책임배상에 관한 사항 중 틀린 것은?

> 용접업체에서 용접공을 고용하여 작업을 하다가 용접공의 실수로 화재가 발생하여 제삼자에게 피해를 가한 경우

① 용접공 사용자에게 손해배상의 책임이 있다.
② 용접공 사용자에 갈음하여 용접공을 감독하는 자도 손해를 배상할 책임이 있다.
③ 용접공 사용자가 피용자(용접공)에게 상당한 주의를 하였음에도 손해가 있는 경우에는 면책된다.
④ 용접공 사용자 또는 감독자는 피용자(용접공)에 대하여 구상권을 행사할 수 없다.

해설
용접공 사용자 또는 감독자는 피용자(용접공)에 대하여 구상권을 행사할 수 있다. 위 문제를 정리하면 다음과 같다.
- 배상 책임자 → 용접공 사용자, 감독하는자
- 면책 사유 → 용접공 사용자가 피용자(용접공)에게 상당한 주의를 하였음에도 손해가 있는 경우
- 구상권 → 상당한 주의를 한 용접공 사용자 또는 감독자는 피용자(용접공)에 대하여 구상권을 행사 가능

참고

사용자의 배상책임

구분		내용
① 사용자 책임	원칙	타인을 사용하여 어느 사무에 종사하게 한 자는 피용자가 그 사무집행에 관하여 제삼자에게 가한 손해를 배상할 책임이 있다.
	면책	그러나 사용자가 피용자의 선임 및 그 사무감독에 상당한 주의를 한 때 또는 상당한 주의를 하여도 손해가 있을 경우에는 그러하지 아니하다.
② 감독자 책임		사용자에 갈음하여 그 사무를 감독하는 자도 전항의 책임이 있다.
③ 피용자 구상권		전2항의 경우에 사용자 또는 감독자는 피용자에 대하여 구상권을 행사할 수 있다.

정답 | 90 ④ 91 ④

92 「화재조사 및 보고규정」상 화재 유형에 관한 설명 중 틀린 것은?

① 선박·항공기 화재는 선박, 항공기 또는 그 적재물이 소손된 것을 말한다.
② 건축·구조물 화재는 건축물, 구조물 또는 그 수용물이 소손된 것을 말한다.
③ 임야화재는 산림, 야산, 들판의 수목, 경작물을 보관하는 창고가 소손된 것을 말한다.
④ 자동차·철도차량 화재는 자동차, 철도차량 및 피견인 차량 또는 그 적재물이 소손된 것을 말한다.

📖 **해설**
임야화재는 산림, 야산, 들판의 수목, 잡초, 경작물 등이 소손된 것으로 창고는 건축·구조물 화재로 분류된다.

참고
제9조 화재 유형 「화재조사 및 보고규정」
암기법 건자위 선임

유형	정의
건축·구조물 화재	건축물, 구조물 또는 그 수용물이 소손된 것
자동차·철도 차량 화재	자동차, 철도차량 및 피견인 차량 또는 그 적재물이 소손된 것
위험물·가스제조소 등 화재	위험물제조소등, 가스제조·저장·취급 시설 등이 소손된 것
선박·항공기	선박, 항공기 또는 그 적재물이 소손된 것
임야 화재	산림, 야산, 들판의 수목, 잡초, 경작물 등이 소손된 것

93 「실화책임에 관한 법률」의 내용 설명으로 옳은 것은?

① 실화자는 중대한 과실이 있는 경우에만 손해배상책임이 있다.
② 실화로 인한 연소부분 및 정신적 피해에 대한 손해배상청구를 포함한다.
③ 법원은 손해배상액의 경감청구가 있을 경우 피해자의 경제 상태는 고려하지 아니한다.
④ 법원은 손해배상액의 경감청구가 있을 경우 피해 확대의 원인을 고려할 수 있다.

📖 **해설**
「실화책임에 관한 법률」의 목적은 중대한 과실이 없는 경우 실화자에게 손해배상액의 경감을 정하기 위함이다.

94 「실화책임에 관한 법률」상 손해배상의무자의 손해배상액 경감 청구가 있을 때 법원이 손해배상액을 경감할 수 있는 기준이 아닌 것은? (단, 실화가 중대한 과실로 인한 것이 아닌 경우이다.)

① 피해의 대상과 정도
② 화재의 원인과 규모
③ 배상의무자의 경제상태
④ 피해 확대를 방지하기 위한 피해자의 노력

📖 **해설**
피해 확대를 방지하기 위한 피해자의 노력이 아니라 실화자의 노력이다.

참고
제3조 손해배상액의 경감 「실화책임에 관한 법률」
암기법 화피 연방 배그

1. 화재의 원인과 규모
2. 피해의 대상과 정도
3. 연소 및 피해 확대의 원인
4. 피해 확대를 방지하기 위한 실화자의 노력
5. 배상의무자 및 피해자의 경제 상태
6. 그 밖에 손해배상액을 결정할 때 고려할 사정

95 「제조물 책임법」상 손해배상을 지는 자가 손해배상책임을 면하는 기준 중 틀린 것은?

① 제조업자가 해당 제조물을 공급하지 아니하였다는 사실을 입증한 경우
② 제조업자가 해당 제조물을 공급한 당시의 과학·기술수준으로는 결함의 존재를 발견할 수 없었다는 사실을 입증한 경우
③ 제조물의 결함이 제조업자가 해당 제조물의 결함이 발생한 당시의 법령이 정하는 기준을 준수함으로써 발생한 사실을 입증한 경우
④ 원재료나 부품의 경우에는 그 원재료나 부품을 사용한 제조물 제조업자의 설계 또는 제작에 관한 지시로 인하여 결함이 발생하였다는 사실을 입증한 경우

정답 | 92 ③ 93 ④ 94 ④ 95 ③

> **해설**
>
> 제조물의 "결함이 발생 당시 법령"이 아니라 제조물을 "공급 당시 법령"이 기준이다.

> **참고**
>
> **제4조 면책사유 「제조물 책임법」**
>
> **암기법** 공과법원
>
> 1. 제조업자가 해당 제조물을 공급하지 아니하였다는 사실
> 2. 제조업자가 해당 제조물을 공급한 당시의 과학·기술 수준으로는 결함의 존재를 발견할 수 없었다는 사실
> 3. 제조물의 결함이 제조업자가 해당 제조물을 공급한 당시의 법령에서 정하는 기준을 준수함으로써 발생하였다는 사실
> 4. 원재료나 부품의 경우에는 그 원재료나 부품을 사용한 제조물 제조업자의 설계 또는 제작에 관한 지시로 인하여 결함이 발생하였다는 사실

96 「국가배상법」상 화재조사관이 직무를 집행하면서 과실로 법령을 위반하여 타인에게 손해를 입힐 경우 손해배상의 책임자는?

① 소방서장
② 화재조사관
③ 소방재난본부장
④ 국가나 지방자치단체

> **해설**
>
> 제2조 배상책임 「국가배상법」에 의거 국가나 지방자치단체는 공무원이 직무를 집행하면서 타인에게 손해를 입힐 경우 배상해야 한다.

97 「소방의 화재조사에 관한 법령」상 소방관서장이 화재조사를 실시하는 경우 조사하여야 할 사항이 아닌 것은?

① 화재안전조사의 실시 결과에 관한 사항
② 소방시설 등의 설치·관리 및 작동 여부에 관한 사항
③ 화재발생건축물과 구조물, 화재유형별 화재위험성 등에 관한 사항
④ 소화활동으로 발생한 영업 손실 피해

> **해설**
>
> 소화활동으로 발생한 영업 손실 피해사항은 조사하지 않는다.

> **참고**
>
> **제5조 화재조사의 실시 「소방의 화재조사에 관한 법률」**
> 1. 화재원인에 관한 사항
> 2. 화재로 인한 인명·재산피해 상황
> 3. 대응활동에 관한 사항
> 4. 소방시설 등의 설치·관리 및 작동 여부에 관한 사항
> 5. 화재발생건축물과 구조물, 화재유형별 화재위험성 등에 관한 사항
> 6. 그 밖에 대통령령으로 정하는 사항(화재안전조사의 실시 결과에 관한 사항)

98 「화재증거물수집관리규칙」상 증거물 수집에 관한 설명 중 틀린 것은?

① 증거물을 수집할 때는 휘발성이 낮은 것에서 높은 순서로 진행해야 한다.
② 증거물의 소손 또는 소실 정도가 심하여 증거물의 일부분 또는 전체가 유실될 우려가 있는 경우는 증거물을 밀봉하여야 한다.
③ 증거물이 파손된 우려가 있는 경우에 충격금지 및 취급방법에 대한 주의사항을 증거물의 포장 외측에 적절하게 표기하여야 한다.
④ 증거물 수집 과정에서는 증거물의 수집자, 수집 일자, 상황 등에 대하여 기록을 남겨야 하며, 기록은 가능한 법과학자용 표지 또는 태그를 사용하는 것을 원칙으로 한다.

> **해설**
>
> 증거물을 수집할 때는 휘발성 물질은 증발되어 증거 채취를 못할 수 있으므로 휘발성이 높은 것에서 낮은 순서로 진행해야 한다.

99 「화재조사 및 보고규정」상 자산에 대한 최종잔가율을 20%로 정하는 자산을 모두 고른 것은?

| ㉠ 구축물 | ㉡ 자동차 |
| ㉢ 가재도구 | ㉣ 부대설비 |

① ㉠, ㉡, ㉢
② ㉠, ㉡, ㉣
③ ㉠, ㉢, ㉣
④ ㉡, ㉢, ㉣

정답 | 96 ④ 97 ④ 98 ① 99 ③

📖 해설

제18조 제3항 화재피해금액 산정 「화재조사 및 보고규정」

암기법 부대에서 구축한 건물에 가재가 있다.

건물 등 자산에 대한 최종잔가율은 부대설비 · 구축물 · 건물 · 가재도구는 20%로 하며, 그 이외의 자산은 10%로 정한다.

100 「형법」상 공용건조물 등 방화에 관한 사항으로 ( )에 알맞은 기준은?

> 불을 놓아 공용(公用)으로 사용하거나 공익을 위해 사용하는 건조물, 기차, 전차, 자동차, 선박, 항공기 또는 지하채굴 시설을 불태운 자는 무기 또는 ( )년 이상의 징역에 처한다.

① 1
② 3
③ 5
④ 7

📖 해설

제165조 공용건조물 등 방화 「형법」

암기법 공용건조물 무3(공용은 무조건 3년)

불을 놓아 공용(公用)으로 사용하거나 공익을 위해 사용하는 건조물, 기차, 전차, 자동차, 선박, 항공기 또는 지하채굴시설을 불태운 자는 무기 또는 3년 이상의 징역에 처한다.

정답 | 100 ②

기사 기출문제 2022년 2회

제1과목　화재조사론

01 「소방의 화재조사에 관한 법령」상 화재조사의 실시 사항으로 옳지 않은 것은?

① 증거물 보존 및 기록에 관한 사항
② 화재안전조사의 실시 결과에 관한 사항
③ 화재로 인한 인명·재산피해상황
④ 소방시설 등의 설치·관리 및 작동 여부에 관한 사항

📖 해설
증거물 보존 및 기록에 관한 사항은 화재조사의 실시 사항이 아니다.

> **참고**
> 제5조 화재조사의 실시 「소방의 화재조사에 관한 법률」
> 1. 화재원인에 관한 사항
> 2. 화재로 인한 인명·재산피해상황
> 3. 대응활동에 관한 사항
> 4. 소방시설 등의 설치·관리 및 작동 여부에 관한 사항
> 5. 화재발생건축물과 구조물, 화재유형별 화재위험성 등에 관한 사항
> 6. 그 밖에 대통령령으로 정하는 사항(화재안전조사의 실시 결과에 관한 사항)

02 메탄 40vol%, 에탄 30vol%, 프로판 30vol%으로 혼합되어 있는 기체의 공기 중 폭발하한계(vol%)는?

물질	폭발범위(vol%)
메탄	5~15
에탄	3~12.4
프로판	2.1~9.5

① 약 2.5　　② 약 3.1
③ 약 4.3　　④ 약 5.7

📖 해설
혼합가스의 폭발범위 계산 "르샤틀리에 법칙(Le Chatelier's Low)"

암기법 백불(100 V L)

$$L = \frac{100}{\frac{V_1}{L_1} + \frac{V_2}{L_2} + \frac{V_3}{L_3} + \cdots}$$

L : 혼합가스 폭발한계(%)
L_1, L_2, L_3 : 각 가연성 가스 폭발한계(%)
V_1, V_2, V_3 : 각 가연성 가스의 공기 중 부피(vol%)

$$\therefore L = \frac{100}{\left(\frac{40}{5} + \frac{30}{3} + \frac{30}{2.1}\right)} = 3.1(\text{vol}\%)$$

03 콘크리트 박리(spalling)에 관한 설명으로 틀린 것은?

① 콘크리트 등에 포함된 수분이 열에 의해 팽창하면서 시멘트를 부서지게 만든다.
② 콘크리트 내의 강철제의 팽창은 둘러싸고 있는 콘크리트를 파괴한다.
③ 콘크리트, 회벽, 벽돌 면이 깨지거나 부서진 것을 말한다.
④ 시멘트 내의 폴리프로필렌 섬유는 압력을 견디지 못하고 화재 폭발 시 녹아 박리를 크게 한다.

📖 해설
폴리프로필렌 섬유는 화재 시 녹아서 모세관 통로를 형성하여 수증기가 빠져나가는 경로를 제공함으로써 내부 압력을 낮춰 박리를 방지하는 역할을 한다.

정답 | 01 ①　02 ②　03 ④

04 가연성 물질에 관한 설명으로 옳은 것은?

① 주기율표의 0족 원소
② 산소와 충분히 화합한 물질
③ 산소와 흡열반응을 하는 물질
④ 산소와 반응 시 발열량이 큰 물질

📖 해설
①, ②, ③은 가연물이 될 수 없는 조건이다.

참고

가연물 구비조건

가연물 구비조건	가연물이 될 수 없는 조건
• 열전도율이 작을 것 • 발열량이 클 것 • 산소와 친화력이 좋을 것 • 표면적이 넓을 것 • 활성화에너지가 적을 것	• 불활성 기체(0족 원소) • 산소와 더 이상 반응하지 않는 물질 • 산소와 흡열 반응하는 물질

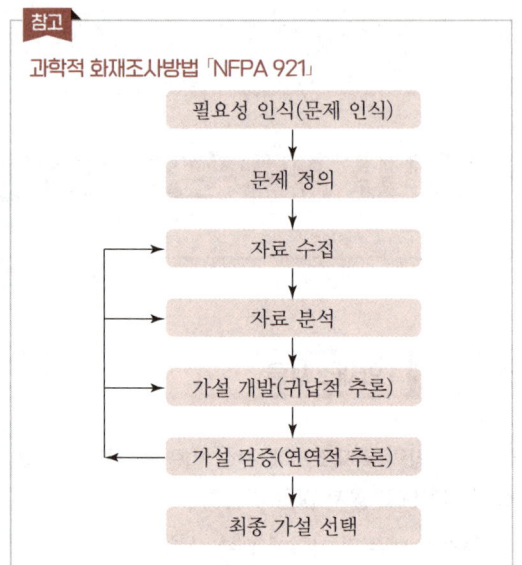

과학적 화재조사방법 「NFPA 921」

필요성 인식(문제 인식) → 문제 정의 → 자료 수집 → 자료 분석 → 가설 개발(귀납적 추론) → 가설 검증(연역적 추론) → 최종 가설 선택

05 습기가 있는 상태에서 과산화나트륨과 혼촉 시 발화가 일어나지 않는 것은?

① 톱밥
② 산화칼슘
③ 유황
④ 알루미늄 분말

📖 해설
과산화나트륨은 물(습기)과 반응하여 수산화나트륨과 과산화수소를 생성하고 발열한다. 이 반응열이 가연물(예 톱밥, 유황, 알루미늄 분말)과 혼촉하면 발화한다. 산화칼슘은 과산화나트륨과 같은 산화제로 두 물질은 서로 반응하지 않는다.

06 화재조사 시 발화지점의 가설에 대해 사고실험을 통해 분석적으로 검증하는 방법은?

① 연역적 추론
② 귀납적 추론
③ 주관적 추론
④ 객관적 추론

📖 해설
가설 수립은 귀납적 추론, 가설 검증은 연역적 추론이다.

07 화재 진화 후 화재조사활동 순서를 바르게 나열한 것은?

ㄱ. 발화원인 검토
ㄴ. 발화원인 판정
ㄷ. 관계자에 대한 질의
ㄹ. 현장의 발굴과 복원
ㅁ. 화재현장의 연소상황과 특이한 흔적 관찰
ㅂ. 화재조사 핵심장소와 주변의 탐색 범위 검토

① ㅁ → ㄷ → ㅂ → ㄹ → ㄱ → ㄴ
② ㅁ → ㅂ → ㄷ → ㄱ → ㄹ → ㄴ
③ ㅂ → ㄷ → ㅁ → ㄹ → ㄱ → ㄴ
④ ㅂ → ㅁ → ㄷ → ㄱ → ㄹ → ㄴ

📖 해설
화재 진화 후의 조사활동은 화재현장을 관찰 후 관계인에게 질의하여 발굴할 장소를 검토한다. 발굴 범위가 정해지면 그 장소를 발굴·복원하여 발화원인 검토 후 최종 원인을 판정한다.

정답 | 04 ④ 05 ② 06 ① 07 ①

08 220V, 2A가 전선에 1분간 전기가 인가되었을 때 저항에 발생하는 열량(cal)은?

① 105.6 ② 440
③ 6,336 ④ 26,400

해설
발생열량 $H = 0.24I^2Rt$ (cal)
$H = 0.24I^2(V/I)t$
$= 0.24 \times 2A \times 220V \times 60sec$
$= 6,336$ (cal)

09 다음 중 분진폭발의 위험이 가장 낮은 것은?

① 강철 분말 ② 티타늄 분말
③ 생석회 분말 ④ 알루미늄 분말

해설
생석회는 불연성 물질로 분진폭발의 위험성이 없다.

10 화염확산속도에 영향을 미치지 않는 것은?

① 연료의 밀도
② 연료의 비열
③ 연료의 하중
④ 연료의 온도(화염온도 범위 외)

해설
화염확산속도에 연료의 밀도, 비열, 온도가 영향을 미친다.

11 연소반응에 있어서 산소공급원의 역할을 하는 물질은?

① 황린 ② 칼륨
③ 과산화나트륨 ④ 디에틸에테르

해설
과산화나트륨(Na_2O_2)은 제1류 산화성 고체로 연소반응 시 산소공급원 역할을 한다.

12 화재현장 조사 계획 수립 단계에 해당하지 않는 것은?

① 경찰 등 관계기관 연락
② 조사의 방법, 책임자 선정 및 임무 분담
③ 소훼된 부분에 대해 집중적으로 현장 감식
④ 화재현장의 상황 및 특성에 적합한 조사 과정의 수립

해설
소훼된 부분에 대해 집중적으로 현장 감식은 계획수립 단계가 아닌 발굴·복원 단계이다.

13 폭굉유도거리에 관한 설명으로 틀린 것은?

① 압력이 낮을수록 폭굉유도거리는 짧아진다.
② 정상연소 속도가 큰 혼합가스일수록 폭굉유도거리는 짧아진다.
③ 관지름이 작을수록 폭굉유도거리는 짧아진다.
④ 점화원의 에너지가 클수록 폭굉유도거리는 짧아진다.

해설
압력이 높을수록 폭굉유도거리는 짧아진다.

참고

폭굉유도거리(DID)
- 폭굉유도거리(DID) 정의 : 완만한 연소가 폭굉으로 발전하는 거리를 의미하며 짧을수록 위험하다.
- 폭굉유도거리(DID)가 짧아지는 조건
  - 정상연소속도가 큰 혼합가스일수록
  - 관 속에 장애물이 있거나 관지름이 작을수록
  - 고압일수록
  - 점화원의 에너지가 강할수록

14 고체의 연소현상 중 훈소와 표면연소에 관한 설명으로 옳은 것은?

① 담배의 연소는 표면연소의 대표적인 예이다.
② 훈소와 표면연소는 화염이 없이 타는 외관적 형태를 보인다.
③ 표면연소는 훈소에 비하여 많은 연기가 발생한다.
④ 숯은 산소와 온도 조건이 맞으면 화염으로 연소할 수 있다.

정답 | 08 ③ 09 ③ 10 ③ 11 ③ 12 ③ 13 ① 14 ②

해설
훈소의 대표적 물질은 담배이고, 표면연소의 대표적인 물질은 숯이다. 이 두 물질은 화염이 없이 타는 외관적 형태가 특징이다.
① 담배 연소는 훈소의 대표적인 예이다.
③ 훈소는 표면연소에 비하여 많은 연기가 발생한다.
④ 숯은 충분한 산소와 고온에 일시적인 화염은 발생하지만 지속하지는 않는다.

15 「소방의 화재조사에 관한 법령」상 화재의 조사에 관한 설명으로 틀린 것은?

① 소방관서장은 화재조사를 위하여 필요한 경우에 관계인에게 보고 또는 자료 제출을 명할 수 있다.
② 소방관서장은 화재조사관으로 하여금 해당 장소에 출입하여 화재조사를 하게 하거나 관계인 등에게 질문하게 할 수 있다.
③ 화재조사관은 관계인의 정당한 업무를 방해하거나 화재조사를 수행하면서 알게 된 비밀을 다른 용도로 사용하거나 다른 사람에게 누설해서는 안 된다.
④ 소방관서장은 수사기관이 방화(放火)의 혐의가 있어서 이미 피의자를 체포하였을 때 피의자에 대한 조사 권한이 없으므로 수사기관에 수사 의뢰한다.

해설
제11조 제2항 화재조사 증거물 수집 등 「소방의 화재조사에 관한 법률」에 의거 방화 혐의 피의자를 범죄수사에 지장을 주지 아니하는 범위에서 그 피의자 또는 압수된 증거물을 조사할 수 있다.

[참고]
제9조 출입·조사 등 「소방의 화재조사에 관한 법률」
1. 소방관서장은 화재조사를 위하여 필요한 경우에 관계인에게 보고 또는 자료 제출을 명하거나 화재조사관으로 하여금 해당 장소에 출입하여 화재조사를 하게 하거나 관계인등에게 질문하게 할 수 있다.
2. 화재조사관은 그 권한을 표시하는 증표를 지니고 이를 관계인등에게 보여주어야 한다.
3. 화재조사관은 관계인의 정당한 업무를 방해하거나 화재조사를 수행하면서 알게 된 비밀을 다른 용도로 사용하거나 다른 사람에게 누설하여서는 아니 된다.

16 「소방의 화재조사에 관한 법령」에 따른 화재조사 전담부서에서 갖추어야 할 감식 기기가 아닌 것은?

① 산업용실체현미경
② 적외선거리측정기
③ 절연저항계
④ 적외선열상카메라

해설
적외선거리측정기는 기록용 기기이다.

[참고]
화재조사 전담부서 감식기기「소방의 화재조사에 관한 법률 시행규칙」[별표]

구분	기자재명 및 시설규모
감식기기 (16종)	절연저항계, 멀티테스터기, 클램프미터, 정전기측정장치, 누설전류계, 검전기, 복합가스측정기, 가스(유증)검지기, 확대경, 산업용실체현미경, 적외선열상카메라, 접지저항계, 휴대용디지털현미경, 디지털탄화심도계, 슈미트해머, 내시경현미경
기록용 기기 (13종)	디지털카메라(DSLR)세트, 비디오카메라세트, TV, 적외선거리측정기, 디지털온도·습도측정시스템, 디지털풍향풍속기록계, 정밀저울, 버니어캘리퍼스, 웨어러블캠, 3D스캐너, 3D카메라(AR), 3D캐드시스템, 드론

17 개구부를 통한 화재확산 메커니즘이 아닌 것은?

① 복사열에 의한 점화
② 불씨가 이동하여 점화
③ 직접적인 화염에 의한 점화
④ 장애물을 통한 열전도에 의한 점화

해설
개구부(예 출입문, 창문 등)로 화염이 분출하면, 그 화염의 복사열, 불씨, 접염을 통해 화재가 확산한다. 장애물을 통한 열전도에 의한 점화는 화재확산 메커니즘은 아니다.

18 건축물의 구획된 공간에서 플래시오버가 발생하면 고온 연기층으로부터 바닥으로 방사되는 복사열유속(kW/m^2)은?

① 약 $10kW/m^2$
② 약 $20kW/m^2$
③ 약 $30kW/m^2$
④ 약 $40kW/m^2$

정답 | 15 ④ 16 ② 17 ④ 18 ②

🛠 **해설**
바닥으로 방사되는 20kW/m² 의 복사열유속은 플래시오버 발생 조건의 한가지다.

19 플래시오버 현상과 백드래프트 현상을 비교한 설명으로 옳은 것은?

① 연소속도를 살펴보면 플래시오버에 비하여 백드래프트의 연소속도가 더욱 빠르다.
② 현상 발생 전 가연성 기체의 온도는 플래시오버의 경우 인화점 이상, 백드래프트의 경우 인화점 이하이다.
③ 구획실 내에서 산소가 충분할 때 플래시오버와 백드래프트가 발생한다.
④ 현상의 발생단계를 비교하면 플래시오버는 자연연소단계에서 성화기로 전환되는 사이에서 발생하며 백드래프트는 자유연소단계와 성화기 이후에 발생한다.

🛠 **해설**
백드래프트는 폭발현상으로 플래시오버에 비해 연소속도가 빠르다.
② 플래시오버와 백드래프트 모두 인화점 이상에서 발생한다.
③ 백드래프트는 산소부족 밀폐환경에서 산소가 공급되면 발생한다.
④ 백드래프트는 성장기와 쇠퇴기에 발생한다.

20 화재현장 발굴 시 주의사항으로 틀린 것은?

① 발굴 지역의 경계구역을 설정한다.
② 낙하물 등을 우선 제거하여 안전을 확보한다.
③ 가급적 삽과 같은 큰 장비를 사용하여 발굴 시간을 단축한다.
④ 상층부에서 하층부로 발굴하며 수작업을 원칙으로 한다.

🛠 **해설**
발굴 시간이 소요되더라도 섬세한 장비를 우선 사용하여 증거물이 훼손되지 않도록 하고, 삽이나 곡괭이 등은 발화지점이 아닌 부분에서 증거물 상태에 따라 부득이한 경우만 사용한다.

제2과목 화재감식론

21 프로판(C_3H_8)가스의 물성값으로 옳은 것은?

① 발화점은 약 150℃
② 기체 비중은 약 0.95
③ 임계온도는 약 -96.8℃
④ 연소범위는 약 2.1~9.5vol%

🛠 **해설**
① 발화점은 약 470℃
② 기체 비중은 약 1.52
③ 임계온도는 약 96.8℃

22 0℃ 얼음 1kg을 100℃ 수증기로 변환할 경우 필요한 열량(kJ)은?

- 융융열 : 333J/g
- 기화열 : 2,256J/g
- 물의 비열 : 4.184J/g · K

① 418.4 ② 751.4
③ 2,674.4 ④ 3,007.4

🛠 **해설**
얼음이 수증기로 3단계로 변화하는 열량을 합한다.

1. Q_1 : 0℃ 얼음을 0℃ 물로 변환(융융)
2. Q_2 : 0℃ 물을 100℃ 물로 가열
3. Q_3 : 100℃ 물을 100℃ 수증기로 변환(기화)

1. $Q_1 = mC = 1,000g \times 333J/g = 333,000J$
2. $Q_2 = mC\Delta t = 1,000g \times 4.184J/g \cdot K \times 100K = 418,400J$
   C는 물의 비열, $\Delta t = (100+273)-(0+273) = 100K$
3. $Q_3 = mC = 1,000g \times 2,256J/g = 2,256,000J$
∴ $Q = Q_1+Q_2+Q_3 = 333,000J+418,400J+2,256,000J$
$= 3,007,400J = 3,007.4kJ$

23 유지류의 자연발화가 용이하게 발생할 수 있는 조건이 아닌 것은?

① 표면적이 작다.
② 주변의 온도가 높다.
③ 산소의 공급이 원활하다.
④ 다공성 물질에 흡습되었다.

정답 | 19 ① 20 ③ 21 ④ 22 ④ 23 ①

해설
유지류는 섬유류, 다공성 물질에 흡습되어, 공기와의 접촉 표면적이 커야 자연발화가 촉진된다. 또한, 주위에 온도가 높고, 산소공급이 원활해야 자연발화가 용이하다.

24 산불방향지표 중 후진성 산불의 특징으로 틀린 것은?

① 확산속도가 빠르다.
② 화염의 길이가 짧다.
③ 거시적인 지표보다 미시적인 지표가 많이 발견된다.
④ 경사가 있는 지형에서 하향으로 내려오는 경우가 많다.

해설
후진성 산불은 바람의 반대방향으로 확산하는 방향지표다. 따라서 확산속도는 느리다.

참고
산불방향지표
패턴 표시된 그룹을 의미하며, 확산방향을 파악하는 데 활용한다.

전진성 산불	후진성 산불	횡진성 산불
• 산불의 화두 방향 • 산불이 빠르게 확산 • 화염의 영역이 넓음 • 거시지표가 명확히 존재 • 부산물에 많은 손상 • 화염 강도가 높음 • 수관화 구역이 많음	• 확산속도가 느림 • 경사지형에서 하향 방향 • 화염의 길이가 짧음 • 미시지표가 많이 발견 • 부산물 등에 손상이 적음 • 화염 강도가 낮음 • 지표화 지역이 많음	• 산불이 옆으로 확산 • 전진 후진 성향도 있음 • 미시지표가 많이 발견 • 부산물 등에 손상이 적음 • 전진방향의 45°~90° 사이로 퍼짐

25 무염(훈소)화재에 관한 설명으로 틀린 것은?

① 발화 메커니즘은 '접촉 → 훈소 → 축열 → 착염 → 출화과정'을 거친다.
② 유독가스가 생성되며, 화염을 동반한다.
③ 다공성 고체가연물, 혼합연료, 불침윤성 고체에서 발생될 수 있다.
④ 고체가연물과 산소 사이에 반응이 상대적으로 느린 연소이며 반응이 산소가 고체표면으로 확산되면서 일어나고 표면은 적열 및 탄화가 진행된다.

해설
무염화재는 유독가스가 생성되지만, 화염은 없다.

26 직접 착화에 의한 방화원인 감식에 관한 사항으로 틀린 것은?

① 독립적 발화 개소 여부를 확인한다.
② 화재 당시 사람의 출입 여부를 확인하고 내부 또는 외부 소행인지 확인한다.
③ 화재 전에 없던 가연물이 연소한 흔적이 있거나 물건의 위치가 변경되었는지 확인한다.
④ 스위치로부터 전열기구로 가는 회로를 찾아 스위치와 전열기구와의 관계를 규명한다.

해설
전열기구 과열로 직접착화 원인을 찾으려면 스위치와 전열기구의 회로관계 규명보다 전열기구로 직접착화시켰는지 부하측과 주변 가연물을 중점 확인해야 한다.

27 항공기 화재의 특징으로 틀린 것은?

① 항공기 화재조사 시 공간협소성, 고밀집성 등 다양한 특성을 고려해야 한다.
② 항공기가 단시간에 화재에 둘러싸이고 주변 일대의 가연성 물질에 급격히 전파된다.
③ 상공에서 항공기 화재가 발생한 경우 지상까지 화재가 확산될 가능성은 전혀 없다.
④ 항공기 인화성이 높은 연료를 대량으로 탑재하고 있어 추락사고가 발생하면 폭발적으로 연소할 수 있다.

정답 | 24 ① 25 ② 26 ④ 27 ③

해설
상공에서 항공기 화재가 발생한 경우 추락하여 지상까지 화재가 확산될 가능성이 매우 크다.

28 화재 및 폭발의 사고조사 시 고려해야 할 사항으로 틀린 것은?

① 구획된 실내공간에서 가스폭발이나 분진폭발이 일어난 경우에는 폭심부가 명확하다.
② 폭발로 인하여 비산된 파편에 그을음의 부착 여부를 가지고 화재와 폭발의 선후관계를 알 수 있다.
③ 비닐, 스티로폼 등 열에 쉽게 변형되는 물질의 열변형 흔적으로부터 폭발과 화재의 선후관계를 알 수 있다.
④ 비닐, 스티로폼, 종이 등의 열변형 흔적으로부터 화학적 폭발과 물리적 폭발을 구분할 수 있다.

해설
가스폭발은 폭심부가 명확할 수 있으나, 분진폭발은 2차, 3차 폭발로 폭심부가 명확하지 않을 가능성이 크다.

29 가스용기와 안전밸브 종류의 연결이 옳은 것은?

① 산화에틸렌 용기 – 파열판식 안전밸브
② 수소 압축가스용기 – 파열판식 안전밸브
③ 아르곤 압축가스용기 – 스프링식 안전밸브
④ LPG 용기 – 스프링식과 파열판식의 2중 안전밸브

해설
① 산화에틸렌 용기 – 가용전(가용합금식) 안전밸브
③ 아르곤 압축가스용기 – 파열판식 안전밸브
④ LPG 용기 – 스프링식 안전밸브

> **참고**
>
> 가스용기 안전밸브의 종류
>
> **암기법** L 스프, 압파, 염아산 가용, 초저온 스파2
>
> - LPG 용기 : 스프링식 안전밸브
> - 산소, 수소, 질소, 아르곤 등의 압축가스 용기 : 파열판식 안전밸브
> - 염소, 아세틸렌, 산화에틸렌 용기 : 가용전(가용합금식) 안전밸브
> - 초저온 용기 : 스프링식과 파열판식의 2중 안전밸브

30 화재 현장조사 시 초기 발견자로부터 획득할 수 있는 정보와 관계가 가장 적은 것은?

① 발견 시각　　② 발화 원인
③ 발견 위치　　④ 불의 위치

해설
초기 발견자가 발화 원인을 알려주더라도 틀린 경우가 더 많다. 화재조사관이 과학적인 근거를 바탕으로 발화 원인을 찾아야 한다.

31 전기다리미에 200V의 전압을 가했더니 3A의 전류가 흘렀다. 이때 전기다리미가 소비하는 전력(W)은?

① 150　　② 300
③ 400　　④ 600

해설
전력 $P(W) = VI = 200V \times 3A = 600W$

32 선박 추진시스템에 관한 설명으로 옳은 것은?

① 인보드 엔진에는 기화기가 장착되어 있거나 연료분사 시스템이 있는 2사이클 또는 4사이클 가솔린 엔진이 포함된다.
② 인보드 가솔린엔진의 연료탱크에 대한 모든 부속품은 탱크의 윗부분에 있어야 하며, 연료 라인도 탱크보다 높게 있어야 한다.
③ 2사이클 엔진의 시스템 기본원칙은 자동차 엔진과 유사하고 아웃보드 엔진에서 연료는 펌프가 있는 고압연료 전달시스템을 통해 전달된다.
④ 아웃보드 엔진의 4사이클 엔진은 연료와 오일 혼합물을 사용하며 오일이 가솔린과 미리 혼합되거나 별도의 저장소에 있다가 연료와 자동적으로 혼합되는 방식으로 사용된다.

해설
연료탱크의 부속품과 연료 라인을 탱크보다 높게 설치하는 목적은 연료 누출 방지, 통풍과 환기, 연료공급의 효율성을 높이기 위함이다.
① 인보드 엔진은 주로 4사이클 엔진이다.
③ 자동차 엔진은 4사이클 엔진이고, 저압연료 전달 시스템을 통해 전달된다.
④ 아웃보드 엔진의 2사이클 엔진에 대한 설명이다.

정답 | 28 ①　29 ②　30 ②　31 ④　32 ②

33 방화의 일반적인 특징에 관한 설명으로 틀린 것은?

① 음주를 한 후 실행하는 경우가 많다.
② 우발적인 경우는 없고 모든 방화는 계획적이다.
③ 방화범은 단독범행이 많고 인적이 드문 야간이나 심야에 많이 발생한다.
④ 가솔린, 신나 등 인화성물질을 매개체로 사용한다.

🔲 해설
방화는 계획적으로 실행하는 경우도 많지만, 우발적으로 실행하는 경우도 많다.

34 차량 화재조사를 위해 수집해야 할 자료로 거리가 가장 먼 것은?

① 과거의 수리기록
② 화재 조기발견자의 진술
③ 차량 정비 기록부 및 리콜 정비 유무
④ 피해 차량 운전자의 운전 경력 증명서

🔲 해설
운전 경력 증명서는 필요에 따라 수집할 수는 있지만, 일반적으로 수집할 이유는 없다.

35 초기 가연물에 대한 설명으로 틀린 것은?

① 초기 가연물은 오작동하거나 고장 난 장치의 일부일 수 있다.
② 초기 가연물은 열을 발생시키는 장치에 너무 가까이 있는 물체일 수 있다.
③ 화재를 유발한 사건을 이해하기 위해 초기 가연물을 확인하는 것이 중요하다.
④ 표면 대 질량 비율이 낮은 비-기체 가연물은 표면 대 질량 비율이 높은 가연물보다 훨씬 쉽게 발화한다.

🔲 해설
표면 대 질량 비율 높은 물질은 종이와 같이 얇고 표면적이 큰 물질로 열을 빨리 흡수하고 쉽게 발화한다.

36 유염연소와 무염연소에 관한 설명으로 틀린 것은?

① 무염연소는 연소반응속도가 느리다.
② 무염연소는 발열량이 작고, 유염연소는 발열량이 크다.
③ 목재의 무염연소 시 가연물의 내부보다는 표면으로 전파되는 속도가 빠르다.
④ 무염연소는 고체가연물에서만 가능하다.

🔲 해설
목재의 무염연소는 표면으로 확산보다 내부로 깊게 파고들어 타기 때문에 연소의 강약을 비교할 때 목재의 탄화심도를 비교한다.

37 LPG 차량의 구성부품 중 LPG 봄베의 밸브 색상에 대한 설명으로 옳은 것은?

① 충전밸브 : 적색
② 액체 송출밸브 : 적색
③ 기체 송출밸브 : 청색
④ 충전, 액체 송출, 기체 송출 밸브 : 청색

🔲 해설
LPG 봄베는 충전밸브(녹색), 기체 송출밸브(황색), 액체 송출밸브(적색)로 구성되어 있다.

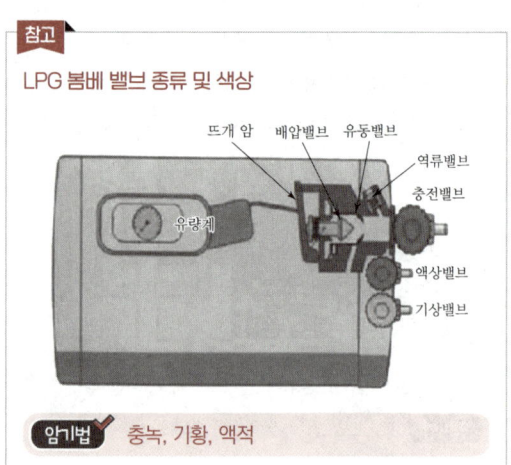

참고 LPG 봄베 밸브 종류 및 색상

암기법 충녹, 기황, 액적

정답 | 33 ② 34 ④ 35 ④ 36 ③ 37 ②

38 가연성 액체의 인화점에 관한 설명으로 옳은 것은?

① 가연성 액체가 발화하는 최저온도
② 가연성 액체의 증기가 공기와 접촉하여 점화원 없이 연소되는 최고온도
③ 가연성 액체에 착화되기 충분한 증기를 발생하는 최저온도
④ 가연성 액체의 증기가 포화상태에 달하는 최저온도

해설
가연성 액체의 인화점은 가연성 액체에 착화되기 충분한 증기를 발생하는 최저온도이다.
① 발화점
② 자연발화온도
④ 포화온도

39 산불의 종류로 틀린 것은?

① 지표화   ② 수간화
③ 비산화   ④ 수관화

해설
산불은 연소상태 및 연소부위에 따라 지표화, 수간화, 수관화, 지중화로 분류한다. 비산화는 확산 형태에 따른 분류다.

40 화재현장에서 발견된 선풍기의 감식사항으로 추정할 수 없는 것은?

> 모터 권선에서는 전기적 특이점이 없고, 회전 관절부위의 배선에서 단락 흔적이 관찰되었다.

① 통전 중이었음을 확인할 수 있다.
② 반단선에 의한 화재 가능성이 있다.
③ 전선 공극에 의한 아크를 추정할 수 있다.
④ 모터의 구속 운전에 의한 발화가능성이 있다.

해설
모터 권선에는 이상이 없으므로 모터의 구속운전에 의한 발화 가능성은 없다. 회전 관절부위의 배선에 단락흔이 관찰되므로, 선풍기가 통전 중임을 입증하고, 배선의 단락흔이 반단선, 전선 공극에 의한 단락흔인지 조사한다.

제3과목 증거물관리 및 법과학

41 잔류물이 있는 용기에 상부공간에 숯(Charcoal)을 매달아 촉진제를 추출하는 방법은?

① 흡착법   ② 상부공간법
③ 용매추출법   ④ 증기증류법

해설
숯, 활성탄은 다공질의 구조로 인한 우수한 흡착력으로 기상의 공기 및 가스 중에서 선택적 제거 성분의 흡착용도로 사용된다.

42 액체가연물의 연소에 의한 화재패턴이 아닌 것은?

① 포어 패턴   ② 도넛 패턴
③ 스플래시 패턴 ④ U자 모양 패턴

해설
유류화재 또는 방화 현장에서 나타나는 패턴
- 독립연소 패턴
- 포어(pour) 패턴
- 트레일러(trailer) 패턴
- 스플래시(splash) 패턴
- 도넛(doughnut) 패턴

43 화재증거물 검증에 관한 설명으로 옳은 것은?

① 검증하는 단계는 모든 가설을 검증하여, 모든 가설이 사실과 과학적 원리에 부합할 때까지 계속되어야 한다.
② 연역적 추론에 의한 검증 단계를 통과한 가설이 없는 경우에는 이 문제를 해결된 것으로 간주하여야 한다.
③ 화재원인 재현실험을 통해서 물리적으로 검증될 수도 있고, 사고실험에서 과학적 원리를 적용하여 분석적으로 검증될 수도 있다.
④ 증거가 증명될 수 있는 경우라도 다른 방법으로 반드시 검증하여야 하며, 여기에는 새로운 증거물 수집이나 기존 증거물에 대한 재분석이 필요할 수도 있다.

정답 | 38 ③ 39 ③ 40 ④ 41 ① 42 ④ 43 ③

🔖 **해설**
①, ② 최종 가설이란 반드시 과학적 방법으로 합리적이고 타당성을 갖추어 문제점에 대하여 철저히 규명된 것이라야 한다. 다만 연역적 추론에 의한 검증 단계를 통과한 가설이 없는 경우에는 이 문제를 미결된 것으로 보아야 할 수도 있다.
④ 가설이 증명되지 못한 경우에는 해당 가설을 버리고 다른 가설을 세워서 검증해야 한다. 여기에는 새 데이터 수집이나 기존 데이터에 대한 재분석이 필요할 수도 있다.

44 화재현장 보존을 위한 조치사항으로 틀린 것은?
① 잔불 정리를 위해 현장물건을 과도하게 변형하거나 이동되지 않도록 한다.
② 발화원 등의 연소잔해가 있는 방향에는 직수 소화에 의한 증거물 파괴를 피한다.
③ 현장진입을 위해 개방하고자 하는 출입문이나 창문에서 파괴흔적 발견 시 화재조사관에게 알려야 한다.
④ 현장에서 석유류의 연료를 사용하는 장비 사용 시 재급유는 현장 내에서 실시하도록 한다.

🔖 **해설**
현장에서 석유류의 연료를 사용하는 장비 사용 시 재급유는 현장 외부에서 실시하도록 한다.

45 물적 증거로서의 화재패턴에 관한 설명으로 옳은 것은?
① V패턴이나 포인터 및 화살패턴은 환기에 의해 형성되는 패턴이다.
② 엘리게이터(alligator) 탄화는 발화 중에 액체 위험물 촉진제가 사용되었다는 증거이다.
③ 정상연소에서 화재패턴을 형성하는 화재플룸의 온도는 발화구획실 코너에서 가장 높다.
④ 발화원이 확인되지 않은 완전연소 패턴구역의 식별에서 화재확산 방향이나 연소시간 또는 강도의 차이 규명을 위해 활용할 수 있는 화재패턴은 보호구역 및 열그림자이다.

🔖 **해설**
① 발화구획실과 외기 또는 공기유입구 등에 의한 공기유동로에 따라 환기 패턴이 발생한다.
② 엘리게이터 탄화 패턴은 연소가 지속되어 더 많은 휘발성 물질이 목재로부터 분출될 때 탄화표면이 형성되면서 탄화층이 심화되고 균열과 크랙이 발생하여 형성되는 패턴이다.
④ 보호구역 패턴은 보호구역은 어떤 물체에 가려져 연소생성물이 축적되지 못한 결과로 인해 형성된다. 이때 연소생성물의 축적을 방해하는 물체는 고체 또는 액체, 가연성, 불연성 물질이 될 수 있다.

46 화재현장을 촬영하는 위치에 관한 설명으로 옳은 것은?
① 카메라는 가능하면 수직으로만 촬영한다.
② 피사체가 냉장고일 경우 여러 방향으로 촬영한다.
③ 촬영방향은 발화부로 추정되는 곳의 앞면을 집중적으로 촬영한다.
④ 촬영된 사진은 화재조사자를 위한 자료이므로 촬영위치는 조사자의 재량에 달려 있다.

🔖 **해설**
① 눈금자를 사용하여 촬영할 때는 눈금자가 화면에 평행하거나 수직이 되도록 촬영한다.
③ 발화부로부터 주변으로 확산된 경로의 특징이 잘 나타나도록 근접 촬영한다.
④ 소손현장의 전경, 건물의 4방향, 발굴 전의 발화지점 부근, 복원 후의 상황 등을 촬영한다.

47 화재 열로 파손된 유리의 특징으로 옳은 것은?
① 리플마크가 형성된다.
② 거미줄 형태로 파손된다.
③ 방사형 형태로 깨진다.
④ 구불구불한 불규칙한 형태로 깨진다.

🔖 **해설**
열에 의한 유리파손의 특징
- 길고 구불구불한 불규칙한 형태의 금이 가면서 깨진다.
- 유리의 측면에는 리플마크가 형성이 되지 않는다.

충격에 의한 유리파손의 특징
- 파단면에는 커브형태 곡선이 연속해서 만들어진다.
- 거미줄과 같은 방사형태의 파손과 동심원형태의 파손이 일어난다.
- 표면에는 리플마크가 쉽게 식별된다.

정답 | 44 ④ 45 ③ 46 ② 47 ④

48 화재현장 사진 및 비디오 촬영에 관한 사항으로 틀린 것은?

① 화재조사의 진행 순서에 따라 촬영한다.
② 화재현장의 증거 확보를 위하여 필요하다.
③ 화재조사관의 오랜 경험에 의존하여 촬영 여부를 결정해야 한다.
④ 방화, 실화 수사의 기초자료로 사용하기 위하여 필요하다.

해설
화재상황을 추정할 수 있는 대상물의 형상은 면밀히 관찰 후 자세히 촬영한다.

49 액체 촉진제의 특성에 대한 설명으로 옳은 것은?

① 촉진제는 액체 상태로만 발견된다.
② 액체 촉진제는 대부분의 내부 마감재 및 기타 화재 잔해에 쉽게 흡수된다.
③ 모든 액체 촉진제는 물과 접촉했을 때 물 아래로 가라앉는다.
④ 액체 촉진제가 다공성 물질에 흡수되었을 때는 잔존 가능성이 매우 낮다.

해설
액체 연소촉진제(Accelerant) 일반적 특징
- 발열량이 크다.
- 보통 물보다 비중이 낮아 가볍다.
- 다공성 물질에 흡수가 용이하여 지속성·잔류성을 가진다.
- 물에 잘 녹지 않는 비수용성이 다수이다(수용성 알코올 제외).
- 액상 또는 기상으로 발견할 수 있다.

50 「화재증거물수집관리규칙」상 증거물 시료용기가 아닌 것은?

① 유리병
② 아크릴병
③ 양철캔(CAN)
④ 주석도금캔(CAN)

해설
증거물 시료용기 3가지
암기법: 양주유
- 양철캔
- 주석도금캔
- 유리병

51 증거수집 과정에서 증거물의 오염 방지를 위한 조치사항으로 틀린 것은?

① 새 증거물 보관용기는 기존에 사용되었던 용기와 오염지역에서 떨어진 곳에 보관하여야 한다.
② 증거물 보관 용기 자체를 수집 도구로 사용하는 것은 증거물 오염이 될 수 있으므로 사용을 금지한다.
③ 수집 장소에서 증거물을 담을 때에만 용기를 개봉하고 증거물을 담은 후에는 실험실에서 조사할 때까지 계속 봉인되어 있어야 한다.
④ 상호 교차 오염을 방지하기 위해 화재조사관은 액체나 고체 촉진제 중 증거물을 수집할 때 일회용 비닐장갑을 착용하고 작업하는 것이 효과적이다.

해설
증거물의 오염을 최소화하기 위해 증거 보관용기와 그 마개를 이용해 수집할 수 있다.

52 화재현장에서 화면의 일부만을 측광하는 방식으로 주 피사체의 정확한 노출을 측광할 수 있으며 역광 촬영 시 사용되는 방식은?

① 스팟측광
② 평균측광
③ 다분할 측광
④ 중앙부 중점 측광

해설
측광방식
"측광"은 빛의 양을 계측한다는 뜻이다. 사진촬영 중 측광방식은 촬영 대상 피사체의 밝고 어두움의 양을 측정하는 방법을 말한다.

측광방식의 분류

구분	정의	적용 측광 범위
평가(다분할, 멀티) 측광	화면 전체를 4~64 또는 그 이상 부분으로 나누어 측광하는 방식	전체 화면 평균값
중앙부중점 측광	화면의 중심부를 70% 정도 변두리쪽은 30% 비중으로 측광하여 평균을 내는 측광 방식	중앙부 (평균값 + α가산값)
부분측광	무조건 중앙부만 측광해서 노출을 결정하는 방식	중앙부 8~9.5%
스팟(Spot) 측광	• 피사체가 어두울 경우 아주 작은 범위(중앙부의 2.5~4%)를 측광하는 방식 • 역광 및 접사촬영에 주로 사용	중앙부 2.5~4%

정답 | 48 ③ 49 ② 50 ② 51 ② 52 ①

53 화재로 인한 3도 화상에 관한 설명으로 틀린 것은?

① 수포 주위에 홍반을 보이며, 혈액침하가 일어나더라도 홍반만 남는다.
② 신경섬유가 파괴되어 통증이 없거나 미약할 수 있다.
③ 피하지방을 포함한 피부의 전층이 손상된 경우로 심한 경우 근육, 뼈, 내부 장기도 포함되는 경우가 있다.
④ 부스럼 딱지 또는 생체 내의 피부조직이나 세포가 죽는 응고성 괴사에 빠지므로 괴사성 화상이라고도 한다.

📖 해설
화상 깊이에 따른 증상별 특징

암기법 일싸 홍수괴탄

화상 단계	증상
1도	홍반
2도	수포
3도	괴사, 가피
4도	탄화

54 질문기록서 작성을 위하여 관계자의 진술을 녹음하려고 할 때 유의사항으로 틀린 것은?

① 유도심문을 피한다.
② 관계자에게 녹취내용을 확인시키고 서명을 하게 한다.
③ 관계자의 진술은 화재발생 직후보다 화재 진압 후 시간이 경과한 뒤 실시하는 것이 좋다.
④ 18세 미만의 청소년에게 질문을 하는 경우는 친권자 등을 반드시 입회시켜야 하며 진술자는 물론 입회자에게도 서명을 받도록 한다.

📖 해설
관계자의 진술은 화재발생 직후에 실시하는 것이 좋다.

55 인화성 액체, 부유물을 가진 액체, 시험 조건에서 표면 막을 형성하기 쉬운 액체, 40~370°C의 온도범위를 가지는 기타 액체의 인화점을 시험하는 방법은?

① 태그 개방컵 테스트
② 태그 밀폐컵 테스트
③ 클리브랜드 개방컵 테스트
④ 펜스키-마르텐스식 밀폐컵 테스트

📖 해설
밀폐식 인화점의 측정이 필요한 시료 및 태그 밀폐식 인화점 시험방법을 적용할 수 없는 시료에 펜스키-마르텐스식 밀폐컵 테스트를 적용한다.

56 일산화탄소 중독사의 대표적인 특징은?

① 선홍색 시반이 나타난다.
② 수포 주위에 홍반이 생긴다.
③ 코에서 출혈이 심하게 나타난다.
④ 피부의 세포조직이 검게 타는 탄피층이 형성된다.

📖 해설
일산화탄소 중독으로 사망한 시체 소견
- 선홍색 시반이 나타난다.
- 질식사의 일반적 소견이 나타난다.
- 유동성 혈액, 조직의 울혈이 나타난다.

57 법정 증언의 자세로 가장 적절하지 않은 것은?

① 차분한 마음상태를 유지한다.
② 사실적이고 객관적으로 답변한다.
③ 사투리, 속어 등의 단어를 피한다.
④ 질문과 관계없이 빠르게 답변한다.

📖 해설
질문의 의도를 파악하고 사실, 근거에 의거하여 답변한다.

58 화재현장에서 발견된 사망한 사체에 관한 설명으로 틀린 것은?

① 일산화탄소를 흡입한 것으로 화재 당시 생존해 있었음에 대한 증거가 될 수 있다.
② 눈가의 주름 사이에 그을음이 부착되지 않은 것은 화재 당시 사망한 상태였다는 증거가 될 수 있다.
③ 일산화탄소가 헤모글로빈과 결합함으로써 체내 산소의 공급이 차단되어 사망했을 가능성이 있다.
④ 기도, 폐 등의 호흡기에서 발견되는 그을음은 화재 당시 생존해 있었음을 나타내는 증거가 될 수 있다.

정답 | 53 ① 54 ③ 55 ④ 56 ① 57 ④ 58 ②

해설
눈가의 주름 사이에 그을음이 부착되지 않은 것은 화재 당시 생존한 상태였다는 증거가 될 수 있다.

59 「화재증거물수집관리규칙」상 증거물 보관 및 이동에 관한 설명으로 틀린 것은?

① 증거물의 보관은 파손될 우려가 없는 장소에 보관해야 한다.
② 증거물의 보관 및 이송은 장소, 방법, 책임자 등이 지정된 상태에서 행해져야 한다.
③ 증거물은 어떠한 경우라도 폐기할 수 없으며, 화재증거수집의 목적달성 후에는 관계인에게 반환하여야 한다.
④ 증거물 보관 시 화재조사의 관계없는 자의 접근은 엄격히 통제되어야 하며, 보관관리 이력을 작성하여야 한다.

해설
증거물은 화재증거 수집의 목적달성 후에는 관계인에게 반환하여야 한다. 다만 관계인의 승낙이 있을 때에는 폐기할 수 있다.

60 「화재증거물수집관리규칙」상 현장사진 및 비디오 촬영 시 유의사항으로 틀린 것은?

① 최초 도착하였을 때의 현장 정리정돈 후 촬영한다.
② 화재상황을 추정할 수 있는 증거물, 피해물품, 유류의 형상은 면밀히 관찰 후 자세히 촬영한다.
③ 증거물을 촬영할 때는 그 소재와 상태가 명백히 나타나도록 하며, 필요에 따라 구분이 용이하게 번호표 등을 넣어 촬영한다.
④ 화재현장의 특정한 증거물 등을 촬영함에 있어서는 그 길이, 폭 등을 명백히 하기 위하여 측정용 자 또는 대조도구를 사용하여 촬영한다.

해설
최초 도착하였을 때의 원상태를 그대로 촬영하고, 화재조사의 진행순서에 따라 촬영한다.

제4과목 화재조사 보고 및 피해평가

61 「화재조사 및 보고규정」상 화재증명원의 발급에 관한 사항으로 ( )에 알맞은 내용은?

> 소방관서장은 화재피해자로부터 소방대가 출동하지 아니한 화재장소의 화재증명원 발급신청이 있는 경우 조사관으로 하여금 사후조사를 실시하게 할 수 있다. 이 경우 민원인이 제출한 별지 제13호 서식의 사후조사 의뢰서의 내용에 따라 발화장소 및 발화지점의 현장이 보존되어 있는 경우에만 조사를 하며, 별지 제2호 서식의 ( ) 작성은 생략할 수 있다.

① 화재현황조사서 ② 화재피해조사서
③ 화재현장조사서 ④ 화재현장출동보고서

해설
제23조 제2항 화재증명원의 발급 「화재조사 및 보고규정」
소방관서장은 화재피해자로부터 소방대가 출동하지 아니한 화재장소의 화재증명원 발급신청이 있는 경우 조사관으로 하여금 사후조사를 실시하게 할 수 있다. 이 경우 민원인이 제출한 사후조사 의뢰서의 내용에 따라 발화장소 및 발화지점의 현장이 보존되어 있는 경우에만 조사를 하며, 화재현장출동보고서 작성은 생략할 수 있다.

62 「화재조사 및 보고규정」상 다음 건물의 소실면적(m²)은?

> 단층건물 내 난방기 과열로 화재가 발생하여 소화기로 즉시 진화하였으나 바닥 6m², 한쪽 벽면의 4m², 천장 2m²가 소실 되는 피해가 발생했다.

① 2 ② 4
③ 6 ④ 10

해설
소실면적 산정 「화재조사 및 보고규정」
건물(수손 및 기타 파손 포함)의 소실면적 산정은 소실 바닥면적으로 산정한다.

정답 | 59 ③ 60 ① 61 ④ 62 ③

63 「화재조사 및 보고규정」상 화재의 유형에 명시되지 않은 것은? (단, 기타화재는 제외한다.)

① 전기 · 화학 화재　② 건축 · 구조물 화재
③ 선박 · 항공기 화재　④ 자동차 · 철도차량 화재

해설
화재유형별조사서 서식

암기법 건자위 선임

1. 건축 · 구조물 화재
2. 자동차 · 철도차량
3. 위험물 · 가스제조소 등 화재
4. 선박 · 항공기 화재
5. 임야 화재

64 「화재조사 및 보고규정」상 명시된 연소확대물의 정의로 옳은 것은?

① 지속적인 연소현상에 영향을 준 인적 · 물적 · 자연적인 가연물을 말한다.
② 연소가 확대되는 데 있어 결정적 영향을 미친 가연물을 말한다.
③ 가연물질에 지속적으로 불이 붙는 가연물을 말한다.
④ 발화관련 기기나 제품을 작동 또는 연소시킬 때 사용되어진 연료 또는 에너지를 말한다.

해설
제2조 정의 「화재조사 및 보고규정」 요약표 일부

No.	용어	정의
3	발화	열원에 의하여 가연물질에 지속적으로 불이 붙는 현상
4	발화열원	발화의 최초 원인이 된 불꽃 또는 열
5	발화지점	열원과 가연물이 상호작용하여 화재가 시작된 지점
6	발화장소	화재가 발생한 장소
7	최초착화물	발화열원에 의해 불이 붙은 최초의 가연물
8	발화요인	발화열원에 의하여 발화로 이어진 연소현상에 영향을 준 인적 · 물적 · 자연적인 요인
9	발화관련 기기	발화에 관련된 불꽃 또는 열을 발생시킨 기기 또는 장치나 제품
10	동력원	발화관련 기기나 제품을 작동 또는 연소시킬 때 사용되어진 연료 또는 에너지
11	연소확대물	연소가 확대되는 데 있어 결정적 영향을 미친 가연물

65 「화재조사 및 보고규정」상 명시된 조사결과 보고에 관한 사항으로 (　)에 알맞은 기준은?

> 추가 화재현장조사 등이 필요하여 화재조사결과보고일을 연장한 경우 그 사유가 해소된 날로부터(　)일 이내에 조사결과를 보고해야 한다.

① 7　② 10
③ 15　④ 20

해설
제22조 제4항 조사 보고 「화재조사 및 보고규정」
조사 보고일을 연장한 경우 그 사유가 해소된 날부터 10일 이내에 소방관서장에게 조사결과를 보고해야 한다.

66 화재로 인한 자동차의 피해액 산정기준으로 틀린 것은?

① 자동차의 수리비는 자동차 수리업소의 견적서를 참고하여 산정한다.
② 피해 대상 자동차와 동일하거나 유사한 자동차의 시중매매가격을 피해액으로 한다.
③ 부분 소손되어 수리가 가능한 경우에는 수리에 소요되는 금액을 자동차의 피해액으로 한다.
④ 부분 소손되어 수리가 가능한 모든 경우에는 피해액에 대하여 감가공제한다.

해설
자동차의 피해액 산정기준 「화재피해액 산정 매뉴얼」
자동차가 부분소손 되어 수리가 가능한 경우에는 수리에 소요되는 금액을 자동차의 피해액으로 한다. 이때 특별한 경우를 제외하고는 감가공제는 하지 아니한다.

> 자동차의 부분소손 시 피해액 = 수리비

67 20년된 일반주택의 잔가율은? (단, 주택의 내용연수는 40년으로 한다.)

① 50%　② 60%
③ 70%　④ 80%

해설
잔가율 = 1 − (1 − 최종잔가율) × 경과연수/내용연수
　　　 = 1 − (1 − 최종잔가율) × 20/40
　　　 = 1 − (1 − 0.2) × 20/40 = 0.6

정답 | 63 ①　64 ②　65 ②　66 ④　67 ②

참고
제18조 제3항 화재피해금액 산정 「화재조사 및 보고규정」
건물 등 자산에 대한 최종잔가율은 건물·부대설비·구축물·가재도구는 20%로 하며, 그 이외의 자산은 10%로 정한다.

참고
잔가율 계산법 「화재피해액 산정 매뉴얼」
- 현재가(시가) = 재구입비 × 잔가율
- 잔가율 = $\dfrac{재구입비 - 감가수정액}{재구입비}$
  = 100% − 감가수정율
  = $1 - (1 - 최종잔가율) \times \dfrac{경과연수}{내용연수}$

68 「화재조사 및 보고규정」상 화재원인조사 범위로 명시되지 않은 것은?

① 수손피해 조사
② 연소상황 조사
③ 피난상황 조사
④ 발견, 통보 및 초기소화상황 조사

해설
수손피해는 화재피해조사에 해당된다.

69 「화재조사 및 보고규정」상 화재현장 조사서의 화재원인 검토 항목에 해당하지 않는 것은? (단, 임야화재, 기타화재, 피해액이 없는 화재 이외의 화재현장 조사서를 말한다.)

① 방화 가능성   ② 기계적 요인
③ 인적 부주의   ④ 현장조사결과

해설
화재현장조사서의 화재원인 검토 항목

암기법 토끼가 전방 연인

- 기계적 요인
- 가스누출
- 전기적 요인
- 방화 가능성(연소상황, 원인추적 등에 관한 사진, 설명)
- 연소확대 사유
- 인적 부주의 등

70 「화재조사 및 보고규정」상 화재조사서류의 서식이 아닌 것은?

① 질문기록서
② 화재현장조사서
③ 범죄사실확인서
④ 소방방화시설 활용조사서

해설
범죄사실 등은 문제의 규정에 해당되지 않는다.

71 가재도구의 화재피해액 산정에 관한 사항으로 옳은 것은?

① 피해액 산정대상에서 의류 생산 공장의 재봉틀은 가재도구로 분류된다.
② 수리비가 가재도구 재구입비의 50% 미만인 경우에는 감가공제를 하지 않는다.
③ 의류는 세탁에 의해 재사용이 가능한 경우에는 10%의 손해율을 적용한다.
④ 신혼가정 등 특별한 경우를 제외하고는 잔가율을 일괄적·포괄적 기준을 적용하여 70%로 한다.

해설
가재도구의 손해율 「화재피해액 산정 매뉴얼」

화재로 인한 피해정도	손해율(%)
50% 이상 소손 되고 수침오염 정도가 심한 경우	100
손해 정도가 다소 심한 경우	50
손해 정도가 보통인 경우	30
오염·수침손의 경우	10

생활수준이 향상되면서 화재로 인해 그을음손 또는 수손 등을 입은 가재도구를 버리고 새로 교환하는 경우가 많다. 따라서 의류 또는 가구 등에 있어 세탁 및 청소에 의해 재사용 가능한 경우에는 10% 정도의 손해율을 적용하며, 소손, 그을음 및 수손이 심한 경우에는 대체로 전부손해로 간주하여 100%의 손해율을 적용해도 무방하다.

정답 | 68 ① 69 ④ 70 ③ 71 ③

72 「화재조사 및 보고규정」상 화재유형별조사서(임야 화재)의 작성에 대한 설명으로 틀린 것은?

① 논·밭두렁의 화재는 들불에 속한다.
② 묘지에서 발생한 화재는 들불에 속한다.
③ 피해사항 중 산림피해면적은 기재하지 않는다.
④ 산불은 국유림, 공유림, 사유림으로 구분한다.

해설
[별지 제6-5호서식] 화재유형별조사서(임야 화재) 「화재조사 및 보고규정」의 피해사항 기재항목에는 산림피해면적, 건물, 기타 항목이 있다.

73 새벽 4시 30분경 음식점에서 화재가 발생하여 현장에 출동한 화재조사관이 조사한 내용이다. 조사결과를 토대로 추정한 화재원인은?

- 음식점 분전반의 누전차단기가 트립된 점
- 발화지점의 다수의 테이블 및 바닥에는 전기장치가 설치되어 있지 않고 피해입은 가전제품(에어컨, 냉장고 등)으로부터의 연소 진행패턴이 식별되지 않은 점
- 독립적인 연소상황이 홀, 방, 세면장 등 10개의 지점에서 발견된 점
- 일반적인 목재의 연소 특성과는 달리 넓은 면적에 표면만 탄화된 패턴이 여러 곳에서 관찰된 점
- 인화성 액체를 담은 것으로 추정되는 용기가 화장실 앞에서 발견된 점
- CCTV상에서 신원 미상인이 음식점에 침입하여 카운터에 있는 현금을 훔치고, 음식점 내부를 돌아다닌지 몇 분 후 불길이 치솟는 모습이 확인된 점
- 신원 미상인이 화재발생 다음날(15일) ○○대교 인근 앞바다에서 주검으로 발견된 점(자살 추정) → 신원 확인 결과 음식점 직원 A씨로 최종 확인됨
- 음식점 관계자 B씨에 따르면 A씨는 경제적 어려움으로 종종 월급을 가불하였고, 화재 전날부터 출근하지 않고 잠적한 상태이며 음식점 출입문 열쇠 위치를 알고 있기 때문에 음식점에 들어갈 수 있었을 거라고 진술한 점

① 부주의　　② 방화 의심
③ 가스폭발　④ 전기적 요인

해설
방화 동기, 방화 도구, 방화 의심 사유로 보아 방화로 추정할 수 있다.

74 화재피해액 산정대상에서 선박화재로 볼 수 없는 것은?

① 육상에 있는 미취항의 범선에서 발생한 화재
② 독행 기능을 가지지 않는 거룻배에서 발생한 화재
③ 수리 등을 위해 육상에 일시적으로 있는 선박에서 발생한 화재
④ 독행 기능을 가지는 선박에 의해 끌어진 물건에 발생한 화재

해설
차량 및 운반구의 피해액 산정에서 선박의 정의 「화재피해액 산정 매뉴얼」
- 선박이라는 것은 독행기능을 가지는 범선, 기선 및 입선 및 독행기능을 가지지 않는 주거선, 창고선, 거룻배(등록, 엔진등재의 유무는 관계없다) 등을 말하나 <u>미취항의 것으로 육상에 있는 것은 선박이 아니다.</u>
- 수리 등을 위해 육상에 일시적으로 있는 선박이나 독행기능을 가지는 선박에 의해 끌어진 물건에 화재가 발생했을 경우에도 선박화재에 속한다.

75 「화재조사 및 보고규정」상 질문기록서를 생략할 수 있는 화재를 모두 고른 것은?

ㄱ. 임야화재
ㄴ. 선박화재
ㄷ. 모닥불에서 발생한 화재
ㄹ. 쓰레기에서 발생한 화재

① ㄱ, ㄴ, ㄷ　② ㄱ, ㄴ, ㄹ
③ ㄱ, ㄷ, ㄹ　④ ㄴ, ㄷ, ㄹ

해설
질문기록서상 작성 생략이 가능한 기타 화재의 종류

암기법 쓰모가 전임

- 쓰레기 화재
- 모닥불 화재
- 가로등 화재
- 전봇대 화재
- 임야 화재

정답 | 72 ③　73 ②　74 ①　75 ③

76 「화재조사 및 보고규정」상 부대설비의 화재피해액 산정기준으로 옳은 것은?

① 건물신축단가×소실면적×설비종류별 재설비 비율×[1−(0.8×경과연수/내용연수)]
② 건물신축단가×소실면적×설비종류별 재설비 비율×[1−(0.8×경과연수/내용연수)]×손해율
③ 건물신축단가×소실면적×설비종류별 재설비 비율×[1−(0.9×경과연수/내용연수)]
④ 건물신축단가×소실면적×설비종류별 재설비 비율×[1−(0.9×경과연수/내용연수)]×손해율

📖 **해설**
화재피해금액 산정기준요약표 중 건축, 부대설비「화재조사 및 보고규정」[별표 2]

산정대상	화재피해금액 산정기준
건물	**암기법** 신소 일마쩜팔 경내손 신축단가(m²당)×소실면적×[1 − (0.8×경과연수/내용연수)]×손해율
부대설비	**암기법** 신소설 일마쩜팔 경내손 건물신축단가×소실면적×설비종류별 재설비 비율×[1 − (0.8×경과연수/내용연수)]×손해율

---

77 「화재조사 및 보고규정」상 화재피해액 산정기준으로 옳은 것은?

① 동물이 화재로 전부손해를 입은 경우 피해액은 시중매매가격으로 한다.
② 골동품이 전부손해를 입은 경우 피해액은 원상복구에 소요되는 비용으로 한다.
③ 전부손해가 아닌 식물의 경우 피해액은 시중매매가격으로 한다.
④ 임야의 입목은 최초 입목구입가격에서 소실한 입목의 잔존가격을 더한 가격으로 한다.

📖 **해설**
화재피해금액 산정기준요약표「화재조사 및 보고규정」일부 [별표 2]

산정대상	화재피해금액 산정기준
차량, 동물, 식물	• 전부손해의 경우 : 시중매매가격 • 전부손해가 아닌 경우 : 수리비 및 치료비
회화(그림), 골동품, 미술공예품, 귀금속 및 보석류	• 전부손해의 경우 : 감정가격 • 전부손해가 아닌 경우 : 원상복구에 소요되는 비용
임야의 입목	• 소실 전의 입목가격 − 소실한 입목의 잔존가격 • 피해산정이 곤란할 경우 : 소실면적 등 피해 규모만 산정 가능

---

78 「화재조사 및 보고규정」상 용어에 대한 정의 중 틀린 것은?

① 잔가율이란 피해물의 취득 당시 가액에 대한 현재가의 비율을 말한다.
② 내용연수란 고정자산을 경제적으로 사용할 수 있는 연수를 말한다.
③ 최종잔가율이란 피해물의 경제적 내용연수가 다한 경우 잔존하는 가치의 재구입비에 대한 비율을 말한다.
④ 손해율이란 피해물의 종류, 손상 상태 및 정도에 따라 피해액을 적정화시키는 일정한 비율을 말한다.

📖 **해설**
「화재조사 및 보고규정」의 피해액 관련 용어 정의

용어	정의
재구입비	화재 당시의 피해물과 같거나 비슷한 것을 재건축(설계 감리비를 포함한다) 또는 재취득하는 데 필요한 금액
내용연수	고정자산을 경제적으로 사용할 수 있는 연수
손해율	피해물의 종류, 손상 상태 및 정도에 따라 피해금액을 적정화시키는 일정한 비율
잔가율	화재 당시에 피해물의 재구입비에 대한 현재가의 비율
최종잔가율	**암기법** 최종 잔가재 피해물의 내용연수가 다한 경우 잔존하는 가치의 재구입비에 대한 비율

정답 | 76 ② 77 ① 78 ①

79 「화재조사 및 보고규정」상 방화·방화의심 조사서 작성 시 기재사항이 아닌 것은? (단, 기타 참고사항은 제외한다.)

① 방화도구
② 방화피해사항
③ 방화자 인적사항
④ 도착 시 초기상황

해설
방화·방화의심 조사서 주요 기재사항

암기법 동도사도 용자

- 방화동기
- 방화도구
- 방화의심 사유
- 도착 시 초기상황
- 방화연료 및 용기
- 방화자

80 화재로 인하여 공장·창고를 제외한 건물의 천장·벽·바닥 등 내부 마감재 및 건물 내 영업시설물 등이 소실된 경우 손해율은? (단, 건물의 용도, 건물구조, 손상상태 및 정도에 따른 가감은 제외한다.)

① 10%
② 20%
③ 40%
④ 60%

해설
건물의 소손 정도에 따른 손해율 「화재피해액 산정 매뉴얼」

화재로 인한 피해정도	손해율(%)
주요구조체의 재사용이 불가능한 경우	90, 100
주요구조체는 재사용 가능하나 기타 부분의 재사용이 불가능한 경우(공동주택, 호텔, 병원)	65
주요구조체는 재사용 가능하나 기타 부분의 재사용이 불가능한 경우(일반주택, 사무실, 점포)	60
주요구조체는 재사용 가능하나 기타 부분의 재사용이 불가능한 경우(공장, 창고)	55
천장, 벽, 바닥 등 내부마감재 등이 소실된 경우	40
천장, 벽, 바닥 등 내부마감재 등이 소실된 경우(공장·창고)	35
지붕, 외벽 등 외부마감재 등이 소실된 경우(나무구조 및 단열패널(판넬)조 건물의 공장 및 창고)	25, 30
지붕, 외벽 등 외부마감재 등이 소실된 경우	20
화재로 인한 수손 시 또는 그을음만 입은 경우	5, 10

제5과목 화재조사관계법규

81 「형법」상 다음은 어떤 범죄에 대한 설명인가?

> 불을 놓아 사람이 주거로 사용하거나 사람이 현존하는 건조물, 기차, 전차, 자동차, 선박, 항공기 또는 지하채굴시설을 불태운 자는 무기 또는 3년 이상의 징역에 처한다.

① 진화방해
② 일반물건 방화
③ 일반건조물 등 방화
④ 현주건조물 등 방화

해설
제164조 현주건조물 등 방화 「형법」
1. 현주건조물을 불태운 자는 무기 또는 3년 이상의 징역
2. 현주건조물을 불태워 사람에게 상해를 입힌 자는 무기 또는 5년 이상의 징역
3. 현주건조물을 불태워 사람을 사망에 이르게 한 자는 무기 또는 7년 이상의 징역

82 「제조물 책임법」상 명시된 결함의 분류가 아닌 것은?

① 유통상의 결함
② 제조상의 결함
③ 설계상의 결함
④ 표시상의 결함

해설
「제조물 책임법」에서 결함은 표시, 설계, 제조상 결함이다.

암기법 시계 조

② 제조 : 제조상·가공상의 주의의무
③ 설계 : 합리적인 대체설계
④ 표시 : 설명·지시·경고

83 「화재조사 및 보고규정」상 화재피해 범위가 건물의 6면 중 2면 이하인 경우 소실면적을 구하는 기준은?

① 바닥면적에 3분의 1을 곱한 값
② 바닥면적에 5분의 1을 곱한 값
③ 피해면적의 합에 3분의 1을 곱한 값
④ 소실된 바닥면적 값

정답 | 79 ② 80 ③ 81 ④ 82 ① 83 ④

해설
제17조 소실면적 산정 「화재조사 및 보고규정」
건물(수손 및 기타 파손 포함)의 소실면적 산정은 소실 바닥면적으로 산정한다.

84 「소방의 화재조사에 관한 법령」상 소방서의 화재조사 전담부서에 갖추어야 할 감식기기를 모두 고른 것은?

| ㉠ 절연저항계 | ㉡ 디지털탄화심도계 |
| ㉢ 복합가스측정기 | ㉣ 적외선열상카메라 |

① ㉠, ㉡, ㉢, ㉣
② ㉠, ㉡, ㉢
③ ㉠, ㉢, ㉣
④ ㉡, ㉢, ㉣

해설
화재조사의 전담부서 감식기기 「소방의 화재조사에 관한 법칙」[별표]

구분	기자재명 및 시설규모
감식기기 (16종)	절연저항계, 멀티테스터기, 클램프미터, 정전기측정장치, 누설전류계, 검전기, 복합가스측정기, 가스(유증)검지기, 확대경, 산업용실체현미경, 적외선열상카메라, 접지저항계, 휴대용디지털현미경, 디지털탄화심도계, 슈미트해머, 내시경현미경

85 「제조물 책임법」에 대한 설명으로 틀린 것은?

① 제조업자는 제조물의 수입을 업으로 하는 자도 포함된다.
② 「제조물 책임법」에 따른 손해배상책임을 배제하거나 제한하는 모든 특약은 유효하다.
③ 동일한 손해에 대하여 배상할 책임이 있는 자가 2인 이상인 경우에는 연대하여 그 손해를 배상할 책임이 있다.
④ 손해배상책임을 지는 자가 제조업자가 해당 제조물을 공급하지 아니하였다는 사실을 입증한 경우에는 손해배상책임을 면한다.

해설
제6조 면책의 특약 「제조물 책임법」
「제조물 책임법」에 따른 손해배상책임을 배제하거나 제한하는 특약은 무효로 한다. 다만, 자신의 영업에 이용하기 위하여 제조물을 공급받은 자가 자신의 영업용 재산에 발생한 손해에 관하여 그와 같은 특약을 체결한 경우에는 그러하지 아니하다.

86 「화재로 인한 재해보상과 보험가입에 관한 법령」상 특수건물의 기준으로 틀린 것은?

① 영화상영관으로 사용하는 부분의 바닥면적 합계가 1,000m^2 이상인 건물
② 일반음식점영업으로 사용하는 부분의 바닥면적 합계가 2,000m^2 이상인 건물
③ 목욕장업으로 사용하는 부분의 바닥면적 합계가 2,000m^2 이상인 건물
④ 병원급 의료기관으로 사용하는 건물로서 연면적의 합계가 3,000m^2 이상인 건물

해설
영화상영관 : 바닥면적의 합계가 2,000m^2 이상인 건물

참고

제2조 특수건물 「화재로 인한 재해보상과 보험가입에 관한 법률 시행령」

면적	대상
바닥면적 2,000m^2 이상	학원, 게임제공업, 인터넷컴퓨터게임시설제공업, 노래연습장업, 휴게음식점영업, 일반음식점영업, 단란주점영업, 유흥주점영업, 공유주방 운영업, 목욕장업, 영화상영관
바닥면적 3,000m^2 이상	숙박업, 대규모점포, 도시철도의 역사 및 역 시설
연면적 3,000m^2 이상	병원급 의료기관, 관광숙박업, 공연장, 방송사업목적 건물, 농수산물도매시장 및 민영농수산물도매, 학교, 공장
면적 기준 없음	공동주택으로서 16층 이상의 아파트 및 부속건물, 11층 이상인 건물, 실내사격장

87 「형법」상 공용건조물 등 방화에 관한 사항으로 ( )에 알맞은 기준은?

불을 놓아 공용(公用)으로 사용하거나 공익을 위해 사용하는 건조물, 기차, 전차, 자동차, 선박, 항공기 또는 지하채굴 시설을 불태운 자는 무기 또는 ( )년 이상의 징역에 처한다.

① 1
② 3
③ 5
④ 7

정답 | 84 ① 85 ② 86 ① 87 ②

📖 해설

제165조 공용건조물 등 방화 「형법」

암기법 공용건조물 무3(공용은 무조건 3년)

불을 놓아 공용(公用)으로 사용하거나 공익을 위해 사용하는 건조물, 기차, 전차, 자동차, 선박, 항공기 또는 지하채굴시설을 불태운 자는 무기 또는 3년 이상의 징역에 처한다.

88 「화재조사 및 보고규정」상 건물의 동수 산정기준으로 옳은 것은?

① 구조와 관계없이 지붕 및 실이 하나로 연결된 것은 같은 동으로 본다.
② 건널 복도 등으로 2 이상의 동에 연결된 것은 같은 동으로 본다.
③ 내화조 건물의 경우 격벽으로 방화구획이 되어 있는 경우는 각 동으로 한다.
④ 독립된 건물과 건물 사이에 차광막, 비막이 등의 덮개를 설치하고 그 밑을 통로로 사용하는 경우에는 같은 동으로 한다.

📖 해설
② 건널 복도 등으로 2 이상의 동에 연결된 것은 다른 동으로 본다.
③ 내화조 건물의 경우 격벽으로 방화구획이 되어 있는 경우는 같은 동으로 한다.
④ 독립된 건물과 건물 사이에 차광막, 비막이 등의 덮개를 설치하고 그 밑을 통로로 사용할 때는 다른 동으로 한다.

참고

건물의 동수 산정방법 「화재조사 및 보고규정」[별표 1]
1. 같은 동(1동)으로 보는 경우

주요구조부가 하나로 연결	건물 외벽에 실을 추가
지붕 및 실이 하나로 연결	격벽으로 방화구획

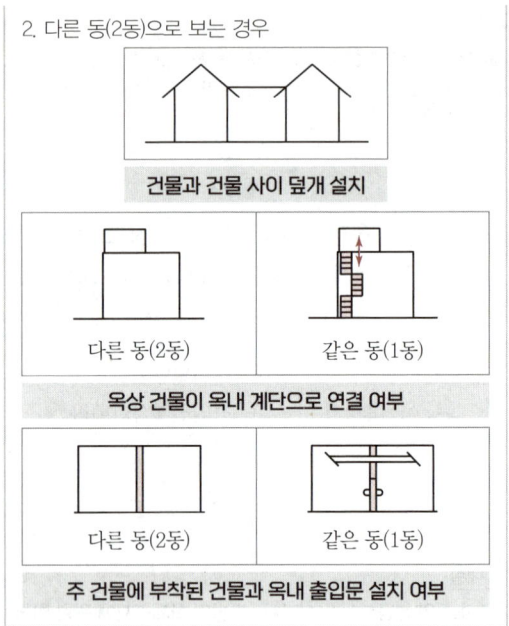

2. 다른 동(2동)으로 보는 경우

건물과 건물 사이 덮개 설치	
다른 동(2동)	같은 동(1동)
옥상 건물이 옥내 계단으로 연결 여부	
다른 동(2동)	같은 동(1동)
주 건물에 부착된 건물과 옥내 출입문 설치 여부	

89 「화재로 인한 재해보상과 보험가입에 관한 법률」상 다음의 경우 벌금 기준은? (단, 「산업재해보상보험법」에 관한 사항은 제외한다.)

특수건물의 소유자는 그 특수건물의 화재로 인한 해당 건물의 손해를 보상받고 손해배상을 이행하기 위하여 그 특수건물에 대하여 손해보험회사가 운영하는 특약부 화재보험에 가입하여야 하지만 가입하지 않은 경우

① 100만 원 이하의 벌금
② 400만 원 이하의 벌금
③ 500만 원 이하의 벌금
④ 700만 원 이하의 벌금

📖 해설

제23조 벌칙 「화재로 인한 재해보상과 보험가입에 관한 법률」

암기법 특특 500만원

특수건물의 특약부화재보험에 가입하지 아니한 자는 500만 원 이하의 벌금에 처한다.

정답 | 88 ① 89 ③

90 「민법」상 불법행위에 관한 사항으로 틀린 것은?

① 고의 또는 과실로 인한 위법행위로 타인에게 손해를 가한 자는 그 손해를 배상할 책임이 있다.
② 타인에게 정신상 고통을 가한 자는 재산 이외의 손해에 대하여도 배상할 책임이 있다.
③ 미성년자가 타인에게 손해를 가한 경우에 그 행위의 책임을 변식할 지능이 없는 때에는 배상의 책임이 없다.
④ 타인의 생명을 해한 자는 피해자의 직계존속, 직계비속 및 배우자에 대하여는 재산상의 손해가 없는 경우에는 손해배상의 책임이 없다.

해설
제752조 생명침해로 인한 위자료 「민법」

암기법 직계 존비 배

타인의 생명을 해한 자는 피해자의 직계존속, 직계비속 및 배우자에 대하여는 재산상의 손해없는 경우에도 손해배상의 책임이 있다.

91 「소방의 화재조사에 관한 법령」상 화재가 발생하였을 때 화재 원인과 피해 등에 대한 조사를 실시하는 시기로 옳은 것은?

① 화재진압 완료 후 실시
② 소방청장의 허가를 득한 후 실시
③ 화재조사자가 임의로 정하는 시기에 실시
④ 관계 공무원이 화재 사실을 인지하는 즉시 실시

해설
제5조 제1항 화재조사의 실시 「소방의 화재조사에 관한 법률」
소방관서장은 화재발생 사실을 알게 된 때에는 지체 없이 화재조사를 하여야 한다. 이 경우 수사기관의 범죄수사에 지장을 주어서는 아니 된다.

92 「화재조사 및 보고규정」상 화재조사 전담부서 설치에 관한 내용으로 틀린 것은?

① 화재조사관은 그 직무를 이용하여 관계자의 민사분쟁에 적극적으로 개입하여야 한다.
② 화재조사의 정확성을 기하기 위하여 원인 조사와 피해조사로 구분하여 조사하고 보조요원을 지정 운영하여야 한다.
③ 소방학교장은 화재조사 전문가 육성과 화재원인 등을 조사·연구할 부서를 설치 운영한다.
④ 화재조사의 원인감식과 피해조사의 전문화와 업무 발전을 위하여 소방본부와 소방서에 화재조사 전담부서를 설치 운영한다.

해설
제4조 제2항 화재조사관의 책무 「화재조사 및 보고규정」
조사관은 그 직무를 이용하여 관계인등의 민사분쟁에 개입해서는 아니 된다.

93 「소방의 화재조사에 관한 법령」상 화재조사에 관한 전문교육 과정의 교육과목 중 전문교육에 해당하는 과목이 아닌 것은?

① 화재조사 이론과 실습
② 범죄심리학 이론과 실습
③ 주요·특이 화재조사, 감식·감정에 관한 사항
④ 화재조사 시설 및 장비의 사용에 관한 사항

해설
제5조 화재조사에 관한 교육훈련 「소방의 화재조사에 관한 법률 시행규칙」

암기법 이 시 감정

1. 화재조사 이론과 실습
2. 화재조사 시설 및 장비의 사용에 관한 사항
3. 주요·특이 화재조사, 감식·감정에 관한 사항
4. 화재조사 관련 정책 및 법령에 관한 사항

94 과도한 문어발식 콘센트 사용으로 발생한 전기화재로 인하여, 구입한 지 5년 된 세탁기가 소손되었다. 이 소손에 대하여 「제조물 책임법령」상 손해배상책임에 관한 설명으로 옳은 것은?

① 세탁기 제조상 결함으로 손해배상책임은 세탁기 제조사가 부담한다.
② 세탁기 소유자의 사용상 문제로 손해배상책임은 발생하지 않는다.
③ 세탁기 설계상 결함으로 손해배상책임은 세탁기 설계자가 부담한다.
④ 세탁기 유통상 결함으로 손해배상책임은 제품 유통업체에서 부담한다.

정답 | 90 ④ 91 ④ 92 ① 93 ② 94 ②

> **해설**
> 과도한 문어발식 콘센트 사용으로 발생한 전기화재는 최초발화지점이 콘센트이고, 세탁기는 연소 확대된 제품으로 「제조물 책임법령」상 제조자에게 손해배상책임을 요구할 수 없다.

95 「실화책임에 관한 법률」에 관한 내용으로 틀린 것은?

① 손해배상액의 경감 청구가 있을 경우 화재의 원인을 고려하여 손해배상액을 경감할 수 있다.
② 실화가 중대한 과실로 인한 것이 아닌 경우 그로 인한 손해의 배상의무자는 법원에 손해배상액의 경감을 청구할 수 없다.
③ 실화로 인하여 화재가 발생한 경우 연소로 인한 부분에 대한 손해배상청구에 한하여 적용한다.
④ 실화(失火)의 특수성을 고려하여 실화자에게 중대한 과실이 없는 경우 그 손해배상액의 경감(輕減)에 관한 「민법」 제765조의 특례를 정함을 목적으로 한다.

> **해설**
> **제3조 제1항 손해배상액의 경감 「실화책임에 관한 법률」**
> 실화가 중대한 과실로 인한 것이 아닌 경우 그로 인한 손해의 배상의무자는 법원에 손해배상액의 경감을 청구할 수 있다.

96 「소방의 화재조사에 관한 법령」상 화재조사를 하는 관계공무원이 화재조사를 수행하면서 알게 된 비밀을 다른 사람에게 누설한 경우 벌금 기준은?

① 100만 원 이하의 벌금
② 200만 원 이하의 벌금
③ 300만 원 이하의 벌금
④ 500만 원 이하의 벌금

> **해설**
> 「소방의 화재조사에 관한 법률」에서 벌금은 300만 원 이하뿐이다.

> **참고**
> **제21조 300만 원 이하 벌금 「소방의 화재조사에 관한 법률」**
> **암기법** 물 출 업비 증
> 1. 허가 없이 화재현장에 있는 물건 등을 이동시키거나 변경·훼손한 사람
> 2. 화재조사관의 출입 또는 조사를 거부·방해 또는 기피한 사람
> 3. 관계인의 정당한 업무를 방해하거나 화재조사를 수행하면서 알게 된 비밀을 다른 용도로 사용하거나 다른 사람에게 누설한 사람
> 4. 정당한 사유 없이 증거물 수집을 거부·방해 또는 기피한 사람

97 「민법」상 손해배상청구권의 소멸시효에 관한 사항으로 ( )에 알맞은 기준은?

> 불법행위로 인한 손해배상의 청구권은 피해자나 그 법정대리인이 그 손해 및 가해자를 안 날로부터 ( )년간 이를 행사하지 아니하면 시효로 인하여 소멸한다.

① 1
② 2
③ 3
④ 4

> **해설**
> **손해배상청구권의 소멸시효 등**
> **암기법** 모알 3년, 제공 10년
>
> | 구분 | 내용 |
> |---|---|
> | 청구권 소멸시효 | 손해배상의 청구권은 피해자 또는 그 법정대리인이 다음 사항을 모두 알게 된 날부터 3년간 행사하지 아니하면 시효의 완성으로 소멸한다.
1. 손해
2. 손해배상책임을 지는 자 |
> | 청구권 행사기간 | 손해배상의 청구권은 제조업자가 손해를 발생시킨 제조물을 공급한 날부터 10년 이내에 행사하여야 한다. |

정답 | 95 ② 96 ③ 97 ③

98 「소방의 화재조사에 관한 법령」상 소방공무원과 경찰공무원의 협력에 관한 사항으로 (   )에 알맞은 내용은?

> 소방본부장이나 소방서장은 화재조사 결과 방화 또는 실화의 혐의가 있다고 인정하면 지체 없이 (   )에게 그 사실을 알리고 필요한 증거를 수집·보존하여 그 범죄수사에 협력해야 한다.

① 시·도지사 ② 관할 구청장
③ 관할 검찰 지청장 ④ 관할 경찰서장

해설
제12조 소방공무원과 경찰공무원의 협력 등 「소방의 화재조사에 관한 법률」
소방관서장은 방화 또는 실화의 혐의가 있다고 인정되면 지체 없이 경찰서장에게 그 사실을 알리고 필요한 증거를 수집·보존하는 등 그 범죄수사에 협력하여야 한다.

99 「화재조사 및 보고규정」상 다음에서 설명하는 용어는?

> 화재와 관계되는 물건의 형상, 구조, 재질, 성분, 성질 등 이와 관련된 모든 현상에 대하여 과학적 방법에 의한 필요한 실험을 행하고 그 결과를 근거로 화재원인을 밝히는 자료를 얻는 것을 말한다.

① 감식 ② 조사
③ 감정 ④ 동력원

해설
과학적 방법에 의한 실험으로 화재원인을 판정하는 것은 감정에 해당한다.
① 감식 : 주로 시각에 의한 종합적인 판단
② 조사 : 화재원인을 규명하고 화재로 인한 피해를 산정
④ 동력원 : 일을 하는데 필요한 에너지를 공급할 수 있는 것

100 「화재로 인한 재해보상과 보험가입에 관한 법률」상 보험가입에 관한 사항으로 틀린 것은?

① 특수건물의 소유자는 특약부화재보험에 관한 계약을 매년 갱신하여야 한다.
② 손해보험회사는 특약부화재보험 계약의 체결을 거절할 수 있다.
③ 특수건물의 소유자는 특약부화재보험에 부가하여 풍재(風災) 등으로 인한 손해를 담보하는 보험에 가입할 수 있다.
④ 특수건물의 소유권이 변경된 경우 특수건물의 소유자는 그 건물의 소유권을 취득한 날부터 30일 이내에 특약부화재보험에 가입하여야 한다.

해설
제5조 제3항 보험가입의 의무 「화재로 인한 재해보상과 보험가입에 관한 법률」
손해보험회사는 특약부화재보험 계약의 체결을 거절하지 못한다.

정답 | 98 ④ 99 ③ 100 ②

기사 기출유형 복원문제 2023년 1회

제1과목 화재조사론

01 다음 중 박리 흔(spalling)이 발생할 수 있는 조건으로 가장 거리가 먼 것은?

① 습기가 적은 노후 건물의 콘크리트
② 철근, 철망과 콘크리트의 열팽창률
③ 콘크리트 혼합의 정도 차
④ 수열면과 이면부의 온도 차

해설
습기와 염분이 콘크리트 내부로 침투하면 철근이 부식되고, 이로 인해 철근이 팽창하여 콘크리트에 응력을 가하면서 박리가 발생할 가능성이 높아진다. 반대로, 건물이 건조하고 습기가 적은 경우에는 이러한 부식 과정이 억제되어 박리가 발생할 확률이 낮아진다.

참고
박리흔이 발생하는 주요원인
- 철근 부식 : 습기와 염분이 철근에 침투하면 부식이 발생하고, 부식으로 인해 철근이 팽창하면서 콘크리트를 밀어내어 박리가 발생한다.
- 열팽창 : 철근과 콘크리트의 열팽창률 차이로 인해 온도 변화가 있을 때 응력 차이가 발생하여 박리가 발생한다.
- 혼합 불균일 : 콘크리트의 혼합 정도가 고르지 않으면 강도와 내구성에 차이가 생겨 박리가 발생한다.
- 온도 차 : 수열면(불에 직접 노출된 면)과 이면부(노출되지 않은 면) 간의 온도 차이로 인해 응력이 발생하여 박리가 발생한다.

02 「소방의 화재조사에 관한 법령」상 화재조사의 책임과 권한에 관한 사항으로 옳지 않은 것은?

① 소방관서장은 화재조사를 위하여 관계인에게 자료 제출을 명할 수 있다.
② 소방관서장은 수사기관이 방화(放火)의 혐의가 있어서 이미 피의자를 체포하였을 때에 그 피의자에 대하여 조사할 수 있다.
③ 화재조사를 하는 관계 공무원은 화재조사를 수행하면서 알게 된 비밀을 누설해서는 안 된다.
④ 소방관서장은 화재조사 결과 방화 또는 실화의 혐의가 있다고 인정하면 화재조사를 중지해야 한다.

해설
화재조사 결과 방・실화 혐의 시 관할 경찰서장에게 그 사실을 알려야 한다. (제12조)
① 소방관서장은 관계인에게 자료 제출을 명할 수 있다. (제9조)
② 소방관서장은 수사기관이 피의자를 체포하였을 때에 그 피의자를 조사할 수 있다. (제11조)
③ 화재조사관은 비밀을 언론 포함 다른 사람에게 누설해서는 안 된다. (제9조)

03 화재가 나타나는 V패턴의 설명으로 가장 거리가 먼 것은?

① 불꽃과 대류 또는 복사열에 의해서 생성된다.
② 연소가 진행될 때 수직으로 된 벽면에 나타난다.
③ 패턴이 나타내는 각도가 넓으면 연소속도가 느리다.
④ 발화지점이 아닌 곳에서도 생성될 수 있다.

해설
V패턴 각도가 화재의 성장속도나 열방출률을 나타내는 것이 아니다. V각이 넓고 좁음으로 연소 속도를 평가하긴 어렵다. 가연물의 양, 위치, 환기상태 등을 종합 고려해야 한다.

정답 | 01 ① 02 ④ 03 ③

04 목재의 탄화심도 측정 시 유의사항으로 적합하지 않은 것은?

① 게이지로 측정된 깊이 외에 소실된 부분의 깊이를 더하여 비교하여야 한다.
② 탄화되지 않는 곳까지 삽입될 수 있으므로 송곳과 같은 날카로운 측정기구를 사용한다.
③ 측정기구는 목재와 직각으로 삽입하여 측정한다.
④ 탄화된 요철 부위 중 철(凸)부위를 택하여 측정한다.

해설
탄화되지 않은 곳까지 삽입되지 않도록 끝이 평평하거나 뭉툭한 측정기구를 사용한다.

> **참고**
> **목재 탄화심도 측정**
> • 탄화된 요철(凹凸) 부위 중, 철(凸) 부위를 택하여 측정한다.
> • 게이지로 측정된 깊이 외에 이미 소실된 부위의 깊이를 더하여 비교하여야 한다.
> • 탄화되지 않은 곳까지 삽입될 수 있으므로 송곳과 같은 날카로운 측정기구는 사용하지 않는다.
> • 측정기구는 목재와 직각으로 삽입하여 측정한다.
> • A지점, B지점의 측정 시 동일한 압력으로 측정하여야 한다.
> • 수회 측정하여 평균값을 사용, 측정오차를 줄인다.

05 다음 중 분진폭발의 위험이 가장 낮은 것은?

① 알루미늄 분말   ② 설탕 분진
③ 마그네슘 분진   ④ 생석회 분말

해설
생석회는 불연성 물질로 분진폭발의 위험성이 없다.

06 다음 중 산소공급원의 역할을 하는 물질은?

① 칼륨   ② 황린
③ 과산화나트륨   ④ 디에틸에테르

해설
과산화나트륨(Na_2O_2)은 제1류 산화성 고체로 연소반응 시 산소 공급원 역할을 한다.

07 화재현장 복원 요령으로 가장 옳은 것은?

① 형체가 소실되어 배치가 불가능한 것은 끈이나 로프 또는 대용품을 사용하되 대용품이라는 것이 인식되도록 한다.
② 복원은 현장식별이 가능하지 않는 것도 복원한다.
③ 불확실하지 않아도 예측에 의존하여 복원한다.
④ 관계인은 복원현장에 입회시키지 않는다.

해설
형체가 소실된 물품은 화재 초기 연소된 가연물일 가능성이 높다. 대용품임을 표시하고 복원한다.
② 현장식별이 가능하지 않은 것은 대용품을 사용하고 대용품인 것을 인식하도록 한다.
③, ④ 예측보다는 관계인과 복원 현장을 입회하여 정확한 정보를 바탕으로 복원해야 한다.

08 점화원에 대한 설명으로 옳은 것은?

① 온도가 높을수록 최소점화에너지는 높아진다.
② 가스와 공기의 혼합비율이 연소하한계에 가까울수록 점화에너지는 작아진다.
③ 가스와 공기의 혼합비율이 연소상한계에 가까울수록 점화에너지는 작아진다.
④ 연소범위 내에 있는 가연성 가스는 정전기 등의 약한 에너지도 점화될 수 있다.

해설
연소범위 내에 있는 가연성 가스는 정전기 등의 최소점화에너지만 있어도 점화된다.

> **참고**
> **최소점화에너지(MIE ; Minimum Ignition Energy)**
> 가연성 가스 및 증기, 분체 등을 점화시키는 데 필요한 최소 에너지이다.
> • 온도가 상승하면 최소점화에너지는 작아진다.
> • 압력이 상승하면 최소점화에너지는 작아진다.
> • 농도가 높으면 최소점화에너지는 작아진다.
> • 연소하한계나 연소상한계에 가까울수록 점화가 어려워져 최소점화에너지가 증가하고, 혼합비율이 최적일 때 최소점화에너지가 가장 낮다.

정답 | 04 ②   05 ④   06 ③   07 ①   08 ④

09 메틸에틸케톤(MEK) 화재의 분류로 적합한 것은?

① A급 화재 ② B급 화재
③ C급 화재 ④ D급 화재

해설
MEK(메틸에틸케톤)은 제4류 위험물 제1석유류에 해당하므로 B급 화재다.

10 화염의 색이 백적색일 때 불꽃의 온도는?

① 350℃ 정도 ② 800℃ 정도
③ 1,300℃ 정도 ④ 1,500℃ 정도

해설
온도별 화염의 색

담암적색	암적색	적색	휘적색	황적색	백적색	휘백색
520℃	700℃	850℃	950℃	1,100℃	1,300℃	1,500℃

11 아마인유, 대두유, 오동유 등의 건성유를 90~100℃에서 5~10시간 공기를 불어 넣으면서 가열하여 색과 점도를 준 것으로 요오드가가 145 이상인 보일유에 안료와 전색제 등을 혼합한 착색도료는?

① 락카 ② 페인트
③ 시너 ④ 알코올

해설
페인트는 보일유와 안료를 혼합하여 만드는 도료이다.

12 화재조사 측면에서의 화재진압 및 구조대원의 역할이라고 볼 수 없는 것은?

① 구조대원은 피해자들의 화상 부위와 정도를 확인하고 이를 화재조사자에게 통보한다.
② 진압을 위해 출입문을 강제로 개방할 때 다른 강제적인 흔적이 발견된다면 이 흔적이 겹치지 않도록 다른 곳을 파괴한다.
③ 잔불정리 과정에서 과도하게 변형시키지 않으며, 변경되었을 경우에는 화재조사자에게 통보한다.
④ 진압 시 자가발전설비가 부착된 기구를 재급유할 때에는 화재현장에서 신속하게 진행한다.

해설
자가발전설비가 부착된 기구의 재급유는 화재조사와 직접적인 관련이 없다. 또한, 화재현장에서 재급유를 신속히 진행하는 것은 매우 위험하며, 화재 확산이나 2차 사고를 유발할 가능성이 있다.

13 다음 중 발화온도가 가장 높은 것은?

① 메탄 ② 프로판
③ 이소부탄 ④ 노르말 헥산

해설
메탄(650℃), 프로판(423℃), 이소부탄(365℃), 노르말 헥산(234℃)

참고
가연물질의 발화점

물질	발화점(℃)	물질	발화점(℃)
황린	34	셀룰로이드	180
이황화탄소	100	무연탄	440~500
적린	260	목탄	320~400
에틸알코올	363	고무	400~450
탄소	800	프로판	423
목재	400~450	일산화탄소	609
메탄	650	나일론	795~990
휘발유	257	노르말 헥산	234
부탄	365	산화에틸렌	429

14 화재조사 기자재 중 안전장비에 포함되지 않는 것은?

① 휴대용 랜턴 ② 안전고리
③ 보호용 장갑 ④ 방진마스크

해설
휴대용 랜턴은 조명기기에 속한다.

참고
전담부서 장비와 시설 「소방의 화재조사에 관한 법률 시행규칙」 [별표]

구분	기자재명 및 시설 규모
안전장비(8종)	보호용 작업복, 보호용 장갑, 안전화, 안전모, 마스크(방진마스크, 방독마스크), 보안경, 안전고리, 화재조사 조끼
조명기기(5종)	이동용 발전기, 이동용 조명기, 휴대용 랜턴, 헤드랜턴, 전원공급장치(500A 이상)

정답 | 09 ② 10 ③ 11 ② 12 ④ 13 ① 14 ①

15 「소방의 화재조사에 관한 법령」상 화재조사의 실시 사항에 포함되지 않는 것은?

① 인명피해상황 조사
② 대응활동에 관한 상황 조사
③ 재산피해상황 조사
④ 보험관계 조사

해설
실제 보험관계 여부 조사는 방화 관계를 확인하기 위한 보조 자료로 활용하기 위해 조사하지만, 「화재조사법률」상 반드시 조사해야 하는 사항은 아니다.

> **참고**
> 제5조 화재조사의 실시 「소방의 화재조사에 관한 법률」
> 1. 화재원인에 관한 사항
> 2. 화재로 인한 인명·재산피해상황
> 3. 대응활동에 관한 사항
> 4. 소방시설 등의 설치·관리 및 작동 여부에 관한 사항
> 5. 화재발생건축물과 구조물, 화재유형별 화재위험성 등에 관한 사항
> 6. 그 밖에 대통령령으로 정하는 사항(화재안전조사의 실시 결과에 관한 사항)

16 유류 화재와 관련된 용어의 설명으로 틀린 것은?

① 인화점은 외부로부터 에너지를 받아서 착화 가능한 최저온도
② 발화점은 외부로부터 점화에너지 공급 없이 물질 스스로 착화되는 최저온도
③ 증기밀도는 공기의 분자량을 가연성 물질의 분자량으로 나눈 값
④ 연소점은 화염이 꺼지지 않고 지속되는 최저온도

해설
증기밀도는 가연성 물질의 분자량을 공기의 분자량으로 나눈 값이다.

17 불기둥에 의해 수직벽면에 생성되는 패턴으로 옳지 않은 것은?

① V패턴
② 모래시계 패턴
③ 도넛형태 패턴
④ U패턴

해설
도넛형태 패턴과 같이 유류에 의한 화재패턴은 주로 바닥에 생성되고, V, U, 모래시계 패턴은 수직벽면에 형성된다.

18 프로판 50vol%, 메탄 30vol%, 수소 20vol%의 조성으로 혼합된 가연성연료가 공기 중에 존재한다고 할 때 이 연료가스의 연소하한계(LFL)는 얼마인가? (단, 프로판의 LFL은 2.1vol%, 메탄의 LFL은 5vol%, 수소의 LFL은 4vol%이다.)

① 2.27vol%
② 2.87vol%
③ 3.97vol%
④ 4.07vol%

해설
혼합가스의 폭발범위 계산 "르샤틀리에 법칙(Le Chatelier's Low)"

암기법 백불(100 V L)

$$L = \frac{100}{\frac{V_1}{L_1} + \frac{V_2}{L_2} + \frac{V_3}{L_3} + \cdots}$$

L : 혼합가스 폭발한계(%)
L_1, L_2, L_3 : 각 가연성 가스 폭발한계(%)
V_1, V_2, V_3 : 각 가연성 가스의 공기 중 부피(vol%)

$$\therefore L = \frac{100}{\left(\frac{50}{2.1} + \frac{30}{5} + \frac{20}{4}\right)} = 2.87(vol\%)$$

19 다음 화재현장의 특징 중 건축물 방화현장의 특징으로 가장 거리가 먼 것은?

① 화재가 건물의 구조, 가연물 등에 비해 급격히 확산된 경우
② 최초 발화지점에서 유류 등 연료물질을 사용한 흔적이 있는 경우
③ 출입문, 창 등이 잠겼을 때 강제로 진입한 흔적이 있는 경우
④ 연소기구를 중심으로 연소확대가 진행된 흔적이 있는 경우

해설
연소기구를 중심으로 연소확대가 진행된 흔적은 실화에 더 가깝고, 일반적인 방화현장의 특징은 아니다.

정답 | 15 ④ 16 ③ 17 ③ 18 ② 19 ④

20 화재현장에서 열, 연기 또는 화염 흐름의 방향을 표시하는 것으로써, 화재현장도에 사용되는 화살표는 무엇인가?

① 열관성
② 타임라인
③ 열방출율
④ 열 및 화염 벡터

해설
열, 연기 등에 의한 연소강도를 파악하고 연소 강도가 강한 곳에서 약한 곳으로 열 및 화염 벡터를 표시하면, 발화지점 판정 시 유용하다.

제2과목 화재감식론

21 발화원에 대한 설명으로 틀린 것은?

① 발화원은 가연물의 발화온도에 이르는 높은 에너지를 가지고 있다.
② 발화원은 대체로 발화지점이나 그 근처에 존재할 수 있다.
③ 발화원은 발화원인을 증명하기 위해 꼭 확인되어야 한다.
④ 발화원은 발견되거나 파괴되지 않은 상태로 존재한다.

해설
무염화원, 자연발화, 돋보기 효과, 낙뢰, 라이터 불 등 발화원은 현장에서 잔해가 없을 가능성이 높다. 또한, 발화지점에 진압대에 의해 이동되었을 가능성 등 여러 가지 상황이 있을 수 있다. 따라서 발화원은 발견되지 않을 경우도 많다.

22 다음 중 우리나라 임야화재의 발생건수가 가장 많은 계절은?

① 봄
② 여름
③ 가을
④ 겨울

해설
우리나라는 논·밭두렁을 태우는 건조한 봄(3월, 4월)에 임야화재가 가장 자주 발생한다.

23 「위험물안전관리법령」상 제1류 산화성 고체에 명시되지 않은 것은?

① 질산염류
② 염소산염류
③ 과염소산염류
④ 질산에스테르류

해설
질산에스테르류는 제5류 자기반응성물질이다.

24 pH=3인 수용액의 [H$^+$]는 pH=5인 수용액의 [H$^+$]의 몇 배인가?

① 0.01
② 10
③ 100
④ 1,000

해설
pH 농도 계산식 : pH = $-\log[H^+]$
[H$^+$]로 정리 : [H$^+$] = 10^{-pH}
pH = 3 대입 : [H$^+$] = 10^{-3}
pH = 5 대입 : [H$^+$] = 10^{-5}
∴ $\frac{10^{-3}}{10^{-5}} = 100$

25 자동차 엔진이 회전할 때 기관 내부 주요부위 온도를 나타낸 것 중 옳은 것은?

① 연소실 가스 : 3,900℃
② 연소실의 벽 : 200~260℃
③ 피스톤 헤드 중심 : 150~260℃
④ 배기밸브 헤드 부위 : 290~310℃

해설
엔진의 냉각 시스템이 연소실 벽을 냉각시켜 200~260℃ 온도를 유지한다.
① 연소실 가스 : 2,000~2,500℃
② 연소실의 벽 : 200~260℃
③ 피스톤 헤드 중심 : 2,000℃ 이상
④ 배기밸브 헤드 부위 : 700℃ 이상

정답 | 20 ④ 21 ④ 22 ① 23 ④ 24 ③ 25 ②

26 누전에 의한 화재를 입증하기 위한 조건에 해당하지 않는 것은?

① 누전점 ② 접지점
③ 출화점 ④ 인화점

🔍 **해설**
누전현상이 원인이 되어 발생하는 화재는 전류가 누설된 누전점, 접지점 그리고 그 두 사이에 출화점이 형성되었을 때 발생하게 된다.

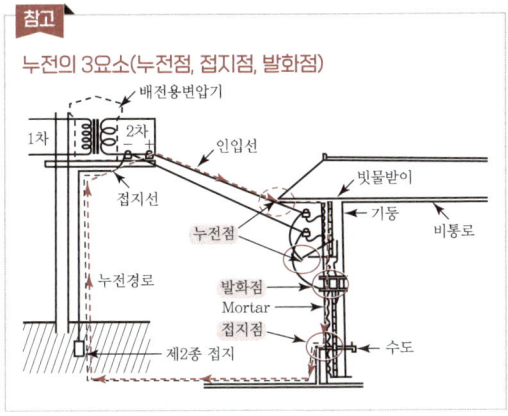

참고
누전의 3요소(누전점, 접지점, 발화점)

27 일반적으로 사용되고 있는 안전밸브의 종류가 옳게 연결된 것은?

① LPG 용기 – 가용전(가용합금식) 안전밸브
② 산화에틸렌 용기 – 파열식 안전밸브
③ 아르곤 압축가스 용기 – 스프링식 안전밸브
④ 초저온 용기 – 스프링식과 파열식의 2중 안전밸브

🔍 **해설**
① LPG 용기 – 스프링식 안전밸브
② 산화에틸렌 용기 – 가용전(가용합금식) 안전밸브
③ 아르곤 압축가스 용기 – 파열판식 안전밸브

참고
가스용기 안전밸브의 종류

암기법 L 스프, 압파, 염아산 가용, 초저온 스파2

- LPG 용기 : 스프링식 안전밸브
- 산소, 수소, 질소, 아르곤 등의 압축가스 용기 : 파열판식 안전밸브
- 염소, 아세틸렌, 산화에틸렌 용기 : 가용전(가용합금식) 안전밸브
- 초저온 용기 : 스프링식과 파열판식의 2중 안전밸브

28 연소가 확대된 연소경로의 방향성을 알기 위한 주요 판단요소가 아닌 것은?

① 연소흔의 형태
② 점화원의 형태
③ 백열전구의 변형
④ 동물 사체의 탄화 정도

🔍 **해설**
연소경로의 방향성을 알기 위해서는 각 물질의 연소 강약을 파악해야 한다. 점화원의 형태는 화재 원인 조사에 필요한 요소일 뿐, 연소경로의 방향성과는 관련이 적다.

29 정전기를 방지하기 위한 대책으로 틀린 것은?

① 땅속으로 정전기를 흘려보내는 접지 조치
② 공기 중의 습도를 70% 이상으로 유지
③ 비전도성 물질에 탄소, 금속분 등의 대전방지제를 첨가
④ 위험물 등이 배관 내를 흐를 때 빠른 유속 유지

🔍 **해설**
위험물 등이 배관 내를 흐를 때 빠른 유속은 마찰로 인해 정전기가 더 많이 발생한다.

30 인화성 기체(고압가스)의 폭발사고 조사 시 용기의 색은 기체 종류 파악에 중요하다. 기체의 종류에 따른 용기의 색이 옳게 연결된 것은?

① 수소 – 주황색 ② 아세틸렌 – 녹색
③ 액화암모니아 – 회색 ④ LPG – 백색

🔍 **해설**
② 아세틸렌 – 황색
③ 액화암모니아 – 백색
④ LPG – 회색

참고
가스용기의 색상

가스 종류	색상	가스 종류	색상
아세틸렌	황색	LPG	회색
수소	주황색	탄산가스	청색
(액화)암모니아	백색	산소	녹색
(액화)염소	갈색	그 밖의 가스	회색

정답 | 26 ④ 27 ④ 28 ② 29 ④ 30 ①

31 방화 범죄 특징에 대한 설명 중 틀린 것은?

① 방화는 정신이상, 원한, 보복 등 비정상적인 사고에 의해 발생한다.
② 방화에 사용된 증거물이 전소되고 은닉되는 것이 대부분이기 때문에 방화원인을 규명하는 데 많은 어려움이 있다.
③ 방화는 일반적으로 은폐된 공간에서 이루어지고 순간화재 확산이 빠른 인화성 물질을 사용하는 경우가 많아 피해범위가 크다.
④ 방화는 일반적으로 계절적인 측면에 좌우되고 주기적으로 발생한다.

해설
방화는 계절적인 측면에 좌우되지 않고 주기적으로 발생하지 않는다.

32 방화의 일반적인 판단요소로 가장 거리가 먼 것은?

① 화상 피해자의 유무
② 무단침입과 출입흔적
③ 범죄흔적
④ 이상(異常)연소현상

해설
방화현장에서 화상 피해자가 반드시 발생하는 것은 아니다.

33 선박화재의 직접적인 발화(發火)원으로 보기 어려운 것은?

① 전기 과열   ② 정전기
③ 아크   ④ 접지

해설
접지는 과전류, 과전압 상태에서 사람과 장비의 안전을 위한 장치이다. 때로는 접지의 손상 등으로 비정상 작동 시 화재가 발생하는 사례도 있지만, 직접적인 발화원은 아니다.

34 나무에서 공통적으로 나타나는 탄화와 균열의 특성으로 틀린 것은?

① 유염연소가 무염연소보다 타들어 가는 것이 깊다.
② 불에 오래도록 강하게 탈수록 탄화의 깊이는 깊다.
③ 탄화모양을 형성하고 있는 패인 골이 깊을수록 소손이 강하다.
④ 탄화모양을 형성하고 있는 패인 골의 폭이 넓을수록 소손이 강하다.

해설
무염연소는 화염 없이 천천히 진행되며, 유염연소에 비해 더 깊게 타들어간다. 특히, 목재의 무염연소는 시간이 길어질수록 수직으로 깊게 탄화된다.

35 자동차 점화장치의 전류 흐름 순서는?

① 점화스위치 → 배터리 → 시동모터 → 점화코일 → 배전기 → 고압케이블 → 스파크플러그
② 점화스위치 → 점화코일 → 시동모터 → 배터리 → 배전기 → 고압케이블 → 스파크플러그
③ 점화스위치 → 스파크플러그 → 점화코일 → 시동모터 → 배터리 → 배전기 → 고압케이블
④ 점화스위치 → 스파크플러그 → 배터리 → 시동모터 → 점화코일 → 배전기 → 고압케이블

해설
점화 시 전류 흐름 순서

`암기법` 점 빼(배) 시오, 점 빼(배)고 스파크

점화스위치 → 배터리 → 시동모터 → 점화코일 → 배전기 → 고압케이블 → 스파크 플러그

36 내연기관 자동차의 구동방식에 의한 분류에 속하지 않는 것은?

① AW CAR   ② FR CAR
③ RR CAR   ④ AR CAR

해설
내연기관 자동차 구동방식은 FF, FR, RR, AW CAR이 있다.

정답 | 31 ④ 32 ① 33 ④ 34 ① 35 ① 36 ④

> **참고**
> **내연기관 자동차 구동방식**

- FF CAR(FRONT ENGINE FRONT DRIVE CAR) : 엔진은 차량 앞에 장착되고 전륜이 구동되는 방식
- FR CAR(FRONT ENGINE REAR DRIVE CAR) : 엔진은 차량 앞에 장착되고 후륜이 구동되는 방식
- RR CAR(REAR ENGINE REAR DRIVE CAR) : 엔진이 차량 뒤에 배치되고 후륜이 구동되는 방식
- AW CAR(ALL WHEEL DRIVE CAR) : 전륜과 후륜이 모두 구동되는 방식

37 담뱃불 발화 메커니즘에 대한 설명으로 옳은 것은?

① 훈소가 지속될 수 있는 가연물과의 접촉 → 훈소 → 착염 → 출화의 과정을 겪는다.
② 담뱃불의 연소 선단에서의 온도는 100~200℃ 정도이다.
③ 담뱃불의 연소성은 풍속 0.5m/s에서 최적조건이고 1m/s 이상이면 꺼지기 쉬우며, 산소농도 16% 이하에서는 연소하지 않는다.
④ 담뱃불의 연소시간은 레귤러 사이즈(84mm)의 경우 1개비는 수평 18~19분, 수직 16~17분 정도가 소요된다.

해설
② 담뱃불의 연소 선단에서의 온도는 550~600℃ 정도이다.
③ 담뱃불의 연소성은 풍속 1.5m/s에서 최적조건이고 3m/s 이상이면 꺼지기 쉬우며, 산소농도 16% 이하에서는 연소하지 않는다.
④ 담뱃불의 연소시간은 레귤러 사이즈(84mm)의 경우 1개비는 수평 13~14분, 수직 11~12분 정도가 소요된다.

> **참고**
> **담뱃불 일반 사항**

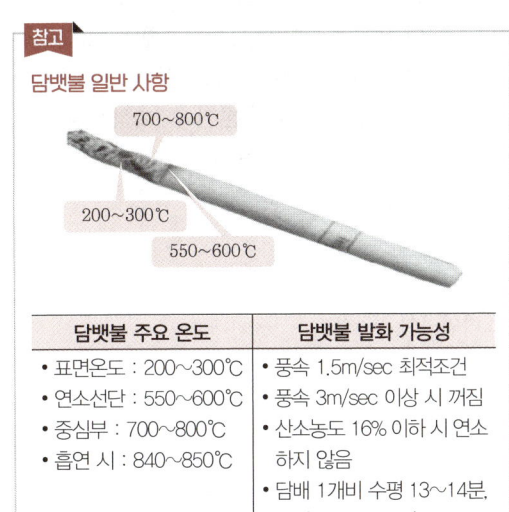

담뱃불 주요 온도	담뱃불 발화 가능성
• 표면온도 : 200~300℃ • 연소선단 : 550~600℃ • 중심부 : 700~800℃ • 흡연 시 : 840~850℃	• 풍속 1.5m/sec 최적조건 • 풍속 3m/sec 이상 시 꺼짐 • 산소농도 16% 이하 시 연소하지 않음 • 담배 1개비 수평 13~14분, 수직 11~12분 연소

38 산불진화 시 열 스트레스 손상으로 가장 거리가 먼 것은?

① 열 경련 ② 탈수 피로
③ 열 발작 ④ 혼수상태

해설
열 스트레스 손상은 열 경련, 탈수 피로, 열 발작이 발생한다.

39 항공기 화재에서 가연성 금속화재의 분류(Class)로 옳은 것은?

① Class A ② Class B
③ Class C ④ Class D

해설
① Class A : 일반 화재
② Class B : 유류 화재
③ Class C : 전기 화재
④ Class D : 금속 화재

> **참고**
> **화재의 분류**
>
> **암기법** 일A - 유B - 전C - 금D
>
> • 일반화재 - A급
> • 유류·가스화재 - B급
> • 전기화재 - C급
> • 금속화재 - D급

정답 | 37 ① 38 ④ 39 ④

40 폭발현장에서 수집한 배경 정보를 바탕으로 폭발 전 및 폭발 시 사고 경위를 표로 만든 후 인과관계이론과 일치하는지 아닌지를 추론한 후 "최적"이론을 설정하는 분석을 무엇이라 하는가?

① 손상패턴 분석
② 구조물 분석
③ 열효과 상관분석
④ 타임라인 분석

해설
타임라인 분석은 사건의 전개 과정을 시간순으로 파악하여 인과관계를 추론하고, 사고의 원인을 분석한다.
① 손상패턴 분석 : 손상된 구조물, 물체 형태, 규모 등을 관찰하고 분석
② 구조물 분석 : 손상된 구조물 설계, 재료, 공정 분석
③ 열효과 상관분석 : 열전달, 폭발 원인 등 열적효과 고려한 분석

제3과목 증거물관리 및 법과학

41 화재현장에서 채취한 증거물의 감정기관 이송 시 우편법상의 금지 물품이 아닌 것은?

① 흙과 모래 등이 섞인 물질
② 폭발성 물질
③ 발화성 물질
④ 인화성 물질

해설
제2조 우편금지물품의 종류 「우편금지물품의 내용에 관한 고시」에서 화재조사 관련 대표 물질
1. 폭발성 물질
2. 발화성 물질
3. 가연성 물질
4. 인화성 물질
5. 유독성 물질
6. 강산류 및 강산화성 물질

---

42 화재현장에서 역광 촬영을 하고자 한다. 다음 중 카메라 측광방식으로 가장 옳은 것은?

① 스팟측광
② 중앙부 중점 측광
③ 평균측광
④ 다분할 측광

해설
피사체의 작은 지점 즉, Spot를 측광하는 방식을 말한다.

---

43 액체증거물 수집에 대한 설명으로 틀린 것은?

① 액체 탄화수소물의 밀봉을 위해서 고무로 만들어진 링이나 혹은 고무마개를 지니고 있는 병을 사용하여야 한다.
② 적은 양의 액체는 피펫 혹은 깨끗한 흡수섬유, 거즈 혹은 탈지면에 흡수시키고 적절한 밀폐용기에 그것을 밀봉할 수 있다.
③ 의심스러운 가연성 액체가 콘크리트에서 발견된다면 습식 브러시로 쓸어 담가나 흡수성 재질을 펼쳐 흡수시킨다.
④ 흡수제는 별도의 캔에 밀봉되어 보관되어야 한다.

해설
증거물 시료용기의 마개 관련 규정
- 코르크 마개, 고무(클로로프렌 고무는 제외), 마분지, 합성 코르크 마개 또는 플라스틱 물질(PTFE는 제외)은 시료와 직접 접촉되어서는 안 된다.
- 만일 이런 물질들을 시료 용기의 밀폐에 사용할 때에는 알루미늄이나 주석 호일로 감싸야 한다.
- 양철 용기는 돌려막는 스크루 뚜껑만 아니라 밀어 막는 금속 마개를 갖추어야 한다.
- 유리 마개는 병의 목 부분에 공기가 새지 않도록 단단히 막아야 한다.

> **참고**
> **증거물 시료용기 마개의 시료 직접 접촉 금지 규정**
> **암기법** 코골(고)지마 하(합)품(플라스틱) 안되
>
> 코르크 마개, 고무(클로로프렌 고무는 제외), 마분지, 합성 코르크 마개 또는 플라스틱 물질(PTFE는 제외)은 시료와 직접 접촉되어서는 안 된다.

정답 | 40 ④ 41 ① 42 ① 43 ①

44 사진이나 비디오 등 영상물의 증거능력을 인정할 수 있는 권한이 있는 자로 옳은 것은?

① 변호사 ② 법관
③ 검사 ④ 경찰

🛢 해설
제308조 자유심증주의 「형사소송법」
증거의 증명력은 법관의 자유판단에 의한다.

45 다음 중 화재조사자가 작성해야 하는 서류가 아닌 것은?

① 화재발생종합보고서
② 방화·방화의심 조사서
③ 재산피해신고서
④ 소방·방화시설 활용조사서

🛢 해설
재산피해 신고서는 관계인 등이 작성한다. ①, ②, ④는 화재조사자가 작성한다.

46 다음은 어떤 증거에 대한 설명인가?

> 자신이 직접 인지한 사실이나 다른 사람이 말한 것에 대한 증거로서 다른 사람의 신뢰성에 의존하는 증거

① 기초증거 ② 유도증거
③ 전문증거 ④ 유죄증거

🛢 해설
직접체험한 사람의 진술이 서면이나 타인의 진술이라는 매개를 통하여 법원에 전달되는 경우가 전문증거다.

47 화재현장에서 진압대원의 역할과 책임에 관한 설명으로 옳지 않은 것은?

① 소화활동 시 화재조사를 고려하여 불필요한 파괴작업을 지양한다.
② 증거물을 발견하였을 경우 현장지휘자에게 보고하여야 한다.
③ 직사직수로 방수할 경우 최대한 발화지점을 훼손하지 않도록 주의하여야 한다.
④ 화재진압대원은 신속 정확한 진압이 우선이므로 현장보존은 생각할 필요가 없다.

🛢 해설
화재현장 보존은 소방대 도착과 함께 시작한다.

48 용융점이 높은 것에서 낮은 순서로 옳게 나열된 것은?

① 스테인레스 → 텅스텐 → 아연 → 마그네슘 → 동
② 텅스텐 → 스테인레스 → 동 → 마그네슘 → 아연
③ 텅스텐 → 스테인레스 → 마그네슘 → 동 → 아연
④ 스테인레스 → 텅스텐 → 동 → 아연 → 마그네슘

🛢 해설
각 물질별 용융점

금속명칭	용융점(℃)	금속명칭	용융점(℃)
수은	39	금	1,063
주석	232	구리	1,083
납	327	니켈	1,455
아연	420	스테인리스	1,520
마그네슘	650	철	1,530
알루미늄	660	티탄	1,800
은	960	몰리브덴	2,620
황동	900~1,000	텅스텐	3,400

49 화재현장을 촬영하는 위치에 대한 설명으로 옳은 것은?

① 피사체가 냉장고일 경우 전후좌우의 4면을 각각 촬영한다.
② 촬영방향은 발화부로 추정되는 곳의 앞면을 집중적으로 촬영한다.
③ 카메라는 가능하면 수직으로 촬영한다.
④ 촬영된 사진은 화재조사자를 위한 자료이므로 촬영 위치는 조사자의 재량에 달려있다.

🛢 해설
현장 내부의 촬영 방법
- 발화대상물 이외 부분도 촬영하여야 발화부 및 발화지점을 배제하는 근거로 활용할 수 있다.
- 사진을 통해 내부의 구조, 각 벽면 및 천정, 바닥이 모두 나타날 수 있도록 촬영한다.

정답 | 44 ② 45 ③ 46 ③ 47 ④ 48 ② 49 ①

- 눈금자를 사용하여 촬영할 때는 눈금자가 화면에 평행하거나 수직이 되도록 촬영한다.
- 발화부로부터 주변으로 확산된 경로의 특징이 잘 나타나도록 근접 촬영한다.

50 화재현장에서 화재조사자들이 증거물 관련 부분을 직접 인지해야 하는 부분이 아닌 것은?

① 화재현장에서 어떻게 다른 물질이 불과 반응했는지 여부
② 화재의 유형, 화재의 원인
③ 최초 발화지점의 특징, 구조물 내에서 불이 어떻게 진행했는지 여부
④ 화재진압 후 구조물의 안전 여부

해설
화재진압 후 구조물의 안전 여부는 증거물 관련 직접 인지 부분과 거리가 멀다.

51 사후강직이란 사망 후 몸이 경직되는 것이다. 경직이 남아있는 최대시간은?

① 5~7일　　② 2~3일
③ 12시간~1일　　④ 2~6시간

해설
사후경직(강직)
- Nysten법칙에 따라 사후경직은 계절별로 차이가 있으나 약 12~24시간 정도에 최고조에 이르며 이후 완해된다.
- 위 법칙에 따라 서서히 완해되면서 2~3일을 경직 잔존 최대시간으로 본다.

52 화재현장 사진 및 비디오 촬영에 대한 설명으로 가장 옳은 것은?

① 화재현장은 화재조사자의 경험과 노하우에 의존하여 촬영한다.
② 명백한 증거물에는 번호표 등의 표식을 생략하고 촬영한다.
③ 최초로 도착하였을 때의 원 상태를 그대로 촬영한다.
④ 현장이 어느 정도 정리된 후에 촬영한다.

해설
① 주로 현장의 모양과 소손상황에 사용하는 것으로 화재현장 조사서 작성의 흐름에 따라 촬영
② 현장사진 및 비디오 촬영할 때에는 연소확대 경로 및 증거물 기록에 대한 번호표와 화살표를 표시 후에 촬영
④ 최초 도착하였을 때의 원상태를 그대로 촬영하고 진압 순서에 따라 촬영

53 화재현장 촬영 시 주요 촬영대상에 대한 설명으로 틀린 것은?

① 소방용 설비의 사용 및 작동상황
② 화재현장에 도착한 소방차 배치상황
③ 발화원으로 추정된 감식 및 감정대상물
④ 화재로 인한 사망자의 위치

해설
소방차 배치상황은 주요 촬영대상으로 보기 어렵다.

54 타임라인과 마인드 매핑에 대한 설명으로 틀린 것은?

① 상대적 시간은 추정을 근거로 한다.
② 타임라인은 증거와 정보의 조합이고 마인드 매핑은 사건이 일어난 시간의 재구성이다.
③ 타임라인의 정확성은 가설의 신뢰도를 높인다.
④ 마인드 매핑은 수집된 정보를 바탕으로 객관적 사실을 조합하는 과정이다.

해설
증거물 분석 및 재구성 방법 구분

구분	정의
마인드 매핑	• 각 증거물이 주는 정보를 연관되는 것들끼리 연결해놓는 것 • 개별적인 화재증거물들을 연관성 있는 정보끼리 연결하고 분석 및 재구성하여 지도를 그리듯 화재원인을 추론하는 과정
타임라인	• 사건들을 각 순서에 맞게 배열하고, 시간의 흐름에 맞게 배열하는 작업 • 증거의 시간적 역할을 통해 구분하고 재구성하는 방법
PERT 차트	• The Program Evaluation and Review Technique, 증거들의 조합으로 이루어진 이벤트들을 타임라인 위에 나열한 것

정답 | 50 ④　51 ②　52 ③　53 ②　54 ②

55 화재현장에서 관계인의 진술 및 증거확보에 관한 설명으로 옳지 않은 것은?

① 증거물 특성상 수집이나 보관이 어려워 중요한 단서가 유실되거나 변질 또는 파손되더라도 법적 증거로서의 가치로 인정받는 데는 문제가 없다.
② 일반 증거물도 수열된 상태로 부식, 파손, 변질되기 쉬우므로 가능한 한 수거 즉시 정밀 감정을 실시하는 것이 원칙인데 현실적으로 소화 직후부터 사진 및 동영상으로 촬영한 자료를 통해 증거능력을 인정받는 추세이다.
③ 화재감식에서 수거된 물증이 증거능력을 가지기 위해서는 확보 수집단계부터 사건 종료까지 보관관리가 적절하여야 한다.
④ 증거자료의 수거 및 봉인은 공개적으로 관계인의 입회하에 사진기록과 함께 실시하며, 보관 이송 등의 과정을 명확하게 한다.

📖 해설
수집이나 보관이 잘못되어 중요한 단서가 유실되거나 변질되면 법적 증거로서의 가치를 잃게 될 수 있다.

56 훈소 발화가 가능한 물질에 해당하는 것은?

① 스티로폼 ② 플라스틱
③ 종이 ④ 나일론 섬유

📖 해설
종이는 목재를 원료로 사용하여 많은 탄소로 구성되어 있기 때문에 훈소가 가능하다.

57 화재현장을 보존하기 위한 방법으로 옳지 않은 것은?

① 소방(경찰)공무원을 배치하여 일정영역을 접근하지 못하도록 한다.
② 경고테이프 등을 이용하여 조사 중임을 표시한다.
③ 소방활동구역으로 설정하여 출입을 통제한다.
④ 소방활동구역을 설정할 경우 범위는 최대한 넓게 설정하여야 한다.

📖 해설
소방활동구역은 필요한 만큼의 최소 범위로 설정한다.

58 화재현장 및 물리적 증거물의 보존에 대한 책임이 있는 자가 아닌 것은?

① 화재조사자 ② 소방관
③ 제조사 직원 ④ 경찰관

📖 해설
화재현장의 물리적 증거물 보존 책임은 제조사 직원과 무관하다.

59 타임라인에서 상대적시간에 포함되는 것은?

① 알람의 설정과 작동시간
② 목격자에 의해서 발견된 시간
③ 완전소화시간
④ 목격된 지속시간

📖 해설
타임라인(Time Line) 작성 구성요소
- 실제시간(Hard Time), 절대적시간 : 신고가 접수된 시간, 알람의 설정과 작동(화재발생)시간, 완전소화시간
- 상대적시간(Relative Time) : 목격된 지속시간
- 추정시간(Soft Time)

60 어떤 물체 내부의 실체를 전혀 알 수 없거나 감정 물건의 내부를 확인할 때 사용되는 기기는?

① 광학카메라 ② 비파괴 촬영기
③ 디지털카메라 ④ 비디오카메라

📖 해설
파괴하지 않고 내부 구조를 확인할 수 있는 기기는 비파괴 촬영기이다.

정답 | 55 ① 56 ③ 57 ④ 58 ③ 59 ④ 60 ②

제4과목 화재조사 보고 및 피해평가

61 「화재피해액 산정기준」에서의 화재피해액 산정 대상인 것은?

① 인적손해 ② 영업이익
③ 특허권 ④ 애완동물

해설
「화재피해액 산정기준」에서의 화재로 인한 피해액 산정대상은 경제적 가치가 있는 재산 등의 직접적 손실에 국한한다.

62 화재현장조사서 도면 작성 방법 중 옳지 않은 것은?

① 도면은 원칙적으로 지도와 같은 형태로 북쪽을 위로 작성한다.
② 정확한 축적으로 작성해야 할 필요는 없다.
③ 제도기호 등의 표준화된 기호로 작성하는 것이 기본이며 필요에 따라 문자도 삽입한다.
④ 도면은 이해하기 쉽도록 작성하여야 한다.

해설
도면(평면도, 입체도)은 측정치를 기준으로 하여 축척에 맞춰서 작성한다.

63 긴급상황보고 대상 중 특수화재에 속하지 않은 것은?

① 철도 ② 업무시설
③ 항공기 ④ 변전소

해설
업무시설은 해당되지 않는다.

64 「화재조사 및 보고규정」상 건축·구조물 화재 중 반소의 소실범위는?

① 건물의 20% 이상 50% 미만
② 건물의 20% 이상 70% 미만
③ 건물의 30% 이상 50% 미만
④ 건물의 30% 이상 70% 미만

해설
제16조 건축·구조물의 소실정도「화재조사 및 보고규정」

암기법 전반부 출석해

1. **전소** : 건물의 70% 이상(입체면적에 대한 비율)이 소실되었거나 또는 그 미만이라도 잔존부분을 보수하여도 재사용이 불가능한 것
2. **반소** : 건물의 30% 이상 70% 미만이 소실된 것
3. **부분소** : 제1호, 제2호에 해당하지 아니하는 것

65 화재조사서류 작성상의 유의사항으로 옳지 않은 것은?

① 원칙적으로 평이하고 알기 쉬운 문장으로 작성토록 노력한다.
② 오자, 탈자 등이 없도록 글자 하나라도 가볍게 보아서는 안 된다.
③ 필요한 서류가 첨부되어야 한다.
④ 화재유형별 조사서류는 유형에 관계없이 동일 양식에 기재하여야 한다.

해설
화재유형별 조사서류는 각 유형에 적합한 서식에 기재하여야 한다.

참고

화재유형별조사서 서식

암기법 건자위 선임

1. **건**축·구조물 화재
2. **자**동차·철도차량
3. **위**험물·가스제조소 등 화재
4. **선**박·항공기 화재
5. **임**야화재

정답 | 61 ④ 62 ② 63 ② 64 ④ 65 ④

66 가재도구 개별품목별로 화재피해액을 산정하는 공식으로 옳은 것은?

① 「재구입비×[1−(0.8×경과연수/내용연수)]×손해율」
② 「m²당 표준단가×소실면적×[1−(0.9×경과연수/내용연수)]×손해율」
③ 「소실단위의 원시건축비×물가상승율×[1−(0.9×경과연수/내용연수)]×손해율」
④ 「건물신축단가×소실면적×설비종류별 재설비 비율×[1−(0.8×경과연수/내용연수)]×손해율」

해설
② 영업시설의 화재피해액을 산정하는 공식
③ 구축물의 원시건축비에 의한 방식에 의한 화재피해액을 산정하는 공식
④ 건물의 화재피해액을 산정하는 공식

67 화재조사서류(사진 포함)를 문서로 기록하고 전자기록 등의 보존방법에 따라 보존해야 할 기간은?

① 영구보존 ② 10년
③ 5년   ④ 2년

해설
제22조 제6항 조사 보고 「화재조사 및 보고규정」
소방본부장 및 소방서장은 제2항에 따른 조사결과 서류를 국가화재정보시스템에 입력·관리해야 하며 영구보존방법에 따라 보존해야 한다.

68 「화재조사 및 보고규정」에서 긴급상황보고를 해야 하는 대형화재에 해당하지 않는 것은?

① 사망자가 6명이 발생한 화재
② 중상자 1명, 경상자 12명이 발생한 화재
③ 이재민이 80명이 발생한 화재
④ 재산피해가 60억 원이 발생한 화재

해설
이재민이 100인 이상 발생한 화재가 긴급상황보고 대형화재에 해당한다.
①, ② 사망자가 5인 이상 발생하거나 사상자가 10인 이상 발생한 화재이므로 해당
④ 재산피해액이 50억 원 이상 발생한 화재이므로 해당

69 화재현장에서 부상을 당한 후 몇 시간 이내에 사망하는 경우 화재로 인한 사망자로 구분하는가?

① 24시간 ② 48시간
③ 72시간 ④ 96시간

해설
제13조, 제14조 사상자 및 부상자 분류 「화재조사 및 보고규정」

분류		정의
사상자		화재현장에서 사망한 사람과 부상을 당한 사람
화재사 판정 기준		화재현장에서 부상을 당한 후 72시간 이내에 사망한 경우
부상자 (의사진단기초)	중상	3주 이상의 입원치료를 필요로 하는 부상
	경상	• 중상 이외의 부상(입원치료를 필요로 하지 않는 것도 포함) • 병원치료가 불필요한 단순 연기 흡입자는 제외

70 화재현황조사서에 기입해야 할 항목이 아닌 것은?

① 연소확대 사유 ② 발화관련 기기
③ 방화동기   ④ 보험가입 사항

해설
방화동기는 방화·방화의심 조사서의 기재항목이다.

71 철근콘크리트 슬래브지붕 4층 건물의 2층에서 화재가 발생하여 1층 점포는 천장 1면만 50m²가 수손되고, 2층은 바닥 180m²가 전소되었으며, 3층은 벽, 천장에 70m²가 연기에 그을렸다. 화재피해액 산정 시 소실면적은?

① 150m² ② 170m²
③ 180m² ④ 220m²

해설
규정에 의해 소실면적은 바닥만 해당된다.

소실면적 산정(「화재조사 및 보고규정」)
건물(수손 및 기타 파손 포함)의 소실면적 산정은 소실 바닥면적으로 산정한다.

정답 | 66 ① 67 ① 68 ③ 69 ③ 70 ③ 71 ③

72 화재증명원 발급의 내용으로 옳은 것은?

① 화재증명원 발급 시 재산피해내역을 금액으로 기재한다.
② 이해당사자가 아닌 자가 화재증명원의 발급을 신청하면 화재증명원을 발급하여서는 아니 된다.
③ 사후조사를 할 경우 발화장소 및 발화지점의 현장이 보존되어 있지 않아도 일단 조사를 한다.
④ 소방대가 출동하지 아니한 화재장소에 화재증명원 발급요청이 있는 경우 사후조사를 할 수 있다.

🔲 해설
① 화재증명원 발급 시 인명피해 및 재산피해 내역을 기재한다. 다만, 조사가 진행 중인 경우에는 "조사 중"으로 기재한다.
③ 민원인이 제출한 사후조사 의뢰서의 내용에 따라 발화장소 및 발화지점의 현장이 보존되어 있는 경우에만 조사한다.

73 화재발생종합보고서 작성요령으로 틀린 것은?

① 발화지점, 발화열원, 최초착화물 등 발화원인을 조사하여 기재한다.
② 화재의 연소경로 및 확대요인 등 연소현상을 조사하여 이를 기재한다.
③ 소방시설은 화재 발생층의 시설에 한하여 조사하고 이를 기재한다.
④ 피난경로, 피난상의 장애요인 등 피난상황을 조사하여 기재한다.

🔲 해설
소방방화시설 활용 조사서에 따라 해당 건물의 화재 감지 및 작동 소방시설 등을 조사하고 기재한다.

74 화재현장조사서 작성 시 화재원인 검토와 관련된 내용 중 필수 검토항목이 아닌 것은?

① 방화 가능성   ② 전기적 요인
③ 인적 부주의   ④ 관련 조치사항

🔲 해설
관련 조치사항은 필수 검토사항에 해당되지 않는다.

75 소실정도에 대한 설명으로 옳은 것은?

① 국소란 건물의 50% 이상 70% 미만이 소실된 것을 말한다.
② 부분소란 전소·반소화재에 해당되지 아니하는 것을 말한다.
③ 건축·구조물화재의 소실정도는 전소, 반소, 부분소, 즉소 4종류로 구분한다.
④ 전소란 건물의 70% 이상(바닥면적에 대한 비율을 말한다)이 소실되었거나 또는 그 미만이라도 잔존부분을 보수하여도 재사용이 불가능한 것을 말한다.

🔲 해설
제16조 건축·구조물의 소실정도「화재조사 및 보고규정」

암기법 전반부 출석해

1. **전소** : 건물의 70% 이상(입체면적에 대한 비율)이 소실되었거나 또는 그 미만이라도 잔존부분을 보수하여도 재사용이 불가능한 것
2. **반소** : 건물의 30% 이상 70% 미만이 소실된 것
3. **부분소** : 제1호, 제2호에 해당하지 아니하는 것

76 「화재조사 및 보고규정」상 건축물에 대한 화재피해액 산정방법으로 옳은 것은?

① 복성식평가법   ② 매매사례비교법
③ 수익환원법   ④ 정액법

🔲 해설
손해·피해액 산정방법 원칙「화재피해액 산정 매뉴얼」

암기법 복매수 재차장

복성식평가법	• 사고로 인한 피해액을 산정하는 방법 • **재**건축 또는 재취득하는 데 소요되는 비용에서 사용기간의 감가수정액을 공제하는 방법으로 부분의 물적 피해액 산정에 널리 사용
매매사례비교법	• 당해 피해물의 시중매매사례가 충분하여 유사매매 사례를 비교하여 산정하는 방법으로서 **차**량, 예술품, 귀중품, 귀금속 등의 피해액 산정에 사용
수익환원법	• 피해물로 인해 **장**래에 얻을 수익액에서 당해 수익을 얻기 위해 지출되는 제반 비용을 공제하는 방법에 의하는 방법 • 유실수 등에 있어 수확기간에 있는 경우에 사용 • 단, 유실수의 육성기간에 있는 경우에는 복성식평가법을 사용

정답 | 72 ④ 73 ③ 74 ④ 75 ② 76 ①

77 화재피해액 산정에 있어서 영업시설의 소손 정도에 따른 손해율 60%에 해당하는 것은?

① 불에 타거나 변형되고 그을음과 수침 정도가 심한 경우
② 손상정도가 다소 심하여 상당부분 교체 내지 수리가 필요한 경우
③ 영업시설의 일부를 교체 또는 수리하거나 도장 내지 도배가 필요한 경우
④ 부분적인 소손 및 오염의 경우

해설
'상당부분 교체 내지 수리'는 영업시설의 손해율 중에 60%로 적용된다.

78 화재피해 산정의 대상이 되지 않는 것은?

① 건축물, 구축물의 피해
② 화재로 인한 영업손실 피해
③ 기계설비, 공·기구류, 부품의 피해
④ 정원수목, 과수목 및 입목의 피해

해설
「화재피해액 산정기준」에서의 화재로 인한 피해액 산정 대상은 경제적 가치가 있는 재산 등의 직접적 손실에 국한한다.

79 예술품 및 귀중품의 화재피해액 산정기준에 관한 내용으로 틀린 것은?

① 복수의 전문가의 감정을 받거나 감정서 등의 금액을 피해액으로 인정한다.
② 감가공제를 하지 아니한다.
③ 예술품 및 귀중품에 대한 그 가치를 손상하지 아니하고 원상태의 복원이 가능한 경우에는 피해액을 인정하지 아니한다.
④ 공인감정기관에서 인정하는 금액을 화재로 인한 피해액으로 산정한다.

해설
예술품 및 귀중품에 대해 그 가치를 손상하지 아니하고 원상태의 복원이 가능한 경우에는 원상회복에 소요되는 비용을 화재로 인한 피해액으로 한다.

80 화재 피해물의 경제적 내용연수가 다한 경우 잔존하는 가치의 재구입비에 대한 비율은?

① 최종잔가율
② 손해율
③ 잔가율
④ 보정률

해설
「화재조사 및 보고규정」의 피해액 관련 용어 정의

용어	정의
재구입비	화재 당시의 피해물과 같거나 비슷한 것을 재건축(설계 감리비를 포함한다) 또는 재취득하는 데 필요한 금액
내용연수	고정자산을 경제적으로 사용할 수 있는 연수
손해율	피해물의 종류, 손상 상태 및 정도에 따라 피해금액을 적정화시키는 일정한 비율
잔가율	화재 당시에 피해물의 재구입비에 대한 현재가의 비율
최종잔가율	피해물의 내용연수가 다한 경우 잔존하는 가치의 재구입비에 대한 비율

제5과목 화재조사관계법규

81 「소방의 화재조사에 관한 법령」상 화재조사권자가 아닌 자는?

① 소방청장
② 시·도지사
③ 소방본부장
④ 소방서장

해설
제5조 화재조사의 실시 「소방의 화재조사에 관한 법률」
소방청장, 소방본부장 또는 소방서장(이하 "소방관서장"이라 한다)은 화재발생 사실을 알게 된 때에는 지체 없이 화재조사를 하여야 한다.

82 「화재조사 및 보고규정」에서 정의한 사상자로 옳은 것은?

① 사상자는 화재현장에서 사망한 사람을 말한다.
② 사상자는 화재현장에서 부상당한 사람을 말한다.
③ 사상자는 화재현장에서 피해를 입은 사람을 말한다.
④ 사상자는 화재현장에서 사망 또는 부상당한 사람을 말한다.

정답 | 77 ② 78 ② 79 ③ 80 ① 81 ② 82 ④

해설
제13조 사상자 「화재조사 및 보고규정」에서 사상자는 화재현장에서 사망한 사람과 부상당한 사람을 말한다.

83 화재조사서류 작성에 관한 내용으로 틀린 것은?
① 치외법권지역 등 조사권을 행사할 수 없는 경우 화재현장출동보고서만 작성한다.
② 서장은 관할 구역 내에서 발생한 화재에 대하여 화재발생종합보고서를 작성한다.
③ 질문기록서를 작성한다.
④ 화재현장출동보고서를 작성한다.

해설
제22조 조사 보고 「화재조사 및 보고규정」
치외법권지역 등 조사권을 행사할 수 없는 경우는 조사 가능한 내용만 조사하여 제21조 각 호의 조사 서식 중 해당 서류를 작성·보고한다.

84 「제조물 책임법」에 따른 손해배상 청구권 소멸시효는 몇 년인가?
① 3년   ② 5년
③ 7년   ④ 15년

해설
해설 : 손해배상청구권의 소멸시효 등

> 암기법: 모알 3년, 제공 10년

구분	내용
청구권 소멸시효	손해배상의 청구권은 피해자 또는 그 법정대리인이 다음 사항을 모두 알게 된 날부터 3년간 행사하지 아니하면 시효의 완성으로 소멸한다. 1. 손해 2. 손해배상책임을 지는 자
청구권 행사기간	손해배상의 청구권은 제조업자가 손해를 발생시킨 제조물을 공급한 날부터 10년 이내에 행사하여야 한다.

85 「화재조사 및 보고규정」에 따른 건축·구조물 화재 소실정도의 구분이 아닌 것은?
① 전소   ② 반소
③ 부분소 ④ 국소

해설
소실정도 구분은 전소, 반소, 부분소이다.

> **참고**
> 제16조 건축·구조물의 소실정도 「화재조사 및 보고규정」
> 암기법: 전반부 출석해
>
> 1. 전소 : 건물의 70% 이상(입체면적에 대한 비율)이 소실되었거나 또는 그 미만이라도 잔존부분을 보수하여도 재사용이 불가능한 것
> 2. 반소 : 건물의 30% 이상 70% 미만이 소실된 것
> 3. 부분소 : 제1호, 제2호에 해당하지 아니하는 것

86 「실화책임에 관한 법률」상 실화가 중대한 과실로 인한 것이 아닌 경우 그로 인한 손해배상의무자가 법원에 손해배상액 경감 청구 시 고려사항으로 명시되지 않은 것은? (단, 그 밖에 손해배상액을 결정할 때 고려사항은 제외한다.)
① 화재의 원인과 규모
② 연소 및 피해 확대의 원인
③ 실화자의 전과사실
④ 배상의무자 및 피해자의 경제상태

해설
실화자의 전과사실은 손해배상액 경감 청구의 고려사항이 아니다.

> **참고**
> 제3조 손해배상액의 경감 「실화책임에 관한 법률」
> 암기법: 화피 연방 배그
>
> 1. 화재의 원인과 규모
> 2. 피해의 대상과 정도
> 3. 연소 및 피해 확대의 원인
> 4. 피해 확대를 방지하기 위한 실화자의 노력
> 5. 배상의무자 및 피해자의 경제상태
> 6. 그 밖에 손해배상액을 결정할 때 고려할 사정

정답 | 83 ① 84 ① 85 ④ 86 ③

87 「화재로 인한 재해보상과 보험가입에 관한 법률」에서 특수건물 소유자가 의무적으로 가입하는 보험금액 등에 대한 설명으로 틀린 것은?

① 화재보험의 경우 특수건물의 시가(時價)에 해당하는 금액
② 손해배상책임을 담보하는 보험 중 제물에 대한 손해가 발생한 경우 화재 1건마다 5천만 원 이상으로서 국민의 안전 및 특수건물의 화재위험성 등을 고려하여 대통령령으로 정하는 금액
③ 손해배상책임을 담보하는 보험 중 사망의 경우 피해자 1명마다 5천만 원 이상으로서 대통령령으로 정하는 금액
④ 손해배상책임을 담보하는 보험 중 부상의 경우 피해자 1명마다 사망자에 대한 보험금액의 범위에서 대통령령으로 정하는 금액

🗒 해설
손해배상책임을 담보하는 보험 중 제물에 대한 손해가 발생한 경우 화재 1건마다 1억 원 이상으로서 국민의 안전 및 특수건물의 화재위험성 등을 고려하여 대통령령으로 정하는 금액이다.

88 「화재로 인한 재해보상과 보험가입에 관한 법률」상 다음의 경우 특수건물의 소유자가 가입하여야 하는 보험의 보험금액 기준 중 (　　)에 알맞은 내용은?

두 눈이 실명된 사람으로 후유장애 1급의 피해자 발생 시 (　　) 범위에서 피해자에게 발생한 손해액

① 9,000만 원
② 1억 2,000만 원
③ 1억 3,500만 원
④ 1억 5,000만 원

🗒 해설
후유장애 등급 및 보험금액 종류

후유장애 등급	보험금액(만 원)
1	1억 5,000
2	1억 3,500
3	1억 2,000
4	1억 500
5	9,000

89 「제조물 책임법」의 제정목적이 아닌 것은?

① 피해자의 보호를 도모
② 국민경제의 안전 향상
③ 제조자의 이익증진
④ 국민경제의 건전한 발전에 이바지함

🗒 해설
제1조 목적 「제조물 책임법」
제조물의 결함으로 발생한 손해에 대한 제조업자 등의 손해배상책임을 규정하여
1. 피해자의 보호를 도모
2. 국민생활의 안전 향상
3. 국민경제의 건전한 발전에 이바지함을 목적으로 한다.

90 「소방의 화재조사에 관한 법령」상 관계 기관 등의 협조에 관한 사항으로 옳지 않은 것은?

① 소방관서장, 중앙행정기관의 장, 지방자치단체의 장은 화재조사에 필요한 사항에 대하여 서로 협력하여야 한다.
② 소방관서장, 보험회사, 그 밖의 관련 기관·단체의 장은 화재조사에 필요한 사항에 대하여 서로 협력하여야 한다.
③ 개인정보를 포함한 보험가입 정보 제공을 요청받은 기관은 정당한 사유가 없어도 이를 거부할 수 있다.
④ 소방관서장은 화재원인 규명 및 피해액 산출 등을 위하여 필요한 경우에는 금융감독원, 관계 보험회사 등에 개인정보를 포함한 보험가입 정보 등을 요청할 수 있다.

🗒 해설
제13조 관계 기관 등의 협조 「소방의 화재조사에 관한 법률」
개인정보를 포함한 보험가입 정보 제공을 요청받은 기관은 정당한 사유가 없으면 이를 거부할 수 없다.

91 「민법」상 다음 ( ) 안에 알맞은 용어는?

> 공작물의 설치 또는 보존의 하자로 인하여 타인에게 손해를 가한 때에는 공작물(㉮)가 손해를 배상할 책임이 있다. 그러나 (㉮)가 손해의 방지에 필요한 주의를 해태하지 아니한 때에는 그 (㉯)가 손해를 배상할 책임이 있다.

① ㉮ 소유자, ㉯ 설계자
② ㉮ 점유자, ㉯ 소유자
③ ㉮ 소유자, ㉯ 중개자
④ ㉮ 점유자, ㉯ 건축자

해설
제758조 공작물 등의 점유자, 소유자의 책임 「민법」
공작물의 설치 또는 보존의 하자로 인하여 타인에게 손해를 가한 때에는 공작물 <u>점유자</u>가 손해를 배상할 책임이 있다. 그러나 <u>점유자</u>가 손해의 방지에 필요한 주의를 해태하지 아니한 때에는 그 <u>소유자</u>가 손해를 배상할 책임이 있다.

92 「화재로 인한 재해보상과 보험가입에 관한 법령」상 특약부화재보험의 설명으로 옳은 것은?

① 장애가 남은 것이란 정상기능의 5분의 2 이상을 상실한 경우를 말한다.
② 제대로 못쓰게 된 것이란 정상기능의 5분의 4 이상을 상실한 경우를 말한다.
③ 뚜렷한 장애가 남은 것이란 정상기능의 5분의 3 이상을 상실한 경우를 말한다.
④ 항상 보호 또는 수시 보호를 받아야 하는 기간은 의사가 판정하는 노동능력 상실기간을 기준으로 하여 타당한 기간으로 정한다.

해설
후유장애의 기능상실 구분

암기법 장사 뚜렷한 절반 제대로 성사

구분	기능상실 정도
장애가 남은 것	정상기능의 $\frac{1}{4}$ 이상을 상실한 경우
뚜렷한 장애가 남은 것	정상기능의 $\frac{1}{2}$ 이상을 상실한 경우
제대로 못 쓰게 된 것	정상기능의 $\frac{3}{4}$ 이상을 상실한 경우

93 공용건조물 등에의 방화죄 대상물이 아닌 것은?
① 건조물
② 선박
③ 임야
④ 지하채굴시설

해설
제165조 공용건조물 등 방화 「형법」

암기법 <u>건기</u>에 <u>전자산업</u>은 <u>순(선)항하지</u>

불을 놓아 공용으로 사용하거나 공익을 위해 사용하는 <u>건</u>조물, <u>기</u>차, <u>전</u>차, <u>자</u>동차, <u>선</u>박, <u>항</u>공기, <u>지</u>하채굴시설을 불태운 자는 무기 또는 3년 이상의 징역에 처한다.

94 승객이 있는 기차에 불을 놓은 경우에 해당되는 죄는 무엇인가?
① 현주건조물 등에의 방화
② 공용건조물 등에의 방화
③ 일반건조물 등에의 방화
④ 일반물건 등에의 방화

해설
① 현주건조물 등에의 방화죄(「형법」 제164조) : 사람이 주거로 현존하는 장소에 방화
② 공용건조물 등에의 방화죄(「형법」 제165조) : 공용 또는 공익에 공하는 장소에 방화
③ 일반건조물 등에의 방화죄(「형법」 제166조) : 공용건조물, 현주건조물 외의 장소에 방화
④ 일반물건 등에의 방화죄(「형법」 제167조) : 공용건조물, 현주건조물, 일반건조물 외의 물건에 방화

95 「화재조사 및 보고규정」상 화재조사의 개시 및 원칙으로 옳지 않은 것은?
① 화재조사관은 화재발생 사실을 인지하는 즉시 화재조사를 시작해야 한다.
② 소방관서장은 방화 또는 실화의 혐의가 있다고 인정되면 경찰서장에게 수사자료를 이첩받아 조사해야 한다.
③ 소방관서장은 조사관을 근무 교대조별로 2인 이상 배치하고, 장비·시설을 기준 이상으로 확보하여 조사업무를 수행하도록 하여야 한다.
④ 조사는 물적 증거를 바탕으로 과학적인 방법을 통해 합리적인 사실의 규명을 원칙으로 한다.

정답 | 91 ② 92 ④ 93 ③ 94 ① 95 ②

📖 **해설**

제3조 화재조사의 개시 및 원칙「화재조사 및 보고규정」
① 화재조사관은 화재발생 사실을 인지하는 즉시 화재조사를 시작해야 한다.
② 소방관서장은 조사관을 근무 교대조별로 2인 이상 배치하고, 장비·시설을 기준 이상으로 확보하여 조사업무를 수행하도록 하여야 한다.
③ 조사는 물적 증거를 바탕으로 과학적인 방법을 통해 합리적인 사실의 규명을 원칙으로 한다.

---

96 「실화책임에 관한 법률」에 대한 설명으로 옳은 것은?

① 실화자에게 중대한 과실이 없는 경우 법원에 손해배상액의 경감을 청구할 수 있다.
② 실화로 인하여 화재가 발생한 경우에 피해자에게 적용하는 법률이다.
③ 실화자에게 경과실이 있다면 손해배상을 면책할 수 있다.
④ 민법의 무과실책임의 원칙을 우선 적용하고 있다.

📖 **해설**

제3조 제1항 손해배상액의 경감「실화책임에 관한 법률」
실화가 중대한 과실로 인한 것이 아닌 경우 그로 인한 손해의 배상의무자는 법원에 손해배상액의 경감을 청구할 수 있다.

---

97 「소방의 화재조사에 관한 법령」상 명시된 화재조사를 하는 관계 공무원이 관계인의 정당한 업무를 방해하거나 화재조사를 수행하면서 알게 된 비밀을 다른 사람에게 누설한 자의 경우의 벌칙기준은?

① 300만 원 이하의 벌금
② 500만 원 이하의 벌금
③ 700만 원 이하의 벌금
④ 1천만 원 이하의 벌금

📖 **해설**

「소방의 화재조사에 관한 법률」에서 벌금은 300만 원 이하뿐이다.

참고

제21조 300만 원 이하 벌금「소방의 화재조사에 관한 법률」

암기법 물 출 업비 증

1. 허가 없이 화재현장에 있는 물건 등을 이동시키거나 변경·훼손한 사람
2. 화재조사관의 출입 또는 조사를 거부·방해 또는 기피한 사람
3. 관계인의 정당한 업무를 방해하거나 화재조사를 수행하면서 알게 된 비밀을 다른 용도로 사용하거나 다른 사람에게 누설한 사람
4. 정당한 사유 없이 증거물 수집을 거부·방해 또는 기피한 사람

---

98 「실화책임에 관한 법률」에서 정하고 있는 손해배상액의 경감사유와 거리가 먼 것은?

① 피해정도
② 화재의 원인
③ 배상의무자의 정신적 상태
④ 피해 확대를 방지하기 위한 실화자의 노력

📖 **해설**

배상의무자의 정신적 상태는 손해배상액 경감사유와 거리가 멀다.

참고

제3조 손해배상액의 경감「실화책임에 관한 법률」
1. 화재의 원인과 규모
2. 피해의 대상과 정도
3. 연소 및 피해 확대의 원인
4. 피해 확대를 방지하기 위한 실화자의 노력
5. 배상의무자 및 피해자의 경제 상태
6. 그 밖에 손해배상액을 결정할 때 고려할 사정

정답 | 96 ① 97 ① 98 ③

99 화재가 발생하였을 때에 화재원인, 피해상황, 대응활동 등을 파악하기 위하여 자료의 수집, 관계인 등에 대한 질문, 현장 확인, 감식, 감정 및 실험 등을 하는 일련의 행위를 무엇이라 하는가?

① 화재감식
② 화재조사
③ 화재감정
④ 화재수사

🔦 해설
제2조 정의 「소방의 화재조사에 관한 법률」
"화재조사"란 소방관서장이 화재원인, 피해상황, 대응활동 등을 파악하기 위하여 자료의 수집, 관계인 등에 대한 질문, 현장 확인, 감식, 감정 및 실험 등을 하는 일련의 행위를 말한다.

100 화재에 있어서 진화용의 시설 또는 물건을 은닉 또는 손괴하거나 기타 방법으로 진화를 방해한 자에 대한 「형법」상 벌칙은?

① 10년 이상의 징역
② 10년 이하의 징역
③ 3년 이상의 징역
④ 3년 이하의 징역

🔦 해설
제169조 진화방해 「형법」
화재에 있어서 진화용의 시설 또는 물건을 은닉 또는 손괴하거나 기타 방법으로 진화를 방해한 자는 10년 이하의 징역에 처한다.

정답 | 99 ② 100 ②

기사 기출유형 복원문제 2023년 2회

제1과목 화재조사론

01 화재패턴 중 폭열에 대한 설명으로 가장 옳은 것은?

① 가열되는 경우에 다른 열팽창 정도로 인해 폭열이 발생하며, 냉각되는 과정에서는 발생하지 않는다.
② 단일 재료에 의해 만들어진 자연석도 폭열이 발생한다.
③ 구획실의 바닥면에서 폭열이 발생하는 경우 액체 가연물이 연소된 흔적으로 추정할 수 있다.
④ 실제 현장에서의 폭열은 열을 받은 부위가 중력에 의해 떨어지며 소음이 발생하지 않는다.

해설
단일 재료의 자연석도 고온에 노출되면 내부 응력이나 수분의 급격한 기화로 폭열할 수 있다.
① 폭열은 냉각되는 과정에서도 열응력, 열전도율 차이로 발생한다.
③ 바닥면 폭열이 액체 가연물 외에도 일반 가연물에서도 발생할 수 있다.
④ 폭열은 일반적으로 소음과 함께 발생한다.

02 증거물 수집 용기와 시료 적응성을 연결한 것으로 틀린 것은?

① 종이상자 : 고체
② 금속캔 : 고체, 액체
③ 유리병 : 고체, 액체
④ 비닐 팩 : 액체

해설
비닐 팩은 보통 고체 증거물, 특히 섬유, 전선, 작은 파편 등의 수집에 사용한다.

03 연기에 대한 설명으로 옳지 않은 것은?

① 알코올이 연소될 경우 연기의 색이 진한 검정색을 띤다.
② 고층건물에서 연기를 이동시키는 주요 추진력은 굴뚝효과이다.
③ 연기는 공기 중에 부유하고 있는 고체 또는 액체의 미립자이다.
④ 건물 내에서 연기의 확산 속도는 수평으로 약 0.5 m/s이다.

해설
알코올은 대부분 완전연소하여 연기가 발생하지 않지만, 간혹 불완전연소 시 옅은 흰색의 연기가 발생한다.

04 발화부 주변의 일반적인 연소현상에 대한 설명으로 옳지 않은 것은?

① 발화부를 향해 소락되거나 도괴된다.
② 발화부와 가까울수록 탄화심도가 깊다.
③ 목재표면에 발생하는 균열은 발화부와 멀수록 골이 넓어진다.
④ 발화부는 일반적으로 밝은색을 띠며 발화부와 밀어질수록 어두운 빛을 나타낸다.

해설
목재 표면에 발생하는 균열은 발화부와 가까울수록 골이 넓고 깊어지고, 멀수록 골이 좁고 얕아진다.

정답 | 01 ② 02 ④ 03 ① 04 ③

05 메탄 40vol%, 에탄 30vol%, 프로판 30vol%가 혼합되어 있는 혼합성 기체의 공기 중 폭발하한계는 약 몇 vol%인가? (단, 각 물질의 폭발범위는 메탄 : 5~15vol%, 에탄 : 3~12.4vol%, 프로판 : 2.1~9.5 vol%이다.)

① 2.5
② 3.1
③ 4.3
④ 5.7

해설

혼합가스의 폭발범위 계산 "르샤틀리에 법칙(Le Chatelier's Low)"

암기법 백불(100 V L)

$$L = \frac{100}{\frac{V_1}{L_1} + \frac{V_2}{L_2} + \frac{V_3}{L_3} + \cdots}$$

L : 혼합가스 폭발한계(%)
L_1, L_2, L_3 : 각 가연성 가스 폭발한계(%)
V_1, V_2, V_3 : 각 가연성 가스의 공기 중 부피(vol%)

$$\therefore L = \frac{100}{\left(\frac{40}{5} + \frac{30}{3} + \frac{30}{2.1}\right)} = 3.1(vol\%)$$

06 철의 열적 변형에 대한 설명으로 옳지 않은 것은?

① 녹는점은 660℃이다.
② 적열상태가 되면 연성이 증가한다.
③ 수열이 있는 반대방향으로 휜다.
④ 산화반응이 일어나 변색된다.

해설

철의 녹는점(용융점)은 1,530℃이다.

07 화재현장에서 유리는 화재로 인해 받은 열의 정도에 따라 그 형태가 각기 다르게 나타난다. 이에 대한 설명으로 옳지 않은 것은?

① 열을 받은 유리는 수열방향으로 보다 많이 낙하한다.
② 유리는 열을 받으면 방사형 균열이 발생한다.
③ 열을 받은 유리의 조개껍질 모양의 박리는 고온일수록 많고 깊다.
④ 유리는 열을 받은 정도가 클수록 용융범위가 넓어진다.

해설

열에 의한 파손은 리플마크가 없고, 잔금, 매끄러운 곡선 형태가 나타난다. 방사형 파괴선 및 동심원 파괴선은 충격에 의한 파손 형태다.

08 복사체로부터의 열전달률은 해당물질의 절대온도의 몇 제곱에 비례하는가?

① 5
② 4
③ 3
④ 2

해설

스테판 – 볼츠만 법칙(Stefan – Boltzman Law)
모든 파장에 의해 방사되는 총에너지는 절대온도의 4제곱에 비례한다.

09 혼합가연물의 최소착화에너지에 영향을 미치는 요인에 대한 설명으로 옳은 것은?

① 온도가 높을수록 최소착화에너지는 높아진다.
② 연소범위에 따라서 최소착화에너지는 변한다.
③ 가연물의 종류에 따라서 최소착화에너지는 일정하다.
④ 혼합된 공기의 산소농도에 따라서 최소착화에너지는 일정하다.

해설

연소하한계나 연소상한계에 가까울수록 점화가 어려워져 최소점화에너지가 증가하고, 혼합비율이 최적일 때 최소점화에너지가 가장 작아진다.

참고

최소점화에너지의 특징

가연성 가스 및 증기, 분체 등을 점화시키는 데 필요한 최소에너지

- 온도가 상승하면 최소점화에너지는 작아진다.
- 압력이 상승하면 최소점화에너지는 작아진다.
- 산소농도가 높으면 최소점화에너지는 작아진다.
- 연소하한계나 연소상한계에 가까울수록 점화가 어려워져 최소점화에너지가 증가하고, 혼합비율이 최적일 때 최소점화에너지가 가장 작아진다.

정답 | 05 ② 06 ① 07 ② 08 ② 09 ②

10 연소현황 중 완전연소에 대한 설명으로 옳은 것은?

① 산소의 공급이 불충분한 상태에서의 연소현상이다.
② 연소 시 다량의 가연성 가스의 공급이 완전연소의 원인이 된다.
③ 탄화수소가 완전연소하면 이산화탄소와 수증기가 생성된다.
④ 환기가 제대로 되지 않은 상태에서 실내에 가스기구를 사용하는 경우에 발생한다.

🗑 해설
① 산소의 공급이 충분한 상태에서의 연소현상이다.
② 가스와 산소의 조성이 균일할 때 완전연소한다.
④ 환기가 원활할 때 가스기구를 사용하면 완전연소한다.

11 인화성 및 발화성의 가연물이 연소할 때 중심부의 가연성 액체를 기화시키면서 나타나는 화재패턴은?

① 포어패턴(Pour pattern)
② 레인보우패턴(Rainbow pattern)
③ 스프래시패턴(Splash pattern)
④ 도넛패턴(Doughnut pattern)

🗑 해설 도넛패턴
도넛패턴은 가연성 액체가 웅덩이처럼 고여 있을 경우 발생하는데, 주변부나 얕은 곳에서는 화염이 바닥이나 바닥재를 탄화시키는 반면에 깊은 중심부는 액체가 증발하면서 증발잠열에 의해 웅덩이 중심부를 냉각시키는 현상 때문이다.

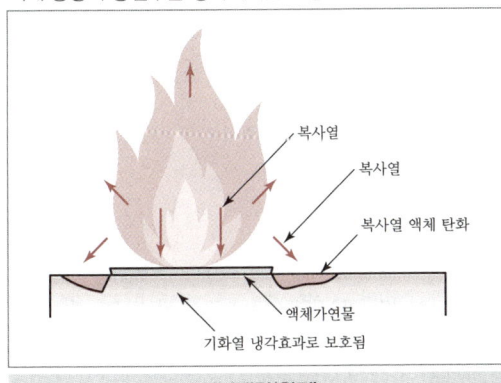

도넛패턴(원리)

도넛패턴

12 연소의 특성에 대한 설명으로 옳지 않은 것은?

① 연소속도는 재료의 질량유속으로 정의되며, g/m^2s로 나타낸다.
② 일반적으로 표면에서의 질량유속은 $5\sim50g/m^2s$ 범위에 있으며, 그 값이 5 이하인 것은 소화된다.
③ 화염속도는 물적 조건과 에너지조건인 농도, 압력, 온도보다 난류의 영향으로 가속된다.
④ 연소속도는 화학양론비 부근에서 최소가 되고 연소상한계, 연소하한계로 갈수록 연소속도는 증가한다.

🗑 해설
연소속도는 일반적으로 화학양론비 부근에서 최대가 되고, 연소상한계와 연소하한계로 갈수록 연소속도는 감소한다. 즉, 연료와 산소의 비율이 최적으로 맞춰져 있을 때 연소속도가 가장 빠르며, 그 비율에서 벗어날수록 연소속도는 느려진다.

13 화재피해조사 중 건물의 소실정도를 나타내는 것으로 옳은 것은?

① 전소 : 건물의 입체면적 70% 이상 소실
② 반소 : 건물의 입체면적 50% 이상 소실
③ 즉소 : 건물의 입체면적 30% 이상 소실
④ 부분소 : 건물의 입체면적 30% 이상 50% 미만 소실

해설
제16조 건축 · 구조물의 소실정도 「화재조사 및 보고규정」

암기법 전반부 출석해

1. **전소** : 건물의 **70%** 이상(입체면적에 대한 비율)이 소실되었거나 또는 그 미만이라도 잔존부분을 보수하여도 재사용이 불가능한 것
2. **반소** : 건물의 **30%** 이상 **70%** 미만이 소실된 것
3. **부분소** : 제1호, 제2호에 **해당하지** 아니하는 것

14 「소방의 화재조사에 관한 법령」상 화재합동조사단이 화재조사를 완료하면 결과를 보고해야 할 사항 중 틀린 것은?

① 화재합동조사단 운영 개요
② 화재조사 개요
③ 현행 제도의 문제점 및 개선 방안
④ 화재합동조사단의 수행 경비 및 수당 등 예산 사항

해설
제7조 제5항 화재합동조사단 구성 · 운영 「소방의 화재조사에 관한 법률 시행령」

1. 화재합동조사단 운영 개요
2. 화재조사 개요
3. 화재원인 조사 등의 조사사항(법 제5조 제2항)
4. 다수의 인명피해가 발생한 경우 그 원인
5. 현행 제도의 문제점 및 개선 방안
6. 그 밖에 소방관서장이 필요하다고 인정하는 사항

15 열전달 방식 중 복사에 의한 열전달 사례인 것은?

① 화재현장에서 창문을 파괴하거나 뜨거운 열기가 급격히 분출되었다.
② 대규모 산불현장에서 너무 뜨거워 소방관이 멀리 떨어져 소화활동을 하였다.
③ 방바닥이 너무 뜨거워서 발에 화상을 입었다.
④ 가마솥에 밥을 다하고 나서 밥 위에 고구마를 넣었더니 20분 만에 익었다.

해설
복사는 열에너지가 물질의 매개 없이 전자기파 형태로 전달되는 현상이다.
① 대류
② 복사
③ 전도
④ 전도, 대류

16 물질의 융점으로 옳은 것은?

① 납 : 327℃
② 구리 : 1,540℃
③ 철 : 1,520℃
④ 알루미늄 : 54℃

해설
② 구리 : 1,083℃
③ 철 : 1,530℃
④ 알루미늄 : 660℃

참고
각 물질별 용융점

금속명칭	용융점(℃)	금속명칭	용융점(℃)
수은	39	금	1,063
주석	232	구리	1,083
납	327	니켈	1,455
아연	420	스테인리스	1,520
마그네슘	650	철	1,530
알루미늄	660	티탄	1,800
은	960	몰리브덴	2,620
황동	900~1,000	텅스텐	3,400

17 화재조사 진행순서로서 가장 옳은 것은?

① 현장관찰 → 관계자질문 → 발굴 → 감정 → 발화원인 판정
② 관계자질문 → 발굴 → 현장관찰 → 감정 → 발화원인 판정
③ 관계자질문 → 발굴 → 현장관찰 → 발화원인 판정 → 감정
④ 현장관찰 → 발굴 → 관계자질문 → 발화원인 판정 → 감정

해설
현장에 도착하면 제일 먼저 현장관찰하고, 관계자를 만나 질문한다. 화재진압이 완료되면 발굴 후 증거물을 감정기관에 보내 감정한다.

암기법 현관 발 감 원인

현장관찰 → 관계자질문 → 발굴 → 감정 → 발화원인 판정

정답 | 14 ④ 15 ② 16 ① 17 ①

18 화재조사관의 현장 조사업무로 거리가 먼 것은?

① 현장 탐색
② 관계인 인터뷰
③ 증거물의 감정
④ 증거수집 및 보존

해설
증거물의 감정은 감정기관에 의뢰하거나, 금속현미경 등 간단한 증거물 감정은 현장조사 업무가 아닌 사무실에 복귀해서 실시한다.

19 분진폭발을 가스폭발과 비교할 때 분진폭발의 특징으로 옳은 것은?

① 최소발화에너지가 크다.
② 연소속도가 빠르다.
③ 불완전연소가 적다.
④ 연소시간이 짧다.

해설
가스폭발이 더 쉽게 폭발하지만, 분진폭발은 2차, 3차까지 폭발하므로 파괴력과 에너지는 분진폭발이 더 크다.
② 연소속도가 느리다.
③ 불완전연소를 일으키기 쉽다.
④ 연소시간이 길다.

20 「소방의 화재조사에 관한 법령」상 화재조사 전담부서에서 갖추어야 할 장비 중 발굴용구로 옳지 않은 것은?

① 전동 그라인더
② 내시경현미경
③ 공구세트
④ 이동용 진공청소기

해설
내시경현미경은 감식기기(16종)에 속한다.

참고
화재조사 전담부서 장비와 시설 「소방의 화재조사에 관한 법률 시행규칙」[별표]

구분	기자재명 및 시설 규모
발굴용구 (8종)	공구세트, 전동 드릴, 전동 그라인더(절삭·연마기), 전동 드라이버, 이동용 진공청소기, 휴대용 열풍기, 에어컴프레서, 전동 절단기
감식기기 (16종)	절연저항계, 멀티테스터기, 클램프미터, 정전기측정장치, 누설전류계, 검전기, 복합가스측정기, 가스(유증)검지기, 확대경, 산업용실체현미경, 적외선열상카메라, 접지저항계, 휴대용디지털현미경, 디지털탄화심도계, 슈미트해머, 내시경현미경

제2과목 화재감식론

21 표준상태 0℃, 1기압에서 메탄(CH₄) 3.2kg을 이상기체 상태방정식으로 계산하면 부피(L)는 얼마인가? (단, 기체상수 R=0.082 L·atm/mol·K, 탄소 원자량 : 12, 수소 원자량 : 1로 계산한다.)

① 447.7
② 4,477.2
③ 223.8
④ 2,238.6

해설
메탄몰수 $n = \dfrac{m}{M} = \dfrac{3,200\text{g}}{16\text{g/mol}} = 200\text{mol}$

$PV = nRT$

$V = \dfrac{nRT}{P} = \dfrac{200 \times 0.082 \times 273}{1} = 4,477.2\,(\text{L})$

22 다음의 화학반응식에서 ( )에 발생하는 기체로 옳은 것은?

$$CaC_2 + 2H_2O \rightarrow Ca(OH)_2 + (\quad)$$

① C_2H_2
② C_2H_4
③ C_3H_6
④ C_3H_8

해설
탄화칼슘 화학반응식 : $CaC_2 + 2H_2O \rightarrow Ca(OH)_2 + C_2H_2$(아세틸렌가스)

정답 | 18 ③ 19 ① 20 ② 21 ② 22 ①

23 구획실에서 유염(불꽃)화재 연소과정으로 바르게 나열한 것은?

① 점화 → 성장기 → 플래시오버 → 최성기 → 감쇠기 → 소화
② 점화 → 성장기 → 최성기 → 플래시오버 → 감쇠기 → 소화
③ 점화 → 최성기 → 성장기 → 플래시오버 → 감쇠기 → 소화
④ 점화 → 성장기 → 최성기 → 감쇠기 → 플래시오버 → 소화

🗑 해설
내화건축물 화재진행단계
점화 → 성장기 → 플래시오버 → 최성기 → 감쇠기 → 소화

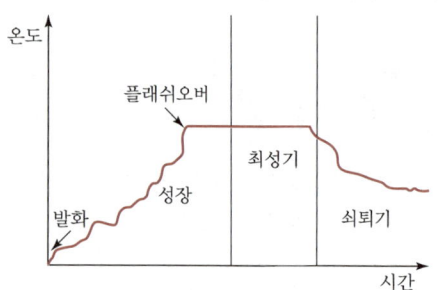

24 미소화원에 대한 설명으로 옳은 것은?

① 유염화원에 비하여 에너지양이 훨씬 많다.
② 표면적으로 연소가 확대되는 경우가 많다.
③ 담뱃불, 향불, 불티 등과 같은 무염화원을 지칭한다.
④ 협의로 해석할 때는 나화라고도 하여 유염화원과 구분한다.

🗑 해설
미소화원(微小火院)은 작고 미세한 불의 근원이라는 의미로 담뱃불, 향불, 불티와 같은 무염화원을 지칭한다.
① 유염화원에 비해 상대적으로 에너지양이 적다.
② 미소화원은 작은 불씨나 불티로 표면 연소 확대되지 않는다.
④ 나화는 성냥불, 라이터불 등 유염화원을 의미한다.

25 절연물이 소규모 방전 또는 고온의 불꽃에 의해 탄화되어 도전성 물질로 되는 것은?

① 접촉불량   ② 흑연화
③ 반단선   ④ 단락

🗑 해설
흑연화는 절연물이 탄화되어 흑연과 같은 도전성 물질로 변하는 현상이다.

26 다수의 사실로부터 일반적인 사항을 도출해내는 추론방법은?

① 합리적 추론   ② 귀납적 추론
③ 연역적 추론   ④ 형식적 추론

🗑 해설
귀납적 추론은 다수의 사실을 바탕으로 일반적인 원칙이나 법칙을 유도하여 결론에 도달하는 방법이다(가설 수립 시 사용).
① 합리적 추론 : 주어진 정보와 논리적 원칙을 사용하여 결론에 도달하는 사고 과정
③ 연역적 추론 : 일반적인 원칙이나 법칙을 제시하고 결론에 도출하는 과정(가설 검증 시 사용)
④ 형식적 추론 : 명확하게 정의된 논리적 구조와 규칙을 사용하는 추론방법

27 방화의 특징으로 옳지 않은 것은?

① 방화의 원인이 다양하다.
② 방화의 발생은 계절과 상관관계가 높다.
③ 용도별로는 주택 및 차량에 대한 방화가 많다.
④ 휘발유, 시너 등을 사용하는 경우가 많아 화재확산이 매우 빠르다.

🗑 해설
방화의 발생은 계절과 상관관계가 없다.

28 방화의 직접적 단서가 될 수 없는 것은?

① 도화선(Trailer)
② 색다른 촉진제
③ 비정상적인 연료하중
④ 출입문의 잠김 상태

정답 | 23 ① 24 ③ 25 ② 26 ② 27 ② 28 ④

🛢 **해설**
출입문 개방 또는 폐쇄는 다른 상황과 비교·분석하여 판단해야 할 간접적 단서로 활용한다.

29 철제 선박화재의 진화가 어려운 이유가 아닌 것은?

① 선박 윗부분으로의 화재확산이 어렵기 때문에
② 철판이 열을 다른 구획실로 쉽게 전달하기 때문에
③ 전기, 유압 시스템 등의 수직 관통부를 통한 대류현상 때문에
④ 발화부에 인접한 구획실에 존재하는 가연물이 발화온도에 쉽게 도달하기 때문에

🛢 **해설**
철제 선박의 특성상, 열이 철판을 통해 전달되어 선박 윗부분으로도 화재확산이 될 수 있다.

30 화재의 진행과정 중 독립된 발화로 오인할 수 있는 연소형태를 생성시킬 수 있는 불씨 이동의 요인으로 옳지 않은 것은?

① 소락물에 의한 경우
② 대류에 의한 불티의 이동
③ 독립된 장소에 착화하는 행위
④ 압력에 의한 경우

🛢 **해설**
독립된 장소에 착화하는 것은 오인이 아닌 방화화재 형태이다.

31 일반화재와 구별되어야 하는 차량화재의 특수성에 대한 설명으로 옳지 않은 것은?

① 차량은 동력기계계통, 전기전자계통, 연료공급계통, 배기계통 등 기구의 복잡성이 있다.
② 연료, 시트 등 화재하중이 낮고, 외기에 개방된 상태인 환기지배형 화재의 특성을 보인다.
③ 다양한 부착물 및 이의 변·개조가 용이하므로, 이러한 구조적 특수성에 의한 화재위험성에 노출되어 있다고 볼 수 있다.
④ 차량은 개방된 공간에 존치되는 특수성에 의해 사회적 불만이나 주차불만을 가진 자가 불특정한 방법으로 방화할 개연성이 높다고 볼 수 있다.

🛢 **해설**
차량화재는 연료, 오일, 시트 등 화재하중이 높지만, 연료가 공기보다는 적다. 따라서, 화재하중이 높은 연료지배형 화재 특성이 있다.

32 석유류의 연소특성에 대한 설명으로 옳지 않은 것은?

① 휘발성이 낮은 중질유는 미세한 크기로 미립화하여 분무연소한다.
② 원유탱크의 화재가 장시간 지속되면 고온층이 형성되어 유류화재의 위험한 현상들이 나타날 수 있다.
③ 대부분의 석유류가 포함되어 있는 제4류 위험물은 인화점이 높고, 연소하한계가 높아서 화재위험성이 크다.
④ 휘발유, 등유는 증기비중이 공기보다 크기 때문에 증발한 증기는 낮은 곳에 체류한다.

🛢 **해설**
제4류 위험물은 인화점이 낮고, 연소하한계가 낮아서 화재위험성이 크다.

33 LPG 차량의 충전밸브에 부착된 안전밸브의 작동 압력은?

① $14\,kgf/cm^2$
② $16\,kgf/cm^2$
③ $24\,kgf/cm^2$
④ $26\,kgf/cm^2$

🛢 **해설**
일반적으로 LPG 탱크의 안전밸브는 압력이 $24\,kgf/cm^2$에서 작동하도록 설계된다.

정답 | 29 ① 30 ③ 31 ② 32 ③ 33 ③

34 다음에서 설명하는 산불 진행방향의 지표는?

> 불에 탄 흔적이 울퉁불퉁 갈라진 모양이며 보통 울타리, 판자, 구조물, 표지판에서 발견된다. 연소 된 흔적의 깊이는 불의 진행방향을 나타내는 좋은 지표가 된다.

① 초본류 줄기 지표
② 보호된 연료의 지표
③ 불탄 흔적의 각도 지표
④ 엘리게이터링

🛢 해설
엘리게이터링은 불에 탄 표면이 마치 악어의 피부처럼 울퉁불퉁하게 갈라진 모양을 보이는 현상이다. 이 패턴은 불이 지나간 방향을 알 수 있는 중요한 단서가 된다.

35 임야화재에 영향을 주는 3대 중요 요소가 아닌 것은?

① 기후   ② 지형
③ 가연물   ④ 점화원

🛢 해설
점화원은 연소의 3요소이고, 연료, 기후, 지형은 확산의 3요소이다.

> **참고**
> 임야화재 확산의 3요소
> **암기법** 확산 연기지
> • 연료(가연물) : 탈 수 있는 물질의 공급
> • 기상 : 바람, 습도, 온도, 강수 등
> • 지형 : 고도, 경사, 경사향, 지세 등

36 캡타이어코드(0.75mm²/30본) 0.18mm 한 가닥의 용단전류는 약 몇 A 인가? (단, 재료는 구리로 간주한다.)

① 5.11   ② 6.11
③ 7.11   ④ 8.11

🛢 해설
소선의 용단 특성 – 플리스(W. H Preece)의 실험식
$I_s = \alpha d^{\frac{3}{2}}$ [A] $= 80 \times 0.18^{\frac{3}{2}} = 6.11$[A]
여기서, α : 80(구리), d : 직경(mm)

37 유류 성분 감정 기구인 가스 크로마토그래피 분석의 장점으로 거리가 먼 것은?

① 물질이 유사한 여러 성분의 혼합계 분리에 매우 유효하다.
② 가스 상태로 분석하기 때문에 조작도 간단하고 시간도 빠르다.
③ 각 성분을 검출하여 그 양을 전기적인 신호로 기록계에 저장하고 도형적으로 기록함으로써 분석 결과가 객관적이다.
④ 현장조사 시 휴대 및 가스 포집이 간편하며 성분판별이 가능하다.

🛢 해설
가스 크로마토그래피는 실험실에 고정하여 사용하는 장비로 혼자 들고 다닐 수 있는 무게가 아니다.

38 물질의 상태에 대한 설명으로 옳은 것은?

① 물의 증발잠열은 80cal/g이다.
② 액체 상태에서 에너지를 제거하면 기체상태가 된다.
③ 온도 변화 없이 상태 변화를 위해 필요한 열을 잠열이라 한다.
④ 분자 간의 질서도는 기체＞액체＞고체의 순이다.

🛢 해설
① 물의 증발잠열은 539cal/g이다.
② 액체 상태에서 에너지를 제거하면 고체상태가 된다.
④ 분자 간의 질서도는 고체＞액체＞기체의 순이다.

정답 | 34 ④ 35 ④ 36 ② 37 ④ 38 ③

39 측정원리에 의한 분류 중 산업용으로 사용되는 추측식 가스계량기에 해당하는 것은?

① 터빈형
② 드럼(drum)형
③ 회전식(루트식)
④ 막식(다이어프램식)

📖 해설
- 추측식 : 터빈형
- 실측식 : 드럼(drum)형, 회전식(루트식), 막식(다이어프램식)

40 유류를 이용한 자살 방화현장의 특징으로 옳지 않은 것은?

① 유류를 사용한 용기가 존재한다.
② 우발적이기보다는 계획적으로 실행한다.
③ 연소면적에 비해 탄화심도가 깊다.
④ 급격한 연소확대로 연소의 방향성 식별이 어렵다.

📖 해설
유류는 매우 급격히 연소하므로 탄화심도는 얕고 빠르게 타는 특성이 있다.

제3과목　증거물관리 및 법과학

41 화재 열로 파손된 유리의 특징으로 옳은 것은?

① 리플마크가 형성된다.
② 거미줄형태로 파손된다.
③ 방사형 형태로 깨진다.
④ 구불구불한 불규칙한 형태로 깨신다.

📖 해설
충격에 의한 유리파손의 특징
- 파단면에는 커브형태 곡선이 연속해서 만들어진다.
- 거미줄과 같은 방사형태의 파손과 동 심원형태의 파손이 일어난다.
- 표면에는 리플마크가 쉽게 식별된다.

열에 의한 유리파손의 특징
길고 구불구불한 불규칙한 형태의 금이 가면서 깨진다.

42 화재현장 보존을 위한 소방인력의 역할 및 주의사항에 대한 설명으로 옳지 않은 것은?

① 잔화 정리하는 동안 남아있는 증거물이 훼손될 수 있으므로 주의하여야 한다.
② 화재현장에 있는 설비, 기구, 장비 또는 시설의 손잡이를 돌리거나 작동 스위치를 켜는 것을 자제하여야 한다.
③ 화재현장에서 가솔린이나 디젤 연료로 작동되는 도구 및 설비를 사용하는 것은 자제하는 것이 좋다.
④ 화재현장에 대한 접근은 소방 화재조사관만으로 한정한다.

📖 해설
화재조사관 이외에 소방 및 구조활동 요원의 출입이 가능하다.

43 현장사진촬영의 필요성에 대한 설명 중 옳지 않은 것은?

① 기록과 사진, 영상 모두 한계가 있으므로 문제가 해결될 때까지 현장을 보존하는 것이 가장 중요하다.
② 사진을 보는 사람이 실제적인 감각으로 느끼게 함으로써 그때의 상황을 충분히 전달할 수 있는 것이 중요하다.
③ 현장조사 시 실수로 빠트렸거나 수집이 불가능했던 많은 정보와 사실들을 사진을 통해 얻을 수 있다.
④ 화재현장의 소손상황, 감식·감정의 대상이 되는 관계물건 등의 상황을 정확하게 기록하는 수단으로서 사진과 영상이 중요하다.

📖 해설
화재현장을 사진, 영상 등으로 상세히 기록하면 지속적으로 기억의 환기가 가능하므로 장기간 현장보존이 불필요해진다.

44 물적 증거의 종류에 해당하는 것은?

① 관계자 진술
② 감정인 소견
③ 유류 용기
④ 증언

📖 해설
①, ②, ④는 직접체험한 사람의 진술이 서면이나 타인의 진술이라는 매개를 통하여 법원에 전달되는 경우에 해당하여 전문증거에 속한다.

정답 | 39 ① 40 ③ 41 ④ 42 ④ 43 ① 44 ③

45 인화점 측정을 위한 장비가 아닌 것은?

① Pensky-Martens
② Tag Closed Cup
③ Cleveland Open Cup
④ Scanning Electron Microscope

해설
Scanning Electron Microscope는 주사전자현미경으로써 고체 상태에서 작은 크기의 미세 조직과 형상을 관찰할 때 널리 쓰이는 현미경이다.

46 화재현장의 증거물 시료 채취 시 유의사항이 아닌 것은?

① 가급적 증거물 전체를 수집 또는 채취
② 동일한 물질이 있을 때는 채취하지 않고 내용만 기술
③ 채취된 증거물의 물질이 상이할 때에는 서로 섞이지 않도록 분리하여 채취, 보관
④ 감정의뢰서에 증거물을 수집, 채취한 경과와 사건 개요를 기술

해설
다른 곳에서 발견된 동일한 물질은 별도의 용기에 넣어 수거한다.

47 화상의 중증도를 분류하는 가장 큰 요소는?

① 화상의 부위   ② 화열의 강도
③ 피부의 색   ④ 화상의 깊이 및 범위

해설
화상의 깊이에 따라 화상 중증도를 분류하고 있다.

48 물리적 증거의 오염 위험이 가장 높은 단계는?

① 증거물의 수집   ② 증거물의 운송
③ 증거물의 보존   ④ 증거물의 감정

해설
증거물의 수집과정에서 오염의 위험이 가장 높다.

49 1기압 25℃에서 연소하한계가 가장 높은 물질은?

① 프로판   ② 부탄
③ 메탄   ④ 일산화탄소

해설
물질별 폭발범위(연소범위 = 연소한계)

가스명	연소범위(용량%)		가스명	폭발범위(용량%)	
	하한	상한		하한	상한
프로판	2.1	9.5	메탄	5	15
부탄	1.8	8.4	일산화탄소	12.5	74
수소	4	75	황화수소	4.3	45
아세틸렌	2.5	81	시안화수소	6	41
암모니아	15	28	산화에틸렌	3.0	80

50 화재증거물 수집 시 고려해야 할 사항에 대한 설명으로 옳지 않은 것은?

① 물리적 상태(고체, 액체, 기체)를 고려하여 수집
② 휘발성이 낮은 것에서 높은 순서로 수집
③ 물리적 특성(크기, 모양, 무게 등)을 고려하여 수집
④ 파손성을 감안하여 수집

해설
휘발성이 높은 증거물부터 수집하여야 한다.

51 증거물의 수집에 관한 고려사항으로 가장 옳은 것은?

① 등유와 같은 탄화수소계 액체 위험물은 물과 쉽게 혼합된다.
② 화재 촉진제로 사용되는 휘발유와 같은 인화성 액체는 상온에서 자연발화하지 않는다.
③ 경유와 같이 흔히 사용되는 화재 촉진제 증기는 공기보다 더 가볍다.
④ 고체 표본을 수집할 때 용기에 3/4 이상 채운다.

해설
① 등유와 같은 탄화수소계 액체 위험물은 물과 쉽게 혼합되지 않는다.
③ 경유와 같이 흔히 사용되는 화재 촉진제는 보통 물보다 더 가볍다.
④ 고체 표본을 수집할 때 용기의 2/3 이상을 채워서는 안 된다.

52 화재현장 촬영 시 유의사항이 아닌 것은?

① 각 방위별로 출화의 방향성에 착안하여 구조물의 형태를 확인하여 촬영한다.
② 발화건물과 인접 도로 및 주변 건물과 경계선을 파악하여 촬영한다.
③ 높은 곳에서 전체를 관찰하고 연소 확대 상황을 관찰하여 촬영한다.
④ 너무 많은 사진 자료는 혼란을 야기하므로 사진 촬영은 발화대상물에만 초점을 맞추어 촬영한다.

해설
사진은 주로 현장의 모양과 소손상황에 사용하는 것으로 화재현장조사서 작성의 흐름에 따라 촬영한다.

53 카메라에서 얇은 금속날개를 이용하여 원하는 크기의 렌즈구경을 만들고 빛의 양을 조절하는 것은?

① 플레어   ② 감도
③ 셔터   ④ 조리개

해설
카메라의 조리개를 이용하여 렌즈의 빛의 양을 조절한다.

54 「화재증거물수집관리규칙」상 수집한 증거물 이송 시 포장을 하고 상세정보를 기록할 사항이 아닌 것은?

① 수집일시 및 증거물번호
② 수집장소 및 수집자
③ 증거물 내용 및 봉인자
④ 소유자 및 관리자 성명

해설
소유자 및 관리자 성명은 상세정보 항목에 없다.

55 일산화탄소 중독사의 특징으로 볼 수 있는 것은?

① 선홍색 시반이 나타난다.
② 수포 주위에 홍반이 생긴다.
③ 코에서 출혈이 심하게 나타난다.
④ 피부의 세포조직이 검게 타는 탄피층이 형성된다.

해설
일산화탄소 중독으로 사망한 시체 소견
• 선홍색 시반이 나타난다.
• 질식사의 일반적 소견이 나타난다.
• 유동성 혈액, 조직의 울혈이 나타난다.

56 전선 중 연선이 절연피복 내에서 일부 단선되어 그 부분에서 단선과 이어짐을 되풀이하는 상태는?

① 반단선   ② 트래킹
③ 흑연화   ④ 누전

해설
② 트래킹 : 절연물이 수분이나 먼지 등의 존재로 인해 스파크 또는 아크등의 고온으로 단속적 또는 계속적으로 열이 가해져 그래파이트화하여 출화한 화재
③ 흑연화 : 목재와 같은 유기질 절연체가 탄화되면 초기에는 전기를 통과시키지 않지만, 스파크나 아크등의 영향을 받아 흑연화되면서 도전성을 갖게 되는 현상
④ 누전 : 전류가 설계된 경로를 벗어나 건물, 부대설비 또는 공작물의 일부를 통해 흐르는 경우

57 화재조사와 관련한 질문의 원칙으로 옳지 않은 것은?

① 질문을 할 때에는 시기, 장소 등을 고려하여 피질문자의 임의진술을 얻도록 하여야 한다.
② 질문을 할 때에는 기대나 희망하는 진술내용을 얻기 위하여 상대방에게 암시하는 등의 방법으로 임의진술을 하여야 한다.
③ 소문 등에 의한 사항은 그 사실을 직접 경험한 사람의 진술을 얻도록 하여야 한다.
④ 관계자 등에 대한 질문 사항은 질문기록서에 작성하여 그 증거를 확보한다.

해설
제7조 관계인 등 진술 「화재조사 및 보고규정」
관계인 등에게 질문을 할 때에는 시기, 장소 등을 고려하여 진술하는 사람으로부터 임의진술을 얻도록 해야 하며 진술의 자유 또는 신체의 자유를 침해하여 임의성을 의심할 만한 방법을 취해서는 아니 된다.

정답 | 52 ④ 53 ④ 54 ④ 55 ① 56 ① 57 ②

58 증거물 관리에 대한 설명으로 옳은 것은?

① 어떠한 종류의 증거물이 발견되거나 조심스럽게 보존되었다면 완벽하게 관리되거나 문서로 기록되지 않더라도 증거로서 가치가 있다.
② 증거목록의 전달에 있어서 인수자의 서명과 전달일자와 시간만 기록되면 된다.
③ 증거물의 파손을 최소화하기 위해서는 증거물을 취급하는 사람의 수를 최소화해야 한다.
④ 여러 사람이 같은 범죄현장에서 증거를 찾고 있다면 각각 증거기록을 유지하는 것이 바람직하다.

해설
① 어떠한 종류의 증거물이 발견되거나 조심스럽게 보존되었다면 완벽하게 관리되거나 문서로 기록하여야 증거로서 가치가 있다.
② 증거목록의 전달에 있어서 인수자의 서명과 전달일자와 시간 외에 인계자 등도 기록한다.
④ 여러 사람이 같은 범죄현장에서 증거를 찾고 있다면 증거기록을 통합하는 것이 바람직하다.

59 화염과 접촉할 때 연소성이 가장 낮은 것은?

① 아크릴　　② 나일론
③ 양모　　　④ 유리섬유

해설
유리는 무기질로 불연성 물질이다.

60 현장사진의 범주에 들지 않는 대상은?

① 증거물
② 출동 전 소방차 배치사진
③ 화재현장에서 발견된 물건
④ 화재조사현장과 관련된 사람

해설
출동 전 소방차 배치사진은 현장사진과 무관하다.

제4과목　화재조사 보고 및 피해평가

61 집기비품의 소손 정도에 따른 손해율 30%에 해당하는 것은?

① 손해정도가 보통인 경우
② 손해정도가 다소 심한 경우
③ 오염·수침손의 경우
④ 50% 이상 소손되거나, 수침오염 정도가 심한 경우

해설
집기비품의 소손 정도에 따른 손해율 「화재피해액 산정 매뉴얼」

화재로 인한 피해정도	손해율(%)
50% 이상 소손되거나, 수침오염 정도가 심한 경우	100
손해정도가 다소 심한 경우	50
손해정도가 보통인 경우	30
오염·수침손의 경우	10

62 「화재조사 및 보고규정」상 구분하는 화재의 유형이 아닌 것은?

① 건축·구조물 화재
② 임야화재
③ 위험물·가스제조소 화재
④ 공장화재

해설
화재유형별조사서 서식

암기법 건자위 선임

1. **건**축·구조물 화재
2. **자**동차·철도차량
3. **위**험물·가스제조소 등 화재
4. **선**박·항공기 화재
5. **임**야 화재

정답 | 58 ③　59 ④　60 ②　61 ①　62 ④

63 재고자산 화재피해액의 산정방법 중 가장 처음으로 산정해야 하는 방식은?

① 간이평가 방식
② 회계장부상 현재가액 산정방식
③ 물가정보지 현재가액 산정방식
④ 재구입비, 감가공제 등을 통한 실질적·구체적 방식

🛢 해설
[별표 2] 화재피해금액 산정기준 「화재조사 및 보고규정」에서 재고자산 화재피해액은 회계장부상 현재가에 손해율을 곱하는 방식으로 산정한다.

64 화재피해액 산정과 관련된 용어 정의 중 옳지 않은 것은?

① 재구입비는 화재 당시의 피해물과 똑같은 것을 구입하는 데 필요한 금액에 감가상각을 반영한 것을 말한다.
② 잔가율은 화재 당시에 피해물의 재구입비에 대한 현재가의 비율을 말한다.
③ 내용연수란 고정자산을 경제적으로 사용할 수 있는 연소를 말한다.
④ 연소확대물은 연소가 확대되는 데 있어 결정적 영향을 미친 가연물을 말한다.

🛢 해설
「화재조사 및 보고규정」의 피해액 관련 용어 정의

용어	정의
재구입비	화재 당시의 피해물과 같거나 비슷한 것을 재건축(설계 감리비를 포함한다) 또는 재취득하는 데 필요한 금액
내용연수	고정자산을 경제적으로 사용할 수 있는 연수
손해율	피해물의 종류, 손상 상태 및 정도에 따라 피해금액을 적정화시키는 일정한 비율
잔가율	화재 당시에 피해물의 재구입비에 대한 현재가의 비율
최종잔가율	피해물의 내용연수가 다한 경우 잔존하는 가치의 재구입비에 대한 비율

65 화재현장 조사서에서 발화열원의 분류 항목인 것은?

① 부주의   ② 전기적 요인
③ 폭발물, 폭죽   ④ 가스누출(폭발)

🛢 해설
화재현황조사서의 발화열원과 발화요인 항목 비교 「화재조사 및 보고규정」

	암기법 ✓ 작담마 폭불화자	
발화열원	• 작동기기 • 마찰, 전도, 복사 • 불꽃, 불티 • 자연적 발화열 • 미상	• 담뱃불, 라이터불 • 폭발물, 폭죽 • 화학적 발화열 • 기타

	암기법 ✓ 전기가 화제교부 자방기	
발화요인	• 전기적 요인 • 가스누출(폭발) • 제품결함 • 부주의 • 방화 • 미상	• 기계적 요인 • 화학적 요인 • 교통사고 • 자연적 요인 • 기타

66 화재 사후조사에 대한 화재발생종합보고서 작성요령으로 옳은 것은?

① 소방대가 출동하지 아니한 화재장소의 화재 증명원 발급요청이 있는 경우 조사관이 주관적으로 판단하여 사후조사를 실시한 후 보고서를 작성한다.
② 사후조사는 발화장소 및 발화지점 등 현장이 보존되어 있는 경우 조사를 할 수 있다.
③ 사후조사의 경우에도 화재현장출동보고서를 반드시 작성하여야 한다.
④ 사후조사의 경우 화재발생종합보고서는 「화재조사 및 보고규정」의 서식이 아닌 별도의 서식에 의해 작성한다.

🛢 해설
제23조 화재증명원의 발급 「화재조사 및 보고규정」
소방관서장은 화재피해자로부터 소방대가 출동하지 아니한 화재장소의 화재증명원 발급신청이 있는 경우 조사관으로 하여금 사후 조사를 실시하게 할 수 있다. 이 경우 민원인이 제출한 사후조사 의뢰서의 내용에 따라 발화장소 및 발화지점의 현장이 보존되어 있는 경우에만 조사를 하며, 화재현장출동보고서 작성은 생략할 수 있다.

정답 | 63 ② 64 ① 65 ③ 66 ②

67 화재현장조사서 작성에 대한 설명으로 옳지 않은 것은?

① 화재현장조사서의 기재에 있어서 조사자의 주관적 의사나 판단이 개입되도록 표현하는 것은 바람직하지 못하다.
② 조사서의 작성자가 조사현장에서 도출된 발화원인 등의 결론을 언급한 용어를 사용하는 것은 부적절하다.
③ 형용사를 사용하여 문장을 강조하는 것은 조사서의 객관성 유지에 지장을 줄 수 있다.
④ 입회인의 설명내용과 조사원의 관찰·확인 사실은 구분하지 않고 정리한 뒤 작성한다.

🛎 **해설**
입회인의 설명내용과 조사원의 관찰·확인 사실은 구분하고 정리한 뒤 작성한다.

68 아파트에서 부주의로 화재가 발생하여 바닥 $6m^2$와 천장 $14m^2$가 소실되었다. 이 경우 화재피해 조사서(재산) 작성 시 소실면적은?

① $1.6m^2$
② $6m^2$
③ $8m^2$
④ $20m^2$

🛎 **해설**
소실면적 산정 「화재조사 및 보고규정」
건물(수손 및 기타 파손 포함)의 소실면적 산정은 소실 바닥면적으로 산정한다.

69 「화재조사 및 보고규정」상 화재로 인한 재산피해의 범위에 해당하지 않는 것은?

① 화재로 인한 영업손실의 피해
② 연기에 의한 그을음 피해
③ 소화활동으로 발생한 수손 피해
④ 열에 의한 탄화, 용융, 파손 피해

🛎 **해설**
「화재피해액 산정기준」에서의 화재로 인한 피해액 산정대상은 경제적 가치가 있는 재산 등의 직접적 손실에 국한한다.

70 「화재조사 및 보고규정」에 따르면 관할구역 내에서 발생한 화재에 대하여 작성해야 하는 서류가 아닌 것은?

① 화재발생종합보고서
② 질문기록서
③ 화재현장출동보고서
④ 범죄사실 보고서

🛎 **해설**
범죄사실 관련 보고서 등은 경찰 관련 법령에 의거한다.

71 시중매매가격에 의해 화재피해액을 산정하는 것이 아닌 것은?

① 차량의 전부손해
② 귀금속의 전부손해
③ 식물의 전부손해
④ 동물의 전부손해

🛎 **해설**
전부손해 여부에 따른 화재피해금액 산정기준 비교

> 암기법 **차동식 매 수 치료**

- **차**량, **동**물, **식**물
  - 전부손해의 경우 : 시중**매매**가격
  - 전부손해가 아닌 경우(부분 소손) : **수리비** 및 **치료**비

> 암기법 **해(회)골 공포(보) 감정 복구**

- **회**화(그림), **골**동품, 미술**공**예품, **귀금속** 및 **보**석류
  - 전부손해의 경우 : **감정가격**
  - 전부손해가 아닌 경우(부분 소손) : 원상**복구**에 소요되는 비용

72 발화원인의 판정방법 중 소거법에 가장 가까운 것은?

① 분석·측정기기 등에 의한 데이터의 제시
② 재현실험에 의한 재현성의 확보
③ 유사화재 사례의 유무 확인
④ 화원 각각에 대하여 발화원으로서 가능성 검토

🛎 **해설**
여러 화원에 대하여 발화원의 가능성을 검토하여 거리가 먼 것부터 배재하는 것이 소거법이다.

정답 | 67 ④ 68 ② 69 ① 70 ④ 71 ② 72 ④

73 건물의 피해액 산정 시에 개·보수한 때를 기준으로 경과연수를 산정하는 것은 재설치비의 몇 % 이상 개·보수한 경우인가?

① 50
② 60
③ 70
④ 80

📖 해설

건물의 경과연수 「화재피해액 산정 매뉴얼」, 개수 또는 보수한 경우 경과연수

> **암기법** 50살부터 최초저축해서, 80세에 보수를 합산 평균했는데, 이상하게 보수가 작다.

재설치비의 50% 미만 개·보수한 경우	최초 설치연도를 기준으로 경과연수를 산정
재설치비의 50~80% 개·보수한 경우	최초 설치연도를 기준으로 한 경과연수와 개·보수한 때를 기준으로 한 경과연수를 합산하고 평균하여 경과연수를 산정
재설치비의 80% 이상 개·보수한 경우	개·보수한 때를 기준으로 하여 경과연수를 산정

74 화재조사 서류작성 및 보고요령으로 옳지 않은 것은?

① 화재보고는 최초보고, 중간보고, 최종보고로 구분한다.
② 최종보고는 화재종류 후 최초보고, 중간보고를 취합하여 보고한다.
③ 최초보고는 선착대가 현장도착 즉시 현장지휘관 책임하에 화재 규모, 인명피해 발생 여부, 건물구조 개요, 정확한 재산피해 내역을 보고하여야 한다.
④ 중간보고는 최초보고 후 화재상황 진전에 따라 연소확대 여부, 인명구조 및 진압활동 상황, 화재원인 및 재산피해 등을 수시로 보고한다.

📖 해설

화재현장의 선착대 선임자는 철수 후 지체 없이 국가화재정보시스템에 화재현장출동보고서를 작성·입력해야 한다.

75 화재현황조사서에 기입해야 할 항목이 아닌 것은?

① 화재발생 일시 및 장소
② 기상상황
③ 인명피해 및 재산피해
④ 소방시설 현황

📖 해설

소방시설 현황은 소방방화시설 활용 조사서에 기재한다.

76 최종잔가율에 대한 설명으로 옳은 것은?

① 고정자산을 경제적으로 사용할 수 있는 비율을 말한다.
② 화재 당시에 피해물의 재구입비에 대한 현재가에 비율을 말한다.
③ 피해물의 종류, 손상상태 및 정도에 따라 피해액을 적정화시키는 비율을 말한다.
④ 피해물의 경제적 내용연소가 다한 경우 잔존하는 가치의 재구입비에 대한 비율을 말한다.

📖 해설

「화재조사 및 보고규정」의 피해액 관련 용어 정의

> **암기법** 최종 잔가재

용어	정의
재구입비	화재 당시의 피해물과 같거나 비슷한 것을 재건축(설계 감리비를 포함한다) 또는 재취득하는 데 필요한 금액
내용연수	고정자산을 경제적으로 사용할 수 있는 연수
손해율	피해물의 종류, 손상 상태 및 정도에 따라 피해금액을 적정화시키는 일정한 비율
잔가율	화재 당시에 피해물의 재구입비에 대한 현재가의 비율
최종잔가율	피해물의 내용연수가 다한 경우 잔존하는 가치의 재구입비에 대한 비율

77 부대설비의 화재피해로 인한 소손정도에 따른 손해율 20%에 해당하는 피해정도는?

① 손해 정도가 상당히 심한 경우
② 손해 정도가 다소 심한 경우
③ 손해 정도가 보통인 경우
④ 손해 정도가 경미한 경우

해설
부대설비의 소손 정도에 따른 손해율「화재피해액 산정 매뉴얼」

화재로 인한 피해정도	손해율(%)
주요구조체의 거의 재사용이 불가능한 경우	100
손해 정도가 상당히 심한 경우	600
손해 정도가 다소 심한 경우	40
손해 정도가 보통인 경우	20
손해 정도가 경미한 경우	10

78 화재조사를 화재원인조사와 화재피해조사로 구분할 때 화재원인조사 범위에 해당하는 것은?

① 소방활동 중 발생한 사망자 및 부상자
② 소화활동으로 발생한 수손
③ 피난경로, 피난상의 장애요인
④ 화재로 인한 사망자 및 부상자

해설
① 소방활동 중 발생한 사망자 및 부상자 : 인명피해조사
② 소화활동으로 발생한 수손 : 재산피해조사
④ 화재로 인한 사망자 및 부상자 : 인명피해조사

79 건물의 화재피해액 산정기준 공식으로 옳은 것은?

① 신축단가(m^2당)×소실면적×[1−(0.6×경과연수/내용연수)]×손해율
② 신축단가(m^2당)×소실면적×[1−(0.7×경과연수/내용연수)]×손해율
③ 신축단가(m^2당)×소실면적×[1−(0.8×경과연수/내용연수)]×손해율
④ 신축단가(m^2당)×소실면적×[1−(0.9×경과연수/내용연수)]×손해율

해설
화재피해금액 산정기준「화재조사 및 보고규정」, 건물의 화재피해액 산정기준 [별표 2]

암기법 신소 일마쩜팔 경내손

신축단가(m^2당)×소실면적×[1−(0.8×경과연수/내용연수)]×손해율

80 화재 등으로 인한 피해액 산정에 있어 최종잔가율 20%를 적용할 수 없는 것은?

① 건물   ② 부대설비
③ 비품   ④ 가재도구

해설
제18조 제3항 화재피해금액 산정「화재조사 및 보고규정」
건물 등 자산에 대한 최종잔가율은 건물・부대설비・구축물・가재도구는 20%로 하며, 그 이외의 자산은 10%로 정한다.

제5과목 화재조사관계법규

81 「화재조사 및 보고규정」에서 정하는 건물의 동수 산정에 대한 설명으로 옳지 않은 것은?

① 주요구조부가 하나로 연결된 것은 1동으로 한다.
② 건물의 외벽을 이용하여 실을 만들어 작업실로 사용하고 있는 것은 주 건물과 1동으로 본다.
③ 구조와 관계없이 지붕 및 실이 하나로 연결된 것은 별동으로 본다.
④ 목조건물의 경우 격벽으로 방화구획이 되어 있는 경우 동일동으로 한다.

해설
구조에 관계없이 지붕 및 실이 하나로 연결되어 있는 것은 같은 동으로 본다.

82 「소방의 화재조사에 관한 법령」에서 정하는 화재의 정의에 포함되지 않는 내용은?

① 사람의 의도에 반하여 발생한 화재로 소화할 필요가 있는 연소현상
② 사람의 고의에 의하여 발생한 화재로 소화할 필요가 있는 연소현상
③ 소화시설 등을 사용하여 소화할 필요가 있는 연소현상
④ 압력을 동반한 물리적 폭발현상

🛈 해설
제2장 정의 「소방의 화재조사에 관한 법률」
"화재"란 사람의 의도에 반하거나 고의 또는 과실에 의하여 발생하는 연소 현상으로서 소화할 필요가 있는 현상 또는 사람의 의도에 반하여 발생하거나 확대된 화학적 폭발현상을 말한다.

83 「소방기본법」상 소방자동차가 화재진압 및 구조·구급 활동을 위하여 출동하는 때에 이를 방해하는 자에 대한 벌칙은?

① 5년 이하의 징역 또는 5천만 원 이하의 벌금
② 5년 이상의 징역 또는 5천만 원 이하의 벌금
③ 3년 이하의 징역 또는 1천500만 원 이하의 벌금
④ 2년 이하의 징역 또는 1천만 원 이하의 벌금

🛈 해설
제50조 벌칙 「소방기본법」 5년 이하의 징역 또는 5천만 원 이하의 벌금에 해당하는 행위

구분	행위
출동 소방대 방해	다음 각목의 어느 하나에 해당하는 행위를 한 사람 가. 위력(威力)을 사용하여 출동한 소방대의 화재진압·인명구조 또는 구급활동을 방해하는 행위 나. 소방대가 화재진압·인명구조 또는 구급활동을 위하여 현장에 출동하거나 현장에 출입하는 것을 고의로 방해하는 행위 다. 출동한 소방대원에게 폭행 또는 협박을 행사하여 화재진압·인명구조 또는 구급활동을 방해하는 행위 라. 출동한 소방대의 소방장비를 파손하거나 그 효용을 해하여 화재진압·인명구조 또는 구급활동을 방해하는 행위
소방차 방해	소방자동차의 출동을 방해한 사람
업무 방해	사람을 구출하는 일 또는 불을 끄거나 불이 번지지 아니하도록 하는 일을 방해한 사람
소방용수 사용 방해	정당한 사유 없이 소방용수시설 또는 비상소화장치를 사용하거나 소방용수시설 또는 비상소화장치의 효용을 해치거나 그 정당한 사용을 방해한 사람

84 「제조물 책임법」상의 피해자가 손해 및 손해배상책임을 지는 자를 알게 된 날부터 손해배상 청구권은 몇 년간 행사하지 않으면 소멸하는가?

① 10년   ② 5년
③ 3년   ④ 1년

🛈 해설
손해배상청구권의 소멸시효 등

암기법 모알 3년, 제공 10년

구분	내용
청구권 소멸시효	손해배상의 청구권은 피해자 또는 그 법정대리인이 다음 사항을 모두 알게 된 날부터 3년간 행사하지 아니하면 시효의 완성으로 소멸한다. 1. 손해 2. 손해배상책임을 지는 자
청구권 행사기간	손해배상의 청구권은 제조업자가 손해를 발생시킨 제조물을 공급한 날부터 10년 이내에 행사하여야 한다.

85 「화재로 인한 재해보상과 보험가입에 관한 법률」상 손해보험회사가 한국화재보험협회의 설립 허가를 받으려는 경우 금융위원회에 제출하여야 하는 서류로 틀린 것은?

① 정관   ② 사업방법서
③ 임원의 명단   ④ 창립총회 의사록

🛈 해설
제9조 설립허가 신청 「화재로 인한 재해보상과 보험가입에 관한 법률 시행령」
설립 허가를 받으려는 경우 제출 서류

암기법 정사 의사

1. 정관
2. 사업방법서
3. 창립총회 의사록

86 「소방의 화재조사에 관한 법령」에 따른 화재의 조사에 대한 기준 중 틀린 것은?

① 소방서장은 화재조사 원인 및 피해 등에 대한 조사를 하여야 한다.
② 수사기관이 증거물을 압수한 때에는 소방서장은 그 증거물에 대한 조사가 불가능하다.
③ 소방서장은 화재조사에 필요한 경우, 관계인에 대하여 자료제출을 명할 수 있다.
④ 화재조사를 하는 소방공무원이 관계인의 정당한 업무를 방해한 경우, 벌금에 처한다.

해설
비밀 누설은 과태료가 아닌 300만 원 이하 벌금에 처한다.

87 한국화재보험협회에서 보험계약을 체결할 때 실시하는 특수건물의 안전점검 내용으로 옳은 것은?

① 안전점검이 필요하다고 인정될 때 관계인의 승낙 없이도 검사를 실시할 수 있다.
② 협회는 안전점검을 실시하고자 할 때에는 24시간 전에 관계인에게 통지하여야 한다.
③ 안전점검을 실시하는 자는 안전점검을 함에 있어서 관계인의 업무를 방해하거나 지득한 비밀을 누설하여서는 아니 된다.
④ 안전점검은 관계인의 업무를 방해하지 않도록 일출 전 또는 일몰 후에 실시하여야 한다.

해설
안전점검을 실시하는 자는 안전점검을 함에 있어서 특수건물 관계인의 업무 방해 또는 비밀 누설 금지한다.

안전점검

구분	내용
통지	협회는 안전점검을 하려는 경우 다음을 특수건물 관계인 중 1명 이상에게 통지한다. 1. 특수건물에 해당하게 된 이후 처음으로 안전점검을 하는 경우: 안전점검 15일 전에 특수건물에 해당한다는 사실과 안전점검 일자 등 2. 제1호 외의 경우 : 안전점검 48시간 전에 안전점검 일자 등
송달	협회는 통지를 하는 경우 통지서를 특수건물 관계인에게 우편, 전자우편 또는 교부의 방법을 이용하여 송달하여야 한다.
전자우편	전자우편의 방법을 이용한 송달은 통지서를 송달받아야 할 특수건물 관계인이 동의하거나 신청하는 경우에만 한다.
증표	안전점검을 실시하는 자는 그 신분을 증명하는 증표를 지니고 이를 특수건물 관계인에게 보여주어야 한다.
업무방해 · 비밀누설	안전점검을 실시하는 자는 안전점검을 함에 있어서 특수건물 관계인의 업무를 방해하거나 알게 된 비밀을 타인에게 누설하여서는 아니된다.
수행시간	안전점검은 특수건물 관계인의 승낙 없이 해가 뜨기 전이나 해가 진 뒤에는 할 수 없다.
결과통보	협회는 안전점검을 하였을 때에는 10일 내에 그 결과를 해당 특수건물이 소재하는 관할 시장·군수·구청장(자치구의 구청장을 말한다) 또는 소방서장에게 알려야 한다.
자료요청	협회는 안전점검을 하여야 하는 특수건물의 현황을 파악하기 위하여 필요한 경우 관계 행정기관의 장과 지방자치단체의 장에게 총리령으로 정하는 자료의 제공을 요청할 수 있다

88 보일러, 고압가스 기타 폭발성 있는 물건을 파열시켜 사람의 생명, 신체 또는 재산에 대하여 위험을 발생시키는 범죄명은?

① 폭발성물건파열죄
② 방화죄
③ 파열죄
④ 신체상해죄

해설
제172조 폭발성물건파열 「형법」
보일러, 고압가스 기타 폭발성이 있는 물건을 파열시켜 사람의 생명, 신체 또는 재산에 대하여 위험을 발생시킨 자는 1년 이상의 유기징역에 처한다.

89 「화재로 인한 재해보상과 보험가입에 관한 법령」상 특수건물의 기준으로 옳은 것은?

① 「음악산업진흥에 관한 법률」에 따른 노래연습장업으로 사용하는 부분의 바닥면적의 합계가 2천m² 이상인 건물
② 「관광진흥법」에 따른 관광숙박업으로 사용하는 건물로서 바닥면적의 합계가 2천m² 이상인 건물
③ 「학원의 설립·운영 및 과외교습에 관한 법률」에 따른 학원으로 사용하는 부분의 바닥면적 합계가 1천m² 이상인 건물

정답 | 86 ② 87 ③ 88 ① 89 ①

④ 「의료법」에 따른 병원급 의료기관으로 사용하는 건물로서 연면적의 합계가 2천m² 이상인 건물

📖 해설
② 관광숙박업 : 연면적 3천m² 이상인 건물
③ 학원 : 바닥면적 2천m² 이상인 건물
④ 병원급 의료기관 : 연면적 3천m² 이상인 건

참고

제2조 특수건물 「화재로 인한 재해보상과 보험가입에 관한 법률 시행령」

면적	대상
바닥면적 2,000m² 이상	학원, 게임제공업, 인터넷컴퓨터게임시설제공업, 노래연습장업, 휴게음식점영업, 일반음식점영업, 단란주점영업, 유흥주점영업, 공유주방 운영업, 목욕장업, 영화상영관
바닥면적 3,000m² 이상	숙박업, 대규모점포, 도시철도의 역사 및 역 시설
연면적 3,000m² 이상	병원급 의료기관, 관광숙박업, 공연장, 방송사업목적 건물, 농수산물도매시장 및 민영농수산물도매, 학교, 공장
면적 기준 없음	공동주택으로서 16층 이상의 아파트 및 부속건물, 11층 이상인 건물, 실내사격장

90 화재 시 소화기를 사용 못 하도록 하거나 옥내소화전을 파괴하는 등의 행동을 했다면 형법에 의하여 어떤 처벌을 받을 수 있는가?

① 10년 이하의 징역
② 7년 이하의 징역
③ 3년 이하의 금고
④ 1천5백만 원 이하의 벌금

📖 해설
제169조 진화방해 「형법」
화재에 있어서 진화용의 시설 또는 물건을 은닉 또는 손괴하거나 기타 방법으로 진화를 방해한 자는 10년 이하의 징역에 처한다.

91 사법경찰관이 피의자를 심문하기 전에 알려주어야 하는 사항과 가장 거리가 먼 것은?

① 진술을 하지 않은 경우에 불이익을 받을 수 있다는 것
② 신문을 받을 때 변호인의 조력을 받을 수 있다는 것
③ 일체의 진술을 하지 아니할 수 있다는 것
④ 진술을 거부할 권리를 포기하고 행한 진술은 법정에서 유조의 증거로 사용될 수 있다는 것

📖 해설
진술거부권 등의 고지에 의거하여 진술을 하지 아니하더라도 불이익을 받지 아니한다는 것

진술거부권 등의 고지 「형사소송법」

> **암기법** 아불유변

1. 일체의 진술을 하지 아니하거나 개개의 질문에 대하여 진술을 하지 아니할 수 있다는 것
2. 진술을 하지 아니하더라도 불이익을 받지 아니한다는 것
3. 진술을 거부할 권리를 포기하고 행한 진술은 법정에서 유죄의 증거로 사용될 수 있다는 것
4. 신문을 받을 때에는 변호인을 참여하게 하는 등 변호인의 조력을 받을 수 있다는 것

92 특수건물에서 발생한 화재로 부상자가 발생한 경우 상해 부위를 상해 급별로 구분하였을 때 9급에 해당하는 것은?

① 상박골경부골절
② 대퇴골간부골절
③ 수근주상골골절
④ 요골골두골절

📖 해설
부상등급 및 보험금액 「화재로 인한 재해보상과 보험가입에 관한 법률 시행령」 [별표 1]
① 상박골경부골절 : 3급
② 대퇴골간부골절 : 3급
③ 수근주상골골절 : 3급

93 업무상과실 또는 중대한 과실로 인하여 실화의 죄를 범한 자에 대한 벌칙은?

① 3년 이하의 금고 또는 1천5백만 원 이하의 벌금
② 3년 이하의 금고 또는 2천만 원 이하의 벌금
③ 2년 이하의 징역 또는 1천5백만 원 이하의 벌금
④ 2년 이하의 징역 또는 2천만 원 이하의 벌금

정답 | 90 ① 91 ① 92 ④ 93 ②

> 해설

제171조 업무상실화, 중실화 「형법」
실화의 죄를 범한 자는 3년 이하의 금고 또는 2천만 원 이하의 벌금에 처한다.

94 「화재증거물수집관리규칙」상 화재현장 증거물은 화재증거 수집의 목적 달성 후에는 어떻게 하여야 하는가?

① 3년까지 보존하여야 한다.
② 10년까지 보존하여야 한다.
③ 관계인에게 반환하여야 한다.
④ 즉시 폐기하여야 한다.

> 해설

제6조 제6항 증거물 보관·이동 「화재증거물수집관리규칙」
증거물은 화재증거 수집의 목적달성 후에는 관계인에게 반환하여야 한다. 다만 관계인의 승낙이 있을 때에는 폐기할 수 있다.

95 「화재로 인한 재해보상과 보험가입에 관한 법령」상 신체손해배상 특약부화재보험의 설명으로 틀린 것은?

① 발가락을 잃은 것이란 발가락 말단의 2분의 1 이상을 잃은 경우를 말한다.
② 흉터가 남은 것이란 성형수술을 하였어도 육안으로 식별이 가능한 흔적이 있는 상태를 말한다.
③ 항상 보호를 받아야 하는 것은 일상생활에서 기본적인 음식섭취, 배뇨 등을 타인에게 의존해야 하는 것을 말한다.
④ 수시로 보호를 받아야 하는 것은 일상생활에서 기본적인 음식섭취, 배뇨 등은 가능하나 그 외의 일은 타인에게 의존해야 하는 것을 말한다.

> 해설

후유장애 구분 및 보험금액 「화재보험법 시행령」[별표 2] 비고
"발가락을 잃은 것"이란 발가락 전부를 잃은 경우를 말한다.

96 현주건조물 등에의 방화한 사람에게 가하는 벌칙으로 옳지 않은 것은?

① 사람을 상해에 이르게 한 때에는 무기 또는 5년 이상의 징역
② 사람을 사망에 이르게 한 때에는 사형, 무기 또는 7년 이상의 징역
③ 사람이 주거로 사용하거나 사람이 현존하는 건조물, 기차, 전차, 자동차, 선박, 항공기 또는 지하채굴시설을 불태운 자는 무기 또는 3년 이상의 징역
④ 자기 소유에 속한 물건을 소훼한 때에는 5년 이하의 징역

> 해설

현주건조물 등 방화 「형법」

암기법 건기에 전자산업은 순(선)항하지

불을 놓아 사람이 주거로 사용하거나 사람이 현존하는 건조물, 기차, 전차, 자동차, 선박, 항공기 또는 지하채굴시설을 불태운 자는 무기 또는 3년 이상의 징역에 처한다.

구분	처벌
인명피해가 없는 경우	무기 또는 3년 이상의 징역 (미수범 처벌)
사람을 상해에 이르게 한 경우	무기 또는 5년 이상의 징역
사람을 사망에 이르게 한 경우	사형, 무기 또는 7년 이상의 징역

97 「제조물 책임법」상 제조상의 결함에 해당하는 것은?

① 제조업자의 제조물에 대한 제조·가공상의 주의의무의 이행 여부와 관계없이 제조물이 원래 의도한 설계와 다르게 제조·가공됨으로써 안전하지 못한 경우
② 제조사가 합리적인 대체 설계를 채용하였더라면 피해나 위험을 줄이거나 피할 수 있었음에도 대체 설계를 채용하지 아니하여 당해 제조물이 안전하지 못한 경우
③ 제조업자가 합리적인 설명·지시·경고 기타의 표시를 하였더라면 당해 제조물에 의하여 발생될 수 있는 피해나 위험을 줄이거나 피할 수 있었음에도 이를 하지 않은 경우

정답 | 94 ③ 95 ① 96 ④ 97 ①

④ 제조업자가 물류·유통과정에서 발생할 수 있는 위험을 인지하지 못하여 제조물의 파손을 초래한 경우

해설

제2조 제2항 정의(제조상 결함) 「제조물 책임법」 참조
① 제조상의 결함
② 설계상의 결함
③ 표시상의 결함
④ 제조상 결함에 해당 없음

98 「형법」상 공용건조물 등에의 방화죄에 대한 벌칙은?

① 무기 또는 3년 이상의 징역
② 무기 또는 3년 이하의 징역
③ 10년 이상의 징역
④ 1년 이상의 징역

해설

건조물 방화 처벌 요약 비교

방화 종류		사형	무기	유기	징역(년)	벌금(만 원)	미수범
현주 건조물	원칙		○		3		○
	상해		○		5		
	사망	○	○		7		
공용건조물			○		3		○
일반 건조물	원칙			○	2		○
	자기 소유				7 이하	천 이하	

99 화재를 유형에 따라 구분한 것으로 잘못된 것은?

① 피견인 차량이 소손된 경우, 자동차·철도차량 화재에 해당한다.
② 구조물 안에 있는 물건이 소손된 경우, 건축·구조물 화재에 해당한다.
③ 경작물이 소손된 경우, 기타화재에 해당한다.
④ 들판의 수목이 소손된 경우, 임야화재에 해당한다.

해설

경작물이 소손된 경우, 임야화재이다.

참고

제9조 화재 유형 「화재조사 및 보고규정」

암기법 건자위 선임

유형	정의
건축·구조물 화재	건축물, 구조물 또는 그 수용물이 소손된 것
자동차·철도 차량 화재	자동차, 철도차량 및 피견인 차량 또는 그 적재물이 소손된 것
위험물·가스 제조소 등 화재	위험물제조소 등, 가스제조·저장·취급 시설 등이 소손된 것
선박·항공기	선박, 항공기 또는 그 적재물이 소손된 것
임야 화재	산림, 야산, 들판의 수목, 잡초, 경작물 등이 소손된 것

100 「화재로 인한 재해보상과 보험가입에 관한 법률」에 따르면 화재보험협회가 보험계획을 체결할 때 또는 보험계약을 갱신할 때마다 해당 특수건물의 화재예방 및 소화시설의 안전점검을 실시하고 그 결과를 며칠 이내에 소방관서의 장에게 통지하여야 하는가?

① 즉시
② 10일
③ 20일
④ 30일

해설

제12조 제7항 안전점검 「화재로 인한 재해보상과 보험가입에 관한 법률 시행령」

협회는 안전점검을 하였을 때에는 10일 내에 그 결과를 해당 특수건물이 소재하는 관할 시장·군수·구청장 또는 소방서장에게 알려야 한다.

정답 | 98 ① 99 ③ 100 ②

기사 기출유형 복원문제 2024년 1회

제1과목 화재조사론

01 감광계수(m^{-1})에 따른 가시거리가 틀린 것은?

① 감광계수 0.1 – 가시거리 20~30m
② 감광계수 0.3 – 가시거리 5m
③ 감광계수 0.5 – 가시거리 1~2m
④ 감광계수 10 – 가시거리 0.2~0.5m

해설
감광계수 0.5는 가시거리 3m이며 어두움을 느낄 정도의 농도이다.

> **참고**
>
> **감광계수에 따른 가시거리**
>
> | 감광계수(m^{-1}) | 가시거리(m) | 상황 |
> |---|---|---|
> | 0.1 | 20~30 | 화재초기 연기감지기 작동 |
> | 0.3 | 5 | 건물 내 숙지자의 피난 지장 |
> | 0.5 | 3 | 어두움을 느낄 정도 |
> | 1 | 1~2 | 거의 앞이 보이지 않을 정도 |
> | 10 | 0.2~0.5 | 화재 최성기 때의 연기농도 |

02 삼각형(△) 패턴에 대한 설명으로 틀린 것은?

① 삼각형 패턴은 유류가 사용된 곳에서 연소가 끝난 바닥면에 나타난다.
② 삼각형 패턴은 연소가 짧은 시간에 이루어질 때 수직벽면에 나타난다.
③ 삼각형 패턴은 바닥에서 천장까지 완전히 전개되지 않는 화재에 나타난다.
④ 삼각형 패턴은 불기둥을 수직적으로 차단하지 않을 경우에 나타난다.

해설
삼각형 패턴은 바닥이 아닌 수직벽면에 나타나는 패턴이다.

> **참고**
>
> **삼각형 패턴**
> 삼각형 모양으로 천장에 닿지 않은 수직화염에 의해 발생한다. 열방출률이 낮은 화재이거나 비교적 단기간 지속된 화재의 징후가 된다.

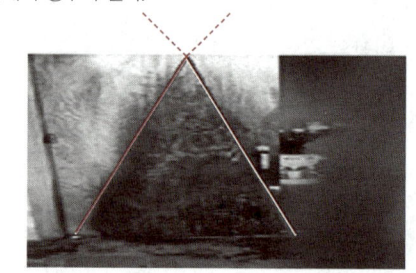

03 고체가연물 중 표면연소의 형태를 갖는 물질은?

① 금속분　　② 목재
③ 양초　　　④ 니트로셀룰로오스

해설
고체가연물 중 표면연소는 목탄, 코크스, 금속(분·박·리본 포함) 등이 있다.

> **참고**
>
> **고체연소 형태**
> - 표면연소 : 목탄, 코크스, 금속(분·박·리본 포함) 등
> - 증발연소 : 황, 나프탈렌, 파라핀(양초) 등
> - 분해연소 : 목재, 석탄, 종이, 섬유, 플라스틱, 합성수지, 고무류 등
> - 자기연소 : 니트로셀룰로오스(NC), 트리니트로톨루엔(TNT), 니트로글리세린(NG), 트리니트로페놀(TNP) 등

정답 | 01 ③　02 ①　03 ①

04 점화원에 대한 설명으로 옳은 것은?

① 온도가 높을수록 최소점화에너지는 높아진다.
② 혼합된 공기의 산소농도와 관계없이 최소 착화에너지는 변하지 않는다.
③ 압력이 높을수록 최소 착화에너지는 높아진다.
④ 연소 범위 내에 있는 가연성 가스는 정전기 등의 약한 에너지로도 점화될 수 있다.

📖 **해설**
① 온도가 높을수록 최소점화에너지는 작아진다.
② 혼합된 공기의 산소농도가 높아지면 최소점화에너지는 작아진다.
③ 압력이 높을수록 최소 착화에너지는 작아진다.

참고 최소점화에너지의 특징
- 온도가 상승하면 최소점화에너지는 작아진다.
- 압력이 상승하면 최소점화에너지는 작아진다.
- 농도가 높으면 최소점화에너지는 작아진다.
- 연소하한계나 연소상한계에 가까울수록 점화가 어려워져 최소점화에너지가 증가하고, 혼합비율이 최적일 때 최소점화에너지가 가장 작아진다.

05 화재조사의 책임과 권한에 대한 설명으로 옳은 것은?

① 소방서장과 보험회사는 화재조사에 필요한 사항에 대하여 협력하면 안 된다.
② 소방서장은 화재의 원인 및 피해 등에 대한 조사를 소화활동 후에 실시하여야 한다.
③ 범죄 우려가 있는 화재현장의 출입·보존 및 통제는 경찰공무원이 전적인 책임이 있다.
④ 소방서장은 방화 또는 실화 혐의가 있다고 인정되면 지체없이 경찰서장에게 알리고 증거물을 보존한다.

📖 **해설**
「소방의 화재조사에 관한 법률」에 따른 화재조사의 책임 및 권한
① 제13조 관계기관 등의 협조 : 서로 협력하여야 한다.
② 제5조 화재조사의 실시 : 지체없이 화재조사를 하여야 한다.
③, ④ 제12조 소방공무원과 경찰공무원의 협력 등 : 화재현장은 소방과 경찰이 서로 협력하여 조사한다.

06 고분자물질과 융점의 연결이 틀린 것은?

① 폴리에틸렌 – 약 220℃
② 폴리프로필렌 – 약 214℃
③ 폴리카보네이트 – 약 175℃
④ 폴리우레탄 – 약 155℃

📖 **해설**
폴리카보네이트 융점은 305℃이다.

참고 고분자재료의 융점 등

재료명	연화점(℃)	융점(℃)	열변형 온도(℃)
폴리에틸렌	123	220	41~83
폴리프로필렌	157	214	85~110
나일론	209	228	55~58
폴리우레탄	121	155	–
폴리카보네이트	213	305	132
ABS수지	202	313	–

07 증기운 형성 물질 중 비점 이상의 온도지만 가압하여 액화된 물질로 열전달 및 확산이 증발을 제한하는 특징을 갖는 물질은?

① 액화암모니아   ② 벤젠
③ 액화천연가스   ④ 액화석유가스

📖 **해설**
증기운폭발의 물질 분류 중 벤젠과 헥산에 대한 설명이다.

참고 증기운폭발의 물질 분류

분류	물질	특성	증발 형태
I	액화천연가스(LNG)	• 임계온도<주위온도 • 대기압에서 저온으로 액화	열전달이 증발 제한
II	액화석유가스(LPG), 액화암모니아, 액화염소	• 임계온도>주위온도 • 비점<주위온도 • 상온에서 가압하여 액화	순간 증발
III	벤젠, 헥산	• 임계압력>주위압력 • 비점<주위온도 • 비점온도의 온도지만 가압하여 액화	열전달 및 확산이 증발 제한
IV	액화사이클로 헥산	• 주위온도보다 높은 온도에 있는 물질 • 가압하여 액화	내부에너지로 순간 증발

정답 | 04 ④ 05 ④ 06 ③ 07 ②

08 가연물별 분류에 따른 화재와 색상이 옳은 것은?

① 일반화재 – 황색
② 유류화재 – 백색
③ 전기화재 – 빨간색
④ 금속화재 – 무색

해설

암기법 백황청무

- 일반화재(A급) : 백색
- 유류화재(B급) : 황색
- 전기화재(C급) : 청색
- 금속화재(D급) : 무색

09 다음 목재의 표면에 나타나는 특징에 따른 균열 흔으로 옳지 않은 것은?

① 완소흔
② 강소흔
③ 박리흔
④ 열소흔

해설
목재의 균열흔(완소흔, 강소흔, 열소흔)은 표면에 나타나는 균열 강도이며, 박리흔은 탄화되어 벗겨져 나간 흔적이다.

참고

노출온도 조건에 따른 목재의 균열흔

암기법 완강열 친구일 → 완소흔 강소흔 열소흔 7 9 1

구분	노출온도(℃)	탄화형태
완소흔	700~800	갈라진 틈의 폭이 넓지 않고, 골이 얕으며, 부푼 모양이 삼각형 또는 사각형의 형태
강소흔	900	나무가 갈라져서 파인 골의 깊이가 깊은 편이며, 골의 테두리 모양은 각이 없는 반원형
열소흔	1,100	홈의 깊이가 가장 깊고, 홈의 폭이 넓으며, 부푼 형태는 구형에 가깝도록 볼록함

10 화염의 색이 백적색일 때 불꽃의 온도는?

① 약 350℃
② 약 800℃
③ 약 1,300℃
④ 약 1,500℃

해설
화염의 색이 백적색일 때 불꽃의 온도는 약 1,300℃이다.

참고

온도별 화염의 색

담암적색	암적색	적색	휘적색	황적색	백적색	휘백색
520℃	700℃	850℃	950℃	1,100℃	1,300℃	1,500℃

11 「소방의 화재조사에 관한 법령」상 화재조사 전담부서에서 갖추어야 할 장비 중 발굴용구로 옳지 않은 것은?

① 휴대용 열풍기
② 전동 드라이버
③ 공구세트
④ 슈미트해머

해설
슈미트해머는 감식기기다.

참고

화재조사 전담부서 장비와 시설 「소방의 화재조사에 관한 법률 시행규칙」[별표]

구분	기자재명 및 시설 규모
발굴용구(8종)	공구세트, 전동 드릴, 전동 그라인더(절삭 · 연마기), 전동 드라이버, 이동용 진공청소기, 휴대용 열풍기, 에어컴프레서(공기압축기), 전동 절단기
감식기기(16종)	절연저항계, 멀티테스터기, 클램프미터, 정전기측정장치, 누설전류계, 검전기, 복합가스측정기, 가스(유증)검지기, 확대경, 산업용실체현미경, 적외선열상카메라, 접지저항계, 휴대용디지털현미경, 디지털탄화심도계, 슈미트해머, 내시경현미경

정답 | 08 ④ 09 ③ 10 ③ 11 ④

12 화학화재 발생 시 조사자가 행하여 할 절차 중 옳은 것은?

① 가치부여 → 자료의 수집 → 체계부여 → 타당성을 밝힘 → 화재원인의 결정
② 자료의 수집 → 가치부여 → 체계부여 → 타당성을 밝힘 → 화재원인의 결정
③ 자료의 수집 → 체계부여 → 가치부여 → 타당성을 밝힘 → 화재원인의 결정
④ 자료의 수집 → 가치부여 → 타당성을 밝힘 → 체계부여 → 화재원인의 결정

해설

화학화재 조사 절차
1. 자료의 수집 : 문헌을 통한 자료의 수집 및 현장 발굴 시에 취득한 물질에 대한 자료의 수집한다.
2. 가치부여 : 화재발생 중에 관계된 여러 인자들의 역할을 고찰한다.
3. 체계부여 : 수집한 자료를 과학적·체계적으로 연관시켜 연소확대 상황 등을 조사한다.
4. 타당성을 밝힘 : 원인을 과학적으로 체계화하는 데 무리가 없는지 여부와 논리적 배경을 조사한다.
5. 화재원인의 결정 : 증거품 등의 자료에 근거하여 과학적 확인과 분석을 근거로 원인을 결정한다.

13 발화점이 약 34°C로 매우 낮아 공기 중에 노출되면 자연발화를 일으키므로 이를 방지하기 위하여 물속에 저장하여야 하는 위험물은?

① 유황   ② 리튬
③ 황린   ④ 나트륨

해설

황린은 제3류 위험물로 자연발화성 물질이나. 황린은 자연발화성이 강하여 공기 중에 노출되면 쉽게 발화하기 때문에 물속에 저장하여 산소와의 접촉을 차단한다.
① 유황 : 제2류 위험물(가연성 고체)
② 리튬 : 제3류 위험물(금수성 물질)
④ 나트륨 : 제3류 위험물(금수성 물질)

14 끓는점 이상의 온도이지만 압력에 의해 액체 상태를 유지하고 있는 물질이 탱크의 균열이나 파열에 의해 외부로 누출되면서 급격히 기화되어 압력을 발생시키는 폭발현상은?

① 보일오버(Boil Over)
② 비등액체팽창증기폭발(BLEVE)
③ 증기운폭발(UVCE)
④ 급격한 상변화에 의한 폭발(ERPT)

해설

비등액체팽창증기폭발(BLEVE ; Boiling Liquid Expanding Vapour Explosion)은 액화가스 주위에서 화재 발생 시 탱크강판 부분 가열되어 탱크가 파열되고, 액화가스가 급격히 팽창 분출하여 폭발하는 현상이다.

15 여러 동의 인접한 건물이 소손되어 있는 화재현장에서 발화건물 판정을 위한 일반적인 조사요령에 관한 설명 중 틀린 것은?

① 화재현장 전체의 연소방향은 가급적 낮은 쪽에서 높은 쪽을 바라보며 파악한다.
② 각 건물의 연소방향은 타다 멈춘 부분 또는 연소강약이 명확한 부분부터 파악한다.
③ 타서 허물어진 부분을 보고 연소방향을 추정할 수 있다.
④ 복수의 건물이 소손되어 있으면 인접 동 간격, 외벽구조, 개구부 상황 등으로부터 연소상황을 파악한다.

해설

화재현장보다 높은 곳에서 내려 보면 화재현장 전체의 연소방향을 확인할 수 있다. 특히 열화상 드론으로 화재현장을 보면 더 명확히 볼 수 있다.

16 물과 접촉 시 가연성 기체를 발생하지 않고 발열반응으로 인하여 주변의 가연물을 발화시키는 물질은?

① 산화칼슘   ② 인화알루미늄
③ 탄화칼슘   ④ 칼륨

해설

산화칼슘(생석회)은 물과 반응으로 발열 반응하여 화재가 발생할 수 있다.
$CaO + H_2O \rightarrow Ca(OH)_2 + 15.2\,kcal/mol$

정답 | 12 ② 13 ③ 14 ② 15 ① 16 ①

② 인화알루미늄 : $AlP + 3H_2O \rightarrow Al(OH)_3 + PH_3$(인화수소 가스)
③ 탄화칼슘 : $CaC_2 + 2H_2O \rightarrow Ca(OH)_2 + C_2H_2$(아세틸렌 가스)
④ 칼륨 : $2K + 2H_2O \rightarrow 2KOH + H_2$(수소 가스)

17 방화의 식별에 따른 일반적인 방화의 가능성이 있는 경우가 아닌 것은?

① 화재가 건물의 구조, 가연물 등에 비해 급격히 확산된 경우
② 최초 발화지점에서 유류 등 연료물질을 사용한 흔적이 있는 경우
③ 출입문, 창 등에 강제로 진입한 흔적이 있는 경우
④ 연소기구를 중심으로 연소확대가 진행된 흔적이 있는 경우

해설
연소기구를 중심으로 연소확대가 진행된 흔적은 실화에 더 가깝고, 일반적인 방화현장의 특징은 아니다.

18 유리의 파단면 분석에 대한 설명으로 옳은 것은?

① 충격에 의한 파괴유리의 충격방향을 확인하기 위해서는 동심원 파단면의 월러라인(Wallnet Line)을 확인하는 것이 효과적이다.
② 여러 종류의 외력이 혼합되어 순차적으로 유리가 파괴되었을 때에 모두 쏟아졌다고 하여도 외력의 순서를 알 수 있다.
③ 화재와 폭발 이벤트가 함께 이루어진 현장의 유리 파편에서 현장으로 멀리 비산된 유리에 그을음이 부착되어 있다면 화재 이전 폭발이 발생하였다고 추정할 수 있다.
④ 강화유리의 자발파괴(Spontaneous Breakage)형태는 쌍을 이루는 8각형의 파편이 발견된다.

해설
① 동심원 파단면의 리플마크를 확인한다.
③ 화재 이후 폭발이 발생하였다면, 멀리 비산된 파편에 그을음이 부착된다.
④ 강화유리의 자발파괴는 제조상 결함의 일종으로 황화니켈이 균열을 만들어 자연적으로 파괴되는 현상이다. 충격파손과 달리 6각형 모양의 유리 파편이 발견된다.

19 화학물질 중 분해 시 산소를 방출할 수 없어 산소 공급원 역할을 할 수 없는 물질은?

① 질산나트륨
② 수산화나트륨
③ 염소산나트륨
④ 질산칼륨

해설
질산나트륨, 염소산나트륨, 질산칼륨 등은 산소산염으로 분해 시 산소가 발생하며 수산화나트륨은 알칼리물질로 분해 시 산소가 발생하지 않는다.

20 동일한 거리에서 복사열에 노출되었을 때 물질의 열전도성이 가장 좋은 물질은?

① 나무 판자
② 구리
③ 포리스티렌 판
④ 석고보드

해설
은, 구리, 금과 같은 금속 물질이 열전도성이 좋고, 판자, 단열재, 석고보드 등은 열전도성이 낮다.
① 나무 판자 : $0.04 \sim 0.4 W/m \cdot K$
② 구리 : $380 W/m \cdot K$
③ 포리스티렌 판 : $0.03 \sim 0.04 W/m \cdot K$
④ 석고보드 : 약 $0.17 W/m \cdot K$

제2과목 화재감식론

21 방화로 의심할 수 있는 경우가 아닌 것은?

① 출입문이 잠겨 있는 경우
② 촉진제의 용기가 발견된 경우
③ 외부침입 흔적이 발견된 경우
④ 다른 범죄의 증거가 발견된 경우

해설
출입문이 잠겨 있다고 해서 방화라고 판단할 수 없다.

정답 | 17 ④　18 ②　19 ②　20 ②　21 ①

22 분진폭발을 일으킬 가능성이 없는 것은?
① 목분
② 마그네슘 분말
③ 폴리에틸렌 분말
④ 산화규소 분말

해설
불연성 물질인 산화규소 분말은 분진폭발을 하지 않는다.

23 전기세탁기 화재가 발생하였을 때 전기화재의 조사 요점으로 틀린 것은?
① 잡음 방지 콘덴서의 절연열화 상태
② 마그네트론의 열화
③ 배수 전자 밸브의 이상
④ 세탁기 내부 배선 간의 단락 여부

해설
마그네트론은 전자레인지에서 주로 사용되는 부품으로, 세탁기에는 사용되지 않는다.

24 하나의 전제에서 결론이 도출되는 직접추리와 2개 이상의 전제에서 결론이 나타나는 간접추리로 나누는 추론방법은?
① 귀납적 추론
② 연역적 추론
③ 실용적 추론
④ 형식적 추론

해설
하나의 전제에서 결론을 도출하는 직접추리와 두 개 이상의 전제에서 결론을 도출하는 간접추리는 연역적 추론이다.
① 귀납적 추론 : 다수의 사실을 바탕으로 일반적인 원칙이나 법칙을 유도하여 결론에 도달하는 추론방법
③ 실용적 추론 : 주로 행위가 선택이나 결정을 내리는 데 초점을 맞추는 추론방식
④ 형식적 추론 : 명확하게 정의된 논리적 구조와 규칙을 사용하는 추론방법

25 선박용 축전지의 보관방법으로 틀린 것은?
① 축전지 상자는 다른 전기설비와 격리한다.
② 축전지 실은 화기로부터 격리한다.
③ 발전기에 의해 충전되는 축전지에는 역류방지장치를 설치한다.
④ 축전지 및 축전지 상자는 대기와 차단한다.

해설
축전지에서 발생하는 가스(특히 수소)는 폭발의 위험이 있으므로, 축전지 및 축전지 상자는 적절한 환기가 필요하다. 대기와 차단하면 축적된 가스가 폭발할 위험이 있다.

26 연소한계에 대한 설명 중 옳은 것은?
① 연소하한계는 저온에서는 약간 증가하나 고온에서는 일정하다.
② 연소한계는 온도와 관계없이 일정하다.
③ 연소상한계는 온도의 증가와 함께 증가한다.
④ 연소하한계는 온도의 증가와 함께 증가한다.

해설
온도가 증가하면 연소하한계는 감소하고, 연소상한계는 증가한다.

27 자동차화재의 특성에 대한 설명으로 옳은 것은?
① 차량화재는 연료, 시트 등 화재하중이 낮고, 외기와 밀폐된 상태인 환기 지배형의 화재특성을 보인다.
② 차량화재의 조사는 특별한 전문지식이 없어도 화재조사가 가능하다.
③ 차량화재는 대체로 전소가 되지 않기 때문에 발화지점 및 발화원인의 조사가 용이하다.
④ 개방된 공간에 존치되는 환경적인 특수성으로 인해 사회적인 불만을 가진 자 등이 불특정한 방법으로 방화를 할 수 있다.

해설
① 차량 화재는 화재하중이 높고, 연료 지배형의 화재 특성을 보인다.
② 차량의 구조와 시스템을 이해해야만 화재조사가 가능하다.
③ 차량 화재는 대체로 전소 화재가 많다.

28 가연성 기체나 고체를 가열하면서 작은 불꽃을 대었을 때 연소될 수 있는 최저온도는?
① 연소점
② 인화점
③ 착화점
④ 발화점

해설
① 연소점 : 점화원을 제거하여도 연소가 지속되는 온도로 인화점에 비하여 5~10℃ 정도 높은 온도

정답 | 22 ④ 23 ② 24 ② 25 ④ 26 ③ 27 ④ 28 ②

② 인화점 : 가연성 기체나 고체를 가열하면서 작은 불꽃을 대었을 때 연소가 시작되는 최저온도
③, ④ 착화점(발화점, 자동발화온도) : 점화원을 부여하지 않고 가열된 열만으로 연소가 시작되는 최저온도

29 그림과 같은 회로에서 저항 R_1과 R_2에 흐르는 전류를 I_1과 I_2로 표시할 때, I_1/I_2는 얼마인가? (단, E [V]는 회로에 가해지는 인가전압이다.)

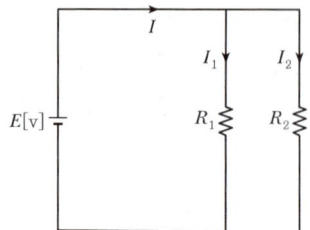

① R_1/R_2
② R_2/R_1
③ $I(R_1/R_2)$
④ $I(R_2/R_1)$

🔍 **해설**
주어진 회로는 저항 R_1과 R_2가 병렬로 연결된 형태이다. 따라서, 각 저항에 전압 V는 동일하다.
$I_1 = \dfrac{V}{R_1}$, $I_2 = \dfrac{V}{R_2}$

$\dfrac{I_1}{I_2} = \dfrac{\dfrac{V}{R_1}}{\dfrac{V}{R_2}} = \dfrac{R_2}{R_1}$

30 임야화재 시 수관화의 특징으로 옳은 것은?
① 중심부의 화염온도는 2,000℃이다.
② 주변의 연기온도는 1,000℃이다.
③ 바람이 강할 때 연소속도는 10km/h이다.
④ 임야화재 연소 중에 수십 m의 상승기류가 발생한다.

🔍 **해설**
수관화는 매우 강력한 열을 방출하여 수십 m의 상승기류를 발생시킨다.
① 중심부의 화염온도는 800~1,200℃이다.
② 주변의 연기온도는 200~500℃이다.
③ 바람이 강할 때 연소속도는 평균 4~6km/h이고, 조건에 따라 7km/h 이상으로 증가할 수 있다.

31 유염연소와 무염연소를 비교하였을 때 특징으로 틀린 것은?
① 목재의 무염연소 시 가연물의 내부보다는 표면으로 전파되는 속도가 빠르다.
② 무염연소는 고체가연물에서만 가능하며 유염연소는 고체, 액체, 기체에서 모두 가능하다.
③ 무염연소는 연소반응속도가 느리다.
④ 무염연소는 발열량이 적고, 유염연소는 발열량이 크다.

🔍 **해설**
목재의 무염연소는 표면으로 확산보다 내부로 깊게 파고들어 타기 때문에 연소의 강약을 비교할 때 목재의 탄화심도를 비교한다.

32 항공기 보조동력장치(APU)의 소화용기(container) 내용물이 과도한 열로 인하여 외부로 배출 시 나타나는 반응으로 옳은 것은?
① 온도방출지시기(thermal discharge indicator)의 Red Disk가 이탈한다.
② 온도방출지시기(thermal discharge indicator)의 Yellow Disk가 이탈한다.
③ 배출밸브(discharge valve)가 열린다.
④ 조종실에 경고등이 들어온다.

🔍 **해설**
온도방출지시기는 소화용기 내부에 설치되어 있으며, 일정한 온도 이상으로 상승하면 Red Disk가 이탈한다. 이 디스크가 이탈하거나 변색되면, 소화용기가 활성화되어 비상상황임을 인지하여야 한다.

33 산화에틸렌 90%와 메탄 10%가 혼합되어 있는 경우 폭발하한계로 옳은 것은? (단, 메탄의 연소범위는 5~15vol.%, 산화에틸렌의 연소범위는 3~80vol.%이다.)
① 1.79vol.%
② 3.13vol.%
③ 32vol.%
④ 55.81vol.%

💡 **해설**

혼합가스의 폭발 범위 계산 "르샤틀리에 법칙(Le Chatelier's Low)"

암기법 백불(100 V L)

$$L = \frac{100}{\frac{V_1}{L_1} + \frac{V_2}{L_2}} \text{(vol.\%)}$$

$$L = \frac{100}{\frac{90}{3} + \frac{10}{5}} = 3.13 \text{(vol.\%)}$$

L : 혼합가스 폭발한계(%)
L_1, L_2 : 각 가연성 가스 폭발한계(%)
V_1, V_2 : 각 가연성 가스의 공기 중 부피(vol.%)
산화에틸렌(L_1 : 3, V_1 : 90), 메탄(L_2 : 5, V_2 : 10)

---

34 산불의 강도를 가중시키는 조건으로 틀린 것은?

① 연료온도를 증가시키는 사면
② 가파른 경사
③ 굴뚝지형
④ 평지

💡 **해설**
평지는 지면의 기복이 적어 바람의 영향을 덜 받고 가연물 분포가 균일하여 쉽게 확산되지 않는다.

---

35 물과 습기 혹은 공기 중에서 물질이 자신의 발화온도보다 낮은 온도에서 화학변화에 의해서 발열하고 열이 축적되어 그 물질 자신 또는 그때 발생한 가스가 연소하는 현상은?

① 폭발
② 자연발화
③ 인화
④ 화합발화

💡 **해설**
① 폭발 : 정지상태인 물질이 급격히 팽창하는 현상으로 빛과 소리 혹은 충격적 압력을 수반하고, 순간적으로 연소를 완료하는 현상
③ 인화 : 물질 자신으로부터 발화하는 것이 아니라 전기적 스파크, 불꽃 등의 화원에 의해 착화하여서 연소하는 현상
④ 화합발화 : 두 종 혹은 그 이상의 물질이 서로 혼합 또는 접촉해서 연소하는 현상

---

36 서로 밀착되어 있는 물체가 떨어지거나 벗겨져 떨어질 때 전하분리가 일어나 정전기가 발생하는 현상은?

① 박리대전
② 유동대전
③ 마찰대전
④ 분출대전

💡 **해설**
박리대전은 밀착된 물체가 박리했을 때 전하분리가 일어나 정전기가 발생하는 현상이다.
② 유동대전 : 파이프 등의 수송관 중을 액체가 흐를 때 정전기를 발생하는 현상
③ 마찰대전 : 물체가 접촉했을 때 마찰에 의해 전하분리가 생겨 정전기가 발생하는 현상
④ 분출대전 : 분체, 액체, 기체가 단면적이 작은 개구부에서 분출할 때 마찰이 일어나 정전기가 발생하는 현상

---

37 화재현장에서 연기에 대한 설명으로 가정 적절하지 않은 것은?

① 연기는 시야를 감퇴시켜 피난행동 및 소화활동을 저해한다.
② 연기는 열기류가 가지는 고온 외에 사람의 생리기능에 직접영향을 주는 요인을 가지고 있다.
③ 연기는 인간의 정신적인 긴장 및 패닉현상을 유발하여 2차적인 피해를 준다.
④ 연기는 우선 윗쪽으로 확산되어 천장면에 닿으면 수직으로 하강한다.

💡 **해설**
연기는 부력으로 인해 윗쪽으로 확산되어서 천장면에 닿아 수평방향으로 퍼진 후 벽면으로 하강한다.

---

38 화학물질의 혼합발화와 관련하여 감식요령으로 틀린 것은?

① 물질의 성질, 취급의 상황, 장소의 환경조건에 대하여 조사한다.
② 혼합 물질의 재현실험은 실시하지만, 단독 물질의 발화 여부 실험은 하지 않는다.
③ 화재가 난 곳에서 존재하는 물질에 대하여 성분, 성질, 형상, 양을 관계자와 진술과 문헌·자료 등을 기초로 조사한다.
④ 혼합발화에 의한 화재는 혼합한 물질 자체가 연소하므로 증거가 소실되는 경우가 많다.

정답 | 34 ④ 35 ② 36 ① 37 ④ 38 ②

🍵 **해설**
단독 물질의 발화 여부를 실험하는 것은 혼합발화 조건을 정확히 평가하기 위해 필수적이다.

39 양초의 성상과 연소특징에 대한 설명으로 틀린 것은?

① 가솔린, 벤젠 등에 녹는다.
② 물과 친화성이 없고 전기절연성이 우수하다.
③ 휘발성이 강하고 착화가 어려우며, 유해가스를 발생시키지 않고 연소한다.
④ 양초의 연소는 증발연소이며, 심지 없이 양초 자체만으로는 연소가 지속되지 않는다.

🍵 **해설**
양초의 성분인 파라핀은 휘발성이 강하지 않으며, 착화가 상대적으로 쉬운 물질이다. 또한, 양초의 연소 과정에서는 이산화탄소와 물 외에도 소량의 유해가스나 미세입자가 발생할 수 있다.

40 다음의 화재 중 별건의 화재로 처리해야 하는 것은?

① 발화점이 2개소 이상인 누전점이 동일한 누전에 의한 화재
② 발화점이 2개소 이상인 지진에 의한 다발화재
③ 발화점이 2개소 이상인 낙뢰 등에 의한 다발화재
④ 동일대상물에 동일범이 아닌 각기 다른 사람에 의한 방화 불장난

🍵 **해설**
제10조 화재건수 결정 「화재조사 및 보고규정」
1. 동일범이 아닌 각기 다른 사람에 의한 방화, 불장난은 동일 대상물에서 발화했더라도 각각 별건의 화재로 한다.
2. 동일 소방대상물의 발화점이 2개소 이상 있는 다음의 화재는 1건의 화재로 한다.
   가. 누전점이 동일한 누전에 의한 화재
   나. 지진, 낙뢰 등 자연현상에 의한 다발화재
3. 발화지점이 한 곳인 화재현장이 둘 이상의 관할구역에 걸친 화재는 발화지점이 속한 소방서에서 1건의 화재로 산정한다. 다만, 발화지점 확인이 어려운 경우에는 화재피해금액이 큰 관할구역 소방서의 화재 건수로 산정한다.

제3과목 증거물관리 및 법과학

41 물적 증거를 오염으로부터 방지할 수 있는 방법으로 틀린 것은?

① 평소 증거용기를 오염되지 않도록 관리한다.
② 증거수집용기는 현장에서 증거를 수집한 후 즉시 밀폐한다.
③ 증거물 보관용기를 수집기구로 쓰는 것은 오염을 증가시킬 수 있으므로 되도록 하지 않는다.
④ 수집용기의 오염원을 제한하기 위해 제조업자로부터 공급받은 즉시 용기를 밀봉하는 방법도 있다.

🍵 **해설**
증거물의 오염을 최소화하기 위해 증거 보관용기와 그 마개를 이용해 수집할 수 있다.

42 뜨거운 물에 접촉하여 생기는 화상을 무엇이라 하는가?

① 접촉화상   ② 열탕화상
③ 화학화상   ④ 화염화상

🍵 **해설**
열탕화상은 습열화상이라고도 하며 대개 뜨거운 물로 발생한다.

43 다음 보기를 참고하여 화재진압 및 구조 과정에서의 현장보존을 위한 주의사항 중 옳은 것은?

㉠ 사망이 확인된 사체에 대해서는 진압을 위해 위치를 옮긴다.
㉡ 잔불정리 시에 필요 이상으로 물건을 옮기거나 쓰러뜨리지 않도록 한다.
㉢ 조기진화를 위해 수압을 높여 진화한다.
㉣ 부득이하게 파괴되거나 변경되었을 때는 그 내용을 기록해 추후에라도 화재 조사관에게 전달하여야 한다.

① ㉠, ㉢   ② ㉡, ㉢
③ ㉠, ㉣   ④ ㉡, ㉣

정답 | 39 ③ 40 ④ 41 ③ 42 ② 43 ④

> 해설
> ㉠ 사망이 확인된 사체는 현장보존을 위해 그 위치를 변경하여서는 안 된다.
> ㉢ 화재진압과정에서 수압은 증거물 파손 예방을 고려하여 조절한다.

44 화재조사와 관련하여 관계자에게 질문 시 유의사항으로 틀린 것은?

① 질문내용을 사전에 준비한다.
② 희망하는 진술내용을 얻기 위하여 먼저 신분을 밝히지 않는 것이 좋다.
③ 희망하는 진술내용을 얻기 위하여 상대방에게 암시하는 등의 방법으로 유도하여서는 안 된다.
④ 소문 등에 의한 사항은 그 사실을 직접 경험한 사람의 진술을 얻도록 하여야 한다.

> 해설
> 질문자는 자기신분을 밝혀야 한다.

45 화재피해자의 CO-Hb 농도로 추정할 수 있는 것은?

① 화재 피해자의 화재 시 생존 여부
② 화재 피해자의 음주 여부
③ 화재 피해자의 연령대
④ 화재 피해자의 사망시간

> 해설
> 화재피해자의 혈중 일산화탄소 농도로 생활반응 여부를 추정할 수 있다.

46 외부에서 열이 가해지면 열에 의한 손상의 범위를 결정하는 사항이 아닌 것은?

① 가연물의 양
② 가해진 온도
③ 열이 가해진 시간
④ 과다한 열을 배출하는 체표면의 능력

> 해설
> **화상심도 결정요인**
> • 열의 강도
> • 열 노출시간
> • 피부의 예민도
> • 체표면의 열배출 능력

47 화재현장에서 증거물 채취의 일반적인 절차로 옳은 것은?

① 채취 과정의 입증조치는 입회인만 있으면 된다.
② 화재현장은 어둡고 확인이 되지 않으므로 무조건 많은 증거물을 채취한다.
③ 증거물의 발견장소는 중요하지 않으므로 관계자 진술로 대처한다.
④ 수집증거의 발견 장소 및 그 상태를 명확하게 해놓아야 한다.

> 해설
> ① 증거물 수집 과정에서는 증거물의 수집자, 수집 일자, 상황 등에 대하여 기록을 남겨야 하며, 기록은 가능한 법과학자용 표지 또는 태그를 사용하는 것을 원칙으로 한다.
> ② 화재현장이 어두울 경우 조명기기를 이용하여 발화원 관련 물적 증거를 채취한다.
> ③ 증거물의 발견장소는 중요하므로 사진 촬영 등으로 기록해야 한다.

48 플라스틱 증거물에 관한 설명으로 옳은 것은?

① 탄화수소계의 기본적인 고체 가연물인 플라스틱의 약 90%는 열경화성이다.
② PVC와 같은 열경화성 물질은 가열되면 용융, 변형, 그리고 드롭다운 패턴이 형성된다.
③ 폴리우레탄 같은 열가소성 물질은 탄화물질을 형성하지 않는다.
④ 열가소성 물질은 용해되고 흘러서 2차 화재의 원인이 된다.

> 해설
> ① 탄화수소계의 기본적인 고체 가연물인 플라스틱의 대부분은 열가소성이다.
> ② PVC와 같은 열가소성 물질은 가열되면 용융, 변형, 그리고 드롭다운 패턴이 형성된다.
> ③ 보통의 폴리우레탄은 열경화성 물질로 탄화물질을 형성한다.

정답 | 44 ② 45 ① 46 ① 47 ④ 48 ④

49 증거물 수집용기 중 모양과 크기가 다양하고 보관이 편리하며 휘발성 액체의 오염 방지의 장점을 가진 것은?

① 금속 캔
② 유리병
③ 특수증거물 봉투
④ 일반 플라스틱 용기

해설
① 금속 캔 : 산화하여 녹이 생길 우려가 있다.
② 유리병 : 용기의 크기 제한이 있다.
④ 일반 플라스틱 용기 : 탄화수소와 아세톤 등 액체 증거물은 담기가 곤란하다.

50 화재현장에 있는 벽면이나 철판 등에 발생하는 백화현상에 대한 설명으로 옳은 것은?

① 한번 부착된 그을음은 없어지지 않는다.
② 그을음이 부착되었다가 열에 의해 연소한 흔적이다.
③ 열에 의해 가열되었다가 급속히 냉각된 흔적이다.
④ 훈소로 발생한 가연성 증기가 응축하면서 부착된 흔적이다.

해설
직접적으로 화염과 접하거나 강력한 복사열에 노출되게 되면 대부분 연소되어 비가연성 표면(예 벽면, 금속 등)이 노출되어 관찰되는 것을 백화현상, 백화연소흔이라고 한다

51 화재증거물의 수송으로 권장할 만한 가장 적절한 방법인 것은?

① 화물로의 배송
② 직접운반
③ 제3자 전달
④ 우편배송

해설
오염, 파손 등을 예방하기 위해 직접운반이 가장 권장된다.

52 시반에 관한 설명으로 옳은 것은?

① 시반은 사망시간을 나타내는 지표로 사용된다.
② 시반은 시신의 사망 전 이동 여부를 나타낸다.
③ 시반은 3~4시간 후에 더 이상 진행되지 않는다.
④ 시반은 우리 몸의 가장 높은 신체부위에 발생한다.

해설
시반은 사후 1~2시간에 옅은 자줏빛 반점으로 시작하여 15~24시간이 경과하면서 짙은 자줏빛으로 나타나므로 사망시간의 지표로 활용될 수 있다.

53 가연성 액체가 살포된 수평재에서 발견되는 패턴이 아닌 것은?

① 포어 패턴
② 도넛 패턴
③ V패턴
④ 스플래쉬 패턴

해설
V패턴은 수직면에 나타나는 패턴으로, 유류와는 직접적인 관련이 없다. 반면, 포어 패턴, 스플래쉬 패턴, 도넛 패턴은 유류에 의해 형성될 수 있는 패턴이다.

54 인화성 액체를 유리병 용기에 수집하는 경우 주의사항으로 옳은 것은?

① 인화성액체를 깨끗이 정제한 후 수집할 것
② 유리병 뚜껑은 접착제나 고무봉인이 없을 것
③ 유리병 내용적의 1/3 이상을 채우지 않을 것
④ 장기간 보관 용기로 사용하지 말 것

해설
유리병은 유리 또는 폴리테트라플루오로에틸렌(PTFE)로 된 마개나 내유성의 내부판이 부착된 플라스틱이나 금속의 스크루 마개를 가지고 있어야 한다

55 피사계 심도를 깊게 하기 위한 방법으로 옳은 것은?

① 조리개를 좁힌다.
② 조리개를 넓힌다.
③ 셔터 스피드를 길게 한다.
④ 셔터 스피드를 짧게 한다.

해설
피사계 심도를 깊게 하기 위해 조리개를 좁게 한다.

카메라 렌즈의 조리개와 피사계의 심도의 관계

조리개(노출도)	심도(초점거리)
크다(넓다)	얕다(짧다)
작다(좁다)	깊다(멀다)

정답 | 49 ③ 50 ② 51 ② 52 ① 53 ③ 54 ② 55 ①

56 화재현장 촬영기법에 대한 설명으로 틀린 것은?

① 인근의 높은 건물에 올라가서 화재현장 전체를 촬영한다.
② 원거리, 중거리, 근거리의 순으로 화재현장을 촬영한다.
③ 한 장에 다 들어가지 않으면 연결(파노라마)사진으로 촬영한다.
④ 발화지점 위주로만 촬영한다.

해설
주로 현장의 모양과 소손상황에 사용하는 것으로 화재현장조사서 작성의 흐름에 따라 촬영한다.

57 밀도가 낮고 인화점이 93℃ 미만인 액체의 인화점을 테스트하는 방법은?

① Tag Closed Tester
② Cleveland Open Cup
③ Tag Open Cup Apparatus
④ Pensky-Martens Closed Tester

해설
- Cleveland Open Cup : 인화점이 80℃ 이상인 시료 테스트. 다만 원유 및 연료유는 제외
- Pensky-Martens Closed Tester : 밀폐식 인화점의 측정이 필요한 시료 및 태그 밀폐식 인화점 시험방법을 적용할 수 없는 시료 테스트

58 연소범위에 영향을 미치는 요인에 대한 설명으로 틀린 것은?

① 압력이 높아지면 하한값은 크게 변하지 않으나 상한값은 높아진다.
② 고온·고압의 경우 연소범위는 더욱 넓어진다.
③ 혼합기를 이루는 공기의 산소농도가 높을수록 연소범위는 넓어진다.
④ 온도가 높아질수록 연소범위는 좁아진다.

해설
온도가 높아질수록 연소범위는 확대된다.

59 화재사의 소견이 아닌 것은?

① 투사형자세가 되었다.
② 매가 기도 내에서 부착되었다.
③ 십이지장 내에서 매가 발견되었다.
④ 상기도의 점막에서 충혈, 종창 등 열에 의한 변화가 일어났다.

해설
투사형자세는 사망 이후에 열이 계속적으로 가해지면 근육이 응고되어 수축되는 열경직 현상이다.

화재사 사후의 변화 종류
투사형(권투) 자세, 장갑상 및 양말상 탈락, 피부의 균열 및 파열, 탄화

60 화상사의 사체소견이 아닌 것은?

① 각 장기에서 빈혈상을 보인다.
② 피부 표면에 1도에서 4도의 화상이 보인다.
③ 내부 장기는 열로 인해 부풀어 오른다.
④ 사망이 지연되면 실질장기의 혼탁종창이 나타난다.

해설
화상사는 사체 표면으로부터 직접적으로 진행되어 피부로부터 균열, 괴사, 탄화가 흔하게 관찰되며 장기의 빈혈, 혼탁한 종창이 관찰될 수 있다.

제4과목 화재조사 보고 및 피해평가

61 「화재조사 및 보고규정」상 소방서장이 관할 구역 내에서 발생한 화재에 대하여 작성하여야 할 화재조사서류가 아닌 것은?

① 재산회계 보고서
② 질문기록서
③ 화재현장출동보고서
④ 화재발생종합보고서

해설
재산회계 보고서는 작성해야 할 화재조사서류가 아니다.

정답 | 56 ④ 57 ① 58 ④ 59 ① 60 ③ 61 ①

62 다음 조건을 참고하여 화재피해액 산정에 대한 설명으로 틀린 것은?

> 2층 전원주택에서 화재가 발생하여 1층은 33m²가 전소되었고, 2층은 바닥 6.6m²와 한쪽 벽면 10m²가 소실되었고, 전원주택 옆 수확기에 접어든 유실수(사과나무) 5그루와 주택 안에 있던 진돗개 2마리가 소사되었다.

① 전원주택 화재피해액 산정공식은 '신축단가×소실면적×[1−(0.8×경과연수/내용연수)]×손해율'이다.
② 전원주택의 피해면적은 1층과 2층의 소실바닥면적을 합한 49.6m²이다.
③ 사과나무의 경우 수익환원법에 의한다.
④ 진돗개 2마리의 피해산정은 시중 매매가격으로 한다.

해설
전원주택의 피해면적은 1층과 2층의 소실바닥면적을 합한 39.6m²이다.

63 가재도구 화재피해액 산정기준의 간이평가방식 중 주택종류별 가중치는 몇 %인가?

① 10%   ② 20%
③ 30%   ④ 40%

해설
가재도구 간이평가 피해산정
[(주택종류별·상태별 기준액×가중치)+(주택면적별 기준액×가중치)+(거주인원별 기준액×가중치)+(주택가격(m²당)별 기준액×가중치)]×손해율

암기법 가재는 종멸인가 일상 의식

구분	주택종류		주택면적		거주인원		주택가격(m²당)		손해율(%)	피해액(천원)
	기준액(천원)	가중치	기준액(천원)	가중치	기준액(천원)	가중치	기준액(천원)	가중치		
가재도구		10%		30%		20%		40%		

※ 산출과정을 서술

64 「화재조사 및 보고규정」상 다음 ( ) 안에 알맞은 것은?

> 사상자는 화재현장에서 사망 또는 부상당한 사람을 말한다. 단, 화재현장에서 부상을 당한 후 (㉠)시간 이내에 사망한 경우에는 당해 화재로 인한 사망으로 보며, 부상의 정도는 의사의 진단을 기초로 중상인 경우 (㉡)주 이상의 입원치료를 필요로 하는 부상을 말한다.

① ㉠ 48, ㉡ 3   ② ㉠ 72, ㉡ 3
③ ㉠ 48, ㉡ 4   ④ ㉠ 72, ㉡ 4

해설
제13조, 제14조 사상자 및 부상자 분류「화재조사 및 보고규정」

분류		정의
사상자		화재현장에서 사망한 사람과 부상을 당한 사람
화재사 판정 기준		화재현장에서 부상을 당한 후 72시간 이내에 사망한 경우
부상자 (의사진단기초)	중상	3주 이상의 입원치료를 필요로 하는 부상
	경상	• 중상 이외의 부상(입원치료를 필요로 하지 않는 것도 포함) • 병원치료가 불필요한 단순 연기 흡입자는 제외

65 화재현장조사서 작성 시 화재원인 검토와 관련된 내용 중 필수 검토항목이 아닌 것은?

① 방화 가능성   ② 전기적 요인
③ 인적 부주의   ④ 관련 조치사항

해설
화재현장조사서 작성 시 화재원인 검토와 관련된 내용 중 관련 조치사항은 필수 검토항목이 아니다.

정답 | 62 ② 63 ① 64 ② 65 ④

66 「화재조사 및 보고규정」상 화재증명원의 발급에 대한 설명으로 옳은 것은?

① 소방대가 출동하지 아니한 화재장소의 화재증명원 발급요청이 있는 경우 즉시 발급하여야 한다.
② 화재증명원 발급 시 재산피해 및 인명피해에 대하여 조사중인 경우 "조사중"으로 기재한다.
③ 화재증명원 발급 시 재산피해내역은 피해금액과 종류를 기재한다.
④ 보험사에서 화재증명원을 공문으로 발급요청을 하더라도 공용 발급할 수는 없다.

해설
- 소방관서장은 화재피해자로부터 소방대가 출동하지 아니한 (미신고) 화재장소의 화재증명원 발급신청이 있는 경우 조사관이 사후 조사를 실시하게 할 수 있다.
- 재산피해내역 중 피해금액은 기재하지 아니하며 피해물건만 종류별로 구분하여 기재한다. 다만, 민원인의 요구가 있는 경우에는 피해금액을 기재하여 발급할 수 있다.

67 화재범위가 2 이상의 관할구역에 걸친 화재에 대한 설명으로 옳은 것은?

① 발화 소방대상물의 소재지를 관할하는 소방서와 출동한 소방서에서 각각 1건의 화재로 한다.
② 관할 소방서장과 출동한 소방서장과 협의하여 정한다.
③ 출동하여 진압한 소방서에서 1건의 화재로 한다.
④ 발화 소방대상물의 소재지를 관할하는 소방서에서 1건의 화재로 한다.

해설
제10조 화재건수 결정 판단 기준「화재조사 및 보고규정」

화재 조건 및 상황		판단
동일대상물 내에 동일범이 아닌 각기 다른 사람에 의한 방화, 불장난		각각 별건의 화재로 판단
동일 대상물 내 발화점이 2개소 이상 다음의 화재 • 누전점이 동일한 누전에 의한 화재 • 지진 낙뢰 등 자연현상에 의한 다발화재		1건의 화재로 판단
둘 이상의 관할구역에 걸친 화재	발화지점이 한 곳인 경우	발화지점이 속한 소방서에서 1건
	발화지점 확인이 어려운 경우	화재피해금액이 큰 관할구역 소방서에서 1건

68 화재현장조사서 작성 시 연소확대물에 대한 설명으로 틀린 것은?

① 연소확대물은 최초착화물에 불이 붙어 화재가 발생한 후 연소가 확대되는 데 있어 결정적 영향을 미친 가연물을 말한다.
② 연소확대물의 분류항목은 최초착화물의 분류항목과 동일하다.
③ 최초착화물과 연소확대물이 동일한 경우에도 연소확대물을 표시한다.
④ 연소확대물은 필수 입력사항이므로 반드시 코드를 기재해야 한다.

해설
연소확대물이 해당되지 않는 화재현장은 '해당없음'으로 표기한다.

69 난로의 과열로 인해 화재가 발생하여 바닥 5m² 와 한쪽 벽 3m²만 소실되었다. 이 경우 화재피해조사서(재산피해) 작성 시 소실면적은 몇 m²인가?

① 8 ② 5
③ 2 ④ 1.6

해설
제17조 소실면적 산정「화재조사 및 보고규정」
건물의 소실면적 산정은 소실 바닥면적으로 산정한다.

70 화재유형별 조사서(위험물·가스제조소 등 화재)의 위험물 제조소 등의 항목이 아닌 것은?

① 액화석유가스 저장시설
② 옥외탱크 저장소
③ 판매 취급소
④ 주유 취급소

해설
「위험물안전관리법」에서 "제조소등"이라 함은 제조소·저장소 및 취급소를 말한다.

정답 | 66 ② 67 ④ 68 ④ 69 ② 70 ①

71 화재발생종합보고서 작성 시 건물의 동수 산정에 관한 기준으로 틀린 것은?

① 주요 구조부가 하나로 연결되어 있는 것은 1동으로 한다. 다만, 건널 복도 등으로 2 이상의 동에 연결되어 있는 것은 그 부분을 절반으로 분리하여 각 동으로 한다.
② 구조와 관계없이 지붕 및 실이 하나로 연결되어 있는 것은 동일 동으로 본다.
③ 목조 또는 내화조 건물의 경우 격벽으로 방화구획이 되어 있는 경우는 별동으로 한다.
④ 독립된 건물과 건물 사이에 차광막, 비막이 등의 덮개를 설치하고 그 밑을 통로 등으로 사용하는 경우는 별동으로 한다.

🛢 해설
목조 또는 내화조 건물의 경우 격벽으로 방화구획이 되어 있는 경우 같은 동으로 본다.

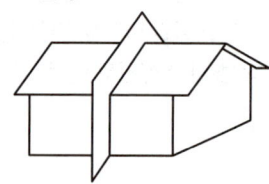

72 화재현장출동보고서의 작성자에 대한 설명으로 틀린 것은?

① 원칙적으로 일반대원보다 선착대의 대장을 작성자로 한다.
② 화재현장에 출동한 소방대원이 실제로 관찰·확인한 연소상황이나 정보를 직접 기재한다.
③ 구조대원 또는 구급대원은 작성자가 될 수 없다.
④ 보고서의 작성자는 화재현장에 출동한 소방공무원으로 한정된다.

🛢 해설
보고서의 작성자는 화재현장에 출동한 소방공무원으로 구조대원 또는 구급대원도 포함될 수 있다.

73 화재피해조사 중 재산피해유형에 관한 설명으로 틀린 것은?

① 소실피해 : 열에 의한 탄화, 용융, 파손 등의 피해
② 수손피해 : 소화활동으로 발생한 수손피해 등
③ 기타피해 : 물품반출, 화재 중 발생한 폭발 등에 의한 피해도 포함
④ 영업피해 : 화재발생으로 영업을 하지 못해 발생한 영업손실

🛢 해설
「화재피해액 산정기준」에서의 화재로 인한 피해액 산정대상은 경제적 가치가 있는 재산 등의 직접적 손실에 국한한다.

74 건축된 지 10년 된 아파트에서 화재가 발생하여 100m²가 소실되었다. 화재피해액은 약 얼마인가? (단, 내용연수 50년, 신축단가 670천 원/m², 손해율 40%이다.)

① 21,862천 원 ② 22,512천 원
③ 26,661천 원 ④ 28,891천 원

🛢 해설
건물 화재피해액
= 신축단가(m²당)×소실면적×[1 − (0.8×경과연수/내용연수)]×손해율
= 670천 원/m²×100m²×[1 − (0.8×10/50)]×0.4
= 22,512천 원

75 동·식물의 피해액 산정기준으로 옳은 것은?

① 전문가의 감정가격 ② 공인 감정가격
③ 시중매매가격 ④ 감정서의 감정가액

🛢 해설
전부손해 여부에 따른 화재피해금액 산정기준 비교

> 암기법 차동식 매 수 치료

- 차량, 동물, 식물
  - 전부손해의 경우 : 시중매매가격
  - 전부손해가 아닌 경우(부분 소손) : 수리비 및 치료비

> 암기법 해(회)골 공포(보) 감정 복구

- 회화(그림), 골동품, 미술공예품, 귀금속 및 보석류
  - 전부손해의 경우 : 감정가격
  - 전부손해가 아닌 경우(부분 소손) : 원상복구에 소요되는 비용

정답 | 71 ③ 72 ③ 73 ④ 74 ② 75 ③

76 화재로 인한 공구 및 기구의 소손 정도에 따른 손해율 중 틀린 것은?

① 50% 이상 소손되고 그을음 및 수침오염 정도가 심한 경우 : 100%
② 손해정도가 다소 심한 경우 : 70%
③ 손해정도가 보통인 경우 : 30%
④ 오염·수침손의 경우 : 10%

📖 해설
공구·기구의 소손 정도에 따른 손해율 「화재피해액 산정 매뉴얼」

암기법 공기(공구·기구) 오다보수 빼고 상식

화재로 인한 피해정도	손해율(%)
50% 이상 소손되고 그을음 및 수침오염 정도가 심한 경우	100
손해정도가 다소 심한 경우	50
손해정도가 보통인 경우	30
오염·수침손의 경우	10

77 화재현장조사서 중 화재현장 활동상황의 기재항목으로 틀린 것은?

① 신고 및 초기조치 ② 화재진압 활동
③ 화재조사 활동   ④ 인명구조 활동

📖 해설
화재현장 활동상황의 기재항목

암기법 식(신)초 진구

- 신고 및 초기조치(필요시 시간대별 조치사항 및 녹취록 작성)
- 화재진압 활동(필요시 화재진압작전도 작성)
- 인명구조 활동(필요시 인명구조 활동내역 작성)

78 다음의 피해산정 대상들 중 최종잔가율이 10%인 것은?

① 절삭공구   ② 전기설비
③ 옥내소화전 ④ 침대

📖 해설
제18조 제3항 화재피해금액 산정 「화재조사 및 보고규정」에서 건물 등 자산에 대한 최종잔가율은 건물·부대설비·구축물·가재도구는 20%로 하며, 그 이외의 자산은 10%로 정하므로, ① 절삭공구는 그 이외의 자산의 10%로 적용한다.

②, ③ 부대설비에 해당한다.
④ 가재도구에 해당한다.

79 화재현황조사서에 기입해야 할 항목이 아닌 것은?

① 연소확대 사유 ② 발화관련 기기
③ 방화동기   ④ 보험가입 사항

📖 해설
방화동기는 방화·방화의심 조사서의 기재항목이다.

80 화재현황조사서에 명시된 발화요인으로 옳은 것은?

① 작동기기   ② 교통사고
③ 불꽃, 불티 ④ 담뱃불, 라이터불

📖 해설
화재현황조사서의 발화열원과 발화요인 항목 비교 「화재조사 및 보고규정」

발화열원	**암기법** 작담마 폭불화자
	• 작동기기 • 담뱃불, 라이터불
	• 마찰, 전도, 복사 • 폭발물, 폭죽
	• 불꽃, 불티 • 화학적 발화열
	• 자연적 발화열 • 기타
	• 미상
발화요인	**암기법** 전기가 화제교부 자방기
	• 전기적 요인 • 기계적 요인
	• 가스누출(폭발) • 화학적 요인
	• 제품결함 • 교통사고
	• 부주의 • 자연적 요인
	• 방화 • 기타
	• 미상

정답 | 76 ② 77 ③ 78 ① 79 ③ 80 ②

제5과목 화재조사관계법규

81 「화재로 인한 재해보상과 보험가입에 관한 법률」상 신체손해배상특약부화재보험에 가입하여야 하는 특수건물의 기준으로 옳은 것은?

① 노래연습장업으로 사용하는 부분의 바닥면적 합계가 1,000m² 이상인 건물
② 학원으로 사용하는 부분의 바닥면적 합계가 1,000m² 이상인 건물
③ 병원으로 사용하는 건물로서 연면적의 합계가 2,000m² 이상인 건물
④ 관광숙박업으로 사용하는 건물로서 연면적의 합계가 3,000m² 이상인 건물

📖 **해설**
① 노래연습장업으로 사용하는 부분의 바닥면적 합계가 2,000m² 이상인 건물
② 학원으로 사용하는 부분의 바닥면적 합계가 2,000m² 이상인 건물
③ 병원으로 사용하는 건물로서 연면적의 합계가 3,000m² 이상인 건물

참고

제2조 특수건물「화재로 인한 재해보상과 보험가입에 관한 법률 시행령」

면적	대상
바닥면적 2,000m² 이상	학원, 게임제공업, 인터넷컴퓨터게임시설제공업, 노래연습장업, 휴게음식점영업, 일반음식점영업, 단란주점영업, 유흥주점영업, 공유주방 운영업, 목욕장업, 영화상영관
바닥면적 3,000m² 이상	숙박업, 대규모 점포, 도시철도의 역사 및 역 시설
연면적 3,000m² 이상	병원급 의료기관, 관광숙박업, 공연장, 방송사업목적 건물, 농수산물도매시장 및 민영농수산물도매, 학교, 공장
면적 기준 없음	공동주택으로서 16층 이상의 아파트 및 부속건물, 11층 이상인 건물, 실내사격장

82 「화재조사 및 보고규정」상 용어의 정의 중 옳은 것은?

① 발화열원이란 화재가 발생한 부위를 말한다.
② 화재조사관이란 화재조사업무를 위탁한 보험회사 직원을 말한다.
③ 발화요인이란 발화에 관련된 불꽃 또는 열을 발생시킨 기기 또는 장치나 제품을 말한다.
④ 연소확대물이란 연소가 확대되는 데 있어 결정적 영향을 미친 가연물을 말한다.

📖 **해설**
① 발화열원이란 발화의 최초 원인이 된 불꽃 또는 열을 말한다.
② 화재조사관이란 화재조사에 전문성을 인정받아 화재조사를 수행하는 소방공무원이다.
③ 발화요인이란 발화열원에 의하여 발화로 이어진 연소현상에 영향을 준 인적·물적·자연적인 요인이다.

83 「소방의 화재조사에 관한 법령」상 화재합동조사단이 화재조사를 완료하면 결과 보고 해야 할 사항 중 틀린 것은?

① 화재합동조사단 운영 개요
② 다수의 인명피해가 발생한 경우 그 원인
③ 현행 제도의 문제점 및 개선 방안
④ 화재합동조사단의 해산 사유

📖 **해설**
제7조 제5항 화재합동조사단 구성·운영 「소방의 화재조사에 관한 법률 시행령」

암기법 운개실 원문

1. 화재합동조사단 **운영** 개요
2. 화재조사 **개**요
3. 화재조사에 관한 사항(법률 5조의 화재조사 **실**시 사항을 말한다)
4. 다수의 인명피해가 발생한 경우 그 **원**인
5. 현행 제도의 **문**제점 및 개선 방안
6. 그 밖에 소방관서장이 필요하다고 인정하는 사항

정답 | 81 ④ 82 ④ 83 ④

84 「소방의 화재조사에 관한 법령」상 화재조사전담부서에서 갖추어야 할 장비 및 시설 중 화재조사 분석실은 몇 m² 이상의 실을 보유하여야 하는가?

① 10m² 이상
② 20m² 이상
③ 30m² 이상
④ 40m² 이상

💡 **해설**
전담부서에 갖추어야 할 장비와 시설 「소방의 화재조사에 관한 법률 시행규칙」[별표]
화재조사 분석실의 구성장비를 유효하게 보존·사용할 수 있고, 환기 시설 및 수도·배관시설이 있는 30제곱미터(m²) 이상의 실

85 「제조물 책임법」상 손해배상을 지는 자가 손해배상책임을 면하는 기준 중 틀린 것은?

① 제조물의 결함이 제조업자가 해당 제조물을 제조한 당시의 법령이 정하는 기준을 준수함으로써 발생한 사실을 입증한 경우
② 원재료나 부품의 경우에는 그 원재료나 부품을 사용한 제조물 제조업자의 설계 또는 제작에 관한 지시로 인하여 결함이 발생하였다는 사실을 입증한 경우
③ 제조업자가 해당 제조물을 공급하지 아니하였다는 사실을 입증한 경우
④ 제조업자가 해당 제조물을 공급한 당시의 과학·기술수준으로는 결함의 존재를 발견할 수 없었다는 사실을 입증한 경우

💡 **해설**
제조물의 결함이 제조업자가 해당 제조물을 공급한 당시의 법령이다.

> **참고**
> **제4조 면책사유 「제조물 책임법」**
> 🔖 **암기법** 공과법원
> 1. 제조업자가 해당 제조물을 공급하지 아니하였다는 사실
> 2. 제조업자가 해당 제조물을 공급한 당시의 과학·기술수준으로는 결함의 존재를 발견할 수 없었다는 사실
> 3. 제조물의 결함이 제조업자가 해당 제조물을 공급한 당시의 법령에서 정하는 기준을 준수함으로써 발생하였다는 사실
> 4. 원재료나 부품의 경우에는 그 원재료나 부품을 사용한 제조물 제조업자의 설계 또는 제작에 관한 지시로 인하여 결함이 발생하였다는 사실

86 「제조물 책임법」상 손해배상의 청구권은 제조업자가 손해를 발생시킨 제조물을 공급한 날부터 몇 년 이내에 행사하여야 하는가?

① 3
② 5
③ 7
④ 10

💡 **해설**
손해배상청구권의 소멸시효 등

🔖 **암기법** 모알 3년, 제공 10년

구분	내용
청구권 소멸시효	손해배상의 청구권은 피해자 또는 그 법정대리인이 다음 사항을 모두 알게 된 날부터 3년간 행사하지 아니하면 시효의 완성으로 소멸한다. 1. 손해 2. 손해배상책임을 지는 자
청구권 행사기간	손해배상의 청구권은 제조업자가 손해를 발생시킨 제조물을 공급한 날부터 10년 이내에 행사하여야 한다.

87 「화재증거물수집관리규칙」상 화재현장에서의 증거물 수집, 보관 등에 관한 기준 중 틀린 것은?

① 증거물을 수집할 때는 휘발성이 높은 것에서 낮은 순서로 진행하여야 한다.
② 증거물이 파손될 우려가 있는 경우에 충격금지 및 취급방법에 대한 주의사항을 증거물의 포장 내측에 적절하게 표기하여야 한다.
③ 증거서류로 사본을 수집할 경우 원본과 대조한 다음 원본대조필을 하여야 하며, 원본대조를 할 수 없을 경우 제출자에게 원본과 같음을 확인 후 서명날인을 받아서 영치하여야 한다.
④ 증거물은 화재 증거 수집의 목적달성 후에는 관계인에게 반환하여야 한다. 다만, 관계인의 승낙이 있을 때에는 폐기할 수 있다.

💡 **해설**
제4조 제2항 증거물의 수집 「화재증거물수집관리규칙」
증거물이 파손될 우려가 있는 경우 충격금지 및 취급방법에 대한 주의사항을 증거물의 포장 외측에 적절하게 표기하여야 한다.

정답 | 84 ③ 85 ① 86 ④ 87 ②

88 「경범죄 처벌법 시행령」상 충분한 주의를 하지 아니하고 건조물, 수풀, 그 밖에 불붙기 쉬운 물건 가까이에서 불을 피웠을 경우 부과될 수 있는 범칙금액은?

① 5만 원 ② 8만 원
③ 10만 원 ④ 20만 원

🛢 해설
제2조 위험한 불씨 사용 「경범죄 처벌법 시행령」에 따른 범칙금은 8만 원이다.

89 「화재조사 및 보고규정」상 화재조사관의 책무로 옳지 않은 것은?

① 조사에 필요한 전문적 지식과 기술의 습득에 노력
② 조사업무를 능률적이고 효율적으로 수행
③ 직무를 이용하여 관계인등의 민사분쟁에 개입 불가
④ 대형화재에 대하여 화재합동조사단을 구성하여 운영

🛢 해설
대형화재에 대하여 화재합동조사단을 구성하여 운영은 소방관서장의 권한이다.

> **참고**
> 제4조 화재조사관의 책무 「화재조사 및 보고규정」
> **제1항** 조사관은 조사에 필요한 전문적 지식과 기술의 습득에 노력하여 조사업무를 능률적이고 효율적으로 수행해야 한다.
> **제2항** 조사관은 그 직무를 이용하여 관계인등의 민사분쟁에 개입해서는 아니 된다.

90 「형법」상 업무상과실 또는 중대한 과실로 인하여 실화의 죄를 범한 자에 대한 벌칙 기준으로 옳은 것은?

① 2년 이하의 금고 또는 700만 원 이하의 벌금
② 3년 이하의 금고 또는 2,000만 원 이하의 벌금
③ 5년 이하의 금고 또는 1,500만 원 이하의 벌금
④ 7년 이하의 금고 또는 2,000만 원 이하의 벌금

🛢 해설
진화방해・실화・업무상실화의 처벌 요약 비교

방화 종류	징역(년)	금고(년)	벌금(만 원)
진화방해	10 이하		
실화			1.5천 이하
업무상실화, 중실화		3 이하	2천 이하

91 「형법」상 진화방해에 대한 벌칙 기준 중 다음 ( ) 안에 알맞은 것은?

> 화재에 있어서 진화용의 시설 또는 물건을 은닉 또는 손괴하거나 기타 방법으로 진화를 방해한 자는 ( )년 이하의 징역에 처한다.

① 10 ② 7
③ 5   ④ 3

🛢 해설
제169조 진화방해 「형법」
화재에 있어서 진화용의 시설 또는 물건을 은닉 또는 손괴하거나 기타 방법으로 진화를 방해한 자는 10년 이하의 징역에 처한다.

92 「실화책임에 관한 법률」상 배상의무자에 손해배상액 경감청구가 있을 경우 법원이 손해배상액을 경감할 수 있는 고려 기준 중 틀린 것은? (단, 실화가 중대한 과실로 인한 것이 아닌 경우이다.)

① 화재의 원인과 규모
② 피해자의 경제상태
③ 배상의무자의 경제상태
④ 피해 확대를 방지하기 위한 피해자의 노력

🛢 해설
피해 확대를 방지하기 위한 피해자의 노력이 아니라 실화자의 노력이다.

> **참고**
> 제3조 손해배상액의 경감 「실화책임에 관한 법률」
> **암기법** 화피 면방 배그
> 1. **화**재의 원인과 규모
> 2. **피**해의 대상과 정도
> 3. **연**소 및 피해 확대의 원인
> 4. 피해 확대를 **방**지하기 위한 실화자의 노력
> 5. **배**상의무자 및 피해자의 경제상태
> 6. **그** 밖에 손해배상액을 결정할 때 고려할 사정

정답 | 88 ② 89 ④ 90 ② 91 ① 92 ④

93 「화재조사 및 보고규정」상 화재증명원의 발급 기준 중 틀린 것은?

① 소방관서장은 화재피해자로부터 소방대가 출동하지 아니한 화재장소의 화재증명원 발급신청이 있는 경우 화재현장이 보존되어 있지 않더라도 사후조사를 실시하게 할 수 있다.
② 화재증명원 발급 시 인명피해 및 재산피해 내역을 기재한다. 다만, 조사가 진행 중인 경우에는 "조사 중"으로 기재한다.
③ 재산피해내역 중 피해금액은 기재하지 아니하며 피해물건만 종류별로 구분하여 기재한다. 다만, 민원인의 요구가 있는 경우에는 피해금액을 기재하여 발급할 수 있다.
④ 화재증명원 발급신청을 받은 소방관서장은 발화장소 관할 지역과 관계없이 발화장소 관할 소방서로부터 화재사실을 확인받아 화재증명원을 발급할 수 있다.

🔍 **해설**
제23조 화재증명원의 발급 「화재조사 및 보고규정」
소방관서장은 화재피해자로부터 소방대가 출동하지 아니한 화재장소의 화재증명원 발급신청이 있는 경우 조사관으로 하여금 사후 조사를 실시하게 할 수 있다. 이 경우 발화장소 및 발화지점의 현장이 보존되어 있는 경우에만 조사할 수 있다.

---

94 「화재로 인한 재해보상과 보험가입에 관한 법률」상 특수건물의 소유자가 손해보험회사가 운영하는 특약부화재보험에 가입하지 않았을 때 벌칙 기준은?

① 200만 원 이하의 벌금
② 300만 원 이하의 벌금
③ 500만 원 이하의 벌금
④ 1,000만 원 이하의 벌금

🔍 **해설**
제23조 벌칙 「화재로 인한 재해보상과 보험가입에 관한 법률」
암기법 특특 500만 원
특수건물의 특약부화재보험에 가입하지 아니한 자는 500만 원 이하의 벌금에 처한다.

---

95 「화재로 인한 재해보상과 보험가입에 관한 법률」에서 외국인 등의 소유 건물에 대한 특례에 해당하는 건물로 옳지 않은 것은?

① 대한민국에 주둔하는 외국 군대가 소유하는 건물
② 대한민국에 파견된 외국의 대사·공사가 소유하는 건물
③ 군사용 건물과 외국인 소유 건물로서 행정안전부장관령으로 정하는 건물
④ 대한민국에 파견된 국제연합의 기관 및 그 직원(외국인만 해당한다)이 소유하는 건물

🔍 **해설**
군사용 건물과 외국인 소유 건물로서 행정안전부장관령이 아닌 대통령령으로 정하는 건물이다.

> **참고**
> **제6조 외국인 등의 소유 건물에 대한 특례** 「화재로 인한 재해보상과 보험가입에 관한 법률」
> 1. 대한민국에 파견된 외국의 대사·공사 또는 그 밖에 이에 준하는 사절이 소유하는 건물
> 2. 대한민국에 파견된 국제연합의 기관 및 그 직원(외국인만 해당한다)이 소유하는 건물
> 3. 대한민국에 주둔하는 외국 군대가 소유하는 건물
> 4. 군사용 건물과 외국인 소유 건물로서 대통령령으로 정하는 건물

---

96 「소방의 화재조사에 관한 법령」상 화재조사를 실시할 수 있는 자격으로 옳지 않은 것은?

① 소방청장이 실시하는 화재조사에 관한 시험에 합격한 소방공무원
② 국가기술자격의 직무분야 중 화재감식평가 분야의 기사 취득한 소방공무원
③ 국가기술자격의 직무분야 중 화재감식평가 분야의 산업기사 취득한 소방공무원
④ 화재조사관련 기관에서 8주 이상 화재조사에 관한 전문교육을 이수한 소방공무원

정답 | 93 ① 94 ③ 95 ③ 96 ④

해설
화재조사에 관한 시험

구분	내용
시험공고	소방청장이 자격시험을 실시하는 경우에는 시험의 과목·일시·장소 및 응시 자격·절차 등을 시험 실시 30일 전까지 소방청의 인터넷 홈페이지에 공고해야 한다.
응시자격자	• 화재조사관 양성을 위한 전문교육을 이수한 소방공무원 • 국립과학수사연구원 또는 소방청장이 인정하는 외국의 화재조사 관련 기관에서 8주 이상 화재조사에 관한 전문교육을 이수한 소방공무원

참고
제5조 화재조사관의 자격기준 등 「소방의 화재조사에 관한 법률 시행령」
1. 소방청장이 실시하는 화재조사에 관한 시험에 합격한 소방공무원
2. 「국가기술자격법」에 따른 국가기술자격의 직무분야 중 화재감식평가 분야의 기사 또는 산업기사 자격을 취득한 소방공무원

---

97 「화재로 인한 재해보상과 보험가입에 관한 법률」상 특수건물 소유자가 손해배상특약부 화재보험에 가입하는 보험의 보험금액 기준 중 다음 ( ) 안에 알맞은 것은? (단, 종업원에 대하여 산업재해보상보험에 가입하고 있는 경우는 제외한다.)

> 손해배상책임보험 중 사망자의 경우 피해자 1명마다 (   )천만 원 이상으로서 대통령령으로 정하는 금액

① 3 ② 5
③ 10 ④ 13

해설
제8조 보험금액「화재로 인한 재해보상과 보험가입에 관한 법률」

암기법 사부재 오삼천 1억

구분	보험금액 산정기준	
화재보험	특수건물의 시가(時價)에 해당하는 금액	
손해배상 책임을 담보하는 보험	사망의 경우	피해자 1명마다 5천만 원 이상으로서 대통령령으로 정하는 금액
	부상의 경우	피해자 1명마다 사망자에 대한 보험금액의 범위에서 대통령령(3천만~50만 원)으로 정하는 금액
	재물에 대한 손해가 발생한 경우	화재 1건마다 1억 원 이상으로서 국민의 안전 및 특수건물의 화재위험성 등을 고려하여 대통령령으로 정하는 금액

---

98 「화재조사 및 보고규정」상 화재건 수의 결정 기준 중 틀린 것은?

① 동일 소방대상물의 발화점이 2개소 이상 있는 누전점이 동일한 누전에 의한 화재는 각각 별건의 화재로 본다.
② 1건의 화재란 1개의 발화점으로부터 확대된 것을 말한다.
③ 동일범이 아닌 각기 다른 사람에 의한 방화, 불장난은 동일대상물에서 발화했더라도 각각 별건의 화재로 한다.
④ 동일 소방대상물의 발화점이 2개소 이상 있는 지진, 낙뢰 등 자연현상에 의한 화재는 1건의 화재로 본다.

해설
누전점이 동일한 누전에 의한 화재는 발화점이 2개소 이상이더라도 1건의 화재로 본다.

화재건수 결정 판단 기준

화재 조건 및 상황		판단
동일대상물내에 동일범이 아닌 각기 다른 사람에 의한 방화, 불장난		각각 별건의 화재로 판단
동일 대상물내 발화점이 2개소 이상 다음의 화재 • 누전점이 동일한 누전에 의한 화재 • 지진, 낙뢰 등 자연현상에 의한 다 발화재		1건의 화재로 판단
둘 이상의 관할 구역에 걸친 화재	발화지점이 한 곳인 경우	발화지점이 속한 소방서에서 1건
	발화지점 확인이 어려운 경우	화재피해액이 큰 관할구역 소방서에서 1건

정답 | 97 ② 98 ①

> **참고**
>
> **제10조 화재건수 결정 「화재조사 및 보고규정」**
> 1건의 화재란 1개의 발화지점에서 확대된 것으로 발화부터 진화까지를 말한다.
> 1. 동일범이 아닌 각기 다른 사람에 의한 방화, 불장난은 동일대상물에서 발화했더라도 각각 별건의 화재로 한다.
> 2. 동일 소방대상물의 발화점이 2개소 이상 있는 다음의 화재는 1건의 화재로 한다.
>   가. 누전점이 동일한 누전에 의한 화재
>   나. 지진, 낙뢰 등 자연현상에 의한 다발화재
> 3. 발화지점이 한 곳인 화재현장이 둘 이상의 관할구역에 걸친 화재는 발화지점이 속한 소방서에서 1건의 화재로 산정한다. 다만, 발화지점 확인이 어려운 경우에는 화재피해금액이 큰 관할구역 소방서의 화재 건수로 산정한다.

99 「소방의 화재조사에 관한 법률」상 화재조사를 하기 위한 관계 공무원의 출입 또는 조사를 정당한 사유없이 화재조사관의 출입 또는 조사를 거부·방해 또는 기피하는 사람에 대한 벌칙 기준으로 옳은 것은?

① 100만 원 이하의 벌금
② 200만 원 이하의 벌금
③ 300만 원 이하의 벌금
④ 500만 원 이하의 벌금

해설
「소방의 화재조사에 관한 법률」상 벌금은 300만 원 이하의 벌금이다.

> **참고**
>
> **제21조 벌칙(300만 원 이하 벌금) 「소방의 화재조사에 관한 법률」**
>
> **암기법** 물 출 업비 증
>
> 1. 허가 없이 화재현장에 있는 물건 등을 이동시키거나 변경·훼손한 사람
> 2. 정당한 사유 없이 화재조사관의 출입 또는 조사를 거부·방해 또는 기피한 사람
> 3. 관계인의 정당한 업무를 방해하거나 화재조사를 수행하면서 알게 된 비밀을 다른 용도로 사용하거나 다른 사람에게 누설한 사람
> 4. 정당한 사유 없이 증거물 수집을 거부·방해 또는 기피한 사람

100 「화재의 예방 및 안전관리에 관한 법령」상 용접 또는 용단 작업장에서 불꽃을 사용하는 용접·용단 기구 사용에 있어서 지켜야 하는 사항 중 다음 (   ) 안에 알맞은 것은? (단, 산업안전보건법상 안전조치의 적용을 받는 사업장의 경우는 제외한다.)

- 용접 또는 용단 작업자로부터 반경 (㉠)m 이내에 소화기를 갖추어 둘 것
- 용접 또는 용단 작업장 주변 반경 (㉡)m 이내에는 가연물을 쌓아두거나 놓아두지 말 것. 다만, 가연물의 제거가 곤란하여 방지포 등으로 방호조치를 한 경우는 제외한다.

① ㉠ 5, ㉡ 7
② ㉠ 7, ㉡ 5
③ ㉠ 5, ㉡ 10
④ ㉠ 10, ㉡ 5

해설
불꽃을 사용하는 용접·용단 기구 「화재의 예방 및 안전관리에 관한 법률 시행령」[별표 1]

암기법 소오기, 가열물

가. 용접 또는 용단 작업자로부터 반경 5m 이내에 소화기를 갖추어 둘 것
나. 용접 또는 용단 작업장 주변 반경 10m 이내에는 가연물을 쌓아두거나 놓아두지 말 것

정답 | 99 ③ 100 ③

기사 기출유형 복원문제 2024년 2회

제1과목 화재조사론

01 목재의 타는 속도(연소속도)에 영향을 미치는 인자가 아닌 것은?

① 목재의 수령
② 목재의 밀도
③ 목재의 종류
④ 표면적 대 질량의 비율

해설
목재의 수령은 나무가 몇 년 동안 자랐는지를 나타내는데 연소속도에 직접적인 영향은 미치지 않는다.
② 목재의 밀도 : 밀도가 높으면 목재는 단단하여 산소가 침투가 어려워 연소가 늦다.
③ 목재의 종류 : 침엽수는 빠르게 타고, 딱딱한 활엽수는 느리게 타는 경향이 있다.
④ 표면적 대 질량의 비율이 높으면 산소와 접촉하는 면적이 넓어 연소가 빠르다.

02 자연발화의 방지대책으로 옳지 않은 것은?

① 통풍 구조를 양호하게 하여 공기유통을 잘 시킬 것
② 저장실 주위의 온도를 높일 것
③ 습도 상승을 피할 것
④ 열이 축적되지 않는 구조로 적재할 것

해설
저장실 주위의 온도가 높으면 축열이 원활하여 자연발화 가능성이 높다.

> **참고**
> **자연발화 방지 대책**
> 1. 통풍 구조를 양호하게 하여 공기유통을 잘 시킬 것
> 2. 저장실 주위의 온도를 낮출 것
> 3. 습도 상승을 피할 것
> 4. 열이 축적되지 않는 구조로 적재할 것

03 폭발의 종류 중 화학적 폭발이 아닌 것은?

① 산화 폭발
② 비등액체팽창증기폭발
③ 분해 폭발
④ 중합 폭발

해설
비등액체팽창증기폭발(BLEVE)은 물리적 폭발이다.

> **참고**
> **물질의 화학적 변화 여부에 따른 폭발분류**
>
> | 구분 | 종류 |
> |---|---|
> | 화학적 폭발 | 산화폭발, 분해폭발, 중합폭발, 촉매폭발 |
> | 물리적 폭발 | 증기폭발, 비등액체팽창증기폭발(BLEVE) |

04 화재 플럼(Fire Plume)에 의해 수직벽면에 생성되는 패턴이 아닌 것은?

① 도넛형태 패턴
② V패턴
③ 모래시계 패턴
④ U패턴

해설
도넛형태 패턴은 가연성액체의 증발잠열에 의한 화재패턴으로 바닥에 생성된다.

> **참고**
> **화재패턴**
> • 수직벽면에 나타나는 화재패턴 : V패턴, 역 원뿔 패턴, 모래시계 패턴, U자 모양 패턴, 원형 패턴, 드롭다운 패턴
> • 가연성액체에 의한 화재패턴 : 포어 패턴, 스플래시 패턴, 고스트 마크, 도넛패턴, 틈새연소패턴
> • 방화의 전형적인 화재패턴 : 트레일러 패턴, 낮은 연소 패턴, 독립 연소 패턴

정답 | 01 ① 02 ② 03 ② 04 ①

05 다음은 어떤 화재 현상에 대한 설명인가?

> 화재가 발생한 구획실의 천장에 형성된 가연성 가스층이 천장면을 따라 파도와 같이 빠른 속도로 연소하면서 화염이 확산되는 현상

① 롤오버 ② 플래시오버
③ 백드래프트 ④ 프로스오버

📖 해설
② 플래시오버 : 화재가 전체 구획실의 모든 가연물에 동시에 점화되어 전역에서 화염이 일어나는 현상
③ 백드래프트 : 구획실 내 산소가 부족해진 상태에서 갑자기 산소가 공급되면서 폭발적으로 연소가 발생하는 현상
④ 프로스오버 : 물이 점성을 가진 뜨거운 기름 표면 아래에서 끓을 때 화재를 수반하지 않고 용기가 넘치는 현상

06 폭발 위력의 지표로 사용될 수 있는 자료가 아닌 것은?

① 파편의 비행거리
② 무너진 벽의 종류와 구조
③ 폭심부의 깊이
④ 폭발 시점

📖 해설
폭발 시점은 폭발 위력의 지표와 상관관계가 없다.
① 파편의 비행거리 : 파편의 비행거리가 더 멀리 나갈수록 폭발의 강도가 더 크다.
② 무너진 벽의 종류와 구조 : 강도가 높은 벽이 무너질수록 폭발의 강도가 더 크다.
③ 폭심부의 깊이 : 폭심부가 더 크고 깊으면 폭발의 위력도 그에 비례하여 더 크다.

07 철재 구조물 용접 시 발생한 화재현장의 용접불티를 발견 및 수집하기 위한 장비로 옳은 것은?

① 빗자루 ② 삽
③ 집게 ④ 자석

📖 해설
구조물이나 물건 틈으로 들어간 용접불티는 자성을 띄고 있어 자석으로 수집할 수 있다.

08 가연성 물질에 해당하는 것은?

① 아르곤 ② 일산화탄소
③ 산화알루미늄 ④ 헬륨

📖 해설
① 아르곤 : 불활성 기체
③ 산화알루미늄 : 산화반응이 완료된 물질
④ 헬륨 : 불활성 기체

> **참고**
>
> **가연물에 부적합한 조건**
> - 흡열반응물질(예 NO, NO_2, NO_3 등)
> - 불활성 기체(예 He, Ne, Ar, Kr, Xe, Rn 등)
> - 산화반응이 완료된 물질(예 H_2O, CO_2, Al_2O_3, SiO_2 등)
> - 자체가 연소하지 않는 물질(예 돌, 흙 등)

09 화염확산에 대한 설명으로 틀린 것은?

① 일반적으로 중력과 바람은 화염확산에 영향을 미친다.
② 훈소는 확산화염에 의한 연소과정이다.
③ 벽면에서 화염 확산속도는 수평방향보다 수직방향이 빠르다.
④ 인화성액체의 표면화염 확산속도는 부력의 영향으로 고체의 확산속도보다 빠르다.

📖 해설
확산화염은 확산 연소에 의한 화염으로 불꽃 없이 물질이 천천히 타는 과정의 훈소와 다르다.

10 220V, 2A가 전선에 1분간 전기가 인가되었을 때 저항에 발생하는 열량은 몇 cal인가?

① 105.6 ② 440
③ 6,336 ④ 26,400

📖 해설
발생열량 $H = 0.24I^2Rt(cal)$
$H = 0.24I^2(V/I)t$
$= 0.24 \times 2A \times 220V \times 60sec$
$= 6,336(cal)$

정답 | 05 ① 06 ④ 07 ④ 08 ② 09 ② 10 ③

11 V패턴의 각도에 영향을 미치지 않는 것은?
① 열방출률 ② 가연물의 형태
③ 환기의 효과 ④ 벽면의 열전도성

해설
V패턴 각도는 열방출률, 가연물의 양과 형태, 환기효과 등을 종합적으로 고려해야 한다.

12 물리적 작용에 의한 소화방법이 아닌 것은?
① 냉각소화 ② 부촉매소화
③ 제거소화 ④ 질식소화

해설
부촉매소화 방법은 화학적 연쇄반응을 억제하거나 방해하여 화재를 진압하는 방법이다.

13 화염에 대한 설명으로 틀린 것은?
① 토치의 화염은 산소를 공급하면 짧아진다.
② 화염이 벽과 접하면 길어진다.
③ 확산 화염의 색은 푸른색이다.
④ 동일양의 가연물이 공급될 때 화염이 짧게 연소하면 온도가 높다.

해설
완전연소하면 화염이 짧아지고, 푸른색을 띤다. 반면, 불완전연소하면 화염이 길어지고 노란색 또는 주황색을 띤다. 확산 화염은 일반적으로 길게 늘어져 적황색을 띠며 화염 온도는 약 900℃로서 가스 연소 중에서 가장 낮다.

14 분진폭발의 위험이 가장 낮은 것은?
① 알루미늄 분말 ② 강철 분말
③ 티타늄 분말 ④ 생석회 분말

해설
생석회 분말은 불연성 물질로 분진폭발의 위험성이 없다.

15 양초의 주요 성분이 아닌 것은?
① 피레드린 ② 파라핀
③ 경화납 ④ 스테아린산

해설
피레드린은 모기향의 주요 성분이다.

16 연소의 특성에 대한 설명으로 옳지 않은 것은?
① 연소속도는 재료의 질량유속으로 정의되며 g/m^2s로 나타낸다.
② 일반적으로 표면에서의 질량유속은 $5 \sim 50 g/m^2s$ 범위에 있으며, 그 값이 5 이하인 것은 소화된다.
③ 화염속도는 물적조건과 에너지조건인 농도, 압력, 온도보다 난류의 영향으로 가속된다.
④ 연소속도는 화학양론비 부근에서 최소가 되고 연소상한계, 연소하한계로 갈수록 연소속도는 증가한다.

해설
연소속도는 일반적으로 화학양론비 부근에서 최대가 되고, 연소 상한계와 하한계로 갈수록 연소속도는 감소한다. 즉, 연료와 산소의 비율이 최적으로 맞춰져 있을 때 연소속도가 가장 빠르며, 그 비율에서 벗어날수록 연소속도는 느려진다.

17 가솔린의 연소범위(vol.%)가 1.4~7.6일 때 위험도는 약 얼마인가?
① 0.8 ② 1.2
③ 4.4 ④ 6.4

해설
$$H(위험도) = \frac{U(연소상한계) - L(연소하한계)}{L(연소하한계)}$$
$$= \frac{7.6 - 1.4}{1.4} = 4.43$$

정답 | 11 ④ 12 ② 13 ③ 14 ④ 15 ① 16 ④ 17 ③

18 현장보존에 대한 설명으로 틀린 것은?

① 통제선을 설치하였다면 별도로 통제인원을 배치할 필요가 없다.
② 통제선을 출입하기 위해서는 일관된 입구와 통로를 활용한다.
③ 통제선의 입구에는 출입자 명부를 비치 활용하도록 한다.
④ 통제선 내부로 진입하는 자는 완장 등 표찰을 패용하여 진입 권한이 있음을 표시해야 한다.

해설
통제선을 설치하였다면 통제인원을 배치하여 출입자 명부를 작성하도록 한다.

19 다음 중 가연성 고체에서만 나타나는 연소형태는?

① 분무연소
② 작열연소
③ 확산연소
④ 증발연소

해설
① 분무연소 : 액체
③ 확산연소 : 기체
④ 증발연소 : 액체, 고체

참고
고체의 연소형태
작열연소 : 화염 없이 고체 가연물 표면에서 벌겋게 달아오른 듯 연소하는 외관적 형태

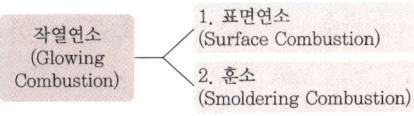

- 표면연소 : 화염연소 가능성 없음(예 목탄, 코크스, 금속분 등)
- 훈소 : 조건에 따라 화염연소 가능성 있음(예 스티로폼, 플라스틱, 비닐 등)

20 다음 금속 중 용융점이 가장 높은 것은?

① 알루미늄
② 납
③ 구리
④ 스테인리스

해설
납(327℃)<알루미늄(660℃)<구리(1,083℃)<스테인리스(1,520℃)

참고
각 물질별 용융점

금속명칭	용융점(℃)	금속명칭	용융점(℃)
수은	39	금	1,063
주석	232	구리	1,083
납	327	니켈	1,455
아연	420	스테인리스	1,520
마그네슘	650	철	1,530
알루미늄	660	티탄	1,800
은	960	몰리브덴	2,620
황동	900~1,000	텅스텐	3,400

제2과목 화재감식론

21 금속 나트륨화재 조사 시 가장 간단한 방법으로 리트머스시험지를 사용하였다면 리트머스 시험지의 변색된 색상으로 옳은 것은?

① 노랑
② 빨강
③ 녹색
④ 파랑

해설
금속 나트륨이 물과 반응하면 수산화나트륨(NaOH)을 형성하고, 이는 강한 염기성 물질이며 염기성 물질은 리트머스 시험지를 파란색으로 변색시킨다.

22 가연물이 연소하기 위해서는 산소를 필요로 하는 데 산소공급원이 아닌 것은?

① 탄화칼슘 ② 과산화수소
③ 과염소산나트륨 ④ 질산

해설
탄화칼슘은 물과 반응하여 아세틸렌(C_2H_2)을 생성한다. 따라서 산소공급원이 될 수 없다.
② 과산화수소 : 분해 시 물과 산소를 생성한다.
③ 과염소산나트륨 : 열분해 시 산소를 방출한다.
④ 질산 : 열분해 시 산소를 방출한다.

23 자연발화의 위험도가 가장 낮은 것은?

① 함유절삭가루와 걸레를 혼재한 상태에서 공기 중에 방치했다.
② 함유백토를 오랫동안 방치했다.
③ 대두유로 튀김요리를 한 다음 찌꺼기를 방치했다.
④ 가솔린이 침적된 천을 공기 중에 방치했다.

해설
가솔린, 등유, 경유 등의 광물유는 요오드 값이 낮기 때문에 자연발화성은 없다.

24 차량 화재조사 중 화재조사자의 안전 및 조사가 용이한 장소로 적합하지 않은 것은?

① 화재차량의 소유자가 신차(중고차)로 구입한 자동차판매영업소
② 화재차량의 소유자가 최근 차량검사 및 수리를 맡긴 자동차정비공장
③ 화재가 발생한 고속도로의 갓길
④ 소유자의 주차장 및 조사 가능한 주차장

해설
고속도로의 갓길은 항상 위험하다. 화재장소 후방에서 안전조치가 되어있더라도 초기 조사만 하고 차량을 이동하여 본격 조사한다.

25 「액화석유가스의 안전관리 및 사업법」상 사고 사실을 시장에게 보고하여야 하는 사고로 틀린 것은?

① 사람이 사망한 사고
② 사람이 중독되거나 부상당한 사고
③ 20kg LPG 용기에서 가스가 누출된 사고
④ LNG 시설이 손괴되어 공급중단이 발생한 사고

해설
20kg LPG 용기에서 가스가 누출된 사고는 보고하지 않는다.

참고
제56조 사고의 통보 등 「액화석유가스의 안전관리 및 사업법」
한국가스안전공사는 사고의 통보 내용을 시장·군수·구청장에게 보고하여야 한다.
1. 사람이 사망한 사고
2. 사람이 부상당하거나 중독된 사고
3. 가스누출에 의한 폭발 또는 화재 사고
4. 가스시설이 손괴되거나 가스누출로 인하여 인명대피나 공급중단이 발생한 사고
5. 그 밖에 가스시설이 손괴되거나 가스가 누출된 사고

26 바람이 불 때 수관화의 연소형태로 옳은 것은?

① D형 ② U형
③ V형 ④ W형

해설
관화는 경사면 위쪽으로 확산 시 V형 패턴을 생성한다.

27 임야화재에 큰 영향을 미치는 주요 3요소가 아닌 것은?

① 점화원 ② 지형
③ 연료 ④ 기후

해설
점화원은 연소의 3요소이고, 연료(가연물), 기후, 지형은 확산의 3요소이다.

참고
임야화재 확산의 3요소
암기법 확산 연기지
- 연료(가연물) : 탈 수 있는 물질의 공급
- 기상 : 바람, 습도, 온도, 강수 등
- 지형 : 고도, 경사, 경사향, 지세 등

정답 | 22 ① 23 ④ 24 ③ 25 ③ 26 ③ 27 ①

28 전기설비의 사고 예방법으로 틀린 것은?

① 전기설비를 과부하 상태로 운전을 금함
② 물기가 생기지 않도록 설비의 방수
③ 무자격자에 의한 전기설비의 보수를 금함
④ 급격한 온도변화가 있는 곳에 전기설비의 설치

📖 **해설**
급격한 온도변화가 있는 곳에는 결로가 발생하여 전기설비에 트래킹 등 화재를 유발할 수 있다.

29 전기화재에서 통전 입증방법으로 가장 적합한 것은?

① 전원 측에서 부하 측으로 입증
② 부하 측에서 전원 측으로 입증
③ 전원 측과 부하 측을 동시에 입증
④ 임의로 선정하여 입증

📖 **해설**
전기화재에서 통전 입증방법
1. 부하측에서 전원측으로 진행한다.
2. 통전확인에서 검증 순으로 진행한다.
3. 퓨즈 상태 확인(과전류 : 중앙부분 국부적 용단, 단락 : 전체에 흩어진 용단)

30 연소의 수직 방향성의 상승속도는 수평 방향 속도보다 몇 배 정도인가?

① 10 ② 20
③ 30 ④ 40

📖 **해설**
수직 상승 방향 : 수평 방향 비 = 20 : 1

> **참고**
> 수직면의 연소

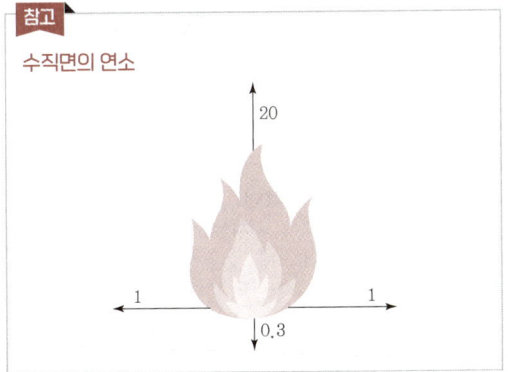

31 자동차 구조 중 표면이 고온이 될 수 없는 곳은?

① 배기 매니폴드 ② 촉매컨버터
③ 머플러 ④ 카브레터

📖 **해설**
카브레터는 열이 많이 발생하지 않는 흡기통로에 위치하며, 휘발유와 공기를 혼합하여 실린더로 공급한다. 반면 배기 매니폴드, 촉매컨버터, 머플러는 배기계통으로 고온표면이다. 연료와 오일류가 유출되어 배기계통에 닿으면 화재가 발생할 수 있다.

32 방화판정의 요건 중 방화를 의심할 수 있는 특징이 아닌 것은?

① 여러 곳에서 발화 ② 연소촉진물질의 존재
③ 연쇄적인 화재 ④ 실화요인 존재

📖 **해설**
실화요인 존재 화재는 방화보다는 실화에 가깝다.

> **참고**
> **방화의 판정을 위한 10대 요건**
> 1. 인화성 액체 가연물 용기가 발견된 경우, 또는 사용 흔적이 있는 경우
> 2. 연소 확산을 위한 흔적이 발견된 경우
> 3. 2개 이상의 독립된 발화개소가 식별된 경우
> 4. 발화장치가 발견된 경우
> 5. 침입흔적이 있는 경우
> 6. 화재현장에서 다른 범죄의 증거가 발견되는 경우
> 7. 발화부에서 발화하였다고 발화 열원이 발견되지 않는 경우
> 8. 특이한 인위적인 흔적이 발견된 경우
> 9. 연쇄적으로 화재가 발생한 경우
> 10. 화재 발생 전후의 상황이나 관계자의 환경이 의심스러운 경우

33 운송용 항공기에 고정된(fixed) 소화기장치(fire extinguishing system)를 갖추는 장소가 아닌 곳은?

① 조리실(galley)
② 보조동력장치실(APU compartment)
③ 화물칸(cargo compartment)
④ 화장실(lavatories)

📖 **해설**
조리실에는 휴대용 소화기가 비치되어 있다.

정답 | 28 ④ 29 ② 30 ② 31 ④ 32 ④ 33 ①

34 LPG 차량의 구성 부품 중 LPG 봄베의 밸브 색상에 대한 설명으로 옳은 것은?

① 충전밸브 : 황색
② 액체 송출밸브 : 적색
③ 기체 송출밸브 : 청색
④ 충전, 액체 송출, 기체 송출밸브 : 청색

해설
LPG 봄베는 충전밸브(녹색), 기체 송출밸브(황색), 액체 송출밸브(적색)로 구성되어 있다.

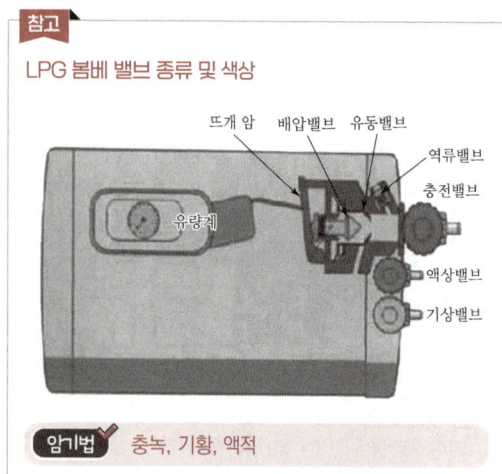

35 항공기 객실 내에서의 연기로 인한 이온밀도에 변화를 감지하는 연기감지기(Smoke detector)는?

① 열감지기
② 불꽃감지기
③ 이온화감지기
④ 광전식감지기

해설
항공기 객실 내 연기감지기는 이온화(Ionization), 광전(Photoelectric) 방식이 있다. 이 중 이온밀도 변화를 감지하는 방식은 이온화(Ionization) 타입의 연기감지기다.

36 무염화원의 한 종류인 담뱃불에 대한 최초 가연물로 틀린 것은?

① 종이
② 나일론
③ 톱밥
④ 면직류

해설
담뱃불에 나일론은 녹거나 손상은 될 수 있지만 발화하지는 못한다.

37 연기의 특성에 대한 설명으로 옳지 않은 것은?

① 연기에는 액체 미립자계의 연기와 고체 미립자계의 연기로 구분된다.
② 액체계의 연기는 연료의 종류에 따라서 특성이 변하며 독성이 없다.
③ 담배연기나 훈소연기가 액체미립자계의 연기에 해당한다.
④ 탄소수가 많은 연료에 있어서 심한 흑연을 발생시킨다.

해설
액체계의 연기는 연료의 종류에 따라서 특성이 변하며 특유의 냄새를 갖는 것이 많고 물질에 따라서는 독성을 갖는다.

38 선박용 기관의 연속최대출력에 대한 설명으로 옳은 것은?

① 주기관의 설계조건상 24시간 이상 연속 운전에서 낼 수 있는 안전 최대 출력
② 항해속력을 얻기 위하여 상용(商用)하는 출력
③ 24시간 연속운전 중 2시간 동안 연속으로 운전 가능한 출력
④ 항해속력을 확보하기 위해 해상여유(sea margin)를 포함한 출력

해설
② 상용출력(NSO ; Normal Service Output)
③ 비상출력(Emergency Rating)
④ 해상여유(sea margin) : 예기치 않은 상황 대비를 위해 추가적으로 확보하는 출력 여유

정답 | 34 ② 35 ③ 36 ② 37 ② 38 ①

39 자연발화성 물질에 대한 특징으로 틀린 것은?

① 다른 어떠한 화원을 주지 않아도 물질이 상온의 공기 속에서 자기 스스로 열을 낸다.
② 산화열은 공기가 고온이면서, 습도가 낮은 경우에 발열과 축적효과가 크다.
③ 자연발열을 일으키는 원인은 분해열, 산화열, 흡착열, 중합열, 발효열로 구분한다.
④ 물질의 자연발열속도와 열이 달아나는 일주 속도와의 사이가 평행이 깨지며 열이 쌓여가기 때문에 발생한다.

해설
산화열은 일반적으로 공기가 고온이고 습도가 높은 경우에 발열과 축적 효과가 크다. 습도가 낮은 경우 열 축적이 잘 일어나지 않으며, 습도가 높을 때 물질이 산화하면서 발열할 수 있다.

40 액체 가연물에 의한 화재패턴으로 틀린 것은?

① 포어 패턴(Pour pattern)
② 스플래시 패턴(Splash pattern)
③ 틈새연소 패턴
④ 크래이즈드 글라스(Crazed glass)

해설
크래이즈드 글라스(Crazed glass)는 화재열을 받은 고온의 유리는 방수 과정에서 급격히 냉각되어 수축하다가 잔금이 발생하는 현상으로 액체 가연물 화재패턴과 연관성이 없다.

> **참고**
> 화재패턴
> - 수직벽면에 나타나는 화재패턴 : V패턴, 역 원뿔 패턴, 모래시계 패턴, U자 모양 패턴, 원형 패턴, 드롭다운 패턴
> - 가연성액체에 의한 화재패턴 : 포어 패턴, 스플래시 패턴, 고스트 마크, 도넛패턴, 틈새연소패턴
> - 방화의 전형적인 화재패턴 : 트레일러 패턴, 낮은 연소 패턴, 독립 연소 패턴

제3과목 증거물관리 및 법과학

41 물적 증거의 종류에 해당하는 것은?

① 관계자 진술　② 감정인 소견
③ 유류 용기　　④ 증언

해설
①, ②, ④는 직접 체험한 사람의 진술이 서면이나 타인의 진술이라는 매개를 통하여 법원에 전달되는 경우에 해당하여 전문증거에 속한다.

42 증거물의 수집에 대한 설명으로 틀린 것은?

① 원본대조를 할 수 없을 경우 제출자에게 원본과 같음을 확인한 후 서명 날인을 받아서 영치하여야 한다.
② 사본을 수집할 경우 원본과 대조한 다음 원본대조필을 하여야 한다.
③ 물리적 증거물 수집은 증거물의 증거능력을 유지·보존할 수 있도록 행한다.
④ 증거서류를 수집함에 있어서 사본 영치를 원칙으로 한다.

해설
제4조 제1항 증거물의 수집 「화재증거물수집관리규칙」
증거서류를 수집함에 있어서 원본 영치를 원칙으로 하고, 사본을 수집할 경우 원본과 대조한 다음 원본대조필을 하여야 한다. 다만, 원본대조를 할 수 없을 경우 제출자에게 원본과 같음을 확인 후 서명 날인을 받아서 영치하여야 한다.

43 촉진제를 확인하기 위한 테스트 방법으로 적합한 것은?

① GC(Gas Chromatography)
② SEM(Scanning Electron Microscope)
③ GFT(Gas Flammable Test)
④ TEM(Transmission Electron Microscope)

해설
인화성 액체 등의 정확한 성분 분석을 하는 과정을 가스 크로마토그래피법이라 한다.

정답 | 39 ② 40 ④ 41 ③ 42 ④ 43 ①

44 현장사진 촬영의 필요성에 대한 설명 중 틀린 것은?

① 기록과 사진, 영상 모두 한계가 있으므로 문제가 해결될 때까지 현장을 보존하는 것이 가장 중요하다.
② 사진을 보는 사람이 실제적인 감각으로 느끼게 함으로서 그때의 상황을 충분히 전달할 수 있는 것이 중요하다.
③ 현장조사 시 실수로 빠트렸거나 수집이 불가능했던 많은 정보와 사실들을 사진을 통해 얻을 수 있다.
④ 화재현장의 소손상황, 감식·감정의 대상이 되는 관계물건 등의 상황을 정확하게 기록하는 수단으로서 사진과 영상이 중요하다.

해설
화재현장을 사진, 영상 등으로 상세히 기록하면 지속적으로 기억의 환기가 가능하므로 장기간 현장 보존이 불필요해진다.

45 표준렌즈에 대한 설명으로 옳은 것은?

① 과장이 거의 없다.
② 객관적 표현이 우수하고 일그러짐이 있다.
③ 피사체가 작게 찍히고 피사계 심도가 깊다.
④ 사람의 눈에 가장 가깝고 180도 이상 화각을 촬영할 수 있다.

해설
표준렌즈는 광각렌즈나 망원렌즈보다 과장이 적다.

46 액체 또는 고체 증거물의 수집 시 300mL 용량의 금속캔을 사용한다면 몇 mL 이상 채워져서는 아니 되는가?

① 50
② 100
③ 150
④ 200

해설
금속 캔에는 2/3 이상 채우지 않는다.

47 증거물 관리에 대한 설명으로 옳은 것은?

① 어떠한 종류의 증거물이 발견되거나 조심스럽게 보존되었다면 완벽하게 관리되거나 문서로 기록되지 않더라도 증거로서 가치가 있다.
② 증거목록의 전달에 있어서 인수자의 서명과 전달일자와 시간만 기록되면 된다.
③ 증거물의 파손을 최소화하기 위해서는 증거물을 취급하는 사람의 수를 최소화해야 한다.
④ 여러 사람이 같은 범죄현장에서 증거를 찾고 있다면 각각 증거기록을 유지하는 것이 바람직하다.

해설
① 어떠한 종류의 증거물이 발견되거나 조심스럽게 보존되었다면 완벽하게 관리되거나 문서로 기록하여야 증거로서 가치가 있다.
② 증거목록의 전달에 있어서 인수자의 서명과 전달일자와 시간 외에 인계자 등도 기록한다.
④ 여러 사람이 같은 범죄현장에서 증거를 찾고 있다면 증거기록을 통합하는 것이 바람직하다.

48 화재로 사망한 사람의 생활반응으로 틀린 것은?

① 종창
② 피하 출혈
③ 피분 탄화
④ 염증성 발적

해설
피부 부분의 탄화를 피분 탄화라 한다.

49 유류성분을 수집할 때 주변에 있는 바닥재나 플라스틱 등 비교샘플을 함께 수집하는 이유로 옳은 것은?

① 바닥재나 플라스틱 등 다른 가연물의 연소성을 입증하기 위함
② 유류가 기화하기 전에 많은 양의 유류를 수집하기 위함
③ 유류와 혼합된 물체의 질량 변화를 입증하기 위함
④ 유류 성분이 주변 가연물로부터 추출된 것이 아니라는 것을 입증하기 위함

해설
인화성 액체의 확인을 위해 대조시료를 채취하고, 주변 가연물로부터의 명확한 구분을 하기 위해 바닥재나 플라스틱 등 비교시료를 채취한다.

정답 | 44 ① 45 ① 46 ④ 47 ③ 48 ③ 49 ④

50 증거물의 역할에 따른 분류 중 다음 증거물의 역할로 옳은 것은?

> 바닥에 깨진 유리창 바닥면에 그을음 부착이 없다.

① 접촉 증거
② 시간적 증거
③ 방향적 증거
④ 행위적 증거

🗒 **해설**
바닥의 유리창 파편 바닥면으로 그을음이 없는 경우, 화재 발생 이전에 인위적으로 유리창이 파손되었음을 시간적으로 추정할 수 있다.

51 카메라에 내장된 노출계의 측광방식에 대한 설명 중 틀린 것은?

① 평균측광은 파인더의 화면 전체의 노출값을 다 참고해서 노출을 측정하는 방식이다.
② 중앙부 중점 측광은 화면의 중심부를 70% 정도, 변두리 쪽은 30% 정도 비중으로 측광하여 평균을 내는 방식으로 주 피사체를 중심부에 놓고 찍는 것을 전제로 하는 측광방식이다.
③ 스팟측광은 화면의 일부만을 측광하는 방식으로 주 피사체의 정확한 노출을 측광할 수 있어 역광 촬영이나 콘트라스트가 강한 장면의 촬영 시에 사용된다.
④ 다분할 측광은 화면을 여러 개로 분할하여 각각 측정하여 평균치를 내는 방식으로 너무 강한 빛이나 약한 빛이 측광되면 제외시켜 버리고 나머지 것으로 평균을 내는 방식이다.

🗒 **해설**
스팟측광은 피사체가 어두울 경우 아주 작은 범위(중앙부의 2.5~4%)를 측광하는 방식으로 역광 및 접사촬영에 주로 사용된다.

52 화상의 깊이에 다른 대표증상의 연결이 옳은 것은?

① 1도 화상 - 탄화
② 2도 화상 - 수포
③ 3도 화상 - 홍반
④ 4도 화상 - 괴사

🗒 **해설**
화상 깊이에 따른 증상

암기법 ✔ 일싸 홍수괴탄

화상 단계	증상
1도	홍반
2도	수포
3도	괴사, 가피
4도	탄화

53 살아 있는 사람이 익사하거나 소사할 경우에 입에서 하얗고 빽빽한 점액성 거품이 부풀어 오르는 생활반응은?

① 창상개구
② 미세포말
③ 발적 종창
④ 화상수포

🗒 **해설**
미세포말은 미세한 포말(froth)로 구성된 백색의 포말괴가 비강 및 구강에서 마치 버섯모양으로 유출되는 현상이다.
① 창상개구 : 피부가 찢기거나 떨어져 나가거나 구멍이 나면서 일어나는 상해
③ 발적종창 : 살아있는 사람이 상처를 입으면 그 상처 부위에 동맥혈이 증가하여 충혈되고 빨간 부스럼이 생기는 생활반응
④ 화상수포 : 생존 시 열기에 대한 생활반응으로 수포, 홍반 등이 관찰

54 전신적 생활반응에 해당하는 것은?

① 압박성 울혈
② 흡인 및 연하
③ 속발성 염증
④ 피하출혈

🗒 **해설**
생활반응의 구분

국소적 생활반응	전신적 생활반응
• 출혈 및 응혈 • 창구의 개대 및 창연의 외번 • 치유기전 • 화상 • 국소적 빈혈 • 압박성 울혈 • 흡인과 연하	• 전신적 빈혈 • 속발성 염증 • 색전증 • 외래물질의 분포 및 배설

정답 | 50 ② 51 ③ 52 ② 53 ② 54 ③

55 건강한 성인이 극심한 두통, 어지럼, 의식장애, 멀미, 구토 및 산소부족으로 인한 실신을 유발하는 혈중 일산화탄소 농도는?

① 10~20% ② 20~30%
③ 30~40% ④ 40~50%

해설
혈중 일산화탄소 헤모글로빈(COHb) 수치에 따른 증상 「질병관리청」에서 COHb수치[%]가 30~40일 경우 중증도로 구분하는 현상이다.

56 화재현장에서 사람의 생활반응으로 틀린 것은?

① 화상을 입었다.
② 시반이 형성되었다.
③ 기도 내에서 매가 발견되었다.
④ 두개골 외판에 탄화가 일어났다.

해설
사체 탄화의 경우, 화재로 인한 사후 변화로 볼 수 있다.

57 카메라 셔터속도가 렌즈구경의 관계에 대한 설명 중 옳은 것은?

① 같은 빛의 세기에서 셔터시간을 늘려주면 렌즈구경은 커져야 한다.
② 같은 빛의 세기에서 셔터시간을 줄여주면 렌즈구경은 커져야 한다.
③ 같은 빛의 세기에서 렌즈구경을 크게 하면 셔터속도는 느리게 해 주어야 한다.
④ 같은 빛의 세기에서 렌즈구경을 작게 하면 셔터속도는 빠르게 해 주어야 한다.

해설
광량확보를 위해 셔터시간을 줄이면 렌즈구경은 증가시킨다.

58 용융점이 높은 것에서 낮은 순서로 옳게 나열된 것은?

① 스테인리스 → 텅스텐 → 아연 → 마그네슘 → 동
② 텅스텐 → 스테인리스 → 동 → 마그네슘 → 아연
③ 텅스텐 → 스테인리스 → 마그네슘 → 동 → 아연
④ 스테인리스 → 텅스텐 → 동 → 아연 → 마그네슘

해설
각 물질별 용융점

금속명칭	용융점(℃)	금속명칭	용융점(℃)
수은	39	금	1,063
주석	232	구리	1,083
납	327	니켈	1,455
아연	420	스테인리스	1,520
마그네슘	650	철	1,530
알루미늄	660	티탄	1,800
은	960	몰리브덴	2,620
황동	900~1,000	텅스텐	3,400

59 화상사의 사망기전으로 틀린 것은?

① 원발성 쇼크 ② 속발성 쇼크
③ 합병증 ④ 기도 폐색

해설
기도 폐색은 이물질에 의해 기도가 폐쇄되는 것을 말한다.

60 유류 증거물의 인화점 시험방법으로서 주로 인화점이 93℃ 이하인 시료를 측정하는 데 사용되는 것은?

① 태그 밀폐식 ② 펜스키 마텐스 밀폐식
③ 클리브랜드 개방식 ④ 원자흡광분석

해설
- Cleveland Open Cup : 인화점이 80℃ 이상인 시료 테스트. 다만 원유 및 연료유는 제외
- Pensky-Martens Closed Tester : 밀폐식 인화점의 측정이 필요한 시료 및 태그 밀폐식 인화점 시험방법을 적용할 수 없는 시료 테스트

제4과목 화재조사 보고 및 피해평가

61 화재현장 조사서의 작성 시 유의사항 중 틀린 것은?

① 관계자의 진술을 기재하지 않는다.
② 발화지점 및 화재원인 판정은 객관적인 증거자료를 첨부할 수 있다.
③ 감식·감정 결과통지서, 참고문헌 등 참고자료를 첨부할 수 있다.
④ 예상되는 사항 및 관련 조치사항 등도 기록할 수 있다.

해설
발화지점 판정항목에 관계자 진술을 기재하도록 되어 있다.

62 화재 피해조사 및 피해액 산정순서로 옳은 것은?

① 화재현장 조사 → 피해정도 조사 → 기본현황 조사 → 재구입비 산정 → 피해액 산정
② 화재현장 조사 → 기본현황 조사 → 피해정도 조사 → 재구입비 산정 → 피해액 산정
③ 기본현황 조사 → 피해정도 조사 → 화재현장 조사 → 재구입비 산정 → 피해액 산정
④ 기본현황 조사 → 피해정도 조사 → 재구입비 산정 → 피해액 산정 → 화재현장 조사

해설
「화재피해액 산정 매뉴얼」에 따른 화재피해 조사 및 피해액 산정

암기법 화기피재액

화재현장조사 → 기본현황조사 → 피해정도조사 → 재구입비 산정 → 피해액 산정

63 「화재조사 및 보고규정」에 따른 건축·구조물 화재의 소실정도 기준 중 다음 ( ) 안에 알맞은 것은?

반소 : 건물의 (ㄱ)% 이상 (ㄴ)% 미만의 소실된 것

① ㄱ 20, ㄴ 50
② ㄱ 20, ㄴ 70
③ ㄱ 30, ㄴ 50
④ ㄱ 30, ㄴ 70

해설
제16조 건축·구조물의 소실정도 「화재조사 및 보고규정」

암기법 전반부 출석해

1. 전소 : 건물의 70% 이상(입체면적에 대한 비율)이 소실되었거나 또는 그 미만이라도 잔존부분을 보수하여도 재사용이 불가능한 것
2. 반소 : 건물의 30% 이상 70% 미만이 소실된 것
3. 부분소 : 제1호, 제2호에 해당하지 아니하는 것

64 철근콘크리트조 슬래브지붕 4층 건물의 1층에서 화재가 발생하여 1층 점포 $300m^2$(바닥면적 기준)가 전소되고, 2층 벽면 1면에 $100m^2$의 그을음 피해가 발생한 경우 소실면적은 몇 m^2인가?

① 400
② 350
③ 300
④ 200

해설
제17조 소실면적 산정 「화재조사 및 보고규정」
건물의 소실면적 산정은 소실 바닥면적으로 산정한다.

65 「화재조사 및 보고규정」상 변전소에서 발생한 화재의 조사 결과 보고 기한으로 ( )에 알맞은 기준은?

- 화재 발생일로부터 (ㄱ)일 이내
- 정당한 사유가 있는 경우에는 소방관서장에게 사전 보고를 한 후 (ㄴ)일 만큼 조사 보고일을 연장할 수 있다.

① ㄱ : 15, ㄴ : 50
② ㄱ : 15, ㄴ : 60
③ ㄱ : 30, ㄴ : 필요한 기간
④ ㄱ : 30, ㄴ : 60

해설
제22조 조사 보고 「화재조사 및 보고규정」 일부
② 조사의 최종 결과보고는 다음 각 호에 따른다.
  1. 「소방기본법 시행규칙」 제3조 제2항 제1호에 해당하는 화재 : 별지 제1호서식 내지 제11호서식까지 작성하여 화재 발생일로부터 30일 이내에 보고해야 한다.
③ 제2항에도 불구하고 다음 각 호의 정당한 사유가 있는 경우에는 소방관서장에게 사전 보고를 한 후 필요한 기간만큼 조사 보고일을 연장할 수 있다.

정답 | 61 ① 62 ② 63 ④ 64 ③ 65 ③

66 화재현장 조사서 화재건물 현황의 기재사항이 아닌 것은?

① 건축물 현황
② 보험가입 현황
③ 화재발생 후 상황
④ 소방시설 및 위험물 현황

🏮 **해설**

화재현장조사서의 화재건물 현황 작성항목「화재조사 및 보고규정」

암기법 건보소화

- 건축물 현황
- 보험가입 현황
- 소방시설 및 위험물 현황
- 화재발생 전 상황

67 항공기, 선박, 철도차량, 특수작업용차량, 시중매매가격이 확인되지 아니하는 자동차에 대한 피해액 산정기준 중 틀린 것은?

① 감정평가서가 있는 경우 감정평가서상의 현재가액에 손해율을 곱한 금액을 화재로 인한 피해액으로 한다.
② 감정평가서가 없는 경우 회계장부상의 현재가액에 손해율을 곱한 금액을 화재로 인한 피해액으로 한다.
③ 감정평가서와 회계장부 모두 없는 경우에는 제조회사, 판매회사, 조합 또는 협회 등에 조회하여 구입가격 또는 시중거래가격을 확인하여 피해액을 산정한다.
④ 수리가 가능한 경우에는 수리비를 피해액으로 한다.

🏮 **해설**

수리가 가능한 경우에는 수리비에 감가공제를 한 금액을 피해액으로 산정한다.

68 화재현장 조사서의 화재원인 검토 항목이 아닌 것은?

① 방화 가능성   ② 인적 부주의 등
③ 기름누출   ④ 기계적 요인

🏮 **해설**

화재현장조사서의 화재원인 검토 항목

암기법 토끼가 전방 연인

- 기계적 요인
- 가스누출
- 전기적 요인
- 방화 가능성(연소상황, 원인추적 등에 관한 사진, 설명)
- 연소확대 사유
- 인적 부주의 등

69「화재조사 및 보고규정」에 따른 화재의 유형별 분류가 아닌 것은?

① 임야화재   ② 자동차·철도차량 화재
③ 선박·항공기 화재 ④ 전기·화학 화재

🏮 **해설**

화재유형별조사서 서식

암기법 건자위 선임

1. 건축·구조물 화재
2. 자동차·철도차량
3. 위험물·가스제조소 등 화재
4. 선박·항공기 화재
5. 임야 화재

70 예술품 및 귀중품의 화재피해액 산정기준 중 틀린 것은?

① 감가공제를 하지 아니한다.
② 복수 전문가의 감정을 받거나 감정서 등의 금액을 피해액으로 인정한다.
③ 공인감정기관에서 인정하는 금액을 화재로 인한 피해액으로 산정한다.
④ 예술품 및 귀중품에 대한 그 가치를 손상하지 아니하고 원상태의 복원이 가능한 경우에는 피해액을 인정하지 아니한다.

🏮 **해설**

예술품 및 귀중품에 대해 그 가치를 손상하지 아니하고 원상태의 복원이 가능한 경우에는 원상회복에 소요되는 비용을 화재로 인한 피해액으로 한다.

정답 | 66 ③ 67 ④ 68 ③ 69 ④ 70 ④

71 화재현장출동보고서 기재사항 중 현장도착 시 발견사항으로 옳은 것은?

① 출입문의 개방상태
② 화염 및 연기, 화염색 등
③ 누설전류·가스누설 유무
④ 진화작업 시 발화지점 부근의 물건이동, 도괴, 손괴상황 등

해설
[별지 제2호 서식] 화재현장출동보고서 「화재조사 및 보고규정」, 현장도착 시 발견사항
- 화염 및 연기
- 화염색
- 연기색
- 화염의 크기
- 연기분출량
- 특이한 냄새

72 「화재조사 및 보고규정」에 따른 민원인이 제출한 화재사후 조사의뢰서의 내용에 따라 사후 조사를 실시한 후 작성을 생략할 수 있는 서류는?

① 화재현황조사서
② 화재피해 조사서
③ 화재현장 조사서
④ 화재현장출동보고서

해설
화재증명원의 발급 등 규정
- 소방관서장은 화재피해자로부터 소방대가 출동하지 아니한 (미신고) 화재장소의 화재증명원 발급신청이 있는 경우 조사관이 사후 조사를 실시하게 할 수 있다.
- 화재현장출동보고서 작성은 생략할 수 있다.

73 특수한 경우의 피해액 산정 우선 적용사항 기준 중 틀린 것은?

① 중고구입기계장치 및 집기비품의 제작년도를 알 수 없는 경우 신품가액의 30~50%를 재구입비로 하여 피해액을 산정한다.
② 중고기계장치 및 중고집기비품의 시장거래가격이 신품가격보다 높을 경우 신품가액을 재구입비로 하여 피해액을 산정한다.
③ 공구 및 기구, 집기비품, 가재도구를 일괄하여 피해액을 산정할 경우 재구입비의 50%를 피해액으로 한다.
④ 재고자산의 상품 중 견본품, 전시품, 진열품에 대해서는 구입가의 30~50%를 피해액으로 한다.

해설
재고자산의 상품 중 견본품, 전시품, 진열품에 대해서는 구입가의 50~80%를 피해액으로 한다.

74 잔존물 제거비의 계산 방법으로 옳은 것은?

① 산정대상 피해액 × 10%
② 산정대상 피해액 × 20%
③ 화재 재구입비 × 10%
④ 화재 재구입비 × 20%

해설
[별지 제7-2호서식] 화재피해조사서(재산피해) 8 잔존물 제거비 「화재조사 및 보고규정」
잔존물 제거비용 = 산정대상피해액 × 10%

75 화재유형별 조사서(건축·구조물 화재)의 특정소방대상물의 분류항목이 아닌 것은?

① 지하구
② 초고층시설
③ 근린생활시설
④ 문화집회 및 운동시설

해설
초고층시설은 특정소방대상물의 분류항목에 해당되지 않는다.

76 재고자산의 화재피해액 산정 시 회계장부에 현재가액이 확인된 경우의 산정기준으로 옳은 것은?

① 회계장부상 현재가액 × 손해율
② 재고자산의 출고가액 × 손해율
③ 재고자산의 회전율 × 손해율
④ 연간매출액 ÷ 손해율

해설
[별표 2] 화재피해금액 산정기준 중 재고자산의 화재피해액 「화재조사 및 보고규정」
- 회계장부상 현재가액 × 손해율
- 회계장부상 현재가액이 확인되지 않는 경우 : 연간매출액 ÷ 재고자산회전율 × 손해율

정답 | 71 ② 72 ④ 73 ④ 74 ① 75 ② 76 ①

77 화재발생종합보고서 작성 시 질문기록서의 작성을 생략할 수 있는 화재는?

① 건축·구조물 화재   ② 임야 화재
③ 자동차 화재   ④ 선박 화재

해설
질문기록서상 작성 생략이 가능한 기타 화재의 종류

암기법 쓰모가 전임

- 쓰레기 화재
- 모닥불 화재
- 가로등 화재
- 전봇대 화재
- 임야 화재

78 영업시설의 화재로 인한 소손 정도에 따른 손해율이 40%인 경우는?

① 영업시설의 일부를 교체 또는 수리하거나 도장 내지 도배가 필요한 경우
② 손상정도가 다소 심하여 상당부분 교체 내지 수리가 필요한 경우
③ 불에 타거나 변형되고 그을음과 수침 정도가 심한 경우
④ 부분적인 소손 및 오염의 경우

해설
영업시설의 손해율 「화재피해액 산정 매뉴얼」

화재로 인한 피해 정도	손해율(%)
불에 타거나 변형되고 그을음과 수침 정도가 심한 경우	100
손상 정도가 다소 심하여 상당부분 교체 내지 수리가 필요한 경우	60
시설의 일부를 교체 또는 수리하거나 도장 내지 도배가 필요한 경우	40
부분적인 소손 및 오염의 경우	20
세척 내지 청소만 필요한 경우	10

79 5년 후 철거예정인 노숙자 쉼터에서 화재가 발생하여 150m²가 소실된 경우, 이 철거건물의 피해액은? (단, 이 건물은 철골조이며, m²당 재건축비는 730천 원이고, 내용연수는 50년이다.)

① 30,660천 원   ② 33,726천 원
③ 31,660천 원   ④ 34,726천 원

해설
피해액 = 신축단가(m²당)×소실면적×[1 − (0.8×경과연수/내용연수)]×손해율
= 730천 원×150×[1 − (0.8×45/50)]
= 30,660천 원

80 소방·방화시설 활용조사서 소화시설의 기재사항이 아닌 것은?

① 소화기구   ② 옥외소화전
③ 연결송수관설비 ④ 물분무등소화설비

해설
연결송수관설비는 소화활동시설에 해당한다.

제5과목 화재조사관계법규

81 「화재조사 및 보고규정」에 따른 건물의 동수 산정 기준 중 틀린 것은?

① 주요구조부가 하나로 연결되어 있는 것은 1동으로 한다. 다만, 건널 복도 등으로 2 이상의 동에 연결되어 있는 것은 그 부분을 절반으로 분리하여 각 동으로 본다.
② 건물의 외벽을 이용하여 실을 만들어 작업실 용도로 사용하고 있는 것은 주건물과 다른 동으로 본다.
③ 구조에 관계없이 지붕 및 실이 하나로 연결되어 있는 것은 같은 동으로 본다.
④ 목조건물의 경우 격벽으로 방화구획이 되어 있는 경우 같은 동으로 한다.

정답 | 77 ② 78 ① 79 ① 80 ③ 81 ②

해설
건물의 외벽을 이용하여 실을 만들어 작업실 용도로 사용하고 있는 것은 주건물과 같은 동으로 본다.

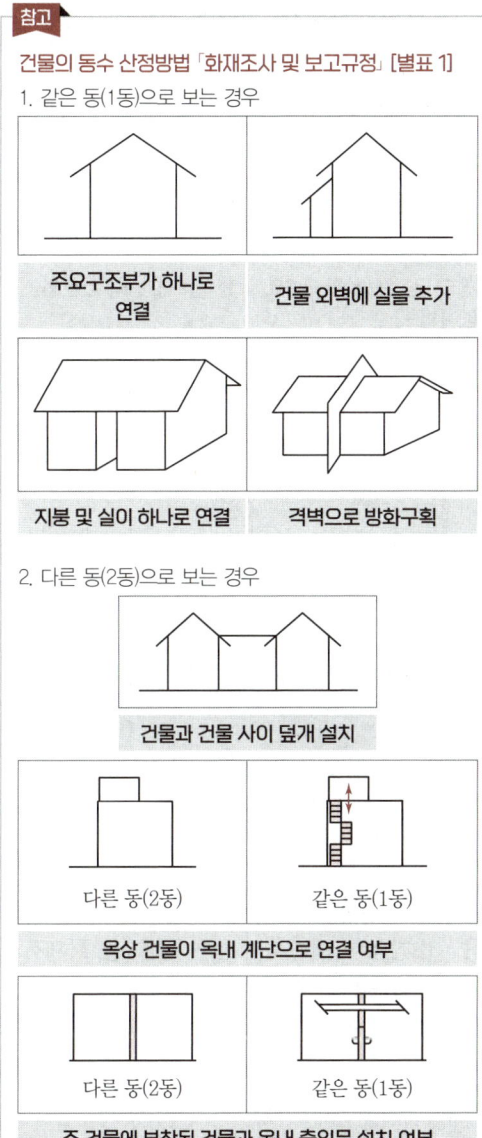

82 불을 놓아 사람이 주거로 사용하거나 사람이 현존하는 건조물, 기차, 전차, 자동차, 선박, 항공기 또는 지하채굴시설을 소훼한 자에 대한 죄명은?

① 현주건조물 등에의 방화죄
② 현조건조물 등에의 방화죄
③ 일반건조물 등에의 방화죄
④ 공용건조물 등에의 방화죄

해설
제165조 공용건조물 등에의 방화죄 「형법」 참조
① 현주건조물 등에의 방화죄 : 사람이 주거로 현존하는 장소에 방화
② 현조건조물 등에의 방화죄 : 해당 용어는 없다.
③ 일반건조물 등에의 방화죄 : 공용건조물, 현주건조물 외의 장소에 방화
④ 공용건조물 등에의 방화죄 : 공용 또는 공익에 공하는 건조물에 방화

83 「화재로 인한 재해보상과 보험가입에 관한 법률」상 손해보험회사가 한국화재보험협회의 설립 허가를 받으려는 경우 금융위원회에 제출하여야 하는 서류로 틀린 것은?

① 정관
② 사업자등록증
③ 사업방법서
④ 창립총회 의사록

해설
제9조 설립허가 신청 「화재로 인한 재해보상과 보험가입에 관한 법률 시행령」
설립 허가를 받으려는 경우 제출 서류

> **암기법** 정사 의사

1. 정관
2. 사업방법서
3. 창립총회 의사록

84 「소방의 화재조사에 관한 법령」상 화재조사전담부서에서 갖추어야 할 장비 및 시설 중 화재조사 분석실은 몇 m² 이상의 실을 보유하여야 하는가?

① 10m² 이상
② 20m² 이상
③ 30m² 이상
④ 40m² 이상

정답 | 82 ① 83 ② 84 ③

🔍 **해설**

전담부서에 갖추어야 할 장비와 시설 「소방의 화재조사에 관한 법률 시행규칙」 [별표]

암기법 분석(3)실

화재조사 분석실의 구성장비를 유효하게 보존·사용할 수 있고, 환기 시설 및 수도·배관시설이 있는 30m² 이상의 실

---

85 「형법」상 공용건조물 등 방화에 관한 사항으로 ( )에 알맞은 기준은?

> 불을 놓아 공용(公用)으로 사용하거나 공익을 위해 사용하는 건조물, 기차, 전차, 자동차, 선박, 항공기 또는 지하 채굴 시설을 불태운 자는 ( )년 이상의 징역에 처한다.

① 무기 또는 3년 이상의 징역
② 2년 이상의 유기징역
③ 5년 이하의 징역
④ 1년 이상의 10년 이하의 징역

🔍 **해설**

제165조 공용건조물 등 방화 「형법」

암기법 공용건조물 무3 (공용은 무조건 3년)

공용건조물을 불태운 자는 무기 또는 3년 이상의 징역

---

86 「화재로 인한 재해보상과 보험가입에 관한 법률」상 다음의 경우 특수건물의 소유자가 가입하여야 하는 보험의 보험금액 기준 중 ( )에 알맞은 내용은?

> 두 눈이 실명된 사람으로 후유장애 1급의 피해자 발생 시 ( ) 범위에서 피해자에게 발생한 손해액

① 9,000만 원
② 1억 2,000만 원
③ 1억 3,500만 원
④ 1억 5,000만 원

🔍 **해설**

후유장애 등급 및 보험금액 종류

후유장애 등급	보험금액(만 원)
1	1억 5,000
2	1억 3,500
3	1억 2,000
4	1억 500
5	9,000

---

87 「소방의 화재조사에 관한 법령」에 따른 화재조사를 하기 위하여 소방서장의 보고 또는 자료 제출 명령을 위반하여 보고 또는 자료제출을 하지 아니한 관계인에 대한 벌칙 기준으로 옳은 것은?

① 20만 원 이하의 과태료
② 200만 원 이하의 과태료
③ 300만 원 이하의 벌금
④ 5년 이하의 징역 또는 5,000만 원 이하의 벌금

🔍 **해설**

화재조사 중 위반행위 과태료 「소방의 화재조사에 관한 법률 시행령」 [별표]

위반행위	과태료 금액 (만 원)			부과·징수권자	
	1회	2회	3회	소방관서장	경찰서장
허가 없이 화재현장 통제구역에 출입한 사람				○	
방화 또는 실화의 혐의로 수사의 대상이 된 경우 경찰서장이 설정한 통제구역을 허가 없이 출입한 사람	100	150	200		○
화재조사를 위한 보고 또는 자료제출을 하지 아니하거나 거짓으로 보고 또는 자료를 제출한 사람				○	
화재조사에 정당한 사유 없이 출석을 거부하거나 질문에 대하여 거짓으로 진술한 사람				○	

---

88 「소방의 화재조사에 관한 법률」상 화재조사를 위한 화재조사전담부서 설치·운영 사항 중 다음 ( ) 안에 알맞은 것은?

> • 화재조사관은 (㉠)이 실시하는 화재조사에 관한 시험에 합격한 소방공무원 등 화재조사에 관한 전문적인 자격을 가진 소방공무원으로 한다.
> • 전담부서의 구성·운영, 화재조사관의 구체적인 자격기준 및 교육훈련 등에 필요한 사항은 (㉠)으로 정한다.

① ㉠ 소방청장, ㉡ 행정안전부령
② ㉠ 시·도지사, ㉡ 행정안전부령
③ ㉠ 소방청장, ㉡ 대통령령
④ ㉠ 시·도지사, ㉡ 대통령령

정답 | 85 ① 86 ④ 87 ② 88 ③

해설
제6조 화재조사전담부서의 설치 · 운영 「소방의 화재조사에 관한 법률」
제4항 화재조사관은 소방청장이 실시하는 화재조사에 관한 시험에 합격한 소방공무원 등 화재조사에 관한 전문적인 자격을 가진 소방공무원으로 한다.
제5항 전담부서의 구성 · 운영, 화재조사관의 구체적인 자격기준 및 교육훈련 등에 필요한 사항은 대통령령으로 정한다.

89 「화재로 인한 재해보상과 보험가입에 관한 법령」에 따른 특수건물의 기준 중 다음 ( ) 안에 알맞은 것은?

- 「의료법」에 따른 병원급 의료기관으로 사용하는 건물로서 연면적의 합계가 (㉠)m² 이상인 건물
- 「공중위생관리법」에 따른 숙박업으로 사용하는 부분의 바닥면적의 합계가 (㉡)m² 이상인 건물

① ㉠ 1,000, ㉡ 3,000
② ㉠ 2,000, ㉡ 2,000
③ ㉠ 2,000, ㉡ 3,000
④ ㉠ 3,000, ㉡ 3,000

해설
제2조 특수건물 「화재로 인한 재해보상과 보험가입에 관한 법률 시행령」

면적	대상
바닥면적 2,000m² 이상	학원, 게임제공업, 인터넷컴퓨터게임시설제공업, 노래연습장업, 휴게음식점영업, 일반음식점영업, 단란주점영업, 유흥주점영업, 공유주방 운영업, 목욕장업, 영화상영관
바닥면적 3,000m² 이상	숙박업, 대규모 점포, 도시철도의 역사 및 역시설
연면적 3,000m² 이상	병원급 의료기관, 관광숙박업, 공연장, 방송사업목적 건물, 농수산물도매시장 및 민영농수산물도매, 학교, 공장
면적 기준 없음	공동주택으로서 16층 이상의 아파트 및 부속건물, 11층 이상인 건물, 실내사격장

90 「화재로 인한 재해보상과 보험가입에 관한 법률」에 따른 한국화재보험협회가 보험계약을 체결할 때 또는 보험계약을 갱신할 때마다 해당 특수건물의 화재예방 및 소화시설의 안전점검을 대통령령으로 정하는 바에 따라 일정 기간 하지 않을 수 있는 대상기준 중 틀린 것은?

① 「산업안전보건법」에 따라 공정안전보고서를 작성하는 건물로서 총리령으로 정하는 위험도가 낮은 특수건물
② 「고압가스 안전관리법」에 따라 안전성향상계획을 작성하는 건물로서 총리령으로 정하는 위험도가 낮은 특수건물
③ 「화재예방 및 안전관리에 관한 법률」에 따라 소방정밀점검을 받은 건물로서 총리령으로 정하는 위험도가 낮은 특수건물
④ 안전점검 결과 총리령으로 정하는 화재위험도지수가 낮은 특수건물

해설
화재예방 및 안전관리에 관한 법률에 따라 소방정밀점검을 받은 건물은 해당사항이 없다.

참고
안전점검 수행 시기 등

구분	내용
원칙	협회는 보험계약을 체결할 때 또는 보험계약을 갱신할 때마다 해당 특수건물의 화재예방 및 소방시설의 안전점검을 하여야 한다.
안전점검을 한 해의 다음 해 면제 대상	**일정기간 안전점검을 하지 않을 수 있는 특수건물** 1. 안전점검 결과 총리령으로 정하는 화재위험도지수가 낮은 특수건물 2. 「고압가스 안전관리법」에 따라 안전성향상계획을 작성하는 건물로서 총리령으로 정하는 위험도가 낮은 특수건물 3. 「산업안전보건법」에 따라 공정안전보고서를 작성하는 건물로서 총리령으로 정하는 위험도가 낮은 특수건물

정답 | 89 ④ 90 ③

91 「화재의 예방 및 안전관리에 관한 법령」상 용접 또는 용단 작업장에서 불꽃을 사용하는 용접·용단기구 사용에 있어서 지켜야 하는 사항 중 다음 (   ) 안에 알맞은 것은? (단, 「산업안전보건법」상 안전조치의 적용을 받는 사업장의 경우는 제외한다.)

> • 용접 또는 용단 작업자로부터 반경 (㉠)m 이내에 소화기를 갖추어 둘 것
> • 용접 또는 용단 작업장 주변 반경 (㉡)m 이내에는 가연물을 쌓아두거나 놓아두지 말 것. 다만, 가연물의 제거가 곤란하여 방지포 등으로 방호조치를 한 경우는 제외한다.

① ㉠ 5, ㉡ 7
② ㉠ 7, ㉡ 5
③ ㉠ 5, ㉡ 10
④ ㉠ 10, ㉡ 5

해설
불꽃을 사용하는 용접·용단 기구 「화재의 예방 및 안전관리에 관한 법률 시행령」[별표 1]

암기법 소오기, 가열물

가. 용접 또는 용단 작업자로부터 반경 5m 이내에 소화기를 갖추어 둘 것
나. 용접 또는 용단 작업장 주변 반경 10m 이내에는 가연물을 쌓아두거나 놓아두지 말 것

92 「형법」상 화재에 있어서 진화용의 시설 또는 물건을 은닉 또는 손괴하거나 기타 방법으로 진화를 방해한 자는 몇 년 이하의 징역에 처하는가?

① 10
② 7
③ 5
④ 3

해설
진화방해·실화·업무상실화의 처벌 요약 비교

방화 종류	징역(년)	금고(년)	벌금(만 원)
진화방해	10 이하		
실화			1.5천 이하
업무상실화, 중실화		3 이하	2천 이하

93 「화재로 인한 재해보상과 보험가입에 관한 법률」상 특약부화재보험을 가입하지 않은 특수건물 소유자의 벌칙으로 옳은 것은?

① 500만 원 이하의 벌금
② 400만 원 이하의 벌금
③ 300만 원 이하의 벌금
④ 200만 원 이하의 벌금

해설
특약부화재보험에 가입하지 아니한 자는 500만 원 이하의 벌금에 처한다.

94 「화재로 인한 재해보상과 보험가입에 관한 법률」에 따른 특약부화재보험의 보험금액 기준 중 틀린 것은?

① 화재보험 : 특수건물의 시가에 해당하는 금액
② 손해배상책임을 담보하는 보험에 해당하는 부분 중 사망의 경우 : 피해자 1명마다 1억 원 이상으로서 대통령령으로 정하는 금액
③ 손해배상책임을 담보하는 보험에 해당하는 부분 중 부상의 경우 : 피해자 1명마다 사망자에 대한 보험금액의 범위에서 대통령령으로 정하는 금액
④ 재물에 대한 손해가 발생한 경우 : 화재 1건마다 1억 원 이상으로서 국민의 안전 및 특수건물의 화재위험성 등을 고려하여 대통령령으로 정하는 금액

해설
사망의 경우 피해자 1명마다 5천만 원 이상으로서 대통령령으로 정하는 금액이다.

참고
제8조 보험금액 「화재로 인한 재해보상과 보험가입에 관한 법률」

암기법 사부재 오삼천 1억

구분		보험금액 산정기준
화재보험		특수건물의 시가(時價)에 해당하는 금액
손해배상책임을 담보하는 보험	사망의 경우	피해자 1명마다 5천만 원 이상으로서 대통령령으로 정하는 금액
	부상의 경우	피해자 1명마다 사망자에 대한 보험금액의 범위에서 대통령령(3천만~50만 원)으로 정하는 금액

정답 | 91 ③ 92 ① 93 ① 94 ②

	재물에 대한 손해가 발생한 경우	화재 1건마다 1억 원 이상으로서 국민의 안전 및 특수건물의 화재위험성 등을 고려하여 대통령령으로 정하는 금액

95 「화재조사 및 보고규정」에 따른 화재범위가 2 이상의 관할구역에 걸친 화재의 경우의 화재 건수의 결정기준으로 옳은 것은?

① 선착대가 소속된 소방서에서 1건의 화재로 한다.
② 누전점이 동일하지만, 발화점이 2개소 이상이면 각각 별건으로 처리한다.
③ 둘 이상의 관할구역에 걸친 화재는 발화지점이 속한 소방서에서 1건의 화재로 산정한다.
④ 화재피해범위가 가장 넓은 소방서에서 1건의 화재로 한다.

해설
① 선착대와 화재건수와는 상관관계가 없다.
② 누전점이 동일하면 발화점이 2개소 이상이어도 1건의 화재로 한다.
④ 화재피해범위는 화재피해 금액이 큰 관할구역 소방서의 화재 건수로 산정한다.

참고

화재건수 결정 판단 기준

화재 조건 및 상황		판단
동일대상물내에 동일범이 아닌 각기 다른 사람에 의한 방화, 불장난		각각 별건의 화재로 판단
동일 대상물내 발화점이 2개소 이상 다음의 화재 • 누전점이 동일한 누전에 의한 화재 • 지진, 낙뢰 등 자연현상에 의한 다발화재		1건의 화재로 판단
둘 이상의 관할구역에 걸친 화재	발화지점이 한 곳인 경우	발화지점이 속한 소방서에서 1건
	발화지점 확인이 어려운 경우	화재피해금액이 큰 관할구역 소방서에서 1건

96 「민법」상 화재에 대한 손해배상 책임이 없는 경우로 옳은 것은?

① 화재로 타인의 생명을 해한 자
② 고의로 인한 화재로 타인의 재산에 손해를 가한 자
③ 과실로 인한 화재로 타인의 재산에 손해를 가한 자
④ 화재로 재산에 손해를 가한 미성년자가 그 행위에 대한 책임을 변식할 능력이 없는 자

해설
미성년자 구분 및 배상책임

구분	내용
성년	사람은 19세로 성년에 이르게 된다.
나이의 계산과 표시	나이는 출생일을 산입하여 만(滿) 나이로 계산하고, 연수(年數)로 표시한다. 다만, 1세에 이르지 아니한 경우에는 월수(月數)로 표시할 수 있다.
미성년자의 책임능력	미성년자가 타인에게 손해를 가한 경우에 그 행위의 책임을 변식할 지능이 없는 때에는 배상의 책임이 없다.

97 「화재조사 및 보고규정」에 따른 화재조사관의 책무가 아닌 것은?

① 조사에 필요한 전문적 지식과 기술의 습득에 노력
② 조사업무를 능률적이고 효율적으로 수행
③ 조사관은 그 직무를 이용하여 관계인 등의 민사분쟁에 개입 불가
④ 화재합동조사단을 구성하여 운영

해설
화재합동조사단을 구성하여 운영권한은 소방관서장에게 있다.

참고

제4조 화재조사관의 책무 「화재조사 및 보고규정」
1. 조사관은 조사에 필요한 전문적 지식과 기술의 습득에 노력하여 조사업무를 능률적이고 효율적으로 수행해야 한다.
2. 조사관은 그 직무를 이용하여 관계인 등의 민사분쟁에 개입해서는 아니 된다.

정답 | 95 ③ 96 ④ 97 ④

98 「민법」에 따른 불법행위 및 배상책임에 관한 기준 중 틀린 것은?

① 고의 또는 과실로 인한 위법행위로 타인에게 손해를 가한 자는 그 손해를 배상할 책임이 있다.
② 배상의무자는 그 손해가 고의 또는 중대한 과실에 의한 것이고, 그 배상으로 인하여 배상자의 생계에 중대한 영향을 미치게 될 경우에는 법원에 그 배상액의 경감을 청구할 수 있다.
③ 불법행위로 인한 손해배상의 청구권은 피해자나 그 법정대리인이 그 손해 및 가해자를 안 날로부터 3년간 이를 행사하지 아니하면 시효로 인하여 소멸한다.
④ 도급인은 수급인이 그 일에 관하여 제삼자에게 가한 손해를 배상할 책임이 없다. 그러나 도급 또는 지시에 관하여 도급인에게 중대한 과실이 있는 때에는 그러하지 아니하다.

해설
고의 또는 중대한 과실에 의한 것이 아닐 경우만 배상액을 경감 청구할 수 있다.

참고
제765조 배상액의 경감청구 「민법」
배상의무자는 그 손해가 고의 또는 중대한 과실에 의한 것이 아니고 그 배상으로 인하여 배상자의 생계에 중대한 영향을 미치게 될 경우에는 법원에 그 배상액의 경감을 청구할 수 있다.

99 「소방의 화재조사에 관한 법률」상 화재조사를 하는 경우 조사사항으로 옳지 않은 것은?

① 화재원인에 관한 사항
② 화재로 인한 재산피해 상황
③ 자위소방대의 대응 및 조직 구성에 관한 사항
④ 화재안전조사의 실시 결과에 관한 사항

해설
자위소방대의 대응활동 사항은 조사하지만, 자위소방대 조직 구성은 해당사항이 없다.

참고
제5조 화재조사의 실시 「소방의 화재조사에 관한 법률」
1. 화재원인에 관한 사항
2. 화재로 인한 인명·재산피해 상황
3. 대응활동에 관한 사항
4. 소방시설 등의 설치·관리 및 작동 여부에 관한 사항
5. 화재발생건축물과 구조물, 화재유형별 화재위험성 등에 관한 사항
6. 그 밖에 대통령령으로 정하는 사항(화재안전조사의 실시 결과에 관한 사항)

100 「제조물 책임법」에 따른 손해배상의 청구권은 피해자 또는 그 법정대리인이 손해, 손해배상 책임을 지는 자를 모두 알게 된 날부터 몇 년간 행사하지 아니하면 시효의 완성으로 소멸하는가?

① 3
② 5
③ 7
④ 10

해설
「제조물 책임법」 제7조 소멸시효 등 제2항으로 손해를 발생시킨 제조물 공급일로부터 10년 이내 행사해야 한다.

참고
손해배상청구권의 소멸시효 등

암기법 모알 3년, 제공 10년

구분	내용
청구권 소멸시효	손해배상의 청구권은 피해자 또는 그 법정대리인이 다음 사항을 모두 알게 된 날부터 3년간 행사하지 아니하면 시효의 완성으로 소멸한다. 1. 손해 2. 손해배상책임을 지는 자
청구권 행사기간	손해배상의 청구권은 제조업자가 손해를 발생시킨 제조물을 공급한 날부터 10년 이내에 행사하여야 한다.

정답 | 98 ② 99 ③ 100 ①

기사 기출유형 복원문제 2025년 1회

제1과목 화재조사론

01 목재 균열흔의 종류 중 열소흔의 노출 온도로 옳은 것은?

① 700℃ ② 800℃
③ 900℃ ④ 1,100℃

해설
노출온도 조건에 따른 목재의 균열흔

암기법 완강열 친구일 → 완소흔 강소흔 열소흔 7 9 1

균열흔	완소흔	강소흔	열소흔
노출온도(℃)	700~800	900	1,100

02 가솔린의 연소범위(vol%)가 1.4~7.6일 때 위험도로 옳은 것은? (단, 소수 둘째 자리에서 반올림해야 한다.)

① 0.8 ② 1.2
③ 4.4 ④ 6.4

해설
위험도

$$H(위험도) = \frac{U(연소상한계) - L(연소하한계)}{L(연소하한계)}$$

$$= \frac{7.6 - 1.4}{1.4} = 4.4$$

03 다음 물질 중 반도체와 관계없는 것은?

① 은(Ag)
② 탄소(C)
③ 산화구리(Cu_2O)
④ 니크롬선(Nichrome wire)

해설
① 은(Ag) : 구리(Cu), 알루미늄(Al)과 함께 대표적인 도체로, 반도체와는 무관하다.
② 탄소(C) : 다이아몬드 구조에서는 절연체, 흑연이나 그래핀 구조에서는 도체, 탄소 나노튜브 등은 반도체 성질을 나타낸다.
③ 산화구리(Cu_2O) : 화합물 반도체의 대표 예로, 광센서·태양전지 재료로 사용된다.
④ 니크롬선(Nichrome wire) : 전기저항이 큰 합금 도체로 발열체에 사용된다. 반도체로 분류되지는 않지만, 은(Ag)과 달리 단순 도체로서의 대표성은 낮다.

04 폭굉유도거리에 관한 설명으로 틀린 것은?

① 압력이 낮을수록 폭굉유도거리는 짧아진다.
② 정상연소 속도가 큰 혼합가스일수록 폭굉유도거리는 짧아진다.
③ 관지름이 작을수록 폭굉유도거리는 짧아진다.
④ 점화원의 에너지가 클수록 폭굉 유도거리는 짧아진다.

해설
압력이 높을수록 폭굉유도거리는 짧아진다.

> **참고**
> **DID(폭굉유도거리) 정의 및 짧아지는 조건**
> - DID(폭굉유도거리) : 완만한 연소가 폭굉으로 발전하는 거리를 의미하며 짧을수록 위험하다.
> - DID(폭굉유도거리)가 짧아지는 조건
>   - 정상연소속도가 큰 혼합가스일수록
>   - 관 속에 장애물이 있거나 관지름이 작을수록
>   - 고압일수록
>   - 점화원의 에너지가 강할수록

정답 | 01 ④ 02 ③ 03 ① 04 ①

05 출화개소 판단 시 유의사항으로 틀린 것은?

① 출입구의 방향과 창문, 환기구 등 개구부는 변동 요인이 많으므로 제외한다.
② 발화지점과 연소 확산된 경계구역을 구분한다.
③ 건물 내·외부 연소상태를 비교 판단하여 화염의 이동경로를 파악한다.
④ 붕괴되거나 도괴된 경우 해당 원인을 확인한다.

해설
진압대원이 진입하여 소화수 방출 방향, 개구부의 환기에 의한 패턴 등 출화개소 판단에 개구부는 중요한 역할을 하므로 반드시 조사한다.

06 다음 금속 중 용융점이 가장 낮은 것은?

① 알루미늄   ② 납
③ 구리   ④ 스테인리스

해설
납(327℃)<알루미늄(660℃)<구리(1,083℃)<스테인리스(1,520℃)

07 유류화재와 관련된 용어의 설명으로 틀린 것은?

① 인화점은 외부로부터 에너지를 받아서 착화 가능한 최저온도
② 발화점은 외부로부터 점화에너지 공급 없이 주변의 열에 의해 물질 스스로 착화되는 최저온도
③ 증기밀도는 공기의 분자량을 가연성 물질의 분자량으로 나눈 값
④ 연소점은 화염이 꺼지지 않고 지속되는 최저온도

해설
증기밀도는 가연성 물질의 분자량을 공기의 분자량으로 나눈 값이다.

08 구획실 화재현상에 대한 설명 중 옳지 않은 것은?

① 롤오버(rollover)는 화염이 천장층에 확산되어 있는 상태를 말한다.
② 롤오버는 플래쉬오버 후에 발생한다.
③ 플래임오버(flameover)가 항상 플래쉬오버를 일으키는 것은 아니다.
④ 구획실 내부로 유입되는 공기가 충분하지 않으면 연료지배형 화재에서 환기지배형 화재로 전이된다.

해설
롤오버는 플래쉬오버 이전에 발생한다.

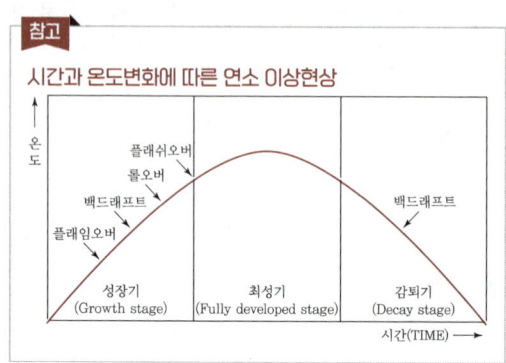

참고 시간과 온도변화에 따른 연소 이상현상

09 가연물 구비조건으로 옳은 것은?

① 주기율표의 0족 원소
② 산소와 충분히 화합한 물질
③ 산소와 흡열반응을 하는 물질
④ 산소와 반응 시 발열량이 큰 물질

해설
①, ②, ③은 가연물이 될 수 없는 조건이다.

10 폭발에 영향을 주는 필수인자로 옳지 않은 것은?

① 온도
② 압력
③ 용기의 모양과 크기
④ 밀폐공간

정답 | 05 ① 06 ② 07 ③ 08 ② 09 ④ 10 ④

📝 **해설**
밀폐공간은 폭발의 성립조건이다.

📌 **참고**
폭발에 영향을 주는 필수인자(강도 · 속도 영향)
① 온도, ② 압력, ③ 용기의 모양과 크기, ④ 초기농도 및 조성(폭발범위)
폭발의 성립조건(폭발이 일어나느냐 마느냐를 결정)
① 폭발범위, ② 점화에너지, ③ 밀폐공간

📌 **참고**
가연물의 구비조건
- 산소와 친화력이 클 것
- 발열량과 비표면적이 클 것
- 연쇄반응을 일으킬 수 있을 것
- 열전도도가 작을 것
- 활성화 에너지가 작을 것

11 연소의 특성에 대한 설명으로 옳지 않은 것은?

① 연소속도는 재료의 질량유속으로 정의되며 g/m^2s로 나타낸다.
② 일반적으로 표면에서의 질량유속은 5~50 g/m^2s 범위에 있으며, 그 값이 5 이하인 것은 소화된다.
③ 화염속도는 물적 조건과 에너지조건인 농도, 압력, 온도보다 난류의 영향으로 가속된다.
④ 연소속도는 화학양론비 부근에서 최소가 되고 연소상한계, 연소하한계로 갈수록 연소속도는 증가한다.

📝 **해설**
연소속도는 일반적으로 화학양론비 부근에서 최대가 되고, 연소상한계와 연소하한계로 갈수록 연소속도는 감소한다. 즉, 연료와 산소의 비율이 최적으로 맞춰져 있을 때 연소속도가 가장 빠르며, 그 비율에서 벗어날수록 연소속도는 느려진다.

13 화재 플럼(Fire Plume)에 의해 수직벽면에 생성되는 패턴이 아닌 것은?

① U 패턴 ② 모래시계 패턴
③ V 패턴 ④ 도넛 패턴

📝 **해설**
도넛 패턴은 가연성액체의 증발잠열에 의한 화재패턴으로 바닥에 생성된다.

📌 **참고**
화재패턴
- 수직벽면에 나타나는 화재패턴 : V 패턴, 역 원뿔 패턴, 모래시계 패턴, U자 모양 패턴, 원형 패턴, 드롭다운 패턴
- 가연성액체에 의한 화재패턴 : 포어 패턴, 스플래시 패턴, 고스트 마크 패턴, 도넛 패턴, 틈새연소패턴
- 방화의 전형적인 화재패턴 : 트레일러 패턴, 낮은 연소 패턴, 독립 연소 패턴

12 연소가 용이한 가연물의 조건으로 적합하지 않은 것은?

① 열전도율이 작을 것
② 발열량이 클 것
③ 활성화 에너지가 클 것
④ 산소와의 접촉 가능한 면적이 클 것

📝 **해설**
활성화 에너지가 큰 물질은 연소 시 더 많은 에너지가 필요하여 연소가 어렵다.

14 화재현장에 노출된 페놀수지의 표면에 화재 열로 인해 나타나는 형태로 옳지 않은 것은?

① 변색 ② 변형
③ 탄화 ④ 용융

📝 **해설**
페놀수지는 열경화성 수지로서 열을 가하면 한 번 경화되어 다시는 녹지 않는다. 따라서 용융 현상은 나타나지 않으며, 이러한 용융은 열가소성 수지에서 주로 볼 수 있는 특징이다.

정답 | 11 ④ 12 ③ 13 ④ 14 ④

15 화재관계자에게 질문 시 유의할 사항이 아닌 것은?

① 질문 시 선입관을 배제하고 유도질문을 삼간다.
② 개인의 사생활이 존중될 수 있도록 배려하고 임의 진술 확보에 주력한다.
③ 현장의 연소상황과 일치되지 않는 목격자 진술은 배제한다.
④ 관계자에 대한 질문 시 화재와 이해관계가 있는 제3자와 격리조치한 후 진술을 얻도록 한다.

해설
때론 현장의 연소상황과 일치되지 않는 목격자 진술이 화재 원인의 실마리가 될 때가 있다. 또한, 방화범 검거, 실화자 자백 등 추후 결과가 달라질 수도 있다.

16 현장보존에 대한 설명으로 틀린 것은?

① 통제선 내부로 진입하는 자는 완장 등 표찰을 패용하여 진입 권한이 있음을 표시해야 한다.
② 통제선의 입구에는 출입자 명부를 비치 활용하도록 한다.
③ 통제선을 출입하기 위해서는 일관된 입구와 통로를 활용한다.
④ 통제선을 설치하였다면 별도로 통제인원을 배치할 필요가 없다.

해설
통제선을 설치하였다면 통제인원을 배치하여 출입자 명부를 작성하도록 한다.

17 비등액체팽창증기폭발(BLEVE)에 대한 설명으로 틀린 것은?

① 인화성 액체에서만 일어날 수 있는 현상이다.
② 저장용기의 크기와 관계없이 일어날 수 있는 현상이다.
③ 가압상태에서 비점 이상 온도의 액체를 저장하는 용기와 관련된 폭발이다.
④ 저장용기 내에 존재하는 물질의 상호이상반응에 의해서도 발생이 가능한 현상이다.

해설
BLEVE(Boiling Liquid Expanding Vapor Explosion, 비등액체팽창증기폭발)는 가압 상태에서 비점(끓는점) 이상으로 가열된 액체가 들어 있는 용기가 파열되면서 액체가 순간적으로 끓어 급격한 증기 팽창을 일으키는 폭발 현상이다. 따라서, 인화성 액체 뿐 아니라 비인화성 액체(예 물, 액화가스 등)에서도 발생할 수 있다. 즉, 가연성 여부와 관계없이 발생 가능한 물리적 폭발이다.

18 220V, 2A가 전선에 1분간 전기가 인가되었을 때 저항에 발생하는 열량(cal)은?

① 105.6
② 440
③ 6,336
④ 26,400

해설
발생열량 $H = 0.24I^2Rt(cal)$
$H = 0.24I^2(V/I)t = 0.24IVt$
$= 0.24 \times 2A \times 220V \times 60sec$
$= 6,336(cal)$

19 화염확산에 대한 설명으로 틀린 것은?

① 훈소는 확산화염에 의한 연소과정이다.
② 일반적으로 중력과 바람은 화염확산에 영향을 미친다.
③ 벽면에서 화염 확산속도는 수평방향보다 수직방향이 빠르다.
④ 인화성액체의 표면화염 확산속도는 부력의 영향으로 고체의 확산속도보다 빠르다.

해설
확산화염은 확산 연소에 의한 화염으로 불꽃 없이 물질이 천천히 타는 과정의 훈소와 다르다.

정답 | 15 ③ 16 ④ 17 ① 18 ③ 19 ①

20 가연성 고체에서만 나타나는 연소 형태로 옳은 것은?

① 작열연소 ② 분무연소
③ 증발연소 ④ 확산연소

해설
작열연소는 고체 연료 표면에서 일어나는 느린 산화 반응으로, 불꽃 없이 천천히 연소하는 형태이다.
② 분무연소 : 액체 연료
③ 증발연소 : 액체 연료
④ 확산연소 : 기체 연료

제2과목 | 화재감식론

21 어떤 화재에서 발열량이 1MW에 도달하는데 걸리는 시간이 150초라면, 화재성장률은 몇 W/s²이며, 이 화재는 미국방화협회(NFPA)에서 정한 화재성장 분류로 올바른 것은? (단, t^2 화재성장모드를 이용한다.)

① 34.4W/s², 중간(medium)
② 34.4W/s², 빠름(fast)
③ 44.4W/s², 중간(medium)
④ 44.4W/s², 빠름(fast)

해설
t^2 화재 모델 식
$Q(t) = \alpha t^2$ [$Q(t)$: 발열량(W), α : 화재성장률(W/s^2), t : 시간(s)]
$1{,}000{,}000(W) = \alpha \times (150^2)$
$\alpha = \dfrac{1{,}000{,}000}{22{,}500} = 44.4\,(W/s^2)$

참고
t^2 화재의 분류(NFPA)

성장모드	발열량이 1MW에 도달 시간(s)	화재성장률(W/s²)
slow(느림)	600	2.8
medium(중간)	300	11.1
fast(빠름)	150	44.4
ultrafast(매우 빠름)	75	177.8

22 분해열의 축적으로 자연발화를 일으키는 물질로 옳지 않은 것은?

① 폴리에스테르
② 셀룰로이드
③ 니트로글리세린
④ 니트로셀룰로오스

해설
폴리에스테르는 비교적 안정된 고분자 합성수지로, 열에 의해 연화되거나 용융될 수는 있으나, 분해열 축적만으로 자연발화를 일으키는 성질은 없다.

참고
반응 원인에 따른 발화 물질

반응 원인	발화 물질
분해열	니트로셀룰로오스, 셀룰로이드, 니트로글리세린 등
산화열	불포화유(건성유, 반건성유 등)가 포함된 천·휴지, 석탄
흡착열	활성탄, 환원니켈
중합열	액화시안화수소, 초산비닐, 아크릴로니트릴, 이소프렌 등
발효열	건초, 퇴비

23 다음 중 인화점이 가장 높은 물질은?

① 이황화탄소 ② 디에틸에테르
③ 메틸에틸케톤 ④ 아세톤

해설
제4류 위험물질의 인화점

물질	인화점(℃)
이황화탄소(특수인화물)	−30
디에틸에테르(특수인화물)	−45
메틸에틸케톤(제1석유류 비수용성)	−7
아세톤(제1석유류 수용성)	−18.5

정답 | 20 ① 21 ④ 22 ① 23 ③

24 항공기 보조동력장치(APU)의 소화용기(container) 내용물이 과도한 열로 인하여 외부로 배출 시 나타나는 반응으로 옳은 것은?

① 온도방출지시기(thermal discharge indicator)의 Red Disk가 이탈한다.
② 온도방출지시기(thermal discharge indicator)의 Yellow Disk가 이탈한다.
③ 배출밸브(discharge valve)가 열린다.
④ 조종실에 경고등이 들어온다.

📖 해설
온도방출지시기는 소화용기 내부에 설치되어 있으며, 일정한 온도 이상으로 상승하면 Red Disk가 이탈한다. 이 디스크가 이탈하거나 변색되면, 소화용기가 활성화되어 비상상황임을 인지하여야 한다.

25 선박의 구조를 형성하는 격벽(Bulkhead)의 역할이 아닌 것은?

① 선박의 중량감소 ② 화재 국소 연소
③ 화물의 분할 적재 ④ 전체 파손 방지

📖 해설
격벽(Bulkhead)은 선체 내부를 구획하여 분리하는 벽이다. 벽이 늘어나면 선박의 중량은 증가한다.

26 다음 흔적 중 전기기기 내부의 통전 입증이 가능한 증거가 아닌 것은?

① 전류 퓨즈의 용단
② 기판의 전체적인 탄화
③ 내부 배선의 합선 흔적
④ 내부 단자의 부분적 용융 흔적

📖 해설
기판은 통전 여부와 상관없이 전체적으로 탄화할 수 있어, 통전 입증할 수 없다.

27 냉·온수기 출화 원인의 사례로 틀린 것은?

① 복사열에 의한 출화
② 모터기동장치에서 출화
③ 서모스탯 부품의 출화
④ 압축기에서 출화

📖 해설
복사열에 의한 출화는 냉·온수기 자체의 결함이 아니라 외부 화재의 복사열이 냉·온수기에 전도되어 발생하는 2차적 발화를 의미한다. 따라서 냉·온수기 자체의 출화 원인 사례로 보기는 어렵다.

> **참고**
> 냉·온수기 발화원인 조사
> - 모터기동장치 스위치 결함 및 단락 여부
> - 서모스탯 이상발열(트래킹) 여부(기동 접점부에 발열흔 및 용융흔)
> - 압축기 등 각 모터류 내부코일 층간단락 여부
> - 압축기 기동릴레이 경년열화에 의한 트래킹 여부

28 우리나라 임야화재의 발생 건수가 가장 많은 계절은?

① 봄   ② 여름
③ 가을 ④ 겨울

📖 해설
우리나라는 논·밭두렁을 태우는 건조한 봄(3월, 4월)에 임야화재가 가장 자주 발생한다.

29 연소의 수직 방향성의 상승속도는 수평 방향 속도보다 몇 배 정도인가?

① 10   ② 20
③ 30   ④ 40

📖 해설
수직 상승 방향 : 수평 방향 비 = 20 : 1

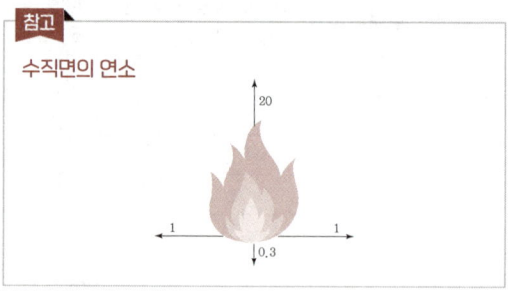

정답 | 24 ① 25 ① 26 ② 27 ① 28 ① 29 ②

30 다음 중 성심리학적 방화범의 분류에 해당하지 않는 것은?

① 구강기 방화범　② 항문기 방화범
③ 비강기 방화범　④ 남근기 방화범

📖 해설
비강기 방화범은 성심리학적 방화범 분류에 해당하지 않는다.

> **참고**
> **성심리학적 방화범 분류**
> - 구강기 방화범
> - 항문기 방화범
> - 남근기 방화범
> - 잠복기 방화범
> - 외음부기 방화범

31 다음 중 핸들을 약 90° 회전하면 개폐가 가능한 밸브는?

① 볼밸브(Ball valve)
② 글로브밸브(Globe valve)
③ 체크밸브(Check valve)
④ 게이트밸브(Gate valve)

📖 해설
① 볼밸브 : 90° 회전만으로 개폐, 빠른 차단·개방 가능
② 글로브밸브 : 유량 조절 가능하지만 개폐에 여러 회전 필요
③ 체크밸브 : 유체가 한 방향으로만 흐르도록 하여 역류 시 자동으로 폐쇄
④ 게이트밸브 : 밸브 판이 유체 흐름에 직각으로 움직여 유체의 통로를 막아 개폐

볼밸브　글로브밸브

게이트밸브　체크밸브

32 화재현장에서 발생하는 소음으로서 목격자들이 폭발로 오인할 수 있는 것이 아닌 것은?

① 화재 시 콘크리트 폭렬에 의한 소음
② 화재 열기에 의한 스프레이 캔, 방향제 캔 등의 파열 소음
③ 화재 시 전선피복이 손상되며 발생하는 전기적 합선의 소음
④ 개방된 용기의 변형 시 발생하는 소음

📖 해설
개방 용기는 내부 압력이 상승하지 않아 폭발음 수준의 충격음이 발생하지 않는다.

33 다음 발화원인 중 미소화원이 아닌 것은?

① 담뱃불　② 용접불티
③ 절삭불티　④ 가스레인지 불꽃

📖 해설
담뱃불, 용접불티, 절삭불티, 모기향 등은 미소화원이다.

34 무염화원의 한 종류인 담뱃불에 대한 최초 가연물로 틀린 것은?

① 종이　② 나일론
③ 톱밥　④ 면직류

📖 해설
담뱃불은 미소화원으로 종이·톱밥·면직류와 같은 낮은 발화점 물질은 점화시킬 수 있지만, 발화온도가 높은 나일론(약 485℃ 이상)은 쉽게 점화되지 않는다.

35 에어컨 화재조사 시, 화재 당시 작동 중이었는지를 확인하기 위한 사항으로 옳지 않은 것은?

① 차단기 트립 여부 및 전원 흔적 확인
② 팬 모터·압축기 구동 흔적 확인
③ 스위치 상태 및 사용자 진술 확인
④ 냉매 충전량 부족 여부 확인

📖 해설
냉매 충전량 부족은 성능 저하 및 냉방 효율과 관련 있으며, 화재 시 작동 여부 확인과 직접적인 관련은 없다.

정답 | 30 ③　31 ①　32 ④　33 ④　34 ②　35 ④

36 방화화재 감식 시 확인 사항이 아닌 것은?

① 발화지점이 여러 곳인가 확인한다.
② 화재 전에 없던 가연물이 연소한 흔적이 있거나 물건의 위치가 변경되었는지 확인한다.
③ 화재 당시 사람의 출입 여부를 확인하고 내부 또는 외부 소행인지 확인한다.
④ 스위치로부터 전열기구로 가는 회로를 찾아 스위치와 전열기구와의 관계를 규명한다.

해설
방화 감식의 초점은 의도성, 수법, 증거 조작 여부에 있다. 전열기구 회로 분석은 전기적 요인 조사 영역에 해당하며, 방화 여부 판단과는 직접적인 관련이 없다.

37 산불의 강도를 가중시키는 조건으로 틀린 것은?

① 연료온도를 증가시키는 사면
② 기후
③ 굴뚝지형
④ 평지

해설
평지는 지면의 기복이 적어 바람의 영향을 덜 받고 가연물 분포가 균일하여 쉽게 확산되지 않는다.

38 「액화석유가스의 안전관리 및 사업법」상 사고 사실을 시장에게 보고하여야 하는 사고로 틀린 것은?

① 사람이 사망한 사고
② 사람이 중독되거나 부상당한 사고
③ 20kg LPG 용기에서 가스가 누출된 사고
④ LNG 시설이 손괴되어 공급중단이 발생한 사고

해설
20kg LPG 용기에서 가스가 누출된 사고는 보고하지 않는다.

> **참고**
> 제56조 사고의 통보 등 「액화석유가스의 안전관리 및 사업법」
> 한국가스안전공사는 사고의 통보 내용을 시장·군수·구청장에게 보고
> 1. 사람이 사망한 사고
> 2. 사람이 부상하거나 중독된 사고
> 3. 가스누출에 의한 폭발 또는 화재 사고
> 4. 가스시설이 손괴되거나 가스누출로 인하여 인명대피나 공급중단이 발생한 사고
> 5. 그 밖에 가스시설이 손괴되거나 가스가 누출된 사고

39 정전용량 40[uF]인 대전 된 도체의 정전에너지가 80[J]일 때, 도체에 가해진 대전 전위는 몇 [V]인가?

① 1,000
② 2,000
③ 3,000
④ 4,000

해설
정전에너지 구하는 공식에서 대전전위[V]를 구하는 문제이다. 정전용량이 주어지면 정전에너지 구하는 공식으로 답을 구한다.

정전에너지 구하는 공식

$$E = \frac{1}{2}CV^2$$

E : 정전에너지(J)
C : 정전용량(F)
V : 전위차(V)

$$80[J] = \frac{1}{2} \times 40 \times 10^{-6}[F] \times V^2$$

$$V = \sqrt{\frac{80}{\frac{1}{2} \times 40 \times 10^{-6}}} = 2,000[V]$$

40 폭발 현장에서 수집한 배경정보를 바탕으로 폭발 전·후 사고 경위를 표로 만든 후 인과관계이론과 일치 여부를 추론하여 최적 이론을 설정하는 분석은?

① 손상패턴 분석
② 구조물 분석
③ 열효과 상관분석
④ 타임라인 분석

해설
타임라인 분석은 사건의 전개 과정을 시간순으로 파악하여 인과관계를 추론하고, 사고의 원인을 분석한다.
① 손상패턴 분석 : 손상된 구조물, 물체 형태, 규모 등을 관찰하고 분석
② 구조물 분석 : 손상된 구조물 설계, 재료, 공정 분석
③ 열효과 상관분석 : 열전달, 폭발 원인 등 열적 효과 고려한 분석

정답 | 36 ④ 37 ④ 38 ③ 39 ② 40 ④

제3과목 증거물관리 및 법과학

41 다음 중 용융점이 가장 낮은 금속은 무엇인가?

① 텅스텐 ② 스테인리스
③ 동 ④ 아연

해설
각 금속 물질별 용융점

금속명칭	용융점(℃)	금속명칭	용융점(℃)
수은	39	금	1,063
주석	232	구리	1,083
납	327	니켈	1,455
아연	420	스테인리스	1,520
마그네슘	650	철	1,530
알루미늄	660	티탄	1,800
은	960	몰리브덴	2,620
황동	900~1,000	텅스텐	3,400

42 「화재조사 및 보고규정」상 건축·구조물 화재 중 반소의 소실범위는?

① 건물의 20% 이상 50% 미만
② 건물의 20% 이상 70% 미만
③ 건물의 30% 이상 50% 미만
④ 건물의 30% 이상 70% 미만

해설
제16조 건축·구조물의 소실정도「화재조사 및 보고규정」

암기법 전반부 출석해

1. 전소 : 건물의 70% 이상(입체면적에 대한 비율)이 소실되었거나 또는 그 미만이라도 잔존부분을 보수하여도 재사용이 불가능한 것
2. 반소 : 건물의 30% 이상 70% 미만이 소실된 것
3. 부분소 : 제1호, 제2호에 해당하지 아니하는 것

43 화재증거물 검증에 관한 설명으로 옳은 것은?

① 검증하는 단계는 모든 가설을 검증하여, 모든 가설이 사실과 과학적 원리에 부합할 때까지 계속되어야 한다.
② 연역적 추론에 의한 검증 단계를 통과한 가설이 없는 경우에는 이 문제를 해결된 것으로 간주하여야 한다.
③ 화재원인 재현실험을 통해서 물리적으로 검증될 수도 있고, 사고실험에서 과학적 원리를 적용하여 분석적으로 검증될 수도 있다.
④ 증거가 증명될 수 있는 경우라도 다른 방법으로 반드시 검증하여야 하며, 여기에는 새로운 증거물 수집이나 기존 증거물에 대한 재분석이 필요할 수도 있다.

해설
①, ② 최종 가설이란 반드시 과학적 방법으로 합리적이고 타당성을 갖추어 문제점에 대하여 철저히 규명된 것이라야 한다. 다만 연역적 추론에 의한 검증 단계를 통과한 가설이 없는 경우에는 이 문제를 미결된 것으로 보아야 할 수도 있다.
④ 가설이 증명되지 못한 경우에는 해당 가설을 버리고 다른 가설을 세워서 검증해야 한다. 여기에는 새 데이터 수집이나 기존 데이터에 대한 재분석이 필요할 수도 있다.

44 가장 고온의 연소 시 발생되는 목재의 탄화 형태는?

① 완소흔 ② 강소흔
③ 열소흔 ④ 주염흔

해설
노출온도 조건에 따른 탄화형태

암기법 완강열 친구일 → 완소흔 강소흔 열소흔 7 9 1

구분	노출온도(℃)	탄화형태
완소흔	700~800	갈라진 틈의 폭이 넓지 않고, 골이 얕으며, 부푼 모양이 삼각형 또는 사각형의 형태
강소흔	900	나무가 갈라져서 파인 골의 깊이가 깊은 편이며, 골의 테두리 모양은 각이 없는 반원형
열소흔	1,100	홈의 깊이가 가장 깊고, 홈의 폭이 넓으며, 부푼 형태는 구형에 가깝도록 볼록

정답 | 41 ④ 42 ④ 43 ③ 44 ③

45 화재현장조사서의 도면 작성 시 이용 가능한 현장기록 기법에 관한 설명으로 옳은 것은?

① 탄화등심도는 발화구역 내의 탄화부분에 대한 강도 패턴과 경계선을 표시한다.
② 화재손상평가는 최대손상구역으로부터 최소손상 구역으로의 체계적인 분석과정이다.
③ 벡터다이어그램은 화살표를 이용하여 최소손상구 역에서 최대 손상구역을 가리키는 것이다.
④ 벡터다이어그램은 발화실의 평면도에 탄화심도의 측 정치를 기록하고 그 깊이를 선으로 연결한 것이다.

📖 **해설**
탄화등심도
- 화재현장의 연소강도별 탄화심도가 동등한 부분을 연결하여 마치 지도처럼 묘사한 것이다.
- 탄화등심도를 통해 발화부로부터 화재 확산경로를 예측한다.

46 발화지점에 물리적 증거물이 없더라도 방화를 의심할 수 있는 정황증거로 옳은 것은?

① 발화 관련 기구나 시설 등이 없어 발화원을 특정할 수 없는 경우
② 아파트 베란다에 놓아둔 페트병 뒤편의 가연물이 연소한 경우
③ 음식물 찌꺼기인 건성유를 담아 놓은 비닐봉지가 연소한 경우
④ 스팀파이프와 목재가 맞닿아 있는 곳에서 가연물이 대량 연소한 경우

📖 **해설**
방화의 정의

구분	정의
사전적 정의	일부러 불을 붙여 화재를 일으키는 것, 불을 지름, 지른 불
형법상 정의	고의로 화재를 일으켜 가옥이나 기타의 물건을 연소시키는 행위
NFPA 921 CODE (화재 및 폭발원인조사 가이드) 정의	발화하지 않아야 했을 화재로 인식된 상황하에 고의로 발생된 화재

47 「화재조사 및 보고규정」상 화재유형별 조사서 서식 중 선박·항공기 화재의 발화지점에 해당되지 않는 것은?

① 기관실   ② 조타실
③ 취사실   ④ 크랭크

📖 **해설**
선박·항공기 화재의 발화지점

① 기기 작동실
  □ 기 관 실   □ 전 기 실
  □ 갑   판   □ 조 타 실(조정실)
  □ 취 사 실   □ 엔   진
  □ 기 계 실   □ 기   타

② 부속시설
  □ 계   단   □ 식   당
  □ 사 무 실   □ 화 장 실
  □ 화 물 실   □ 무 대 부
  □ 객   실   □ 기   타

48 자동차·철도차량 화재유형별 조사서의 형식란에 기입사항이 아닌 것은?

① 제조회사
② 연식
③ 차량명
④ 사용 연료(휘발유, 경유, 전기, 하이브리드)

📖 **해설**
자동차·철도차량 화재유형별 조사서의 형식란 기입사항 4가지

암기법 제연번명

- 제조회사
- 연식
- 차량번호
- 차량명

정답 | 45 ① 46 ① 47 ④ 48 ④

49 화재발생 전·후에 이루어진 사람의 행동이나 기계적인 작동 상황 등을 시간의 흐름 순으로 전개하여 사건을 분석하는 기법은?

① 검증
② 타임라인
③ PERT 차트
④ 마인드매핑(Mind mapping)

해설
타임라인은 화재사건에 관련된 것을 시간적인 순서로 나타낸 것이다.

50 화재증거물 수집 시 고려해야 할 사항에 대한 설명으로 옳지 않은 것은?

① 물리적 상태(고체, 액체, 기체)를 고려하여 수집
② 휘발성이 낮은 것에서 높은 순서로 수집
③ 물리적 특성(크기, 모양, 무게 등)을 고려하여 수집
④ 파손성을 감안하여 수집

해설
휘발성이 높은 증거물부터 수집하여야 한다.

51 증거물의 수집에 관한 고려사항으로 가장 옳은 것은?

① 등유와 같은 탄화수소계 액체 위험물은 물과 쉽게 혼합된다.
② 화재 촉진제로 사용되는 휘발유와 같은 인화성 액제는 상온에서 자연발화하지 않는다.
③ 경유와 같이 흔히 사용되는 화재 촉진제 증기는 공기보다 더 가볍다.
④ 고체 표본을 수집할 때 용기에 3/4 이상 채운다.

해설
① 등유와 같은 탄화수소계 액체 위험물은 물과 쉽게 혼합되지 않는다.
③ 경유와 같이 흔히 사용되는 화재 촉진제는 보통 물보다 더 가볍다.
④ 고체 표본을 수집할 때 용기의 2/3 이상을 채워서는 안 된다.

52 물리적 증거물 수집방법 결정요인에 대한 설명으로 가장 거리가 먼 것은?

① 휘발성 : 액체 및 기체 증거물은 쉽게 증발될 수 있으므로 물리적 증거물이 증발되는 정도를 고려하여 증거물 수집방법을 결정한다.
② 파손성 : 물리적 증거물이 부서지거나, 손상되거나 변하는 정도 등 증거물의 파손성을 고려하여 증거물 수집방법을 결정한다.
③ 물리적 상태 : 물리적 증거물의 상태가 고체, 액체, 또는 기체인지 물리적 상태를 반드시 확인하여 증거물 수집방법을 결정한다.
④ 물리적 특성 : 물리적 증거물의 위치, 가격, 사용가능 여부 등 물리적 특성을 조사관이 파악하여 증거물 수집방법을 결정한다.

해설
물리적 증거물의 위치, 탄화 및 용융의 변형 정도, 상변화, 열에 의한 구조물의 영향 등 물리적 특성을 파악하여 증거물 수집방법을 결정한다.

53 화재현장 증거물 형태에 따른 수집방법으로 옳은 것은?

① 알코올은 물과 접촉했을 때 물 위에 뜬다.
② 액체촉진제는 비다공성 물질에서 채집하기가 용이하다.
③ 액체 증거물은 살균한 솜이나 거즈패드로도 수집할 수 있다.
④ 액체촉진제는 내부 마감재 및 화재 잔해에 쉽게 흡수되지 않는다.

해설
① 알코올은 수용성으로서 물에 녹는다.
② 액체촉진제는 다공성 물질에 흡수 채집이 용이하다.
④ 액체촉진제는 내부 마감재 및 화재 잔해에 쉽게 흡수된다.

정답 | 49 ② 50 ② 51 ② 52 ④ 53 ③

54 증거물 수집에 관한 사항 중 ( )에 알맞은 내용은?

> 액체 또는 고체 증거물의 수집을 위해 300mL 용량의 금속 캔 사용 시 증거물은 최대 ( )mL 이상 채워져서는 안된다.

① 100
② 150
③ 200
④ 300

🗑 해설
액체시료를 채울 때에는 검사 또는 검증과정에서 시료 채취를 용이하게 하기 위하여 금속캔 용적의 2/3 이상을 채워서는 안 된다.

55 다음의 장단점이 있는 증거물 보관용기는?

장점	단점
• 쉽게 구할 수 있고 가격이 저렴하다. • 투과성이 없고 내구성이 좋으며 사용이 편리하다. • 휘발성액체의 증발을 막을 수 있다.	• 투과성이 없어 안의 내용물을 볼 수 없다. • 산화하여 녹이 생길 우려가 있다. • 휘발성액체 저장 시 증기압으로 마개가 열릴 수 있다. • 증기 공간 확보를 위해 2/3 이상 채우지 않도록 한다.

① 종이상자
② 유리병
③ 금속캔
④ 비닐봉지

🗑 해설
금속캔은 투과성이 없고 녹이 생길 우려가 있다.

56 액체촉진제가 콘크리트 바닥과 같은 다공성 물질에 갇혀 있는 경우 채취방법으로 틀린 것은?

① 물을 부어 액체촉진제를 떠오르게 하여 채취한다.
② 베이킹파우더가 들어 있지 않은 밀가루를 붙여 채취한다.
③ 석회를 표면에 발라 채취한다.
④ 규조토를 20~30분 동안 표면에 발라 채취한다.

🗑 해설
물을 붓는 경우 액체촉진제의 농도가 과하게 희석되거나 훼손되는 등 증거수집이 어려워질 수 있다.

57 화재조사관이 관계자 진술을 확보하고자 할 때 유의사항으로 틀린 것은?

① 인터뷰하는 동안 입수한 정보의 질을 평가해야 한다.
② 인터뷰의 목적은 유용하고 정확한 정보를 수집하기 위함이다.
③ 인터뷰는 화재가 완전히 진압된 뒤 천천히 진행한다.
④ 증인은 사고에 대한 직접적인 목격자가 아니라도 화재에 대한 정보를 제공할 수 있다.

🗑 해설
인터뷰는 화재가 완전히 진압된 뒤 신속히 진행한다.

58 일산화탄소 중독사의 대표적인 특징은?

① 선홍색 시반이 나타난다.
② 수포 주위에 홍반이 생긴다.
③ 코에서 출혈이 심하게 나타난다.
④ 피부의 세포조직이 검게 타는 탄피층이 형성된다.

🗑 해설
일산화탄소 중독으로 사망한 시체 소견
• 선홍색 시반이 나타난다.
• 질식사의 일반적 소견이 나타난다.
• 유동성 혈액, 조직의 울혈이 나타난다.

59 화재현장에서 발견된 사망한 사체에 관한 설명으로 틀린 것은?

① 일산화탄소를 흡입한 것으로 화재 당시 생존해 있었음에 대한 증거가 될 수 있다.
② 눈가의 주름 사이에 그을음이 부착되지 않은 것은 화재 당시 사망한 상태였다는 증거가 될 수 있다.
③ 일산화탄소가 헤모글로빈과 결합함으로써 체내 산소의 공급이 차단되어 사망했을 가능성이 있다.
④ 기도, 폐 등의 호흡기에서 발견되는 그을음은 화재 당시 생존해 있었음을 나타내는 증거가 될 수 있다.

🗑 해설
눈가의 주름 사이에 그을음이 부착되지 않은 것은 화재 당시 생존한 상태였다는 증거가 될 수 있다.

정답 | 54 ③ 55 ③ 56 ① 57 ③ 58 ① 59 ②

60 성인의 화상 중증도 분류 중 중증에 대한 설명으로 틀린 것은?

① 흡인 화상이나 골절을 동반한 화상
② 손, 발, 회음부, 얼굴 화상
③ 체표면적 10% 이상의 3도 화상인 모든 환자
④ 체표면적 10% 미만의 2도 화상인 10세 미만, 50세 이후의 환자

📖 **해설**
④는 경증에 해당한다.

제4과목 화재조사 관계법규 및 피해평가

61 「화재조사 및 보고규정」상 화재의 유형에 명시되지 않은 것은? (단, 기타화재는 제외한다.)

① 전기 · 화학 화재
② 건축 · 구조물 화재
③ 선박 · 항공기 화재
④ 특수 화재

📖 **해설**
화재유형

> **암기법** 건자위 선임

- 건축 · 구조물 화재
- 자동차 · 철도차량
- 위험물 · 가스제조소 등 화재
- 선박 · 항공기 화재
- 임야 화재

62 화재피해액 산정대상에서 선박화재로 볼 수 없는 것은?

① 육상에 있는 미취항의 범선에서 발생한 화재
② 독행 기능을 가지지 않는 거룻배에서 발생한 화재
③ 수리 등을 위해 육상에 일시적으로 있는 선박에서 발생한 화재
④ 독행 기능을 가지는 선박에 의해 끌어진 물건에 발생한 화재

📖 **해설**
차량 및 운반구의 피해액 산정에서 선박의 정의 「화재피해액 산정 매뉴얼」
- 선박이라는 것은 독행기능을 가지는 범선, 기선 및 입선 및 독행기능을 가지지 않는 주거선, 창고선, 거룻배(등록, 엔진등재의 유무는 관계없이) 등을 말하나 미취항의 것으로 육상에 있는 것은 선박이 아니다.
- 수리 등을 위해 육상에 일시적으로 있는 선박이나 독행기능을 가지는 선박에 의해 끌어진 물건에 화재가 발생했을 경우에도 선박화재에 속한다.

63 항공기, 선박, 철도차량, 특수작업용차량, 시중매매가격이 확인되지 아니하는 자동차에 대한 피해액 산정기준 중 틀린 것은?

① 감정평가서가 있는 경우 감정평가서상의 현재가액에 손해율을 곱한 금액을 화재로 인한 피해액으로 한다.
② 감정평가서가 없는 경우 회계장부상의 현재가액에 손해율을 곱한 금액을 화재로 인한 피해액으로 한다.
③ 감정평가서와 회계장부 모두 없는 경우에는 제조회사, 판매회사, 조합 또는 협회 등에 조회하여 구입가격 또는 시중거래가격을 확인하여 피해액을 산정한다.
④ 수리가 가능한 경우에는 수리비를 피해액으로 한다.

📖 **해설**
수리가 가능한 경우에는 수리비에 감가공제를 한 금액을 피해액으로 산정한다.

64 「소방의 화재조사에 관한 법률」상 용어의 정의 중 틀린 것은?

① "소방대상물"이란 건축물, 차량, 선박(선박으로 운항 중인 선박 포함), 선박 건조 구조물, 산림, 그 밖의 인공구조물 또는 물건
② "화재조사"란 소방청장, 소방본부장 또는 소방서장이 화재원인, 피해상황, 대응 활동 등을 파악하기 위하여 자료의 수집, 관계인 등에 대한 질문, 현장확인, 감식, 감정 및 실험 등을 하는 일련의 행위를 말한다.
③ "화재조사관"이란 화재조사에 전문성을 인정받아 화재조사를 수행하는 소방공무원을 말한다.

④ "관계인 등"이란 화재가 발생한 소방대상물의 소유자·관리자 또는 점유자를 말한다.

해설
①은 「소방기본법」 법률의 내용이다. "소방대상물"이란 건축물, 차량, 선박(기선, 범선 및 부선으로서 항구에 매어둔 선박만 해당한다), 선박 건조 구조물, 산림, 그 밖의 인공 구조물 또는 물건을 말한다.

65 「소방기본법 시행규칙」상 종합상황실장이 상급 종합상황실에 지체 없이 보고해야 하는 화재의 기준으로 틀린 것은?

① 외국공관 및 그 사택
② 특수사고, 방화 등 화재원인이 특이하다고 인정되는 화재
③ 철도, 항공기, 발전소 및 변전소의 화재
④ 항구에 매어둔 총 톤수가 500톤 이상인 선박

해설
항구에 매어둔 총 톤수가 1천 톤 이상인 선박의 화재가 해당된다.

66 화재원인분석 및 결론도출의 절차로 옳은 것은?

① 필요성 인식 → 문제 정의 → 자료 수집 → 가설 개발 → 자료 분석 → 가설 검증 → 결론(최종가설선택)
② 문제 정의 → 필요성인식 → 자료 수집 → 자료 분석 → 가설 개발 → 가설 검증 → 결론(최종가설선택)
③ 필요성 인식 → 문제 정의 → 자료 수집 → 자료 분석 → 가설 개발 → 가설 검증 → 결론(최종가설선택)
④ 문제 정의 → 필요성 인식 → 자료 수집 → 가설 개발 → 자료 분석 → 가설 검증 → 결론(최종가설선택)

해설
과학적 화재조사방법 「NFPA 921」에서 화재원인분석 및 결론도출은 필요성 인식 → 문제 정의 → 자료 수집 → 자료 분석 → 가설 개발 → 가설 검증 → 결론(최종가설선택)의 절차를 거친다.

67 「화재조사 및 보고규정」상 방화·방화의심 조사서 작성 시 기재항목으로 적합하지 않은 것은?

① 방화도구
② 방화의심 사유
③ 도착 시 초기상황
④ 방화자의 인상착의 및 직업

해설
기재항목에는 방화의심 구분, 방화동기, 방화도구, 방화의심 사유, 도착 시 초기상황, 방화연료 및 용기, 방화자, 참고사항이 있다.

68 화재로 인한 간이평가방식의 피해액 산정에 있어 건물과 별도로 내부영업시설에 대하여 피해액을 산정해야 하는 경우, 자동차 및 트레일러 제조업종 영업시설 자산의 내용연수는?

① 3년　　② 6년
③ 9년　　④ 12년

해설
업종별 자산의 내용연수(영업시설, 차량 및 운반구)「화재피해액 산정 매뉴얼」
자동차 및 트레일러 제조업(자동차엔진 및 자동차제조업, 자동차차체 및 트레일러 제조업) : 9년

69 운행 중인 항공기에서 발생한 화재를 조사할 책임이 있는 사람은?

① 항공기 주소지를 관할하는 소방서장
② 항공기 소유자를 관할하는 소방서장
③ 소화활동을 행한 장소를 관할하는 소방서장
④ 가장 먼저 도착한 소방대를 관할하는 소방서장

해설
화재조사는 발화지점이 속한 관할 소방서장에 책임이 있다. 다만, 발화지점 확인이 어려운 경우에는 화재피해금액이 큰 관할구역 소방서장에 책임이 있다.

70 화재피해액 산정에 있어서 항공기 및 선박 등의 현재시가를 정하는 방법은?

① 구입 시 가격
② 재구입 가격
③ 구입 시 가격에서 사용기간 감가액을 뺀 가격
④ 재구입 가격에서 사용기간 감가액을 뺀 가격

해설
항공기 및 선박 현재시가 = 구입 시 가격 − 사용기간 감가액

참고

현재의 시가를 정하는 방법 「화재피해액 산정 매뉴얼」

현재 시가 산정 방법	적용 대상
① 구입 시의 가격	재고자산, 즉 원재료, 부재료, 제품, 반제품, 저장품, 부산물 등
② 구입 시의 가격에서 사용기간 감가액을 뺀 가격	항공기 및 선박 등
③ 재구입 가격	상품 등
④ 재구입 가격에서 사용기간 감가액을 뺀 가격	건물, 구축물, 영업시설, 기계장치, 공구·기구, 차량 및 운반구, 집기비품, 가재도구 등

71 「화재조사 및 보고규정」상 조사보고에 관한 설명으로 틀린 것은?

① 종합상황실장이 상급 종합상황실에 지체 없이 보고해야 할 화재의 경우 화재 인지로부터 30일 이내에 보고해야 한다.
② 치외법권지역 등 조사권을 행사할 수 없는 경우는 조사 가능한 내용만 조사하여 제21조 각 호의 조사 서식 중 해당 서류를 작성·보고한다.
③ 일반화재의 경우 화재 인지로부터 7일 이내에 보고해야 한다.
④ 규정된 조사기간을 초과하여 조사가 필요한 경우 그 사유를 사전보고 후 추가 조사 가능하다.

해설
중대한 화재에 해당되지 않는 화재는 화재발생일로부터 15일 이내에 보고해야 한다.

72 건조한 지 15년이 경과한 일반주택의 잔가율은 몇 %인가? (단, 일반주택의 내용연수는 50년이다.)

① 55 ② 60
③ 73 ④ 76

해설
- 잔가율 : 화재 당시에 피해물의 재구입비에 대한 현재가의 비율
- 건물 화재피해금액 산정기준
  − 신축단가(㎡당)×소실면적×[1−(0.8×경과연수/내용연수)]×손해율
  − 위의 산정기준에서 문제의 주어진 조건만을 대입하면 [1−(0.8×15/50)]×100 = 76%

73 화재로 인한 부대설비의 피해액을 산정하는 공식은?

① 건물신축단가×소실면적×설비종류별 재설비비율×[1−(0.8×경과연수/내용연수)]×손해율
② 건물신축단가×소실면적×설비종류별 재설비비율×[1−(0.8×내용연수/경과연수)]×손해율
③ 건물신축단가×소실면적×설비종류별 재설비비율×[1−(0.9×경과연수/내용연수)]×손해율
④ 건물신축단가×소실면적×설비종류별 재설비비율×[1−(0.9×내용연수/경과연수)]×손해율

해설
화재피해금액 산정기준요약표 「화재조사 및 보고규정」 건물과 부대설비 비교 [별표 2]

산정대상	화재피해금액 산정기준
건물	**암기법** 신소 일마쩜팔 경내손 신축단가(㎡당)×소실면직×[1−(0.8×경과연수/내용연수)]×손해율
부대설비	**암기법** 신소설 일마쩜팔 경내손 건물신축단가×소실면적×설비종류별 재설비 비율×[1−(0.8×경과연수/내용연수)]×손해율

74 모델하우스 또는 가설건물 등 일정기간 존치하는 건물에 있어서는 실제 존치할 기간을 내용연수로 하여 피해액을 산정한다. 이 경우 존치기간 종료일 현재의 최종잔가율은 얼마인가?

① 10%   ② 20%
③ 30%   ④ 40%

🏛 해설
특수한 경우 중 모델하우스 등에 대한 피해액 산정 「화재피해액 산정 매뉴얼」
모델하우스 또는 가설건물 등 일정기간 존치하는 건물에 있어서는 실제 존치할 기간을 내용연수로 하여 피해액을 산정한다. 이 경우 존치기간 종료일 현재의 최종잔가율은 20%이며, 내용연수 및 경과연수는 연 단위까지 산정한다.

75 내용연수가 30년이고 경과연수가 15년인 건물의 잔가율은 얼마인가?

① 30%   ② 40%
③ 50%   ④ 60%

🏛 해설
잔가율 계산법 「화재피해액 산정 매뉴얼」
- 현재가(시가) = 재구입비 × 잔가율
- 잔가율 = $\dfrac{\text{재구입비} - \text{감가수정액}}{\text{재구입비}}$

  = 100% − 감가수정율

  = 1 − (1 − 최종잔가율) × $\dfrac{\text{경과연수}}{\text{내용연수}}$

∴ 잔가율 = 1 − [(1 − 0.2) × (15/30)] = 0.6

76 화재로 인한 자동차의 피해액 산정기준으로 틀린 것은?

① 자동차의 수리비는 자동차 수리업소의 견적서를 참고하여 산정한다.
② 피해 대상 자동차와 동일하거나 유사한 자동차의 시중매매가격을 피해액으로 한다.
③ 부분 소손되어 수리가 가능한 경우에는 수리에 소요되는 금액을 자동차의 피해액으로 한다.
④ 부분 소손되어 수리가 가능한 모든 경우에는 피해액에 대하여 감가공제한다.

🏛 해설
자동차의 피해액 산정기준 「화재피해액 산정 매뉴얼」
자동차가 부분소손 되어 수리가 가능한 경우에는 수리에 소요되는 금액을 자동차의 피해액으로 한다. 이때 특별한 경우를 제외하고는 감가공제는 하지 아니한다.

> 자동차의 부분소손 시 피해액 = 수리비

77 다음 빈칸의 직책은? (단, 화재조사 및 보고규정을 적용한다.)

> 「소방의 화재조사에 관한 법률」(이하 "법"이라 한다) 제5조 제1항에 따라 (　　)은 화재발생 사실을 인지하는 즉시 화재조사 (이하 "조사"라 한다)를 시작해야 한다.

① 소방관서장   ② 경찰서장
③ 지역자치단체의 장   ④ 화재조사관

🏛 해설
제3조 화재조사의 개시 및 원칙 「화재조사 및 보고규정」
① 「소방의 화재조사에 관한 법률」(이하 "법"이라 한다) 제5조 제1항에 따라 화재조사관(이하 "조사관"이라 한다)은 화재발생 사실을 인지하는 즉시 화재조사(이하 "조사"라 한다)를 시작해야 한다

78 구축물의 피해액 산정에 있어서 최초건축비에 경과연수별 물가상승률을 곱하여 재건축비를 구한 후 사용손모 및 경과연수에 대응한 감가공제하는 방식은?

① 간이평가방식
② 회계장부에 의한 피해액의 산정방식
③ 수리비에 의한 방식
④ 원시건축비에 의한 방식

🏛 해설
구축물의 경우, [구축물의 재건축비 표준단가]를 활용한 간이평가방식, 회계장부에 의한 피해액 산정 방식, 최초건축비 확인이 가능한 경우의 원시건축비에 의한 방식, 그리고 수리비에 의한 방식이 있다.

정답 | 74 ② 75 ④ 76 ④ 77 ④ 78 ④

79 화재건수 결정에 대한 설명으로 틀린 것은? (단, 화재조사 및 보고규정을 적용한다.)

① 동일범이 아닌 각기 다른 사람에 의한 방화는 동일 대상물에서 발화했더라도 각각 별건의 화재로 한다.
② 동일 소방대상물에서 누전점이 동일한 누전에 의한 발화점이 2개소 이상인 화재는 2건의 화재로 한다.
③ 화재범위가 2개소 이상의 관할구역에 걸친 화재에 대해서는 발화 소방대상물의 소재지를 관할하는 소방서에서 1건의 화재로 한다.
④ 동일 소방대상물에서 지진에 의한 다발화재로 발화점이 2개소 있는 화재는 1건의 화재로 한다.

📖 **해설**
동일 소방대상물에서 누전점이 동일한 누전에 의한 발화점이 2개소 이상인 화재는 1건의 화재로 판단한다.

80 건물의 동수산정에 있어서 동일동(1동)으로 간주하지 않는 것은? (단, 화재조사 및 보고규정을 적용한다.)

① 주요구조부가 하나로 연결되어 있는 경우
② 건물의 외벽을 이용하여 실을 만들어 작업실 용도로 사용하고 있는 경우
③ 구조에 관계없이 지붕 및 실이 하나로 연결되어 있는 경우
④ 독립된 건물과 건물 사이에 차광막 덮개를 설치하고, 그 밑을 통로로 사용하는 경우

📖 **해설**
독립된 건물과 건물 사이에 차광막 덮개를 설치하고, 그 밑을 통로로 사용하는 경우는 다른 동으로 본다.

📌 작업장과 작업장 사이에 조명유리 등으로 비막이를 설치하여 지붕과 지붕이 연결되어 있는 경우 별개의 동

제5과목 화재조사관계법규

81 「소방기본법」에서 강제처분의 내용이다. 바르지 않은 것은?

① 소방대장은 불이 번지는 것을 막기 위하여 필요할 때에는 불이 번질 우려가 있는 소방대상물 및 토지의 처분 할 수 있다.
② 소방서장은 소방활동을 위하여 긴급하게 출동할 때에는 소방자동차의 통행에 방해가 되는 주차된 차량을 이동시킬 수 있다.
③ 소방대장은 사람을 구출하기 위하여 긴급하다고 인정할 때에는 소방대상물 또는 토지 외의 소방대상물과 토지를 처분할 수 있다.
④ 소방본부장은 소방활동을 위하여 긴급하게 출동할 때에는 소방자동차의 통행에 방해가 되는 정차된 차량을 이동하도록 소유자를 찾아 안내한다.

📖 **해설**
소방본부장, 소방서장 또는 소방대장은 소방활동을 위하여 긴급하게 출동할 때에는 소방자동차의 통행과 소방활동에 방해가 되는 주차 또는 정차된 차량 및 물건 등을 제거하거나 이동시킬 수 있다.

강제처분 「소방기본법」

① 대상	소방본부장, 소방서장 또는 소방대장은 사람을 구출하거나 불이 번지는 것을 막기 위하여 필요할 때에는 화재가 발생하거나 불이 번질 우려가 있는 소방대상물 및 토지를 일시적으로 사용하거나 그 사용의 제한 또는 소방활동에 필요한 처분을 할 수 있다.
② 대상 외	소방본부장, 소방서장 또는 소방대장은 사람을 구출하거나 불이 번지는 것을 막기 위하여 긴급하다고 인정할 때에는 제1항에 따른 소방대상물 또는 토지 외의 소방대상물과 토지에 대하여 제1항에 따른 처분을 할 수 있다.
③ 방해물 제거·이동	소방본부장, 소방서장 또는 소방대장은 소방활동을 위하여 긴급하게 출동할 때에는 소방자동차의 통행과 소방활동에 방해가 되는 주차 또는 정차된 차량 및 물건 등을 제거하거나 이동시킬 수 있다.

정답 | 79 ② 80 ④ 81 ④

④ 기관 협조	소방본부장, 소방서장 또는 소방대장은 제3항에 따른 소방활동에 방해가 되는 주차 또는 정차된 차량의 제거나 이동을 위하여 관할 지방자치단체 등 관련 기관에 견인차량과 인력 등에 대한 지원을 요청할 수 있고, 요청을 받은 관련 기관의 장은 정당한 사유가 없으면 이에 협조하여야 한다.
⑤ 비용 지급	시·도지사는 제4항에 따라 견인차량과 인력 등을 지원한 자에게 시·도의 조례로 정하는 바에 따라 비용을 지급할 수 있다.

참고

①항과 ②항의 구분 방법
①항은 화재발생건물에 인접하여 직접적 영향을 주는 장소를 대상으로 한다.
②항은 ①항보다 더 넓은 지역적 의미를 함의한다.

82 다음은 「소방의 화재조사에 관한 법률」상 화재조사관 시험에 관한 내용이다. 빈칸에 알맞은 것은?

소방청장이 영 제5조 제1항 제1호의 화재조사에 관한 시험(이하 "자격시험"이라 한다)을 실시하는 경우에는 시험의 과목·일시·장소 및 응시 자격·절차 등을 시험 실시 (   )전까지 소방청의 인터넷 홈페이지에 공고해야 한다.

① 30일   ② 20일
③ 10일   ④ 5일

해설
화재조사에 관한 시험은 1달 전에 공고해야 한다.

83 「소방의 화재조사에 관한 법령」상 소방청장이 실시하는 화재조사에 관한 시험의 응시자격에 대한 내용이다. 다음 (   ) 안에 알맞은 것은?

㉠ 화재조사관 양성을 위한 전문교육을 이수한 사람
㉡ 소방청장이 인정하는 외국의 화재조사 관련 기관에서 (   )주 이상 화재조사에 관한 전문교육을 이수한 사람

① 15   ② 12
③ 10   ④ 8

해설
화재조사에 관한 시험 응시자격은 8주 이상 화재조사에 관한 전문교육 이수자이다.

84 「형법」상, 과실로 인하여 사람이 주거로 사용하거나 사람이 현존하는 건조물, 기차, 전차 또는 광갱을 소훼한 자에 대한 벌금기준으로 옳은 것은?

① 1,500만 원 이하의 벌금
② 2,500만 원 이하의 벌금
③ 3,500만 원 이하의 벌금
④ 4,500만 원 이하의 벌금

해설
실화

대상	처벌
• 과실로 현주·공용건조물방화에 기재한 물건 또는 타인 소유인 일반건조물방화에 기재한 물건을 불태운 자 • 과실로 자기 소유인 일반건조물·일반물건 방화에 기재한 물건을 불태워 공공의 위험을 발생하게 한 자도 제1항의 형에 처한다. 예 과실로 인하여 사람이 주거로 사용하거나 사람이 현존하는 건조물, 기차, 전차 또는 광갱을 소훼한 자	1천500만 원 이하의 벌금

85 「형법」상의 진화방해에 명시된 "진화용의 시설 또는 물건"에 대한 설명 중 옳은 것은?

① 처음부터 소방용으로 제작되지 않아도 된다.
② 진화용 시설 또는 물건은 누구의 소유이건 그 소유관계를 불문한다.
③ 일반통신시설은 진화용 시설 또는 물건에 포함된다.
④ 소방자동차는 진화용 시설 또는 물건에 속하지 않는다.

해설
진화방해는 화재 시라는 행위상황에 해당되므로 소방용으로 제작된 소방자동차, 시설, 물건 등이며, 일반통신시설은 해당되지 않는다. 또한, 진화용 시설 또는 물건은 소유관계 불문하고 진화방해를 하여서는 안 된다.

정답 | 82 ① 83 ④ 84 ① 85 ②

86 「형법」상 진화방해에 대한 벌칙 기준 중 다음 ( ) 안에 알맞은 것은?

> 화재에 있어서 진화용의 시설 또는 물건을 은닉 또는 손괴하거나 기타 방법으로 진화를 방해한 자는 ( )년 이하의 징역에 처한다.

① 10   ② 7
③ 5   ④ 3

🔍 **해설**
진화방해 · 실화 · 업무상실화의 처벌 요약 비교

방화 종류	징역	금고	벌금(만원)
진화방해	10년 이하		
실화			1.5천 이하
업무상실화, 중실화		3년 이하	2천 이하

87 「형법」상 방화와 실화의 죄 중 현주건조물 등 방화로 분류되지 않는 것은?

① 사람이 현존하는 자동차에 대한 방화
② 건조물 등 내부에 사람이 현존하는 대상물에 대한 방화
③ 우사 측면에 접해 있으며 사람이 주거로 사용하고 있는 가옥에 대한 방화
④ 사람이 일상생활의 장소로 사용하지 않고 내부에 사람이 없는 컨테이너박스에 대한 방화

🔍 **해설**
현주건조물 등에의 방화죄는 사람이 주거로 사용하거나 사람이 현존하는 대상에 불을 지르는 범죄이다.

88 공용건조물 등에의 방화죄 대상물이 아닌 것은?

① 건조물   ② 선박
③ 임야   ④ 지하채굴시설

🔍 **해설**
공용건조물 등 방화 「형법」

암기법 건기에 전자산업은 순(선)항하지

불을 놓아 공용으로 사용하거나 공익을 위해 사용하는 건조물, 기차, 전차, 자동차, 선박, 항공기, 지하채굴시설을 불태운 자는 무기 또는 3년 이상의 징역에 처한다.

89 「제조물 책임법」상 제조상의 결함에 해당하는 것은?

① 제조업자의 제조물에 대한 제조 · 가공상의 주의의무의 이행 여부와 관계없이 제조물이 원래 의도한 설계와 다르게 제조 · 가공됨으로써 안전하지 못한 경우
② 제조사가 합리적인 대체 설계를 채용하였더라면 피해나 위험을 줄이거나 피할 수 있었음에도 대체 설계를 채용하지 아니하여 당해 제조물이 안전하지 못한 경우
③ 제조업자가 합리적인 설명 · 지시 · 경고 기타의 표시를 하였더라면 당해 제조물에 의하여 발생될 수 있는 피해나 위험을 줄이거나 피할 수 있었음에도 이를 하지 않은 경우
④ 제조업자가 물류 · 유통과정에서 발생할 수 있는 위험을 인지하지 못하여 제조물의 파손을 초래한 경우

🔍 **해설**
제2조 제2항 정의(제조상 결함) 「제조물 책임법」 참조
① 제조상의 결함
② 설계상의 결함
③ 표시상의 결함
④ 제조상 결함에 해당 없음

90 「제조물 책임법」상 손해배상을 지는 자가 손해배상책임을 면하는 기준 중 틀린 것은?

① 제조물의 결함이 제조업자가 해당 제조물의 결함이 발생할 당시의 법령이 정하는 기준을 준수함으로써 발생한 사실을 입증한 경우
② 원재료나 부품의 경우에는 그 원재료나 부품을 사용한 제조물 제조업자의 설계 또는 제작에 관한 지시로 인하여 결함이 발생하였다는 사실을 입증한 경우
③ 제조업자가 해당 제조물을 공급하지 아니하였다는 사실을 입증한 경우
④ 제조업자가 해당 제조물을 공급한 당시의 과학 · 기술수준으로는 결함의 존재를 발견할 수 없었다는 사실을 입증한 경우

정답 | 86 ①   87 ④   88 ③   89 ①   90 ①

해설
해당 제조물을 제조한 당시의 법령이 아니라 공급한 당시의 법령이다.

참고

면책사유「제조물 책임법」

`암기법` 공과법원

1. 제조업자가 해당 제조물을 **공급**하지 아니하였다는 사실
2. 제조업자가 해당 제조물을 공급한 당시의 **과학·기술** 수준으로는 결함의 존재를 발견할 수 없었다는 사실
3. 제조물의 결함이 제조업자가 해당 제조물을 공급한 당시의 **법령**에서 정하는 기준을 준수함으로써 발생하였다는 사실
4. **원**재료나 부품의 경우에는 그 원재료나 부품을 사용한 제조물 제조업자의 설계 또는 제작에 관한 지시로 인하여 결함이 발생하였다는 사실

91 과도한 문어발식 콘센트 사용으로 인하여 발생한 전기화재로 인하여, 구입한 지 5년 된 세탁기가 소손되었다. 이 소손에 대하여「제조물 책임법령」상 손해배상책임에 관한 설명으로 옳은 것은?

① 세탁기 설계상 결함으로 손해배상 책임은 세탁기 설계자가 부담한다.
② 세탁기 개발과정상의 결함으로 손해배상 책임은 제품 개발자가 부담한다.
③ 세탁기 소유자의 사용상 문제로 손해배상 책임은 발생하지 않는다.
④ 세탁기 제조상 결함으로 손해배상책임은 세탁기 제조사가 부담한다.

해설
과도한 문어발식 콘센트 사용으로 콘센트 허용전류 이상을 사용하였다면 사용자 부주의 요인으로 세탁기 제조사의 제조물책임은 발생하지 않는다.

92 「제조물 책임법」상 손해배상의 청구권은 제조업자가 손해를 발생시킨 제조물을 공급한 날부터 몇 년 이내에 행사하여야 하는가?

① 3 ② 5
③ 7 ④ 10

해설
소멸시효 등

① 청구권 소멸시효	손해배상의 청구권은 피해자 또는 그 법정대리인이 다음 사항을 <u>모두 알게 된 날부터 3년간</u> 행사하지 아니하면 시효의 완성으로 소멸한다. • 손해 • 손해배상책임을 지는 자
② 청구권 행사기간	손해배상의 청구권은 제조업자가 손해를 발생시킨 <u>제조물을 공급한 날부터 10년</u> 이내에 행사하여야 한다.

`암기법` 모알 3년, 제공 10년

93 「제조물 책임법」에 따른 손해배상의 청구권은 피해자 또는 그 법정대리인이 손해, 손해배상 책임을 지는 자를 모두 알게 된 날부터 몇 년간 행사하지 아니하면 시효의 완성으로 소멸하는가?

① 3 ② 5
③ 7 ④ 10

해설
「제조물 책임법」제7조 소멸시효 등 제2항으로 손해를 발생시킨 제조물 공급일로부터 10년 이내 행사해야 한다.

94 「화재로 인한 재해보상과 보험가입에 관한 법령」상의 특수건물로 옳은 것은?

① 학원으로 사용하는 부분의 바닥면적 합계가 1,000제곱미터 이상인 건물
② 바닥면적 합계가 1,500제곱미터 이상인 병원
③ 관광숙박업으로 사용하는 부분의 바닥면적합계가 2,000제곱미터 이상인 숙박업소
④ 「식품위생법령」상 단란주점으로 사용하는 부분의 바닥면적 합계가 2,000제곱미터 이상인 단란주점

정답 | 91 ③ 92 ④ 93 ① 94 ④

💡 **해설**
제2조 특수건물 「화재로 인한 재해보상과 보험가입에 관한법률 시행령」
① 학원 : 바닥면적의 합계가 2,000제곱미터 이상인 건물
② 병원급 의료기관 : 연면적 합계가 3,000제곱미터 이상인 병원
③ 숙박업소 : 연면적 합계가 3,000제곱미터 이상인 병원

95 「화재보험법령」상 손해보험회사가 운영하는 특약부화재보험에 가입하여야 하는 특수건물의 기준으로 옳은 것은?

① 노래연습장업으로 사용하는 부분의 바닥면적의 합계가 1,000m² 이상인 건물
② 학원으로 사용하는 부분의 바닥면적의 합계가 1,000m² 이상인 건물
③ 병원급 의료기관으로 사용하는 건물로서 연면적의 합계가 2,000m² 이상인 건물
④ 관광숙박업으로 사용하는 건물로서 연면적의 합계가 3,000m² 이상인 건물

💡 **해설**
제2조 특수건물 「화재로 인한 재해보상과 보험가입에 관한 법률 시행령」

면적	대상
바닥면적 2,000m² 이상	학원, 게임제공업, 인터넷컴퓨터게임시설제공업, 노래연습장업, 휴게음식점영업, 일반음식점영업, 단란주점영업, 유흥주점영업, 공유주방 운영업, 목욕장업, 영화상영관
바닥면적 3,000m² 이상	숙박업, 대규모 점포, 도시철도의 역사 및 역 시설
연면적 3,000m² 이상	병원급 의료기관, 관광숙박업, 공연장, 방송사업목적 건물, 농수산물도매시장 및 민영농수산물도매, 학교, 공장
면적 기준 없음	공동주택으로서 16층 이상의 아파트 및 부속건물, 11층 이상인 건물, 실내사격장

96 「소방기본법령」상 소방활동에 필요한 사람 외의 사람이 소방활동구역을 출입하였을 때 부과되는 과태료 기준은?

① 100만 원 이하의 과태료
② 300만 원 이하의 과태료
③ 200만 원 이하의 과태료
④ 500만 원 이하의 과태료

💡 **해설**
「소방기본법」에 의거 소방활동에 필요한 사람 외의 사람이 소방활동구역을 출입한 자는 200만 원 이하의 과태료를 부과한다.

97 「소방기본법」상 화재, 재난·재해, 그 밖의 위급한 상황이 발생한 현장에 소방활동구역을 정하여 소방활동에 필요한 사람으로서 대통령령으로 정하는 사람 외에는 그 구역에 출입하는 것을 제한할 수 있는 자는?

① 시·도지사
② 행정안전부장관
③ 시장·군수
④ 소방대장

💡 **해설**
제23조 소방활동구역의 설정 「소방기본법」상 소방대장은 소방현장에서 지휘관으로 소방활동구역 출입 제한은 소방 현장에서 행위이므로 소방대장이 제한할 수 있다.

98 「형사소송법」상 검사 또는 사법경찰관이 피의자를 신문하기 전 고지사항으로 틀린 것은?

① 일체의 진술을 하지 아니하거나 개개의 질문에 대하여 진술하지 아니할 수 있다는 것
② 진술을 하지 아니하더라도 불이익을 받지 아니한다는 것
③ 신문을 받을 때에는 변호인을 참여하게 하는 등 변호인의 조력을 받을 수 있다는 것
④ 진술을 거부할 권리를 포기하고 행한 진술을 법정에서 유죄의 증거로 사용될 수 없다는 것

정답 | 95 ④ 96 ③ 97 ④ 98 ④

📖 **해설**
제244조의3 진술거부권 등의 고지 「형사소송법」

암기법 아불유변

1. 일체의 진술을 하지 아니하거나 개개의 질문에 대하여 진술을 하지 아니할 수 있다는 것
2. 진술을 하지 아니하더라도 불이익을 받지 아니한다는 것
3. 진술을 거부할 권리를 포기하고 행한 진술은 법정에서 유죄의 증거로 사용될 수 있다는 것
4. 신문을 받을 때에는 변호인을 참여하게 하는 등 변호인의 조력을 받을 수 있다는 것

99 「실화책임에 관한 법률」상 손해배상액 경감의 고려사항으로 옳지 않은 것은?

① 화재의 원인과 규모
② 소화수에 의한 수손 피해의 정도
③ 배상의무자 및 피해자의 경제상태
④ 피해 확대를 방지하기 위한 실화자의 노력

📖 **해설**
소화수에 의한 수손 피해의 정도는 해당 없다.

참고
제3조 손해배상액의 경감 「실화책임에 관한 법률」
1. 화재의 원인과 규모
2. 피해의 대상과 정도
3. 연소 및 피해 확대의 원인
4. 피해 확대를 방지하기 위한 실화자의 노력
5. 배상의무자 및 피해자의 경제상태
6. 그 밖에 손해배상액을 결정할 때 고려할 사정

100 「소방기본법령」상 손실보상심의위원회(이하 '보상위원회'라 한다)에 관한 설명으로 틀린 것은?

① 위촉되는 위원의 임기는 3년으로 하며, 연임할 수 없다.
② 보상위원회의 사무를 처리하기 위하여 보상위원회에 간사 1명을 둔다.
③ 보상위원회는 위원장 1명을 포함하여 5명 이상 7명 이하의 위원으로 구성한다.
④ 고등교육법에 따른 학교에서 행정학을 가르치는 부교수 이상으로 5년 이상 재직한 사람은 보상위원회 위원이 될 수 있다.

📖 **해설**
손실보상심의위원회의 설치 및 구성

구분	내용
① 설치배경	소방청장등은 손실보상청구 사건을 심사·의결하기 위하여 필요한 경우 각각 손실보상심의위원회를 구성·운영
② 구성인원	위원장 1명을 포함하여 5명 이상 7명 이하의 위원으로 구성
③ 위원 자격	• 소속 소방공무원 • 판사·검사 또는 변호사로 5년 이상 근무한 사람 • 학교에서 법학 또는 행정학을 가르치는 부교수 이상으로 5년 이상 재직한 사람 • 손해사정사 • 소방안전 또는 의학 분야에 관한 학식과 경험이 풍부한 사람
④ 위원 임기	2년
⑤ 간사 1명	소속 소방공무원 중에서 소방청장등이 지명

정답 | 99 ② 100 ①

기사 기출유형 복원문제 2025년 3회

제1과목 화재조사론

01 화재조사관의 현장 안전관리에 관한 내용으로 틀린 것은?

① 화재조사관은 활동 시에 화재진압 인력과 협력해야 한다.
② 화재조사관은 화재현장 지휘관에게 알리지 않고 건물 내 다른 곳으로 이동해서는 안 된다.
③ 화재가 진압된 건물에서 조사를 수행할 때 불이 다시 날 수 있다는 것을 염두에 두어야 한다.
④ 화재가 완전히 진압되기 전에 화재조사관은 지휘관의 허가를 받지 않아도 건물에 들어가 조사를 할 수 있다.

🛢 **해설**
화재현장에서 지휘관은 소방의 모든 인적·물적 자원을 통제 및 지휘한다. 화재가 완전히 진압되어 지휘관이 철수하기 전에는 화재조사관도 마찬가지로 지휘관의 통제에 따라야 한다.

02 화재원인을 규명하기 위한 과학적 방법의 절차로 옳은 것은?

① 필요성 인식 → 문제정의 → 자료수집 → 자료분석 → 가설수립 → 가설검증 → 원인 판정
② 문제정의 → 필요성 인식 → 자료수집 → 자료분석 → 가설수립 → 가설검증 → 원인 판정
③ 자료수집 → 문제정의 → 자료분석 → 가설수립 → 가설검증 → 필요성 인식 → 원인 판정
④ 필요성 인식 → 가설수립 → 문제정의 → 자료수집 → 자료분석 → 가설검증 → 원인 판정

🛢 **해설**
과학적 화재조사방법(출처 : NFPA 921)

암기법 인정 자료 수분 가설 수검 원

필요성 인식 → 문제의 정의 → 자료 수집 → 자료 분석 → 가설 수립 → 가설 검증 → 화재원인 결정

03 증거물 수집 용기와 시료의 적응성을 연결한 것으로 틀린 것은?

① 유리병 : 고체, 액체
② 종이상자 : 고체
③ 금속캔 : 고체, 액체
④ 비닐 팩 : 액체

🛢 **해설**
비닐팩은 전선 조각이나 칩 등 가볍고 작은 고체 증거물을 수집할 때 사용한다. 따라서 액체 시료의 수집용으로는 부적절하다.

04 다음 중 일반 건축물 화재현장에서 발생할 수 있는 특수 현상으로 옳은 것은?

① 플래임 오버(flame over)
② 보일 오버(boil over)
③ 슬롭 오버(slop over)
④ 프로스 오버(froth over)

🛢 **해설**
플래임오버는 복도나 통로에서 벽과 바닥의 가연물이 화염을 따라 빠르게 확산되는 현상으로 건축물 화재현장 성장기 시기 발생할 수 있는 현상이다.
②, ③, ④ 위험물화재 특수현상으로 B급 화재에서만 발생한다.

정답 | 01 ④ 02 ① 03 ④ 04 ①

05 물체의 분자 운동, 진동, 전자의 움직임 등에 의해 온도가 높은 쪽의 에너지가 저온 쪽으로 열전달하는 형태와 관계되는 법칙으로 적합한 것은?

① 피크(Fick)의 법칙
② 플랭크(Planck)의 법칙
③ 푸리에(Fourier)의 법칙
④ 뉴튼(Newton)의 법칙

해설
푸리에(Fourier)의 법칙
- 전도에 의한 열전달 법칙으로, 온도 구배($\Delta T/L$)에 비례하여 열이 높은 쪽에서 낮은 쪽으로 전달된다는 원리이다.
- $\dot{q} = kA \dfrac{T_2 - T_1}{L}$

06 다음 표에 있는 가스를 위험도가 큰 것부터 순서대로 나열한 것으로 옳은 것은?

종류	폭발하한계(vol%)	폭발상한계(vol%)
수소	4.0	75.0
산화에틸렌	3.0	80.0
이황산탄소	1.25	44.0
아세틸렌	2.5	81.0

① 아세틸렌>산화에틸렌>이황산탄소>수소
② 아세틸렌>산화에틸렌>수소>이황산탄소
③ 이황산탄소>아세틸렌>수소>산화에틸렌
④ 이황산탄소>아세틸렌>산화에틸렌>수소

해설

암기법 이아 산수~

이황산탄소(34.2)>아세틸렌(31.4)>산화에틸렌(25.67)>수소(17.75)

참고
위험도
$H(위험도) = \dfrac{U(연소상한계) - L(연소하한계)}{L(연소하한계)}$
- 수소 : $\dfrac{75 - 4}{4} = 17.75$
- 산화에틸렌 : $\dfrac{80 - 3}{3} = 25.67$
- 이황산탄소 : $\dfrac{44 - 1.25}{1.25} = 34.2$
- 아세틸렌 : $\dfrac{81 - 2.5}{2.5} = 31.4$

07 100m 높이의 단일 구획 건물에 실내 온도는 30℃(303K)이고, 실외 온도는 0℃(273K)로 일정하다. 이때 중성대(Neutral Pressure Plane) 높이는 바닥에서 얼마인지 계산하시오. (단, 개구부는 상하로 동일 분포이다.)

① 46.4m
② 47.4m
③ 48.1m
④ 49.1m

해설
건물에서 중성대 높이
$\dfrac{h}{H-h} = \left[\dfrac{A_2}{A_1}\right]^2 \times \left[\dfrac{T_o}{T_i}\right]$

여기서, h : 바닥에서 중성대 높이(m)
H : 건물 높이(m)
T_o : 외부온도(K)
T_i : 내부온도(K)
A_1 : 흡입구 면적(m²)
A_2 : 배출구 면적(m²)

문제에서 개구부의 상하가 동일하므로 $A_1 = A_2$, 주어진 조건을 대입하면 다음과 같다.

$\dfrac{h}{100-h} = (1)^2 \times \dfrac{273}{303}$

$303h = 273(100-h)$
$303h = 27,300 - 273h$
$576h = 27,300$
$h = 47.39$

참고
건물에서의 중성대 높이(온도만을 고려)
$h = \left[\dfrac{T_0}{T_i + T_o}\right]H$

여기서, h : 중성대 높이(m), H : 건물 높이(m)
T_o : 외부온도(K), T_i : 내부온도(K)

08 다음 가연성 기체 중 연소범위가 가장 넓은 것은?

① 아세틸렌
② 메탄
③ 에탄
④ 프로판

해설
연소범위가 넓을수록, 연소하한계가 낮을수록 폭발의 위험성이 높아 위험하다는 의미이다. 메탄, 에탄, 프로판의 경우 연소범위가 낮아 연료로 사용한다. 따라서 연소범위를 모른다고 하더라도 아세틸렌을 선택할 수 있다.
① 아세틸렌 : 연소범위=2.5~81%
② 메탄 : 연소범위=5.0~15%

정답 | 05 ③ 06 ④ 07 ② 08 ①

③ 에탄 : 연소범위 = 3.0~12.4%
④ 프로판 : 연소범위 = 2.1~9.5%

09 목재의 타는 속도(연소속도)에 영향을 미치는 인자가 아닌 것은?

① 목재의 수령
② 목재의 밀도
③ 목재의 종류
④ 표면적 대 질량의 비율

📖 **해설**

목재의 수령은 나무가 몇 년 동안 자랐는지를 나타내는데 연소속도에 직접적인 영향은 미치지 않는다.
② 목재의 밀도 : 밀도가 높으면 목재는 단단하여 산소가 침투가 어려워 연소가 늦다.
③ 목재의 종류 : 침엽수는 빠르게 타고, 딱딱한 활엽수는 느리게 타는 경향이 있다.
④ 표면적 대 질량의 비율이 높으면 산소와 접촉하는 면적이 넓어 연소가 빠르다.

10 감광계수가 10(m^{-1})일 때 상황에 대한 설명으로 옳은 것은?

① 화재초기 적은 연기농도로 연기감지기 작동 농도이다.
② 건물 내 숙지자의 피난이 어려울 정도의 농도이다.
③ 화재 최성기 때의 연기농도이다.
④ 거의 앞이 보이지 않을 정도의 농도이다.

📖 **해설**

감광계수 10은 가시거리 0.2~0.5m 정도로 최성기 때의 연기 농노이다.

> **참고**
>
> **감광계수에 따른 가시거리**
>
> | 감광계수(m^{-1}) | 가시거리(m) | 상황 |
> |---|---|---|
> | 0.1 | 20~30 | 화재초기 연기감지기 작동 |
> | 0.3 | 5 | 건물 내 숙지자의 피난 지장 |
> | 0.5 | 3 | 어두움을 느낄 정도 |
> | 1 | 1~2 | 거의 앞이 보이지 않을 정도 |
> | 10 | 0.2~0.5 | 화재 최성기 때의 연기농도 |

11 비등액체팽창증기폭발(BLEVE) 현상의 발생 메커니즘 순서로 포함되지 않는 것은?

① 화이어텍
② 액격현상
③ 연성파괴
④ 취성파괴

📖 **해설**

블레비(BLEVE ; Boiling Liquid Expanding Vapour Explosion)는 액화가스 주위에서 화재 발생 시 탱크강판 부분 가열되어 탱크가 파열되고, 액화가스가 급격히 팽창 분출하여 폭발하는 현상이다.
• 발생 메커니즘 : 화재 → 액온상승 및 압력증가 → 연성 파괴 → 액격현상 → 취성파괴 → 내용물의 폭발적 분출

12 화재패턴 중 폭열에 대한 설명으로 가장 옳은 것은?

① 단일 재료에 의해 만들어진 자연석도 폭열이 발생한다.
② 가열되는 경우에 다른 열팽창 정도로 인해 폭열이 발생하며, 냉각되는 과정에서는 발생하지 않는다.
③ 구획실의 바닥면에서 폭열이 발생하는 경우 액체 가연물이 연소된 흔적으로 추정할 수 있다.
④ 실제 현장에서의 폭열은 열을 받은 부위가 중력에 의해 떨어지며 소음이 발생하지 않는다.

📖 **해설**

단일 재료의 자연석도 고온에 노출되면 내부 응력이나 수분의 급격한 기화로 폭열할 수 있다.
② 폭열은 냉각되는 과정에서도 열응력, 열전도율 차이로 발생한다.
③ 바닥면 폭열이 액체 가연물 외에도 일반 가연물에서도 발생할 수 있다.
④ 폭열은 일반적으로 소음과 함께 발생한다.

13 건축물에서 화재가 발생하여 배연설비가 작동된 상태로 정밀한 화재감식을 위해 전문위원으로 요청할 수 있는 사람으로 가장 적절한 사람은?

① 전기공학자
② 기계공학자
③ 건축기술사
④ 화학공학자

정답 | 09 ① 10 ③ 11 ① 12 ① 13 ③

💡 **해설**
전기공학자, 기계공학자, 화학공학자는 특정 분야(전기, 기계, 화학) 화재 조사에는 적합할 수 있으나, 건축물의 배연설비 작동과 관련된 구조·설계·시공적 판단은 건축기술사가 가장 적합하다.

14 「소방의 화재조사에 관한 법령」상 화재조사 전담부서에서 갖추어야 할 장비 중 조명기기로 옳은 것은?

① 공구세트
② 휴대용 열풍기
③ 디지털탄화심도계
④ 전원공급장치(500A 이상)

💡 **해설**
전원공급장치(500A 이상)는 조명기기이며, 공구세트와 휴대용 열풍기는 발굴용구, 디지털탄화심도계는 감식기기다.

참고

전담부서의 장비와 시설 「소방의 화재조사에 관한 법률 시행규칙」[별표]

구분	기자재명 및 시설 규모
발굴용구 (8종)	공구세트, 전동 드릴, 전동 그라인더(절삭·연마기), 전동 드라이버, 이동용 진공청소기, 휴대용 열풍기, 에어컴프레서, 전동 절단기
감식기기 (16종)	절연저항계, 멀티테스터기, 클램프미터, 정전기측정장치, 누설전류계, 검전기, 복합가스측정기, 가스(유증)검지기, 확대경, 산업용실체현미경, 적외선열상카메라, 접지저항계, 휴대용디지털현미경, 디지털탄화심도계, 슈미트해머, 내시경현미경
조명기기 (5종)	이동용 발전기, 이동용 조명기, 휴대용 랜턴, 헤드랜턴, 전원공급장치(500A 이상)

15 천장제트(ceiling jet)에 대한 설명으로 옳지 않은 것은?

① 화재는 열을 발생시키며, 뜨거운 공기와 연기는 주변보다 밀도가 낮아 천장으로 상승한다.
② 천장에 도달한 뜨거운 공기는 더 이상 위로 갈 수 없으므로 수평으로 퍼져나간다.
③ 천장 제트는 천장 근처의 상대적으로 차가운 공기와 혼합되면서 점차 냉각된다.
④ 천장 제트는 천장 아래 두꺼운 층으로 형성되며, 천장에서 멀어질수록 점차 얇아진다.

💡 **해설**
천장 제트는 천장 아래 얇은 층으로 형성되며, 천장에서 멀어질수록 점차 두꺼워진다.

16 열기둥에 대한 설명으로 옳지 않은 것은?

① 열기둥의 하부에는 화염부, 상부에는 고온가스부가 존재한다.
② 열기둥의 하부에서 대기의 흐름은 주변의 대기가 열기둥을 향해 모여든다.
③ 열기둥의 상부에서 대기의 흐름은 열기둥으로부터 주변으로 확산된다.
④ 전체적인 열기둥의 형상은 가운데가 볼록하고, 위아래가 오목한 마름모 형태이다.

💡 **해설**
열기둥은 화염에서 발생한 고온의 연기와 가스가 부력에 의해 상승하면서 주변 공기를 끌어들이는 흐름이다. 전체적인 열기둥의 형상은 가운데가 오목하고, 위아래가 넓은 형태이다.

17 발화부 주변의 일반적인 연소현상에 대한 설명으로 틀린 것은?

① 발화부를 향해 소락되거나 도괴된다.
② 발화부와 가까울수록 탄화심도가 깊다.
③ 목재표면에 발생하는 균열은 발화부와 가까울수록 골이 넓고 굵어진다.
④ 발화부는 비교적 밝은색을 띠며 발화부와 멀어질수록 어두운 빛을 나타낸다.

💡 **해설**
목재표면에 발생하는 균열은 발화부와 가까울수록 골이 넓고 깊어진다. '굵어진다'는 표현이 적절치 않다.

18 다음 물질 중 반도체와 가장 관계없는 것은?

① 은(Ag)
② 탄소(C)
③ 산화구리(Cu_2O)
④ 니크롬선(Nichrome wire)

해설
① 은(Ag) : 구리(Cu), 알루미늄(Al)과 함께 대표적인 도체로, 반도체와는 무관하다.
② 탄소(C) : 다이아몬드 구조에서는 절연체, 흑연이나 그래핀 구조에서는 도체, 탄소 나노튜브 등은 반도체 성질을 나타낸다.
③ 산화구리(Cu_2O) : 화합물 반도체의 대표 예로, 광센서·태양전지 재료로 사용된다.
④ 니크롬선(Nichrome wire) : 전기저항이 큰 합금 도체로 발열체에 사용된다. 반도체로 분류되지는 않지만, 은(Ag)과 달리 단순 도체로서의 대표성은 낮다.

19 스테판-볼츠만 법칙에 관한 설명으로 옳지 않은 것은?

① 스테판-볼츠만 상수(σ)는 약 5.67×10^{-8}W/m^2K^4 이다.
② 물체가 방출하는 열복사의 양은 그 물체의 절대온도에 따라 달라지며, 특히 온도의 4제곱에 비례한다.
③ 복사로 인한 열유속 ($\overset{..}{q}$)의 단위는 W/m^2K^4이다.
④ 물체의 표면특성에 따라 0에서 1사이의 방사율을 가지고, 흑체는 방사율이 1이 된다.

해설
복사로 인한 열유속 ($\overset{..}{q}$)의 단위는 W/m^2 이다.

20 다음 물질을 발화점이 높은 순서에서 낮은 순서 순으로 바르게 나열한 것은?

무명, 역청탄, 셀룰로이드

① 무명 → 역청탄 → 셀룰로이드
② 무명 → 셀룰로이드 → 역청탄
③ 역청탄 → 무명 → 셀룰로이드
④ 셀룰로이드 → 무명 → 역청탄

해설
역청탄(360℃)＞무명(215℃)＞셀룰로이드(180℃) 순이다.

제2과목 화재감식론

21 그림과 같이 시간에 따른 전하의 이동에 있어서 구간별 전류는 얼마인가?

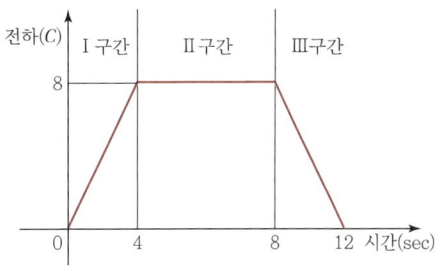

① Ⅰ구간 : 8A, Ⅱ구간 : 0A, Ⅲ구간 : -1A
② Ⅰ구간 : 8A, Ⅱ구간 : 8A, Ⅲ구간 : -2A
③ Ⅰ구간 : 2A, Ⅱ구간 : 0A, Ⅲ구간 : -2A
④ Ⅰ구간 : 2A, Ⅱ구간 : 8A, Ⅲ구간 : -1A

해설
전류(I)는 전하(Q)의 시간(t)에 대한 변화율이다.
$I = \dfrac{dQ}{dt}$

- Ⅰ구간 : $I = \dfrac{8C - 0C}{4s - 0s} = 2A$
- Ⅱ구간 : $I = \dfrac{8C - 8C}{4s - 4s} = 0A$
- Ⅲ구간 : $I = \dfrac{0C - 8C}{12s - 8s} = -2A$

22 임야화재에 큰 영향을 미치는 주요 3요소가 아닌 것은?

① 점화원
② 지형
③ 연료
④ 기후

해설
점화원은 연소의 3요소이고, 연료, 기후, 지형은 확산의 3요소이다.

참고

임야화재 확산의 3요소

암기법 ✓ 확산 연기지

- **연료** : 탈 수 있는 물질의 공급
- **기상** : 바람, 습도, 온도, 강수 등
- **지형** : 고도, 경사, 경사향, 지세 등

정답 | 18 ① 19 ③ 20 ③ 21 ③ 22 ①

23 다음 중 핸들을 약 90° 회전하면 개폐가 가능한 밸브는?

① 볼밸브(Ball valve)
② 글로브밸브(Globe valve)
③ 체크밸브(Check valve)
④ 게이트밸브(Gate valve)

🛢 해설
① 볼밸브 : 90° 회전만으로 개폐, 빠른 차단·개방 가능
② 글로브밸브 : 유량 조절 가능하지만 개폐에 여러 회전 필요
③ 체크밸브 : 유체가 한 방향으로만 흐르도록 하여 역류 시 자동으로 폐쇄
④ 게이트밸브 : 밸브 판이 유체 흐름에 직각으로 움직여 유체의 통로를 막아 개폐

24 액체 연소 촉진제가 콘크리트 바닥과 같은 다공성 물질에 흡착된 경우, 화학적으로 채취하기 위해 규조토를 바르는 시간으로 옳은 것은?

① 1~5분 ② 5~10분
③ 20~30분 ④ 5~6시간

🛢 해설
콘크리트 바닥에 스며든 휘발성 연소 촉진제는 직접 채취가 어려우므로 규조토를 발라 흡착시킨 후 약 20~30분 유지하여 채취한다. 시간이 짧으면 채취량이 부족하고, 길면 휘발 손실이 발생할 수 있다.

25 LPG 차량엔진의 구성부품 중 봄베에 부착된 충전밸브, 기체 송출밸브 및 액체 송출밸브의 색상을 순서대로 바르게 나열한 것은?

① 녹색, 적색, 황색 ② 녹색, 황색, 적색
③ 황색, 녹색, 적색 ④ 황색, 적색, 녹색

🛢 해설
LPG 봄베는 충전밸브(녹색), 기체 송출밸브(황색), 액체 송출밸브(적색)로 구성되어 있다.

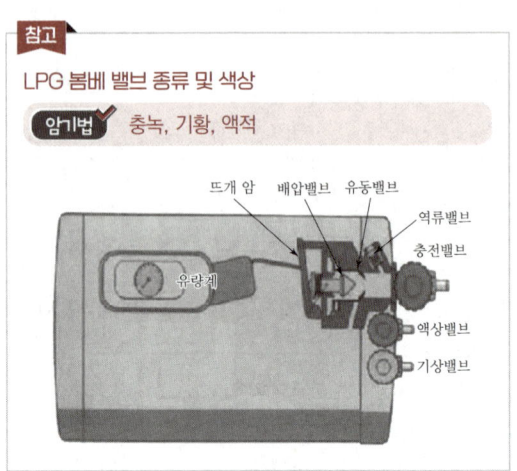

26 차량화재 이후의 차량 견인 시 주의사항 중 틀린 것은?

① 증거물 분실을 예방하기 위해 차량을 현장에서 옮기기 전에 잘 보호하도록 한다.
② 화재조사관은 사고 이후의 손상 특징을 확인하고 기록해야 한다.
③ 화재차량의 견인이나 이동 시 외부손상이 가중되지 않는 방법을 선택한다.
④ 화재차량 견인 후 증거물 제거를 위해 주변을 깨끗이 청소한다.

🛢 해설
화재차량 견인 후에도 바닥의 증거물은 사진촬영·발굴한다. 다만 주변 청소는 화재조사자의 역할이 아니다.

정답 | 23 ① 24 ③ 25 ② 26 ④

27 다음 발화원인 중 미소화원이 아닌 것은?

① 담뱃불 ② 용접불티
③ 절삭불티 ④ 가스레인지 불꽃

🪧 해설
담뱃불, 용접불티, 절삭불티, 모기향 등은 미소화원이다.

28 화학결합에 대한 설명으로 틀린 것은?

① 전자쌍이 균등하게 공유되어 있지 않은 공유결합을 비극성 공유결합이라고 한다.
② 이온 결합은 두 이온 사이의 거리가 짧고, 두 이온의 전하량이 클수록 결합력이 강하다.
③ 수소 분자처럼 두 원자가 한 쌍 또는 그 이상의 전자쌍을 공유함으로써 형성되는 결합을 공유결합이라고 한다.
④ 이온화합물의 물리적 형태는 반대로 하전 된 이온이 규칙적으로 배열된 결정성으로서 화합물의 양이온과 음이온의 전하량 합은 0이다.

🪧 해설
전자쌍이 균등하게 공유되지 않는 공유결합은 극성 공유결합이다. 비극성 공유결합은 전자쌍이 균등하게 공유되는 경우다.

29 다음 중 연소범위에 관한 설명으로 옳은 것은?

① LPG가스의 부피와 내용적을 이용하여 최대·최소 용량을 구할 수 있다.
② 확산연소의 범위는 기체(또는 증기)가 연소되는 농도 범위를 의미한다.
③ 연소범위는 압력을 받으면 좁아진다.
④ 연소범위는 온도가 상승하면 좁아진다.

🪧 해설
연소범위는 가연성 기체가 공기와 혼합되어 연소할 수 있는 농도 범위를 말한다.
① 연소범위는 부피나 용적을 산출하는 개념이 아니라, 공기 중 가연성가스의 농도 비율(%)로 표시되는 연소 가능 범위이다.
③ 압력이 증가하면 연소범위가 넓어진다.
④ 온도가 상승하면 연소반응이 촉진되어 연소범위가 넓어진다.

30 선박의 구획 및 일반배치에 대한 설명 중 틀린 것은?

① 선수부, 화물창, 기관실, 선미부로 크게 구분된다.
② 코퍼댐(cofferdam)을 두어 기관실 및 선수구역을 안전구역에서 제외한다.
③ 원유 운반선, 액화가스 운반선에서는 화물창 전후방에 코퍼댐(cofferdam)을 둔다.
④ 구획은 수밀격벽으로 막혀 물이 드나들 수 없는 하나의 독립된 공간을 뜻한다.

🪧 해설
코퍼댐(cofferdam)은 기름, 물, 가스 등 화물창에서 기관실이나 선수구역으로 직접 침입하는 것을 막기 위해 격벽 사이에 칸막이 격벽 구획을 설비하여 만든 완충공간으로 기관실이나 선수구역은 안전하게 구획된다.

31 항공기 객실 내에서의 연기로 인한 이온밀도에 변화를 감지하는 연기감지기(Smoke detector)는?

① 열감지기 ② 불꽃감지기
③ 이온화감지기 ④ 광전식감지기

🪧 해설
항공기 객실 내 연기감지기는 이온화(Ionization), 광전(Photoelectric) 방식이 있다. 이 중 이온밀도 변화를 감지하는 방식은 이온화(Ionization) 타입의 연기감지기다.

32 화학물질의 혼합발화와 관련하여 감식요령으로 틀린 것은?

① 물질의 성질, 취급의 상황, 장소의 환경조건에 대하여 조사한다.
② 혼합 물질의 재현실험은 실시하지만, 단독 물질의 발화 여부 실험은 하지 않는다.
③ 화재가 난 곳에서 존재하는 물질에 대하여 성분, 성질, 형상, 양을 관계자와 진술과 문헌·자료 등을 기초로 조사한다.
④ 혼합발화에 의한 화재는 혼합한 물질 자체가 연소하므로 증거가 소실되는 경우가 많다.

🪧 해설
각 단독 물질의 발화 여부를 실험함으로써 혼합물이 발화되는 조건을 더욱 정확히 평가할 수 있다.

정답 | 27 ④ 28 ① 29 ② 30 ② 31 ③ 32 ②

33 그림과 같은 초기 임야화재의 확산형태에 관한 설명으로 옳은 것은? (단, 그림 안의 X는 최초발화지점을 나타낸다.)

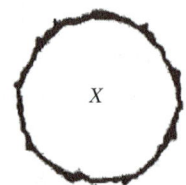

① 평지에서 무풍 상태일 때의 모습이다.
② 경사로에서 매우 강한 바람이 불 때의 모습이다.
③ 양쪽으로 경사가 있는 계곡에서 발생한 화재의 모습이다.
④ 다양한 방향과 풍속의 바람이 불어올 때의 모습이다.

🖉 해설
최초발화지점에서 원형으로 균등하게 확산된 것은 바람, 경사 등 외부 조건이 없는 평지의 무풍 상태일 때이다.

34 가스용기와 안전밸브 종류의 연결이 옳은 것은?

① 산화에틸렌 용기 – 파열판식 안전밸브
② 수소 압축가스용기 – 파열판식 안전밸브
③ 아르곤 압축가스용기 – 스프링식 안전밸브
④ LPG 용기 – 스프링식과 파열판식의 2중 안전밸브

🖉 해설
① 산화에틸렌 용기 – 가용전(가용합금식) 안전밸브
③ 아르곤 압축가스용기 – 파열판식 안전밸브
④ LPG 용기 – 스프링식 안전밸브

> 참고
> **가스용기 안전밸브의 종류**
> 〖암기법〗 L 스프, 압파, 염아산 가용, 초저온 스파2
> • LPG 용기 : 스프링식 안전밸브
> • 산소, 수소, 질소, 아르곤 등의 압축가스 용기 : 파열판식 안전밸브
> • 염소, 아세틸렌, 산화에틸렌 용기 : 가용전(가용합금식) 안전밸브
> • 초저온 용기 : 스프링식과 파열판식의 2중 안전밸브

35 화재현장에서 연기에 대한 설명으로 가장 적절하지 않은 것은?

① 연기는 시야를 감퇴시켜 피난행동 및 소화활동을 저해한다.
② 연기는 열기류가 가지는 고온 외에 사람의 생리기능에 직접영향을 주는 요인을 가지고 있다.
③ 연기는 인간의 정신적인 긴장 및 패닉현상을 유발하여 2차적인 피해를 준다.
④ 연기는 우선 윗쪽으로 확산되어 천장면에 닿으면 수직으로 하강한다.

🖉 해설
연기는 부력으로 인해 윗쪽으로 확산되어서 천장면에 닿아 수평방향으로 퍼진 후 벽면으로 하강한다.

36 의도적 지연 착화의 설명으로 틀린 것은?

① 촛불을 사용하여 양초가 다 타고난 다음 가연물에 접촉하도록 한다.
② 전기발열체에 가연물을 올려놓아 위험으로부터 도피할 시간을 획득하거나 전기 실화 화재로 위장한다.
③ 시계나 타이머를 이용하여 원하는 시간에 작동시킬 수 있다.
④ 점화 시 유증기에 의해 화상을 입는 경우가 많다.

🖉 해설
지연 착화는 실화를 위장하거나 방화범 도피시간을 갖기 위함인데, 유증기는 점화되자마자 방화범이 바로 화상을 입어 치료를 받는 중에 바로 검거되는 경우가 많다.
① 촛불은 길이와 두께에 따라 보통 4시간에서 60시간 이상까지도 지연 착화 가능하다.
② 전기발열체에 가연물을 올려놓아 지연 착화하여 실화 위장과 방화범 도피 시간을 획득할 수 있다.
③ 시계나 타이머를 이용하여 원하는 시간에 작동시켜 지연 착화하여 도피 시간을 획득할 수 있다.

37 화학물질 화재의 결과 분석기법 중 화재에 영향을 주는 가장 중요한 요소에 집중하여 분석하는 방법은?

① 연역법
② 귀납법
③ 형태학적 접근법
④ 추상적인 접근법

해설
가장 중요한 요소의 형태를 집중하여 분석하기위해서는 형태학적 접근법으로 분석한다.
① 연역법 : 일반적인 원리나 법칙에서 출발하여 특정한 결론을 이끌어내는 방법
② 귀납법 : 개별적인 사례나 관찰된 데이터를 바탕으로 일반적인 결론을 도출하는 방법
③ 형태학적 접근법 : 시스템의 구조와 형태를 분석하여 문제를 해결하는 방법
④ 추상적인 접근법 : 구체적인 사실보다는 개념적이고 이론적인 측면에서 접근하는 방법

38 다음의 화재발생요소 중 물적 요소로 볼 수 없는 것은?

① 발화원
② 가연물
③ 인간 거동
④ 산화제

해설
화재발생 물적 요소는 가연물, 산화제, 발화원이다. 인간 거동은 인적 요소에 해당된다.

39 과전류에 의한 전선의 변화에 관한 설명으로 틀린 것은?

① 통전전류가 클수록 짧은 시간에 용단된다.
② 용융된 부분과 용융되지 않은 부분의 경계가 명확하다.
③ 회로 전체 배선에 과열된 흔적이 관찰된다.
④ 용융되지 않은 전선의 표면은 산화작용에 의해 변색 산화되어 구부리면 표면의 일부가 박리되어 떨어진다.

해설
과전류에 의한 전선의 용단은 비교적 장시간 동안 열이 누적되어 발생하므로, 용융된 부분과 용융되지 않은 부분의 경계가 명확하지 않다.

40 양초를 구성하는 주요 성분이 아닌 것은?

① 파라핀
② 경화납
③ 스테아린산
④ 펜타크롤페놀

해설
펜타크롤페놀은 살충제 및 살균제로 사용되는 유기염소화합물이다. 독성이 있어 현재는 사용 제한된 물질이다.
① 파라핀 : 일반적인 양초 성분이다.
② 경화납 : 파라핀 왁스와 스테아린 왁스를 혼합하여 만든 왁스이다.
③ 스테아린산 : 양초의 지속 시간과 연소 성능을 향상시키기 위해 사용된다.

제3과목 증거물관리 및 법과학

41 화재조사 전담부서에 갖추어야 할 장비 및 시설로서 안전장비 및 발굴용구의 기자재 명으로 틀린 것은?

	발굴용구	안전장비
①	공구류	보호용 장갑
②	삽	안전모
③	뜰채	보안경
④	톱	방화복

해설
방화복이 아닌 보호용 작업복을 갖춘다.

화재조사 전담부서에 갖추어야 할 장비와 시설「소방의 화재조사에 관한 법률 시행규칙」

구분	기자재명 및 시설규모
발굴용구(8종)	공구세트, 전동 드릴, 전동 그라인더(절삭·연마기), 전동 드라이버, 이동용 진공청소기, 휴대용 열풍기, 에어컴프레서(공기압축기), 전동 절단기
안전장비(8종)	보호용 작업복, 보호용 장갑, 안전화, 안전모(무전송수신기 내장), 마스크(방진마스크, 방독마스크), 보안경, 안전고리, 화재조사 조끼

정답 | 37 ③ 38 ③ 39 ② 40 ④ 41 ④

42 일반적인 방화 현장에서 나타나는 패턴이 아닌 것은?

① U형 패턴
② 독립연소 패턴
③ 포어(pour) 패턴
④ 트레일러(trailer) 패턴

> 해설
> U형 패턴은 구획실 내벽에 플룸이 맞닿아 발생하는 흔적으로 방화의 원인으로 단정하기 어렵다.

43 물적 증거로서의 화재패턴에 관한 설명으로 옳은 것은?

① V패턴이나 포인터 및 화살패턴은 환기에 의해 형성되는 패턴이다.
② 엘리게이터(alligator) 탄화는 발화 중에 액체 위험물 촉진제가 사용되었다는 증거이다.
③ 정상연소에서 화재패턴을 형성하는 화재플룸의 온도는 발화구획실 코너에서 가장 높다.
④ 발화원이 확인되지 않은 완전연소 패턴구역의 식별에서 화재확산 방향이나 연소시간 또는 강도의 차이 규명을 위해 활용할 수 있는 화재패턴은 보호구역 및 열그림자이다.

> 해설
> ① 발화구획실과 외기 또는 공기유입구 등에 의한 공기유동로에 따라 환기 패턴이 발생한다.
> ② 엘리게이터 탄화 패턴은 연소가 지속되어 더 많은 휘발성 물질이 목재로부터 분출될 때 탄화표면이 형성되면서 탄화층이 심화되고 균열과 크랙이 발생하여 형성되는 패턴이다.
> ④ 보호구역 패턴은 보호구역이 어떤 물체에 가려져 연소생성물이 축적되지 못한 결과로 인해 형성된다. 이때 연소생성물의 축적을 방해하는 물체는 고체 또는 액체, 가연성, 불연성 물질이 될 수 있다.

44 냉온수기의 자동온도 조절장치에서 절연체의 오염에 의한 트래킹 화재가 발생한 경우 감정해야 할 증거물로 옳은 것은?

① 응축기　　② 압축기
③ 서모스탯　④ 과부하 계전기

> 해설
> **냉온수기 자동온도 조절장치의 서모스탯**
> 냉온수기 자동온도 조절장치에서 바이메탈 서모스탯의 내측 가동접점 부분과 고정접점 단자 사이에서 발생된 트래킹에 의한 전기적인 발열 및 용융 등으로 인한 발화가 빈번히 관찰된다.

45 일산화탄소 중독사의 대표적인 특징은?

① 선홍색 시반이 나타난다.
② 수포 주위에 홍반이 생긴다.
③ 코에서 출혈이 심하게 나타난다.
④ 피부의 세포조직이 검게 타는 탄피층이 형성된다.

> 해설
> **일산화탄소 중독으로 사망한 시체 소견**
> • 선홍색 시반이 나타난다.
> • 질식사의 일반적 소견이 나타난다.
> • 유동성 혈액, 조직의 울혈이 나타난다.

46 「화재증거물수집관리규칙」에서 규정하고 있는 증거물 시료용기가 아닌 것은?

① 유리병
② 양철 캔
③ 주석도금 캔
④ 폴리에틸렌 플라스틱병

> 해설
> **증거물 시료용기 3가지**
>
> **암기법** 양주유
>
> • 양철캔
> • 주석도금캔
> • 유리병

정답 | 42 ①　43 ③　44 ③　45 ①　46 ④

47 증거물 수집용기 중 유리병의 장점이 아닌 것은?

① 휘발성 액체의 증발을 방지한다.
② 내부의 증거물 확인이 용이하다.
③ 장기 저장 시 증거물의 악화를 줄여 준다.
④ 크기가 다양하여 많은 양을 저장할 수 있다.

📖 해설
증거물 보관용기의 종류 및 장·단점 중 유리병의 장단점 「화재조사 기자재 사용 매뉴얼, 인천소방본부」

구분	장점	단점
유리병	• 쉽게 구할 수 있고 가격이 저렴하다. • 용기를 열지 않아도 내용물을 볼 수 있다. • 휘발성 액체의 증발을 막을 수 있다. • 장기간 저장시 증거물의 악화를 줄일 수 있다.	• 깨지기 쉽다. • 용기의 크기 제한으로 대량저장이 어렵다. • 마개는 접착제나 고무 패킹은 없도록 하고 2/3 이상 채우지 않도록 한다.

48 콘크리트 바닥과 같은 다공성 물질에 흡수된 액체 촉진제 증거물을 수집할 때 흡수성 물질을 콘크리트 표면에 바르고 유지시키는 시간으로 옳은 것은?

① 1~2시간　　② 3~5분
③ 5~10분　　④ 20~30분

📖 해설
화학흡착제법
• 액체 연소 촉진제가 콘크리트 바닥과 같은 다공성 물질에 갇혀 있는 경우 화학적으로 채취하는 방법이다.
• 다음의 재료들을 이용해 증거물을 수집한다.
  - 베이킹파우더가 들어 있지 않은 밀가루를 붙여 채취한다.
  - 석회를 표면에 발라 채취한다.
  - 규조토를 20~30분 동안 표면에 발라 채취한다.

49 전신적 생활반응에 해당하는 것은?

① 압박성 울혈　　② 흡인 및 연하
③ 속발성 염증　　④ 피하출혈

📖 해설
생활반응의 구분

국소적 생활반응	전신적 생활반응
• 출혈 및 응혈 • 창구의 개대 및 창연의 외번 • 치유기전 • 화상 • 국소적 빈혈 • 압박성 울혈 • 흡인과 연하	• 전신적 빈혈 • 속발성 염증 • 색전증 • 외래물질의 분포 및 배설

50 촉진제를 확인하기 위한 테스트 방법으로 적합한 것은?

① GC(Gas Chromatography)
② SEM(Scanning Electron Microscope)
③ GFT(Gas Flammable Test)
④ TEM(Transmission Electron Microscope)

📖 해설
인화성 액체 등의 정확한 성분 분석을 하는 과정을 가스 크로마토그래피법이라 한다.

51 화재현장에 있는 벽면이나 철판 등에 발생하는 백화현상에 대한 설명으로 옳은 것은?

① 한번 부착된 그을음은 없어지지 않는다.
② 그을음이 부착되었다가 열에 의해 연소한 흔적이다.
③ 열에 의해 가열되었다가 급속히 냉각된 흔적이다.
④ 훈소로 발생한 가연성 증기가 응축하면서 부착된 흔적이다.

📖 해설
직접적으로 화염과 접하거나 강력한 복사열에 노출되게 되면 대부분 연소되어 비가연성 표면(예 벽면, 금속 등)이 노출되어 관찰되는 것을 백화현상, 백화연소흔이라고 한다.

정답 | 47 ④　48 ④　49 ③　50 ①　51 ②

52 외부에서 열이 가해지면 열에 의한 손상의 범위를 결정하는 사항이 아닌 것은?

① 가연물의 양
② 가해진 온도
③ 열이 가해진 시간
④ 과다한 열을 배출하는 체표면의 능력

🔍 해설
화상심도 결정요인
열의 강도, 열 노출시간, 피부의 예민도, 체표면의 열배출 능력

53 화염과 접촉할 때 연소성이 가장 낮은 것은?

① 아크릴
② 나일론
③ 양모
④ 유리섬유

🔍 해설
유리는 무기질로 불연성 물질이다.

54 전선 중 연선이 절연피복 내에서 일부 단선되어 그 부분에서 단선과 이어짐을 되풀이하는 상태는?

① 반단선
② 트래킹
③ 흑연화
④ 누전

🔍 해설
② 트래킹 : 절연물이 수분이나 먼지 등의 존재로 인해 스파크 또는 아크등의 고온으로 단속적 또는 계속적으로 열이 가해져 그래파이트화하여 출화한 화재
③ 흑연화 : 목재와 같은 유기질 절연체가 탄화되면 초기에는 전기를 통과시키지 않지만, 스파크나 아크등의 영향을 받아 흑연화되면서 도전성을 갖게 되는 현상
④ 누전 : 전류가 설계된 경로를 벗어나 건물, 부대설비 또는 공작물의 일부를 통해 흐르는 경우

55 증거물의 수집에 관한 고려사항으로 가장 옳은 것은?

① 등유와 같은 탄화수소계 액체 위험물은 물과 쉽게 혼합된다.
② 화재 촉진제로 사용되는 휘발유와 같은 인화성 액체는 상온에서 자연발화하지 않는다.
③ 경유와 같이 흔히 사용되는 화재 촉진제 증기는 공기보다 더 가볍다.
④ 고체 표본을 수집할 때 용기에 3/4 이상 채운다.

🔍 해설
① 등유와 같은 탄화수소계 액체 위험물은 물과 쉽게 혼합되지 않는다.
③ 경유와 같이 흔히 사용되는 화재 촉진제는 보통 물보다 더 가볍다.
④ 고체 표본을 수집할 때 용기의 2/3 이상을 채워서는 안 된다.

56 화재현장을 보존하기 위한 방법으로 옳지 않은 것은?

① 소방(경찰)공무원을 배치하여 일정영역을 접근하지 못하도록 한다.
② 경고테이프 등을 이용하여 조사 중임을 표시한다.
③ 소방활동구역으로 설정하여 출입을 통제한다.
④ 소방활동구역을 설정할 경우 범위는 최대한 넓게 설정하여야 한다.

🔍 해설
소방활동구역은 필요한 만큼의 최소 범위로 설정한다.

57 화재현장 촬영 시 주요 촬영대상에 대한 설명으로 틀린 것은?

① 소방용 설비의 사용 및 작동상황
② 화재현장에 도착한 소방차 배치상황
③ 발화원으로 추정된 감식 및 감정대상물
④ 화재로 인한 사망자의 위치

🔍 해설
소방차 배치상황은 주요 촬영대상으로 보기 어렵다.

58 화재현장에서 채취한 증거물의 감정기관 이송 시 우편법상의 금지 물품이 아닌 것은?

① 흙과 모래 등이 섞인 물질
② 폭발성 물질
③ 발화성 물질
④ 인화성 물질

정답 | 52 ① 53 ④ 54 ① 55 ② 56 ④ 57 ② 58 ①

📖 **해설**

제2조 우편금지물품의 종류 「우편금지물품의 내용에 관한 고시」에서 화재조사 관련 대표 물질
1. 폭발성 물질
2. 발화성 물질
3. 가연성 물질
4. 인화성 물질
5. 유독성 물질
6. 강산류 및 강산화성 물질

59 인화성 액체, 부유물을 가진 액체, 시험 조건에서 표면 막을 형성하기 쉬운 액체, 40~370℃의 온도범위를 가지는 기타 액체의 인화점을 시험하는 방법은?

① 태그 개방컵 테스트
② 태그 밀폐컵 테스트
③ 클리브랜드 개방컵 테스트
④ 펜스키-마르텐스식 밀폐컵 테스트

📖 **해설**

밀폐식 인화점의 측정이 필요한 시료 및 태그 밀폐식 인화점 시험방법을 적용할 수 없는 시료에 펜스키-마르텐스식 밀폐컵 테스트를 적용한다.

60 질문기록서 작성을 위하여 관계자의 진술을 녹음하려고 할 때 유의사항으로 틀린 것은?

① 유도심문을 피한다.
② 관계자에게 녹취내용을 확인시키고 서명을 하게 한다.
③ 관계자의 진술은 화재발생 지후보다 화재 진압 후 시간이 경과한 뒤 실시하는 것이 좋다.
④ 18세 미만의 청소년에게 질문을 하는 경우는 친권자 등을 반드시 입회시켜야 하며 진술자는 물론 입회자에게도 서명을 받도록 한다.

📖 **해설**

관계자의 진술은 화재발생 직후에 실시하는 것이 좋다.

제4과목 화재조사 관계법규 및 피해평가

61 [보기]의 화재로 발생한 소실면적은?

> [보기]
> 전기장판 과열로 화재가 발생하여 소화기로 즉시 진화하였으나 바닥 10m², 1면의 벽 5m²가 소실되었다.

① 3   ② 5
③ 10   ④ 15

📖 **해설**

소실면적 산정 「화재조사 및 보고규정」
건물(수손 및 기타 파손 포함)의 소실면적 산정은 소실 바닥면적으로 산정한다.

62 「화재조사 및 보고규정」상 부대설비의 화재피해액 산정기준으로 옳은 것은?

① 건물신축단가×소실면적×설비종류별 재설비 비율×[1-(0.8×경과연수/내용연수)]
② 건물신축단가×소실면적×설비종류별 재설비 비율×[1-(0.8×경과연수/내용연수)]×손해율
③ 건물신축단가×소실면적×설비종류별 재설비 비율×[1-(0.9×경과연수/내용연수)]
④ 건물신축단가×소실면적×설비종류별 재설비 비율×[1-(0.9×경과연수/내용연수)]×손해율

📖 **해설**

화재피해금액 산정기준요약표 「화재조사 및 보고규정」 일부
[별표 2]

산정대상	화재피해금액 산정기준
건물	**암기법** 신소 일마쩜팔 경내손 신축단가(m²당)×소실면적×[1-(0.8×경과연수/내용연수)]×손해율
부대설비	**암기법** 신소설 일마쩜팔 경내손 • 건물신축단가×소실면적×설비종류별 재설비 비율×[1-(0.8×경과연수/내용연수)]×손해율 • 부대설비 피해금액을 실질적·구체적 방식에 의할 경우 : 단위(면적·개소 등)당 표준단가×피해단위×[1-(0.8×경과연수/내용연수)]×손해율

정답 | 59 ④ 60 ③ 61 ③ 62 ②

63 가재도구의 화재피해액 산정에 관한 사항으로 옳은 것은?

① 피해액 산정대상에서 의류 생산 공장의 재봉틀은 가재도구로 분류된다.
② 수리비가 가재도구 재구입비의 50% 미만인 경우에는 감가공제를 하지 않는다.
③ 의류는 세탁에 의해 재사용이 가능한 경우에는 10%의 손해율을 적용한다.
④ 신혼가정 등 특별한 경우를 제외하고는 잔가율을 일괄적·포괄적 기준을 적용하여 70%로 한다.

해설
가재도구의 손해율 「화재피해액 산정 매뉴얼」

화재로 인한 피해정도	손해율(%)
50% 이상 소손 되고 수침오염 정도가 심한 경우	100
손해 정도가 다소 심한 경우	50
손해 정도가 보통인 경우	30
오염·수침손의 경우	10

생활수준이 향상되면서 화재로 인해 그을음손 또는 수손 등을 입은 가재도구를 버리고 새로 교환하는 경우가 많다. 따라서 의류 또는 가구 등에 있어 세탁 및 청소에 의해 재사용 가능한 경우에는 10% 정도의 손해율을 적용하며, 소손, 그을음 및 수손이 심한 경우에는 대체로 전부손해로 간주하여 100%의 손해율을 적용해도 무방하다.

64 화재 등으로 인한 피해액 산정에 있어 최종잔가율 20%를 적용할 수 없는 것은?

① 건물
② 부대설비
③ 비품
④ 가재도구

해설
집기비품은 10%에 해당한다.

참고
제18조 제3항 화재피해금액 산정 「화재조사 및 보고규정」
암기법 부대에서 구축한 건물에 가재 있(2)다.

건물 등 자산에 대한 최종잔가율은 부대설비·구축물·건물·가재도구는 20%로 하며, 그 이외의 자산은 10%로 정한다.

65 다음 중 화재피해액 산정 대상에서 집기비품의 정의에 해당되는 것은?

① 일반적으로 작업상의 필요에서 사용 또는 소지 되는 것으로 점포나 사무실, 작업장에 소재하는 것
② 일반적으로 개인이 일상의 가정생활용구로서 소유하고 있는 가구, 집기, 의류, 장신구, 침구류, 식료품, 연료 기타 가정생활에 필요한 일체의 물품을 포괄
③ 원·부재료, 재공품, 반제품, 제품, 부산물, 상품과 저장품 및 이와 비슷한 것
④ 작업과정에서 주된 기계의 보조구로 사용되는 것

해설
화재피해액 산정 대상에서 집기비품의 정의는 일반적으로 작업상의 필요에서 사용 또는 소지 되는 것으로 점포나 사무실, 작업장에 소재하는 것이다.

66 「화재조사 및 보고규정」상 용어의 정의 중 틀린 것은?

① 내용연수란 고정자산을 경제적으로 사용할 수 있는 연수를 말한다.
② 재구입비란 화재 당시의 피해물과 같거나 비슷한 것을 재건축(설계 감리비를 포함한다) 또는 재취득하는 데 필요한 금액을 말한다.
③ 잔가율이란 화재 당시에 피해물의 재구입비에 대한 현재가의 비율을 말한다.
④ 손해율이란 피해물의 경제적 내용연수가 다한 경우 잔존하는 가치의 재구입비에 대한 비율을 말한다.

해설
손해율이란 피해물의 종류, 손상 상태 및 정도에 따라 피해금액을 적정화시키는 일정한 비율을 말한다.

67 건조한 지 15년이 경과한 일반주택의 잔가율은 몇 %인가? (단, 일반주택의 내용연수는 50년이다.)

① 55
② 60
③ 73
④ 76

정답 | 63 ③ 64 ③ 65 ① 66 ④ 67 ④

해설

- 잔가율 : 화재 당시에 피해물의 재구입비에 대한 현재가의 비율
- 건물 화재피해금액 산정기준
  - 신축단가(m²당)×소실면적×[1 − (0.8×경과연수/내용연수)]×손해율
  - 위의 산정기준에서 문제의 주어진 조건만을 대입하면, [1 − (0.8×15/50)]×100 = 76%

68 영업시설의 피해액 산정 시에 개·보수한 때를 기준으로 경과연수를 산정하는 것은 재 설치비의 몇 % 이상 개·보수한 경우인가?

① 50 ② 60
③ 70 ④ 80

해설

건물의 경과연수 「화재피해액 산정 매뉴얼」, 개수 또는 보수한 경우 경과연수

> **암기법** 50살부터 최초저축해서, 80세에 보수를 합산 평균했는데, 이상하게 보수가 작다.

재설치비의 50% 미만 개·보수한 경우	최초 설치연도를 기준으로 경과연수를 산정
재설치비의 50~80% 개·보수한 경우	최초 설치연도를 기준으로 한 경과연수와 개·보수한 때를 기준으로 한 경과연수를 합산하고 평균하여 경과연수를 산정
재설치비의 80% 이상 개·보수한 경우	개·보수한 때를 기준으로 하여 경과연수를 산정

69 예술품 및 귀중품의 피해액 산정을 위한 기준으로 맞는 것은? (단, 그 가치를 손상하지 아니하고 원상태의 복원이 가능한 경우는 제외한다.)

① 시중매매가격
② 감정서의 감정가액
③ 수리비에 의한 방식
④ 회계장부상의 구입가액

해설

전부손해 여부에 따른 화재피해금액 산정기준 비교

> **암기법** 차동식 매 수 치료

- 차량, 동물, 식물
  - 전부손해의 경우 : 시중매매가격
  - 전부손해가 아닌 경우(부분 소손) : 수리비 및 치료비

> **암기법** 해(회)골 공포(보) 감정 복구

- 회화(그림), 골동품, 미술공예품, 귀금속 및 보석류
  - 전부손해의 경우 : 감정가격
  - 전부손해가 아닌 경우(부분 소손) : 원상복구에 소요되는 비용

70 「화재조사 및 보고규정」상 화재현장출동 보고서의 작성을 생략할 수 있는 경우는?

① 항구에 메어 둔 선박에서 화재가 발생하여 조사하는 경우
② 건축물이 아닌 야외 공터의 쓰레기 화재에 대해 조사한 경우
③ 소방대가 화재현장에 출동하였고, 재산피해가 경미한 경우
④ 소방대가 출동하지 않은 화재현장에 대해 민원인이 사후조사를 의뢰하였고, 현장이 보존되어 사후조사를 실시한 경우

해설

제23조 화재증명원의 발급 「화재조사 및 보고규정」

소방관서장은 화재피해자로부터 소방대가 출동하지 아니한 화재장소의 화재증명원 발급신청이 있는 경우 조사관으로 하여금 사후 조사를 실시하게 할 수 있다. 이 경우 민원인이 제출한 사후조사 의뢰서의 내용에 따라 발화장소 및 발화지점의 현장이 보존되어 있는 경우에만 조사를 하며, 화재현장출동보고서 작성은 생략할 수 있다.

> **참고**
>
> 화재조사 실시대상
>
> **암기법** 건차선산인그
>
> - 건축물
> - 차량
> - 선박, 선박 건조 구조물
> - 산림
> - 인공 구조물 또는 물건
> - 그 밖에 소방관서장이 화재조사가 필요하다고 인정하는 화재

정답 | 68 ④ 69 ② 70 ④

71 공구 및 기구의 소손정도에 따른 손해율로 틀린 것은?

① 오염 · 수침손의 경우 : 10%
② 손해정도가 보통인 경우 : 20%
③ 손해정도가 다소 시함 경우 : 50%
④ 50% 이상 소손되고 그을음 및 수침오염 정도가 심한 경우 : 100%

해설

공구 · 기구의 소손 정도에 따른 손해율 「화재피해액 산정매뉴얼」

화재로 인한 피해정도	손해율(%)
50% 이상 소손되고 그을음 및 수침오염 정도가 심한 경우	100
손해정도가 다소 심한 경우	50
손해정도가 보통인 경우	30
오염 · 수침손의 경우	10

암기법 공기(공구·기구) 오다보수 빼고상식

72 재고자산의 화재피해액 산정에 관한 사항으로 맞는 것은?

① 판매 및 일반관리비의 미실현 이익 내지 미실현 비용을 포함한다.
② 재고자산 중 반제품은 구입 후 사용하지 않고 보관 중인 소모품을 의미한다.
③ 재고자산은 구입비용 자체가 피해액이 되므로 감가공제는 하지 않는다.
④ 재고자산의 구입비에는 운반비 등 구입경비와 판매비용은 포함하지 않는다.

해설
① 판매 및 일반관리비의 미실현 이익 내지 미실현 비용은 포함하지 않는다.
② 재고자산 중 반제품은 자가제조한 중간제품을 말한다.
④ 재고자산의 구입비에는 운반비 등 구입경비를 포함한다.

73 잔가율 및 현재가를 구하는 공식으로 틀린 것은?

① 현재가=재구입비−잔가율
② 잔가율=100%−감가수정율
③ 잔가율=(재구입비−감가수정액)/재구입비
④ 잔가율=1−(1−최종잔가율)×(경과연수/내용연수)

해설

• 현재가(시가)「화재피해액 산정 매뉴얼」
  현재가(시가)=재구입비−감가수정액
• 잔가율「화재피해액 산정 매뉴얼」
  − 현재가(시가)=재구입비×잔가율
  − 잔가율 $= \dfrac{재구입비 - 감가수정액}{재구입비}$
  $= 100\% - 감가수정율$
  $= 1 - (1 - 최종잔가율) \times \dfrac{경과연수}{내용연수}$

74 화재조사 및 보고규정상 용어의 정의로 틀린 것은?

① 발화지점 : 열원과 가연물이 상호작용하여 화재가 시작된 지점
② 연소확대물 : 연소가 확대되는 데 있어 결정적 영향을 미친 가연물
③ 화재현장 : 화재가 발생하여 소방대 및 관계자 등에 의해 소화활동이 행하여지고 있는 장소
④ 감식 : 화재와 관계되는 모든 현상에 대하여 필요한 실험을 행하고 그 결과를 근거로 화재원인을 밝히는 자료를 얻는 것

해설
제2조 정의 「화재조사 및 보고규정」
1. "감식"이란 화재원인의 판정을 위하여 전문적인 지식, 기술 및 경험을 활용하여 주로 시각에 의한 종합적인 판단으로 구체적인 사실관계를 명확하게 규명하는 것을 말한다.
2. "감정"이란 화재와 관계되는 물건의 형상, 구조, 재질, 성분, 성질 등 이와 관련된 모든 현상에 대하여 과학적 방법에 의한 필요한 실험을 행하고 그 결과를 근거로 화재원인을 밝히는 자료를 얻는 것을 말한다.

정답 | 71 ② 72 ③ 73 ① 74 ④

75 다음의 피해산정 대상들 중 최종잔가율이 10%인 것은?

① 절삭공구　　② 전기설비
③ 옥내소화전　④ 침대

해설
제18조 제3항 화재피해금액 산정 「화재조사 및 보고규정」에서 건물 등 자산에 대한 최종잔가율은 건물·부대설비·구축물·가재도구는 20%로 하며, 그 이외의 자산은 10%로 정하므로, ① 절삭공구는 그 이외의 자산의 10%로 적용한다. ②, ③은 부대설비, ④는 가재도구에 해당한다.

76 화재현장출동보고서의 작성자에 대한 설명으로 틀린 것은?

① 원칙적으로 일반대원보다 선착대의 대장을 작성자로 한다.
② 화재현장에 출동한 소방대원이 실제로 관찰·확인한 연소상황이나 정보를 직접 기재한다.
③ 구조대원 또는 구급대원은 작성자가 될 수 없다.
④ 보고서의 작성자는 화재현장에 출동한 소방공무원으로 한정된다.

해설
보고서의 작성자는 화재현장에 출동한 소방공무원으로 구조대원 또는 구급대원도 포함될 수 있다.

77 화재조사를 화재원인조사와 화재피해조사로 구분할 때 화재원인조사 범위에 해당하는 것은?

① 소방활동 중 발생한 사망자 및 부상자
② 소화활동으로 발생한 수손
③ 피난경로, 피난상의 장애요인
④ 화재로 인한 사망자 및 부상자

해설
① 소방활동 중 발생한 사망자 및 부상자 : 인명피해조사
② 소화활동으로 발생한 수손 : 재산피해조사
④ 화재로 인한 사망자 및 부상자 : 인명피해조사

78 화재현황조사서에 기입해야 할 항목이 아닌 것은?

① 화재발생 일시 및 장소
② 기상상황
③ 인명피해 및 재산피해
④ 소방시설 현황

해설
소방시설 현황은 소방방화시설 활용 조사서에 기재한다.

79 발화원인의 판정방법 중 소거법에 가장 가까운 것은?

① 분석·측정기기 등에 의한 데이터의 제시
② 재현실험에 의한 재현성의 확보
③ 유사화재 사례의 유무 확인
④ 화원 각각에 대하여 발화원으로서 가능성 검토

해설
여러 화원에 대하여 발화원의 가능성을 검토하여 거리가 먼 것부터 배제하는 것이 소거법이다.

80 화재현장 조사서에서 발화열원의 분류 항목인 것은?

① 부주의　　　② 전기적 요인
③ 폭발물, 폭죽　④ 가스누출(폭발)

해설
화재현황조사서의 발화열원과 발화요인 항목 비교 「화재조사 및 보고규정」

	암기법 작담마 폭불화자	
발화열원	• 작동기기 • 마찰, 전도, 복사 • 불꽃, 불티 • 자연적 발화열 • 미상	• 담뱃불, 라이터불 • <u>폭발물, 폭죽</u> • 화학적 발화열 • 기타
	암기법 전기가 화제교부 자방기	
발화요인	• 전기적 요인 • 가스누출(폭발) • 제품결함 • <u>부주의</u> • 방화 • 미상	• 기계적 요인 • 화학적 요인 • 교통사고 • 자연적 요인 • 기타

정답 | 75 ① 76 ③ 77 ③ 78 ④ 79 ④ 80 ③

제5과목 화재조사관계법규

81 「형법」상 현주건조물 등에의 방화에 관한 설명이다. 다음 ( ) 안에 알맞은 것은?

> 불을 놓아 사람이 주거로 사용하거나 사람이 현존하는 건조물, 기차, 전차, 자동차, 선박, 항공기 또는 지하채굴시설을 소훼한 죄를 범하여 사람을 상해에 이르게 한 때에는 무기 또는 ( )년 이상의 징역에 처한다.

① 2 ② 3
③ 5 ④ 7

해설
제164조 현주건조물 등 방화 「형법」

암기법 현주건조물 불3, 상5, 사7

1. 현주건조물을 불태운 자는 무기 또는 3년 이상의 징역
2. 현주건조물을 불태워 사람을 상해에 입힌 자는 무기 또는 5년 이상의 징역
3. 현주건조물을 불태워 사람을 사망에 이르게 한 자는 무기 또는 7년 이상의 징역

82 화재로 인한 재해보상과 보험가입에 관한 법령상 화재로 인한 부상 발생 시 보험금액이 1,500만 원인 것은?

① 슬개 인대 파열
② 손목 손배뼈 골절
③ 위팔뼈목 골절
④ 척추체 분

해설
1,500만 원 – 위팔뼈목 골절
① 1천만 원 – 슬개 인대 파열
② 1,200만 원 – 손목 손배뼈 골절
④ 3천만 원 – 척추체 분쇄성 골절

83 「화재조사 및 보고규정」상 화재증명원 발급에 대한 설명 중 옳은 것은?

① 통합전자민원창구로 화재증명원을 신청하면 방문하여 발급받도록 한다.
② 화재증명원 발급 시 재산피해 및 인명피해에 대해 조사 중인 경우에는 발급할 수 없다.
③ 화재증명원 발급 시 재산피해내역은 금액과 피해물건을 함께 기재한다.
④ 화재피해자로부터 소방대가 출동하지 아니한 화재장소의 화재증명원 발급요청이 있는 경우 조사관으로 하여금 사후 조사를 실시하게 할 수 있다.

해설
제23조 화재증명원의 발급 「화재조사 및 보고규정」
① 통합전자민원창구로 신청하면 전자민원문서로 발급한다.
② 조사 중인 경우에는 '조사 중'으로 발급한다.
③ 재산피해내역 중 피해금액은 기재하지 아니하며 피해물건만 종류별로 구분하여 기재한다. 다만, 민원인의 요구가 있는 경우에는 피해금액을 기재하여 발급할 수 있다.

84 「화재조사 및 보고규정」상 건물의 동수 산정방법에 관한 설명 중 옳은 것은?

① 목조 또는 내화조 건물이 격벽으로 방화구획되어 있는 경우 2개의 동으로 본다.
② 구조에 관계없이 지붕 및 실이 하나로 연결되어 있는 것은 2개의 동으로 본다.
③ 건물의 외벽을 이용하여 실을 만들어 헛간, 작업실 및 사무실 등의 용도로 사용하고 있는 것은 주건물과 1동으로 본다.
④ 독립된 건물과 건물 사이에 차광막, 비막이 등의 덮개를 설치하고 그 밑을 통로 등으로 사용하는 경우는 동일동으로 본다.

해설
건물의 동수 산정 「화재조사 및 보고규정」 [별표 1] 참조
① 목조 또는 내화조 건물의 경우 격벽으로 방화구획이 되어 있는 경우도 같은 동으로 한다.
② 구조에 관계없이 지붕 및 실이 하나로 연결되어 있는 것은 같은 동으로 본다.
④ 독립된 건물과 건물 사이에 차광막, 비막이 등의 덮개를 설치하고 그 밑을 통로 등으로 사용하는 경우는 다른 동으로 한다.

정답 | 81 ③ 82 ③ 83 ④ 84 ③

85 「형사소송법」상 검사 또는 사법경찰관이 피의자를 신문하기 전 고지사항으로 틀린 것은?

① 일체의 진술을 하지 아니하거나 개개의 질문에 대하여 진술하지 아니할 수 있다는 것
② 진술을 하지 아니하더라도 불이익을 받지 아니한다는 것
③ 신문을 받을 때는 변호인을 참여하게 하는 등 변호인의 조력을 받을 수 있다는 것
④ 진술을 거부할 권리를 포기하고 행한 진술은 법정에서 유죄의 증거로 사용될 수 없다는 것

📖 해설
제244조의3 진술거부권 등의 고지「형사소송법」
1. 일체의 진술을 하지 아니하거나 개개의 질문에 대하여 진술을 하지 아니할 수 있다는 것
2. 진술을 하지 아니하더라도 불이익을 받지 아니한다는 것
3. 진술을 거부할 권리를 포기하고 행한 진술은 법정에서 유죄의 증거로 사용될 수 있다는 것
4. 신문을 받을 때에는 변호인을 참여하게 하는 등 변호인의 조력을 받을 수 있다는 것

86 「화재로 인한 재해보상과 보험가입에 관한 법률」상 다음의 경우 특수건물의 소유자가 가입하여야 하는 보험의 보험금액 기준 중 ( )에 알맞은 내용은?

> 두 눈이 실명된 사람으로 후유장애 1급의 피해자 발생 시 ( ) 범위에서 피해자에게 발생한 손해액

① 9,000만 원   ② 1억 2,000만 원
③ 1억 3,500만 원   ④ 1억 5,000만 원

📖 해설
「화재로 인한 재해보상과 보험가입에 관한 법률 시행령」 [별표 2] 참조 후유장애 구분 및 보험금액
- 1급 : 1억 5,000만 원
- 2급 : 1억 3,500만 원
- 3급 : 1억 2,000만 원
- 4급 : 1억 500만 원
- 5급 : 9,000만 원

87 「화재로 인한 재해보상과 보험가입에 관한 법률」상 특수건물의 특약부화재보험에 가입하지 아니한 자의 벌칙 기준으로 옳은 것은? (단, 산업재해보상보험 가입 대상이 아니다.)

① 300만 원 이하의 벌금
② 500만 원 이하의 벌금
③ 700만 원 이하의 벌금
④ 1,000만 원 이하의 벌금

📖 해설
제23조 벌칙「화재로 인한 재해보상과 보험가입에 관한 법률」

암기법 ✔ 특특 500만원

특수건물의 특약부화재보험에 가입하지 아니한 자는 500만 원 이하의 벌금에 처한다.

88 「제조물 책임법」상 손해배상책임을 지는 자가 손해배상책임을 면하기 위하여 입증하여야 할 사항으로 명시되지 않은 것은?

① 제조업자가 해당 제조물을 공급하지 아니하였다는 사실
② 제조업자가 해당 제조물을 공급한 당시의 과학·기술 수준으로는 결함의 존재를 발견할 수 없었다는 사실
③ 제조물의 결함이 제조업자가 해당 제조물을 제조한 당시의 법령에서 정하는 기준을 준수함으로써 발생하였다는 사실
④ 원재료나 부품의 경우에는 그 원재료나 부품을 사용한 제조물 제조업자의 설계 또는 제작에 관한 지시로 인하여 결함이 발생하였다는 사실

📖 해설
해당 제조물을 제조한 당시의 법령이 아니라 공급한 당시의 법령이다.

정답 | 85 ④ 86 ④ 87 ② 88 ③

> **참고**
>
> 제4조 면책사유 「제조물 책임법」
>
> **암기법** 공과법원
>
> 1. 제조업자가 해당 제조물을 **공급**하지 아니하였다는 사실
> 2. 제조업자가 해당 제조물을 공급한 당시의 **과학·기술** 수준으로는 결함의 존재를 발견할 수 없었다는 사실
> 3. 제조물의 결함이 제조업자가 해당 제조물을 공급한 당시의 법령에서 정하는 기준을 준수함으로써 발생하였다는 사실
> 4. 원재료나 부품의 경우에는 그 **원재료나 부품**을 사용한 제조물 제조업자의 설계 또는 제작에 관한 지시로 인하여 결함이 발생하였다는 사실

89 「화재로 인한 재해보상과 보험가입에 관한 법령」상 특수건물의 기준으로 옳은 것은?

① 「음악산업진흥에 관한 법률」에 따른 노래연습장업으로 사용하는 부분의 바닥면적 합계가 1천m² 이상인 건물
② 「관광진흥법」에 따른 관광숙박업으로 사용하는 건물로서 연면적의 합계가 3천m² 이상인 건물
③ 「학원의 설립·운영 및 과외교습에 관한 법률」에 따른 학원으로 사용하는 부분의 바닥면적 합계가 1천m² 이상인 건물
④ 「의료법」에 따른 병원급 의료기관으로 사용하는 건물로서 연면적의 합계가 2천m² 이상인 건물

해설
① 노래연습장업 : 바닥면적 2천m² 이상인 건물
② 관광숙박업 : 연면적 3천m² 이상인 건물
③ 학원 : 바닥면적 2천m² 이상인 건물
④ 병원급 의료기관 : 연면적 3천m² 이상인 건

> **참고**
>
> 제2조 특수건물 「화재로 인한 재해보상과 보험가입에 관한 법률 시행령」
>
> | 면적 | 대상 |
> | --- | --- |
> | 바닥면적 2,000m² 이상 | 학원, 게임제공업, 인터넷컴퓨터게임시설제공업, 노래연습장업, 휴게음식점영업, 일반음식점영업, 단란주점영업, 유흥주점영업, 공유주방 운영업, 목욕장업, 영화상영관 |
> | 바닥면적 3,000m² 이상 | 숙박업, 대규모점포, 도시철도의 역사 및 역 시설 |
> | 연면적 3,000m² 이상 | 병원급 의료기관, 관광숙박업, 공연장, 방송사업목적 건물, 농수산물도매시장 및 민영농수산물도매, 학교, 공장 |
> | 면적 기준 없음 | 공동주택으로서 16층 이상의 아파트 및 부속건물, 11층 이상인 건물, 실내사격장 |

90 「제조물 책임법」상 명시된 소멸시효에 관한 내용으로 ( )에 알맞은 내용은?

> 손해배상의 청구권은 피해자 또는 그 법정대리인이 손해와 손해배상책임을 지는 자를 모두 알게 된 날부터 ( )년간 행사하지 아니하면 시효의 완성으로 소멸한다.

① 1 ② 2
③ 3 ④ 5

해설
제7조 소멸시효 등 「제조물 책임법」의 내용으로 시멸시효는 제1항과 제2항의 내용을 구분하여 기억해야 한다. 손해가 발생한 시점에서 3년 이내 행사해야 하고, 그 제품이 공급일로부터 10년 이내 제품이어야 손해배상을 청구할 수 있다.

> **참고**
>
> 제7조 소멸의 시효 등 「제조물 책임법」
>
> **암기법** 모알 3년, 제공 10년
>
> 제1항 손해배상의 청구권은 피해자 또는 그 법정대리인이 손해와 손해배상책임을 지는 자를 **모두 알게** 된 날부터 **3년**간 행사하지 아니하면 시효의 완성으로 소멸한다.
>
> 제2항 손해배상의 청구권은 제조업자가 손해를 발생시킨 **제조물을 공급**한 날부터 **10년** 이내에 행사하여야 한다.

91 「민법」상 불법행위에 관한 사항으로 틀린 것은?

① 고의 또는 과실로 인한 위법행위로 타인에게 손해를 가한 자는 그 손해를 배상할 책임이 있다.
② 타인에게 정신상 고통을 가한 자는 재산 이외의 손해에 대하여도 배상할 책임이 있다.
③ 미성년자가 타인에게 손해를 가한 경우에 그 행위의 책임을 변식할 지능이 없는 때에는 배상의 책임이 없다.
④ 타인의 생명을 해한 자는 피해자의 직계존속, 직계비속 및 배우자에 대하여는 재산상의 손해가 없는 경우에는 손해배상의 책임이 없다.

해설
제752조 생명침해로 인한 위자료 「민법」
타인의 생명을 해한 자는 피해자의 직계존속, 직계비속 및 배우자에 대하여는 재산상의 손해없는 경우에도 손해배상의 책임이 있다.

92 「소방의 화재조사에 관한 법령」상 화재조사권자가 아닌 자는?

① 소방청장 ② 시·도지사
③ 소방본부장 ④ 소방서장

해설
제5조 화재조사의 실시 「소방의 화재조사에 관한 법률」
소방청장, 소방본부장 또는 소방서장(이하 "소방관서장"이라 한다)은 화재발생 사실을 알게 된 때에는 지체 없이 화재조사를 하여야 한다.

93 「화재조사 및 보고규정」에서 정의한 사상자로 옳은 것은?

① 사상자는 화재현장에서 사망한 사람을 말한다.
② 사상자는 화재현장에서 부상당한 사람을 말한다.
③ 사상자는 화재현장에서 피해를 입은 사람을 말한다.
④ 사상자는 화재현장에서 사망 또는 부상당한 사람을 말한다.

해설
제13조 사상자 「화재조사 및 보고규정」에서 사상자는 화재현장에서 사망한 사람과 부상당한 사람을 말한다.

94 화재조사서류 작성에 관한 내용으로 틀린 것은?

① 치외법권지역 등 조사권을 행사할 수 없는 경우 화재현장출동보고서만 작성한다.
② 서장은 관할 구역 내에서 발생한 화재에 대하여 화재발생종합보고서를 작성한다.
③ 질문기록서를 작성한다.
④ 화재현장출동보고서를 작성한다.

해설
제22조 조사 보고 「화재조사 및 보고규정」
치외법권지역 등 조사권을 행사할 수 없는 경우는 조사 가능한 내용만 조사하여 제21조 각 호의 조사 서식 중 해당 서류를 작성·보고한다.

95 「실화책임에 관한 법률」상 실화가 중대한 과실로 인한 것이 아닌 경우 그로 인한 손해배상의무자가 법원에 손해배상액 경감 청구 시 고려사항으로 명시되지 않은 것은? (단, 그 밖에 손해배상액을 결정할 때 고려사항은 제외한다.)

① 화재의 원인과 규모
② 연소 및 피해 확대의 원인
③ 실화자의 전과사실
④ 배상의무자 및 피해자의 경제상태

해설
실화자의 전과사실은 손해배상액 경감 청구의 고려사항이 아닙니다.

참고
제3조 손해배상액의 경감 「실화책임에 관한 법률」
1. 화재의 원인과 규모
2. 피해의 대상과 정도
3. 연소 및 피해 확대의 원인
4. 피해 확대를 방지하기 위한 실화자의 노력
5. 배상의무자 및 피해자의 경제상태
6. 그 밖에 손해배상액을 결정할 때 고려할 사정

정답 | 91 ④ 92 ② 93 ④ 94 ① 95 ③

96 「화재로 인한 재해보상과 보험가입에 관한 법률」에서 특수건물 소유자가 의무적으로 가입하는 보험금액 등에 대한 설명으로 틀린 것은?

① 화재보험의 경우 특수건물의 시가(時價)에 해당하는 금액
② 손해배상책임을 담보하는 보험 중 제물에 대한 손해가 발생한 경우 화재 1건마다 5천만 원 이상으로서 국민의 안전 및 특수건물의 화재위험성 등을 고려하여 대통령령으로 정하는 금액
③ 손해배상책임을 담보하는 보험 중 사망의 경우 피해자 1명마다 5천만 원 이상으로서 대통령령으로 정하는 금액
④ 손해배상책임을 담보하는 보험 중 부상의 경우 피해자 1명마다 사망자에 대한 보험금액의 범위에서 대통령령으로 정하는 금액

해설
손해배상책임을 담보하는 보험 중 제물에 대한 손해가 발생한 경우 화재 1건마다 1억 원 이상으로서 국민의 안전 및 특수건물의 화재위험성 등을 고려하여 대통령령으로 정하는 금액이다.

97 「화재조사 및 보고규정」상 화재조사의 개시 및 원칙으로 옳지 않은 것은?

① 화재조사관은 화재발생 사실을 인지하는 즉시 화재조사를 시작해야 한다.
② 소방관서장은 장비·시설을 기준 이상으로 확보하여 조사업무를 수행하도록 하여야 한다.
③ 소방관서장은 조사관을 근무 교대조별로 1인 이상 배치한다.
④ 조사는 물적 증거를 바탕으로 과학적인 방법을 통해 합리적인 사실의 규명을 원칙으로 한다.

해설
소방관서장은 조사관을 근무 교대조별로 2인 이상 배치해야 한다.

> **참고**
> 제3조 화재조사의 개시 및 원칙 「화재조사 및 보고규정」
> 1. 화재조사관은 화재발생 사실을 인지하는 즉시 화재조사를 시작해야 한다.
> 2. 소방관서장은 조사관을 근무 교대조별로 2인 이상 배치하고, 장비·시설을 기준 이상으로 확보하여 조사업무를 수행하도록 하여야 한다.
> 3. 조사는 물적 증거를 바탕으로 과학적인 방법을 통해 합리적인 사실의 규명을 원칙으로 한다.

98 「화재로 인한 재해보상과 보험가입에 관한 법률」에서 외국인 등의 소유 건물에 대한 특례에 해당하는 건물로 옳지 않은 것은?

① 대한민국에 주둔하는 외국 군대가 소유하는 건물
② 대한민국에 파견된 외국의 대사·공사가 소유하는 건물
③ 군사용 건물과 외국인 소유 건물로서 행정안전부장관령으로 정하는 건물
④ 대한민국에 파견된 국제연합의 기관 및 그 직원(외국인만 해당한다.)이 소유하는 건물

해설
군사용 건물과 외국인 소유 건물로서 행정안전부장관령이 아닌 대통령령으로 정하는 건물이다.

99 현주건조물 등에의 방화한 사람에게 가하는 벌칙으로 옳지 않은 것은?

① 사람을 상해에 이르게 한 때에는 무기 또는 5년 이상의 징역
② 사람을 사망에 이르게 한 때에는 사형, 무기 또는 7년 이상의 징역
③ 사람이 주거로 사용하거나 사람이 현존하는 건조물, 기차, 전차, 자동차, 선박, 항공기 또는 지하채굴시설을 불태운 자는 무기 또는 3년 이상의 징역
④ 자기 소유에 속한 물건을 소훼한 때에는 5년 이하의 징역

정답 | 96 ② 97 ③ 98 ③ 99 ④

해설

제164조 현주건조물 등 방화 「형법」
1. 현주건조물을 불태운 자는 무기 또는 3년 이상의 징역
2. 현주건조물을 불태워 사람을 상해를 입힌 자는 무기 또는 5년 이상의 징역
3. 현주건조물을 불태워 사람을 사망에 이르게 한 자는 무기 또는 7년 이상의 징역
4. 물건이 자기 소유인 경우에는 3년 이하의 징역 또는 700만 원 이하의 벌금

---

100 「소방의 화재조사에 관한 법률」상 화재조사를 진행 중 허가 없이 화재현장에 있는 물건 등을 이동시키거나 변경·훼손한 사람에 대한 벌칙 기준으로 옳은 것은?

① 100만 원 이하의 벌금
② 200만 원 이하의 벌금
③ 300만 원 이하의 벌금
④ 500만 원 이하의 벌금

해설

「소방의 화재조사에 관한 법률」상 벌금은 300만 원 이하의 벌금이다.

> **참고**
>
> **제21조 벌칙(300만 원 이하 벌금) 「소방의 화재조사에 관한 법률」**
> 1. 허가 없이 화재현장에 있는 물건 등을 이동시키거나 변경·훼손한 사람
> 2. 정당한 사유 없이 화재조사관의 출입 또는 조사를 거부·방해 또는 기피한 사람
> 3. 관계인의 정당한 업무를 방해하거나 화재조사를 수행하면서 알게 된 비밀을 다른 용도로 사용하거나 다른 사람에게 누설한 사람
> 4. 정당한 사유 없이 증거물 수집을 거부·방해 또는 기피한 사람

정답 | 100 ③

내가 뽑은 원픽!

내가 뽑은 원픽!

2026
화재감식평가기사 · 산업기사 필기
[이론편 + 기출문제편]

초 판 발 행	2025년 01월 30일
개정1판1쇄	2026년 01월 30일
공 저	유병선 황인호
발 행 인	정용수
발 행 처	㈜예문아카이브
주 소	경기도 파주시 광인사길 79 4층(문발동)
T E L	031) 955-0550
F A X	031) 955-0660
등 록 번 호	제2016-000240호
정 가	40,000원

- 이 책의 어느 부분도 저작권자나 발행인의 승인 없이 무단 복제하여 이용할 수 없습니다.
- 파본 및 낙장은 구입하신 서점에서 교환하여 드립니다.

홈페이지 http://www.yeamoonedu.com

ISBN   979-11-6386-536-0   [14550](전 2권)